TALUS
PINOT GRIGIO
COSPLAY

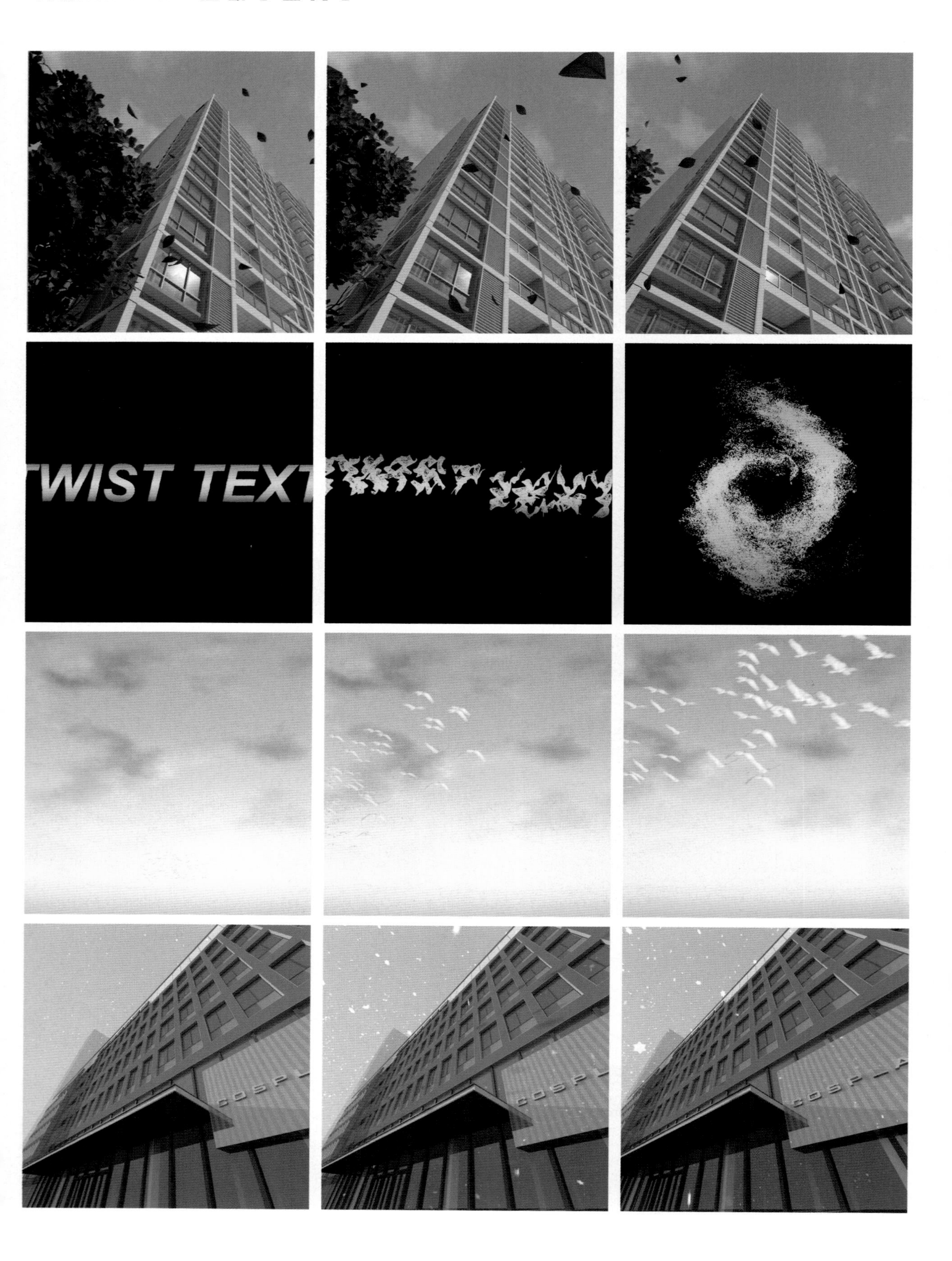
TWIST TEXT
COSP

Wroclaw
3ds Max
Maya
XSI
Houdini
ZBrush
Flash

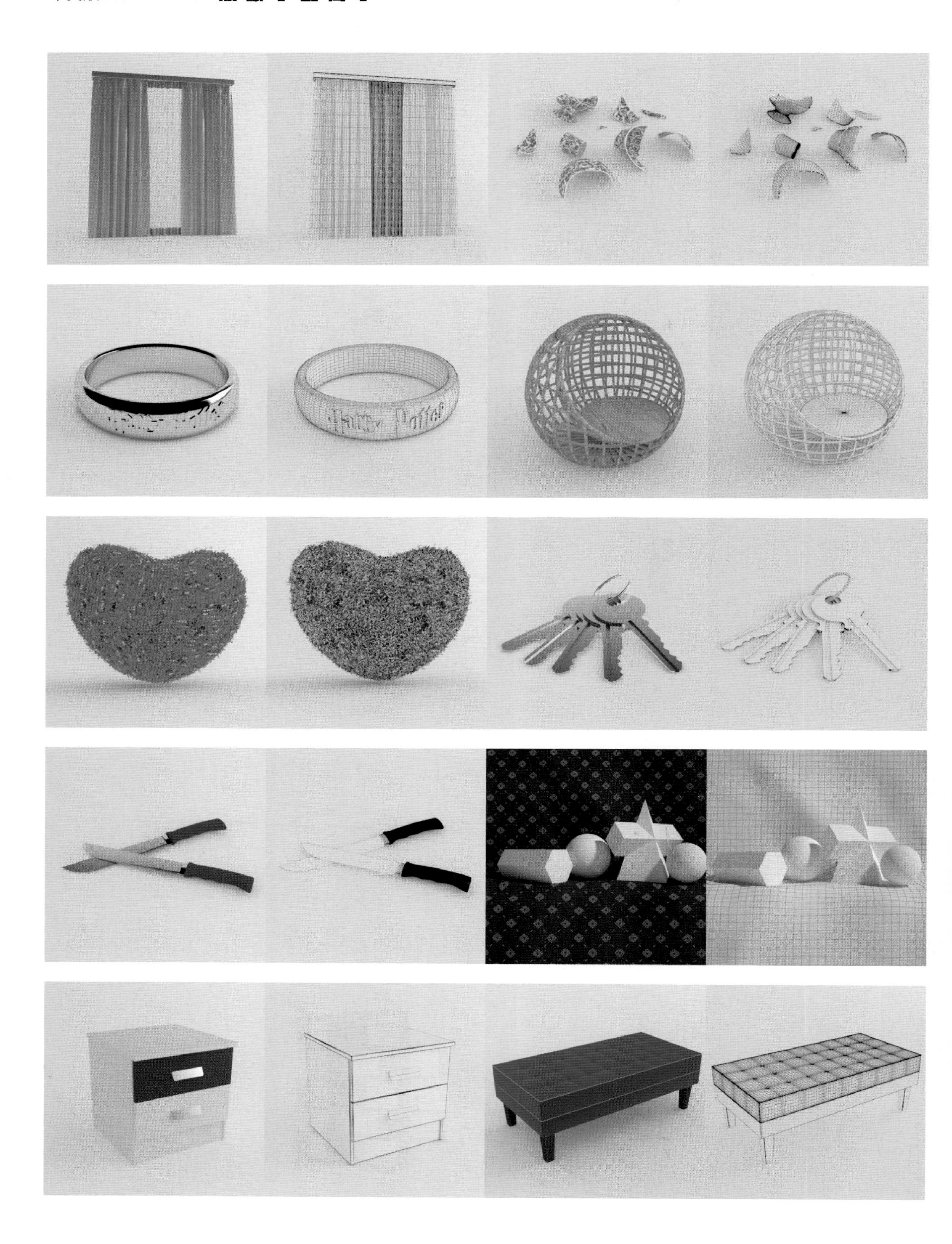

从新手到高手

来阳　成健　著

中文版 3ds Max 2016 从新手到高手

清华大学出版社
北京

内 容 简 介

本书是一本主讲如何使用中文版3ds Max 2016和VRay 3.0制作三维动画的技术手册。全书共分为19章，包含了3ds Max的界面组成、模型制作、修改器堆栈、复合对象、灯光技术、摄影机技术、材质贴图、粒子系统、动画技术、毛发制作、脚本动画以及VRay渲染等三维动画制作技术。

本书结构清晰、内容全面、通俗易懂，各个章节均设计了大量的实用案例，并详细阐述了制作原理及操作步骤，注重提升读者的软件实际操作能力。另外，本书附带的教学资源内容丰富，包括本书所有案例的工程文件、贴图文件和多媒体教学录像。另外，本书所有内容均采用中文版3ds Max 2016和VRay 3.0进行制作，请读者注意。

本书非常适合作为高校和培训机构动画专业相关课程的教材，也可以作为广大三维动画爱好者的自学参考用书。

图书在版编目（CIP）数据

中文版3ds Max 2016从新手到高手 / 来阳，成健著. —北京：清华大学出版社, 2018

（从新手到高手）

ISBN 978-7-302-48905-4

Ⅰ. ①中… Ⅱ. ①来… ②成… Ⅲ. ①三维动画软件 Ⅳ. ①TP391.414

中国版本图书馆CIP数据核字(2017)第287978号

责任编辑：陈绿春
封面设计：潘国文
责任校对：胡伟民
责任印制：宋　林

出版发行：清华大学出版社
　　网址：http://www.tup.com.cn，　http://www.wqbook.com
　　地址：北京清华大学学研大厦A座　　**邮编**：100084
　　社总机：010-62770175　　**邮购**：010-62786544
　　投稿与读者服务：010-62776969, c-service@tup.tsinghua.edu.cn
　　质量反馈：010-62772015, zhiliang@tup.tsinghua.edu.cn
　　课件下载：http://www.tup.com.cn,010-62795954
印 装 者：三河市君旺印务有限公司
经　　销：全国新华书店
开　　本：188mm×260mm　　**印　　张**：23.5　　**插　　页**：4　　**字　　数**：790千字
版　　次：2018年6月第1版　　**印　　次**：2018年6月第1次印刷
印　　数：1～2000
定　　价：99.00元

产品编号：072296-01

前言 PREFACE

从动画公司的一线动画师工作岗位退下来后，我便进入高校的教师岗位开始工作，不同的工作岗位让我对熟练驾驭三维技术有了全新的认知与思考。多年来，我常常思考的问题并不是为学生解决技术上的问题，而是如何在上课之前先让学生们对三维动画技术有一个全面的认知与了解。

很多人认为学习三维动画仅仅是学习软件技术，这种想法并不全面。任何一款动画软件都不可能脱离其他学科的知识辅助来单独学习。例如，建模、材质、灯光、摄影机这几项技术分别对学生的造型能力、色彩认知、光影关系和审美构图有相关的美术功底要求，如果学生在这几方面的美术能力很高，那么学习这几项三维技术将如鱼得水，游刃有余；如果学生对艺用人体解剖及人物的运动规律很了解，那么这样的学生则非常适合学习三维角色骨骼装配及角色动画；如果学生的逻辑性思维很强且有一定的计算机语言基础，那么从事对动画进行脚本编程或对 3ds Max 软件的功能进行二次开发这样的工作将非常轻松。所以说，想学好这款三维动画软件，对于学生的基础知识要求是比较高的。

本书全面而系统地讲述了 3ds Max 2016 的界面组成、模型制作、修改器堆栈、复合对象、灯光技术、摄影机技术、材质贴图、粒子系统、动画技术、毛发制作、脚本动画以及 VRay 渲染等技术内容。全书结构以软件的命令参数为基础，以实例为重点，力求通过大量实战操作使读者快速掌握每个章节的知识要点，帮助读者更好地学习。

在本书的写作过程中，很高兴邀请到了好友成健来帮助我完成此书。成健是 3ds Max 角色动画方面的专家，所以本书中大部分涉及动画知识的章节均由他编写。全书共分为 19 章，其中第 1~4 章、第 9 和 10 章、第 16~19 章这 10 章内容由我编写，第 5~8 章、第 11~15 章这 9 章内容则由成健编写。

本书属于吉林省教育科学“十三五”规划一般规划课题《数字媒体艺术专业应用型人才培养模式改革研究》成果，课题批准号：GH170963。

在本书的编写过程中，我们以科学、严谨的态度，力求精益求精，但疏漏之处在所难免，还请读者朋友雅正。最后，非常感谢读者朋友们选择本书，希望您能在阅读本书之后有所收获。

本书的配套素材文件请扫描章首页的二维码进行下载。

本书的配套素材也可以通过下面的链接地址或者扫描右侧的二维码进行下载。

https://pan.baidu.com/s/1FtdkbeQRlYL5VEfCEAZ5yA

如果在配套素材下载过程中碰到问题，请联系陈老师，联系邮箱：chenlch@tup.tsinghua.edu.cn。

来阳

2018 年 1 月

目录 CONTENTS

第 1 章　初识 3ds Max 2016

1.1　3ds Max 2016 概述 1

1.1.1　什么是 3ds Max 2016 1
1.1.2　3ds Max 2016 的系统安装要求 1

1.2　3ds Max 2016 的工作界面 2

1.3　欢迎屏幕 2

1.3.1　“学习”选项卡 2
实例操作：观看“3ds Max 快速入门”影片 2
1.3.2　“开始”选项卡 2
1.3.3　“扩展”选项卡 3

1.4　标题栏 3

1.4.1　软件图标 3
1.4.2　当前软件版本号 3
1.4.3　快速访问工具栏 3
实例操作：切换 3ds Max 的工作区 4
1.4.4　信息中心 4

1.5　菜单栏 4

1.5.1　菜单命令介绍 5
实例操作：设置场景的系统单位 5
1.5.2　菜单栏命令的基础知识 6

1.6　主工具栏 6

1.6.1　“笔刷预设”工具栏 8
1.6.2　“轴约束”工具栏 8
1.6.3　“层”工具栏 8
1.6.4　“状态集”工具栏 9
1.6.5　“附加”工具栏 9
1.6.6　“渲染快捷方式”工具栏 9
1.6.7　“捕捉”工具栏 9
1.6.8　“动画层”工具栏 9
1.6.9　“容器”工具栏 10
1.6.10　“MassFX”工具栏 10

1.7　Ribbon 工具栏 11

1.7.1　建模 11
1.7.2　自由形式 12
1.7.3　选择 12
1.7.4　对象绘制 12
实例操作：使用“对象绘制”制作草地 12
1.7.5　填充 12

1.8　场景资源管理器 13

1.9　工作视图 13

1.9.1　工作视图的切换 13
1.9.2　工作视图的显示样式 13
实例操作：更改“工作视图”的显示方式 13
1.9.3　ViewCube 14
实例操作：设置 View Cube 3D 导航控件的显示方式 14
1.9.4　SteeringWheels 15
实例操作：设置 SteeringWheels 的显示方式 15

1.10　命令面板 16

1.10.1　“创建”面板 16
1.10.2　“修改”面板 17
1.10.3　“层次”面板 17
1.10.4　“运动”面板 17
1.10.5　“显示”面板 17
1.10.6　“实用程序”面板 17

1.11　时间滑块和轨迹栏 17

1.12　提示行和状态栏 18

1.13　动画控制区 18

1.14　视图导航 18

1.15　本章总结 18

第 2 章　3ds Max 2016 基本操作

2.1　创建文件 19

2.1.1　新建场景 19
实例操作：使用选择对象工具选择场景中的对象 20
2.1.2　重置场景 19

2.2　对象选择 20

2.2.1　选择对象工具 20
2.2.2　区域选择 20
实例操作：使用区域选择功能选择场景中的对象 21
2.2.3　窗口与交叉模式选择 21
实例操作：使用“窗口 / 交叉”功能选择场景中的对象 21
2.2.4　按名称选择 22
2.2.5　选择集 23
2.2.6　对象组合 23

2.2.7 选择类似对象......23

2.3 变换操作......24

2.3.1 变换操作切换......24
2.3.2 变换命令控制柄的更改......24
实例操作：制作一组水果模型......25
实例操作：快速调整植物的摆放位置......25
2.3.3 精确变换操作......26

2.4 复制对象......26

2.4.1 克隆......27
实例操作：“克隆”对象操作......27
2.4.2 快照......28
实例操作：使用“快照”命令克隆对象......28
2.4.3 镜像......29
实例操作：用镜像工具复制对象......29
2.4.4 阵列......30
2.4.5 间隔工具......30
实例操作：使用“间隔工具”复制椅子......31

2.5 文件存储......31

2.5.1 文件保存......31
2.5.2 另存为文件......32
2.5.3 保存增量文件......32
2.5.4 保存选定对象......32
2.5.5 归档......33
2.5.6 自动备份......33
2.5.7 资源收集器......33

第 3 章 使用内置几何体建模

3.1 几何体概述......35

3.2 标准基本体......35

3.2.1 长方体......35
实例操作：使用长方体制作餐桌......36
实例操作：使用长方体制作柜子......37
3.2.2 圆锥体......38
3.2.3 球体......38
3.2.4 圆柱体......38
实例操作：使用圆柱体制作圆桌......39
3.2.5 圆环......39
3.2.6 四棱锥......40
3.2.7 茶壶......40
3.2.8 其他标准基本体......40
实例操作：使用标准基本体制作石膏模型......41

3.3 扩展基本体......42

3.3.1 异面体......42
3.3.2 环形结......42
3.3.3 切角长方体......43
实例操作：使用切角长方体制作单人沙发......43
3.3.4 胶囊......44
3.3.5 纺锤......45
3.3.6 其他扩展基本体......45
实例操作：使用扩展基本体制作茶几......45

3.4 门、窗和楼梯......46

3.4.1 门......46
3.4.2 窗......47
3.4.3 楼梯......48
实例操作：制作螺旋楼梯......50

3.5 AEC 扩展......51

3.5.1 植物......51
实例操作：使用植物制作盆栽......52
3.5.2 栏杆......53
3.5.3 墙......54

3.6 本章总结......54

第 4 章 使用修改器建模

4.1 修改器的基本知识......55

4.1.1 修改器堆栈......55
4.1.2 修改器的顺序......56
4.1.3 加载及删除修改器......56
4.1.4 复制、粘贴修改器......57
4.1.5 可编辑对象......57
4.1.6 塌陷修改器堆栈......57

4.2 修改器分类......58

4.2.1 选择修改器......58
4.2.2 世界空间修改器......58
4.2.3 对象空间修改器......59

4.3 常用修改器......59

4.3.1 弯曲修改器......59
实例操作：使用弯曲修改器制作插花......59
4.3.2 拉伸修改器......60
4.3.3 切片修改器......60
实例操作：使用切片修改器制作产品剖面表现......61
4.3.4 噪波修改器......61
实例操作：使用噪波修改器制作海洋......62
4.3.5 晶格修改器......62
实例操作：使用晶格修改器制作鸟笼......63
4.3.6 专业优化修改器......64
实例操作：使用专业优化修改器简化模型......65
4.3.7 倾斜修改器......66
4.3.8 融化修改器......66

4.3.9 对称修改器 67
4.3.10 平滑修改器 67
4.3.11 涡轮平滑修改器 67
4.3.12 FFD 修改器 68
4.3.13 锥化修改器 69
实例操作：使用多种修改器制作书 69

4.4 本章总结 70

第 5 章 二维图形建模

5.1 二维图形概述 71

5.2 创建二维图形 71

5.2.1 矩形 72
实例操作：使用矩形工具制作简易书架 72
5.2.2 弧 73
5.2.3 文本 74
实例操作：使用文本工具制作倒角字 75
5.2.4 线 76
实例制作：使用线工具制作创意路牌 76
5.2.5 截面 77
5.2.6 其他二维图形 77
5.2.7 二维图形的公共参数 78

5.3 编辑样条线 79

5.3.1 转化为可编辑样条线 79
5.3.2 顶点 79
实例操作：制作灯泡模型 80
5.3.3 线段 81
实例操作：制作桌椅模型 81
5.3.4 样条线 82
实例操作：制作开瓶器模型 82
实例操作：制作世界杯 Logo 模型 84

5.4 本章总结 87

第 6 章 复合对象建模

6.1 复合对象概述 88

6.2 创建复合对象 88

6.2.1 散布 88
实例操作：制作心形花艺模型 88
6.2.2 图形合并 89
实例操作：制作戒指模型 90
6.2.3 使用布尔运算 91
6.2.4 对执行过布尔运算的物体进行编辑 92
实例操作： 制作藤椅模型 92
6.2.5 ProBoolean 93
实例操作：制作钥匙模型 94
6.2.6 ProCutter 95
实例操作：制作破碎的花瓶 96

6.3 创建放样对象 97

6.3.1 创建放样对象 97
6.3.2 使用多个截面图形进行放样 97
实例操作：制作窗帘模型 97
6.3.3 编辑放样对象 99
6.3.4 放样对象的子对象 100
实例操作：制作电视机模型 101

6.4 本章总结 102

第 7 章 多边形建模技术

7.1 多边形概述 103

7.2 了解多边形建模 103

7.2.1 多边形建模的工作模式 103
7.2.2 塌陷多边形对象 105
实例操作：制作床头柜模型 105

7.3 编辑多边形对象的子对象 107

7.3.1 多边形对象的公共命令 107
7.3.2 编辑“顶点”子对象 115
实例操作：制作匕首模型 116
7.3.3 编辑“边”子对象 118
7.3.4 编辑“边界”子对象 119
7.3.5 编辑“多边形和元素”子对象 120
实例操作：制作单人沙发 121

7.4 石墨建模工具 123

7.4.1 调出石墨工具 123
7.4.2 切换石墨建模工具选项卡的显示状态 123
7.4.3 建模选项卡 124
7.4.4 自由形式选择卡 127
7.4.5 选择选项卡 128
7.4.6 对象绘制选项卡 128
7.4.7 填充选项卡 128
实例操作：制作欧式脚凳模型 128
实例操作：制作布料褶皱模型 130

7.5 本章总结 132

第 8 章 材质与贴图技术

8.1 材质与贴图概述 133

8.2 Slate 材质编辑器与精简材质编辑器 133
8.2.1 Slate 材质编辑器界面简介 133
8.2.2 Slate 材质编辑器的编辑工具介绍 134
实例操作：制作静物材质 135
8.2.3 Slate 材质编辑器与精简材质编辑器的切换方法 137
8.2.4 精简材质编辑器材质示例窗 137
8.2.5 精简材质编辑器材质工具按钮 139
8.3 标准材质 142
8.3.1 基本参数 143
8.3.2 扩展参数 145
8.3.3 明暗器类型 146
实例操作：制作玉石材质 148
8.3.4 超级采样 149
8.3.5 贴图通道 150
实例操作：制作金属材质 154
8.4 材质类型 155
8.4.1 “复合”材质 156
实例操作：制作“多维 / 子对象”材质 157
8.4.2 “光线跟踪”材质 159
实例操作：制作“光线跟踪”材质 160
8.5 贴图类型与 UVW 贴图修改器 161
8.5.1 公共参数卷展栏 161
8.5.2 2D 贴图类型 164
实例操作：制作书本材质 166
8.5.3 3D 贴图类型 167
8.5.4 “合成器”贴图类型 169
8.5.5 “反射和折射”贴图类型 169
8.5.6 UVW 贴图修改器 170
实例操作：制作破旧的墙壁材质 172
8.6 本章总结 174

第 9 章 灯光技术

9.1 灯光的基本知识 175
9.1.1 灯光的功能 175
9.1.2 3ds Max 中的灯光 176
9.2 光度学灯光 176
9.2.1 目标灯光 176
实例操作：使用目标灯光制作壁灯照明效果 179
9.2.2 自由灯光 180
实例操作：使用自由灯光制作落地灯照明效果 180
9.2.3 mr 天空入口 181
9.3 标准灯光 181
9.3.1 目标聚光灯 181
实例操作：使用目标聚光灯制作台灯照明效果 183
9.3.2 目标平行光 184
实例操作：使用目标平行光制作清晨照明效果 184
实例操作：使用目标平行光制作午后照明效果 185
9.3.3 泛光 186
9.3.4 天光 186
9.3.5 mr Area Omni 186
9.3.6 mr Area Spot 187
实例操作：使用 mr Area Spot 制作产品展示照明效果 187
9.4 本章总结 188

第 10 章 摄影机技术

10.1 摄影机基本知识 189
10.1.1 镜头 189
10.1.2 光圈 190
10.1.3 快门 190
10.1.4 胶片感光度 190
10.2 摄影机 190
10.2.1 “物理”摄影机 190
实例操作：使用物理摄影机渲染运动模糊效果 192
10.2.2 “目标”摄影机 193
实例操作：使用目标摄影机渲染景深效果 195
10.2.3 “自由”摄影机 196
10.3 摄影机安全框 196
10.3.1 打开安全框 196
10.3.2 安全框配置 197
实例操作：使用摄影机的安全框精准渲染场景 197
10.4 本章总结 198

第 11 章 创建真实的大气环境

11.1 环境与效果概述 199
11.2 背景和全局照明 199
11.2.1 更改背景颜色 199
11.2.2 设置背景贴图 200
11.2.3 选择程序贴图作为背景贴图 200
11.2.4 全局照明 201
11.2.5 曝光控制 201
11.3 大气 202
11.3.1 火效果 202

实例操作：制作燃烧的火焰 203
11.3.2 雾 205
11.3.3 体积雾 205
实例操作：制作雾气弥漫的雪山 206
11.3.4 体积光 207
实例操作：用体积光模拟空气中的尘埃 208

11.4 效果 210

11.4.1 “效果”选项卡的公用参数 210
11.4.2 毛发和毛皮 211
11.4.3 镜头效果 211
11.4.4 镜头效果的全局设置 211
11.4.5 镜头效果的 7 种效果 211
实例操作：制作夜晚街道场景 213
11.4.6 模糊 214
实例操作：制作温暖阳光的室内场景 214
11.4.7 亮度和对比度 215
11.4.8 色彩平衡 216
11.4.9 景深 216
11.4.10 文件输出 216
11.4.11 胶片颗粒 216
11.4.12 照明分析图像叠加 216
11.4.11 运动模糊 217

11.5 本章总结 217

第 12 章 基础动画技术

12.1 动画概述 218

12.1.1 动画的概念 218
12.1.2 动画的帧和时间 219

12.3 设置和控制动画 219

12.3.1 设置动画的方式 219
实例操作：制作 Logo 定版动画 221
12.3.2 查看及编辑物体的动画轨迹 222
12.3.3 控制动画 223
12.3.4 设置关键点过滤器 224
12.3.5 设置关键点切线 225
12.3.6 “时间配置”对话框 226
12.3.7 制作预览动画 228
实例操作：制作象棋动画 229

12.4 曲线编辑器 230

12.4.1 “曲线编辑器”简介 230
12.4.2 认识功能曲线 232
12.4.3 设置循环动画 234
实例操作：制作翻跟头的圆柱 235
12.4.4 设置可视轨迹 236
实例操作：制作时空传送动画 237
12.4.5 对运动轨迹的复制与粘贴 238

12.5 本章总结 239

第 13 章 高级动画技术

13.1 高级动画技术概述 240

13.2 动画约束 240

13.2.1 附着约束 240
13.2.2 曲面约束 242
13.2.3 路径约束 242
13.2.4 位置约束 244
13.2.5 链接约束 245
实例操作：用链接约束制作叉车动画 246
13.2.6 注视约束 247
实例操作：用注视约束制作掉落的硬币 247
13.2.7 方向约束 248

13.3 动画控制器 249

13.3.1 动画控制器的指定方法 249
13.3.2 噪波控制器 251
实例操作：用噪波控制器制作灯光闪烁动画 252
13.3.3 弹簧控制器 253
13.3.4 列表控制器 255
13.3.5 运动捕捉控制器 256
13.3.6 四元数（TCB）控制器 257
实例操作：用四元数（TCB）控制器制作地球仪动画 257

13.4 IK 解算器基础知识 258

13.4.1 正向运动学和反向运动学的概念 258
13.4.2 HI 解算器 259
实例操作：用 HI 解算器制作升降机 259
13.4.3 HD 解算器 261
实例操作：用 HD 解算器制作活塞联动装置 261
13.4.4 IK Limb 解算器 263
13.4.5 SplineIK 解算器 263

13.5 本章总结 263

第 14 章 粒子系统与空间扭曲

14.1 粒子系统概述 264

14.2 基础粒子系统 264

14.2.1 “喷射”粒子系统 264
14.2.2 “雪”粒子系统 265

实例操作：用雪粒子制作下雪动画......265
14.3 高级粒子系统......266
14.3.1 4 种高级粒子系统的“基本参数”卷展栏......266
14.3.2 “粒子生成”卷展栏......268
14.3.3 “粒子类型”卷展栏......269
14.3.4 “旋转和碰撞”卷展栏......270
14.3.5 “对象运动继承”卷展栏......270
14.3.6 “气泡运动”卷展栏......271
14.3.7 “粒子繁殖”卷展栏......271
14.3.8 “加载 / 保存预设”卷展栏......272
实例操作：用暴风雪粒子制作树叶飘落动画......272
实例操作：用超级喷射粒子制作香烟燃烧动画 273
14.4 粒子流源......274
14.4.1 “设置”卷展栏......274
14.4.2 “发射”卷展栏......274
14.4.3 “选择”卷展栏......275
14.4.4 “系统管理”卷展栏......275
14.4.5 “脚本”卷展栏......275
实例操作：用粒子流源制作鸟群动画......275
实例操作：用粒子流源制作礼花动画......278
14.5 针对于粒子系统的空间扭曲......280
14.5.1 “力”类型的空间扭曲......280
实例操作：使用“风”和“漩涡”制作扭曲文字动画......284
14.5.2 “导向器”类型的空间扭曲......286
实例操作：使用“风”和“导向器”制作物体坍塌动画......288
14.6 本章总结......290

第 15 章 MassFX 动力学技术

15.1 MassFX 动力学概述......291
15.2 使用 MassFX 工具设置动画的流程......291
15.2.1 MassFX 工具栏......292
15.2.2 定义对象类型......292
15.2.3 模拟动画......292
15.2.4 烘焙动画......293
15.3 “MassFX 工具”面板......293
15.4 刚体系统......295
15.4.1 刚体类型......295
实例操作：用刚体动力学制作保龄球动画......295
15.4.2 刚体的图形类型......296
实例操作：用刚体动力学制作糖果掉落动画......297
15.4.3 刚体修改器的子对象......298
实例操作：用刚体动力学制作台球动画......299
15.5 布料系统......300
15.5.1 MassFX 布料系统简介......300
实例操作：用布料动力学制作毛巾动画......301
15.5.2 布料修改器的子对象......302
实例操作：用布料动力学制作飘舞的小旗动画 302
15.6 本章总结......303

第 16 章 毛发系统

16.1 毛发基本知识......304
16.2 Hair 和 Fur（WSM）修改器......304
16.2.1 “选择”卷展栏......305
16.2.2 “工具”卷展栏......305
16.2.3 “设计”卷展栏......306
16.2.4 “常规参数”卷展栏......307
16.2.5 “材质参数”卷展栏......307
16.2.6 “mr 参数”卷展栏......308
16.2.7 “海市蜃楼参数”卷展栏......308
16.2.8 “成束参数”卷展栏......308
16.2.9 “卷发参数”卷展栏......308
16.2.10 “纽结参数”卷展栏......309
16.2.11 “多股参数”卷展栏......309
16.2.12 “动力学”卷展栏......309
16.2.13 “显示”卷展栏......310
16.2.14 “随机化参数”卷展栏......310
实例操作：使用 Hair 和 Fur（WSM）修改器制作地毯......310
实例操作：使用“Hair 和 Fur（WSM）”修改器制作牙刷......311
实例操作：使用 Hair 和 Fur（WSM）修改器制作海葵......312
实例操作：使用 Hair 和 Fur（WSM）修改器制作画笔......313
16.3 本章总结......315

第 17 章 渲染设置技术

17.1 渲染概述......316
17.1.1 选择渲染器......316
17.1.2 渲染帧窗口......317
17.2 默认扫描线渲染器......318

17.2.1　“公共”选项卡 318
17.2.2　“渲染器”选项卡 320

17.3　NVIDIA mental ray 渲染器 321

17.3.1　“全局照明”选项卡 321
17.3.2　“渲染器”选项卡 324
实例操作：使用 NVIDIA mental ray 渲染器制作产品表现 325
实例操作：使用 NVIDIA mental ray 渲染器制作焦散特效 326

17.4　本章总结 327

第 18 章　VRay 渲染器

18.1　VRay 渲染器基本知识 328

18.2　VRay 几何体 328

18.2.1　VR- 代理 329
18.2.2　VR- 剪裁器 329
实例操作：使用 VR- 剪裁器制作产品剖面表现330
18.2.3　VR- 毛皮 331
实例操作：使用 VR- 毛皮制作地毯细节 332
18.2.4　VR- 平面 333

18.3　VRay 材质 333

18.3.1　VRayMtl 材质 333
实例操作：使用 VRayMtl 材质制作玻璃材质 ...334
实例操作：使用 VRayMtl 材质制作金属材质 ...335
18.3.2　VRay2SideMtl 材质 335
18.3.3　VR- 灯光材质 335
18.3.4　VR- 凹凸材质 336
18.3.5　VR- 混合材质 336

18.4　VRay 灯光及摄影机 336

18.4.1　VR- 灯光 336
实例操作：使用 VR- 灯光制作餐厅照明效果 ...337
18.4.2　VRayIES 338
18.4.3　VR- 太阳 339
实例操作：使用 VR- 太阳制作客厅照明效果 ...339
18.4.4　VR- 物理摄影机 340

18.5　VRay 渲染设置 341

18.5.1　“全局照明”卷展栏 342
18.5.2　“发光图”卷展栏 342
18.5.3　“BF 算法计算全局照明（GI）”卷展栏 344
18.5.4　“灯光缓存”卷展栏 344
18.5.5　“图像采样器（抗锯齿）”卷展栏 345
18.5.6　“自适应图像采样器”卷展栏 346
18.5.7　“全局确定性蒙特卡洛”卷展栏 346
18.5.8　“颜色贴图”卷展栏 346
实例操作：水景建筑日光表现 347
实例操作：简约客厅日光表现 348

第 19 章　脚本技术

19.1　脚本概述 349

19.2　Hello，World 350

19.3　运算符 350

19.3.1　数值计算 350
19.3.2　运算符的优先级 350
19.3.3　连接字符串 350
19.3.4　模型计算 351

19.4　语法 351

19.4.1　if 语句 351
19.4.2　for 语句 351
19.4.3　try 语句 352
19.4.4　注释 353

19.5　MAXScript 侦听器 353

19.5.1　通过“菜单栏”打开 MAXScript 侦听器 353
19.5.2　在“视图”中打开 MAXScript 侦听器 353
19.5.3　MAXScript 迷你侦听器 353
实例操作：使用 MAXScript 侦听器查看脚本的生成 354

19.6　脚本编写 354

19.6.1　新建脚本 354
实例操作：使用新建脚本编写循环创建球体命令 354
19.6.2　Visual MAXScript 编辑器 356
实例操作：使用 Visual MAXScript 编辑器完善脚本 356
19.6.3　Max Creation Graph 357
实例操作：使用 Max Creation Graph 开发新的按钮 358
19.6.4　“属性承载器”修改器 359
实例操作：使用脚本为属性承载器添加自定义属性 359

19.7　本章总结 361

第1章 初识3ds Max 2016

1.1 3ds Max 2016 概述

当今，科技行业发展迅猛，计算机的软硬件逐年更新，其用途早已不仅局限于办公，越来越多的可视化产品凭借这一平台飞速地融入到人们的生活中。人们通过家用计算机不但可以游戏娱乐，还可以完成以往只能在高端配置的工作站上才能制作出来的数字媒体产品。越来越多的高校也已开始注重计算机软件在各个专业中的应用，并逐步将计算机课程分别安排在不同学期，以帮助学生更好地完成本专业的课程学习计划。

1.1.1 什么是 3ds Max 2016

3ds Max 2016 是 Autodesk 公司旗下的旗舰级动画软件，该软件为从事工业产品、建筑表现、室内设计、风景园林、三维游戏及电影特效等视觉设计的工作人员提供了一整套全面的 3D 建模、动画、渲染以及合成的解决方案，应用领域非常广泛，如图 1-1~ 图 1-6 所示。如图 1-7 所示为 3ds Max 2016 的软件启动界面。

图 1-1　图 1-2　图 1-3

图 1-4　图 1-5　图 1-6

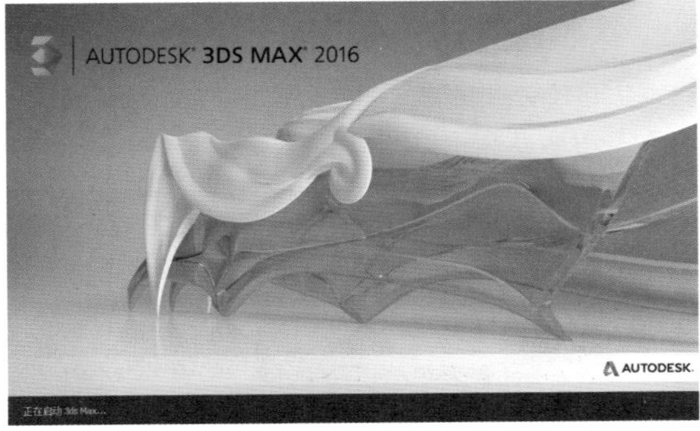

图 1-7

1.1.2 3ds Max 2016 的系统安装要求

3ds Max 是基于微软公司的 Windows 系统开发出来的，所以目前所有各个版本的 3ds Max 软件都只能安装在 Windows 操作系统上。需要注意的是本书所采用的版本为 3ds Max 2016，该版本需要 Windows 7 sp1 以上操作系统才可以正确安装使用，如图 1-8 所示。

本章工程文件

本章视频文件

图 1-8

1.2 3ds Max 2016 的工作界面

3ds Max 2016 为用户提供了多种不同语言版本，在“开始”菜单中执行 Autodesk → Autodesk 3ds Max 2016 → 3ds Max 2016-Simplified Chinese 命令，可以启动中文版的 3ds Max 2016，如图 1-9 所示。

学习 3ds Max 2016 之前，首先应熟悉软件的操作界面与布局，为以后的学习制作打下基础。3ds Max 2016 的界面主要包括软件的标题栏、菜单栏、主工具栏、视图工作区、命令面板、时间滑块、轨迹栏、动画关键帧控制区、动画播放控制区和 MAXScript 迷你脚本听侦器等部分。如图 1-10 所示为软件 3ds Max 2016 的界面截图。

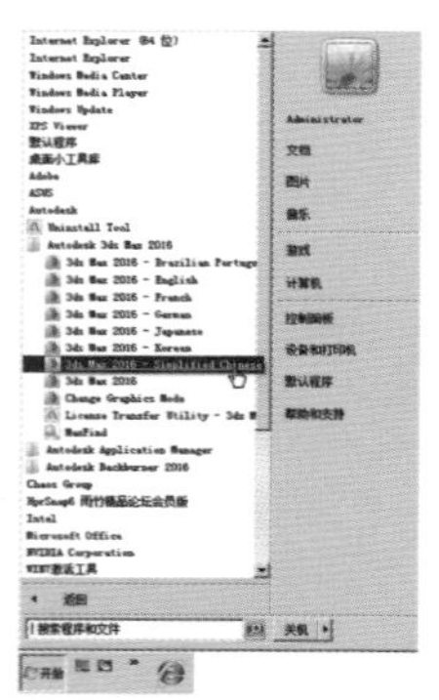

图 1-9

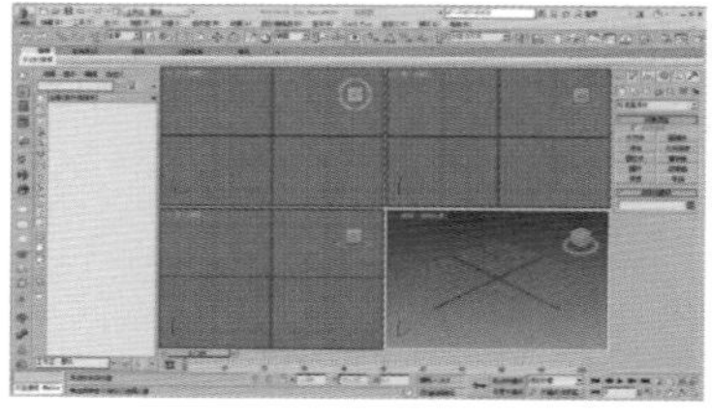

图 1-10

1.3 欢迎屏幕

第一次启动 3ds Max 2016 时，系统会自动弹出“欢迎屏幕”，其中包含有“学习”“开始”和“扩展”三个选项卡，以帮助新用户更好地使用软件。

1.3.1 “学习”选项卡

“学习”选项卡为初次接触该软件的用户提供了大量的学习资源。“学习”选项卡中包含有“1 分钟启动影片”和“更多学习资源”这两方面内容。其中，“更多学习资源”又包含“3ds Max 学习频道”“3ds Max 2016 新特性”“Autodesk 学习途径”及“示例场景 / 示例内容”这四方面内容，如图 1-11 所示。

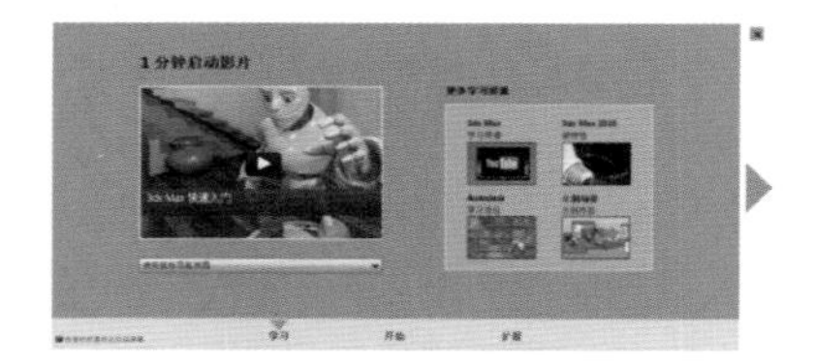

图 1-11

实例操作：观看“3ds Max 快速入门”影片

实例：观看“3ds Max 快速入门”影片

实例位置：无

视频位置：视频文件 >CH01> 实例：观看“3ds Max 快速入门”影片 .mp4

实用指数：★☆☆☆☆

技术掌握：通过“学习”选项卡了解 3ds Max 软件。

01 启动 3ds Max 软件，即可看到系统默认弹出的“欢迎屏幕”对话框，如图 1-12 所示。

02 单击“1 分钟启动影片”下方图片上的“播放”按钮，即可通过浏览器进入 Autodesk 官方网站，查看相对应的教学视频，如图 1-13 所示。

图 1-12

图 1-13

03 在浏览器中，可以通过左侧的列表来选择并播放相应的视频。例如单击“使用鼠标导航视图”，即可播放“使用鼠标导航视图”的相关影片，如图 1-14 所示。

04 关闭网页，也可以直接在“欢迎屏幕”对话框的“更多 1 分钟影片”下拉列表中，选择其他的教学视频，如图 1-15 所示。

图 1-14

图 1-15

1.3.2 “开始”选项卡

单击“欢迎屏幕”下方的“开始”按钮，可以切换至“开始”选项卡，这里主要包含“最近使用的文件”及“启动模板”两个部分，如图 1-16 所示。

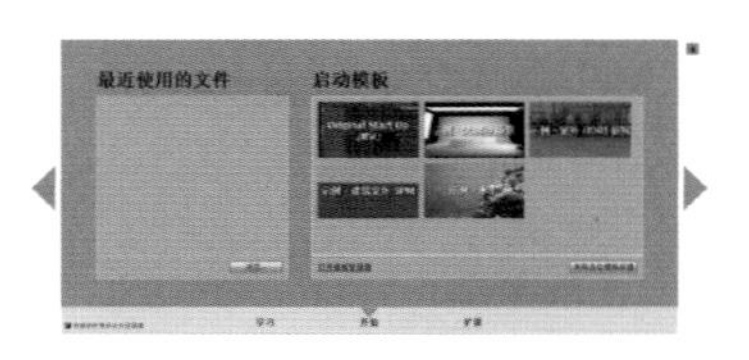

图 1-16

1.3.3　“扩展”选项卡

单击“欢迎屏幕”下方的“扩展”按钮，可以切换至“扩展”选项卡，在此可以通过单击相应的图标来访问 Autodesk 官方认可的一些网站，这些网站可以提供一些免费的 3ds Max 扩展应用程序、MAXScript 脚本及植物模型供用户下载，同时也提供一些需要付费的 3ds Max 扩展应用程序供用户购买，如图 1-17 所示。

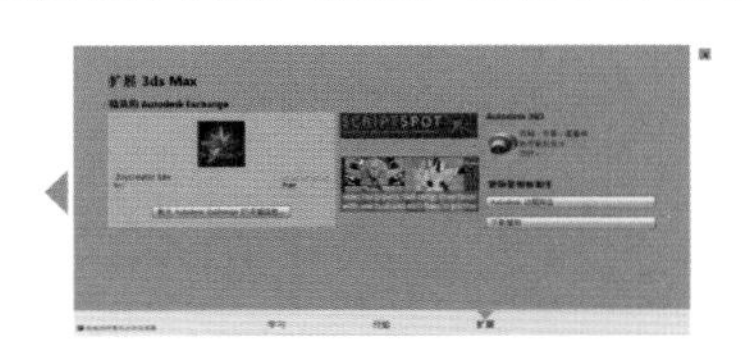

图 1-17

在默认状态下，每次启动 3ds Max 软件时“欢迎屏幕”均会弹出。若希望不再弹出该对话框，可以取消选中“欢迎屏幕”对话框左下方的“在启动时显示此欢迎屏幕”选项，如图 1-18 所示。

关闭该对话框后，还可以通过执行菜单栏中的“帮助”→“欢迎屏幕”命令再次打开“欢迎屏幕”对话框，如图 1-19 所示。

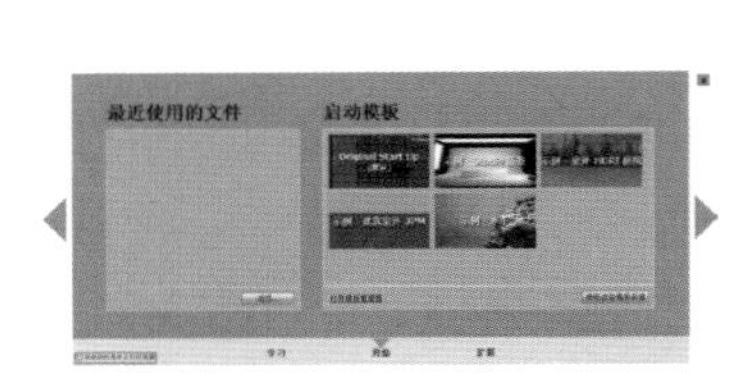

图 1-18

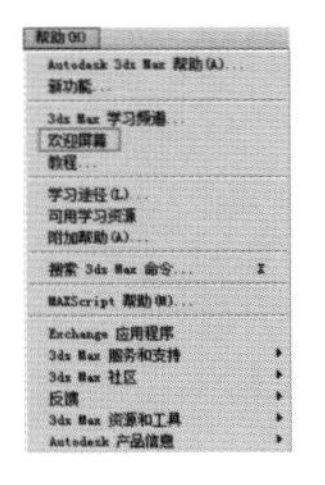

图 1-19

小技巧

“欢迎屏幕”对话框中的大部分功能均需要连接互联网才可以使用。

1.4　标题栏

标题栏位于整个软件界面的最上方，在 3ds Max 2016 的标题栏中，包含软件图标、当前软件的版本号、快速访问工具栏和信息中心四大部分，如图 1-20 所示。

图 1-20

1.4.1　软件图标

单击软件界面左上方的软件图标，可以弹出一个用于管理文件的下拉菜单。主要包括“新建”“重置”“打开”“保存”“另存为”“导入”“导出”“发送到”“参考”“管理”和“属性”这 11 个常用命令，如图 1-21 所示。

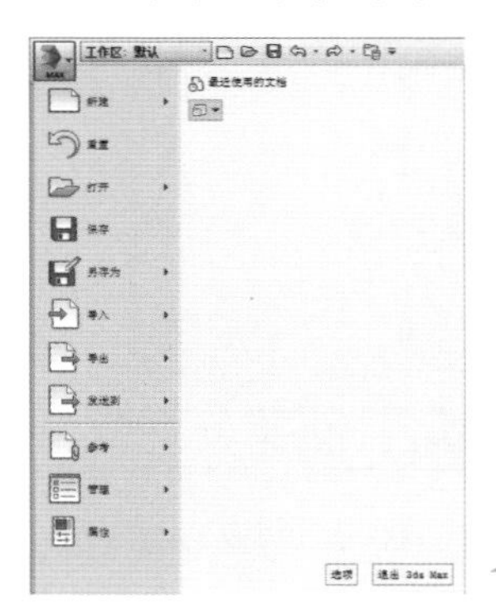

图 1-21

1.4.2　当前软件版本号

标题栏的中心位置为当前使用软件的版本号，如图 1-22 所示。

图 1-22

1.4.3　快速访问工具栏

软件标题栏左侧为快速访问工具，主要包括文件或场景的“新建”“打开”“保存”“撤销”“重做”和“工作区设置”这几个部分。此外，还可以通过单击“工作区”右侧的“自定义快速访问工具栏”下拉按钮来设置“快速访问工具栏”内的图标按钮，如图 1-23 所示。

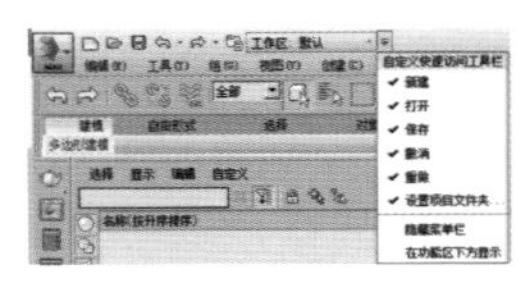

图 1-23

工具解析

- “新建”按钮：单击可以新建场景。
- “打开”按钮：单击可以打开场景。
- “保存”按钮：保存当前文件。

- ✦ “撤销”按钮：撤销一步操作。
- ✦ “重做”按钮：重做一步操作。

小技巧

撤销场景操作的快捷键为 Ctrl+Z；重做场景操作的快捷键为 Ctrl+Y。

3ds Max 2016 提供了 5 种工作区可供选择，分别为“设计标准”“工作区：默认”“默认 + 增强型菜单”“备用布局”和“视口布局选项卡预设”，如图 1-24 所示。用户可在此根据需要随时切换相应的软件界面风格。

图 1-24

实例操作：切换 3ds Max 的工作区

实例：切换 3ds Max 的工作区

实例位置：	无
视频位置：	视频文件 >CH01> 实例：切换 3ds Max 的工作区 .mp4
实用指数：	★☆☆☆☆
技术掌握：	了解 3ds Max 软件工作区的切换操作。

01 启动 3ds Max 软件，默认状态下的工作区界面，如图 1-25 所示。

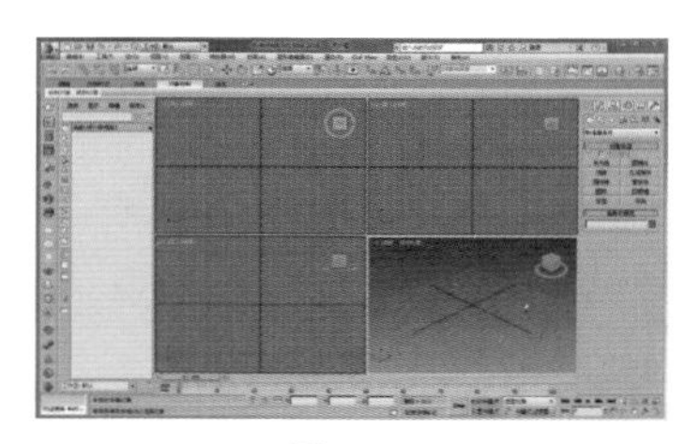

图 1-25

02 将鼠标移动至“标题栏”内的“快速访问工具栏”上，单击并展开“工作区”下拉列表，在弹出的“工作区”下拉列表中选择并执行“设计标准”命令，如图 1-26 所示，即可将 3ds Max 的工作区切换为“设计标准”工作区，如图 1-27 所示。

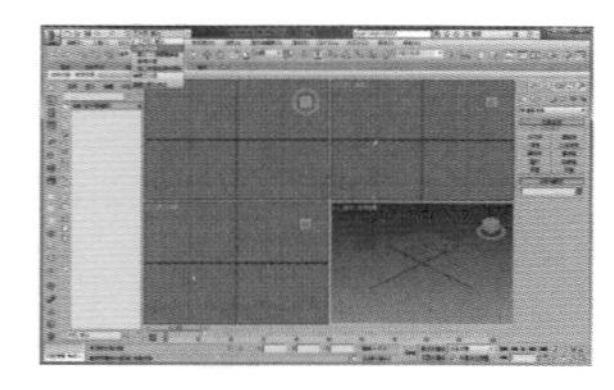

图 1-26

图 1-27

03 以同样的方式在“工作区”下拉列表中选择并执行“默认 + 增强型菜单”命令，如图 1-28 所示，即可将 3ds Max 的工作区切换为“默认 + 增强型菜单”工作区，如图 1-29 所示。

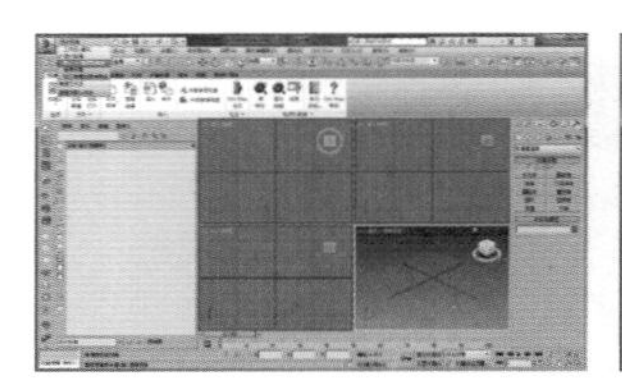

图 1-28

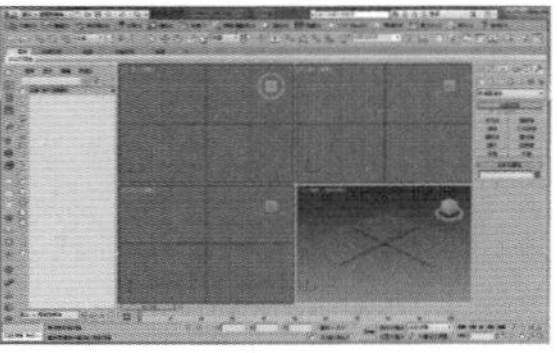

图 1-29

04 以同样的方式，在“工作区”下拉列表中选择并执行“备用布局”命令，如图 1-30 所示，即可将 3ds Max 的工作区切换为“备用布局”工作区，如图 1-31 所示。

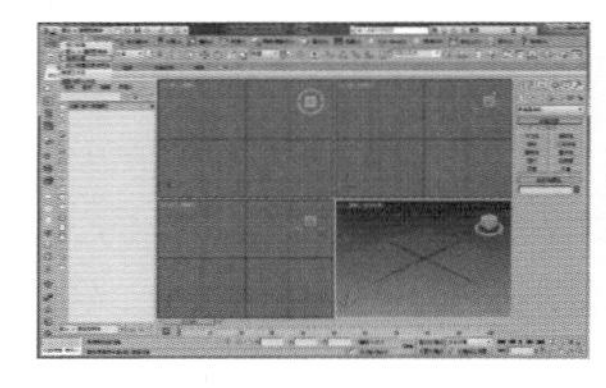

图 1-30

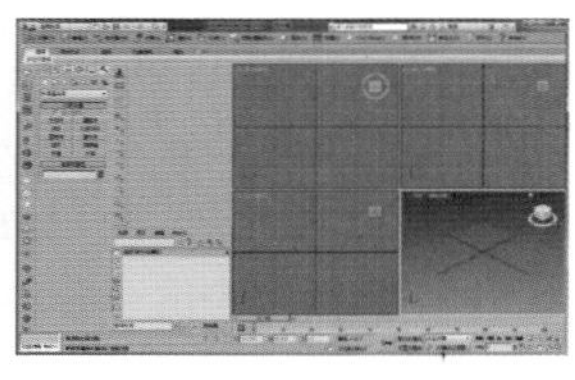

图 1-31

05 以同样的方式，在“工作区”下拉列表中选择并执行“工作区：默认”命令，如图 1-32 所示，即可将 3ds Max 的工作区切换为最初的“工作区：默认”工作区，如图 1-33 所示。

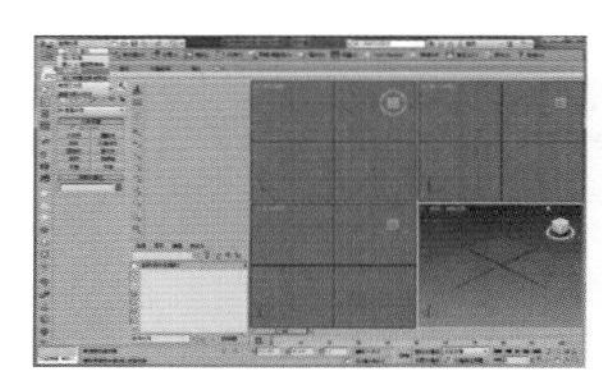

图 1-32

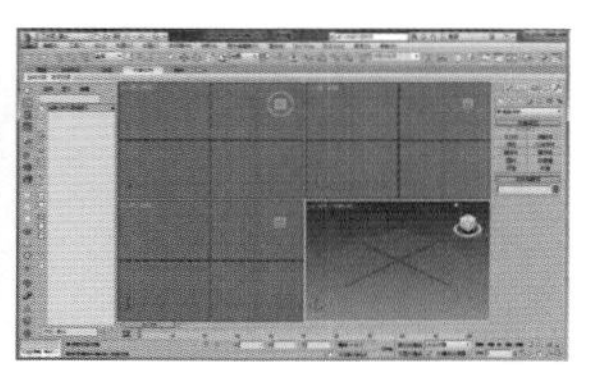

图 1-33

1.4.4 信息中心

右侧的“信息中心”部分主要包括“搜索”“通信中心”“收藏夹”“登录”“Autodesk Exchange 应用程序”和“帮助”这几个图标，如图 1-34 所示。

图 1-34

1.5 菜单栏

菜单栏位于标题栏的下方，包含 3ds Max 的大部分命令。最前面的图标为应用程序按钮，之后分别为“编辑”“工具”“组”“视图”“创建”“修改器”“动画”“图形编辑器”“渲染”、Civil View、“自定义”“脚本”和“帮助”这几个分类，如图 1-35 所示。

图 1-35

1.5.1　菜单命令介绍

编辑：“编辑”菜单中主要包括针对于场景基本操作所设计的命令，如“撤销”“重做”“暂存”“取回”“删除”等常用命令，如图 1-36 所示。

工具：“工具”菜单中主要包括管理场景的一些命令及对物体的基础操作，如图 1-37 所示。

组：“组”菜单中可以将场景中的物体设置为一个组合，并进行组的编辑，如图 1-38 所示。

视图：“视图”菜单中主要为控制视图的显示方式及视图的相关参数设置，如图 1-39 所示。

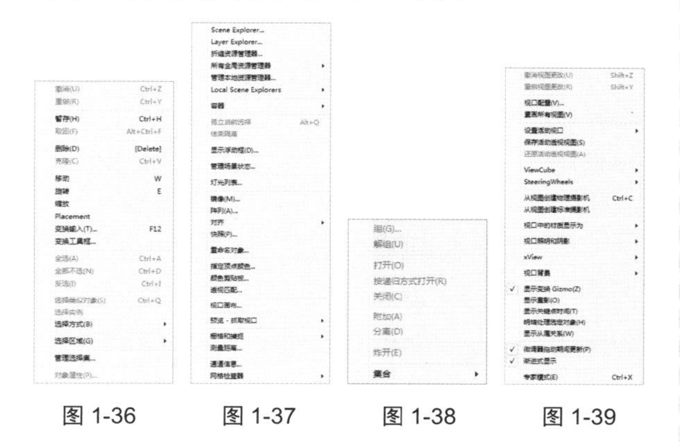

图 1-36　　图 1-37　　图 1-38　　图 1-39

创建：“创建”菜单中的命令主要用于在视图中创建各种类型的对象，如图 1-40 所示。

修改器：“修改器”菜单中包含了所有修改器列表中的命令，如图 1-41 所示。

动画：“动画”菜单主要用来设置动画，其中包括正向动力学、反向动力学及骨骼等，如图 1-42 所示。

图形编辑器：“图形编辑器”菜单以图形化视图的方式，表达场景中各个对象之间的关系，如图 1-43 所示。

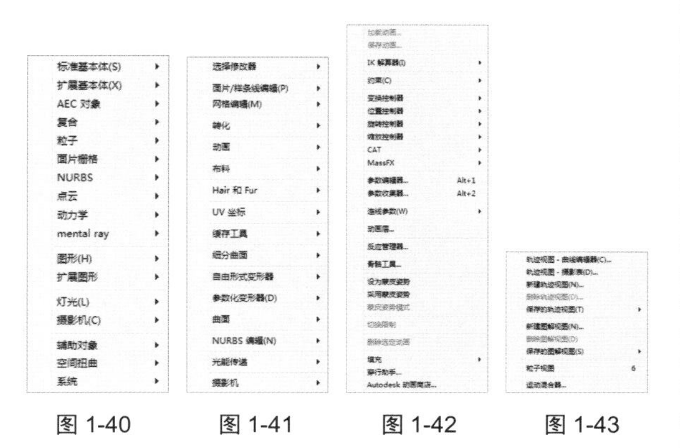

图 1-40　　图 1-41　　图 1-42　　图 1-43

渲染：“渲染”菜单主要用来设置渲染参数，包括“渲染”“环境”和“效果”等命令，如图 1-44 所示。

Civil View：Civil View 菜单只有初始化 Civil View 一个命令，如图 1-45 所示。

自定义：“自定义”菜单允许用户更改一些设置，这些设置包括制定个人爱好的工作界面及 3ds Max 系统设置，如图 1-46 所示。

脚本：“脚本”菜单中提供了为程序开发人员工作的环境，在这里可以新建、测试及运行自己编写的脚本语言从而辅助工作，如图 1-47 所示。

帮助：“帮助”菜单主要为 3ds Max 的一些帮助信息，可供用户参考学习，如图 1-48 所示。

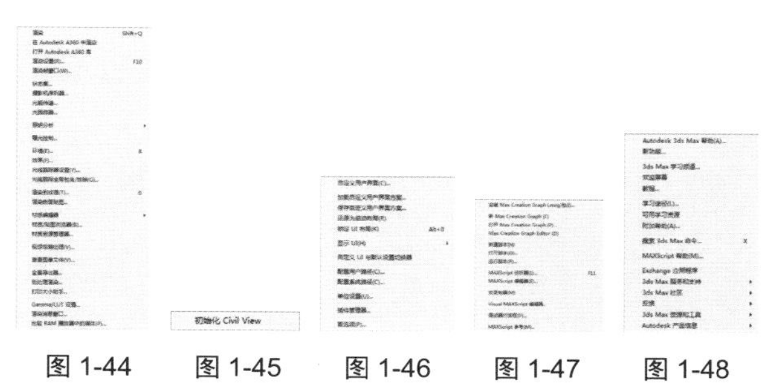

图 1-44　　图 1-45　　图 1-46　　图 1-47　　图 1-48

实例操作：设置场景的系统单位

实例：设置场景的系统单位

实例位置：	工程文件 >CH01> 茶壶 .max
视频位置：	视频文件 >CH01> 实例：设置场景的系统单位 .mp4
实用指数：	★☆☆☆☆
技术掌握：	掌握 3ds Max 软件单位的设置。

01 打开本书附带资源中的“茶壶 .max”文件，其中只有一个茶壶的模型，如图 1-49 所示。

02 选择场景中的茶壶模型，在“修改”面板中的“参数”卷展栏内可以看到当前茶壶模型的“半径”值为 50，但是这个数值后面并没有单位，如图 1-50 所示。

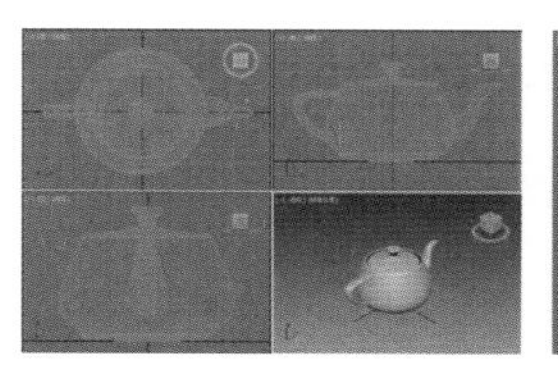

图 1-49

图 1-50

03 在“菜单栏”中，执行“自定义”→“单位设置”命令，如图 1-51 所示。

04 在弹出的“单位设置”对话框中，可以看到默认的“显示单位比例”为“通用单位”。现在，重新设置“显示单位比例”为“公制”，并将“公制”的显示单位选择为“毫米”，如图 1-52 所示。

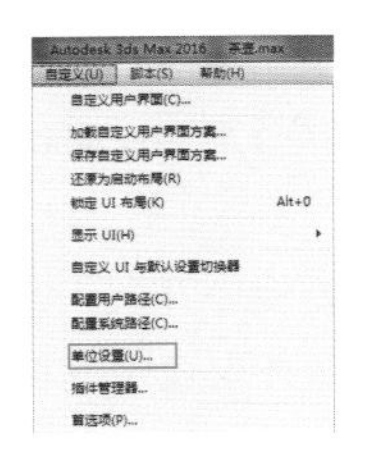

图 1-51

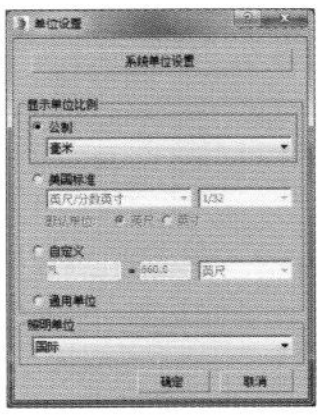

图 1-52

05 在“单位设置”对话框中，单击“系统单位设置”按钮，即可弹出“系统单位设置”对话框，如图 1-53 所示。

06 在“系统单位设置”对话框中，设置 1 单位 =1 毫米，如图 1-54 所示。

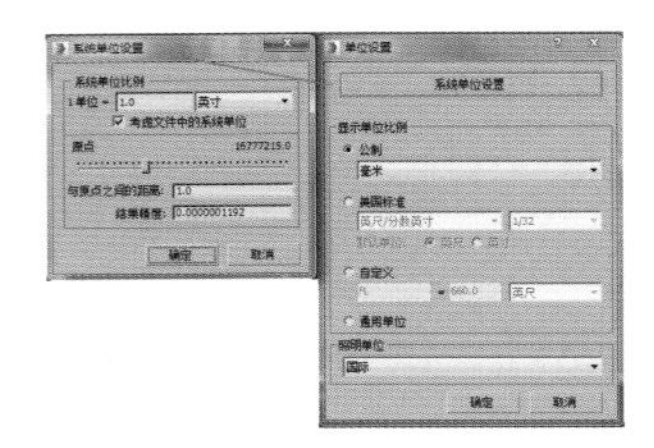

图 1-53

图 1-54

07 设置完成后，单击“系统单位设置”对话框和“单位设置”对话框中的“确定”按钮，关闭这两个对话框，即可在“修改”面板中查看当前茶壶模型的“半径”为 50mm，如图 1-55 所示。

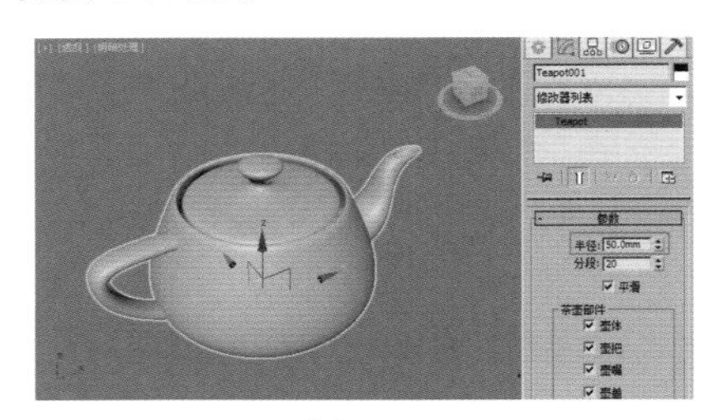

图 1-55

1.5.2 菜单栏命令的基础知识

在菜单栏上单击命令打开菜单时，可以发现某些命令后面有相应的快捷键提示，如图 1-56 所示。

菜单的命令后面带有省略号，表示使用该命令会弹出一个独立的对话框，同时，弹出对话框后，再次在下拉菜单中查看该命令，会发现该命令前会显示“√”符号，如图 1-57 所示。

菜单的命令后面带有黑色的小三角图标，表示该命令还有子命令可选，如图 1-58 所示。

菜单中的部分命令为灰色不可使用状态，表示在当前的操作中，没有选中合适的对象可以使用该命令。例如场景中没有选中任何对象，就无法激活“对象属性”命令，如图 1-59 所示。

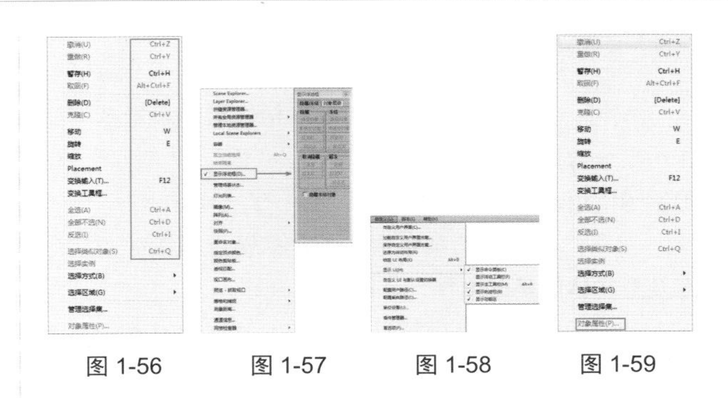

图 1-56　图 1-57　图 1-58　图 1-59

1.6 主工具栏

菜单栏的下方是主工具栏，主工具栏由一系列的图标按钮组成，当用户的显示器分辨率过低时，主工具栏上的图标按钮会显示不全，此时可以将鼠标移动至工具栏上，待鼠标变成抓手工具时，即可左右移动主工具栏来查看其他未显示的工具图标。如图 1-60 所示为 3ds Max 的主工具栏。

图 1-60

仔细观察主工具栏上的图标按钮，注意到有些图标按钮的右下角有一个小三角形的标志，即当前图标按钮包含多个类似命令。切换其他命令时，长按当前图标按钮，则会显示出其他命令，如图 1-61 所示。

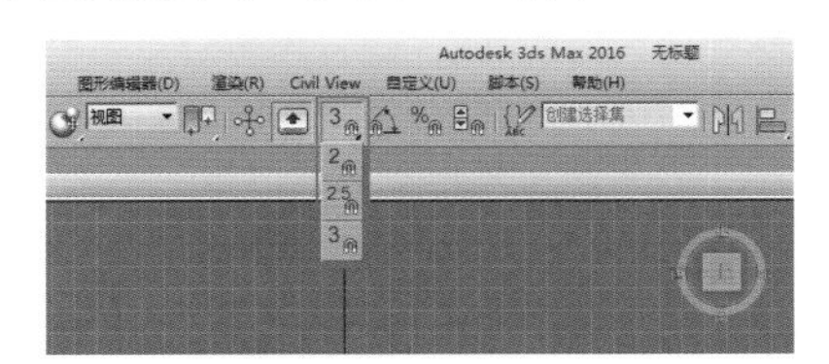

图 1-61

小技巧

主工具栏可以以拖曳的方式更改为浮动窗口，并且允许用户调整其为任意大小的矩形面板，如图 1-62 所示。

图 1-62

工具解析

- “撤销”按钮：可取消上一次的操作。
- “重做”按钮：可取消上一次的“撤销”操作。
- “选择并链接”按钮：用于将两个或多个对象

链接成为父子层次关系。

✦ “断开当前选择链接”按钮：用于解除两个对象之间的父子层次关系。

✦ “绑定到空间扭曲”按钮：将当前选中的对象附加到空间扭曲。

✦ “选择过滤器”下拉列表全部：可以通过此下拉列表来限制选择工具选择的对象类型。

✦ “选择对象”按钮：可用于选择场景中的对象。

✦ “按名称选择”按钮：单击此按钮可打开“从场景选择”对话框，通过对象名称来选择物体。

✦ “矩形选择区域”按钮：在矩形选区内选择对象。

✦ “圆形选择区域”按钮：在圆形选区内选择对象。

✦ “围栏选择区域”按钮：在不规则的围栏形状内选择对象。

✦ “套索选择区域”按钮：通过鼠标操作在不规则的区域内选择对象。

✦ “绘制选择区域”按钮：在对象上方以绘制的方式选择对象。

✦ “窗口 / 交叉”按钮：单击此按钮，可在“窗口”和“交叉”模式之间进行切换。

✦ “选择并移动”按钮：选择并移动选中的对象。

✦ “选择并旋转”按钮：选择并旋转选中的对象。

✦ “选择并均匀缩放”按钮：选择并均匀缩放选中的对象。

✦ “选择并非均匀缩放”按钮：选择并以非均匀的方式缩放选中的对象。

✦ “选择并挤压”按钮：选择并以挤压的方式来缩放选中的对象。

✦ “选择并放置”按钮：将对象准确地定位到另一个对象的表面上。

✦ “参考坐标系”下拉列表视图：可以指定变换所用的坐标系。

✦ “使用轴点中心”按钮：可以围绕对象各自的轴点旋转或缩放一个或多个对象。

✦ “使用选择中心”按钮：可以围绕选中对象共同的几何中心，进行旋转或缩放一个或多个对象。

✦ “使用变换坐标中心”按钮：围绕当前坐标系中心旋转或缩放对象。

✦ “选择并操纵”按钮：通过在视图中拖曳“操纵器”来编辑对象的控制参数。

✦ “键盘快捷键覆盖切换”按钮：单击此按钮可以在“主用户界面”快捷键和组快捷键之间进行切换。

✦ “捕捉开关”按钮：通过此按钮可以提供捕捉处于活动状态位置的 3D 空间的控制范围。

✦ “角度捕捉开关”按钮：通过此按钮可以设置旋转操作时进行预设角度旋转。

✦ “百分比捕捉开关”按钮：按指定的百分比增加对象的缩放。

✦ “微调器捕捉开关”按钮：用于切换设置 3ds Max 中微调器的一次单击时增加或减少值。

✦ “编辑命名选择集”按钮：单击此按钮可以打开“命名选择集”对话框。

✦ “命名选择集”下拉列表创建选择集：使用此下拉列表可以调用选择集合。

✦ “镜像”按钮：单击此按钮可以打开“镜像”对话框，从而详细设置镜像场景中的物体。

✦ “对齐”按钮：将当前选择与目标选择对齐。

✦ “快速对齐”按钮：可立即将当前选中的位置与目标对象的位置对齐。

✦ “法线对齐”按钮：使用“法线对齐”对话框来设置物体表面基于另一个物体表面的法线方向进行对齐。

✦ “放置高光”按钮：可将灯光或对象对齐到另一个对象上，从而精确定位其高光或反射。

✦ “对齐摄影机”按钮：将摄影机与选定的面法线进行对齐。

✦ “对齐到视图”按钮：通过“对齐到视图”对话框将对象或子对象选择的局部轴与当前视图对齐。

✦ “切换场景资源管理器”按钮：单击此按钮可打开“场景资源管理器 - 场景资源管理器”对话框。

✦ “切换层资源管理器”按钮：单击此按钮可打开“场景资源管理器 - 层资源管理器”对话框。

✦ “切换功能区”按钮：单击此按钮可显示或隐藏 Ribbon 工具栏。

✦ “曲线编辑器”按钮：单击此按钮可打开“轨迹视图 - 曲线编辑器”面板。

✦ “图解视图”按钮：单击此按钮可打开“图解视图”面板。

✦ “材质编辑器”按钮：单击此按钮可打开“材质编辑器”面板。

✦ “渲染设置”按钮：单击此按钮可打开“渲染设置”面板。

✦ “渲染帧窗口”按钮：单击此按钮可打开“渲染帧”窗口。

✦ “渲染产品”按钮：渲染当前激活的视口。

✦ “在 Autodesk A360 中渲染”按钮：单击此按钮可弹出“渲染设置：A360 云渲染”面板。

✦ “打开 Autodesk A360 库”按钮：单击此按钮可直接在浏览器中打开 Autodesk A360 网站页面。

技巧与提示：

主工具栏可以通过快捷键 Alt+6 进行显示与隐藏的切换。

在主工具栏的空白处右击，可以看到 3ds Max 2016 在默认状态下未显示的其他工具栏。除主工具栏外，还有“笔刷预设”工具栏、“轴约束”工具栏、“层”工具栏、“状态集”工具栏、“附加”工具栏、“渲染快捷方式”工具栏、“捕捉”工具栏、“动画层”工具栏、“容器”工具栏和 MassFX 工具栏，如图 1-63 所示。

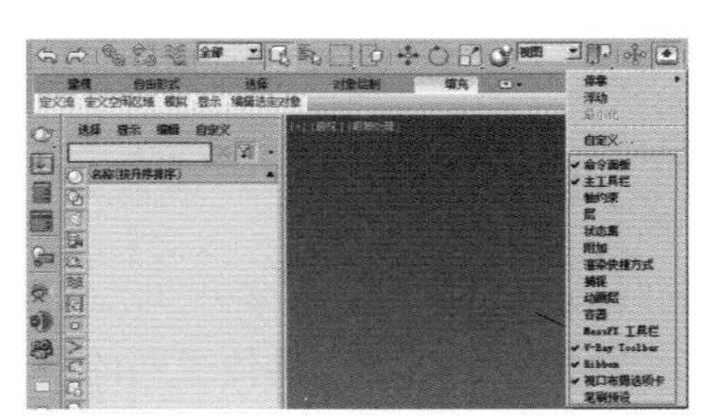

图 1-63

1.6.1 “笔刷预设”工具栏

“笔刷预设”工具栏：当用户对“可编辑多边形”进行“绘制变形”时，即可激活此工具栏来设置笔刷的效果，如图 1-64 所示。

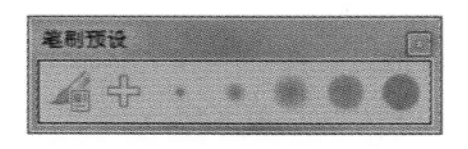

图 1-64

工具解析

✦ 笔刷预设管理器：打开“笔刷预设管理器”对话框，可从中添加、复制、重命名、删除、保存和加载笔刷预设。

✦ 添加新建预设：通过当前笔刷设置将新预设添加到工具栏，在第一次添加时系统会提示输入笔刷的名称。如果尝试超出笔刷预设的最大值（50），则会出现警告对话框。该按钮后面提供了默认的 5 种大小不同的笔刷。

1.6.2 “轴约束”工具栏

当使用移动工具时，可通过该工具栏内的图标命令来设置需要进行操作的坐标轴，如图 1-65 所示。

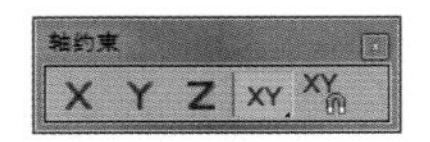

图 1-65

工具解析

✦ 变换 Gizmo X 轴约束：限制到 X 轴。

✦ 变换 Gizmo Y 轴约束：限制到 Y 轴。

✦ 变换 Gizmo Z 轴约束：限制到 Z 轴。

✦ 变换 Gizmo XY 平面约束：限制到 XY 平面。

✦ 在捕捉中启用轴约束切换：启用此选项并通过“移动 Gizmo”或“轴约束”工具栏使用轴约束移动对象时，会将选定的对象约束为仅沿指定的轴或平面移动。禁用此选项后，将忽略约束，并且可以将捕捉的对象平移任何距离。

1.6.3 “层”工具栏

对当前场景中的对象进行设置层的操作，设置完成后，可以通过选择层名称来快速在场景中选择物体，如图 1-66 所示。还可以通过“层管理器”快速对层内的对象进行隐藏、冻结等其他操作，如图 1-67 所示。

图 1-66

图 1-67

工具解析

✦ 层管理器：弹出层管理器对话框。

✦ 图层列表：可以通过层工具栏使用层列表，该列表显示层的名称及其属性。单击属性图标即可控制层的属性，只需从列表中将其选中即可使层成为当前层。

✦ 新建层：单击该按钮将创建一个新层，该层包含当前选定的对象。

✦ 将当前选择添加到当前层：可以将当前对象选择移动至当前层。

✦ 选择当前层中的对象：将选中当前层中包含的所有对象。

✦ 设置当前层为选择的层：可将当前层更改为包含当前选中对象的层。

1.6.4 “状态集”工具栏

“状态集”工具栏：提供对“状态集”功能的快速访问，如图 1-68 所示。

图 1-68

工具解析

✦ 状态集：单击此工具可以弹出“状态集”对话框，如图 1-69 所示。

图 1-69

✦ 切换状态集的活动状态：更改状态和所有嵌套其中的状态的所有属性。

✦ 切换状态集的可渲染状态：切换状态的渲染输出。

✦ 显示或隐藏状态集列表：此下拉列表将显示与“状态集”对话框相同的层次。使用它可以激活状态，也可以访问其他状态集控件。

✦ 将当前选择导出至合成器链接：单击以指定使用 SOF 格式的链接文件的路径和文件名。如果选择现有链接文件，“状态集”将使用现有数据，而不是覆盖该文件。

1.6.5　“附加”工具栏

“附加”工具栏：包含多个用于处理 3ds Max 场景的工具，如图 1-70 所示。

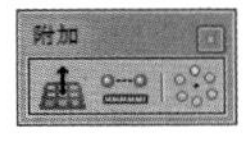

图 1-70

工具解析

✦ 自动栅格：开启自动栅格有助于在一个对象上创建另一个对象。

✦ 测量距离：测量场景中两个对象之间的距离。

✦ 阵列：单击该按钮将显示“阵列”对话框，使用该对话框可以基于当前选择创建对象阵列。

✦ 快照：快照会随时间克隆设置过动画的对象。

✦ 间隔工具：使用“间隔”工具可以基于当前选择沿样条线或一对点定义的路径分布对象。

✦ 克隆并对齐的工具：使用“克隆并对齐”工具可以基于当前选择将源对象分布到目标对象的第二选择上。

1.6.6　“渲染快捷方式”工具栏

“渲染快捷方式”工具栏：可以进行渲染预设窗口设置，如图 1-71 所示。

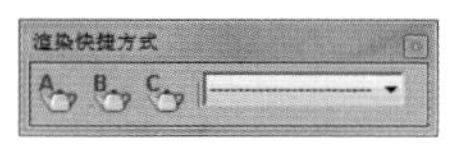

图 1-71

工具解析

✦ 渲染预设窗口 A：单击此按钮可以激活预设窗口 A，需提前将预设指定给该按钮。

✦ 渲染预设窗口 B：单击此按钮可以激活预设窗口 B，需提前将预设指定给该按钮。

✦ 渲染预设窗口 C：单击此按钮可以激活预设窗口 C，需提前将预设指定给该按钮。

✦ 渲染预设：用于从预设渲染参数集中进行选择，或加载、保存渲染参数设置。

1.6.7　“捕捉”工具栏

“捕捉”工具栏：主要可以在此设置精准捕捉的方式，如图 1-72 所示。

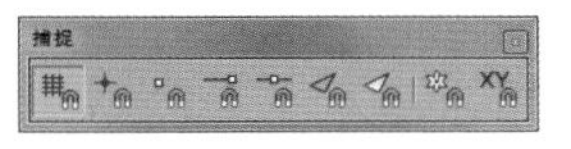

图 1-72

工具解析

✦ 捕捉到栅格点切换：捕捉到栅格交点。默认情况下，此捕捉类型处于启用状态。

✦ 捕捉到轴切换：允许捕捉对象的轴。

✦ 捕捉到顶点切换：捕捉到对象的顶点。

✦ 捕捉到端点切换：捕捉到网格边的端点或样条线的顶点。

✦ 捕捉到中点切换：捕捉到网格边的中点和样条线分段的中点。

✦ 捕捉到边 / 线段切换：捕捉沿着边（可见或不可见）或样条线分段的任何位置。

✦ 捕捉到面切换：在面的曲面上捕捉任何位置。

✦ 捕捉到冻结对象切换：可以捕捉到冻结对象上。

✦ 在捕捉中启用轴约束切换：启用此选项并通过“移动 Gizmo”或“轴约束”工具栏使用轴约束移动对象时，会将选定的对象约束为仅沿指定的轴或平面移动。

1.6.8　“动画层”工具栏

“动画层”工具栏：进行动画层相关设置的工具栏，如图 1-73 所示。

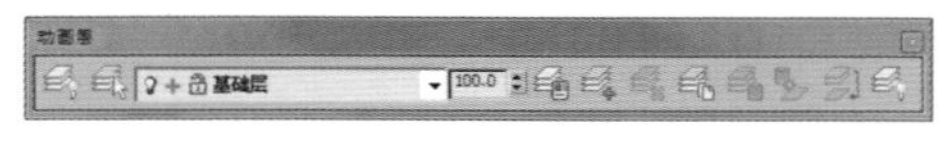

图 1-73

工具解析

✦ 启用动画层：单击该按钮可以打开“启用动画层”对话框。

✦ 选择活动层对象：选择场景中属于活动层的所有对象。

✦ 动画层列表：为选定对象列出所有现有层。列表中的每个层都含有切换图标，用于启用和禁用层，以及从控制器输出轨迹包含或排除层。通过从列表中选择来设置活动层。

✦ 动画层属性：打开“层属性”对话框，该对话框可为层提供全局选项。

✦ 添加动画层：打开“创建新动画层”对话框，可以指定与新层相关的设置。执行此操作将为具有层控制器的各个轨迹添加新层。

✦ 删除动画层：删除活动层以及它所包含的数据。删除前将会出现提示确认对话框。

✦ 复制动画层：复制活动层的数据，并启用“粘贴活动动画层”和“粘贴新层”。

✦ 粘贴活动动画层：用复制的数据覆盖活动层控制器类型和动画关键点。

✦ 粘贴新建层：使用复制层的控制器类型和动画关键点创建新层。

✦ 塌陷动画层：只要活动层尚未禁用，则可以将它塌陷至其下一层。如果活动层已禁用，则已塌陷的层将在整个列表中循环，直到找到可用层为止。

✦ 禁用动画层：从所选对象移除层控制器。基础层上的动画关键点还原为原始控制器。

1.6.9 “容器”工具栏

“容器”工具栏：用于提供处理容器的命令，如图 1-74 所示。

图 1-74

工具解析

✦ 继承容器：将磁盘上存储的源容器加载到场景中。

✦ 利用所选内容创建容器：创建容器并将选定对象放入其中。

✦ 将选定项添加到容器中：打开拾取列表，从中选择要向其添加场景中的选定对象的容器。

✦ 从容器中移除选定对象：将选定的对象从其所属容器中移除。

✦ 加载容器：将容器定义加载到场景中并显示容器的内容。

✦ 卸载容器：保存容器并将其内容从场景中移除。

✦ 打开容器：使容器内容可编辑。

✦ 关闭容器：将容器保存到磁盘并防止对其内容进行任何进一步编辑或添加操作。

✦ 保存容器：保存对打开的容器所做的任何编辑。

✦ 更新容器：从所选容器的 MAXC 源文件中重新加载其内容。

✦ 重新加载容器：将本地容器重置到最新保存的版本。

✦ 使所有内容唯一：选中“源定义”框中显示的容器，并将其与内部嵌套的任何容器转换为唯一容器。

✦ 合并容器源：将最新保存的源容器版本加载到场景中，但不会打开任何可能嵌套在内部的容器。

✦ 编辑容器：允许编辑来源于其他用户的容器。

✦ 覆盖对象属性：忽略容器中各对象的显示设置，并改用容器辅助对象的显示设置。

✦ 覆盖所有锁定：仅对本地容器“轨迹视图”“层次”列表中的所有轨迹暂时禁用锁定。

1.6.10 MassFX 工具栏

MassFX 工具栏：3ds Max 的 MassFX 提供了用于为项目添加真实物理模拟的工具集，使用此工具栏可以快速访问 MassFX 工具栏，对场景中的物体设置动画模拟，如图 1-75 所示。

图 1-75

工具解析

✦ 世界参数：打开“MassFX 工具”对话框并定位到“世界参数”面板。

✦ 模拟工具：打开“MassFX 工具”对话框并定位到“模拟工具”面板。

✦ 多对象编辑器：打开“MassFX 工具”对话框并定位到“多对象编辑器”面板。

✦ 显示选项：打开“MassFX 工具”对话框并定

位到“显示选项”面板。

✦ 将选定项设置为动力学刚体：将未实例化的 MassFX 刚体修改器应用到每个选定对象，并将“刚体类型”设置为“动力学”，然后为对象创建单个凸面物理图形。如果选定对象已经具有 MassFX 刚体修改器，则现有修改器将更改为动力学，而不重新应用。

✦ 将选定项设置为运动学刚体：将未实例化的 MassFX 刚体修改器应用到每个选定对象，并将“刚体类型”设置为“运动学”，然后为每个对象创建一个凸面物理图形。如果选定对象已经具有 MassFX 刚体修改器，则现有修改器将更改为运动学，而不重新应用。

✦ 将选定项设置为静态刚体：将未实例化的 MassFX 刚体修改器应用到每个选定对象，并将“刚体类型”设置为“静态”。为对象创建单个凸面物理图形。如果选定对象已经具有 MassFX 刚体修改器，则现有修改器将更改为静态，而不重新应用。

✦ 将选定对象设置为 mCloth 对象：将未实例化的 mCloth 修改器应用到每个选定对象，然后切换到“修改”面板来调整修改器的参数。

✦ 从选定对象中移除 mCloth：从每个选定对象移除 mCloth 修改器。

✦ 创建刚体约束：将新 MassFX 约束辅助对象添加到带有适合于刚体约束设置的项目中。刚体约束使平移、摆动和扭曲全部锁定，尝试在开始模拟时保持两个刚体在相同的相对变换中。

✦ 创建滑块约束：将新 MassFX 约束辅助对象添加到带有适合于滑动约束设置的项目中。滑动约束类似于刚体约束，但是启用受限的 Y 变换。

✦ 创建转枢约束：将新 MassFX 约束辅助对象添加到带有适合于转枢约束设置的项目中。转枢约束类似于刚体约束，但是“摆动 1”限制为 100°。

✦ 创建扭曲约束：将新 MassFX 约束辅助对象添加到带有适合于扭曲约束设置的项目中。扭曲约束类似于刚体约束，但是“扭曲”设置为无限制。

✦ 创建通用约束：将新 MassFX 约束辅助对象添加到带有适合于通用约束设置的项目中。通用约束类似于刚体约束，但“摆动 1”和“摆动 2”限制为 45°。

✦ 建立球和套管约束：将新 MassFX 约束辅助对象添加到带有适合于球和套管约束设置的项目中。球和套管约束类似于刚体约束，但“摆动 1”和“摆动 2”限制为 80°，且“扭曲”设置为无限制。

✦ 创建动力学碎布玩偶：设置选定角色作为动力学碎布玩偶。其运动可以影响模拟中的其他对象，同时也受这些对象影响。

✦ 创建运动学碎布玩偶：设置选定角色作为运动学碎布玩偶。其运动可以影响模拟中的其他对象，但不会受这些对象的影响。

✦ 移除碎布玩偶：通过删除刚体修改器、约束和碎布玩偶辅助对象，从模拟中移除选定的角色。

✦ 将模拟实体重置为其原始状态：停止模拟，将时间滑块移动到第一帧，并将任意动力学刚体的变换设置为其初始变换。

✦ 开始模拟：从当前模拟帧运行模拟。默认情况下，该帧是动画的第一帧，它不一定是当前的动画帧。如果模拟正在运行，会使按钮显示为已按下状态，单击此按钮将在当前模拟帧处暂停模拟。

✦ 开始没有动画的模拟：与“开始模拟”类似，只是模拟运行时，时间滑块不会前进。

✦ 将模拟前进一帧：运行一个帧的模拟并使时间滑块前进相同量。

1.7　Ribbon 工具栏

Ribbon 工具栏包含“建模”“自由形式”“选择”“对象绘制”和“填充”五大部分，如图 1-76 所示。

图 1-76

1.7.1　建模

单击“显示完整的功能区”按钮可以向下展开 Ribbon 工具栏。执行“建模”命令，可以看到与多边形建模相关的命令，如图 1-77 所示。当鼠标未选择几何体时，该命令区域呈灰色显示。

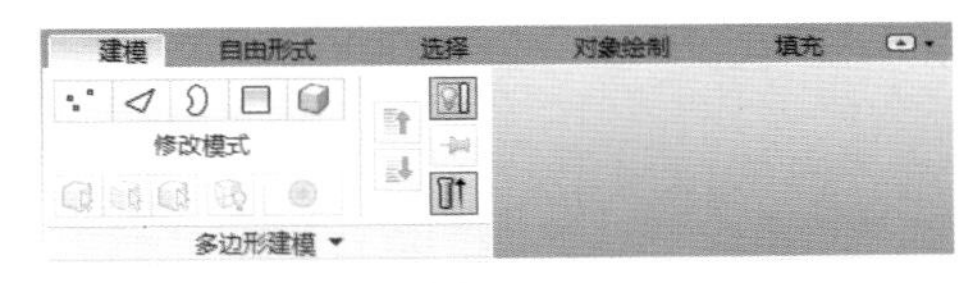

图 1-77

当选择几何体时，单击相应图标进入多边形的子层级后，此区域可显示相应子层级内的全部建模命令，并以非常直观的图标形式出现。如图 1-78 所示为多边形“顶点”层级内的命令图标。

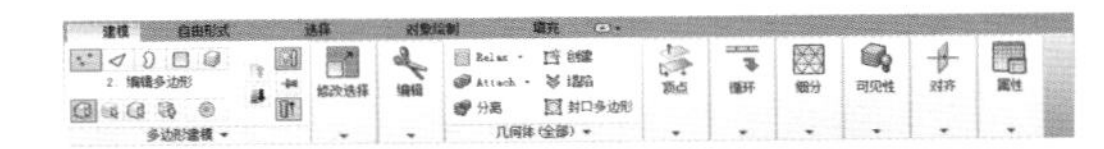

图 1-78

1.7.2 自由形式

执行“自由形式”命令，其内部的命令图标如图 1-79 所示。需要选择物体才可激活相应命令，通过“自由形式”选项卡中的命令可以用绘制的方式来修改几何形体的形态。

图 1-79

1.7.3 选择

执行“选择”命令，其内部的命令图标如图 1-80 所示。需要选择多边形物体并进入其子层级后可激活命令图标。未选中物体时，此命令内部为空。

图 1-80

1.7.4 对象绘制

执行“对象绘制”命令，其内部命令图标如图 1-81 所示。此区域的命令允许为鼠标设置一个模型，以绘制的方式在场景中或物体对象表面进行复制绘制。

图 1-81

实例操作：使用“对象绘制”制作草地

实例：使用“对象绘制”制作草地

实例位置：	工程文件 >CH01> 小草 .max
视频位置：	视频文件 >CH01> 实例：使用“对象绘制”制作草地 .mp4
实用指数：	★★☆☆☆
技术掌握：	学习“对象绘制”命令。

在本实例中，讲解如何使用“对象绘制”命令快速制作一个草地模型。草地模型的渲染效果如图 1-82 所示。

图 1-82

01 打开本书附带资源中的“小草 .max”文件，其中有一个小草和一个地面的模型，如图 1-83 所示。

02 选择场景中的小草模型，单击展开“对象绘制”工具栏，如图 1-84 所示。

图 1-83

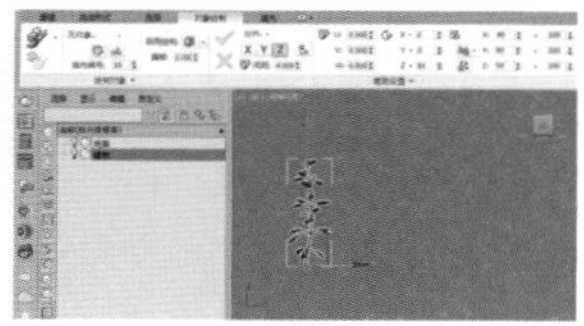

图 1-84

03 在“选择设置”区域中，设置 Z 的值为 360，这样复制出来的小草模型在水平方向上可以产生随机的旋转效果，如图 1-85 所示。

图 1-85

04 在“缩放设置”区域中，设置“缩放”的类型为“随机”，并单击取消“轴锁定”，分别设置 X 为 80<100，Y 为 80<100，Z 为 50<100，如图 1-86 所示。

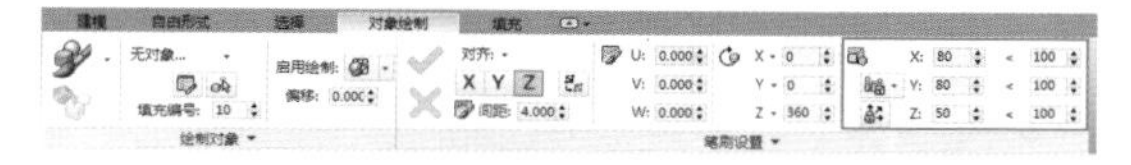

图 1-86

05 设置完成后，单击“绘制选定对象”按钮，即可在地面模型上绘制出随机的草地效果，如图 1-87 所示。

图 1-87

1.7.5 填充

执行“填充”命令，可以快速制作大量人群的走动和闲聊场景。尤其是在建筑室内外的动画表现上，更少不了这一元素。角色不仅可以为画面添加活泼的生气，还可以作为所要表现建筑尺寸的重要参考依据。其内部命令图标如图 1-88 所示。

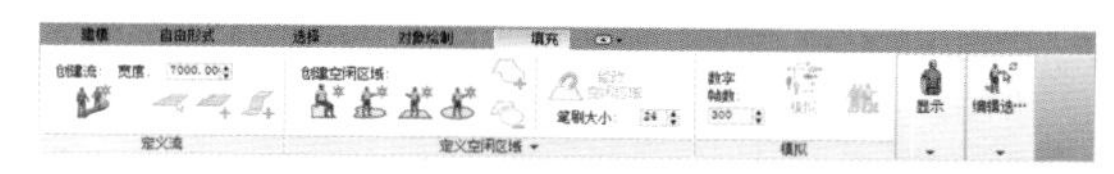

图 1-88

1.8　场景资源管理器

通过停靠在软件界面左侧的“场景资源管理器”面板，可以很方便地查看、排序、过滤和选择场景中的对象，如图 1-89 所示。

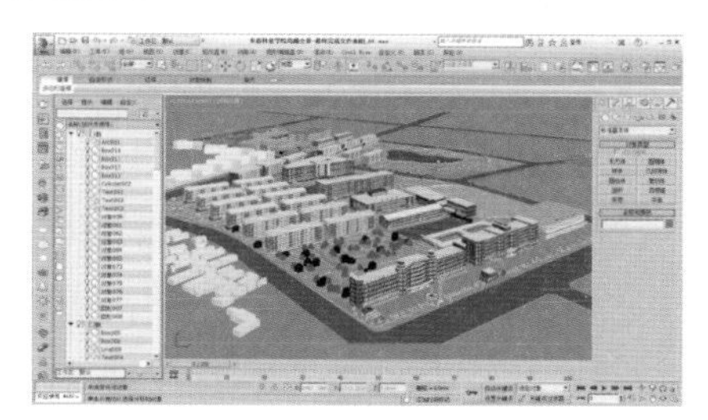

图 1-89

1.9　工作视图

1.9.1　工作视图的切换

在 3ds Max 的整个工作界面中，工作视图区域占据了软件的大部分界面空间，这有利于工作的进行。默认状态下，工作视图分为顶视图、前视图、左视图和透视视图 4 种，如图 1-90 所示。

技巧与提示：

可以单击软件界面右下角的“最大化视图切换”按钮将默认的四视图区域切换至一个视图区域的显示模式。

当视图区域为一个时，可以通过按相应的快捷键切换各个操作视图。

切换至顶视图的快捷键为 T。

切换至前视图的快捷键为 F。

切换至左视图的快捷键为 L。

切换至透视视图的快捷键为 P。

当选择了一个视图时，可按下快捷键（开始 +Shift 键）来切换至下一视图。

将鼠标移动至视图的左上角，在相应视图提示文字上单击，可弹出下拉列表，从中也可以选择即将切换的操作视图。从此下拉列表中也可以看出后视图和右视图无快捷键，如图 1-91 所示。

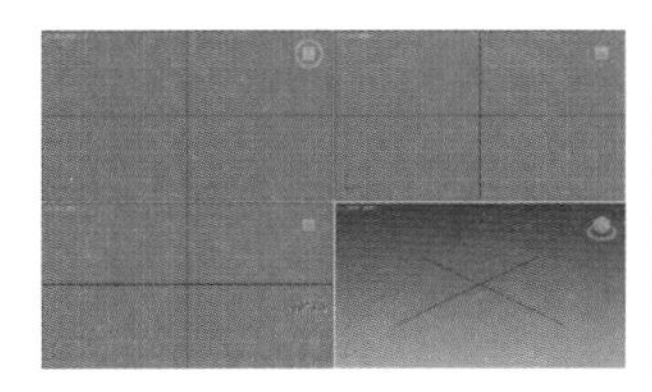

图 1-90

图 1-91

1.9.2　工作视图的显示样式

3ds Max 2016 启动后，通过单击摄影机视图左上角的文字命令，在弹出的下拉列表中进行切换，此处文字命令的默认显示样式为“真实”。3ds Max 2016 为用户提供了多种不同的显示方式，除了“线框”及“明暗处理”这两种最为常用的显示方式以外，还有“一致的色彩”“粘土”“样式化”等可供用户选择使用，如图 1-92 所示。

图 1-92

实例操作：更改“工作视图”的显示方式

实例：更改“工作视图”的显示方式

实例位置：　工程文件 >CH01> 小草 .max

视频位置：　视频文件 >CH01> 实例：更改“工作视图”的显示方式 .mp4

实用指数：　★☆☆☆☆

技术掌握：　学习“工作视图”显示方面的命令。

01 打开本书附带资源中的“植物 .max”文件，其中有一个植物的模型，如图 1-93 所示。

02 在透视视图中，单击视图左上角的文字，可以将场景的显示方式设置为“真实”，如图 1-94 所示。

图 1-93　图 1-94

03 以相同的方式，可以设置场景中的物体以“明暗处理”方式显示，视图效果如图 1-95 所示。

04 以相同的方式，可以设置场景中的物体以“一致的色彩”方式显示，视图效果如图 1-96 所示。

图 1-95　图 1-96

05 以相同的方式，可以设置场景中的物体以“边面”

方式显示，视图效果如图 1-97 所示。

06 以相同的方式，可以设置场景中的物体以“隐藏线”方式显示，视图效果如图 1-98 所示。

图 1-97

图 1-98

07 以相同的方式，可以设置场景中的物体以“边界框”方式显示，视图效果如图 1-99 所示。

08 以相同的方式，可以设置场景中的物体以“粘土”方式显示，视图效果如图 1-100 所示。

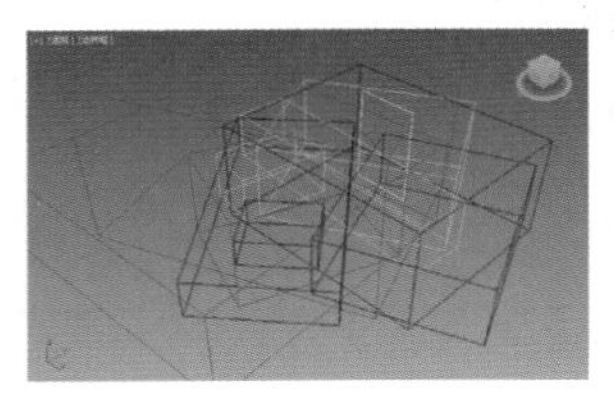

图 1-99

图 1-100

09 以相同的方式，可以设置场景中的物体以“样式化”→“石墨”方式显示，视图效果如图 1-101 所示。

10 以相同的方式，可以设置场景中的物体以“样式化”→“彩色铅笔”方式显示，视图效果如图 1-102 所示。

图 1-101

图 1-102

11 以相同的方式，可以设置场景中的物体以“样式化”→“墨水”方式显示，视图效果如图 1-103 所示。

12 以相同的方式，可以设置场景中的物体以“样式化”→“彩色墨水”方式显示，视图效果如图 1-104 所示。

图 1-103

图 1-104

13 以相同的方式，可以设置场景中的物体以“样式化”→“亚克力”方式显示，视图效果如图 1-105 所示。

14 以相同的方式，可以设置场景中的物体以“样式化”→“彩色蜡笔”方式显示，视图效果如图 1-106 所示。

图 1-105

图 1-106

15 以相同的方式，可以设置场景中的物体以“样式化”→“技术”方式显示，视图效果如图 1-107 所示。

图 1-107

技巧与提示：

按下快捷键 F3，可以使场景中的物体在“线框”“明暗处理”“真实”等以实体方式显示的模式中相互切换；按下快捷键 F4，则可以控制场景中的物体是否进行“边面”显示。

1.9.3 ViewCube

ViewCube 3D 导航控件提供了视图当前方向的视觉反馈，让用户可以调整视图方向，以及在“标准视图”与“等距视图”之间进行切换，如图 1-108 所示。

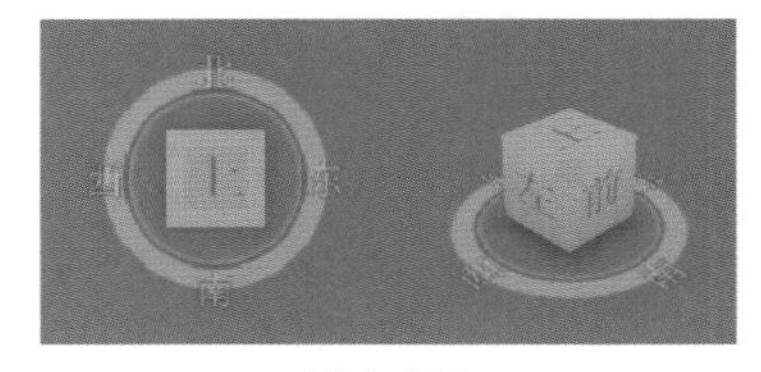

图 1-108

实例操作：设置 View Cube 3D 导航控件的显示方式

实例：设置 ViewCube 3D 导航控件的显示方式

实例位置：	工程文件 >CH01> 圆铁盒 .max
视频位置：	视频文件 >CH01> 实例：设置 ViewCube 3D 导航控件的显示方式 .mp4
实用指数：	★☆☆☆☆
技术掌握：	学习 ViewCube 3D 导航控件的设置方法。

01 启动 3ds Max 2016，打开本书附带资源中的“圆铁盒 .max”文件。可以看到，ViewCube 图标默认位于透

视视图的右上角，只有当鼠标位于 ViewCube 图标上方时，它才变成活动状态，并且为不透明显示，如图 1-109 所示。

02 当鼠标移开 ViewCube 图标时，则会变成非活动状态，图标呈半透明显示，这样不会遮挡透视视图中的对象，如图 1-110 所示。

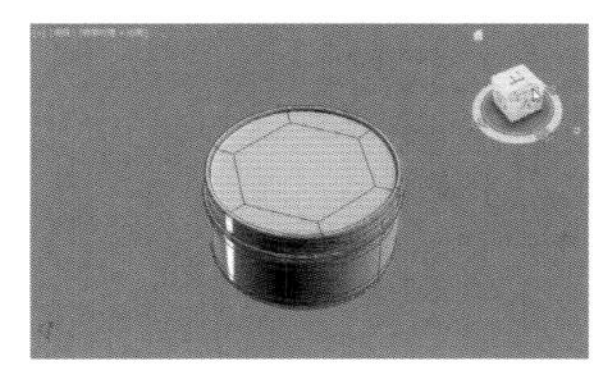
图 1-109

图 1-110

03 当 ViewCube 为非活动状态时，可以控制其不透明度级别，以及大小、显示它的视图和指南针显示。这些设置位于“视图配置”对话框的 ViewCube 面板上。在 ViewCube 图标上右击，在快捷菜单中选择“配置”命令，即可在弹出的“视图配置”对话框中对 ViewCube 的属性进行更改，如图 1-111 和图 1-112 所示。

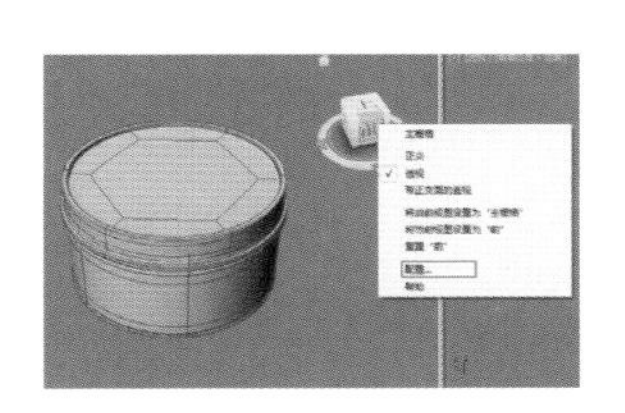
图 1-111

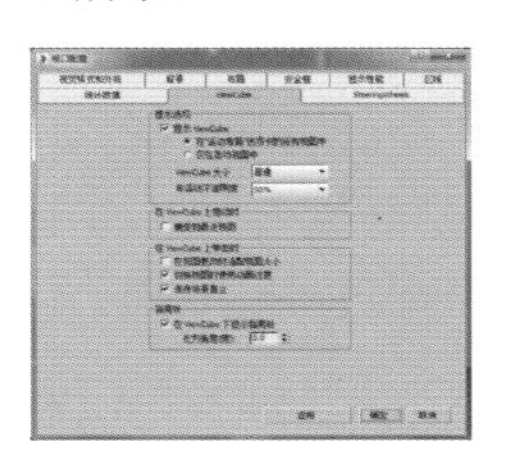
图 1-112

技巧与提示：

控制 ViewCube 图标显示与隐藏的快捷键为 Alt+Ctrl+V。

也可以通过单击工作视图左上角的“+”图标，在弹出的下拉菜单中执行“ViewCube”→“显示 ViewCube”命令，从而控制 ViewCube 图标的显示与隐藏，如图 1-113 所示。

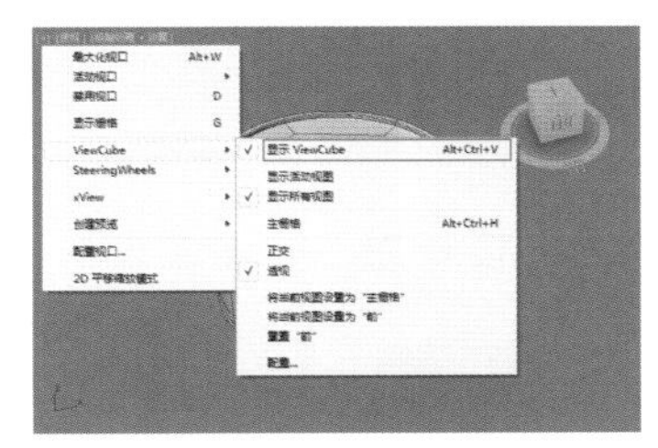
图 1-113

1.9.4　SteeringWheels

SteeringWheels 3D 导航控件也可以说是“追踪菜单”，通过它可以使用户从单一的工具访问不同的 2D 和 3D 导航工具。SteeringWheels 可分成多个称为“楔形体”的部分。轮子上的每个楔形体都代表一种导航工具。可以使用不同的方式平移、缩放或操纵场景的当前视图。SteeringWheels 也称作“轮子”，它可以通过将许多公用导航工具组合到单一界面中，从而节省用户的时间。第一次在透视视图中显示 SteeringWheels 时，SteeringWheels 将随着鼠标的位置而进行移动，如图 1-114 所示。

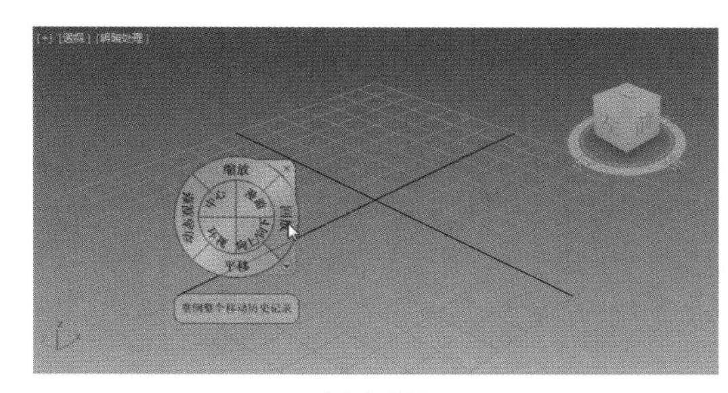

图 1-114

单击透视视图左上角的“+”图标，在弹出的下拉菜单中执行“SteeringWheels> 配置”命令，即可弹出“视图配置”对话框，如图 1-115 所示。进入 SteeringWheels 选项卡，即可对 SteeringWheels 的属性进行详细设置，如图 1-116 所示。

3ds Max 2016 提供了多种 SteeringWheels 的显示方式，可使不同用户根据自己的工作需要选择并显示 SteeringWheels。SteeringWheels 的显示方式有 6 种方式。

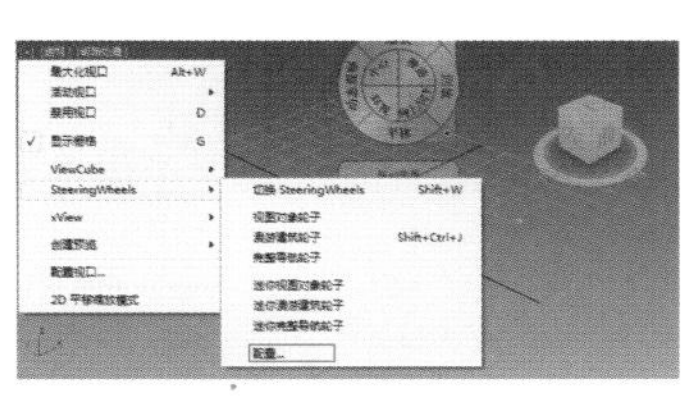
图 1-115

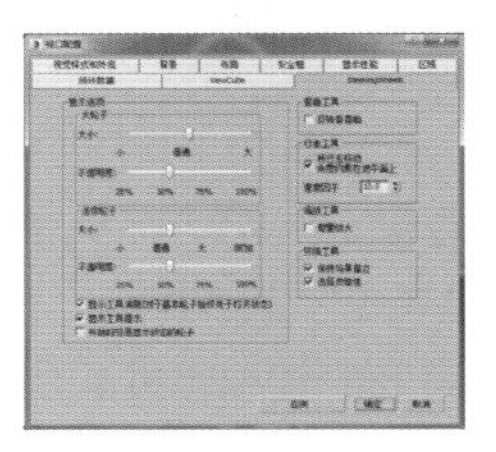
图 1-116

实例操作：设置 SteeringWheels 的显示方式

实例：设置 SteeringWheels 的显示方式

实例位置：	工程文件 >CH01> 摄像头 .max
视频位置：	视频文件 >CH01> 实例：设置 SteeringWheels 的显示方式 .mp4
实用指数：	★☆☆☆☆
技术掌握：	学习 SteeringWheels 导航控件的设置方法。

01 启动 3ds Max 2016，打开本书附带资源中的“摄像头 .max”文件，如图 1-117 所示。

02 单击透视视图左上角的“+”图标，在弹出的下拉菜单中，执行“SteeringWheels”→“切换 SteeringWheels”中的6个不同轮子的名称进行 SteeringWheels 的显示方式的切换，如图 1-118 所示。

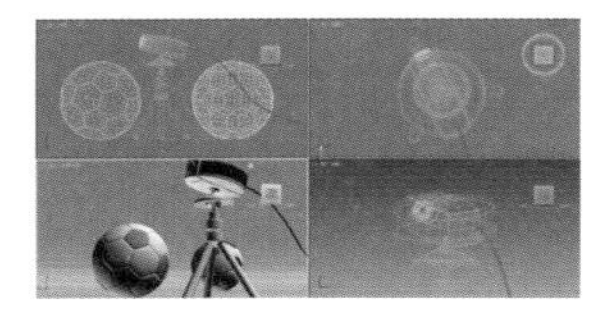
图 1-117

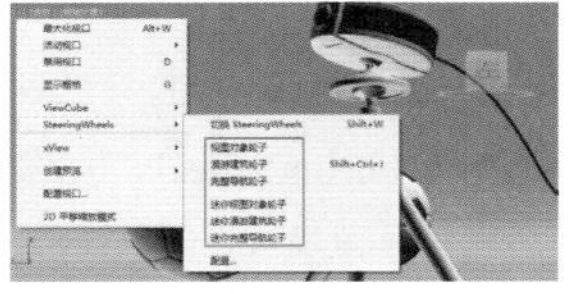
图 1-118

03 如图 1-119 所示为 SteeringWheels 显示为“视图对象轮子”的状态。

04 如图 1-120 所示为 SteeringWheels 显示为“漫游建筑轮子”的状态。

图 1-119

图 1-120

05 如图 1-121 所示为 SteeringWheels 显示为“完整导航轮子”的状态。

06 如图 1-122 所示为 SteeringWheels 显示为“迷你视图对象轮子”的状态。

图 1-121

图 1-122

07 如图 1-123 所示为 SteeringWheels 显示为“迷你漫游建筑轮子”的状态。

08 如图 1-124 所示为 SteeringWheels 显示为“迷你完整导航轮子”的状态。

图 1-123

图 1-124

技巧与提示：

控制 SteeringWheels 图标显示与隐藏的快捷键为 Shift+W。

也可以通过单击工作视图左上角的“+”图标，在弹出的下拉菜单中执行“SteeringWheels”→“显示 SteeringWheels”命令，从而控制 SteeringWheels 图标的显示与隐藏，如图 1-125 所示。

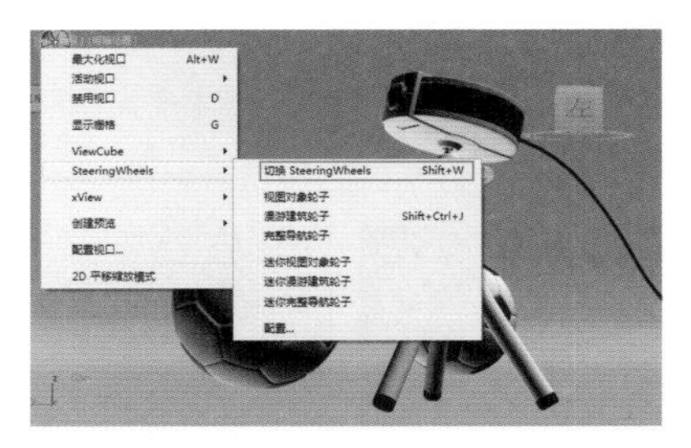
图 1-125

1.10 命令面板

3ds Max 软件界面的右侧即为“命令”面板。命令面板由“创建”面板、“修改”面板、“层次”面板、“运动”面板、“显示”面板和“实用”程序面板组成。

1.10.1 “创建”面板

如图 1-126 所示为“创建”面板，可以创建 7 种对象，分别是“几何体”“图形”“灯光”“摄影机”“辅助对象”“空间扭曲”和“系统”。

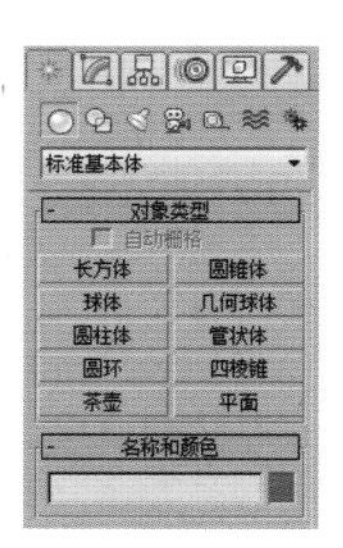
图 1-126

工具解析

✦ “几何体”按钮：不仅可以用来创建“长方体”“椎体”“球体”“圆柱体”等基本几何体，也可以创建出一些现成的建筑模型，如“门”“窗”“楼梯”“栏杆”“植物”等模型。

✦ “图形”按钮：主要用来创建样条线和 NURBS 曲线。

✦ “灯光”按钮：主要用来创建场景中的灯光。

✦ “摄影机”按钮：主要用来创建场景中的摄影机。

✦ “辅助对象”按钮：主要用来创建有助于场景制作的辅助对象，如对模型进行定位、测量等功能。

✦ “空间扭曲”按钮：使用空间扭曲功能可以在围绕其他对象的空间中产生各种不同的扭曲方式。

✦ “系统”按钮：系统将对象、链接和控制器组合在一起，以生成拥有行为的对象及几何体。包含“骨骼”“环形阵列”“太阳光”“日光”和“Biped”。

1.10.2　“修改”面板

如图 1-127 所示为“修改”面板，用来调整所选择对象的修改参数，当鼠标未选中任何对象时，此面板中的命令为空。

图 1-127

1.10.3　“层次”面板

如图 1-128 所示为“层次”面板，可以在这里访问调整对象之间的层次链接关系，如父子关系。

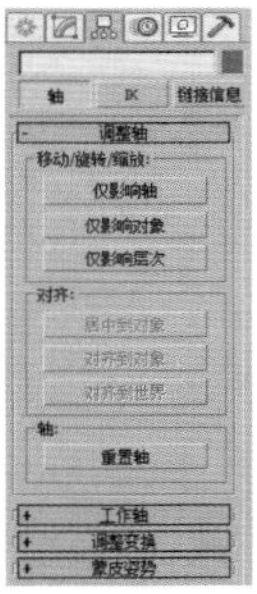

图 1-128

工具解析

✦ “轴”按钮 轴 ：该按钮下的参数主要用来调整对象和修改器的中心位置，以及定义对象之间的父子关系和反向动力学 IK 的关节位置等。

✦ “IK”按钮 IK ：该按钮下的参数主要用来设置动画的相关属性。

✦ “链接信息”按钮 链接信息 ：该按钮下的参数主要用来限制对象在特定轴中的变换关系。

1.10.4　“运动”面板

如图 1-129 所示为“运动”面板，主要用来调整选定对象的运动属性。

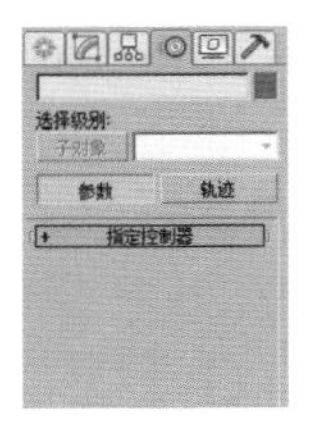

图 1-129

1.10.5　“显示”面板

如图 1-130 所示为“显示”面板，可以控制场景中对象的显示、隐藏、冻结等属性。

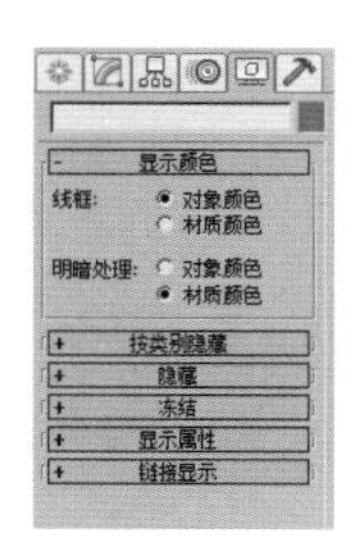

图 1-130

1.10.6　“实用程序”面板

如图 1-131 所示为“实用程序”面板，其中包含很多工具程序，在面板中只是显示其中的部分命令，其他的命令可以通过单击“更多...”按钮 更多... 查找。

图 1-131

小技巧：

个别面板中的命令过多导致显示不全时，可以上下拖曳整个“命令”面板来显示其他命令，也可以将鼠标置于“命令”面板的边缘处以拖曳的方式将“命令”面板的显示更改为两排或者更多，如图 1-132 所示。

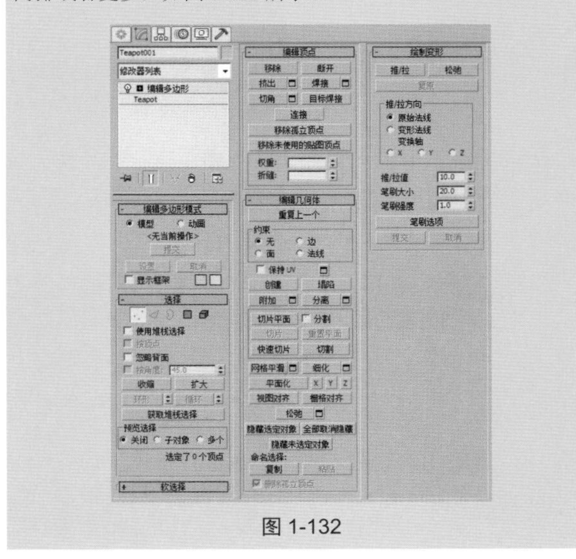

图 1-132

1.11　时间滑块和轨迹栏

时间滑块位于视图区域的下方，用来显示不同时间段内场景中对象的动画状态。默认状态下，场景中的时间帧数为 100 帧，帧数值可根据将来的动画制作需要随意更改。当单击按住时间滑块时，可以在轨迹栏上迅速拖曳以查看动画的设置，在轨迹栏内的动画关键帧可以很方便地进行复制、移动及删除操作，如图 1-133 所示。

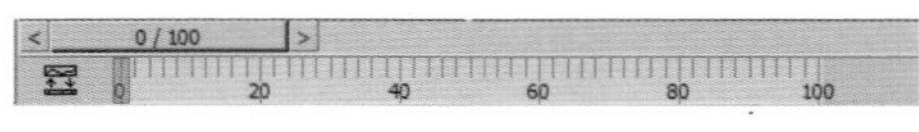

图 1-133

技巧与提示：

按下快捷键 Ctrl+Alt+ 鼠标左键，可以保证时间轨迹右侧的帧位置不变，而更改左侧的时间帧位置。

按下快捷键 Ctrl+Alt+ 鼠标中键，可以保证时间轨迹的长度不变，而改变两端的时间帧位置。

按下快捷键 Ctrl+Alt+ 鼠标右键，可以保证时间轨迹左侧的帧位置不变，而更改右侧的时间帧位置。

1.12 提示行和状态栏

提示行和状态栏可以显示出当前有关场景和活动命令的提示和操作状态。它们位于时间滑块和轨迹栏的下方，如图 1-134 所示。

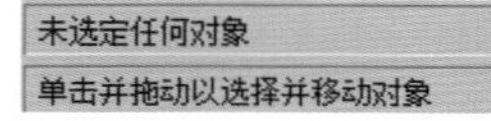

图 1-134

1.13 动画控制区

动画控制区具有可以用于在视图中进行动画播放的时间控件。使用这些控件可随时调整场景文件中的时间，从而播放并观察动画，如图 1-135 所示。

图 1-135

工具解析

✦ ：该区域可以设置动画的模式，有自动关键点动画模式与设置关键点动画模式两种可选。

✦ “新建关键点的默认入 / 出切线”按钮：可设置新建动画关键点的默认内 / 外切线类型。

✦ “打开过滤器对话框”按钮：关键点过滤器可以设置所选物体的哪些属性可以设置关键帧。

✦ “转至开头”按钮：转至动画的初始位置。

✦ “上一帧”按钮：转至动画的上一帧。

✦ “播放动画”按钮：单击该按钮后会变成停止播放动画的按钮。

✦ “下一帧”按钮：转至动画的下一帧。

✦ “转至结尾”按钮：转至动画的结尾。

✦ 帧显示：当前动画的时间帧位置。

✦ “时间配置”按钮：单击该按钮弹出“时间配置”对话框，可以进行当前场景内动画帧数的设定等操作。

1.14 视图导航

视图导航区域允许用户使用这些按钮在活动的视图中导航场景，位于整个 3ds Max 界面的右下方，如图 1-136 所示。

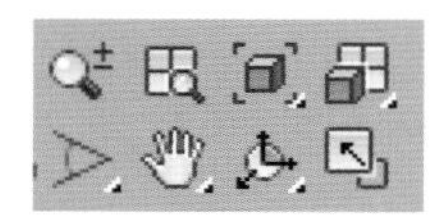

图 1-136

参数解析

✦ “缩放”按钮：控制视图的缩放，使用该工具可以在透视图或正交视图中，通过拖曳鼠标的方式来调整对象的显示比例。

✦ “缩放所有视图”按钮：使用该工具可以同时调整所有视图中对象的显示比例。

✦ “最大化显示选定对象”按钮：最大化显示选定的对象，快捷键为 Z。

✦ “所有视图最大化显示选定对象”按钮：在所有视图中最大化显示选定的对象。

✦ “视野”按钮：控制在视图中观察的视野。

✦ “平移视图”按钮：平移视图工具，快捷方式为单击拖曳鼠标中键。

✦ “环绕子对象”按钮：单击此按钮可以进行环绕视图操作。

✦ “最大化视图切换”按钮：控制一个视图与多个视图的切换。

1.15 本章总结

本章简单介绍了 3ds Max 2016 软件和软件的应用范围，并详细讲解了 3ds Max 2016 的软件界面。在掌握了软件的应用范围后，应有目的地学习本书的各个章节。通过学习本章的内容，可以为将来的软件操作打下坚实的基础。

2.1 创建文件

3ds Max 2016 提供了多种新建空白文件的创建方式，以确保用户可以随时使用一个空的场景来制作新的对象。当然，最简单的方法依然是双击桌面上的3ds Max图标，即可创建一个新的3ds Max工程文件，如图2-1所示。

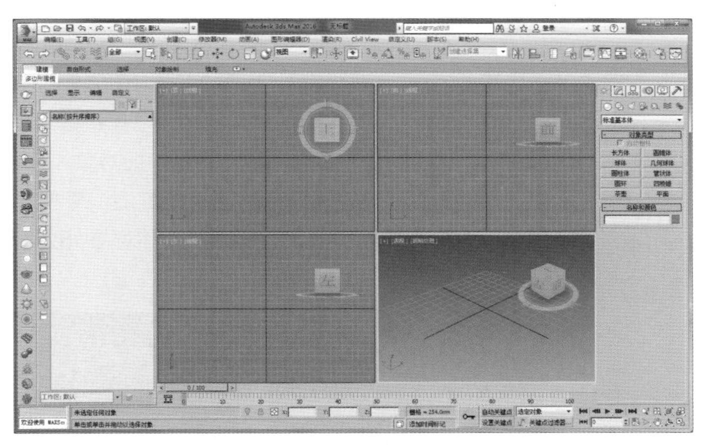

图 2-1

2.1.1 新建场景

当我们已经开始使用 3ds Max 制作项目后，如果要重新创建一个新的场景时，则可以使用“新建场景”命令来实现。

01 在“标题栏”上单击“新建场景”按钮，即可创建一个空白的场景文件，如图 2-2 所示。

02 单击“新建场景”按钮后，系统会自动弹出 Autodesk 3ds Max 2016 对话框，询问用户是否保留之前的场景，如图 2-3 所示。

03 接下来，系统还会自动弹出“新建场景”对话框，询问用户新建场景的方式，在这里选择默认的“新建全部”选项即可。这样就新建了一个空白的场景文件，如图 2-4 所示。

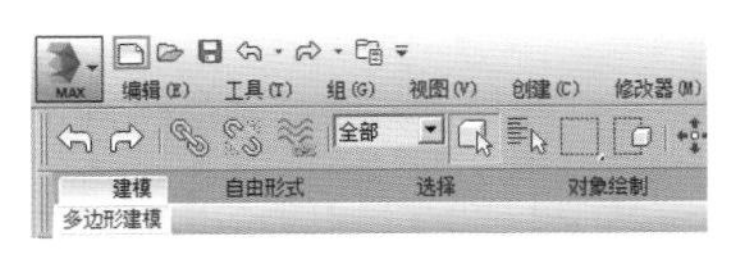

图 2-2

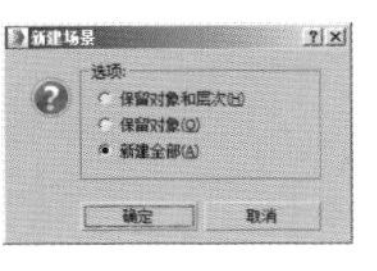

图 2-3

图 2-4

2.1.2 重置场景

除了上一节所讲述的“新建场景”功能外，3ds Max 还有一个很相似的功能叫作“重置”，其主要操作步骤如下。

01 在“菜单栏”中单击软件图标按钮，在弹出的菜单中，执行“重置”命令，如图 2-5 所示。

02 接下来，系统会自动弹出 Autodesk 3ds Max 2016 对话框，询问用户是否保留之前的场景，如图 2-6 所示。

本章工程文件

本章视频文件

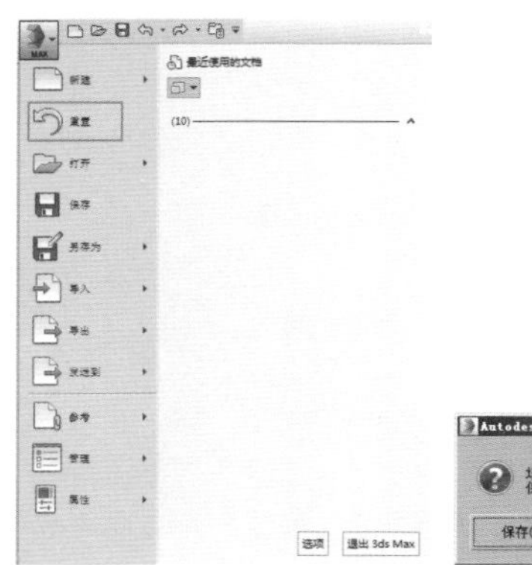

图 2-5

图 2-6

03 单击“保存”按钮，则系统会先保存好当前文件再重置场景；如果单击“不保存”按钮，则系统会直接重置为新的空白场景。

2.2 对象选择

在大多数情况下，在对象上执行某个命令或者操作场景中的对象之前，首先要选中它们。因此，选择操作是建模和设置动画过程的基础。3ds Max 是一种面向操作对象的程序，这说明 3D 场景中的每个对象都带有一些指令，这些指令会告诉 3ds Max 用户可以通过它执行的操作。这些指令随对象类型的不同而异。因为每个对象可以对不同的命令集做出响应，所以可通过先选择对象再选择命令方式来应用命令。这种工作模式类似于“名词 - 动词”的工作流，先选择对象（名词），然后执行命令（动词）。因此，正确、快速地选择物体、对象在整个 3ds Max 操作中显得尤为重要。

2.2.1 选择对象工具

“选择对象”按钮是 3ds Max 2016 提供的重要的工具之一，方便在复杂的场景中选择单一或多个对象。当要选择一个对象并且又不想移动它时，该工具就是最佳选择。“选择对象”按钮是 3ds Max 软件打开后的默认工具，其命令图标位于主工具栏中，如图 2-7 所示。

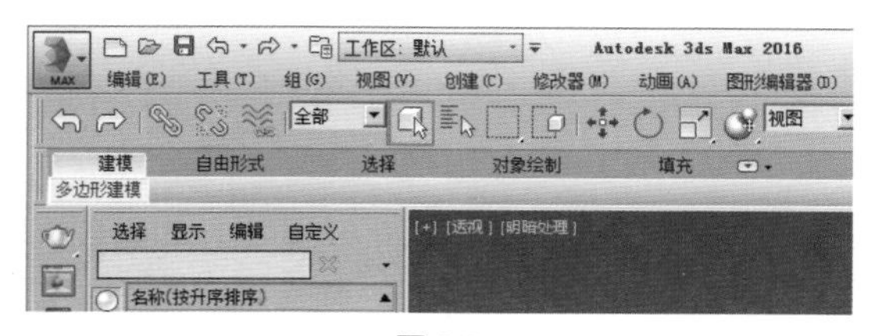

图 2-7

实例操作：使用选择对象工具选择场景中的对象

实例：使用选择对象工具来选择场景中的对象

实例位置：工程文件 >CH02> 食堂 .max

视频位置：视频文件 >CH02> 实例：使用选择对象工具来选择场景中的对象 .mp4

实用指数：★☆☆☆☆

技术掌握：掌握 3ds Max 的选择对象工具。

01 打开本书附带资源中的“食堂 .max”文件，其中为一栋简易的食堂建筑模型，如图 2-8 所示。

02 单击“主工具栏”中的“选择对象”按钮，即可开始在 3ds Max 的任意视图中选择场景中的对象。

03 将鼠标移动至建筑模型的屋檐模型上，模型会呈现黄色边缘的高亮显示效果，同时，光标位置处会出现该对象的名称，如图 2-9 所示。

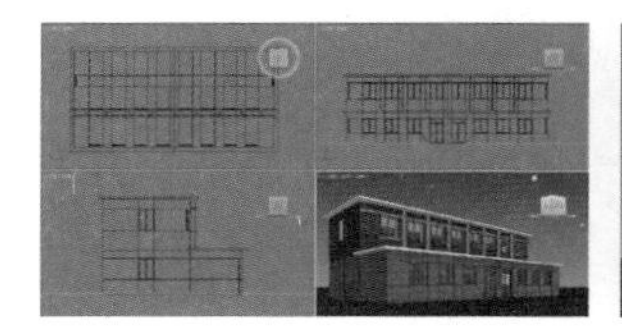

图 2-8

图 2-9

04 在场景中单击以选中该对象，对象的边缘则会呈现蓝色的高亮显示效果，如图 2-10 所示。

图 2-10

2.2.2 区域选择

3ds Max 2016 提供了多种区域选择方式，以帮助我们方便、快速地选择一个区域内的所有对象。“区域选择”共有“矩形选择区域”按钮、“圆形选择区域”按钮、“围栏选择区域”按钮、“套索选择区域”按钮和“绘制选择区域”按钮 5 种类型可选，如图 2-11 所示。

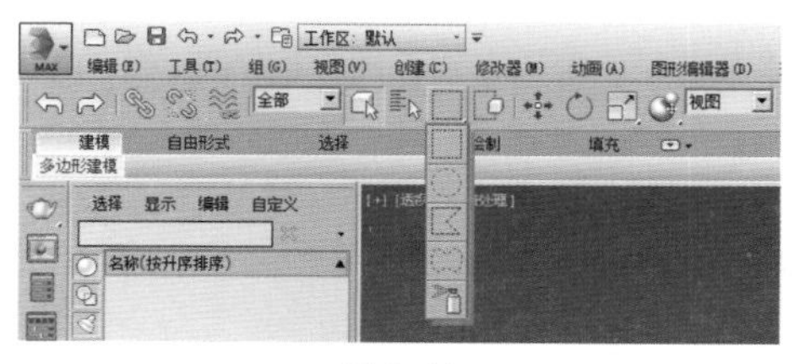

图 2-11

工具解析

✦ “矩形选择区域”按钮：拖曳鼠标以选择矩形区域。

✦ “圆形选择区域”按钮：拖曳鼠标以选择圆形区域。

✦ “围栏选择区域”按钮：通过交替使用鼠标移动和单击操作，可以画出一个不规则的选择区域。

✦ “套索选择区域”按钮：拖曳鼠标将创建一个不规则区域的轮廓。

✦ “绘制选择区域”按钮：在对象或子对象之上拖曳鼠标，以便将其纳入所选范围之内。

实例操作：使用区域选择功能选择场景中的对象

实例：使用区域选择功能选择场景中的对象

实例位置：	工程文件 >CH02> 门卫室 .max
视频位置：	视频文件 >CH02> 实例：使用区域选择功能选择场景中的对象 .mp4
实用指数：	★☆☆☆☆
技术掌握：	掌握 3ds Max 的区域选择工具。

01 打开本书附带资源中的“门卫室 .max”文件，其中为一个门卫室的建筑模型，如图 2-12 所示。

02 当场景中的物体过多而需要大面积选择时，可以以单击按住鼠标的方式拖曳出一片区域从而选择对象。默认状态下，主工具栏中所激活的区域选择类型为“矩形选择区域”，如图 2-13 所示。

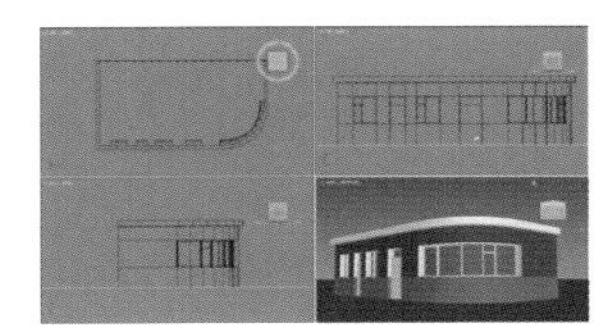

图 2-12

图 2-13

03 在“主工具栏”中激活“圆形选择区域”按钮时，单击并拖曳即可在视图中以圆形选区的方式选择对象，如图 2-14 所示。

04 在“主工具栏”中激活“围栏选择区域”按钮时，单击并拖曳即可在视图中以绘制直线选区的方式选择对象，如图 2-15 所示。

图 2-14

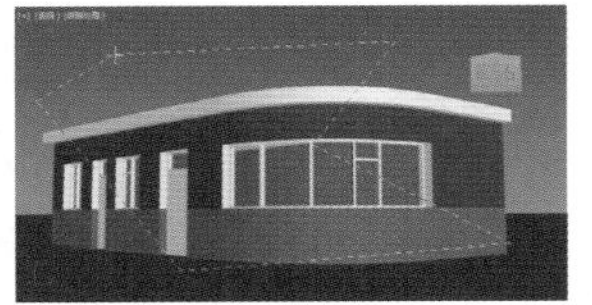

图 2-15

05 在“主工具栏”中激活“套索选择区域”按钮时，单击并拖曳即可在视图中以绘制曲线选区的方式选择对象，如图 2-16 所示。

06 在“主工具栏”中激活“绘制选择区域”按钮时，单击并拖曳即可在视图中以笔刷绘制选区的方式选择对象，如图 2-17 所示。

图 2-16

图 2-17

小技巧

使用“绘制选择区域”按钮进行对象选择时，笔刷的大小在默认情况下可能较小，此时需要对笔刷的大小进行合理的设置。在主工具栏的“绘制选择区域”按钮上右击，可以打开“首选项设置”对话框。在“常规”选项卡中，找到“场景选择”选项组中的“绘制选择笔刷大小”参数，即可进行调整，如图 2-18 所示。

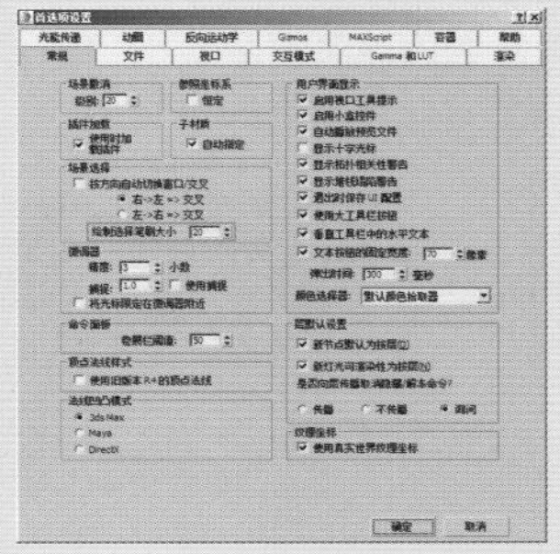

图 2-18

2.2.3　窗口与交叉模式选择

3ds Max 2016 在选择多个物体对象上，提供了“窗口”与“交叉”两种模式进行选择。默认状态下为“交叉”选择，在使用“选择对象”按钮绘制选框选择对象时，选择框内的所有对象，以及与所绘制选框边界相交的任何对象都将被选中。

工具解析

✦ “窗口”按钮：只能选择所选区域内的对象或子对象。

✦ “交叉”按钮：选择区域内的所有对象或子对象，以及与区域边界相交的任何对象或子对象。

实例操作：使用“窗口”/“交叉”功能选择场景中的对象

实例：使用“窗口”/“交叉”功能选择场景中的对象

实例位置：	工程文件 >CH02> 门卫室 .max
视频位置：	视频文件 >CH02> 实例：使用“窗口”/“交叉”功能选择场景中的对象 .mp4
实用指数：	★☆☆☆☆
技术掌握：	掌握 3ds Max 的“窗口”/“交叉”工具的使用方法。

01 打开本书附带资源中的“石榴 .max”文件，其中为

一组石榴的模型，如图 2-19 所示。

02 默认状态下，3ds Max 系统的“窗口”与“交叉”选择模式图标为“交叉”状态，在视图中通过单击并拖曳鼠标的方式来选择对象时，仅仅需要框住所要选择对象的一部分，即可选中该对象，如图 2-20 所示。

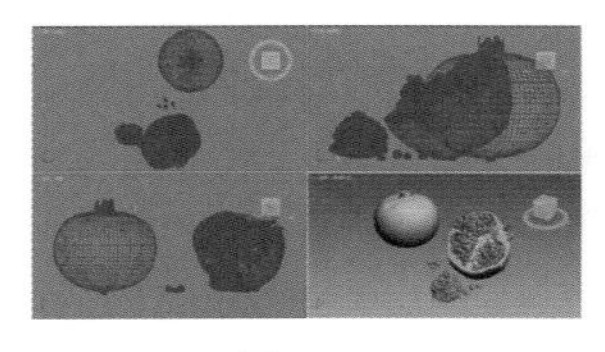

图 2-19

图 2-20

03 单击“交叉”图标，可将选择的方式切换至“窗口”状态。再次在视图中通过单击并拖曳鼠标的方式来选择对象，此时只能选中完全在选择区域内部的对象，如图 2-21 所示。

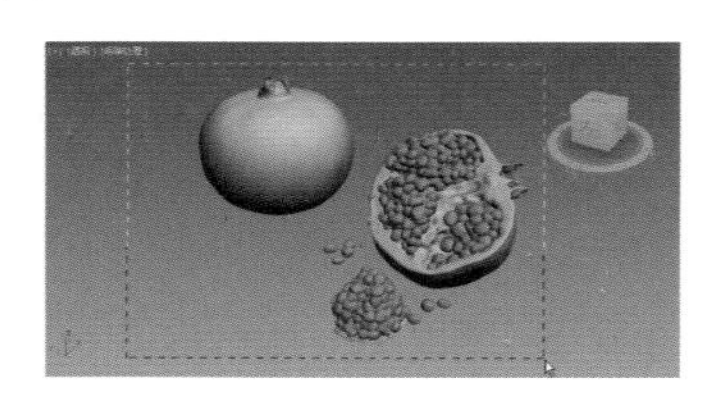

图 2-21

04 除了在主工具栏中可以切换“窗口”与“交叉”选择的模式外，还可以根据鼠标的选择方向自动在“窗口”与“交叉”之间进行切换。在菜单栏中找到“自定义”→“首选项”命令，如图 2-22 所示。

05 在弹出的“首选项设置”对话框“常规”选项卡中的“场景选择”选项组中，选中“按方向自动切换窗口 / 交叉”复选框即可，如图 2-23 所示。

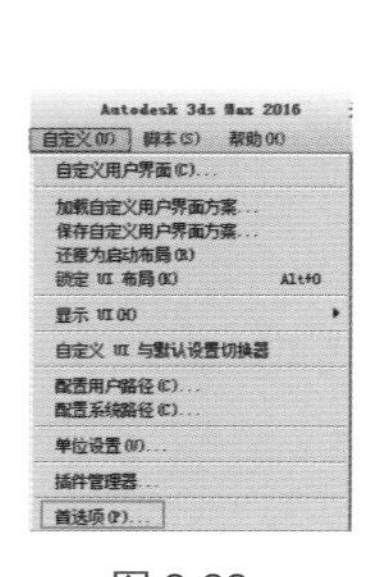

图 2-22

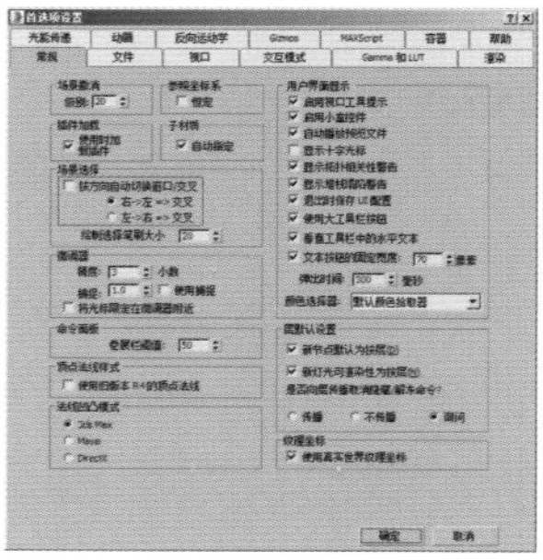

图 2-23

2.2.4 按名称选择

在 3ds Max 2016 中可以通过执行“按名称选择”命令打开“从场景选择”对话框，使用户无须单击视图便可以按对象的名称来选择对象，具体操作步骤如下。

01 在主工具栏中可以通过单击“按名称选择”按钮来进行对象的选择，此时会打开“从场景选择”对话框，如图 2-24 所示。

02 默认状态下，当场景中有隐藏的对象时，“从场景选择”对话框中不会出现隐藏对象的名字，但是可以从“场景资源管理器”中查看被隐藏的对象。在 3ds Max 2016 中，更加方便的名称选择方式为直接在“场景资源管理器”中选择对象的名字，如图 2-25 所示。

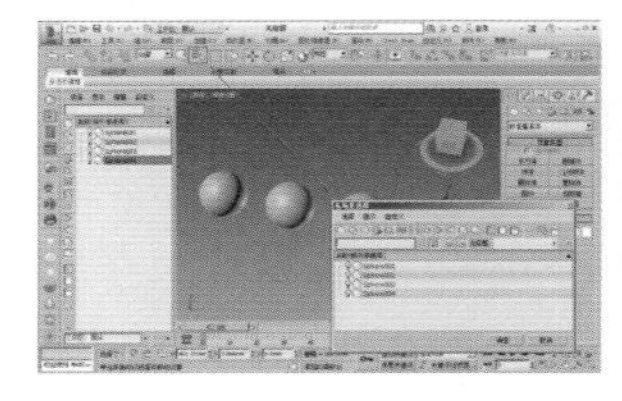

图 2-24

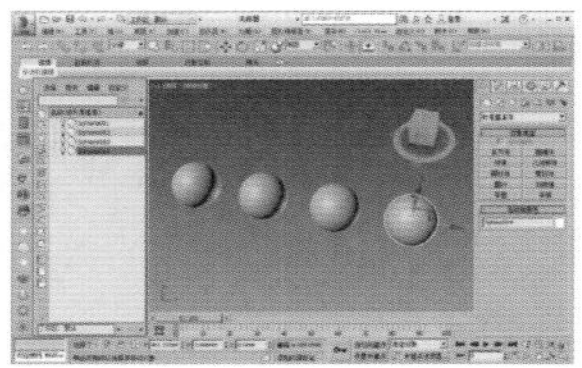

图 2-25

03 在“从场景选择”对话框的文本框中输入所要查找对象的名称时，只需要输入首字符并单击“确认”按钮，即可将场景中所有与此首字符相同的名称对象同时选中，如图 2-26 所示。

04 在显示对象类型栏中，还可以通过单击相对应图标的方式隐藏指定的对象类型，如图 2-27 所示。

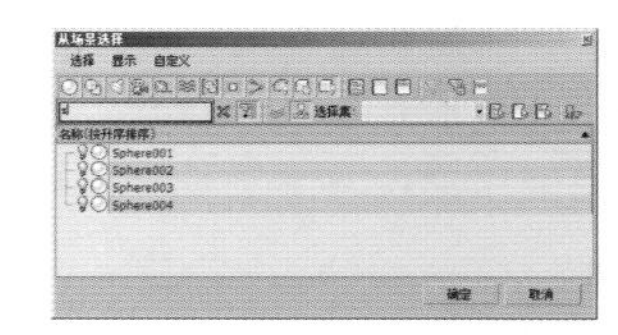

图 2-26

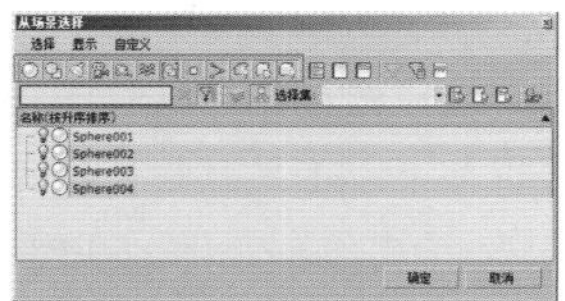

图 2-27

工具解析

✦ “显示几何体”按钮：显示场景中的几何体对象名称。

✦ “显示图形”按钮：显示场景中的图形对象名称。

✦ “显示灯光”按钮：显示场景中的灯光对象名称。

✦ “显示摄影机”按钮：显示场景中的摄影机对象名称。

✦ “显示辅助对象”按钮：显示场景中的辅助对象名称。

✦ “显示空间扭曲”按钮：显示场景中的空间扭曲对象名称。

✦ “显示组”按钮：显示场景中的组名称。

✦ “显示对象外部参考”按钮：显示场景中的对象外部参考名称。

✦ “显示骨骼”按钮：显示场景中的骨骼对象名称。

✦ “显示容器”按钮：显示场景中的容器名称。

✦ “显示冻结对象”按钮：显示场景中被冻结的对象名称。

✦ “显示隐藏对象”按钮：显示场景中被隐藏的对象名称。

✦ “显示所有”按钮：显示场景中所有对象的名称。

✦ “不显示”按钮：不显示场景中的对象名称。

✦ “反转显示”按钮：显示当前场景中未显示的对象名称。

2.2.5　选择集

3ds Max 2016 可以为当前选中的多个对象设置集合，随后通过从列表中选取其名称来重新选择这些对象，具体操作如下。

01 单击主工具栏中的“编辑命名选择集”按钮，打开“命名选择集”对话框，如图 2-28 所示。

02 选择场景中的物体，单击“创建新集”按钮，并输入名称即可完成集的创建，如图 2-29 所示。

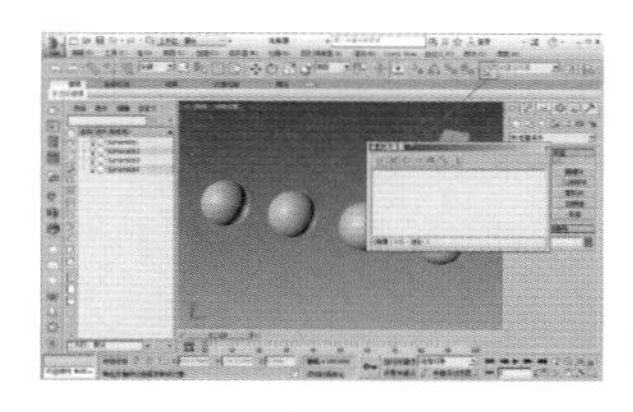

图 2-28

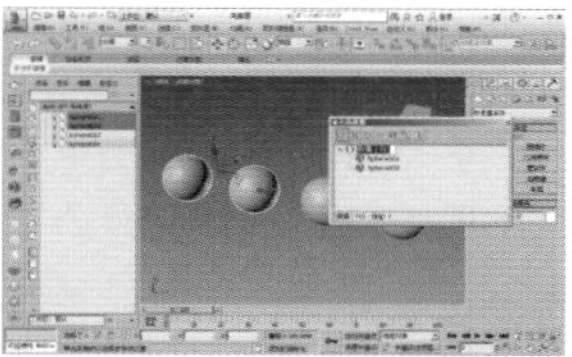

图 2-29

03 在“命名选择集”对话框中，对于创建错误的集，还可以单击“删除”按钮进行删除集的操作，如图 2-30 所示。

04 在场景中选择其他的物体，单击“添加选定对象”按钮，可以为当前集添加新的物体，如图 2-31 所示。

05 使用类似的方式，“减去选定对象”按钮可以将集中的物体排除在当前集之外，如图 2-32 所示。

图 2-30

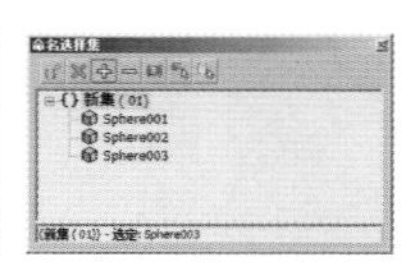

图 2-31

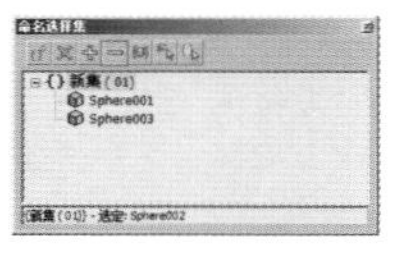

图 2-32

工具解析

✦ “创建新集”按钮：创建新的集合。

✦ “删除集合”按钮：删除现有集合。

✦ “在集中添加选定对象”按钮：可以在集中新添加选定的对象。

✦ “在集中减去选定对象”按钮：可以在集中减去选定的对象。

✦ “选择集内的对象”按钮：选择集合中的对象。

✦ “按名称选择对象”按钮：根据名称来选择对象。

✦ “高亮显示选定对象”按钮：高亮显示出选择的对象。

2.2.6　对象组合

在制作项目时，如果场景中对象数量过多时，选择起来会非常困难。此时，可以通过将一系列同类的模型或者有关联的模型组合在一起。将对象成组后，可以视其为单个的对象，通过在视图中单击组中的任意一个对象来选择整个组，这样就大大方便了之后的操作。有关组的命令，如图 2-33 所示。

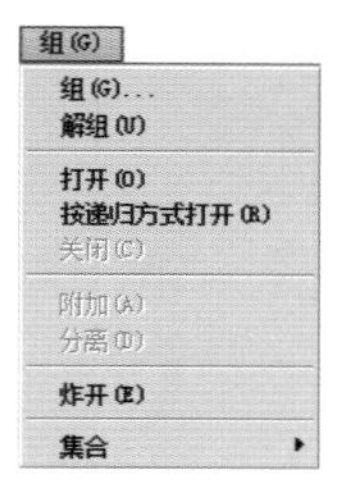

图 2-33

工具解析

✦ 组：可将对象或组的选择集组成为一个组。

✦ 打开：使用“打开”命令可以暂时对组进行解组，并访问组内的对象。

✦ 关闭：“关闭”命令可重新组合打开的组。对于嵌套组，关闭最外层的组对象将关闭所有打开的内部组。

✦ 解组：“解组”命令可将当前组分离为其组建对象或组。

✦ 炸开：解组组中的所有对象，无论嵌套组的数量如何。这与“解组”不同，后者只解组一个层级。

✦ 分离：可从对象的组中分离选定对象。

✦ 附加：可使选定对象成为现有组的一部分。

2.2.7　选择类似对象

3ds Max 2016 提供了一种快速选择场景中复制出来或使用同一命令创建的多个物体，具体操作如下。

01 启动 3ds Max 2016 软件，在“创建”面板中单击“茶壶”按钮，在场景中任意位置创建 5 个茶壶对象，创建完成后，右击结束创建命令，如图 2-34 所示。

02 选择场景中任意一个茶壶对象，右击，在弹出的快捷菜单中，执行“选择类似对象”命令，如图 2-35 所示。

图 2-34

图 2-35

03 这样，场景中的茶壶对象将被快速地一并选中，同时，在“创建”面板中会出现提示：选择了 5 个对象，如图 2-36 所示。

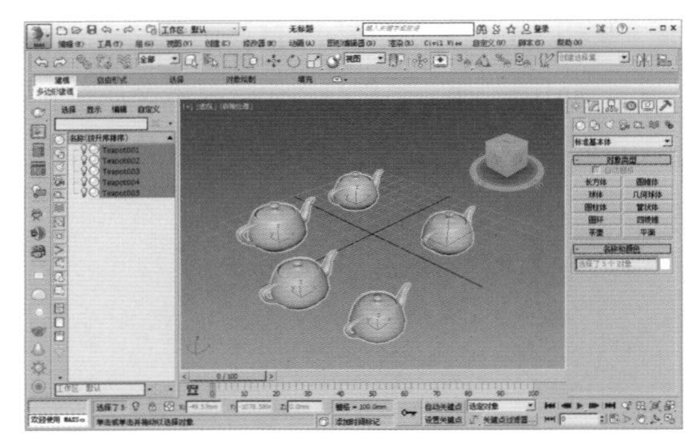

图 2-36

2.3 变换操作

3ds Max 2016 提供了多个用于对场景中的对象进行变换操作的按钮，分别为“选择并移动”按钮、“选择并旋转”按钮、“选择并均匀缩放”按钮、“选择并非均匀缩放”按钮、“选择并挤压”按钮、“选择并放置”按钮和“选择并旋转”按钮，如图 2-37 所示。使用这些工具可以很方便地改变对象在场景中的位置、方向及大小，并且还是在进行项目工作中，鼠标所保持的最常用状态。

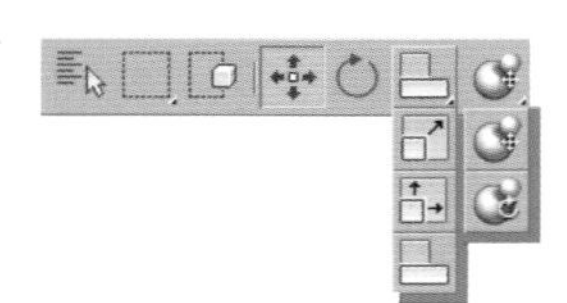

图 2-37

2.3.1 变换操作切换

3ds Max 2016 提供了多种变换操作的切换方式，供用户选择使用。

第一种：通过单击“主工具栏”上所对应的按钮即可直接切换变换操作。

第二种：3ds Max 还提供了通过右击弹出的四元菜单，从而选择相应的命令进行同样的变换操作切换，如图 2-38 所示。

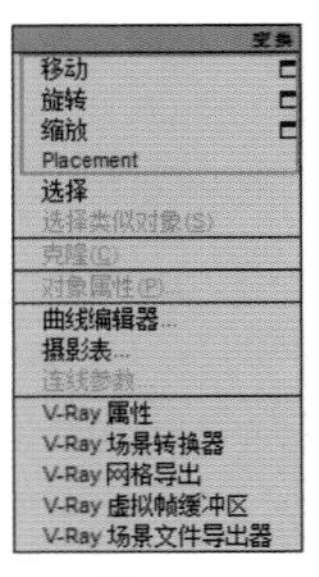

图 2-38

第三种：3ds Max 提供了相应的快捷键来进行变换操作的切换，使习惯使用快捷键来进行操作的用户可以非常方便地切换这些命令，“选择并移动”工具的快捷键为 W；“选择并旋转”工具的快捷键为 E；“选择并缩放”工具的快捷键为 R；“选择并放置”工具的快捷键为 Y。

2.3.2 更改变换命令控制柄

在 3ds Max 2016 中，使用不同的变换操作，其变换命令的控制柄显示也都有着明显的区别，如图 2-39~ 图 2-42 所示分别为变换命令为“移动”“旋转”“缩放”和“放置”状态时的控制柄显示状态。

图 2-39

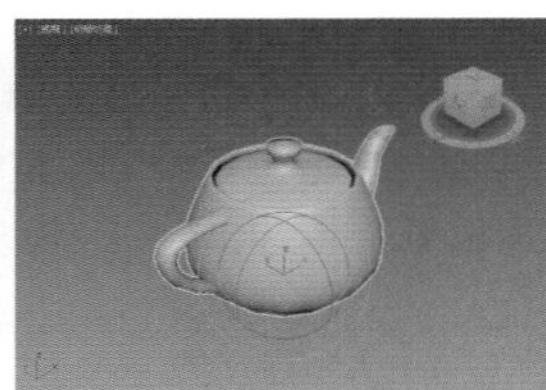

图 2-40

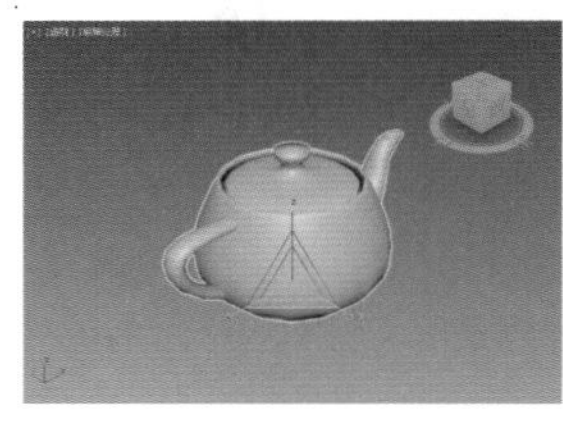

图 2-41

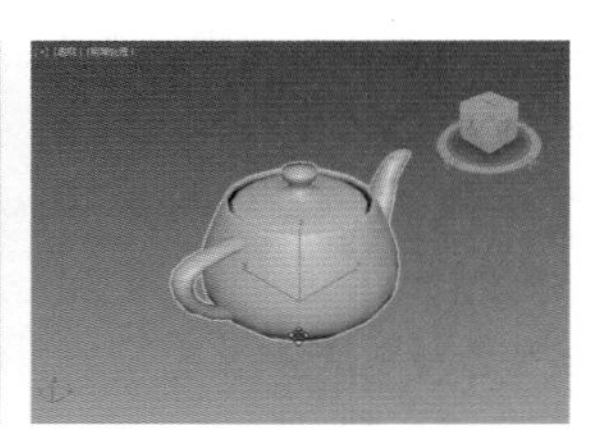

图 2-42

当我们对场景中的对象进行变换操作时，可以通过按快捷键“+”，来放大变换命令的控制柄显示状态；同样，按快捷键“-”，可以缩小变换命令的控制柄显示状态，如图 2-43 和图 2-44 所示。

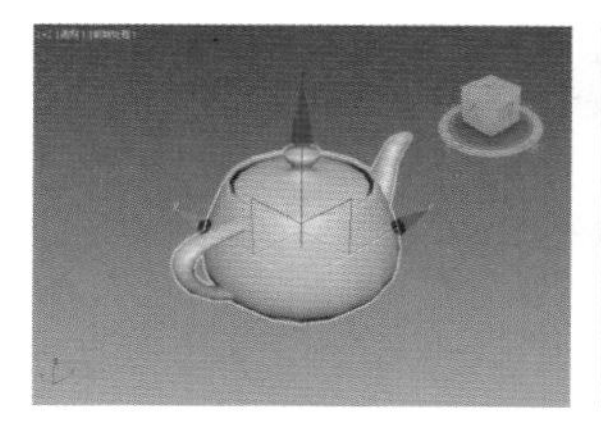

图 2-43

图 2-44

实例操作：制作一组水果模型

实例：制作一组水果模型

实例位置：　工程文件 >CH02> 苹果 .max

视频位置：　视频文件 >CH02> 实例：制作一组水果模型 .mp4

实用指数：　★★☆☆☆

技术掌握：　掌握 3ds Max 的变换操作工具。

在本例中，为大家讲解如何使用“变换操作”的相关命令来快速制作一组水果模型，水果模型的制作完成效果，如图 2-45 所示。

图 2-45

01 打开本书附带资源中的“苹果 .max”文件，其中为一个苹果的模型，如图 2-46 所示。

02 选择场景中的苹果模型，单击“主工具栏”中的“选择并移动”图标，并按下 Shift 键，以拖曳的方式将苹果移动，此时会弹出“克隆选项”对话框，如图 2-47 所示。

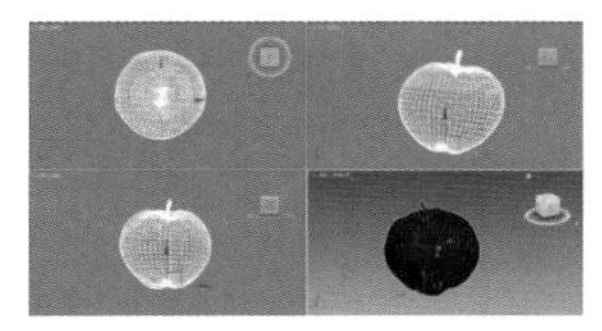

图 2-46

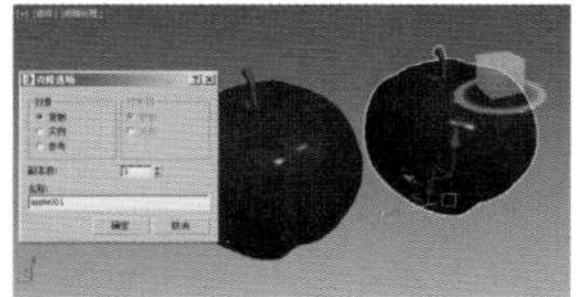

图 2-47

03 在“克隆选项”对话框中，设置克隆对象的方式为“复制”，设置“副本数”为 2，单击“确定”按钮，如图 2-48 所示，即可在场景中复制出两个新的苹果模型，如图 2-49 所示。

图 2-48

图 2-49

04 选择中间的苹果模型，按 E 键，对其进行旋转操作，使苹果模型的方向随意变换，如图 2-50 所示。

05 按 R 键，对苹果模型进行缩放操作，使苹果模型的大小也产生与之前不同的变化，如图 2-51 所示。

图 2-50

图 2-51

06 按 W 键，对苹果模型进行位移操作，重新调整苹果至如图 2-52 所示的位置。

07 重复以上步骤，调整另一苹果模型的大小、方向和位置，即可制作出一组随意摆放的水果模型，最终效果如图 2-53 所示。

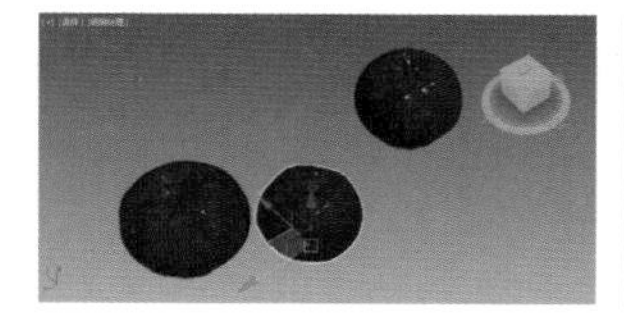

图 2-52

图 2-53

实例操作：快速调整植物的摆放位置

实例：快速调整植物的摆放位置

实例位置：　工程文件 >CH02> 花盆 .max

视频位置：　视频文件 >CH02> 实例：快速调整植物的摆放位置 .mp4

实用指数：　★★☆☆☆

技术掌握：　掌握 3ds Max 的变换操作工具。

在本例中，讲解如何使用“选择并放置”命令快速调整对象的位置，植物模型的摆放完成效果如图 2-54 所示。

图 2-54

01 打开本书附带资源中的“花盆 .max”文件，其中为一个花盆和一株植物的模型，如图 2-55 所示。

02 选择场景中的植物模型，单击“主工具栏”中的“选择并放置”按钮后，将鼠标移动至所选择的植物模型上，如图 2-56 所示。

图 2-55

图 2-56

03 按住鼠标左键，并移动位置至场景中花盆的位置处，即可看到植物模型被快速地摆放到了花盆模型的上方，如图 2-57 所示。

04 调整完成后，释放鼠标左键，完成了植物位置的调整，调整完成后的效果如图 2-58 所示。

图 2-57

图 2-58

2.3.3 精确变换操作

通过变换控制柄可以很方便地对场景中的物体进行变换操作，但是在精确性上不容易进行控制，这就需要我们通过一些方法对物体的变换操作加以掌控。3ds Max 2016 提供了多种用于精确控制变换操作的命令，例如数值输入、对象捕捉等。通过使用这些命令，可以更加精确地完成模型项目的制作。

1. 数值输入

3ds Max 2016 可以通过数值输入的方式对场景中的物体进行变换操作，具体操作步骤如下。

01 启动 3ds Max 2016 软件，在“创建”面板中，单击“球体”按钮，在场景中创建一个球体的模型，如图 2-59 所示。

02 创建完成后，按 W 键，切换为“选择并移动”命令，此时可以在软件界面下方的“状态栏”上观察到球体位于场景中的坐标位置，如图 2-60 所示。

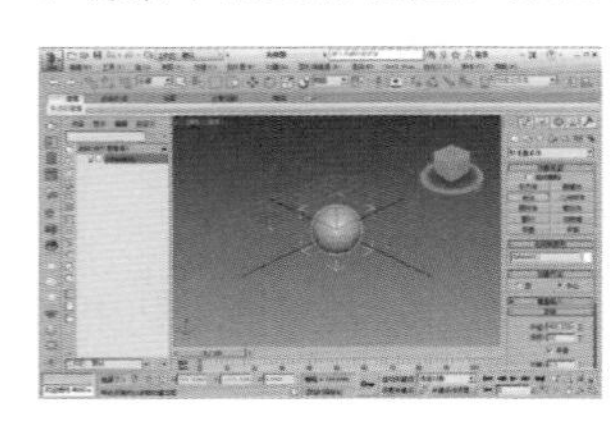

图 2-59

图 2-60

03 通过更改“状态栏”后方的坐标数值，即可精确移动当前所选球体对象的位置，如图 2-61 所示。

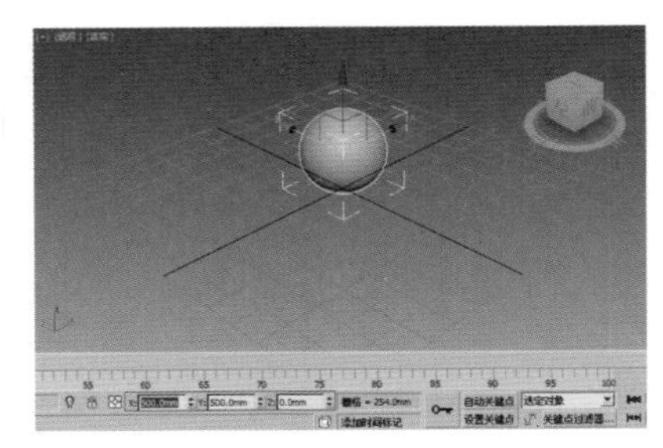

图 2-61

2. 对象捕捉

使用“主工具栏”上的“捕捉”系列按钮可以精准创建、移动、旋转和缩放对象。使用“捕捉”时，应先单击“捕捉”按钮以激活捕捉命令。3ds Max 2016 提供了“2D 捕捉”按钮、“2.5D 捕捉”按钮、“3D 捕捉”按钮、“角度捕捉”按钮、“百分比捕捉”按钮和“微调器捕捉”按钮，如图 2-62 所示。

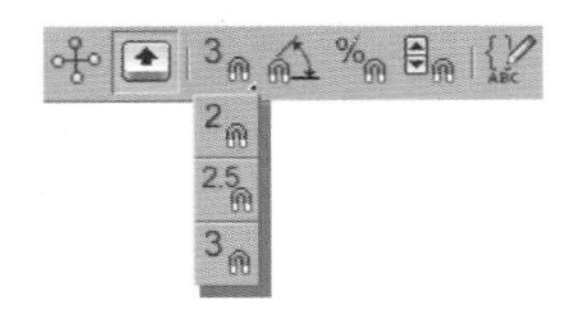

图 2-62

工具解析

“2D 捕捉”按钮：以“2D 捕捉”的方式在创建或变换对象期间捕捉现有几何体的特定部分。

“2.5D 捕捉”按钮：以“2.5D 捕捉”的方式在创建或变换对象期间捕捉现有几何体的特定部分。

“3D 捕捉”按钮：以“3D 捕捉”的方式在创建或变换对象期间捕捉现有几何体的特定部分。

“角度捕捉”按钮：设置对象以增量的方式围绕指定轴旋转。

“百分比捕捉”按钮：按指定的百分比增加对象的缩放比例。

“微调器捕捉”按钮：用于设置 3ds Max 中所有微调器的一次单击所增加或减少的数值。

2.4 复制对象

在进行三维项目的制作时，常常需要一些相同的模型来构成场景，这就需要用到 3ds Max 的一个常用功能，那就是复制对象操作。在 3ds Max 2016 中，复制对象有多种命令可以实现，下面就来一一讲解。

2.4.1　克隆

“克隆”命令使用率极高，并且非常方便，3ds Max 提供了多种克隆的方式供广大用户选择使用。

1. 使用菜单栏命令克隆对象

在 3ds Max 软件界面上方的菜单栏中就有“克隆”命令。选择场景中的物体，执行“编辑”→“克隆”命令，如图 2-63 所示。系统会自动弹出“克隆选项”对话框，即可对所选择的对象进行克隆操作，如图 2-64 所示。

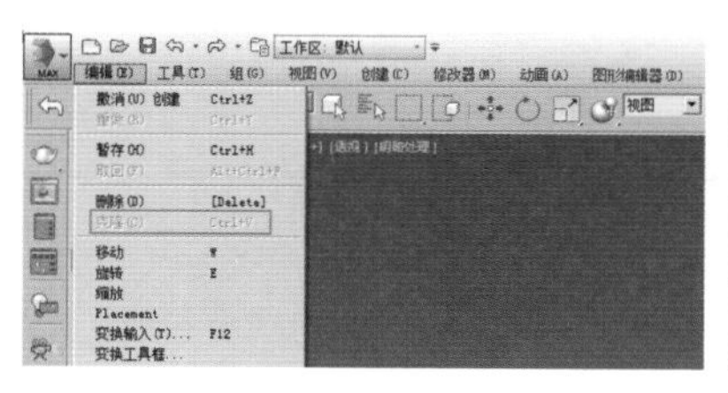

图 2-63

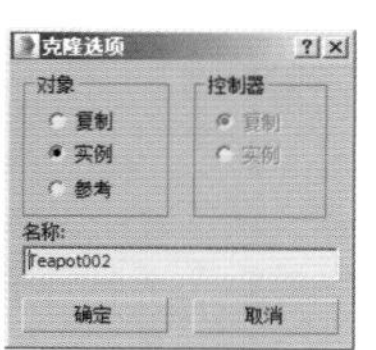

图 2-64

2. 使用四元菜单命令克隆对象

3ds Max 在四元菜单中同样提供了“克隆”命令，以方便用户选择操作。选择场景中的对象，右击可以弹出四元快捷菜单，在“变换”组中，即可选择并单击“克隆”命令，对所选择的对象进行复制操作，如图 2-65 所示。

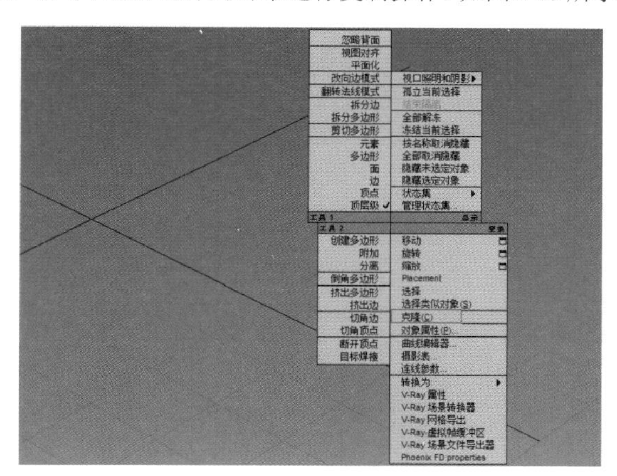

图 2-65

3. 使用快捷键克隆对象

3ds Max 2016 为用户提供了两种快捷方式来克隆对象。

第一种：使用快捷键 Ctrl+V，即可原地克隆对象。

第二种：按 Shift 键，配合拖曳、旋转或缩放操作即可克隆对象。

小技巧

使用这两种方式克隆对象时，系统弹出的“克隆选项”对话框有少许差别，如图 2-66 所示。

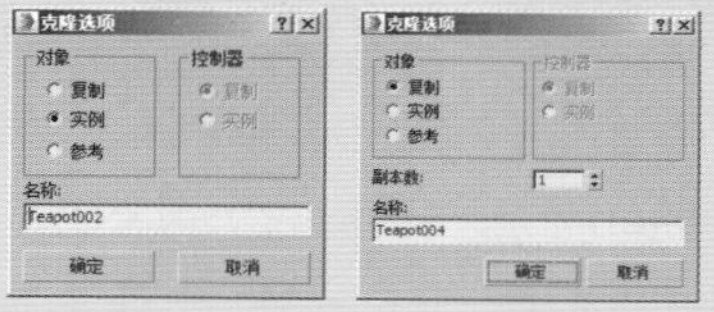

图 2-66

工具解析

✦ 复制：创建一个与原始对象完全无关的克隆对象，修改任意对象时，均不会影响到另一个对象。

✦ 实例：创建出与原始对象完全可以交互影响的克隆对象，修改实例对象会相应地改变另外的对象。

✦ 参考：克隆对象时，创建与原始对象有关的克隆对象。参考基于原始对象，就像实例一样，但是它们还可以拥有自身特有的修改器。

✦ 副本数：设置对象的克隆数量。

实例操作：“克隆”对象操作

实例：“克隆”对象操作

实例位置：　工程文件 >CH02> 酒杯 .max
视频位置：　视频文件 >CH02> 实例：“克隆”对象操作 .mp4
实用指数：　★☆☆☆☆
技术掌握：　学习在 3ds Max 中复制物体的操作。

01 打开本书附带资源中的“酒杯 .max”文件，其中为一个酒杯的模型，如图 2-67 所示。

02 单击主工具栏上的“选择并移动”按钮，选择场景中的酒杯模型，并按住 Shift 键，单击并拖曳图标至要复制的对象位置，释放鼠标即可自动弹出“克隆选项”对话框，如图 2-68 所示。

图 2-67

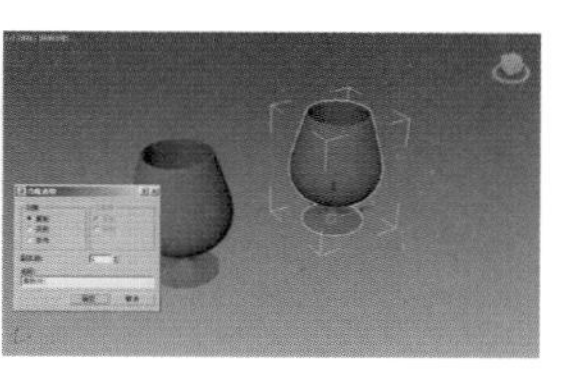

图 2-68

03 在“克隆选项”对话框中，设置好要克隆对象的“副本数”后，单击“克隆选项”对话框下方的“确定”按钮，即可完成克隆命令，复制出另外的酒杯模型；单击“取消”按钮则取消克隆操作，如图 2-67 和图 2-68 所示。

图 2-69

图 2-70

04 如果要对酒杯进行原地复制，则可以选择场景中的酒杯模型，按快捷键 Ctrl+V，同样也会弹出“克隆选项”对话框，单击“确定”按钮完成复制后，需要手动将重合的对象单独移动出来。需要注意的是，这种原地复制的方式只能克隆一个对象，如图 2-71 所示。

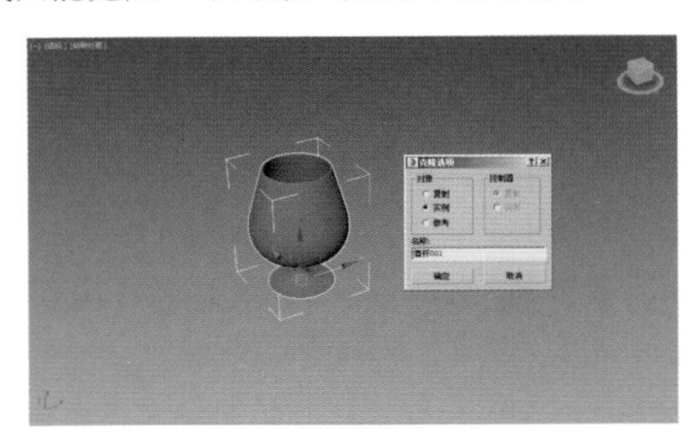
图 2-71

2.4.2 快照

“快照”命令会随时间克隆动画对象。可以在任意一帧上创建单个克隆，或沿动画路径为多个克隆设置间隔。间隔可以是均匀时间间隔，也可以是均匀的距离。在菜单栏中执行“工具”→“快照”命令，如图 2-72 所示。可以打开“快照”对话框，如图 2-73 所示。

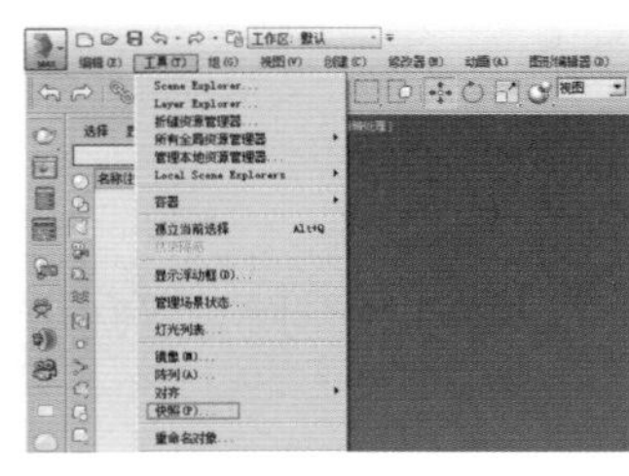
图 2-72

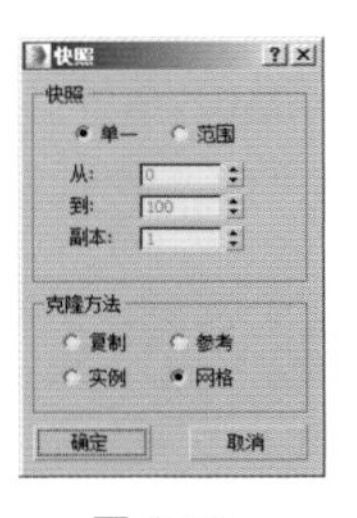
图 2-73

工具解析

①“快照”组

✦ 单个：在当前帧克隆对象的几何体。

✦ 范围：沿着帧的范围上的轨迹克隆对象的几何体。使用“从”和“到”文本框设置指定范围，并使用“副本”设置指定克隆数。

✦ 从 / 到：指定帧的范围以沿该轨迹放置克隆对象。

✦ 副本：指定要沿轨迹放置的克隆数。这些克隆对象将均匀地分布在该时间段内，但不一定沿路径跨越空间距离。

②“克隆方法”组

✦ 复制：克隆选定对象的副本。

✦ 实例：克隆选定对象的实例，不适用于粒子系统。

✦ 参考：克隆选定对象的参考，不适用于粒子系统。

✦ 网格：在粒子系统之外创建网格几何体，适用于所有类型的粒子。

实例操作：使用“快照”命令克隆对象

实例：使用“快照”命令克隆对象

实例位置：	工程文件 >CH02> 汤匙 .max
视频位置：	视频文件 >CH02> 实例：使用“快照”命令克隆对象 .mp4
实用指数：	★☆☆☆☆
技术掌握：	学习在 3ds Max 中复制物体。

01 打开本书附带资源中的“汤匙 .max”文件，其中为一个已经制作好路径动画的汤匙模型，如图 2-74 所示。

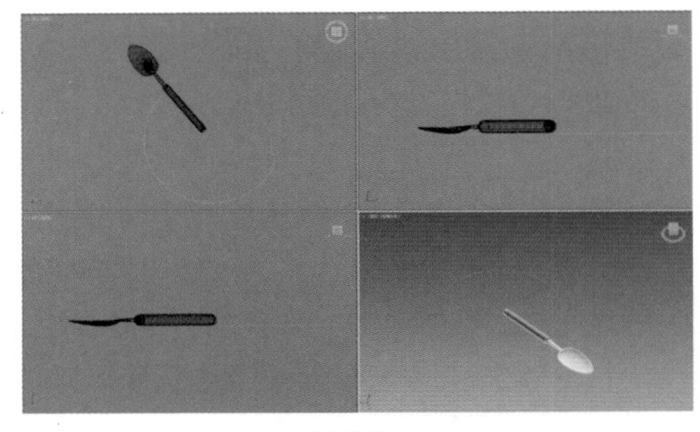
图 2-74

02 可以拖曳 3ds Max 的时间滑块按钮来观察当前场景中设置完成的动画效果，如图 2-75~ 图 2-78 所示。

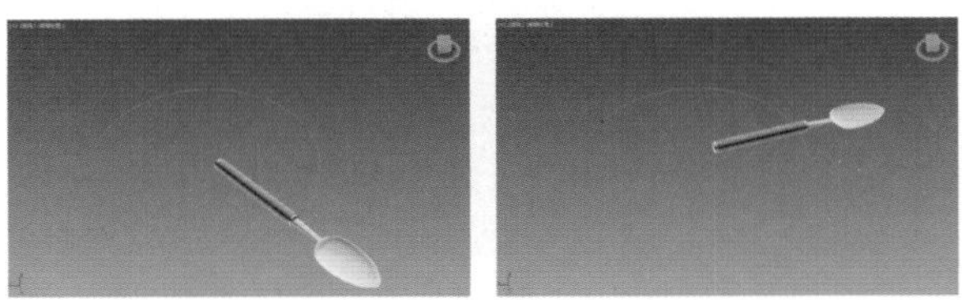
图 2-75　　图 2-76

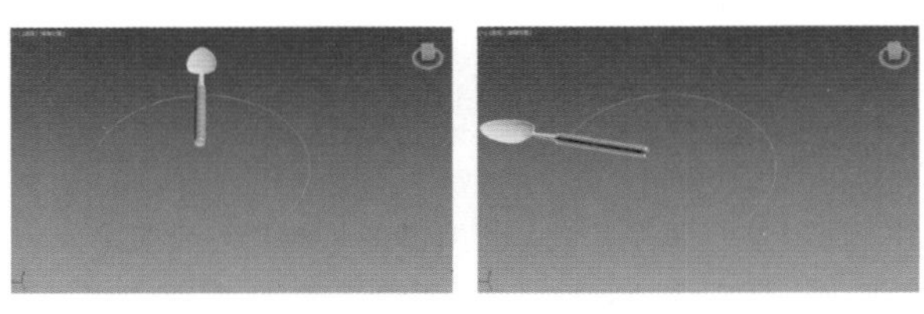
图 2-77　　图 2-78

03 选择场景中的汤匙模型，执行菜单栏中的“工具 / 快照”命令，如图 2-79 所示。

04 在弹出的“快照”对话框中，选择“范围”选项，设置快照的“副本”为 8，如图 2-80 所示。

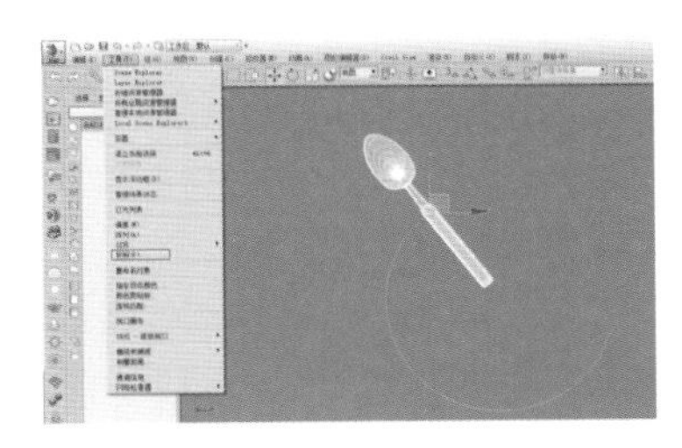
图 2-79

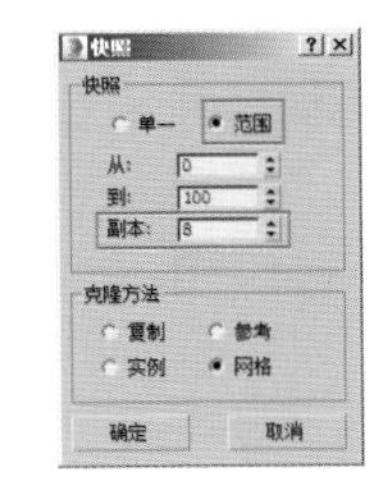

图 2-80

05 设置完成后，单击“确定”按钮，即可在视图中观察快照物体完成后的效果，如图 2-81 所示。

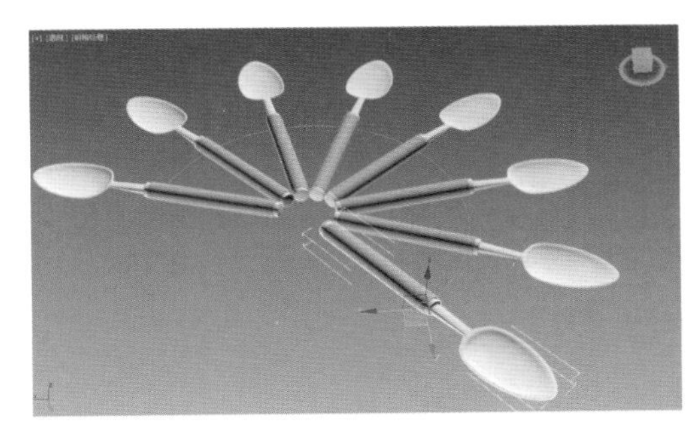
图 2-81

2.4.3　镜像

通过“镜像”命令可以将对象根据任意轴来产生对称的复本，“镜像”命令还提供了一个叫作“不克隆”的选项，来进行镜像操作但并不复制。效果是将对象翻转或移动到新方向。

镜像具有交互式对话框。更改参数时，可以在活动视图中看到效果，也就是会看到镜像显示的预览，其命令对话框如图 2-82 所示。

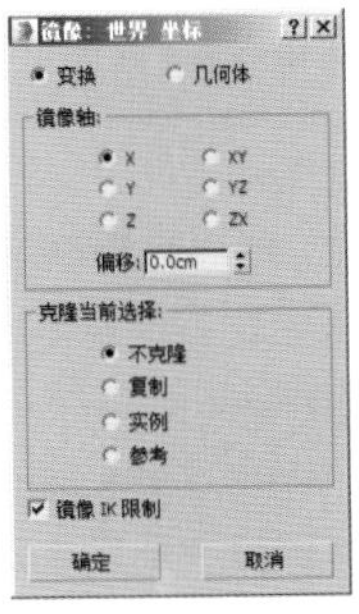

图 2-82

工具解析

① “镜像轴”组

✦ X/Y/Z/XY/YZ / ZX：选择其一可指定镜像的方向。

✦ 偏移：指定镜像对象轴点与原始对象轴点之间的距离。

② “克隆当前选择”组

✦ 不克隆：在不制作副本的情况下，镜像选定对象。

✦ 复制：将选定对象的副本，镜像到指定位置。

✦ 实例：将选定对象的实例，镜像到指定位置。

✦ 参考：将选定对象的参考，镜像到指定位置。

实例操作：用镜像工具复制对象

功能实例：用镜像工具复制对象

实例位置：　工程文件 >CH02> 茶杯 .max

视频位置：　视频文件 >CH02> 实例：用镜像工具复制对象 .mp4

实用指数：　★☆☆☆☆

技术掌握：　熟练使用“镜像”工具。

01 打开本书附带资源中的“茶杯 .max”文件，其中为一个茶杯的模型，如图 2-83 所示。

02 选择场景中的茶杯对象，执行菜单栏中的“工具”→“镜像”命令，如图 2-84 所示。

图 2-83

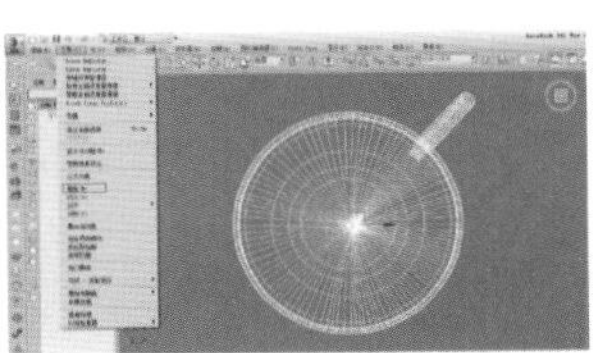
图 2-84

03 系统会自动弹出“镜像：世界坐标”对话框，同时，在视图中观察所选择的雕像模型呈现出翻转的状态，如图 2-85 所示。

04 在“镜像：世界坐标”对话框中，“克隆当前选择”组中选择“复制”选项，观察视图，可以发现在场景中以复制新对象的方式将原始模型进行了左右对称复制，如图 2-86 所示。

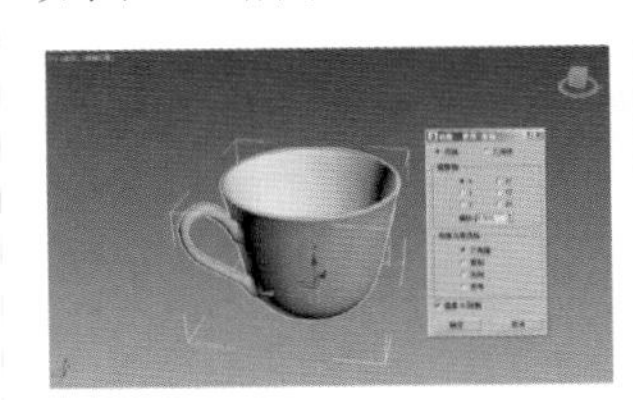
图 2-85

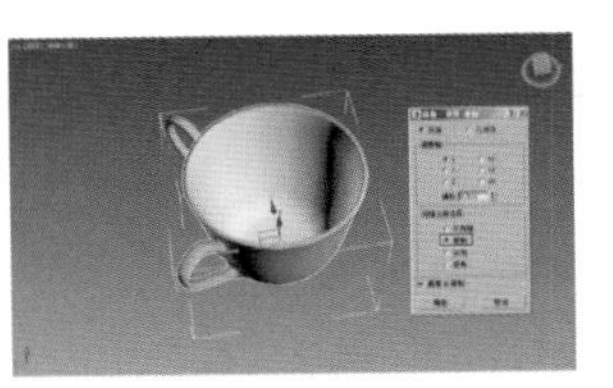
图 2-86

05 在“镜像: 世界坐标”对话框的“镜像轴”组中选择“XY”选项，观察视图，可以发现在场景中新复制出来的对象与原始对象呈现左右及前后翻转的状态，如图 2-87 所示。

06 在“镜像：世界坐标”对话框的“镜像轴”组中选择“YZ”选项，观察视图，可以发现在场景中新复制出来的对象与原始对象呈现出左右及上下翻转的状态，如图 2-88 所示。

图 2-87

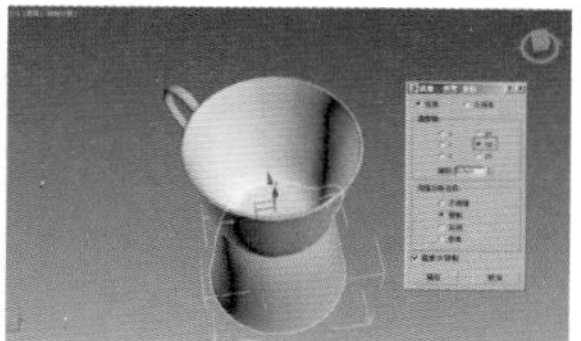

图 2-88

07 在“镜像：世界坐标”对话框中，对相应的参数设置完成后，即可单击对话框下方的“确定”按钮结束镜像操作，场景中会将设置镜像时产生的镜像预览作为镜像的结果生成于视图中，如图 2-89 所示。

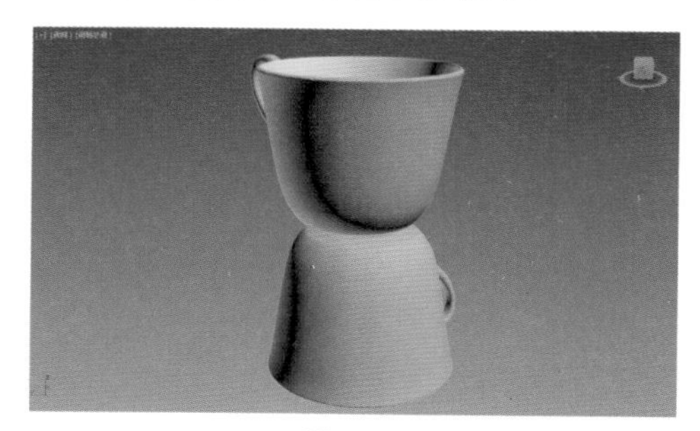

图 2-89

2.4.4 阵列

“阵列”可以在视图中创建出重复的对象，该工具可以给出所有三个变换和在所有三个维度上的精确控制，包括沿着一个或多个轴缩放的能力，其命令面板如图 2-90 所示。

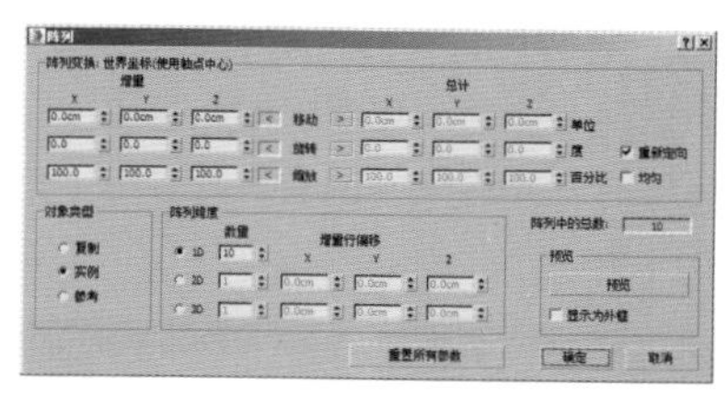

图 2-90

工具解析

①“阵列变换”组

✦ 增量 X/Y/Z 微调器：其设置的参数可以应用于阵列中的各个对象。

✦ 总计 X/Y/Z 微调器：其设置的参数可以应用于阵列中的总距、度数或百分比缩放。

②“对象类型”组

✦ 复制：将选定对象的副本阵列化到指定位置。

✦ 实例：将选定对象的实例阵列化到指定位置。

✦ 参考：将选定对象的参考阵列化到指定位置。

③“阵列维度”组

✦ 1D：根据“阵列变换”组中的设置，创建一维阵列。

✦ 2D：创建二维阵列。

✦ 3D：创建三维阵列。

✦ 阵列中的总数：显示将创建阵列操作的实体总数，包含当前选定对象。

④“预览”组

✦ “预览”按钮 预览 ：单击该按钮，视图将显示当前阵列设置的预览。更改设置将立即更新视图。如果更新减慢拥有大量复杂对象阵列的反馈速度，则启用“显示为外框”选项。

✦ 显示为外框：将阵列预览对象显示为边界框，而不是几何体。

✦ “重置所有参数”按钮 重置所有参数 ：将所有参数重置为其默认设置。

2.4.5 间隔工具

“间隔工具”可以沿着路径进行复制对象，路径可以由样条线或者两个点来进行定义，其命令窗口如图 2-91 所示。

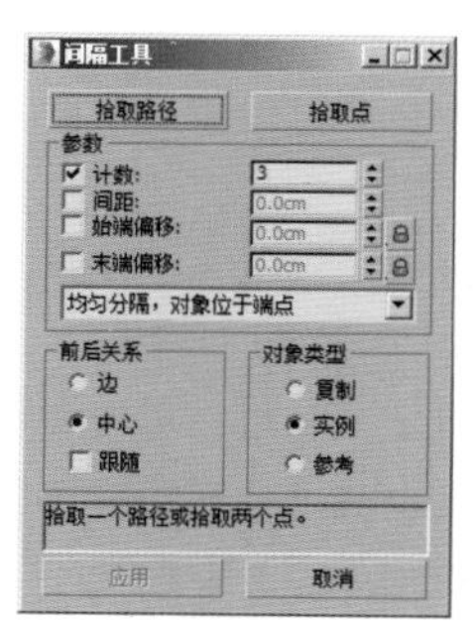

图 2-91

工具解析

✦ “拾取路径”按钮 拾取路径 ：单击该按钮，并单击视图中的样条线以作为路径使用。3ds Max 会将此样条线用作分布对象所沿循的路径。

✦ “拾取点”按钮 拾取点 ：单击该按钮，并单击起始点和结束点以在构造栅格上定义路径。也可以使用对象捕捉指定空间中的点。3ds Max 使用这些点创建作为分布对象所沿循的路径的样条线。

①“参数”组

✦ 计数：指定要分布的对象的数量。

✦ 间距：指定对象之间的间距。

✦ 始端偏移：指定距路径始端偏移的单位数量。

✦ 末端偏移：指定距路径末端偏移的单位数量。

②“前后关系”组

✦ 边：使用此选项指定通过各对象边界框的相对边确定间隔。

✦ 中心：使用此选项指定通过各对象边界框的中心确定间隔。

✦ 跟随：启用此选项可将分布对象的轴点与样条线的切线对齐。

③“对象类型”组

✦ 复制：将选定对象的副本分布到指定位置。

✦ 实例：将选定对象的实例分布到指定位置。

✦ 参考：将选定对象的参考分布到指定位置。

实例操作：使用“间隔工具”复制椅子

功能实例：使用“间隔工具”复制椅子

实例位置：　工程文件 >CH02> 椅子 .max

视频位置：　视频文件 >CH02> 实例：使用“间隔工具”复制椅子 .mp4

实用指数：　★★☆☆☆

技术掌握：　熟练使用“间隔工具”复制对象。

01 打开本书附带资源中的“椅子 .max”文件，其中有一个椅子的模型及一条绘制好的弧形曲线，如图 2-92 所示。

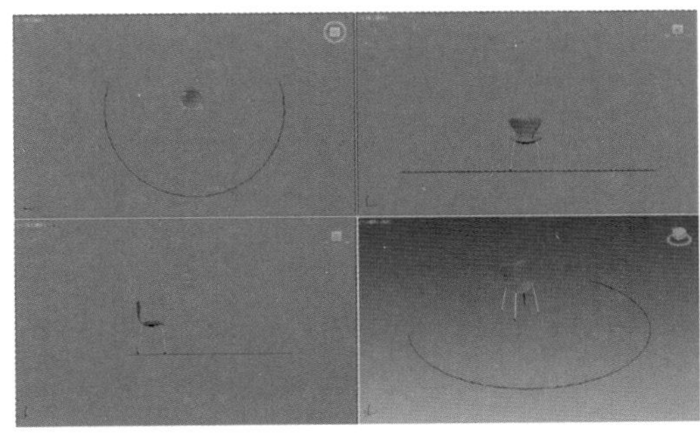

图 2-92

02 在菜单栏中，执行“工具”→“对齐”→“间隔工具”命令，如图 2-93 所示，即可打开“间隔工具”对话框，如图 2-94 所示。

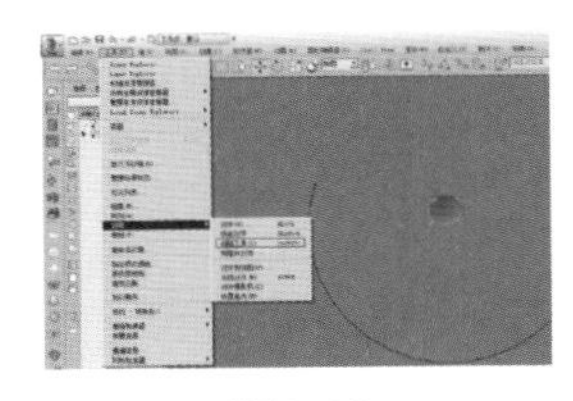

图 2-93

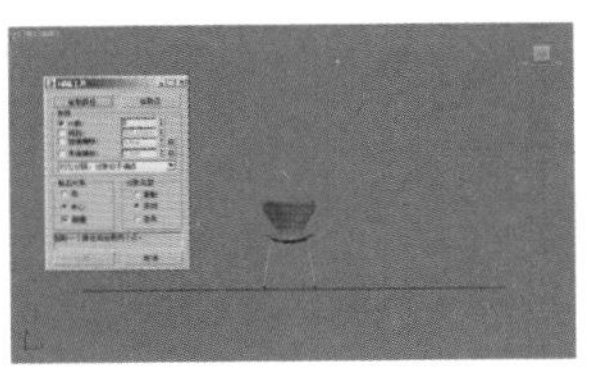

图 2-94

03 选择场景中的椅子模型，单击“间隔工具”对话框中的“拾取路径”按钮 拾取路径 ，在视图中拾取样条线，即可看到在默认状态下，系统完成了 3 个椅子模型的复制，并且椅子模型使用样条线作为路径进行摆放，如图 2-95 所示。

04 在“间隔工具”对话框中，设置“参数”组中的“计数”为 8，可以看到椅子的数量增加到 8 个，如图 2-96 所示。

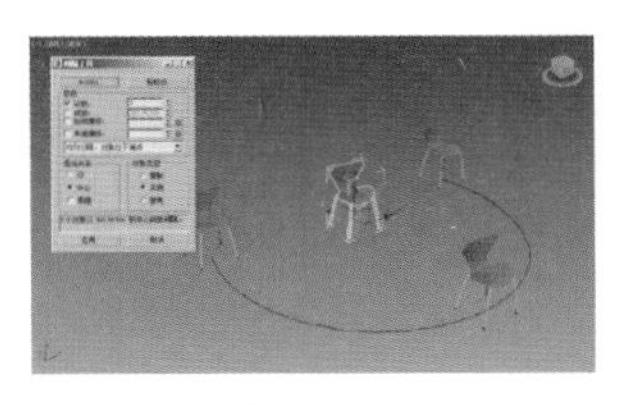

图 2-95

图 2-96

05 在“前后关系”组中选中“跟随”选项，即可看到复制出的椅子方向沿着路径发生改变，如图 2-97 所示。

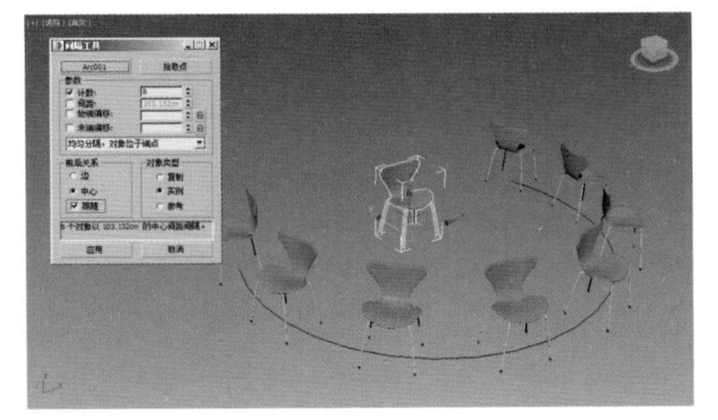

图 2-97

06 设置完成后，单击“间隔工具”对话框下方的“应用”按钮 应用 ，完成椅子模型的复制，单击“间隔工具”对话框下方的“关闭”按钮 关闭 ，关闭“间隔工具”对话框，结束“间隔工具”的使用。

小技巧

“间隔工具”对话框也可以通过单击“附加”工具栏上的“间隔工具”按钮打开，如图 2-98 所示。

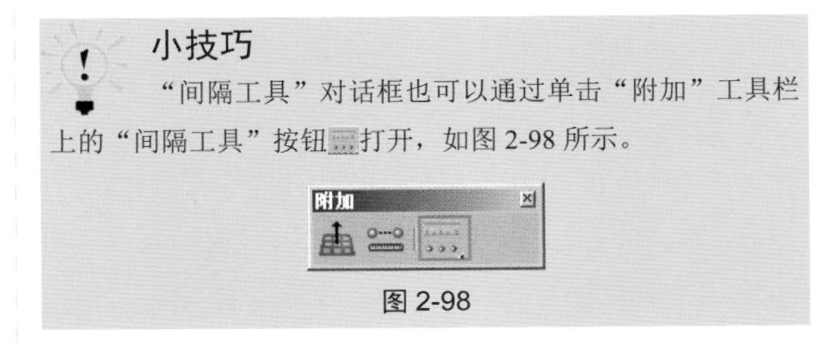

图 2-98

2.5　文件存储

2.5.1　文件保存

3ds Max 提供了多种保存文件的途径，保存文件主要有以下几种方法。

第 1 种：单击“标题栏”上的“保存”按钮，即可完成当前文件的存储，如图 2-99 所示。

第 2 种：单击“标题栏”上的软件图标，在弹出的下拉菜单中执行“保存”命令即可，如图 2-100 所示。

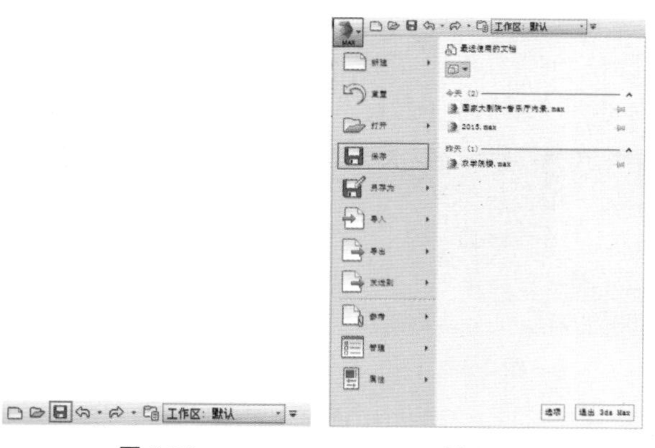

图 2-99　　图 2-100

第 3 种：按快捷键 Ctrl+S，可以完成当前文件的存储。

2.5.2　另存为文件

“另存为”文件是 3ds Max 中最常用的存储文件方式之一，使用该功能，可以在确保不更改原文件的状态下，将新改好的 MAX 文件另存为一份新的文件，以供下次使用。单击“标题栏”上的软件图标，在弹出的下拉菜单中执行“另存为”命令即可，如图 2-101 所示。

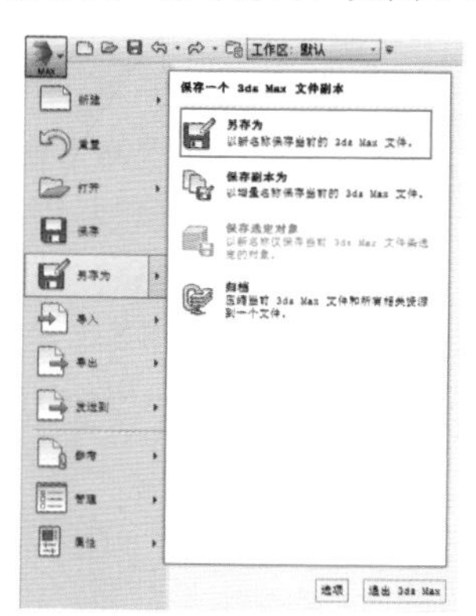

图 2-101

技巧与提示：

单击“标题栏”上的软件图标，在弹出的下拉菜单中执行“另存为”命令，与执行“另存为”→“另存为”命令的效果相同。

执行“另存为”命令后，3ds Max 会弹出“文件另存为”对话框，如图 2-102 所示。

在“保存类型”下拉列表中，3ds Max 2016 提供了多种不同的保存文件版本以供选择，用户可根据自身需要将 3ds Max 2016 的文件另存为 3ds Max 2013、3ds Max 2014、3ds Max 2015、3ds Max 2016 或 3ds Max 角色文件，如图 2-103 所示。

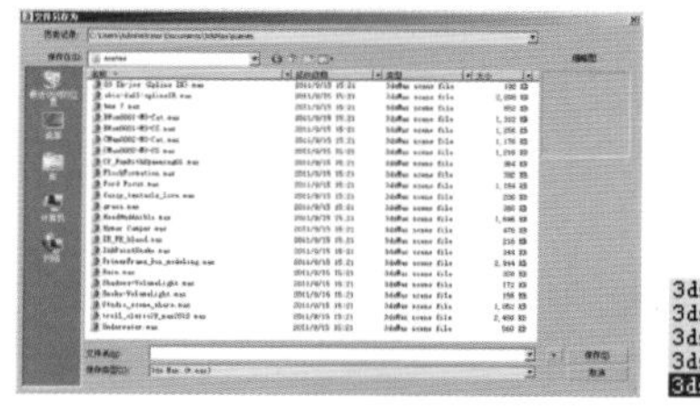

图 2-102

3ds Max (*.max)
3ds Max 2013 (*.max)
3ds Max 2014 (*.max)
3ds Max 2015 (*.max)
3ds Max 角色 (*.chr)

图 2-103

2.5.3　保存增量文件

3ds Max 提供了一种叫作“保存增量文件”的存储方法，即以当前文件的名称后添加数字后缀的方式不断对工作中的文件进行存储，主要有以下两种方式可供选择。

第 1 种：单击“标题栏”上的软件图标，在弹出的下拉菜单中执行“另存为”→“保存副本为”命令，如图 2-104 所示。

第 2 种：将当前工作的文件使用“另存为”的方式存储时，在弹出的“另存为”对话框中，单击“+”按钮，即可将当前文件保存为增量文件，如图 2-105 所示。

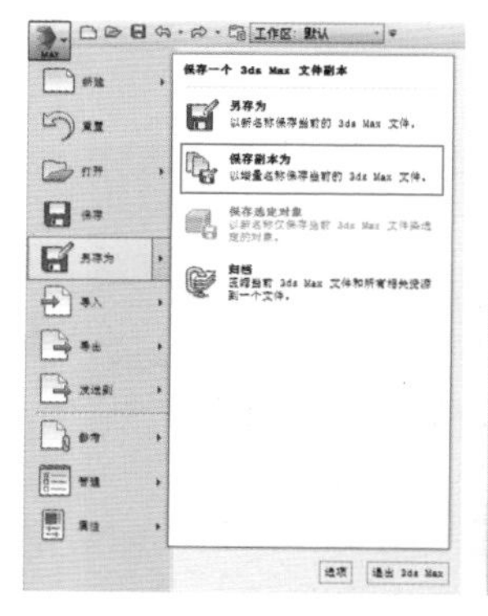

图 2-104

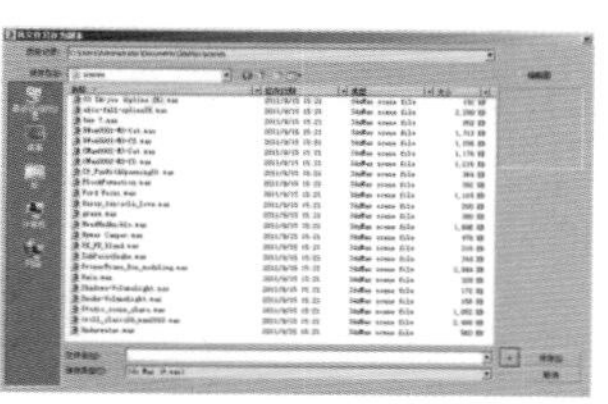

图 2-105

2.5.4　保存选定对象

“保存选定对象”功能允许用户将一个复杂场景中的某个模型或者某几个模型单独保存，单击“标题栏”上的软件图标，在弹出的下拉菜单中执行“另存为”→“保存选定对象”命令，即可将选中的对象单独保存为一个独立文件，如图 2-106 所示。

技巧与提示：

“保存选定对象”命令需要在场景中先选中要单独保存的对象，才可激活该命令。

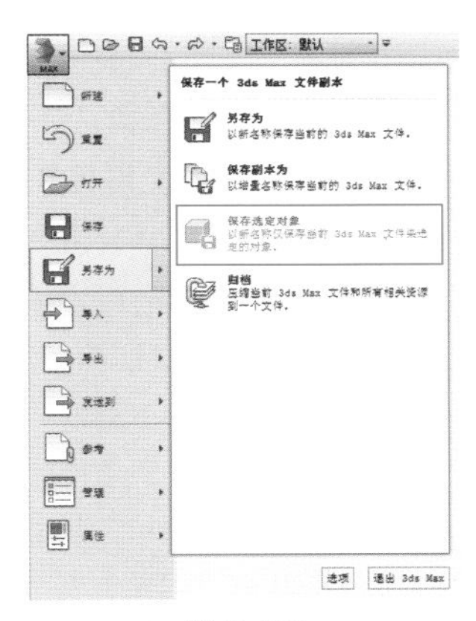

图 2-106

2.5.5　归档

使用“归档”命令可以将当前文件、文件中所使用的贴图文件及其路径名称整理并保存为一个 ZIP 压缩文件。

单击“标题栏”上的软件图标，在弹出的下拉菜单中执行“另存为”→“归档”命令，即可完成文件的归档操作，如图 2-107 所示。在归档处理期间，3ds Max 还会显示日志窗口，使用外部程序来创建压缩的归档文件，如图 2-108 所示。处理完成后，3ds Max 会将生成的 ZIP 文件存储在指定的文件夹内。

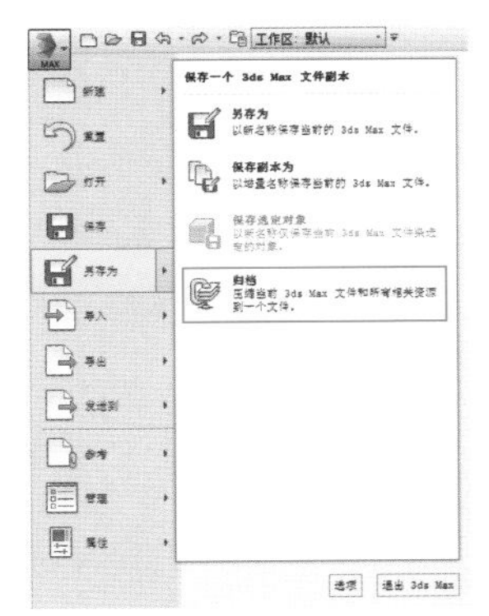

图 2-107

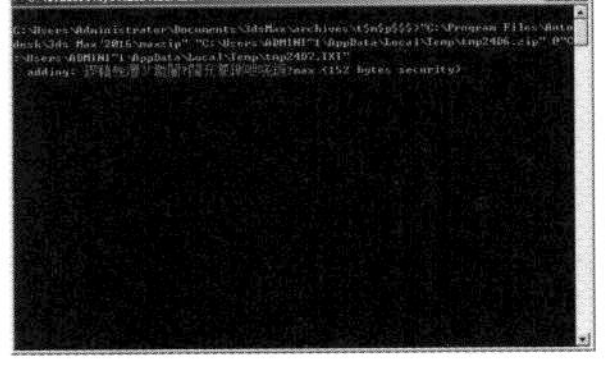

图 2-108

2.5.6　自动备份

3ds Max 在默认状态下提供了“自动备份”的功能，备份文件的时间间隔为 5 分钟，存储的文件为 3 份。当 3ds Max 程序因意外而退出时，该功能尤为重要。文件备份的相关设置可以执行菜单栏中的“自定义”→“首选项”命令，如图 2-109 所示。

打开“首选项设置”对话框，单击“文件”选项卡，在“自动备份”组中即可对自动备份的相关设置进行修改，如图 2-110 所示。自动备份所保存的文件通常位于“文档\3ds Max\autoback”文件夹内。

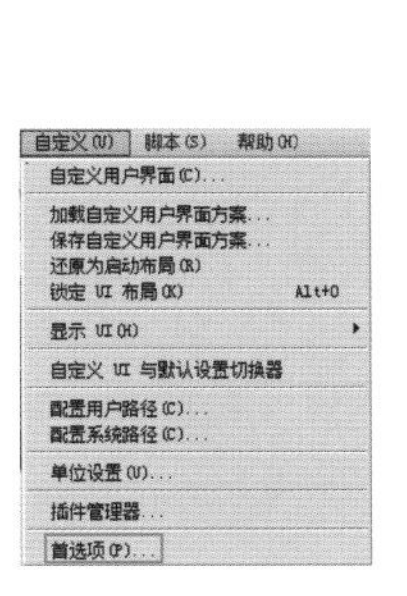

图 2-109

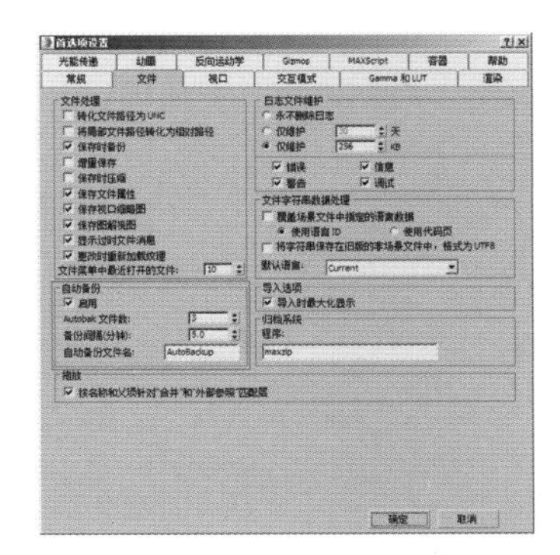

图 2-110

2.5.7　资源收集器

在制作复杂的场景文件时，常常需要大量的贴图应用于我们的模型上，这些贴图的位置可能在硬盘中极为分散，并不易查找。使用 3ds Max 所提供的“资源收集器”功能，则可以非常方便地将当前文件所使用到的所有贴图及 IES 光度学文件以复制或移动的方式放置于指定的文件夹内。在“实用程序”面板中，单击“实用程序”卷展栏中的“更多”按钮 更多...，即可在弹出的“实用程序”对话框中执行“资源收集器”命令，如图 2-111 所示。

“资源收集器”面板中的参数，如图 2-112 所示。

图 2-111

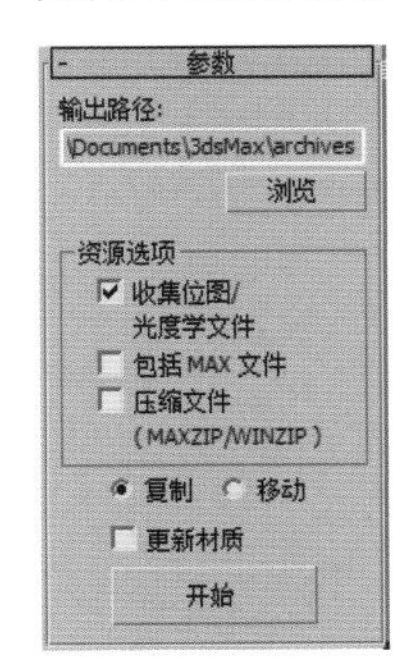

图 2-112

工具解析

✦ 输出路径：显示当前输出路径。单击“浏览”按钮 浏览 可以更改此选项。

✦ “浏览”按钮 浏览 ：单击该按钮可显示用于选择输出路径的 Windows 文件对话框。

✦ 收集位图 / 光度学文件：选中时，“资源收集器”将场景位图和光度学文件放置到输出目录中，默认设置为选中。

✦ 包括 MAX 文件：启用时，“资源收集器”将场景自身（.max 文件）放置到输出目录中。

✦ 压缩文件：选中时，将文件压缩到 ZIP 文件中，并将其保存在输出目录中。

✦ 复制 / 移动：选择“复制”选项，可在输出目录中制作文件的副本。选择“移动”选项，可移动文件（该文件将从保存的原始目录中删除）。默认设置为“复制”。

✦ 更新材质：选中时，更新材质路径。

✦ “开始”按钮 开始 ：单击该按钮以根据此按钮上方的设置收集资源文件。

第3章

使用内置几何体建模

3.1 几何体概述

3ds Max 2016 提供了大量的几何体建模功能供用户在建模初期使用，这些功能的命令按钮被集中设置在“创建”面板中的第一个分类——“几何体”当中。

3ds Max 2016 在“创建”面板中提供了 7 种不同类型的对象按钮，分别为“几何体”按钮、“图形”按钮、“灯光”按钮、“摄影机”按钮、“辅助对象”按钮、“空间扭曲”按钮和“系统”按钮，如图 3-1 所示。其中，“几何体”按钮的下拉菜单中又内置了多种命令选项，如图 3-2 所示，灵活使用它们几乎可以制作出任意模型。

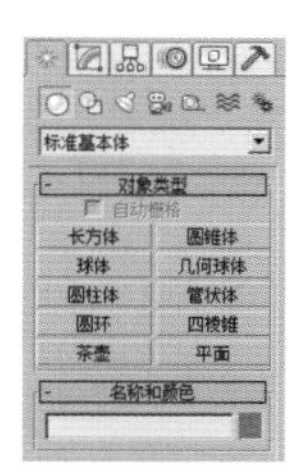

图 3-1

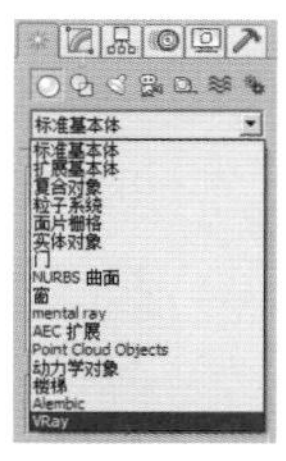

图 3-2

3.2 标准基本体

3ds Max 一直以来都为用户提供了一整套标准的几何体造型以解决简单形体的构建。通过这一系列基础形体资源，可以使我们非常容易地在场景中以拖曳的方式创建出简单的几何体，如长方体、圆锥体、球体、圆柱体等。该建模方式作为 3ds Max 中最简单的几何形体建模，是非常易于学习和使用的。

3ds Max 2016“创建”面板中的“标准基本体”提供了用于创建 10 种不同对象的按钮，分别为“长方体”按钮 长方体 、“圆锥体”按钮 圆锥体 、“球体”按钮 球体 、“几何球体”按钮 几何球体 、“圆柱体”按钮 圆柱体 、“管状体”按钮 管状体 、“圆环”按钮 圆环 、“四棱锥”按钮 四棱锥 、“茶壶”按钮 茶壶 和“平面”按钮 平面 ，如图 3-3 所示。

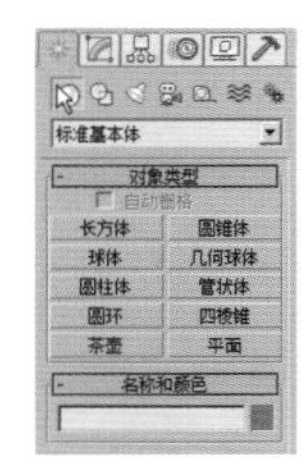

图 3-3

3.2.1 长方体

在“创建”面板中，单击“长方体”按钮，即可在场景中创建长方体的模型，如图 3-4 所示。

本章工程文件

本章视频文件

长方体的参数命令，如图 3-5 所示。

图 3-4

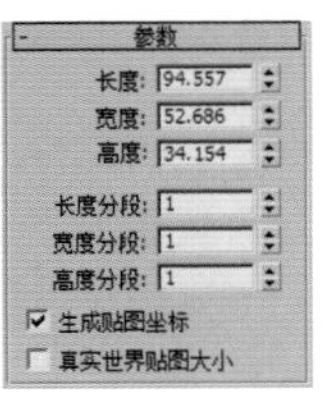

图 3-5

工具解析

✦ 长度 / 宽度 / 高度：设置长方体对象的长度、宽度和高度。

✦ 长度分段 / 宽度分段 / 高度分段：设置沿着对象每个轴的分段数量。

实例操作：使用长方体制作餐桌

实例：使用长方体制作餐桌

实例位置：	工程文件 >CH03> 餐桌 .max
视频位置：	视频文件 >CH03> 实例：使用长方体制作餐桌 .mp4
实用指数：	★☆☆☆☆
技术掌握：	掌握 3ds Max 的长方体工具。

在本例中，为大家讲解如何使用“长方体”按钮快速制作一个极简风格的餐桌模型，桌子模型的渲染效果如图 3-6 所示。

图 3-6

01 启动 3ds Max 2016，在“创建”面板中，单击“长方体”按钮，在场景中绘制一个长方体模型，如图 3-7 所示。

02 在“修改”面板中，设置长方体的“长度”为 110.0mm，“宽度”为 110.0mm，“高度”为 640.0mm，如图 3-8 所示。

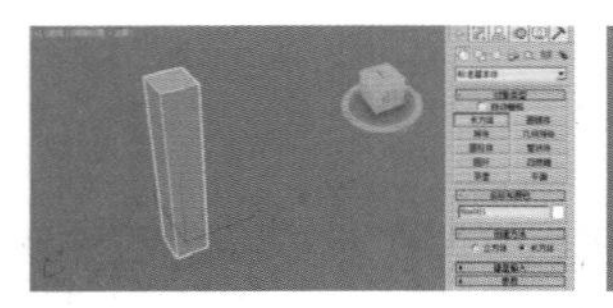

图 3-7

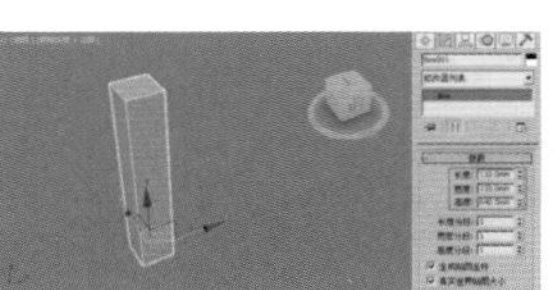

图 3-8

03 在顶视图中，按 Shift 键，以拖曳的方式移动长方体至如图 3-9 所示的位置，系统会自动弹出“克隆选项”对话框，在“对象”组中设置选项为“实例”，设置“副本数”为 2，并单击“确定”按钮，即可复制出两个新的长方体对象，如图 3-10 所示。

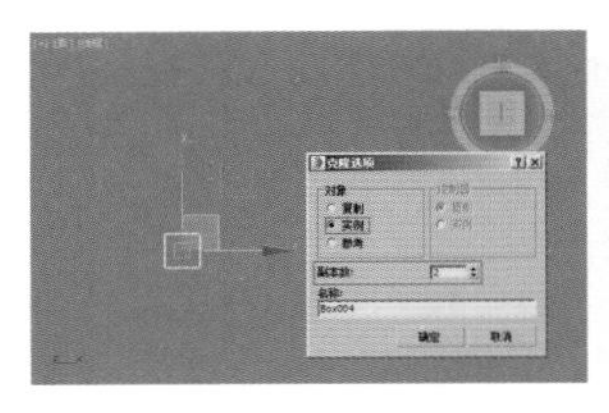

图 3-9

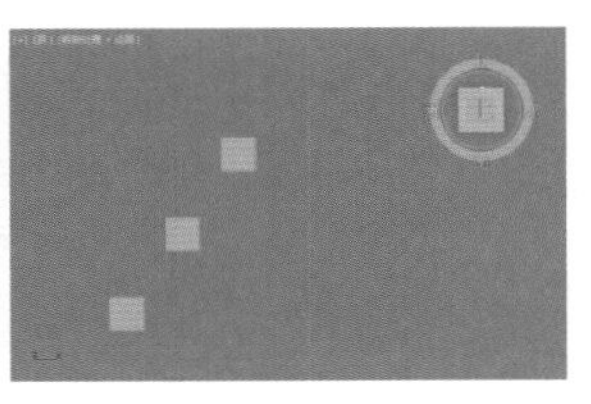

图 3-10

04 以相同的方式，在顶视图中复制另一组长方体作为餐桌另一侧的桌腿，如图 3-11 所示。

05 在“创建”面板中，单击“长方体”按钮，在顶视图中绘制一个长方体作为餐桌的桌面结构，如图 3-12 所示。

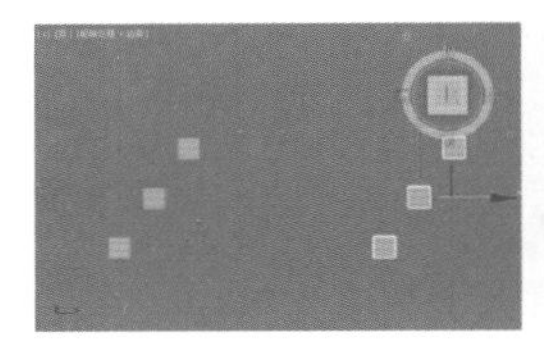

图 3-11

图 3-12

06 在“修改”面板中，设置长方体的“长度”为 900.0mm，“宽度”为 2300.0mm，“高度”为 55.0mm，如图 3-13 所示。

07 在左视图中，调整桌面至如图 3-14 所示的位置。

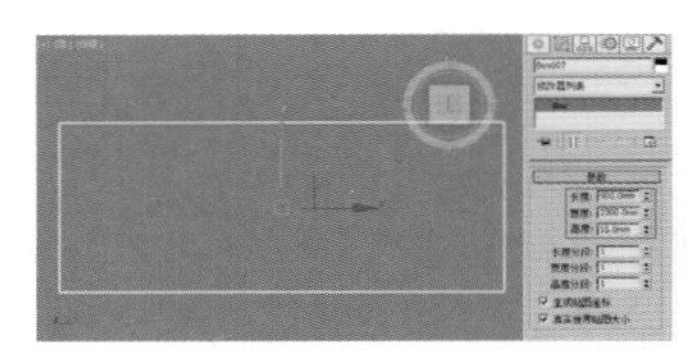

图 3-13

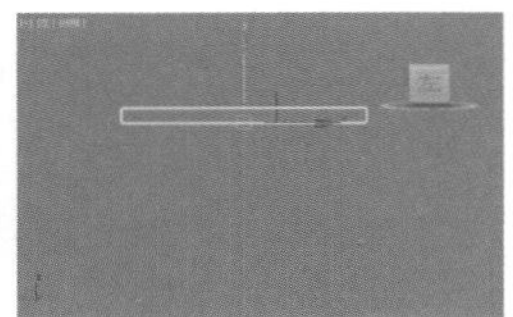

图 3-14

08 完成后的餐桌模型，如图 3-15 所示。

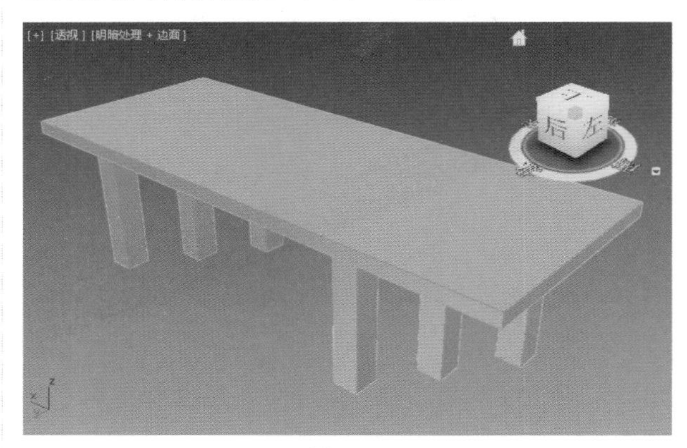

图 3-15

实例操作：使用长方体制作柜子

实例：使用长方体制作柜子

实例位置：　工程文件 >CH03> 柜子 .max

视频位置：　视频文件 >CH03> 实例：使用长方体制作柜子 .mp4

实用指数：　★★☆☆☆

技术掌握：　掌握 3ds Max 的长方体工具。

在本例中，讲解如何使用“长方体”按钮来快速制作一个柜子的模型，柜子模型的渲染效果如图 3-16 所示。

图 3-16

01 启动 3ds Max 2016，在“创建”面板中，单击“长方体”按钮，在场景中绘制一个长方体模型，如图 3-17 所示。

02 在“修改”面板中，设置长方体的“长度”为 14.6，“宽度”为 3.76，“高度”为 0.75，如图 3-18 所示。

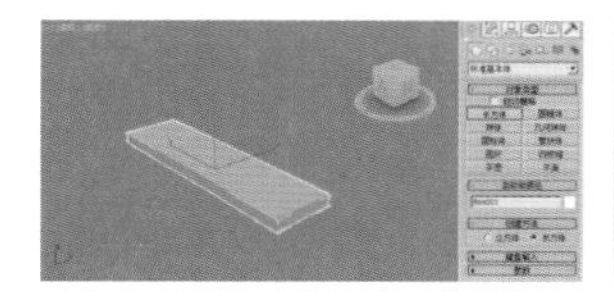

图 3-17

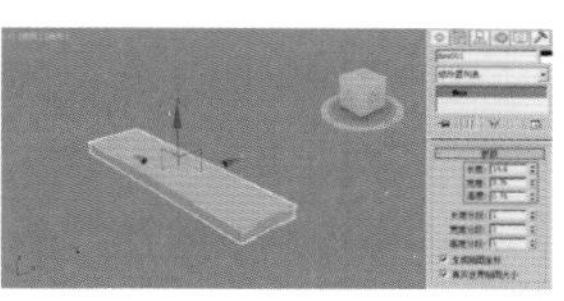

图 3-18

03 按下 Shift 键，用拖曳的方式沿 *X* 轴方向移动长方体，在弹出的“克隆选项”对话框中，设置克隆对象的方式为“实例”，设置“副本数”为 9，如图 3-19 所示。

04 复制完成后的长方体形态，如图 3-20 所示。

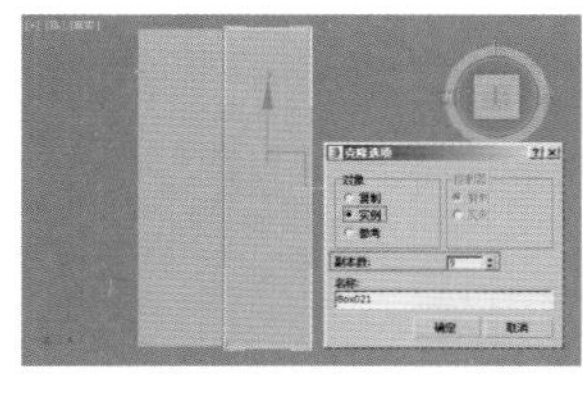

图 3-19

图 3-20

05 在“创建”面板中，单击“长方体”按钮，在顶视图中绘制一个新的长方体，如图 3-21 所示。

06 在“修改”面板中，设置长方体的“长度”为 14.675，“宽度”为 0.732，“高度”为 7.899，如图 3-22 所示。

图 3-21

图 3-22

07 在前视图中，调整长方体至如图 3-23 所示的位置。

08 按下 Shift 键，以拖曳的方式复制出一个长方体作为柜子另一侧的结构，如图 3-24 所示。

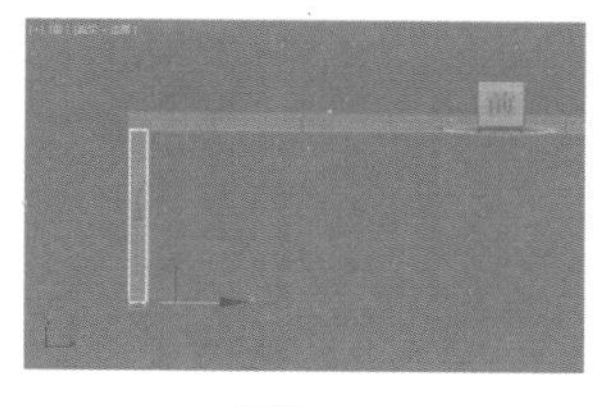

图 3-23

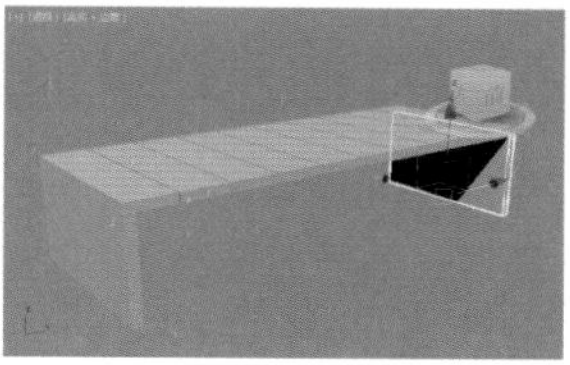

图 3-24

09 在“创建”面板中，单击“长方体”按钮在前视图中绘制出一个新的长方体，如图 3-25 所示。

10 在“修改”面板中，设置“长方体”的“长度”为 3.943，“宽度”为 37.145，“高度”为 0.894，如图 3-26 所示。

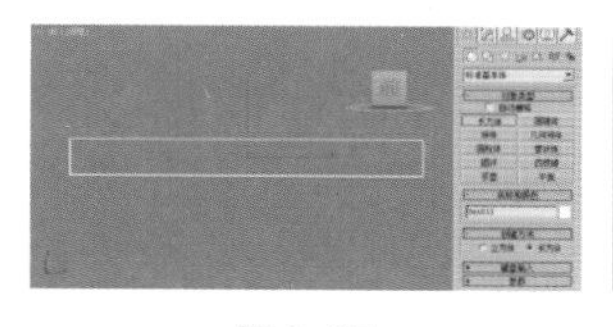

图 3-25

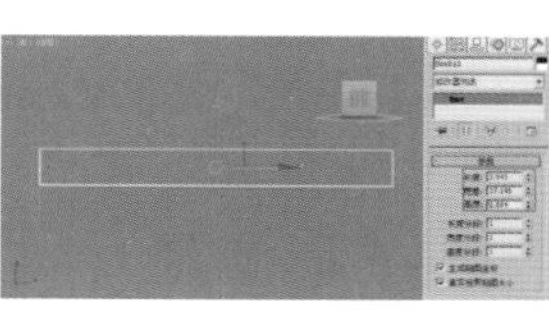

图 3-26

11 以同样的方式复制该长方体，制作出柜子的正面结构，如图 3-27 所示。

12 在场景中选择构成柜子正面的两个长方体，按下 Shift 键，复制出柜子后面的结构，如图 3-28 所示。

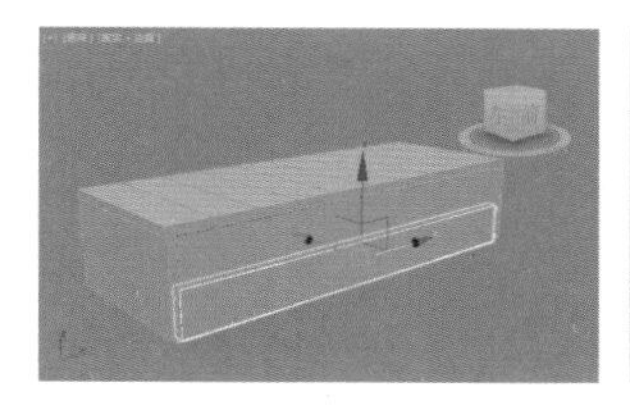

图 3-27

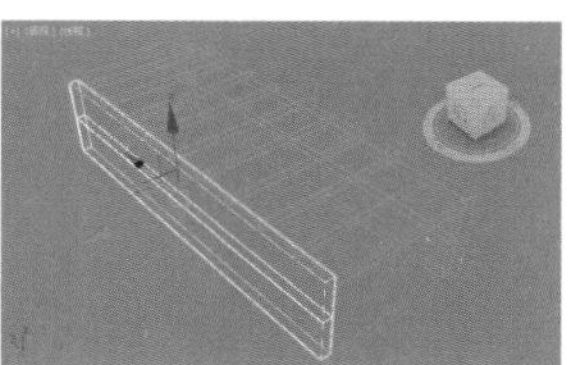

图 3-28

13 在顶视图中，再次创建一个长方体，如图 3-29 所示。

14 在“修改”面板中，设置该长方体的“长度”为 2，“宽度”为 2，“高度”为 2，如图 3-30 所示。

图 3-29

图 3-30

15 按 F 键，在前视图中，调整长方体至如图 3-31 所示的位置。

16 在顶视图中，以同样的方式复制出柜子其他边角的支撑结构，如图 3-32 所示。

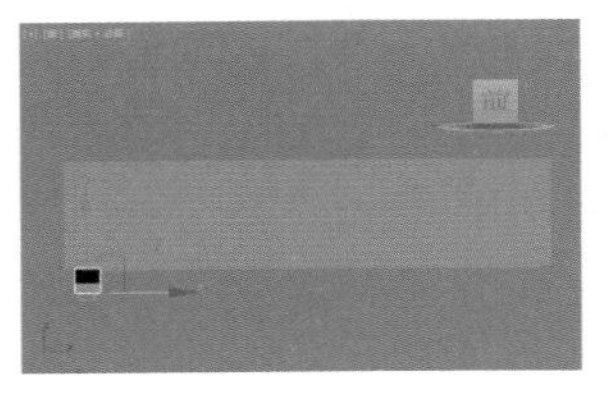

图 3-31

图 3-32

17 最终完成后的柜子模型，如图 3-33 所示。

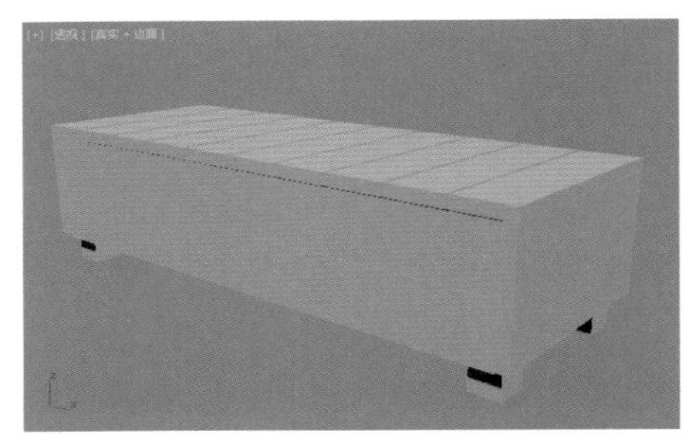

图 3-33

3.2.2 圆锥体

在“创建”面板中，单击“圆锥体”按钮，即可在场景中绘制出圆锥体的模型，如图 3-34 所示。

圆锥体的参数命令，如图 3-35 所示。

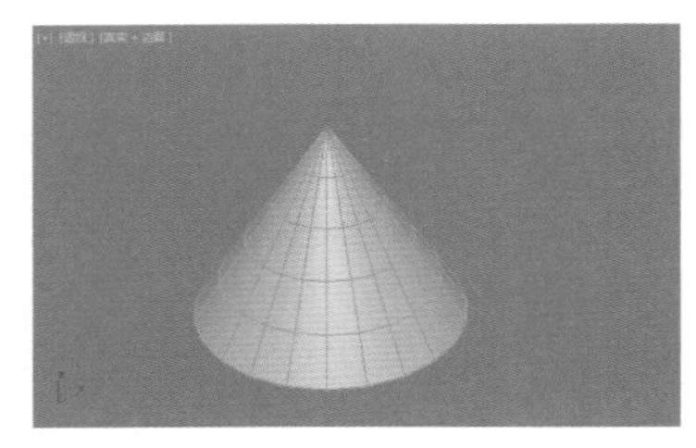

图 3-34

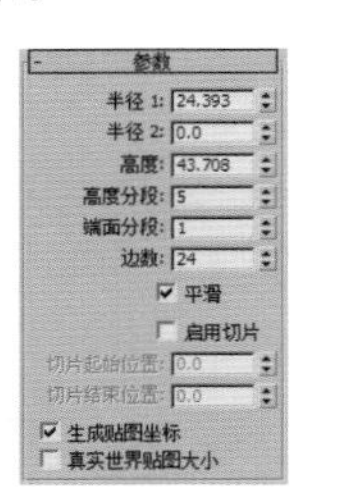

图 3-35

工具解析

✦ 半径 1/ 半径 2：设置圆锥体的第一个半径和第二个半径。

✦ 高度：设置沿着中心轴的维度。

✦ 高度分段：设置沿着圆锥体主轴的分段数。

✦ 端面分段：设置围绕圆锥体顶部和底部的中心的同心分段数。

✦ 边数：设置圆锥体周围的边数。

✦ 启用切片：启用“切片”功能。

✦ 切片起始位置 / 切片结束位置：分别用来设置从局部 X 轴的零点开始围绕局部 Z 轴的度数。

3.2.3 球体

在“创建”面板中，单击“球体”按钮，即可在场景中绘制出球体的模型，如图 3-36 所示。

球体的参数命令，如图 3-37 所示。

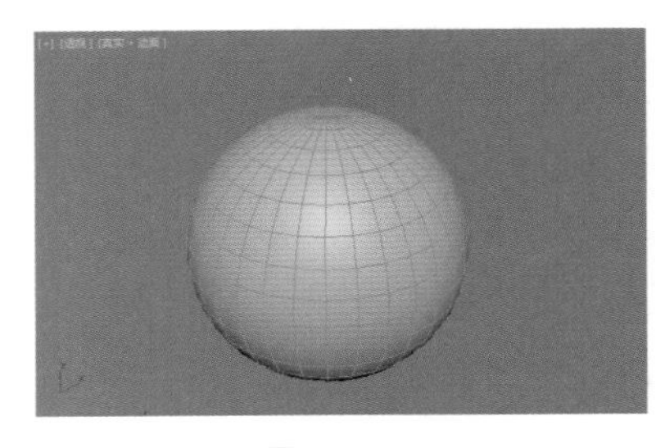

图 3-36

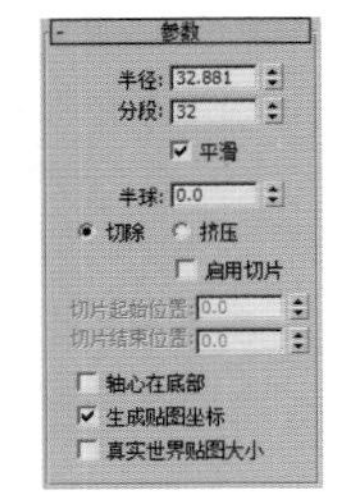

图 3-37

工具解析

✦ 半径：指定球体的半径。

✦ 分段：设置球体多边形分段的数目。

✦ 平滑：混合球体的面，从而在渲染视图中创建平滑的外观。

✦ 半球：过分增大该值将“切断”球体，如果从底部开始，将创建部分球体。值的范围可以从 0.0 至 1.0。默认值为 0.0，可以生成完整的球体。设置为 0.5 可以生成半球，设置为 1.0 会使球体消失，默认值为 0.0。

✦ 切除：通过在半球断开时，将球体中的顶点和面“切除”来减少它们的数量。默认设置为启用。

✦ 挤压：保持原始球体中的顶点数和面数，将几何体向着球体的顶部“挤压”，直到其体积越来越小。

3.2.4 圆柱体

在“创建”面板中，单击“圆柱体”按钮，即可在场景中绘制出圆柱体的模型，如图 3-38 所示。

圆柱体的参数命令，如图 3-39 所示。

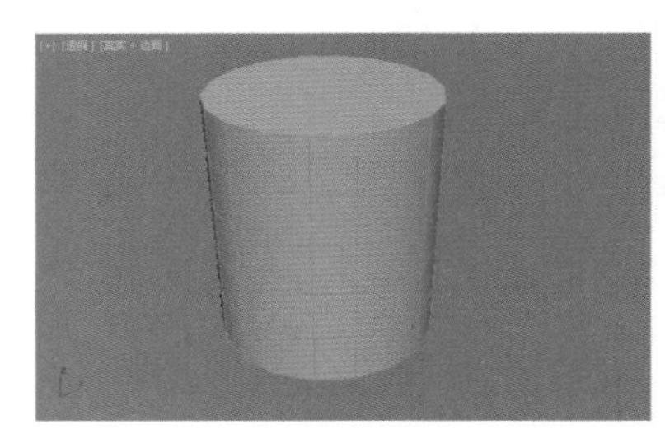

图 3-38

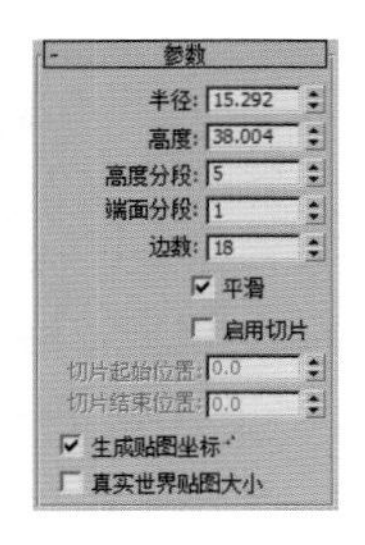

图 3-39

工具解析

✦ 半径：设置圆柱体的半径。

✦ 高度：设置圆柱体的高度。

✦ 高度分段：设置沿着圆柱体主轴的分段数量。

✦ 端面分段：设置围绕圆柱体顶部和底部的中心的同心分段数量。

✦ 边数：设置圆柱体周围的边数。

实例操作：使用圆柱体制作圆桌

实例：使用圆柱体制作圆桌

实例位置：　工程文件 >CH03> 圆桌 .max

视频位置：　视频文件 >CH03> 实例：使用圆柱体制作圆桌 .mp4

实用指数：　★★☆☆☆

技术掌握：　掌握 3ds Max 的圆柱体工具。

在本例中，讲解如何使用“圆柱体”按钮来快速制作一个圆桌的模型，圆桌模型的渲染效果，如图 3-40 所示。

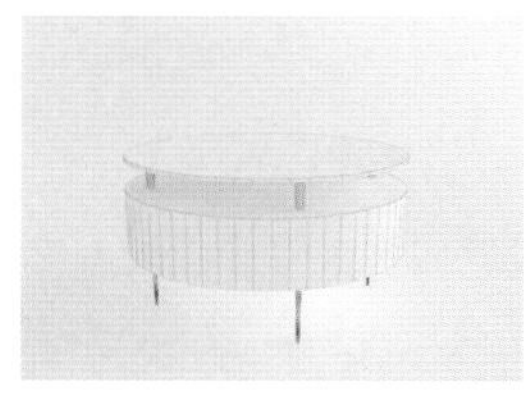

图 3-40

01 启动 3ds Max 2016，在“创建”面板中，单击“圆柱体”按钮，在场景中绘制一个圆柱体模型，如图 3-41 所示。

02 在“修改”面板中，设置圆柱体的“半径”为 380，“高度”为 173，“边数”为 60，如图 3-42 所示。

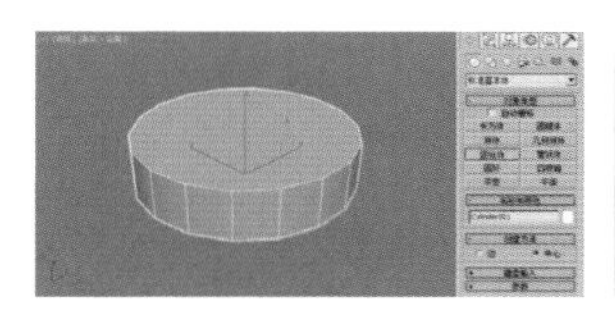

图 3-41

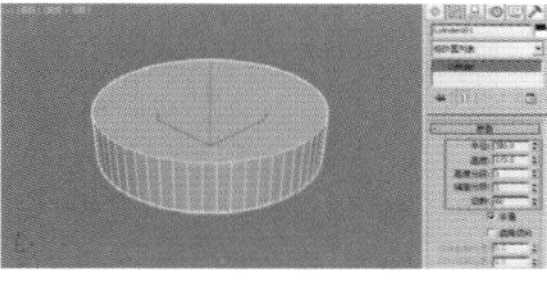

图 3-42

03 按住 Shift 键，以拖曳的方式向上复制出一个圆柱体，如图 3-43 所示。

04 在“修改”面板中，设置其“高度”为 8.65，如图 3-44 所示。

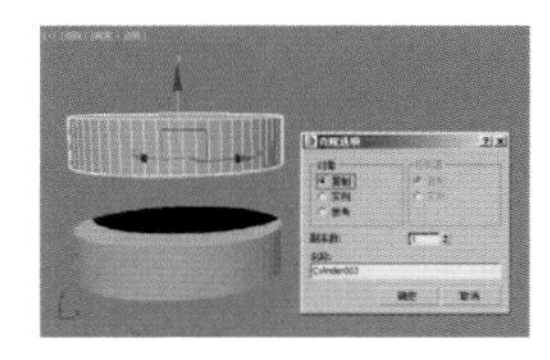

图 3-43

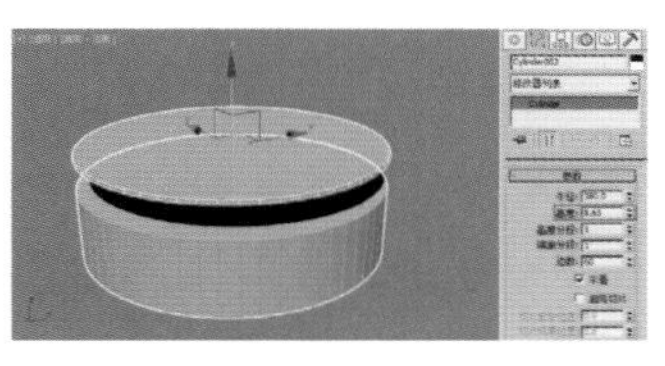

图 3-44

05 在前视图中，调整圆柱体的位置，如图 3-45 所示。

06 在“创建”面板中，单击“圆锥体”按钮，在顶视图中绘制一个圆锥体，如图 3-46 所示。

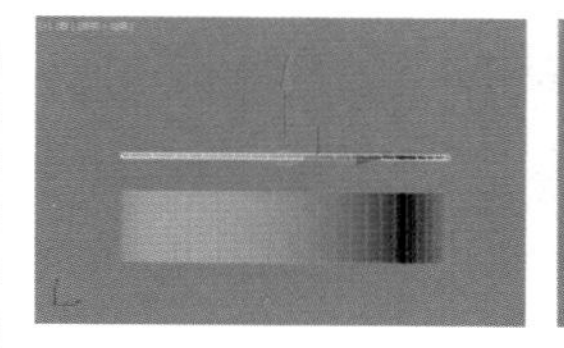

图 3-45

图 3-46

07 在“修改”面板中，设置圆锥体的“半径 1”为 3.426，“半径 2”为 11.336，“高度”为 421.545，如图 3-47 所示。

08 在顶视图中调整圆锥体至如图 3-48 所示的位置。

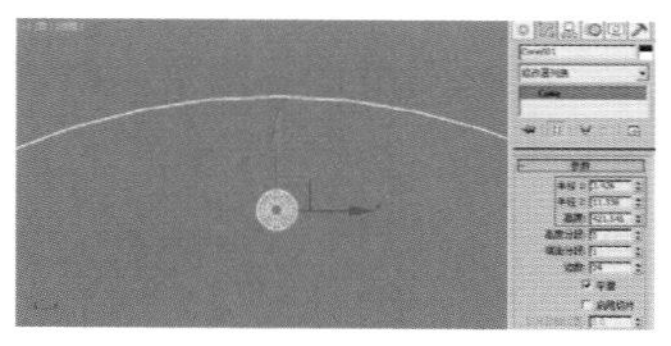

图 3-47

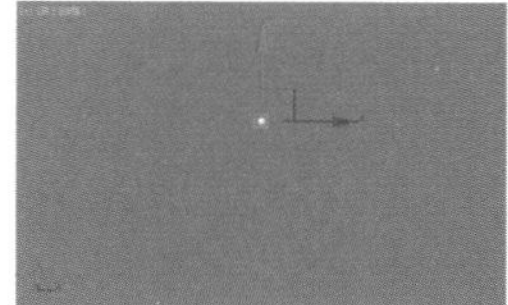

图 3-48

09 按 E 键，将鼠标命令设置为“旋转”操作，在“主工具栏”上设置旋转的轴为“使用变换坐标中心”，如图 3-49 所示。

10 在“使用变换坐标中心”图标前面的下拉列表中选择“拾取”命令，拾取场景中的圆柱体，设置完成后可以看到圆锥体的轴心点已经更改为圆柱体的轴心点，如图 3-50 所示。

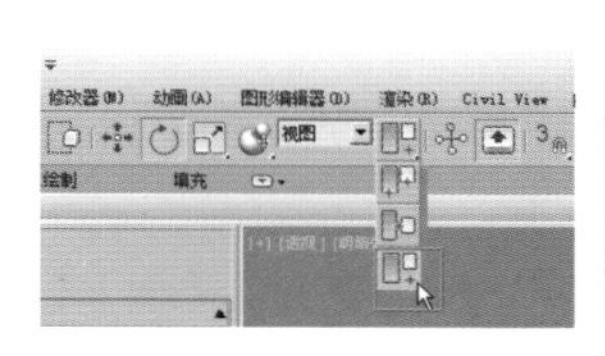

图 3-49

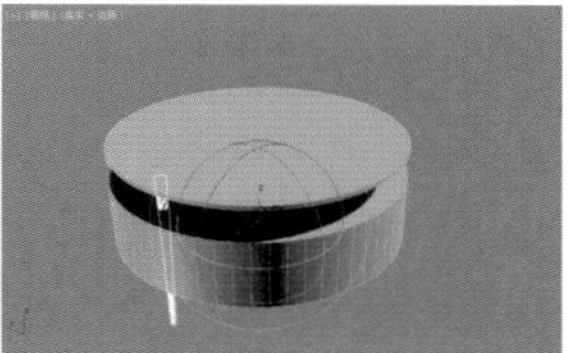

图 3-50

11 按 A 键，打开“角度捕捉切换”功能，并按住 Shift 键，以旋转复制的方式复制出其他 3 个桌腿结构，如图 3-51 所示。

12 完成的圆桌模型结果，如图 3-52 所示。

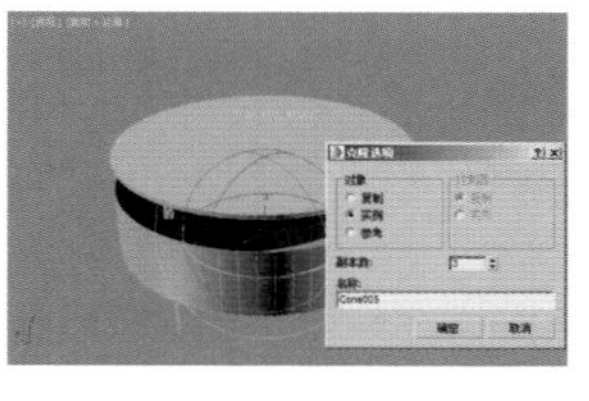

图 3-51

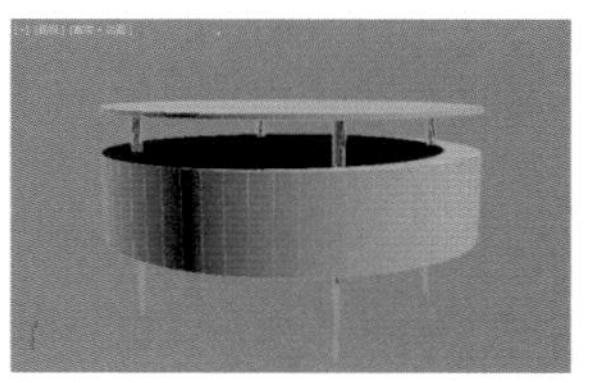

图 3-52

3.2.5　圆环

在“创建”面板中，单击“圆环”按钮，即可在场景中绘制出圆环的模型，如图 3-53 所示。

圆环的参数命令，如图 3-54 所示。

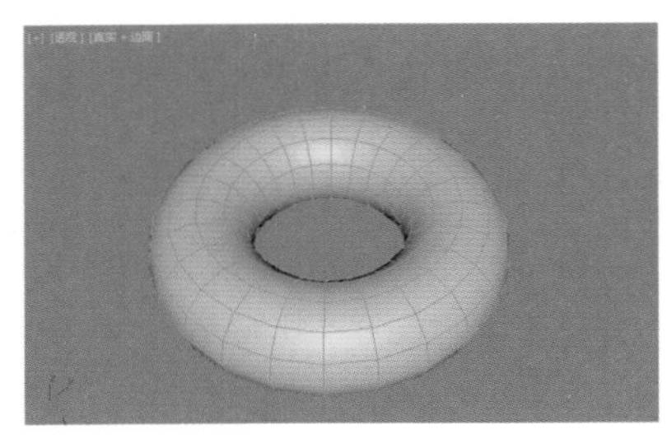

图 3-53

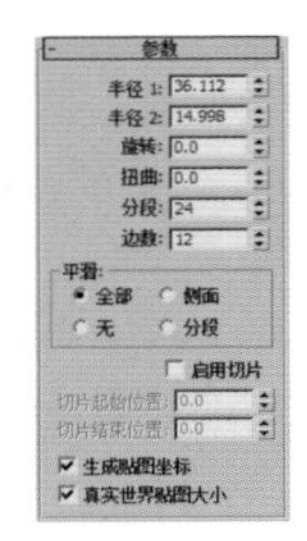

图 3-54

工具解析

✦ 半径 1：从环形的中心到横截面圆形的中心的距离，也就是环形的半径。

✦ 半径 2：圆形横截面的半径。

✦ 旋转：旋转的度数，顶点将围绕通过环形环中心的圆形非均匀旋转。该参数的正值和负值将在环形曲面上的任意方向“滚动”顶点。

✦ 扭曲：扭曲的度数，横截面将围绕通过环形中心的圆形逐渐旋转。从扭曲开始，每个后续横截面都将旋转，直至最后一个横截面具有指定的度数。

✦ 分段：围绕环形的径向分割数。

✦ 边数：环形横截面圆形的边数。

“平滑”组

✦ 全部：将在环形的所有曲面上生成完整平滑，如图 3-55 所示。

✦ 侧面：平滑相邻分段之间的边，从而生成围绕环形运行的平滑带，如图 3-56 所示。

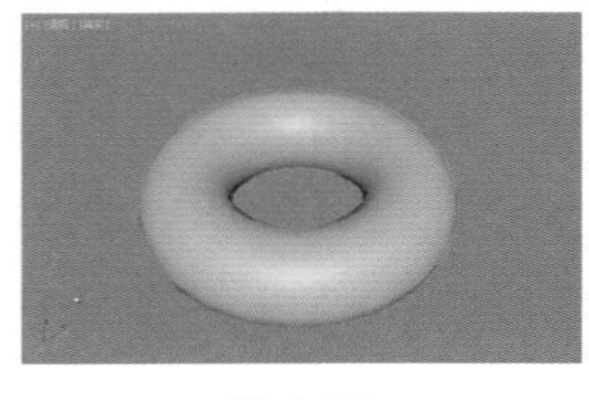

图 3-55

图 3-56

✦ 无：完全禁用平滑，从而在环形上生成类似棱锥的面，如图 3-57 所示。

✦ 分段：分别平滑每个分段，从而沿着环形生成类似环的分段，如图 3-58 所示。

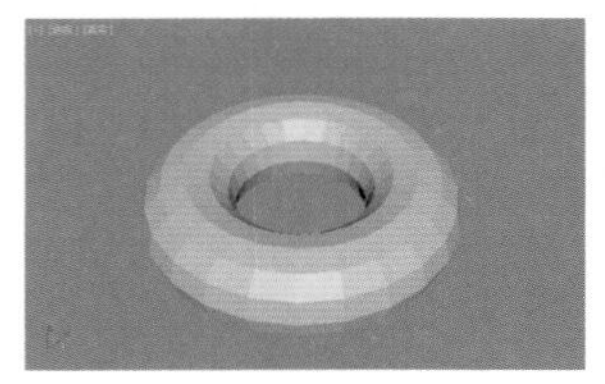

图 3-57

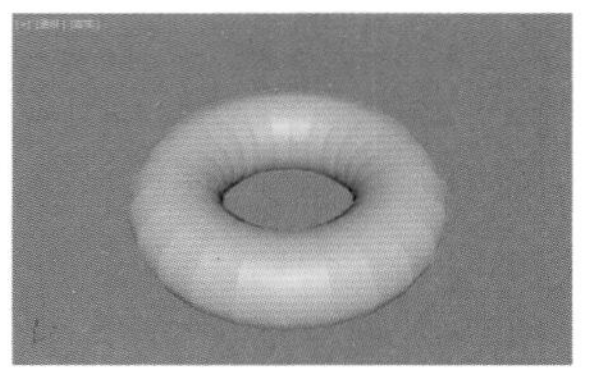

图 3-58

3.2.6 四棱锥

在“创建”面板中，单击“四棱锥”按钮 四棱锥 ，即可在场景中绘制出四棱锥的模型，如图 3-59 所示。

四棱锥的参数命令，如图 3-60 所示。

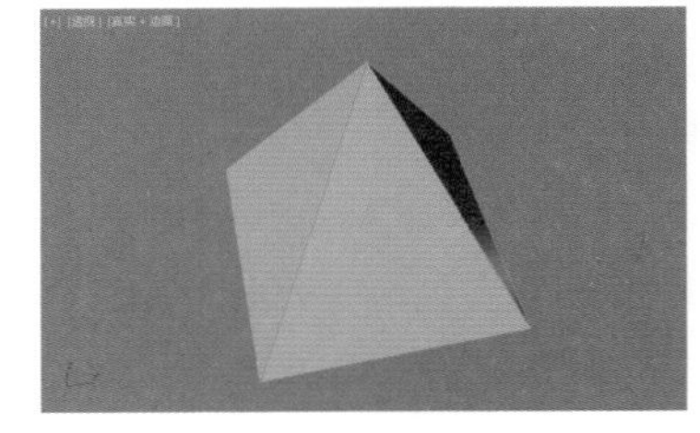

图 3-59

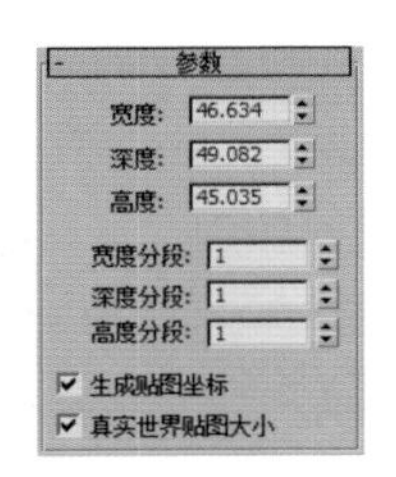

图 3-60

工具解析

✦ 宽度 / 深度 / 高度：设置四棱锥对应面的维度。

✦ 宽度分段 / 深度分段 / 高度分段：设置四棱锥对应面的分段数。

3.2.7 茶壶

在“创建”面板中，单击“茶壶”按钮，即可在场景中创建茶壶的模型，如图 3-61 所示。

茶壶的参数命令，如图 3-62 所示。

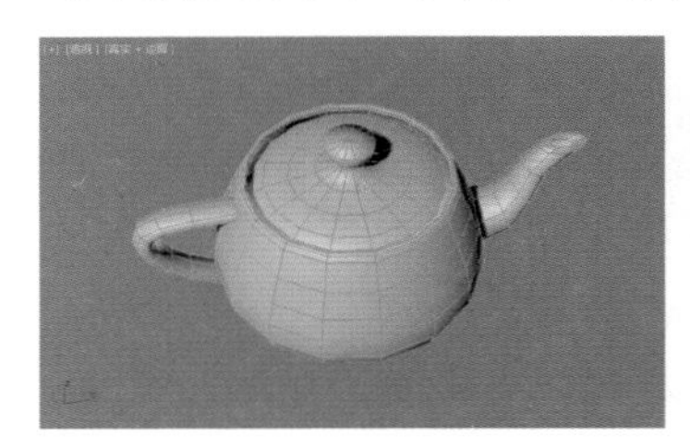

图 3-61

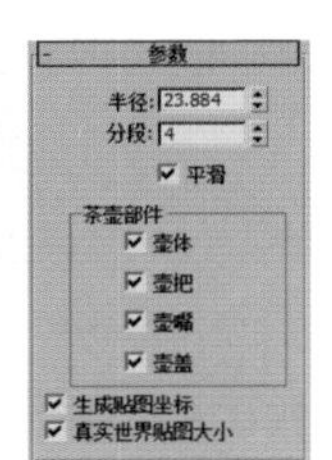

图 3-62

工具解析

✦ 半径：从茶壶的中心到壶身周界的距离，可确定总体大小。

✦ 分段：茶壶零件的分段数。

✦ 平滑：启用后，混合茶壶的面，从而在渲染视图中创建平滑的外观。

3.2.8 其他标准基本体

在“标准基本体”的创建命令中，3ds Max 除了上述的 7 种按钮，还有“几何球体”按钮、“管状体”按钮和“平面”按钮。由于这些按钮所创建对象的方法及参数设置与前面所讲述的内容基本相同，故不重复讲解，这 3 个按钮所对应的模型形态，如图 3-63 所示。

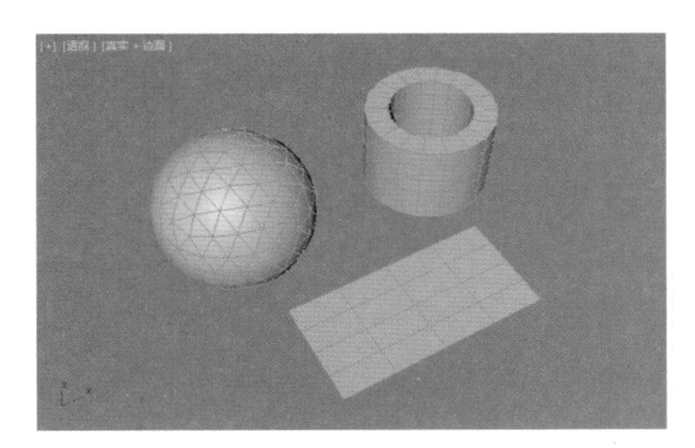

图 3-63

实例操作：使用标准基本体制作石膏模型

实例：使用标准基本体制作石膏模型

实例位置：　工程文件 >CH03> 石膏 .max

视频位置：　视频文件 >CH03> 实例：使用标准基本体制作石膏模型 .mp4

实用指数：　★★☆☆☆

技术掌握：　掌握 3ds Max 的标准基本体工具。

在本例中，讲解如何使用“标准基本体”内提供的多个几何体按钮来快速制作一组石膏的模型，石膏模型的渲染效果，如图 3-64 所示。

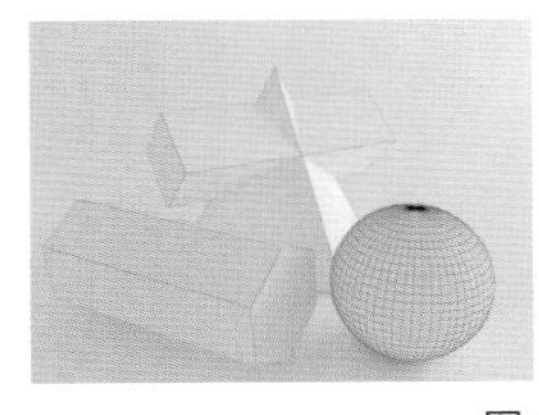

图 3-64

01 启动 3ds Max 2016，在“创建”面板中，单击“四棱锥”按钮，在场景中绘制一个四棱锥的模型，如图 3-65 所示。

02 在“修改”面板中，设置四棱锥的“宽度”为 50，“深度”为 50，“高度”为 60，如图 3-66 所示。

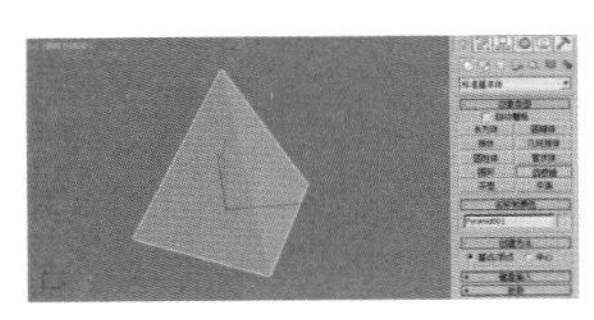

图 3-65

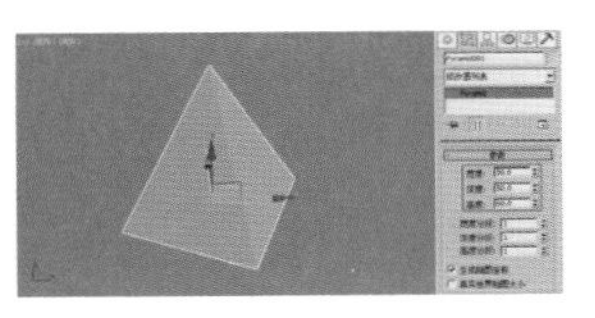

图 3-66

03 在“创建”面板中，单击“长方体”按钮，在场景中创建一个长方体，如图 3-67 所示。

04 在“修改”面板中，设置长方体的“长度”为 70，“宽度”为 20，“高度”为 20，如图 3-68 所示。

图 3-67

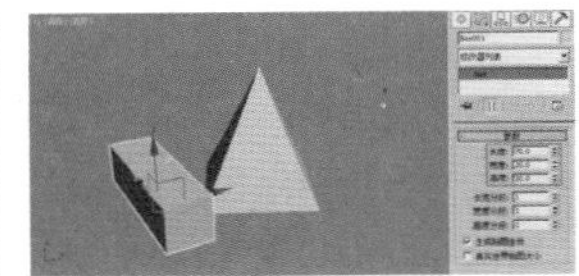

图 3-68

05 设置完成后，按 A 键，打开“角度捕捉切换”功能，旋转长方体的 Y 轴为 -45°，并调整长方体的位置，如图 3-69 所示，制作出石膏单体。

06 在“创建”面板中，单击“圆柱体”按钮，在场景中创建一个圆柱体，如图 3-70 所示。

图 3-69

图 3-70

07 在“修改”面板中，设置圆柱体的“半径”为 15，“高度”为 60，“边数”为 6，并取消勾选“平滑”选项，如图 3-71 所示。

08 设置完成后，调整圆柱体的位置及旋转角度，如图 3-72 所示。

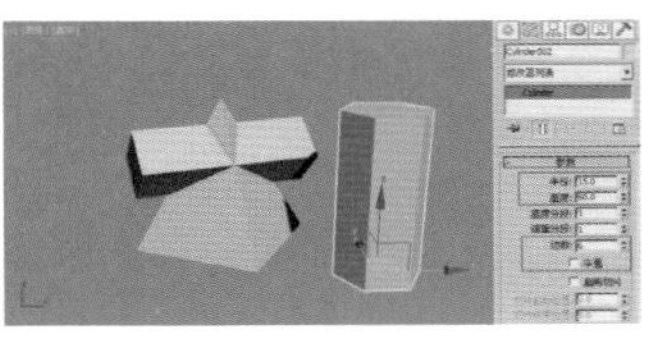

图 3-71

图 3-72

09 在“创建”面板中，单击“球体”按钮，在场景中创建一个球体模型，如图 3-73 所示。

10 在“修改”面板中，设置球体的“半径”为 12.595，“分段”为 60，并选中“轴心在底部”选项，如图 3-74 所示。

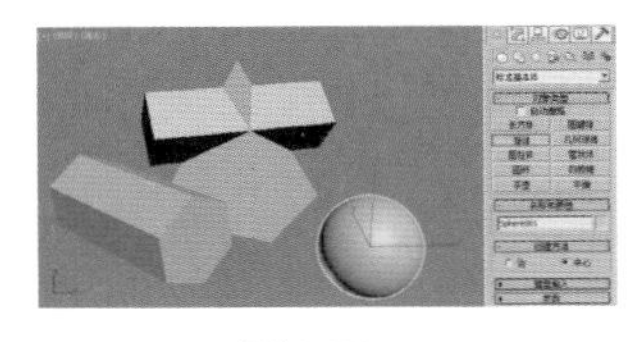

图 3-73

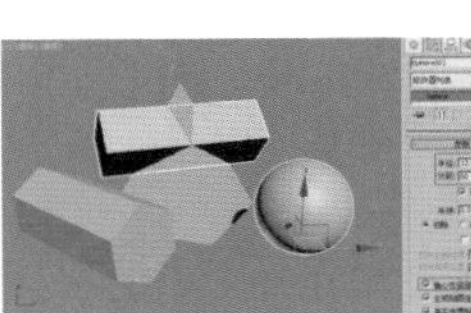

图 3-74

11 最终制作完成的石膏组合模型效果，如图 3-75 所示。

图 3-75

3.3 扩展基本体

3ds Max 2016 中“创建”面板内的“扩展基本体”提供了用于创建 13 种不同对象的按钮，这些按钮的使用频率相较于“标准基本体”内的按钮要略低一些。“扩展基本体”提供了“异面体”按钮 异面体 、“环形结”按钮 环形结 、“切角长方体”按钮 切角长方体 、“切角圆柱体”按钮 切角圆柱体 、“油罐”按钮 油罐 、“胶囊”按钮 胶囊 、“纺锤”按钮 纺锤 、L-Ext 按钮 L-Ext 、“球棱柱”按钮 球棱柱 、C-Ext 按钮 C-Ext 、“环形波”按钮 环形波 、“软管”按钮 软管 和“棱柱”按钮 棱柱 ，如图 3-76 所示。

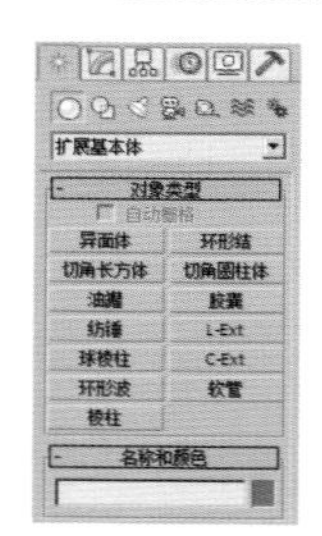

图 3-76

3.3.1 异面体

在“创建”面板中，单击“异面体”按钮，即可在场景中绘制出异面体的模型，如图 3-77 所示。

使用“异面体”按钮可以在场景中创建一些表面结构看起来很特殊的三维模型，其参数面板如图 3-78 所示。

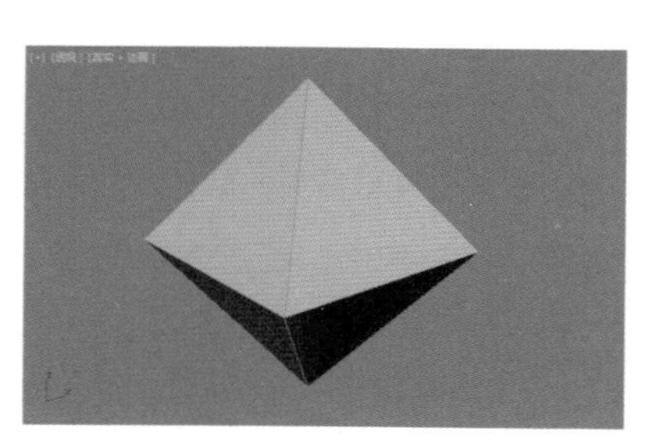

图 3-77

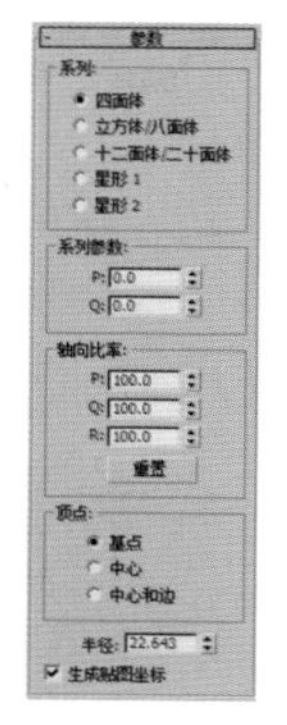

图 3-78

工具解析

①“系列”组

✦ 四面体：创建一个四面体。

✦ 立方体 / 八面体：创建一个立方体或八面多面体。

✦ 十二面体 / 二十面体：创建一个十二面体或二十面体。

✦ 星形 1/ 星形 2：创建两个不同的类似星形的多面体。

②“系列参数”组

✦ P/Q：为多面体顶点和面之间提供两种方式的关联参数。

③“轴向比率”组

✦ P/Q/R：控制多面体一个面反射的轴。

✦ 重置 “重置”按钮：将轴返回为其默认设置。

3.3.2 环形结

在“创建”面板中，单击“环形结”按钮，即可在场景中绘制出环形结的模型，如图 3-79 所示。

使用“异面体”按钮创建出来的对象，可以用来模拟制作绳子打结的形态，其参数面板如图 3-80 所示。

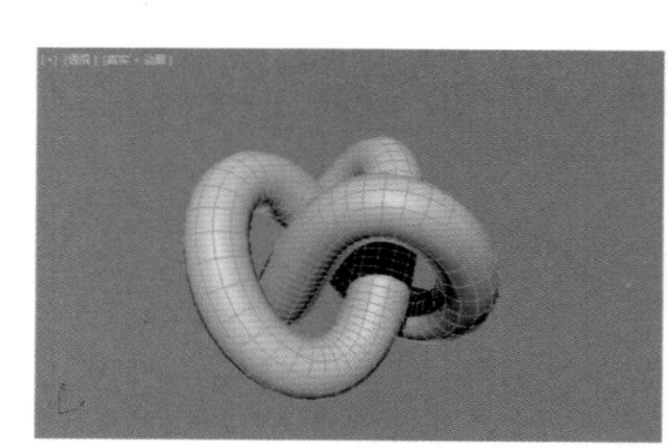

图 3-79

图 3-80

工具解析

①“基础曲线”组

✦ 结 / 圆：使用“结”时，环形将基于其他各种参数自身交织；如果使用“圆”，基础曲线是圆形，如果在其默认设置中保留“扭曲”和“偏心率”参数，则会产生标准环形。

✦ 半径：设置基础曲线的半径。

✦ 分段：设置围绕环形周界的分段数。

✦ P / Q：描述上下 (P) 和围绕中心 (Q) 的缠绕数值。

✦ 扭曲数：设置曲线周围的星形中的“点”数。

✦ 扭曲高度：设置指定为基础曲线半径百分比的“点”的高度。

②“横截面”组

✦ 半径：设置横截面的半径。

✦ 边数：设置横截面周围的边数。

✦ 偏心率：设置横截面主轴与副轴的比率。值为 1 时将提供圆形横截面，其他值将创建椭圆形横截面。

✦ 扭曲：设置横截面围绕基础曲线扭曲的次数。

✦ 块：设置环形结中的凸出数量。

✦ 块高度：设置块的高度，作为横截面半径的百分比。

✦ 块偏移：设置块起点的偏移，以度来测量。

3.3.3　切角长方体

在“创建”面板中，单击“切角长方体”按钮，即可在场景中创建出切角长方体的模型，如图 3-81 所示。

使用“切角长方体”按钮创建出来的对象可以快速制作出具有倒角效果或圆形边的长方体模型，其参数面板如图 3-82 所示。

图 3-81

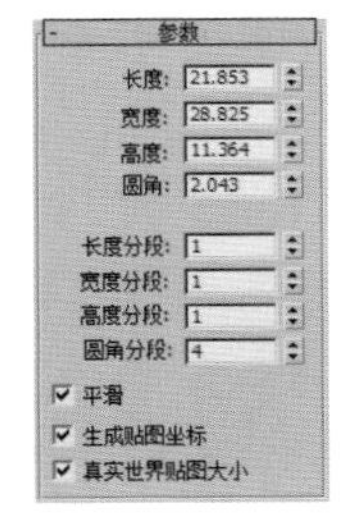

图 3-82

工具解析

✦ 长度 / 宽度 / 高度：设置切角长方体的维度。

✦ 圆角：切开切角长方体的边，值越高切角长方体边上的圆角越精细。

✦ 长度分段 / 宽度分段 / 高度分段：设置沿着相应轴的分段数量。

✦ 圆角分段：设置长方体圆角边时的分段数，添加圆角分段将增加圆形边。

✦ 平滑：混合切角长方体的面，从而在渲染视图中创建平滑的外观。

实例操作：使用切角长方体制作单人沙发

实例：使用切角长方体制作单人沙发

实例位置：　工程文件 >CH03> 单人沙发 .max

视频位置：　视频文件 >CH03> 实例：使用切角长方体制作单人沙发 .mp4

实用指数：　★☆☆☆☆

技术掌握：　掌握 3ds Max 的切角长方体工具。

在本实例中，讲解如何使用“切角长方体”按钮来快速制作一个沙发的模型，沙发模型的渲染效果如图 3-83 所示。

图 3-83

01 启动 3ds Max 2016，在“创建”面板中，将下拉列表切换至“扩展基本体”，单击“切角长方体体”按钮，在场景中创建一个切角长方体模型，如图 3-84 所示。

02 在“修改”面板中，设置切角长方体的“长度”值为 5.483，“宽度”值为 37.697，“高度”值为 21.302，“圆角”值为 0.228，“圆角分段”为 4，如图 3-85 所示。

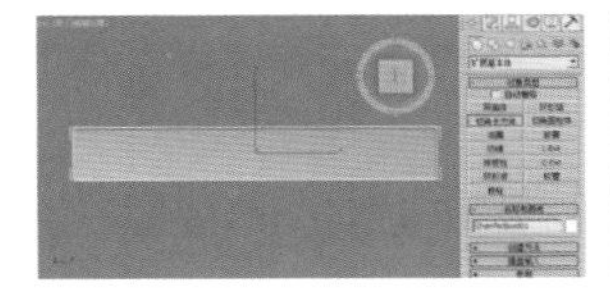
图 3-84

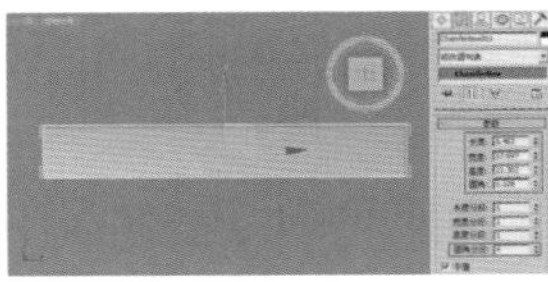
图 3-85

03 按下 Shift 键，以拖曳的方式复制出另一个切角长方体，制作出沙发另一侧的扶手结构，如图 3-86 所示。

04 在“创建”面板中，单击“切角长方体体”按钮，在场景中绘制一个切角长方体模型，如图 3-87 所示。

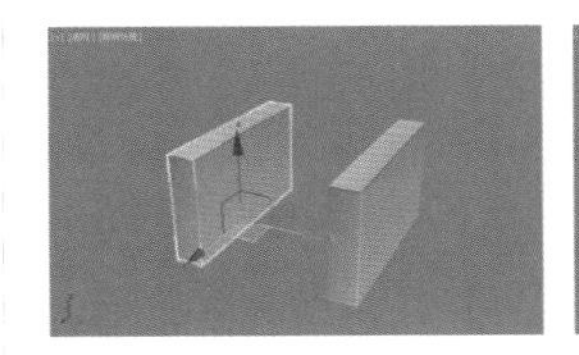
图 3-86

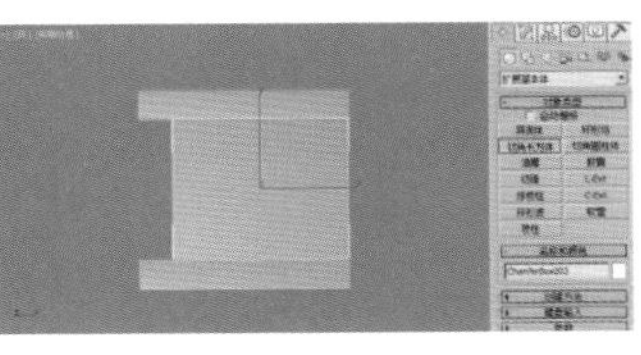
图 3-87

05 在“修改”面板中，设置切角长方体的参数，如图 3-88 所示。

06 按 L 键，在左视图中，调整切角长方体的位置，如图 3-89 所示。

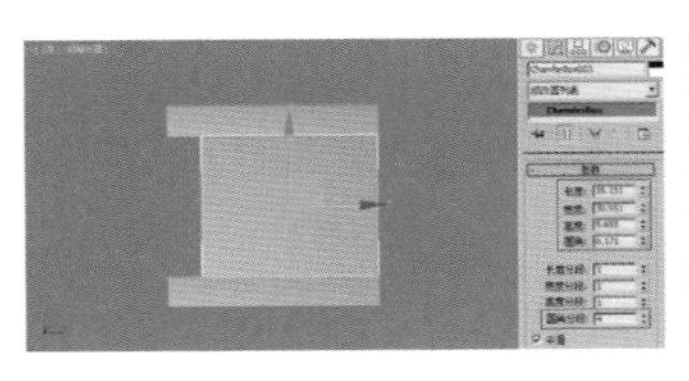
图 3-88

图 3-89

07 按 Shift 键，以拖曳的方式向上复制出一个切角长方体，制作出沙发的坐垫结构，如图 3-90 所示。

08 在顶视图中，再次创建一个切角长方体，如图 3-91 所示。

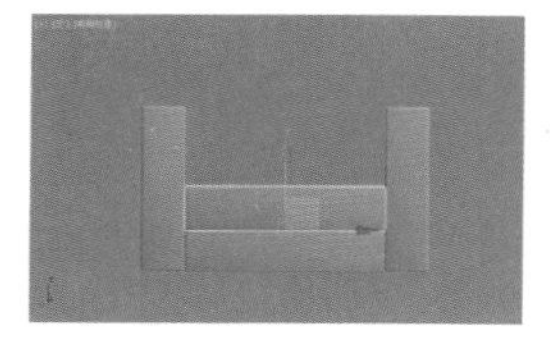

图 3-90

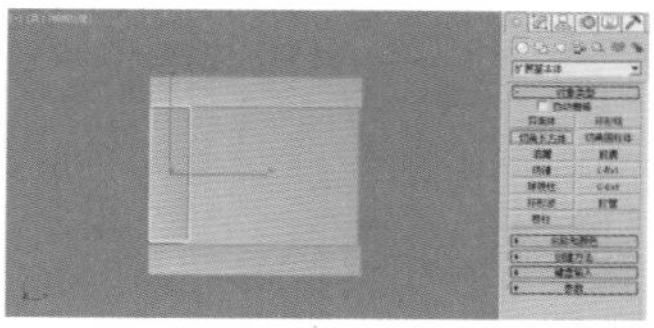

图 3-91

09 在“修改”面板中，设置切角长方体的参数，如图 3-92 所示。

10 按 F 键，在前视图中调整切角长方体的位置，如图 3-93 所示。

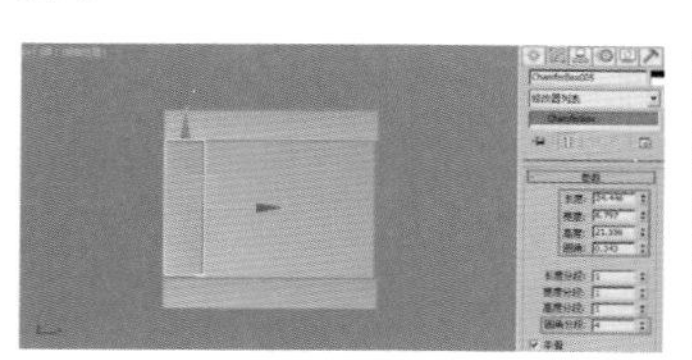

图 3-92

图 3-93

11 按 Shift 键，沿 *X* 轴复制出一个切角长方体，如图 3-94 所示。

12 按 E 键，旋转切角长方体的角度并调整其位置，如图 3-95 所示，制作出沙发的靠背结构。

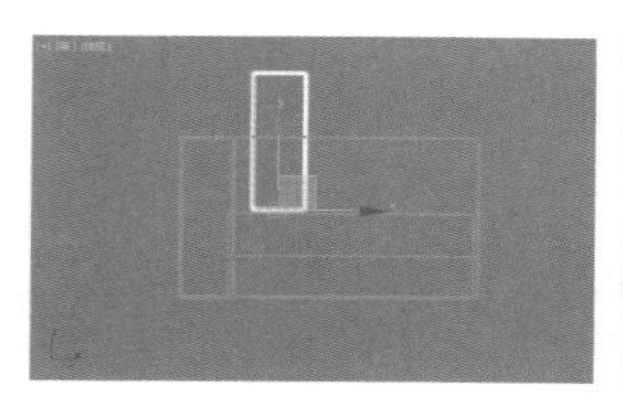

图 3-94

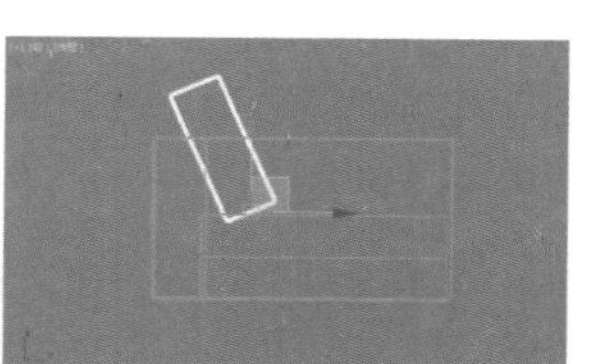

图 3-95

13 在透视视图中观察模型，可以看到沙发的基本形态已经完成，如图 3-96 所示。

14 下面开始制作沙发的支撑结构，单击“切角长方体”按钮，在顶视图中绘制一个切角长方体，如图 3-97 所示。

图 3-96

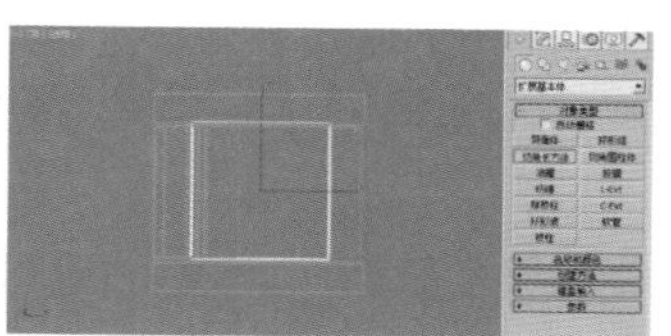

图 3-97

15 在“修改”面板中，设置切角长方体的参数，如图 3-98 所示。

16 在前视图中，调整切角长方体的位置，如图 3-99 所示。

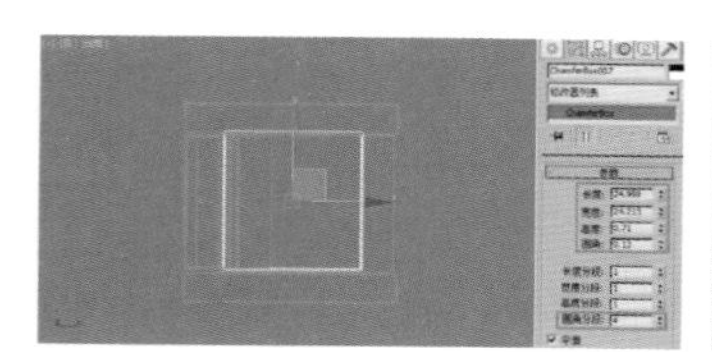

图 3-98

图 3-99

17 将“创建”面板的下拉列表切换至“标准基本体”，单击“圆柱体”按钮，在顶视图中创建一个圆柱体，如图 3-100 所示。

18 在“修改”面板中，设置圆柱体的参数，如图 3-101 所示。

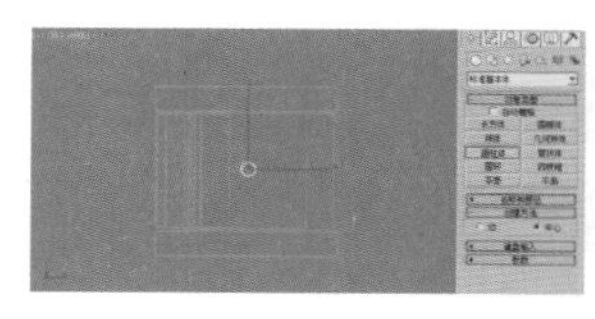

图 3-100

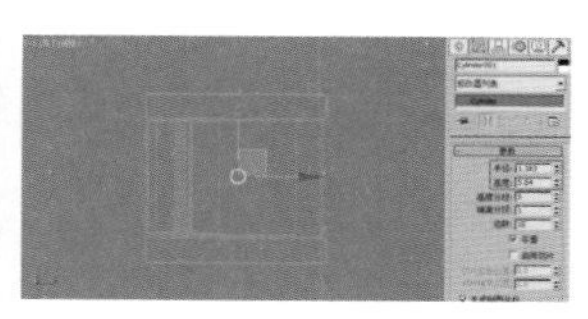

图 3-101

19 按 L 键，在左视图中，调整圆柱体的位置，如图 3-102 所示。

20 沙发模型的最终完成效果，如图 3-103 所示。

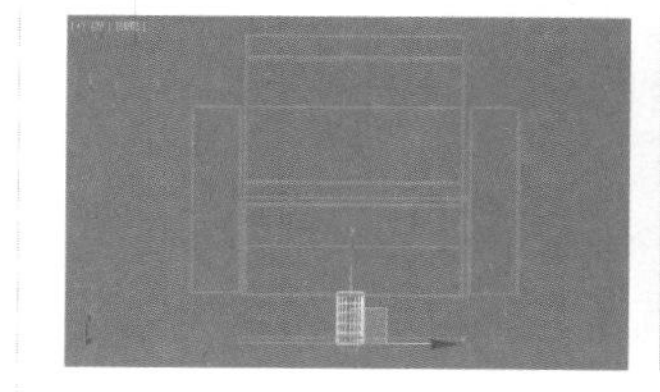

图 3-102

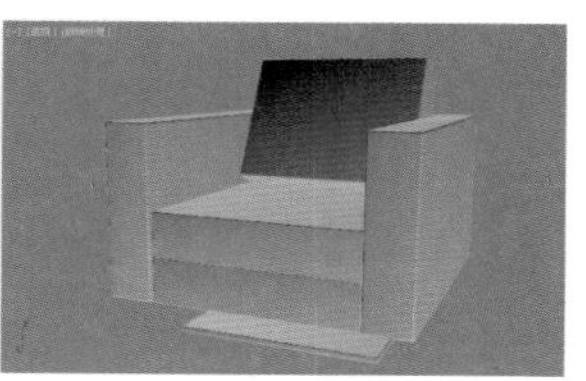

图 3-103

3.3.4 胶囊

在“创建”面板中，单击“胶囊”按钮，即可在场景中绘制胶囊的模型，如图 3-104 所示。

使用“胶囊”按钮可以在场景中快速创建形似胶囊的三维模型，其参数面板如图 3-105 所示。

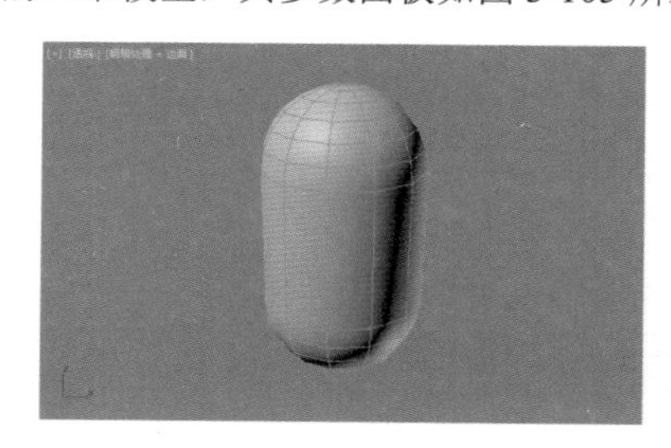

图 3-104

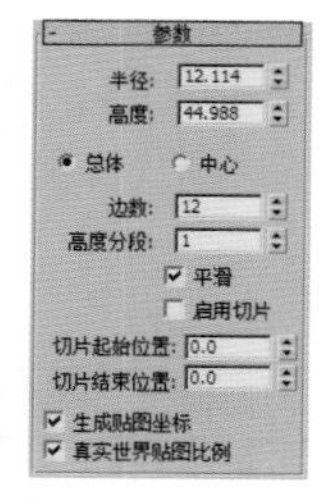

图 3-105

工具解析

✦ 半径：设置胶囊的半径。

✦ 高度：设置沿中心轴的高度，负值将在构造平面下面创建胶囊。

✦ 总体 / 中心：决定“高度”值指定的内容。“总体”指定对象的总体高度；“中心”指定圆柱体中部的高度，不包括其圆顶封口。

✦ 边数：设置胶囊周围的边数。

✦ 高度分段：设置沿着胶囊主轴的分段数量。

✦ 平滑：混合胶囊的面，从而在渲染视图中创建平滑的外观。

✦ 启用切片：启用“切片”功能。

✦ 切片起始位置 / 切片结束位置：设置从局部 X 轴的零点开始围绕局部 Z 轴的度数。

3.3.5　纺锤

在“创建”面板中，单击“纺锤”按钮，即可在场景中创建纺锤的模型，如图 3-106 所示。

使用“纺锤”按钮可以在场景中快速创建形似纺锤的三维模型，其参数面板如图 3-107 所示。

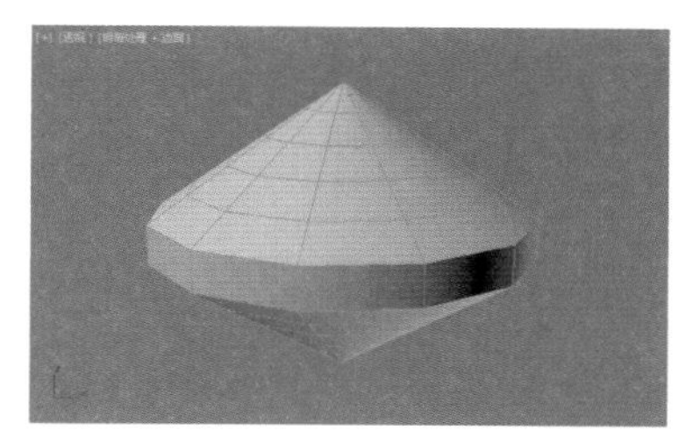

图 3-106

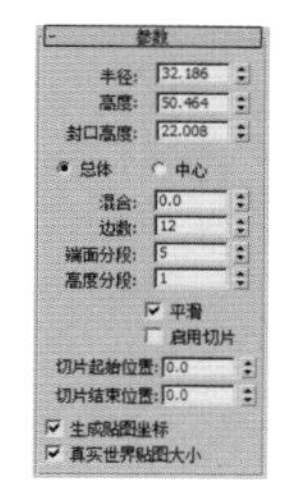

图 3-107

工具解析

✦ 半径：设置纺锤的半径。

✦ 高度：设置沿着中心轴的维度，负值将在构造平面下面创建纺锤。

✦ 封口高度：设置圆锥形封口的高度。最小值是 0.1；最大值是“高度”设置绝对值的 50%。

✦ 总体 / 中心：决定“高度”值指定的内容。“总体”指定对象的总体高度；“中心”指定圆柱体中部的高度，不包括其圆锥形封口。

✦ 混合：大于 0 时将在纺锤主体与封口的会合处创建圆角。

✦ 边数：设置纺锤周围边数。启用“平滑”时，较大的数值将着色和渲染为真正的圆；禁用“平滑”时，较小的数值将创建规则的多边形对象。

✦ 端面分段：设置沿着纺锤顶部和底部的中心，同心分段的数量。

✦ 高度分段：设置沿着纺锤主轴的分段数量。

✦ 平滑：混合纺锤的面，从而在渲染视图中得到平滑的外观。

3.3.6　其他扩展基本体

在“扩展基本体”的创建命令中，3ds Max 2016 除了上述的 5 种按钮，还有“切角圆柱体”按钮、“油罐”按钮、L-Ext 按钮、“球棱柱”按钮、C-Ext 按钮、“环形波”按钮、“软管”按钮和“棱柱”按钮。由于这些按钮所创建对象的方法及参数设置与前面所讲述的内容基本相同，故不再讲解其创建方法，这 8 个对象创建完成后的效果，如图 3-108 所示。

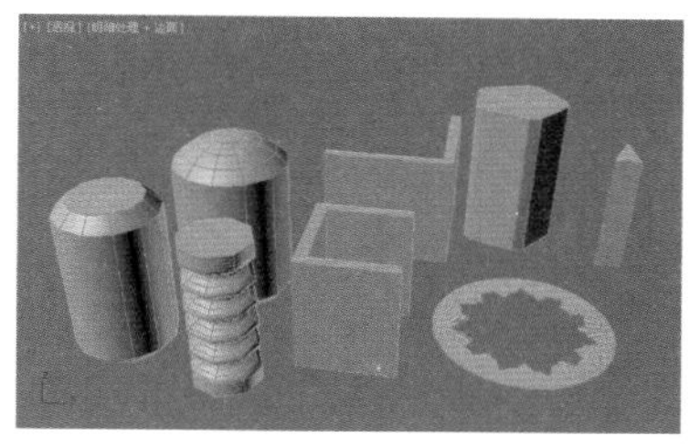

图 3-108

实例操作：使用扩展基本体制作茶几

实例：使用扩展基本体制作茶几

实例位置：	工程文件 >CH03> 茶几 .max
视频位置：	视频文件 >CH03> 实例：使用扩展基本体制作茶几 .mp4
实用指数：	★★☆☆☆
技术掌握：	掌握 3ds Max 的扩展基本体工具。

在本实例中，讲解如何使用“扩展基本体”内所提供的多个几何体按钮来快速制作茶几模型，茶几模型的渲染效果，如图 3-109 所示。

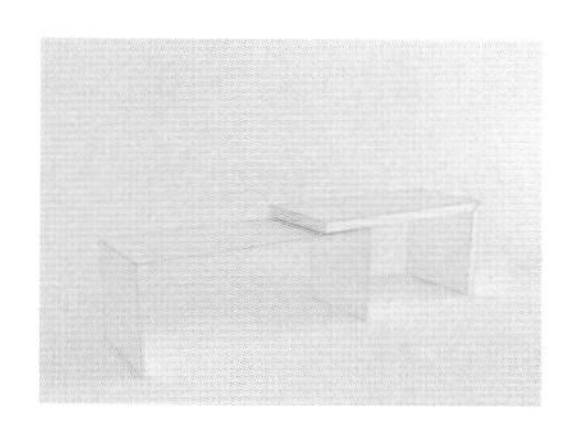

图 3-109

01 启动 3ds Max 2016，在“创建”面板中，将下拉列表切换至“扩展基本体”，单击 C-Ext 按钮，在场景中绘制一个 C 形对象，如图 3-110 所示。

02 在“修改”面板中，设置 C 形对象的“背面长度”为 17.625，“侧面长度”为 -42.297，“前面长度”为 17.625，“背面宽度”为 0.429，“侧面宽度”为 0.429，“前面宽度”为 0.429，“高度”为 17.42，如图 3-111 所示。

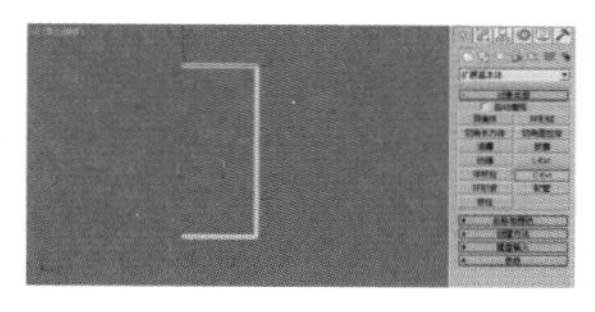

图 3-110

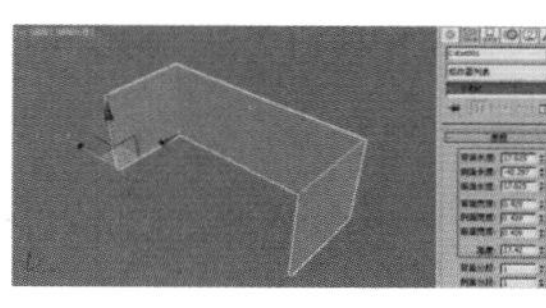

图 3-111

03 单击 L-Ext 按钮，在顶视图中 C 形对象旁绘制一个 L 形对象，如图 3-112 所示。

04 在“修改”面板中，设置L形对象的“侧面长度”为38.523，“前面长度”为19.904，“侧面宽度”为2.043，“前面宽度”为2.043，“高度”为17.42，如图3-113所示。

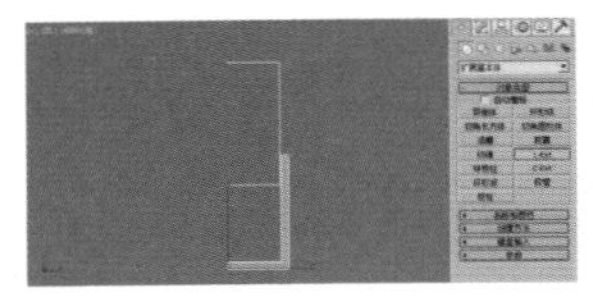

图 3-112

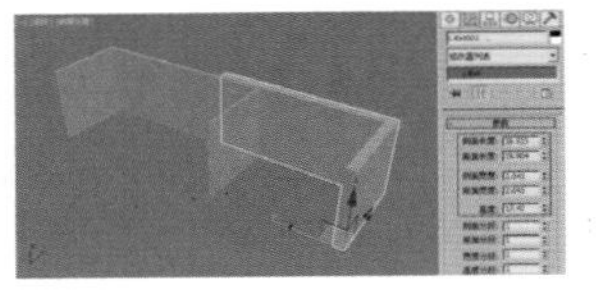

图 3-113

05 设置完成后，选择场景中这两个物体，对其进行旋转操作，即可得到一个简约风格的茶几模型，如图3-114所示。

06 茶几模型的最终效果，如图3-115所示。

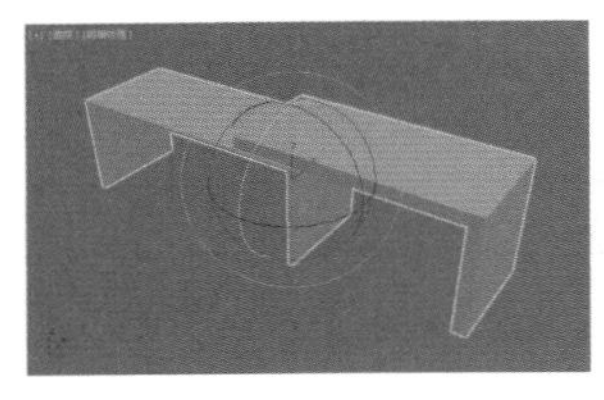

图 3-114

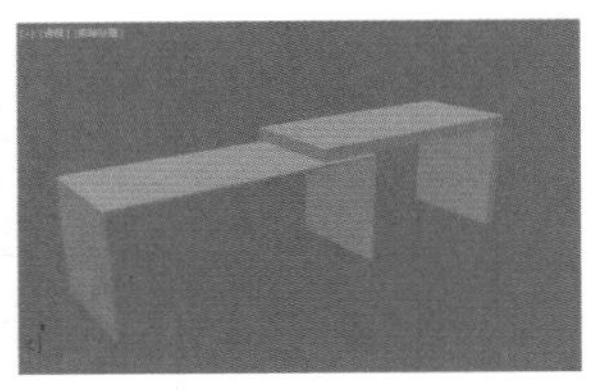

图 3-115

3.4 门、窗和楼梯

3.4.1 门

3ds Max 2016 提供了“枢轴门” 枢轴门 、“推拉门” 推拉门 和“折叠门” 折叠门 按钮，如图3-116所示。

图 3-116

1. 门对象公共参数

3ds Max 2016 提供的这3种门模型位于“修改”面板内的参数基本相同，在此以“枢轴门”为例讲解门对象的公共参数，如图3-117所示。

打开“参数”卷展栏，如图3-118所示。

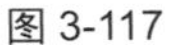

图 3-117

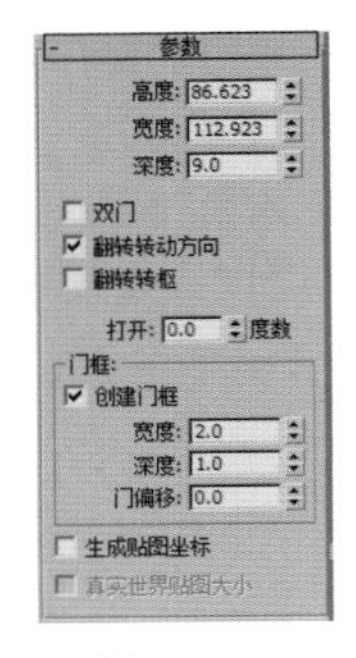

图 3-118

工具解析

✦ 高度：设置门装置的总体高度。

✦ 宽度：设置门装置的总体宽度。

✦ 深度：设置门装置的总体深度。

✦ 打开：设置门的打开程度。

✦ 创建门框：默认启用，以显示门框。禁用此选项可以不显示门框。

✦ 宽度：设置门框与墙平行的宽度，仅当启用了“创建门框”时可用。

✦ 深度：设置门框从墙投影的深度，仅当启用了“创建门框”时可用。

✦ 门偏移：设置门相对于门框的位置。

✦ 生成贴图坐标：为门指定贴图坐标。

✦ 真实世界贴图大小：控制应用于该对象的纹理贴图材质所使用的缩放方法。

“页扇参数”卷展栏展开后如图3-119所示。

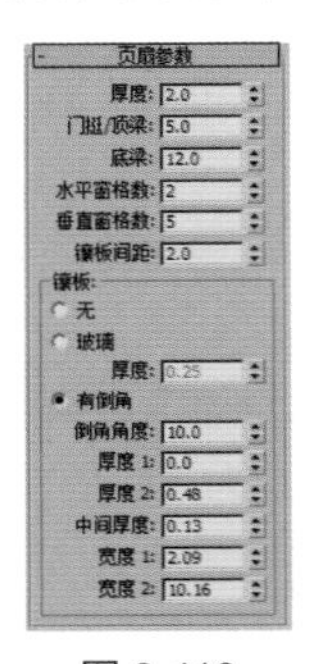

图 3-119

工具解析

✦ 厚度：设置门的厚度。

✦ 门挺/顶梁：设置顶部和两侧的面板框的宽度。仅当门是面板类型时，才会显示此选项。

✦ 底梁：设置门脚处面板框的宽度。仅当门是面板类型时，才会显示此选项。

✦ 水平窗格数：设置面板沿水平轴划分的数量。

✦ 垂直窗格数：设置面板沿垂直轴划分的数量。

✦ 镶板间距：设置面板之间的间隔宽度。

"镶板"组

✦ 无：门没有面板。

✦ 玻璃：创建不带倒角的玻璃面板。

✦ 厚度：设置玻璃面板的厚度。

✦ 有倒角：选择此选项可以具有倒角面板。

✦ 倒角角度：指定门的外部平面和面板平面之间的倒角角度。

✦ 厚度 1：设置面板的外部厚度。

✦ 厚度 2：设置倒角从该处开始的厚度。

✦ 中间厚度：设置面板内面部分的厚度。

✦ 宽度 1：设置倒角从该处开始的宽度。

✦ 宽度 2：设置面板内面部分的宽度。

2. 枢轴门

"枢轴门"非常适合用来模拟住宅中安装在卧室的门，枢轴门在"修改"面板中提供了 3 个特定的复选框，如图 3-120 所示。

图 3-120

工具解析

✦ 双门：制作一个双门。

✦ 翻转转动方向：更改门转动的方向。

✦ 翻转转枢：在与门面相对的位置放置门转枢。此选项不可用于双门。

3. 推拉门

"推拉门"一般常见于厨房或者阳台，指门可以在固定的轨道上左右来回滑动。推拉门一般由两个或两个以上的门页扇组成，其中一个为保持固定的门页扇，另外的则为可以移动的门页扇。推拉门在"修改"面板中提供了两个特定的复选框，如图 3-121 所示。

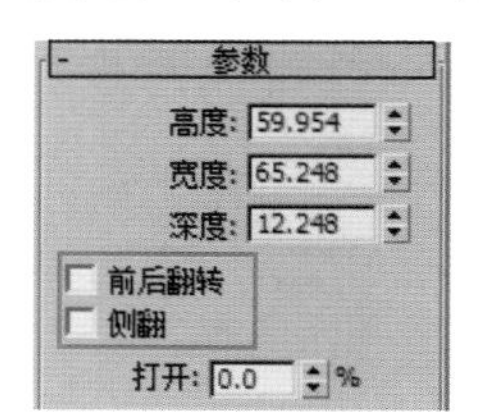

图 3-121

工具解析

✦ 前后翻转：设置哪个元素位于前面，与默认设置相比较而言。

✦ 侧翻：将当前滑动元素更改为固定元素，反之亦然。

4. 折叠门

由于"折叠门"在开启的时候需要的空间较小，所以在家装设计中"折叠门"比较适合用来作为在卫生间安装的门。该类型的门有两个门页扇，两个门页扇之间设有转枢，用来控制门的折叠，并且可以通过"双门"参数调整"折叠门"为 4 个门页扇。折叠门在"修改"面板中提供了 3 个特定的复选框，如图 3-122 所示。

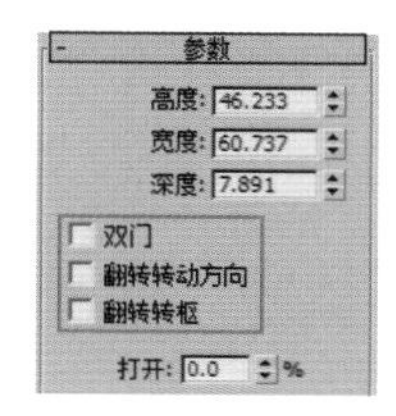

图 3-122

工具解析

✦ 双门：将该门制作成有 4 个门元素的双门，从而在中心处会合。

✦ 翻转转动方向：默认情况下，以相反的方向转动门。

✦ 翻转转枢：默认情况下，在相反的侧面转枢门。当"双门"处于启用状态时，"翻转转枢"不可用。

3.4.2　窗

使用"窗"系列工具可以快速在场景中创建具有大量细节的窗户模型，这些窗户模型的主要区别基本在于打开的方式。窗的类型分为 6 种："遮篷式窗""平开窗""固定窗""旋开窗""伸出式窗"和"推拉窗"。这 6 种窗除了"固定窗"无法打开以外，其他 5 种类型的窗户均可设置为打开状态，如图 3-123 所示。

图 3-123

1. 遮篷式窗

3ds Max 2016 所提供的 6 种窗户对象，其位于修改面板中的参数基本相同，非常简单，在此以“遮篷式窗”为例，讲解窗对象的参数，如图 3-124 所示为“遮篷式窗”的参数面板。

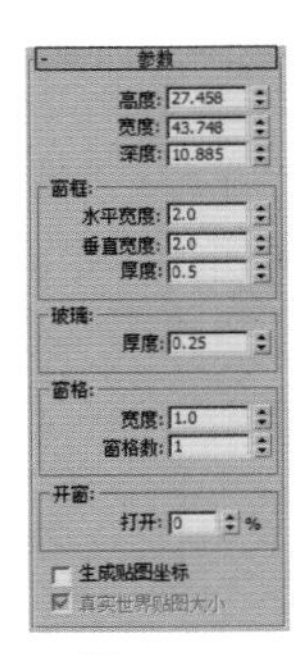

图 3-124

工具解析

✦ 高度 / 宽度 / 深度：分别控制窗户的高度、宽度和深度。

①“窗框”组

✦ 水平宽度：设置窗口框架水平部分的宽度，该设置也会影响窗宽度的玻璃部分。

✦ 垂直宽度：设置窗口框架垂直部分的宽度，该设置也会影响窗高度的玻璃部分。

✦ 厚度：设置框架的厚度，该选项还可以控制窗框中遮篷或栏杆的厚度。

②“玻璃”组

✦ 厚度：指定玻璃的厚度。

③“窗格”组

✦ 宽度：设置窗格的宽度。

✦ 窗格数：设置窗格的数量。

④“开窗”组

✦ 打开：设置窗户打开程度的百分比。

✦ 生成贴图坐标：使用已经应用的相应贴图坐标创建对象。

✦ 真实世界贴图大小：控制应用于该对象的纹理贴图材质所使用的缩放方式。

2. 其他窗户介绍

“平开窗”有 1~2 扇像门一样的窗框，它们可以向内或向外转动。与“遮篷式窗”只有一点不同，就是“平开窗”可以设置为对开的两扇窗，如图 3-125 所示。

“固定窗”无法打开，其特点为可以在水平和垂直两个方向上任意设置格数，如图 3-126 所示。

图 3-125　　图 3-126

“旋开窗”的轴垂直或水平位于其窗框的中心，其特点是无法设置窗格数量，只能设置窗格的宽度及轴的方向，如图 3-127 所示。

“伸出式窗”有三扇窗框，其中两扇窗框打开时像反向的遮篷，其窗格数无法设置，如图 3-128 所示。

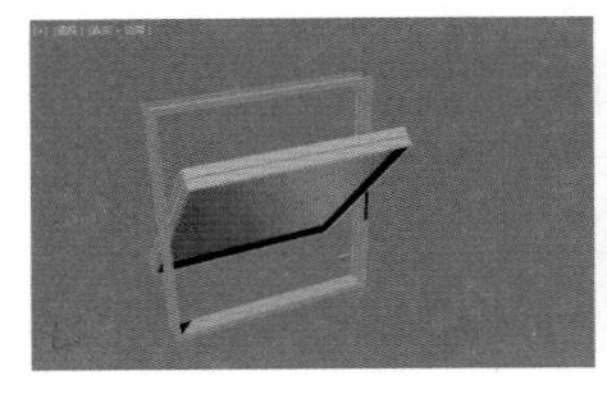

图 3-127

图 3-128

“推拉窗”有两扇窗框，其中一扇窗框可以沿着垂直或水平方向滑动，类似于火车上的上下推动打开式窗户。其窗格数允许在水平和垂直两个方向上任意设置数量，如图 3-129 所示。

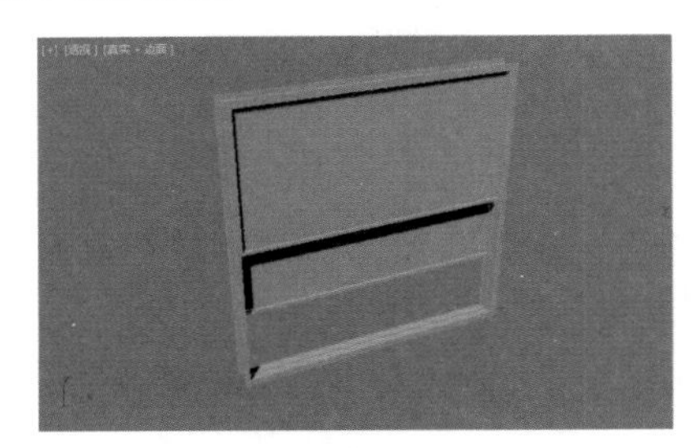

图 3-129

3.4.3 楼梯

3ds Max 2016 允许创建 4 种不同类型的楼梯。在“创建”面板的下拉列表中选择“楼梯”，即可看到楼梯所提供的“直线楼梯”按钮 直线楼梯 、“L 型楼梯”按钮 L 型楼梯 、“U 型楼梯”按钮 U 型楼梯 和“螺旋楼梯”按钮 螺旋楼梯 ，如图 3-130 所示。

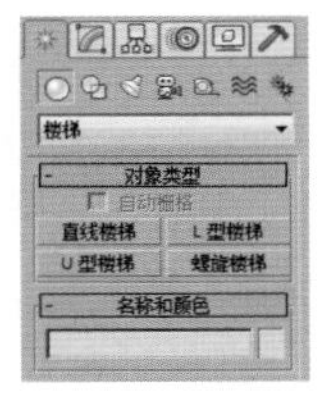

图 3-130

1.L 型楼梯

3ds Max 2016 所提供的 4 种楼梯，其“修改”面板中的参数结构基本相同，并且比较简单。下面以最为常用的“L 型楼梯”为例，详细讲解其参数设置及创建方法。其参数面板如图 3-131 所示，共有“参数”“支撑梁”“栏杆”和“侧弦”4 个卷展栏。

“参数”卷展栏，如图 3-132 所示。

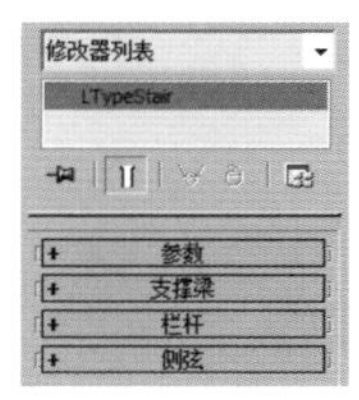

图 3-131

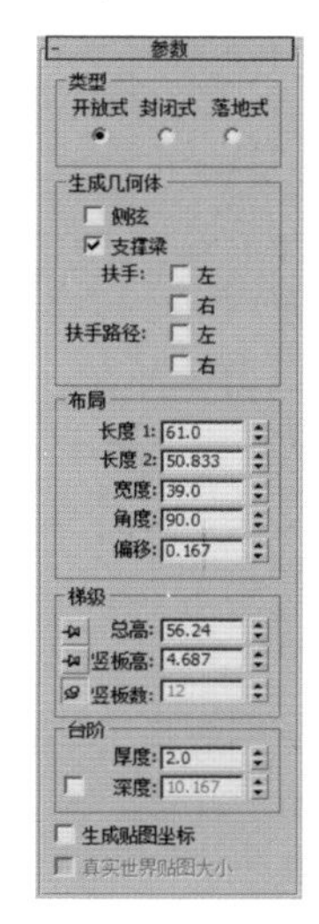

图 3-132

工具解析

①“类型”组

✦ 开放式：设置当前楼梯为开放式踏步楼梯。

✦ 封闭式：设置当前楼梯为封闭式踏步楼梯。

✦ 落地式：设置当前楼梯为落地式踏步楼梯。

②“生成几何体”组

✦ 侧弦：沿着楼梯的梯级的端点创建侧弦。

✦ 支撑梁：在梯级下创建一个倾斜的切口梁，该梁支撑台阶或添加楼梯侧弦之间的支撑。

✦ 扶手：为楼梯创建左扶手和右扶手。

✦ 扶手路径：创建楼梯上用于安装栏杆的左路径和右路径。

③“布局”组

✦ 长度 1：控制第一段楼梯的长度。

✦ 长度 2：控制第二段楼梯的长度。

✦ 宽度：控制楼梯的宽度，包括台阶和平台。

✦ 角度：控制平台与第二段楼梯的角度。范围为 -90° ~90° 。

✦ 偏移：控制平台与第二段楼梯的距离，相应调整平台的长度。

④“梯级”组

✦ 总高：控制楼梯段的高度。

✦ 竖板高：控制梯级竖板的高度。

✦ 竖板数：控制梯级的竖板数。

⑤“台阶”组

✦ 厚度：控制台阶的厚度。

✦ 深度：控制台阶的深度。

“支撑梁”卷展栏，如图 3-133 所示。

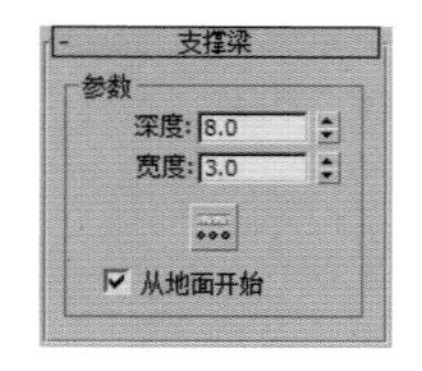

图 3-133

工具解析

“参数”组

✦ 深度：控制支撑梁到地面的深度。

✦ 宽度：控制支撑梁的宽度。

✦ “支撑梁间距”按钮：单击该按钮时，将会显示“支撑梁间距”对话框，用来设置支撑梁的间距。

✦ 从地面开始：控制控制支撑梁是否从地面开始。

“栏杆”卷展栏，如图 3-134 所示。

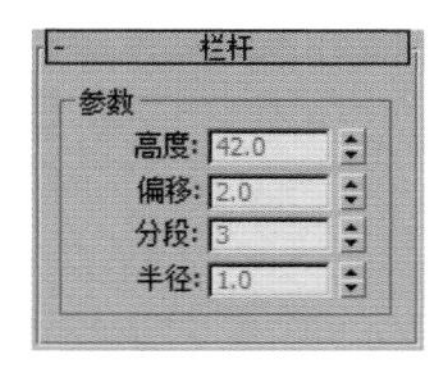

图 3-134

工具解析

“参数”组

✦ 高度：控制栏杆与台阶的高度。

✦ 偏移：控制栏杆与台阶端点的偏移。

✦ 分段：指定栏杆中的分段数目，值越高，栏杆越平滑。

✦ 半径：控制栏杆的厚度。

“侧弦”卷展栏，如图 3-135 所示。

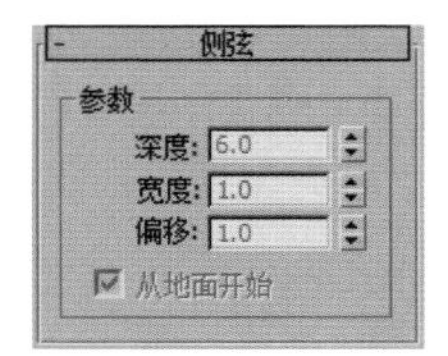

图 3-135

工具解析

"参数"组

✦ 深度：设置侧弦与地板的深度。
✦ 宽度：设置侧弦的宽度。
✦ 偏移：设置地板与侧弦的垂直距离。
✦ 从地面开始：设置侧弦是否从地面开始。

2. 其他楼梯介绍

3ds Max 2016 除了提供常用的"L 型楼梯"之外，还提供了"直线楼梯""U 型楼梯"和"螺旋楼梯"，以供用户选择使用，其他 3 种楼梯的造型非常简单、直观，参数与"L 型楼梯"基本相同，可以自行尝试创建并使用，如图 3-136 所示。

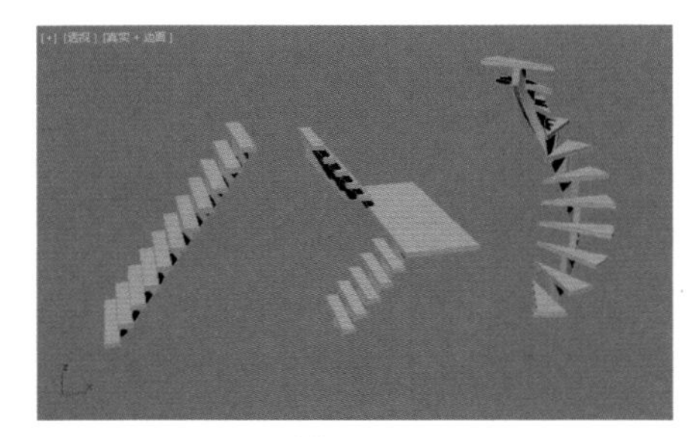

图 3-136

实例操作：制作螺旋楼梯

实例：制作螺旋楼梯	
实例位置：	工程文件 >CH03> 螺旋楼梯 .max
视频位置：	视频文件 >CH03> 实例：制作螺旋楼梯 .mp4
实用指数：	★★☆☆☆
技术掌握：	掌握 3ds Max 的螺旋楼梯工具。

在本例中，讲解如何使用"楼梯"内提供的"螺旋楼梯"按钮来快速制作螺旋楼梯模型，楼梯模型的渲染效果，如图 3-137 所示。

图 3-137

01 启动 3ds Max 2016，在"创建"面板的下拉列表中选择"楼梯"，单击"螺旋楼梯"按钮 螺旋楼梯 ，即可在场景中创建一段螺旋楼梯的模型，如图 3-138 所示。

02 在"修改"面板中，展开"参数"卷展栏，在"类型"组中，设置楼梯的类型为"封闭式"，如图 3-139 所示。

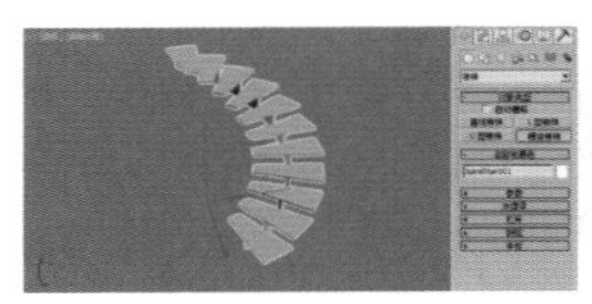

图 3-138

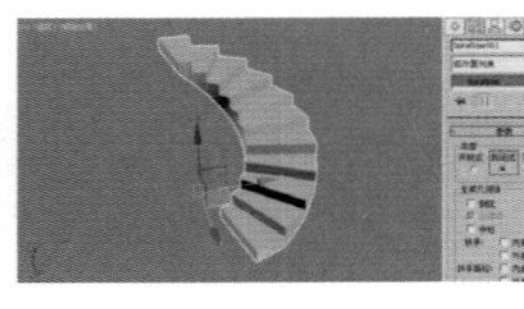

图 3-139

03 在"梯级"组中，设置楼梯的"总高"为 400，增加楼梯的高度，如图 3-140 所示。

04 在"布局"组中，设置"旋转"为 1，如图 3-141 所示。

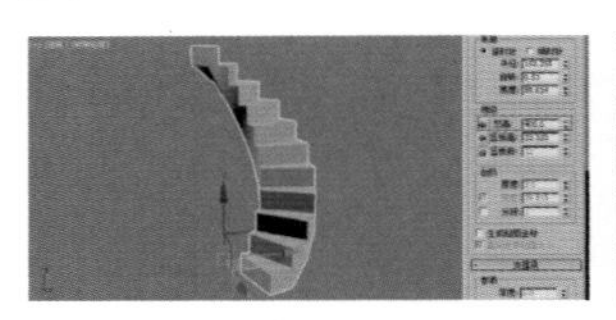

图 3-140

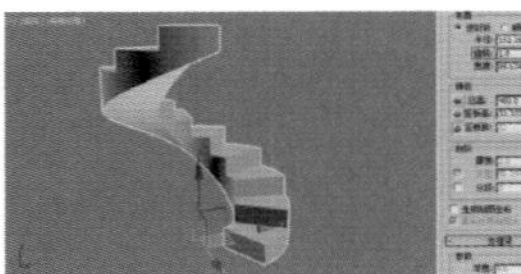

图 3-141

05 在"梯级"组中，设置"竖板数"为 20，增加楼梯的台阶数量，如图 3-142 所示。

06 在"布局"组中，设置楼梯的"半径"为 160，"宽度"为 110，如图 3-143 所示。

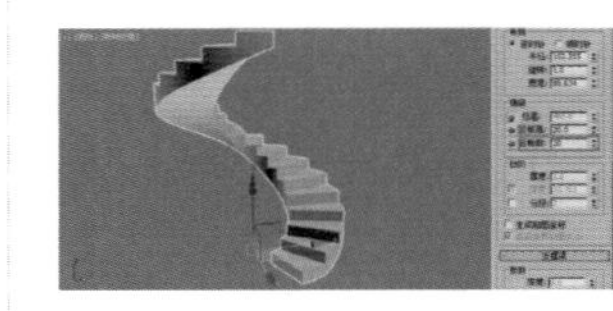

图 3-142

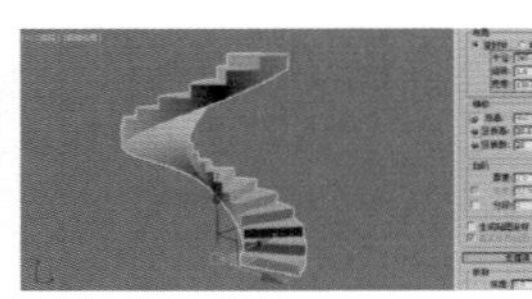

图 3-143

07 在"生成几何体"组中，选中"侧弦"复选框，可以在透视视图中观察到楼梯的侧弦结构，如图 3-144 所示。

08 展开"侧弦"卷展栏，设置侧弦的"深度"为 40，"宽度"为 6，"偏移"为 0，调整侧弦结构的细节，如图 3-145 所示。

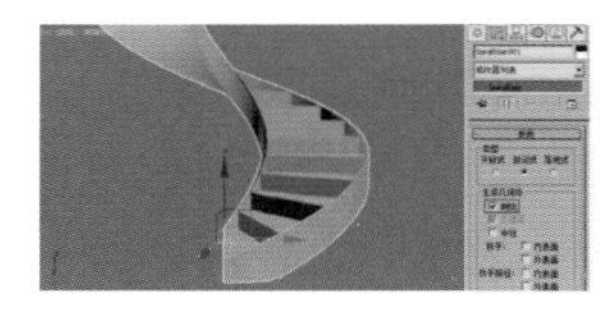

图 3-144

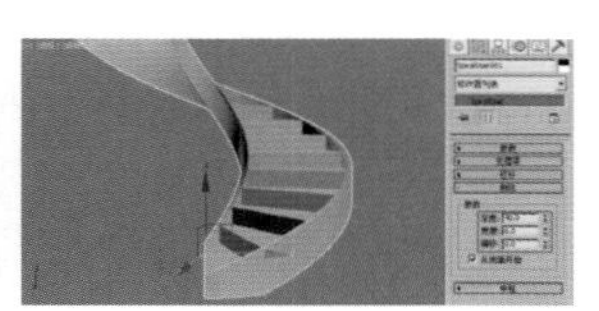

图 3-145

09 展开"参数"卷展栏，在"生成几何体"组中选中"中柱"复选框，可以看到螺旋楼梯的中心部分会自动生成一个圆柱结构，如图 3-146 所示。

10 展开"中柱"卷展栏，设置中柱的"半径"为 20，"分段"为 30，如图 3-147 所示。

图 3-146

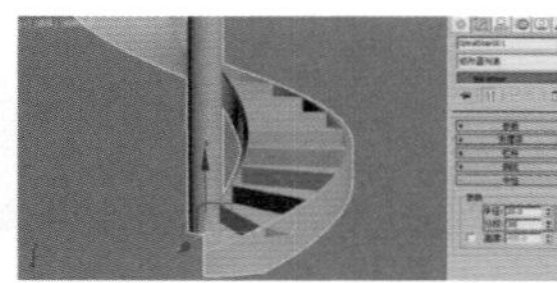

图 3-147

11 在“参数”卷展栏中，选中“生成几何体”组中的“内表现”和“外表面”复选框，这样螺旋楼梯可以生成扶手结构，如图 3-148 所示。

12 展开“栏杆”卷展栏，调整扶手“高度”为 45，“偏移”为 0，“分段”为 8，“半径”为 2，如图 3-149 所示。

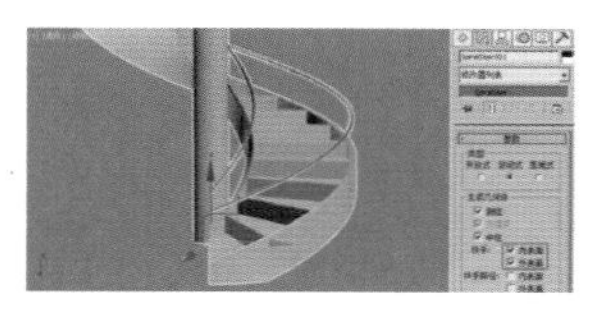
图 3-148

图 3-149

13 螺旋楼梯的最终模型效果如图 3-150 所示。

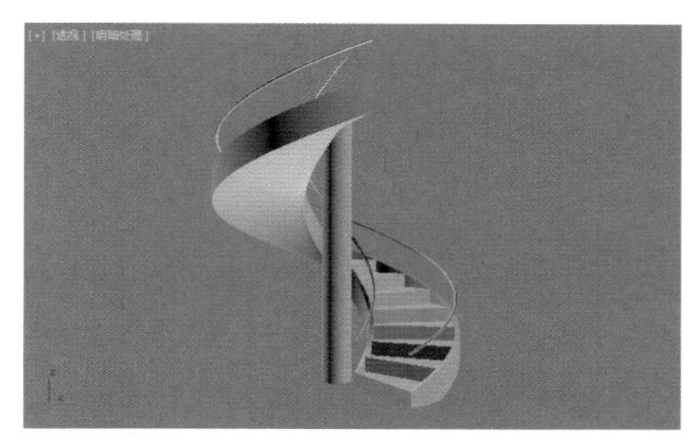
图 3-150

3.5 AEC 扩展

“AEC 扩展”所提供的对象主要为建筑、工程等领域而设计，包含“植物”按钮 植物 、“栏杆”按钮 栏杆 和“墙”按钮 墙 ，如图 3-151 所示。其中的植物可作为室内设计中窗外植物的表现，而栏杆则可以用来模拟室内落地式窗前的护栏。

图 3-151

3.5.1 植物

“植物”按钮提供了一个小型的植物模型库，使用起来非常方便，并且效果逼真。使用该命令可以快速在场景中创建高质量的地表植物，这些被创建出来的植物在默认状态下形态一致，但是可通过单击其“修改”面板中的“新建种子”按钮来更改形态，以达到更为自然的三维效果。3ds Max 2016 为我们提供了孟加拉菩提树、棕榈、苏格兰松树、丝兰、针松、美洲榆、垂柳、大戟属植物、芳香蒜、大丝兰、樱花和橡树共 12 种不同类型的植物。单击“植物”按钮，即可在下方的“收藏的植物”卷展栏中根据不同的植物图标来创建自己需要的植物模型，如图 3-152 所示。

此外，单击“收藏的植物”卷展栏内的“植物库”按钮，则可查看各种类型植物的学名、类型、简单描述及构成模型的面数，如图 3-153 所示。

图 3-152

图 3-153

植物的“参数”面板，如图 3-154 所示。

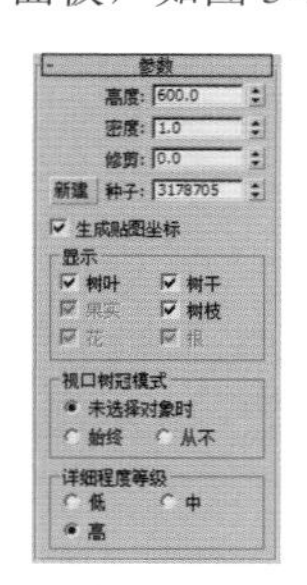

图 3-154

工具解析

✦ 高度：控制植物的近似高度。3ds Max 将对所有植物的高度应用随机的噪波系数。因此，在视图中所测量的植物实际高度并不一定等于在“高度”参数中指定的值。

✦ 密度：控制植物上叶子和花朵的数量。值为 1 表示植物具有全部的叶子和花；0.5 表示植物具有 50% 的叶子和花；0 表示植物没有叶子和花，如图 3-155 和图 3-156 所示分别为“密度”值为 1 和 0.2 的植物显示结果对比。

图 3-155

图 3-156

✦ 修剪：只适用于具有树枝的植物。删除位于一个与构造平面平行的不可见平面之下的树枝。值为 0 表示不进行修剪；值为 0.5 表示根据一个比构造平面高出一半高度的平面进行修剪；值为 1 表示尽可能修剪植物上的所有树枝。3ds Max 从植物上修剪何物取决于植物的种类。如果是树干，则永远不会进行修剪，如图 3-157 和图 3-158 所示为该值分别是 0 和 0.7 时的显示结果。

图 3-157

图 3-158

✦ “新建”按钮：随机产生一个种子值，改变当前植物的形态。

✦ 种子：介于 0~16,777,215 之间的值，表示当前植物可能的树枝变体、叶子位置，以及树干的形状与角度，如图 3-159 和图 3-160 所示分别为不同“种子”值的植物模型显示结果。

图 3-159

图 3-160

✦ 生成贴图坐标：对植物应用默认的贴图坐标，默认设置为启用。

①“显示”组

✦ 树叶 / 树干 / 果实 / 树枝 / 花 / 根：控制植物的叶子、果实、花、树干、树枝和根的显示。选项是否可用取决于所选的植物种类。例如，如果植物没有果实，则 3ds Max 将禁用相应选项。禁用选项会减少所显示的顶点和面的数量。

②“视图树冠模式”组

✦ 未选择对象时：未选择植物时以树冠模式显示植物。

✦ 始终：始终以树冠模式显示植物。

✦ 从不：从不以树冠模式显示植物。

③“详细程度等级”组

✦ 低：以最低的细节级别渲染植物树冠。

✦ 中：对减少了面数的植物进行渲染。3ds Max 减少面数的方式因植物而异，但通常的做法是删除植物中较小的元素，或减少树枝和树干中的面数。

✦ 高：以最高的细节级别渲染植物的所有面。

实例操作：使用植物制作盆栽

实例：使用植物制作盆栽

实例位置：	工程文件 >CH03> 盆栽 .max
视频位置：	视频文件 >CH03> 实例：使用植物制作盆栽 .mp4
实用指数：	★★☆☆☆
技术掌握：	掌握 3ds Max 的植物工具。

在本实例中，讲解如何使用“AEC 扩展”内所提供的“植物”按钮快速制作处盆栽模型，盆栽模型的渲染效果，如图 3-161 所示。

图 3-161

01 启动 3ds Max 2016，打开本书相关素材中的“CH03> 盆栽 .max”文件，其中有一个花盆的模型，如图 3-162 所示。

02 在“创建”面板中，单击“植物”按钮，在“创建”面板下方的“收藏的植物”卷展栏中，选择“大丝兰”，在场景中，创建一个大丝兰的植物模型，如图 3-163 所示。

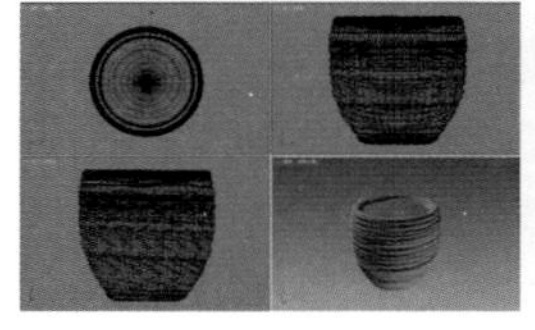
图 3-162

图 3-163

03 在“修改”面板中，调整“参数”卷展栏内的“高度”为 15，缩小植物的形体，如图 3-164 所示。

04 按 W 键，使用“移动”工具将植物移动至花盆模型的上方，如图 3-165 所示。

图 3-164

图 3-165

05 完成后的最终效果，如图 3-166 所示。

图 3-166

3.5.2　栏杆

使用“栏杆”按钮可以在场景中以拖曳的方式创建任意大小的栏杆，并且还允许通过拾取栏杆路径的方式来创建不规则路径的栏杆，在制作花园的围栏、落地式窗户前的防护栏时非常方便。

栏杆的参数设置面板，如图 3-167 所示，其中包含“栏杆”“立柱”和“栅栏”卷展栏。

图 3-167

1.“栏杆”卷展栏

“栏杆”卷展栏，如图 3-168 所示。

图 3-168

工具解析

✦ “拾取栏杆路径”按钮 拾取栏杆路径 ：单击视图中的样条线，将其用作栏杆路径。

✦ 分段：设置栏杆对象的分段数，只有使用栏杆路径时，才能使用该选项。

✦ 匹配拐角：在栏杆中放置拐角，以便与栏杆路径的拐角相符。

✦ 长度：设置栏杆对象的长度。

①“上围栏”组

✦ 剖面：设置上围栏的横截剖面，有“无”“方形”和“圆形”3 个选项可选。

✦ 深度 / 宽度 / 高度：分别设置上围栏的深度、宽度和高度。

②“下围栏”组

✦ 剖面：设置下围栏的横截剖面，有“无”“方形”和“圆形”3 个选项可选。

✦ 深度 / 宽度：分别设置下围栏的深度和宽度。

✦ “下围栏间距”按钮：设置下围栏的间距。

2.“立柱”卷展栏

“立柱”卷展栏，如图 3-169 所示。

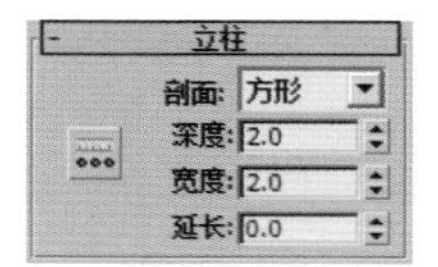

图 3-169

工具解析

✦ 剖面：设置立柱的横截剖面，有“无”“方形”和“圆形”3 个选项可选。

✦ 深度 / 宽度：分别设置立柱的深度和宽度。

✦ 延长：设置立柱在上栏杆底部的延长程度。

3.“栅栏”卷展栏

“栅栏”卷展栏，如图 3-170 所示。

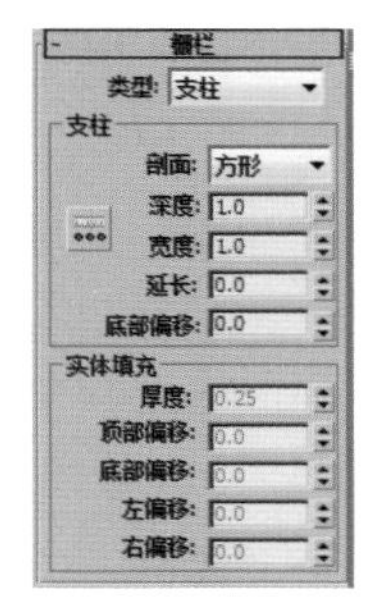

图 3-170

工具解析

✦ 类型：设置立柱之间的栅栏类型：“无”“支柱”或“实体填充”。

①“支柱”组

✦ 剖面：设置立柱的横截剖面，有“方形”和“圆形”两个选项可选。

✦ 深度 / 宽度：分别设置立柱的深度和宽度。

✦ 延长：设置立柱在上栏杆底部的延长程度。

✦ 底部偏移：设置支柱与栏杆对象底部的偏移量。

②“实体填充”组

✦ 厚度：设置实体填充的厚度。

✦ 顶部偏移：设置实体填充与上栏杆底部的偏移量。

✦ 底部偏移：设置实体填充与栏杆对象底部的偏移量。

✦ 左偏移：设置实体填充与相邻左侧立柱之间的偏移量。

✦ 右偏移：设置实体填充与相邻右侧立柱之间的偏移量。

3.5.3 墙

“墙”按钮允许我们事先设置好所要创建墙体的宽度和高度，之后即可在场景中通过单击的方式来不断创建出连成一片的墙体模型。单击“墙”按钮，即可看到下方的“键盘输入”卷展栏和“参数”卷展栏，如图 3-171 所示。

“键盘输入”卷展栏，如图 3-172 所示。

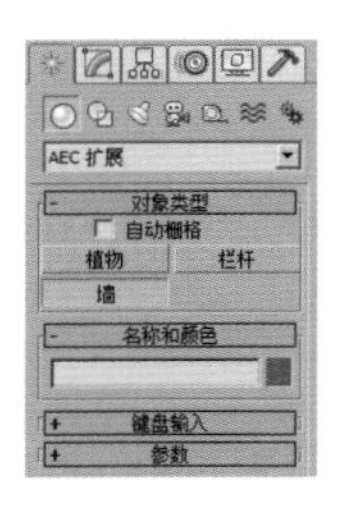

图 3-171

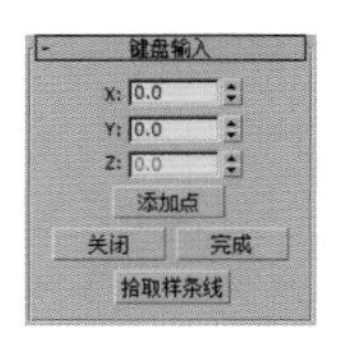

图 3-172

工具解析

✦ X/Y/Z：设置墙分段在活动构造平面中起点的 X 轴、Y 轴和 Z 轴的坐标位置。

✦ “添加点”按钮 添加点：根据输入的 X 轴、Y 轴和 Z 轴坐标值添加点。

✦ “关闭”按钮 关闭：结束墙对象的创建，并在最后一个分段的端点与第一个分段的起点之间创建分段，以形成闭合的墙。

✦ “完成”按钮 完成：结束墙对象的创建，使之呈端点开放状态。

✦ “拾取样条线”按钮 拾取样条线：将样条线用作墙路径。单击该按钮，然后单击视图中的样条线以用作墙路径。

“参数”卷展栏，如图 3-173 所示。

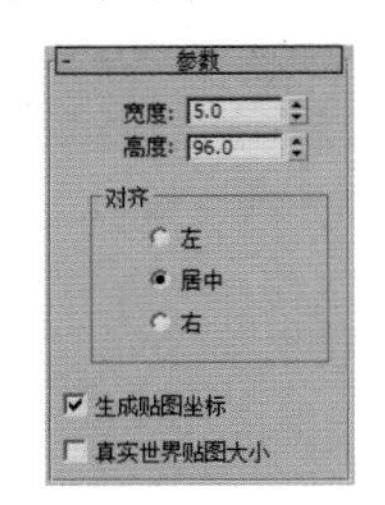

图 3-173

工具解析

✦ 宽度：设置墙的厚度。

✦ 高度：设置墙的高度。

“对齐”组

✦ 左：根据墙基线（墙的前边与后边之间的线，即墙的厚度）的左侧边对齐墙。

✦ 居中：根据墙基线的中心对齐墙。

✦ 右：根据墙基线的右侧边对齐墙。

✦ 生成贴图坐标：对墙应用贴图坐标，默认设置为启用。

✦ 真实世界贴图大小：控制应用于该对象的纹理贴图材质所使用的缩放方式。

3.6 本章总结

本章讲解了如何使用 3ds Max 2016 内置的几何体来制作简单、实用的小模型。本章的案例几乎都是我们身边的常见物体，本章的内容可以让大家对 3ds Max 2016 的建模方式有一个初步的认知，掌握这些知识可以使以后的建模学习过程变得非常容易。

4.1 修改器的基本知识

3ds Max 2016 提供了功能繁多的各种修改器，这些修改器有的可以为几何形体重新塑形，如图 4-1 所示；有的可以为几何体设置特殊的动画效果，如图 4-2 所示；还有的可以为当前选中的对象添加力学绑定，如图 4-3 所示。

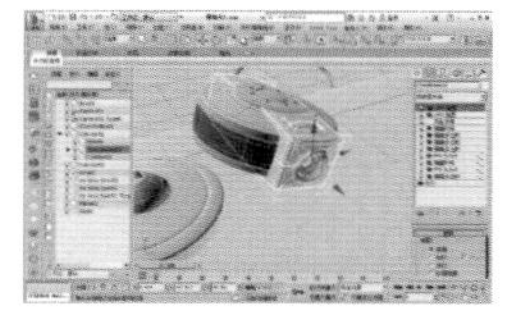

图 4-1

图 4-2

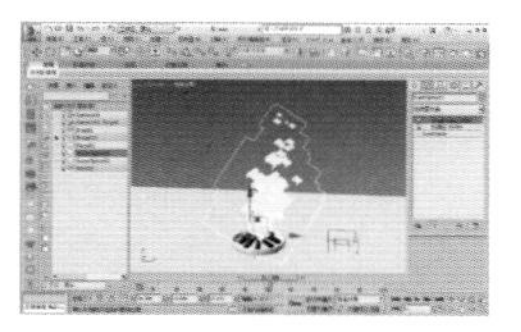

图 4-3

修改器的应用有先后顺序之分，同样的一组修改器如果用不同的顺序添加在物体上，可能会得到不同的模型效果。修改器的添加位于“命令”面板中的“修改”面板上，也就是创建完物体后，修改其自身参数的地方。

在操作视图中选中的对象类型不同，那么修改器的命令也会有所不同，如有的修改器是仅仅针对于图形起作用的，如果在场景中选择了几何体，那么相应的修改器命令就无法在“修改器列表”中找到。再如当我们对图形应用了修改器后，图形就转变成了几何体，这样即使仍然选中的是最初的图形对象，也无法再次添加仅对图形起作用的修改器了。

4.1.1 修改器堆栈

修改器堆栈是“修改”面板中各个修改命令叠加在一起的列表，在修改器堆栈中，可以查看选中的对象及应用于对象上的所有修改器，并包含累积的历史操作记录。我们可以向对象应用任意数目的修改器，包括重复应用同一个修改器。当开始向对象应用对象修改器时，修改器会以应用它们时的顺序“入栈”。第一个修改器会出现在堆栈底部，紧挨着对象类型出现在它上方。

使用修改器堆栈时，单击堆栈中的项目，即可返回到进行修改的那个点，然后可以重做决定，暂时禁用修改器，或者删除修改器完全丢弃它。也可以在堆栈中的该点插入新的修改器，所做的更改会沿着堆栈向上改动，更改对象的当前状态。

当场景中的物体添加了多个修改器后，若希望更改特定修改器中的参数，就必须到修改器堆栈中查找。修改器堆栈中的修改器可以在不同的对象上应用复制、剪切和粘贴操作。修改器名称前面的电灯泡图标还可以控制取消所添加修改器的效果，当电灯泡显示为白色时，修改器将应用于其下面的堆栈；当电灯泡显示为灰色时，将禁用修改器。单击即可切换修改器的启用 / 禁用状态。不想要的修改器也可以在堆栈中删除，如图 4-4 所示为一个应用了多个修改器的修改器堆栈。

在修改器堆栈的底部，第一个条目一直都是场景中选中物体的名称，并包含自身的属性参数。单击此条目可以修改原始对象的创建参数，如果没有加添新的修改器，那么这就是修改器堆栈中唯一的条目。

当所添加的修改器名称前有“+”号时，说明此修改器内包含子层级，子层级的数目最少为 1 个，最多不超过 5 个，如图 5-5 所示。

本章工程文件

本章视频文件

图 4-4

图 4-5

小技巧

所有修改器子层级的快捷键对应的都是数字键：1、2、3、4、5。

工具解析

在修改器堆栈列表的下方有 5 个按钮，分别为：

✦ “锁定堆栈”按钮：用于将堆栈锁定到当前选中的对象，无论之后是否选择该物体对象或者其他对象，修改面板始终显示被锁定对象的修改命令。

✦ “显示最终结果”按钮：当对象应用了多个修改器时，激活显示最终结果后，即使选择的不是最上方的修改器，但是视图中的显示结果仍然为应用了所有修改器的最终结果。

✦ “使唯一”按钮：当此按钮为可激活状态时，说明场景中可能至少有一个对象与当前所选中对象为实例化关系，或者场景中至少有一个对象应用了与当前选择对象相同的修改器。

✦ “移除修改器”按钮：删除当前所选择的修改器。

✦ “配置修改器集”按钮：单击该按钮可弹出“修改器集”菜单。

小技巧

删除修改器不可以在选中修改器名称上按 Delete 键，这样会删除选中的对象本身而不是修改器。正确做法应该是单击修改器列表下方的“移除修改器”按钮删除修改器，或者在修改器名称上右击，选择“删除”命令。

4.1.2 修改器的顺序

3ds Max 2016 中对象在“修改”面板中所添加的修改器按添加的顺序排列。这个顺序如果颠倒可能会对当前对象产生新的结果或者不正确的影响。如图 4-6 和图 4-7 所示分别为同一对象使用两个相同的修改器命令，只是因为调整了修改器命令的上下位置，而产生的不同结果。

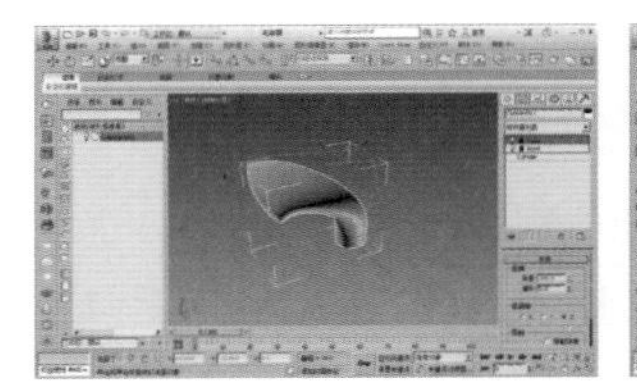

图 4-6

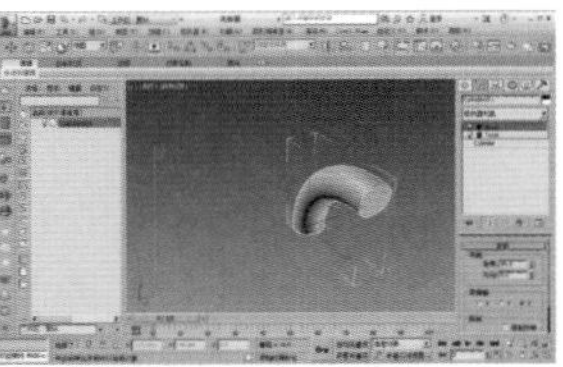

图 4-7

在 3ds Max 中，应用了某些类型的修改器，会对当前对象产生“拓扑”行为。所谓“拓扑”，即指有的修改器命令会对物体的每个顶点或者面指定一个编号，这个编号是当前修改器内部使用的，这种数值型的结构称作“拓扑”。当单击产生拓扑行为修改器下方的其他修改器时，如果可能对物体的顶点数或者面数产生影响，导致物体内部编号的混乱，则非常有可能在最终模型上出现错误的结果。因此，当我们试图执行类似的操作时，3ds Max 会出现“警告”对话框来提示用户，如图 4-8 所示。

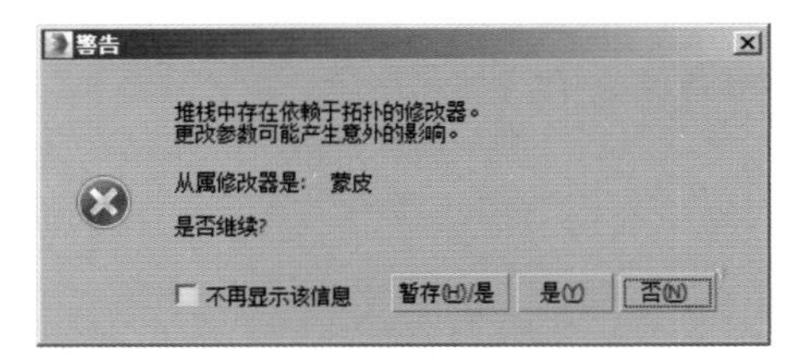

图 4-8

4.1.3 加载及删除修改器

在 3ds Max 2016 中，加载于操作对象之上的修改器可以随时通过单击“修改器列表”后面的按钮，在弹出的下拉列表中选择并添加新的修改器命令，如图 4-9 所示。

如果要删除现有的修改器命令，则需要在“修改器堆栈”中单击选择所要删除的修改器，再单击“从堆栈中移除修改器”按钮才可以删除所选的修改器，如图 4-10 所示。

图 4-9

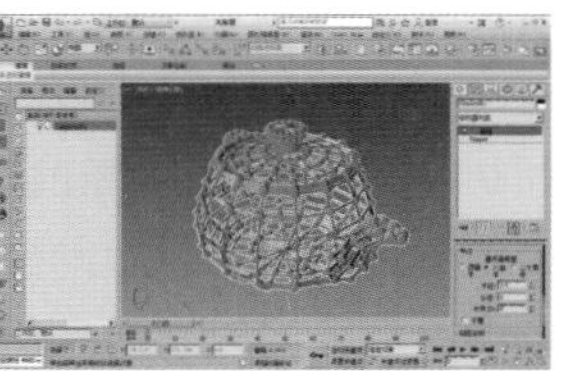

图 4-10

4.1.4 复制、粘贴修改器

修改器是可以复制的，并可以在多个不同的物体对象上粘贴，具体操作有以下两种方式。

第 1 种：在修改器名称上右击，然后在弹出的菜单中选择“复制”命令，如图 4-11 所示。然后可以在场景中选择其他物体，在修改面板上右击选择“粘贴”命令，如图 4-12 所示。

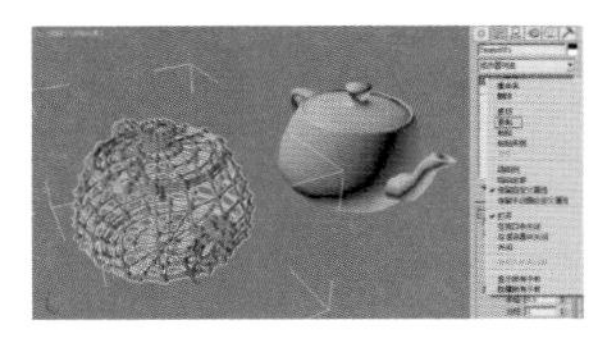

图 4-11

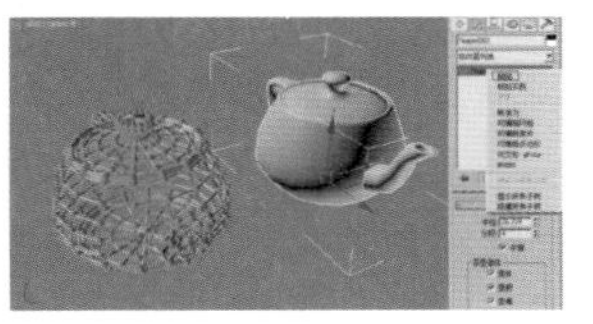

图 4-12

第 2 种：直接将修改器以拖曳的方式拖到视图中的其他对象上，如图 4-13 所示。

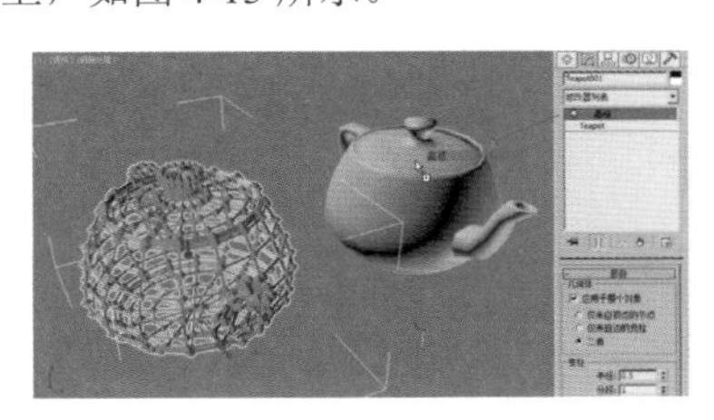

图 4-13

小技巧

在选中物体的某一个修改器时，如果按住 Ctrl 键将其拖曳到其他对象上，可以将这个修改器作为“实例”的方式粘贴到此对象上；如果按住 Shift 键将其拖曳到其他对象上，则是相当于将修改器“剪切”，并粘贴到新的对象上。

4.1.5　可编辑对象

在 3ds Max 2016 中进行复杂模型的创建时，可以将对象直接转换为可编辑的对象，并在其子对象层级中进行编辑修改。根据转换为可编辑对象类型的不同，其子对象层级的命令也各不相同。具体操作可以在操作视图中选择对象，右击，选择右下方的“转换为”命令进行不同对象类型的转换，如图 4-14 所示。

当对象类型为可编辑网格时，其修改面板中的子对象层级为：顶点、边、面、多边形和元素，如图 4-15 所示。

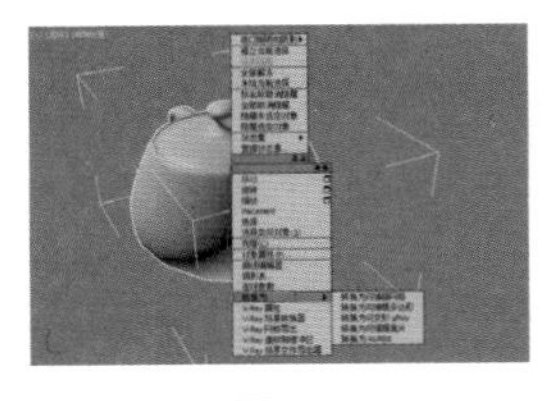

图 4-14

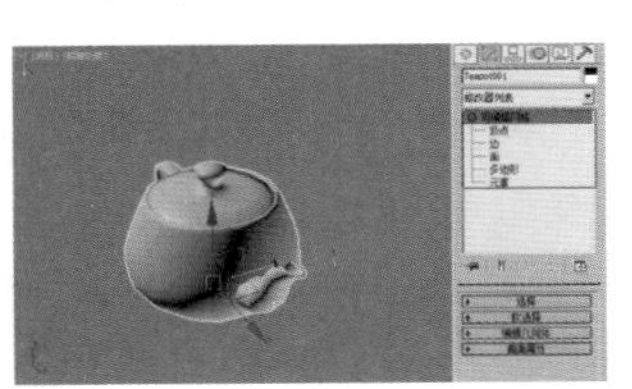

图 4-15

当对象类型为可编辑多边形时，其修改面板中的子对象层级为：顶点、边、边界、多边形和元素，如图 4-16 所示。

当对象类型为可编辑面片时，其修改面板中的子对象层级为：顶点、边、面片、元素和控制柄，如图 4-17 所示。

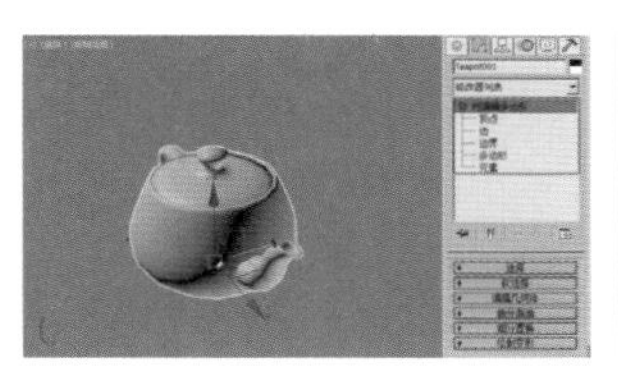

图 4-16

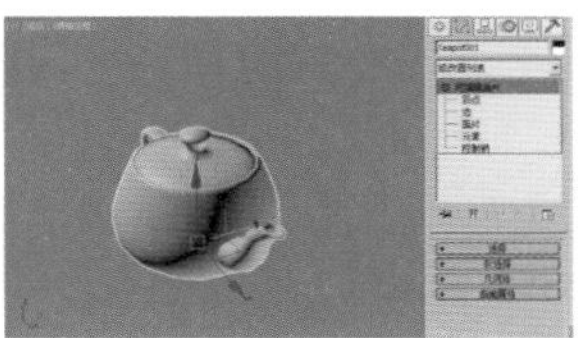

图 4-17

当对象类型为可编辑样条线时，其修改面板中的子对象层级为：顶点、线段和样条线，如图 4-18 所示。

当对象类型为 NURBS 曲面时，其修改面板中的子对象层级为：曲线 CV 和曲线，如图 4-19 所示。

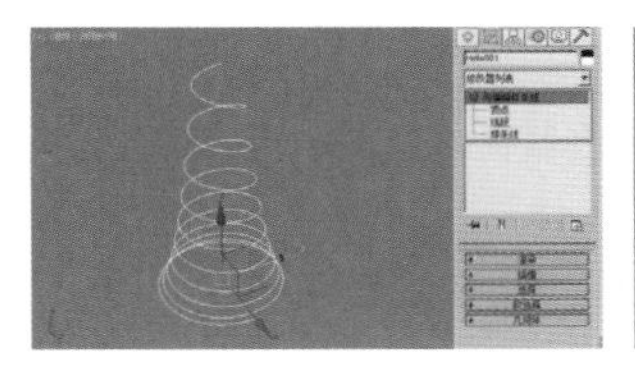

图 4-18

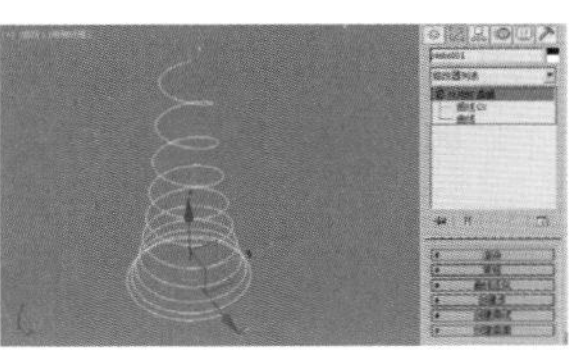

图 4-19

当对象转换为可编辑对象时，可以在视图操作中获取更有效的操作命令，缺点为丢失了对象的初始创建参数；当对象使用添加修改器时，优点为保留创建参数，但是由于命令受限，以至于工作的效率难以提升。

在多个对象一同选中的情况下，也可以为它们添加统一的修改器，此时，单击选择任意对象，观察其修改面板中的修改器堆栈，发现其命令为斜体字方式显示，如图 4-20 所示。

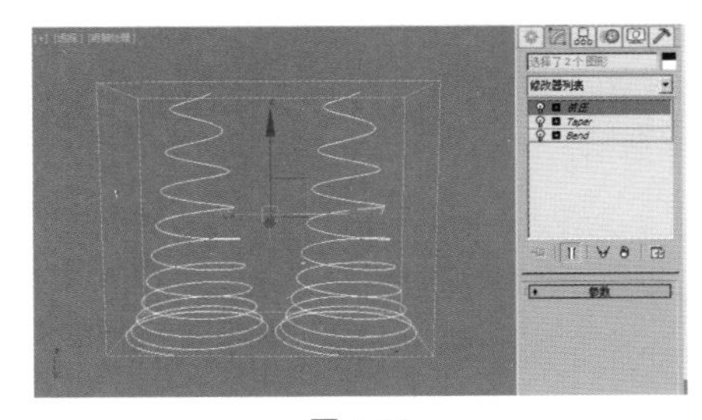

图 4-20

4.1.6　塌陷修改器堆栈

当制作完成模型并确定所应用的所有修改器均不再需要进行改动时，即可将修改器的堆栈进行塌陷。塌陷之后的对象，会失去所有修改器命令及调整参数，而仅保留模型的最终结果，此操作的优点是简化了模型的多余数据，使模型更加稳定，同时也节省了系统的资源。

塌陷修改器堆栈有两种方式：分别为“塌陷到”和

“塌陷全部”，如图 4-21 所示。

图 4-21

如果只是希望在其众多修改器命令中的某一个命令上塌陷，则可以在当前修改器上右击，在弹出的菜单中选择“塌陷到”命令，此时系统会自动弹出“警告：塌陷到”对话框，如图 4-22 所示。

如果希望塌陷所有的修改器命令，则可以在修改器名称上右击选择“塌陷全部”命令，此时系统会自动弹出“警告：塌陷全部”对话框，如图 4-23 所示。

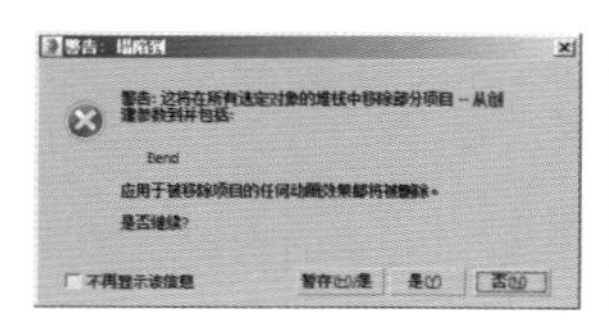

图 4-22

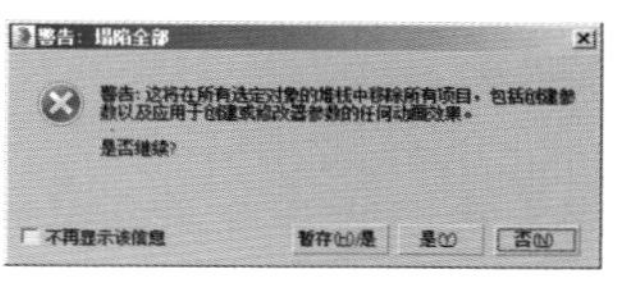

图 4-23

4.2 修改器分类

修改器有很多种，在“修改”面板中的“修改器列表”中，3ds Max 2016 将这些修改器默认分为了“选择修改器”“世界空间修改器”和“对象空间修改器”三大部分，如图 4-24 所示。

图 4-24

4.2.1 选择修改器

“选择修改器”集合中包含“网格选择”“面片选择”“多边形选择”和“体积选择”4 种修改器，如图 4-25 所示。

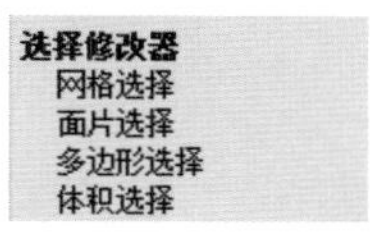

图 4-25

工具解析

✦ 网格选择：选择网格物体的子层级对象。

✦ 面片选择：选择面片子对象。

✦ 多边形选择：选择多边形物体的子层级对象。

✦ 体积选择：可以选择一个对象或多个对象选定体积内的所有子对象。

4.2.2 世界空间修改器

“世界空间修改器”集合中的命令，其行为与特定对象空间扭曲一样。它们携带对象，但像空间扭曲一样对其效果使用世界空间而不使用对象空间。世界空间修改器不需要绑定到单独的空间扭曲 Gizmo，使它们便于修改单个对象或选择集，如图 4-26 所示。

世界空间修改器
Hair 和 Fur (WSM)
摄影机贴图 (WSM)
曲面变形 (WSM)
曲面贴图 (WSM)
点缓存 (WSM)
粒子流碰撞图形 (WSM)
细分 (WSM)
置换网格 (WSM)
贴图缩放器 (WSM)
路径变形 (WSM)
面片变形 (WSM)

图 4-26

工具解析

✦ Hair 和 Fur（WSM）：用于为物体添加毛发并编辑，该修改器可应用于要生长毛发的任何对象，既可以应用于网格对象，也可以应用于样条线对象。

✦ 摄影机贴图（WSM）：使摄影机将 UVW 贴图坐标应用于对象。

✦ 曲面变形（WSM）：该修改器的工作方式与路径变形（WSM）相似。

✦ 曲面贴图（WSM）：将贴图指定给 NURBS 曲面，并将其投影到修改的对象上。将单个贴图无缝地应用到同一个 NURBS 模型内的曲面子对象组时，曲面贴图显得尤其有用。它也可以用于其他类型的几何体。

✦ 点缓存（WSM）：该修改器可以将修改器动画存储到硬盘文件中，然后再次从硬盘读取播放动画。

✦ 细分（WSM）：提供用于光能传递处理创建网格的一种算法。

✦ 置换网格（WSM）：用于查看置换贴图的效果。

✦ 贴图缩放器（WSM）：用于调整贴图的大小，并保持贴图的比例不变。

✦ 路径变形（WSM）：以图形为路径，将几何形体沿所选择的路径产生形变。

✦ 面片变形（WSM）：可以根据面片将对象变形。

4.2.3　对象空间修改器

对象空间修改器直接影响对象空间中对象的几何体，如图 4-27 所示。这个集合中的修改器主要应用于单独的对象，使用的是对象的局部坐标系，因此移动对象的时候，修改器也会跟着移动。

图 4-27

4.3　常用修改器

4.3.1　弯曲修改器

“弯曲”修改器，顾名思义，即是对模型进行弯曲变形的一种修改器。“弯曲”修改器参数设置，如图 4-28 所示。

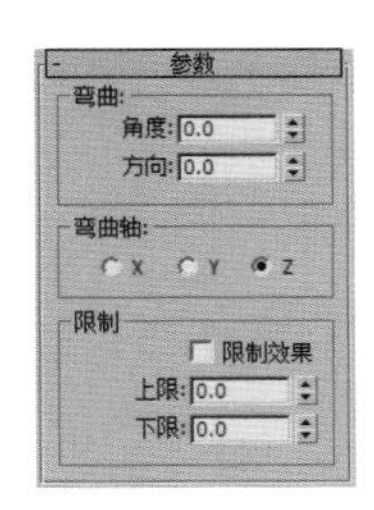

图 4-28

工具解析

①“弯曲”组

✦ 角度：从顶点平面设置要弯曲的角度，范围为 -999,999.0~999,999.0。

✦ 方向：设置弯曲相对于水平面的方向，范围为 -999,999.0~999,999.0。

“弯曲轴”组

✦ X/Y/Z：指定要弯曲的轴。注意此轴位于弯曲 Gizmo 并与选择项不相关，默认值为 *Z* 轴。

②“限制”组

✦ 限制效果：将限制约束应用于弯曲效果，默认设置为禁用。

✦ 上限：以世界单位设置上部边界，此边界位于弯曲中心点上方，超出此边界弯曲不再影响几何体，默认值为 0，范围为 0~999,999.0。

✦ 下限：以世界单位设置下部边界，此边界位于弯曲中心点下方，超出此边界弯曲不再影响几何体，默认值为 0，范围为 -999,999.0~0。

实例操作：使用弯曲修改器制作插花

实例：使用弯曲修改器制作插花

实例位置：	工程文件 >CH04> 插花 .max
视频位置：	视频文件 >CH04> 实例：使用弯曲修改器制作插花 .mp4
实用指数：	★☆☆☆☆
技术掌握：	掌握 3ds Max 的弯曲修改器。

在本实例中，讲解如何使用“弯曲”修改器快速制作一个插花模型，插花模型的渲染效果，如图 4-28 所示。

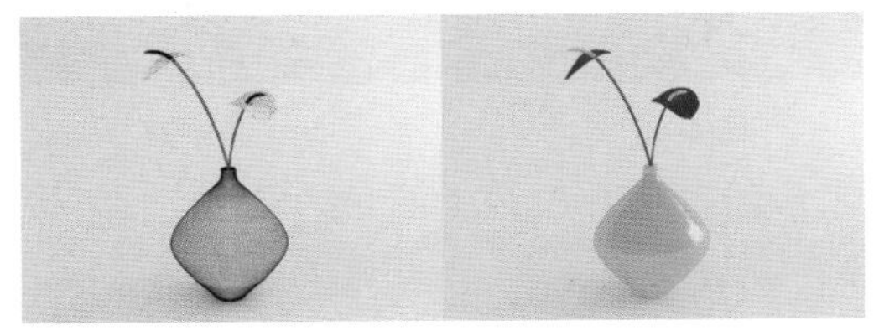

图 4-29

01 启动 3ds Max 2016，打开本书相关素材中的“插花 .max”文件，其中有一个花瓶和一株植物的模型，如

图 4-30 所示。

02 选择场景中的植物花朵模型，在“修改器列表”中，为其选择并添加“弯曲”修改器，如图 4-31 所示。

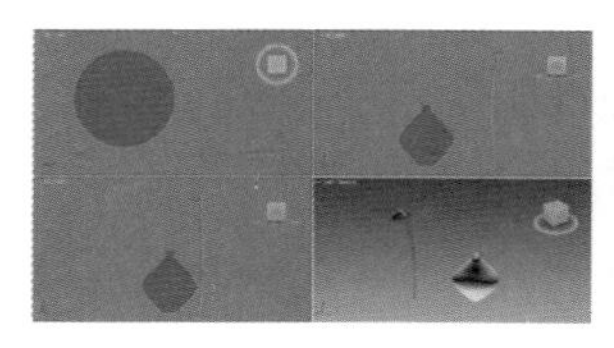
图 4-30

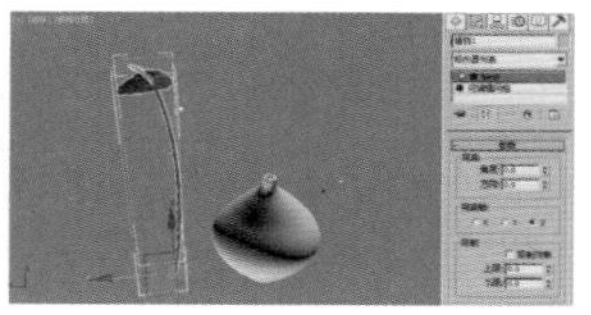
图 4-31

03 在“修改”面板中，设置弯曲的“角度”为27，如图4-32 所示。

04 使用“移动”工具调整植物的位置，如图 4-33 所示，使其看起来像插在了花瓶中。

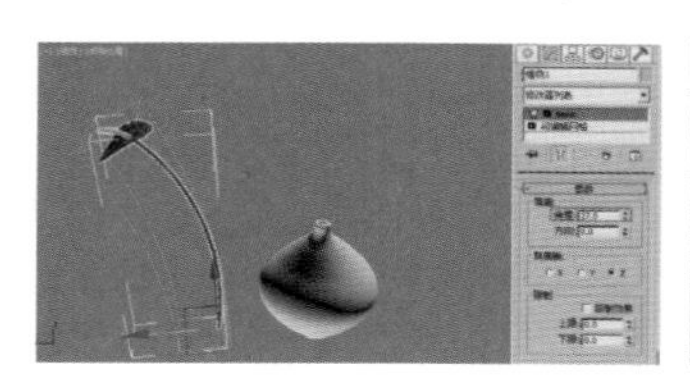
图 4-32

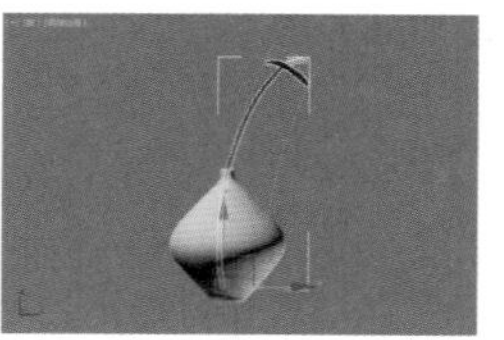
图 4-33

05 复制一个场景中的植物模型，并缩放其大小，如图 4-34 所示。

06 在“修改”面板中，调整其弯曲的“角度”为30.5，“方向”为 36.5，如图 4-35 所示。

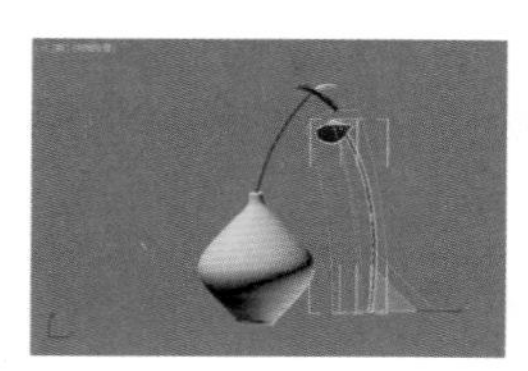
图 4-34

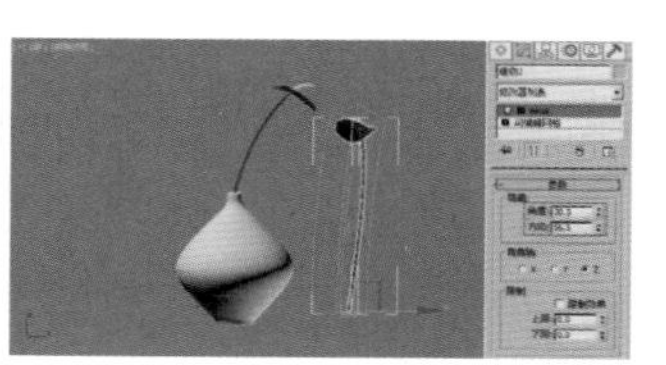
图 4-35

07 使用“移动”工具调整其位置，如图 4-36 所示。

08 插花模型的最终效果，如图 4-37 所示。

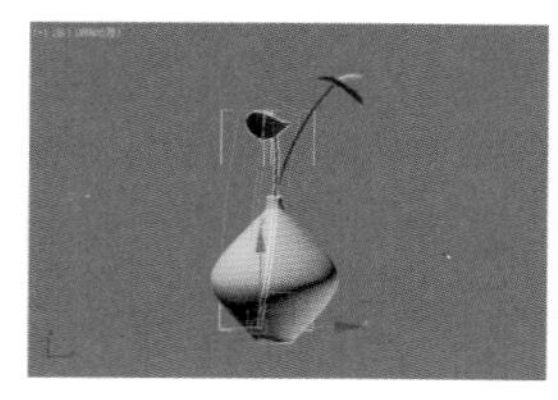
图 4-36

图 4-37

4.3.2 拉伸修改器

使用“拉伸”修改器可以对模型产生拉伸效果的同时，还会产生对模型挤压的效果。“拉伸”修改器参数设置，如图 4-38 所示。

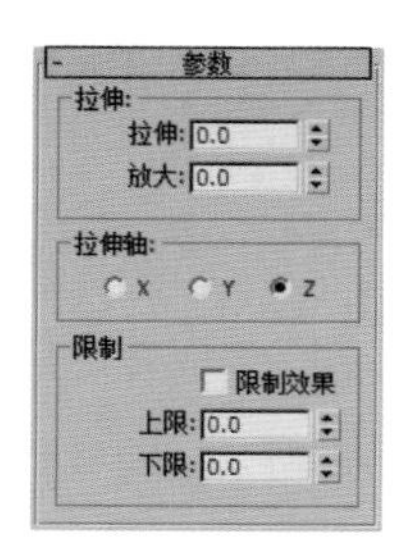

图 4-38

工具解析

①“拉伸”组

✦ 拉伸：为对象的 3 个轴设置基本缩放数值。

✦ 放大：更改应用到副轴的缩放因子。

②“拉伸轴”组

✦ X/Y/Z：可以使用“参数”卷展栏的“拉伸轴”组中的选项，选择将哪个对象局部轴作为“拉伸轴”，默认值为 *Z* 轴。

③“限制”组

✦ 限制效果：限制拉伸效果。在禁用“限制效果”后，就会忽略“上限”和“下限”中的值。

✦ 上限：沿着“拉伸轴”的正向限制拉伸效果的边界。“上限”值可以是 0，也可以是任意正值。

✦ 下限：沿着“拉伸轴”的负向限制拉伸效果的边界。“下限”值可以是 0，也可以是任意负值。

小技巧

从修改器的参数设置上来看，“拉伸”修改器和“弯曲”修改器内的参数非常相似，与这两个修改器参数相似的修改器还有“锥化”修改器、“扭曲”修改器和“倾斜”修改器。读者可以自行尝试，并学习这几个修改器的使用方法。

4.3.3 切片修改器

使用“切片”修改器可以对模型产生剪切效果，经常用于制作表现工业产品的剖面结构。“切片”修改器的设置参数，如图 4-39 所示。

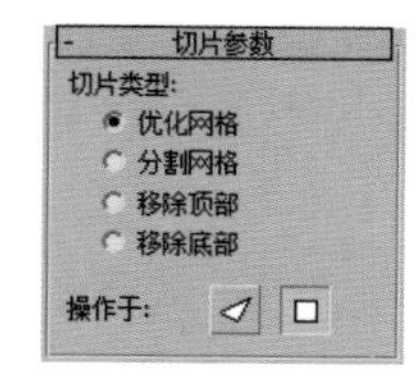

图 4-39

工具解析

✦ 优化网格：沿着几何体相交处，使用切片平面添加新的顶点和边，平面切割的面可细分为新的面。

✦ 分割网格：沿着平面边界添加双组顶点和边，产生两个分离的网格，这样可以根据需要进行不同的修改。使用此选项将网格分为两个。

✦ 移除顶部：删除“切片平面”以上所有的面和顶点。

✦ 移除底部：删除“切片平面”以下所有的面和顶点。

实例操作：使用切片修改器制作产品剖面表现

实例：使用切片修改器制作产品剖面表现

实例位置：　工程文件 >CH04> 插花 .max

视频位置：　视频文件 >CH04> 实例：使用切片修改器制作产品剖面表现 .mp4

实用指数：　★☆☆☆☆

技术掌握：　掌握 3ds Max 的切片修改器。

在本例中，讲解如何使用“切片”修改器快速制作工业产品的剖面表现效果，本例的渲染效果，如图 4-40 所示。

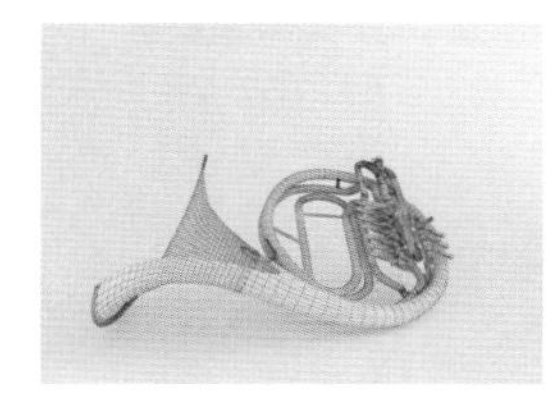
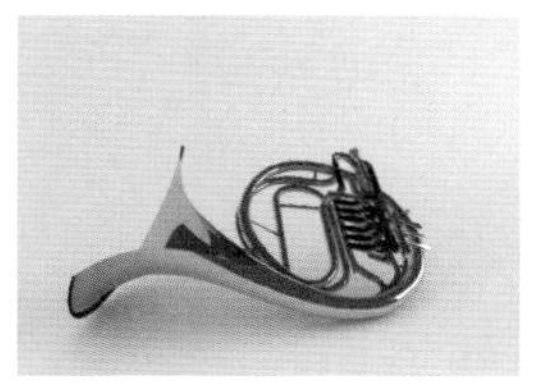

图 4-40

01 启动 3ds Max 2016，打开本书附带资源中的“乐器 .max”文件，其中有一个乐器的模型，如图 4-41 所示。

02 选择场景中的乐器模型，在“修改”面板中，为其添加一个“切片”修改器，如图 4-42 所示。

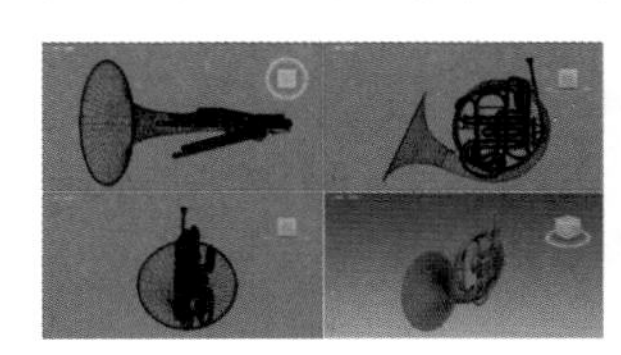

图 4-41

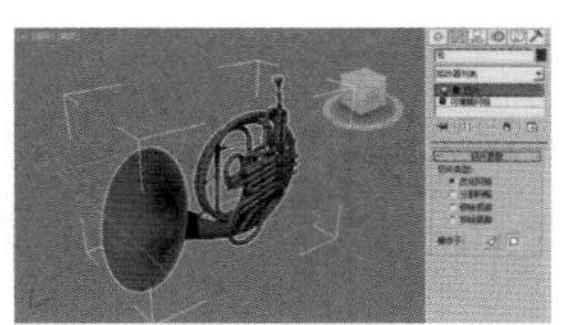

图 4-42

03 在“修改”面板中，单击展开“切片”修改器的子层级，单击“切片平面”子层级后，即可调整切片平面的旋转方向，如图 4-43 所示。

04 在“切片参数”卷展栏中，将“切片类型”设置为“移除顶部”，如图 4-44 所示。

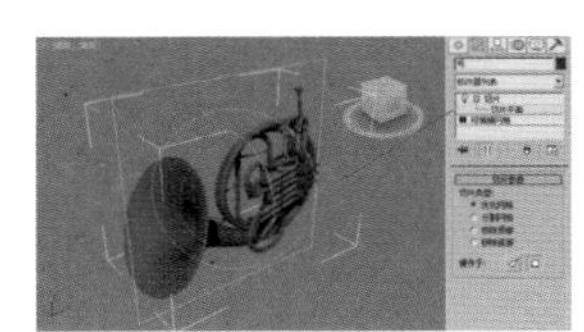

图 4-43

图 4-44

05 使用“移动”工具调整“切片平面”的位置，如图 4-45 所示。

06 最终乐器剖面的模型结果，如图 4-46 所示。

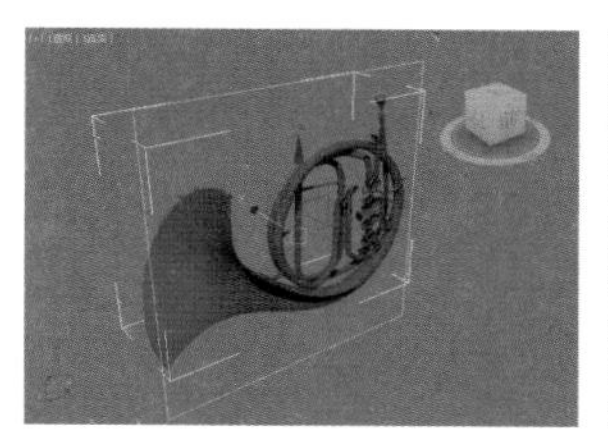

图 4-45

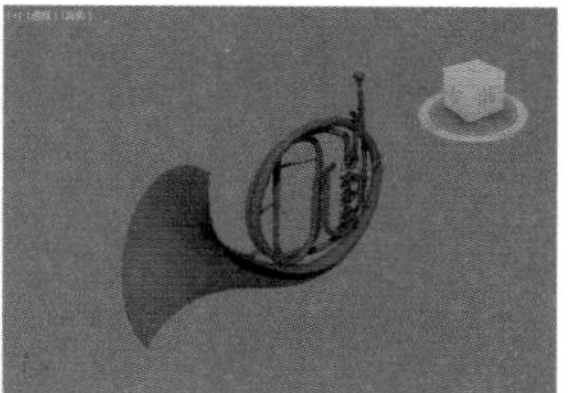

图 4-46

4.3.4　噪波修改器

使用“噪波”修改器可以对对象从三个不同的轴向来施加强度，使物体对象产生随机性较强的噪波起伏效果。使用该修改器，经常用来制作起伏的水面、高山或飘扬的小旗等效果。“噪波”修改器的设置参数，如图 4-47 所示。

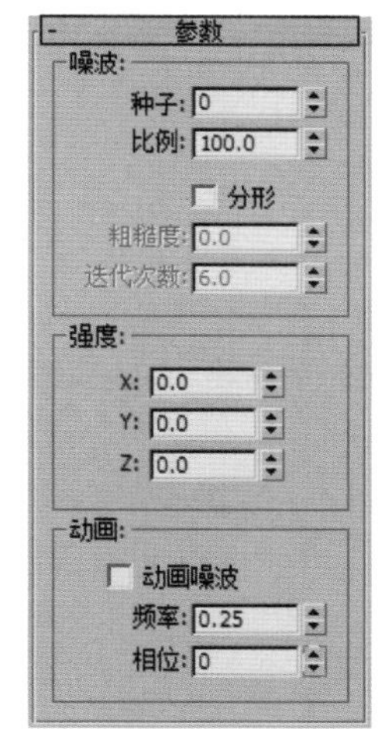

图 4-47

参数解析

① “噪波”组

✦ 噪波：控制噪波的出现，及其由此引起的在对象的物理变形上的影响。默认情况下，控制处于非活动状态，直到更改设置。

✦ 种子：从设置的值中生成一个随机起始点。在创建地形时尤其有用，因为每种设置都可以生成不同的配置。

✦ 比例：设置噪波影响（不是强度）的大小。较大的值产生更为平滑的噪波，较小的值产生锯齿现象更严重的噪波，默认值为 100。

✦ 分形：根据当前设置产生分形效果，默认设置为禁用。如果启用“分形”，即可使用下列选项：

✦ 粗糙度：决定分形变化的程度。较低的值比较高的值更精细。范围为 0~1.0，默认值为 0。

✦ 迭代次数：控制分形功能所使用的迭代（或是八度音阶）的数目。较小的迭代次数使用较少的分形能量并生成更平滑的效果。迭代次数为 1.0 与禁用“分形”的效果一致。范围为 1.0~10.0，默认值为 6.0。

②“强度”组

✦ 强度：控制噪波效果的大小，只有应用了强度后噪波效果才会起作用。

✦ X、Y、Z：沿着三根轴设置噪波效果的强度。至少为这些轴中的一个输入值，以产生噪波效果。默认值为 0.0、0.0、0.0。

③“动画”组

✦ 动画：通过为噪波图案叠加一个要遵循的正弦波形，控制噪波效果的形状。这使噪波位于边界内，并加上完全随机的阻尼值。启用“动画噪波”后，这些参数影响整体噪波效果。但是，可以分别设置“噪波”和“强度”参数动画，这并不需要在设置动画或播放过程中启用“动画噪波”。

✦ 动画噪波：调节“噪波”和“强度”参数的组合效果。下列参数用于调整基本波形。

✦ 频率：设置正弦波的周期。调节噪波效果的速度，较高的频率使噪波振动得更快，较低的频率产生较为平滑和更温和的噪波。

✦ 相位：移动基本波形的开始和结束点。默认情况下，动画关键点设置在活动帧范围的任意一端。通过在“轨迹视图”中编辑这些位置，可以更清楚地看到“相位”的效果。选择“动画噪波”以启用动画播放。

实例操作：使用噪波修改器制作海洋

实例：使用噪波修改器制作海洋

实例位置：	工程文件 >CH04> 海洋 .max
视频位置：	视频文件 >CH04> 实例：使用噪波修改器制作海洋 .mp4
实用指数：	★☆☆☆☆
技术掌握：	掌握 3ds Max 的噪波修改器。

在本例中，讲解如何使用“噪波”修改器快速制作海洋效果，本例的渲染效果，如图 4-48 所示。

图 4-48

01 启动 3ds Max 2016 软件，在“创建”面板中，单击“平面”按钮，在场景中创建一个平面对象，如图 4-49 所示。

02 在“修改”面板中，设置平面对象的“长度”为 2000，“宽度”为 2000，“长度分段”为 200，“宽度分段”为 200，如图 4-50 所示。

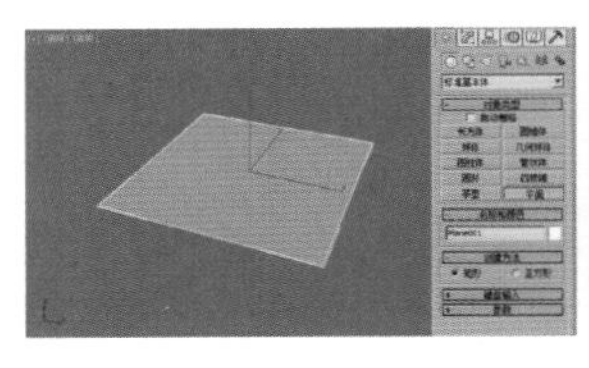

图 4-49

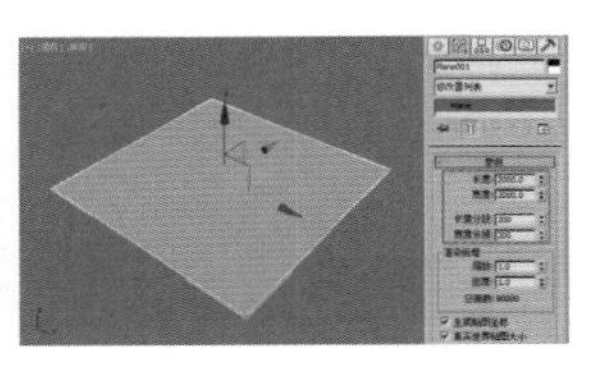

图 4-50

03 在“修改器列表”中，为当前平面对象选择并添加一个“噪波”修改器，如图 4-51 所示。

04 在“修改”面板中，展开“参数”卷展栏。在“噪波”组中，设置“种子”为 10，“比例”为 10。在“强度”组中，设置“Z”为 3，如图 4-52 所示。

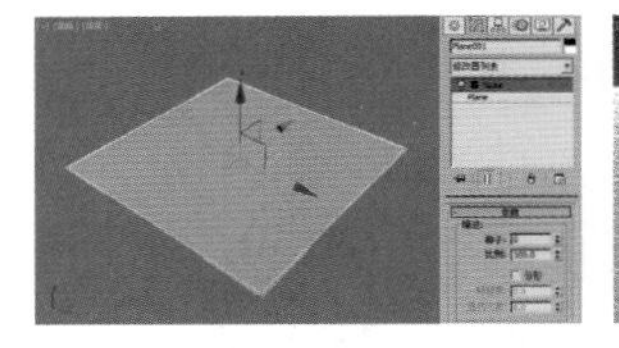

图 4-51

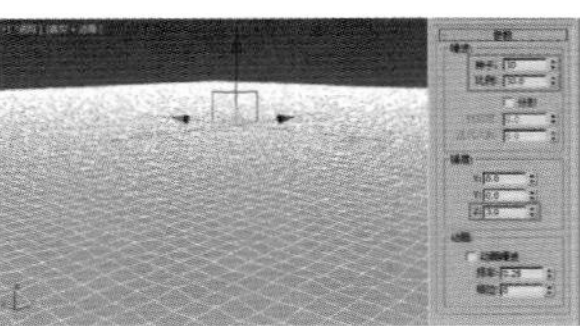

图 4-52

05 制作完成后的海洋模型效果，如图 4-53 所示。

图 4-53

4.3.5 晶格修改器

使用“晶格”修改器可以将模型的边转化为圆柱形结构，并在顶点上产生可选的关节多面体。使用它可基于网格拓扑创建可渲染的几何体结构，或作为获得线框渲染效果的一种方法，“晶格”修改器的设置参数，如图 4-54 所示。

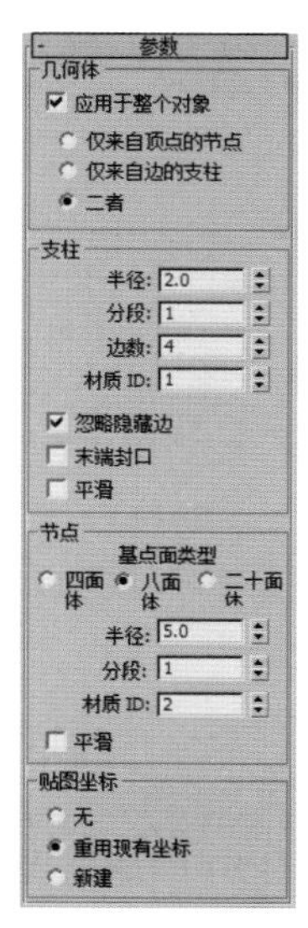

图 4-54

参数解析

①“几何体”组

✦ 几何体：指定是否使用整个对象或选中的子对象，并显示它们的结构和关节。

②“支柱”组

✦ 支柱：提供影响几何体结构的控件。

✦ 半径：指定结构半径。

✦ 分段：指定沿结构的分段数目。当需要使用后续修改器将结构或变形或扭曲时，增加此值。

✦ 边数：指定结构周界的边数目。

✦ 材质 ID：指定用于结构的材质 ID。使结构和关节具有不同的材质 ID，这会很容易地将它们指定给不同的材质。

✦ 忽略隐藏边：仅生成可视边的结构。禁用时，将生成所有边的结构，包括不可见边。默认设置为启用。

✦ 末端封口：将末端封口应用于支柱。

✦ 平滑：将平滑应用于支柱。

③“节点”组

✦ 节点：提供影响关节几何体的控件。

✦ 基点面类型：指定用于关节的多面体类型。

✦ 四面体：使用四面体。

✦ 八面体：使用八面体。

✦ 二十面体：使用二十面体。

✦ 半径：设置关节的半径。

✦ 分段：指定关节中的分段数目。分段越多，关节形状越接近球形。

✦ 材质 ID：指定用于结构的材质 ID。

✦ 平滑：将平滑应用于节点。

实例操作：使用晶格修改器制作鸟笼

实例：使用晶格修改器制作鸟笼

实例位置：　工程文件 >CH04> 鸟笼 .max

视频位置：　视频文件 >CH04> 实例：使用晶格修改器制作鸟笼 .mp4

实用指数：　★☆☆☆☆

技术掌握：　掌握 3ds Max 的晶格修改器。

在本例中，讲解如何使用“晶格”修改器快速制作一个鸟笼的模型效果，本例的渲染效果，如图 4-55 所示。

图 4-55

01 启动 3ds Max 2016 软件，在“创建”面板的下拉列表中选择“扩展几何体”选项，单击“胶囊”按钮，在场景中创建一个胶囊对象，如图 4-56 所示。

02 在“修改”面板中，设置胶囊的“半径”为 20.638，“高度”为 69.817，“边数”为 26，“高度分段”为 8，如图 4-57 所示。

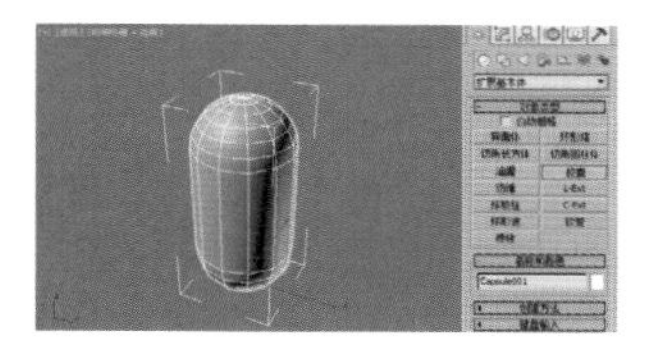

图 4-56

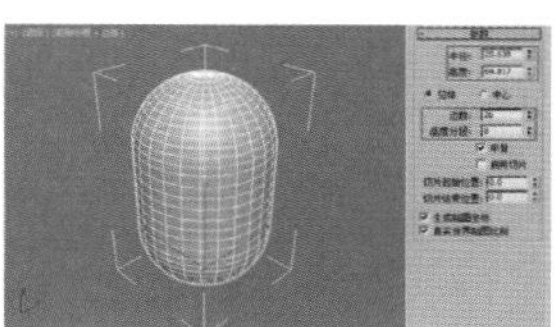

图 4-57

03 在“修改器列表”中，为胶囊添加一个“编辑多边形”修改器，如图 4-58 所示。

04 进入到“顶点”子层级，在前视图中，选择如图 4-59 所示的点。

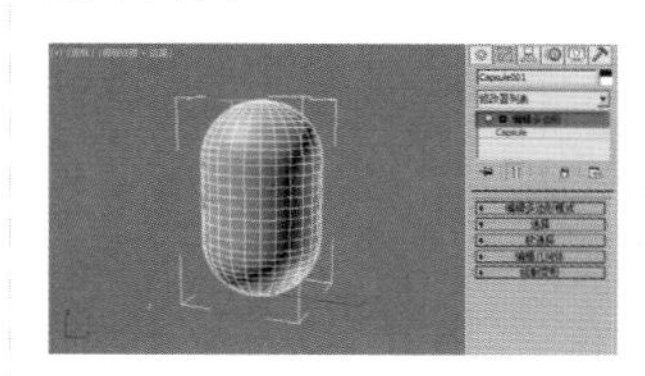

图 4-58

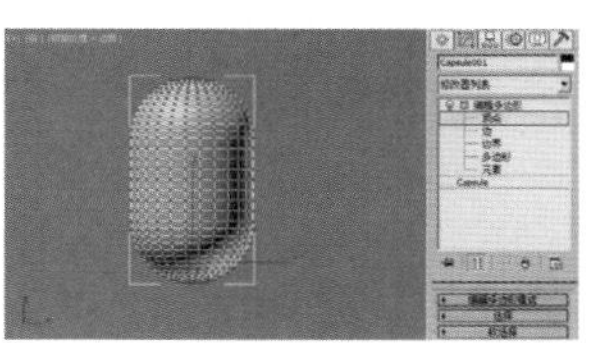

图 4-59

05 使用“缩放”工具调整所选择的顶点，如图 4-60 所示。

06 退出“顶点”子层级，在“修改器列表”中，为胶囊对象添加一个“晶格”修改器，如图 4-61 所示。

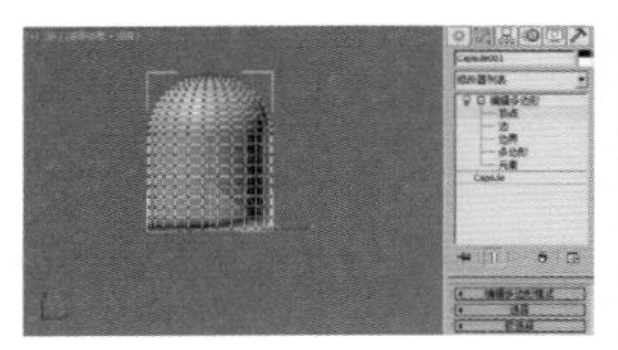

图 4-60

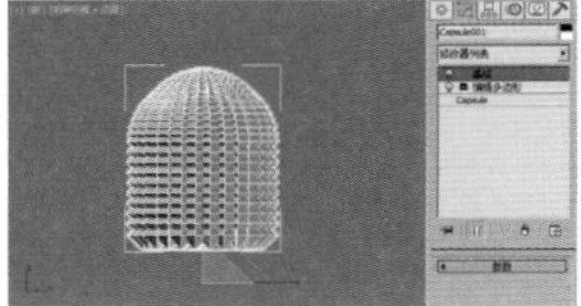

图 4-61

07 在“修改”面板中的“几何体”组中，选中“仅来自边的支柱”选项。在“支柱”组中，设置“半径”为0.15，如图 4-62 所示。

08 在“创建”面板中，单击“球体”按钮，在场景中创建一个球体对象，如图 4-63 所示。

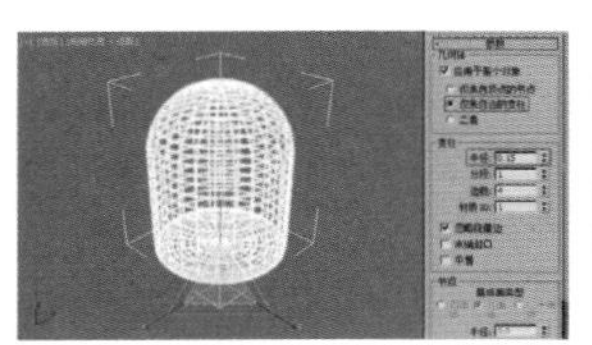

图 4-62

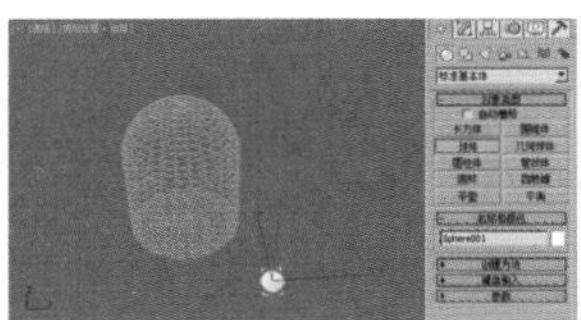

图 4-63

09 在“修改”面板中，设置球体的“半径”为 2.272，如图 4-64 所示。

10 使用“移动”工具，调整球体的位置，如图 4-65 所示。

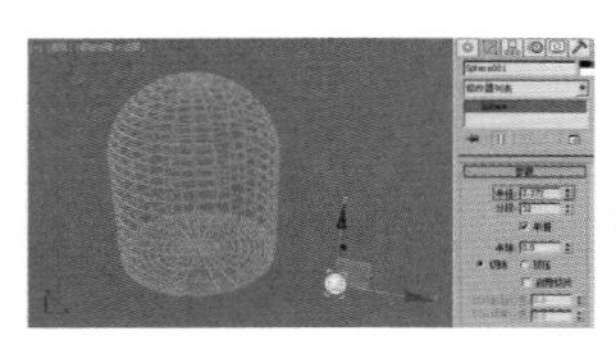

图 4-64

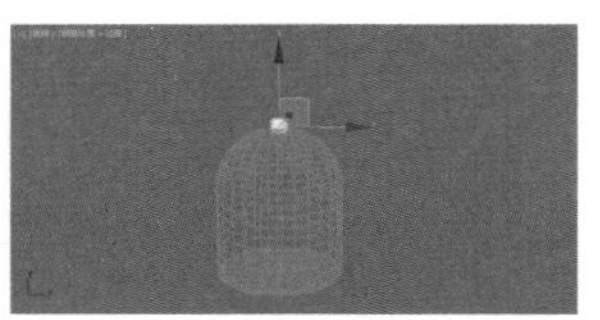

图 4-65

11 鸟笼模型的最终完成效果，如图 4-66 所示。

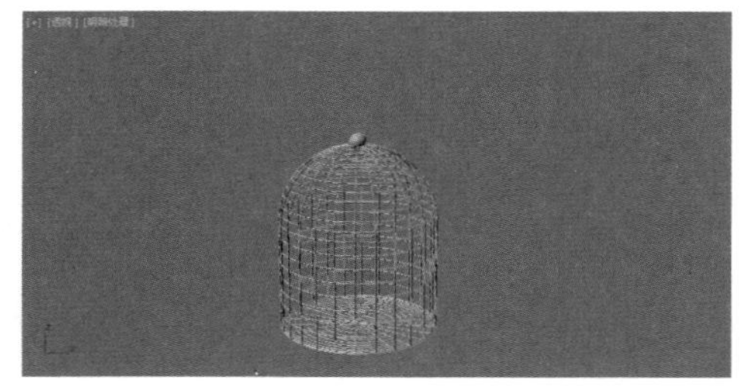

图 4-66

4.3.6 专业优化修改器

“专业优化”修改器可用于选择对象并以交互方式对其进行优化，在减少模型顶点数量的同时保持模型的外观，优化模型，减少场景对内存的要求，并提高视图显示的速度并缩短渲染的时间。“专业优化”修改器参数设置如图 4-67 所示，有“优化级别”“优化选项”“对称选项”和“高级选项”4 个卷展栏。

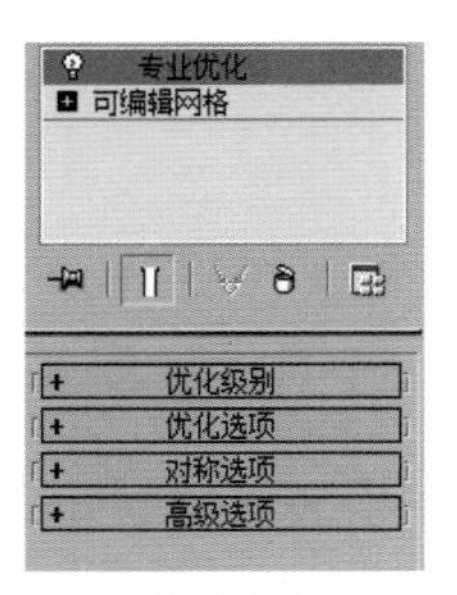

图 4-67

1. “优化级别”卷展栏

“优化级别”卷展栏，如图 4-68 所示。

图 4-68

工具解析

✦ 顶点 %：将优化对象中的顶点数设置为原始对象中顶点数的百分比，默认设置为 100.0%。单击“计算”按钮 计算 之前，此控件不可用。单击“计算”后，可以交互方式调整“顶点 %”值。

✦ 顶点数：直接设置优化对象中的顶点数。单击“计算”按钮 计算 之前，此控件不可用。单击“计算”按钮 计算 后，此值设置为原始对象中的顶点数（因为“顶点 %”默认设置为 100）。此控件可用后，即可以交互方式调整“顶点数”值。

✦ “计算”按钮 计算：单击以应用优化。

✦ “状态”区：此区域显示“专业优化”状态。单击“计算”按钮 计算 之前，此窗口显示“修改器就绪”。单击“计算”按钮 计算 并调整优化级别后，此窗口显示说明操作效果的统计信息——“之前”和“之后”的点数和面数。

2. “优化选项”卷展栏

“优化选项”卷展栏，如图 4-69 所示。

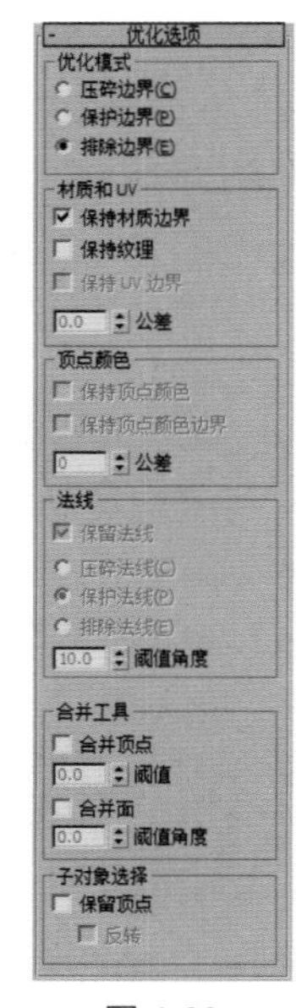

图 4-69

工具解析

①“优化模式”组

✦ 压碎边界：在进行优化对象时，不考虑边缘或面是否位于边界上。

✦ 保护边界：在进行优化对象时将保护那些边缘位于对象边界上的面。不过，高优化级别仍然可能导致边界面被移除。如果对多个相连对象进行优化，则这些对象之间可能出现间隙。

✦ 排除边界：在进行优化对象时，不移除带边界边缘的面。这会减少能够从模型移除的面数，但可确保在优化多个互连对象时不会出现间隙。

②“材质和 UV”组

✦ 保持材质边界：启用时，“专业优化”修改器将保留材质之间的边界。属于具有不同材质的面的点将被冻结，并且在优化过程中不会被移除。默认设置为启用。

✦ 保持纹理：启用时，优化过程中将保留纹理贴图坐标。

✦ 保持 UV 边界：仅当启用“保持纹理”时，此控件才可用。启用时，优化过程中将保留 UV 贴图值之间的边界。

③“顶点颜色”组

✦ 保持顶点颜色：启用时，优化将保留顶点颜色数据。

✦ 保持顶点颜色边界：仅当启用“保持顶点颜色”时，此控件才可用。启用时，优化将保留顶点颜色之间的边界。

3.“对称选项”卷展栏

“对称选项”卷展栏，如图 4-70 所示。

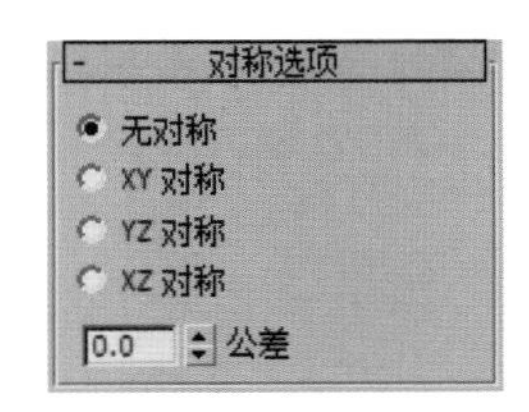

图 4-70

工具解析

✦ 无对称：“专业优化”修改器不会尝试进行对称优化。

✦ XY 对称：“专业优化”修改器尝试进行围绕 *XY* 平面对称的优化。

✦ YZ 对称：“专业优化”修改器尝试进行围绕 *YZ* 平面对称的优化。

✦ XZ 对称：“专业优化”修改器尝试进行围绕 *XZ* 平面对称的优化。

✦ 公差：指定用于检测对称边缘的公差值。

4.“高级选项”卷展栏

“高级选项”卷展栏，如图 4-71 所示。

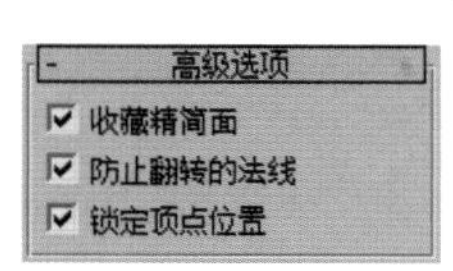

图 4-71

工具解析

✦ 收藏精简面：当一个面所形成的三角形是等边三角形或接近等边三角形时，该面就是“精简”的。启用“收藏精简面”时，优化时将验证移除一个面不会产生尖锐的面。经过此测试后，所优化的模型会更均匀、一致，默认设置为启用。

✦ 防止翻转的法线：启用时，“专业优化”修改器将验证移除一个顶点不会导致面法线翻转。禁用时，则不执行此测试，默认设置为启用。

✦ 锁定顶点位置：启用该选项后，优化不会改变从网格移除的顶点的位置。

实例操作：使用专业优化修改器简化模型

功能实例：使用专业优化修改器简化模型

实例位置：	工程文件 >CH04> 雕塑 .max
视频位置：	视频文件 >CH04> 实例：使用专业优化修改器简化模型 .mp4
实用指数：	★☆☆☆☆
技术掌握：	学习使用“专业优化”修改器来优化模型的方法。

本例将使用“专业优化”修改器来优化一个雕塑的模型，如图 4-72 所示为本实例的优化前后的对比效果。

图 4-72

01 启动 3ds Max 2016 后，打开本书附带资源中的“雕塑 .max”文件，如图 4-73 所示。

02 本场景中的模型为一个公鸡的雕塑造型。按 F3 键，可以看出场景中的模型布线较密、面数较多，如图 4-74 所示。

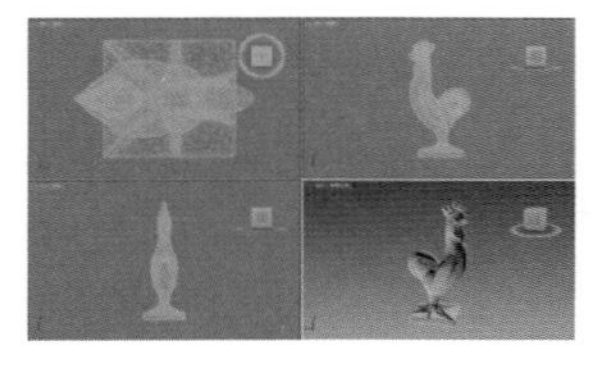

图 4-73

图 4-74

03 选择雕塑模型，在“修改”面板中，为模型添加“专业优化”修改器，如图 4-75 所示。

04 添加完成后，在“优化级别”卷展栏中，单击“计算”按钮 计算 开始优化，如图 4-76 所示。

图 4-75

图 4-76

05 “计算”完成后，在“计算”按钮 计算 的下方文本框内显示优化之后的模型“统计信息”的前后对比数据结果。默认状态下，“统计信息”的前后对比数据相同，如图 4-77 所示。

06 调整“优化级别”卷展栏内的“顶点”百分比数值为 20，即可控制模型顶点的构成数量，完成模型优化。同时，“顶点数”也会相应产生变动，如图 4-78 所示。

图 4-77

图 4-78

07 如图 4-79 所示为雕塑模型使用了“专业优化”修改器前后的布线疏密结果对比。

图 4-79

4.3.7 倾斜修改器

“倾斜”修改器，即是对模型进行倾斜变形的一种修改器。“倾斜”修改器的参数与“弯曲”修改器参数设置非常相似，如图 4-80 所示。

图 4-80

工具解析

①“倾斜”组

✦ 数量：设置对象的倾斜程度。

✦ 方向：相对于水平平面设置倾斜的方向。

②“倾斜轴”组

✦ X/Y/Z：指定要倾斜的轴。

③“限制”组

✦ 限制效果：将限制约束应用于倾斜效果。

✦ 上限：用世界单位从倾斜中心点设置上限边界，超出这一边界以外，倾斜将不再影响几何体，默认值为 0。

✦ 下限：用世界单位从倾斜中心点设置下限边界，超出这一边界以外，倾斜将不再影响几何体，默认值为 0。

4.3.8 融化修改器

“融化”修改器，即是对模型进行融化变形的一种修改器。常常用于制作诸如冰块、冰激凌、巧克力等食品受热融化的动画效果，其命令参数如图 4-81 所示。

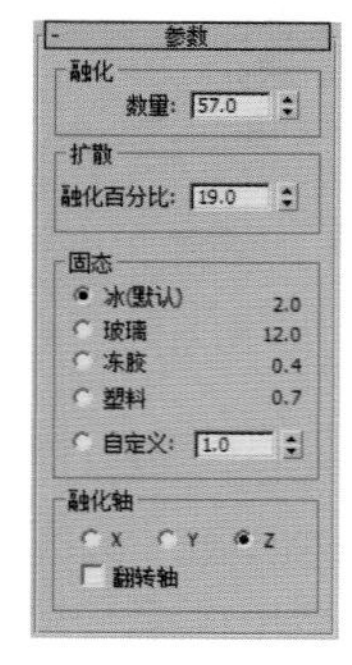

图 4-81

工具解析

①“融化”组

✦ 数量：指定“衰退”程度，或者应用于 Gizmo

上的融化效果，从而影响对象。

②“扩散”组

✦ 融化百分比：用于控制对象在融化状态下，向四周扩散的幅度。

③“固态”组

✦ 冰：模拟冰的固态效果。

✦ 玻璃：模拟玻璃的固态效果。

✦ 冻胶：模拟冻胶的固态效果。

✦ 塑料：模拟塑料的固态效果。

✦ 自定义：允许选择一个 0.2 ~ 30.0 之间的自定义固态值。

④“融化轴”组

✦ X/Y/Z：选择会产生融化的轴。

✦ 翻转轴：融化沿着给定的轴，从正向朝着负向发生，启用“翻转轴”可以反转这一方向。

4.3.9　对称修改器

“对称”修改器用来构建模型的另一半，其参数面板，如图 4-82 所示。

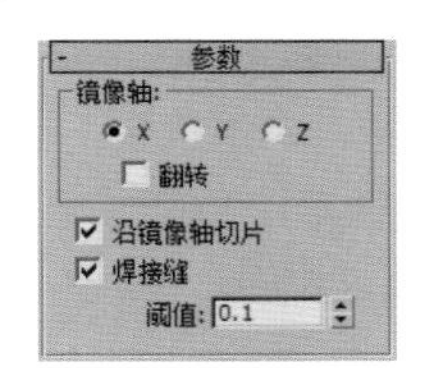

图 4-82

工具解析

“镜像轴”组

✦ X/Y/Z：指定执行对称所围绕的轴，可以在选中轴的同时在视图中观察效果。

✦ 翻转：如果想要翻转对称效果的方向可启用该选项。

✦ 沿镜像轴切片：启用“沿镜像轴切片”，使镜像 Gizmo 在定位于网格边界内部时作为一个切片平面。当 Gizmo 位于网格边界外部时，对称反射仍然作为原始网格的一部分来处理。如果禁用“沿镜像轴切片”，对称反射会作为原始网格的单独元素来进行处理，默认设置为启用。

✦ 焊接缝：启用“焊接缝”确保沿镜像轴的顶点在阈值以内时会自动焊接。

✦ 阈值：阈值设置的值代表顶点在自动焊接起来之前的接近程度，默认设置是 0.1。

4.3.10　平滑修改器

“平滑”修改器用来对模型产生一定的平滑作用，通过将面组成平滑组，平滑消除几何体的面。其参数面板如图 4-83 所示。

图 4-83

工具解析

✦ 自动平滑：如果选中“自动平滑”，则通过该选项下方的“阈值”设置指定的阈值来自动平滑对象。“自动平滑”基于面之间的角设置平滑组。如果法线之间的角小于阈值的角，则可以将任何两个相接表面输入相同的平滑组。

✦ 禁止间接平滑：如果将“自动平滑”应用到对象，不应该被平滑的对象部分变得平滑，然后启用“禁止间接平滑”来查看它是否纠正了该问题。

✦ 阈值：以度为单位指定阈值角度。如果法线之间的角小于阈值的角，则可以将任何两个相接表面输入相同的平滑组。

✦ “平滑组”组：32 个按钮的栅格表示选定面所使用的平滑组，并用来为选定面手动指定平滑组。

4.3.11　涡轮平滑修改器

“涡轮平滑”修改器允许模型在边角交错时将几何体细分，以添加面数的方式来得到较为光滑的模型效果。其参数面板，如图 4-84 所示。

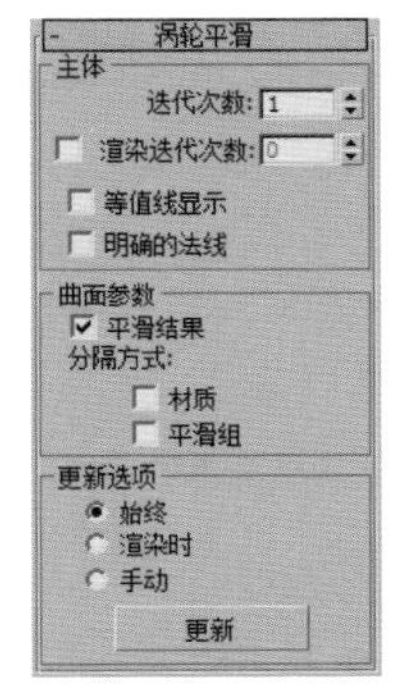

图 4-84

工具解析

①“主体”组

✦ 迭代次数：设置网格细分的次数。增加该值时，每次新的迭代会通过在迭代之前对顶点、边和曲面创建平滑差补顶点来细分网格。修改器会细分曲面来使用这些新的顶点。默认值为 1，范围为 0 ~ 10。

✦ 渲染迭代次数：允许在渲染时选择一个不同数量的平滑迭代次数应用于对象。启用渲染迭代次数，并使用右边的字段来设置渲染迭代次数。

✦ 等值线显示：启用该选项后，3ds Max 仅显示等值线，即对象在进行光滑处理之前的原始边缘。使用此项的好处是减少混乱的显示。

✦ 明确的法线：允许涡轮平滑修改器为输出计算法线，此方法要比 3ds Max 用于从网格对象的平滑组计算法线的标准方法更快捷。

②“曲面参数”组

✦ 平滑结果：对所有曲面应用相同的平滑组。

✦ 材质：防止在不共享材质 ID 的曲面之间的边上创建新曲面。

✦ 平滑组：防止在不共享至少一个平滑组的曲面之间的边上创建新曲面。

③“更新选项”组

✦ 始终：更改任意“涡轮平滑”设置时自动更新对象。

✦ 渲染时：只在渲染时更新对象的视图显示。

✦ 手动：仅在单击“更新”按钮后更新对象。

✦ “更新”按钮 更新 ：更新视图中的对象，使其与当前的“网格平滑”设置匹配。仅在选择“渲染”或“手动”时才起作用。

4.3.12 FFD 修改器

FFD 修改器可以对模型进行变形修改，以较少的控制点来调整复杂的模型。在 3ds Max 2016 中，FFD 修改器包含了 5 种类型，分别为 FFD2x2x2 修改器、FFD3x3x3 修改器、FFD4x4x4 修改器、FFD（长方体）修改器和 FFD（圆柱体）修改器，如图 4-85 所示。

FFD 修改器的基本参数几乎相同，因此在这里选择 FFD（长方体）修改器中的参数进行讲解，其参数面板如图 4-86 所示。

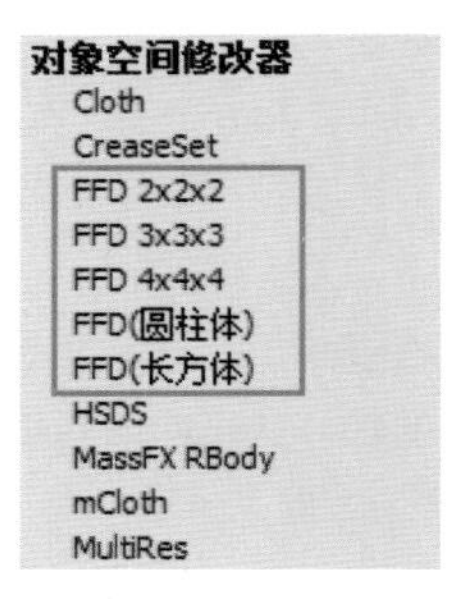

图 4-85

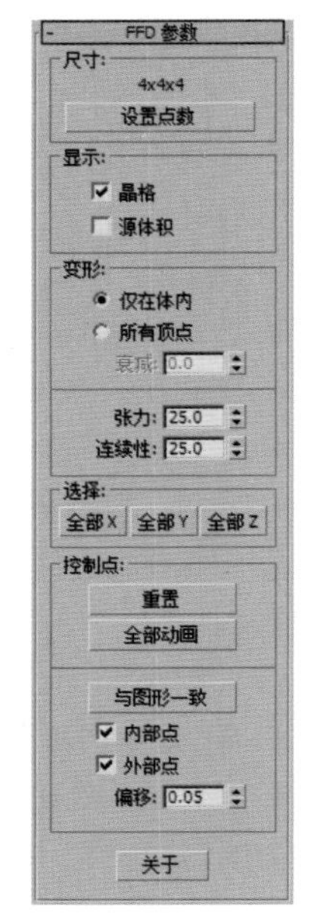

图 4-86

工具解析

①“尺寸”组

“设置点数”按钮 设置点数 ：单击该按钮，弹出“设置 FFD 尺寸”对话框，其中包含 3 个标为“长度”“宽度”和“高度”的微调器、“确定”按钮 确定 和“取消”按钮 取消 ，如图 4-87 所示。指定晶格中所需控制点数目，然后单击“确定”按钮以进行更改。

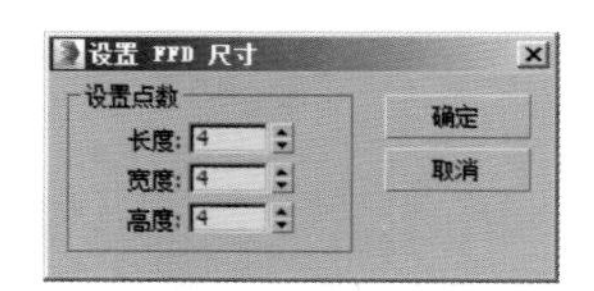

图 4-87

②“显示”组

✦ 晶格：将绘制连接控制点的线条以形成栅格。

✦ 源体积：控制点和晶格会以未修改的状态显示。

③“变形”组

✦ 仅在体内：只变形位于源体积内的顶点。

✦ 所有顶点：变形所有顶点，无论它们位于源体积的内部还是外部。

✦ 衰减：决定着 FFD 效果减为零时离晶格的距离。

✦ 张力 / 连续性：调整变形样条线的张力和连续性。

④“选择”组

✦ “全部 X”按钮 全部X / “全部 Y”按钮 全部Y / “全部 Z”按钮 全部Z ：选中沿着由该按钮指定的局部维度的所有控制点。通过单击两个按钮，可以选择两个维度中的所有控制点。

⑤“控制点”组

✦ “重置”按钮 重置 ：将所有控制点返回其原始位置。

✦ “全部动画”按钮 全部动画 ：默认情况下，FFD 晶格控制点将不在“轨迹视图”中显示，因为没有为它们指定控制器。但是在设置控制点动画时，为其指定了控制器，则其在“轨迹视图”中可见。

✦ “与图形一致”按钮 与图形一致 ：在对象中心控制点位置之间沿直线延长线，将每一个 FFD 控制点移到修改对象的交叉点上，这将增加一个由“补偿”微调器指定的偏移距离。

✦ 内部点：仅控制受“与图形一致”影响的对象内部点。

✦ 外部点：仅控制受“与图形一致”影响的对象外部点。

✦ 偏移：受“与图形一致”影响的控制点偏移对象曲面的距离。

✦ “关于”按钮 关于 ：单击此按钮可以弹出显示版权和许可信息的 About FFD 对话框，如图 4-88 所示。

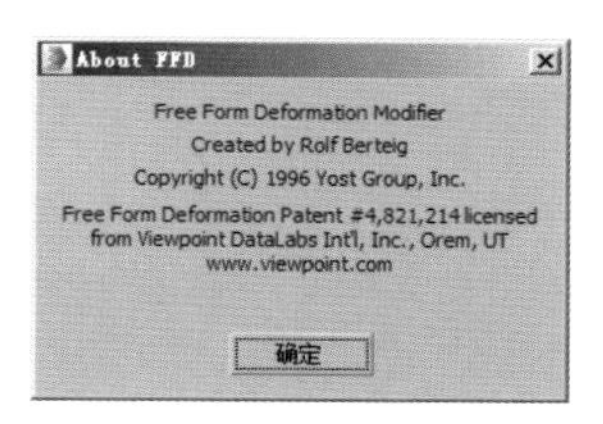

图 4-88

4.3.13　锥化修改器

“锥化”修改器是一种可以对模型进行锥化变形的修改器。其参数设置，如图 4-89 所示。

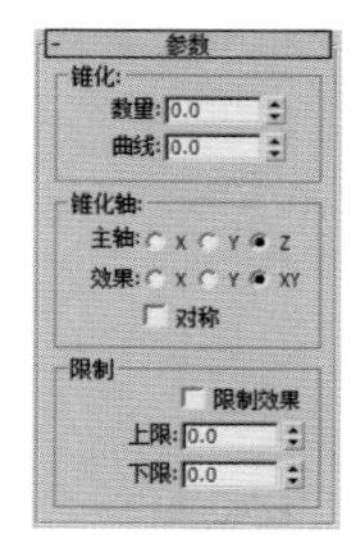

图 4-89

工具解析

①“锥化”组

✦ 数量：设置应用于对象上的锥化程度。

✦ 曲线：对锥化 Gizmo 的侧面应用曲率，因此影响锥化对象的图形。

②“锥化轴”组

✦ 主轴：锥化的中心轴或中心线，有 *X*、*Y* 或 *Z*3 个轴向可选。

✦ 效果：用于表示主轴上的锥化方向的轴或轴对。

✦ 对称：围绕主轴产生对称锥化。

③“限制”组

✦ 上限：用世界单位从倾斜中心点设置上限边界，超出这一边界以外，倾斜将不再影响几何体。

✦ 下限：用世界单位从倾斜中心点设置下限边界，超出这一边界以外，倾斜将不再影响几何体。

实例操作：使用多种修改器制作书

功能实例：使用多种修改器制作书

实例位置：	工程文件 >CH04> 书 .max
视频位置：	视频文件 >CH04> 实例：使用多种修改器制作书 .mp4
实用指数：	★☆☆☆☆
技术掌握：	学习使用多种修改器制作模型的方法。

本例将使用多种修改器来制作一本书的模型，如图 4-90 所示为本实例的最终渲染效果。

图 4-90

01 启动 3ds Max 2016 软件，在“创建”面板中，将下拉列表切换至“扩展基本体”，单击 C-Ext 按钮，在场景中创建一个 C 形对象，如图 4-91 所示。

02 在“修改”面板中，设置 C 形对象的参数，如图 4-92 所示。

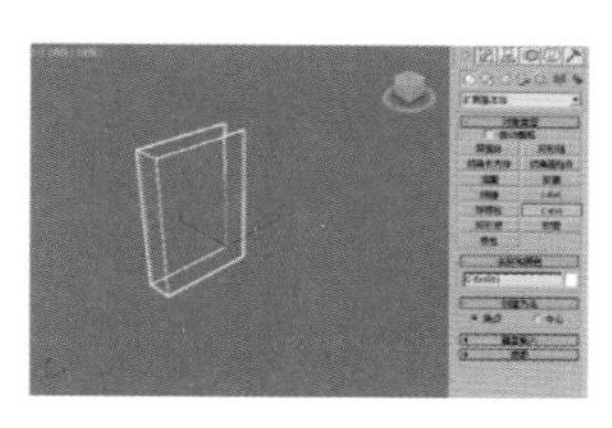

图 4-91

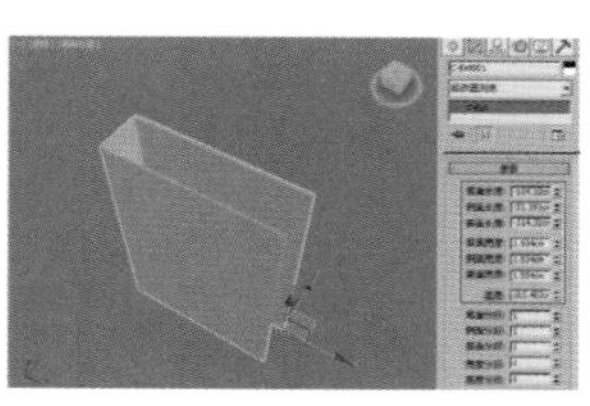

图 4-92

03 在“创建”面板中，单击“长方体”按钮，绘制一个长方体作为书的内页，如图 4-93 所示。

04 在“修改”面板中，设置长方体的参数，如图 4-94 所示。

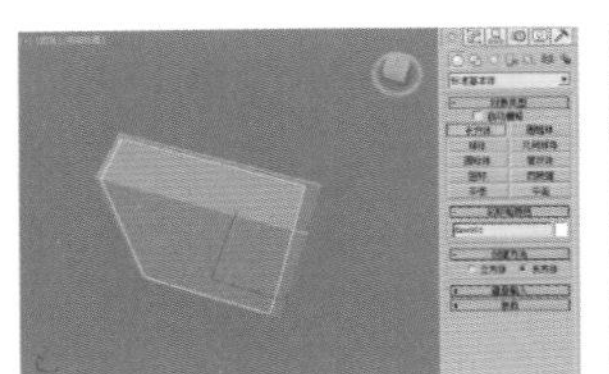
图 4-93

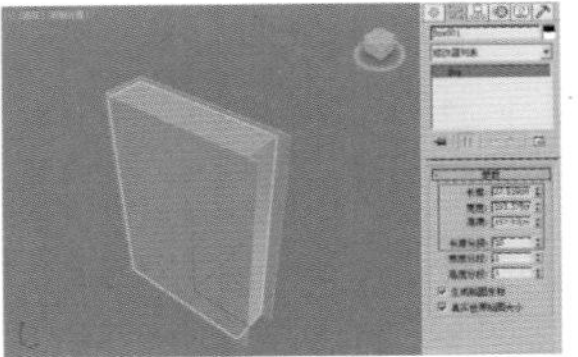
图 4-94

05 在“修改器列表”中，为长方体添加一个“网格选择”修改器，如图 4-95 所示。

06 进入“网格选择”修改器的“多边形”子层级，选择如图 4-96 所示的面，为其添加一个“弯曲”修改器，如图 4-97 所示。

07 在“修改”面板中，设置“弯曲”修改器的“角度”为 50，“弯曲轴”为 Y 轴，如图 4-98 所示，制作出书籍内页的细节效果。

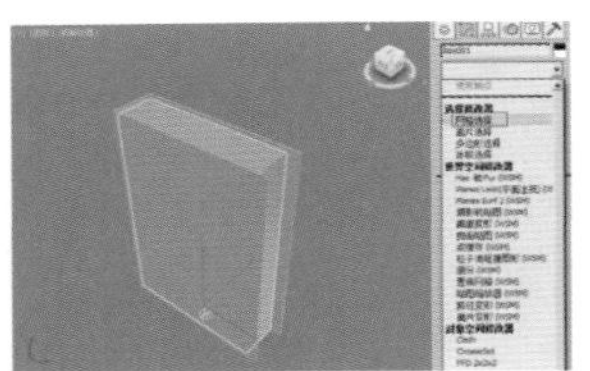
图 4-95

图 4-96

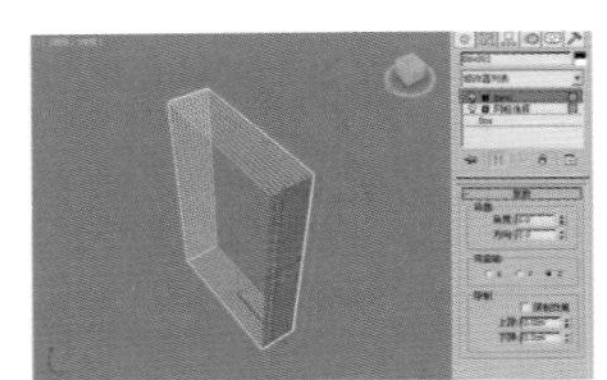
图 4-97

图 4-98

08 制作完成后的书籍模型效果，如图 4-99 所示。

图 4-99

4.4 本章总结

本章主要讲解了 3ds Max 2016 中修改器的使用方法，以及常用修改器的重要参数，并通过一些实用性较强的案例，详细说明修改器在具体项目中的应用技巧。通过这些实例，读者应当熟练掌握这些修改器的使用方法，以制作出简单的模型。

第 5 章 二维图形建模

5.1 二维图形概述

在 3ds Max 中，使用二维图形建模是一种常用的建模方法。使用二维图形建模时，通常要配合一些如编辑样条线、挤出、倒角、倒角剖面、车削、扫描等编辑修改器来实现。

二维样条线是一种矢量图形，可以由其他绘图软件产生，如 Illustrator、CorelDraw、AutoCAD 等，将所创建的矢量图形以 ai 或 dwg 格式存储后，即可直接导入到 3ds Max 中使用。

如果要掌握二维图形建模方法，就要学会建立和编辑二维图形。3ds Max 2016 提供了丰富的二维图形建立工具和编辑命令，在本章将详细讲述这些内容。

5.2 创建二维图形

创建二维图形与创建三维几何体的命令工具相同，也是通过调用“创建”主命令面板中的创建命令来实现的。单击“创建”命令面板中的“图形”命令按钮，即可打开二维图形的创建命令面板，如图 5-1 所示。

在“图形”命令面板“样条线”类型中可以看到 12 种命令按钮，单击这些按钮后，即可在场景中绘制图形。

在 3ds Max 中共有 3 种类型的图形，分别为“样条线”“NURBS 曲线”和“扩展样条线”。在许多方面，它们是相同的，可以相互转换，如图 5-2 所示。

图 5-1

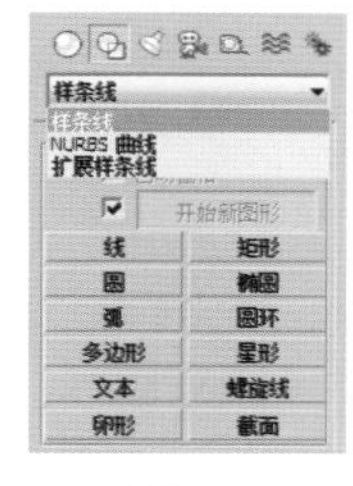

图 5-2

“NURBS 曲线”从 3ds Max 4.0 版本后基本就不再更新了，因为有更专业的“NURBS 曲线”建模软件 Rhinoceros（犀牛），所以本章就不再进行讲述了。

可以通过具体参数建立和调整的标准几何图形，被称为“规则二维图形”。规则二维图形包括“样条线”命令面板中的 10 种图形，分别为“矩形”按钮 矩形 、“圆”按钮 圆 、“椭圆”按钮 椭圆 、“弧”按钮 弧 、“圆环”按钮 圆环 、“多边形”按钮 多边形 、“星形”按钮 星形 、“文本”按钮 文本 、“螺旋线”按钮 螺旋线 、“卵形”按钮 卵形 和“扩展样条线”命令面板中的 5 种图形，分别为“墙矩形”按钮 墙矩形 、“通道”按钮 通道 、“角度”按钮 角度 、“T 形”按钮 T形 、“宽法兰”按钮 宽法兰 ，如图 5-3 和图 5-4 所示。

本章工程文件

本章视频文件

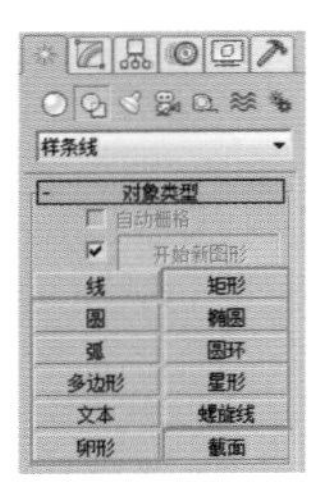

图 5-3

图 5-4

由于规则二维图形所具备的设置参数只是长、宽、半径之类的参数，因此规则二维图形的建立和设置比较简单。在接下来的操作中将讲述规则二维图形的创建方法。

5.2.1 矩形

使用“矩形”按钮 矩形 可以快速在场景中创建不同规格的矩形二维图形。该工具通常配合“编辑样条线”修改器使用，可以制作出各种不同形状的二维图形。其参数面板如图 5-5 所示。

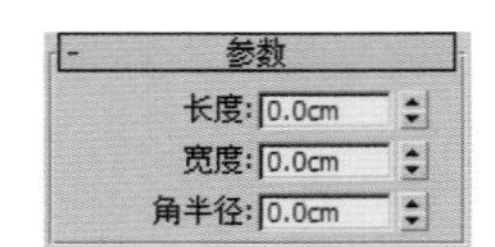

图 5-5

工具解析

- ✦ 长度 / 宽度：设置矩形对象的长度和宽度。
- ✦ 角半径：设置矩形对象的圆角效果。

01 在“图形”面板中，选择“样条线”类型，单击“矩形”按钮 矩形 ，即可在操作视图中拖曳鼠标创建矩形，如图 5-6 所示。

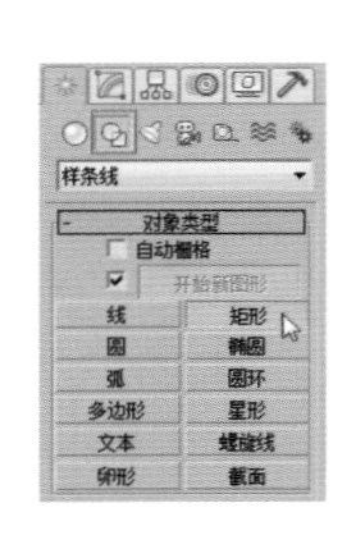
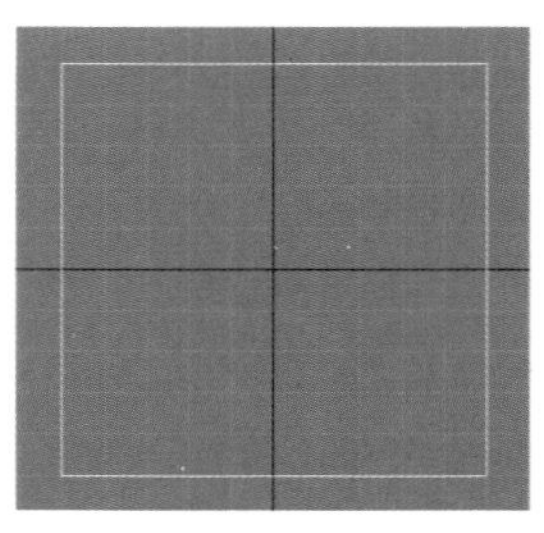

图 5-6

> **技巧与提示：**
> 在单击并拖曳鼠标创建矩形时，若同时按住 Ctrl 键，可将样条线约束为正方形。

02 创建矩形之后，可以通过设置“参数”卷展栏对矩形进行调整，如图 5-7 所示。

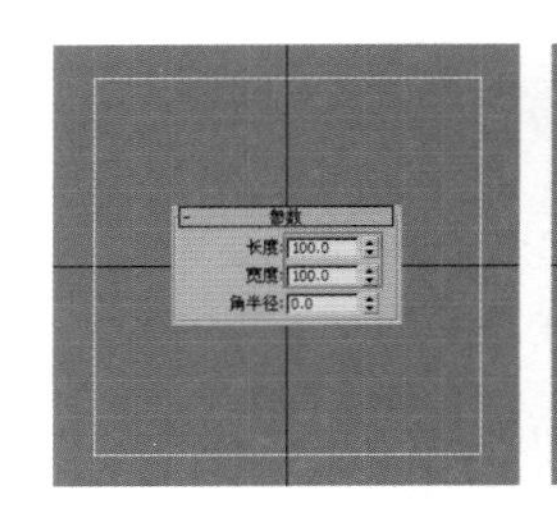
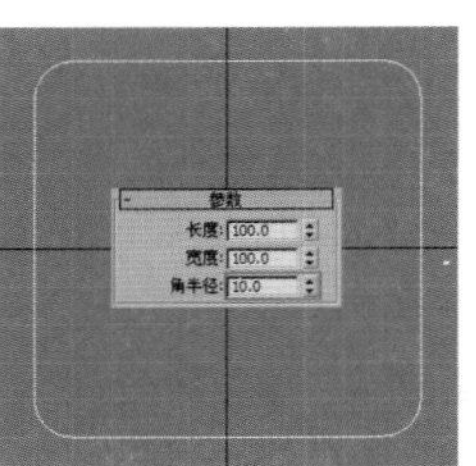

图 5-7

> **技巧与提示：**
> 创建完成“矩形”后，可以发现“图形”面板中的“矩形”按钮 矩形 一直处于黄色被按下的状态，此时仍然可以以拖曳鼠标的方式创建其他的矩形，如果希望关闭矩形的创建命令，可以在视图中右击，结束当前操作。

实例操作：使用矩形工具制作简易书架

实例：使用矩形工具制作简易书架

实例位置：	工程文件 >CH05> 书架 .max
视频位置：	视频文件 >CH05> 实例：使用矩形工具制作书架 .mp4
实用指数：	★★☆☆☆
技术掌握：	熟练使用“矩形”工具制作模型的方法。

本例通过使用“矩形”“线”和“挤出”命令来制作简易风格的书架模型，如图 5-8 所示为本例的最终完成效果。

图 5-8

01 在“创建”面板中单击“图形”按钮，然后单击“矩形”按钮 矩形 ，在前视图中绘制一个矩形，如图 5-9 所示。

02 在修改面板中，设置矩形的“长度”为 200，“宽度”为 100，如图 5-10 所示。

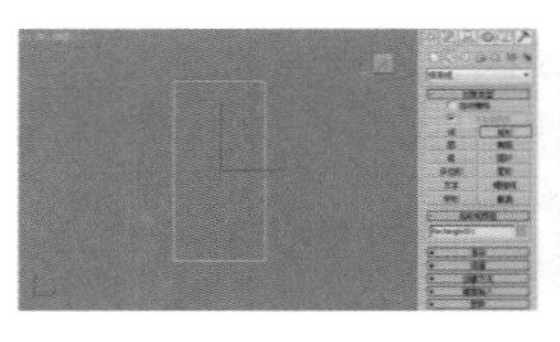

图 5-9

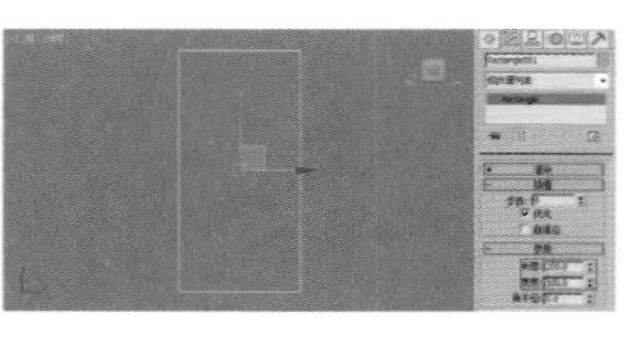

图 5-10

03 按快捷键 Ctrl+V，原地复制一个矩形，在弹出的“克隆选项”对话框中选择“实例”复制方式，如图 5-11 所示。

04 在修改面板中，设置新复制出的矩形的“长度”为 200，“宽度”为 200，如图 5-12 所示。

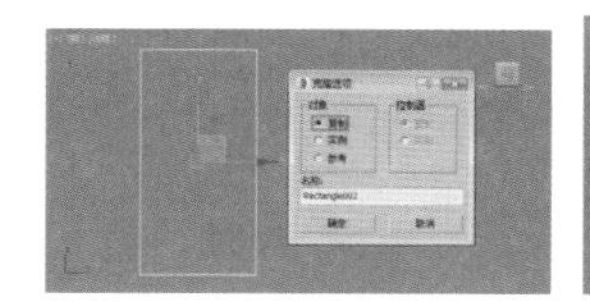

图 5-11

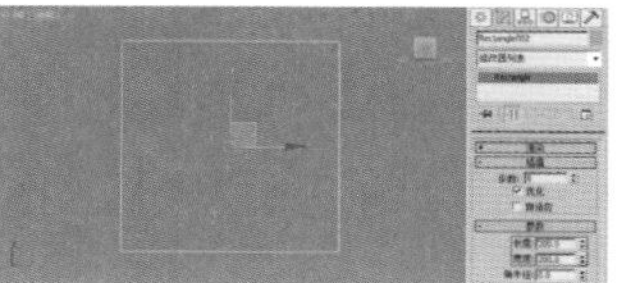

图 5-12

05 单击工具栏上的“捕捉开关”按钮，再次右击该按钮，在弹出的“栅格和捕捉设置”窗口中选中“顶点”和“边 / 线段”复选框，如图 5-13 所示。

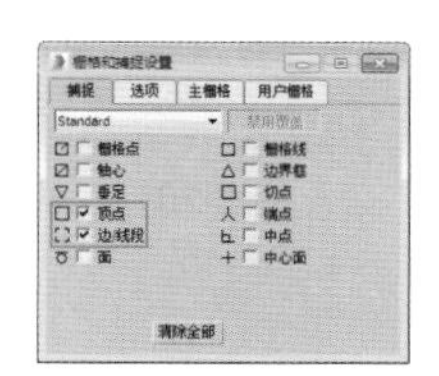

图 5-13

06 在“图形”面板中，单击“线”按钮 线 ，在前视图中按住 Shift 键，绘制一条样条线，如图 5-14 和图 5-15 所示。

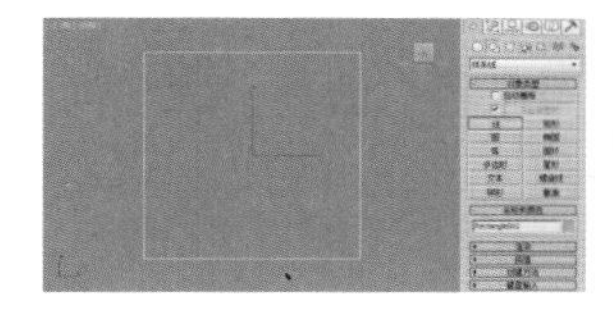

图 5-14

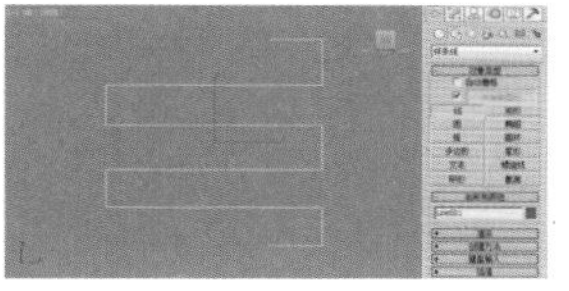

图 5-15

07 选择作为辅助物体的第二个“矩形”并按 Delete 键删除，然后选择第一个“矩形”，接着在“修改”面板的“渲染”卷展栏中，选中“在渲染中启用”和“在视图中启用”复选框，然后选择下方的“矩形”方式，然后设置“长度”为 30，“宽度”为 4，如图 5-16 所示。

08 选择“线”对象，对其进行相同的操作，如图 5-17 所示。

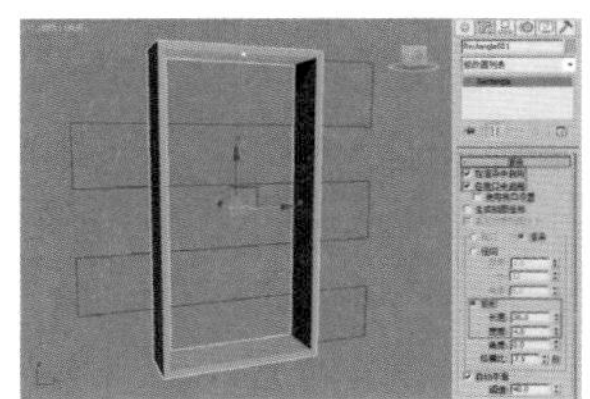

图 5-16

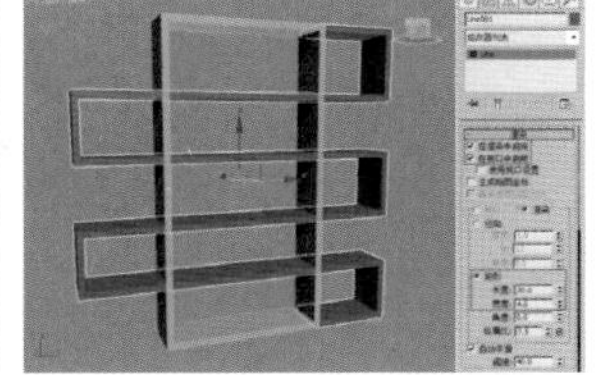

图 5-17

09 在“图形”面板中，单击“矩形”按钮 矩形 ，在“捕捉开关”按钮开启的情况下，在前视图中再创建 5 个矩形对象，如图 5-18 所示。

10 选择其中一个矩形对象，进入“修改”面板，在“修改器列表”中为其添加“挤出”修改器，然后在“参数”卷展栏中设置“数量”为 1，如图 5-19 所示。

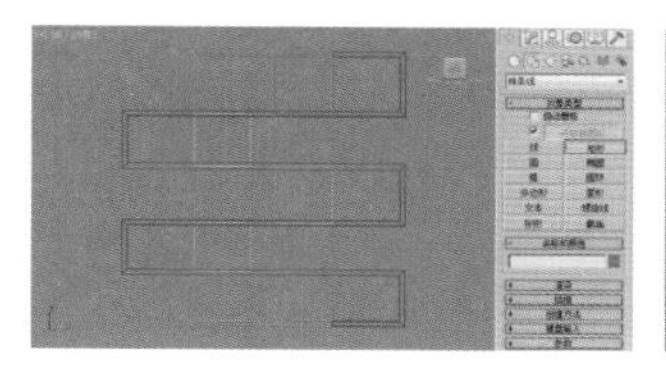

图 5-18

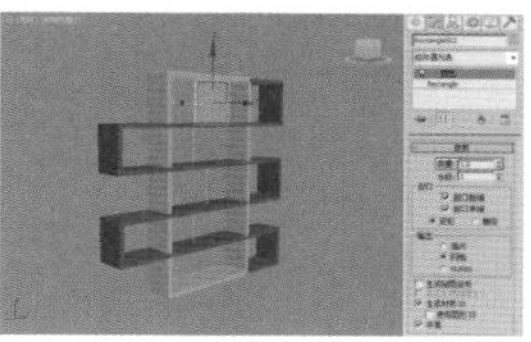

图 5-19

11 对其余 4 个“矩形”对象执行相同的命令，最终效果如图 5-20 所示。

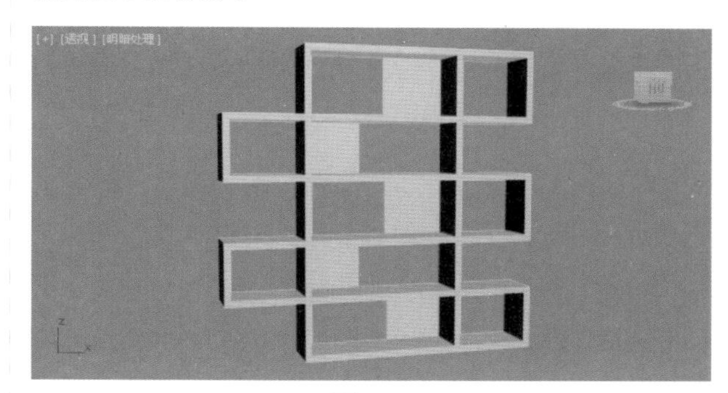

图 5-20

5.2.2 弧

使用“弧”按钮 弧 可以快速在场景中创建大小不一的弧形。该工具通常配合“编辑样条线”修改器使用，可以制作出各种不同形状的二维图形。其参数面板如图 5-21 所示。

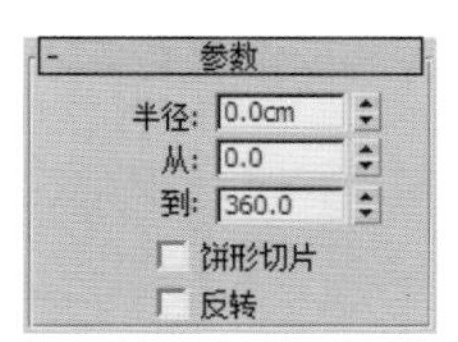

图 5-21

工具解析

✦ 半径：设置弧形的半径。

✦ 从 / 到：设置弧形的起始和结束端位置。

✦ 饼形切片：选中此复选框后，以扇形形式创建闭合样条线。

✦ 反转：选中此复选框后，弧形的起始点和端点的位置将进行互换，但形状不会发生变化。

01 在“图形”面板中，选择“样条线”类型，单击“弧”按钮 弧 ，即可在操作视图中拖曳鼠标创建弧。创建时，单击并拖曳，之后松开鼠标，向上拖曳再定义“弧”的弧度，如图 5-22 所示。

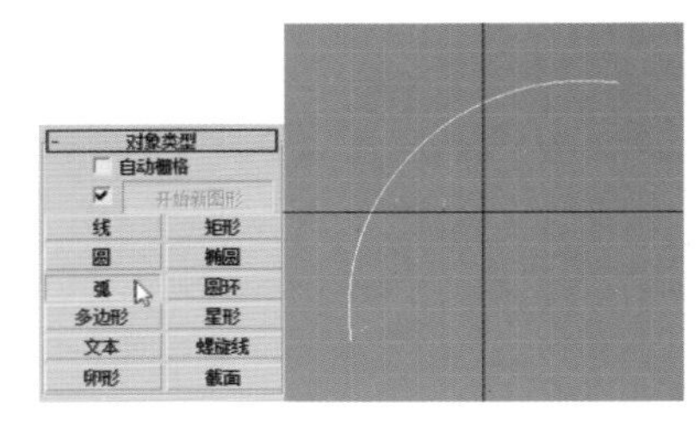

图 5-22

技巧与提示：

要创建“弧”时，选择“创建方法”卷展栏中的“端点 - 端点 - 中间”单选按钮 端点-端点-中央 ，将首先指定“弧形”的两个端点，然后指定中间的点；而选择“中间 - 端点 - 端点”单选按钮 中间-端点-端点 ，将首先指定“弧”的中间点，然后指定两个端点。

02 创建“弧”样条线之后，可在“参数”卷展栏中对以下参数进行更改，其中“半径”参数可以指定弧形的半径，“从”和“到”参数可以设置“弧”的起点和终点所在的度数，如图 5-23 和图 5-24 所示。

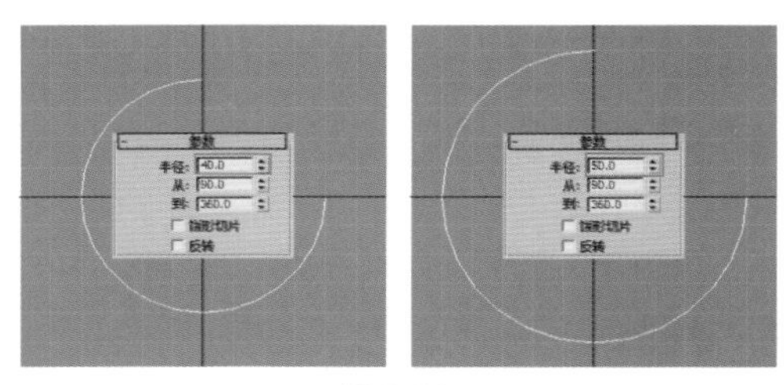

图 5-23

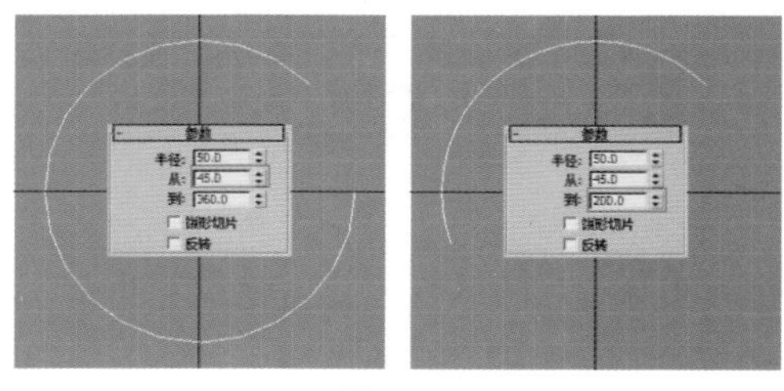

图 5-24

03 在“参数”卷展栏中选中“饼形切片”复选框后，起点和端点将与中心点连接，以扇形形式创建闭合样条线，如图 5-25 所示。

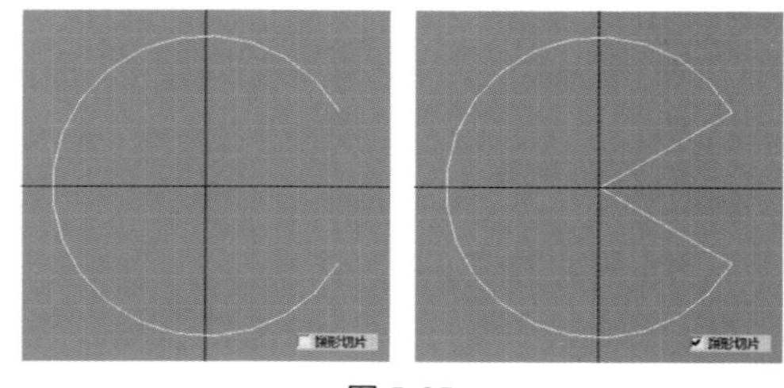

图 5-25

04 当选中“反转”复选框后，可以将开放的弧形样条线的一个顶点放置到弧形的相反末端，该选项的作用和“样条线”子对象层级上的“反转”命令是一致的，如图 5-26 所示。

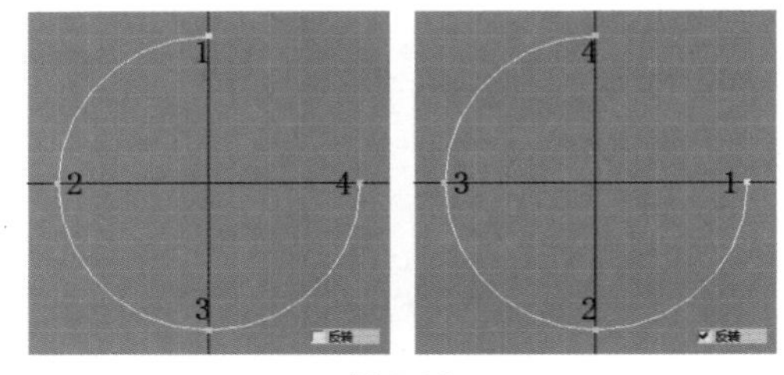

图 5-26

5.2.3 文本

使用“文本”按钮 文本 可以快速在场景中创建不同字体效果的文本图形。“文本”是一个比较重要的工具，我们经常使用文本工具来制作栏目包装动画中的一些定版字。其参数面板，如图 5-27 所示。

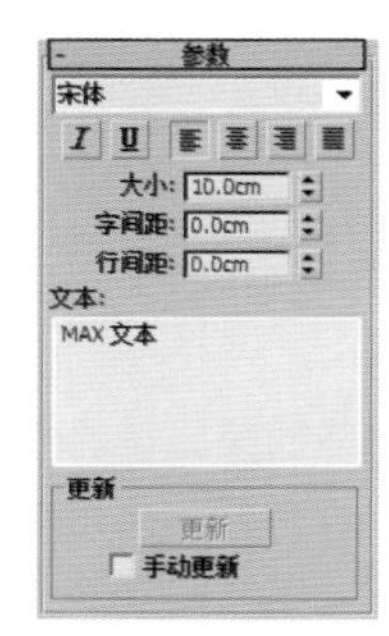

图 5-27

工具解析

✦ 字体列表：在字体下拉列表中可以选择不同的字体效果。

✦ I 斜体样式按钮：切换为斜体文本。

✦ U 下画线样式按钮：切换为下画线文本。

✦ 左侧对齐按钮：将文本与边界框的左侧对齐。

✦ 居中按钮：将文本与边界框的中心对齐。

✦ 右侧对齐按钮：将文本与边界框的右侧对齐。

✦ 分散对齐按钮：分隔所有文本行以填充边界框的范围。

✦ 大小：设置文本高度。

✦ 字间距：调整字间距（字母间的距离）。

✦ 行间距：调整行间距（行间的距离），只有图形中包含多行文本时才起作用。

✦ “文本”文本框：可以输入多行文本，在每行文本之后按 Enter 键可以开始下一行。

01 在“图形”面板中，选择“样条线”类型，单击“文本”按钮 文本 ，即可在操作视图中拖曳鼠标创建文本框，如图 5-28 所示。

02 在“文本”图形的“参数”卷展栏中，可用的设置包括字体、字间距、行间距、对齐、多行及手动更新选项。如图 5-29 所示为文本“参数”卷展栏中设置字体、大小和文本内容。

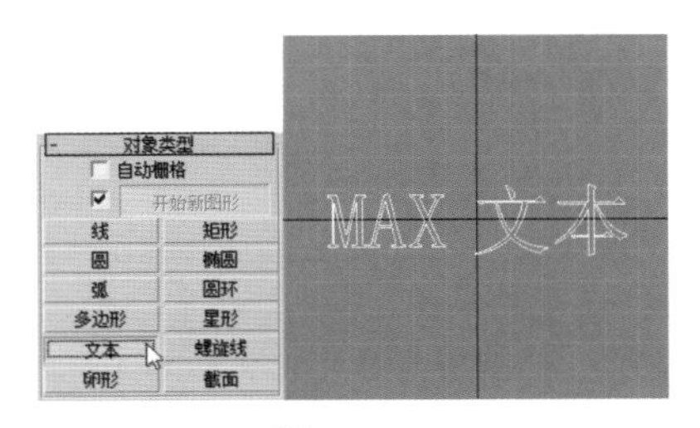

图 5-28

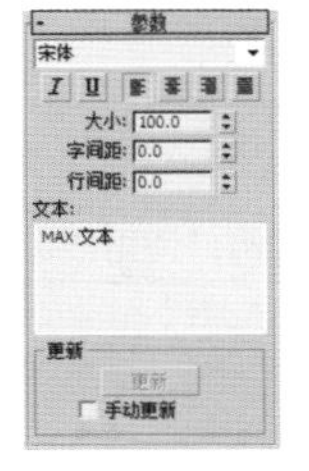

图 5-29

03 如图 5-30 所示为文本“参数”卷展栏中设置字体的样式和对齐方式。

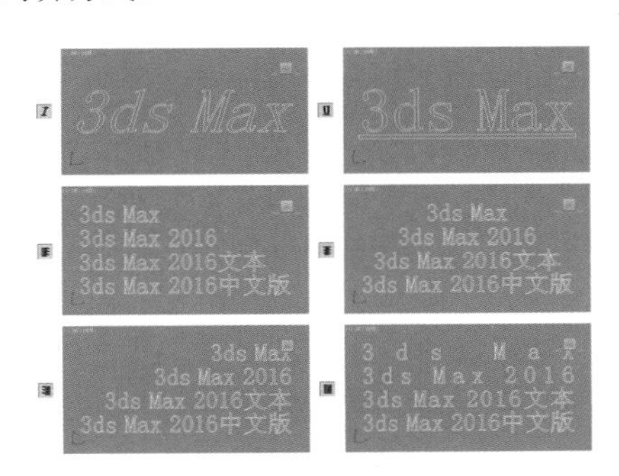

图 5-30

04 在“参数”卷展栏中，“字间距”参数用于控制文本间的距离；“行间距”参数用于调整文本行间的距离，只有图形中包含多行文本时，“行间距”才会起作用，如图 5-31 所示。

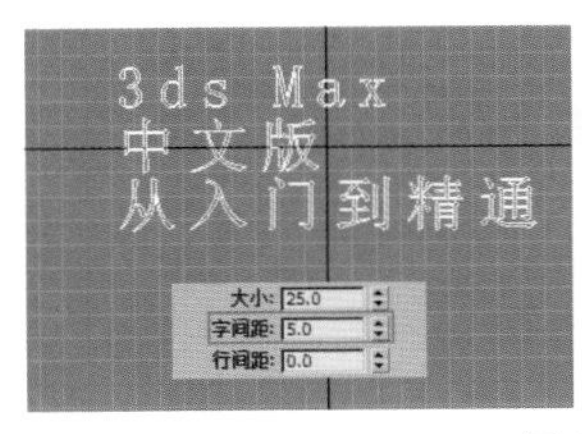

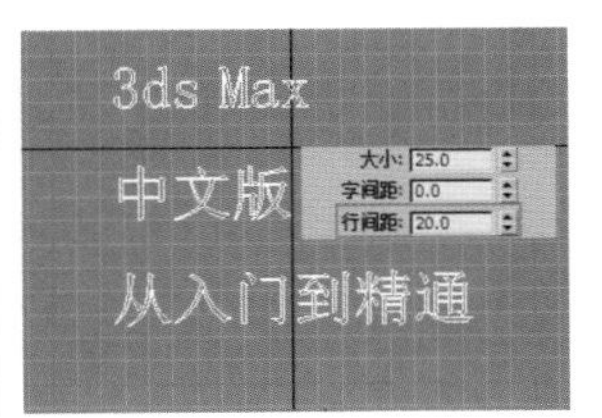

图 5-31

实例操作：使用文本工具制作倒角字

实例：使用文本工具制作倒角字

实例位置：　工程文件 >CH05> 倒角字 .max

视频位置：　视频文件 >CH05> 实例：使用文本工具制作倒角字 .mp4

实用指数：　★★★☆☆

技术掌握：　熟练使用“倒角”修改器来制作模型。

本例通过使用“文本”工具和“倒角”修改器来制作倒角文字的效果，倒角文字经常用来制作栏目包装中的一些定版字，是非常实用的一种建模方式，如图 5-32 所示为本例的最终完成效果。

图 5-32

01 在“创建”面板下单击“图形”按钮，设置图形类型为“样条线”，单击“文本”按钮 文本 ，在前视图中单击创建一个默认的“文本”图形，如图 5-33 所示。

02 选择文本图形，进入“修改”面板，在“参数”卷展栏设置“字体”为“方正综艺简体”，接着在“文本”文本框中输入文字“倒角字”，具体参数设置及字母效果如图 5-34 所示。

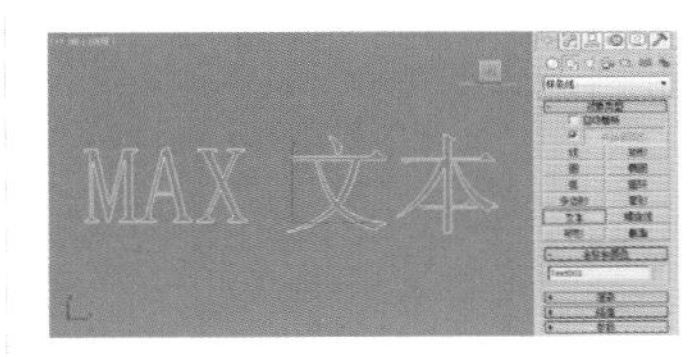

图 5-33

图 5-34

技巧与提示：

字体下拉列表中的字体是需要单独安装的，如方正字体等，这些都是很容易从网上下载到的。字库下载后，将字库中所有的字体复制到 C:\Windows\Fonts 文件夹中，然后重新启动 3ds Max 即可加载了。

03 选择文本对象，然后在“修改器列表”中选择“倒角”修改器，接着在“倒角值”卷展栏下参照如图 5-35 所示的参数进行设置，这样即可得到一侧产生倒角效果的文字。

04 如果让文字两边都产生倒角的效果，可以参照如图 5-36 所示的参数进行设置。

图 5-35

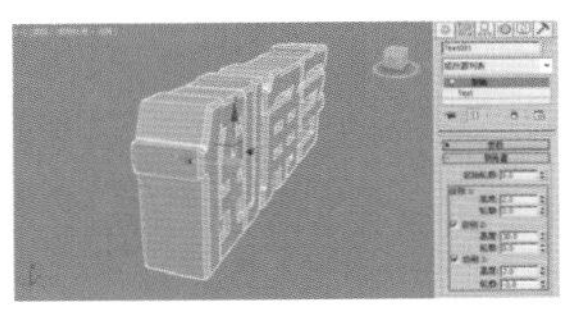

图 5-36

05 创建倒角模型时，如果设置的倒角轮廓数值过大或过小，可能会出现交叉或收缩在一起的现象，此时可选中“相交”选项组中的“避免线相交”复选框，避免这类情况的发生；在"分离"参数栏中可设置边之间所保持的距离，如图 5-37 所示。

技巧与提示：

一般情况下，我们并不提倡通过选中"避免线相交"复选框的方法来纠正模型相交的错误，因为这样做会极大消耗系统资源，我们一般会通过减小数值或者为图形添加"编辑多边形"修改器来对图形进行修改设置，具体方法可参见本书配套的教学视频。

06 选择文本对象，按住 Shift 键，对文本对象进行复制，然后对复制出的文本对象进行位置和角度的调整，得到的最终效果，如图 5-38 所示。

图 5-37

图 5-38

5.2.4 线

"线"工具是 3ds Max 中最常用的二维图形绘制工具。由于"线"工具绘制出的图形是非参数化的，用户使用该工具时可以随心所欲地建立所需图形，如果要创建一条样条线，可参照如图 5-39 所示的方法进行创建。

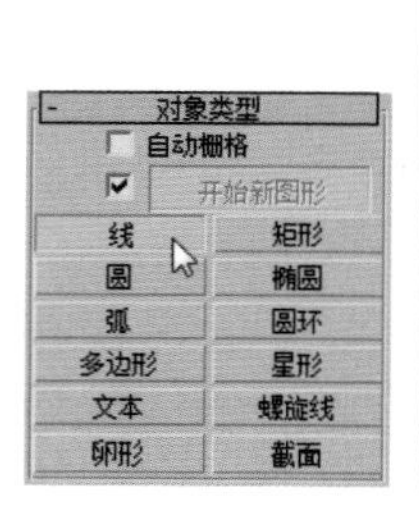

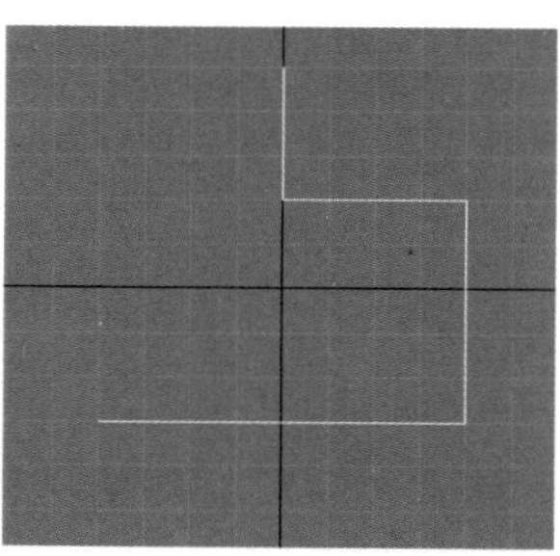

图 5-39

技巧与提示：

在创建样条线时，按住 Shift 键可创建完全平直的直线。

在"创建方法"卷展栏中，有两种创建类型，分别为"初始类型"和"拖曳类型"，其中"初始类型"中分为"角点"和"平滑"；"拖曳类型"中为分"角点""平滑"和"Bezier（贝塞尔）"，如图 5-40 所示。

"初始类型"的含义为创建样条线时每次单击鼠标所创建的点的类型，"拖曳类型"的含义为创建样条线时每次单击并拖曳鼠标所创建的点的类型，如图 5-41 所示。

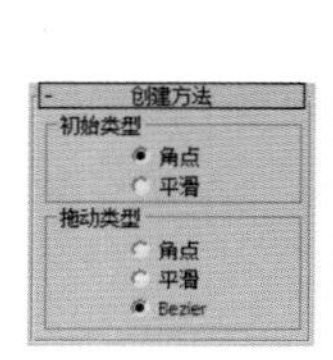

图 5-40

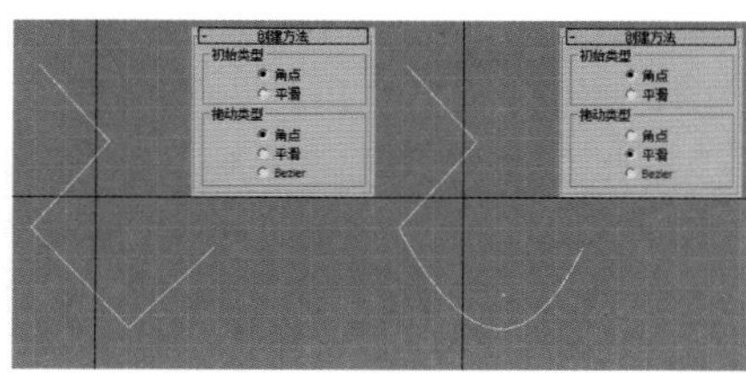

图 5-41

实例制作：使用线工具制作创意路牌

实例：使用线工具制作创意路牌

实例位置：	工程文件 >CH05> 路牌 .max
视频位置：	视频文件 >CH05> 实例：使用线工具制作创意路牌 .mp4
实用指数：	★★☆☆☆
技术掌握：	熟练使用"线"工具制作模型。

在本例中将使用"线"对象和"挤出"修改器来制作一个富有创意的路牌模型。如图 5-42 所示为本例的最终完成效果。

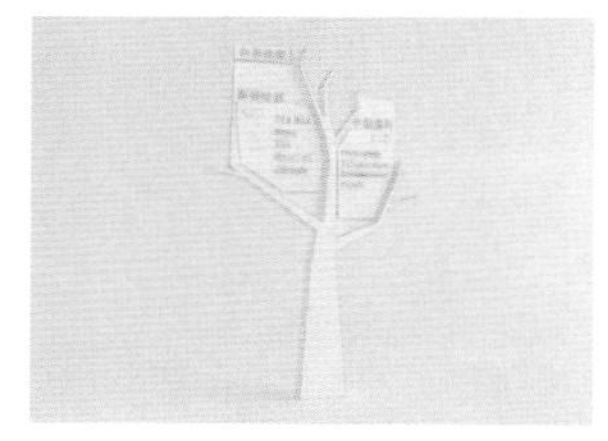

图 5-42

01 在"创建"面板中单击"图形"按钮，然后设置图形类型为"样条线"，单击"线"按钮 线 ，在前视图中创建如图 5-43 所示的样条线。

02 进入"修改"命令面板，在"修改器列表"中为其添加"挤出"命令，然后在"参数"卷展栏中设置"数量"为 20，如图 5-44 所示。

图 5-43

图 5-44

03 继续使用"线"命令，在前视图中创建两个样条线对象，如图 5-45 所示。

04 分别为这两个样条线对象添加"挤出"修改器，然后设置"数量"为 5，如图 5-46 所示。

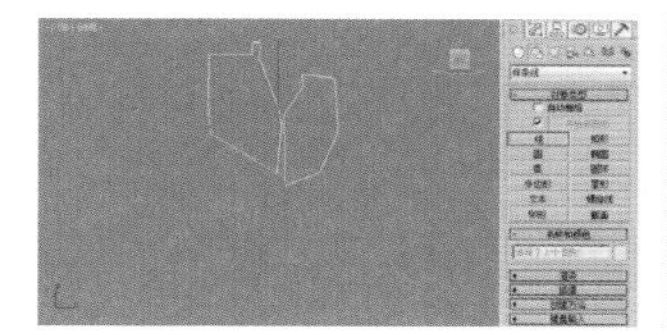

图 5-45

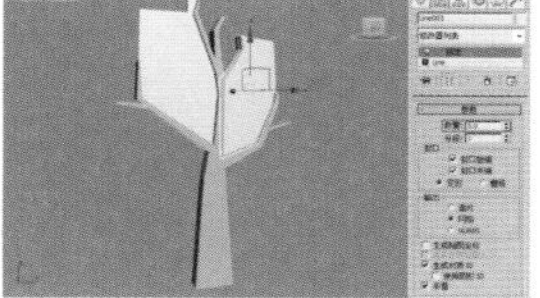

图 5-46

05 使用“线”命令在前视图中再创建两个样条线对象，如图 5-47 所示。

06 分别为这两个样条线对象添加“挤出”修改器，然后设置“数量”为 1，使用“选择并移动”工具调整其位置，如图 5-48 所示。

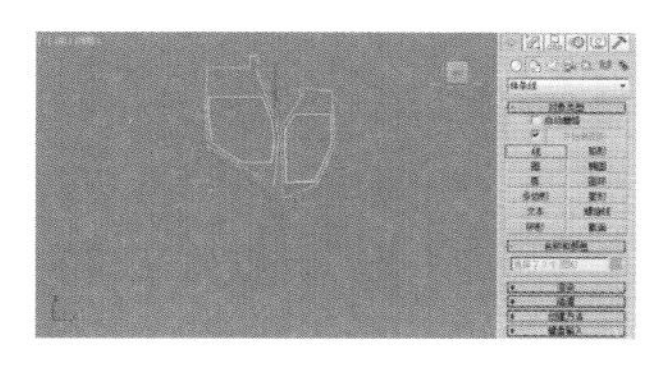

图 5-47

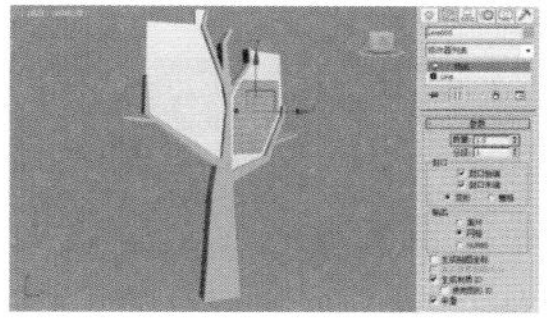

图 5-48

07 使用“矩形”命令在前视图中创建一个“矩形”对象，然后为其添加一个“挤出”修改器，设置“数量”为 5，如图 5-49 所示。

08 使用“文本”工具在前视图中创建一些文本对象，然后对其进行位置的调整，最终效果如图 5-50 所示。

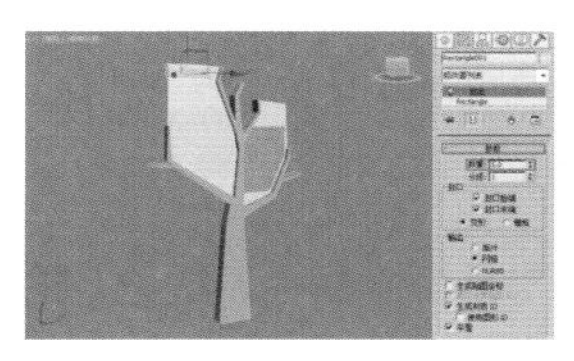

图 5-49

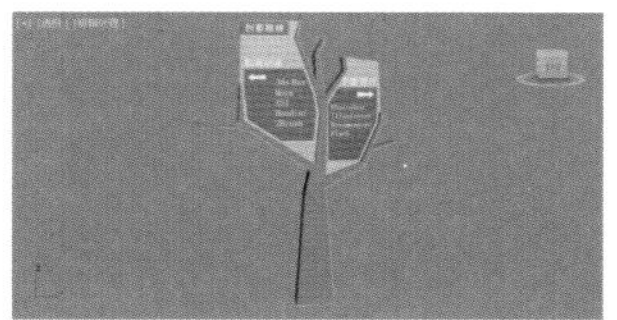

图 5-50

5.2.5　截面

使用“截面”按钮 截面 可以将一个平面与三维模型相交的交线处所形成的图形创建为一个样条线图形，所创建出的样条线图形还可以再次进行编辑。接下来，将通过一个简单的小实例，为读者讲述该工具的使用方法。其参数面板，如图 5-51 所示。

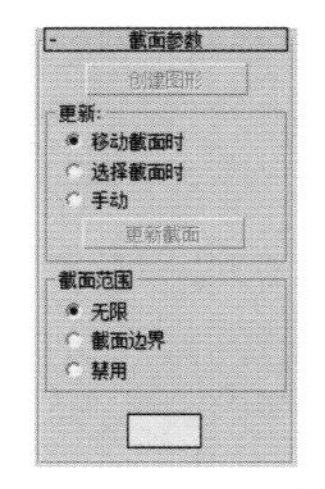

图 5-51

01 在场景中创建一个“茶壶”物体，如图 5-52 所示。

图 5-52

02 在前视图中创建一个“截面”物体，此时可以看到在“茶壶”与“截面”物体的交界处出现了一条黄线，如图 5-53 所示。

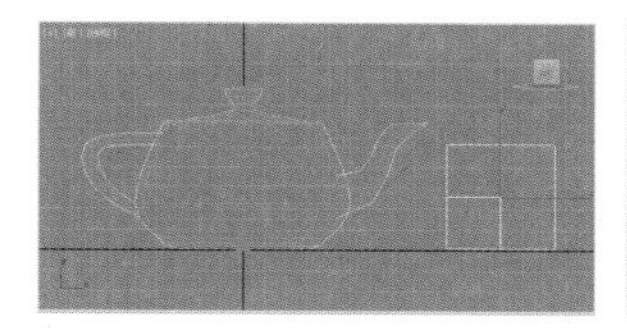

图 5-53

03 单击“截面参数”卷展栏中的 创建图形 “创建图形”按钮，在打开的“命名截面图形”对话框中为截面指定一个名称，并单击“确定”按钮确认，如图 5-54 所示。

图 5-54

04 选择“茶壶”，然后按 Delete 键将其删除，此时在场景中就看到了刚才生成的“截面”图形，如图 5-55 所示。

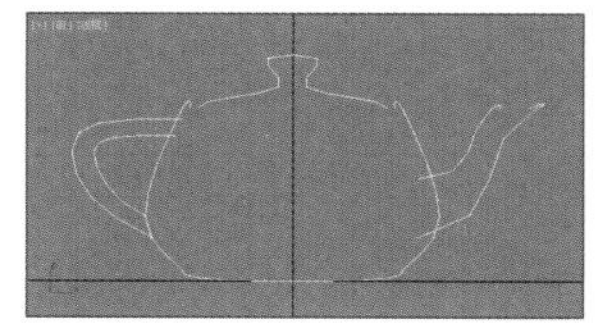

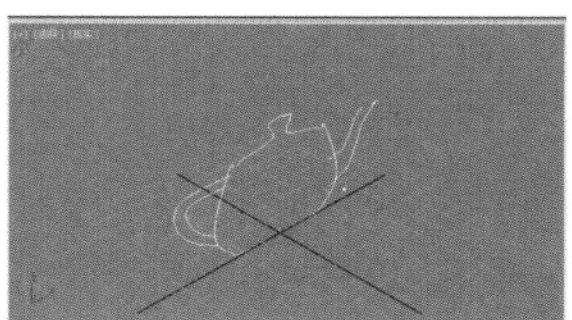

图 5-55

5.2.6　其他二维图形

在“样条线”命令面板中，3ds Max 2016 除了上述的 5 种按钮，还有“圆”按钮 圆 、“椭圆”按钮 椭圆 、“圆环”按钮 圆环 、“多边形”按钮 多边形 、“星形”按钮 星形 、“螺旋线”按钮 螺旋线 、“卵形”按钮 卵形 和“扩展样条线”命令面板中的 5 种图形，分别为“墙矩形”按钮 墙矩形 、“通道”按钮 通道 、“角度”按钮 角度 、“T 形”按钮 T形 、“宽法兰”按钮 宽法兰 这 12 种二维图形。由于这些按钮所创建对象的方法及参数设置与前面所讲述的内容基本相同，故不在此重复讲解，这 12 个按钮所对应的模型形态，如图 5-56 所示。

图 5-56

5.2.7 二维图形的公共参数

无论是规则的还是不规则的二维图形，都拥有二维图形的基本属性，读者可以根据建模需要对二维图形的基本属性进行设置。在“渲染”和“插值”卷展栏中提供了这些基本属性的设置选项，如图 5-57 所示。

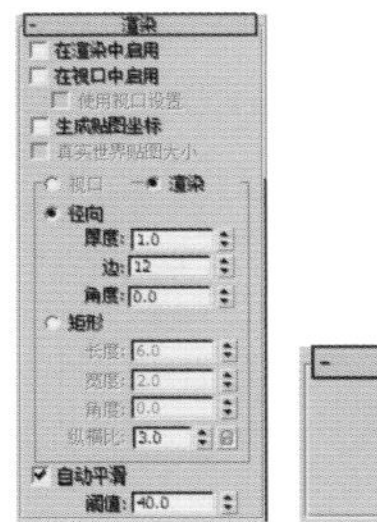

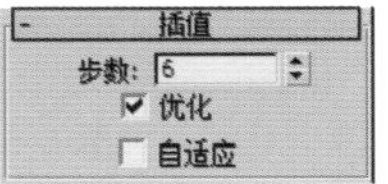

图 5-57

默认情况下二维图形是不能被渲染的，但是“渲染”卷展栏中可以更改二维图形的渲染设置，使线框图形能以三维形体的方式进行渲染。为了能在视图中也看到最后渲染时的效果，我们一般会把“在渲染中选中”和“在视图中选中”复选框都选中，如图 5-58 所示。

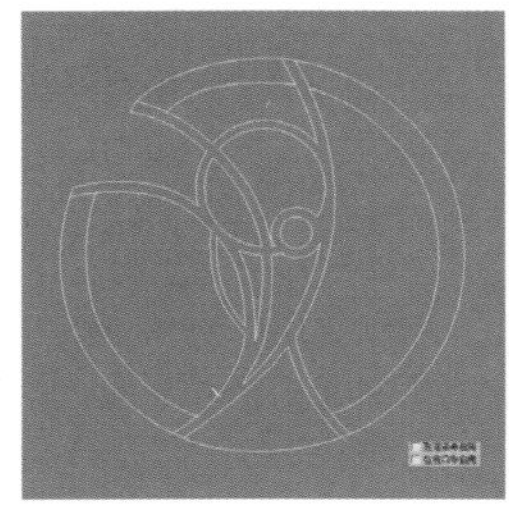

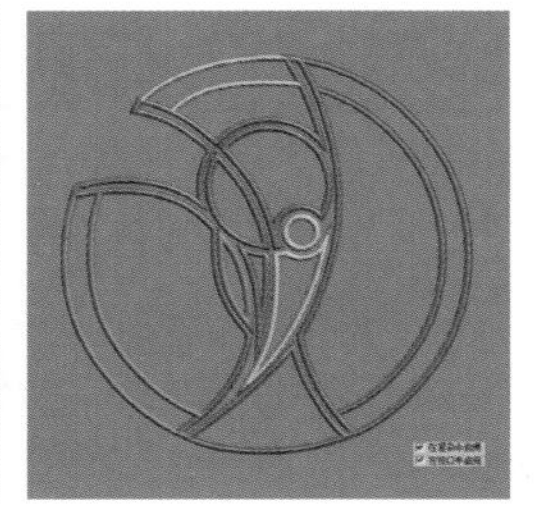

图 5-58

样条线被渲染时的横截面分为两种，分别为“径向”和“矩形”，当选择“径向”时，样条线的截面是圆形的，像一根圆管；当选择“矩形”时，样条线的截面是矩形的，如图 5-59 所示。

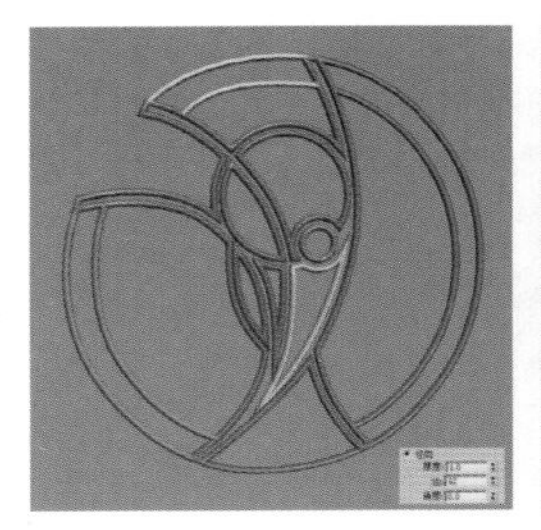

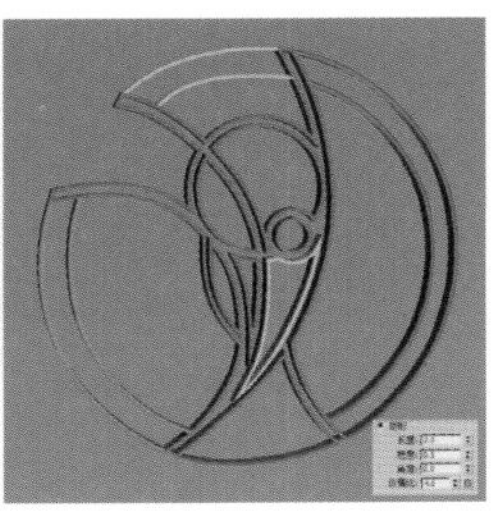

图 5-59

技巧与提示：

“渲染”卷展栏的其他参数可参加本书配套教学视频中的内容，其中有详细的讲解。

“插值”卷展栏中的参数可以控制样条线的生成方式。在 3ds Max 中所有的样条线都被划分为近似真实曲线的较小直线，样条线上的每个顶点之间的划分数量称为“步数”，使用的“步数”越多，显示的曲线越平滑，如图 5-60 所示。

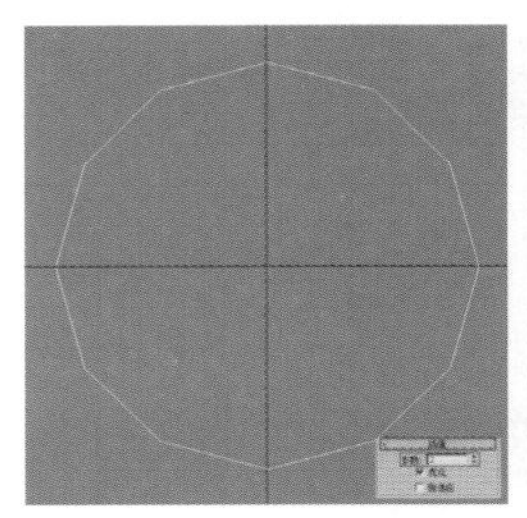

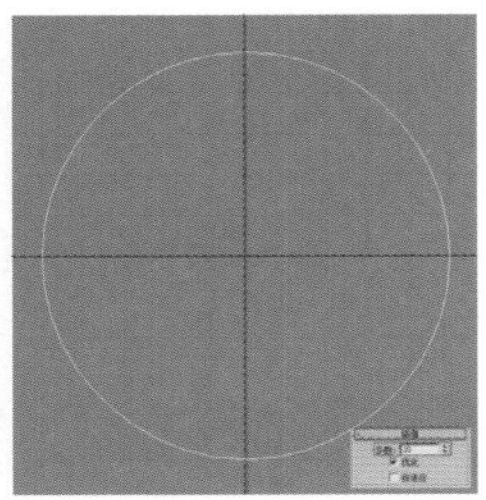

图 5-60

但是如果“步数”过多，由该二维图形生成的三维模型的面也会随之增多，这样会耗费过多的系统资源导致工作效率降低。所以，当选中“插值”卷展栏中的“优化”复选框后，可以从样条线的直线线段中删除不需要步数，从而生成形状和速度均为最佳状态的图形，如图 5-61 所示。

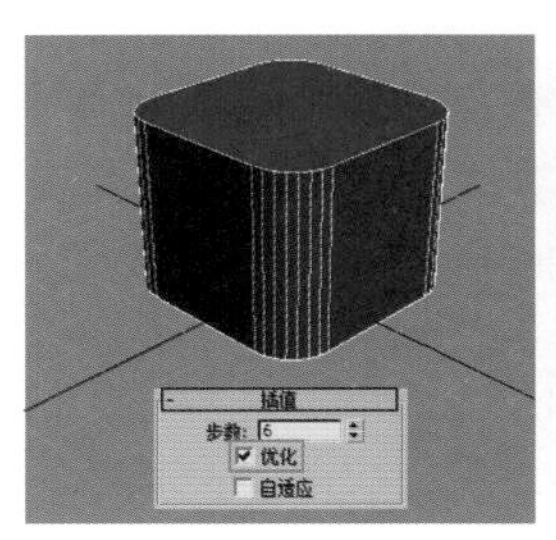

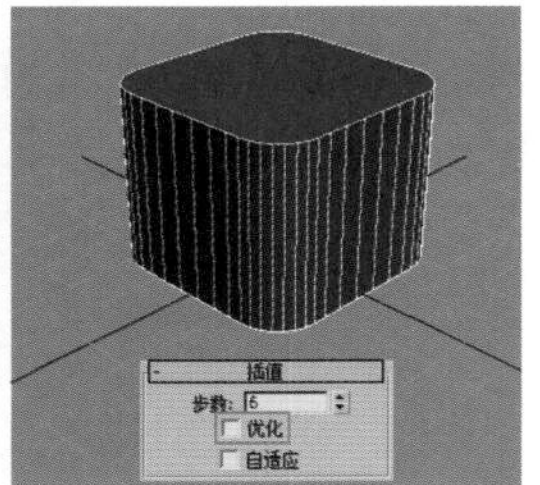

图 5-61

选中“自适应”复选框后，“步数”参数和“优化”复选框均会变为不可用状态，此时系统会根据二维图形不同的部位造型要求自动计算生成所需要的点，如图 5-62 所示。

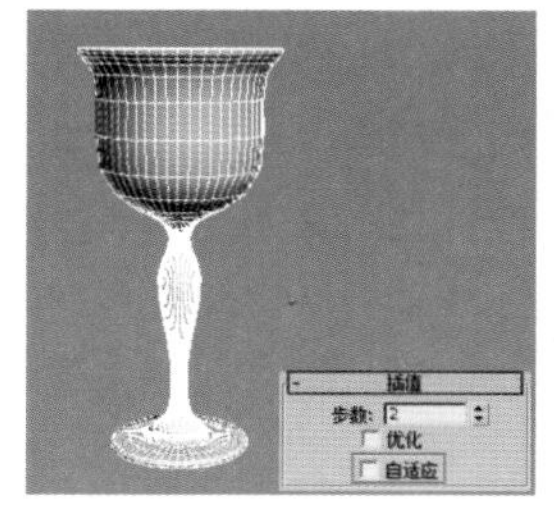

图 5-62

5.3　编辑样条线

二维图形对象不仅可以进行整体的编辑，还可以进入其子对象层级进行编辑，这样可以改变其局部形态。二维对象包含 3 个子对象，分别为“顶点”“线段”和“样条线”，如图 5-63 所示。下面将对这 3 个子对象及其编辑方法做详细介绍。

图 5-63

5.3.1　转化为可编辑样条线

3ds Max 提供的样条线对象，不管是规则和不规则图形，都可以被塌陷成一个可编辑样条线对象。在执行了塌陷操作之后，参数化的图形将不能再访问之前的创建参数，其属性名称在堆栈中会变为“可编辑样条线”，并拥有了 3 个子对象层级。

将二维图形塌陷为“可编辑样条线”的方法有两种。第一种方法，选择想要塌陷的二维图形，进入“修改”命令面板，在修改堆栈中右击，从弹出的快捷菜单中选择“可编辑样条线”选项，如图 5-64 所示。

图 5-64

第二种方法，选择想要塌陷的二维图形，在视图中任意位置右击，在弹出的四连菜单中选择“转换为”→“转换为可编辑样条线”，如图 5-65 所示。

将二维图形转换为“可编辑样条线”后，即可进入“修改”命令面板的修改堆栈中，对这 3 个子对象进行“位移”“旋转”“缩放”等一系列操作，以此来编辑成我们所需要的形态。当单击“顶点”子对象层级或者单击“选择”卷展栏下的“顶点”按钮时，该子对象变为了黄色，这说明我们进入了该子对象层级，再次单击该子对象，就又回到了物体层级。采用同样的方法，可以进入任意子对象层级进行操作，如图 5-66 所示。

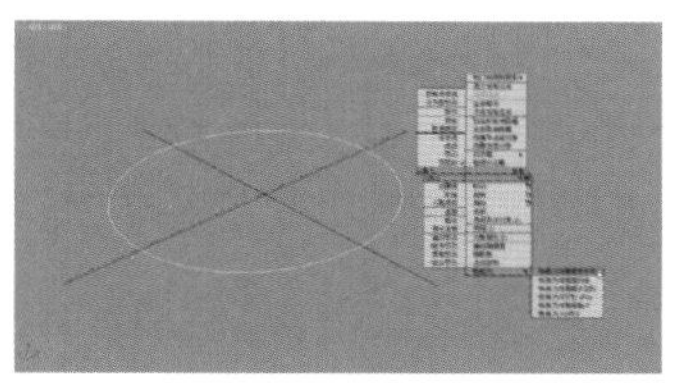

图 5-65

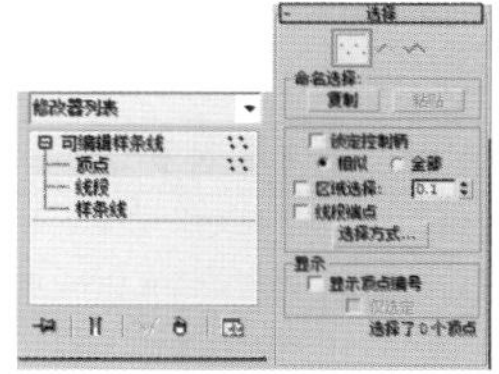

图 5-66

5.3.2　顶点

“顶点”子对象是二维图形最基本的子对象类型，也是构成其他子对象的基础。顶点与顶点相连，就构成了线段，线段与线段相连就构成了样条线。在 3ds Max 中，顶点有 4 种类型，分别为“角点”“平滑”“Bezier”和“Bezier 角点”。其中，“Bezier”和“Bezier 角点”可以更改顶点的操纵手柄，从而改变曲线的弯曲效果，如图 5-67 所示。

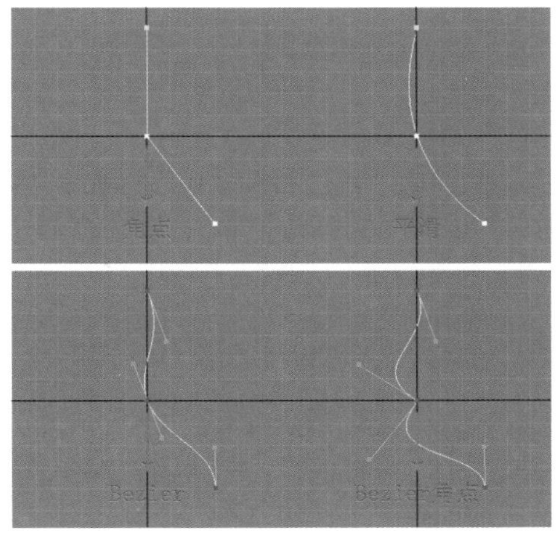

图 5-67

“顶点”的这 4 种类型可以相互转换，选择想要转换的顶点，在视图任意位置右击，在弹出的四联菜单中即可更改顶点的类型，如图 5-68 所示。

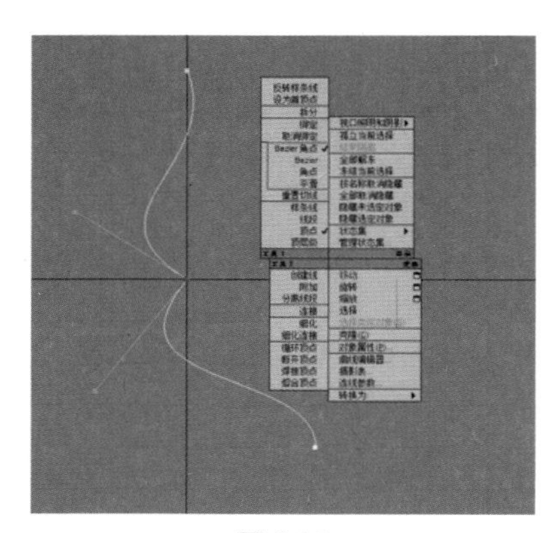

图 5-68

实例操作：制作灯泡模型

实例：制作灯泡模型

实例位置：	工程文件 >CH05> 灯泡 .max
视频位置：	视频文件 >CH05> 实例：制作灯泡模型 .mp4
实用指数：	★★☆☆☆
技术掌握：	熟练使用“编辑样条线”修改器中的常用命令来制作模型。

本例通过使用“线”工具和“车削”修改器，制作一个灯泡的模型，如图 5-69 所示为本例的最终完成效果。

图 5-69

01 打开本书相关素材中的“工程文件 >CH05> 灯泡 > 灯泡 .max”文件，该场景中有一个“平面”对象，并为“平面”对象指定了一张灯泡的贴图作为参考，如图 5-70 所示。

02 在“创建”面板中单击“图形”按钮进入图形面板，接着单击“线”按钮 线 ，在前视图中依据灯泡参考图的外形创建如图 5-71 所示的样条线。

图 5-70

图 5-71

03 进入“修改”命令面板，单击“选择”卷展栏中的“顶点”按钮，然后选择所有的顶点，右击，在弹出的四联菜单中选择 Bezier，如图 5-72 所示。

04 调节顶点的控制手柄及其位置，使其符合灯泡参考图的形态，如图 5-73 所示。

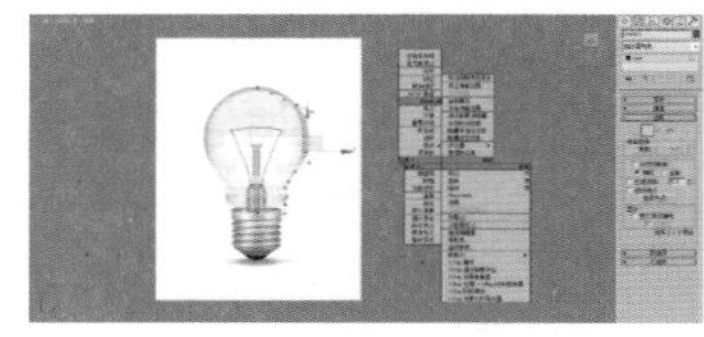

图 5-72

图 5-73

05 在“修改器列表”中选择“车削”命令，为其添加“车削”修改器，得到的效果如图 5-74 所示。

06 在“方向”选项组中，由 X、Y、Z 三个轴向的选择按钮组成，可以通过单击这三个按钮来确定旋转的轴向，而“对齐”选项组中的“最小”“中心”和“最大”分别表示旋转中心轴的对齐方式，在本例中，选择“方向”为 Y 轴，“对齐”方式为“最小”，得到的效果如图 5-75 所示。

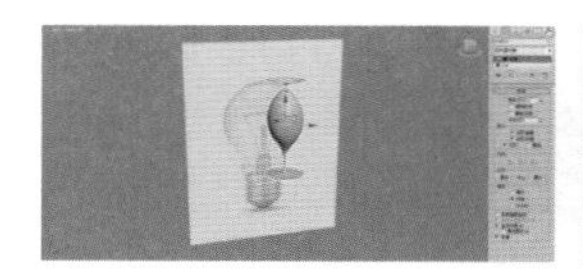

图 5-74

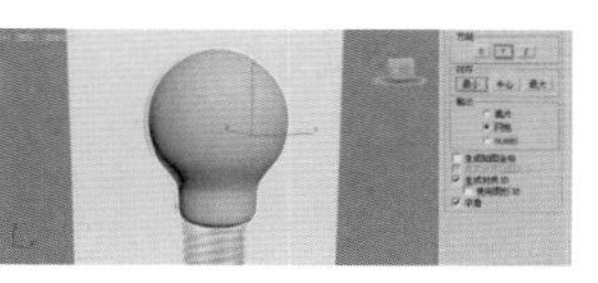

图 5-75

07 此时会发现，在灯泡的下方产生了破损的效果，并且因为分段数不够，感觉灯泡不够圆滑，有棱角的感觉，如图 5-76 所示。

08 在“车削”修改器的“参数”卷展栏中，选中“焊接内核”复选框，并设置下面的“分段”为 50，修改参数后的效果如图 5-77 所示。

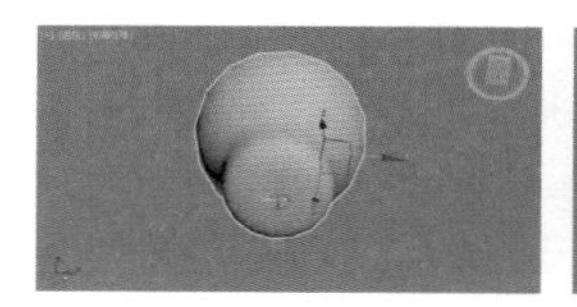

图 5-76

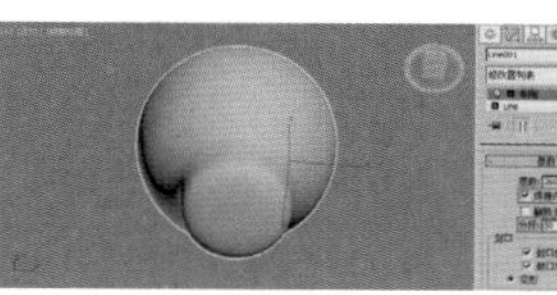

图 5-77

09 继续使用“线”工具，根据参考图勾出灯泡底座的外形，用同样的方法编辑顶点的位置和形态，如图 5-78 和图 5-79 所示。

图 5-78

图 5-79

10 为其添加“车削”修改器，选择“方向”为 Y 轴，“对齐”方式为“最小”，选中“焊接内核”复选框，并设置下面的“分段”为 50，效果如图 5-80 所示。

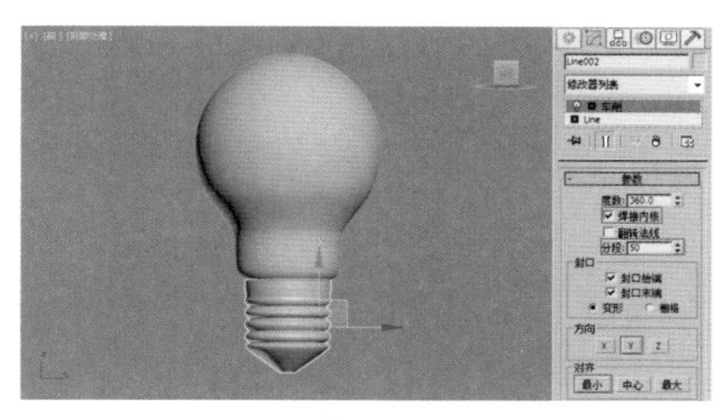

图 5-80

11 采用同样的方法，使用“线”和“车削”命令来制作灯泡的内部构件，如图 5-81 和图 5-82 所示。

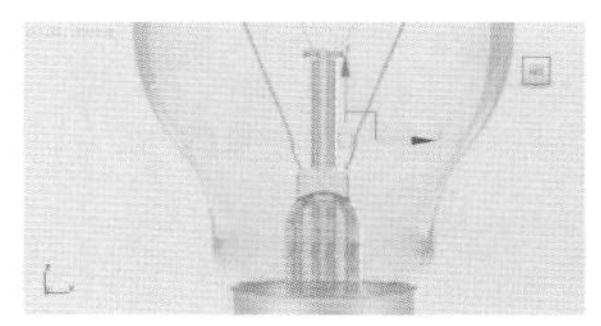

图 5-81

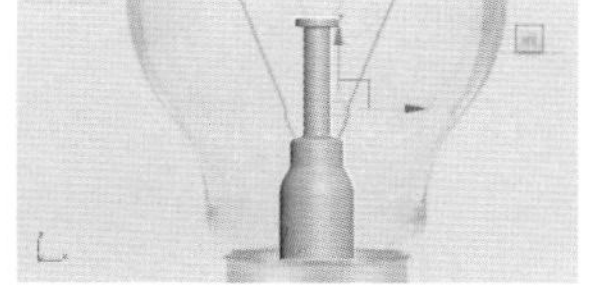

图 5-82

12 使用“线”工具制作剩余的灯泡“钨丝”模型，如图 5-83 所示，灯泡的最终效果如图 5-84 所示。

图 5-83

图 5-84

5.3.3　线段

“线段”子对象控制的是组成样条曲线的线段，即样条曲线上两个顶点中间的部分，如图 5-85 所示。在“线段”子对象层级，可以对“线段”子对象进行移动、旋转、缩放或复制等操作，并可以使用针对于“线段”子对象层级的编辑命令。

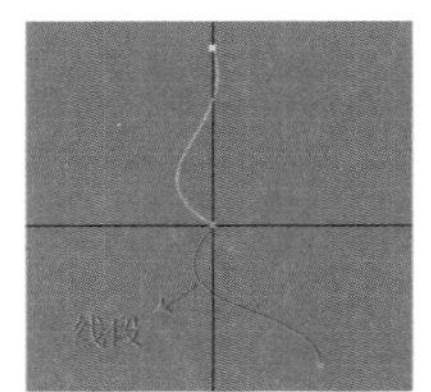

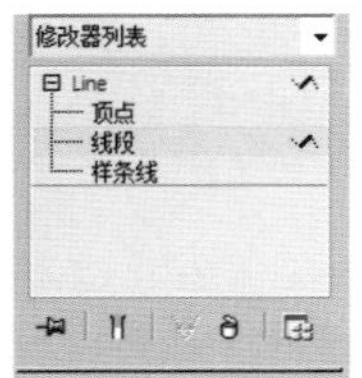

图 5-85

实例操作：制作桌椅模型

实例：制作桌椅模型

实例位置：　工程文件 >CH05> 桌椅 .max

视频位置：　视频文件 >CH05> 实例：制作桌椅模型 .mp4

实用指数：　★★★☆☆

技术掌握：　熟练使用“样条线”内的各种二维图形来创建简单场景。

本例通过对二维物体的“顶点”和“线段”的编辑，制作一套桌椅的场景模型，如图 5-86 所示为本例的最终完成效果。

图 5-86

01 在“创建”面板中单击“图形”按钮进入图形面板，接着单击“矩形”按钮 矩形 ，在顶视图中创建一个矩形，设置“长度”为 14，“宽度”为 35，如图 5-87 所示。

02 选择“矩形”对象，在视图中任意位置右击，在弹出的四联菜单中选择“转换为可编辑样条线”命令，如图 5-88 所示。

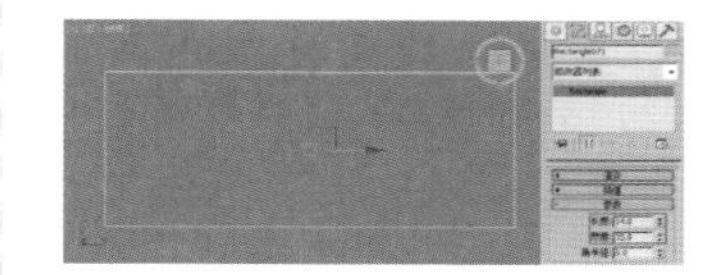

图 5-87

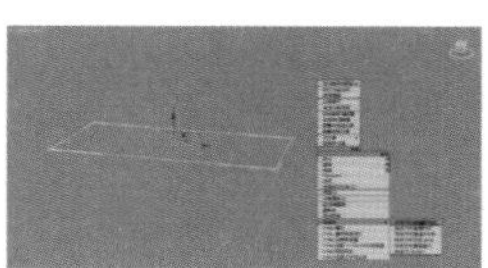

图 5-88

03 进入“修改”命令面板，单击“线段”按钮，进入物体的“线段”次物体级，选择如图 5-89 所示的线段，然后按 Delete 键将其删除。

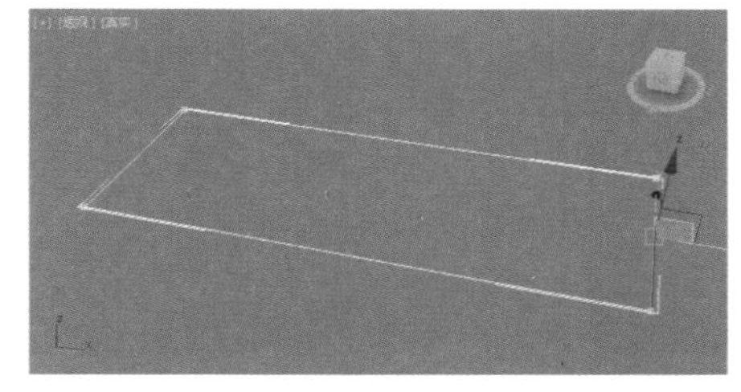

图 5-89

04 选择如图 5-90 所示的两条“线段”，设置“拆分”为 3，然后单击“拆分”按钮 拆分 ，这样所选择的线段就被拆分成了四等份，如图 5-91 所示。

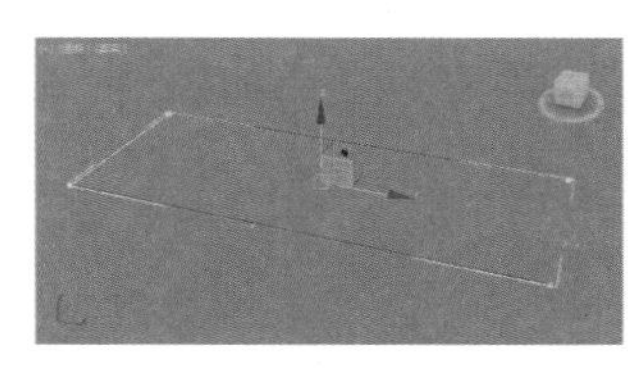

图 5-90

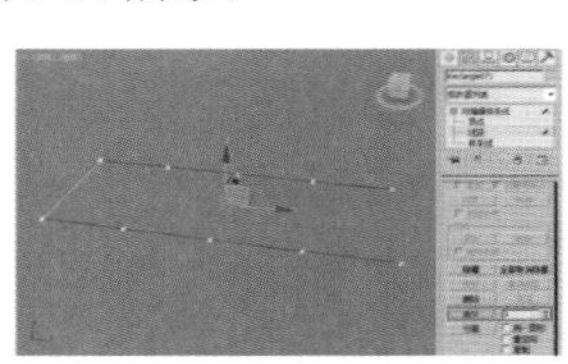

图 5-91

05 单击“顶点”按钮进入到“顶点”层级，选择所有的“顶点”，在视图中的任意位置右击，在弹出的四联菜单中选择“角点”命令，将所有的“顶点”设置为“角点”，如图 5-92 所示。

06 使用移动工具调整顶点的位置，如图 5-93 所示。

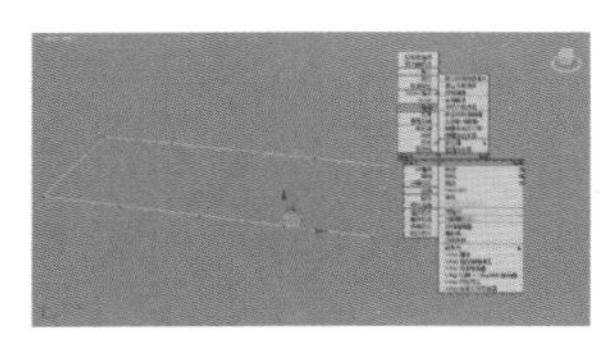

图 5-92

图 5-93

07 选择如图 5-94 所示的“顶点”，单击“圆角”按钮 圆角 ，然后在视图中对所选“顶点”进行“圆角”处理，效果如图 5-95 所示。

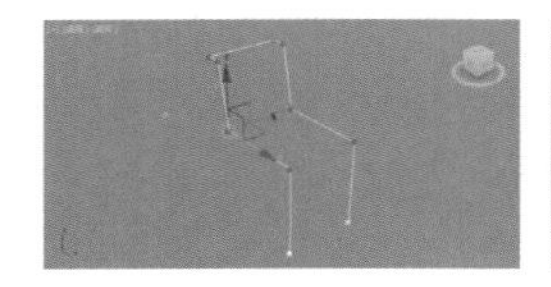

图 5-94

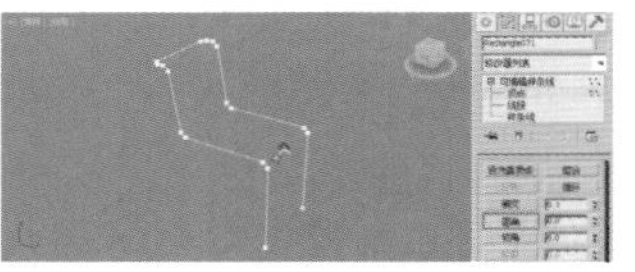

图 5-95

08 采用同样的方法制作椅子的后腿，如图 5-96 所示。

09 选择场景中的二维对象，分别在其“渲染”卷展栏中选中“在渲染中启用”和“在视图中启用”复选框，并设置“厚度”为 0.68，如图 5-97 所示。

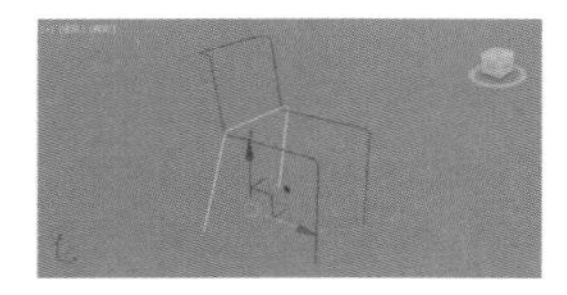

图 5-96

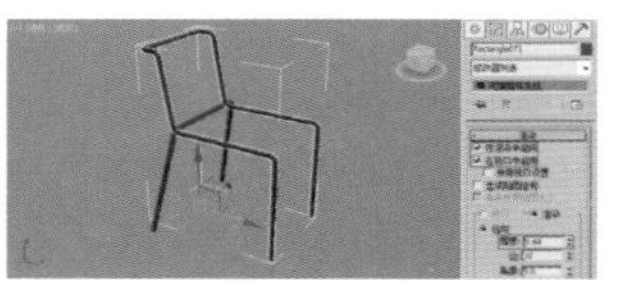

图 5-97

10 在视图中创建一个“矩形”对象，设置其“长度”为0.7，“宽度”为 14.9，“角半径”为 0.3，然后使用移动工具调整其位置，效果如图 5-98 所示。

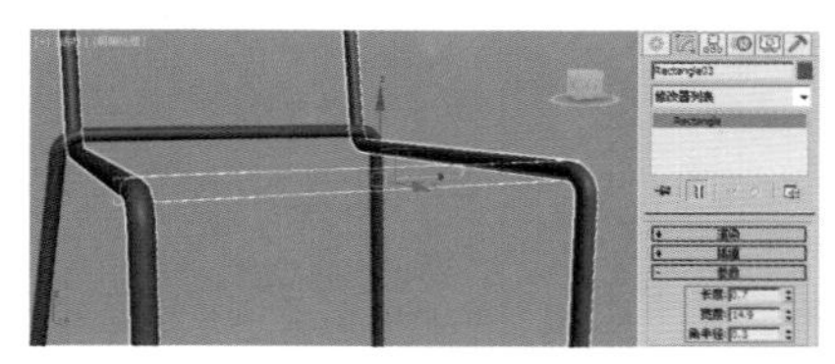

图 5-98

11 在修改器列表中为其添加“挤出”命令，设置“数量”为 1.5，然后再为其添加“壳”命令，设置“外部量”为 0.05，如图 5-99 和图 5-100 所示。

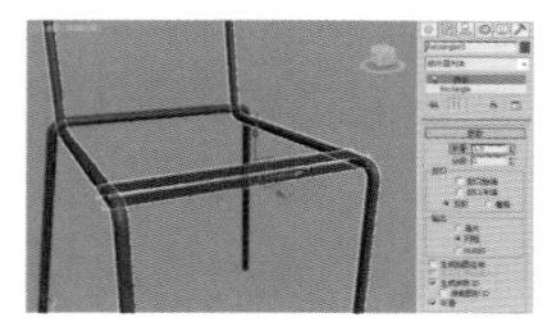

图 5-99

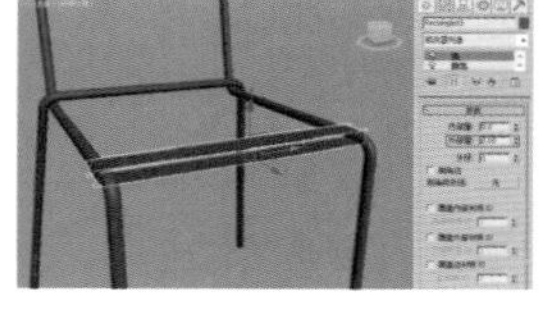

图 5-100

12 将刚才的“矩形”使用拖曳的方式复制出一些，并使用移动和旋转工具调整其位置，效果如图 5-101 所示。

13 使用相同的方法制作出桌子的模型效果，如图 5-102 所示。

图 5-101

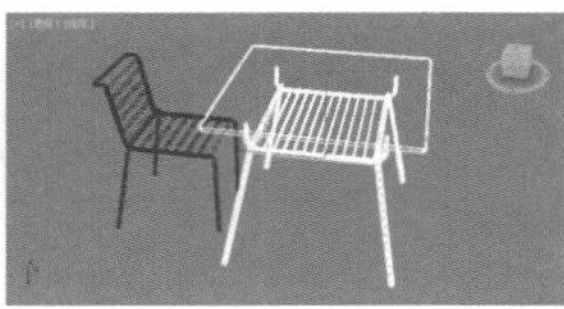

图 5-102

14 使用旋转复制的方式复制出另外的 3 把椅子，最终效果如图 5-103 所示。

图 5-103

5.3.4 样条线

“样条线”子对象为二维图形中独立的样条曲线对象，它是一组相连线段的集合。在“样条线”子对象层级，用户可以对“样条线”子对象进行移动、旋转、缩放或复制操作，并使用针对于“样条线”子对象层级的编辑命令，如图 5-104 所示。

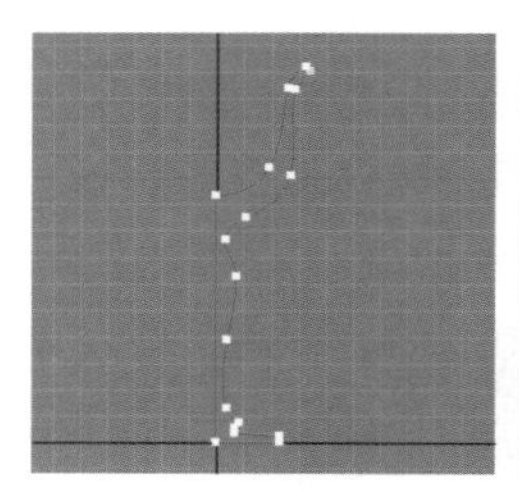

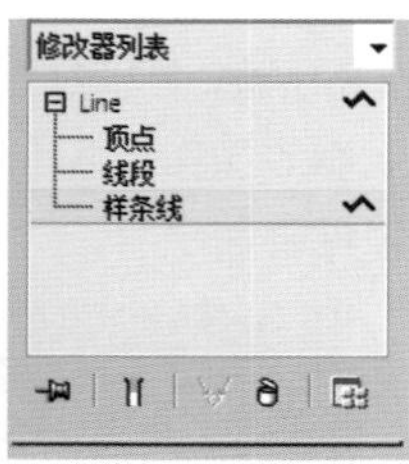

图 5-104

实例操作：制作开瓶器模型

实例：制作开瓶器模型

实例位置：	工程文件 >CH05> 开瓶器 .max
视频位置：	视频文件 >CH05> 实例：制作开瓶器模型 .mp4
实用指数：	★★☆☆☆
技术掌握：	熟练使用“编辑样条线”修改器中的常用命令来制作模型。

本例通过对“样条线”物体的“顶点”“线段”和“样条线”次物体级的编辑，制作一个起子模型，如图 5-105

所示为本例的最终完成效果。

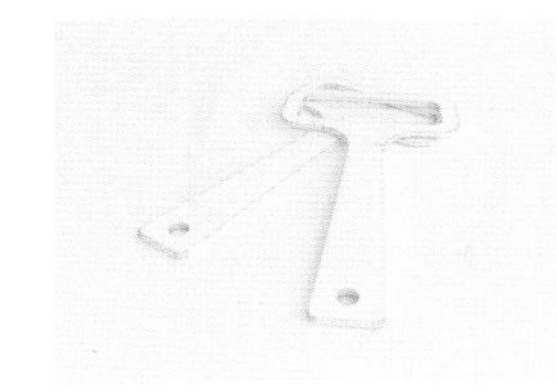
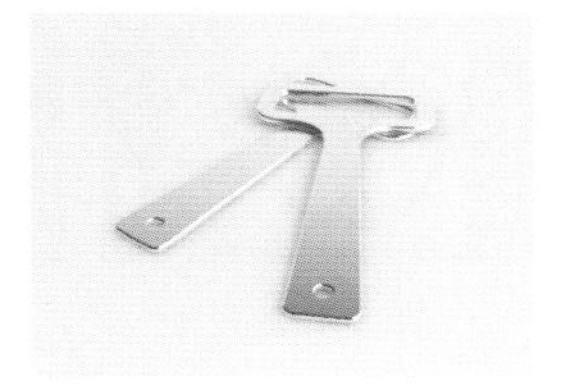

图 5-105

01 在“创建”面板下单击“图形”按钮，然后设置图形类型为“样条线”，接着单击“矩形”按钮 矩形，在前视图中创建一个 矩形对象，并设置其“长度”为60，“宽度”为 100，如图 5-106 所示。

02 再次创建一个矩形对象，设置其“长度”为 180，“宽度”为 20，如图 5-107 所示。

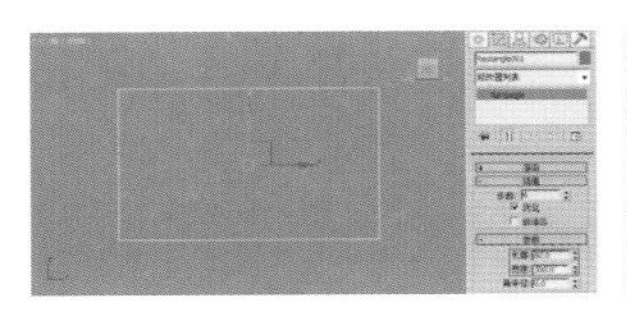

图 5-106

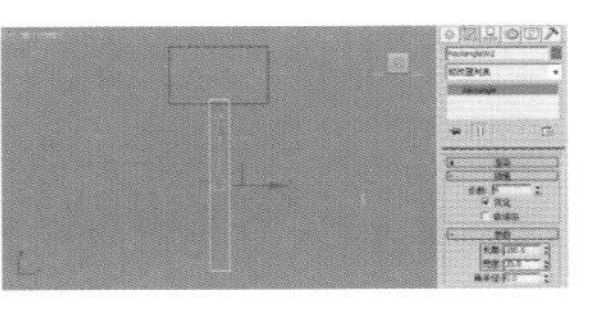

图 5-107

03 在视图中任意位置右击，在弹出的四联菜单中选择“转换为可编辑样条线”命令，将其塌陷，如图 5-108 所示。

04 单击“几何体”卷展栏中的“附加”按钮 附加，将第一个矩形合并，如图 5-109 所示。

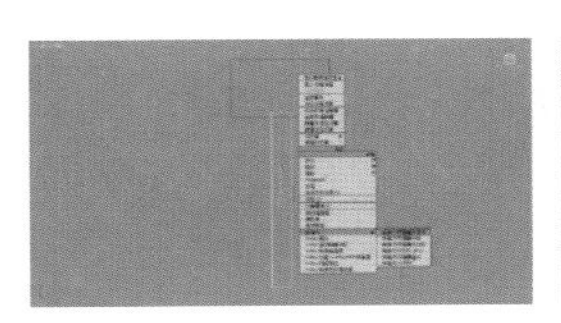

图 5-108

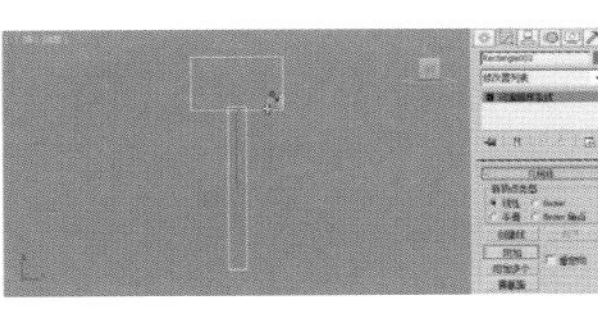

图 5-109

05 单击“选择”卷展栏中的“样条线”按钮，然后选择任意一条样条线，然后单击“几何体”卷展栏中的“布尔”按钮 布尔，保持按钮右侧的“并集”按钮为激活状态，接着在视图中单击另外一个样条线，得到布尔运算的效果，如图 5-110 所示。

06 进入“顶点”级别，使用移动和缩放工具调整顶点的位置，如图 5-111 所示。

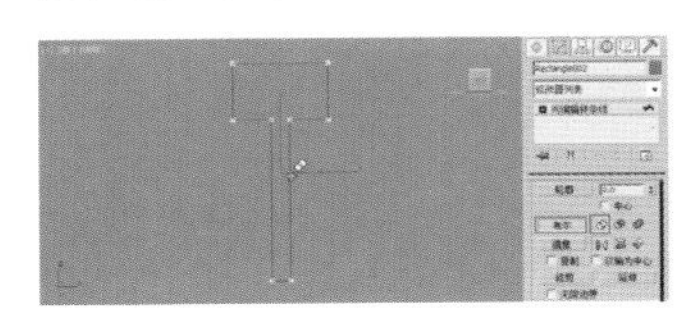

图 5-110

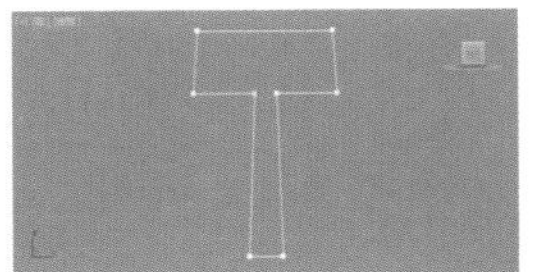

图 5-111

技巧与提示：

在对两个“顶点”使用缩放工具对其调整位置时，要在主工具栏上，将轴心设置为“使用选择中心”。

07 单击“圆角”按钮 圆角，对场景中所有的“顶点”都进行“圆角”处理，结果如图 5-112 所示。

08 在前视图中再创建一个“矩形”和一个“圆”，如图 5-113 所示。

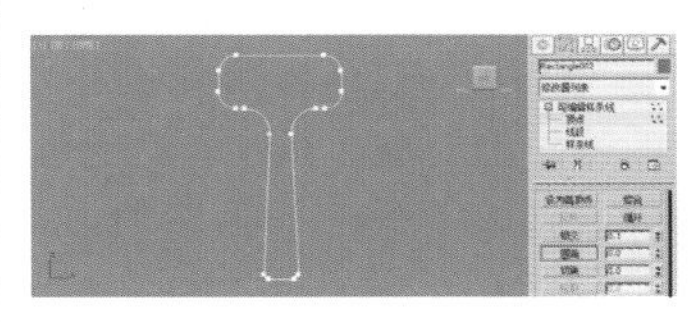

图 5-112

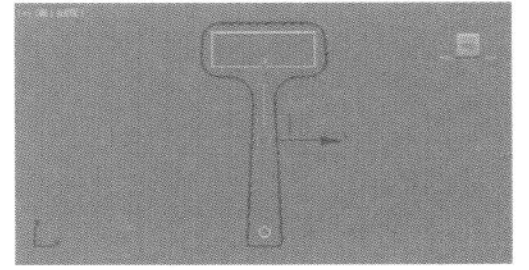

图 5-113

09 将新创建的“矩形”和“圆”附加到之前的二维图形中，然后选择如图 5-114 所示的线段，设置“拆分”的数量为 4，接着单击“拆分”按钮 拆分，将选择的“线段”拆分为 5 等份，如图 5-115 所示。

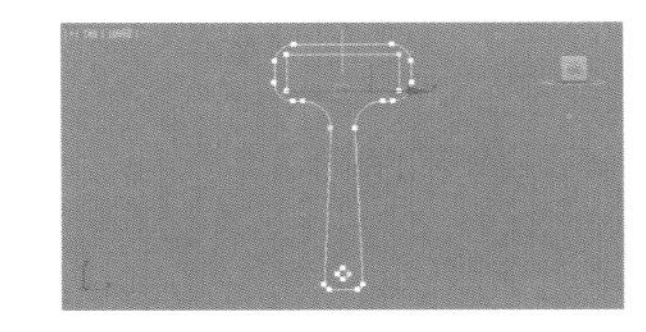

图 5-114

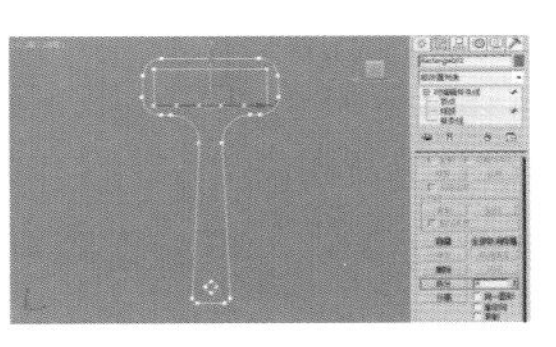

图 5-115

10 使用移动和缩放工具调整“顶点”的位置，然后再使用“圆角”命令，对“顶点”进行“圆角”处理，如图 5-116 和图 5-117 所示。

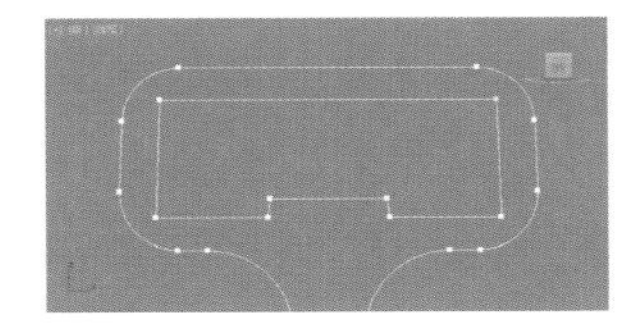

图 5-116

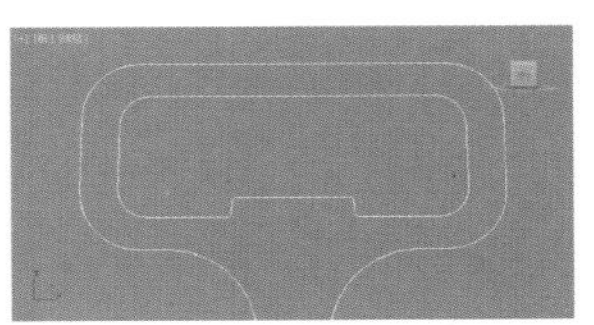

图 5-117

11 在“修改器列表”中为其添加“倒角”命令，调整倒角的 3 级数值，级别 1 层“高度”为 1，“轮廓”为 1；级别 2 层“高度”为 3，“轮廓”为 0；级别 3 层“高度”为 1，“轮廓”为 -1，最终效果如图 5-118 所示。

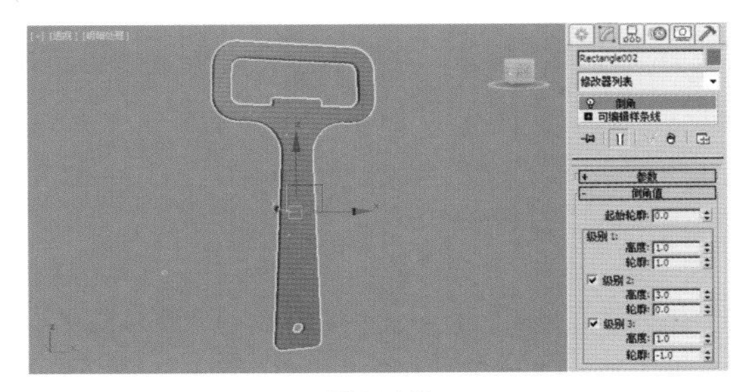

图 5-118

实例操作：制作世界杯 Logo 模型

实例：制作世界杯 Logo 模型

实例位置：　工程文件 >CH05> 世界杯 Logo.max

视频位置：　视频文件 >CH05> 实例：世界杯 Logo.mp4

实用指数：　★★★☆☆

技术掌握：　熟练使用"编辑样条线"修改器中的常用命令来制作模型。

本节安排了一个世界杯 Logo 的模型实例，用样条线勾勒一个 Logo 轮廓，在实际的三维项目制作中会经常用到，实例制作过程将演示二维图形的建立与编辑方法，以及二维图形编辑修改器的操作技巧等。通过本实例可以使读者将本章的知识更好地应用于实际工作中，如图 5-119 所示为本例的最终完成效果。

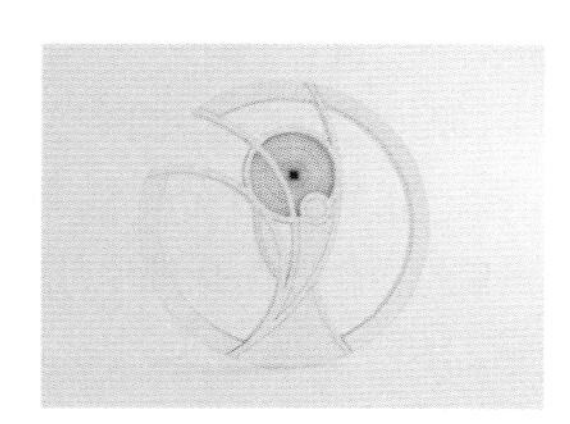
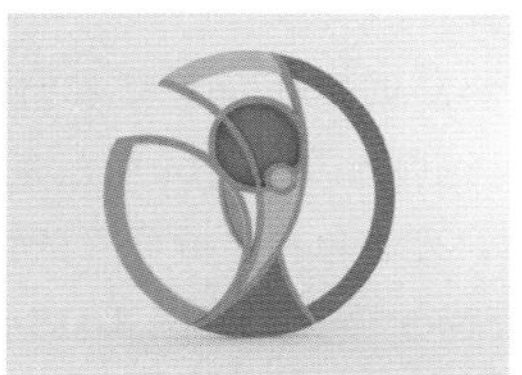

图 5-119

01 打开本书相关素材中的"工程文件 >CH05> 标志 > 标志 .max"文件，该场景中有一个"平面"对象，并为"平面"对象指定了一张标志的贴图，如图 5-120 所示。

技巧与提示：

为了方便操作，场景中的"平面"对象已经被"冻结"，如果想对"平面"对象进行操作，可以"解冻"该对象。

02 进入前视图中按 F3 键，使对象以"明暗处理"的方式显示，然后进入"图形"命令面板，单击"圆环"按钮 圆环 ，在视图中依据标志外轮廓的厚度创建一个"圆环"对象，并选中"插值"卷展栏下的"自适应"复选框，如图 5-121 所示。

图 5-120

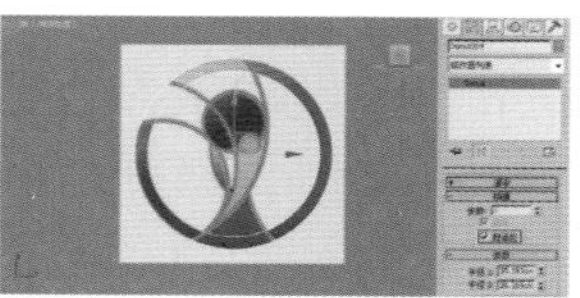

图 5-121

03 选择"圆环"对象，在视图中任意位置右击，在弹出的四联菜单中选择"转换为可编辑样条线"命令，如图 5-122 所示。

04 单击"选择"卷展栏中的"顶点"按钮进入对象的"顶点"次层级，然后单击"几何体"卷展栏上的"优化"按钮 优化 ，接着将鼠标指针移到样条曲线上，在如图 5-123 所示的位置处单击，在单击的位置就会出现一个新的顶点。

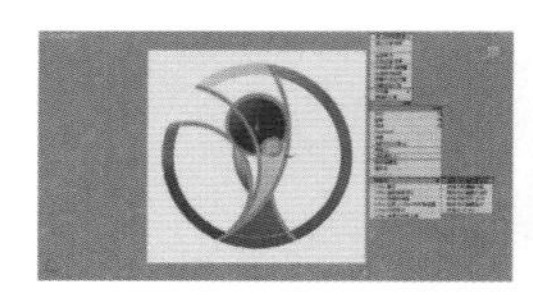

图 5-122

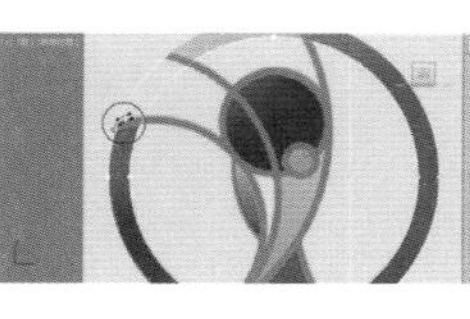

图 5-123

技巧与提示：

利用"优化"命令可以使用单击的方法，为样条曲线添加顶点，并且添加的顶点不会改变样条曲线的形状。

05 用同样的方法，在如图 5-124 和图 5-125 所示的位置添加新的顶点，并在视图中的任意位置右击结束该命令的使用。

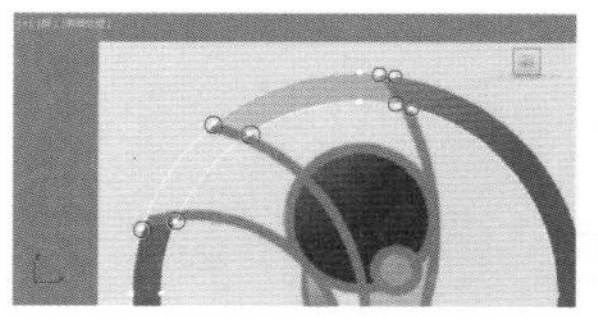

图 5-124

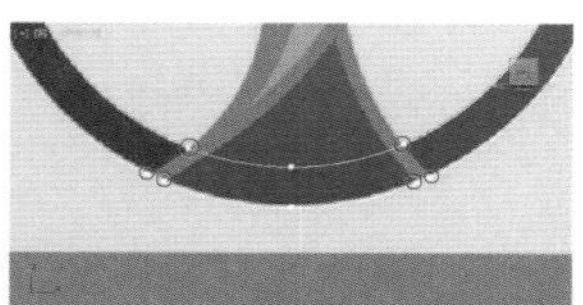

图 5-125

06 单击"选择"卷展栏中的"线段"按钮，进入样条曲线的"线段"次层级，在视图中使用"选择并移动"工具选择如图 5-126 和图 5-127 所示的线段，并按 Delete 键将其删除。

图 5-126

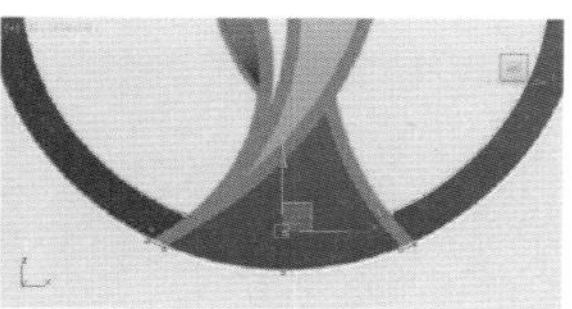

图 5-127

07 再次进入"顶点"次层级，单击"几何体"卷展栏中的"连接"按钮 连接 ，在如图 5-128 所示的位置单击并拖曳鼠标，从一个顶点拖曳到另一个顶点，这两个顶点之间将会出现一条直线。

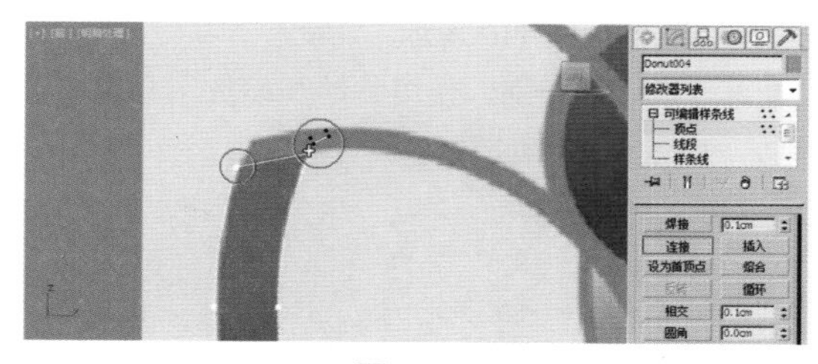

图 5-128

技巧与提示：

使用"连接"命令时，必须保证两个顶点是不封闭的样条线的端点。

08 用同样的方法，在如图 5-129 和图 5-130 所示的位置，将对应的顶点之间连线。

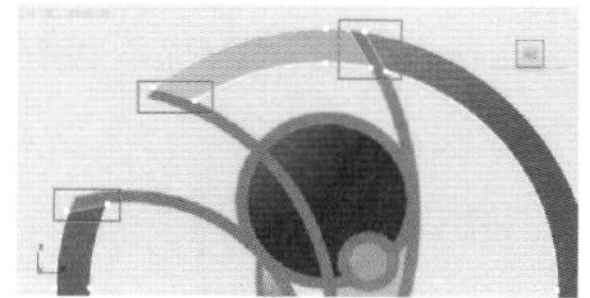
图 5-129

图 5-130

09 在“几何体”卷展栏中单击“创建线”按钮 创建线 ，在如图 5-131 所示的位置创建线段，完毕后右击结束当前命令。

10 选择上一步创建的 3 个顶点，在视图中右击，在弹出的四联菜单中选择 Bezier，将顶点的属性由角点改为 Bezier，如图 5-132 所示。

图 5-131

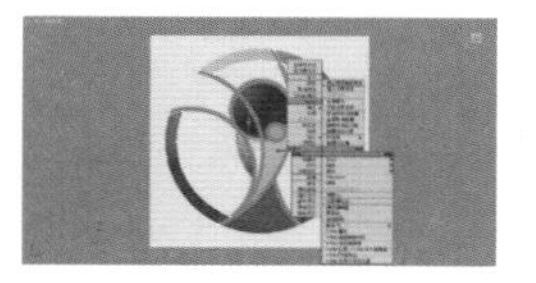
图 5-132

11 使用“选择并移动”命令调节顶点位置和控制手柄到如图 5-133 所示的状态。

12 单击“选择”卷展栏中的“样条线”按钮，进入对象的“样条线”次层级，在视图中选择上一步创建的样条曲线，并单击“几何体”卷展栏中的“轮廓”按钮 轮廓 ，在样条线对象上单击并拖曳或在“轮廓”按钮右侧的参数栏中输入数值，均可创建出轮廓线，如图 5-134 所示。

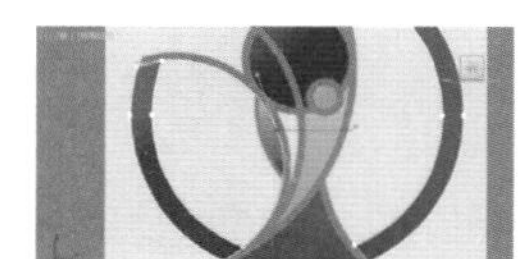
图 5-133

图 5-134

技巧与提示：

创建顶点时，要遵循用最少的点创建最圆滑的曲线的原则，因为这样不但方便曲线的调节，而且还可以节省系统资源。

13 使用同样的方法制作其余 4 条样条曲线，如图 5-135 所示。

14 再次进入“样条线”次层级，选择如图 5-136 所示的样条曲线。

图 5-135

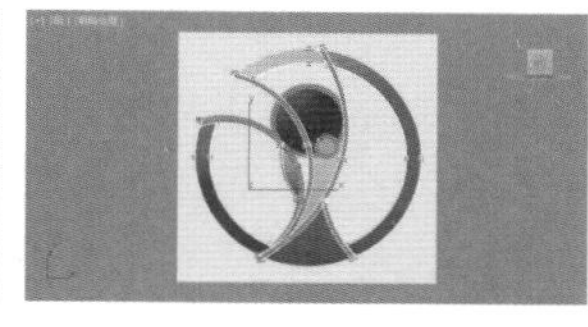
图 5-136

15 单击“几何体”卷展栏中的“布尔”按钮 布尔 ，保持按钮右侧的“并集”按钮为激活状态，然后在视图中依次拾取另外 4 条样条线，如图 5-137 和图 5-138 所示。

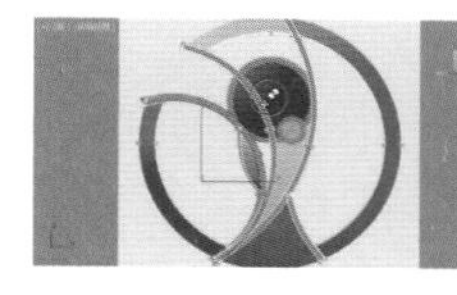

图 5-137

图 5-138

16 此时我们发现有些顶点的位置不正确，再次进入“顶点”次层级来修改它们的位置，如图 5-139 所示。

17 单击“图形”命令面板中的“圆环”按钮，圆环 在如图 5-140 所示的位置创建两个圆环对象。

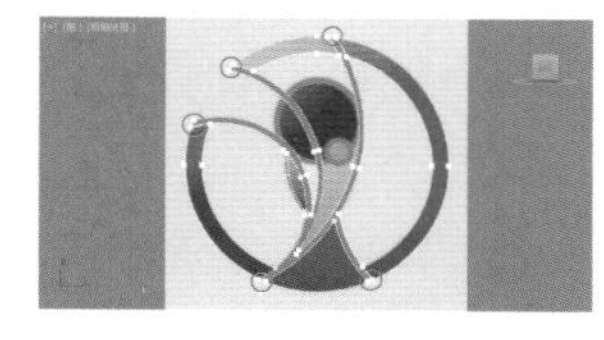
图 5-139

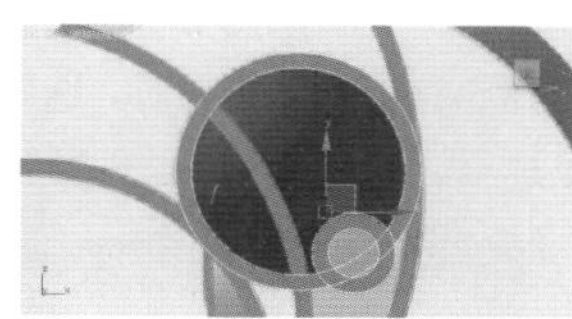
图 5-140

18 选择前面编辑完成的样条曲线，单击“几何体”卷展栏中的“附加”按钮 附加 ，将鼠标移动到场景中的圆环对象上单击，将两个圆环对象依次添加到整体的样条曲线中，如图 5-141 和图 5-142 所示。

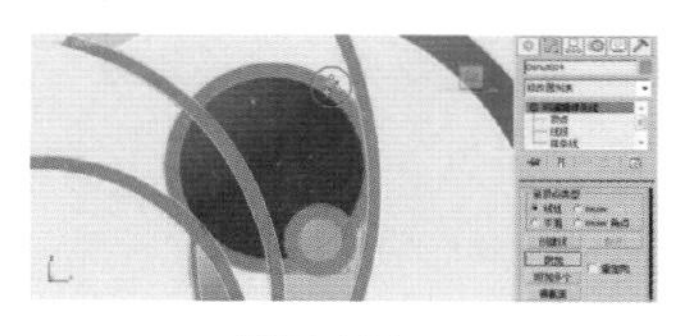
图 5-141

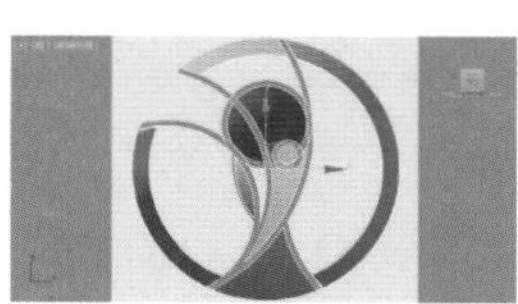
图 5-142

19 进入“样条线”次层次，单击“几何体”卷展栏中的“修剪”按钮，将鼠标移至如图 5-143 所示的位置，将多余的线段修剪掉，得到的效果如图 5-144 所示。

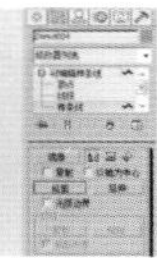
图 5-143

图 5-144

20 使用同样的方法，将其他多余的线段都修剪掉，最终效果如图 5-145 所示。

21 因为图标的颜色不同，所以想要单独指定颜色就要把整体的样条曲线分离成不同的单独对象，选择如图 5-146 所示的样条线，单击“几何体”卷展栏中的“分离”按钮 分离 ，将选择的样条曲线分离出去，在弹出的对话框中指定样条线的名称后单击“确定”按钮。

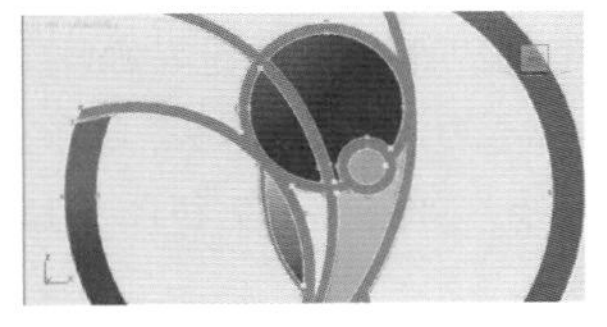

图 5-145

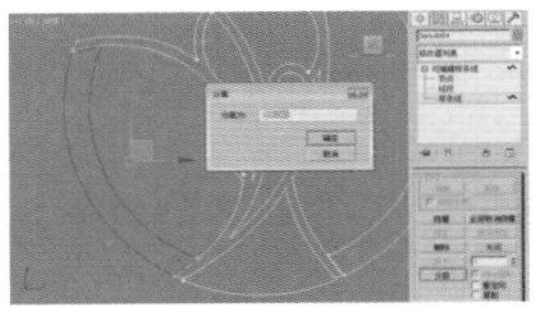

图 5-146

22 用同样的方法，将如图 5-147 和图 5-148 所示的样条线都分离为单独的对象。

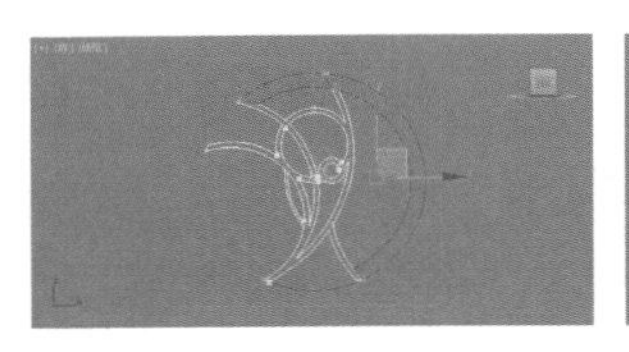

图 5-147

图 5-148

23 选择中间的样条曲线并进入“线段”次层级，选择如图 5-149 所示的线段，选中“分离”按钮下方的“复制”复选框，单击“分离”按钮 分离 。

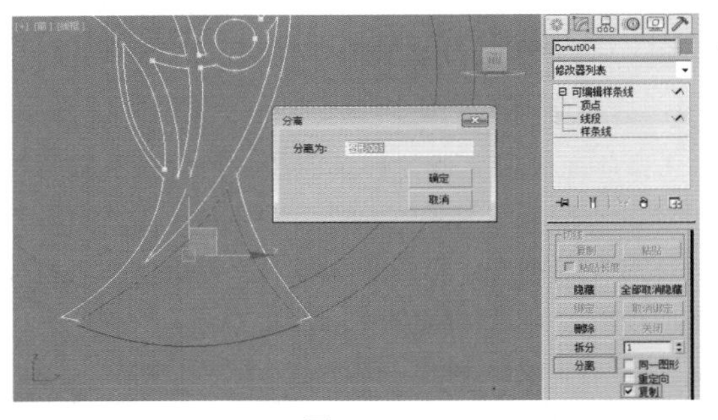

图 5-149

技巧与提示：

在分离“线段”或“样条线”对象时选中“复制”复选框，那么在分离所选对象的同时，会继续保留原始样条曲线的“线段”或“样条线”。

24 用同样的方法，将如图 5-150 和图 5-151 所示的样条线分离为单独的对象。

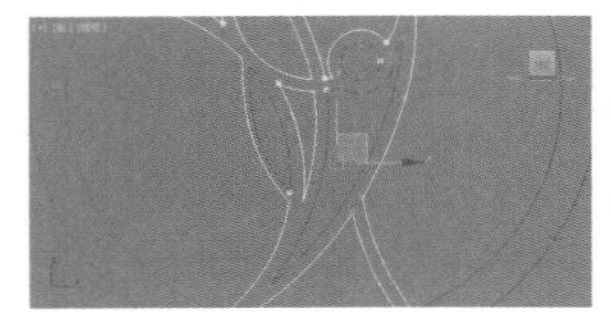

图 5-150

图 5-151

技巧与提示：

在分离当前 3 条样条线时，也要选中“复制”复选框。

25 选择如图 5-152 所示的样条曲线，单击“附加”按钮 附加 ，将下面的样条线合并为同一个对象。

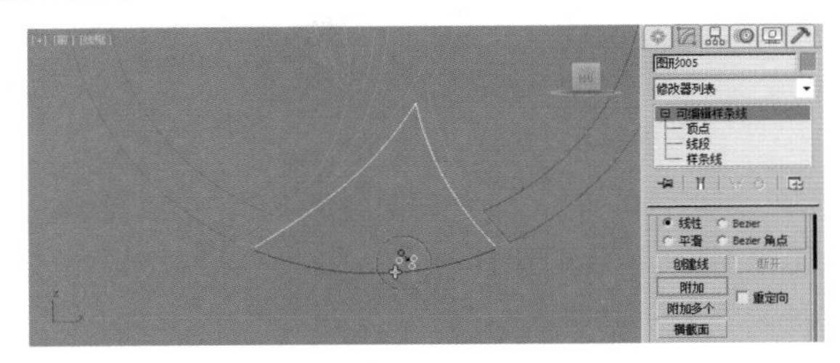

图 5-152

技巧与提示：

由于两个样条线都不是闭合的对象，这样为对象添加例如“挤出”修改器后，得到的就是一个“片”，而不是一个带有厚度的实体，如图 5-153 所示。

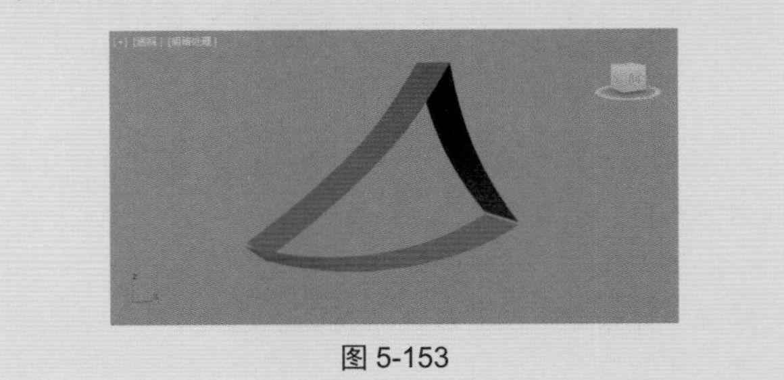

图 5-153

26 进入“顶点”次层级，框选如图 5-154 所示的顶点，单击“几何体”卷展栏中的“焊接”按钮，将所选顶点焊接。

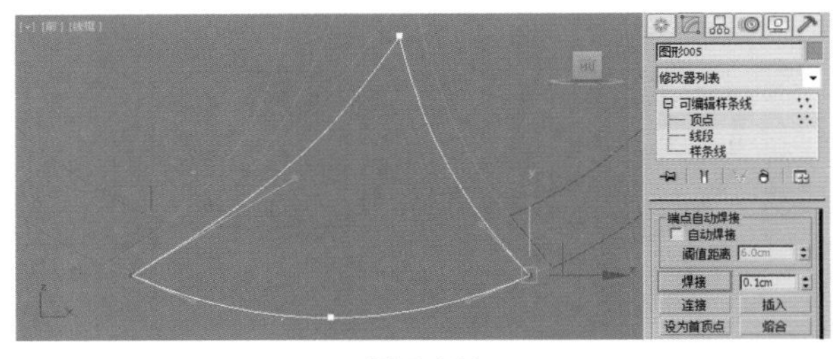

图 5-154

技巧与提示：

“焊接”命令可以将选中的两个顶点焊接为一个顶点，“焊接”命令也只能将两个顶点进行焊接，多个顶点是不能焊接在一起的。如果两点顶点之间的距离太远，可以适当增大“焊接”按钮后面的数值再进行焊接操作。

27 在修改列表中，为其添加“挤出”修改器，并调节挤出修改器“参数”卷展栏中的“数量”为 1，如图 5-155 所示。

28 用同样的方法为场景中其他的对象都添加“挤出”

修改器，最后效果如图 5-156 所示

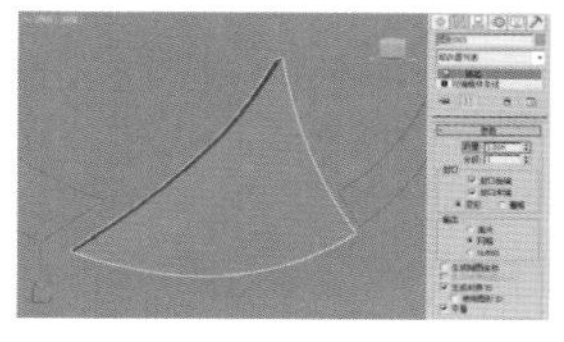

图 5-155

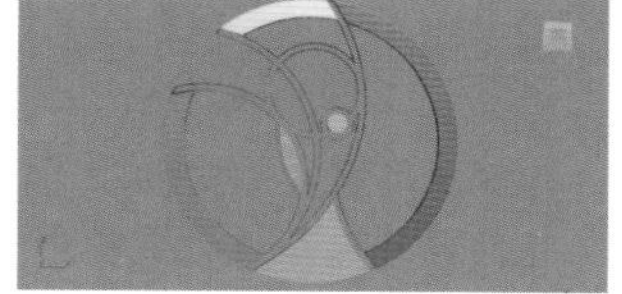

图 5-156

技巧与提示：

此时我们发现场景中有些对象出现了之前讲过的一些错误：只挤出了一个“片”而没有挤出一个实体对象，这是由于之前进行“布尔”和“修剪”操作造成的，下面就来修改这些错误。

29 选择场景中有错误的对象并进入其“顶点”次层级，接着在场景中框选所有的顶点，使用“焊接”命令将所有的顶点进行焊接，这样重合在一起而没有焊接的顶点就会被焊接在一起，从而形成闭合的样条线，如图 5-157 所示。

技巧与提示：

因为所选对象的“顶点”太多，我们并不知道具体有哪些顶点需要焊接，此时即可选择所有的顶点一起进行焊接，此时需要注意的是“焊接”按钮后面的数值不宜设置得过大，否则可能会将一些不应该焊接的顶点焊接到一起。

30 在修改堆栈中单击“挤出”编辑修改器，回到“挤出”编辑修改器层级，此时得到的结果就是正确的了，效果如图 5-158 所示。

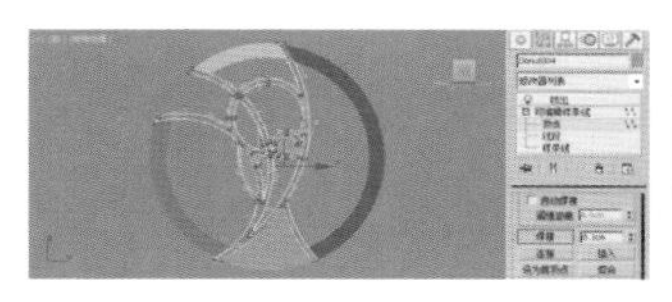

图 5-157

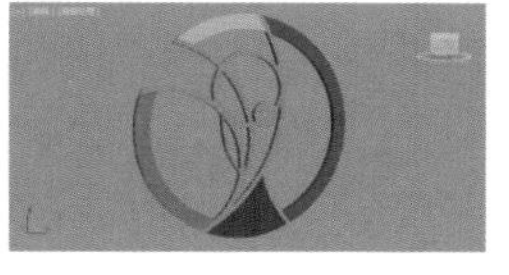

图 5-158

31 用同样的方法，再次修改场景中有错误的对象，如图 5-159 所示。

32 进入“几何体”命令面板，单击“球体”按钮 球体 ，在如图 5-160 所示的位置创建一个球体，设置“球体”的“半径”为 32，“分段”为 64。

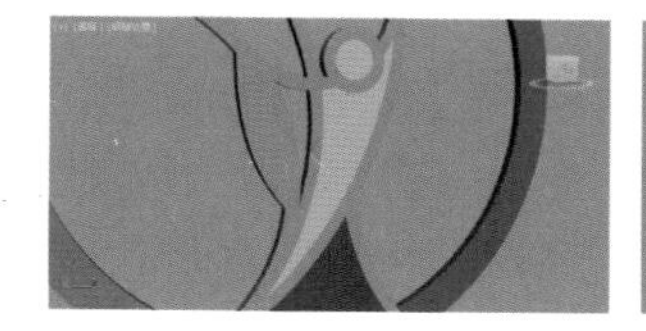

图 5-159

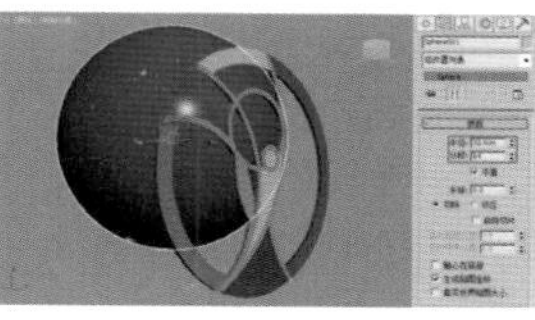

图 5-160

33 设置“参数”卷展栏中的“半球”为 0.9，如图 5-161 所示。

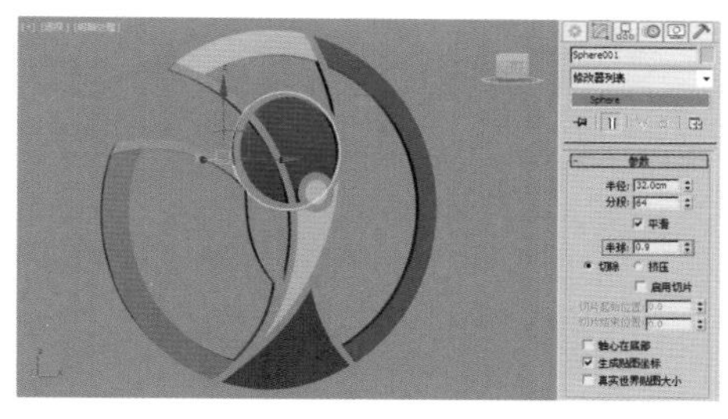

图 5-161

34 为各个对象指定对应的颜色，最后效果如图 5-162 所示。

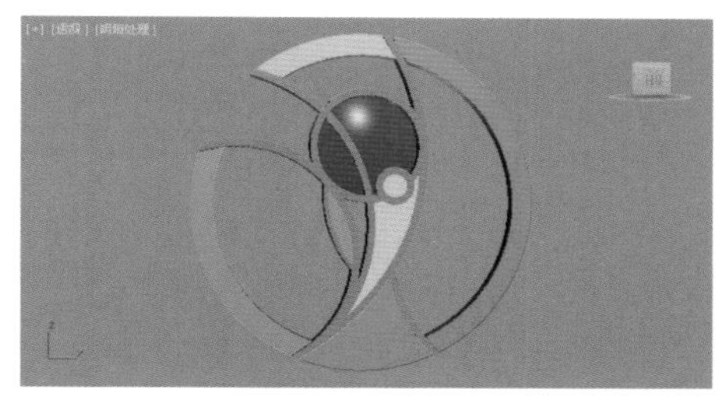

图 5-162

5.4　本章总结

本章主要详细讲解了“图形”面板下拉列表中“样条线”内的按钮和“编辑样条线”修改器中的一些常用命令，通过对这些按钮和命令的熟练掌握，即可制作出一些简单的实用模型。

第6章

复合对象建模

6.1 复合对象概述

复合对象建模是一种特殊的建模方法，该建模方法可以将两个或两个以上的物体通过特定的合成方式合并为一个物体，以创建出更复杂的模型。对于合并的过程，不仅可以反复调节，还可以记录成动画，实现特殊的动画效果。

随着3ds Max软件的升级，有很多的复合对象工具已经被淘汰。例如“变形”工具，现在有更强大的“变形”修改器，再例如“连接”工具，现在有更强大的“编辑多边形”修改器，所以本章将介绍目前来说常用的几种复合对象的创建方法。

6.2 创建复合对象

在“创建”命令面板中单击“几何体”按钮，在“几何体”次面板的下拉列表中选择“复合对象”选项，进入“复合对象”创建面板。“对象类型”卷展栏中的按钮有些是灰色的，这表示当前选定的对象不符合该复合对象的创建条件，如图6-1所示。

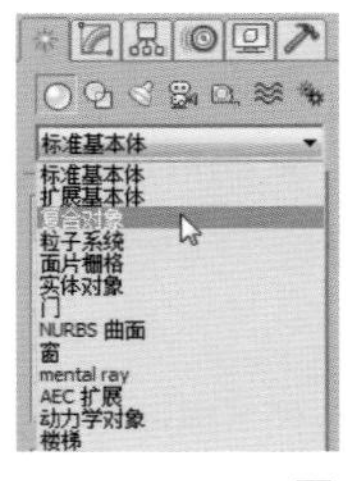
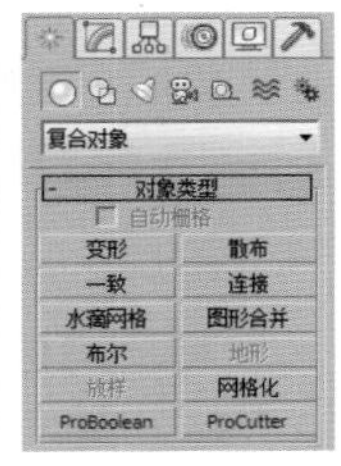

图6-1

6.2.1 散布

“散布”复合对象能够将选定的源对象通过散布控制，分散、覆盖到目标对象的表面。通过“修改”命令面板可以设置对象分布的数量和状态，并且可以设置散布对象的动画，如图6-2所示，山的平面用于散布树和两组不同的岩石，如图6-3所示为“散布”的创建参数面板。

图6-2

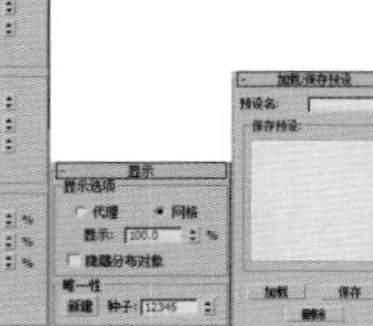

图6-3

实例操作：制作心形花艺模型

实例：制作心形花艺模型

实例位置： 工程文件 >CH06> 心形花艺 .max

视频位置： 视频文件 >CH06> 实例：使用散布制作心形花艺 .mp4

实用指数： ★★★☆☆

技术掌握： 熟练使用“散布”工具来制作模型。

本例通过使用“散布”工具来制作一个心形花艺的效果，“散布”命

本章工程文件

本章视频文件

令经常会用来种植一些大面积的花草，如图 6-4 所示为本例的最终完成效果。

图 6-4

01 打开本书相关素材中的“工程文件 >CH06> 心形花艺 > 心形花艺 .max”文件，该场景中有一个心形模型和两株花草，如图 6-5 所示。

02 选择草模型，在“创建”命令面板中选择“几何体”，在下拉列表中选择“复合对象”，如图 6-6 所示。

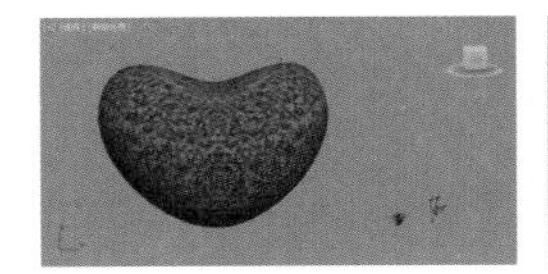

图 6-5

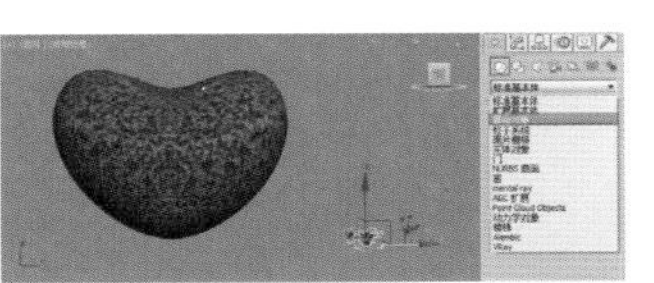

图 6-6

03 单击“散布”按钮 散布 ，在“拾取分布对象”卷展栏中，单击“拾取分布对象”按钮 拾取分布对象 ，在场景中单击“心形”模型，将“心形”模型作为分布物体，如图 6-7 所示。

04 在“散布对象”卷展栏中，设置“重复数”为 2000，如图 6-8 所示。此时我们发现草的数量变多了，但是在视图中只看到了草的轮廓，这是因为散布后草的法线出了问题，下面来修正这个问题。

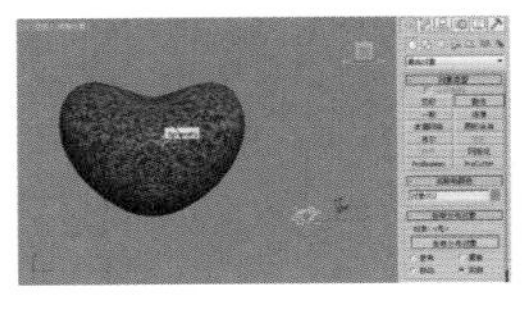

图 6-7

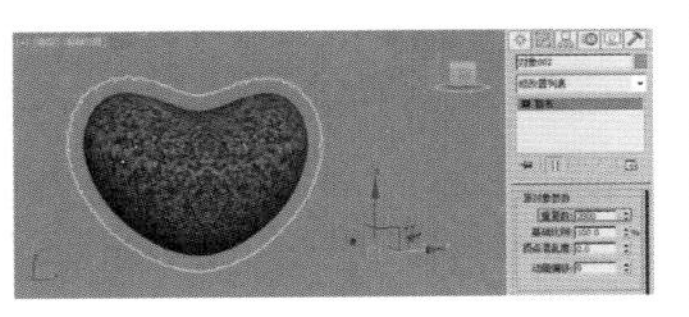

图 6-8

05 在“修改器列表”中为其添加“法线”修改器，此时即可在视图中看到全部的草的效果了，如图 6-9 所示。

06 回到“散布”层级，继续修改“基础比例”为 50，将草统一缩小，如图 6-10 所示。

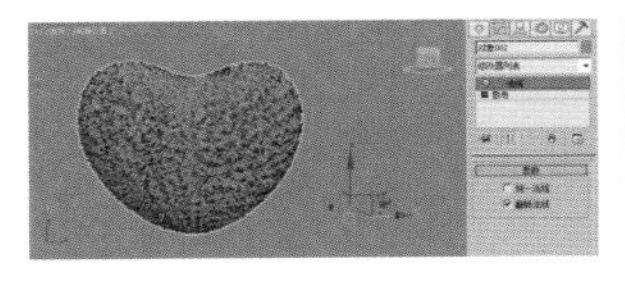

图 6-9

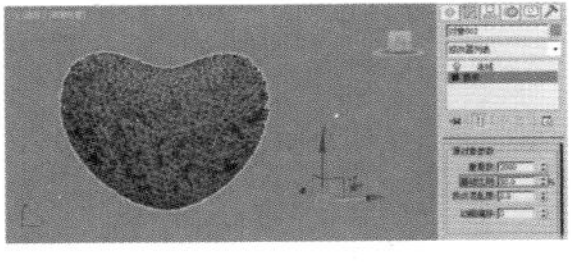

图 6-10

07 在“分布对象参数”选项组中，将“分布方式”由“偶校验”改为“区域”，此时我们发现原来在顶部和底部分布比较密集的草，变成了在分布物体上比较均匀的分布，如图 6-11 和图 6-12 所示。

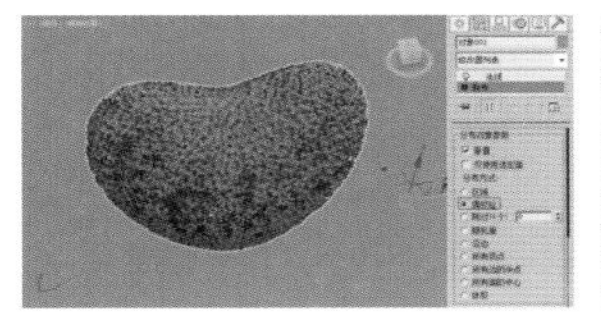

图 6-11

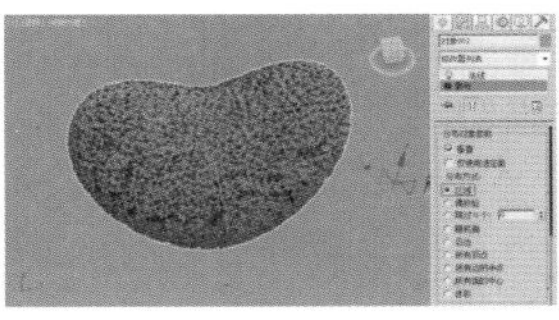

图 6-12

08 在“变换”卷展栏中，选中“比例”选项组中“使用最大范围”和“锁定纵横比”复选框，然后设置 X 为 50%，这样即可让所有的草按 50% 的缩放比例有大有小，随机一些更具真实性，如图 6-13 所示。

09 如果在场景中分布的物体太多导致视图刷新不流畅，可以在“显示”卷展栏中，将“网格”设置为“代理”，或者将下方的“显示”的值调小，从而减少视图中显示的数量。如果选中“隐藏分布对象”复选框，则会将分布对象隐藏，本例中隐藏的是心形模型，如图 6-14 所示。

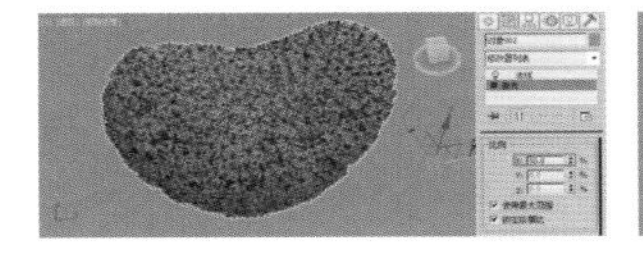

图 6-13

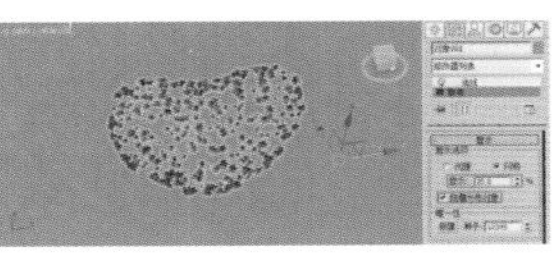

图 6-14

10 用相同的方法，将花也散布到心形模型上，调节各项参数后，最终效果如图 6-15 所示。

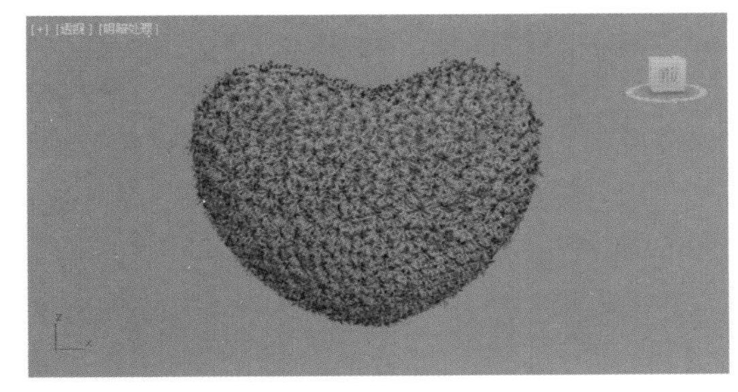

图 6-15

6.2.2　图形合并

“图形合并”复合对象能够将一个二维图形投影到三维对象表面，从而产生相交或相减的效果，该工具常用于对象表面的镂空文字或花纹的制作。

在创建“图形合并”复合对象时，需要一个三维对象，以及一个或多个二维图形。二维图形可以是封闭的，也可以是开放的，但如果使用开放的二维图形，形成的子对象将无法形成封闭的面。在完成了图形的合并后，利用“面挤出”编辑修改器将原对象的表面进行凹进或凸出设置，如图 6-16 所示为使用“图形合并”将字母、文本图形与轮胎模型网格合并，如图 6-17 所示为“图形合并”的创建参数面板。

图 6-16

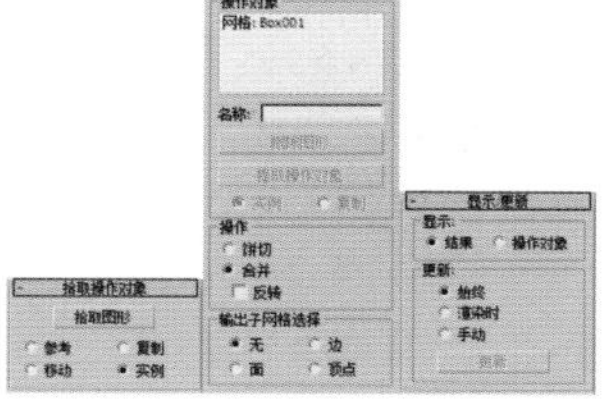

图 6-17

接下来将通过一组实例，讲解“图形合并”复合对象的创建及设置方法。

01 打开本书相关素材中的“工程文件 >CH06> 巧克力豆 > 巧克力豆 .max”文件，该场景中有一个球体模型和一个文本对象，如图 6-18 所示。

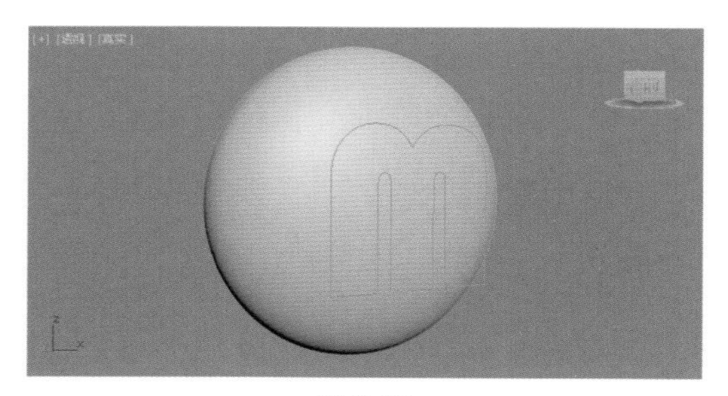

图 6-18

02 选择“球体”对象，在“复合对象”命令面板中单击“图形合并”按钮 图形合并 ，然后在“拾取操作对象”卷展栏中单击“拾取图形”按钮 拾取图形 ，接着在视图中单击“文本”对象。当“参数”卷展栏的“操作对象”列表框中出现所有合并对象的名称后，说明合并操作成功，如图 6-19 和图 6-20 所示。

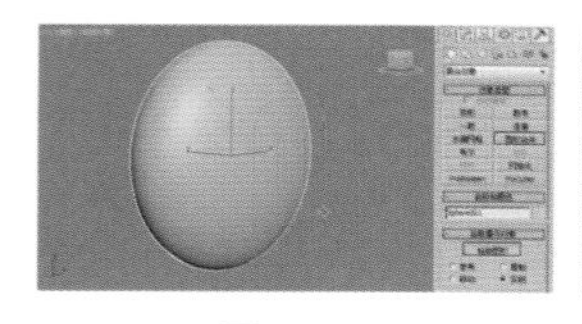

图 6-19

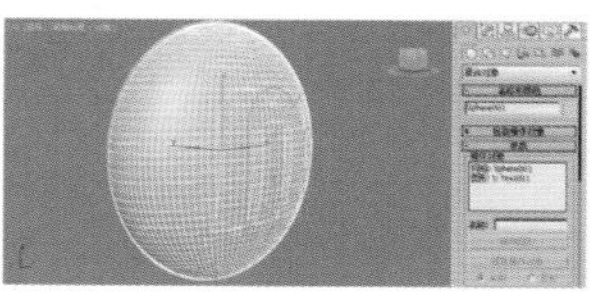

图 6-20

03 进入“修改”面板，在“操作”选项组中，“合并”选项为默认的选中状态，表示图形与网格对象的曲面合并。选择“饼切”单选按钮 饼切 ，可以将投影图形内部的网格对象切除，当选中“反转”复选框时，将会把投影图形外部的所有网格面切除，如图 6-21 和图 6-22 所示。

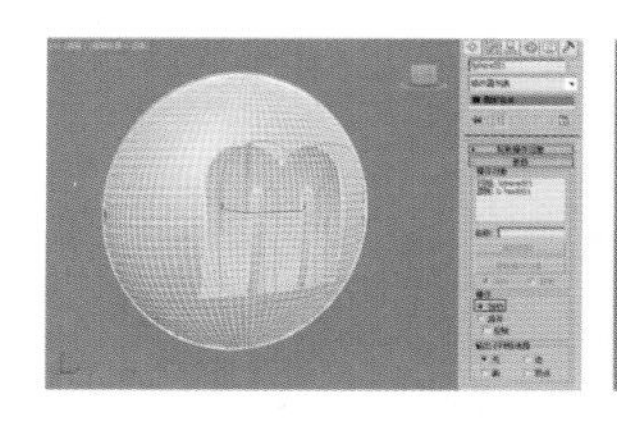

图 6-21

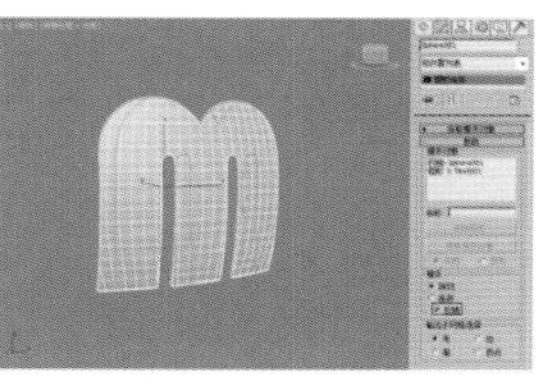

图 6-22

04 进入“修改”命令面板，在“修改器列表”中为其添加“面挤出”修改器，然后在“参数”卷展栏中设置“数量”为 0.5，“比例”为 96，最终效果如图 6-23 所示。

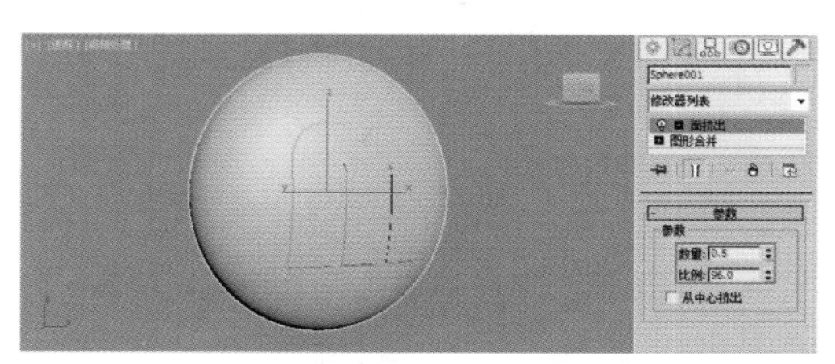

图 6-23

实例操作：制作戒指模型

实例：制作戒指模型

实例位置：　工程文件 >CH06> 戒指 .max

视频位置：　视频文件 >CH06> 实例：使用图形合并制作戒指 .mp4

实用指数：　★★☆☆☆

技术掌握：　熟练使用“图形合并”工具来制作模型。

本例通过使用“图形合并”工具来制作戒指上的浮雕字效果，如图 6-24 所示为本实例的最终完成效果。

图 6-24

01 打开本书相关素材中的“工程文件 >CH06> 戒指 > 戒指 .max”文件，该场景中有一个戒指模型和一个文本对象，如图 6-25 所示。

02 选择文本对象，进入“修改”面板，在“修改器列表”中为其添加“弯曲”修改器，设置“角度”为 75，“弯曲轴”为 X 轴，效果如图 6-26 所示。

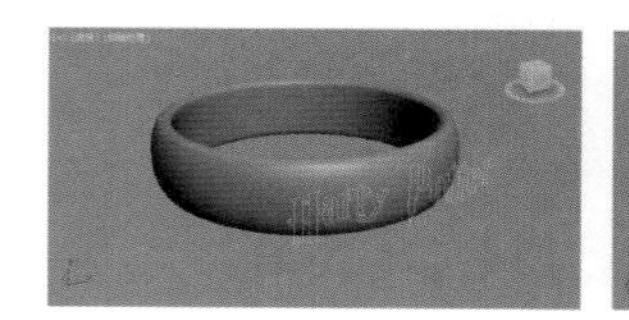

图 6-25

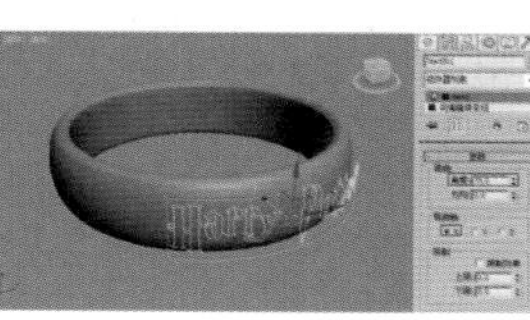

图 6-26

技巧与提示：

图形合并可以看作是在二维物体的正前方放置一盏灯，然后将影子“投射”到后面的物体上，所以如果二维物体比较长，同时后方的物体又是含有弧度的，那么二维物体在“投射”阴影时，两边的阴影会出现拉伸的效果。在本例中为二维物体添加一个“弯曲”修改器，让二维对象符合后方物体的弯曲弧度，即可提前修正这个问题。

03 选择“戒指”对象，在“复合对象”命令面板中单击“图形合并”命令按钮 图形合并 ，然后在“拾取操作对象”卷展栏中单击“拾取图形”按钮 拾取图形 ，接着在视图中单击“文本”对象，如图 6-27 所示。

04 在“修改器列表”中为其添加“面挤出”修改器，然后在“参数”卷展栏中设置“数量”为 0.5，并选中“从中心挤出”复选框，最终效果如图 6-28 所示。

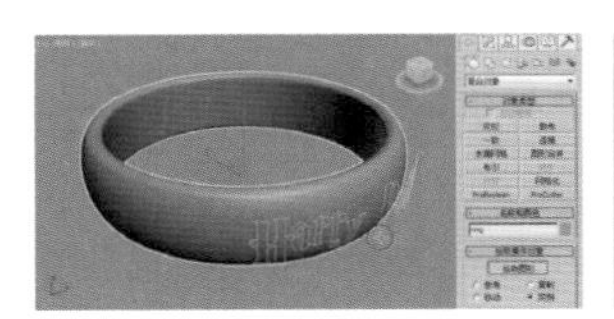

图 6-27

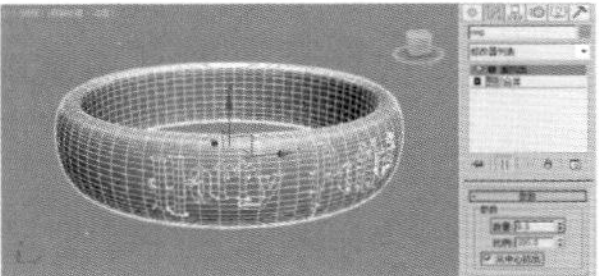

图 6-28

6.2.3　使用布尔运算

“布尔”命令能够对两个或两个以上的对象进行交集、并集和差集的运算，从而对基本几何体进行组合，创建出新的对象形态。在布尔运算中，这两个对象被称为“操作对象”，一个叫作操作对象 A，一个叫作操作对象 B，如图 6-29 所示，左侧为操作对象 A，右侧为操作对象 B，如图 6-30 所示为“布尔”的创建参数面板。

图 6-29

图 6-30

执行“布尔”操作后，在“参数”卷展栏的“操作”选项组中提供了布尔运算的 5 种操作类型，分别为“并集”“交集”“差集（A-B）”“差集（B-A）”和“切割”，如图 6-31 所示。

操作
并集
交集
差集(A-B)
差集(B-A)
切割　优化
分割
移除内部
移除外部

图 6-31

在学习布尔运算知识之前，首先了解一下 3ds Max 中布尔运算的 5 种类型。

01 打开本书相关素材中的“工程文件 >CH06> 烟灰缸 > 烟灰缸 .max”文件，如图 6-32 所示。

02 在场景中选择烟灰缸对象，进入“复合对象”命令面板，在“对象类型”卷展栏中单击“布尔”按钮 布尔 ，然后在“拾取布尔”卷展栏中单击“拾取操作对象 B”按钮 拾取操作对象 B ，接着在场景中单击圆柱物体，如图 6-33 所示。

图 6-32

图 6-33

03 进入“修改”面板，在“操作”选项组中选择“并集”运算类型，此时两个相交的对象通过中间交叉部分被合为一体，交叉部分将被删除，如图 6-34 所示。

04 选择“交集”运算类型后，这种类型的布尔对象可以将两个对象相交的部分保留，不相交的部分删除，如图 6-35 所示。

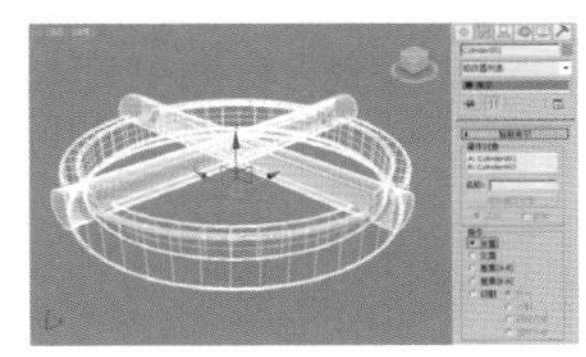

图 6-34

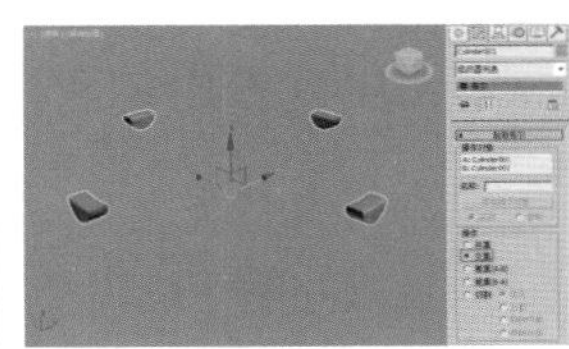

图 6-35

05 选择“差集（A-B）”运算类型后，将两个对象进行相减处理，得到切割后的造型。以“操作对象 B”为裁切对象，“操作对象 A”为被裁切对象，通过布尔运算将从“操作对象 A”上裁掉“操作对象 A”与“操作对象 B”的相交部分，如图 6-36 所示。

06 选择“差集（B-A）”运算类型后，该类型的布尔对象与“差集（A-B）”类型的布尔效果相反。以“操作对象 A”为裁切对象，“操作对象 B”为被裁切对象，通过布尔运算将从“操作对象 B”上裁掉“操作对象 B”与“操作对象 A”的相交部分，如图 6-37 所示。

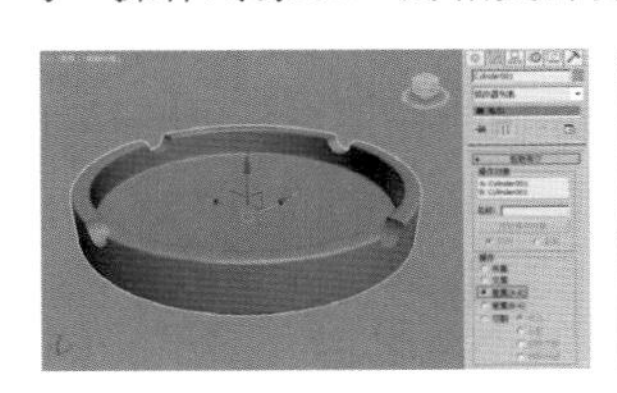

图 6-36

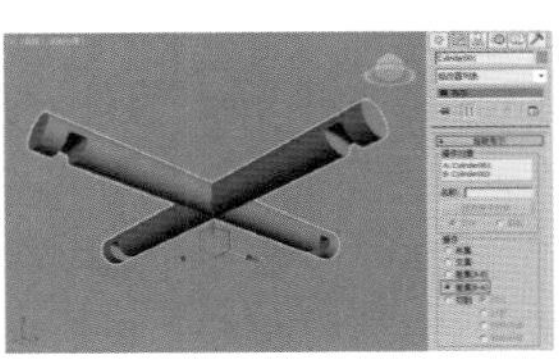

图 6-37

07 选择“切割”运算类型后，操作对象 B 在操作对象 A 上进行切割，切割方式不是将对象 B 的几何形态赋予对象 A，而是将对象 B 与对象 A 相交部分的形状作为辅助面进行切割。“切割”类型还包括 4 种“切割”方式，分别为“优化”“分割”“移除内部”和“移除外部”，如图 6-38~ 图 6-41 所示。

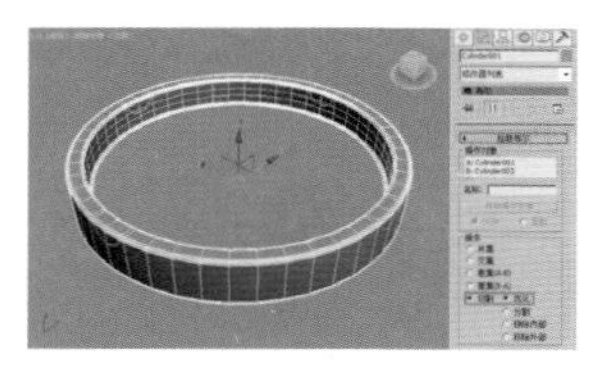

图 6-38

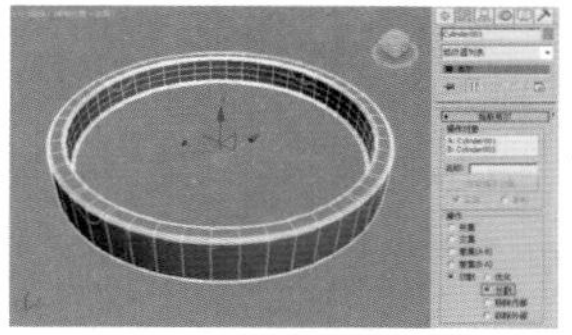

图 6-39

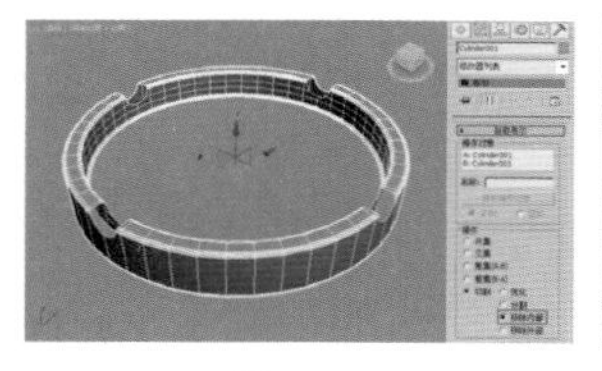

图 6-40

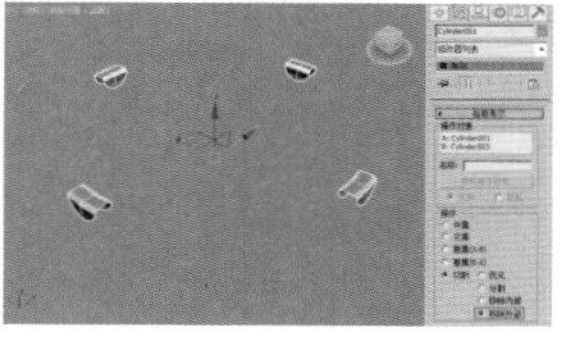

图 6-41

技巧与提示：

“优化”和“分割”表面上看不出任何变化，但“优化”只是在模型相交的地方加了几条线，而“分割”是将相交的部分分离成了单独的元素，如图 6-42 所示为选择“分割”后的效果。

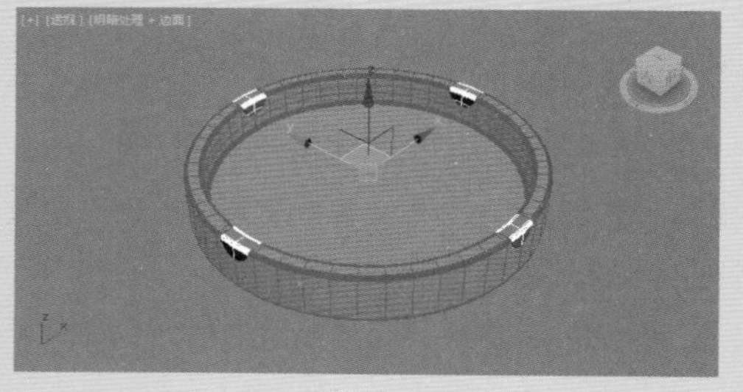

图 6-42

6.2.4 对执行过布尔运算的物体进行编辑

经过布尔运算之后的对象，可以进入“修改”命令面板对其进行编辑，本节将讲解编辑布尔运算对象的方法。

01 重新打开本书相关素材中的“工程文件 >CH06> 烟灰缸 > 烟灰缸 .max”文件，并进行布尔运算操作，如图 6-43 所示。

02 进入“修改”命令面板，在“参数”卷展栏的“操作对象”参数组中可以看到有两个对象——A:Box001 和 B:Torus001，选择任意一个对象，发现它们的名称又出现在修改堆栈中，此时可以重新调节它们的参数，如图 6-44 所示。

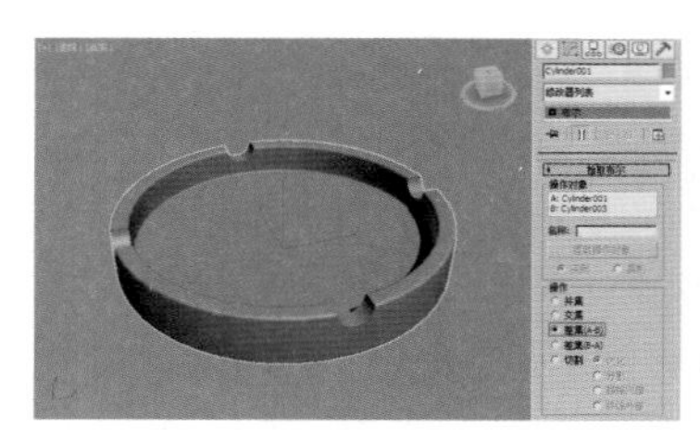

图 6-43

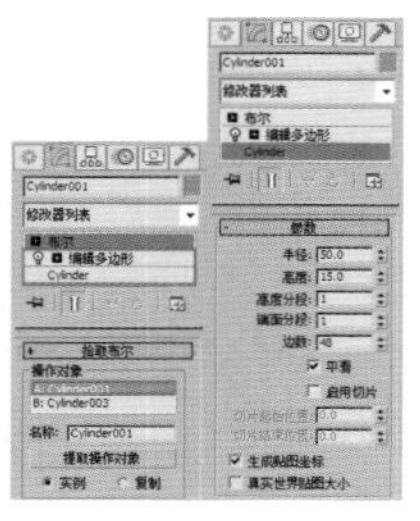

图 6-44

03 在“布尔”命令面板的“显示 / 更新”卷展栏中包含“显示”和“更新”两个选项组，在“显示”选项组中分别有 3 个单选按钮，它们控制着布尔运算中对象在视图中的显示状态，它不会影响最终的渲染效果，如图 6-45 所示。

04 在“修改”命令面板的堆栈中，单击“布尔”名称前的“+”展开按钮，并选择“操作对象”选项组中的任意对象，即可进入布尔运算的子对象编辑状态，如图 6-46 所示。

图 6-45

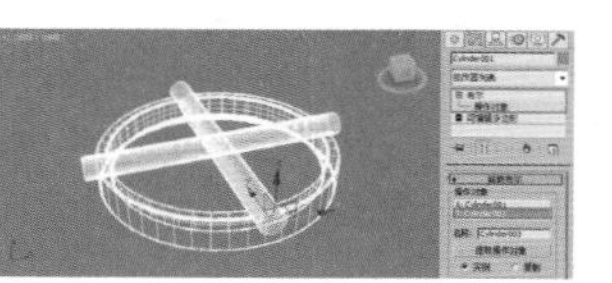

图 6-46

技巧与提示：

在进行多个物体或连续多次布尔运算时，常会出现无法计算或计算错误的情况，这是因为原始物体经过布尔运算后产生布局混乱造成的。所以在进行布尔运算过程中，还应遵守一些合理的操作原则以减少错误的产生，具体方法可参见本书配套的教学视频。

实例操作：制作藤椅模型

实例：制作藤椅模型

实例位置：	工程文件 >CH06> 藤椅 .max
视频位置：	视频文件 >CH06> 实例：使用布尔运算制作藤椅 .mp4
实用指数：	★★☆☆☆
技术掌握：	熟练使用“布尔运算”工具来制作模型。

本例将通过使用“布尔”工具来制作一个藤椅的模型效果，如图 6-47 所示为本实例的最终完成效果。

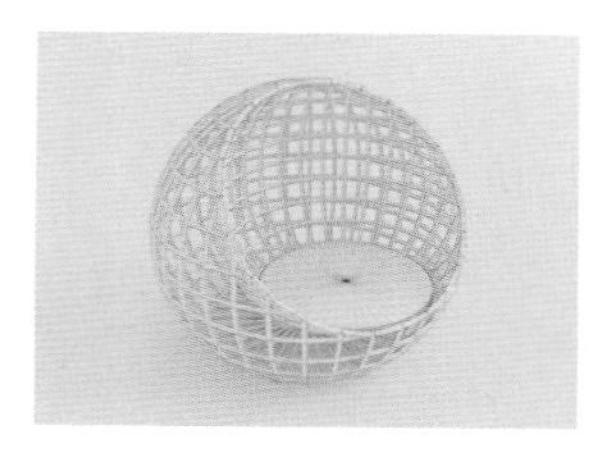

图 6-47

01 启动 3ds Max 2016，在“创建”面板中单击“球体”按钮 球体 ，在场景中创建一个“球体”模型，如图 6-48 所示。

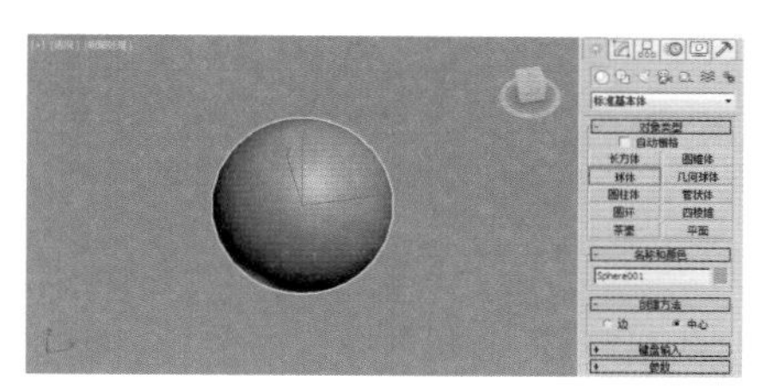
图 6-48

02 在“修改”面板中，设置“球体”的半径为 50，并设置“半球”为 0.25，如图 6-49 所示。

03 在场景中再创建一个“半径”为 45 的“球体”模型，并调整其位置，如图 6-50 所示。

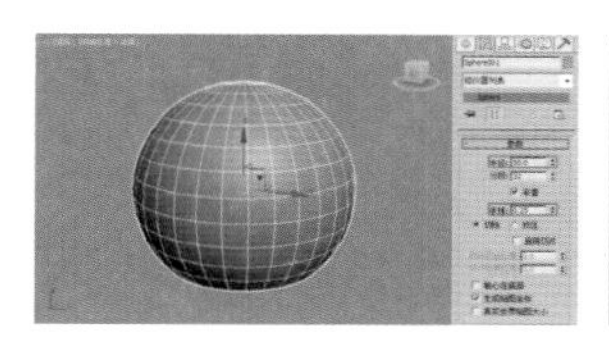
图 6-49

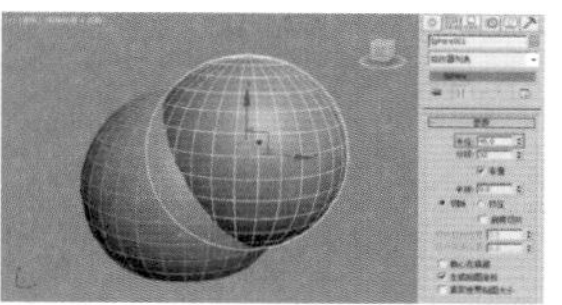
图 6-50

04 选择第一个“球体”对象，在“创建”面板中，将下拉列表切换至“复合对象”，单击“布尔”按钮 布尔 ，然后在“拾取布尔”卷展栏中单击“拾取操作对象 B”按钮 拾取操作对象 B ，接着在场景中单击第二个“球体”物体，如图 6-51 和图 6-52 所示。

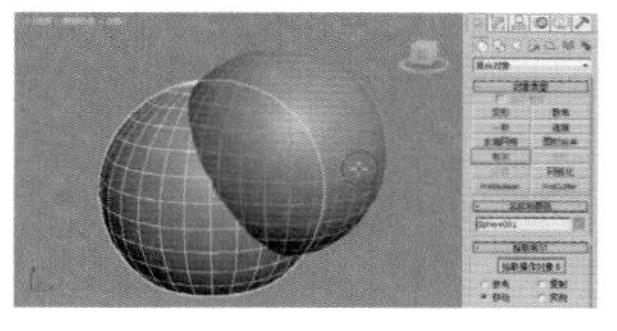
图 6-51

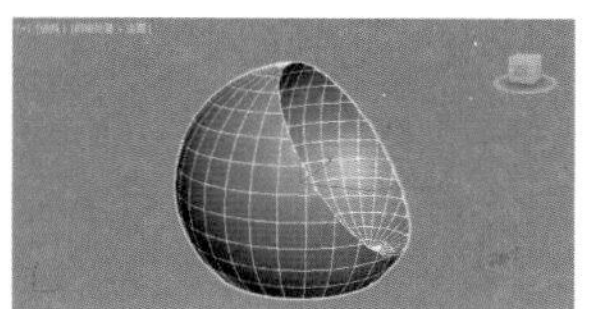
图 6-52

05 进入“修改”面板，在“修改器列表”中为其添加“晶格”修改器，如图 6-53 所示。

06 在“参数”卷展栏中，选择“仅来自边的支柱”，并设置“半径”为 1，如图 6-54 所示。

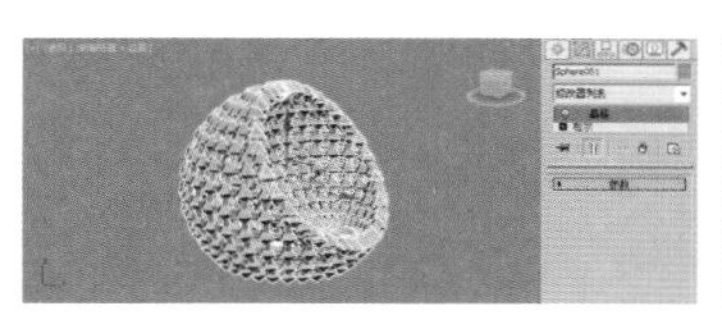
图 6-53

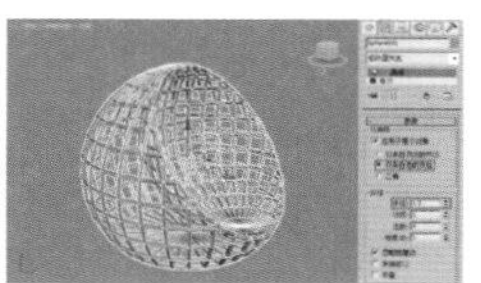
图 6-54

07 在“创建”面板中，将下拉列表切换至“扩展基本体”，单击“切角圆柱体”按钮 切角圆柱体 ，在场景中创建一个“切角圆柱体”物体，如图 6-55 所示。

08 进入“修改”面板，设置“半径”为 27，“高度”为 2，“圆角”为 0.5，“圆角分段”为 3，“边数”为 50，如图 6-56 所示。

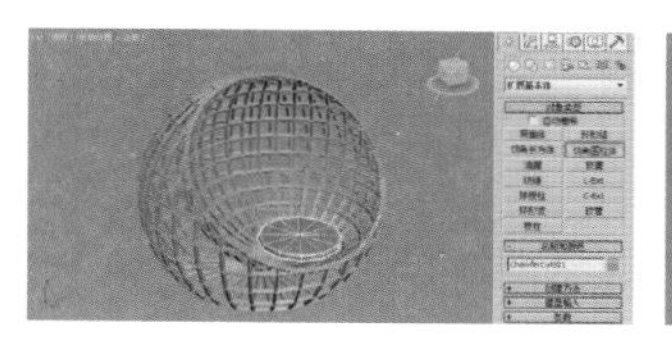
图 6-55

图 6-56

09 调整“切角圆柱体”的位置，最终效果如图 6-57 所示。

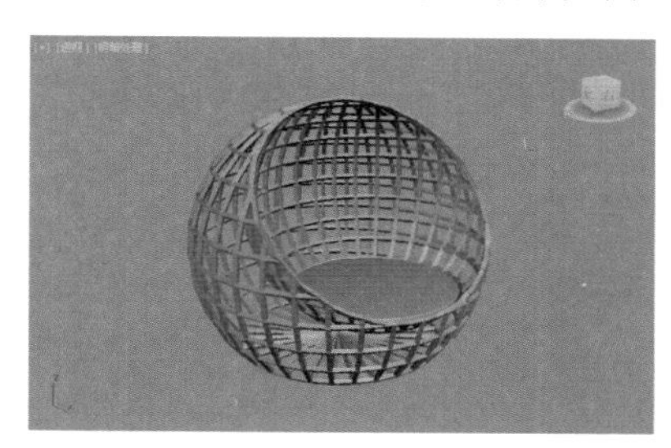
图 6-57

6.2.5　ProBoolean

ProBoolena 是 3ds Max 9.0 版本时新增的一个工具，在 3ds Max 9.0 之前，ProBoolean 作为 3ds Max 的一个布尔运算插件存在，称为 PowerBoolean（超级布尔运算）。在 3ds Max 9.0 的时候，ProBoolean 被植入到了软件中，成为了软件自带的一个工具，可见 ProBoolean 的重要性。ProBoolean 与前面学过的传统布尔运算工具相比更有优势，甚至可以完全取代传统的布尔运算工具，如图 6-58 所示为使用 ProBoolean 组合的对象，如图 6-59 所以为 ProBoolean 的创建参数面板。

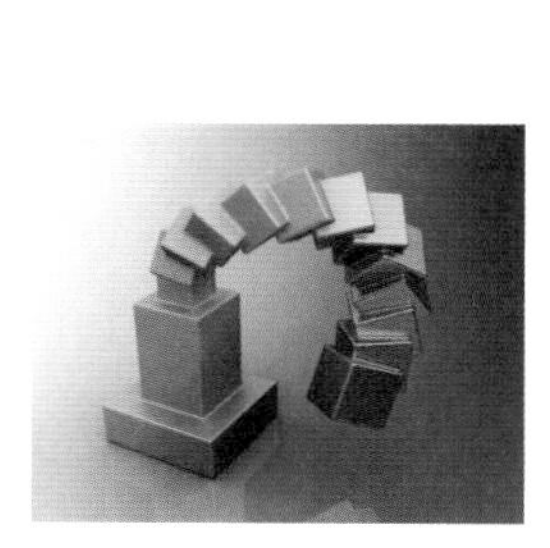
图 6-58

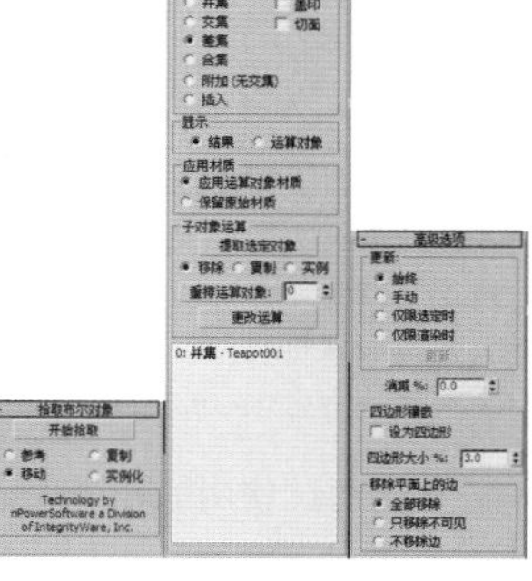
图 6-59

“参数”卷展栏中的其他运算方式与传统的布尔运算方式的结果相差不大。“合并”运算方式是将对象组合到单个对象中，而不移除任何几何体，只在对象相交的位置创建新边，如图 6-60 所示为选择“合并”运算方式的结果。

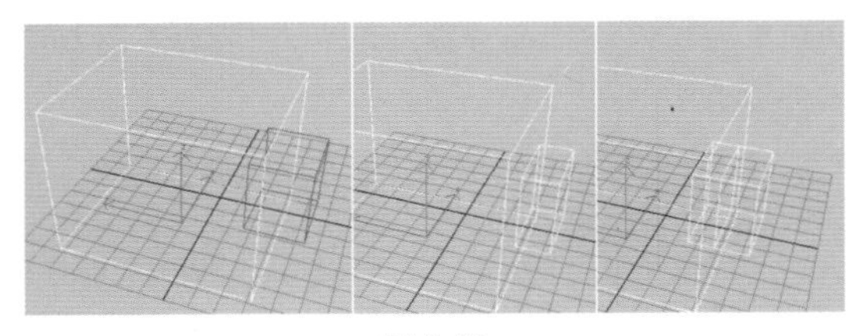

图 6-60

“附加”运算模式是将两个或多个单独的实体合并成单个布尔型对象，而不更改各实体的拓扑。实质上，操作对象在整个合并成的对象内仍为单独的元素，如图 6-61 所示为选择“附加”运算方式的结果。

“插入”运算模式是先从第一个操作对象减去第二个操作对象的边界体积，然后再组合这两个对象。实际上，插入操作会将第一个操作对象视为液体体积，因此，如果插入的操作对象存在孔洞或存在使“液体”进入其体积的某些其他特征，则液体会进入相应的空处，如图 6-62 所示，一个已放入液体中的“碗”，如果碗上有洞或发生了倾斜，则液体会进入“碗”内。

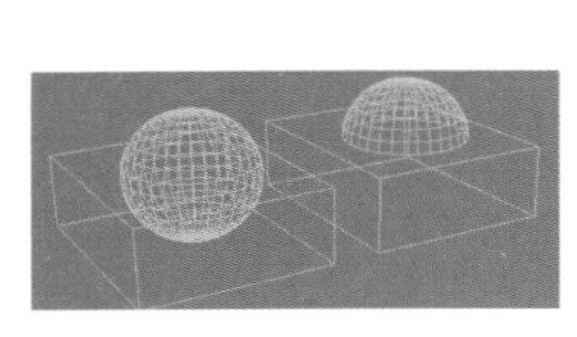

图 6-61

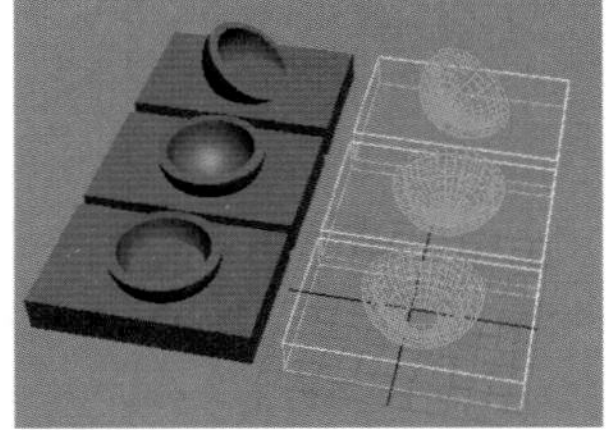

图 6-62

技巧与提示：

关于 ProBoolean 的其他参数，可参见本书配套的教学视频。

实例操作：制作钥匙模型

实例：制作钥匙串模型

实例位置：工程文件 >CH06> 钥匙 .max

视频位置：视频文件 >CH06> 实例：使用 ProBoolean 制作钥匙 .mp4

实用指数：★★☆☆☆

技术掌握：熟练使用 ProBoolean 工具来制作模型。

本例通过使用 ProBoolean 工具来制作一个钥匙的模型，如图 6-63 所示为本例的最终完成效果。

图 6-63

01 打开本书相关素材中的“工程文件 >CH06> 钥匙 > 钥匙 .max”文件，该场景中有一个“平面”对象，并为“平面”对象指定了一张钥匙的贴图，如图 6-64 所示。

02 进入顶视图，在“图形”面板，单击“圆环”按钮，在视图中创建一个“圆环”对象，如图 6-65 所示。

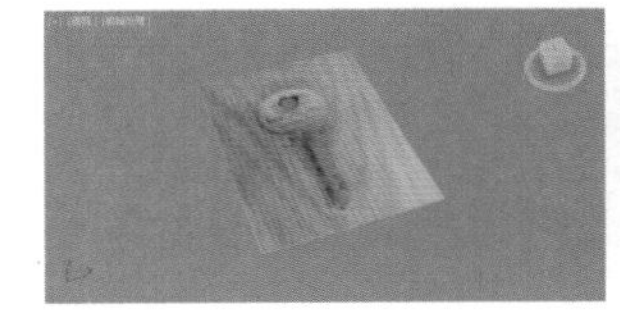

图 6-64

图 6-65

03 将“圆环”转换为可编辑的样条线，进入“修改”面板，在“样条线”级别下，根据钥匙参考图编辑“圆环”的形态，效果如图 6-66 所示。

04 使用“线”工具，依据参考图，画出钥匙锯齿的大致轮廓，如图 6-67 所示。

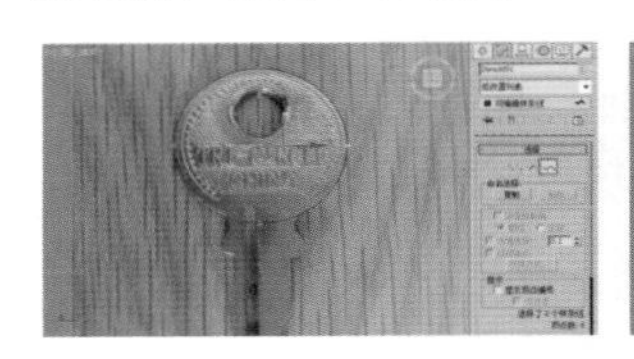

图 6-66

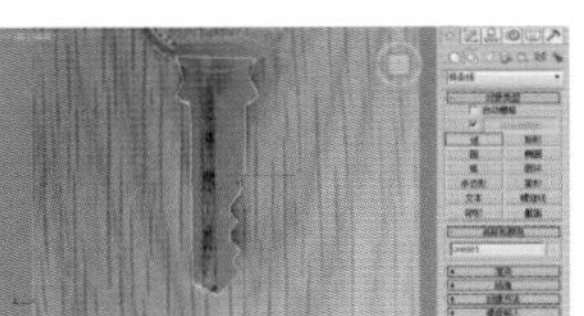

图 6-67

05 在“修改”面板中，进入其“顶点”层级，对顶点的位置和形态进行编辑，效果如图 6-68 所示。

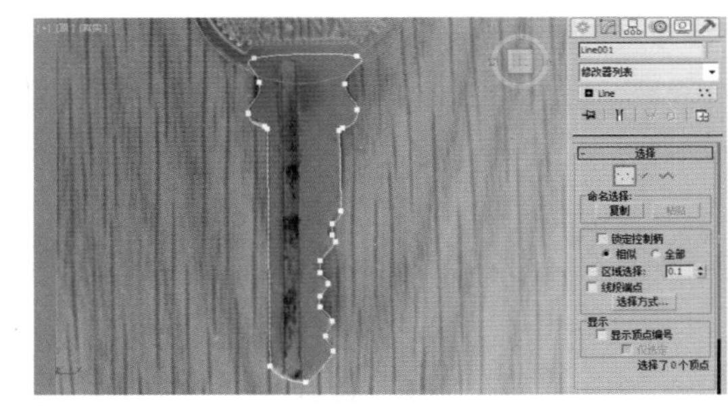

图 6-68

06 将两条样条线通过“附加”命令合并在一起，然后在“样条线”级别中，使用“布尔”命令，将两条样条线进行“并集”方式的布尔运算，如图 6-69 和图 6-70 所示。

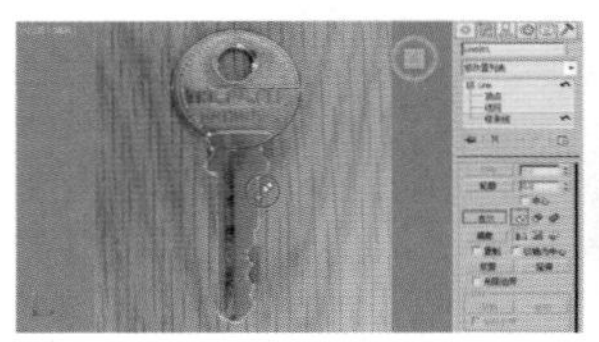

图 6-69

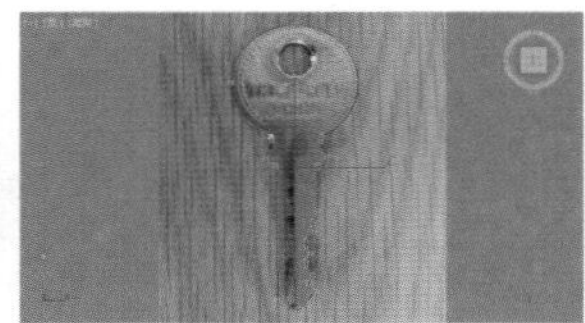

图 6-70

07 在“修改器列表”中为其添加“挤出”修改器，设置“数量”为 0.5，如图 6-71 所示。

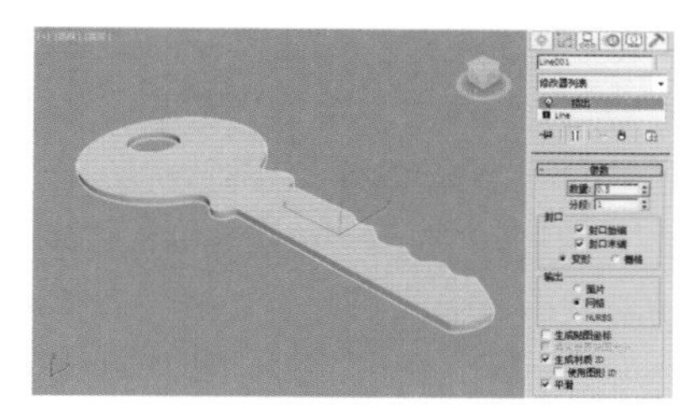

图 6-71

08 使用“线”工具创建两条样条线，并为其添加“挤出”修改器，效果如图 6-72 和图 6-73 所示。

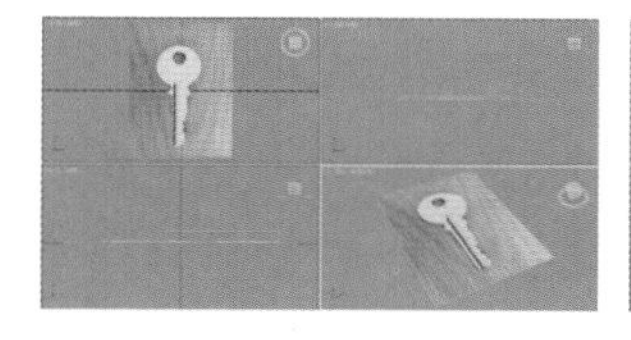

图 6-72

图 6-73

09 选择“钥匙”模型，进入“复合对象”面板，单击 ProBoolean 按钮 ProBoolean，在“拾取布尔对象”卷展栏中，单击“开始拾取”按钮 开始拾取，接着在场景依次单击另外的两个样条线对象，效果如图 6-74 和图 6-75 所示。

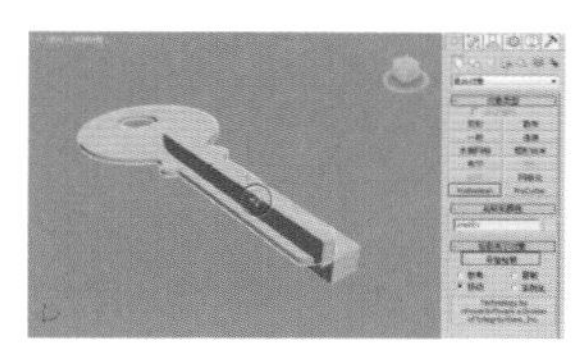

图 6-74

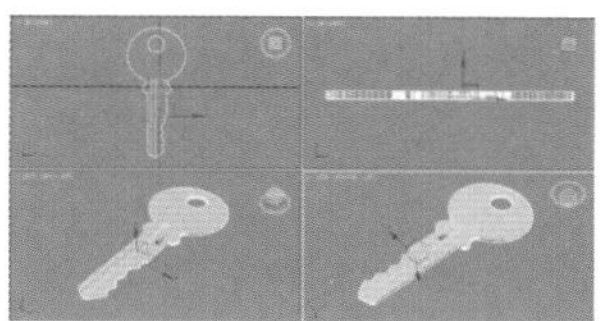

图 6-75

技巧与提示：

对多个物体进行连续多次的布尔运算，这也是 ProBoolean 比传统的“布尔”工具功能强大的地方之一。

10 复制一些“钥匙”模型，再创建一个“螺旋线”模型作为“钥匙环”，调节位置和角度后，最终效果如图 6-76 所示。

图 6-76

6.2.6 ProCutter

ProCutter 与 ProBoolean 有相似的地方，或者说 ProCutter 是一种特殊的 ProBoolean，其主要目的是分裂或细分体积。ProCutter 运算的结果尤其适用于动态模拟中。在动态模拟中，对象炸开，或由于外力或另一对象使对象破碎，如图 6-77 所示为使用 ProCutter 工具“切”出的模型效果，如图 6-78 所示为 ProCutter 的创建参数面板。

图 6-77

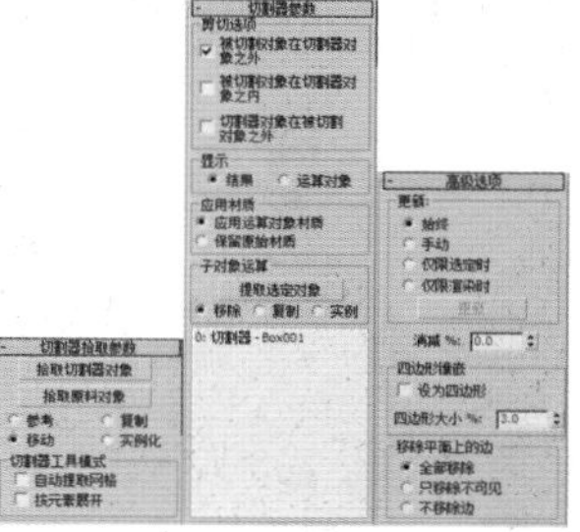

图 6-78

下面将通过一组实例，讲解 ProCutter 的相关知识。

01 打开本书相关素材中的“工程文件 >CH06> 挖窗户 > 挖窗户 .max”文件，该场景中有一个作为“墙面”的立方体对象，两个作为“切割器”的对象，这两个“切割器”是多个立方体对象使用 ProBoolean 进行“并集”计算后的结果，如图 6-79 所示。

02 在场景中选择“切割器 01”对象，进入“复合对象”创建面板，在“对象类型”卷展栏下单击 ProCutter 按钮 ProCutter，在“切割器拾取参数”卷展栏中激活“拾取切割器对象” 拾取切割器对象 按钮，然后在场景中单击“切割器 02”对象，使该对象也定义为切割器对象，如图 6-80 所示。

图 6-79

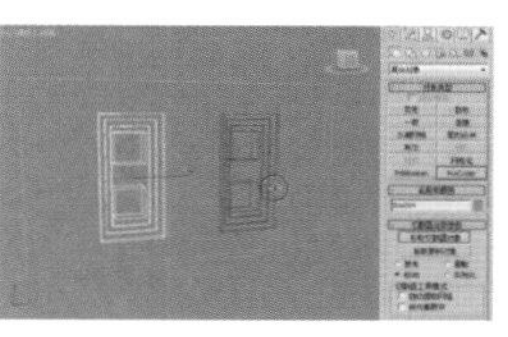

图 6-80

03 激活“拾取原料对象”按钮 拾取原料对象，然后在场景中单击“墙面”对象，得到的结果如图 6-81 所示。

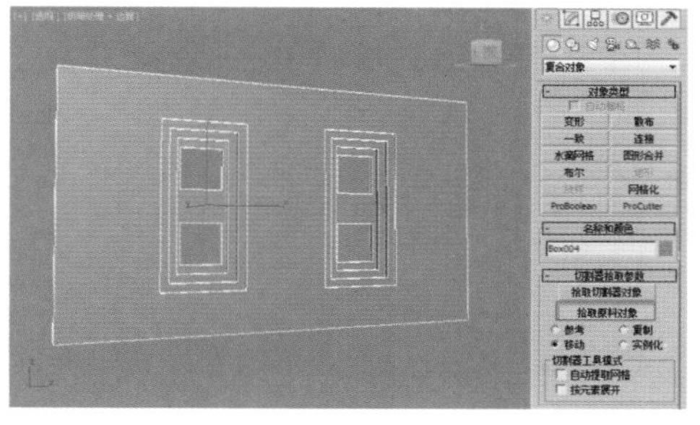

图 6-81

我们可以把“切割器”对象理解为一把刀，而“原料”

对象可以理解为要被这把刀切割的物体。上面创建窗户的小实例用 ProBoolean 也可以实现，只是操作的顺序略有不同。ProCutter 特殊的地方在于，在切割对象的同时，还可以把对象拆分为几个独立的物体，如图 6-82 所示为使用 ProCutter 工具制作的打碎玻璃杯的效果。

图 6-82

实例操作：制作破碎的花瓶

实例：制作破碎的花瓶

实例位置：	工程文件 >CH06> 破碎的花瓶 .max
视频位置：	视频文件 >CH06> 实例：使用 ProCutter 制作破碎的花瓶 .mp4
实用指数：	★★☆☆☆
技术掌握：	熟练使用 ProCutter 工具来制作模型。

本例通过使用 ProCutter 工具来制作一个破碎的花瓶模型，如图 6-83 所示为本例的最终完成效果。

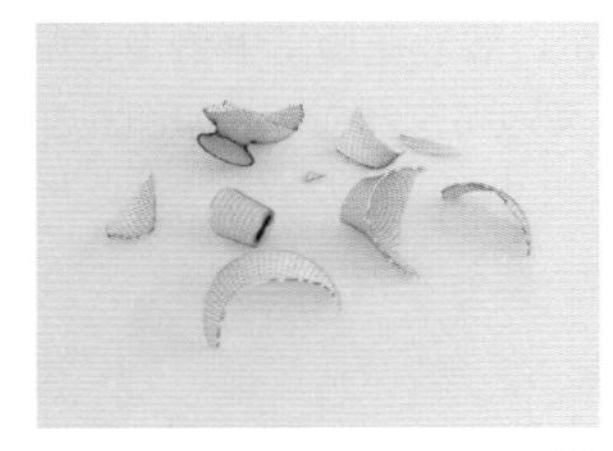

图 6-83

01 打开本书相关素材中的“工程文件 >CH06> 破碎的花瓶 > 破碎的花瓶 .max”文件，该场景中包含一个“花瓶”模型和 4 个“切割器”对象，这 4 个“切割器”是用“线”工具并添加了“挤出”修改器来制作的，如图 6-84 所示。

图 6-84

02 在场景中选择“切割器 01”对象，进入“复合对象”创建面板，在“对象类型”卷展栏中单击 ProCutter 按钮 ProCutter ，在“切割器拾取参数”卷展栏内激活“拾取切割器对象”按钮 拾取切割器对象 ，然后在场景中依次单击“切割器 02”“切割器 03”和“切割器 04”对象，如图 6-85 和图 6-86 所示。

图 6-85

图 6-86

03 进入“修改”面板，在“切割器拾取参数”卷展栏中，选中“切割器工具模型”项目组的“自动提取网格”和“按元素展开”复选框，在“切割器参数”卷展栏中选中“被切割对象在切割器对象之外”和“被切割对象在切割器对象之内”复选框，然后激活“拾取原料对象”按钮 拾取原料对象 ，在场景中单击“花瓶”对象，这样“花瓶”对象就被分了好多部分，如图 6-87 和图 6-88 所示。

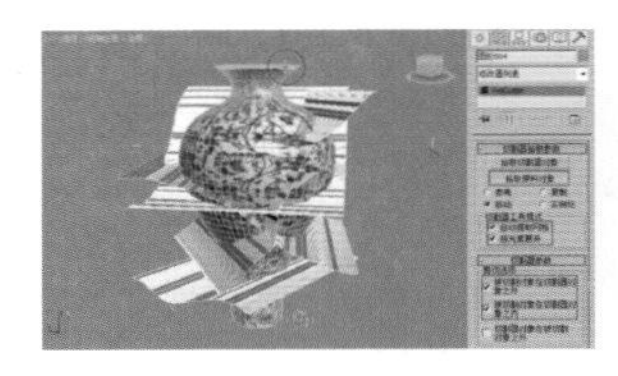

图 6-87

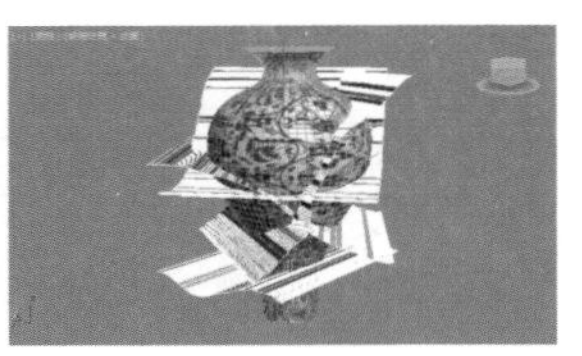

图 6-88

04 按 Delete 键将当前选择的“切割器”对象删除，并移动“花瓶”的几个部分，发现“花瓶”已经被分离开了，如图 6-89 所示。

05 使用移动和旋转工具，对“花瓶”的碎片进行位置和角度的调整，最终效果如图 6-90 所示。

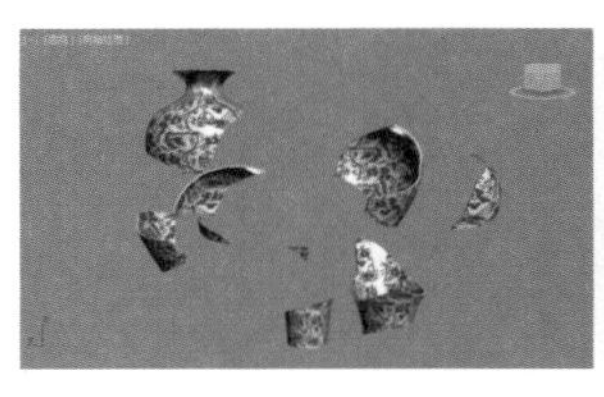

图 6-89

图 6-90

技巧与提示：

使用同样的方法，可以将“花瓶”对象切割得更碎一些，然后配合 3ds Max 2016 的 MassFX 动力学工具，即可制作“花瓶”摔碎的动画效果。关于 ProBoolean 和 ProCutter 其他参数的含义，可参见本书配套的教学视频。

6.3　创建放样对象

放样造型起源于古代的造船技术，以龙骨为路径，在不同截面处放入木板，从而产生船体模型。这种技术被应用于三维建模领域，也就是放样操作。在建模工具层出不穷的今天，放样工具仍有着其鲜明的优势，如图 6-91 所示为使用“放样”工具制作的道路模型，如图 6-92 所示为“放样”的参数面板。

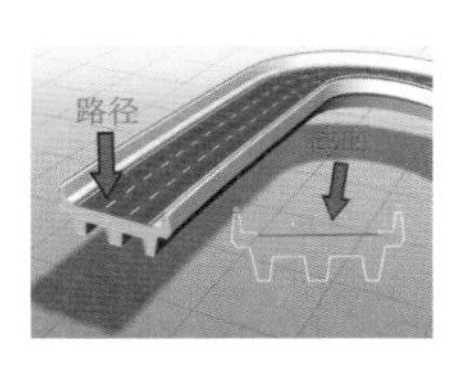

图 6-91

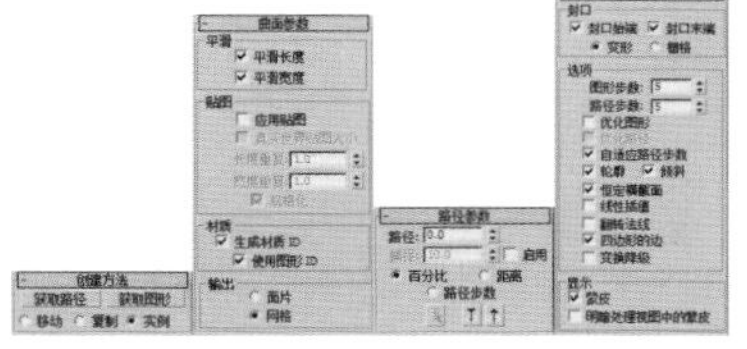

图 6-92

创建放样对象完全依赖二维图形，任何二维图形都可以作为放样对象的截面和路径资源来使用，但并不是所有的二维图形都可以满足放样的要求，如图 6-93 和图 6-94 所示为一些不符合放榜路径要求的二维图形。

图 6-93

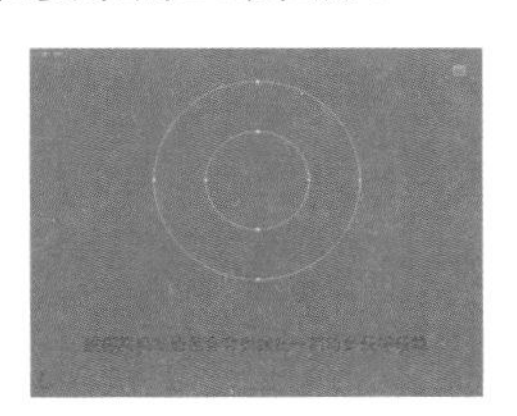

图 6-94

6.3.1　创建放样对象

在创建放样对象之前，必须先准备好路径和截面，一个作为放样的路径，另一个作为放样的截面。接下来将通过一组实例，来了解如何创建简单的放样对象。

01 打开本书相关素材中的“Chapter-06> 放样图形 > 放样图形 .max”文件，并在视图中选择“直线”作为放样图形的路径，如图 6-95 所示。

02 进入“复合对象”创建面板，在“对象类型”卷展栏中单击“放样”按钮 放样 ，此时在“放样”命令面板中会出现“放样”的创建参数，如图 6-96 所示。

图 6-95

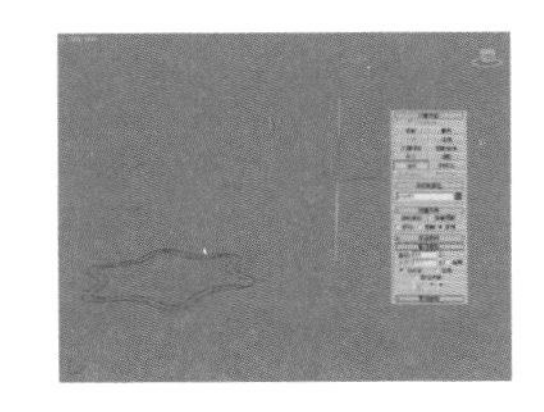

图 6-96

03 单击“创建方法”卷展栏中的“获取图形”按钮 获取图形 ，将鼠标指针移动到视图中作为截面的星形对象上，鼠标指针将转变为“获取图形”捕捉状态图标，随即单击选择该图形，完成创建放样对象的操作，如图 6-97 和图 6-98 所示。

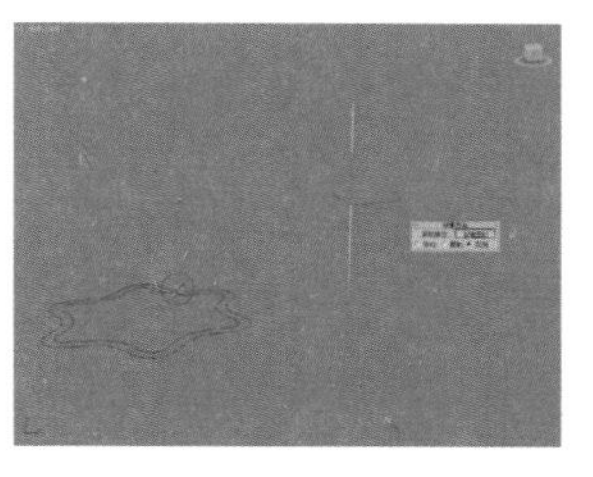

图 6-97

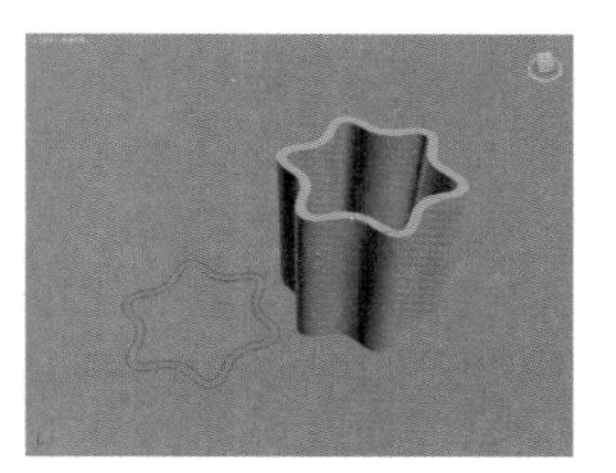

图 6-98

技巧与提示：

如果最初选择了星形对象，那么应该在“创建方法”卷展栏中选择“获取路径”。应该选择“获取路径”还是“获取图形”，这主要取决于我们的操作顺序。

6.3.2　使用多个截面图形进行放样

在一条路径上放置多个截面可以创建出复杂的放样对象。使用多个截面图形创建对象的重点在于设置不同的路径参数，通过不同的路径参数拾取不同的截面，如图 6-99 所示为“路径参数”卷展栏，如图 6-100 所示为多截面放样的效果。

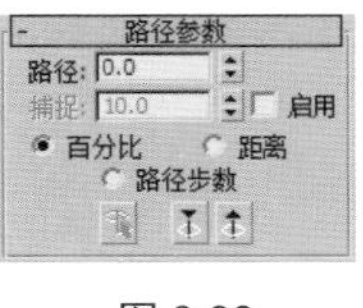

图 6-99

图 6-100

实例操作：制作窗帘模型

实例：制作窗帘模型

实例位置：　工程文件 >CH06> 窗帘 .max

视频位置：　视频文件 >CH06> 实例：使用“放样”制作窗帘 .mp4

实用指数：　★★★☆☆

技术掌握：　熟练使用“放样”工具来制作模型。

本例通过使用“放样”工具来制作一个窗帘的模型效果，如图 6-101 所示为本例的最终完成效果。

图 6-101

01 启动 3ds Max 2016，进入“图形”面板，单击“线”按钮 线 ，将“初始类型”和“拖曳类型”都改为“平滑”，然后在顶视图中，绘制一条样条线，如图 6-102 所示。

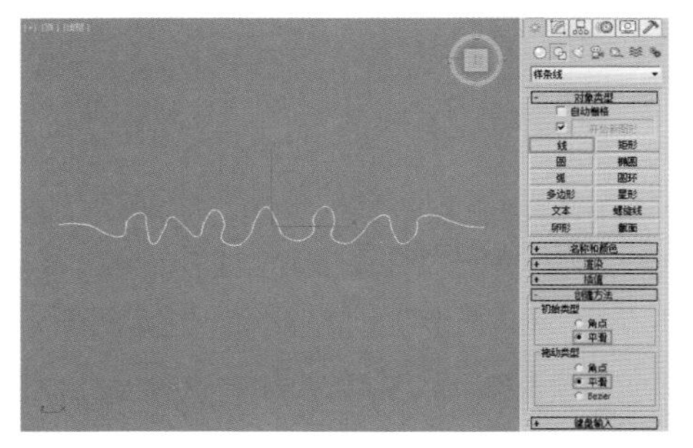

图 6-102

02 用同样的方法，再创建一条样条线，如图 6-103 所示。

03 继续使用“线”工具，在前视图中，按住 Shift 键由下至上创建一条垂直的样条线，如图 6-104 所示。

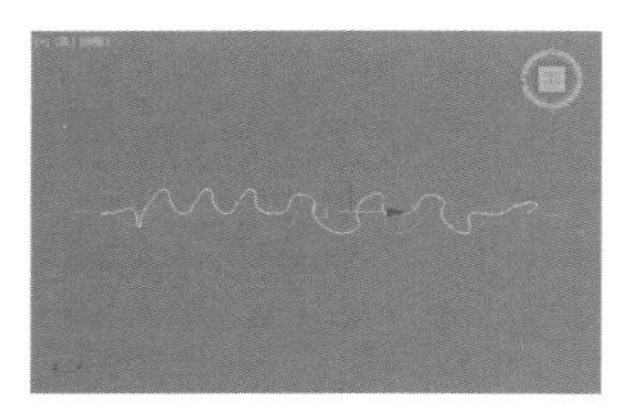

图 6-103

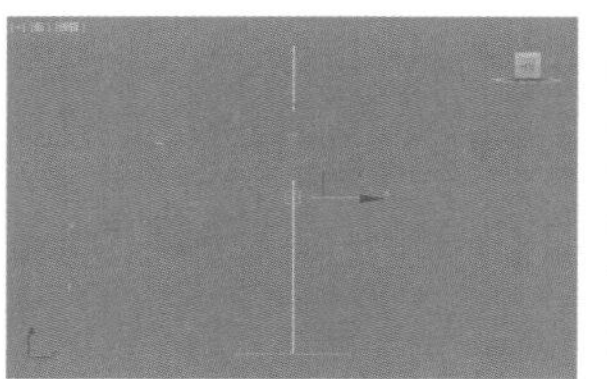

图 6-104

04 选择刚才创建的样条线，进入“复合对象”面板，单击“放样”按钮 放样 ，接着在“创建方法”卷展栏中单击“获取图形”按钮，然后在视图中拾取下面的二维图形，如图 6-105 和图 6-106 所示。

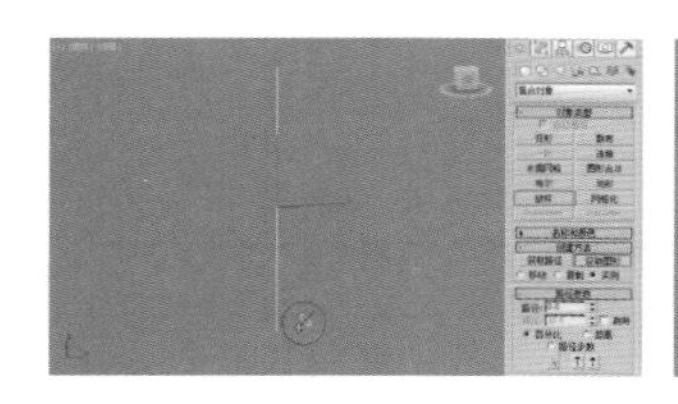

图 6-105

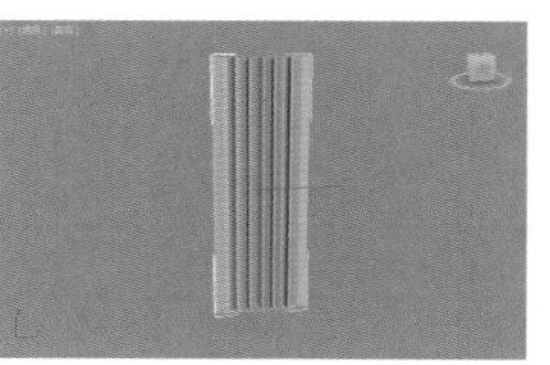

图 6-106

05 在“路径参数”卷展栏中，设置“路径”为 100，然后在视图中拾取上面的那条样条线，如图 6-107 所示。

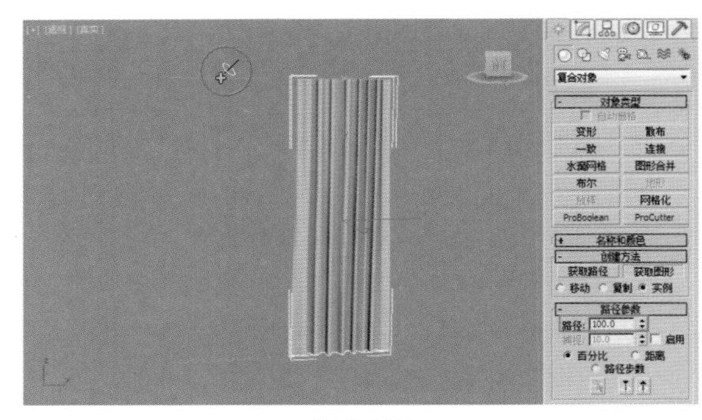

图 6-107

技巧与提示：

这里需要注意，刚才创建这条垂直样条线的时候，是由下至上创建的，那么样条线下面的“顶点”就是样条线的起始点，也就是“路径”为 0 的地方，相反上面的“顶点”就是“路径”为 100 的地方。在进行多截面放样的时候，路径的起始点非常重要，这决定了“获取图形”时的顺序和设置“路径”时的数值。

06 选择创建的“窗帘”物体，单击主工具栏的“镜像”按钮，在弹出的对话框中设置“镜像轴”为 X 轴，“克隆当前选择”为“复制”，完成后调整新复制“窗帘”的位置，如图 6-108 和图 6-109 所示。

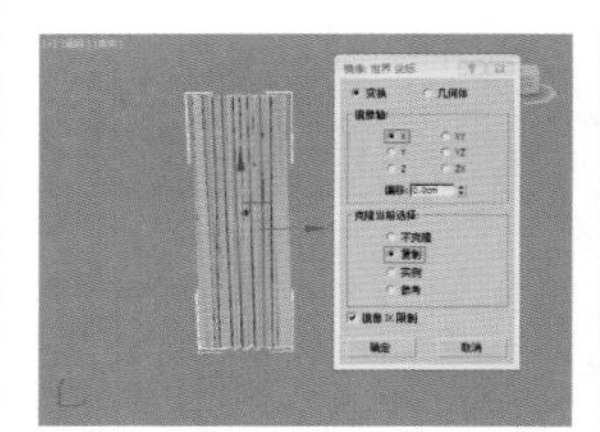

图 6-108

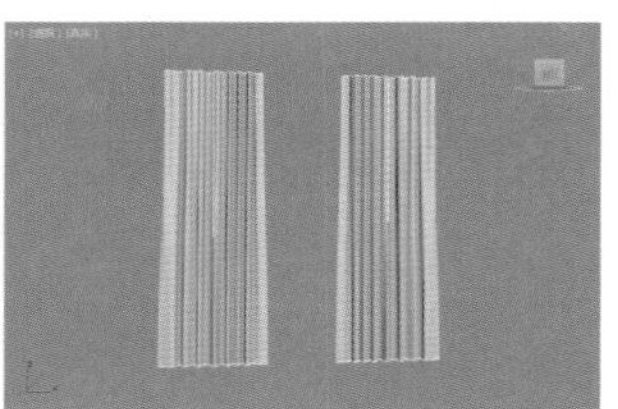

图 6-109

07 继续使用“线”工具，在顶视图中创建两条样条线，如图 6-110 所示。

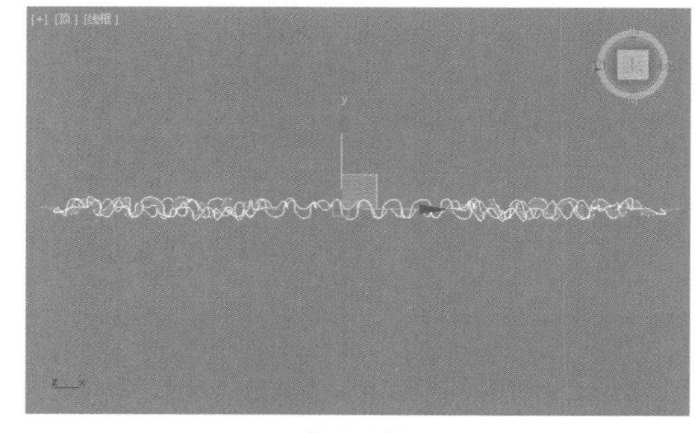

图 6-110

08 选择刚才的直线，使用“放样”工具，用前面相同的方法制作后面大一些的窗帘物体，如图 6-111 和图 6-112 所示。

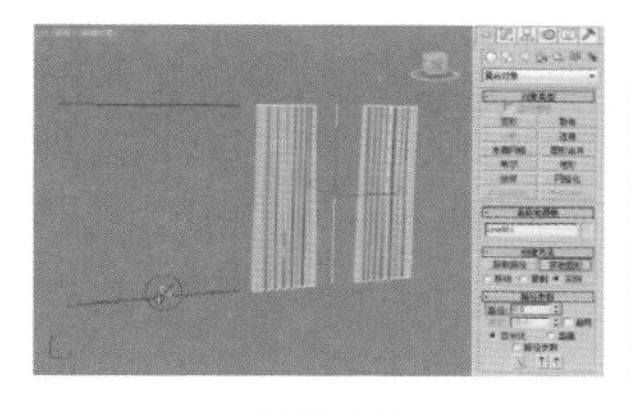
图 6-111

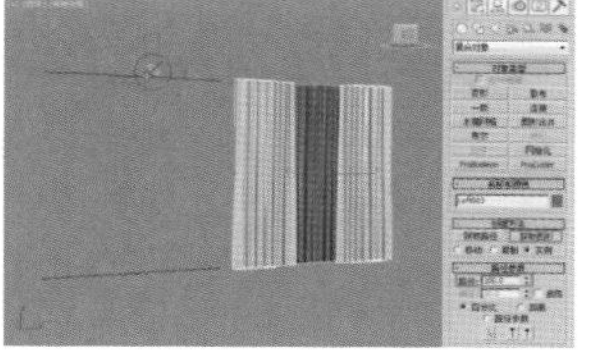
图 6-112

09 使用“长方体”工具制作窗帘顶部的盖板，最终效果如图 6-113 所示。

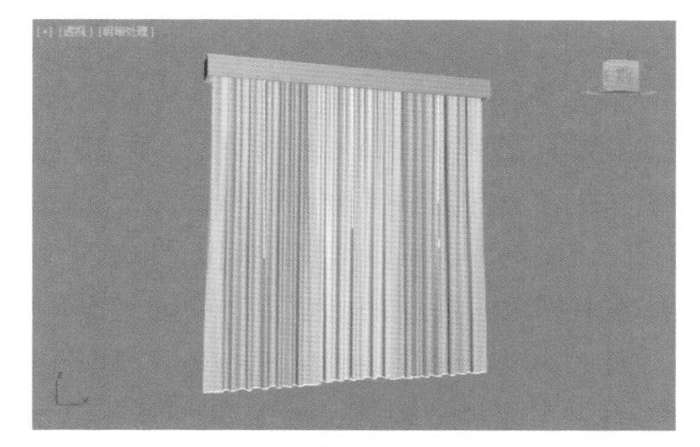
图 6-113

6.3.3　编辑放样对象

当创建完成放样对象后，可以在“修改”命令面板中对其进行编辑。放样对象的路径、截面图形都是可以编辑的，甚至可以在路径上插入新的截面图形。下面将介绍编辑放样对象的方法。

“曲面参数”卷展栏包含控制放样对象表面渲染方式的选项，在“曲面参数”卷展栏的“平滑”选项组中有两个复选框，分别控制着放样对象的表面是否光滑，如图 6-114 所示，左面的对象为选中了“平滑长度”后的效果，右面的对象为选中了“平滑宽度”后的效果，后面的对象为两个选项都选中后的效果。

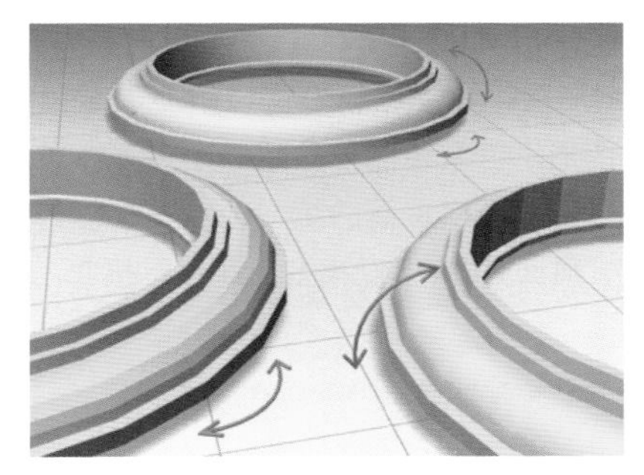
图 6-114

“路径”数值设置的是下一次“获取图形”时，截面被拾取时所在路径上的位置。“路径”数值计算的方式有 3 种，分别是“百分比”“距离”和“路径步数”，这 3 种方式的含义都大同小异，都是设置截面在路径从起始点到终点之间所在的位置，如图 6-115 所示。

如果要选择放样对象上的截面，可以通过“路径参数”卷展栏底部的 3 个按钮来选择，这 3 个按钮分别为“拾取图形”、“上一个图形”和“下一个图形”，如图 6-116 所示。

图 6-115

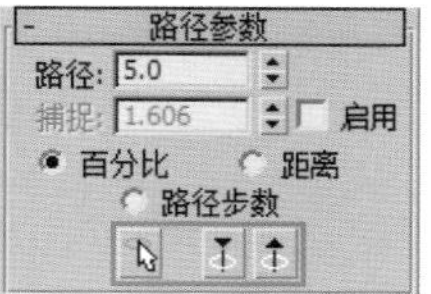

图 6-116

“蒙皮参数”卷展栏中包含许多选项，这些选项可以调整放样对象网格的复杂性，还可以通过控制面数来优化网格。

如图 6-117 所示为是否选中“封口始端”和“封口末端”的效果。

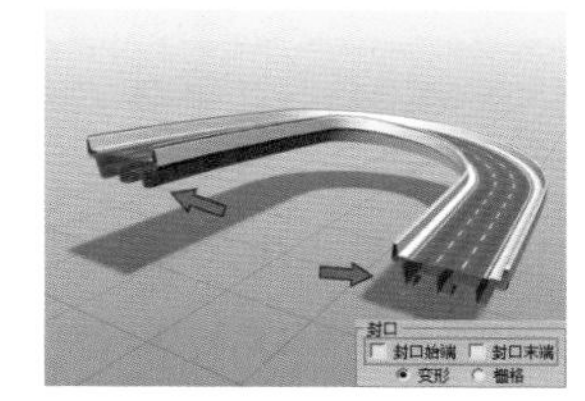
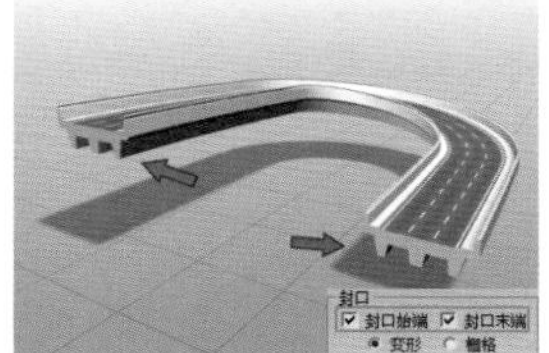
图 6-117

如图 6-118 所示的左边对象“图形步数”设置为 0，右边对象“图形步数”设置为 4。

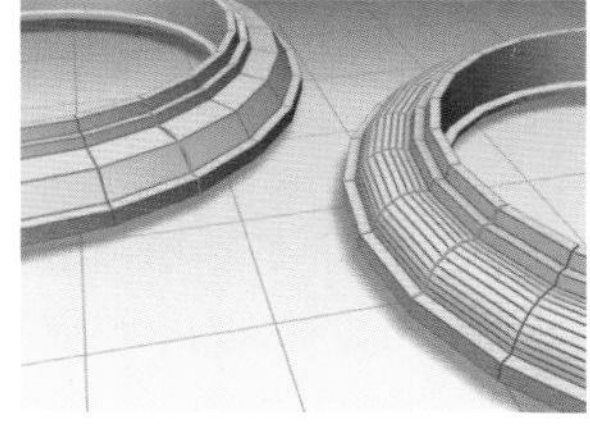
图 6-118

如图 6-119 所示，左图“路径步数”设置为 1，右图“图形步数”设置为 5。

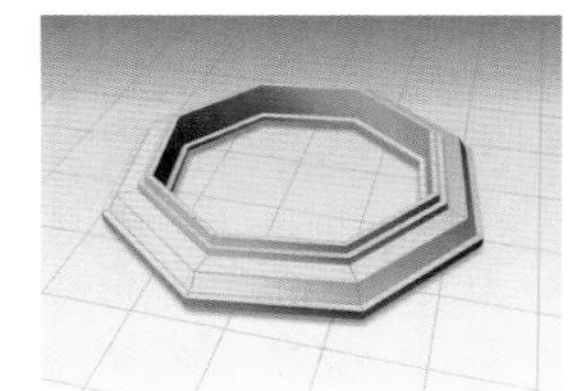
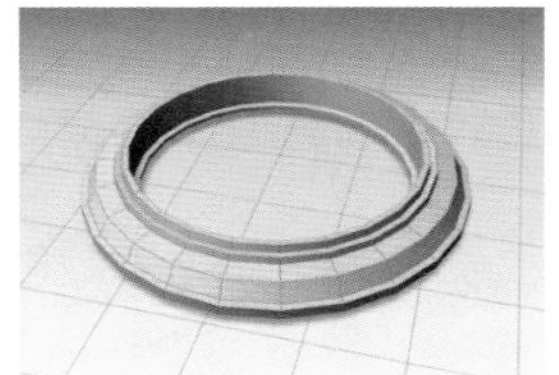
图 6-119

如图 6-120 所示，左边对象为选中“优化图形”复选框后的效果，右边对象为取消选中“优化图形”复选框后的效果。

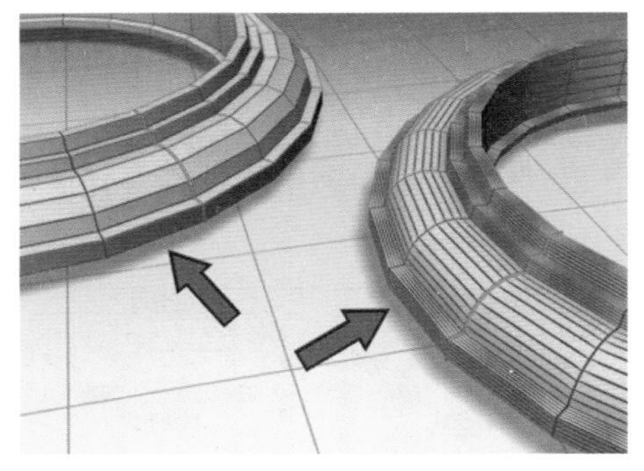

图 6-120

如图 6-121 所示，左图为选中“优化路径”复选框后的效果，右图为取消选中“优化路径”复选框后的效果。

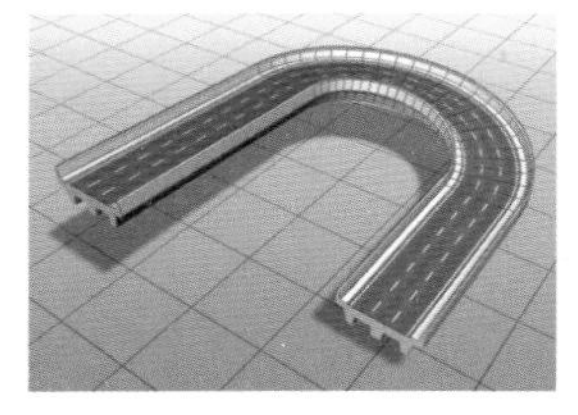

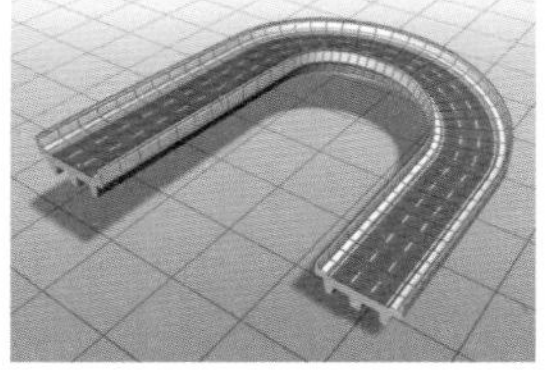

图 6-121

如图 6-122 所示，左图为选中“恒定横截面”复选框后的效果，右图为取消选中“恒定横截面”复选框后的效果。

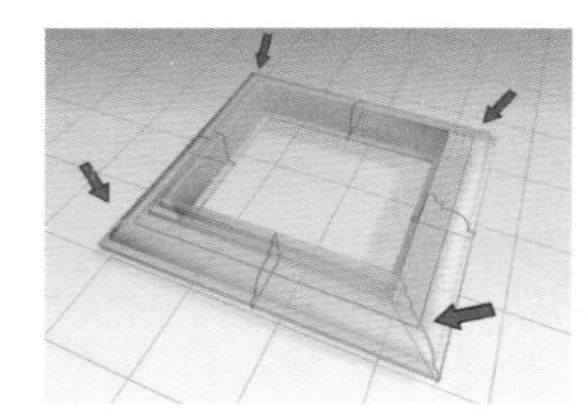

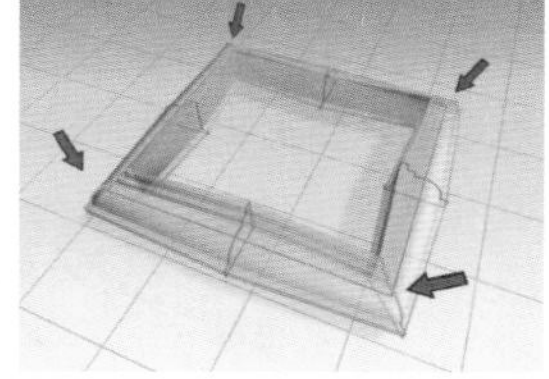

图 6-122

如图 6-123 所示，左边对象为取消选中“线性插值”复选框后的效果，右边对象为选中“线性插值”复选框后的效果。

在“变形”卷展栏中，提供了 5 种变形方法，分别为“缩放”“扭曲”“倾斜”“倒角”和“拟合”，如图 6-124 所示。

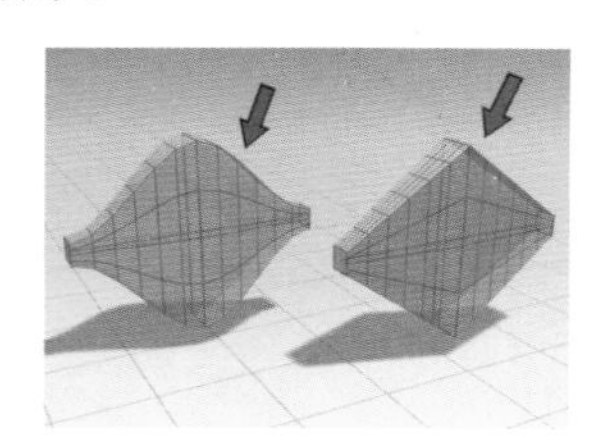

图 6-123

图 6-124

除拟合变形比较特殊外，其余 4 个有着相同的参数和使用方法，如图 6-125 所示为“缩放变形曲线”对话框。

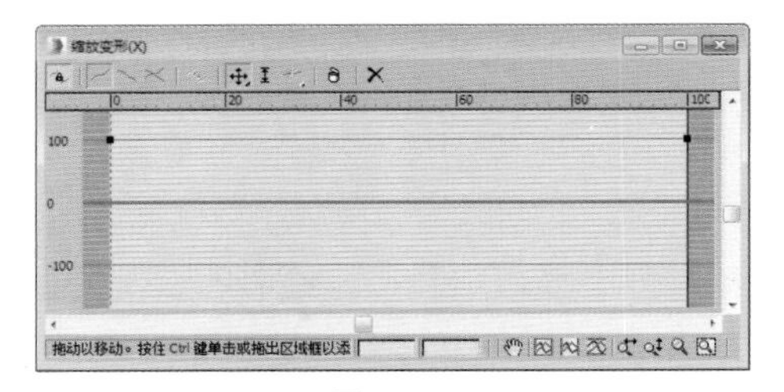

图 6-125

6.3.4 放样对象的子对象

当放样对象完成后，对象效果可能不尽如人意，可能需要对截面图形和路径图形进行更改，此时就需要通过放样对象的子对象来修改截面图形或路径图形。接下来将通过一组实例，讲解如何编辑放样对象的子对象。

01 打开本书相关素材中的“工程文件 >CH06> 放样子对象 > 放样子对象 .max”文件，观察场景模型会发现该对象的顶部产生了扭曲现象，如图 6-126 所示。下面通过修改放样对象的子对象来调整该对象的形态。

02 选择放样对象后，进入“修改”命令面板，在修改器堆栈中展开 Loft 选项，可以看到放样对象的两个子对象层级：“图形”和“路径”。选择“图形”选项，可以进入“图形”子对象层级进行编辑，如图 6-127 所示。

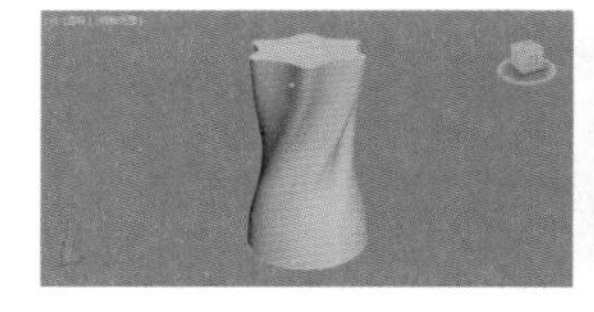

图 6-126

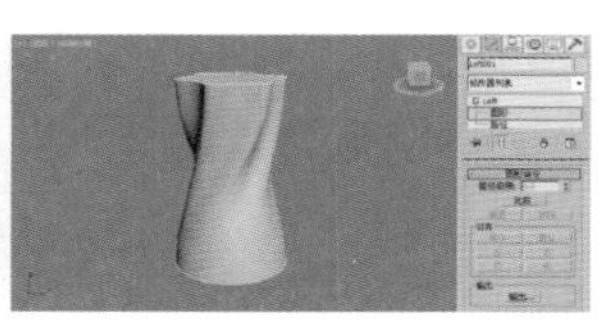

图 6-127

03 单击“图形命令”卷展栏中的“比较”按钮 比较 ，打开“比较”窗口，在窗口中单击“拾取图形”按钮，然后在视图中依次拾取对象的两个截面，如图 6-128 所示。

04 拾取图形后，在“比较”窗口中会显示出拾取的所有横截面图形，以及各图形的第一个顶点。通过比较可以看出，因为一个横截面的第一顶点没有与其他横截面图形的第一顶点对齐，所以模型上产生了扭曲，如图 6-129 所示。

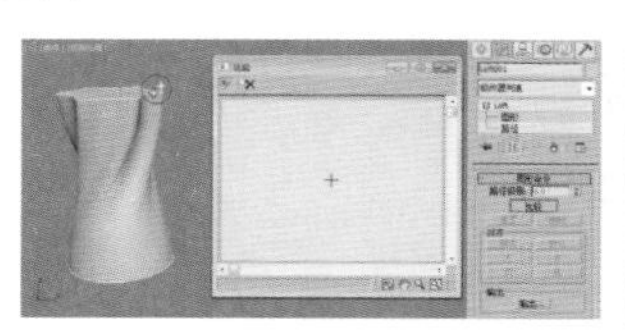

图 6-128

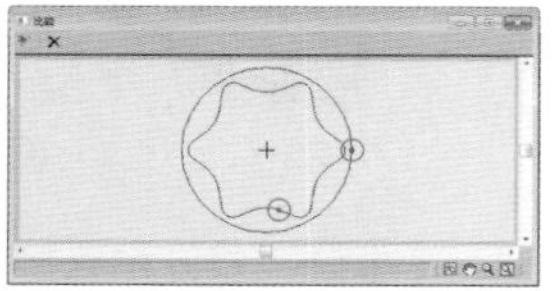

图 6-129

05 使用“选择并旋转”工具，在视图中调整第一顶点没有对齐的横截面图形的角度，校正模型的扭曲现象，如图 6-130 所示。

06 单击“重置”按钮 重置 ，将撤销使用“选择并旋转”或“选择并缩放”工具执行的图形旋转和缩放操作。单击“删除”按钮 删除 ，可将当前选定的图形从放样对象中删除。通过“对齐”选项组中的各个对齐按钮，可针对路径对齐选定图形，如图 6-131 所示。

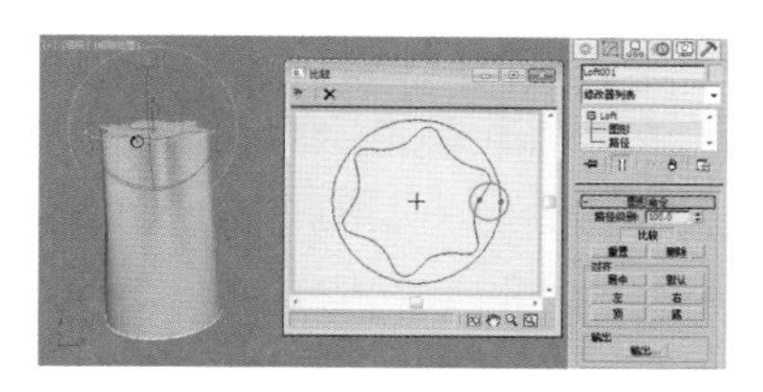

图 6-130

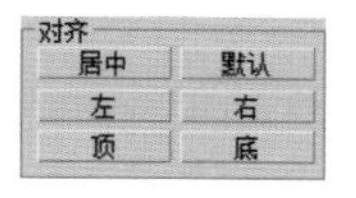

图 6-131

07 选择放样对象的其中一个截面图形，在“输出”选项中单击“输出”按钮 输出... ，可以重新将放样对象的截图图形输出为样条线对象，如图 6-132 所示。

08 在堆栈栏中选择“路径”选项，进入“路径”子对象层级，“路径命令”卷展栏中仅包含了一个“输出”命令。通过该命令，可以将放样对象中的路径输出为单独的二维图形，如图 6-133 所示。

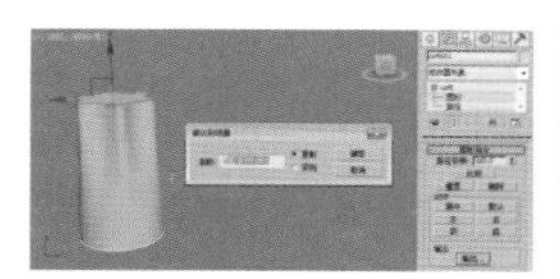

图 6-132

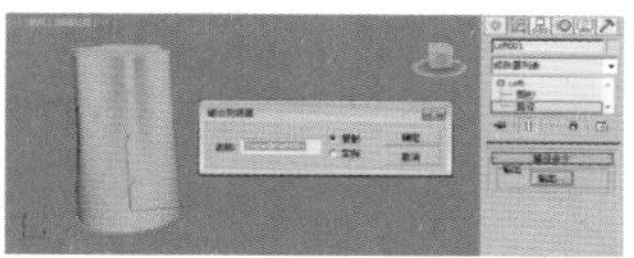

图 6-133

实例操作：制作电视机模型

实例：制作电视机模型

实例位置：　工程文件 >CH06> 电视机 .max

视频位置：　视频文件 >CH06> 实例：使用多种工具制作电视机 .mp4

实用指数：　★★★☆☆

技术掌握：　熟练使用“放样”、ProBoolean 等工具来制作模型。

本节为一个电视机的制作实例，实例演示了放样和 ProBoolean 工具的使用方法，通过该实例可以使读者更好地掌握本章所学内容，如图 6-134 所示为本例的最终完成效果。

图 6-134

01 打开本书相关素材中的“工程文件 >CH06> 电视机 > 电视机 .max”文件，该场景中有一个用作路径的“直线”对象和一个截面对象，如图 6-135 所示。

图 6-135

02 选择“直线”物体，进入“复合对象”面板，单击“放样”按钮 放样 ，接着在“创建方法”卷展栏中，单击“获取图形”按钮，然后在视图中拾取下面的二维图形，如图 6-136 和图 6-137 所示。

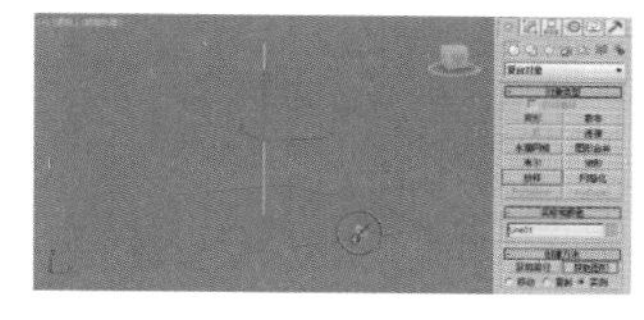

图 6-136

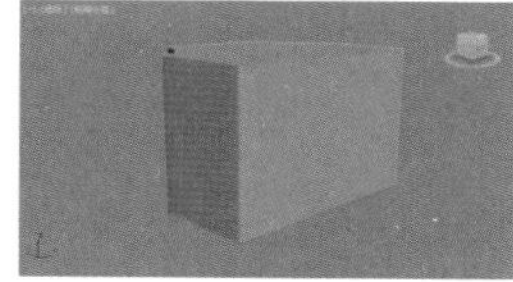

图 6-137

03 进入“修改”面板，在“变形”卷展栏中，单击“拟合”按钮 拟合 ，打开“拟合变形”对话框，如图 6-138 和图 6-139 所示。

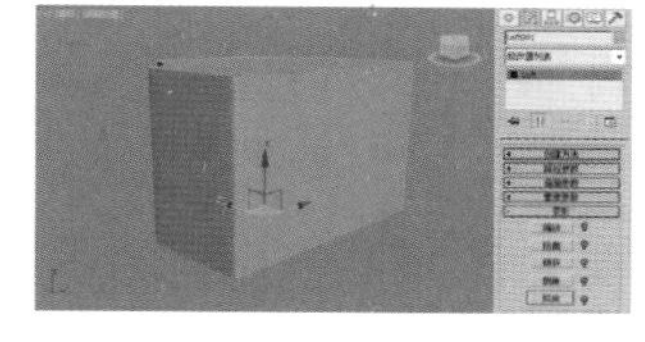

图 6-138

图 6-139

04 在“拟合变形”对话框中，单击“均衡”按钮将其关闭，接着单击“显示 Y 轴”按钮，然后单击“获取图形”按钮，此时在视图中单击“轮廓线”物体，如图 6-140~ 图 6-142 所示。

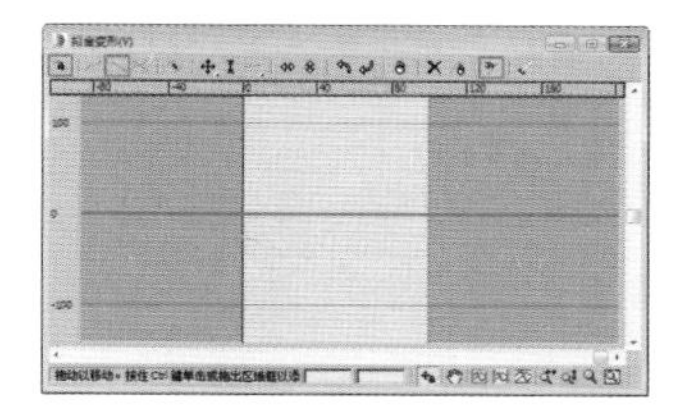

图 6-140

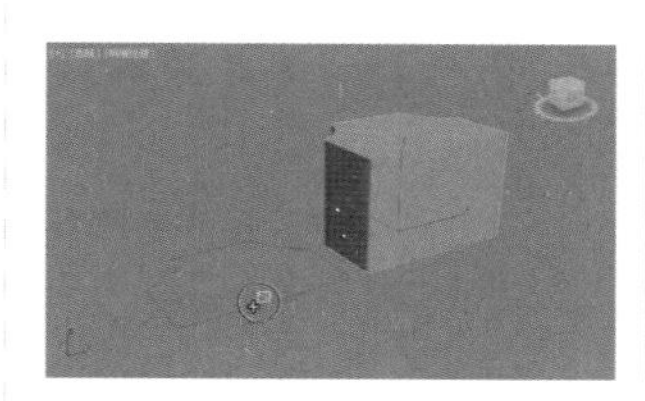

图 6-141

图 6-142

技巧与提示：

在上一步的操作中，我们是让“轮廓线”只影响模型的Y轴，在其他情况下，还是根据实际情况来确定具体影响哪个轴向。如果将图形拾取进来后发现有问题，可以尝试单击工具栏上的“逆时针旋转90度”和“顺时针旋转90度”按钮来解决问题。

05 使用“长方体”工具创建两个长方体，分别设置它们的“长度”为100，“宽度”为20，“高度”为-3和“长度”为100，“宽度”为130，“高度”为-10，如图6-143和图6-144所示。

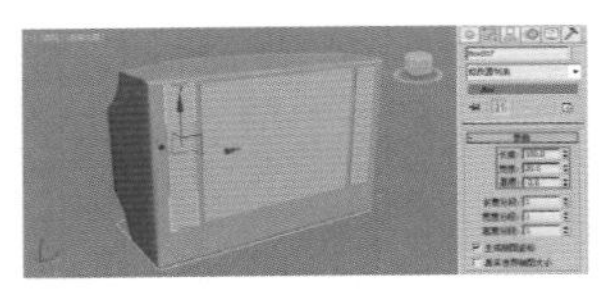
图6-143

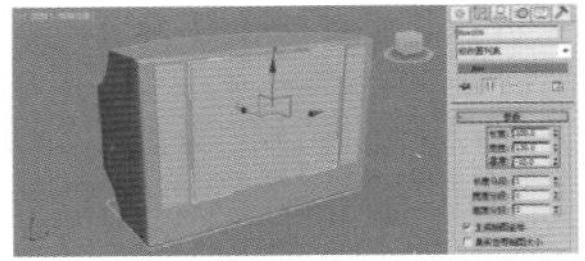
图6-144

技巧与提示：

创建的这几个长方体物体一定要与电视模型“相交”，方便下面进行的布尔运算。

06 选择“电视”物体，进入“复合对象”面板，单击ProBoolean按钮 ProBoolean ，在“拾取布尔对象”卷展栏中，单击“开始拾取”按钮，然后依次拾取场景中的3个长方体，如图6-145和图6-146所示。

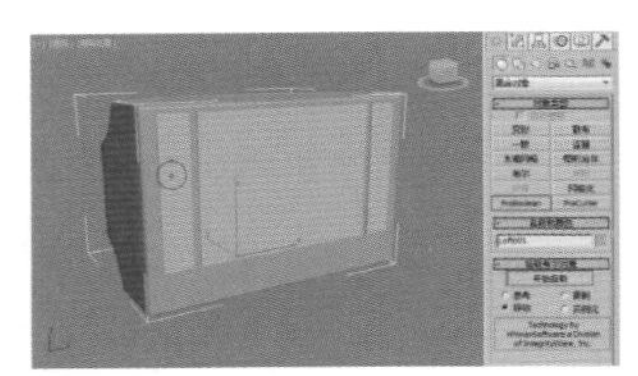
图6-145

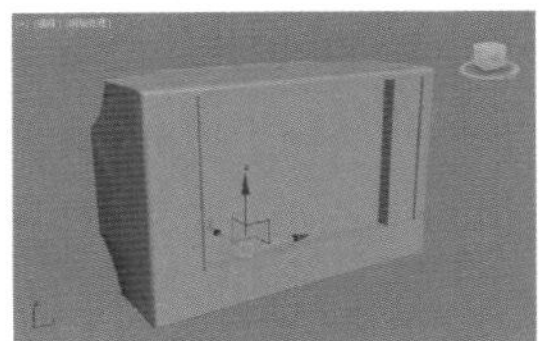
图6-146

07 使用“平面”工具，在前视图中创建一个“平面”物体，设置“长度”为100，“宽度”为20，“长度分段”为100，“宽度分段”为20，如图6-147所示。

08 进入“修改”面板，在“修改器列表”中为其添加“晶格”修改器，在“参数”卷展栏中，选择“仅来自边的支柱”，设置“半径”为0.2，如图6-148所示。

图6-147

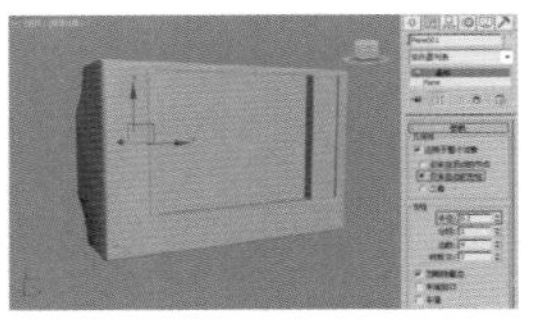
图6-148

09 将其复制到另外一边，然后再创建一个“平面”对象，并设置“长度”为100，“宽度”为130，“长度分段”为1，“宽度分段”为20，如图6-149所示。

10 进入“修改”面板，在“修改器列表”中为其添加“弯曲”修改器，设置“角度”为10，弯曲轴为X轴，如图6-150所示。

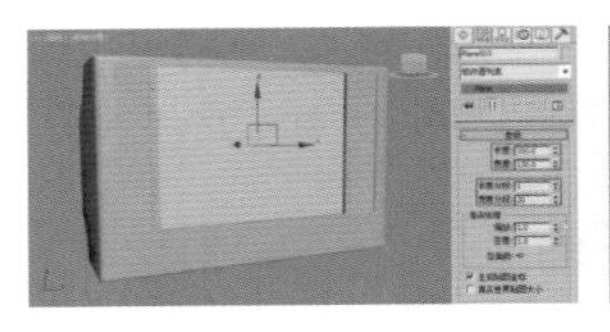
图6-149

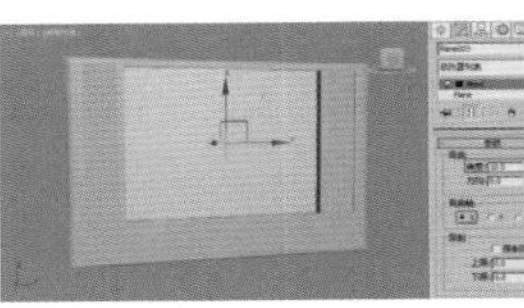
图6-150

11 选择“轮廓线”对象，为其添加“挤出”修改器，设置“数量”为4，如图6-151所示。

12 将“底座”向上复制一个，并设置挤出的“数量”为10，然后使用移动和缩放工具调整其位置和角度，如图6-152所示。

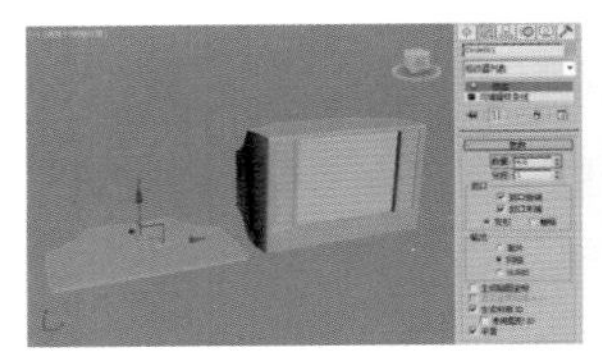
图6-151

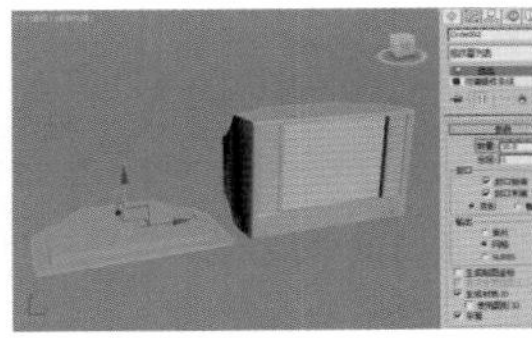
图6-152

13 将“电视”与“底座”进行位置的调整，最后再使用“文本”工具配合“挤出”修改器，制作电视的Logo，最终效果如图6-153所示。

图6-153

6.4 本章总结

本章主要详细讲解了“几何体”面板下拉列表中“复合物体”面板中的一些常用命令，所谓复合对象就是指利用两种或两种以上二维图形或三维模型复合生成一种新的三维造型的建模方法。通过对这些工具和命令的熟练掌握，可以使我们的模型制作起到事半功倍的效果。

第 7 章

多边形建模技术

7.1 多边形概述

多边形建模是一种常用的建模方法，该建模方法可以进入子对象层级对模型进行编辑，从而实现更复杂的效果，不止可以创建出家具、楼房等相对简单的模型，还可以创建汽车，甚至人物角色这种带有复杂曲面的模型，如图 7-1 所示为使用多边形建模方法创建的模型效果。本章将详细介绍多边形建模的技术。

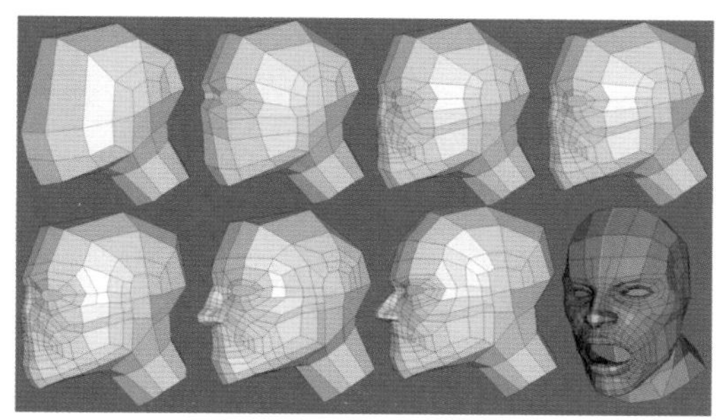

图 7-1

7.2 了解多边形建模

3ds Max 中的多边形建模技术非常强大，相比 Autodesk 公司旗下的另外两款主流三维动画软件 Maya 和 Softimage 来说，3ds Max 的多边形建模技术也有自己明显的优势，再加上在 3ds Max 2010 版本时新增的“石墨”建模工具的配合，使 3ds Max 的多边形建模技术更加完善和强大。

3ds Max 的多边形建模方式大体分为两种，一种为将模型转化为“可编辑网格”，另一种方法为将模型转化为“可编辑多边形”。这两种建模方式在功能及使用上几乎是一致的。不同的是“编辑网格”是由三角面构成框架结构，而“编辑多边形”既可以是三角网格模型，也可以是四边的，也可能是更多，如图 7-2 和图 7-3 所示为两种不同的建模方式。

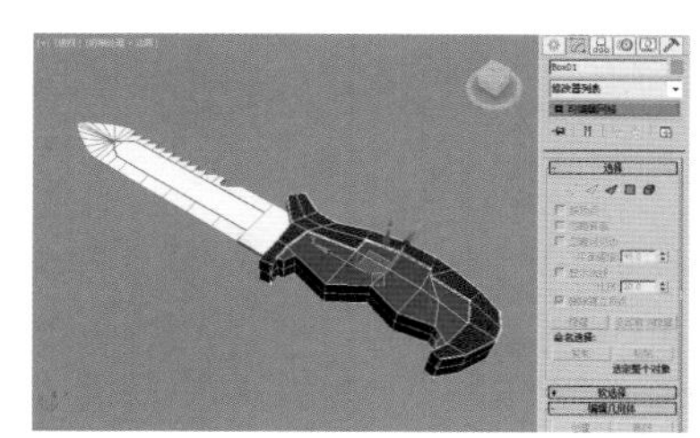

图 7-2

图 7-3

本章将为读者介绍多边形建模的相关知识，包括多边形建模的工作模式、多边形的子对象、子对象的编辑命令，以及“石墨”建模工具的用法。

7.2.1 多边形建模的工作模式

可编辑多边形对象包括顶点、边、边界、多边形和元素 5 个子对象层级，用户可以在任何一个子对象进行深层的编辑操作。接下来将通过一个实例操作，了解多边形建模的工作模式。

本章工程文件

本章视频文件

01 启动 3ds Max 2016，进入“几何体”面板，单击“长方体”按钮 长方体 ，在场景中创建一个“长方体”对象，如图 7-4 所示。

02 进入“修改”面板，设置其“长度”为 60，“宽度”为 100，“高度”为 10，如图 7-5 所示。

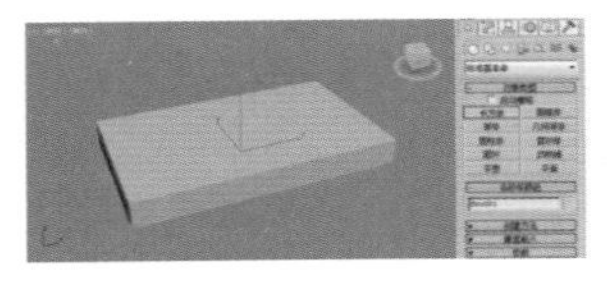
图 7-4

图 7-5

03 在“修改器列表”中为其添加“编辑多边形”修改器，如图 7-6 所示。

04 在“选择”卷展栏中，单击“边”按钮，进入“边”层级，然后选择如图 7-7 所示的边。

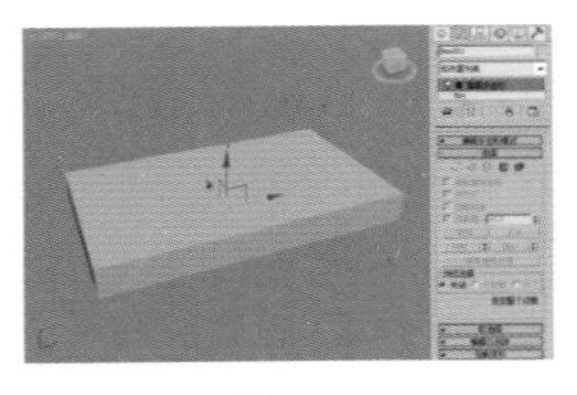
图 7-6

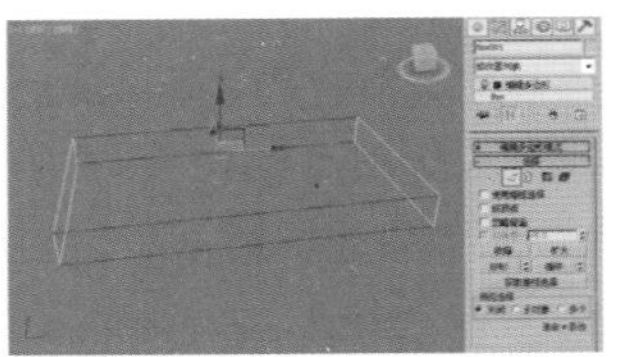
图 7-7

05 在“编辑边”卷展栏中，单击“连接”右侧的“设置”按钮，在弹出的快捷菜单中，设置“分段”为 2，“收缩”为 74，完成后单击“确定”按钮，如图 7-8 所示。

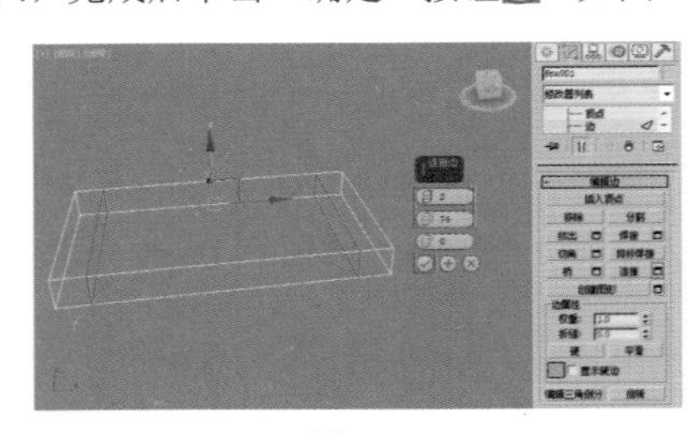
图 7-8

06 选择如图 7-9 所示的边，用同样的方法，连接两条线，设置“分段”为 2，“收缩”为 58，如图 7-10 所示。

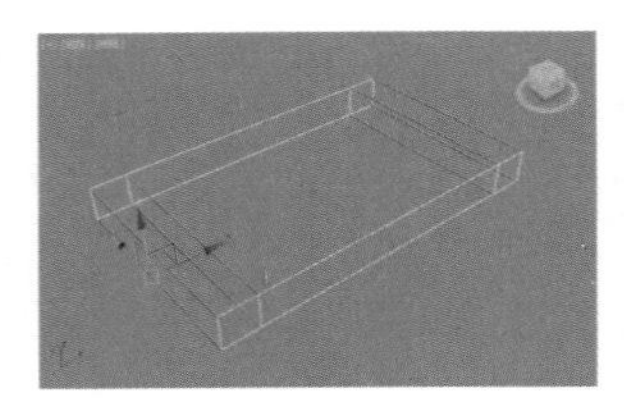
图 7-9

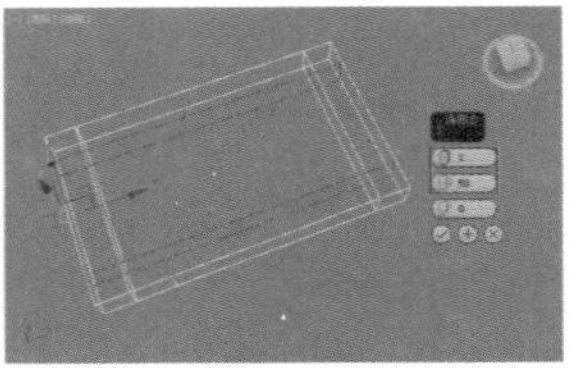
图 7-10

07 在“选择”卷展栏中，单击“多边形”按钮，进入“多边形”层级，选择如图 7-11 所示的多边形，按 Delete 键将其删除，效果如图 7-12 所示。

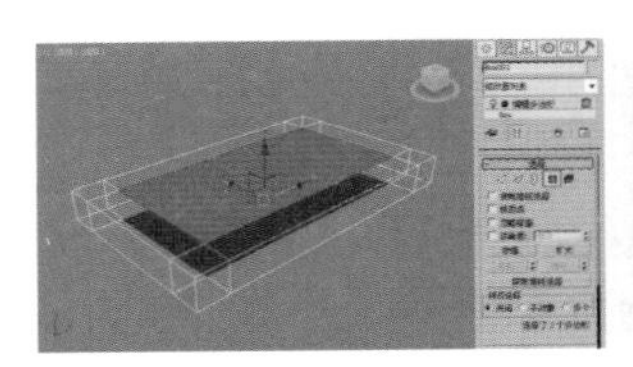
图 7-11

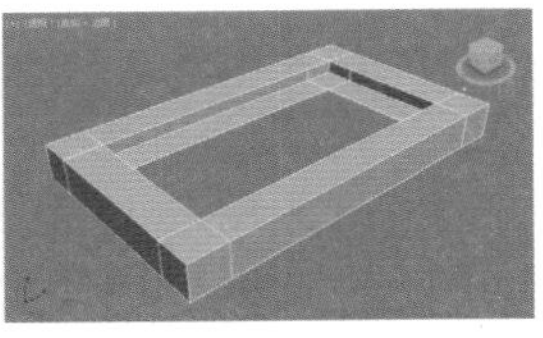
图 7-12

08 单击“边界”按钮，选择如图 7-13 所示的“边界”，然后单击“编辑边界”卷展栏中的“桥”按钮 桥 ，效果如图 7-14 所示。

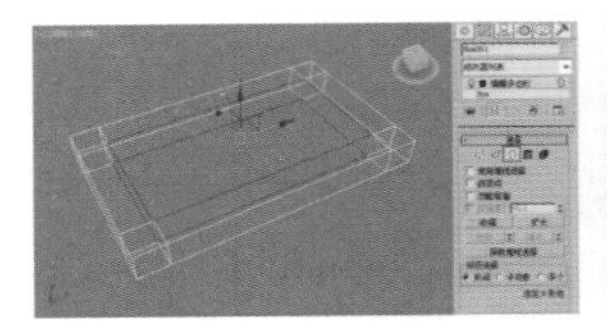
图 7-13

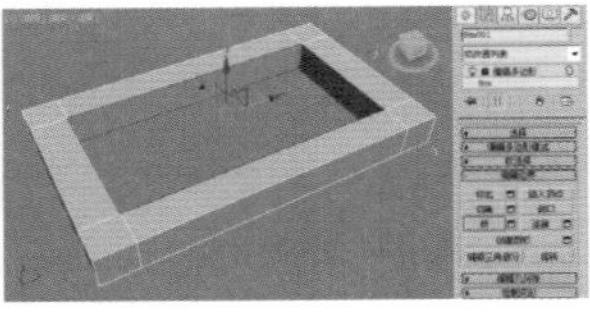
图 7-14

09 进入“多边形”层级，选择如图 7-15 所示的 4 个面，然后单击“编辑多边形”卷展栏中，“倒角”右侧的“设置”按钮，设置“高度”为 80，“轮廓”为 -2，效果如图 7-16 所示。

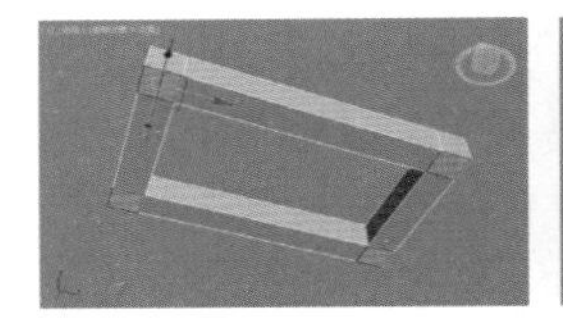
图 7-15

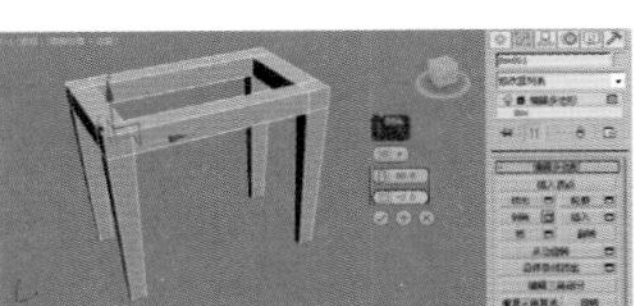
图 7-16

10 在“选择”卷展栏中，单击“顶点”按钮，使用缩放工具调整顶点的位置，如图 7-17 和图 7-18 所示。

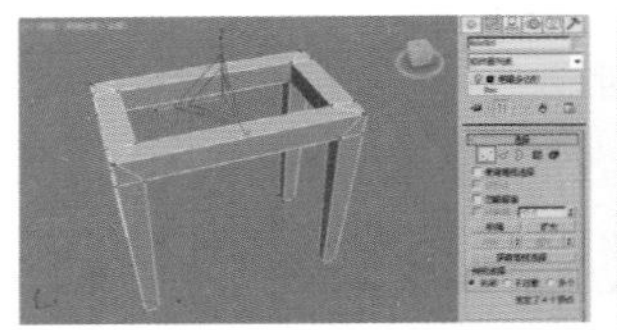
图 7-17

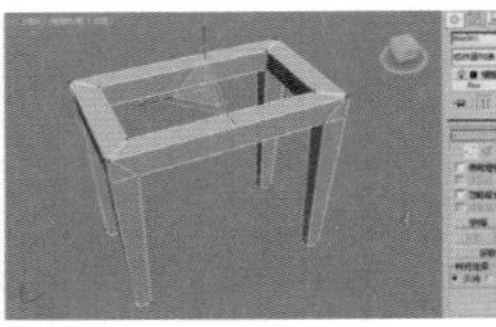
图 7-18

11 在“选择”卷展栏中，单击“边”按钮，选择如图 7-19 所示的“边”，然后在“编辑边”卷展栏中，单击“挤出”右侧的“设置”按钮，设置“高度”为 -2，“宽度”为 0.2，效果如图 7-20 所示。

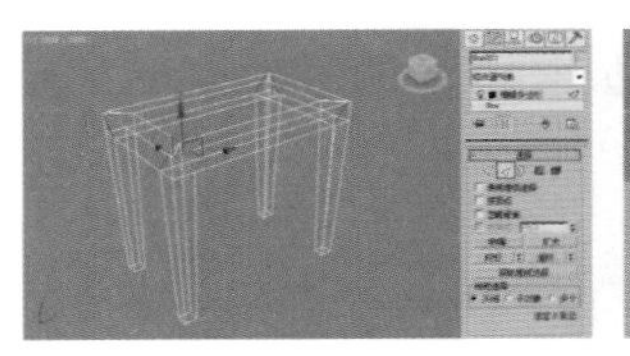
图 7-19

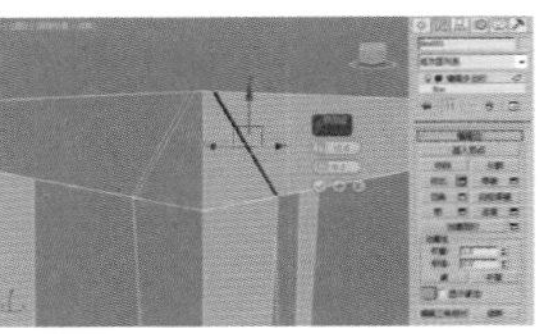
图 7-20

12 在场景中创建一个“切角长方体”，设置其“长度”

为 70，“宽度”为 110，“高度”为 3，“圆角”为 0.5，如图 7-21 所示。

13 使用移动工具调整其位置，最终效果如图 7-22 所示。

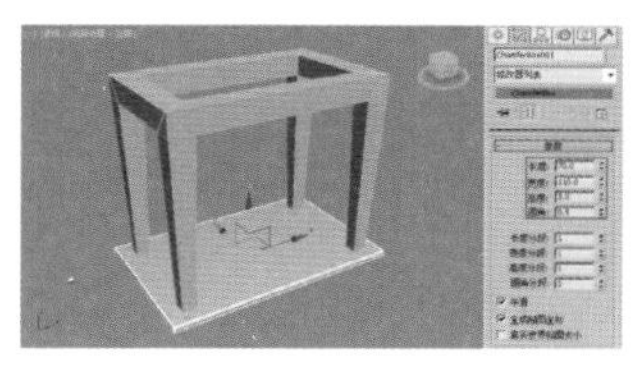

图 7-21

图 7-22

技巧与提示：

“编辑多边形”命令其实就是在对象的 5 个次层级之间来回切换，在不同的层级中会有不同的针对当前层级的命令，熟练使用这些命令，即可做出复杂又漂亮的模型了。

7.2.2　塌陷多边形对象

在 3ds Max 中，有两种方法可以对物体进行多边形编辑。一种方法是将对象塌陷为可编辑的多边形，另一种方法是为对象添加“编辑多边形”编辑修改器。其中，将对象塌陷为可编辑多边形的方式有两种，第一种也是最常用的方法为选择要塌陷的对象，在视图中任意位置右击，在弹出的四联菜单中选择“转换为可编辑的多边形”命令，将其塌陷为多边形对象，如图 7-23 所示。

第 2 种方式为选择要塌陷的对象，进入“修改”命令面板，在修改堆栈中右击，在弹出的快捷菜单中选择“可编辑多边形”，如图 7-24 所示。

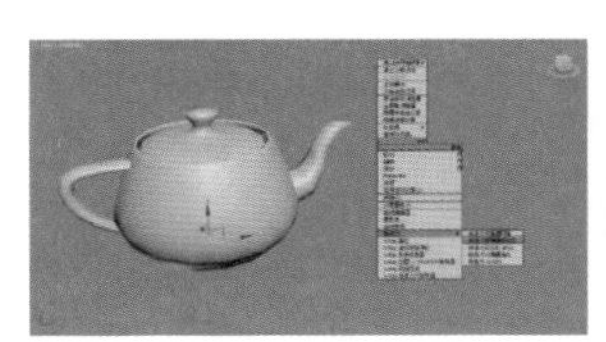

图 7-23

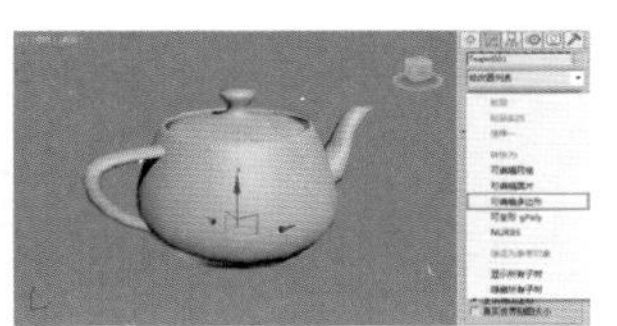

图 7-24

另一种对物体进行多边形编辑的方法是为对象添加“编辑多边形”修改器，选择要进行多边形编辑的对象，进入“修改”命令面板，在修改器下拉列表中选择“编辑多边形”修改器，如图 7-25 所示。

图 7-25

技巧与提示：

不将对象转化为“可编辑多边形”对象，而是为对象添加“编辑多边形”修改器，这样做的好处是可以保留原始物体的创建参数。

实例操作：制作床头柜模型

实例：制作床头柜模型

实例位置：　工程文件 >CH07> 床头柜 .max

视频位置：　视频文件 >CH07> 实例：使用多边形建模制作床头柜模型 .mp4

实用指数：　★★★☆☆

技术掌握：　熟练使用“多边形建模”中的命令创建对象。

本例通过使用“编辑多边形”工具制作一个床头柜的模型，如图 7-26 所示为本例的最终完成效果。

图 7-26

01 启动 3ds Max 2016，使用“长方体”工具 长方体 ，在顶视图中创建一个长方体，设置其“长度”为 46，“宽度”为 49，“高度”为 48，如图 7-27 所示。

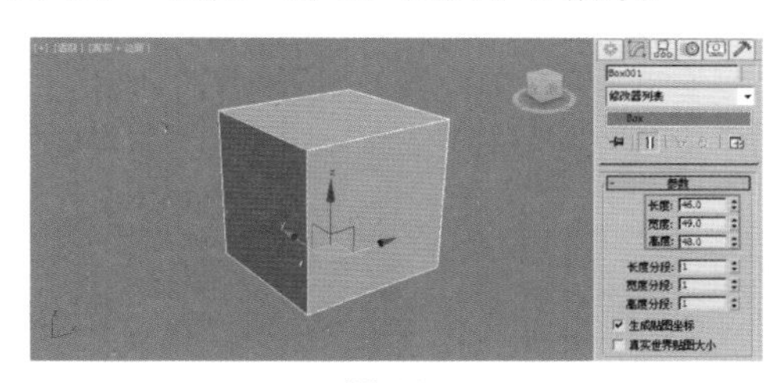

图 7-27

02 将其转换为可编辑的多边形后，进入其“边”层级，选择如图 7-28 所示的两条边，接着在“编辑边”卷展栏中，单击“连接”右侧的“设置”按钮，在弹出的快捷菜单中，设置“分段”为 2，“收缩”为 92，如图 7-29 所示。

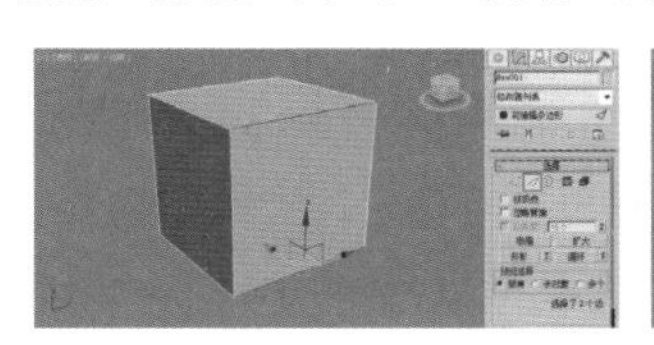

图 7-28

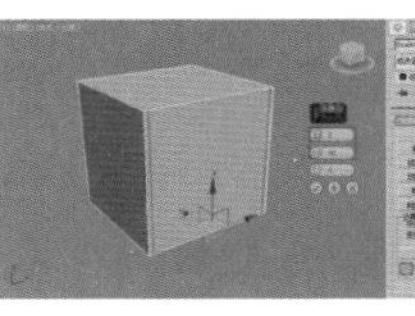

图 7-29

03 进入其“多边形”层级，选择如图 7-30 所示的面，接着在“编辑多边形”卷展栏中，单击“挤出”命令后面的“设置”按钮，设置“高度”为 -0.5，如图 7-31 所示。

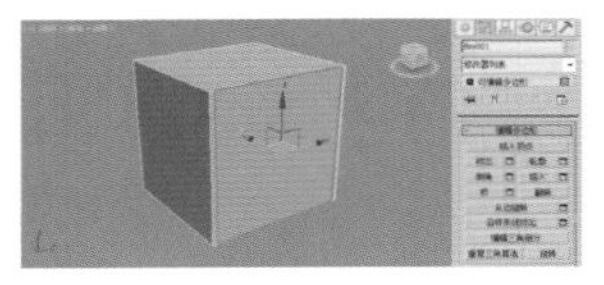

图 7-30

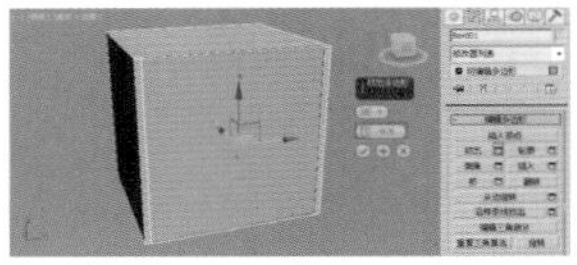

图 7-31

04 选择如图 7-32 所示的 4 个面，并将其删除。

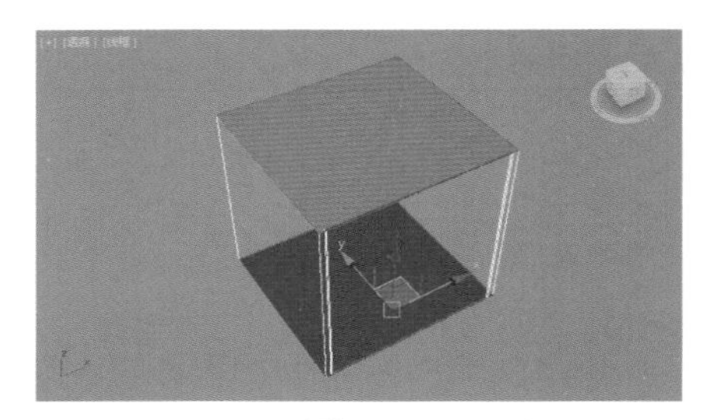

图 7-32

05 进入“边界”层级，选择如图 7-33 所示的两条边界，然后单击“编辑边界”卷展栏中的“封口”按钮 封口 ，效果如图 7-34 所示。

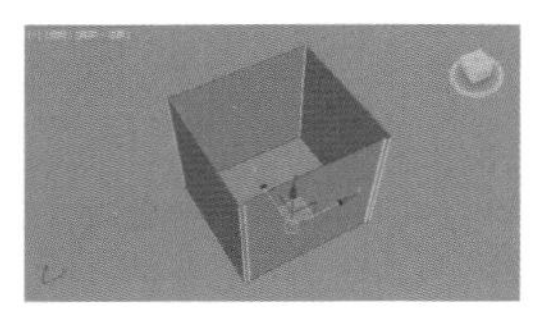

图 7-33

图 7-34

06 进入“边”层级，选择如图 7-35 所示的边，接着单击“切角”命令后面的“设置”按钮，然后设置“边切角量”为 0.3，“连接边分段”为 4，效果如图 7-36 所示。

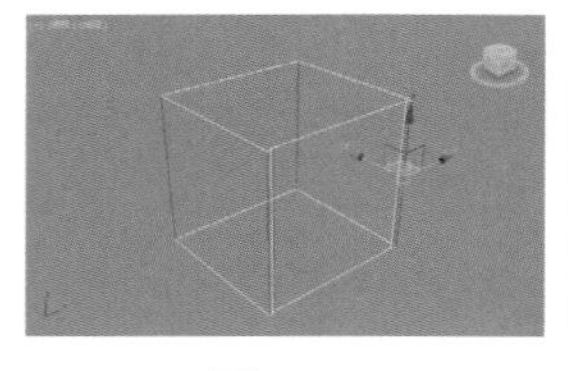

图 7-35

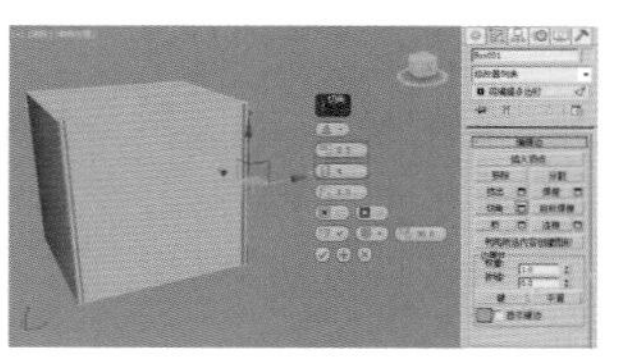

图 7-36

07 用同样的方法，对如图 7-37 所示的边也进行“切角”处理。

08 使用“切角长方体”工具 切角长方体 ，在顶视图中创建一个“切角长方体”，设置其“长度”为 49，“宽度”为 50，“高度”为 2，“圆角”为 0.3，“圆角分段”为 4，调整其位置后的效果，如图 7-38 所示。

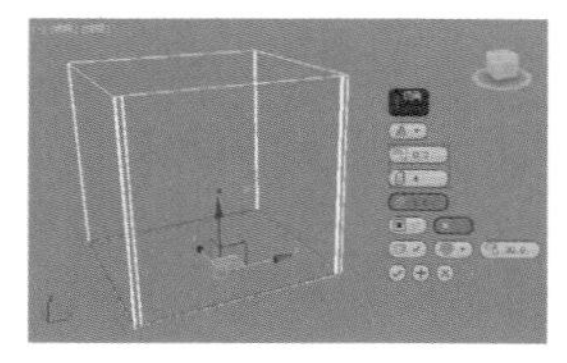

图 7-37

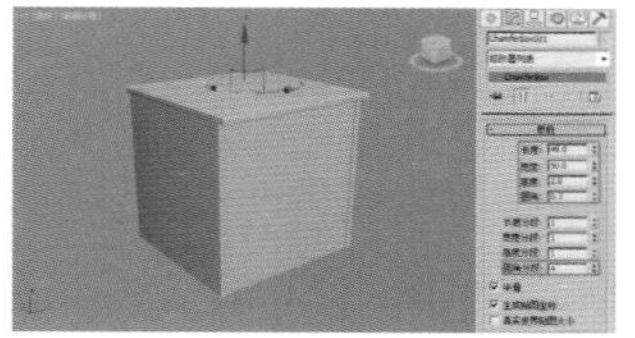

图 7-38

09 继续在前视图创建一个“切角长方体”，设置其“长度”为 18，“宽度”为 48，“高度”为 1.8，“圆角”为 0.3，“圆角分段”为 4，调整其位置后沿 Z 轴向下复制一个，如图 7-39 和图 7-40 所示。

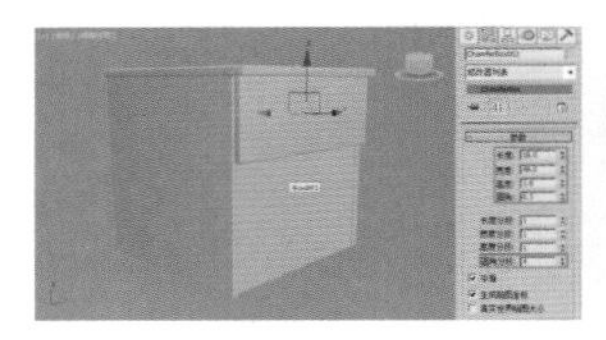

图 7-39

图 7-40

10 在前视图中创建一个“长方体”对象，并设置其“长度”为 2，“宽度”为 15，“高度”为 1，如图 7-41 所示。

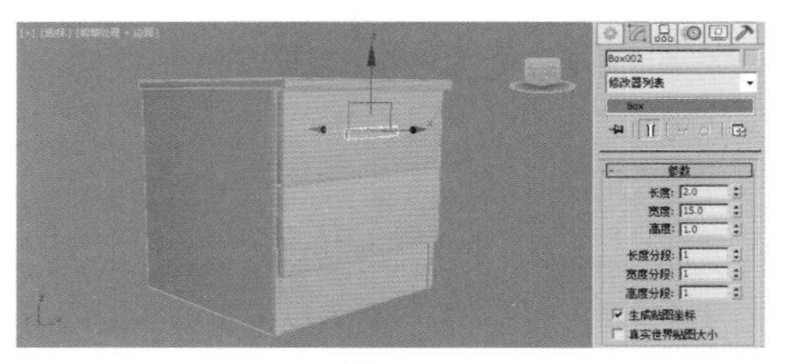

图 7-41

11 将其转换为可编辑的多边形后，进入其“顶点”层级，接着在“编辑顶点”卷展栏中单击“目标焊接”按钮 目标焊接 ，在视图中单击如图 7-42 所示的“顶点”，此时会从光标中心处拉出一条虚线，然后再单击与之相邻的“顶点”，完成“顶点”的焊接，完成后如图 7-43 所示。

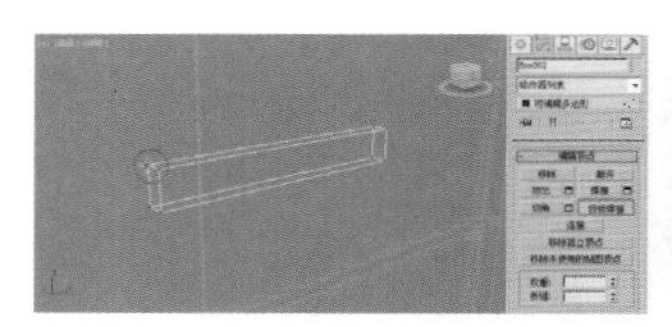

图 7-42

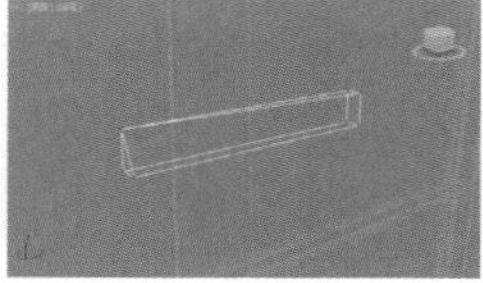

图 7-43

12 用同样的方法，将右侧的两个“顶点”也进行焊接，如图 7-44 所示。

图 7-44

13 进入“边”层级，选择如图 7-45 所示的“边”，对其进行“连接”处理，设置“分段”为 1，“滑块”为 50，如图 7-46 所示。

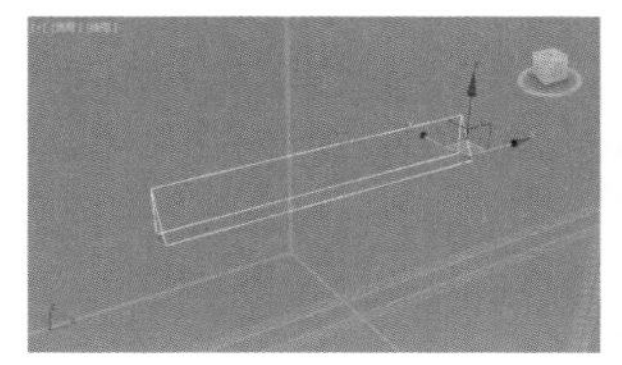

图 7-45

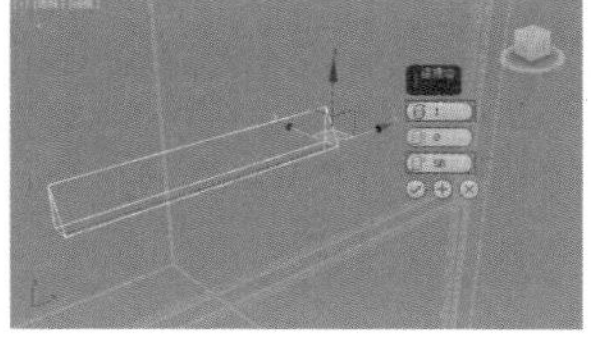

图 7-46

14 进入“多边形”层级，选择如图 7-47 所示的“多边形”，对其进行“挤出”操作，设置其“高度”为 1.5，如图 7-48 所示。

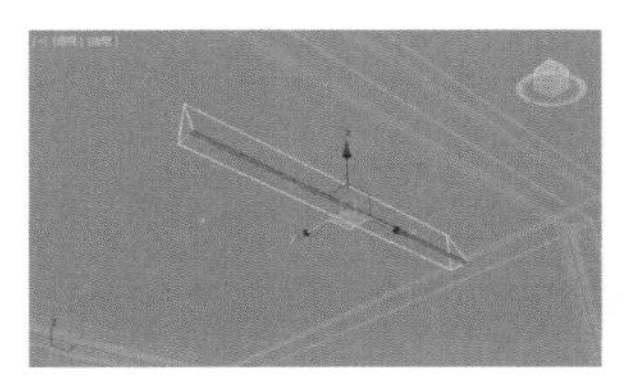

图 7-47

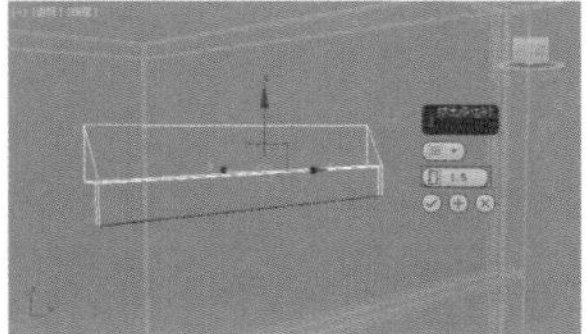

图 7-48

15 进入“顶点”层级，对“顶点”的位置进行调整，如图 7-49 所示。

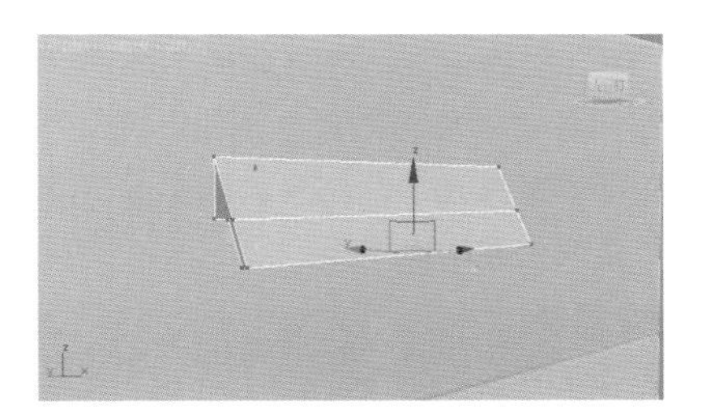

图 7-49

16 进入“边”层级，选择如图 7-50 所示的“边”，对其进行“切角”处理，设置“边切角量”为 1，“连接边分段”为 8，如图 7-51 所示。

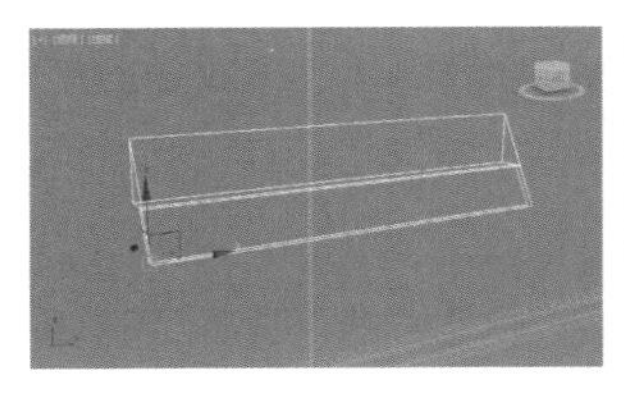

图 7-50

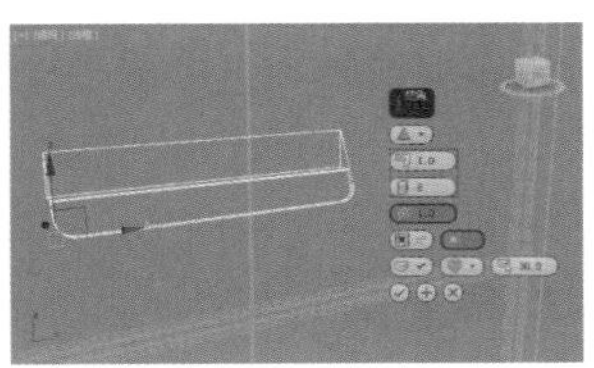

图 7-51

17 沿 *Z* 轴向下复制一个“把手”，然后调整其位置，最终效果如图 7-52 所示。

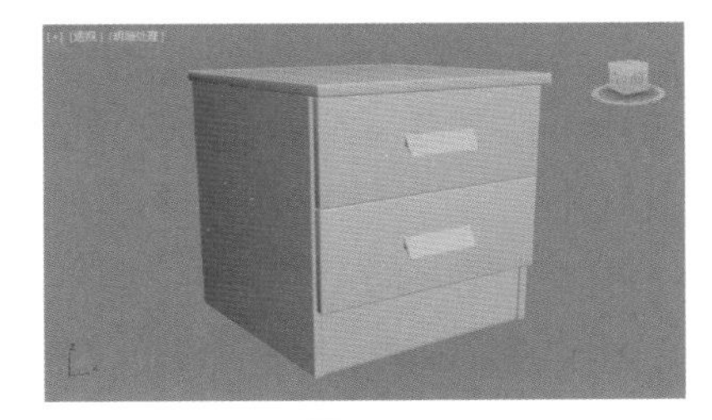

图 7-52

7.3　编辑多边形对象的子对象

将物体塌陷为可编辑多边形对象后，即可对可编辑多边形对象的顶点、边、边界、多边形和元素这五个次物体级分别进行编辑。可编辑多边形的参数设置面板包括 6 个卷展栏，分别是“选择”卷展栏、“软选择”卷展栏、“编辑几何体”卷展栏、“细分曲面”卷展栏、“细分置换”卷展栏和“绘制变形”卷展栏，如图 7-53 所示。

需要注意的是，在进入了不同的次物体级别后，可编辑多边形的参数设置面板也会发生相应的变化，例如在“选择”卷展栏上单击“顶点”按钮，进入“顶点”次物体级后，在参数设置面板中就会增加两个对顶点进行编辑的卷展栏，如图 7-54 所示。

而如果进入“边”或“多边形”次物体级后，又会增加对边和多边形进行编辑的卷展栏，如图 7-55 和图 7-56 所示。

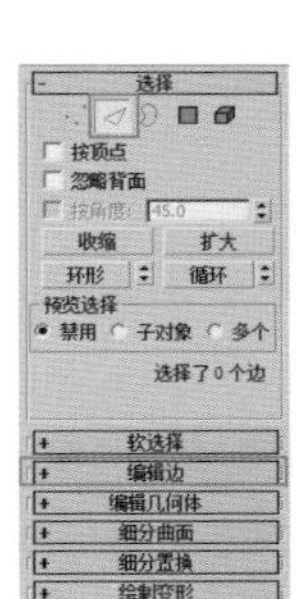

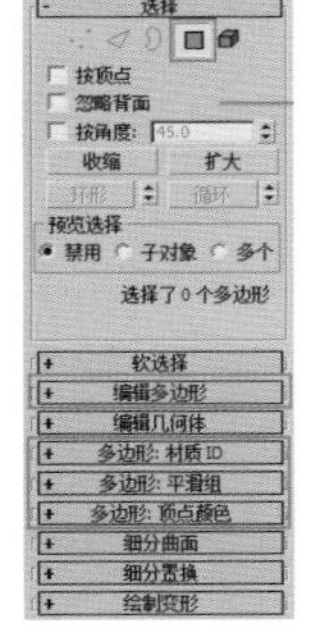

图 7-53　图 7-54　图 7-55　图 7-56

7.3.1　多边形对象的公共命令

1. “选择”卷展栏

当选择一个多边形对象后，进入“修改”命令面板，在“选择”卷展栏中包含相关子对象的选择命令。“按顶点”复选框在除“顶点”之外的其他 4 个次物体级中都能启用。在“选择”卷展栏中单击“多边形”按钮，进入“多边形”次物体级，选中“按顶点”复选框后，只需选择子对象的顶点，即可选择顶点四周的相应面，如图 7-57 和图 7-58 所示。

图 7-57

图 7-58

选中“忽略背面”复选框后，只能选中法线指向当前视图的子对象。例如选中该复选框后，在前视图中框选如图 7-59 所示的顶点，但只能选择正面的顶点，而背面不会被选中，如图 7-60 所示是在左视图中的效果；如果取消选中该复选框，在前视图中同样框选相同区域的顶点，则背面的顶点也会被选中，如图 7-61 所示为在顶视图中的观察效果。

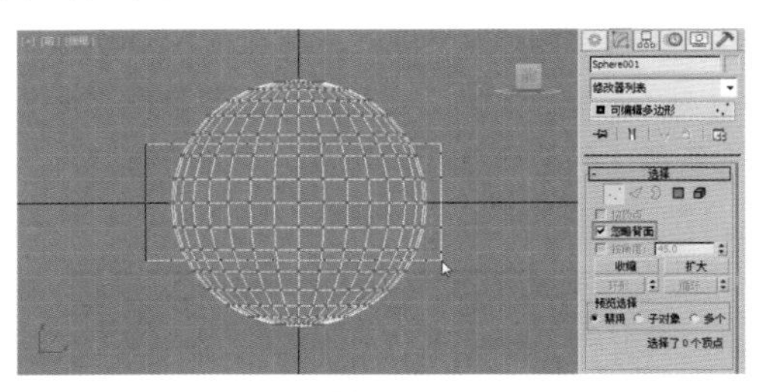

图 7-59

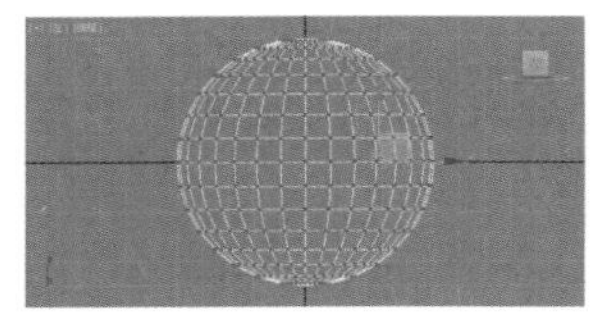

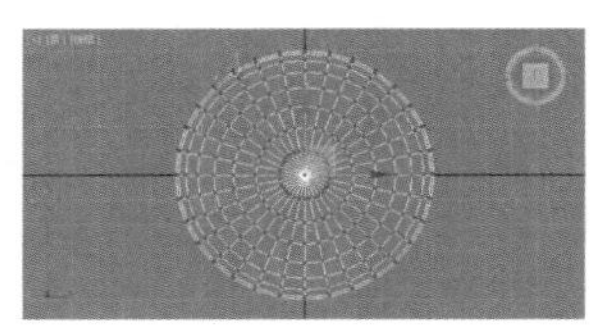

图 7-60　　图 7-61

“按角度”复选框只有在“多边形”次物体级下才能选中，当选中了“按角度”复选框后，可以根据面的转折度来选择子对象。例如，如果单击长方体的一个侧面，且角度值小于 90.0，则仅选择该侧面，因为所有侧面相互成 90 ° 角。但如果角度值为 90.0 或更大，将选择所有长方体的所有侧面。使用该功能，可以加快连续区域的选择速度。该参数栏中的参数决定了转折角度的范围，如图 7-62 和图 7-63 所示为转折角度为 45.0° 和 70.0° 时不同的选择效果。

图 7-62　　图 7-63

下面将通过一个实例操作，介绍可编辑多边形特有的几种选择命令。

01 在“几何体”命令面板中单击“球体”按钮 球体 ，在视图中创建一个球体对象，并将其塌陷为可编辑多边形，在前视图中框选如图 7-64 所示的面。

02 单击“收缩”按钮 收缩 ，可以从选择集的最外围开始缩小选择集，当选择集无法再缩小的时候，将取消选择集，如图 7-65 所示。

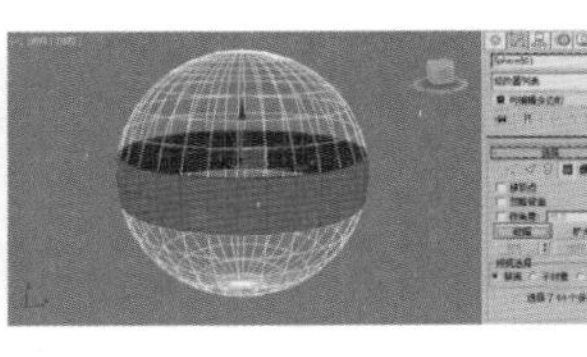

图 7-64　　图 7-65

技巧与提示：

如果在“多边形”层级选择了所有的多边形，那么再单击“收缩”按钮 收缩 时，将无法缩小选择集。

03 当再次选择一个子对象集合后，单击“扩大”按钮，可以在外围上扩大选择子对象集，如图 7-66 和图 7-67 所示。

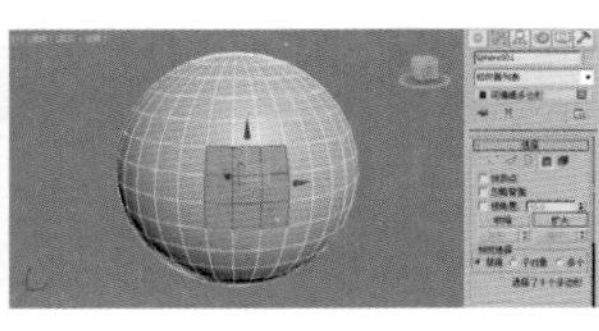

图 7-66　　图 7-67

04 进入“边”次物体级，选择如图 7-68 所示的“边”子对象，然后单击“环形”命令按钮，此时与当前选择边平行的边会同时被选中，结果如图 7-69 所示。这个命令只能用于边或边界次物体级。

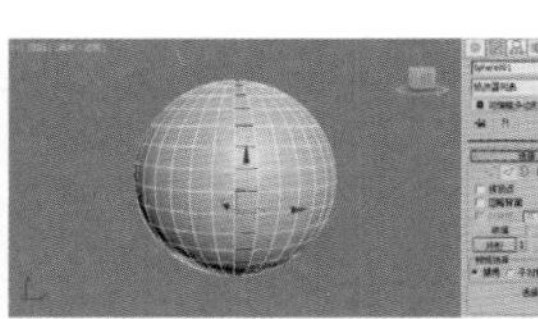

图 7-68　　图 7-69

技巧与提示：

这个命令只能用于边或边界次物体级。选择某条“边”然后按住 Shift 键同时单击同一环形中的另一条边，可以快速选择与当前边平行的边。

05 当选择了一条边后，单击“环形”按钮右侧的微调按钮，可以将当前选择移动到相同环上的其他边，如图 7-70 和图 7-71 所示。

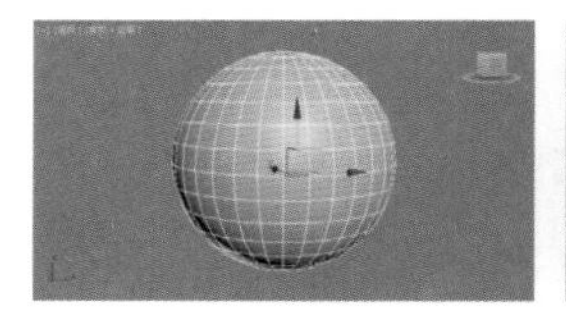

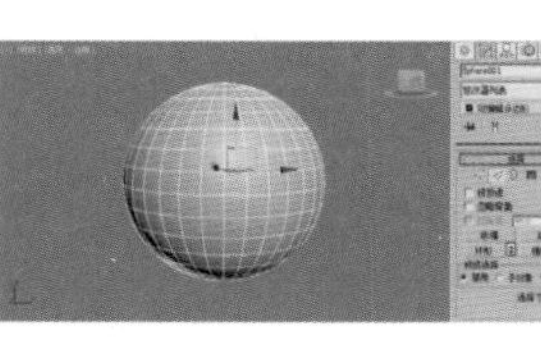

图 7-70　　图 7-71

06 “循环”与“环形”命令功能相似，选择子对象后，单击“循环”按钮，将沿被选择的子对象形成一个环形的选择集，如图 7-72 和图 7-73 所示。

图 7-72

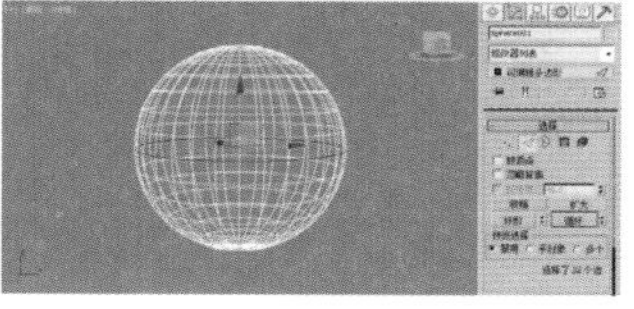

图 7-73

“预览选择”选项组中有 3 个单选按钮，分别是“禁用”“子对象”和“多个”，默认是选中“禁用”模式，如图 7-74 所示。

图 7-74

如果切换到“子对象”模式，无论当前在哪个次物体级中，根据鼠标的位置，可以在当前子对象层级预览。例如进入“多边形”次物体级，当鼠标在球体上移动时，光标位置的子对象就会用黄色高亮显示。此时如果单击，就会选择高亮显示的对象，如图 7-75 所示。

若要在当前层级选择多个子对象，按住 Ctrl 键，将鼠标移动到高亮显示的子对象处，然后单击将全选高亮显示的子对象，如图 7-76 所示。

图 7-75

图 7-76

技巧与提示：

按住 Ctrl+Alt 键，可以减选高亮显示的子对象。

如果选择“多个”模式，无论当前在哪个次物体层级中，根据光标的位置，也可以预览其他层级的对象。例如，如果当前在“多边形”层级，此时将光标放在边上，那么就会高亮显示边，然后单击激活边子对象层级并选中此边，如图 7-77 和图 7-78 所示。

图 7-77

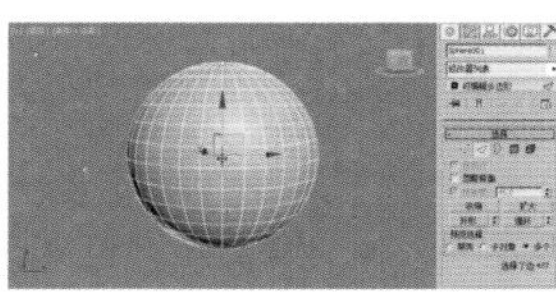

图 7-78

2. “软选择”卷展栏

“软选择”是以选中的子对象为中心向四周扩散，以放射状的方式选择子对象。在对选择的部分子对象进行变换时，可以让子对象以平滑的方式进行过渡。另外，可以通过控制“衰减”“收缩”和“膨胀”的数值来控制所选子对象区域的大小及对子对象控制力的强弱，并且“软选择”卷展栏中还包含了绘制软选择的工具，如图 7-79 所示。

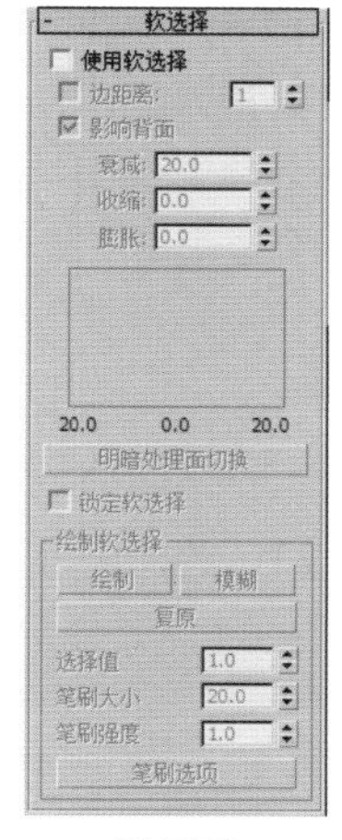

图 7-79

“使用软选择”复选框控制是否开启“软选择”功能。启用后，选择一个或一个区域的子对象，那么会以这个子对象为中心向外选择其他对象。下面将通过一个实例，讲解“软选择”卷展栏的具体使用方法。

01 在“几何体”命令面板中单击“茶壶”按钮 茶壶 ，在视图中创建一个茶壶对象，并将其塌陷为可编辑多边形，在视图中选择如图 7-80 所示的“顶点”对象。

02 选中“使用软选择”复选框，那么软选择就会以当前选中的顶点为中心向外扩展选择，如图 7-81 所示。

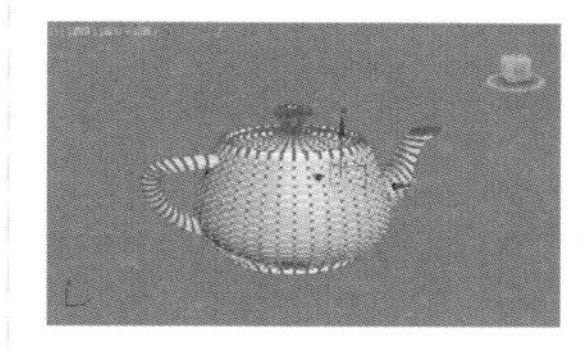

图 7-80

图 7-81

技巧与提示：

在使用“软选择”选择子对象时，选择的子对象是以红、橙、黄、绿、蓝 5 种颜色显示的。最初选中的子对象处于中心位置显示为红色，表示这些子对象是完全选择的，在操作这些子对象时，它们将被完全影响，然后橙、黄、绿、蓝依次表示对影响力依次减弱。

03 使用“选择并移动”工具沿着 *Y* 轴移动该对象后，其结果如图 7-82 所示。

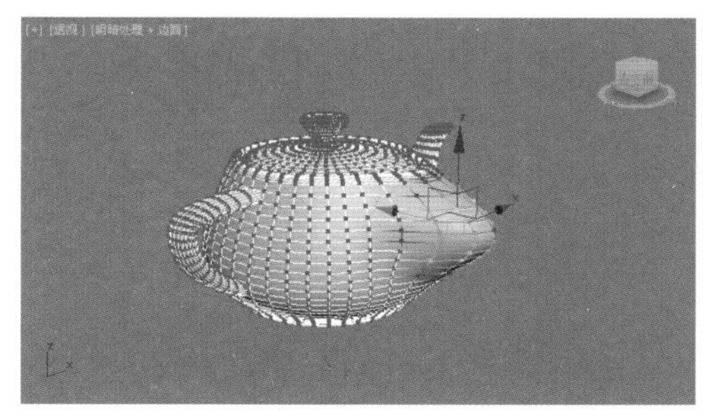

图 7-82

04 按快捷键 Ctrl+Z，返回先前的操作状态。选中“边距离”

复选框后，可以将软选择限制到指定的面数。例如，鸟的翅膀折回到它的身体，用“软选择”选择翅膀尖端会影响到身体上的顶点，但是如果启用了“边距离”功能，就不会影响身体上的顶点了，如图 7-83 和图 7-84 所示，为选中“边距离”复选框后，就不会影响茶壶盖子上面的顶点了。

图 7-83

图 7-84

05 选中“影响背面”复选框后，那些与选定对象法线方向相反的子对象也会受到相同的影响，如图 7-85 和图 7-86 所示，为选中和取消选中“影响背面”复选框时的效果。

图 7-85

图 7-86

06 “衰减”参数用来设置影响区域的距离，默认值为 20。“衰减”数值越高，软选择的影响范围就越小，如图 7-87 和图 7-88 所示是将“衰减”设置为 10 和 40 时的选择效果对比。

图 7-87

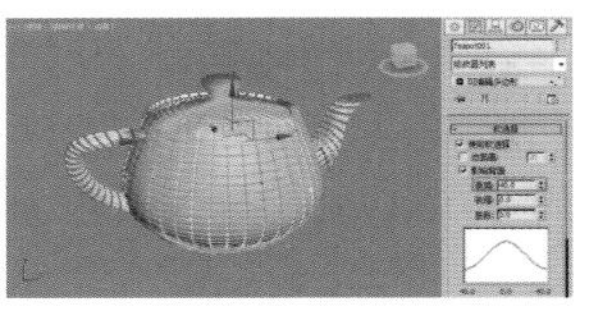
图 7-88

07 “收缩”和“膨胀”参数都是用来表示调节软选择时，红、橙、黄、绿、蓝 5 种影响力平滑过渡的缓急程度的，如图 7-89 和图 7-90 所示为调节“收缩”和“膨胀”参数后的效果。

图 7-89

图 7-90

技巧与提示：

单击主工具栏上的“选择并操纵”按钮，会在视图中弹出一个对话框，在该对话框中可以快速调节“衰减”“收缩”和“膨胀”等参数，如图 7-91 所示。

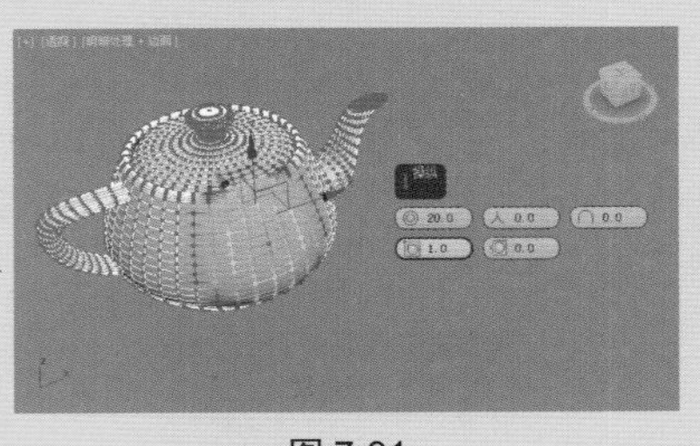
图 7-91

08 “明暗处理面切换”按钮 明暗处理面切换 用于切换颜色渐变的模式，如图 7-92 所示。

09 选中“锁定软选择”复选框，此时在视图中选择其他子对象时，当前选中的子对象并不会被替换，如图 7-93 所示。

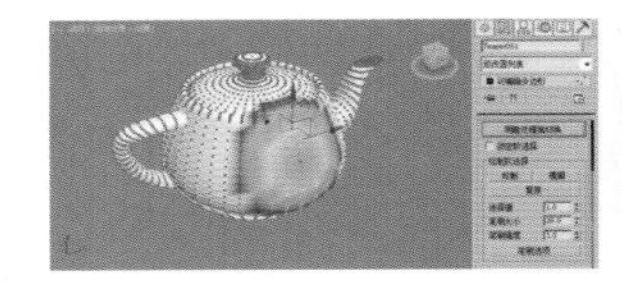
图 7-92

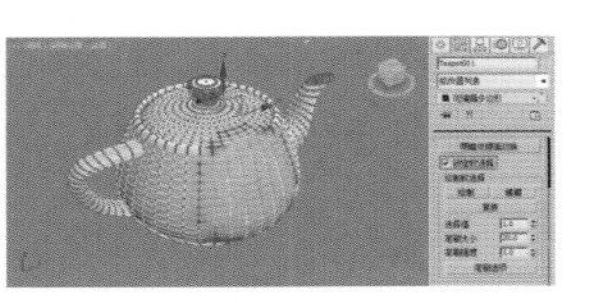
图 7-93

10 单击“绘制软选择”选项组中的“绘制”按钮 绘制 时，可以使用“笔刷”工具在视图中绘制需要的软选择区域，如图 7-94 所示。

11 单击“模糊”按钮 模糊 ，然后在视图中绘制，可以让之前绘制的软选择区域过渡得更为平滑，如图 7-95 所示。

图 7-94

图 7-95

12 单击“复原”按钮 复原 ，然后在视图中绘制，可以将之前软选择的区域还原，如图 7-96 所示。

图 7-96

13 “选择值”参数可以调节“绘制”或“复原”时，软选择受力的大小。例如设置“选择值”为 1.0 时，在场景中绘制软选择时，被选择的子对象的颜色更趋向于橙红色，如果设置“选择值”为 0.1 时，此时选择的子对象的颜色更趋向于蓝色，如图 7-97 和图 7-98 所示。

图 7-97

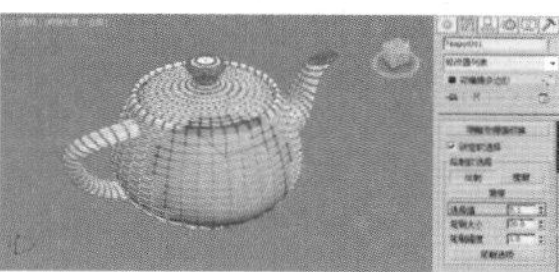

图 7-98

14 “笔刷大小”参数可以调节当前“绘制”或“复原”时笔刷的大小，也就是在视图中绘制软选择的范围的大小，如图 6-99 所示。

15 “笔刷强度”参数设置是“绘制”或“复原”时到达“选择值”的速度。例如，将“选择值”设置为 1.0 “笔刷强度”设置为 0.1，此时在场景中绘制软选择时，单击鼠标一次，被选择的子对象的受力值为 0.1，也就是更趋于蓝色，而当“笔刷强度”设置为 1.0 时，单击鼠标一次，被选择的子对象的受力值为 1，也就是更趋于橙红色。

技巧与提示：

按住 Ctrl+Shift 键，单击并拖曳，可以快速调节“笔刷大小”参数；按住 Alt+Shift 键，单击并拖曳，可以快速调节“笔刷强度”参数。

16 单击“笔刷选项”按钮 笔刷选项 ，可以打开“绘制选项”对话框，在该对话框中可以设置笔刷的更多属性，如图 7-100 所示。

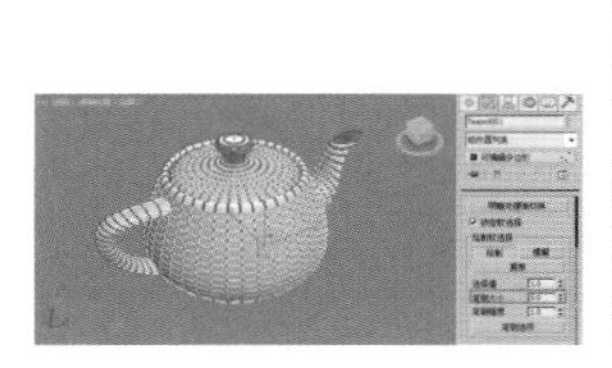

图 7-99

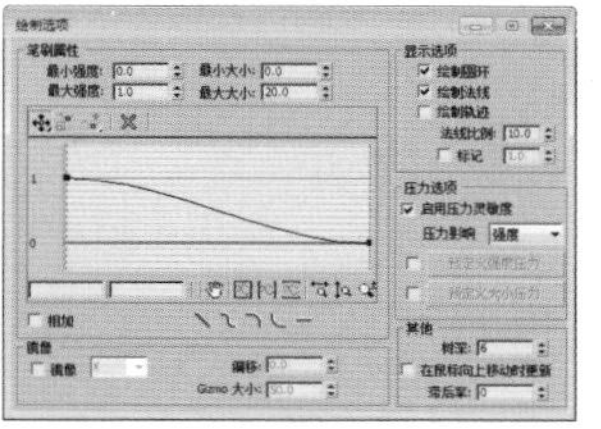

图 7-100

3. “编辑几何体”卷展栏

“编辑几何体”卷展栏下的工具适用于所有子对象级别，主要用来全局修改多边形几何体，如图 7-101 所示。

图 7-101

接下来，将通过一个实例，讲解“编辑几何体”卷展栏的一些常用命令。

01 打开本书相关素材中的“CH07> 苹果 > 苹果 .max”文件，选择“苹果”对象，然后进入该对象的“顶点”子对象层级，在“编辑几何体”卷展栏中选择“约束”选项组中的“边”单选按钮，此时移动模型中的“顶点”子对象，发现顶点只能沿着当前顶点所连接的边滑动，而不能移动至模型边界以外的地方，如图 7-102 所示。

技巧与提示：

如果选择“约束”选项组中的“面”选项，那么顶点只能在所在的曲面上移动。

02 在上一步操作中可以发现，在移动“顶点”子对象的时候，对象贴图发生了扭曲，如果选中“保持 UV”复选框，此时再移动顶点，贴图就不会发生扭曲了，如图 7-103 所示。

图 7-102

图 7-103

03 单击“创建”按钮 创建 ，在视图空白处单击，在“顶点”次物体级下可以创建“顶点”子对象，如图 7-104 所示。

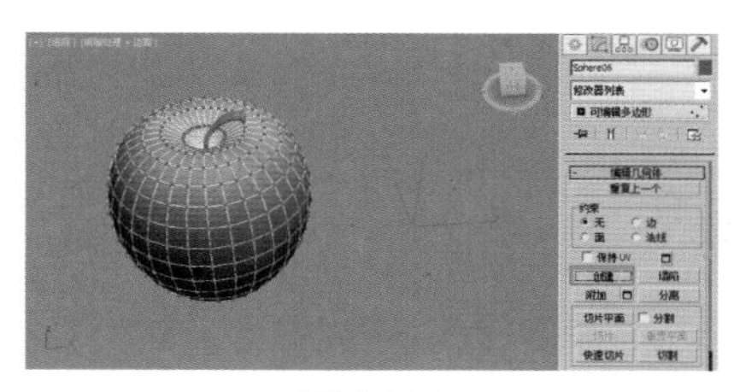

图 7-104

04 选择如图 7-105 所示的“顶点”子对象后，单击“塌陷”按钮 塌陷 ，可以将选中的顶点塌陷为一个顶点，如图 7-106 所示。

图 7-105

图 7-106

技巧与提示：

除了“元素”次物体级，在其他任意 4 个次物体级中选择了子对象，都可以将选中的子对象塌陷为一个“顶点”。

05 无论是在物体级别还是任何次物体级下，都可以使用“附加”命令将其他几何体甚至二维图形添加到当前选择的对象中，使之成为一个对象。单击“附加”按钮，然后到视图中单击想要添加的对象即可，如果一次性想添加多个对象，可以单击“附加”命令后面的“附加列表”按钮，在弹出的面板中选择想要添加的对象，单击“附加”按钮 附加 即可，如图 7-107 和图 7-108 所示。

图 7-107

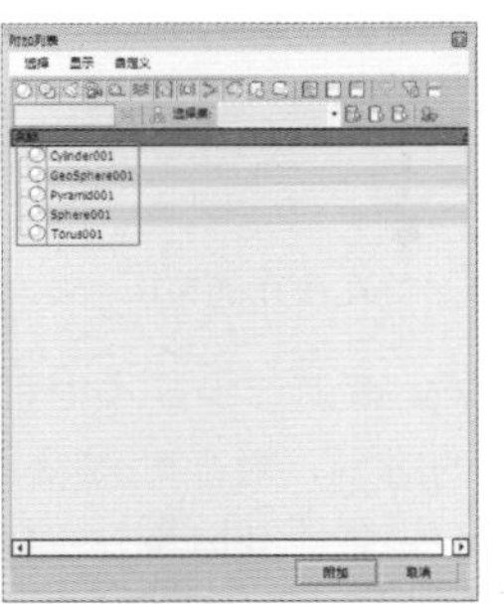

图 7-108

06 “分离”命令与“附加”命令的作用正好相反，是把子对象分离成另一个单独的对象，或者分离成当前对象的一个“元素”。选择想要分离的子对象，单击“分离”按钮，在弹出的对话框中设定将要分离对象的名称，然后单击“确定”按钮 确定 ，如果在“分离”对话框中选中“分离到元素”选项，则选择的子对象将被分离成当前对象的一个“元素”，如图 7-109 和图 7-110 所示。

图 7-109

图 7-110

07 如果在“分离”对话框中选中“分离到元素”选项，则选择的子对象将被分离成当前对象的一个“元素”，如图 7-111 所示为选中“分离到元素”选项后的结果。

08 如果在“分离”对话框中选中“以克隆对象分离”选项，则会以复制的形式将选择的子对象分离成一个单独的对象，如图 7-112 所示为选中“以克隆对象分离”选项后的结果。

图 7-111

图 7-112

09 进入对象“顶点”次物体级，然后单击“切片平面”按钮 切片平面 ，此时在视图中会出一个黄色的“平面”，同时在“平面”处为对象添加了一圈的“顶点”，如图 7-113 所示。

10 此时在视图中可以对该“平面”进行位移、旋转等操作，新添加点的位置也随着“平面”对象位置和角度的改变而改变，如图 7-114 所示。

图 7-113

图 7-114

11 把“平面”对象调节到需要的位置和角度，单击下方的“切片”按钮 切片 ，即可为对象添加一圈新的“顶点”，再次单击“切片平面”按钮 切片平面 ，结束该命令的操作，如图 7-115 所示。

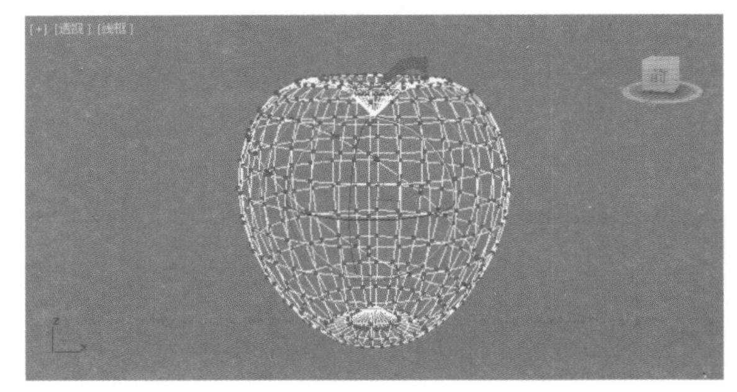

图 7-115

技巧与提示：

如果将“切片平面”移动或者旋转后，单击“重置平面”按钮 重置平面 ，可将“切片平面”对象还原到初始的形态。

12 如果在单击“切片”按钮之前，选中“分割”复选框，那么在对对象切片的同时，会在切线处把对象分割成两个“元素”，如图 7-116 所示。

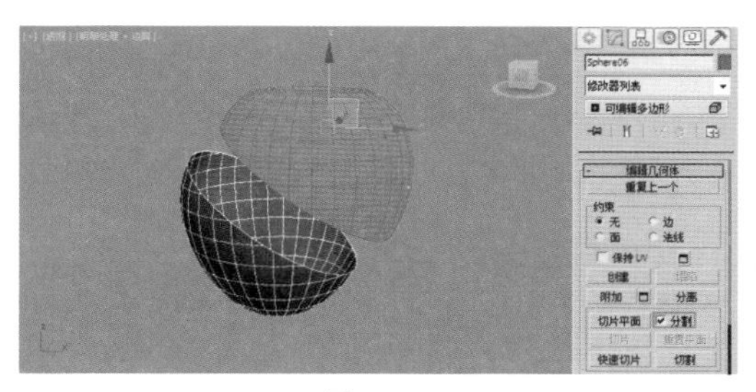

图 7-116

技巧与提示：

在“顶点”“边”和“边界”次物体级下，可以使用“切片平面”命令为整个对象进行切片操作，如果只想在特定的区域进行切片，例如在一面墙上只想在特定的区域切线，然后制作窗户模型，那么此时可以进入“多边形”或“元素”级别，选择想要切片的区域，再执行“切片平面”命令即可，如图 7-117 所示。

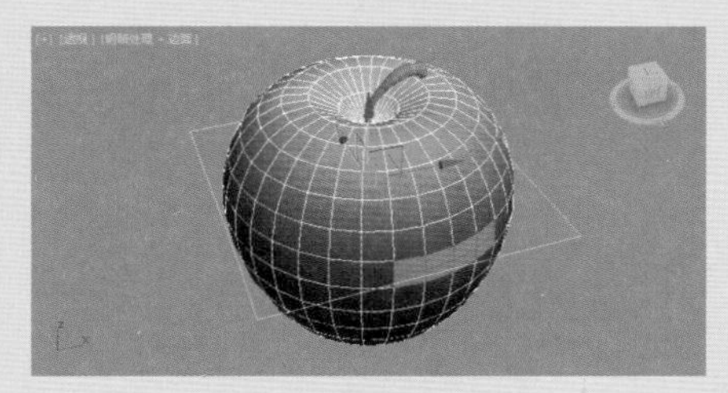

图 7-117

13 单击“快速切片”按钮 快速切片 ，在视图中任意位置单击，移动鼠标指针时将出现一条通过网格的线，再次单击后，可以将当前对象进行快速切片操作，如图 7-118 所示。

技巧与提示：

如果也是只想在特定的区域进行切片，那此时可以进入“多边形”或“元素”级别，选择想要切片的区域，再使用“快速切片”命令即可。

14 “切割”命令是一个非常常用的命令，使用该命令可以在对象上任意切线，然后再对对象进行整体编辑。单击“切割”按钮 切割 ，在模型上单击起点，并移动鼠标，然后再单击，再移动和单击，以便创建新的连接边，右击退出当前切割操作，如图 7-119 所示。

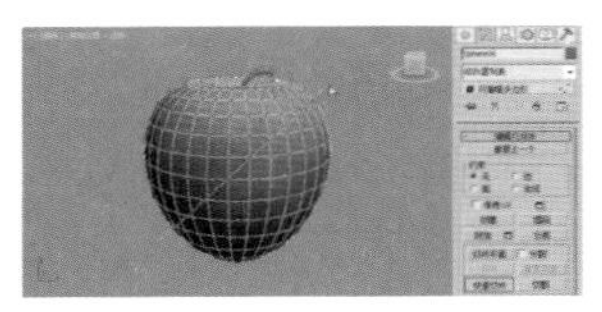

图 7-118

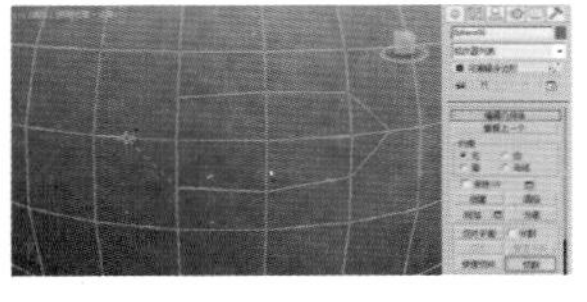

图 7-119

15 “切割”命令可以在顶点、边和面上切线，光标形态也不一样，如图 7-120 ～图 7-122 所示。

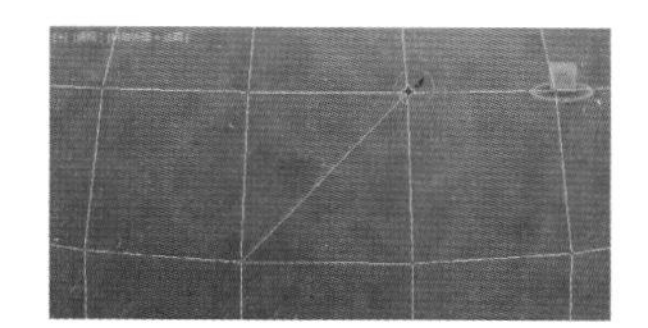

图 7-120

图 7-121

图 7-122

16 “网格平滑”和“细化”命令可以将模型进行平滑或者细化操作，如图 7-123 和图 7-124 所示。

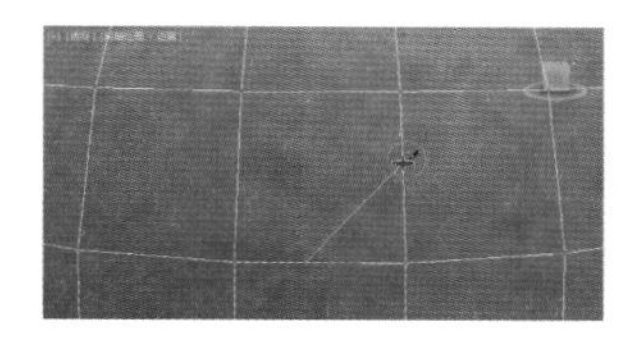

图 7-123

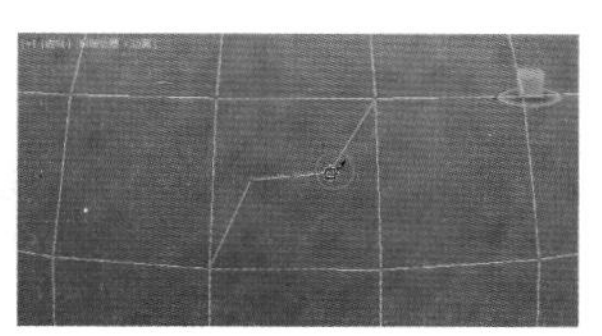

图 7-124

技巧与提示：

如果要为对象进行平滑或细化操作，我们习惯上都是为对象添加“网格平滑”或“细化”编辑修改器，这样更便于操作。

17 单击“平面化”按钮 平面化 ，可以使整个对象或者选定的子对象“压”成一个平面，单击后面的 X、Y、Z 按钮 X Y Z ，可以强制对象沿着某一个轴向“压”成一个平面，如图 7-125 所示为将苹果对象沿着 Z 轴“压”成一个平面的效果。

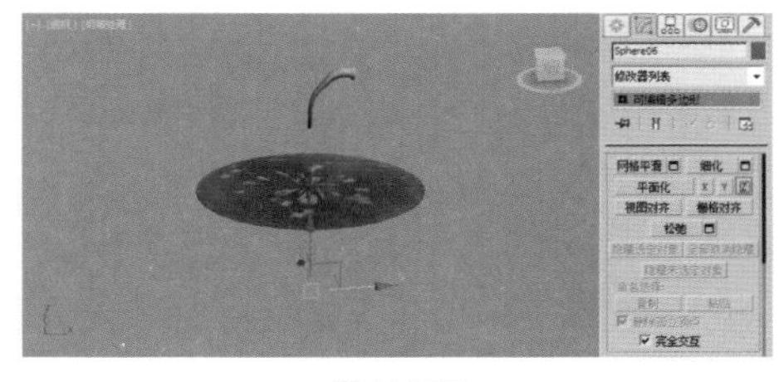

图 7-125

技巧与提示：

“平面化”命令在某些时候还是比较有用的，例如我们制作了一个杯子模型，发现杯子底部的一些点高低不平，没在同一个平面上，我们即可选择这个顶点，然后单击“平面化”命令右边的 Z 轴按钮，这样即可快速地使这些点移到同一个平面上，而不用去移动每个顶点了。

18 单击“视图对齐”按钮 视图对齐 ，可以将当前选择对象与当前视图所在的平面对齐。而单击“栅格对齐”按

钮 栅格对齐，可以将当前选择对象与当前栅格平面对齐，如图 7-126 和图 7-127 所示。

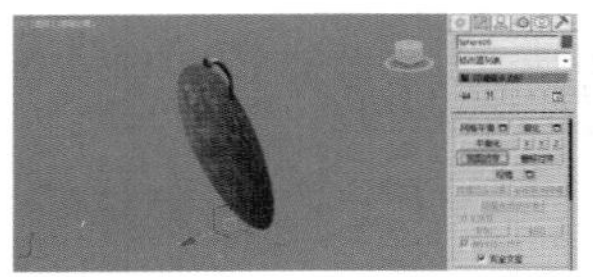

图 7-126

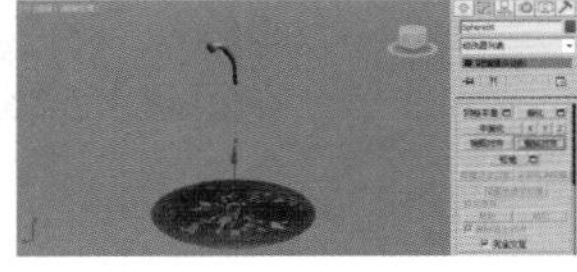

图 7-127

19 单击“松弛”按钮 松弛，可以规格化网格空间，模型对象的每个顶点将朝着邻近对象的平均位置移动，达到松弛的效果，如图 7-128 所示。

技巧与提示：

例如，制作了一个山地模型，发现模型上有很多顶点太过尖锐，我们即可选择这些顶点，然后进行松弛处理，但我们习惯上还是为选择对象添加“松弛”编辑修改器来制作松弛效果。

20 单击“隐藏选定对象”按钮 隐藏选定对象，可以将选定的子对象隐藏，或者单击“隐藏未选定对象”按钮 全部取消隐藏，可以将未被选择的子对象隐藏，如果希望将隐藏的子对象全部显示出来，可以单击“全部取消隐藏”按钮 隐藏未选定对象，如图 7-129 所示为隐藏了一部分选中的“多边形”子对象的效果。

图 7-128

图 7-129

技巧与提示：

“隐藏选定对象”命令主要是为了方便在视图上的操作，例如制作了一个人物的头部模型，我们想要编辑口腔内部的顶点，但此时可能面部的一些面会妨碍操作，此时就要选择这些面先将其隐藏起来。

4. “细分曲面”卷展栏

模型编辑完成后，要对模型进行平滑处理以得到最终的模型效果。“细分曲面”卷展栏中的参数即可将平滑的效果应用于多边形对象，但是我们更习惯直接为模型添加“网格平滑”或“涡轮平滑”修改器，这样在后期的操作上会更方便。“细分曲面”卷展栏中的参数设置与“网格平滑”编辑修改器中的参数设置基本一致，关于“细分曲面”卷展栏中的参数，可以参见“网格平滑”编辑修改器部分。

5. “细分置换”卷展栏

“细分置换”卷展栏主要设置对象在赋予了置换贴图后的效果，具体参数设置可参见本书配套的教学视频。

技巧与提示：

如果要为对象制作置换效果，例如使用“置换贴图”的方法使一个“平面”对象有凸起有凹陷，以此来制作“山地”模型，我们则更习惯使用“置换”编辑修改器来制作。

6. “绘制变形”卷展栏

“绘制变形”卷展栏主要是利用“笔刷”工具，通过“绘制”的方式使模型凸起或凹陷。这有点像用刻刀雕刻一件艺术品。下面将通过一个实例，讲解该卷展栏的一些常用命令。

01 在“几何体”命令面板中单击“几何球体”按钮 几何球体，在视图中创建一个几何球体对象，并将其塌陷为可编辑多边形。进入“修改”命令面板，在“绘制变形”卷展栏中单击“推／拉”按钮 推/拉，将鼠标指针放置到模型上，此时出现笔刷图标，如图 7-130 所示。

02 在模型上单击或拖曳鼠标，可以将模型上的顶点向外拉出，如图 7-131 所示。

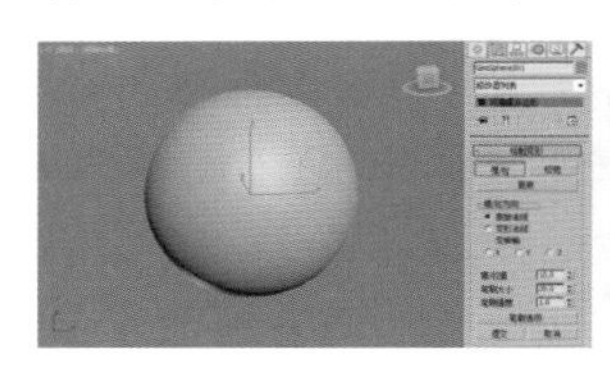

图 7-130

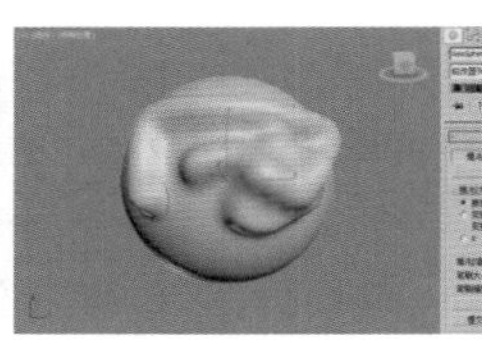

图 7-131

03 单击“松弛”按钮 松弛 可以将靠得太近的顶点推开，或将离得太远的顶点拉近，基本上与“松弛”编辑修改器的效果相同，如图 7-132 所示。

04 单击“复原”按钮 复原 后，通过绘制可以逐渐擦除“推／拉”或“松弛”的效果，如图 7-133 所示。

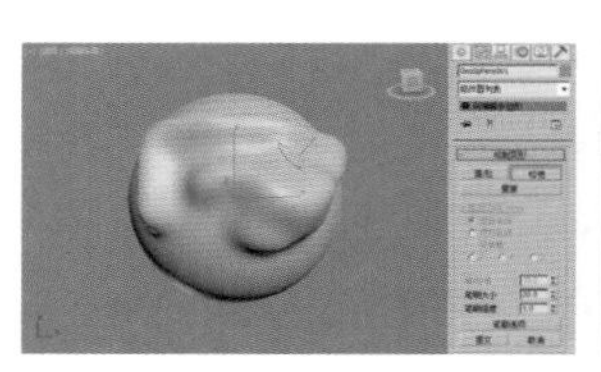

图 7-132

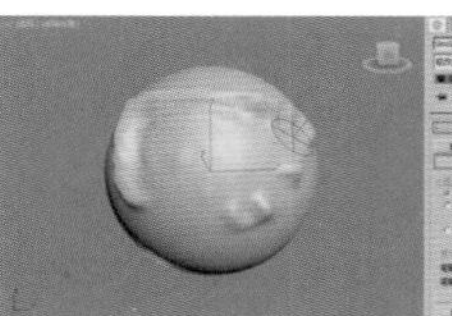

图 7-133

技巧与提示：

“推／拉方向”选项组可以设置笔刷绘制时模型被推拉的方向。下面的“推／拉值”“笔刷大小”和“笔刷强度”参数与“软选择”卷展栏中“绘制软选择”选项组中的参数基本一致。

05 使用“绘制变形”卷展栏对模型进行修改后，单击“提交”按钮 提交 ，可以将之前的操作确认并应用到对象上，如果单击“取消”按钮 取消 ，将取消之前的操作。

技巧与提示：

“绘制变形”工具像是一个简单的雕刻软件，如果对这方面感兴趣想要深入了解这方面的内容，建议学习更专业的雕刻软件 ZBrush 或者 MudBox，这些软件是专业的雕刻绘画软件，在功能上更加强大。

7.3.2 编辑“顶点”子对象

在多边形对象中，顶点是非常重要的，顶点可以确定其他子对象，也可以创建孤立的顶点，并使用孤立的顶点创建其他类型的子对象。下面将为读者讲解针对顶点子对象的编辑命令。

选择一个多边形对象后，进入“修改”命令面板，在编辑修改器堆栈中单击“可编辑多边形”名称前的“+”展开按钮，然后选择“顶点”选项或者单击“选择”卷展栏中的“顶点”按钮，即可进入“顶点”子物体层级，如图 7-134 所示。

进入“顶点”子对象后，在“修改”命令面板中将会增加一个“编辑顶点”卷展栏，如图 7-135 所示。该卷展栏中的按钮全部是用来编辑“顶点”子对象的。

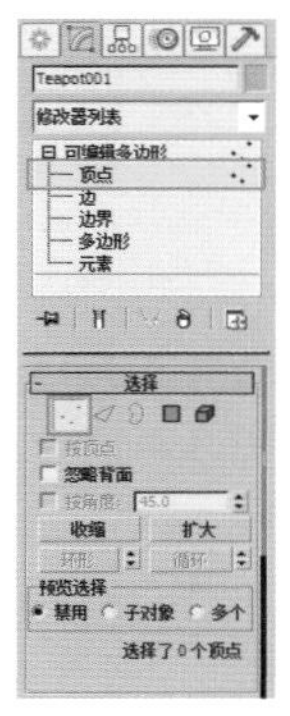

图 7-134

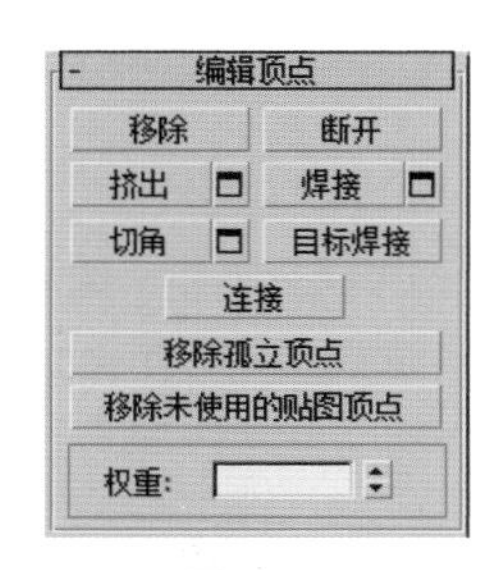

图 7-135

下面将通过一个实例，讲解该卷展栏的一些常用命令。

01 在“几何体”命令面板中单击“球体”按钮 球体 ，在视图中创建一个球体对象，并将其塌陷为可编辑多边形。进入其“顶点”子对象层级，选择如图 7-136 所示的顶点。

02 单击“编辑顶点”卷展栏中的“移除”按钮 移除 ，可将选择的“顶点”子对象移除，如图 7-137 所示。

图 7-136

图 7-137

技巧与提示：

移除与按 Delete 键删除是不同的。

移除顶点：选择一个或多个顶点后，单击“移除”按钮 移除 或按 Backspace 键即可移除顶点，但也只是移除了顶点，而与顶点相邻的面仍然存在。

删除顶点：选择一个或多个顶点以后，按 Delete 键可以删除顶点，此时与顶点相邻的面也会消失，删除位置也会形成空洞，如图 7-138 所示。

图 7-138

03 选择模型中的某一个“顶点”子对象，单击“断开”按钮 断开 ，可以在选择点的位置创建更多的顶点，选择点周围的表面将不再共用同一个顶点，每个多边形表面在此位置会拥有独立的顶点，执行该命令后，不能直接看到效果，选择并移动该区域的顶点时，对象中连续的表面会产生分裂，如图 7-139 所示。

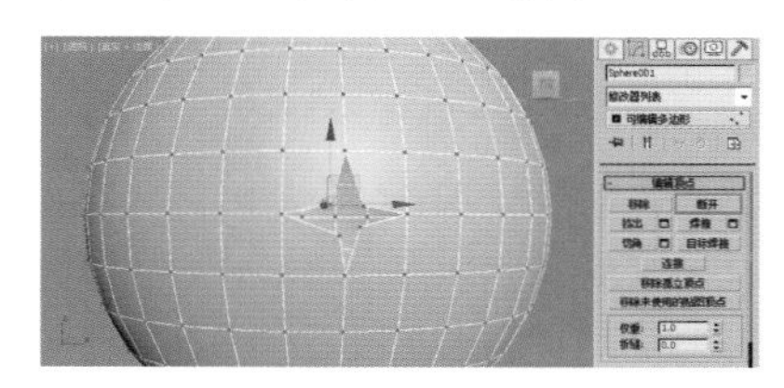

图 7-139

04 “焊接”与“断开”命令的作用正好相反，是将两个或多个选择的顶点“焊接”为一个顶点，选择如图 7-140 所示的顶点，单击“焊接”按钮右侧的设置按钮，在打开的“焊接”助手面板中设置“焊接阈值”参数，顶点之间的距离小于该阈值将会被焊接，而大于该阈值将不会被焊接，如图 7-141 所示。

图 7-140

图 7-141

05 单击“目标焊接”按钮 目标焊接 ，在视图中单击某个顶点，此时移动鼠标会拖出一条虚线，然后将鼠标移动到想要焊接的顶点上再次单击，此时可以将初次单击的顶点焊接到第二次单击的顶点上，如图 7-142 和图 7-143 所示。右击结束该命令的操作。

图 7-143

图 7-143

技巧与提示：

“目标焊接”命令只能焊接成对的连续顶点，也就是说，选择的顶点与目标顶点之间必须有一条边相连。例如一个四边形的面，对角线之间的两个顶点默认是不能使用“目标焊接”命令的。

06 单击“挤出”按钮将 挤出 其激活，然后将鼠标指针移动至对象中的某个顶点上，当鼠标指针改变形态后，单击并拖曳鼠标，即可对该顶点执行挤出操作，如图 7-144 和图 7-145 所示。

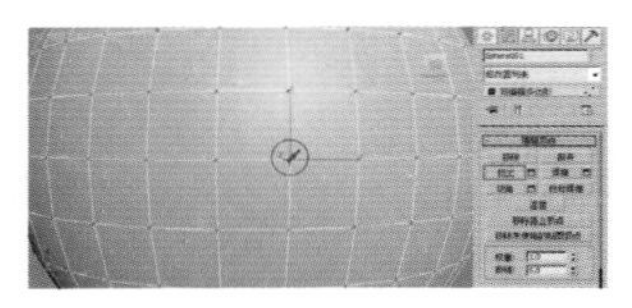

图 7-144

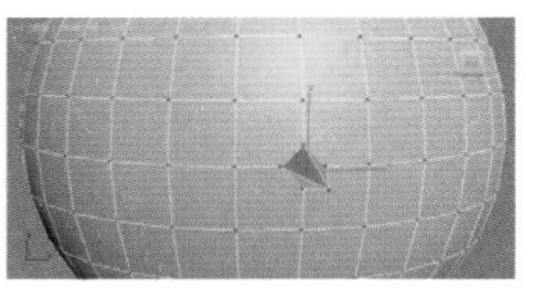

图 7-145

07 如果要精确控制挤出的效果，可以单击“挤出”命令按钮后的“设置”按钮■，打开“挤出顶点”助手面板，如图 7-146 所示，“宽度”参数控制着底部面的尺寸，“高度”参数控制顶点挤出的高度。

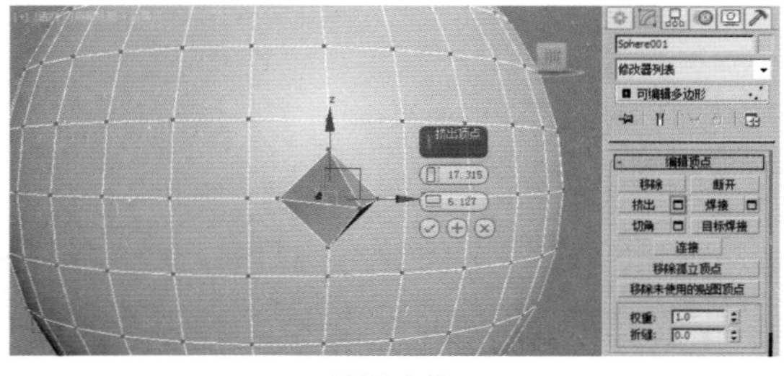

图 7-146

08 选择模型中的某一个顶点后，单击“切角”按钮 切角 ，单击并拖曳鼠标会对选择顶点进行切角处理，单击该按钮右侧的“设置”按钮■后，打开“切角助手”面板，可以通过设置其中的参数调整切角的大小，还可以通过启用“打开切角”控件，将被切角的区域删除，如图 7-147 和图 7-148 所示。

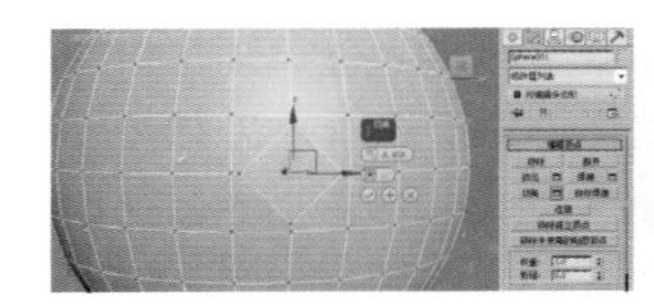

图 7-147

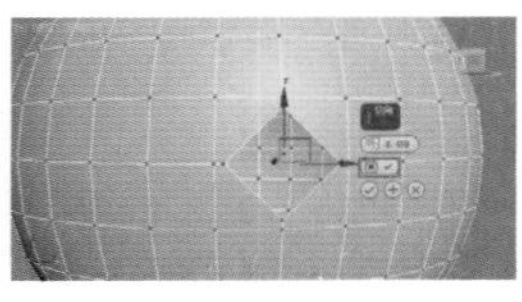

图 7-148

09 选择两个顶点，单击“连接”按钮 连接 ，所选择的顶点之间将产生新的边，如图 7-149 和图 7-150 所示。

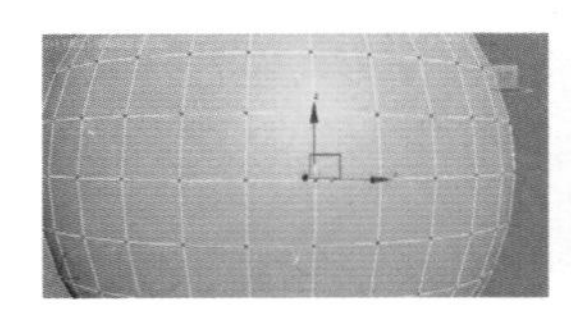

图 7-149

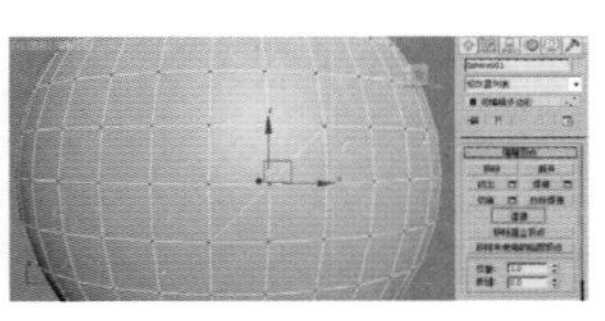

图 7-150

10 在“编辑顶点”卷展栏下方有一个“权重”参数，用于设置所选择顶点的权重，当在“细分曲面”卷展栏中启用“使用 NURMS”复选框后，即可通过调整“权重”参数，观察调整后的顶点效果，如图 7-151 和图 7-152 所示。

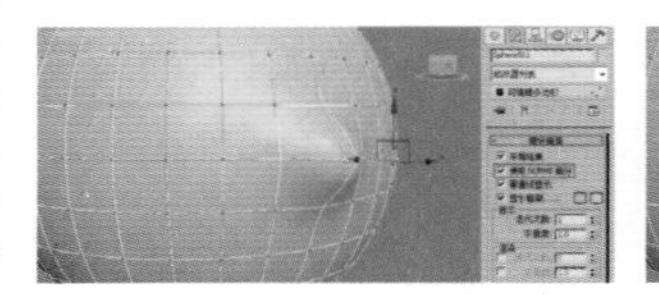

图 7-151

图 7-152

实例操作：制作匕首模型

实例：制作匕首

实例位置：	工程文件 >CH07> 匕首 .max
视频位置：	视频文件 >CH07> 实例：使用多边形建模制作匕首模型 .mp4
实用指数：	★★★☆☆
技术掌握：	熟练使用“编辑多边形”工具来制作模型。

本例中通过使用“编辑多边形”工具制作一个匕首的模型，如图 7-153 所示为本例的最终完成效果。

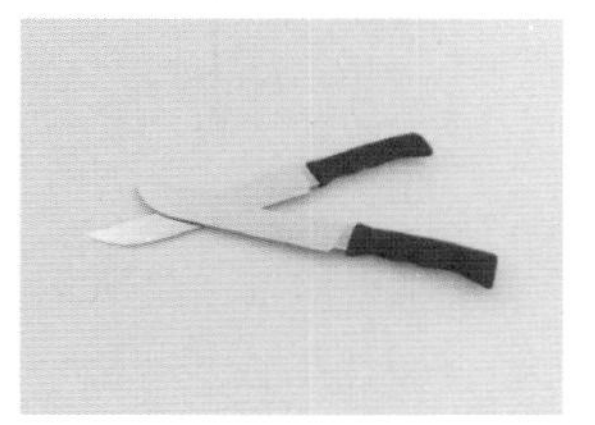

图 7-153

01 启动 3ds Max 2016，使用“线”工具 Line ，在前视图中创建一个样条线物体，为其添加“挤出”修改器并设置参数，如图 7-154 和图 7-155 所示。

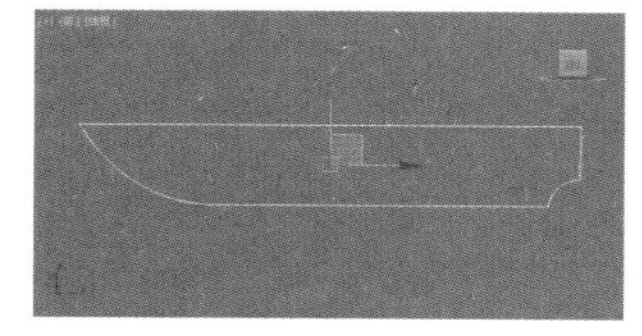
图 7-154

图 7-155

02 将其转换为可编辑的多边形后，进入“顶点”层级，选择如图 7-156 所示的“顶点”。

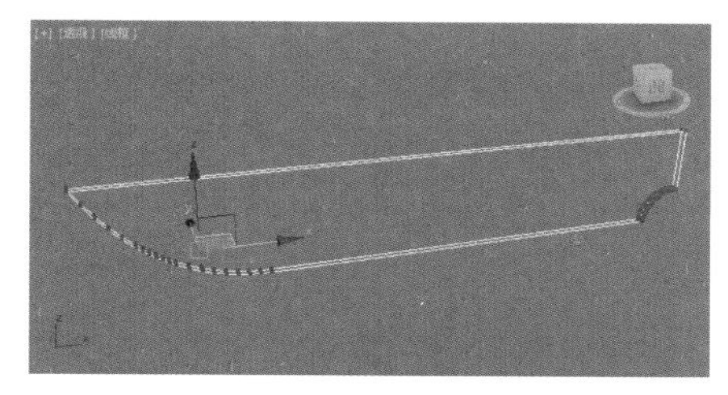
图 7-156

03 在“软选择”卷展栏中，选中“使用软选择”复选框，然后使用缩放工具，沿 Y 轴将选择的点缩放，如图 7-157 和图 7-158 所示。

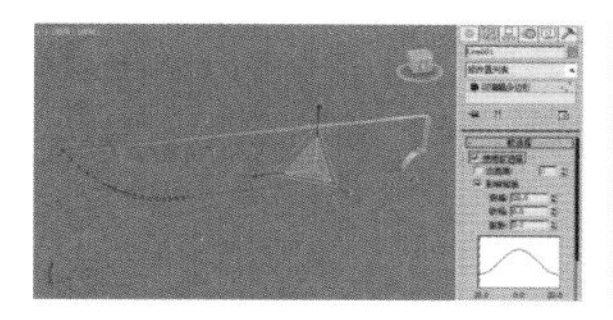
图 7-157

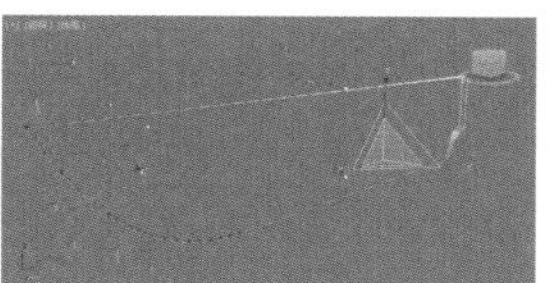
图 7-158

04 使用“圆柱体”工具，在视图中创建一个圆柱体，并调整其位置，如图 7-159 所示。

05 使用缩放工具对圆柱体沿 Y 轴缩放，如图 7-160 所示。

图 7-159

图 7-160

06 再次创建一个“圆柱体”对象，将这个圆柱体的“高度分段”设置得多一些，这里设置为 50，如图 7-161 所示。

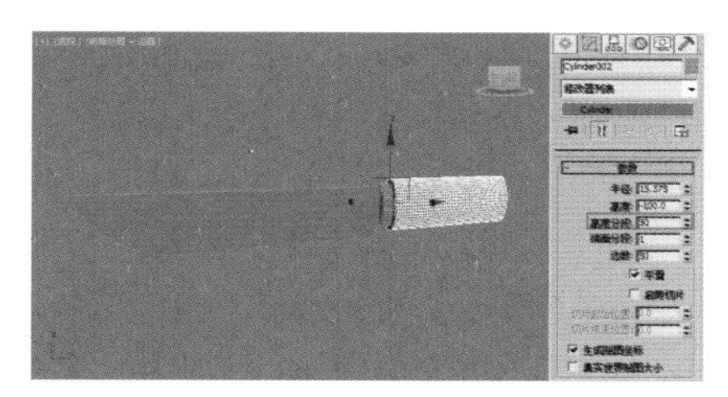
图 7-161

07 将其转换为可编辑多边形后进入“顶点”层级，在前视图中选择如图 7-162 所示的“顶点”，在“软选择”卷展栏中，选中“使用软选择”复选框，设置“衰减”为 15，“膨胀”为 -1，然后使用缩放工具沿 Y 轴和 Z 轴对选择的“顶点”进行缩放，如图 7-163 所示。

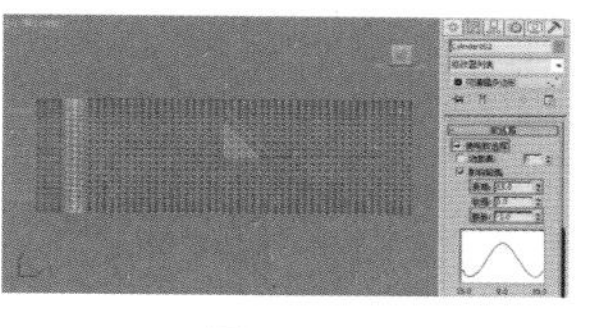
图 7-162

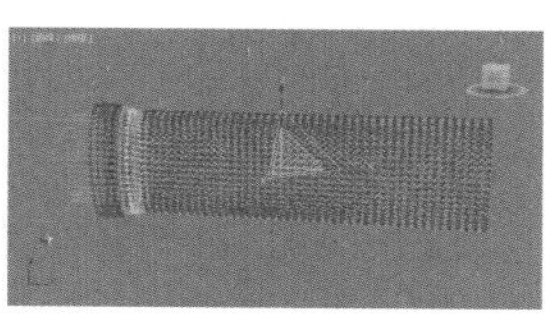
图 7-163

08 使用移动和缩放工具，用同样的方法对“顶点”的位置和形态进行调整，效果如图 7-164~ 图 7-166 所示。

09 在“修改”面板中为其添加“涡轮平滑”修改器，设置“迭代次数”为 2，效果如图 7-167 所示。

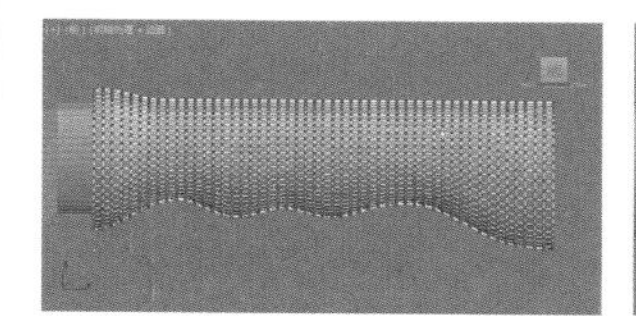
图 7-164

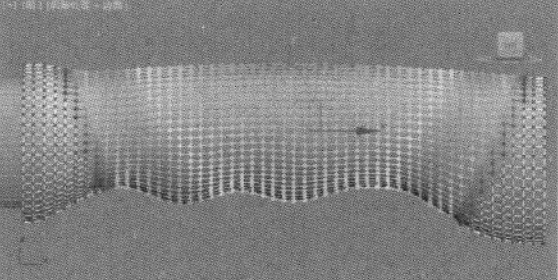
图 7-165

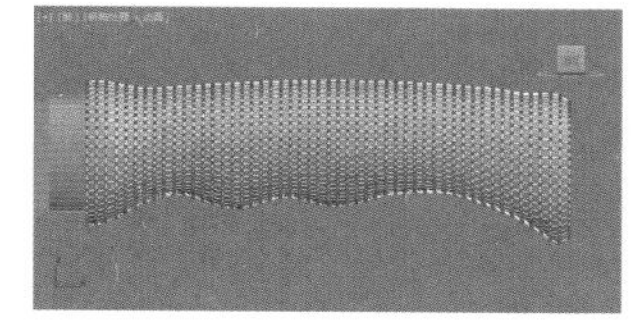
图 7-166

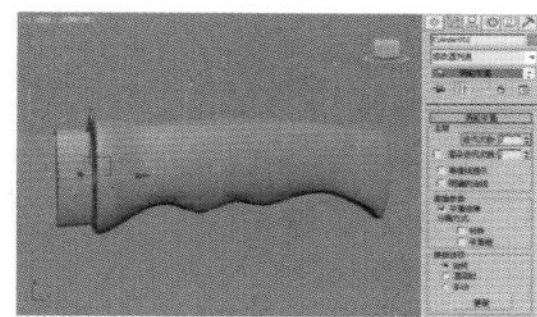
图 7-167

10 回到“可编辑多边形”的“多边形”层级，选择如图 7-168 所示的多边形。

11 在“编辑多边形”卷展栏中，单击“插入”右侧的“设置”按钮，在打开的助手面板中，设置“数量”为 3，如图 7-169 所示。

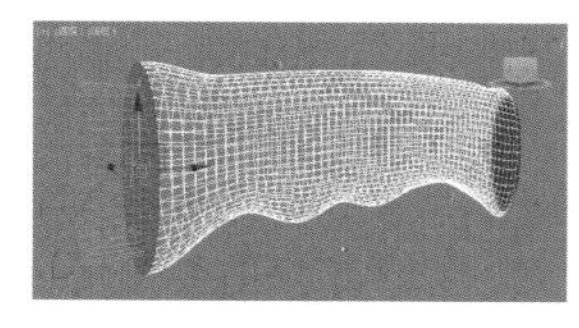
图 7-168

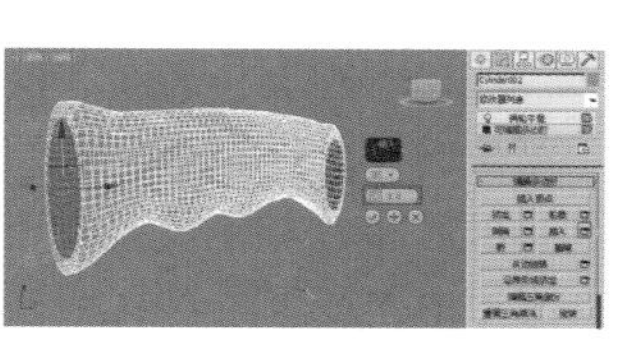
图 7-169

12 在助手面板中，单击“应用并继续”按钮，然后再单击“确定”按钮，如图 7-170 所示。

13 在“编辑几何体”卷展栏中，单击“塌陷”按钮，如图 7-171 所示。

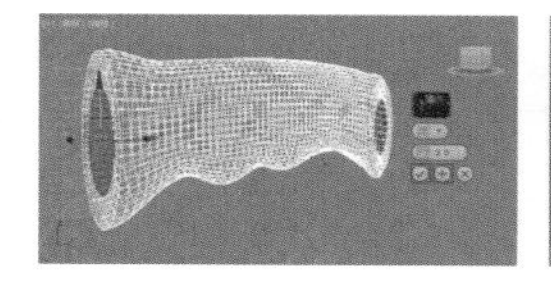
图 7-170

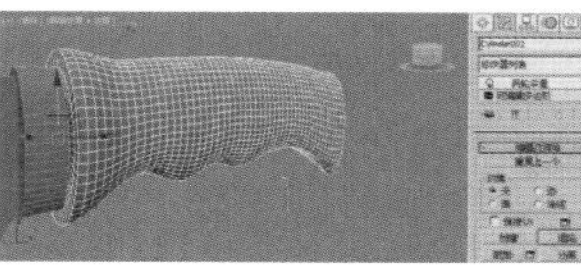
图 7-171

14 回到物体层级后，使用缩放工具沿 Y 轴对模型再进行一些缩放操作，最终效果如图 7-172 所示。

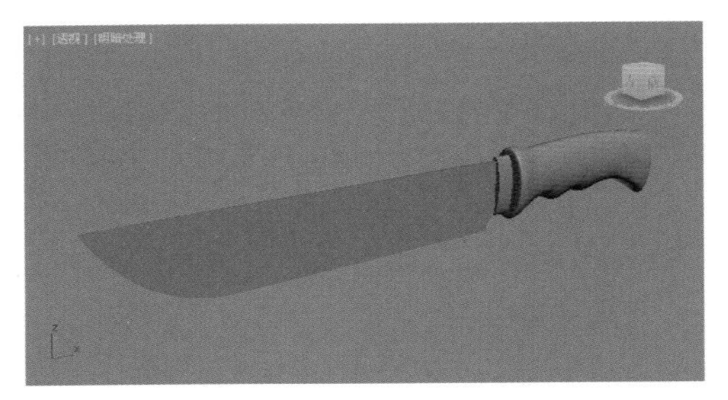

图 7-172

7.3.3 编辑“边”子对象

“边”子对象层级中的有些命令与“顶点”子对象层级中的命令相似，在这里不再重复介绍，读者可参见“顶点”子对象的参数介绍。

“边”子对象由两个顶点确定，通过 3 条或 3 条以上的边可组成一个平面，当进入“边”子对象层级后，在“修改”命令面板中将增加一个“编辑边”卷展栏，如图 7-173 所示。该卷展栏中的按钮全部是用来编辑“边”子对象的。

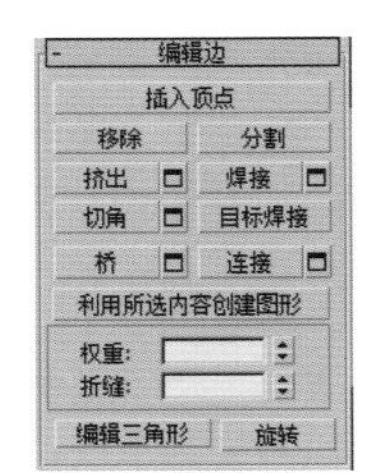

图 7-173

下面将通过一个实例，讲解该卷展栏中的一些常用命令。

01 在“几何体”命令面板中单击“圆柱体”按钮 圆柱体 ，在视图中创建一个圆柱对象，并将其塌陷为可编辑多边形。进入其“边”子对象层级，在“编辑边”卷展栏中单击“插入顶点”按钮 插入顶点 后，可手动对可视边界进行细分，在边界上单击可以加任意数量的点，右击结束该命令的操作，如图 7-174 所示。

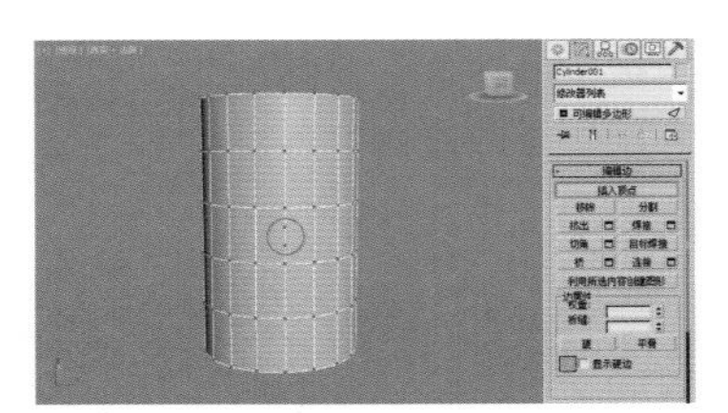

图 7-174

02 选择如图 7-175 所示的边，单击“移除”按钮 移除 ，可将选择的边移除，但此时再进入“顶点”子层级，会发现被移除边的顶点还留在原地，如图 7-176 所示。

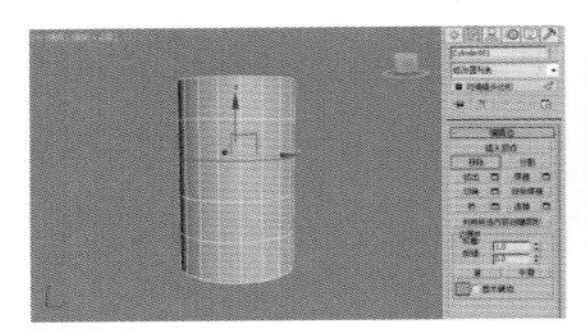

图 7-175

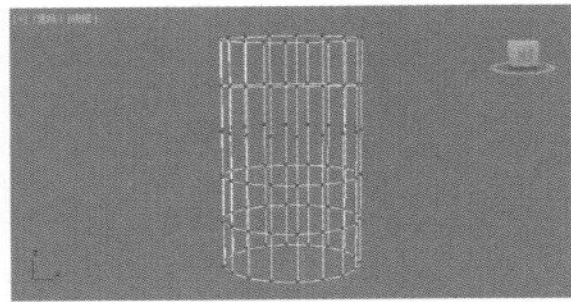

图 7-176

03 按 Ctrl+Z 快捷键返回上一步的操作，此时按下 Ctrl 键再单击“移除”按钮 移除 ，然后再进入“顶点”子层级，我们发现被移除边的顶点一同被删除了，如图 7-177 所示。

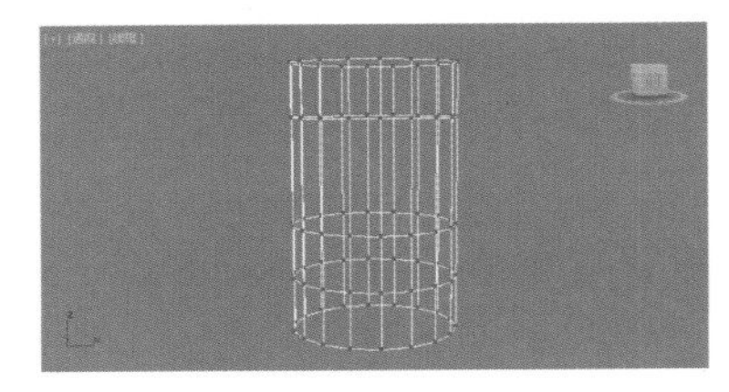

图 7-177

04 进入“多边形”子对象层级，选择如图 7-178 所示的面并将其删除，再次进入“边”子对象层级，选择要进行桥接的边，单击“桥”按钮 桥 后，可创建新的多边形，从而连接对象中选定的多边条，如图 7-179 和图 7-180 所示。

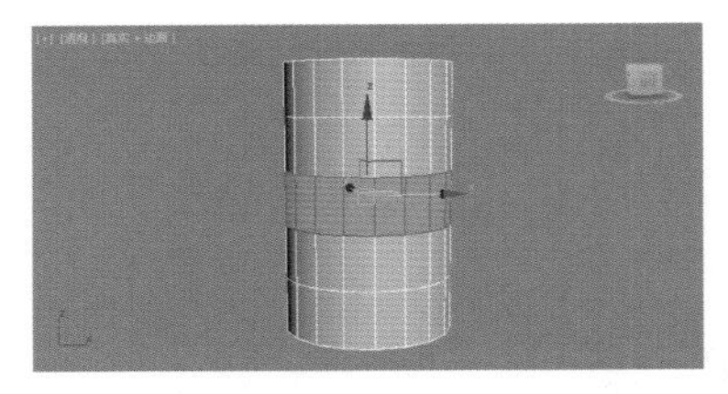

图 7-178

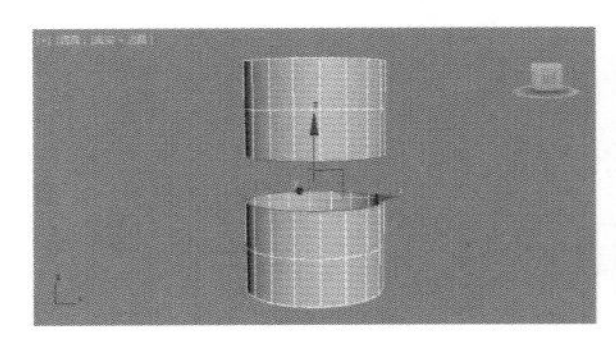

图 7-179

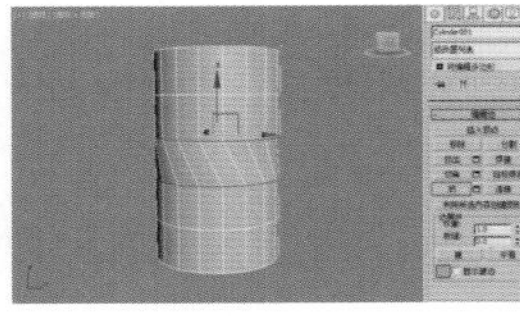

图 7-180

05 单击“桥”按钮右侧的“设置”按钮后，在弹出的“跨越边”助手面板中可以设置桥接后的分段、平滑等参数，如图 7-181 所示。

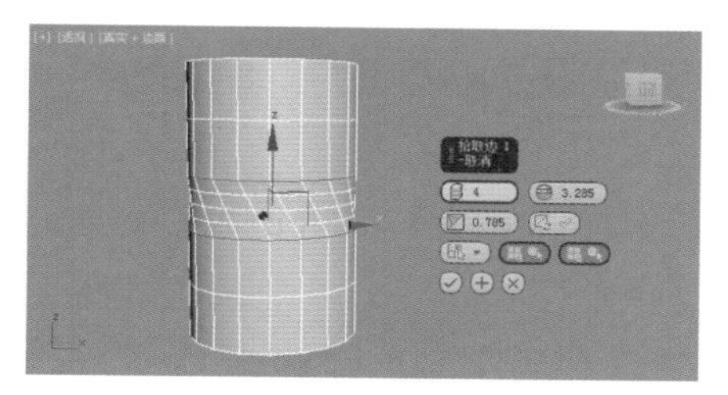

图 7-181

06 选择如图 7-182 所示的边，单击“连接”按钮 连接 ，此时可在选择边的中间位置创建一圈边，如图 7-183 所示。

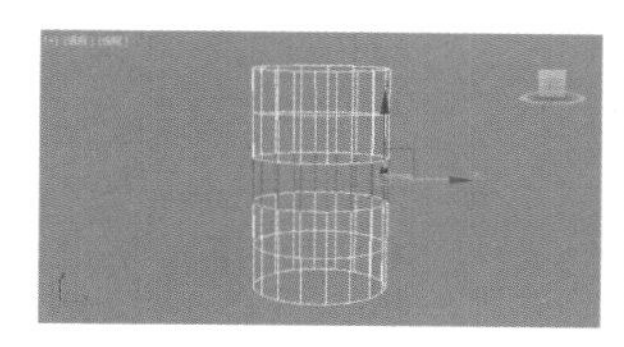

图 7-182

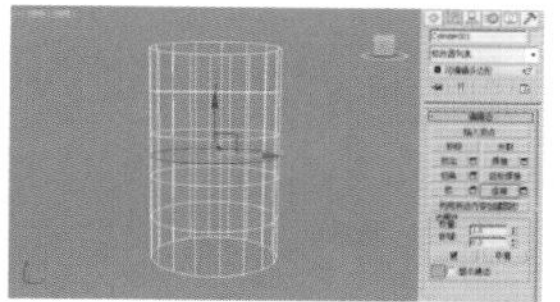

图 7-183

07 单击“连接”按钮右侧的“设置”按钮▣，可以打开“连接边”助手面板，在该面板中可以调节“分段”“收缩”和“滑块”参数，如图 7-184 所示。

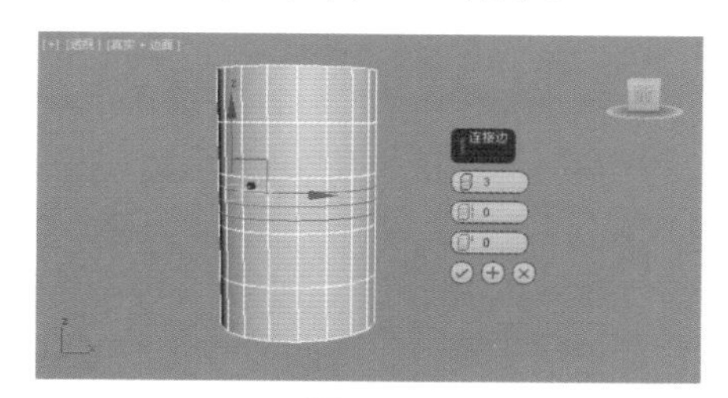

图 7-184

08 选择如图 7-185 所示的边，单击“利用所选内容创建图形”按钮 利用所选内容创建图形 ，可以弹出“创建图形”对话框，在该对话框中可以设置图形名称以及设置图形类型，如果选择“平滑”类型，则生成平滑的样条线；如果选择“线性”类型，则生成样条线的形状与选择边的形状保持一致，最后单击“确定”按钮 确定 ，这样即可将选择的边创建为样条线图形，如图 7-186 和图 7-187 所示。

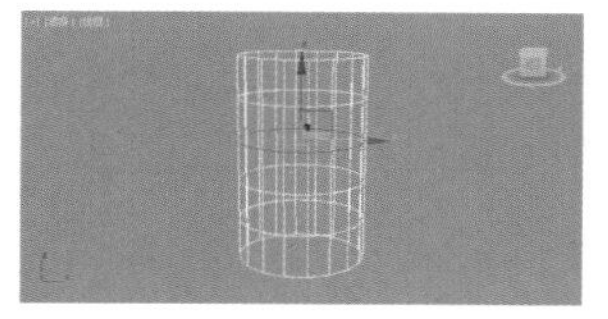

图 7-185

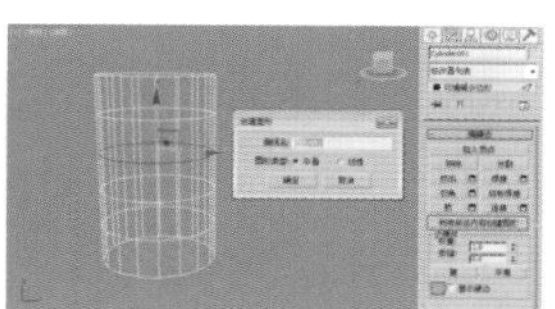

图 7-186

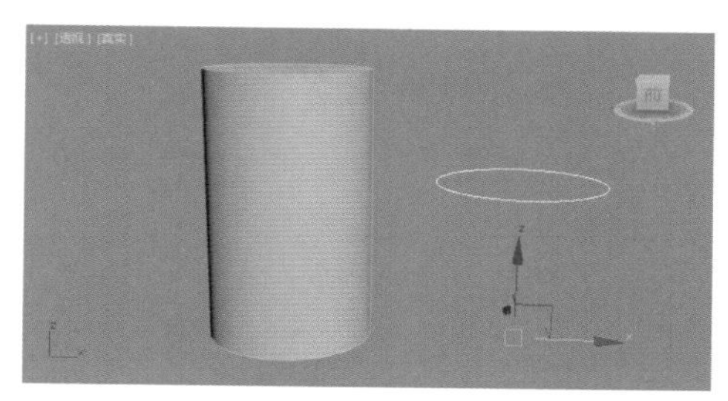

图 7-187

09 单击“编辑三角形”按钮 编辑三角形 ，多边形内部隐藏的区域以虚线的形式显示出来，单击多边形的顶点并拖曳到对角的顶点位置，光标会显示“+”图标，释放鼠标后四边形内部边的划分方式会改变，如图 7-188 和图 7-189 所示。

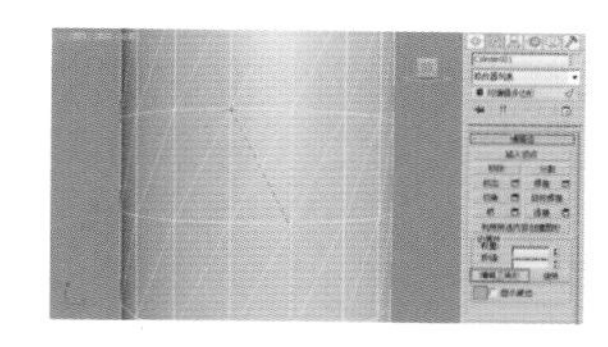

图 7-188

图 7-189

10 通过单击“旋转”按钮，可以更方便快捷地改变多边形的细分方式，单击虚线形式的对角线即可，再次单击即可恢复到初始位置，如图 7-190 所示。

图 7-190

7.3.4　编辑“边界”子对象

“边界”是多边形对象开放的边，可以理解为孔洞的边缘。在“边界”子对象层级中，包含与“顶点”和“边”子对象相同的命令参数，这里就不重复介绍了。

进入“边界”子对象层级，在“修改”命令面板中将会出现“编辑边界”卷展栏，如图 7-191 所示。

图 7-191

选择如图 7-192 所示的边界，单击“封口”按钮后，会沿“边界”子对象出现一个新的面，形成封闭的多边形对象，如图 7-193 所示。

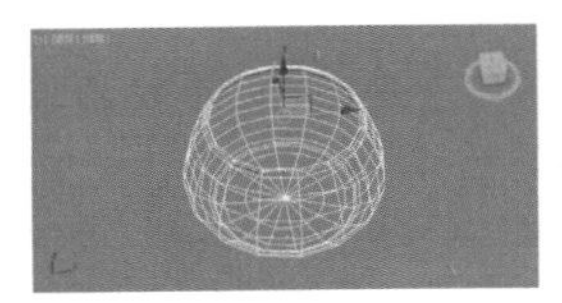

图 7-192

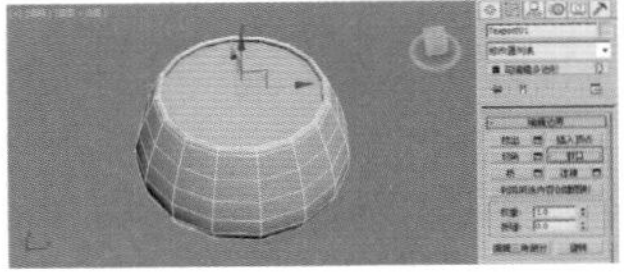

图 7-193

“边界”子层级中的“桥”命令，比“边”子对象层级下的“桥”命令的参数更多，可以设置更复杂的桥接效果，选择如图 7-194 所示的边界，单击“桥”命令按钮右侧的“设置”按钮▣，在弹出的“跨越边”助手面板中可以设置更多的“桥”参数，如图 7-195 所示。

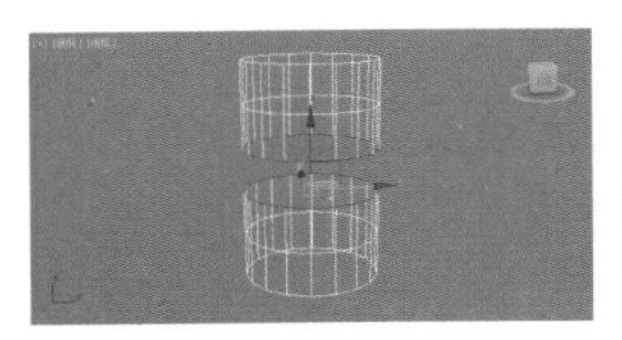

图 7-194

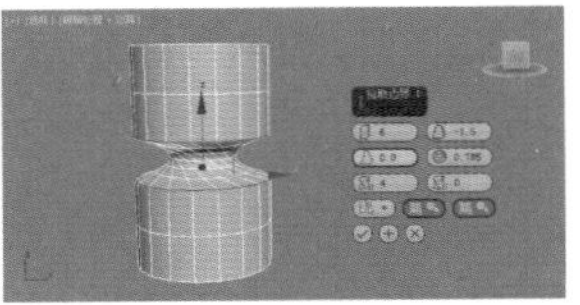

图 7-195

7.3.5 编辑“多边形和元素”子对象

由于“多边形”与“元素”子对象的编辑命令基本相同，因此在本节中将综合介绍这两个子对象的编辑命令。

进入“多边形”子对象层级，在“修改”命令面板中将会出现“编辑多边形”卷展栏，如图 7-196 所示。

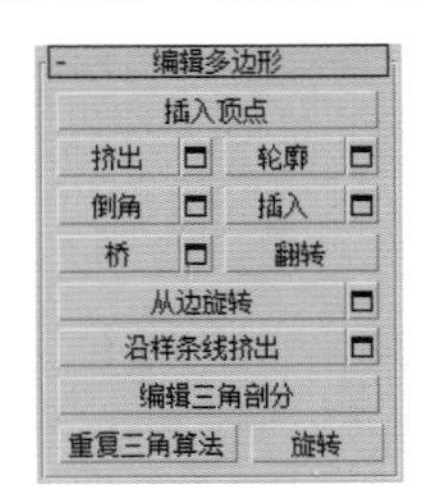

图 7-196

下面将通过一个实例，讲解该卷展栏的一些基本参数。

01 在“几何体”命令面板中单击“茶壶”按钮 茶壶 ，在视图中创建一个茶壶对象，并将其塌陷为可编辑多边形，进入其“多边形”子对象层级，在视图中选择如图 7-197 所示的“多边形”对象。

02 单击“挤出”按钮 挤出 ，将鼠标指针移动至需要挤出的面上，单击并拖曳鼠标，即可执行挤出操作，如图 7-198 所示。

图 7-197

图 7-198

03 如果需要对挤出的面进行更为精确的挤出操作，可以单击“挤出”命令按钮右侧的“设置”按钮▣，打开“挤出多边形”助手面板，在该面板中可以设置“挤出高度”和“挤出类型”等参数，如图 7-199 所示。

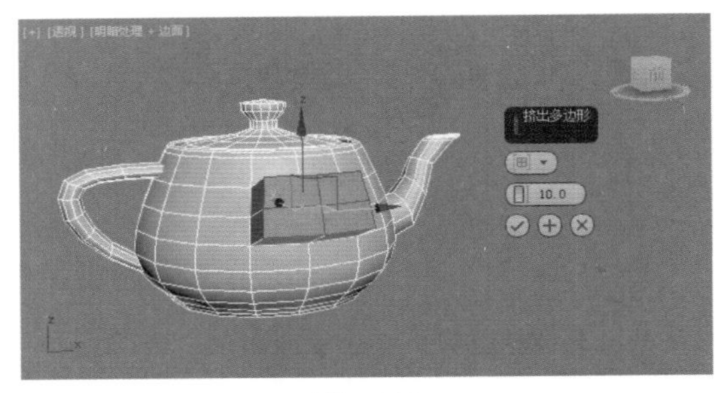

图 7-199

04 在“挤出类型”选项组中，分别有“组”“局部法线”和“按多边形”3 个选项，选择“组”选项后，将根据面选择集的平均法线方向挤出多边形；选择“局部法线”选项后，将沿着多边形自身的法线方向挤出；而如果选择“按多边形”选项后，则每个多边形将被单独挤出，如图 7-200 ～图 7-202 所示。

图 7-200

图 7-201

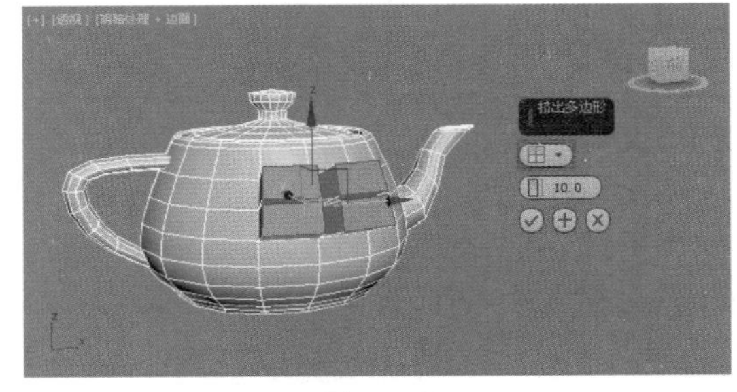

图 7-202

技巧与提示：

在操作上，我们一般都习惯先选择想要挤出或倒角的面，然后单击命令后面的“设置”按钮▣，直接打开助手面板并进行参数设置。

05 单击“轮廓”按钮，可以在视图中对选择的面进行“轮廓”操作，如图 7-203 所示。

技巧与提示：

“轮廓”命令与直接使用“选择并缩放”工具对面进行缩放是不同的，“轮廓”命令不会改变内部的多边形，只会改变外边的大小。

06 选择面，单击“倒角”命令按钮右侧的“设置”按钮，打开“倒角”助手面板，可对选择的多边形进行挤出和轮廓处理，如图 7-204 所示。

图 7-203

图 7-204

07 “插入”命令可以在产生新轮廓边时产生新的面，单击“插入”按钮右侧的“设置”按钮，在打开的“插入”助手面板中对“数量”参数进行设置，如图 7-205 所示。

08 “从边旋转”命令是一个特殊的工具，可以指定多边形的一边条作为旋转轴，让选择的多边形沿着旋转轴旋转并产生新的多边形，单击“拾取”按钮，然后到视图中单击一条边作为旋转轴，如图 7-206 所示。

图 7-205

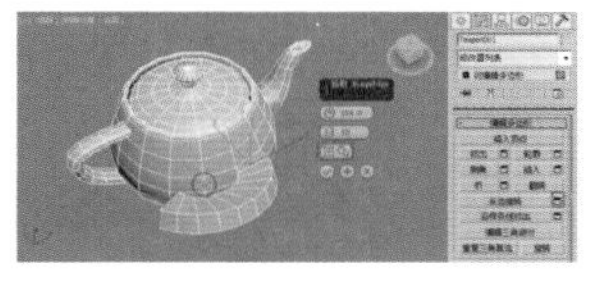
图 7-206

09 “沿样条线挤出”命令可以让选择的多边形沿着一条样条线的走向挤出新的多边形。创建一个样条线对象，选择如图 7-207 所示的多边形。

10 单击“沿样条线挤出”按钮 沿样条线挤出 ，然后在视图中单击该样条线，如图 7-208 所示。

图 7-207

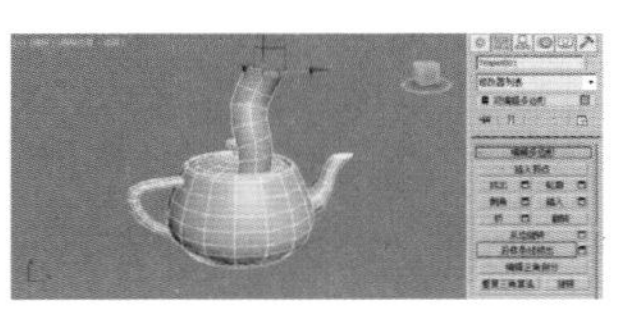
图 7-208

11 如果想要精确调节沿样条线挤出后的面的形状，可以单击“沿样条线挤出”按钮右侧的“设置”按钮，打开“沿样条线挤出”助手面板，在该面板中可以精细调节沿样条线挤出后的面的形状，如图 7-209 所示。

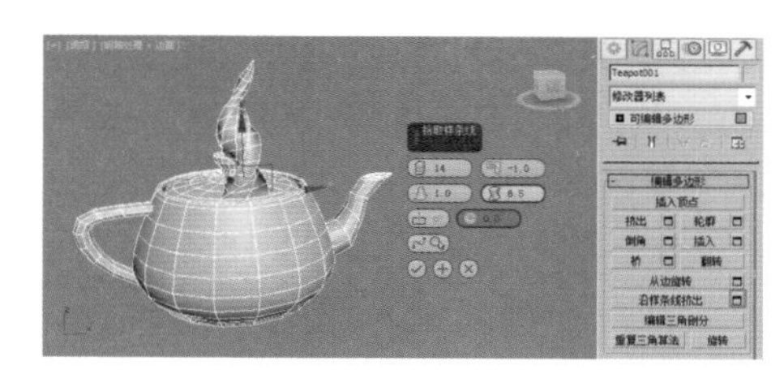
图 7-209

实例操作：制作单人沙发

实例：制作单人沙发

实例位置：　工程文件 >CH07> 单人沙发 .max
视频位置：　视频文件 >CH07> 实例：使用多边形建模制作单人沙发模型 .mp4
实用指数：　★★★☆☆
技术掌握：　熟练使用“编辑多边形”工具来制作模型。

本例通过使用“编辑多边形”工具制作一个单人沙发的模型，如图 7-210 所示为本例的最终完成效果。

图 7-210

01 启动 3ds Max 2016，使用“长方体”工具 长方体 ，在场景中创建一个长方体，设置“长度”为 150，“宽度”为 150，“高度”为 30，“长度分段”为 5，“宽度分段”为 7，如图 7-211 所示。

02 将其转换为可编辑的多边形后，进入“顶点”层级，使用移动和缩放工具调整顶点的位置，如图 7-212 所示。

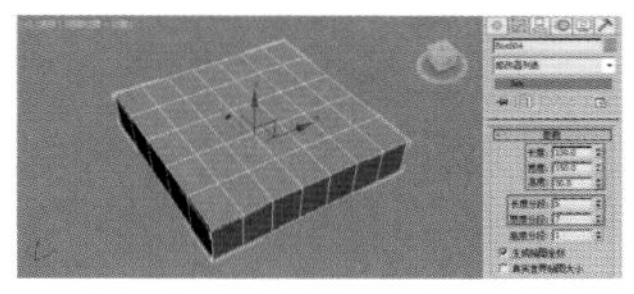
图 7-211

图 7-212

03 进入“多边形”层级，选择如图 7-213 所示的多边形，使用移动工具，沿 Z 轴向上移动一些。

04 为其添加“涡轮平滑”修改器，设置“迭代次数”为 2，如图 7-214 所示。

图 7-213

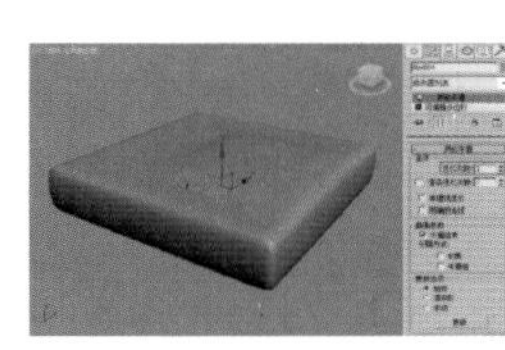
图 7-214

05 此时我们发现沙发的边角和中间隆起部分的边太圆滑，下面修正这个问题。回到“可编辑多边形”的“边”层级，选择如图 7-215 所示的边，单击“编辑边”卷展栏中的“连接”按钮 连接 ，效果如图 7-216 所示。

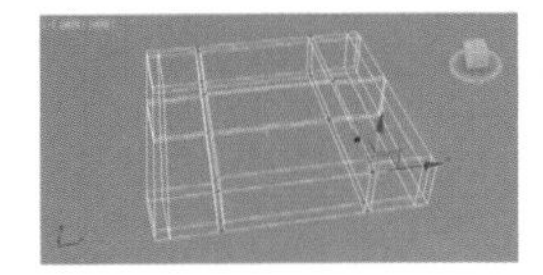

图 7-215

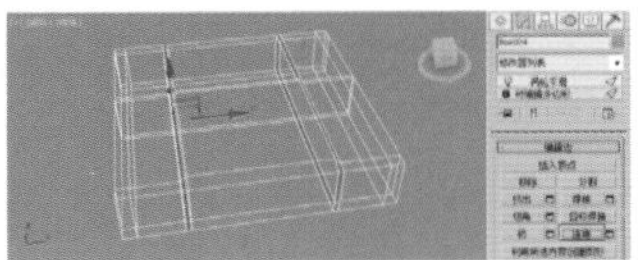

图 7-216

06 使用同样的方法，对如图 7-217 所示的边也进行连接处理，如图 7-218 所示。

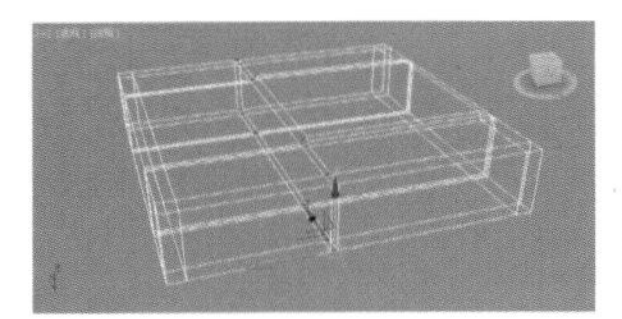

图 7-217

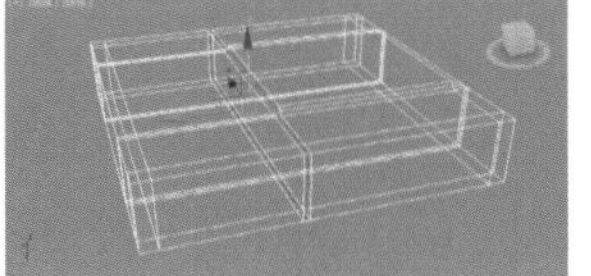

图 7-218

07 选择如图 7-219 所示的边，单击“切角”右侧的“设置”按钮，在打开的助手面板中，设置“边切角量”为 1，“连接边分段”为 3，如图 7-220 所示。

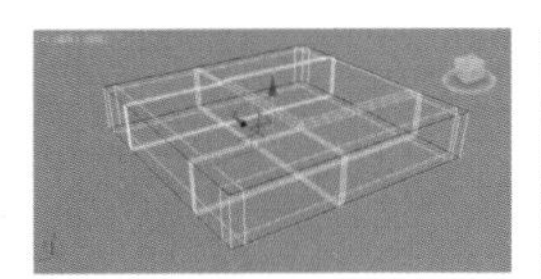

图 7-219

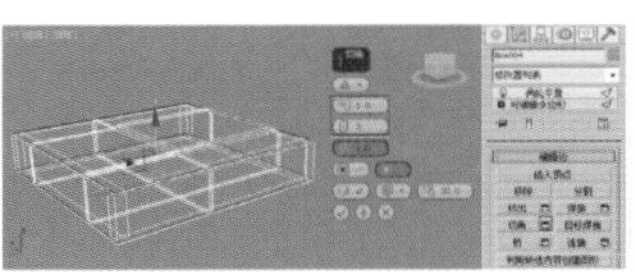

图 7-220

08 选择如图 7-221 所示的边，也进行切角处理，如图 7-222 所示。

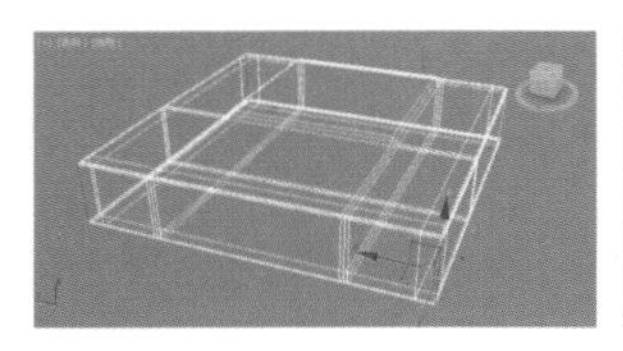

图 7-221

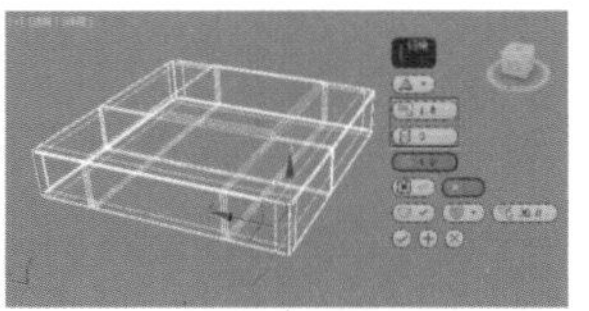

图 7-222

09 此时回到物体层级，发现沙发座垫的各个边角，相比之前都要“硬”一些了，如图 7-223 所示。

10 使用“长方体”工具 长方体 ，在场景中再创建一个长方体，设置“长度”为 150，“宽度”为 35，“高度”为 33，“长度分段”为 2，如图 7-224 所示。

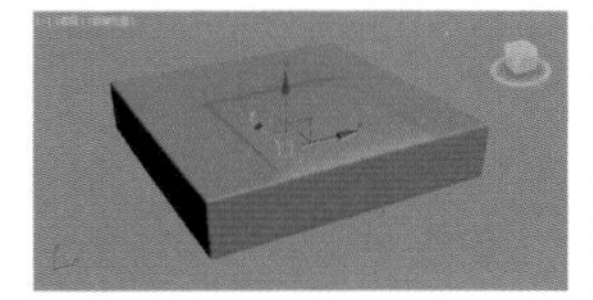

图 7-223

图 7-224

11 将其转换为可编辑的多边形后，进入“顶点”层级，调整顶点的的位置，如图 7-225 所示。

12 进入“多边形”层级，使用“挤出”命令，对选择的多边形进行“挤出”操作，如图 7-226 所示。

图 7-225

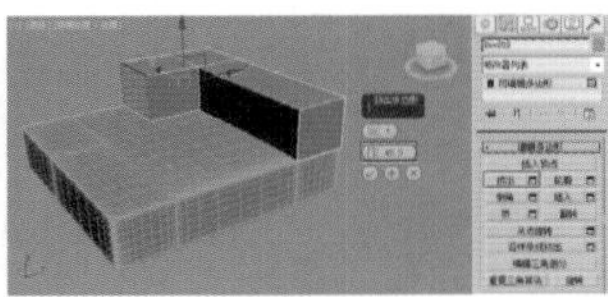

图 7-226

13 使用“切割”命令，按如图 7-227 和图 7-228 所示，切出两条线。

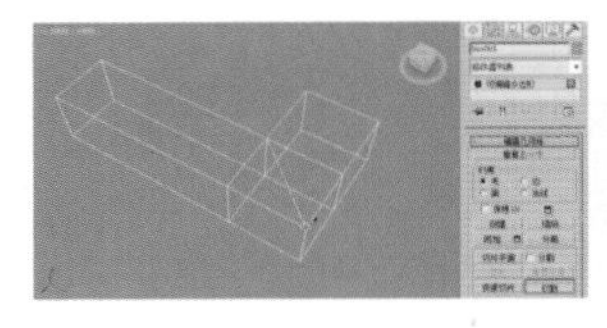

图 7-227

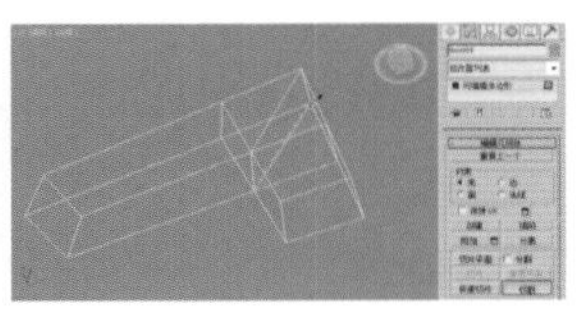

图 7-228

14 选择如图 7-229 所示的边，按住 Ctrl 键，单击“移除”按钮将其移除，如图 7-230 所示。

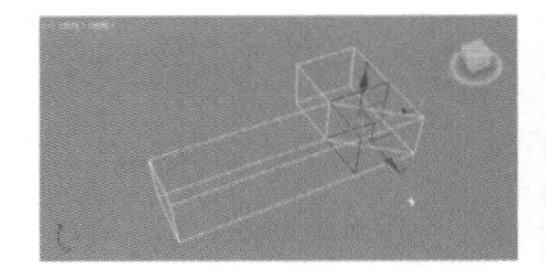

图 7-229

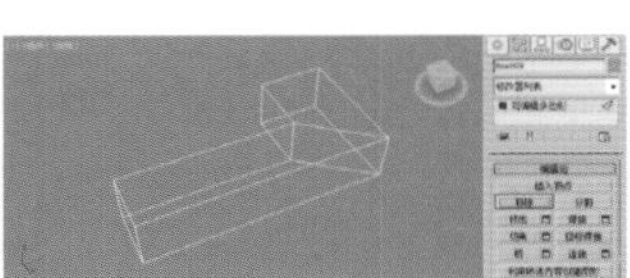

图 7-230

15 进入“顶点”层级，调整顶点的位置，如图 7-231 所示。

图 7-231

16 进入“边”层级，对一些边进行“切角”处理，如图 7-232 和图 7-233 所示。

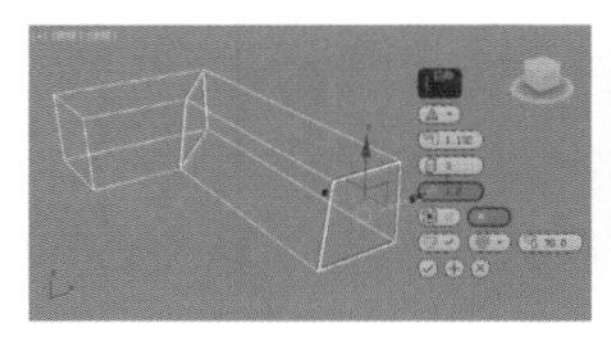

图 7-232

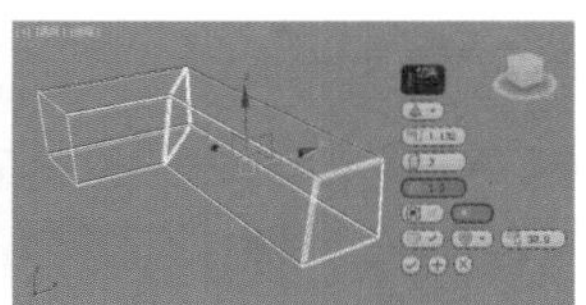

图 7-233

17 为其添加“对称”修改器，调节“对称”修改器的“镜像”子层级，效果如图 7-234 所示。

18 同样为其添加“涡轮平滑”修改器，设置“迭代次数”为 2，效果如图 7-235 所示。

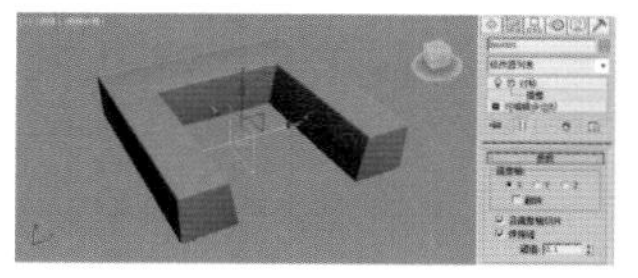

图 7-234

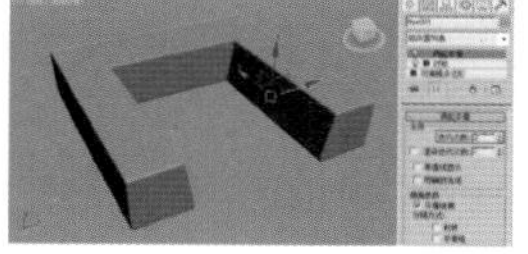

图 7-235

19 在场景中再创建一个长方体，设置“长度”为 17，“宽度”为 80，“高度”为 62，如图 7-236 所示。

20 将其转换为可编辑多边形后，调整“顶点”的位置，如图 7-237 所示。

图 7-236

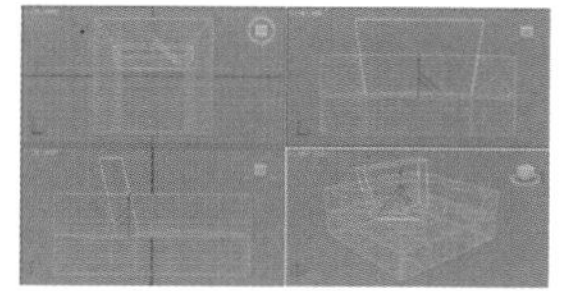

图 7-237

21 进入“边”层级，对一些边进行“切角”处理，如图 7-238~ 图 7-240 所示。

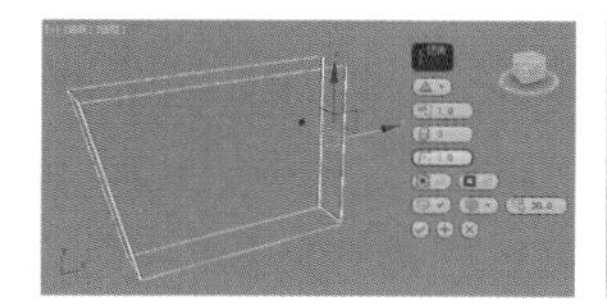

图 7-238

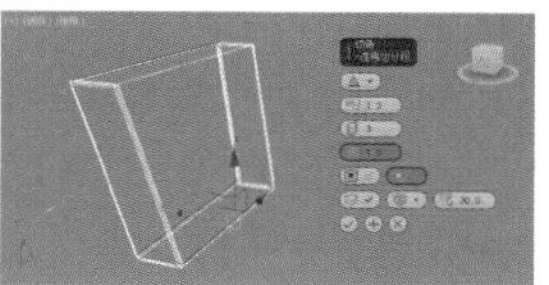

图 7-239

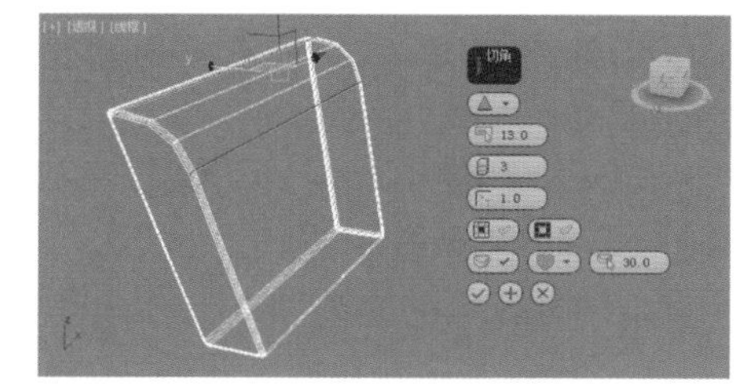

图 7-240

22 为其添加“涡轮平滑”修改器，设置“迭代次数”为 2，效果如图 7-241 所示。

23 使用“线”工具 线 ，在场景中创建一个样条线物体，并调整其形态，效果如图 7-242 所示。

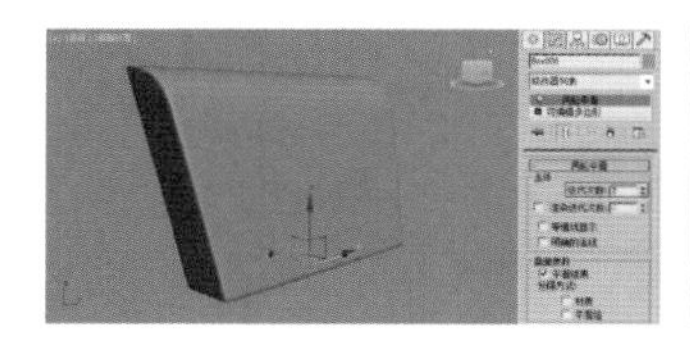

图 7-241

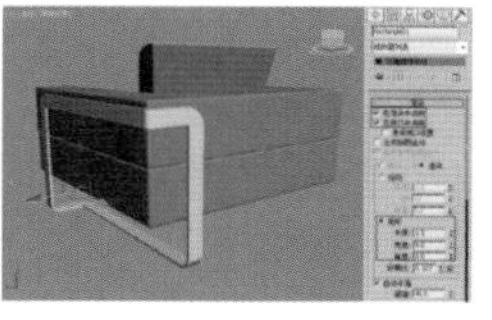

图 7-242

24 为其添加“对称”修改器，得到另外一侧的模型，最终效果如图 7-243 所示。

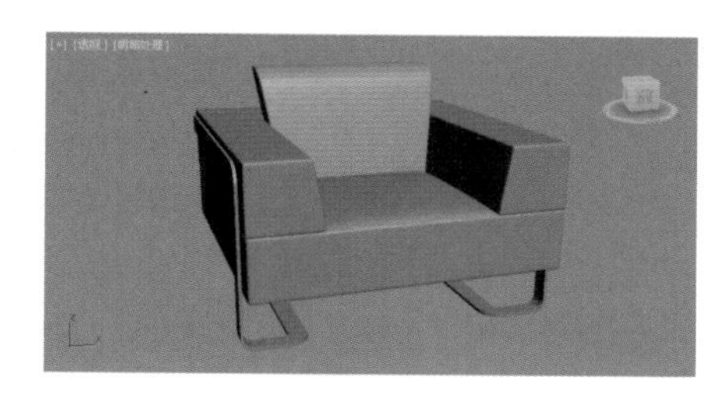

图 7-243

7.4 石墨建模工具

“石墨”建模工具在 3ds Max 2010 之前的版本是以插件的形式存在的，叫作 PolyBoost，该插件提供强大的模型辅助编辑工具、变换工具、UV 编辑工具、视图绘图工具等。PolyBoost 主要针对“可编辑多边形”工具开发，大部分功能在“编辑多边形”修改器中也可以使用，可以看作是“编辑多边形”建模工具的升级版。

“石墨”建模工具在 3ds Max 2010 的时候被整合到软件中，其实际上就是内置了 PolyBoost 的模块，从而把“可编辑多边形”建模工具向上提升到了一个全新的层级。随着软件的升级，“石墨”建模工具也在不断完善。

7.4.1 调出石墨工具

在默认情况下，首次启动 3ds Max 2016 时，“石墨”建模工具会自动出现在软件操作界面中，位于“主工具栏”的下方，如果关闭了“石墨”建模工具，可以在“主工具栏”上单击“切换功能区”按钮来打开。

“石墨”建模工具包含“建模”“自由形式”“选择”“对象绘制”“填充”选项卡，其中每个选项卡下都包含许多工具（这些工具的显示与否取决于当前建模对象所处的层级），如图 7-244 所示。在这五大选项卡中，“建模”选项卡比较常用，因此在下面的内容中，将主要讲解该选项卡中参数用法。

建模 自由形式 选择 对象绘制 填充

图 7-244

7.4.2 切换石墨建模工具选项卡的显示状态

“石墨”建模工具选项卡的界面具有 3 种不同的状态，单击选项卡右侧的按钮，在弹出的菜单中即可选择相应的显示状态，如图 7-245 所示。

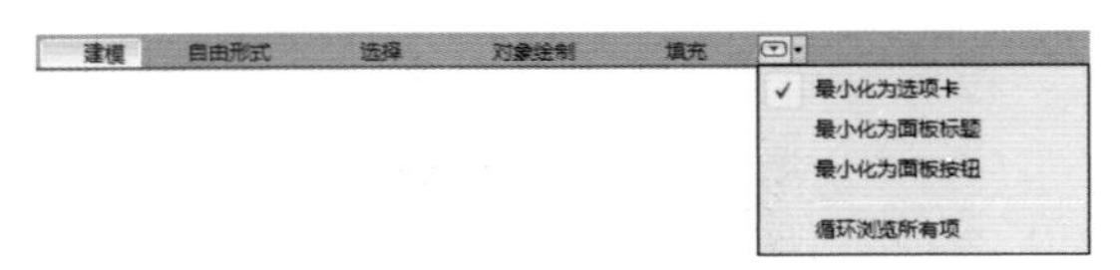

图 7-245

7.4.3 建模选项卡

“建模”选项卡中包含了多边形建模的大部分常用工具，它们被分成若干个不同的面板，如图 7-246 所示。

图 7-246

当切换不同的子对象级别时，“建模”选项卡中的参数面板也会跟着发生相应的变化。如图 7-247~ 图 7-251 所示分别是“顶点”“边”“边界”“多边形”“元素”级别下的面板。

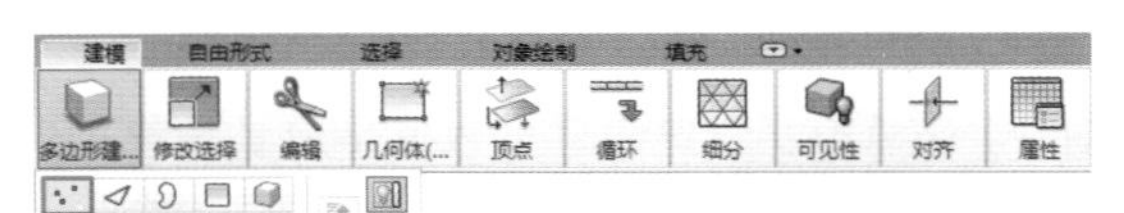

图 7-247

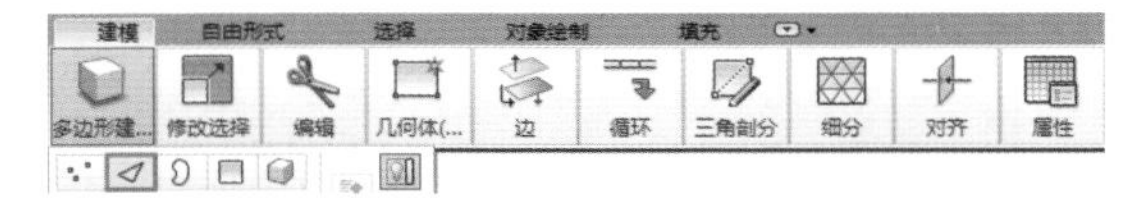

图 7-248

图 7-249

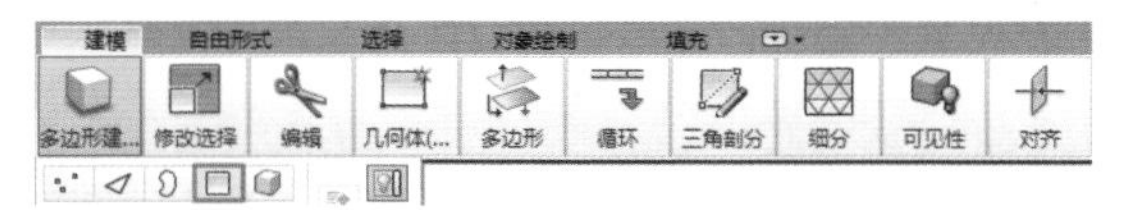

图 7-250

图 7-251

1. 多边形建模面板

“多边形建模”面板包含用于切换子对象层级、导航修改器堆栈、将对象转化为可编辑多边形和“编辑多边形”等功能的工具，如图 7-252 所示。

图 7-252

工具解析

✦ 顶点：进入多边形的“顶点”级别，在该级别中可以选择对象的顶点。

✦ 边：进入多边形的“边”级别，在该级别中可以选择对象的边。

✦ 边界：进入多边形的“边界”级别，在该级别中可以选择对象的边界。

✦ 多边形：进入多边形的“多边形”级别，在该级别中可以选择对象的多边形。

✦ 元素：进入多边形的“元素”级别，在该级别中可以选择对象的元素。

✦ 切换命令面板：控制“命令”面板的可见性。单击该按钮可以关闭“命令”面板，再次单击该按钮可以显示“命令”面板。

✦ 锁定堆栈：将修改器堆栈和“建模工具”控件锁定到当前选定的对象。

✦ 显示最终结果：显示在堆栈中所有修改完毕后出现的选定对象。

✦ 下一个修改器 / 上一个修改器：通过上移或下移堆栈，以改变修改器的先后顺序。

✦ 预览关闭：关闭预览功能。

✦ 预览子对象：开启预览多个对象功能。

✦ 忽略背面：开启忽略对背面对象的选择。

✦ 使用软选择：在软选择和“软选择”面板之间切换。

✦ 塌陷堆栈：将选定对象的整个堆栈塌陷为可编辑多边形。

✦ 转化为多边形：将对象转换为可编辑多边形并进入“修改”模式。

✦ 应用编辑多边形模式：为对象加载“编辑多边形”修改器并切换到“修改”模式。

✦ 生成拓扑：打开“拓扑”对话框。

✦ 对称工具：打开“对称工具”对话框。

✦ 完全交互：切换“快速切片”工具和“切割”工具的反馈层级及所有的设置对话框。

2. 修改选择面板

“修改选择”面板中提供了用于调整对象的多种工具，如图 7-253 所示。

图 7-253

工具解析

✦ 扩大：朝所有可用方向外侧扩展选择区域。

✦ 收缩：通过选择最外部的子对象来缩小子对象的选择区域。

✦ 循环：根据当前选择的子对象来选择一个或多个循环。

✦ 增长循环：根据选择的子对象来增长循环。

✦ 收缩循环：通过从末端移除子对象来减小选定循环的范围。

✦ 循环模式：如果启用该按钮，则选择子对象时也会自动选择关联循环。

✦ 点循环：选择有间距的循环。

✦ 环：根据当前选中的子对象来选择一个或多个环。

✦ 增长环：分步扩大一个或多个边环，只能用在“边”和“边界”级别中。

✦ 收缩环：通过从末端移除边来减小选定边循环的范围，不适用于圆形环，只能用在“边”和“边界”级别中。

✦ 环模式：启用该按钮时，系统会自动选择环。

✦ 点环：基于当前选择，选择有间距的边环。

✦ 轮廓：选择当前子对象的边界，并取消选择其余部分。

✦ 相似：根据选定的子对象特性来选择其他类似的元素。

✦ 填充：选择两个选定子对象之间的所有子对象。

✦ 填充孔洞：选中由“轮廓选择”和“轮廓内的独立选择”指定的闭合区域中的所有子对象。

✦ 步长循环：在同一循环上的两个选定子对象之间选择循环。

✦ 步模式：使用“步模式”来分步选择循环，并通过选择各个子对象增加循环长度。

✦ 点间距：指定用“点循环”选择循环中的子对象之间的间距范围，或用“点环”选择的环中边之间的间距范围。

3. 编辑面板

“编辑”面板中提供了用于修改多边形的各种工具，如图 7-254 所示。

图 7-254

工具解析

✦ 保留 UV：启用该按钮后，可以编辑子对象，而不影响对象的 UV 贴图。

✦ 扭曲：启用该按钮后，可以扭曲 UV。

✦ 重复：重复最近使用的命令。

✦ 快速切片：可以将对象快速切片，右击可以停止切片操作。

✦ 快速循环：通过单击该按钮来放置边循环。按住 Shift 键单击可以插入边循环，并调整新循环以匹配曲面流。

✦ NURMS：通过 NURMS 方法应用平滑并打开“使用 NURMS”面板。

✦ 剪切：用于创建一个多边形到另一个多边形的边，或在多边形内创建边。

✦ 绘制连接：启用该按钮后，可以以交互的方式绘制边和顶点之间的连接线。

✦ 约束：可以使用现有的几何体来约束子对象的变换。

4. 几何体（全部）面板

“几何体（全部）”面板中提供了编辑几何体的一些工具，如图 7-255 所示。

图 7-255

工具解析

✦ 松弛：使用该工具可以将松弛效果应用于当前选定的对象。

✦ 创建：创建新的几何体。

✦ 附加：用于将场景中的其他对象附加到选定的多边形对象。

✦ 塌陷：通过将其顶点与选择中心的顶点焊接起来，使连续选定的子对象组产生塌陷效果。

✦ 分离：将选定的子对象和附加到子对象的多边形作为单独的对象或元素分离出来。

✦ 封口多边形：从顶点或边选择创建一个多边形并选择该多边形，仅在“顶点”“边”和“边界”子对象层级上可用。

✦ 四边形化…：一组用于将三角形转化为四边形的工具。

✦ 切片平面：为切片平面创建 Gizmo，可以通过定位和旋转它来指定切片位置。

5. 子对象面板

在不同的子对象级别中，子对象的面板的显示状态也不一样，如图 7-256 所示，分别为“顶点”“边”“边界”“多边形”“元素”级别下的子对象面板。

图 7-256

技巧与提示：

关于这 5 个子对象面板中的相关工具和参数，可以参见 7.3“编辑多边形对象的子对象”的内容。

6. 循环面板

“循环”面板中的工具和参数主要用于处理边循环，如图 7-257 所示。

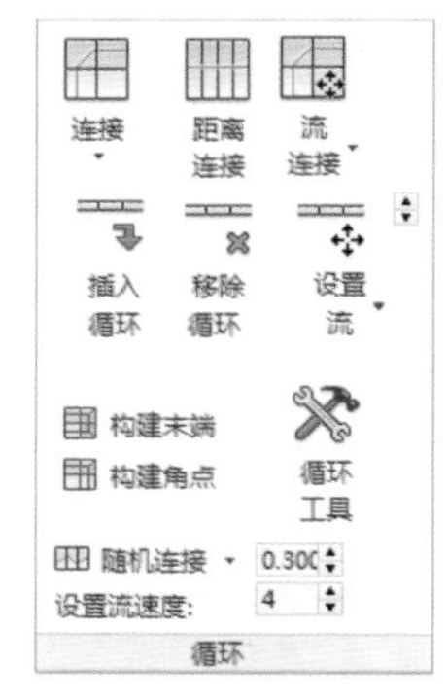

图 7-257

工具解析

✦ 连接：在选中的对象之间创建新边。

✦ 距离连接：在跨越一定距离和其他拓扑的顶点和边之间创建边循环。

✦ 流连接：跨越一个或多个边环来连接选定边。

✦ 插入循环：根据当前的子对象选择创建一个或多个边循环。

✦ 移除循环：移除当前子对象层级处的循环，并自动删除所有剩余顶点。

✦ 设置流：调整选定边以适合周围网格的图形。

✦ 构建末端：根据选择的顶点或边来构建四边形。

✦ 构建角点：根据选择的顶点或边来构建四边形的角点，以翻转边循环。

✦ 循环工具：打开“循环工具”对话框，该对话框中包含用于调整循环的相关工具。

✦ 随机连接：连接选定的边，并随机定位所创建的边。

✦ 设置流速度：调整选定边的流的速度。

7. 细分面板

“细分”面板中的工具可以用来增加网格的数量，如图 7-258 所示。

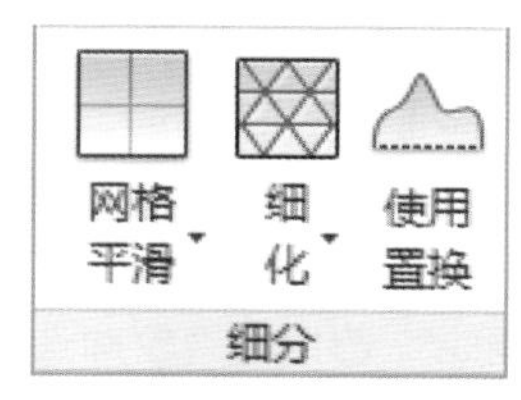

图 7-258

工具解析

✦ 网格平滑：对对象进行网格平滑处理。

✦ 细化：对所有多边形进行细化操作。

✦ 使用置换：打开“置换”面板，在该面板中可以为置换指定细分网格的方式。

8. 三角剖分面板

“三角剖分”面板中提供了用于将多边形细分为三角形的一些方式，如图 7-259 所示。

图 7-259

工具解析

✦ 编辑：在修改内边或对角线时，将多边形细分为三角形的方式。

✦ 旋转：通过单击对角线，将多边形细分为三角形。

✦ 重复三角算法：对当前选定的多边形自动执行最佳的三角剖分操作。

9. 对齐面板

“对齐”面板中的工具可以用在对象级别及所有子对象级别中，主要用来选择对齐对象的方式，如图 7-260 所示。

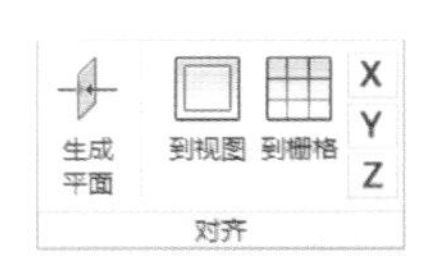

图 7-260

工具解析

✦ 生成平面：强制所有选定的子对象成为共面。

✦ 到视图：使对象中的所有顶点与活动视图所在的平面对齐。

✦ 到栅格：使选定对象中的所有顶点与活动视图所在的平面对齐。

✦ X/Y/Z：平面化选定的所有子对象，并使该平面与对象的局部坐标系中的相应平面对齐。

10. 可见性面板

“可见性”面板中可以隐藏和取消隐藏选定对象，如图 7-261 所示。

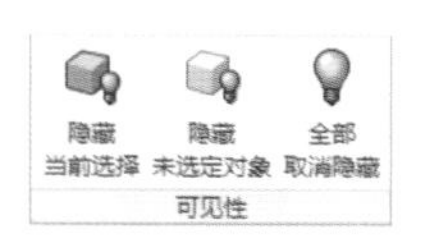

图 7-261

工具解析

✦ 隐藏当前选择：隐藏当前选定的子对象。

✦ 隐藏未选定对象：隐藏未选定的子对象。

✦ 全部取消隐藏：将隐藏的子对象恢复为可见。

11. 属性面板

“属性”面板中的工具可以调整网格平滑、顶点颜色和材质 ID，如图 7-262 所示。

图 7-262

工具解析

✦ 硬：对整个模型禁用平滑。

✦ 平滑：对整个对象启用平滑。

✦ 平滑 30：对整个对象启用适度平滑。

✦ 颜色：设置选定顶点或多边形的颜色。

✦ 照明：设置选定顶点或多边形的照明颜色。

✦ Alpha：为选定的顶点或多边形分配 Alpha 值。

✦ 平滑组：打开用于处理平滑组的对话框。

✦ 材质 ID：打开用于设置材质 ID、按 ID 和子材质名称选择的对话框。

7.4.4 自由形式选择卡

“自由形式”选项卡包含在视图中通过“绘制”创建和修改多边形几何体的工具。另外，“默认”面板还提供了用于保存和加载画笔的设置。“自由形式”选项卡中的参数命令类似于可编辑多边形建模中的“绘制变形”卷展栏中的命令，是用笔刷的形式使模型表面产生隆起和凹陷的效果。“自由形式”选项卡中包含“多边形绘制”“绘制变形”和“默认”3 个面板，如图 7-263 和图 7-264 所示。

图 7-263

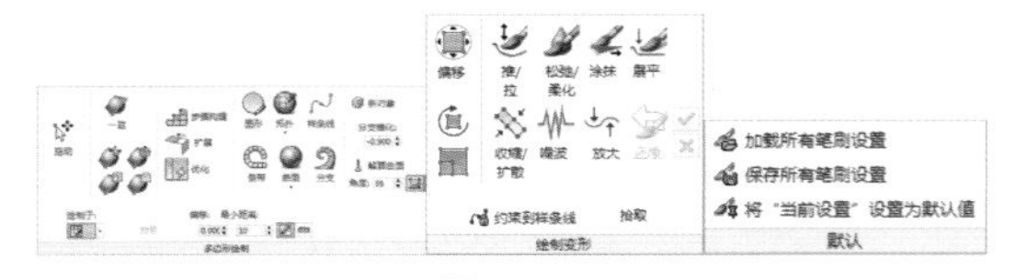

图 7-264

7.4.5 选择选项卡

"选择"选项卡提供了专门用于进行子对象选择的各种工具。例如，可以选择凹面或凸面区域、朝向视图的子对象或某一方向的点等，如图 7-265~ 图 7-267 所示。

图 7-265

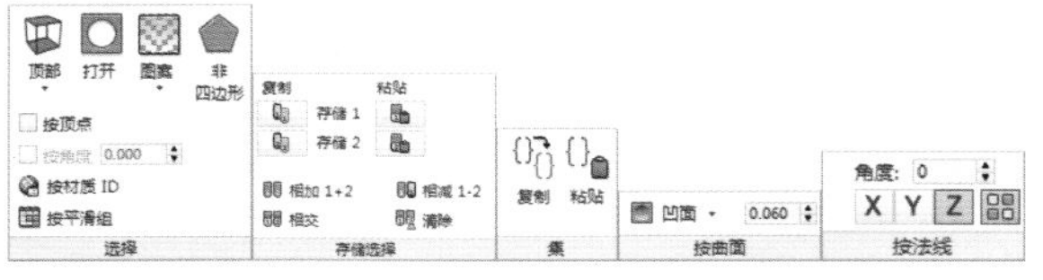

图 7-266

图 7-267

7.4.6 对象绘制选项卡

通过"对象绘制"工具，可以在场景中的任何位置或特定对象曲面上徒手绘制对象，也可以用绘制对象来"填充"选定的边。我们可以用多个对象按照特定顺序或随机顺序进行绘制，并可以在绘制时更改缩放比例。例如，对规则曲面功能的应用，如铆钉、植物、列等，甚至包括使用字符来填充场景。其实这个工具可以理解为离散工具的增强版。该选项卡中包含"绘制对象"和"笔刷设置"两个面板，如图 7-268 和图 7-269 所示。

图 7-268　　图 7-269

7.4.7 填充选项卡

使用"填充"工具集，可以使我们轻松、快速地向场景中添加设置了动画的角色。这些角色可以沿着"路径"或"流"行走，其他角色可以在空闲区域内闲逛或者坐在座位上。流可以是简单的，也可以是复杂的，一切取决于我们的喜好，并且"流"可以包括小幅度的上倾和下倾。我们做一些建筑漫游动画的时候，可以使用该工具快速添加一些随机的动画人群，界面如图 7-270 和图 7-271 所示。

图 7-270

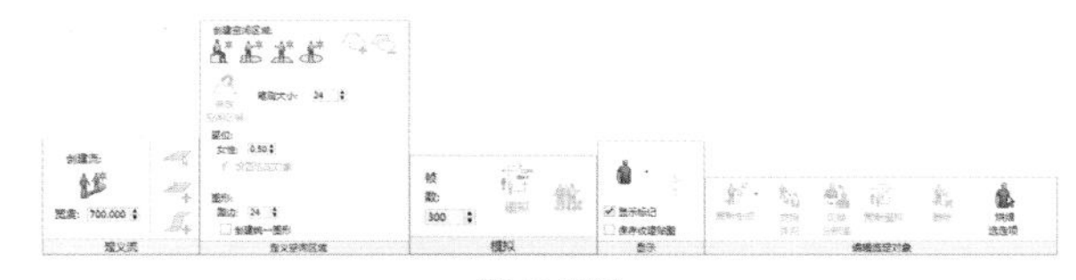
图 7-271

实例操作：制作欧式脚凳模型

实例：制作欧式脚凳模型

实例位置：　工程文件 >CH07> 欧式脚凳 .max

视频位置：　视频文件 >CH07> 实例：使用"石墨"建模工具制作欧式脚凳模型 .mp4

实用指数：　★★★☆☆

技术掌握：　熟练使用"石墨"建模工具来制作模型。

本例通过使用"石墨"建模工具制作一个欧式脚凳的模型，如图 7-272 所示为本例的最终完成效果。

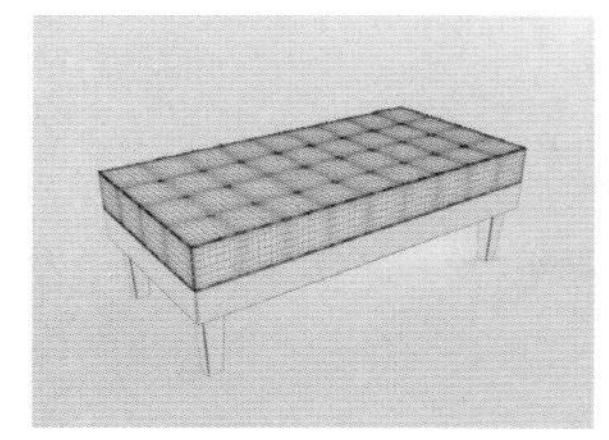

图 7-272

01 启动 3ds Max 2016，使用"长方体"工具 长方体 ，在顶视图中创建一个长方体，设置其"长度"为 150、"宽度"为 300、"高度"为 30、"长度分段"为 4，"宽度分段"为 9，如图 7-273 所示。

02 将长方体转换为可编辑的多边形，打开"石墨"建模工具，在"建模"选项卡中，单击"边"按钮 进入"边"子层级，如图 7-274 所示。

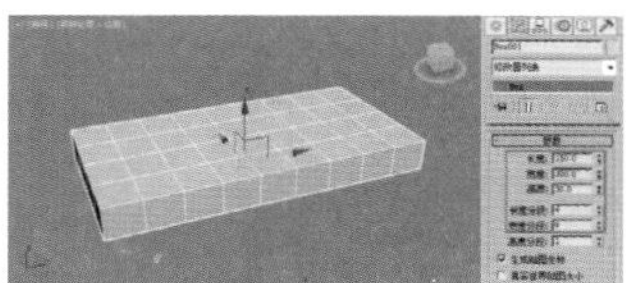

图 7-273

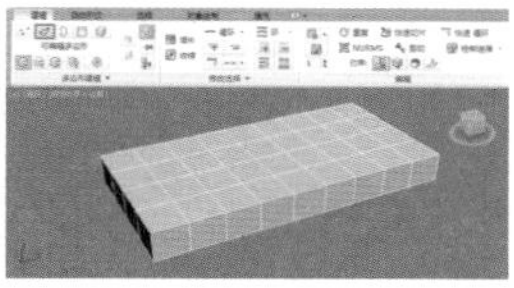

图 7-274

03 在“修改选择”面板中，单击“环”模式按钮，接着在视图中单击如图 7-275 所示的边，系统会自动选择与该边呈环形的边，如图 7-276 所示。

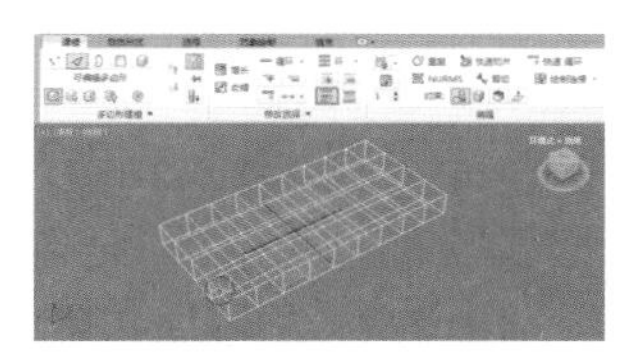

图 7-275

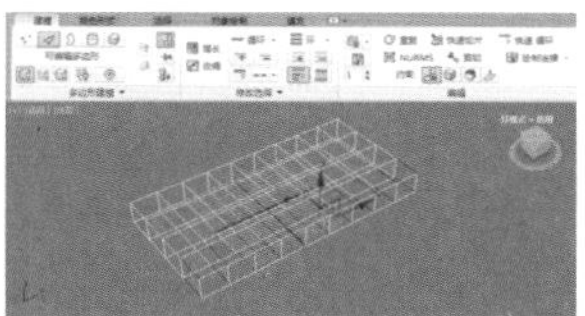

图 7-276

04 配合 Ctrl 键，选择如图 7-277 所示的边。

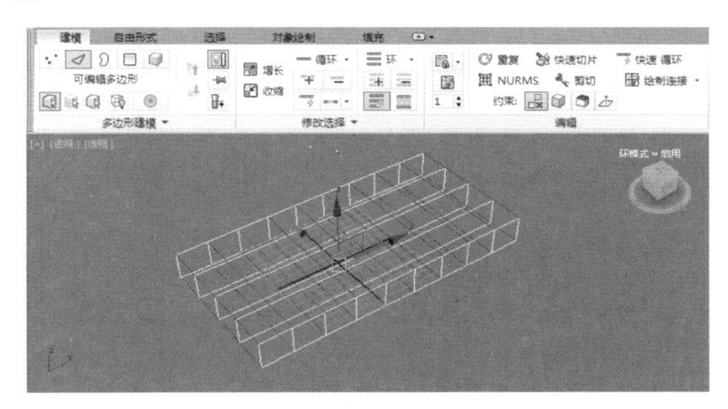

图 7-277

05 单击“循环”面板，在“连接”命令的下拉列表中单击“连接设置”按钮，打开“连接边”的助手面板，在该面板中设置“分段”为 2，“收缩”为 60，如图 7-278 和图 7-279 所示。

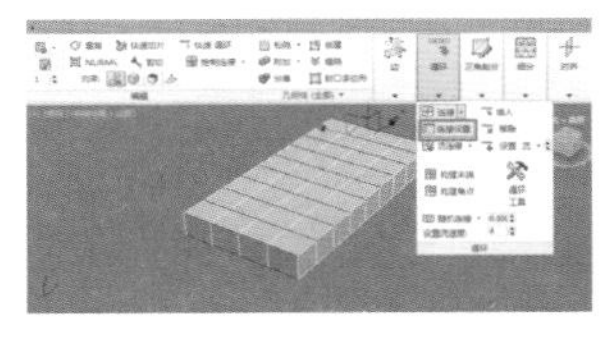

图 7-278

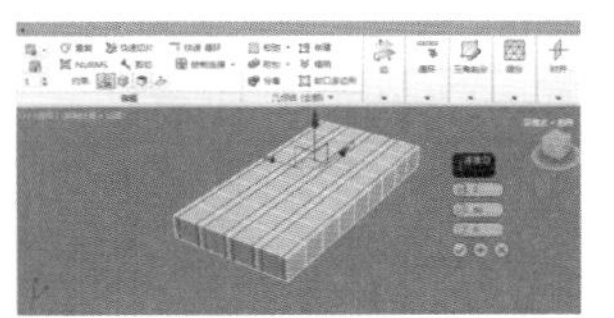

图 7-279

06 选择如图 7-280 所示的边，使用同样的方法，对这些边也进行连接处理，效果如图 7-281 所示。

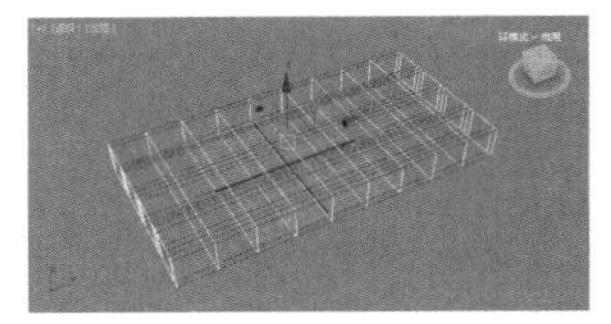

图 7-280

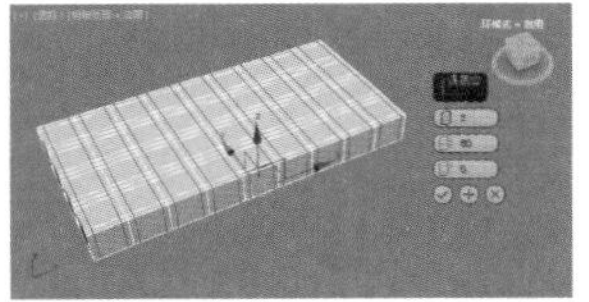

图 7-281

07 进入“顶点”层级，选择如图 7-282 所示的顶点。

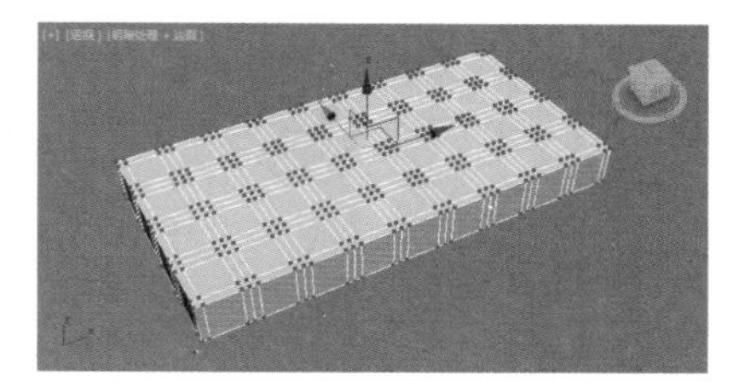

图 7-282

08 进入“顶点”面板，选择“切角”下拉列表中的“切角设置”，在打开的快捷面板中，设置“切角量”为 2，如图 7-283 和图 7-284 所示。

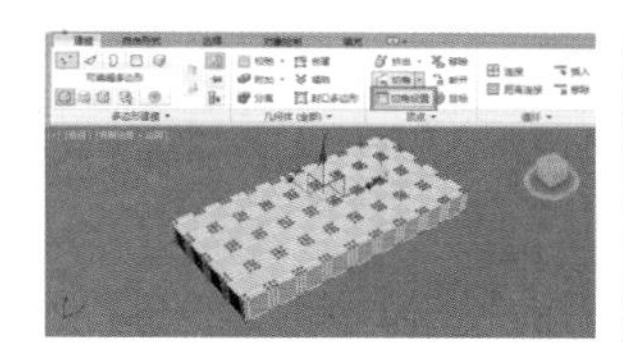

图 7-283

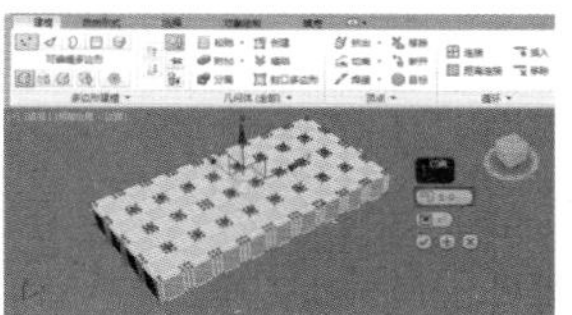

图 7-284

09 使用移动工具，将选择的顶点沿 Z 轴向下移动，如图 7-285 所示。

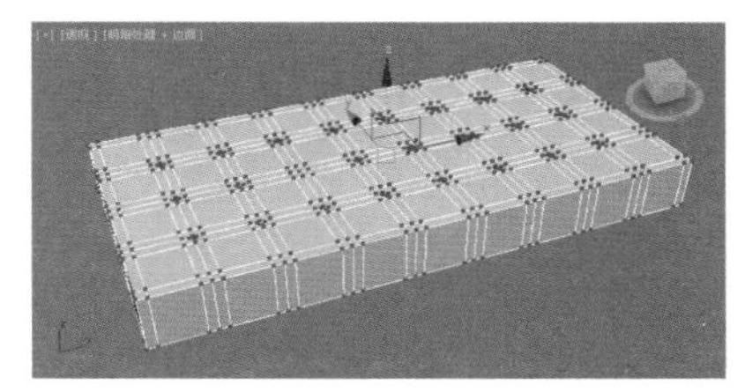

图 7-285

10 进入“边”子对象层级，选择如图 7-286 所示的边，使用移动工具沿 Z 轴向下移动，效果如图 7-287 所示。

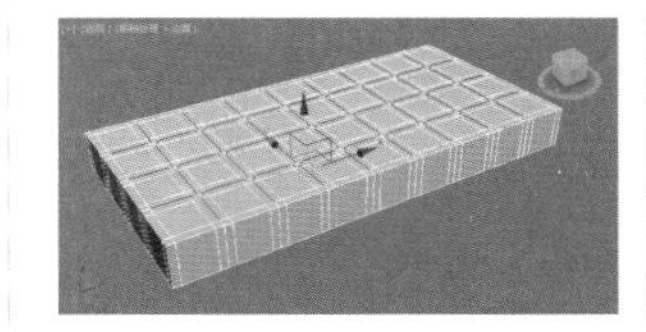

图 7-286

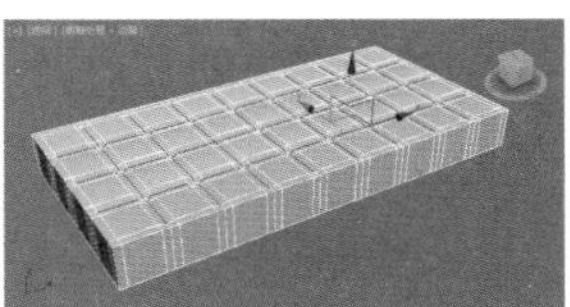

图 7-287

11 选择如图 7-288 所示的边，进入“边”面板中，在“切角”命令的下拉列表中，选择“切角设置”，在打开的助手面板中，设置“边切角量”为 1，“连接边分段”为 2，如图 7-289 和图 7-290 所示。

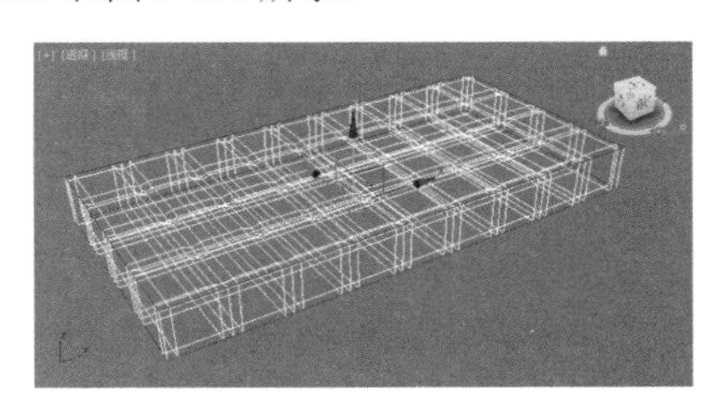

图 7-288

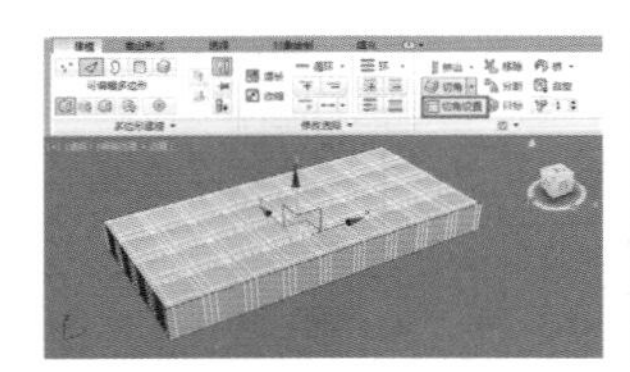

图 7-289　　图 7-290

12 选择如图 7-291 所示的边，用同样的方法进行切角处理，效果如图 7-292 所示。

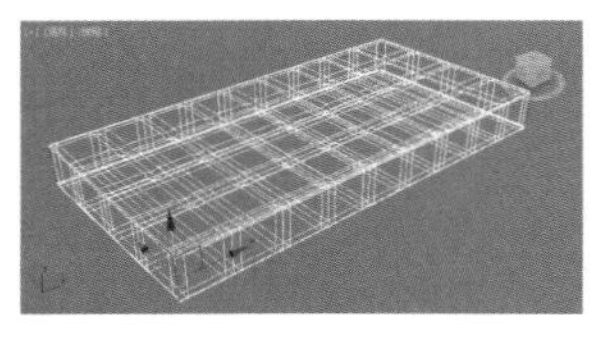

图 7-291

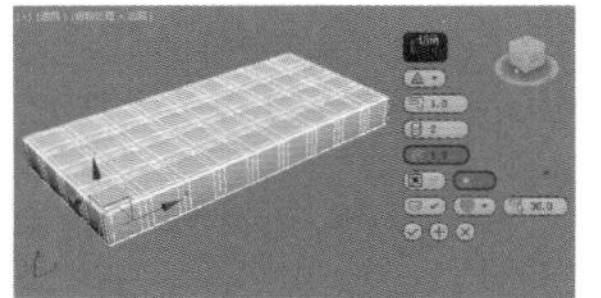

图 7-292

13 选择如图 7-293 所示的边，在“边”面板中，单击“利用所选内容创建图形”按钮，在弹出的面板中选择“平滑”，如图 7-294 所示。

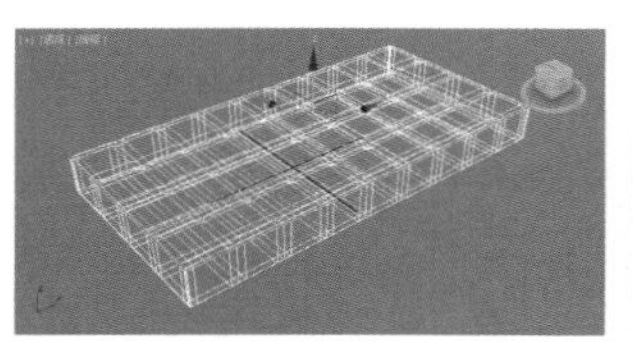

图 7-293

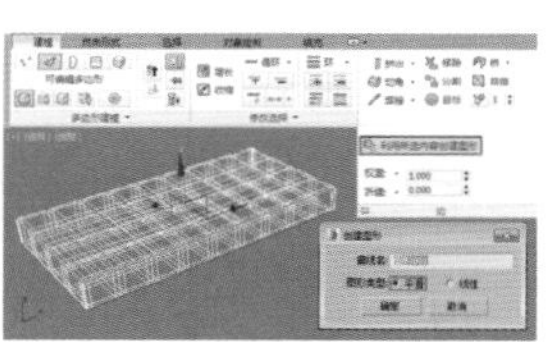

图 7-294

14 选择上一步创建的样条线，在“渲染”卷展栏中分别选中“在渲染中启用”和“在视图中启用”复选框，激活“径向”选项组，设置“厚度”为 1，如图 7-295 所示。

15 为长方体添加“涡轮平滑”修改器，设置“迭代次数”为 2，如图 7-296 所示。

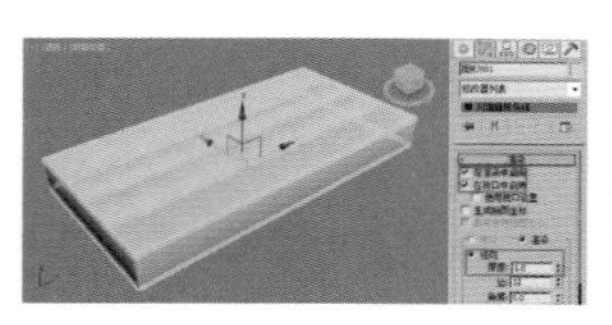

图 7-295

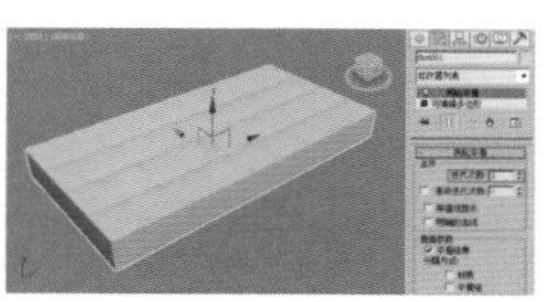

图 7-296

16 在顶视图中创建一个“切角长方体”，设置其“长度”为 150、“宽度”为 300、“高度”为 25、“圆角”为 1，调整位置，如图 7-297 所示。

17 在顶视图中再创建一个长方体，设置其“长度”为 16、“宽度”为 16、“高度”为 50，如图 7-298 所示。

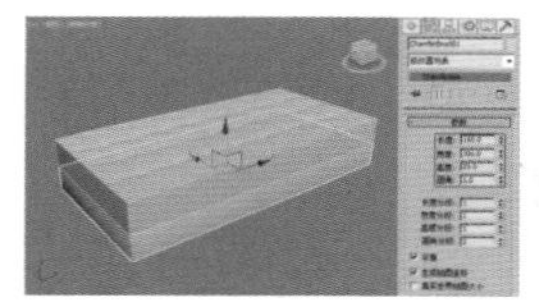

图 7-297

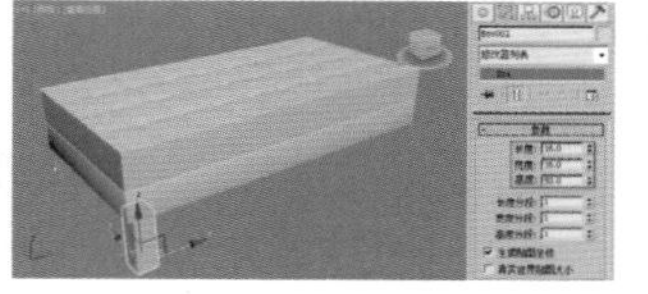

图 7-298

18 将其转换为可编辑的多边形后进入“顶点”层级，选择如图 7-299 所示的顶点，使用缩放工具，沿 *XY* 平面对顶点进行缩放，效果如图 7-300 所示。

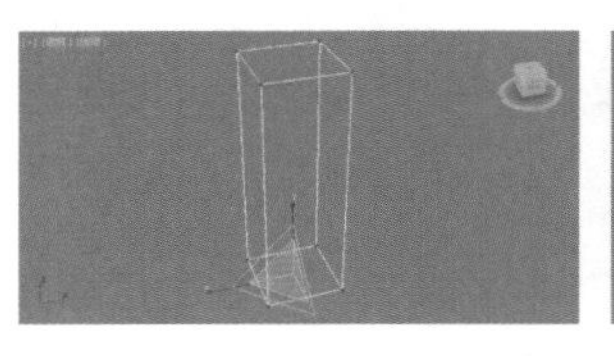

图 7-299

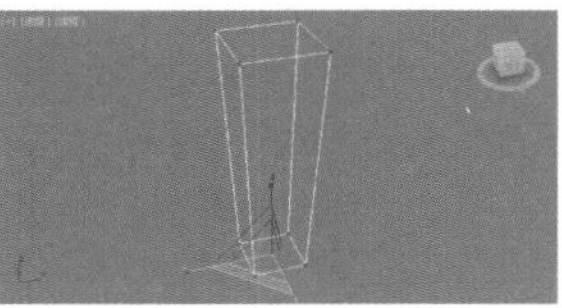

图 7-300

19 进入“边”层级，选择如图 7-301 所示的边，用前面学习过的方法，对选择的边进行切角处理，设置“边切角量”为 0.5，“连接边分段”为 4，效果如图 7-302 所示。

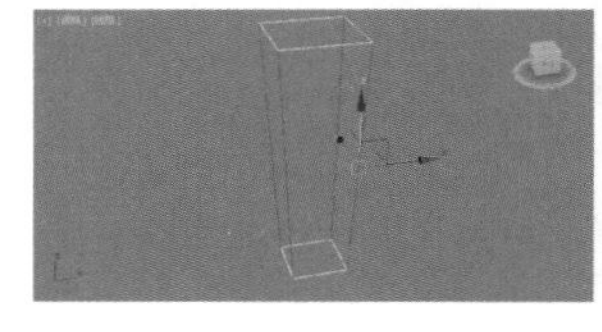

图 7-301

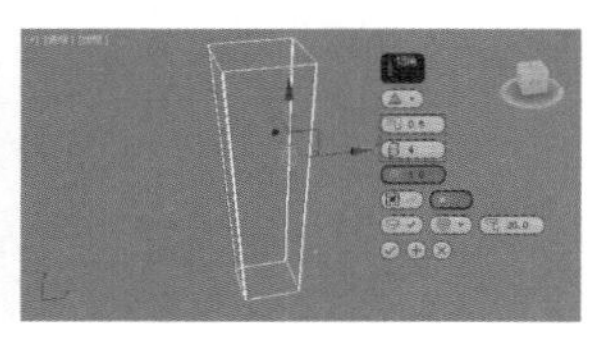

图 7-302

20 将设置好的长方体再复制 3 个，调整位置后，最终效果如图 7-303 所示。

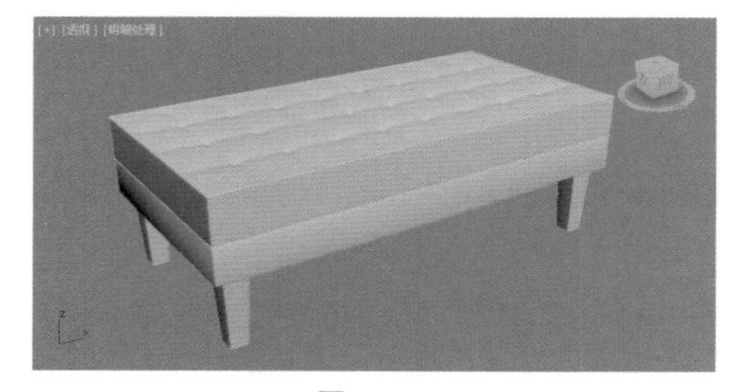

图 7-303

实例操作：制作布料褶皱模型

实例：制作布料褶皱模型

实例位置：　工程文件 >CH07> 布料褶皱 .max

视频位置：　视频文件 >CH07> 实例：使用“石墨”建模工具制作布料褶皱模型 .mp4

实用指数：　★★★☆☆

技术掌握：　熟练使用“石墨”建模工具来制作模型。

本例通过使用“石墨”建模工具制作一个布料褶皱的模型，如图 7-304 所示为本例的最终完成效果。

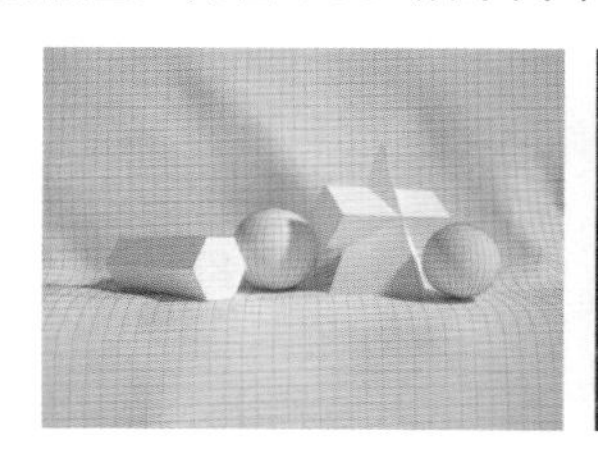

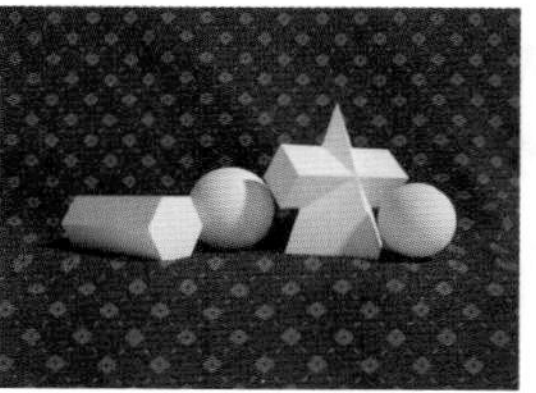

图 7-304

01 启动 3ds Max 2016，使用“平面”工具 平面 ，在前视图中创建一个平面物体，设置其“长度”为300、“宽度”为 350、“长度分段”为 12、“宽度分段”为 15，如图 7-305 所示。

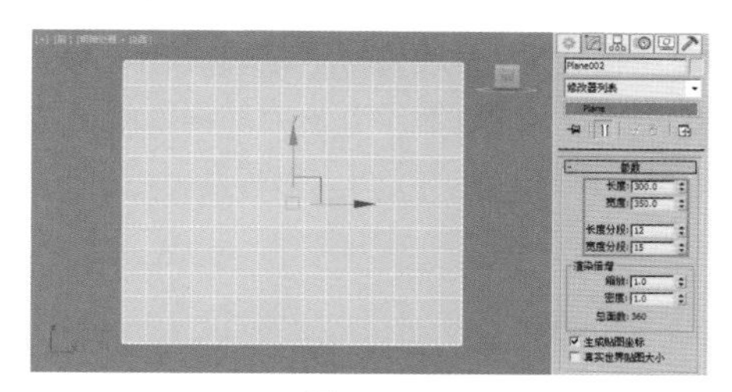

图 7-305

02 将平面转换为可编辑的多边形，进入“顶点”层级，选择如图 7-306 所示的的顶点，使用移动工具调整其位置，效果如图 7-307 所示。

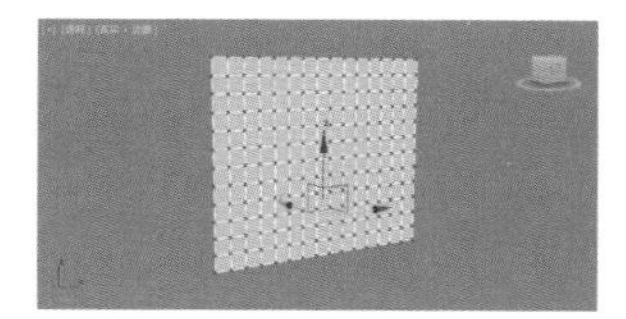

图 7-306

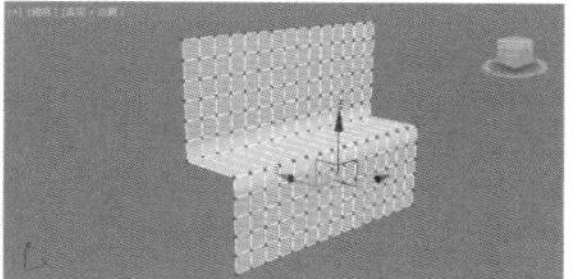

图 7-307

03 进入“边”层级，选择如图 7-308 所示的边，使用“连接”命令，在选择的边之间插入 3 条边，如图 7-309 所示。

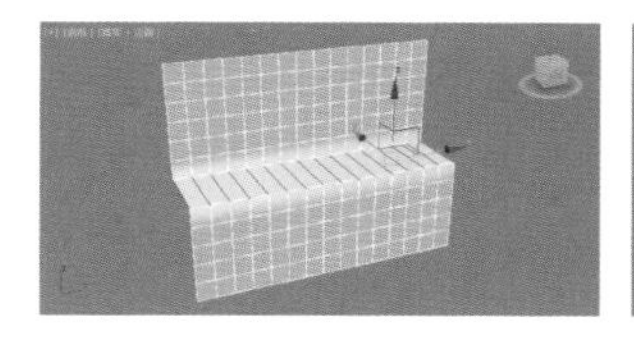

图 7-308

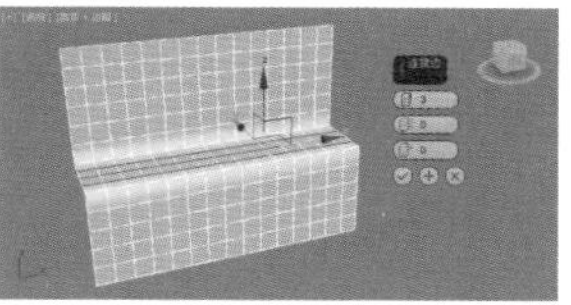

图 7-309

04 为其添加“涡轮平滑”修改器，设置“迭代次数”为 2，如图 7-310 所示。

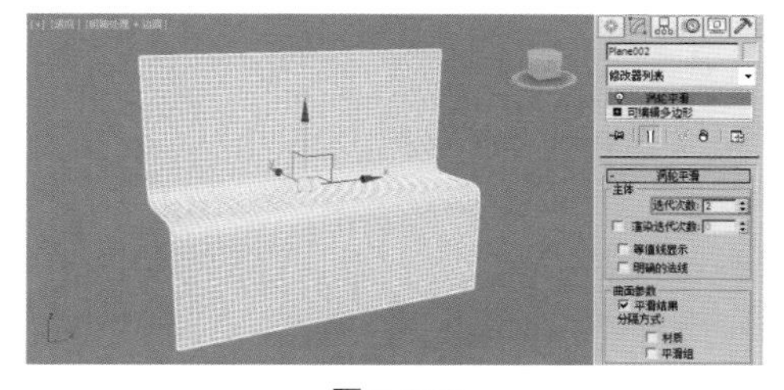

图 7-310

05 将平面再次转换为可编辑的多边形，这样就得到了一个有足够分段数的平面物体。打开“石墨”建模工具并进入“自由形式”选项卡，在“绘制变形”面板中，单击“推 / 拉”按钮，在“绘制选项”面板中，设置“大小”为 50，“强度”为 2，“偏移”为 4，如图 7-311 所示，然后在模型上绘制出褶皱的效果，如图 7-312 所示。

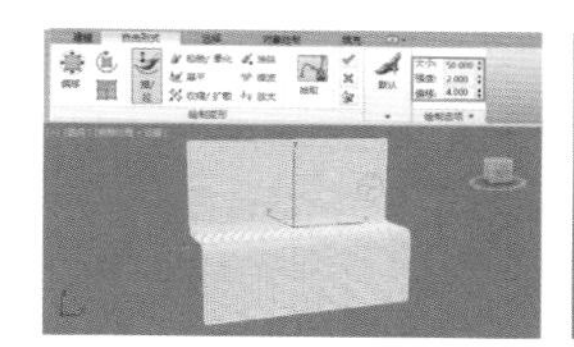

图 7-311

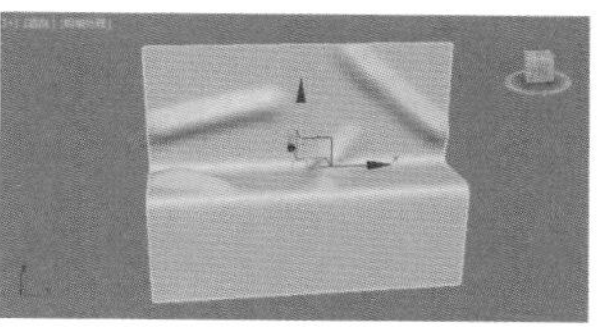

图 7-312

技巧与提示：

在使用设置好参数的笔刷绘制褶皱时，按住 Alt 键可以在保持相同参数值的情况下在推和拉之间进行切换，也就是说按住 Alt 键后本来是往外拉的操作就变为了往里推的操作。另外，按住 Ctrl+Shift 键再单击拖曳，可以在视图中实时地改变笔刷的大小，而按住 Alt+Shift 键再单击拖曳，可以在视图中实时改变笔刷的强度。

06 设置笔刷的“大小”为 30，“强度”为 2，绘制出褶皱的细节，如图 7-313 所示。

07 设置笔刷的“大小”为 30，“强度”为 2，绘制出褶皱的细节，如图 7-314 所示。

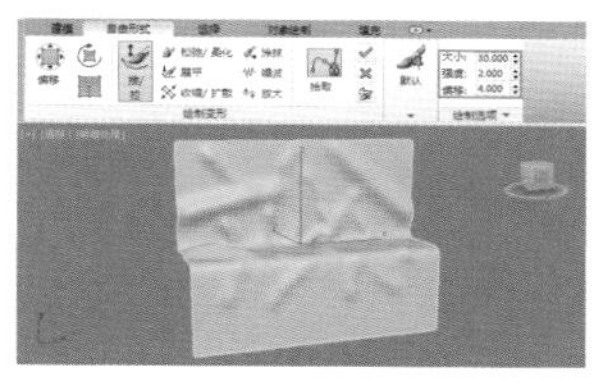

图 7-313

图 7-314

08 在“绘制变形”卷展栏中，单击“松弛 / 柔化”按钮，设置“大小”为 50，“强度”为 2，如图 7-315 所示，接着在模型上进行绘制，让褶皱与褶皱之间产生平滑的过渡效果，如图 7-316 所示。

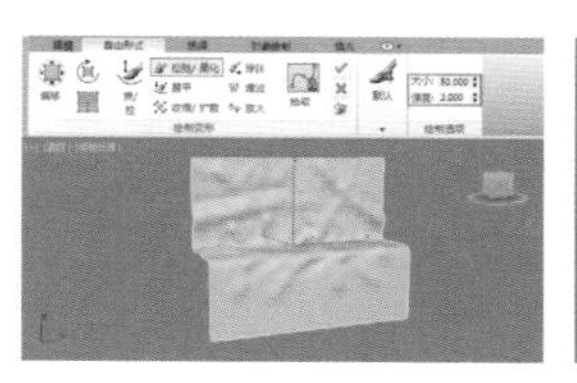

图 7-315

图 7-316

09 在布料上创建一些几何体作为静物，如图 7-317 所示。

10 选择平面物体，在“绘制变形”面板中，单击“展平”按钮，设置“大小”为 30，“强度”为 5，如图 7-318 所示。

图 7-317

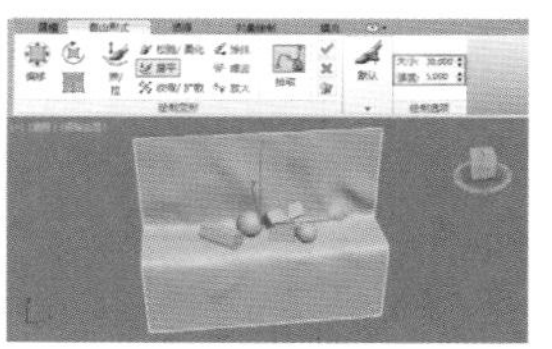

图 7-318

11 在几何体与布料相交的地方进行绘制，尽量让几何体下方的布料变得平一些，让几何体与布料不产生穿插，修改完成后的最终效果，如图 7-319 所示。

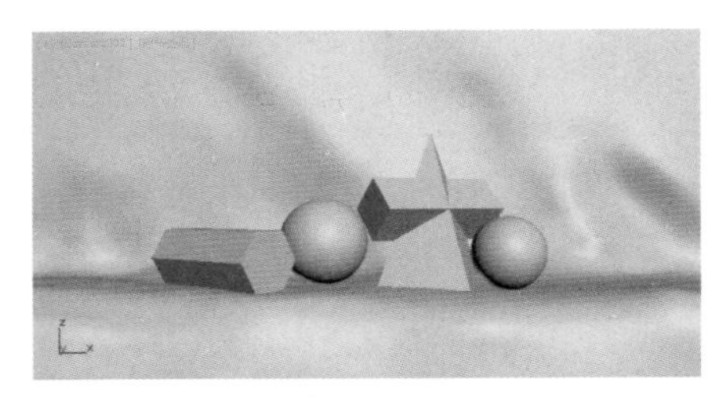

图 7-319

7.5 本章总结

本章主要详细讲解了“编辑多边形”工具的一些常用命令和使用技巧。“编辑多边形”工具是 3ds Max 非常强大的一个工具，对建模感兴趣的读者必须要非常熟练地掌握该工具。通过对本章内容的深入学习，会使我们的多边形建模技术有一个很大的提升。

材质与贴图技术

8.1 材质与贴图概述

材质主要用于表现物体的颜色、质地、纹理、透明度和光泽度等物理特性，依靠各种类型的材质可以制作出现实世界中任何物体的质感。简而言之，材质就是为了让物体看起来更真实、更可信。

在 3ds Max 中，创建材质的方法非常灵活自由，任何模型都可以被赋予栩栩如生的材质，使创建的场景更加完美。“材质编辑器”是专门为编辑修改材质而特设的编辑工具，就像画家手中的调色盘，场景中所需的一切材质都将在这里编辑生成，并通过编辑器将材质指定给场景中的对象。当编辑好材质材质后，用户还可以随时返回到“材质编辑器”对话框对材质的细节进行调整，以获得最佳的材质效果。

精简材质编辑器是在 3ds Max 2011 以前的版本中唯一的材质编辑器，如图 8-1 所示。而在 3ds Max 2011 版本时增加了一种 Slate（板岩）材质编辑器，如图 8-2 所示。Slate 材质编辑器使用节点和关联以图形方式显示材质的结构，用户可以一目了然地观察材质，并能够方便、直观地编辑材质，更高效地完成材质设置工作。用户可以根据使用习惯或实际需要来选择具体使用哪种材质编辑器。

启动 3ds Max 2016 后，在菜单中执行“渲染”→“材质 / 贴图浏览器”命令，可以打开“材质 / 贴图浏览器”对话框，在“材质”卷展栏中可以看到，系统为用户提供了 16 种不同的材质类型，如图 8-3 所示。通过对本章内容的学习，可以使读者对 3ds Max 2016 中的材质贴图设置基础知识有一个全面的了解。

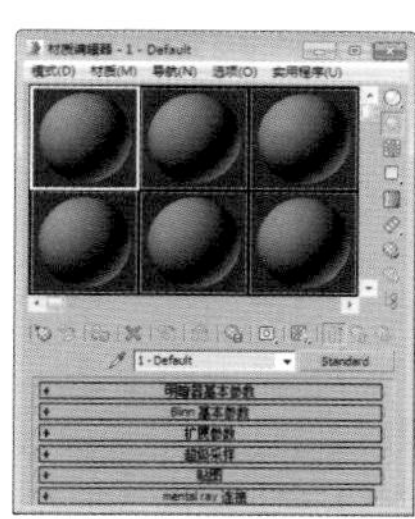

图 8-1

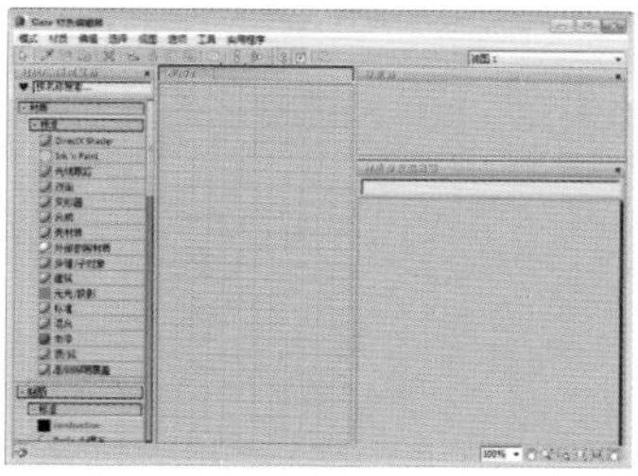

图 8-2

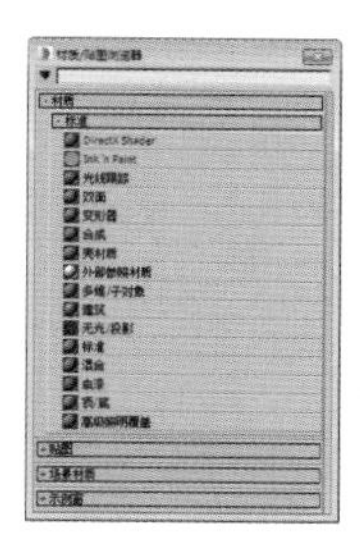

图 8-3

8.2 Slate 材质编辑器与精简材质编辑器

Slate 材质编辑器以一种全新的模式来编辑材质。在 Slate 材质编辑器中，被编辑的材质被置于活动视图中，编辑材质使用的贴图或其他材质类型也以图形的方式置于活动视图中，通过节点和关联确定各个元素之间的关系，完成材质的设置。在本节中，将讲解 Slate 材质编辑器的相关知识。

8.2.1 Slate 材质编辑器界面简介

启动 3ds Max 2016 后，默认状态下，在主工具栏上单击“材质编辑器”按钮或者按 M 键，会打开“Slate 材质编辑器”面板，可以在该面板中创建和编辑材质，如图 8-4 所示。

本章工程文件

本章视频文件

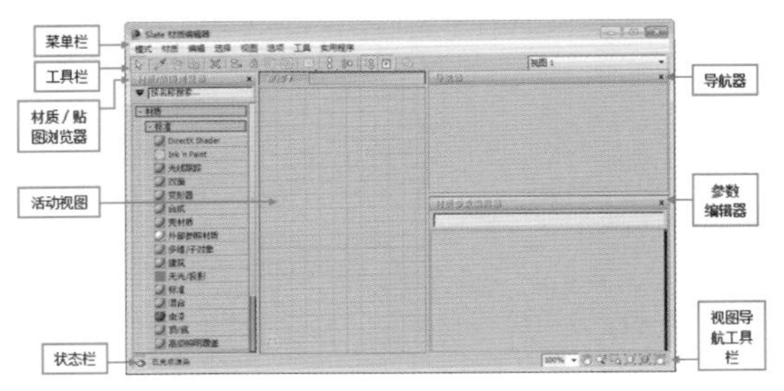

图 8-4

8.2.2 Slate 材质编辑器的编辑工具介绍

在“Slate 材质编辑器”对话框的工具栏中有各种编辑工具，下面将通过一个实例讲解这些工具的使用方法。

01 打开本书相关素材中的“工程文件 >CH8> 静物 1> 静物 1.max”文件，如图 8-5 所示。

图 8-5

02 按 M 键，打开“Slate 材质编辑器”对话框，在该对话框中，“选择”工具默认处于被激活的状态，该工具用于选择 Slate 材质编辑器内材质的各个节点。

03 激活“从对象拾取材质”按钮，该工具可以从场景中将对象的材质调入材质编辑器中，以进行其他编辑。将滴管指针移动到场景中的 Orange01 对象上，此时滴管充满“墨水”，单击 Orange01 对象则该对象的材质显示在 Slate 材质编辑器的活动视图中，如图 8-6 和图 8-7 所示。

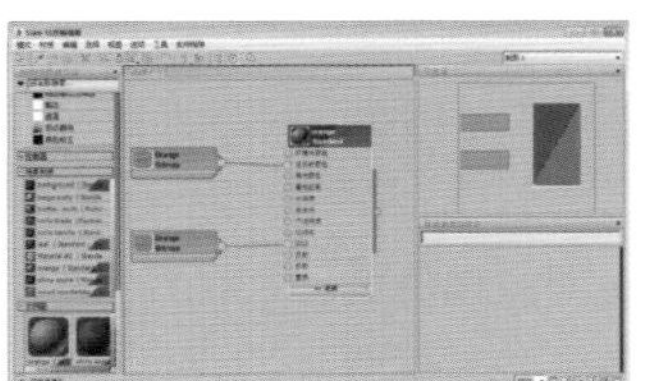

图 8-6　　图 8-7

04 在场景中选择 Orange02 对象，然后在材质编辑器的活动视图中选择 Orange 节点，单击“将材质指定给选定对象”按钮，该工具可以将当前选择的材质赋予场景中当前选定的对象上，渲染视图，可以看到 Orange02 对象被赋予材质后的效果，如图 8-8 和图 8-9 所示。

图 8-8　　图 8-9

05 在材质编辑器的活动窗口中框选所有 Orange 材质的节点，配合 Shift 键将材质复制，此时我们即可对原始的 Orange 材质进行参数的调节了。如果发现调节后还没有原来的材质效果好，可以选择后来复制出的材质，然后单击“将材质放入场景”按钮，将选择的材质再赋予原来的物体，这其实就相当于对原始的材质进行了一个备份操作，如图 8-10 所示。

06 单击“选择”按钮，在活动视图中框选所有 Orange 材质的节点，然后单击“删除选定对象”按钮，可以将选中的材质删除。

技巧与提示：

该材质只是从材质编辑器中删除，但仍保留在场景中，可以通过“从对象拾取材质”工具，随时将材质调入到材质编辑器中进行再次编辑。

07 “移动子对象”按钮决定移动父节点时，其子节点是否跟随其一起移动。启用此工具后，移动父节点时，其子节点也将跟随其一起移动，如图 8-11 所示。

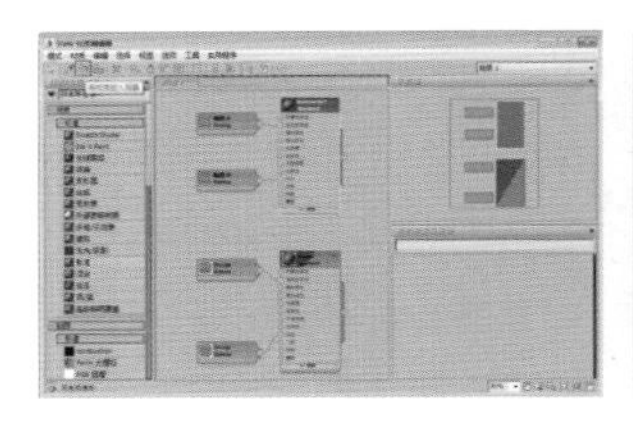

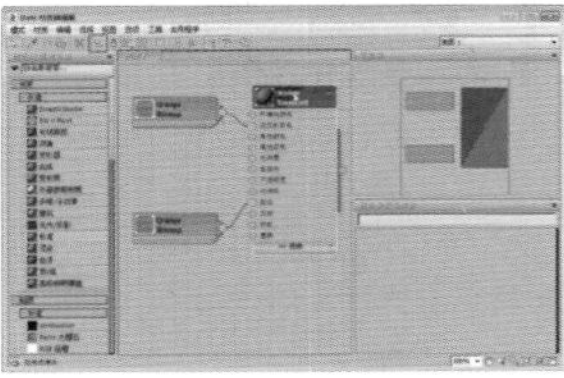

图 8-10　　图 8-11

08 启用“隐藏未使用的节点示例窗”按钮，可以将当前选中的材质中未使用的节点隐藏，这样可以方便查看当前材质中有哪些项目是被编辑过的，如图 8-12 所示。

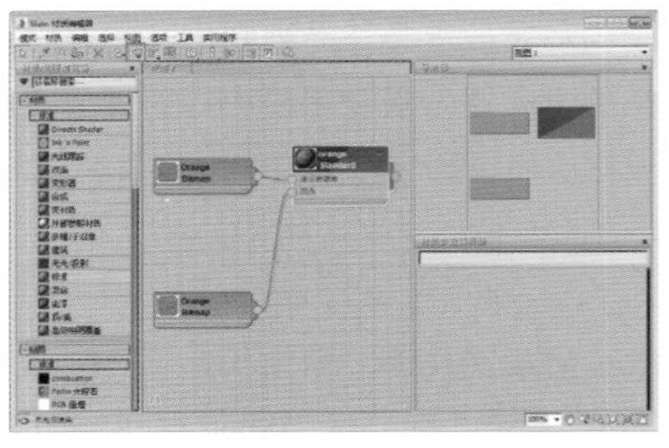

图 8-12

09 “在视图中显示明暗处理材质”按钮为下拉式按钮，当激活“在视图中显示明暗处理材质”按钮后，则当前的材质贴图效果将会在场景视图中进行显示，否则物体只会在场景中显示被赋予材质的过渡色颜色；当激活“在视图中显示真实材质”按钮后，将会使用硬件显示模式在场景中显示被选择材质的贴图效果，如图 8-13 和图 8-14 所示，分别为 Orange 材质的两种显示模式在场景中的显示效果。

图 8-13

图 8-14

技巧与提示：

使用基于硬件的显示模式在视图中显示的材质贴图，更接近于渲染时的效果，这在编辑材质时可以节省一些渲染时间。不过，硬件显示并不是完全支持所有材质参数的，如图 8-15 所示，为两种显示模式的区别。

软件显示	硬件显示
支持所有材质	仅支持标准、Arch & Design 和 Autodesk 材质
仅支持漫反射贴图	支持漫反射、高光反射和凹凸贴图以及各向异性和 BRDF 设置
无反射	反射天空明暗器
根据每个面计算高光反射	根据每个像素计算高光反射
速度快，没有特殊硬件要求	速度慢，但更精确，需要兼容 DirectX9.0c 的视频卡
正确渲染面状显示模式	将面状显示模式渲染为平滑的模式

图 8-15

10 “在预览中显示背景”按钮用于将多颜色的方格背景添加到活动示例窗中，当为材质设置了不透明度、反射、折射等效果时非常有用，如图 8-16 所示。

图 8-16

11 使用“从对象拾取材质”工具将“苹果”对象的材质调入到材质编辑器中，然后单击“布局全部—垂直”按钮，则所有的节点及其子节点均按层级在活动窗口中呈垂直排列；在该按钮的下拉列表中选择“布局全部—水平”按钮后，所有的节点及其子节点均按层级在活动窗口中呈水平排列，如图 8-17 和图 8-18 所示。

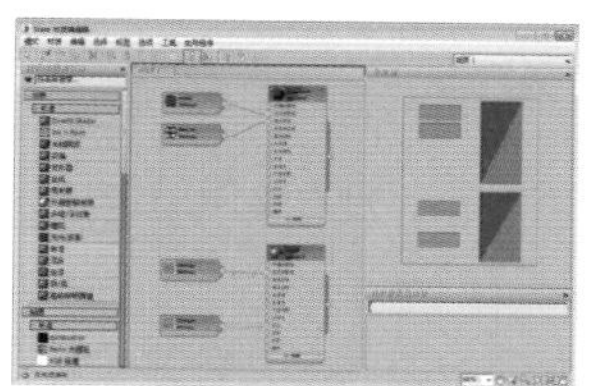
图 8-17

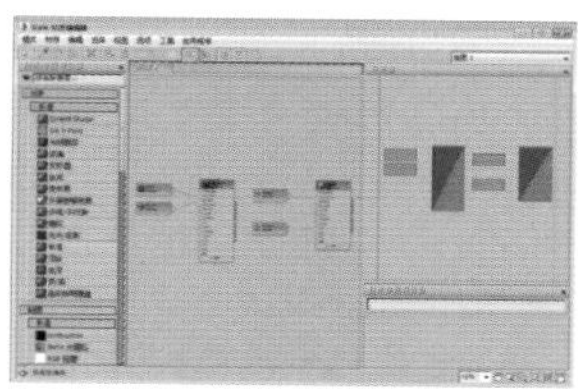
图 8-18

12 单击“布局子对象”按钮，能够自动布置当前所选节点的子节点，将子节点的位置进行规则排列。当子节点比较多且位置比较凌乱时，该工具可以快速整理子节点的位置。

13 “材质 / 贴图浏览器”按钮决定是否显示 Slate 材质编辑器左侧的“材质 / 贴图浏览器”对话框，当我们对 Slate 材质编辑器熟悉后，可以将左侧的窗口全部关闭，然后通过在活动视图中右击，在弹出的菜单中选择要添加的材质或贴图即可，如图 8-19 所示。

14 “参数编辑器”按钮决定是否显示“参数编辑栏”，我们也可以在“工具”菜单中执行该命令，如图 8-20 所示。

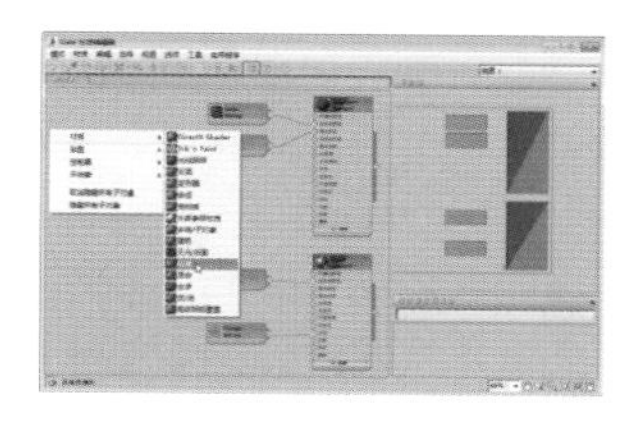
图 8-19

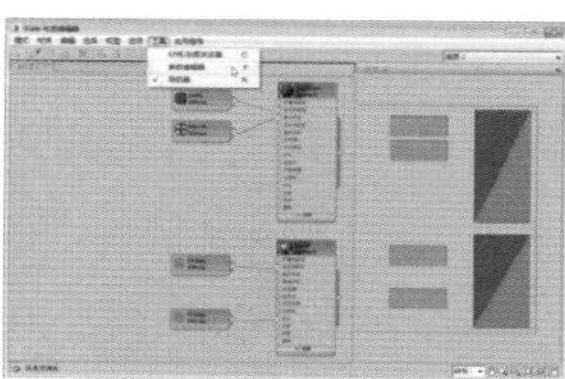
图 8-20

15 在活动视图中选择 Orange01 节点，单击“按材质选择”按钮，可以选择场景中赋予了该材质的物体。选择此命令将打开 Select Objects 对话框，所有赋予选定材质的对象会在列表中高亮显示，如图 8-21 所示。

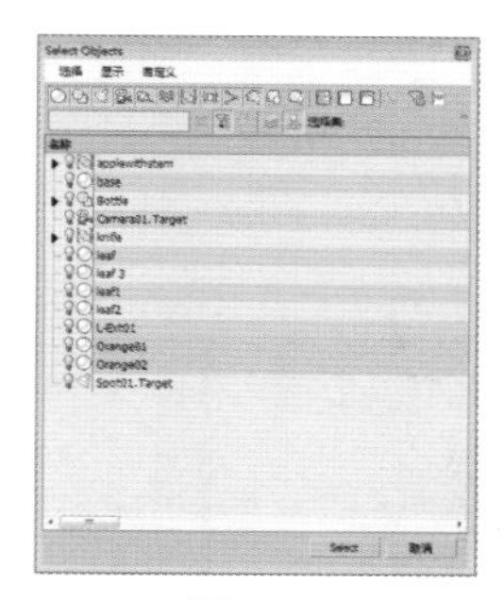
图 8-21

实例操作：制作静物材质

实例：制作静物材质

实例位置：　工程文件 >CH08> 静物 .max

视频位置：　视频文件 >CH08> 实例：制作静物材质 .mp4

实用指数：　★★★☆☆

技术掌握：　熟练使用 Slate 材质编辑器中的命令制作对象的材质。

在了解了 Slate 材质编辑器的各种面板及工具的功能后，以下将通过一个实例练习，使读者了解 Slate 材质编辑器的具体工作模式，如图 8-22 所示为本实例的最终完成效果。

图 8-22

01 打开本书相关素材中的“工程文件 >CH8> 静物 2> 静物 2.max”文件，如图 8-23 所示。

02 按 M 键打开“Slate 材质编辑器”对话框，在对话框左侧的“材质 / 贴图浏览器”对话框双击 VRayMtl 节点，此时在活动窗口中将会出现Material#0 节点，双击该节点，在编辑器右侧的“材质参数编辑器”中会出现 Material#1 材质的创建参数，同时在活动窗口中该节点的周围会出现一圈虚线，表示该节点处于被编辑状态，如图 8-24 所示。

图 8-23

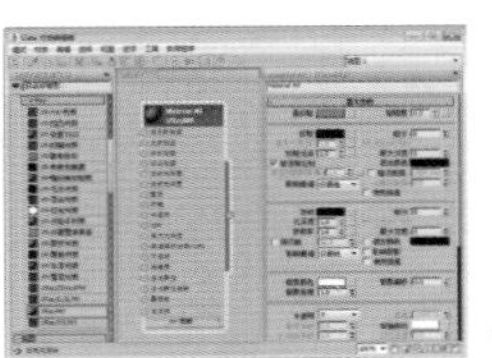

图 8-24

03 单击“漫反射”右侧的色块，在打开的“颜色选择器”对话框中，将“漫反射”颜色设置为（红：235，绿：235，蓝：235），如图 8-25 所示。

04 单击“反射”右侧的色块，在打开的“颜色选择器”对话框中，将“反射”颜色设置为（红：240，绿：240，蓝：240），如图 8-26 所示。

图 8-25

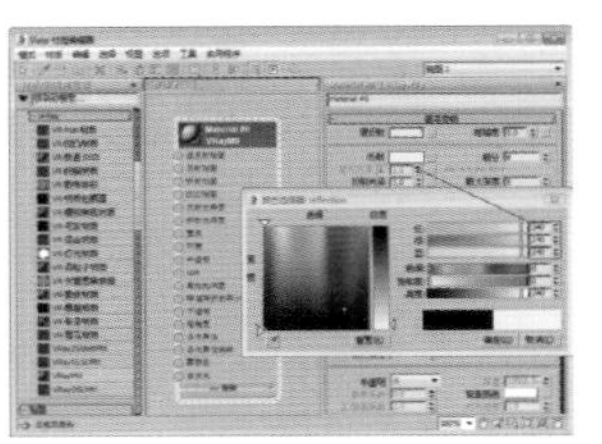

图 8-26

05 在视图中选择“杯子”对象，单击“将材质指定给选定对象”按钮，将该材质赋予“杯子”对象，如图 8-27 所示，完成后渲染场景，效果如图 8-28 所示。

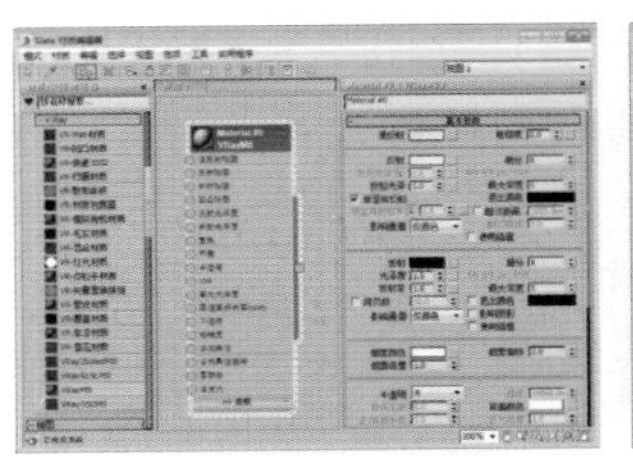

图 8-27

图 8-28

技巧与提示：

将材质赋予场景中的物体没有先后顺序，可以将材质调节完成后再赋予物体，也可以先将一个默认材质赋予物体后，再开始调节材质。

06 为了在 Slate 材质编辑器的活动视图中操作方便，选择 Material#0 材质节点，单击“删除选定对象”按钮，将该材质删除。用同样的方法再创建一个 VRayMtl 类型的材质，在 Material#1 材质节点的“漫反射贴图”节点左侧的“圆点”上单击并拖曳，此时会牵引出一条红色的曲线，在活动视图的空白位置释放鼠标后，在弹出的贴图类型列表中选择“位图”选项，如图 8-29 所示。

图 8-29

技巧与提示：

如果既想保留活动视图中的节点，又不想影响新材质的编辑，可以创建新的活动视图来编辑材质，在活动视图上方的标签栏中右击，在弹出的快捷菜单中选择“创建新视图”选项，如图 8-30 所示。

图 8-30

07 在弹出的“选择位图图像文件”对话框中选择“布纹”文件，如图 8-31 所示。

08 此时在材质编辑器的活动视图中，Material#1 材质节点左侧会出现“贴图 #0”子节点，如图 8-32 所示。

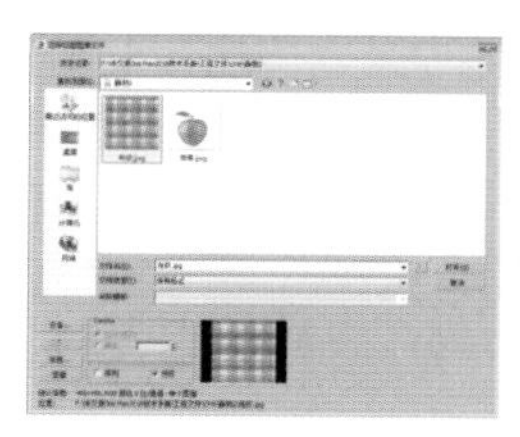
图 8-31

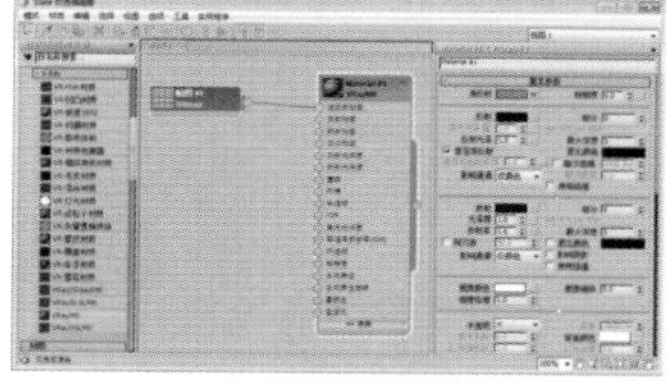
图 8-32

09 将材质赋予地面物体后，单击“视图中显示明暗处理材质”按钮，这样可以让贴图在场景中显示出来，如图 8-33 所示。渲染场景，效果如图 8-34 所示。

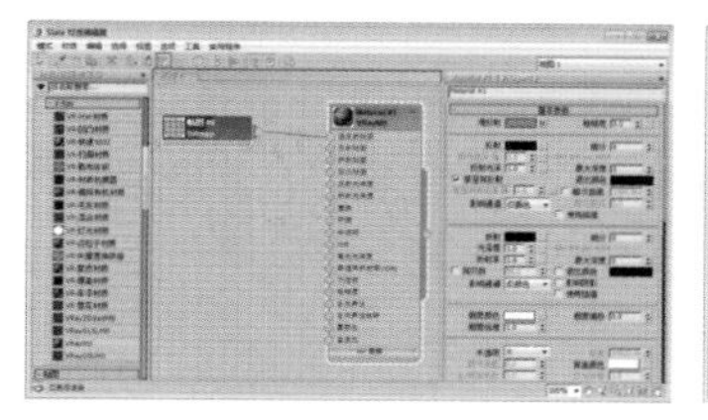
图 8-33

图 8-34

10 用同样的方法，再建立一个 VRayMtl 类型的材质，在“漫反射贴图”节点上指定“位图”贴图类型并使用“苹果”文件，如图 8-35 和图 8-36 所示。

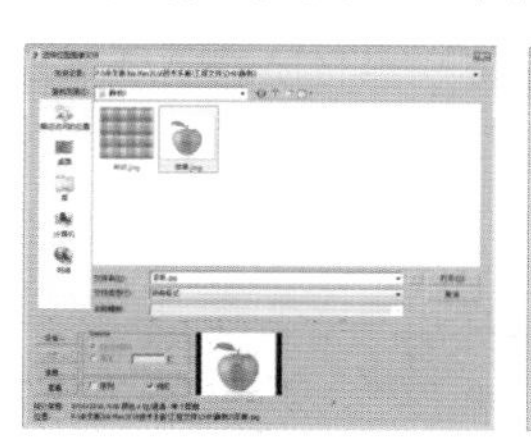
图 8-35

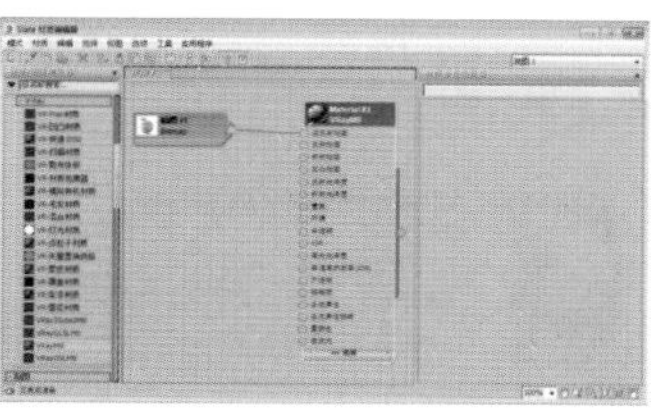
图 8-36

11 双击“贴图 #0”节点，在右侧的“位图参数”卷展栏中，单击“查看图像”按钮 查看图像 ，在打开的窗口中设置范围框的大小，设置完成后选中“应用”复选框，并设置“瓷砖”的 U 向和 V 向值都为 3，然后将“镜像”下的两个复选框选中，将贴图的平铺方式由“瓷砖”改为“镜像”，如图 8-37~ 图 8-39 所示。

图 8-37

图 8-38

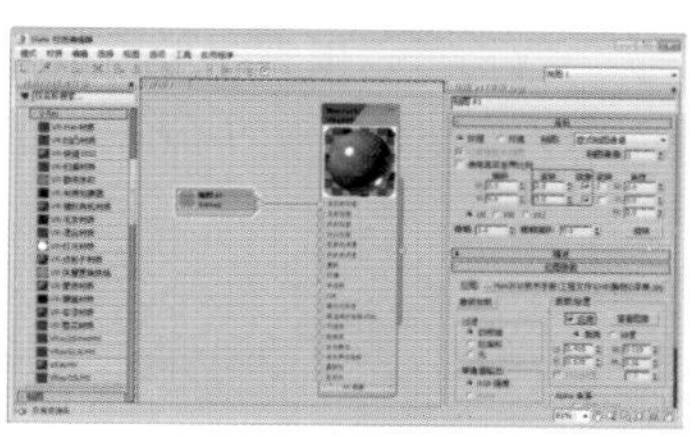
图 8-39

12 双击 Material#2 节点，单击“反射”右侧的色块，在打开的“颜色选择器”对话框中，将“反射”颜色设置为（红：30，绿：30，蓝：30），然后将“反射光泽”设置为 0.8，接着取消选中“菲涅耳反射”复选框，如图 8-40 所示。

13 将材质赋予场景中所有的“苹果”物体，渲染场景，最终效果如图 8-41 所示。

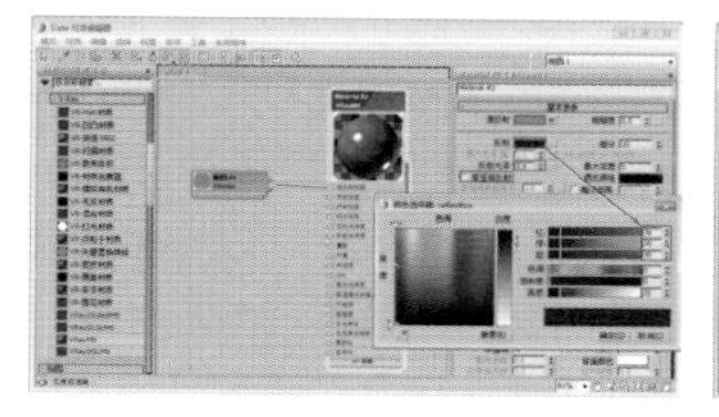
图 8-40

图 8-41

8.2.3　Slate 材质编辑器与精简材质编辑器的切换方法

在“Slate 材质编辑器”的“模式”菜单中选择“精简材质编辑器”，可以切换到“精简材质编辑器”模式，如图 8-42 和图 8-43 所示。

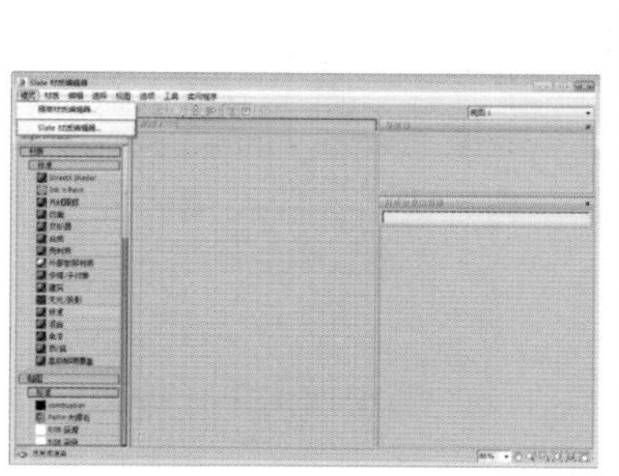
图 8-42

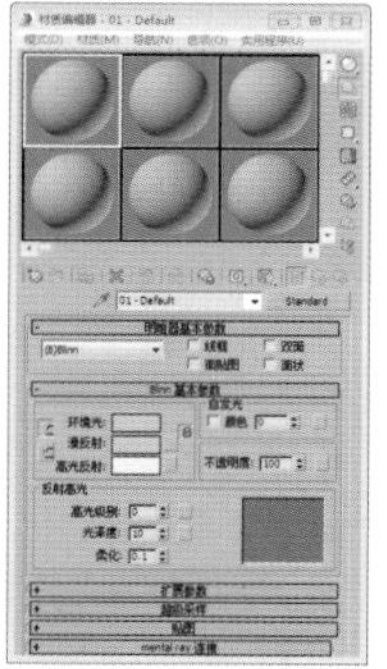
图 8-43

8.2.4　精简材质编辑器材质示例窗

在“精简材质编辑器”中，材质示例窗用来显示材质的调节效果，在示例窗中默认是以球体显示的，我们也可以设置为柱体和立方体，甚至允许自定义示例窗的外观效果，如图 8-44 所示。

每当调节材质的参数时，其效果会立刻反映到示例球上，我们可以根据示例球判断材质的效果。3ds Max 共提供了 3 种示例窗的显示方式，默认为 3×2 的显示方式，在任意示例窗上右击，在弹出的快捷菜单的下方可以选择示例窗的显示方式，如图 8-45 和图 8-46 所示。

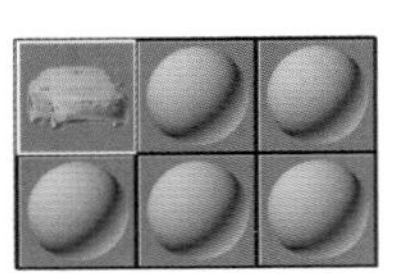
图 8-44

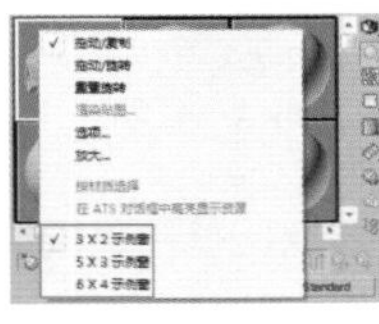
图 8-45

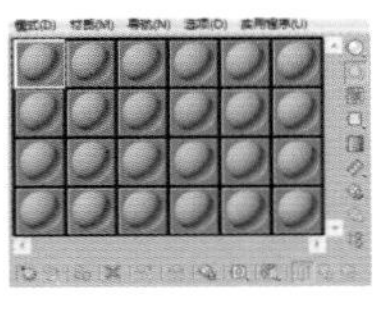
图 8-46

1. 窗口类型

在示例窗中，当前正在编辑的材质称为“激活材质”，如果要对材质进行编辑，首先要在示例窗上单击（右击也可）将其激活，激活的示例窗周围将出现白色方框（这一点与激活视图的概念相同），如图 8-47 所示。

当一个材质指定给了场景中的物体后，则该材质便成为了同步材质，其特征是示例窗的四角有三角形标记，如图 8-48 所示。如果对同步材质进行编辑操作，场景中应用该材质的对象也会随之发生变化，不需要再进行重新指定。

如果示例窗中四角的三角形标记为“白色实心”，则表示拥有该材质的对象在场景中正被选中；而如果示例窗四角的三角形标记为“灰色实心”，则表示该材质已经被赋予了场景中的对象，但拥有该材质的对象当前没有被选中，如图 8-49 所示。通过这种方法，我们即可在打开材质编辑器时，快速找到当前选择对象的材质。

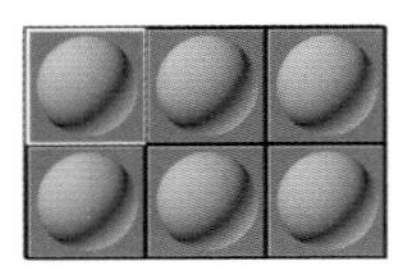
图 8-47

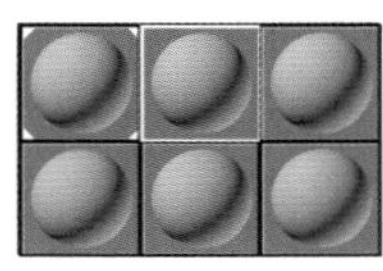
图 8-48

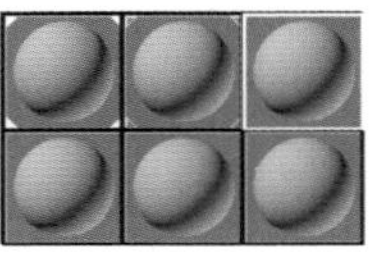
图 8-49

2. 拖曳操作

在示例窗中的材质，可以方便地执行拖曳操作，以便对材质进行各种复制和指定活动。将一个材质示例窗拖曳到另一个示例窗上，释放鼠标，即可将它复制到新的示例窗中，如图 8-50 所示。

对于同步材质，复制后会产生一个新的材质，新材质已不属于同步材质，因为同一种材质只允许有一个同步材质出现在示例窗中。

材质和贴图的拖曳是针对软件内部的全部操作而言的，拖曳的对象可是示例窗、贴图按钮、材质按钮等，它们分布在材质编辑器、灯光设置、环境编辑器、贴图置换命令面板以及资源管理器中，相互之间都可以进行拖曳操作。作为材质，还可以直接拖曳到场景中的物体上，进行快速指定。如图 8-51 所示，为将材质直接拖曳到场景中的对象上。

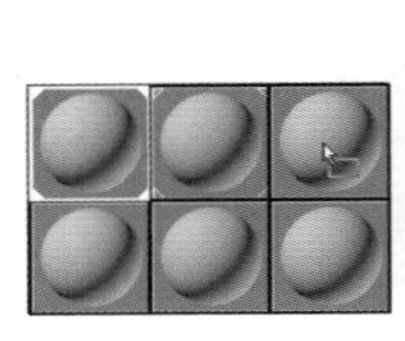
图 8-50

图 8-51

3. 右键菜单

打开本书相关素材中的“工程文件 >CH8> 眼球 > 眼球 .max”文件，按 M 键打开材质编辑器，激活第一个材质示例窗，在激活的示例窗中右击，可以弹出一个快捷菜单，如图 8-52 所示。

在该快捷菜单中，“拖曳 / 复制”选项是默认的设置模式，启用该选项后，拖曳示例窗时，材质会从一个示例窗复制到另一个，或者将材质拖曳到场景中的物体上，实现快速的材质指定，这是前面介绍过的功能。

启用“拖曳 / 旋转”选项后，在示例窗中进行拖曳将会旋转示例球，此时可以多角度观察材质的效果，如图 8-53 所示。

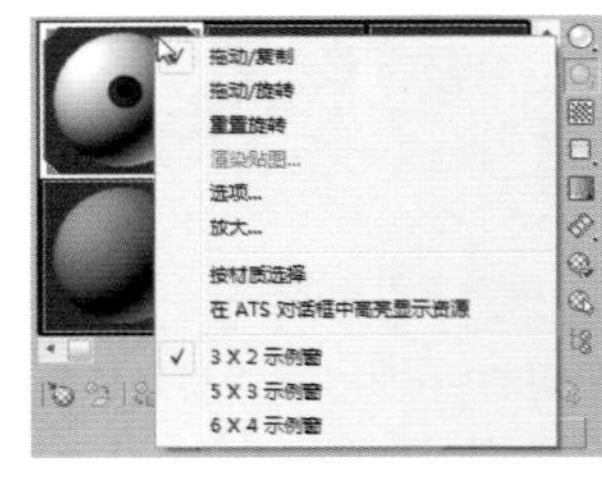

图 8-52

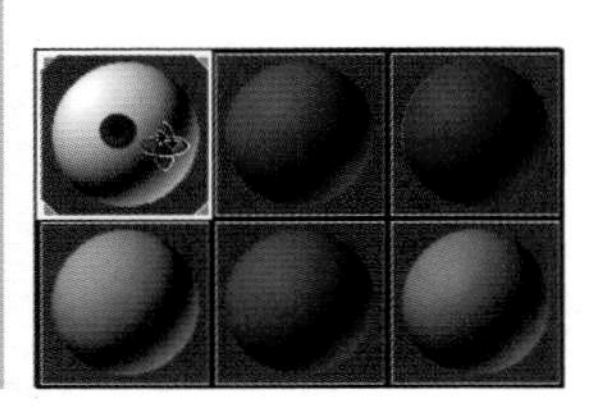
图 8-53

技巧与提示：

在“拖曳 / 复制”模式下，使用鼠标的中键也可以执行旋转操作，不必进入菜单中选择。

启用“重置旋转”选项后，将恢复示例窗中默认的角度方位，如图 8-54 所示。

图 8-54

“渲染贴图”选项只能在处于贴图层级时才可用，该选项可以把贴图渲染为静态图像或动态图像（如果该贴图设置了动画）。选中该选项后，会弹出“渲染贴图”对话框，如图 8-55 和图 8-56 所示。

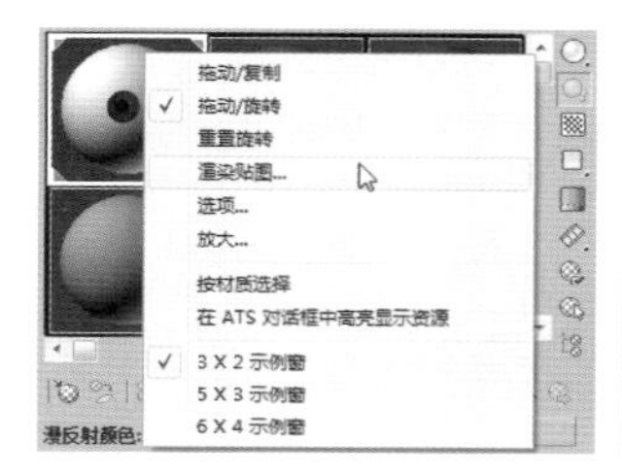

图 8-55

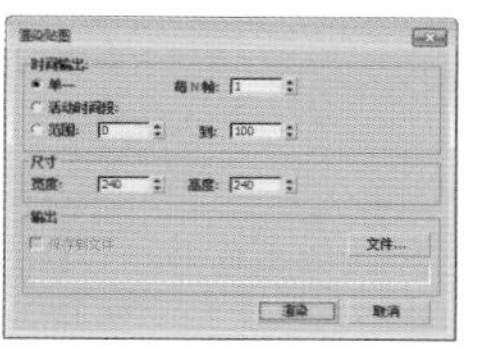

图 8-56

技巧与提示：

如果贴图设置了动画，可以用这种方法查看贴图动画的速度、频率等，这比直接渲染场景动画要快得多。

选中“选项”选项后，将打开“材质编辑器选项”对话框，该对话框主要用于设置有关编辑器的属性，相当于单击工具栏上的“选项”按钮，这方面的内容将在后面章节中对其进行介绍。

选中“放大”选项后，可以将当前材质以一个放大的示例窗显示，它独立于编辑器，以浮动框的形式出现，这有助于我们更清楚地观察材质效果，如图 8-57 和图 8-58 所示。

图 8-57

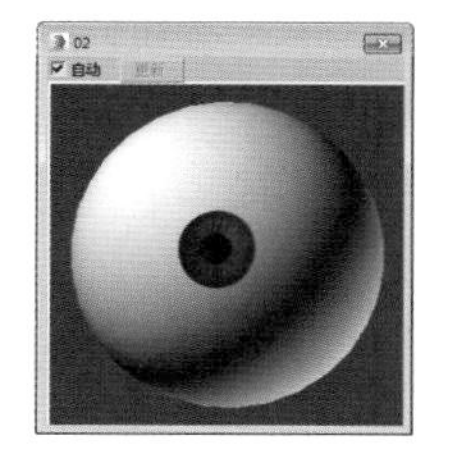

图 8-58

技巧与提示：

在示例窗上双击，同样可以放大示例窗的显示，每个示例窗只允许有一个放大窗口，通过拖曳放大窗口的四角可以调整窗口的大小。

8.2.5　精简材质编辑器材质工具按钮

“材质编辑器”对话框的工具按钮位于示例窗的下方和右侧，如图 8-59 所示。其中有很多工具按钮的功能与之前讲解过的“Slate 材质编辑器”中的工具按钮是相同的。

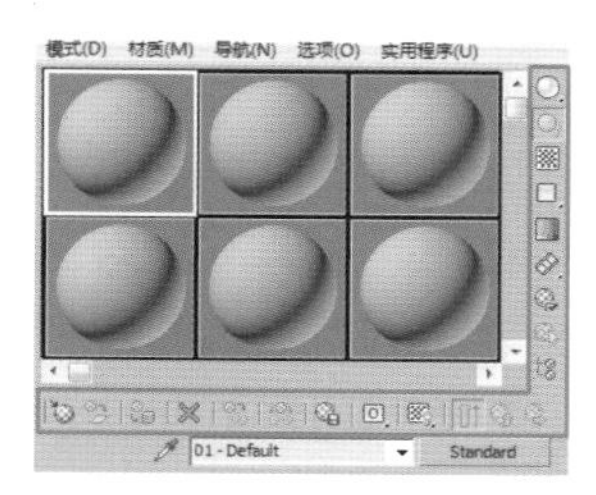

图 8-59

单击示例窗右侧的“采样类型”按钮，将弹出 3 个选项按钮，这 3 个按钮从图标形态上可以判断出，它们是用于控制示例窗中样本的形态的，包括球体、柱体和立方体，如图 8-60 所示为这 3 种样本形态在示例窗中的效果。

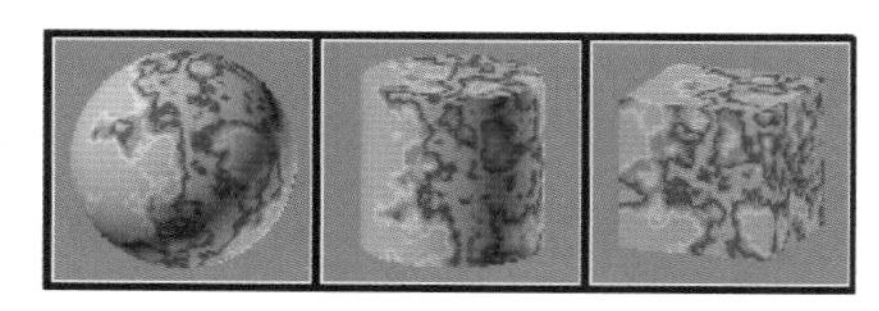

图 8-60

“背光”按钮用于控制示例窗中样本球的背光效果，如图 8-61 所示，分别为禁用和启用“背光”按钮后样本球的效果。

单击“背景”按钮后，可以为示例窗增加一个彩色方格背景，这与“Slate 材质编辑器”中的工具按钮功能是相同的，主要用于查看透明材质和带有反射折射效果的材质，如图 8-62 所示。

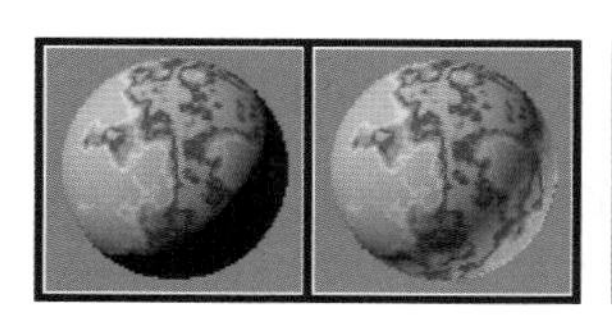

图 8-61

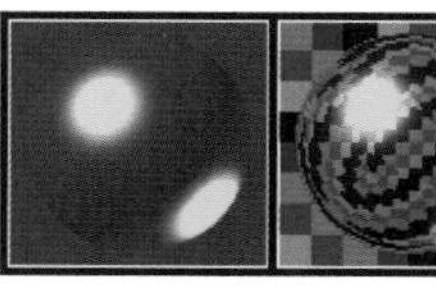

图 8-62

单击“采样 UV 平铺”按钮后，将弹出 4 个按钮，这 4 个按钮可以在活动示例窗中调整采样对象上贴图图案的重复次数，效果如图 8-63 所示。

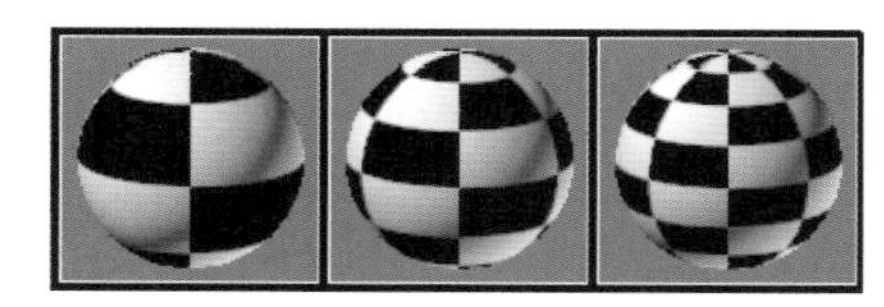

图 8-63

技巧与提示：

需要注意的是，这里调节的重复次数只是改变示例窗中的显示，如果想真正改变贴图的重复次数，需要进入到贴图层级改变贴图的重复度，或者为物体添加“UVW 贴图坐标”修改器。

“视频颜色检查”按钮的作用是检查材质表面的色散是否有超过视频限制的，对于 NTSC 和 PAL 制视频，色彩饱和度有一定的限制，如果超过这个范围，颜色转化后会变得模糊或产生毛边，所以要尽量避免发生这种情况，比较安全的做法是将材质色彩的饱和度降低，如图 8-64 所示，右侧为检查出的不合格区域，以黑色显示。

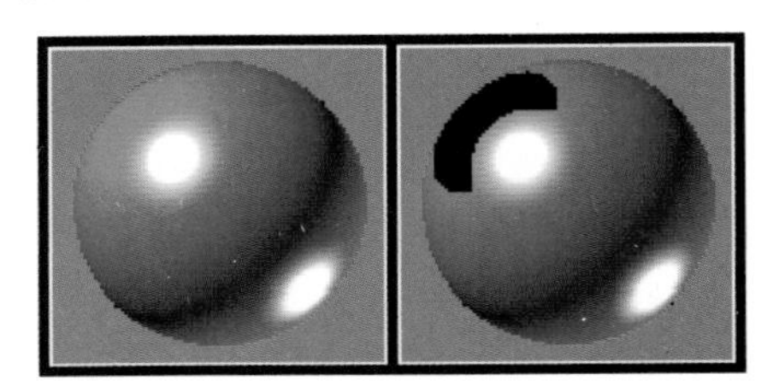

图 8-64

单击“生成预览”按钮，会打开“创建材质预览”对话框，如果材质进行了动画设置，可以使用它来实时观看动态效果，如图 8-65 所示。

在“生成预览”按钮上按住鼠标左键不放，将弹出“播放预览”和“保存预览”按钮，前者用于播放已经生成的预览动画，后者可以将完成的预览动画以 avi 格式保存。

单击“选项”按钮，则会打开“材质编辑器选项”对话框，如图 8-66 所示，它可以有效地控制示例窗中的材质显示和贴图显示的效果。

单击“按材质选择”按钮，将弹出“选择对象”窗口，附有该材质的对象名称都会高亮显示在该窗口中，这与“Slate 材质编辑器”中的工具按钮作用相同，所以不再赘述。

单击“材质 / 贴图导航器”按钮，将打开“材质 / 贴图导航器”窗口，如图 8-67 所示。这是一个非常有用的工具，通过单击“材质 / 贴图导航器”窗口中的材质或贴图的名称，可以快速进入每一层级中进行编辑操作，这在调节复杂材质或材质和贴图嵌套关系比较多的情况下非常有用。

技巧与提示：

在“材质 / 贴图导航器”窗口中，用球体代表材质，用平行四边形代表贴图。如果球形或平行四边形为红色，则表示该材质或贴图启用了“在视图中显示明暗处理材质”工具。

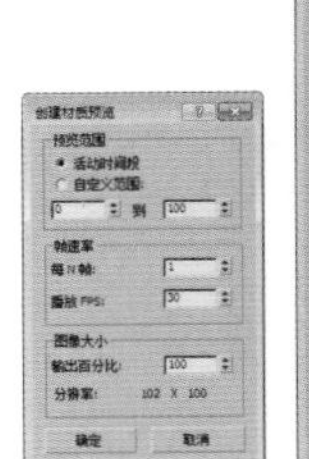

图 8-65

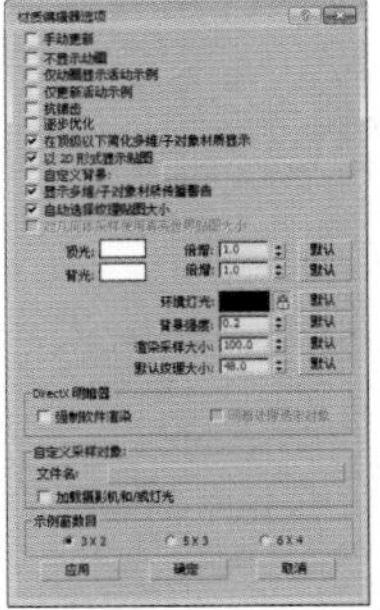

图 8-66

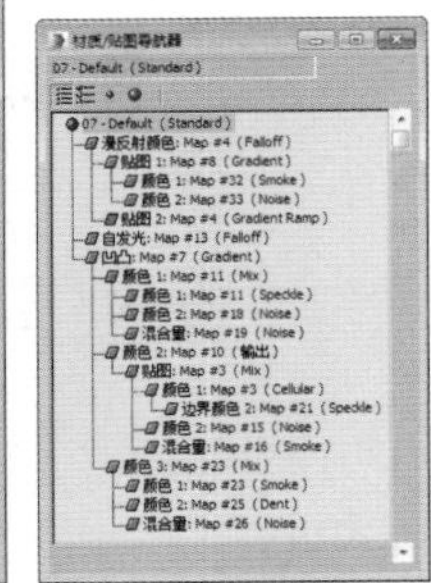

图 8-67

在“材质 / 贴图导航器”窗口的上方有 4 个按钮，可以更改材质、贴图在“材质 / 贴图导航器”中的显示方式。

单击“获取材质”按钮，可以打开“材质 / 贴图浏览器”对话框，可以调出材质和贴图，从而进行编辑修改，如图 8-68 所示。

图 8-68

材质 / 贴图导航器还有一个重要的作用是将设置好的材质保存为后缀为 .mat 的材质库文件，这样我们即可在其他场景文件中再次调用设置完成的材质了。

01 在“材质 / 贴图浏览器”对话框中单击左上角的“材质 / 贴图浏览器选项”按钮，在弹出的下拉菜单中选择“新材质库”选项，此时会打开“创建新材质库”对话框，在该对话框中设置保存文件的路径和名称后，单击“保存”按钮，如图 8-69 和图 8-70 所示。

图 8-69

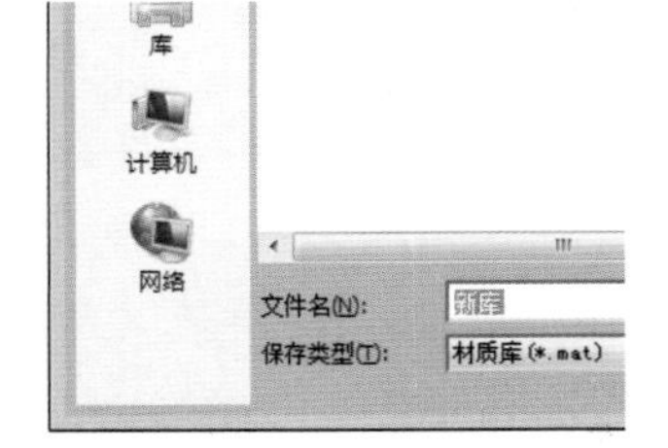

图 8-70

02 此时，在“材质 / 贴图浏览器”对话框中会出现我们新建的名为“新库”的卷展栏，如图 8-71 所示。

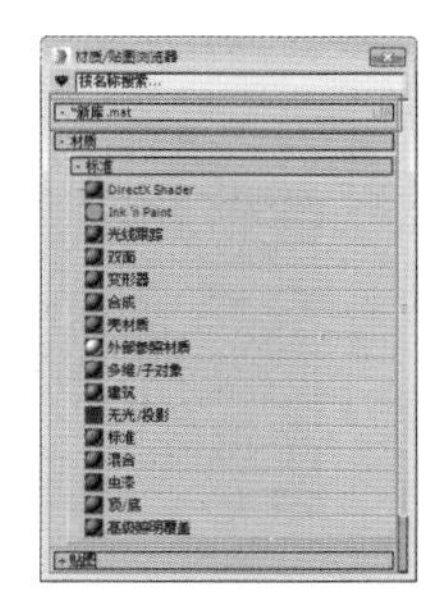

图 8-71

03 在“材质编辑器”中选择要保存的材质，直接将其拖放到该卷展栏的下方，当出现一条水平蓝线时释放鼠标，这样即可将选中的材质调入到新建的材质库中了，如图 8-72 和图 8-73 所示。

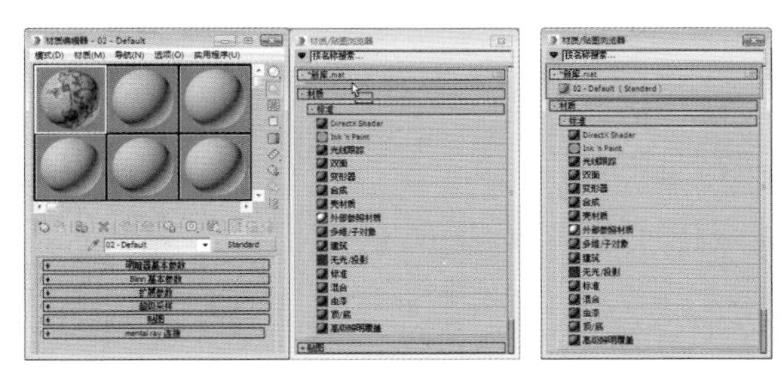

图 8-72　　图 8-73

04 在“新库”卷展栏上右击，在弹出的快捷菜单中选择“保存”或“另存为”选项，即可将当前的材质库保存了，如图 8-74 所示。

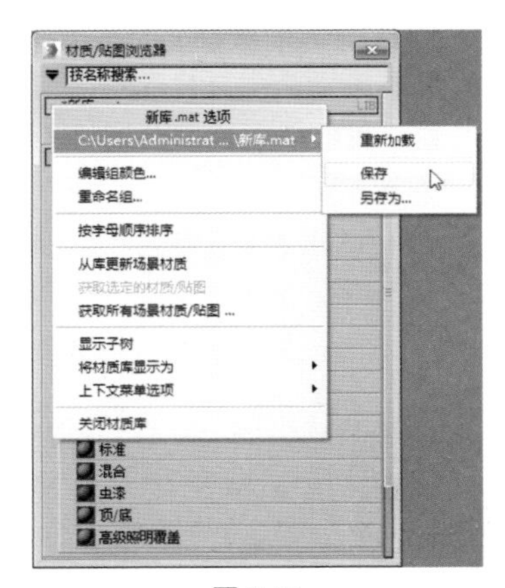

图 8-74

05 在新的场景中，打开“材质 / 贴图浏览器”对话框，单击“材质 / 贴图浏览器”按钮▼，在弹出的下拉菜单中选择“打开材质库”选项，在打开的“导入材质库”对话框中选择保存的材质库文件，即可打开保存完成的材质库了，如图 8-75 和图 8-76 所示。

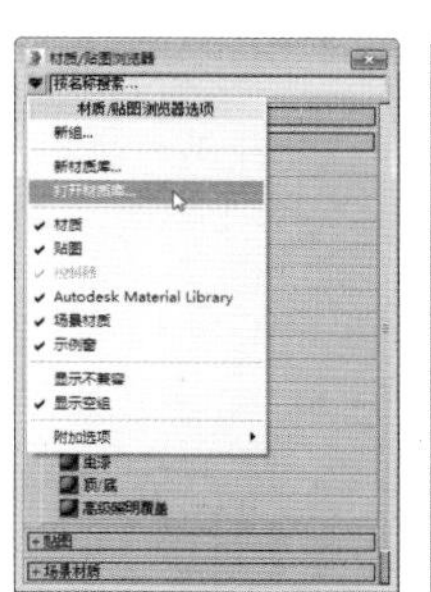

图 8-75　　图 8-76

“将材质放入场景”按钮和“将材质指定给选定对象”按钮与“Slate 材质编辑器”中的工具按钮作用相同，不再赘述。

在“材质编辑器”中，如果选择一个非同步材质，也就是还没有指定给场景中任何物体的材质，单击“重置贴图 / 材质为默认设置”按钮，会弹出“材质编辑器”对话框，如图 8-77 所示，单击“是”按钮，将会把材质重置为初始设置；如果选择了一个同步材质，单击“重置贴图 / 材质为默认设置”按钮，将会弹出“重置材质 / 贴图参数”对话框，如图 8-78 所示。

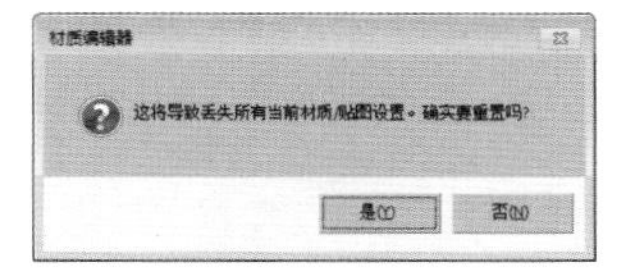

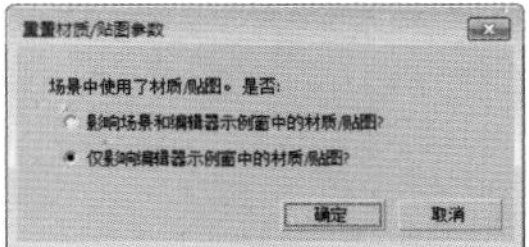

图 8-77　　图 8-78

选择“影响场景和编辑器示例窗中的材质 / 贴图”单选按钮，在重置当前示例窗中材质参数的同时，也会连带影响场景中对象的材质，但该材质仍为同步材质；选择“仅影响编辑器示例窗中的材质 / 贴图”单选按钮，则只会影响当前示例窗中的材质，同时该材质变为非同步材质。

当选择一个同步材质后，单击“生成材质副本”按钮，可以看到当前示例窗四角的三角形标志消失，这说明当前材质已经不是同步材质了，而是复制成了一个相同参数的非同步材质，且名称相同，如果对该材质编辑完成后单击“将材质指定给选定对象”按钮，则会弹出“指定材质”对话框，如图 8-79 所示。

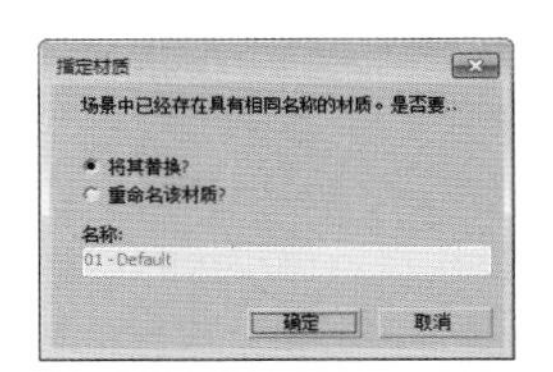

图 8-79

如果选择“将其替换”单选按钮，则会替换与该材质名称相同的所有物体的材质；如果选择“重命名该材质”单选按钮，将允许我们对当前材质改变名称，并重新指定。

技巧与提示：

在编辑材质参数的同时，最好也给材质命名一个独一无二的名称，这不但方便材质的查找，也可以减少一些误操作所带来的麻烦。

单击“使唯一”按钮，可以将关联的材质／贴图转换为独立的材质／贴图，这与场景中物体间取消关联的操作概念相同。

单击“放入库”按钮，会将当前选中的材质放入到材质库中，这与之前讲解过的保存材质库文件功能相同，只不过这里是通过单击按钮来实现的。当单击“放入库”按钮后，会弹出一个快捷菜单，在这里允许我们选择将当前材质保存到哪一个材质库中，如图 8-80 所示。

在选择了材质库的名称后，会弹出“放置到库”对话框，在这里为当前材质命名后，单击“确定”按钮，就会把当前材质保存到选择的材质库中了，如图 8-81 和图 8-82 所示。

图 8-80

图 8-81

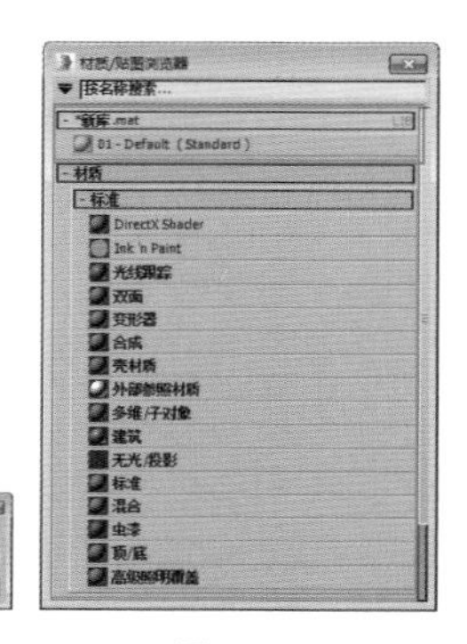
图 8-82

“视图中显示明暗处理器材质”按钮与“Slate 材质编辑器”中的按钮功能相同，不再赘述。

“显示最终结果”按钮，是针对具有多个层级嵌套的材质作用的。单击“材质／贴图导航器”按钮，打开“材质／贴图导航器”，首先进入材质的任意一个子层级，如图 8-83 所示。

此时启用“显示最终结果”按钮，不管现在处于哪一个材质的子层级，示例窗中都会保持显示出最终材质的效果（也就是顶级材质的效果）；禁用该按钮后，在示例窗中则只会显示当前层级和材质／贴图效果，如图 8-84 所示，分别为启用和禁用该按钮后，示例窗中的显示效果。

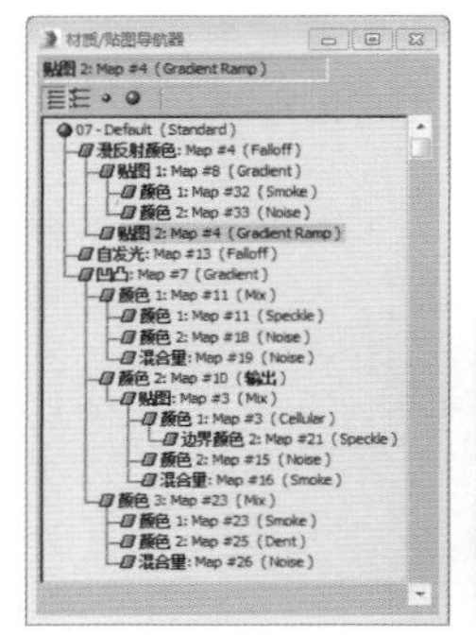
图 8-83

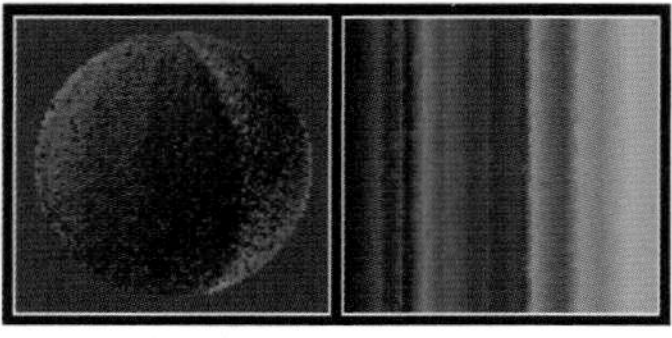
图 8-84

单击“转到父对象”按钮，可以向上移动一个材质层级，如图 8-85 所示。

单击“转到下一个同级项”按钮，可以移动到当前材质中相同层级的下一个贴图或材质层级，如图 8-86 所示。

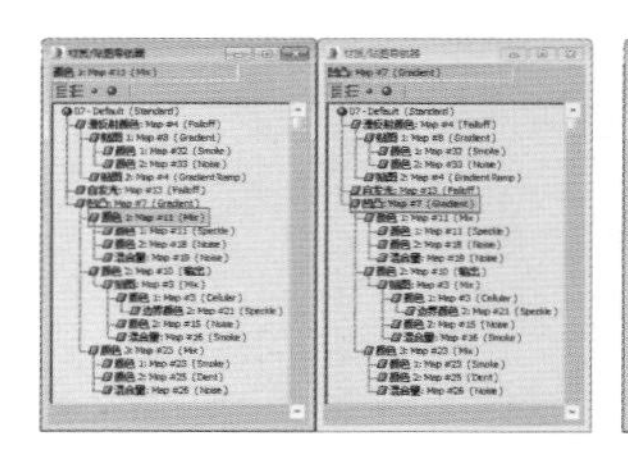
图 8-85

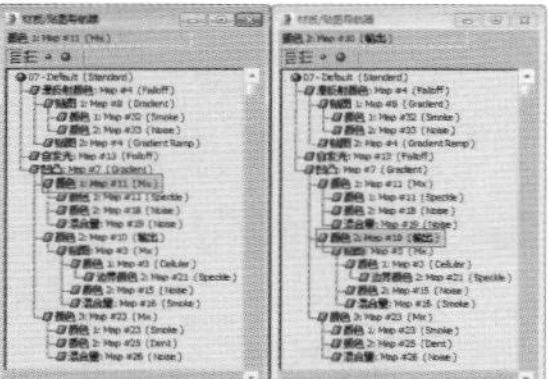
图 8-86

8.3 标准材质

在 3ds Max 中，材质编辑器中的材质类型默认都是“标准”类型的材质，“标准”材质是最基本，也是最常用的一种材质编辑类型。打开材质编辑器，选择任意一个示例窗，我们会发现，在工具栏下方有一个 Standard 按钮 Standard，这表示当前材质为“标准”类型的材质。单击 Standard 按钮 Standard，会打开“材质／贴图浏览器”对话框，在该对话框中可以将当前材质更改为其他类型的材质，如图 8-87 和图 8-88 所示。

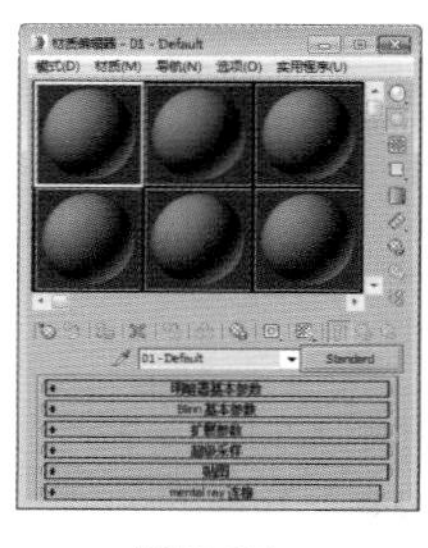
图 8-87

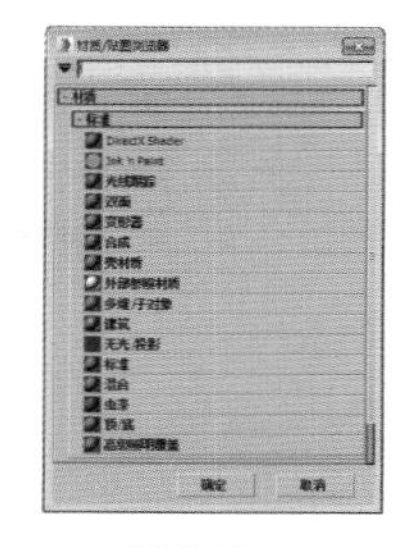
图 8-88

在 3ds Max 2016 中，系统提供了 16 种类型的材质，不同的材质有不同的用途。例如“标准”材质是默认的材质类型，拥有大量的调节参数，适用于绝大多数材质制作的要求；“光线跟踪”材质常用于制作有反射 / 折射效果的物体，如不锈钢、玻璃等；Ink'n Paint（卡通）材质能够赋予物体二维卡通质感的渲染效果。本节将先学习最基础的“标准”类型材质的一些常用参数的使用方法。

8.3.1　基本参数

“标准”材质的基本参数设置包括“明暗器基本参数”和“Blinn 基本参数”两个卷展栏，如图 8-89 所示。

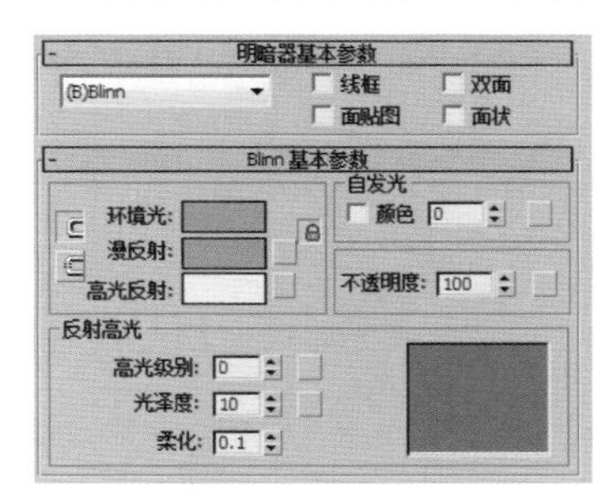

图 8-89

> **技巧与提示：**
> 参数控制区会根据明暗器类型的改变而改变，如在“明暗器基本参数”卷展栏中选择“各向异性”明暗器类型，则下方的“Blinn 基本参数”卷展栏会变为“各向异性基本参数”卷展栏。

1.“明暗器基本参数”卷展栏

在“明暗器基本参数”卷展栏中可指定材质的明暗器类型及材质的渲染方式。“明暗器”下拉列表提供了 8 种不同类型的明暗器类型，这些明暗器用于改变材质表面对灯光照射的反映情况，如图 8-90 所示为 8 种明暗器类型。系统默认状态下所使用的是 Blinn 明暗器类型，下面所要介绍的“Blinn 基本参数”卷展栏就是 Blinn 明暗器类型的参数设置，对于其他明暗器类型，将在本章后面的部分介绍。

图 8-90

在“明暗器基本参数”卷展栏中，如果选中“线框”复选框，将会以网格线框的方式渲染物体，如图 8-91 和图 8-92 所示。

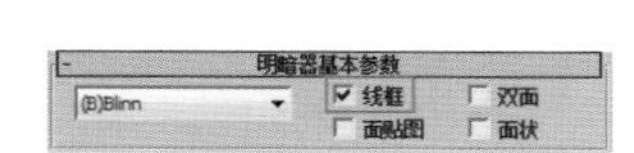

图 8-91

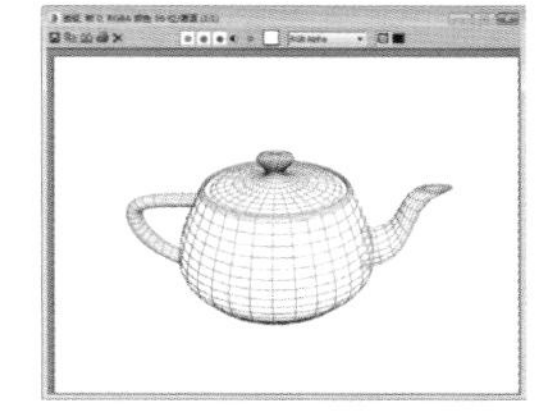

图 8-92

对于线框的粗细，可以通过“扩展参数”卷展栏下“线框”选项中的“大小”参数进行调节，如图 8-93 所示。

如果选择“像素”单选按钮，则物体无论远近，线框的粗细都将保持一致；如果选择“单位”单选按钮，将会以 3ds Max 内部的基本单元作为单位，会根据物体离镜头的远近而发生粗细的变化。

在“明暗器基本参数”卷展栏中，选中“双面”复选框，将会把物体法线相反的一面也进行渲染。通常计算机为了简化计算，只会渲染物体法线为正方向的表面，这对大多数物体都适用，但有些敞开面的物体，其内壁会看不到任何材质效果，此时就必须打开双面设置，如图 8-94 所示，左侧为未打开双面材质的渲染效果，右侧为打开双面材质的渲染效果。

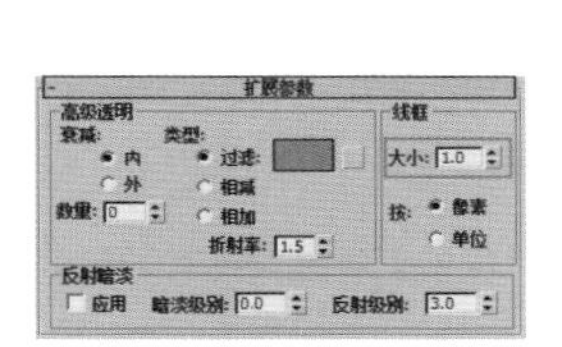

图 8-93

图 8-94

> **技巧与提示：**
> 在设置一些半透明物体的材质时（如气泡），应该尽量开启双面设置，这会增加物体的体积感。

选中“面贴图”复选框，会将材质指定给模型的每个表面，如果是含有贴图的材质，贴图会均匀分布在物体的每一个表面上，如图 8-95 所示，为取消选中和选中“面贴图”复选框的不同渲染效果。

选中“面状”复选框会将物体的每个面以平面化进行渲染，不进行相邻面的组群平滑处理，如图 8-96 所示。

图 8-95

图 8-96

2.“Blinn 基本参数”卷展栏

在“Blinn 基本参数”卷展栏中，可对 Blinn 明暗器类型的相关参数进行设置。“环境光”“漫反射”和“高光反射”选项可以设置材质表面的颜色。“环境光”可以控制物体表面阴影区的颜色；“漫反射”控制物体表面过渡区的颜色；“高光反射”控制物体表面高光区的颜色。

这 3 个色彩分别指物体表面的 3 个受光区域，通常我们所说的物体颜色是指“漫反射”颜色，它提供物体最主要的色彩，使物体在日光或人工光的照明下可以被看到；“环境光”颜色一般由灯光的颜色决定，如果光线为白光则会依据“漫反射”颜色来定义；“高光反射”一般与“漫反射”相同，只是饱和度更强一些。如图 8-97 所示，1 为“高光反射”颜色；2 为“漫反射”颜色；3 为“环境光”颜色。

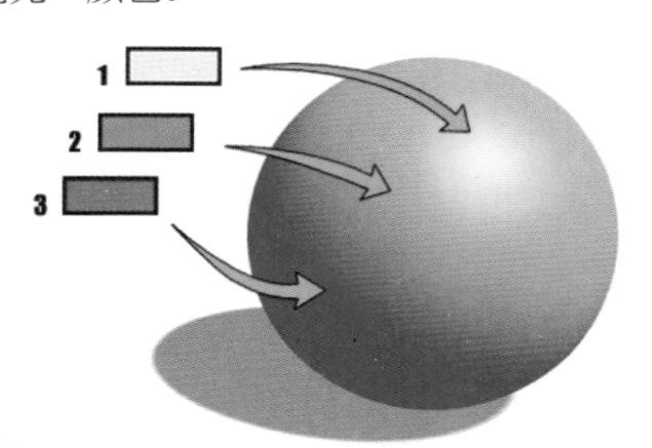

图 8-97

下面通过一组操作来对“Blinn 基本参数”卷展栏中的参数进行介绍。

01 打开本书相关素材中的“工程文件 > CH8> 基本参数 > 基本参数 .max”文件，在场景中选择“盘子”对象，并打开材质编辑器，如图 8-98 所示。

02 在“材质编辑器”窗口中选择“盘子”材质，然后单击“Blinn 基本参数”卷展栏中“漫反射”颜色选项右侧的色块，可以打开“颜色选择器”对话框，在该对话框中进行设置的同时，示例窗和场景模型的材质都会进行效果的即时更新，如图 8-99 所示。

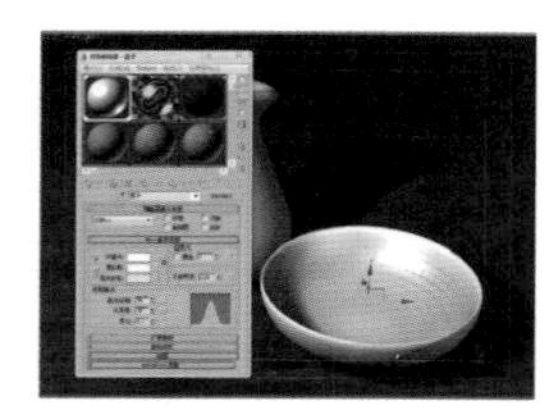

图 8-98

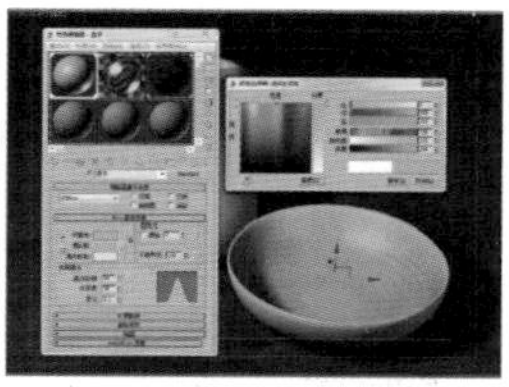

图 8-99

03 在“环境光”“漫反射”和“高光反射”选项左侧有两个“锁定”按钮，用于锁定这 3 个选项中的两个（或 3 个选项全部锁定），被锁定的两个区域颜色将保持一致，调节一个时另一个也会随之变化。单击“锁定”按钮对其锁定时，会弹出一个提示对话框，单击“是”按钮即可将其锁定，如图 8-100 所示。

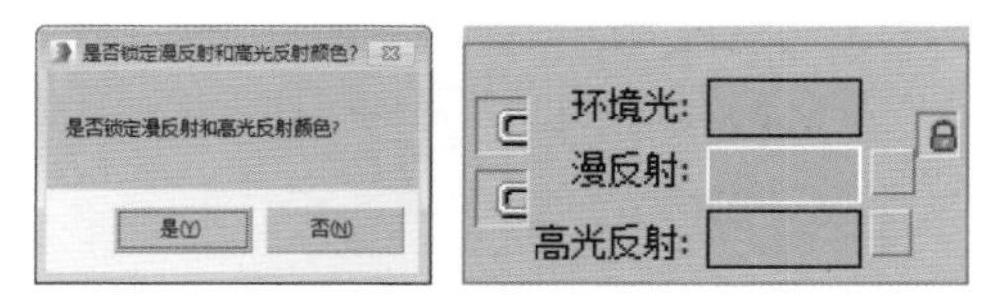

图 8-100

技巧与提示：

将“环境光”和“漫反射”选项解除锁定后，默认调节“环境光”的颜色，示例窗和场景中的对象也不会有任何效果，如果想让“环境光”起作用，需要在“环境与效果”对话框中，将“环境光”的颜色设置为高于纯黑色，如图 8-101 所示。

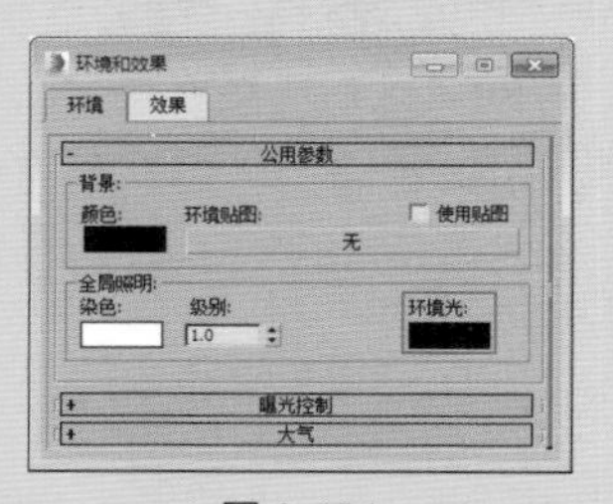

图 8-101

另外，每个项目色块的右边都有一个四方按钮，使用这些按钮可以快速为每个通道指定贴图，对于贴图通道的用法将会在后面的章节进行讲解。

04 “自发光”选项组中的参数可以使材质具备自身发光的效果，常用于制作灯泡等光源物体，如果将“自发光”设为 100，则物体在场景中将不受任何物体投影的影响，自身也不受灯光的影响，只表现出“漫反射”的纯色和一些反光，如图 8-102 所示。

05 如果选中“颜色”复选框，则可以通过调整色样中的颜色，创建带有颜色的自发光效果，如图 8-103 所示。

图 8-102

图 8-103

06 “半透明”参数可以设置材质的不透明度，默认值为 100，即完全不透明，降低该值使透明度增加，值为 0 时变为完全透明材质，如图 8-104 所示。

07 在“反射高光”选项组中，“高光级别”参数设置高光的强度；“光泽度”参数设置高光的范围，值越高，高光范围越小；“柔化”参数可以对高光区的反光进行柔化处理，使其变得模糊、柔和。通过“反光曲线示意图”可以直观地表现“高光级别”和“光泽度”的变化情况，如图 8-105 所示。

图 8-104

图 8-105

8.3.2 扩展参数

在“Blinn 基本参数”卷展栏的下方是“扩展参数”卷展栏，该卷展栏可以对材质的透明度、反射效果及线框外观进行设置，如图 8-106 所示。

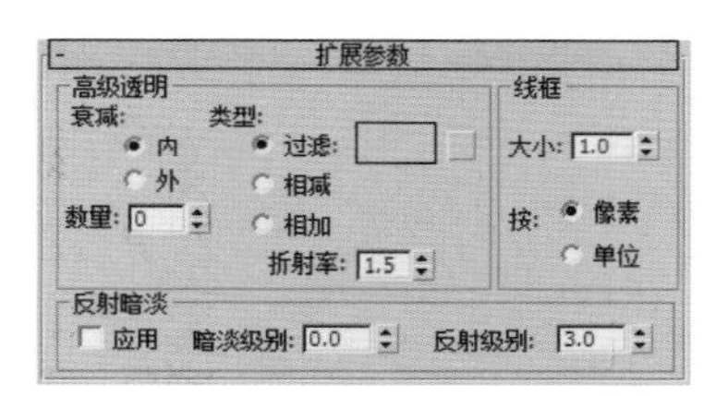

图 8-106

1. 高级透明

01 打开本书相关素材中的“工程文件 > CH8> 高级透明 > 高级透明 .max”文件，该文件中有一个卡通人物的头部模型，并为其赋予了一个标准材质，如图 8-107 和图 8-108 所示。

图 8-107

图 8-108

02 打开材质编辑器，选择第一个示例窗，在“扩展参数”卷展栏的“高级透明”选项组中，“内”单选按钮默认是选中状态，意思由边缘向中心增加透明的程度，像玻璃瓶的效果。设置下方的“数量”为 100，渲染场景并观察材质效果，如图 8-109 所示。

03 如果选择“外”单选按钮，可以使材质从中心向边缘增加透明程度，类似云雾、烟雾的效果，如图 8-110 所示。

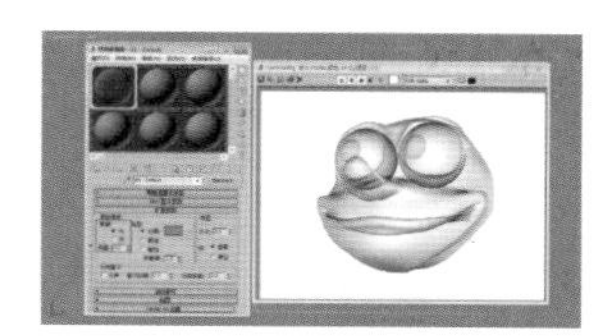

图 8-109

图 8-110

04 “类型”选项组用于确定以哪种方式产生透明效果，默认是“过滤”方式，这将会计算经过透明物体背面颜色倍增的过滤色，单击后面的色块可以改变过滤颜色，如图 8-111 所示为改变过滤色后材质所发生的变化。

图 8-111

技巧与提示：

过滤色其实就是穿过诸如玻璃等透明或半透明物体后的颜色，过滤色的颜色还能够影响透明物体所投射的“光线跟踪阴影”的颜色，如图 8-112 所示，玻璃板的过滤色设置为右下角的红色，在左侧的投影也显示为红色。

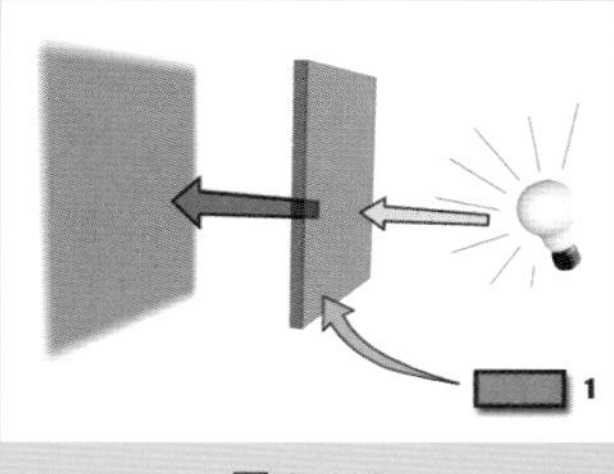

图 8-112

05 选择“相减”单选按钮，材质将根据背景色进行递减色彩处理，如图 8-113 所示。

06 选择“相加”单选按钮，材质将根据背景色进行递增色彩处理，常用来制作发光体物体的材质，如图 8-114 所示。

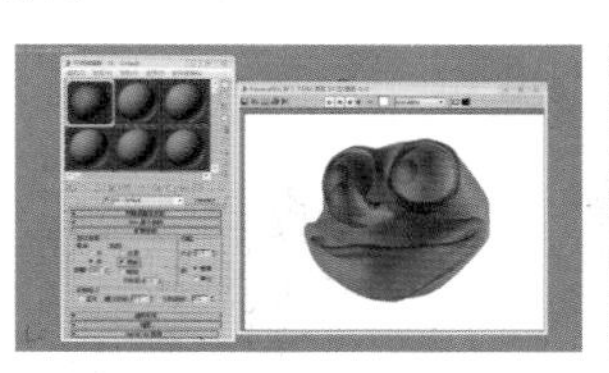

图 8-113

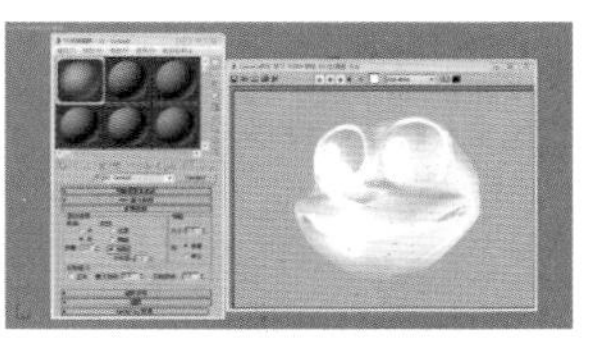

图 8-114

“折射率”参数用于设置折射贴图所使用的折射比率，使材质模拟不同物质产生的不同折射效果，如图 8-115

所示，左前的球体的折射率为 1.0，右后的球体的折射率为 1.5。

图 8-115

技巧与提示：

“折射率”参数只有在材质设置了折射贴图后才能使用。如图 8-116 所示为自然界中常用的几种物质的折射率。

材质	IOR 值
真空	1.0（精确）
空气	1.0003
水	1.333
玻璃	1.5（清晰的玻璃）到 1.7
钻石	2.418

图 8-116

2. 反射暗淡

“反射暗淡”选项组中的参数用于设置对象阴影区中反射贴图的暗淡效果。当一个物体表面有其他物体的投影时，这个区域将会变得暗淡，但是一个标准的反射材质却不会考虑这一点，它会在物体表面进行全方位反射，物体将会失去投影的影响变得通体发亮，这样会使场景显得不真实。此时可以启用“反射暗淡”设置来控制对象被投影区的反射强度。下面将通过一组实例操作，介绍“反射暗淡”参数的用法。

01 打开本书相关素材中的“工程文件 > CH8> 反射暗淡 > 反射暗淡 .max”文件，该文件中“圆柱”对象在“茶壶”对象的表面上产生了投影效果，另外“茶壶”对象已经在其材质的反射通道上指定了一张位图作为反射贴图，如图 8-117 所示。

02 渲染场景，发现处于阴影中的茶壶表面也非常亮，这不符合现实情况，如图 8-118 所示。

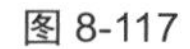

图 8-117

图 8-118

03 在“扩展参数”卷展栏的“反射暗淡”选项中，选中“启用”复选框，通过“暗淡级别”参数可以设置“反射暗淡”对物体的影响。值为 0 时，被投影区域仍表现为原来的投影效果，不产生反射效果；值为 1 时，不发生暗淡效果，与不开启此项设置效果相同。“反射级别”参数可以设置物体未被投影区域的反射强度，参照如图 8-119 所示，对这两个参数进行设置，完毕后渲染场景，观察开启“反射暗淡”后的材质效果，如图 8-120 所示。

反射暗淡 应用 暗淡级别: 0.2 反射级别: 1.0

图 8-119

图 8-120

8.3.3 明暗器类型

在 3ds Max 2016 中，材质的明暗器类型共有 8 种，分别为“各向异性”“Blinn”“金属”“多层”“Oren-Nayar-Blinn”“Phong”“Strauss”“半透明”，如图 8-121 所示，为这 8 种明暗器类型样本球的效果。

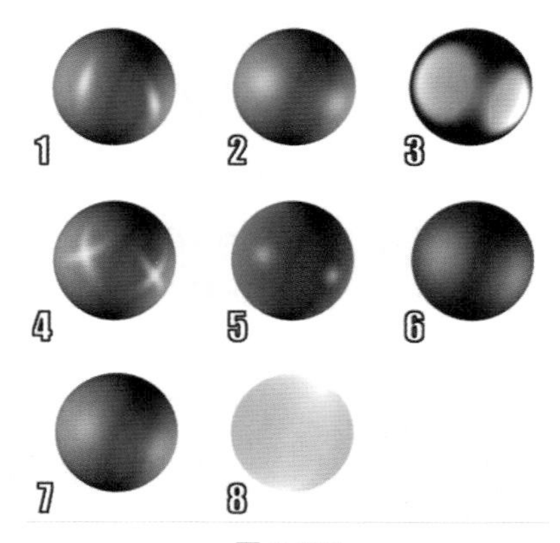

图 8-121

每种明暗器类型都有各自的特点，其主要作用是改变材质表面对灯光照射的反映情况。下面将介绍这些明暗器类型的特点。

1.Blinn 与 Phong

Blinn 与 Phong 明暗器都是以光滑的方式进行表面渲染的，效果非常相似，基本参数也完全相同，如图 8-122 所示，为这两种明暗器的参数卷展栏。

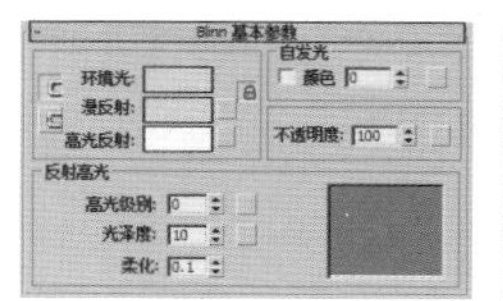
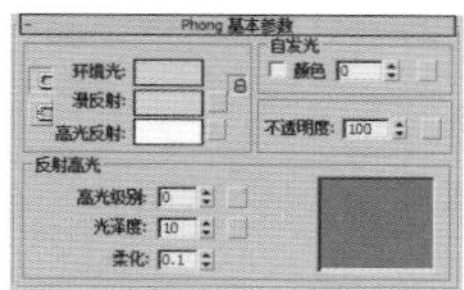

图 8-122

这两种明暗器的差别并不是很大，仔细观察如图 8-123 所示，可以发现一些它们的区别。

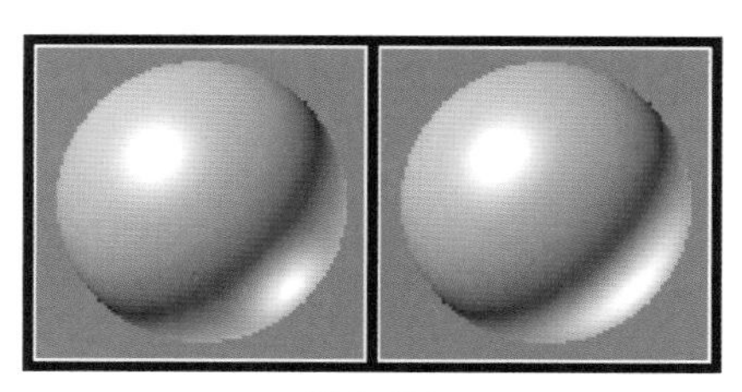

图 8-123

Blinn 高光点周围的光晕是旋转混合的，Phong 是发散混合的；背光处 Blinn 的反光点形状近似圆形，清晰可见；Phong 的则为梭形，影响周围的区域较大。如果都增大各自卷展栏中的“柔化”值，Blinn 的反光点仍尽力保持尖锐的形态，而 Phong 却趋向于均匀柔和的反光。从色调上看，Blinn 趋于冷色，Phong 趋于暖色。综上所述，可以近似地认为，Phong 易表现暖色、柔和的材质，常用于制作塑料质感的材质，Blinn 易表现冷色、坚硬质感的材质。“标准”类型的材质，Blinn 一直作为默认的明暗器。

2. 各向异性

“各向异性”明暗器，通过调节两个垂直正交方向上可见高光尺寸之间的差额，提供了一种“重折光”的高光效果。这种渲染属性可以很好地表现毛发、玻璃和被擦拭过的金属等材质效果。它的基本参数大体上与 Blinn 相同，只在高光和过渡色部分有所不同，如图 8-124 所示。

如图 8-125 所示，为用“各向异性”明暗器制作的材质效果，可以打开本书相关素材中的“工程文件 > CH8> 各向异性 > 各向异性 .max”文件，查看该文件中材质的参数设置。

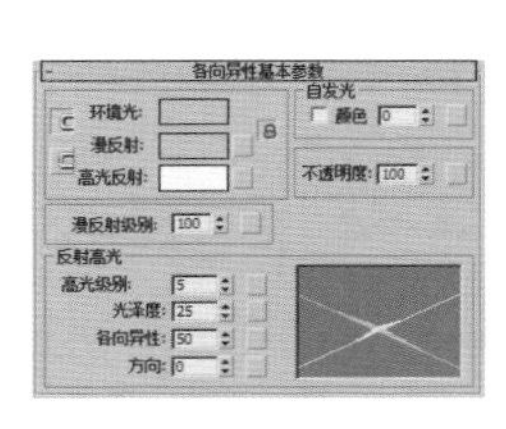

图 8-124

图 8-125

3. 金属

“金属”明暗器是一种比较特殊的明暗器，专用于金属材质的制作，可以提供金属所需的强烈反光。它取消了“高光反射”色彩的调节，反光点的颜色仅依据“漫反射”颜色和灯光的色彩，如图 8-126 所示为其参数卷展栏。

如图 8-127 所示，为使用“金属”明暗器制作的材质效果，可以打开本书相关素材中的“工程文件 > CH8> 金属 > 金属 .max”文件，查看该文件中材质的参数设置。

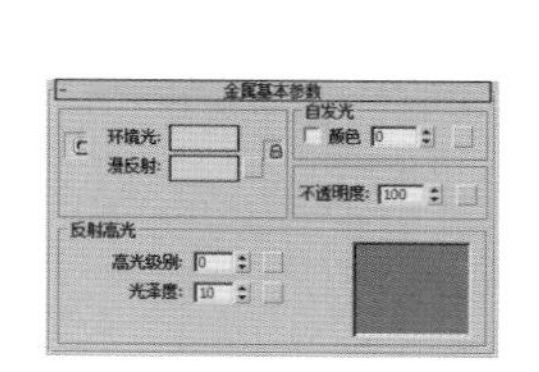

图 8-126

图 8-127

4. 多层

“多层”明暗器与“各向异性”明暗器有相似之处，但该明暗器最大的特点是它拥有两个高光区域控制。该明暗器常用于制作高度磨光的曲面材质（如车漆），如图 8-128 所示为其参数卷展栏。

如图 8-129 所示，为使用“多层”明暗器制作的材质效果，可以打开本书相关素材中的“工程文件 > CH8> 多层 > 多层 .max”文件，查看该文件中材质的参数设置。

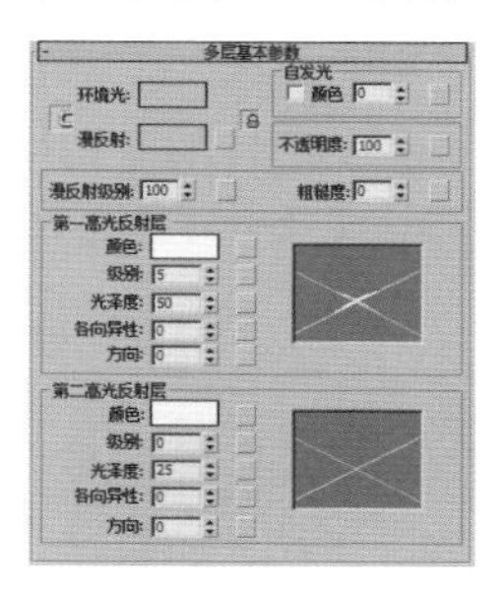

图 8-128

图 8-129

5. Oren-Nayar-Blinn

Oren-Nayar-Blinn 明暗器是 Blinn 明暗器的一个特殊变量形式。通过它附加的“漫反射级别”和“粗糙度”两个参数设置，可以生成亚反光材质效果。该明暗器常用于表现织物、陶制器等不光滑、粗糙物体的表面效果，如图 8-130 所示为其参数卷展栏。

如图 8-131 所示，为使用“多层”明暗器制作的材质效果，可以打开本书相关素材中的“工程文件 > CH8>Oren-Nayar-Blinn>Oren-Nayar-Blinn.max”文件，查看该文件中材质的参数设置。

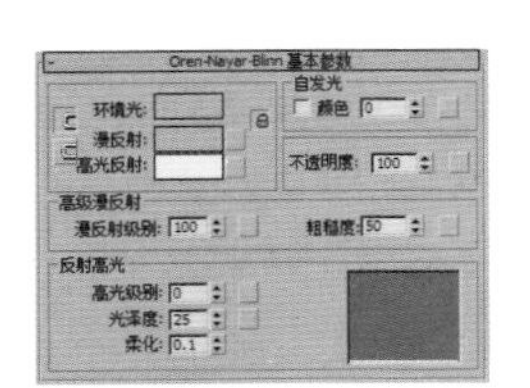

图 8-130

图 8-131

6.Strauss

Strauss 明暗器提供了一种金属感的表面效果，但比“金属”明暗器渲染属性更简洁，参数更简单，如图 8-132 所示为其参数卷展栏。

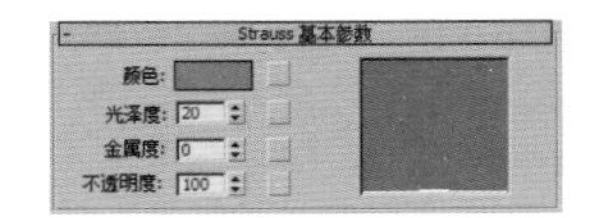

图 8-132

7. 半透明

“半透明”明暗器与 Blinn 明暗器类似，它最大的特点在于能够设置半透明的效果。赋予半透明材质的对象允许光线从其内部穿过，并在对象内部使光线散射，该明暗器常用于制作毛玻璃、蜡烛、厚重的冰块、带有色彩的液体等，如图 8-133 所示为其参数卷展栏。

如图 8-134 所示为使用“半透明明暗器”制作的材质效果，可以打开本书相关素材中的“工程文件 > CH8> 半透明 > 半透明 .max”文件，查看该文件中材质的参数设置。

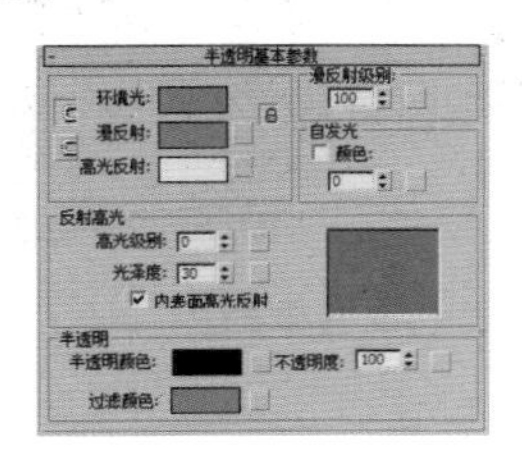

图 8-133

图 8-134

实例操作：制作玉石材质

实例：制作玉石材质

实例位置：工程文件 >CH08> 玉石材质 .max

视频位置：视频文件 >CH08> 实例：制作玉石材质 .mp4

实用指数：★★★☆☆

技术掌握：熟练使用“半透明明暗器”来制作玉石、塑料等物体的材质效果。

接下来，将指导读者制作一个玉石的材质，通过本例的制作，巩固上一节所学的知识，如图 8-135 所示为本实例最终完成效果。

图 8-135

01 打开本书相关素材中的“工程文件 >CH8> 玉石 > 玉石 .max”文件，该场景中已经为模型指定了基础材质，如图 8-136 所示。

图 8-136

02 打开材质编辑器，选择第一个材质球，在“明暗器基本参数”卷展栏中设置明暗器类型为“半透明明暗器”，然后在“半透明基本参数”卷展栏下，设置“漫反射”和“半透明颜色”均为（红：20，绿：130，蓝：0），“自发光”为 40，“高光级别”为 110，“光泽度”为 70，设置完成后渲染场景，如图 8-137 和图 8-138 所示。

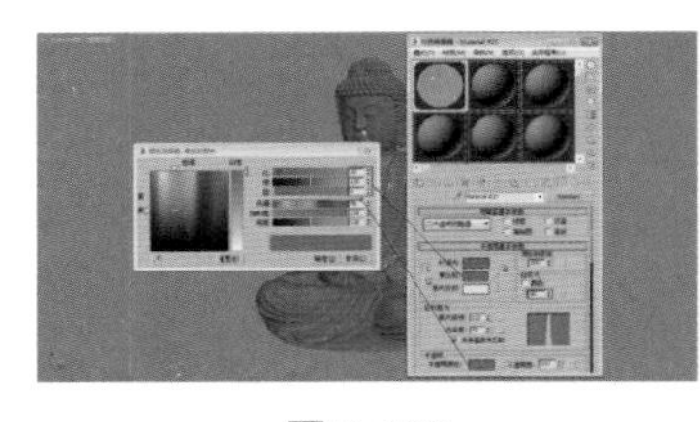

图 8-137

图 8-138

03 在下方的“贴图”卷展栏里，单击“反射”右侧的“无”按钮 无 ，在弹出的“材质 / 贴图浏览器”对话框中选择“衰减”贴图，如图 8-139 所示。

04 在“衰减参数”卷展栏中，单击白色色块右侧的“无”按钮 无 ，在弹出的“材质 / 贴图浏览器”对话框中选择“光线跟踪”贴图，如图 8-140 所示。

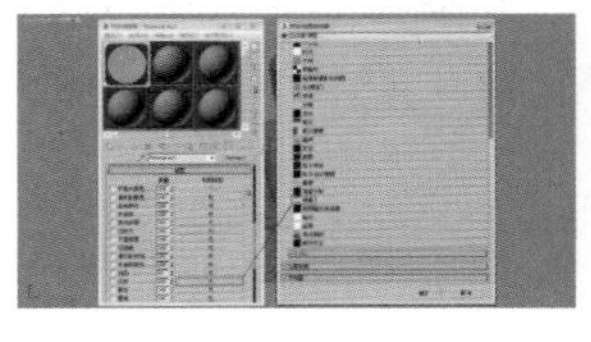

图 8-139

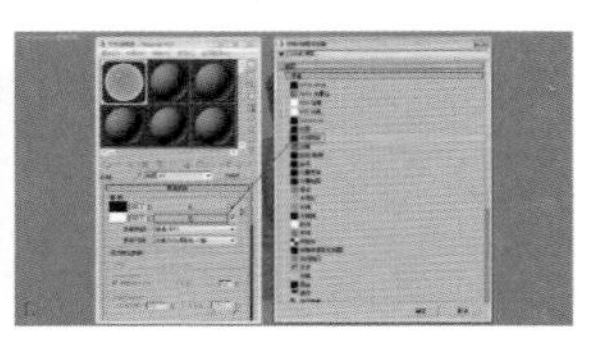

图 8-140

05 单击材质编辑器工具栏中的“转到父对象”按钮，回到材质层级，设置“反射”贴图通道的“数量”为70，如图 8-141 所示。

06 至此，玉石材质设置完毕，渲染场景，最终效果如图 8-142 所示。

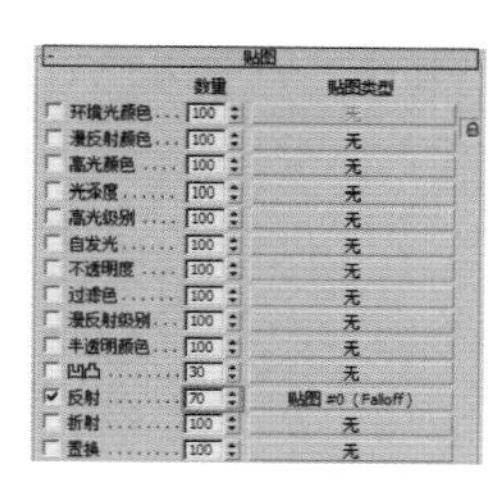

图 8-141

图 8-142

8.3.4　超级采样

“标准”“光线跟踪”和“建筑”类型的材质都拥有“超级采样”卷展栏，它的作用是在材质上执行一个附加的抗锯齿过滤，此操作虽然要花费更多的渲染时间，却可以提高图像的质量。在渲染非常平滑的反射高光、精细的凹凸贴图以及高分辨率图片时，超级采样特别有用，如图 8-143 所示为超级采样的原理。

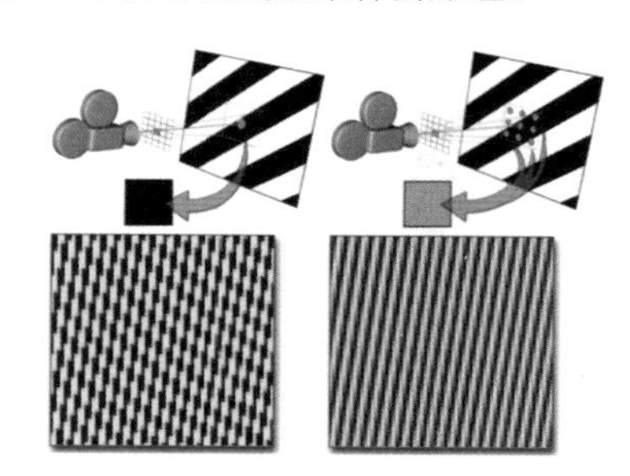

图 8-143

如图 8-143 所示，在渲染时，某个单独的渲染像素代表场景物体的某一区域，当它们出现在物体的边缘或特定的颜色区域，也就是需要进行抗锯齿处理的地方，超级采样命令会在每个像素内或是它们周围采集额外的几何体颜色，然后对每一个渲染像素的颜色进行“最佳猜想”，从而得到更为准确的像素颜色，从而避免锯齿，最后将计算结果传递给渲染器进行最终的抗锯齿处理。如果不使用超级采样，软件只查看物体中心部分的像素信息，并依照它分配全部像素的颜色。

默认在材质的“超级采样”卷展栏中，选中了“使用全局设置”复选框，意思是使用全局的抗锯齿设置，如图 8-144 所示。

全局的抗锯齿设置，在“渲染”面板的“光线跟踪器”选项卡中，默认是不开启的，如图 8-145 所示。

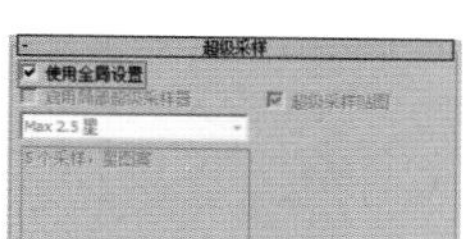

图 8-144

图 8-145

选中“启用”复选框后，将会开启全局的抗锯齿设置，在右侧的抗锯齿类型的下拉列表中，共有两种类型，分别为“快速自适应抗锯齿器”和“多分辨率自适应抗锯齿器”，选中不同的抗锯齿类型后，单击下拉列表右侧的“抗锯齿器参数”按钮，可以打开对应的抗锯齿器的设置面板，如图 8-146 ～图 8-148 所示。

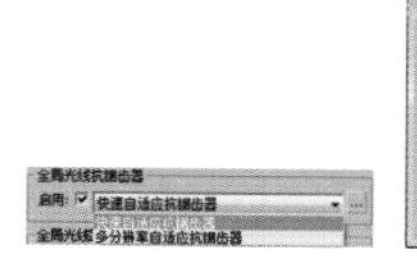

图 8-146

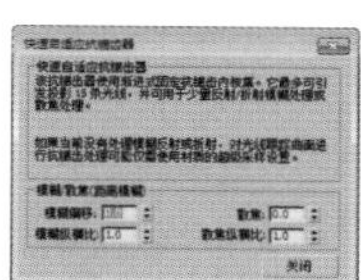

图 8-147

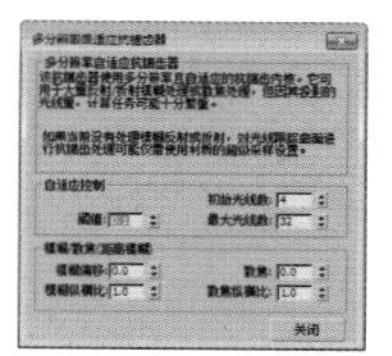

图 8-148

技巧与提示：

如果开启全局的抗锯齿设置，那么场景中所有赋予了具有抗锯齿功能材质的物体都会进行抗锯齿处理，但这在很多时候是没必要的，例如场景中的一些不重要的物体（不是焦点物体），就完全没必要对它进行抗锯齿处理，所以一般情况下不开启全局的抗锯齿设置，只对需要进行抗锯齿处理的物体开启其自身的抗锯齿设置。

下面将通过一个实例，介绍有关材质中“超级采样”卷展栏的一些参数设置方法。

01 打开本书相关素材中的“工程文件 >CH8> 超级采样 > 超级采样 .max”文件，该文件中为书的封面指定了一个标准材质，并在材质的“凹凸”通道上指定了一张位图，用来产生模型上的凹凸效果，如图 8-149 所示。

02 渲染图像可以看到，在没有开启材质的“超级采样”设置时，物体的凹凸效果并不理想，如图 8-150 所示。

图 8-149

图 8-150

03 按 M 键打开材质编辑器，选择第一个示例窗，在“超级采样”卷展栏中取消选中“使用全局设置”复选框，然后选中下方的“启用局部超级采样器”复选框，这样即可开启材质自身的超级采样功能，如图 8-151 所示。

04 在下方的采样器列表中，共有 4 种类型的采样器，默认选择的是“Max 2.5 星”，如图 8-152 所示。

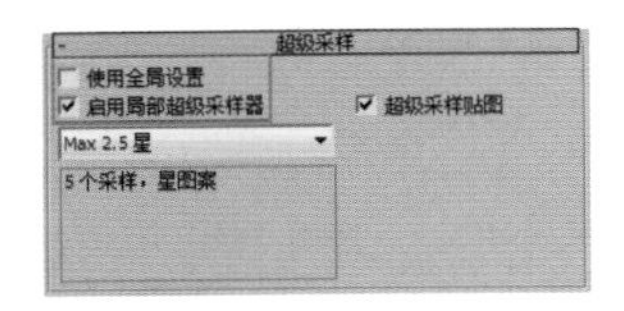

图 8-151

图 8-152

05 “Max 2.5 星”采样器没有任何的参数，它的采样方式类似骰子中的“5 点”图案，会在一个采样点的周围平均环绕着 4 个采样点；Hammersley 采样器中只有一个“质量”参数可调，通过调节该值，可以设置采样的品质，数值从 0 到 1。“自适应 Halton”和“自适应均匀”采样器会增加一个“自适应”选项，通过调节选项下方的“阈值”，可以让颜色变化超过阈值设置的范围时，依照“质量”参数的设置情况进行全部采样计算；而当颜色变化在阈值范围内时，则会适当减少采样的计算，从而节省渲染时间。如图 8-153 所示，对参数进行设置，完毕后渲染场景，会发现物体的凹凸效果要好很多，如图 8-154 所示。

图 8-153

图 8-154

技巧与提示：

通常分隔均匀的采样方式（Max 2.5 星和自适应均匀），比非均匀分隔的采样方式（Hammersley 和自适应 Halton）的抗锯齿效果更好。

8.3.5 贴图通道

在材质编辑器的“贴图”卷展栏中，可以为材质设置贴图，总共可以设置 17 种贴图方式，不同的明暗器类型，在“贴图”卷展栏中的通道数目也不相同。在不同的贴图通道设置各种贴图内容，可以在物体不同的区域产生不同的贴图效果。

下面通过一个实例来对贴图通道的操作方法进行介绍。

01 打开材质编辑器，选择一个示例窗，在材质编辑器下方的“贴图”卷展栏中，单击“漫反射颜色”贴图通道右侧的按钮，可以打开“材质 / 贴图浏览器”对话框，在其中选择“棋盘格”贴图，如图 8-155 所示。“材质 / 贴图浏览器”对话框提供了 30 多种贴图类型，都可以应用在不同的贴图通道上。

02 选择“棋盘格”贴图类型后，会自动进入该贴图设置层级中，在这里可以对相应的参数进行设置，如图 8-156 所示。

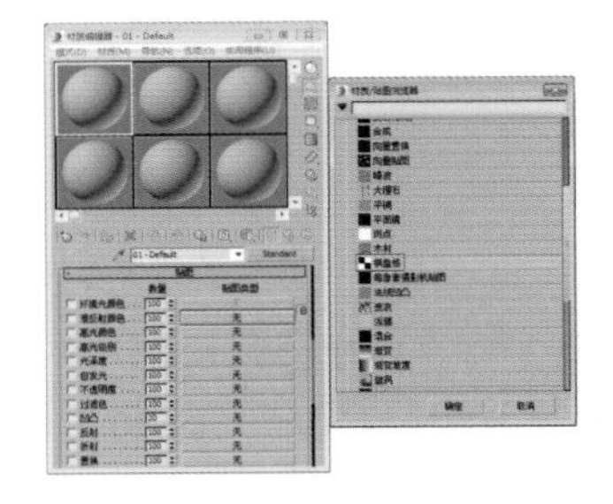

图 8-155

图 8-156

03 单击“转到父对象”按钮，可以返回到贴图通道设置层级，此时“漫反射颜色”贴图通道右侧的按钮上会显示出贴图类型的名称，同时贴图通道左侧的复选框会自动选中，表示当前贴图通道处于使用状态，如果取消选中贴图通道左侧的复选框，会关闭该贴图方式对场景物体的影响，但其内部的设置不会丢失，如图 8-157 所示。

图 8-157

技巧与提示：

在“Blinn 基本参数”卷展栏中，“漫反射”色块右侧的小按钮上，会出现一个大写的“M”字样，表示此通道已经指定了贴图，以后单击这个小按钮可以快速进入该贴图层级。如果取消选中“贴图”卷展栏中“漫反射颜色”左侧的复选框，那么这个小按钮上的字样将变为小写的“m”，表示该项目的贴图目前是未启用状态，如图 8-158 所示。

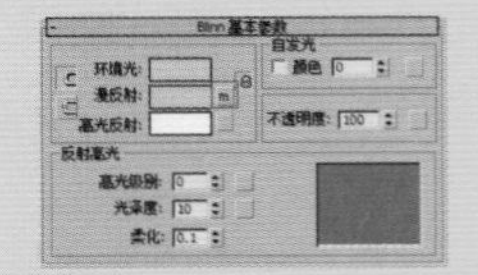

图 8-158

04 在每个贴图通道名称的后面有一个“数量”参数栏，该参数栏用于控制使用贴图的程度，例如将“漫反射颜色”贴图通道中的“数量”设置为 50 时，将会以 50% 的“棋盘格”贴图与 50% 的“漫反射”颜色进行混合来显示材质的效果，如图 8-159 所示。

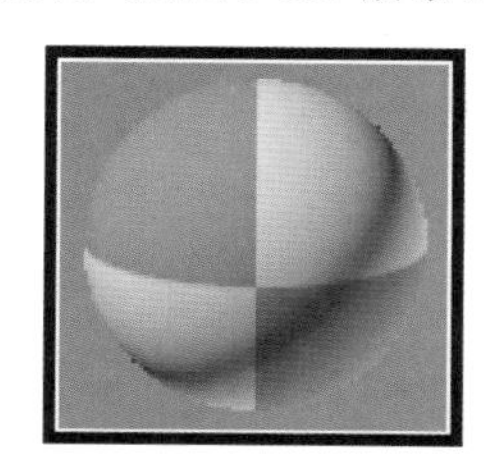

图 8-159

05 通过拖曳操作，可以将两个贴图通道进行交换或者复制，如图 8-160 和图 8-161 所示。

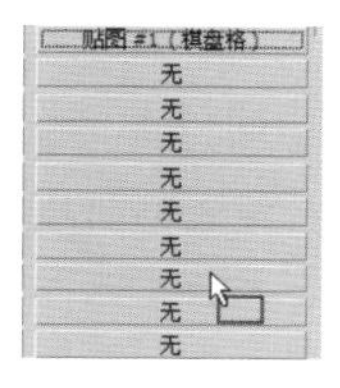

图 8-160

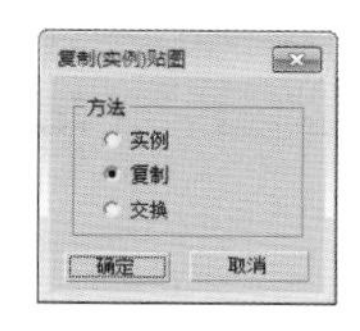

图 8-161

1. “环境光颜色”贴图通道

“环境光颜色”贴图通道可以为物体的阴影区指定贴图。默认时它与“漫反射颜色”贴图锁定，该贴图一般不单独使用，它与“漫反射颜色”贴图联合使用，以表现最佳的贴图纹理。需要注意的是，只有在环境光的颜色设置高于默认的黑色时，阴影色贴图才可见，如图 8-162 所示。如图 8-163 所示为物体指定“环境光颜色”贴图后的效果。

图 8-162

图 8-163

2. “漫反射颜色”贴图通道

“漫反射颜色”贴图通道主要用于表现材质的纹理效果，就好像在物体表面用油漆绘画一样，例如为墙壁指定砖墙的纹理图案，即可产生砖墙的效果。该类型的贴图是 3ds Max 中最常用的贴图，如图 8-164 所示为对物体指定“漫反射颜色”贴图后的效果。

图 8-164

3. “高光颜色”贴图通道

“高光颜色”贴图通道是在物体的高光处显示出贴图的效果，它的其他效果与“漫反射”相同，只是仅显示在高光区域中。对于“金属”明暗器它会自动禁用，由于金属强烈的反射，所以高光区不会出现图像。该贴图方式主要用于制作一些特殊的高光反射效果，与“高光级别”和“光泽度”贴图不同的是，它只改变颜色，而不改变高光区的强度和面积，如图 8-165 所示为对物体指定“高光颜色”贴图的效果。

图 8-165

4. “高光级别”贴图通道

“高光级别”贴图通道主要通过位图或程序贴图来改变物体高光部分的强度。贴图中白色的像素产生完全的高光区域，而黑色的像素则将高光部分彻底移除，处于两者之间的颜色会不同程度地削弱高光强度。通常情况下，为达到最佳的效果，会为“高光级别”和“光泽度”使用相同的贴图。如图 8-166 所示为设置“高光级别”贴图的模型效果，海洋比陆地的反光效果要强。

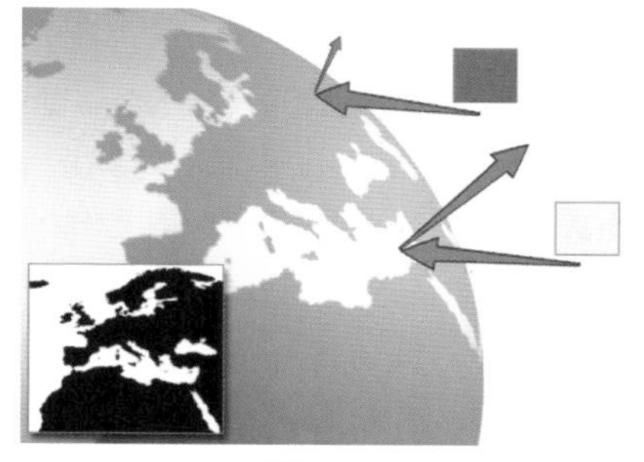

图 8-166

5. “光泽度”贴图通道

“光泽度”贴图通道主要通过位图或程序贴图来影响高光出现的位置。根据贴图颜色的强度决定整个表面上哪个部分更有光泽。贴图中黑色的像素产生完全的光泽，白色的像素则将光泽度彻底移除，两者之间的颜色不同程度地减少高光区域的面积。如图 8-167 所示为使用“光泽度”贴图的效果，只让海洋部分产生光泽。

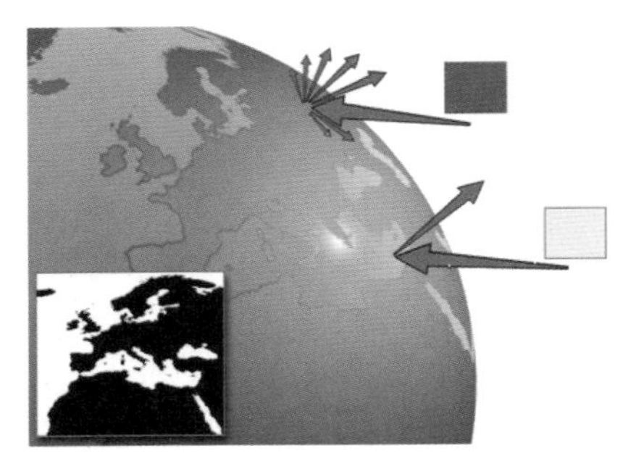

图 8-167

6. “自发光”贴图通道

“自发光”贴图通道可以将贴图图案以一种自发光的形式贴在物体表面，图像中纯黑色的区域不会对材质产生任何影响，其他颜色区域将会根据自身的灰度值产生不同的发光效果。完全自发光的区域意味着该区域不受场景中灯光和投影的影响，如图 8-168 所示为设置“自发光”贴图的效果。

图 8-168

7. “不透明度”贴图通道

“不透明度”贴图通道利用图像的明暗度在物体表面产生透明的效果，纯黑色的区域完全透明，纯白色的区域完全不透明，这是一种非常重要的贴图方式。这种技巧也常被利用制作一些遮挡物体，例如将一个人物的彩色图转化为黑白的剪影图，然后将彩色图用作“漫反射颜色”贴图，而剪影图用作“不透明”贴图，在三维空间中将它指定给一个“平面”物体，从而产生一个立体的镂空人像，将它放置于室内外建筑的地面上，可以产生真实的反射与投影效果，这种方法在建筑效果图中应用非常广泛，如图 8-169 所示为应用“不透明度”贴图产生的镂空效果。

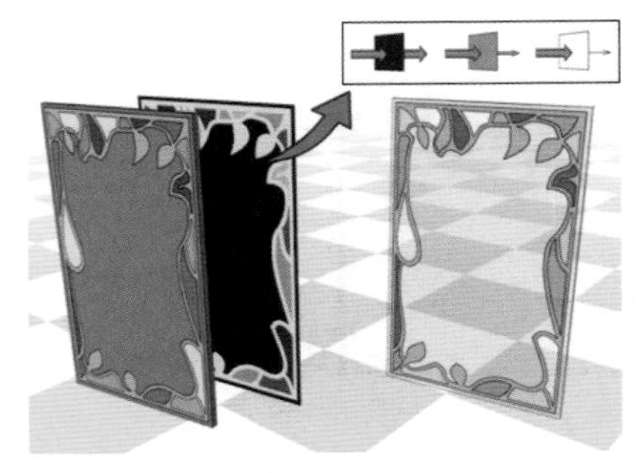

图 8-169

8. “过滤色”贴图通道

“过滤色”贴图通道用于定义透明材质与背景的过滤方式，通过贴图在过滤色表面进行染色，可以制作出具有彩色花纹的玻璃材质，它的特点是体积光穿过透明物体或使用灯光中的“光线跟踪”类型的投影时，可以产生贴图滤过的光柱效果。如图 8-170 所示，为设置“过滤色”贴图后的效果。

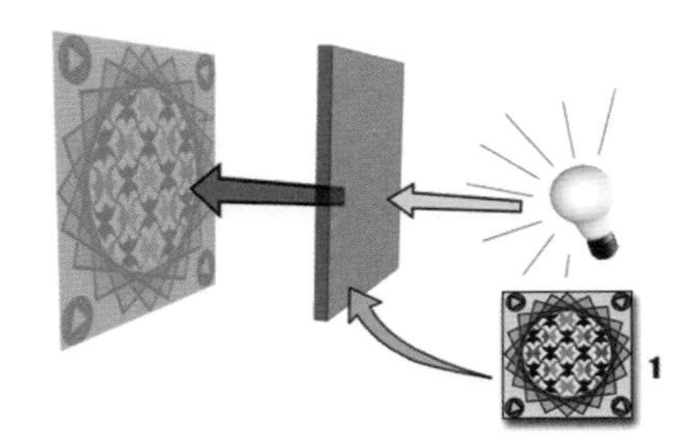

图 8-170

9. “凹凸”贴图通道

“凹凸”贴图通道可以通过贴图的明暗强度来影响材质表面的光滑程度，从而产生凹凸的表面效果，图像中白色区域产生凸起，黑色区域产生凹陷。使用“凹凸”贴图的优点是渲染速度快，在创建一些浮雕、砖墙或石板路时，它可以产生比较真实的效果，不过“凹凸”贴图也有缺陷，这种凹凸材质的凹凸部分不会产生投影效果，在物体边界上看不到真正的凹凸，如果凹凸物体离镜头很近，并且要表现出明显的投影效果时，应当使用建模技术来实现。如图 8-171 所示为使用“凹凸”贴图产生的效果。

图 8-171

10.“反射”贴图通道

“反射”贴图通道可以为材质定义反射效果，是一种很重要贴图方式，要想制作出光洁亮丽的反射质感，就必须熟练掌握反射贴图的使用方法。在 3ds Max 中一般用两种方式来表现物体的反射效果。

第一种是使用“假反射”的方式，就是在“反射”贴图通道指定一张位图或程序贴图作为反射贴图，这种方式的最大优点是渲染速度非常快，缺点是不真实，因为这种贴图方式不会真实地反射周围的环境，但如果贴图图案设置合理，也能够很好地模拟铬合金、玻璃、金属等材质效果。例如栏目包装中亮闪的金属字，反正也看清反射的内容，只要亮闪闪的即可了，如图 8-172 所示为使用“假反射”的方式制作的材质效果。

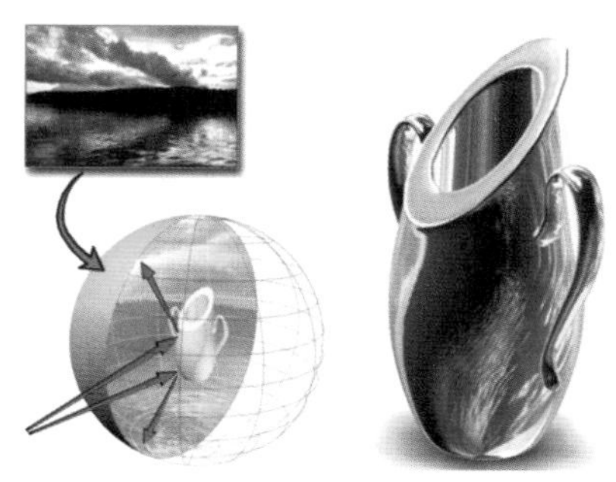
图 8-172

另一种是使用真实的反射，最常用的是在“反射”贴图通道指定“光线跟踪”贴图，“光线跟踪”贴图的工作原理是由物体的中央向周围观察，并将看到的部分贴到物体的表面。该贴图方式可以模拟真实的反射，计算的结果最接近真实效果，但也是最花费时间的一种方式。贴图的强度值控制反射图像的清晰程度，值越高，反射也越强烈，默认的强度值与大部分贴图设置一样为 100，不过对于大多数材质表面，降低强度值反而能获得更为真实的效果。例如一张光滑的桌子表面，首先要体现出的是其木质纹理，其次才是反射效果，所以在保证“漫反射颜色”贴图的“数量”为 100 的同时轻微加一些反射效果，可以制作出非常真实的场景，如图 8-173 所示为使用真实的“光线跟踪”贴图制作的材质效果。

图 8-173

11.“折射”贴图通道

“折射”贴图通道可以制作出材质的折射效果，常用于模拟空气、玻璃和水等介质的折射效果。为达到真实的折射效果，通常在“折射”贴图通道中也指定“光线跟踪”贴图方式。在设置了折射贴图后，材质将会变成透明状态，“扩展参数”卷展栏中的“折射率”参数专门用于调节对象的折射率，值为 1 时代表真空（空气）的折射率，将不会产生折射效果；大于 1 时为凸起的折射效果，多用于表现玻璃；小于 1 时为凹陷的折射效果，常用于表现水底的气泡效果。默认设置为 1.5（标准的玻璃折射率）。如图 8-174 所示为物体设置“折射”贴图后的效果。

图 8-174

12.“置换”贴图通道

在“置换”贴图通道中设置贴图后，模型会根据贴图图案的灰度分布情况对几何体表面进行置换，较浅的颜色比较深的颜色突出。与“凹凸”贴图不同的是，置换贴图是真正的改变模型的物理结构，实现真正的凹凸效果，因此置换贴图的计算量很大，所以使用它可能要牺牲大量的内存和渲染时间。如图 8-175 所示为使用置换贴图的效果。

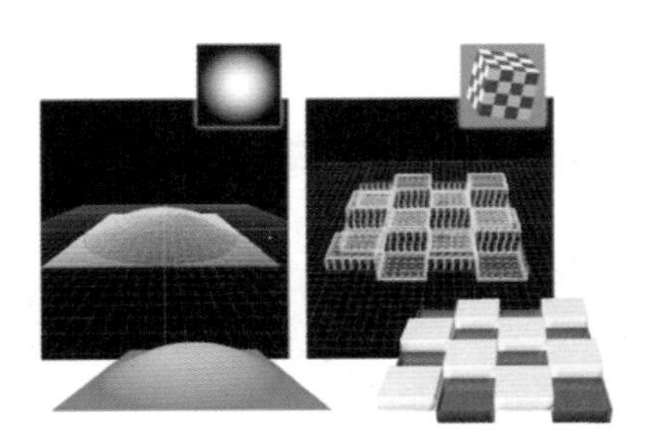

图 8-175

实例操作：制作金属材质

实例：制作金属材质

实例位置：　工程文件 >CH08> 金属材质 .max

视频位置：　视频文件 >CH08> 实例：制作金属材质 .mp4

实用指数：　★★★☆☆

技术掌握：　熟练使用各种贴图通道来制作模型的材质贴图效果。

接下来，将通过一个实例，指导读者使用各个不同的贴图来制作一个金属材质效果，通过本例的制作，使读者对贴图通道的用法有一个更深入的了解，如图 8-176 所示为本例的最终完成效果。

图 8-176

01 打开本书相关素材中的“工程文件 >CH8> 金属材质 > 金属材质 .max”文件，该场景中已经为模型指定了基础材质，如图 8-177 所示。

图 8-177

02 打开材质编辑器，选择第一个材质球，在“明暗器基本参数”卷展栏中设置明暗器类型为“各向异性”，然后在“各向异性基本参数”卷展栏下，设置“漫反射级别”为 50，“高光级别”为 100，“光泽度”为 50，设置完成后渲染场景，如图 8-178 和图 8-179 所示。

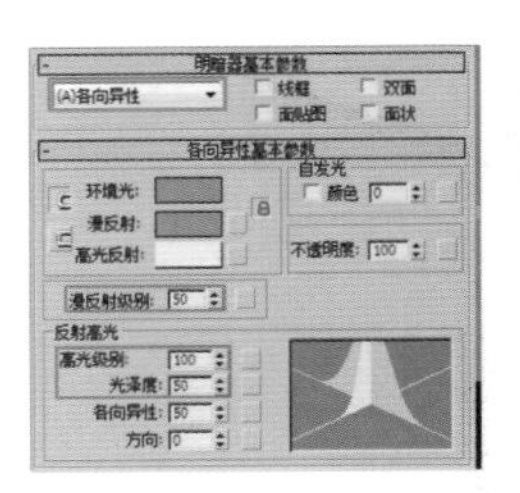

图 8-178

图 8-179

03 在“贴图”卷展栏中，为“漫反射颜色”贴图通道指定一张位图，并设置贴图 U 向和 V 向的“瓷砖”为 2，如图 8-180 和图 8-181 所示。

图 8-180

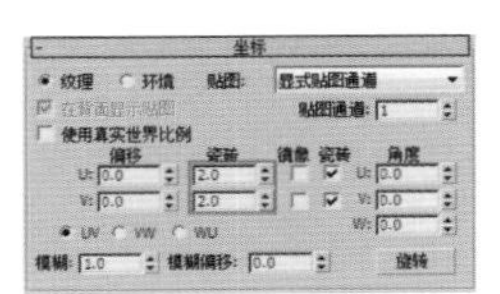

图 8-181

04 将该位图复制到“光泽度”和“凹凸”贴图通道，完成后渲染场景，如图 8-182 和图 8-183 所示。

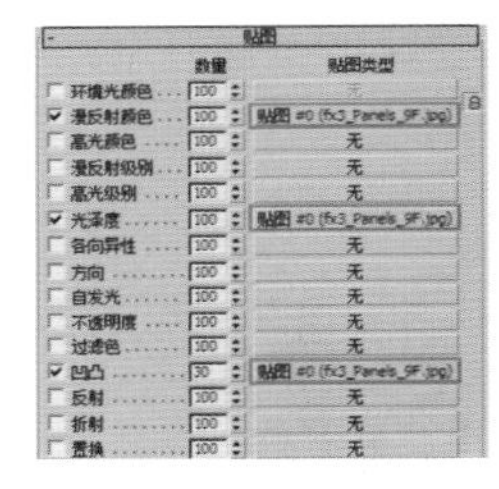

图 8-182

图 8-183

05 为“自发光”贴图通道指定一个“衰减”贴图，并设置“衰减”贴图的“侧”颜色为（红：210，绿：195，蓝：175），然后在“混合曲线”卷展栏中调节曲线，如图 8-184~图 8-186 所示。

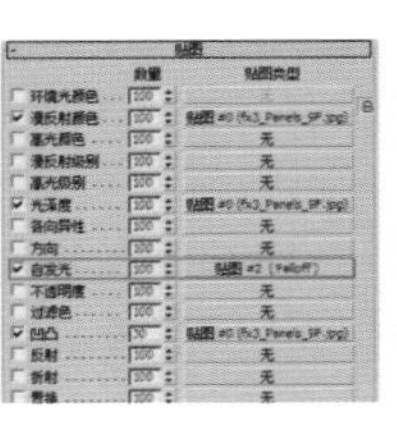

图 8-184

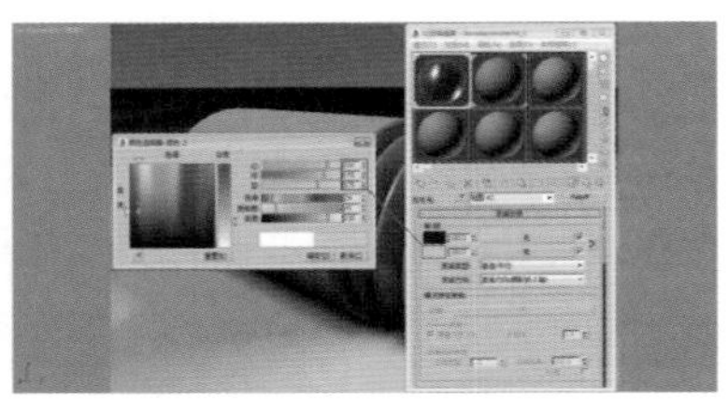

图 8-185

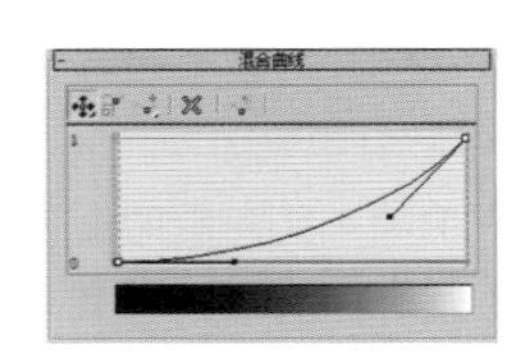

图 8-186

06 回到材质层级，在“各向异性基本参数”卷展栏中，选中“颜色”复选框，完成后渲染场景，如图 8-187 和图 8-188 所示。

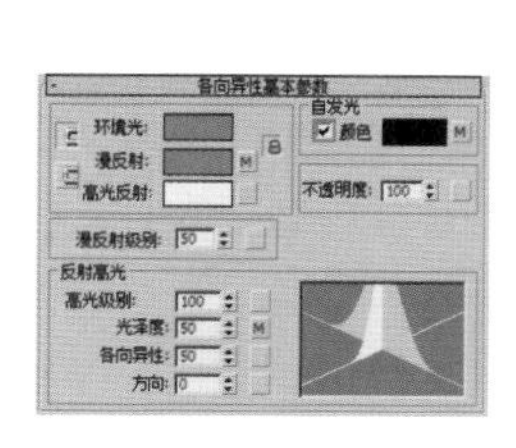

图 8-187

图 8-188

07 在“贴图”卷展栏中，为“反射”贴图通道指定一张位图，并在该位图的“坐标”卷展栏中，设置“模糊”值为 30，如图 8-189~ 图 8-191 所示。

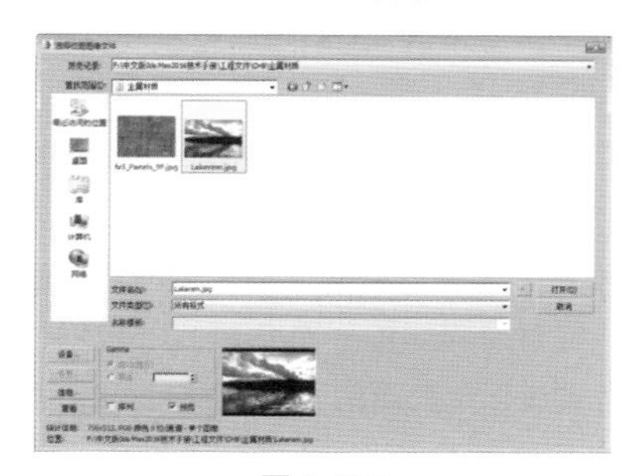

图 8-189

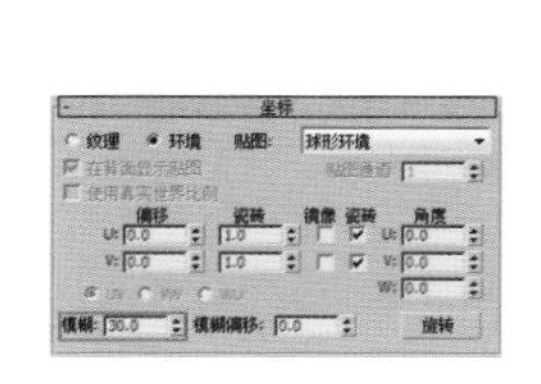

图 8-190

图 8-191

08 设置完毕后，渲染场景，可以看到物体接近地面的部位太亮，不符合现实中的实际情况。在“扩展参数”卷展栏中开启“反射暗淡”，并设置“暗淡级别”为 0.5，“反射级别”为 1，如图 8-192 和图 8-193 所示。

图 8-192

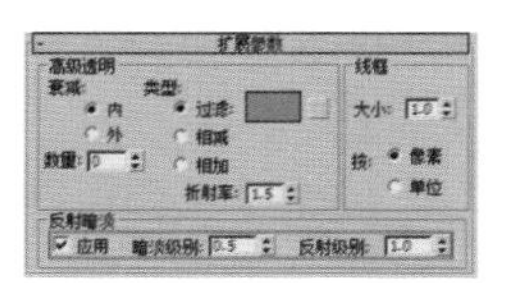

图 8-193

09 渲染场景，最终效果如图 8-194 所示。

图 8-194

8.4　材质类型

这 16 种类型的材质的使用差异很大，不同的材质有不同的用途。

✦ “标准”材质是默认的材质类型，该材质类型拥有大量的调节参数，适用于绝大部分模型材质的制作。

✦ “光线跟踪”材质可以创建完整的光线跟踪反射和折射效果，主要是加强反射和折射材质的表现能力，同时还提供了雾效、颜色密度、半透明、荧光等许多特效。

✦ “无光 / 投影”材质能够将物体转换为不可见物体，赋予了这种材质的物体本身不可以被渲染，但场景中的其他物体可以在其上产生投影效果，常用于将真实拍摄的素材与三维制作的素材进行合成。

✦ “高级照明覆盖”材质主要用于调整优化光能传递求解的效果，对于高级照明系统来说，这种材质不是必需的，但对于提高渲染效果却很重要。

✦ “建筑”材质设置真实自然界中物体的物理属性，因此在与“光度学灯光”和“光能传递”算法配合使用时，可产生具有精确照明水准的逼真渲染效果。

✦ Ink'n Paint（卡通）材质能够赋予物体二维卡通的渲染效果。

✦ “壳材质”专用于贴图烘焙的制作。

✦ DirectX Shader（DirectX 明暗器）材质可以对视图中的对象进行明暗处理。使用 DirectX 明暗处理，在视图中可以更精确地显示该材质在其他应用程序中或在其他硬件上（如游戏引擎）是如何显示的。

✦ “外部参照材质”能够在当前的场景文件中从外部参照某个应用于对象的材质。当在源文件中改变材质属性然后保存时，在包含外部参照的主文件中，材质的外观可能会发生变化。

其余几种材质属于混合材质。下面将介绍几种重要且常用的材质类型，由于“标准”材质在上一节介绍过，这里不再赘述。

8.4.1 “复合”材质

“混合”材质、“合成”材质、“双面”材质、“变形器”材质、“多维 / 子对象”材质、“虫漆”材质和“顶底”材质属于“复合”材质，“复合”材质的特点是可以通过各种方法将多个不同类型的材质组合在一起。

1.“混合”材质

“混合”材质可以将两种不同的材质融合在一起，根据不同的整合度，控制两种材质表现的强度，如图 8-195 所示为“混合”材质的参数面板。

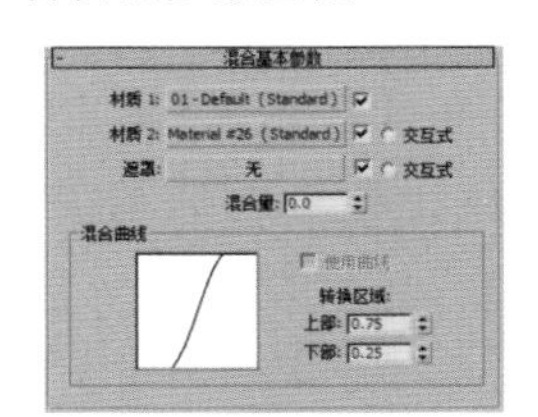

图 8-195

通过图 8-195 我们知道，可以通过下方的“混合量”参数将材质 1 和材质 2 进行混合，当“混合量”值为 0 时，将不进行混合，此时物体表面只显示材质 1 中的材质；当“混合量”值为 80 时，物体表面则只会显示材质 2 中的材质。如果将“混合量”的变化记录为动画，即可制作出材质的变形动画，如图 8-196 所示，通过“混合量”将“砖墙”与“泥灰”两种材质效果混合在一起。

还可以使用一张位图或程序贴图作为遮罩，利用遮罩图案的明暗度来决定两个材质的融合情况。遮罩贴图的黑色区域将会完全透出材质 1 的效果，遮罩贴图的白色区域则完全透出材质 2 的效果。如果所使用的遮罩贴图中有介于黑色和白色的灰色部分，那么介于两者之间的灰度区域，将按照图片自身的灰色强度对两种材质进行混合。如图 8-197 所示，为使用遮罩贴图对两个材质进行混合的效果。

图 8-196

图 8-197

当使用遮罩贴图的方式对两个材质进行混合时，下方“混合曲线”选项组中的“使用曲线”复选框变为可用状态。通过调节“上部”和“下部”两个参数来控制混合曲线，两值相近时，会产生清晰尖锐的融合边缘；两值差距较大时，会产生柔和、模糊的融合边缘。

2.“双面”材质

“双面”材质可以在物体的内表面和外表面分别指定两种不同的材质，并且可以控制它们的透明度，如图 8-198 所示为“双面”材质的参数面板。

“正面材质”设置物体外表面的材质，“背面材质”设置物体内表面的材质，“半透明”参数可以设置一个材质在另一个材质上显示出的百分比效果，如图 8-199 所示为使用“双面”材质的效果。

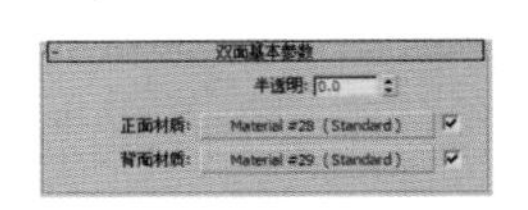

图 8-198

图 8-199

3.“多维 / 子对象”材质

“多维 / 子对象”材质可以将多个材质组合为一种复合材质，将材质指定给一个物体或一组物体后，根据物体在子对象级别选择面的 ID 号进行材质分配，每个子材质层级都是独立存在的，如图 8-200 所示为“多维 / 子对象”材质的参数面板。

“多维 / 子对象基本参数”卷展栏中的 ID 号和在“编辑网格”“编辑面片”或“编辑多边形”编辑修改器中为对象指定的 ID 号是相互对应的，如图 8-201 所示为使用“多维 / 子对象”材质后的效果。

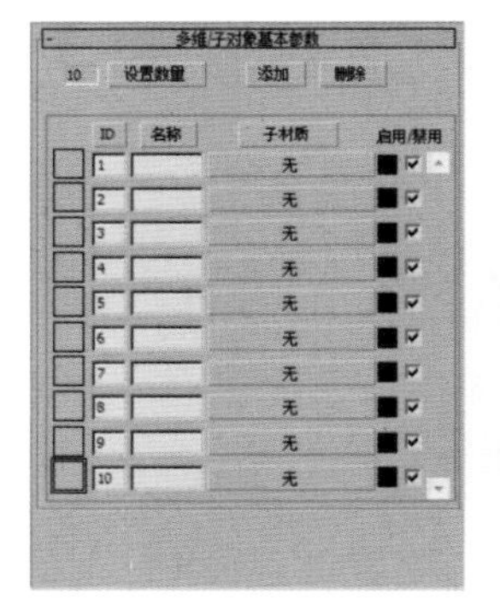

图 8-200

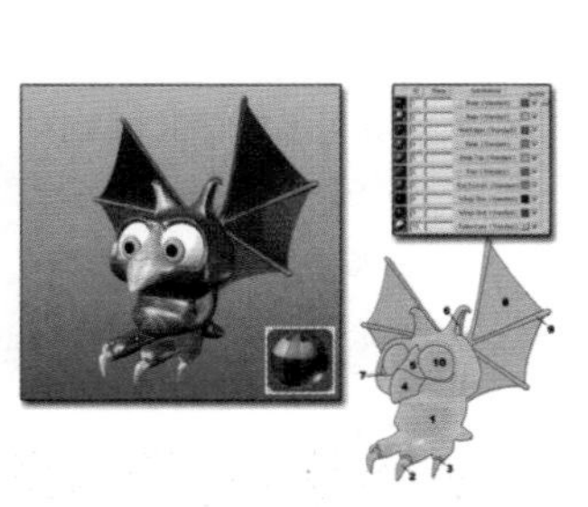

图 8-201

4.“虫漆”材质

“虫漆”材质是将一种材质叠加到另一种材质上的混合材质，其中叠加的材质称为“虫漆材质”，被叠加的材质称为“基础材质”，如图 8-202 所示为“虫漆”材质的参数面板。

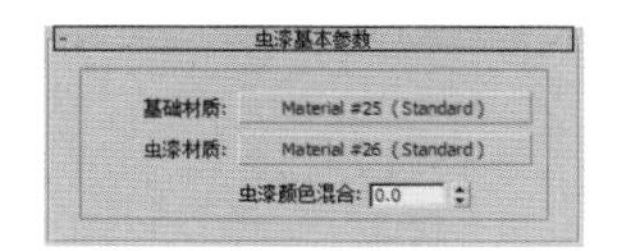

图 8-202

“虫漆材质”的颜色添加到“基础材质”上，通过“虫漆颜色混合”参数控制两种材质的混合程度，如图 8-203 所示为应用虫漆材质后的效果。

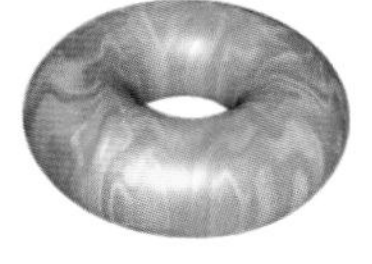

图 8-203

5.“顶底”材质

“顶底”材质可以为物体指定两种不同的材质，一个位于顶部，一个位于底部，中间交界处可以产生浸润效果，如图 8-204 所示为“顶底”材质的参数面板。

该材质类型可以根据场景“世界”坐标系统或对象的“局部”坐标系统来确定“顶”与“底”，对象的顶表面是法线指向上部的表面，底表面是法线指向下部的表面，“顶”与“底”之间的位置也是可以调整的，如图 8-205 所示为使用“顶底”材质后的效果。

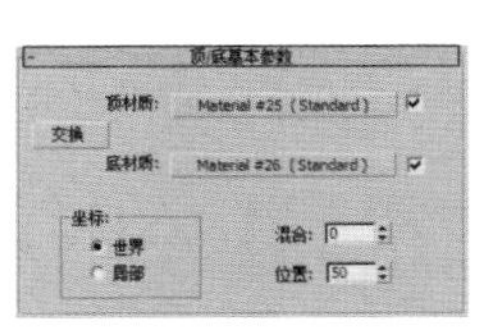
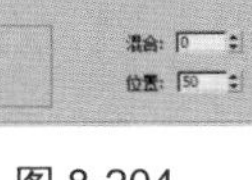

图 8-204 　　图 8-205

6.“合成”材质

“合成”材质最多可以将 8 种材质复合叠加在一起。通过控制增加不透明度、相减不透明度和基于数量这 3 种方式，来设置材质叠加的效果，如图 8-206 所示为“合成”材质的参数面板。

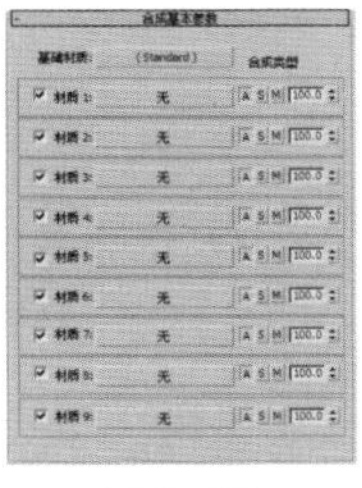

图 8-206

“合成”材质将会按照在卷展栏中列出的顺序，从上到下叠加材质。后面的 A、S、M 按钮，设置的是材质叠加的模式，A 表示此材质使用相加不透明度模式，材质中的颜色基于其不透明度进行汇总；S 表示该材质使用相减不透明度模式，材质中的颜色基于其不透明度进行相减；M 表示该材质根据“数量”值混合材质，颜色和不透明度将按照不使用遮罩的“混合”材质时的样式进行混合。

实例操作：制作“多维 / 子对象”材质

实例：制作“多维 / 子对象”材质

实例位置：　工程文件 >CH08> 多维 / 子对象材质 .max

视频位置：　视频文件 >CH08> 实例：制作“多维 / 子对象”材质 .mp4

实用指数：　★★★★☆

技术掌握：　熟练使用“多维 / 子对象”材质。

“多维 / 子对象”材质是一种非常常用的材质类型，在为单个模型添加“多维 / 子对象”材质时，首先需要设置对象各部分的材质 ID，然后根据设置的 ID 为对象指定材质，下面将通过一个实例讲解其具体的设置方法，如图 8-207 所示为本例的最终完成效果。

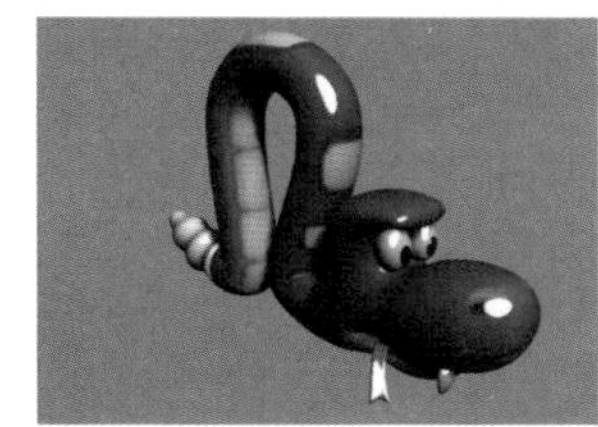

图 8-207

01 打开本书相关素材中的“工程文件 >CH8> 多维 / 子对象材质 > 多维 / 子对象材质 .max”文件，如图 8-208 所示。

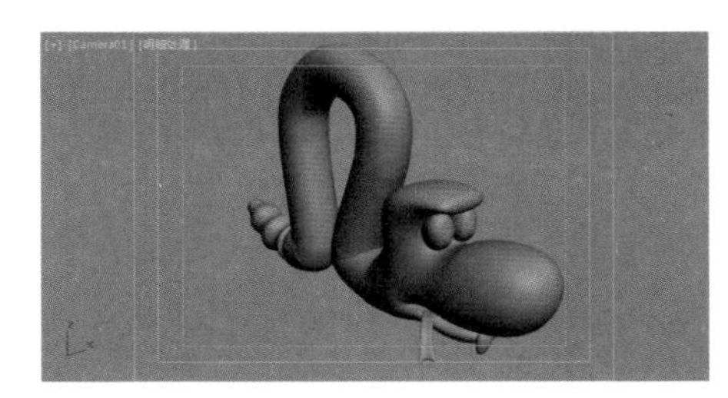

图 8-208

02 打开材质编辑器，选择第一个材质球，在材质编辑器工具栏上单击 Standard 按钮 Standard ，在弹出的“材质 / 贴图浏览器”对话框中选择“多维 / 子对象”材质，单击“确定”按钮后，会弹出“替换材质”对话框，如果选择“丢弃旧材质”单选按钮，会将原来的初始材质删除，这里选择该单选按钮，如图 8-209 和图 8-210 所示。

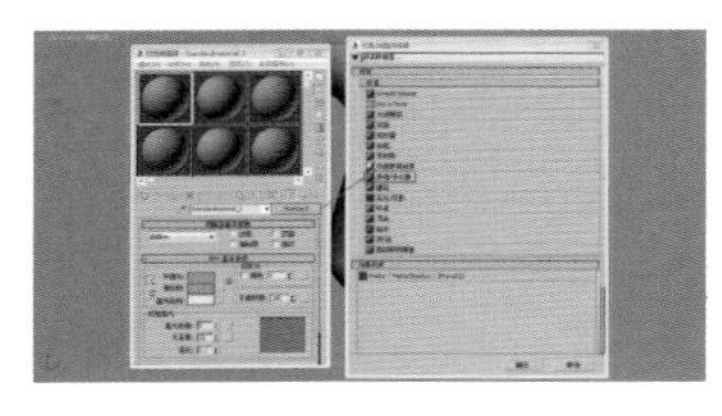

图 8-209

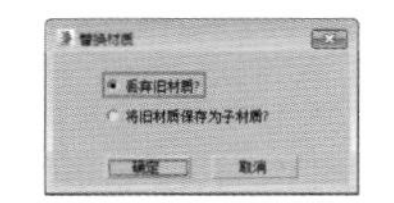

图 8-210

03 默认“多维 / 子对象”材质会有 8 个子材质，因为本例中已经为模型设置了 5 个 ID 号，所以单击“设置数量”按钮 设置数量 ，在弹出的“设置材质数量”对话框中设置材质的数量为 5，如图 8-211 所示。

04 单击材质 ID 号为 1 的子材质的“无”按钮 无 ，在弹出的“材质 / 贴图浏览器”对话框中选择 Ink’ Paint 材质，如图 8-212 所示。

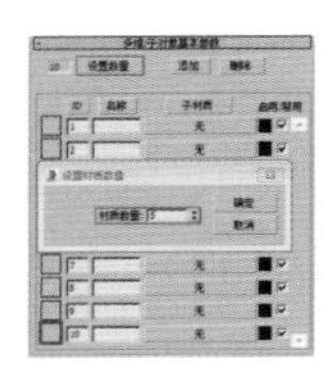

图 8-211

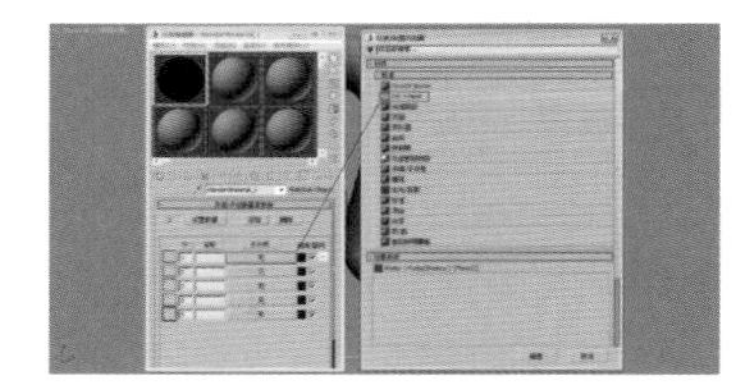

图 8-212

05 在场景中选择蛇物体，单击工具栏上的“将材质指定给选定对象”按钮，将材质赋予蛇物体，此时渲染场景，效果如图 8-213 所示。

06 在“绘制控制”卷展栏中，单击“亮区”右侧的“无”按钮 无 ，在弹出的“材质 / 贴图浏览器”对话框中选择“位图”，如图 8-214 所示。

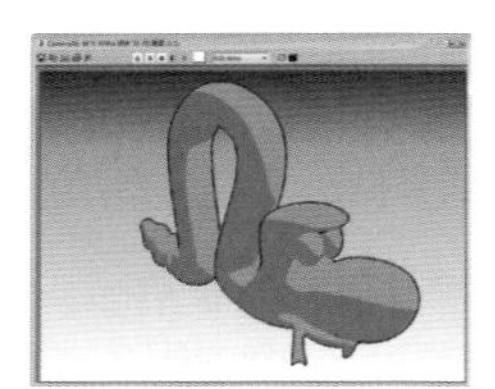

图 8-213

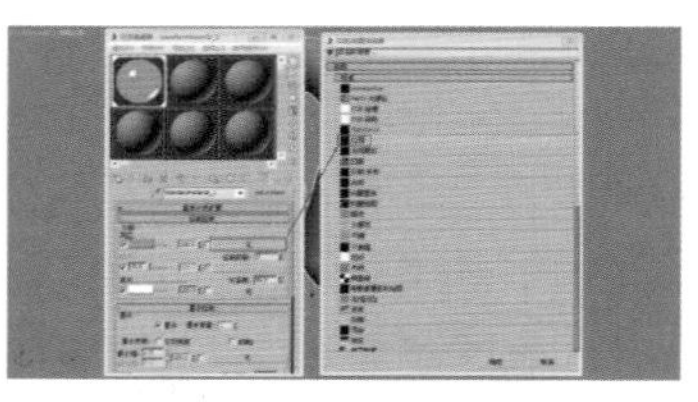

图 8-214

07 在弹出的“选择位图图像文件”对话框中，选择本书配套光盘中提供的“蛇贴图”文件，如图 8-215 所示。

08 在“坐标”卷展栏中，设置“贴图通道”为 2，如图 8-216 所示。

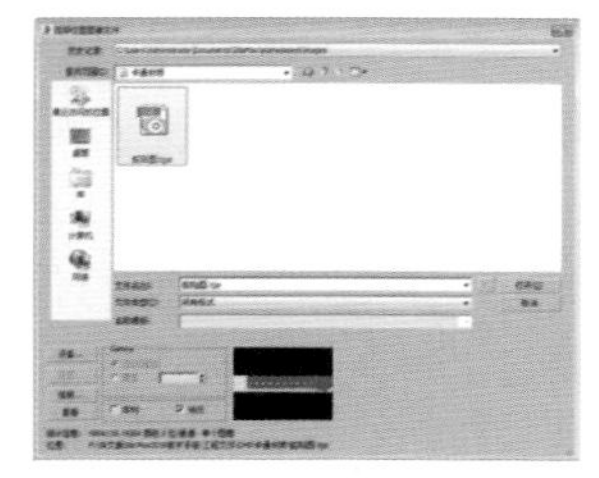

图 8-215

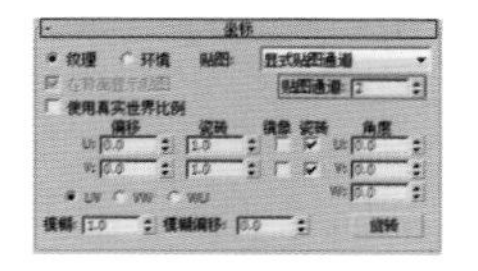

图 8-216

技巧与提示：

在本实例中，使用了一个“UVW 贴图”修改器来控制“蛇贴图”的分布方式，有关“UVW 贴图”的有关知识，可以参阅“8.5.5 UVW 贴图修改器”章节。

09 回到上一层级，在“绘制控制”卷展栏中，设置“暗区”为 75，“光泽度”为 65，然后选中“高光”复选框，如图 8-217 所示。

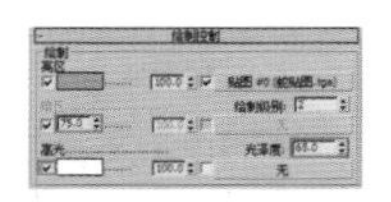

图 8-217

10 在“墨水控制”卷展栏中，设置“墨水质量”为 2，选中“可变宽度”复选框，然后设置“最小值”为 1，“最大值”为 2.5，设置完成后渲染场景，如图 8-218 和图 8-219 所示。

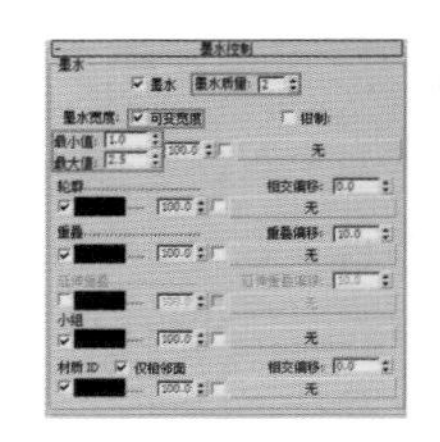

图 8-218

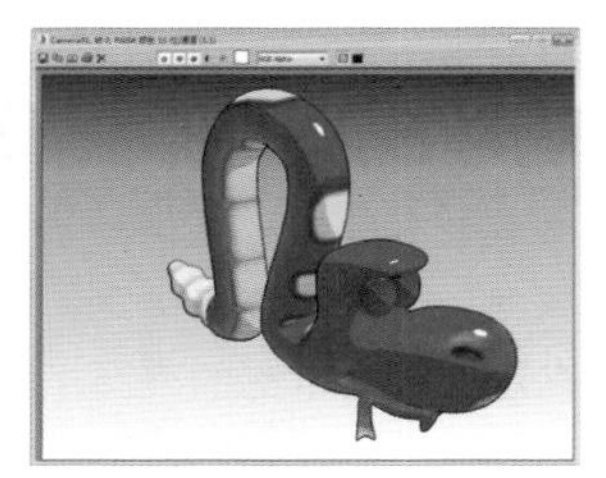

图 8-219

11 用同样的方法，将材质 ID 号为 2 的子材质也变成 Ink’ Paint 材质，在“绘制控制”卷展栏中，设置亮区的颜色为（红：190，绿：80，蓝：80），然后选中“高光”复选框，如图 8-220 所示。

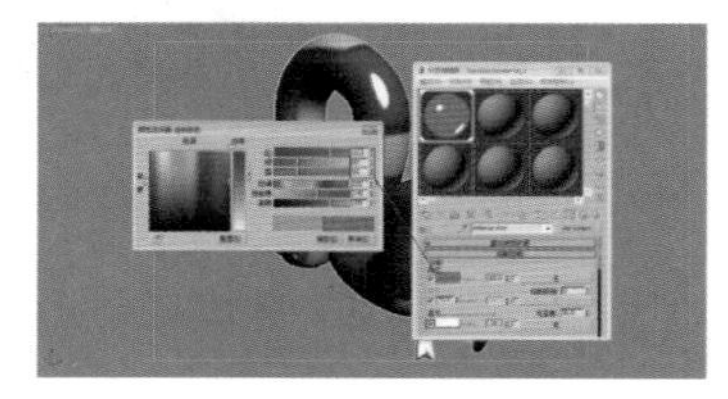

图 8-220

12 在“墨水控制”卷展栏中，选中“可变宽度”复选框，设置“最小值”为 0.5，“最大值”为 1.5，完成后渲染场景，如图 8-221 和图 8-222 所示。

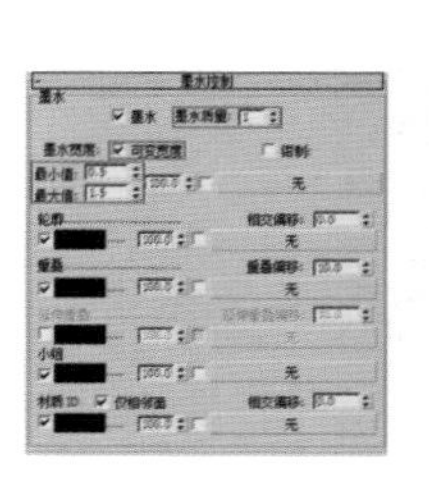

图 8-221

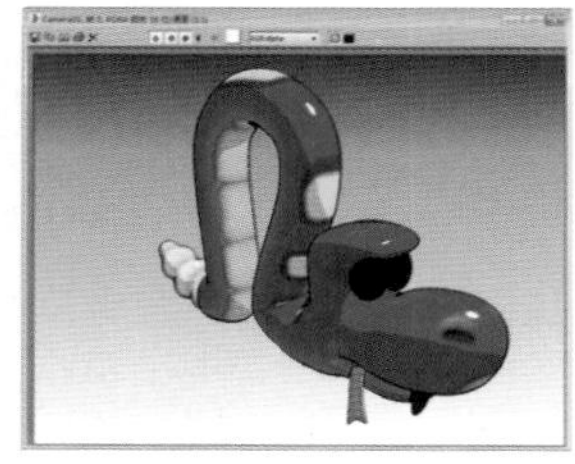

图 8-222

13 将 2 号材质用拖曳的方式复制到 3 号材质上，在弹出的“实例（副本）材质”对话框中，选择“复制”单选按钮，如图 8-223 所示。

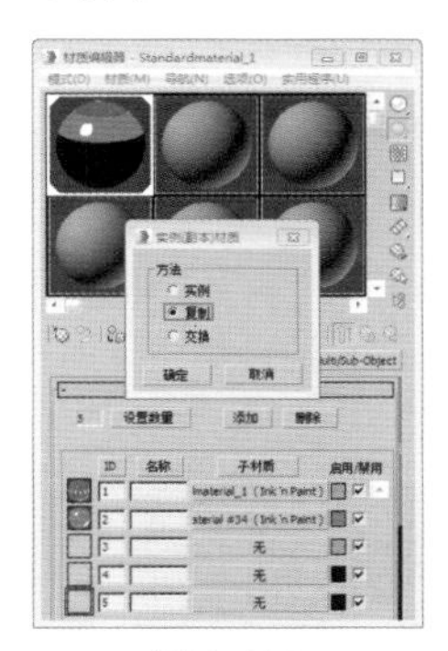

图 8-223

14 进入 3 号材质，设置“亮区”的颜色为（红：175，绿：175，蓝：175），完成后渲染场景，如图 8-224 和图 8-225 所示。

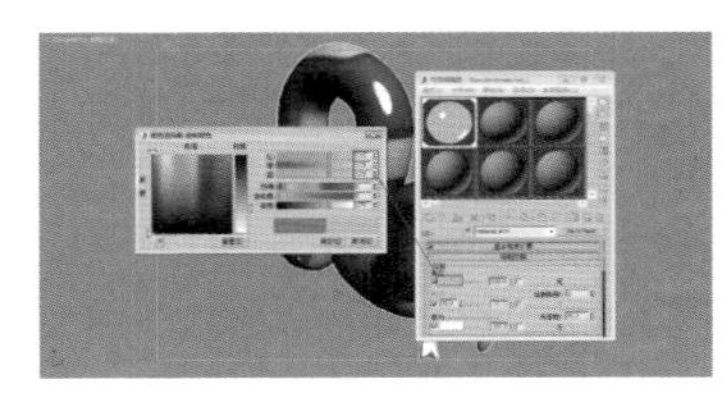

图 8-224

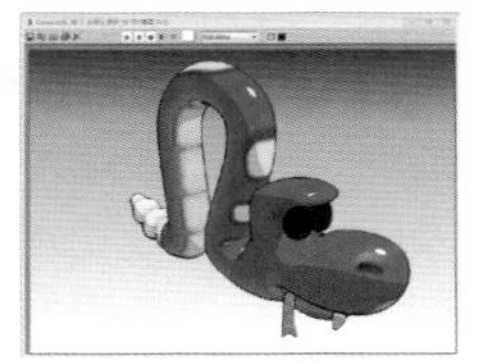

图 8-225

15 用同样的方法，将 3 号材质复制到 4 号和 5 号材质上，设置 4 号材质的“亮区”颜色为（红：0，绿：0，蓝：0），设置 5 号材质的“亮区”颜色为（红：28，绿：230，蓝：240），在“墨水控制”卷展栏中设置“墨水宽度”的“最小值”为 0.3，“最大值”为 0.5，并取消选中“重叠”“小组”“材质 ID”复选框，如图 8-226~ 图 8-228 所示。

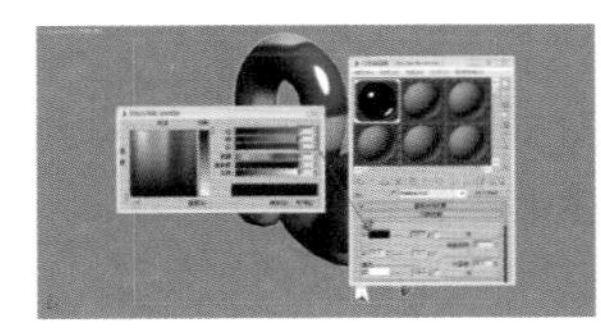

图 8-226

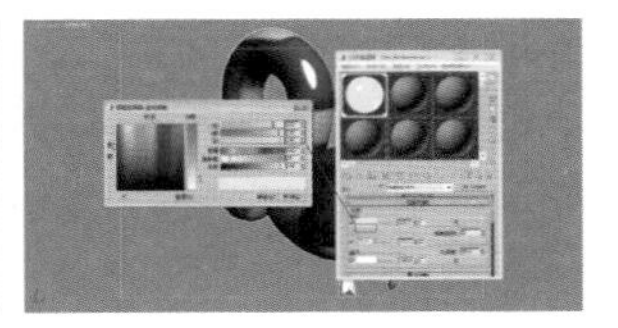

图 8-227

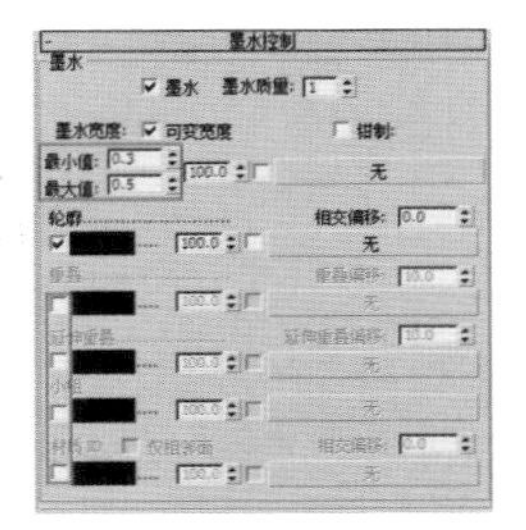

图 8-228

16 设置完成后渲染场景，最终效果如图 8-229 所示。

图 8-229

技巧与提示：

如果将“多维 / 子对象”材质赋予了一组物体后，选择单独的物体，在“修改”面板中为其添加“材质”修改器，通过设置其中的材质 ID 号，可以使多个物体共享一个“多维 / 子对象”材质，如图 8-230 所示。

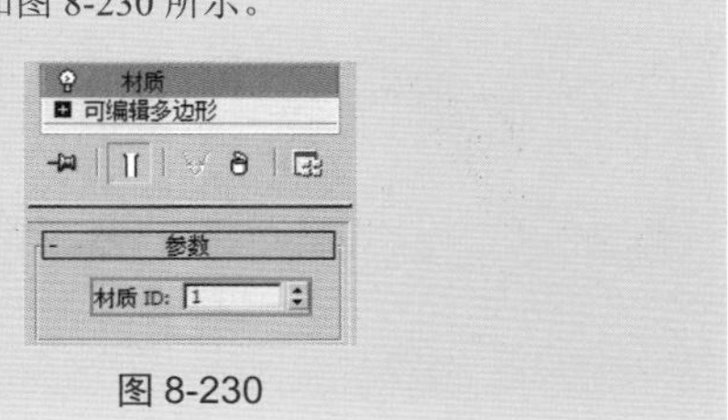

图 8-230

8.4.2　“光线跟踪”材质

“光线跟踪”材质是一种比“标准”材质更高级的材质类型，它不仅包括了“标准”材质具备的全部特性，还可以创建真实的反射和折射效果，并且支持雾、颜色浓度、半透明、荧光等其他特殊效果，如图 8-231 所示，为应用“光线跟踪”材质的球体模型。

虽然“光线跟踪”材质所产生的反射 / 折射效果非常好，但渲染速度也更慢。相比较“标准”材质，“光线跟踪”材质有更多的参数卷展栏和更多的控制项目，乍看起来很复杂，其实使用起来要比标准材质更简单，一般只需调节基本参数区中的设置即可产生真实、优秀的反射 / 折射效果，如图 8-232 所示为“光线跟踪”材质的参数面板。

图 8-231

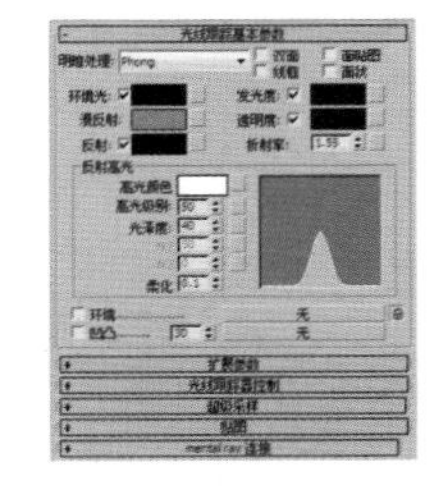

图 8-232

“扩展参数”卷展栏中的设置是为一些特殊效果服务的。在“光线跟踪器控制”卷展栏中可以设置反射 /

折射的开关、跟踪计算的循环深度、抗锯齿、模糊处理，以及进行优化参数的设置，这些设置可以使用户在渲染效果与渲染时间上进行平衡。

实例操作：制作“光线跟踪”材质

实例：制作“光线跟踪”材质

实例位置：　工程文件 >CH08> 光线跟踪材质 .max
视频位置：　视频文件 >CH08> 实例：制作“光线跟踪”材质 .mp4
实用指数：　★★★☆☆
技术掌握：　熟悉“光线跟踪”材质的使用方法。

“光线跟踪”材质在制作不锈钢金属和玻璃材质方面有着其独特的优势，下面将通过一个实例使读者掌握该材质类型的使用方法，如图 8-233 所示为本例的最终完成效果。

图 8-233

01 打开本书相关素材中的“工程文件 >CH8> 光线跟踪材质 > 光线跟踪材质材质 .max”文件，场景中已经为“酒杯”和“红酒”对象指定了“光线跟踪”材质，但还没有对任何项目进行参数设置，而场景中其他物体的材质都已设置完毕，如图 8-234 和图 8-235 所示。

图 8-234

图 8-235

02 打开材质编辑器并选择“酒瓶”材质，在“光线跟踪基本参数”对话框中，设置“漫反射”和“透明度”的颜色均为（红：255，绿：255，蓝：255），完成后渲染场景，如图 8-236 和图 8-237 所示。

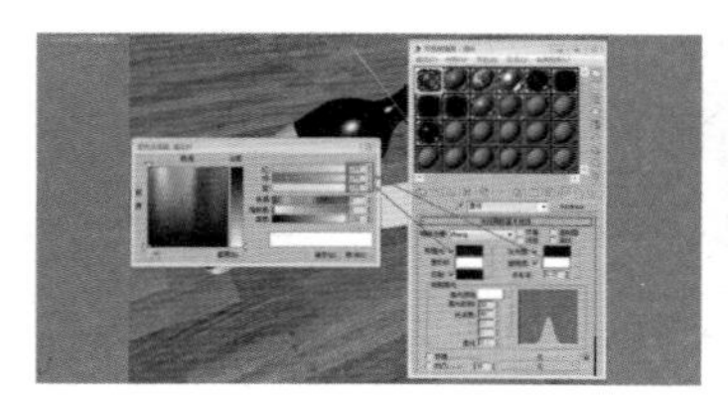

图 8-236

图 8-237

技巧与提示：

“透明度”选项与“标准”材质中的“过滤色”相似，它控制在光线跟踪材质背后经过颜色过滤所表现的颜色，黑色为完全不透明，白色为完全透明。将“漫反射”和“透明度”的颜色都设置为完全饱和的色彩，可以得到彩色玻璃的材质。

03 下面让杯子带一些反射，并且高光强一些，以此来增强玻璃的质感。设置“反射”的颜色为（红：10，绿：10，蓝：10），完成后渲染场景，如图 8-238 和图 8-239 所示。

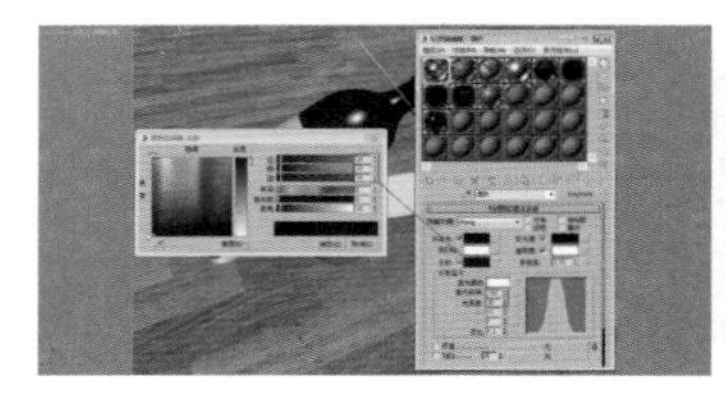

图 8-238

图 8-239

技巧与提示：

取消选中“反射”色块左侧的复选框，此时将会用数值来设置反射的强度，如果再次选中该复选框，可以为反射指定 Fresnel（菲涅耳）镜反射效果，如图 8-240 所示。它可以根据物体与当前观察视角之间的角度为反射物体增加一些折射效果。

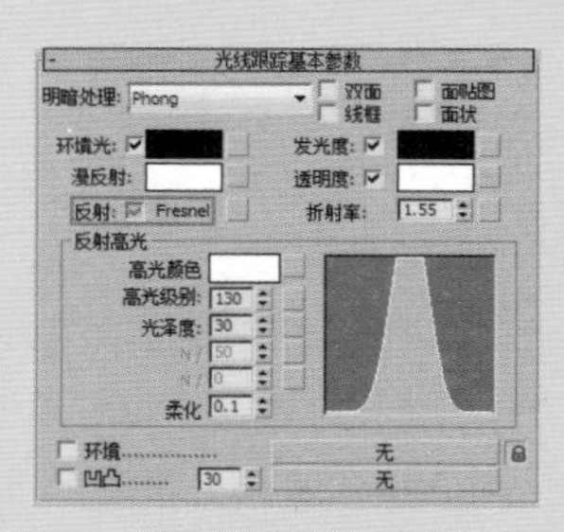

图 8-240

04 如果不想让物体反射周围场景中的环境，也可以为其指定一张环境贴图作为反射的环境。为“环境”贴图通道指定一张位图，完成后渲染场景，如图 8-241~ 图 8-243 所示。

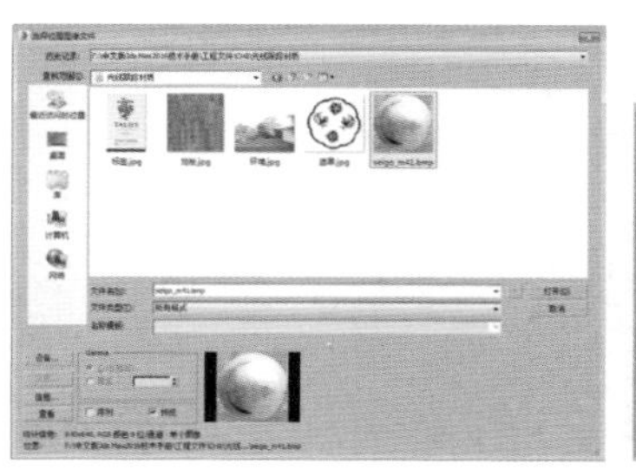

图 8-241

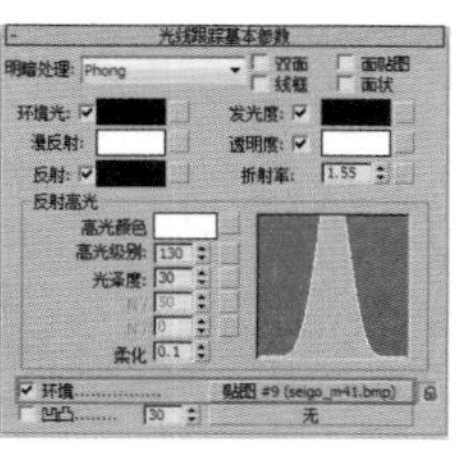

图 8-242

图 8-243

05 选择“红酒”的材质球，设置“漫反射”和“透明度”的颜色均为（红：100，绿：10，蓝：45），如图 8-244 所示。

06 设置完成后渲染场景，最终效果如图 8-245 所示。

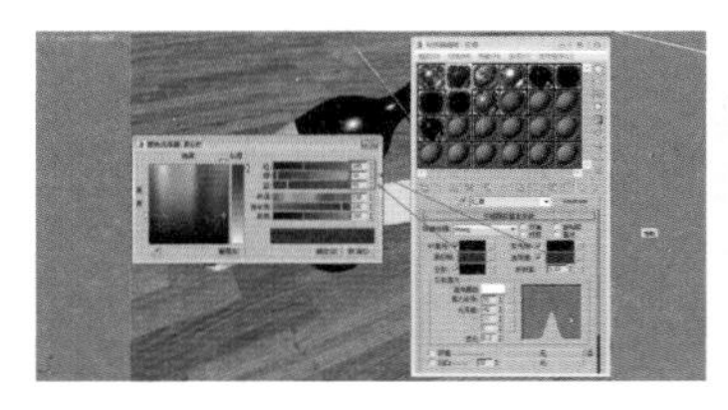

图 8-244

图 8-245

8.5 贴图类型与 UVW 贴图修改器

贴图能够在不增加物体几何结构复杂程度的基础上增加物体的细节程度，其最大的用途就是提高材质的真实程度，高超的贴图技术是制作仿真材质的关键，也是决定最后渲染效果的关键。在 3ds Max 2016 中，默认情况下系统为用户提供了 38 种贴图类型，正是这些多样的贴图类型，提供了一个强大的材质设置平台，依靠这个平台，可以制作出质感高度逼真、形式千变万化的材质效果。

贴图与材质的层级结构很像，一个贴图既可以使用单一的贴图，也可以由多个贴图层级构成，3ds Max 2016 提供了多种类型的贴图方式，共有 38 种，按功能不同可以划分为以下 5 类。

✦ 2D 贴图：将贴图图像文件直接投射到物体的表面或指定给环境贴图作为场景的背景，最简单也是最重要的 2D 贴图是“位图”，其他的 2D 贴图都属于程序贴图。

✦ 3D 贴图：属于程序贴图，它们领先程序参数产生图案效果，可以自动产生各种纹理，如木纹、水波、大理石等。

✦ 合成器贴图：提供混合方式，将不同的贴图和颜色进行混合处理。

✦ 颜色修改器贴图：改变材质表面像素的颜色。

✦ 反射和折射贴图：用于创建反射和折射的效果。

8.5.1 公共参数卷展栏

1. “坐标”卷展栏

“坐标”卷展栏内的参数决定贴图的平铺次数、投影方式等属性，如图 8-246 所示。

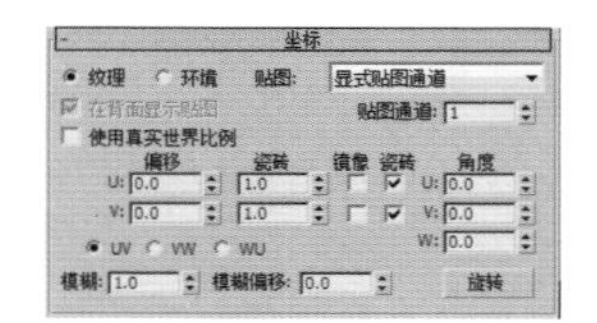

图 8-246

下面将通过一个实例操作，介绍该卷展栏内的各项参数命令。

01 打开本书相关素材中的“工程文件 >CH8> 材质 1> 材质 1.max”文件，按 M 键，在打开材质编辑器中，进入第一个材质的“漫反射”贴图通道。

02 在“坐标”卷展栏中，可以发现“纹理”单选按钮处于选中状态，表示位图将作为纹理贴图指定到场景中的对象表面，位图受到 UVW 贴图坐标的控制，并可以选择 4 种坐标方式，如图 8-247 所示。

03 在“纹理”单选按钮下方有一个“使用真实世界比例”复选框，选中该复选框后，将使用真实的“宽度”和“高度”值，而不是 UV 值将贴图应用于对象，其下方的 U、V 和“瓷砖”将变为“宽度”“高度”和“大小”，如图 8-248 所示。

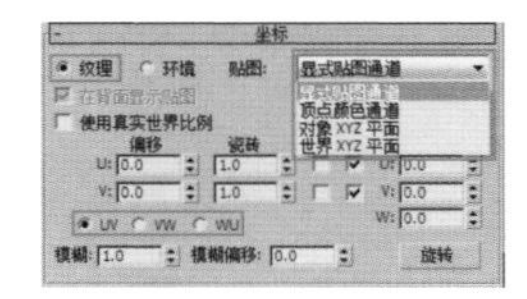

图 8-247

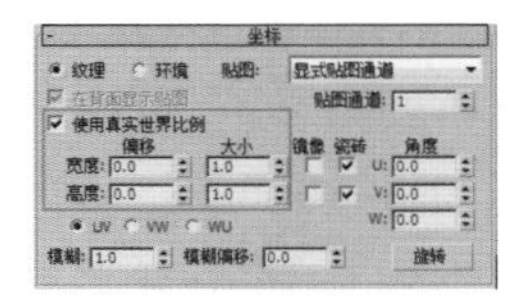

图 8-248

04 在“偏移”选项下方的有两个文本框，分别调节贴图在 U 向和 V 向上的偏移，U 和 V 分别代表水平和垂直方向，通过调节这两个参数可以改变物体的 UV 坐标，以此来调节贴图在物体表面的位置，如图 8-249 所示为更改 U、V 两个参数后，场景中物体材质的效果。

05 在“瓷砖”选项下方的两个参数可以指定贴图在 U 和 V 方向上重复的次数，它可以将纹理连续不断地贴在物体表面，经常用于砖墙、地板的制作，值为 1 时，贴图在表面贴一次；值为 2 时，贴图会在表面各个方向重复贴两次，贴图会相应地缩小一半；值小于 1 时，贴图会进行放大，如图 8-250 所示为“瓷砖”选项下的两个文本框内的参数更改为 2 后，场景中物体材质的显示效果。

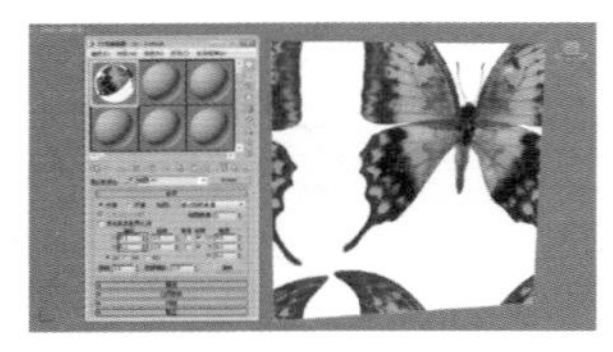

图 8-249

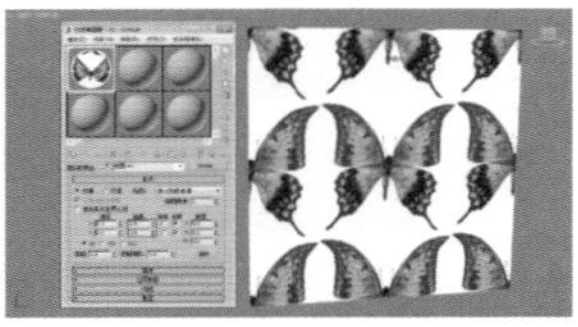

图 8-250

技巧与提示：

在默认情况下，右侧的“瓷砖”下的两个复选框是选中的，通过调节“瓷砖”选项下的两个参数可以对贴图进行重复操作，但如果进行一些特殊标签的贴图，例如瓶子表面的商标，则不能选中“瓷砖”下的两个复选框，只能进行一次贴图，如图 8-251 所示。

图 8-251

06 “镜像”选项下的两个复选框可以设置贴图的镜像效果，当 U 或 V 复选框处于选中状态时，贴图沿 U 或 V 方向产生镜像效果，如图 8-252 所示。

07 通过调节“角度”选项下方的 U、V、W 参数可以让贴图沿物体“局部”坐标系统的 X、Y、Z 轴进行旋转，单击“旋转”按钮 旋转 可以打开“旋转贴图坐标”对话框，对贴图进行实时调节，如图 8-253 所示。

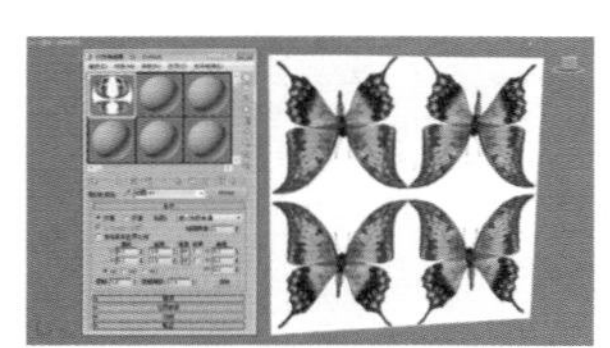

图 8-252

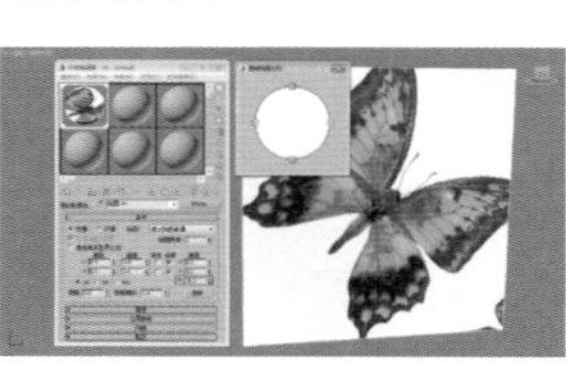

图 8-253

在“坐标”卷展栏中选择“环境”单选按钮后，位图将不受 UVW 贴图坐标的控制，而是由计算机自动将位图指定给一个包围整个场景的无穷大的表面。该选项常被应用于背景贴图的设置，其中有 4 种环境贴图方式可供选择，如图 8-254 所示。

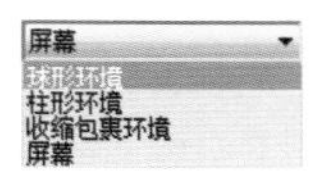

图 8-254

01 打开本书相关素材中的“工程文件 >CH8> 材质 2> 材质 2.max”文件，该文件中已经在“环境与效果”对话框中指定了一张位图作为背景贴图，如图 8-255 所示。

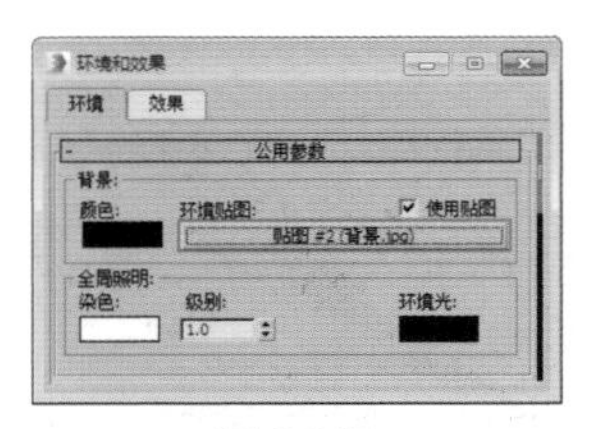

图 8-255

02 打开材质编辑器，将这张背景贴图拖曳到材质编辑器的第一个示例窗中，在弹出的“实例（副本）贴图”对话框中选择“实例”单选按钮，这样即可在材质编辑器中对背景贴图进行编辑了，如图 8-256 和图 8-257 所示。

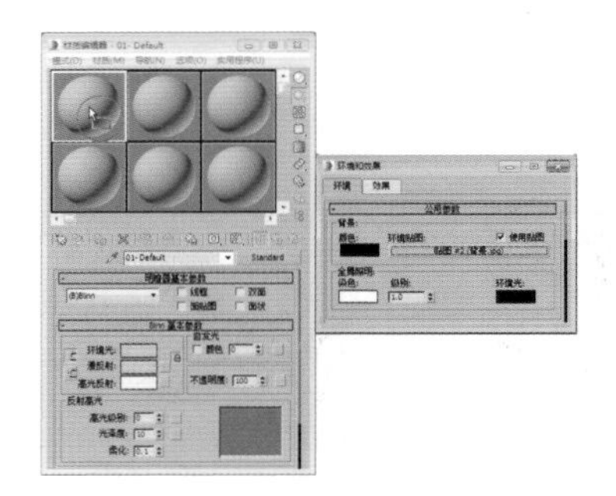

图 8-256

图 8-257

03 在“坐标”卷展栏中选择“环境”单选按钮，在右侧“贴图”下拉列表中选择“屏幕”贴图方式，如图 8-258 所示。

04 设置完毕后渲染场景，效果如图 8-259 所示。“屏幕”贴图方式可以将图像不变形地直接指向视角，类似一面悬挂在背景上的巨大幕布。

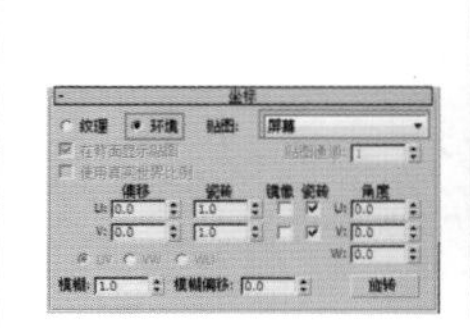

图 8-258

图 8-259

技巧与提示：

“屏幕”环境贴图方式总是与视角保持锁定，所以只适合渲染静帧或没有摄影机移动的动画渲染。

05 在“贴图”下拉列表中选择“球形环境”贴图方式，渲染场景，效果如图 8-260 所示。“球形环境”会在两端产生撕裂现象。

06 在“贴图”下拉列表中选择“柱形环境”贴图方式，渲染场景，效果如图 8-261 所示。“柱形环境”贴图方式则像一个无限大的柱体一样将整个场景包住，与“球形环境”贴图方式很相似。

图 8-260

图 8-261

07 在“贴图”下拉列表中选择“收缩包裹环境”贴图方式，渲染场景，效果如图 8-262 所示。“收缩包裹环境”贴图方式就像拿一块“布”将整个场景包裹起来一样，所以该贴图方式只有一端有少许撕裂现象，如果要制作摄影机移动动画，它是最好的选择。

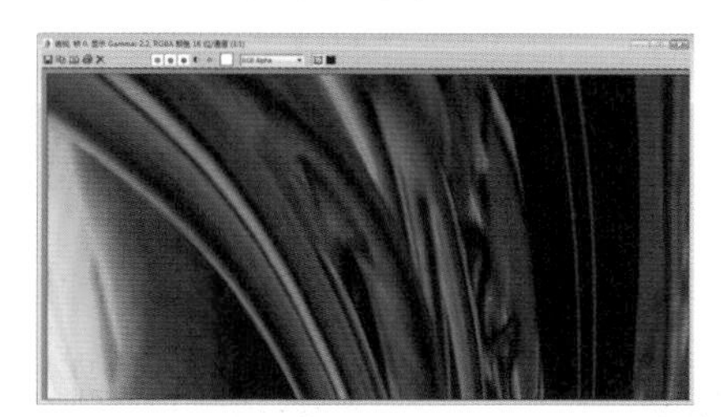

图 8-262

2. “噪波”卷展栏

“噪波”卷展栏内的各项参数可以设置材质表面不规则的噪波效果，噪波效果沿 UV 方向影响贴图，如图 8-263 所示为“噪波”卷展栏。

通过指定不规则的噪波函数使 UV 轴上的贴图像素产生扭曲，产生的噪波图案可以非常复杂，非常适合创建随机图案，还适用于模拟不规则的自然地表。噪波参数间的相互影响非常紧密，细微的参数变化就可能带来明显的差别。

选中“启用”复选框后即可对图像进行“噪波”处理了。下方的“数量”参数控制“噪波”的强度；“级别”参数可以设置“噪波”被指定的次数，与“数量”值紧密联系，“数量”值越大，“级别”值的影响也越强烈；“大小”参数用于设置“噪波”的比例，值越大，波形越缓，值越小，波形越碎，如图 8-264 所示为调节“噪波”卷展栏中的各项参数后，对贴图的影响效果。

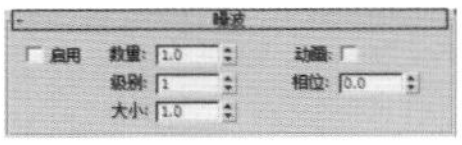

图 8-263

图 8-264

3. “时间”卷展栏

“时间”卷展栏可用于控制动态纹理贴图，如序列图片或 avi 动画的开始时间和播放速度，这使序列贴图在时间上得到更为精确的控制。如图 8-265 所示为“时间”卷展栏。

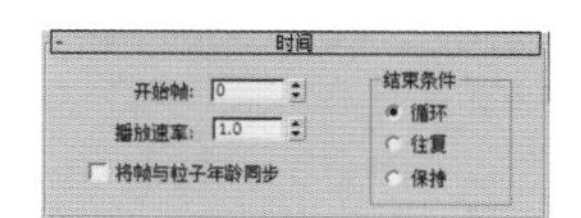

图 8-265

4. “输出”卷展栏

对贴图进行其内部参数的设置后，可以使用“输出”卷展栏中的各项参数来调节贴图输出时的最终效果，如图 8-266 所示为“输出”卷展栏。

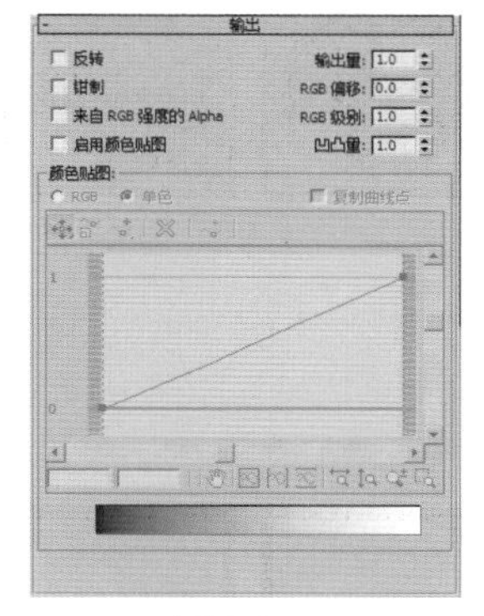

图 8-266

在“输出”卷展栏中，如果启用“反转”复选框，可以将位图的色调进行反转，好像照片的负片效果，而对于“凹凸”贴图，可以使凹凸纹理反转，如图 8-267 和图 8-268 所示。

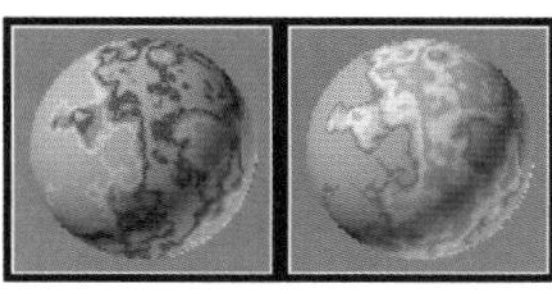

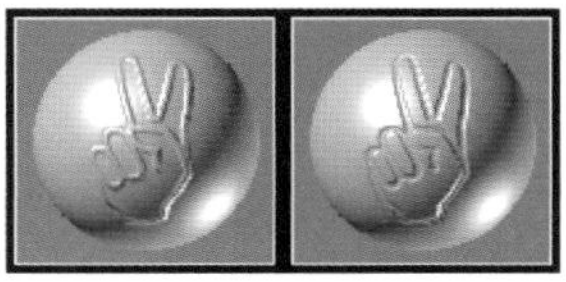

图 8-267

图 8-268

选中“钳制”复选框后，将限制颜色值的参数不会超过 1；选中“来自 RGB 强度的 Alpha”复选框后，将会基于位图 RGB 通道产生一个 Alpha 通道，黑色透明而白色不透明，中间色根据其明度显示出不同程度的半透明效果，如图 8-269 所示。

“输出量”参数控制位图融入一个合成材质中的程度，该数值还可以控制贴图的饱和度，如图 8-270 所示为“输出量”分别为 0.5 和 1.5 时的效果。

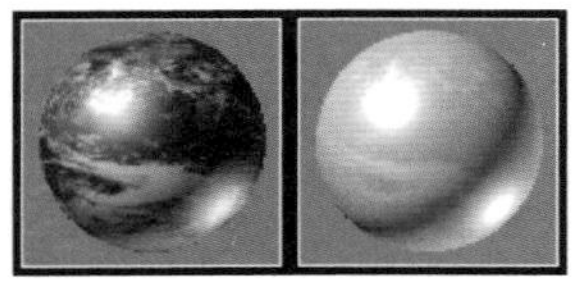

图 8-269

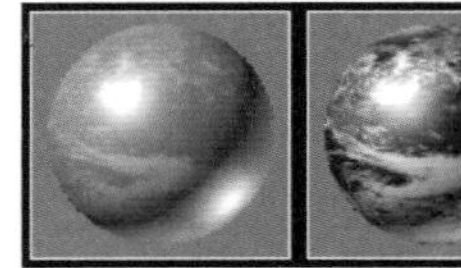

图 8-270

“RGB 偏移”参数可以设置位图 RGB 的强度偏移，值为 0 时不发生强度偏移；大于 0 时，位图 RGB 强度增大，趋向于纯白色；小于 0 时，位图 RGB 强度减小，趋向于黑色，如图 8-271 所示为“RGB 偏移”值分别为 0.3 和 -0.3 时的效果。

“RGB 级别”参数可以设置位图 RGB 色彩值的倍增量，它影响的是图像饱和度，数值较高，会使图像的颜色越鲜艳，而较低的数值会使图像饱和度降低而变灰，如图 8-272 所示为“RGB 级别”分别为 0.5 和 2 时的效果。

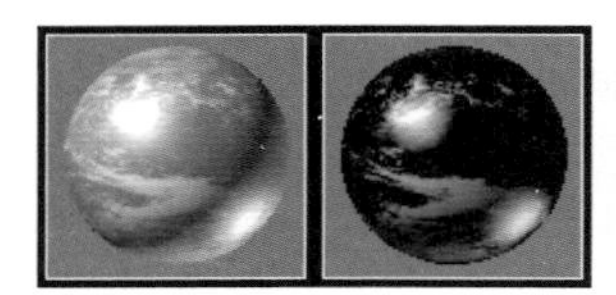

图 8-271

图 8-272

“凹凸量”参数只针对“凹凸”贴图起作用，可以调节凹凸的强度，默认值为 1，如图 8-273 所示为“凹凸量”参数值分别为 1 和 5 时的效果。

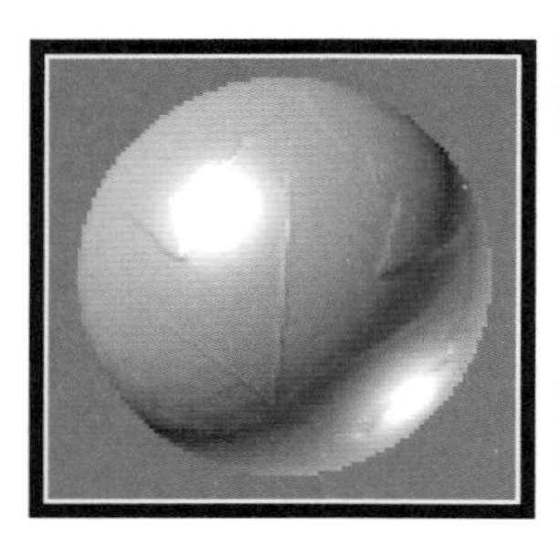

图 8-273

当选中“启用颜色贴图”复选框后，可以激活“颜色贴图”选项组。该选项组中的颜色图表可以调整图像的色彩范围。通过在曲线上添加、移动、缩放点来改变曲线的形状，从而达到修改贴图颜色的目的，如图 8-274 所示。

在“颜色贴图”选项组中选择 RGB 单选按钮后，将指定贴图曲线分类单独过滤 RGB 通道，可以对 RGB 的每个通道进行单独的调节，如图 8-275 所示。如果选择“单色”单选按钮，则可以联合过滤 RGB 的方式进行调节。

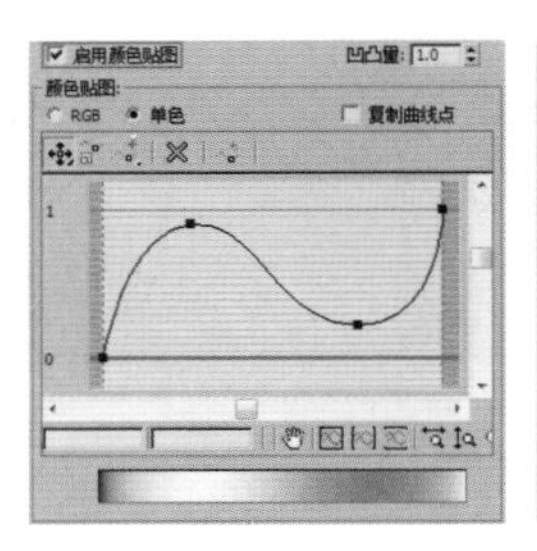

图 8-274

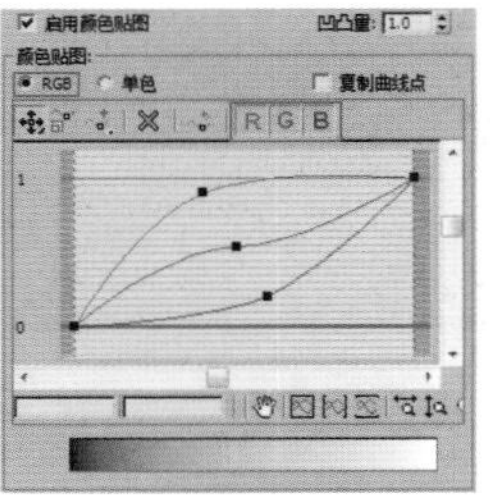

图 8-275

8.5.2 2D 贴图类型

2D 贴图是赋予几何体表面或指定给环境贴图制作场景背景的二维图像。在“材质 / 贴图浏览器”对话框中，属于 2D 贴图类型的有 combustion、Substance、“位图”“向量置换”“向量贴图”“平铺”“棋盘格”“每像素摄影机贴图”“法线凹凸”“渐变”“渐变坡度”“漩涡”和“贴图输出选择器”，如图 8-276 所示。

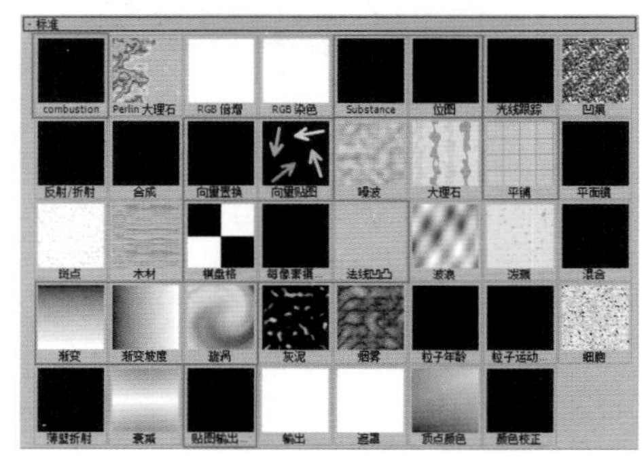

图 8-276

1. “位图”贴图

“位图”贴图是一种最基本也是最常用的贴图类型，可以使用一张位图来作为贴图，位图贴图支持多种格式，包括 FLC、AVI、BMP、DDS、GIF、JPEG、PNG、PSD、TIFF、TGA 等主流图像格式。

“位图参数”卷展栏是“位图”贴图类型特有的控制参数，该卷展栏内的参数用于控制“位图”图像的各种功能，如图 8-277 所示。

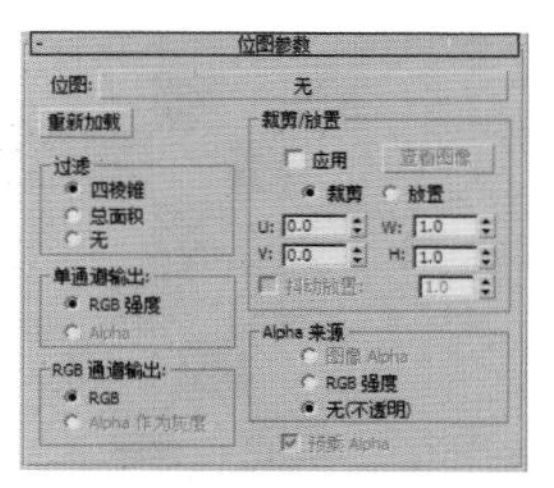

图 8-277

2. “平铺”贴图

“平铺”程序贴图可以在对象表面创建各种形式的方格组合图案，如砖墙、彩色瓷砖等，如图 8-278 所示。

制作时可以选择“平铺”贴图提供的几种图案类型，也可以动手调节出更多图案样式。如图 8-279 所示为“平铺”贴图的“标准控制”卷展栏，在该卷展栏中可以选择预设的砖墙图案。

图 8-278

图 8-279

在“高级控制”卷展栏中，可指定砖墙平铺、砖缝的纹理和颜色，以及每行每列的砖块数等参数，如图 8-280 所示。

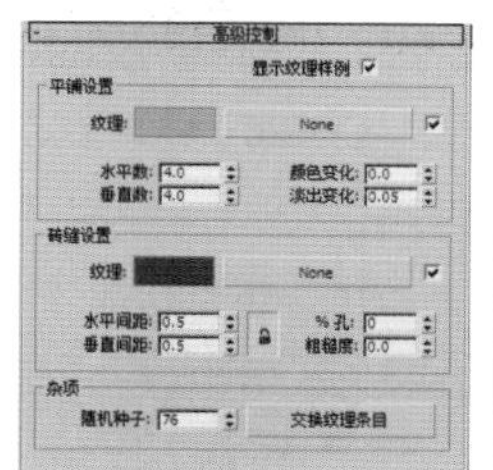

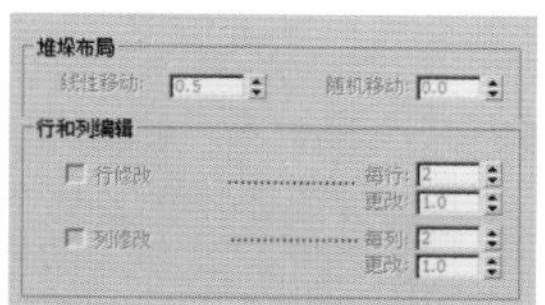

图 8-280

3. “棋盘格”贴图

“棋盘格”贴图像国际象棋的棋盘一样，可以产生两色方格交错的图案，也可以指定两个贴图进行交错。通过棋盘格贴图间的嵌套，可以产生多彩的方格图案效果，常用于制作一些格状纹理，或者砖墙、地板块等有序的纹理，如图 8-281 所示。

在“棋盘格参数”卷展栏中，可分别设置两个区域的颜色和贴图，并将两个区域的颜色进行调换，如图 8-282 所示为“棋盘格参数”卷展栏中的参数。

图 8-281

图 8-282

4. “渐变”贴图

“渐变”贴图可以设置对象产生三色（或三个贴图）的渐变过渡效果，其可扩展性非常强，有线性渐变和放射状渐变两种类型，如图 8-283 所示，图像背景使用“线性渐变”制作，而信号灯的贴图使用“放射状渐变”制作。

图 8-283

通过“渐变”贴图的不断嵌套，可以在对象表面创建无限级别的渐变和图像嵌套效果，另外其自身还有噪波参数可调，用于控制相互区域之间融合时产生的杂乱效果，如图 8-284 所示。如图 8-285 所示为“渐变”贴图的参数卷展栏。

图 8-284

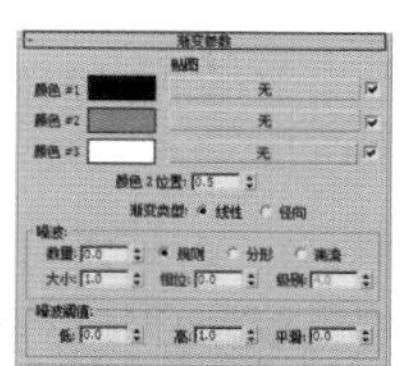

图 8-285

5. “渐变坡度”贴图

“渐变坡度”贴图与“渐变”贴图相似，都可以产生颜色或贴图之间的渐变效果，但“渐变坡度”贴图可以指定任意数量的颜色或贴图，制作出更为多样化的渐变效果，如图 8-286 所示。如图 8-287 所示为“渐变坡度”贴图的参数卷展栏。

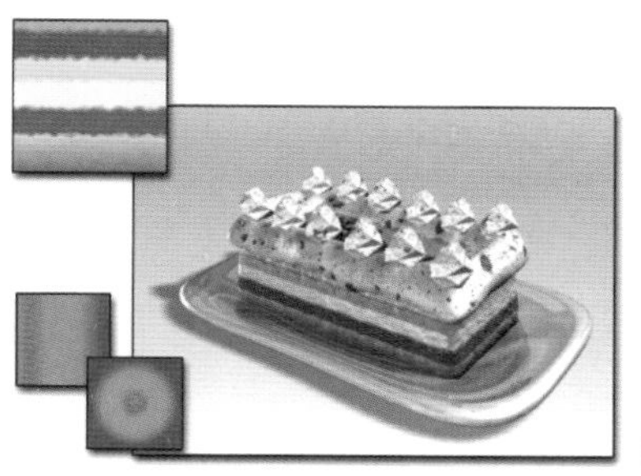

图 8-286

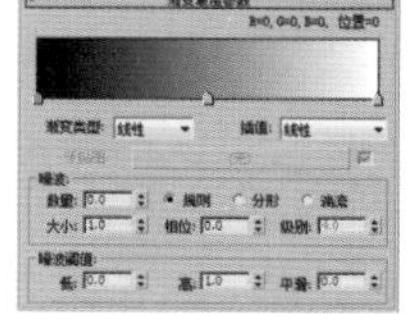

图 8-287

实例操作：制作书本材质

实例：制作书本材质

实例位置：　工程文件 >CH08> 书本材质 .max
视频位置：　视频文件 >CH08> 实例：制作书本材质 .mp4
实用指数：　★★★★☆
技术掌握：　熟悉“位图”贴图类型的使用方法。

“位图”贴图类型可以说是使用频率最高的一种贴图类型，在本例中将讲解“位图”贴图类型的使用方法和使用“位图”贴图类型时的一些注意事项，如图 8-288 所示为本实例的最终完成效果。

图 8-288

01 打开本书相关素材中的“工程文件 >CH8> 书本材质 > 书本材质 .max”文件，场景中已经为“书”对象指定了“标准”材质，但还没有对任何项目进行参数设置，而场景中其他物体的材质都已设置完毕，如图 8-289 所示。

02 打开材质编辑器并选择“书本”材质，进入“贴图”卷展栏，在“漫反射颜色”贴图通道上添加一张本书配套光盘中提供的位图文件，如图 8-290 所示。

图 8-289

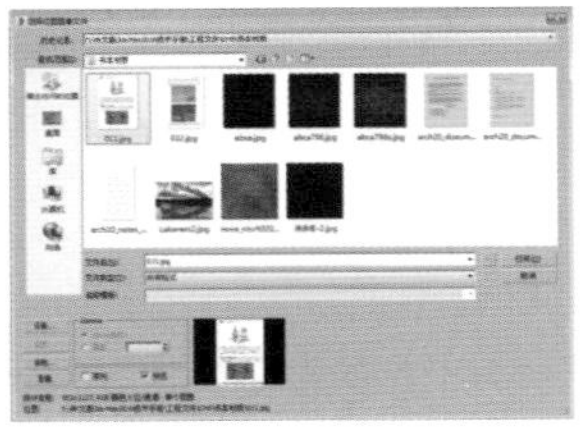

图 8-290

03 进入“漫反射颜色”贴图通道，在“位图参数”卷展栏中，“位图”选项右侧的长按钮上将显示出位图文件的路径，如图 8-291 所示。

技巧与提示：

单击“位图”选项下方的“重新加载”按钮 重新加载 ，将按照相同的路径和名称将上面的位图重新调入，例如在 Photoshop 等平面软件中对贴图进行了修改，可以单击该按钮将修改后的贴图进行重新加载。

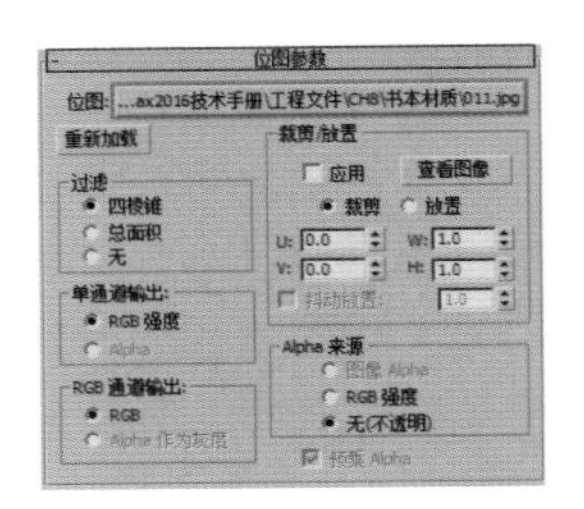

图 8-291

04 “过滤”选项组中的 3 个选项可以确定对位图进行抗锯齿处理的方式，默认情况下“四棱锥”过滤方式是被选中的；“总面积”过滤方式可以提供更强大的过滤效果，如果对“凹凸”贴图的效果不满意，可以选择这种过滤方式，效果非常优秀，不过渲染时间也会大幅增长；选择“无”单选按钮，则不会对贴图进行过滤。如图 8-292 所示为分别选择这 3 个选项后贴图所表现的效果。

图 8-292

05 单击“裁剪 / 放置”选项组中的“查看图像”按钮 查看图像 ，可以打开“指定裁剪 / 放置”窗口，通过调节该窗口中的范围框，可以剪切位图上任意一部分图像作为贴图使用，如图 8-293 所示。

06 选中“应用”复选框，所有的剪切和定位设置才能发挥作用，同时下方的 U、V、W、H 文本框显示了图像的位置和宽度、高度等信息，如图 8-294 所示。

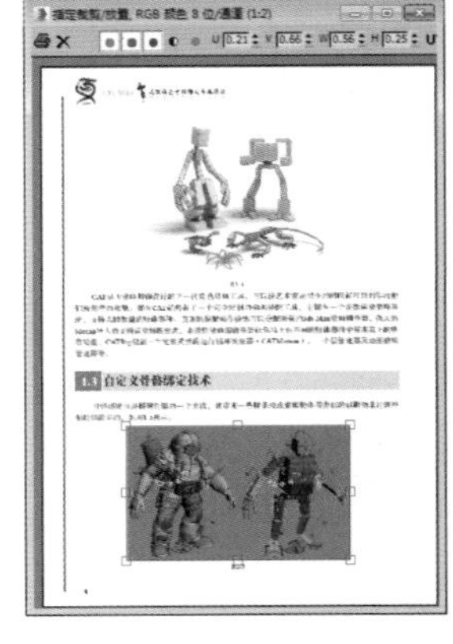

图 8-293

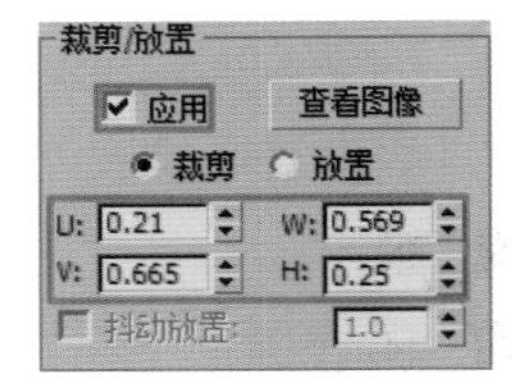

图 8-294

07 选择“放置”单选按钮后，贴图将以“不重复”的方式贴在物体表面，UV 值控制缩小后的位图在原位图上的位置，这同时也影响贴图在物体表面的位图，WH 值控制位图缩小后的长宽比例，如图 8-295 和图 8-296 所示。

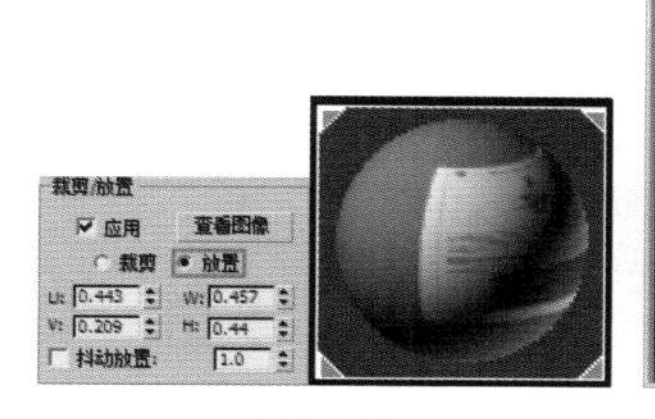
图 8-295

图 8-296

08 将另一页书也指定一张位图，设置完成后渲染场景，最终效果如图 8-297 所示。

图 8-297

位图贴图在使用时不必先去打通图像的路径，在选择位图文件的同时，系统会自动将其路径打通，不过一旦该图像文件转移了路径，系统不会进行自动寻找，这种情况下如果打开 Max 文件，就会弹出“缺少外部文件”对话框，如图 8-298 所示。

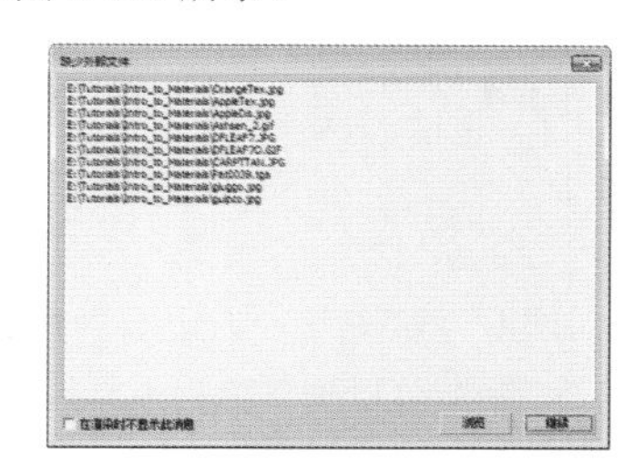
图 8-298

此时可以先单击该对话框的“继续”按钮，然后在菜单中执行“文件”→“参考”→“资源追踪”命令，打开“资源追踪”对话框，如图 8-299 和图 8-300 所示。

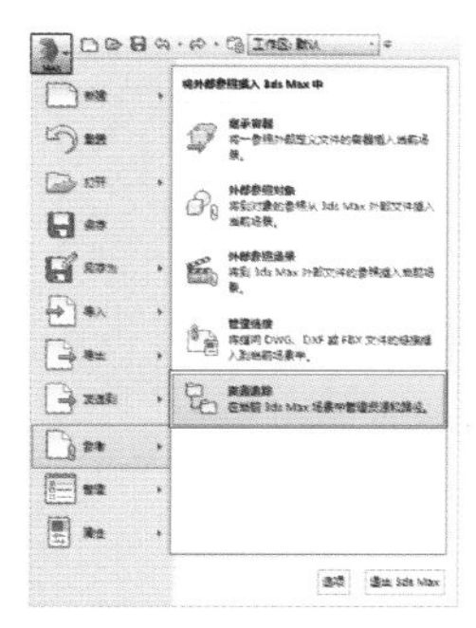
图 8-299

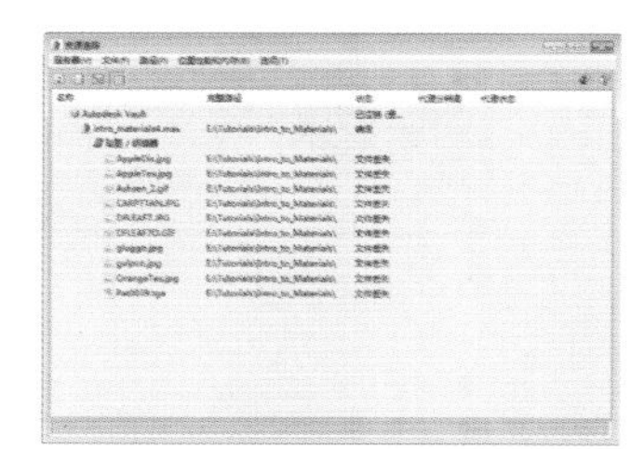
图 8-300

配合 Ctrl 或 Shift 键，将显示“文件丢失”的贴图选中，然后右击，在弹出的四联菜单中选择“设置路径”选项，如图 8-301 所示。

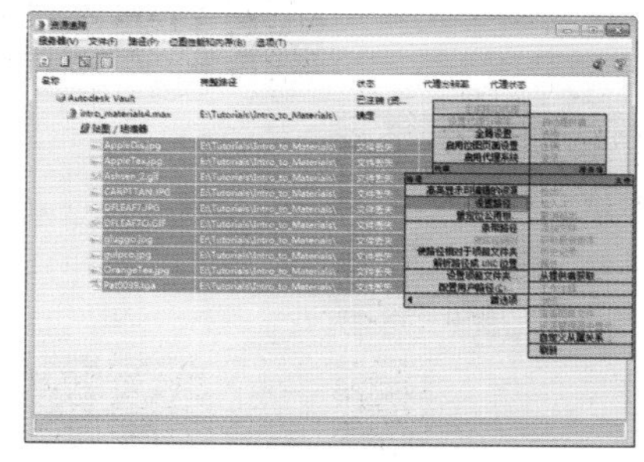
图 8-301

在弹出的“指定资源路径”对话框中，单击下拉列表右侧的按钮，在弹出的“选择新的资源路径”对话框中重新指定贴图所在的路径，最后单击“使用路径”按钮，如图 8-302 和图 8-303 所示。

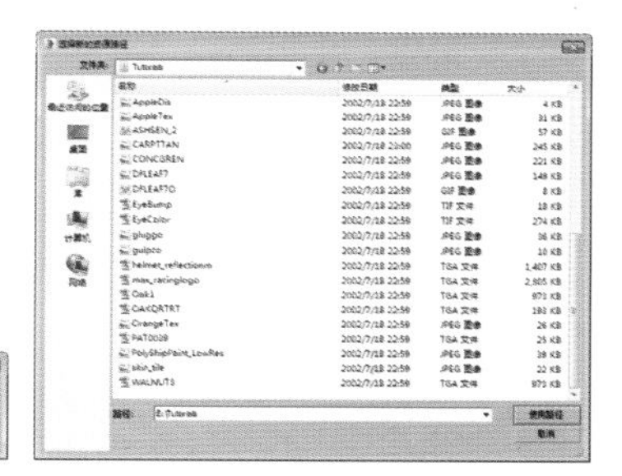
图 8-302　图 8-303

此时“资源追踪”对话框的状态栏中都显示“确定”，表示新指定的贴图路径正确，并且贴图已经找到了，如图 8-304 所示。

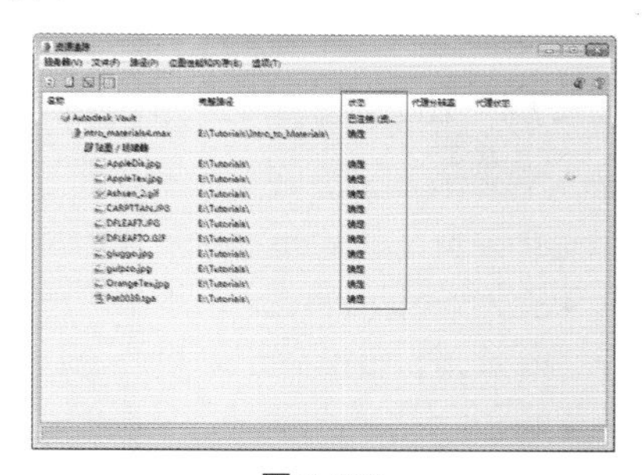
图 8-304

8.5.3　3D 贴图类型

3D 贴图是产生三维空间图案的程序贴图。例如，将指定了“大理石”贴图的几何体切开，它的内部同样显示着与外表面匹配的纹理。在 3ds Max 2016 中，3D 贴图包括“细胞”“凹痕”“衰减”“大理石”“噪波”“粒子年龄”“粒子运动模糊”“Perlin 大理石”“烟雾”“斑点”“泼溅”“灰泥”“波浪”和“木材”，如图 8-305 所示。

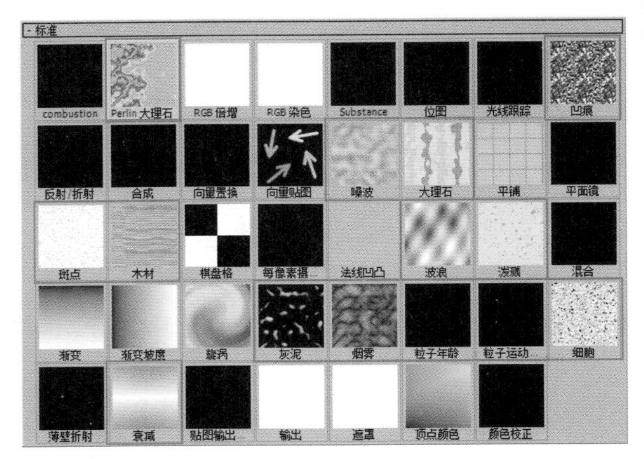

图 8-305

1.“坐标”卷展栏

3D 贴图与 2D 贴图的贴图坐标有所不同，它的参数是相对于物体的体积对贴图进行定位的。如图 8-306 所示为 3D 贴图类型的“坐标”卷展栏。

“坐标”选项组中的“源”下拉列表中有 4 种坐标方式可供选择，如图 8-307 所示。

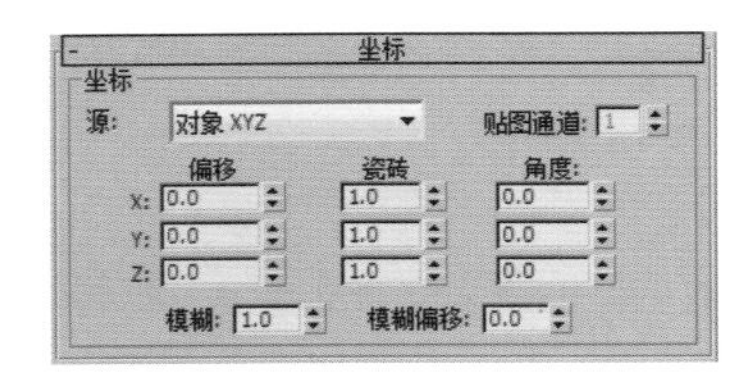

图 8-306

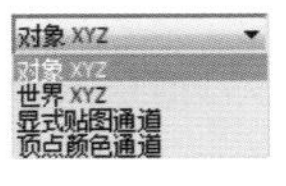

图 8-307

工具解析

✦ 对象 XYZ：使用物体自身坐标系统。

✦ 世界 XYZ：使用世界坐标系统。

✦ 显式贴图通道：可激活右侧的“贴图通道”栏，选择 1 ～ 88 个通道中的任意一个。

✦ 顶点颜色通道：指定顶点颜色作为通道。

2.“细胞”贴图

“细胞”贴图可以产生马赛克、鹅卵石、细胞壁等随机序列贴图效果，还可以模拟出海洋效果，如图 8-308 所示。

“细胞参数”卷展栏中共有“细胞颜色”“分界颜色”“细胞特性”和“阈值”4 个选项组，分别用来控制细胞贴图的参数，如图 8-309 所示为“细胞参数”卷展栏中的参数。

图 8-308

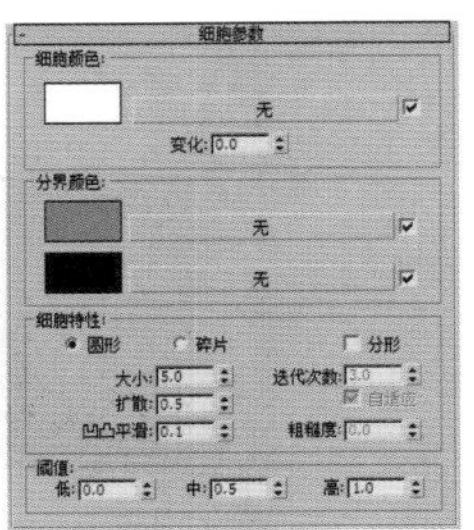

图 8-309

3.“噪波”贴图

“噪波”贴图可以通过两种颜色的随机混合，产生一种噪波效果，它是使用比较频繁的一种贴图，常用于无序贴图效果的制作，如图 8-310 所示。

该贴图类型常与“凹凸”贴图通道配合使用，产生对象表面的凹凸效果，可以与复合材质一起制作对象表面的灰尘。如图 8-311 所示为“噪波”贴图的“噪波参数”卷展栏。

图 8-310

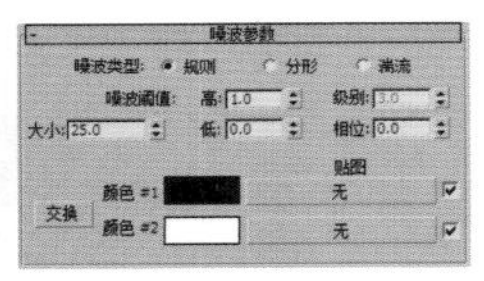

图 8-311

4.“Perlin 大理石”贴图

“Perlin 大理石”贴图与“大理石”贴图相似，不过“Perlin 大理石”贴图可以制作更为逼真的大理石材质，而“大理石”贴图制作的大理石效果更类似于岩石断层，如图 8-312 所示为使用“Perlin 大理石”贴图的模型效果。

“Perlin 大理石”贴图的设置比较简单，如图 8-313 所示为“Perlin 大理石参数”卷展栏。

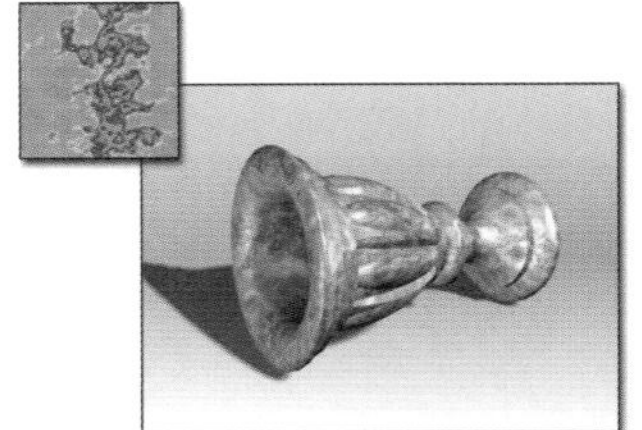
图 8-312

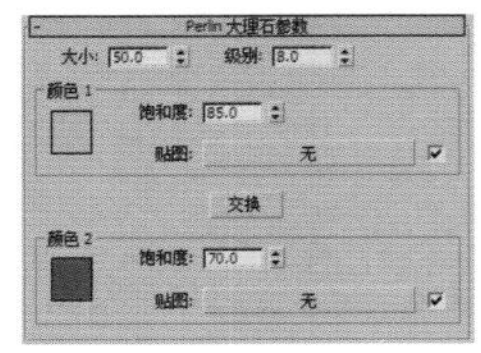

图 8-313

5.“衰减”贴图

“衰减”贴图可以产生由明到暗的衰减变化，常作用于“不透明度”通道、“自发光”通道、“反射”通道等，主要产生一种透明衰减效果，强的地方透明，弱的地方不透明。如图 8-314 所示为将“衰减”贴图作用于“不透明度”通道后，产生的类似 X 光片的效果。

如果将“衰减”贴图作用于“自发光”通道，可以产生光晕效果，常用于制作霓虹灯、太阳光等，它还常用于“遮罩”贴图和“混合”贴图，用来制作多个材质渐变融合或覆盖的效果，如图 8-315 所示为“衰减”贴图的“衰减参数”卷展栏。

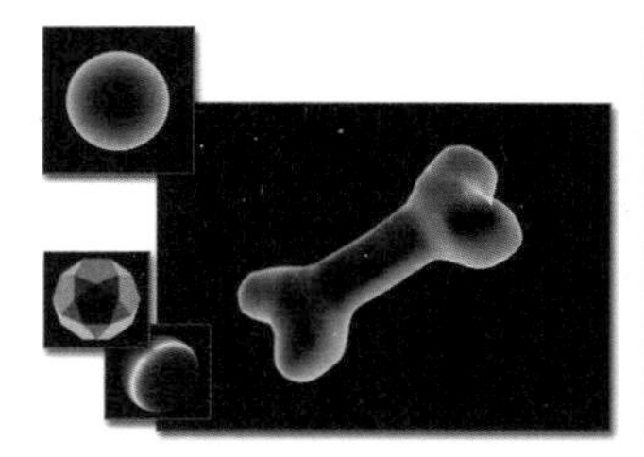

图 8-314

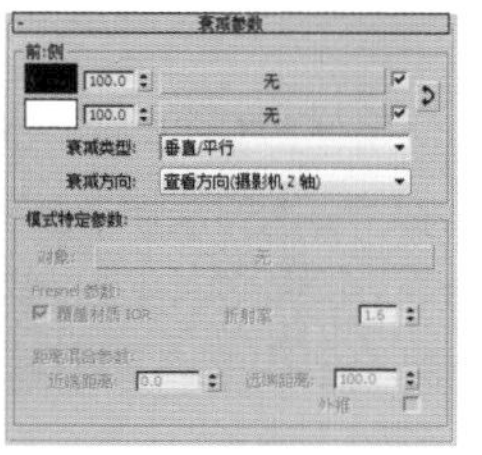

图 8-315

8.5.4　“合成器”贴图类型

“合成器”贴图是指将不同颜色或贴图合成在一起的一类贴图。在进行图像处理时，“合成器”贴图能够将两种或更多的图像按指定方式结合在一起。在 3ds Max 2016 中，“合成器”贴图包括“合成”“遮罩”“混合”和“RGB 倍增”，如图 8-316 所示。

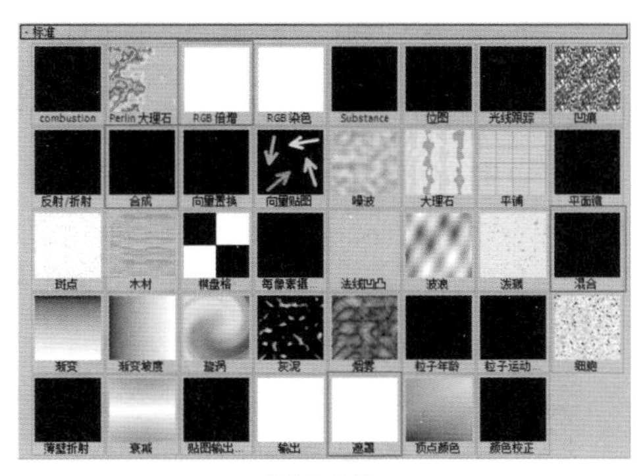

图 8-316

1.“遮罩”贴图

“遮罩”贴图可以使用一张贴图作为蒙板，透过它来观看模型上面的贴图效果，蒙板图本身的明暗强度将决定透明的程度，如图 8-317 所示为使用“遮罩”贴图制作的材质效果。

默认状态下，蒙板贴图的纯白色区域是完全不透明的，越暗的区域透明度越高，越能显示出下面材质的效果，纯黑色的区域是完全透明的，如图 8-318 所示为“遮罩”贴图的“遮罩参数”卷展栏。通过选中该卷展栏中的“反转遮罩”复选框，可以颠倒蒙板的效果。

图 8-317　　图 8-318

2.“混合”贴图

“混合”贴图可以将两种贴图混合在一起，通过“混合量”调节混合的程度，它还可以通过一张贴图来控制混合的效果，这一点与“遮罩”贴图效果类似，如图 8-319 所示为使用“混合”贴图制作的材质效果。

“混合”贴图与“混合”材质的概念相同，只不过“混合”贴图属于贴图级别，只能将两张贴图进行混合，如图 8-320 所示为“混合”贴图的“混合参数”卷展栏。

图 8-319

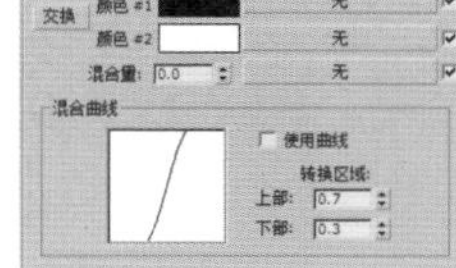

图 8-320

8.5.5　“反射和折射”贴图类型

“反射和折射”贴图是用于创建反射和折射效果的一类贴图，在 3ds Max 2016 中，“反射和折射”贴图包括“平面镜”“光线跟踪”“反射 / 折射”和“薄壁折射”，如图 8-321 所示。

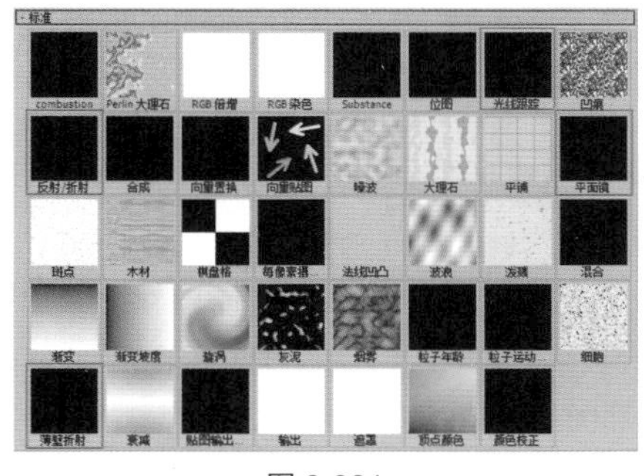

图 8-321

1. “平面镜”贴图

“平面镜”贴图专用于一组共面的表面产生镜面反射的效果，通常将该贴图作用于“反射”通道，如图 8-322 所示为使用“平面镜”贴图制作的镜面反射效果。

“平面镜”贴图是对“反射 / 折射”贴图的补充，“反射 / 折射”贴图唯一的缺陷是在共面表面无法正确表现反射效果，而“平面镜”贴图则只能作用于共面平面，如图 8-323 所示为“平面镜”贴图的“平面镜参数”卷展栏。

图 8-322

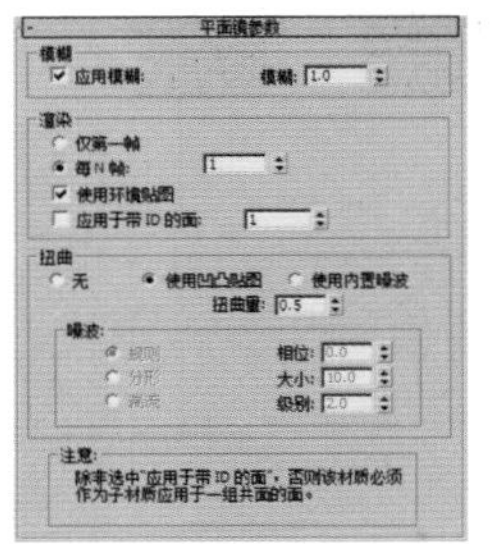

图 8-323

2. “光线跟踪”贴图

“光线跟踪”贴图与“光线跟踪”材质相同，能提供完全的反射和折射效果，大大优于“反射 / 折射”贴图，但渲染时间也更长，如图 8-324 所示为使用“光线跟踪”贴图制作的材质效果。

图 8-324

“光线跟踪”贴图拥有“光线跟踪参数”“衰减”“基本材质扩展”和“折射材质扩展”4 个卷展栏，如图 8-325 和图 8-326 所示。

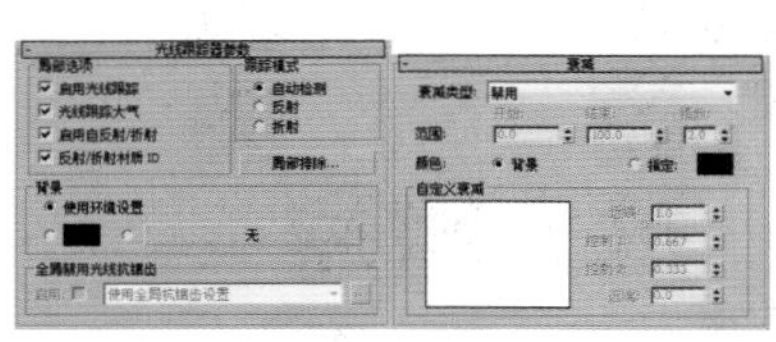

图 8-325

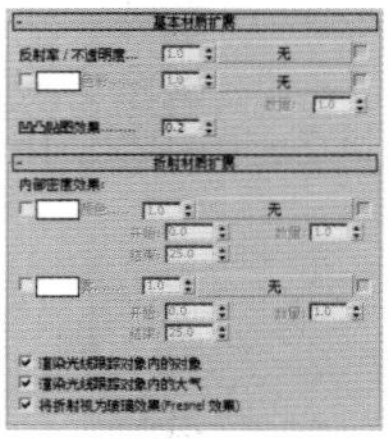

图 8-326

“光线跟踪参数”卷展栏可以设置物体反射 / 折射的内容，可以让其反射周围的环境或者反射自定义的一张贴图，还可以排除场景中的一些对象不出现在反射的效果中；“衰减”卷展栏可以控制产生光线的衰减，根据距离的远近产生不同强度的反射和折射效果，这样不仅增强了真实感，而且还可以提高渲染速度；“基本材质扩展”卷展栏主要用来更好地协调“光线跟踪”贴图的效果；“折射材质扩展”卷展栏中的参数可以设置物体有折射效果时，其内部颜色和雾的效果。

3. “薄壁折射”贴图

“薄壁折射”贴图专用于“折射”贴图通道，主要用于模拟半透明玻璃、凸透镜等效果，如图 8-327 所示为使用了该贴图效果的模型。

“薄壁折射”贴图的设置比较简单，在“薄壁折射参数”卷展栏中，“厚度偏移”参数是影响图像形变大小的主要因素。如果在“凹凸”贴图通道中指定一张贴图（如“噪波”贴图）作为凹凸贴图，可以模拟雨水中的窗玻璃效果，如图 8-328 所示为“薄壁折射”贴图的“薄壁折射参数”卷展栏。

图 8-327

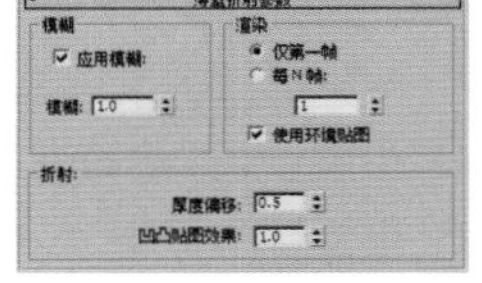

图 8-328

技巧与提示：

除了“光线跟踪”贴图外，其余 3 种贴图方式都是 3ds Max 软件发展过程中的产物，软件为了能向下兼容，这几种贴图方式现在仍然可以使用，不过一般情况下，“光线跟踪”贴图已经替代了其余 3 种贴图方式。

8.5.6 UVW 贴图修改器

在 3ds Max 中，场景中创建的物体的位移、旋转和缩放都采用 *X*、*Y*、*Z* 坐标表述，而贴图则采用 *U*、*V*、*W* 坐标表述。其中位图的 *U* 轴和 *V* 轴对应于物体的 *X* 轴和 *Y* 轴，而对应 *Z* 轴的 *W* 轴一般仅用于程序贴图。

如果当前对象是一个从外部导入或是一个创建的多边形、面片等物体，是没有建立自身的贴图坐标系统的，所以在为其指定位图后可能会发生贴图错误，导致在渲染图像时不能正确显示贴图的情况，此时在渲染图像时

就会弹出“丢失贴图坐标”对话框，如图 8-329 所示

图 8-329

此时必须为对象添加“UVW 贴图”修改器，该修改器可以设置将贴图如何覆盖在物体表面上，如图 8-330 所示为“UVW 贴图”修改器的“参数”卷展栏。

在该卷展栏的“贴图”选项组中，系统共提供了 7 种类型的贴图坐标可供选择，如图 8-331 所示。

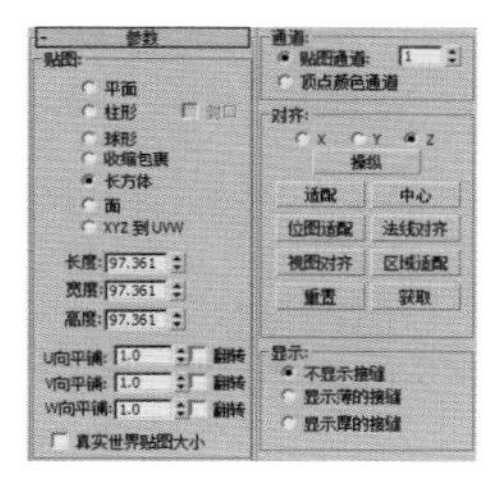

图 8-330

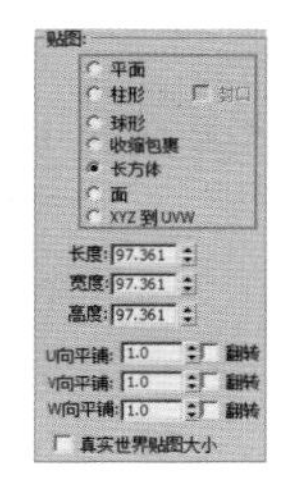

图 8-331

“平面”贴图方式是将贴图沿平面映射到物体表面，适用于平面物体的贴图，可以保证贴图的大小、比例不变，如图 8-332 所示。

“柱形”贴图方式是将贴图沿圆柱侧面映射到物体表面，适用于柱形物体的贴图，右侧的“封口”复选框用于控制柱体两端面的贴图方式，如果不选择该复选框，两端面会形成扭曲撕裂效果；如果选择该复选框，即为两端面单独指定一个“平面”贴图，如图 8-333 所示。

“球形”贴图方式是将贴图沿球体内表面映射到物体表面，适用于球体或类球体贴图，如图 8-334 所示。

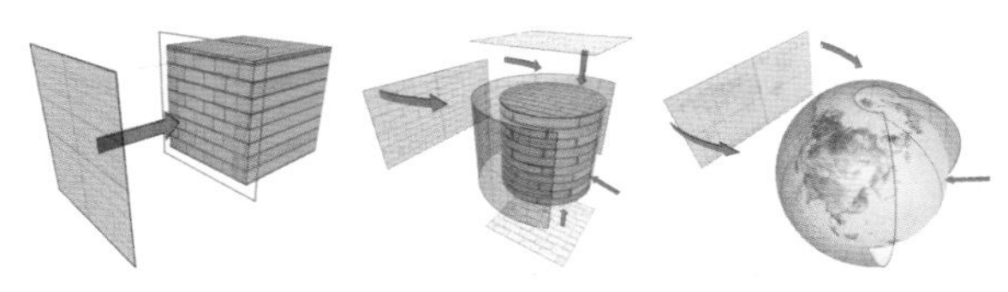

图 8-332　　图 8-333　　图 8-334

“收缩包裹”贴图方式是将整个图像从上向下包裹住整个物体表面，它适用于球体或不规则物体的贴图，优点是不产生接缝和中央裂隙，在模拟环境反射的情况下使用比较多，如图 8-335 所示。

“长方体”贴图方式按 6 个垂直空间平面将贴图分别镜射到物体表面，适用于立方体类的物体，常用于建筑物的快速贴图，如图 8-336 所示。

“面”贴图方式直接为每个表面进行平面贴图，如图 8-337 所示。

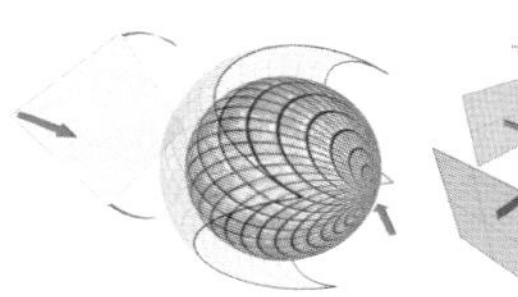

图 8-335

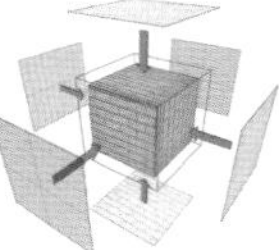

图 8-336

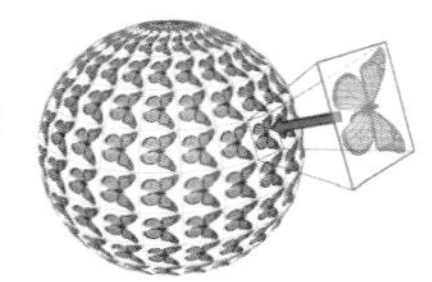

图 8-337

技巧与提示：

“面”贴图方式与在“标准”材质中选中“明暗器基本参数”卷展栏中的“面贴图”复选框的效果相同，如图 8-338 所示。

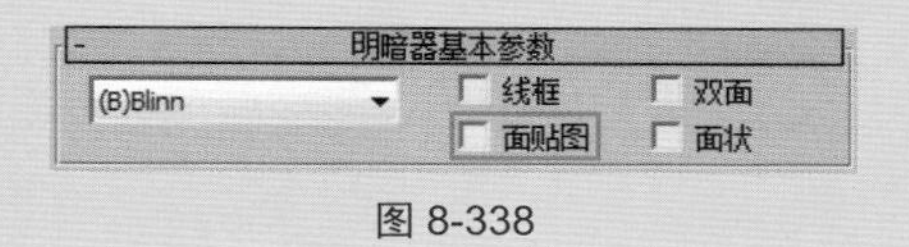

图 8-338

“XYZ 到 UVW”贴图方式可以适配 3D 程序贴图坐标到 UVW 贴图坐标。该选项有助于将 3D 程序贴图锁定到物体表面。如果拉伸表面，3D 程序贴图也会被拉伸，不会造成贴图在表面流动的错误动画效果，如图 8-339 所示，中间物体为没有应用该贴图方式的拉伸效果，右侧物体为应用该贴图方式后的拉伸效果。

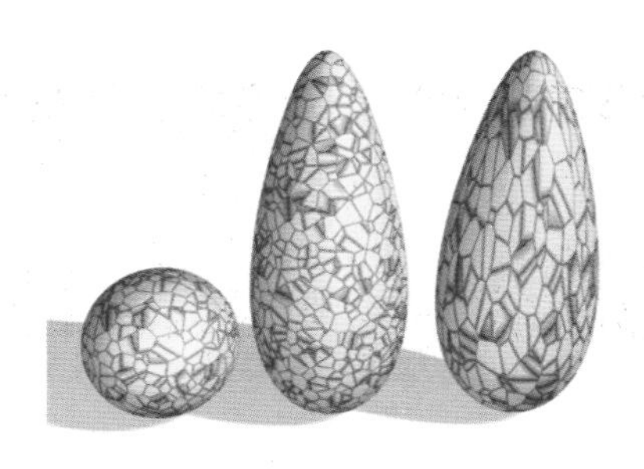

图 8-339

如果在“修改”面板的堆栈栏中单击“UVW 贴图”修改器的名称，即可进入 Gizmo 子对象控制级别，此时便可以对场景中的贴图框进行移动、旋转或缩放等操作，此时也会影响贴图在对象表面的拉伸或重复度等效果，如图 8-340 ～图 8-342 所示。

图 8-340

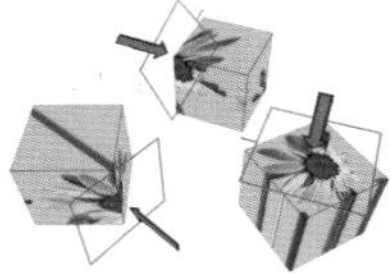

图 8-341

图 8-342

Gizmo 贴图框根据贴图类型的不同，在视图上显示的形态也不同。其中“平面”“球形”“柱形”和“收缩包裹”贴图类型，在顶部有一个小的黄色标记，表面贴图框的顶部，在右侧是一个绿色的线框，用于表示贴图的方向，而对于“球形”和“柱形”的贴图框，绿色线表示贴图的接缝处，如图 8-343 所示。

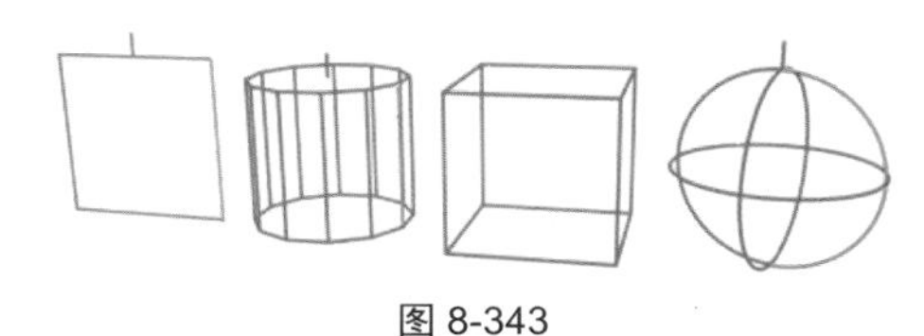

图 8-343

实例操作：制作破旧的墙壁材质

实例：制作破旧的墙壁材质

实例位置：	工程文件 >CH08> 破旧的墙壁 .max
视频位置：	视频文件 >CH08> 实例：制作破旧的墙壁材质 .mp4
实用指数：	★★★☆☆
技术掌握：	熟练使用“混合”材质类型和“UVW 贴图”修改器制作破旧质感的材质效果。

在三维场景中，破旧质感的对象往往更难表现，因为这类对象包含更复杂的元素和更丰富的层次，使用各种复合材质类型，能够实现破旧质感，使对象的表现更真实。在本实例中，将设置一个破旧的墙壁场景，通过对该场景的设置，可以使读者更深入地了解各种材质类型和贴图类型的使用方法，如图 8-344 所示为本实例的最终完成效果。

图 8-344

01 打开本书相关素材中的“Chapter-8> 破旧的墙壁 > 破旧的墙壁 .max”文件，该场景是一个室内的空间，并为该对象指定了“标准”材质，如图 8-345 所示。

02 打开材质编辑器，选择第一个材质球，在“贴图”卷展栏中，为“漫反射颜色”贴图通道指定一个“混合”贴图，如图 8-346 所示。

图 8-345

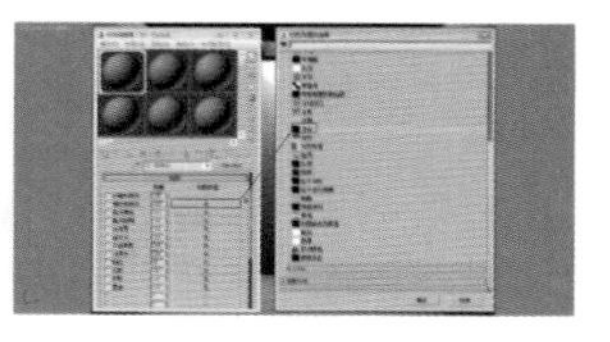

图 8-346

03 在“混合参数”卷展栏中，分别为“颜色 #1”和“颜色 #2”指定一张位图，如图 8-347 和图 8-348 所示。

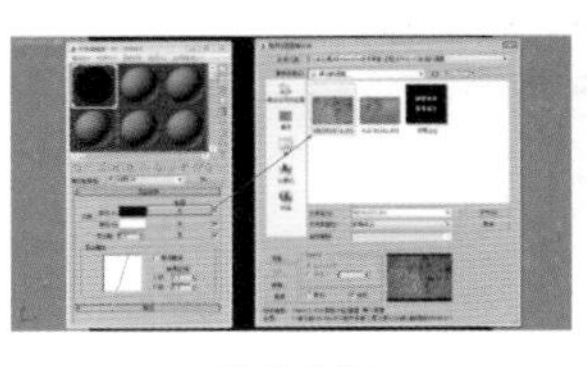

图 8-347

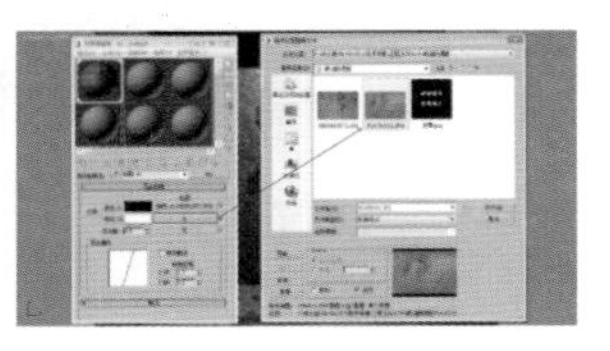

图 8-348

04 为“混合”贴图的蒙板指定一个“平铺”贴图，在“平铺”贴图的“噪波”卷展栏中，选中“启用”复选框，并设置“数量”为 0.05，“级别”为 4，“大小”为 0.02，在“标准控制”卷展栏中，设置“预设类型”为“连续砌合”，在“高级控制”卷展栏中，设置“水平数”为 10，“垂直数”为 25，“颜色变化”为 9，“淡出变化”为 0，“水平间距”和“垂直间距”为 0.2，“% 孔”为 0，“粗糙度”为 4，如图 8-349 和图 8-350 所示。

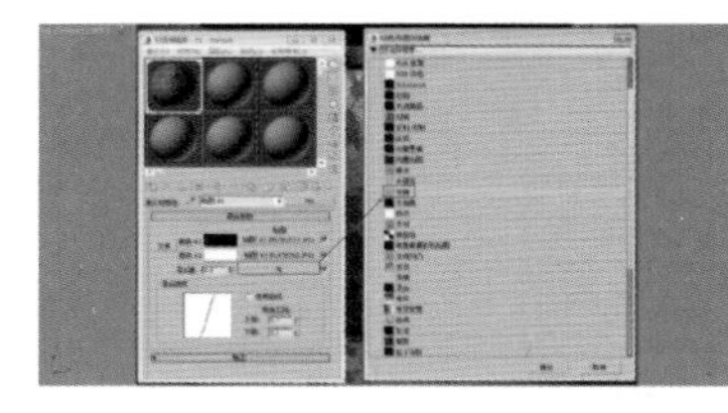

图 8-349

图 8-350

05 渲染场景，效果如图 8-351 所示，此时感觉墙缺少“墙缝”。

图 8-351

06 回到上一级“混合”贴图层级，在“混合”贴图上再嵌套一层“混合”贴图，在弹出的“替换贴图”对话框中，选择“将旧贴图保存为子贴图”选项，如图 8-352 和图 8-353 所示。

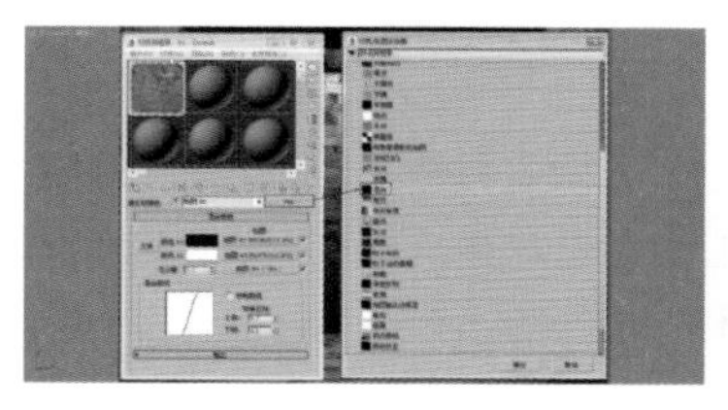

图 8-352

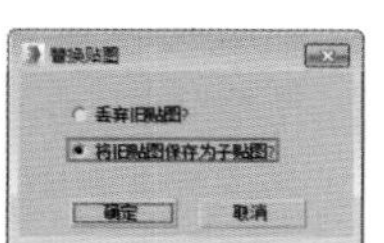

图 8-353

07 在“混合”贴图中，再指定一个“平铺”贴图作为蒙板，在“平铺”贴图的“噪波”卷展栏中，选中“启用”复选框，并设置“数量”为 0.05，“级别”为 4，“大小”为 0.02。在“标准控制”卷展栏中，设置“预设类型”为“连续砌合”，在“高级控制”卷展栏中，设置“水平数”为 10，“垂直数”为 25，“颜色变化”为 0，“淡出变化”为 0，“水平间距”和“垂直间距”为 0.2，“% 孔”为 0，“粗糙度”为 4，设置“平铺设置”选项组中“纹理”的颜色为（红：0，绿：0，蓝：0），“砖缝设置”选项组中“纹理”的颜色为（红：255，绿：255，蓝：255），如图 8-354 和图 8-355 所示。

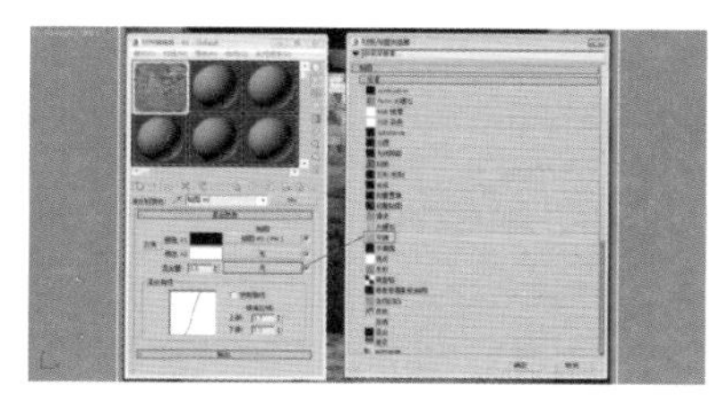

图 8-354

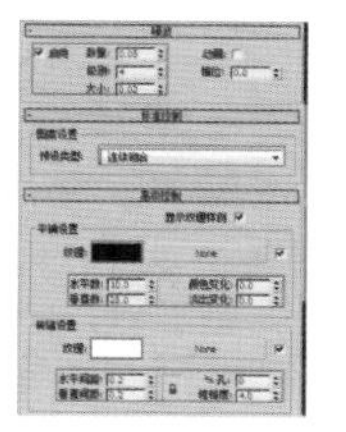

图 8-355

08 设置完成后渲染场景，效果如图 8-356 所示。

09 下面为墙设置凹凸起伏的效果，回到材质层级，在“贴图”卷展栏中为“凹凸”贴图通道也指定一个“混合”贴图，如图 8-357 所示。

图 8-356

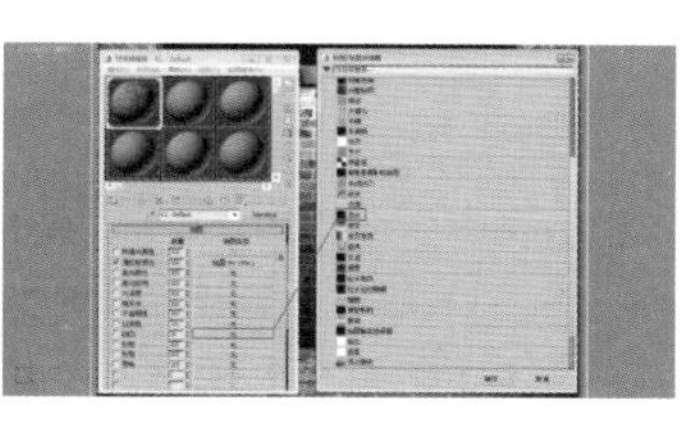

图 8-357

10 在“混合”贴图中，为“颜色 #2”指定一个“平铺”贴图，在“平铺”贴图的“噪波”卷展栏中，选中“启用”复选框，并设置“数量”为 0.05，“级别”为 4，“大小”为 0.02。在“标准控制”卷展栏中，设置“预设类型”为“连续砌合”。在“高级控制”卷展栏中，设置“水平数”为 10，“垂直数”为 25，“颜色变化”为 6.5，“淡出变化”为 0，“水平间距”和“垂直间距”为 0.2，“% 孔”为 0，“粗糙度”为 4，如图 8-358 和图 8-359 所示。

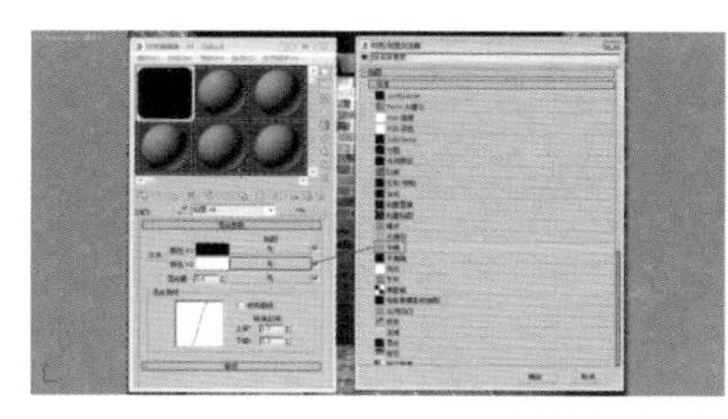

图 8-358

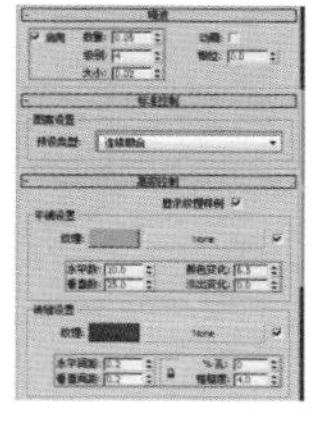

图 8-359

11 向上一级，为“混合”贴图的“蒙板”通道也指定一个“平铺”贴图，在“平铺”贴图的“噪波”卷展栏中，选中“启用”复选框，并设置“数量”为 0.05，“级别”为 4，“大小”为 0.02。在“标准控制”卷展栏中，设置“预设类型”为“连续砌合”，在“高级控制”卷展栏中，设置“水平数”为 10，“垂直数”为 25，“颜色变化”为 0，“淡出变化”为 0，“水平间距”和“垂直间距”为 0.4，“% 孔”为 0，“粗糙度”为 4，设置“平铺设置”选项组中“纹理”的颜色为（红：0，绿：0，蓝：0），“砖缝设置”选项组中“纹理”的颜色为（红：255，绿：255，蓝：255），如图 8-360 和图 8-361 所示。

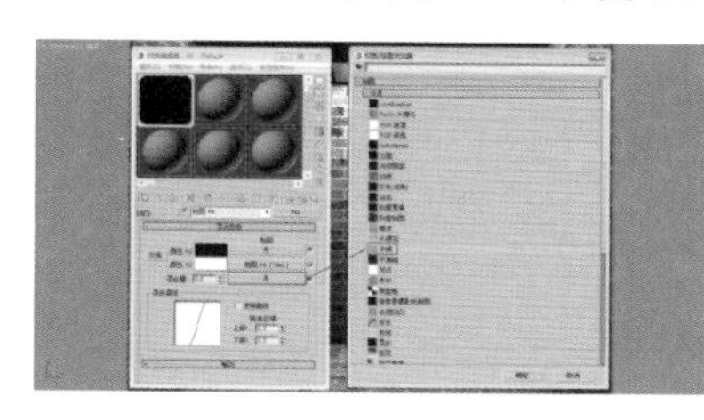

图 8-360

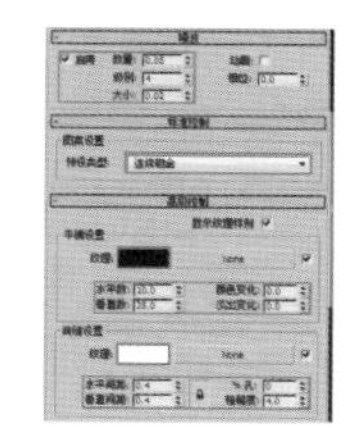

图 8-361

12 设置完成后渲染场景，效果如图 8-362 所示。

图 8-362

13 为了让墙的凹凸感更强，在“贴图”卷展栏中将“凹凸”贴图通道的“数量”改为 200，如图 8-363 所示。完成后渲染场景，最终效果如图 8-364 所示。

图 8-363

图 8-364

8.6 本章总结

本章主要讲解了3ds Max材质编辑器的一些基础用法和常见的材质编辑手法，还有3ds Max 2016提供的各种贴图，3ds Max的材质编辑器是非常强大的，贴图也是千变万化的，有时利用贴图即可不用增加模型的复杂程度即可表现对象的细节。通过材质编辑器，几乎可以制作出世界上任何物体的材质效果。但是材质往往需要与灯光配合进行调节，如果只调节材质而不考虑灯光对材质的影响，这样是没有任何意义的。同时，想要制作出逼真的材质效果，还需要提高自身的美术修养，所以对材质感兴趣的读者，在掌握必要的材质制作技术的同时，还应该多看一些关于色彩、光影等方面的书籍，这对我们制作出逼真的材质是非常有帮助的。

第9章

灯光技术

9.1 灯光的基本知识

3ds Max 2016 为广大三维设计师提供的灯光工具可以轻松地为制作完成的场景添加照明效果。灯光工具的命令虽然不多，但要想随心所欲地使用灯光也并非易事。设置灯光前，灯光师应该充分考虑作品中未来的预期照明效果，并最好参考大量的真实照片。只有认真并有计划地布置照明，才能渲染出令人满意的灯光效果。

设置灯光是三维制作表现中的点睛之笔，灯光不仅可以照亮物体，还可以在表现场景气氛、天气效果等方面起着至关重要的作用，给人以身临其境的视觉感受。在设置灯光时，如果场景中灯光过于明亮，渲染出来的画面则会处于一种过度曝光的状态；如果场景中的灯光过于昏暗，则渲染出来的画面有可能显得比较平淡，毫无吸引力可言，甚至导致画面中的很多细节无法体现。所以，若要制作出理想的光照效果则需要我们去不断实践，最终将自己的作品渲染得尽可能真实。

设置灯光时，灯光的种类、颜色及位置应来源于生活。我们不可能轻松地制作出一个从未见过的光照环境，所以学习灯光时需要我们对现实中的不同光照环境处处留意，如图 9-1~ 图 9-4 所示分别为国外三维艺术家所渲染出来的优秀作品。

图 9-1

图 9-2

图 9-3

图 9-4

9.1.1 灯光的功能

灯光是 3ds Max 中的一种特殊对象，使用灯光不仅可以影响其周围物体表面的光泽和颜色，还可以控制物体表面的高光点和阴影的位置。灯光通常需要和环境、模型以及模型的材质共同作用，才能得到丰富的色彩和明暗对比效果，从而使我们的三维图像达到犹如照片的真实感，如图 9-5 和图 9-6 所示为场景中添加了灯光前后的图像渲染结果对比。

本章工程文件

本章视频文件

图 9-5

图 9-6

灯光是画面中的重要构成要素之一，其主要功能如下。

1. 为画面提供足够的照明。

2. 通过光与影的关系来表达画面的空间感。

3. 为场景添加环境气氛，表现画面所表达的意境。

小技巧

当场景中没有灯光时，3ds Max 会使用默认的照明来渲染场景。执行菜单栏的“视图”→“视图配置”命令，即可打开“视图配置”对话框，如图 9-7 所示。单击展开“视觉样式和外观”选项卡，即可在“照明和阴影”组中查看到 3ds Max 使用哪种方式进行场景照明，如图 9-8 所示。

图 9-7

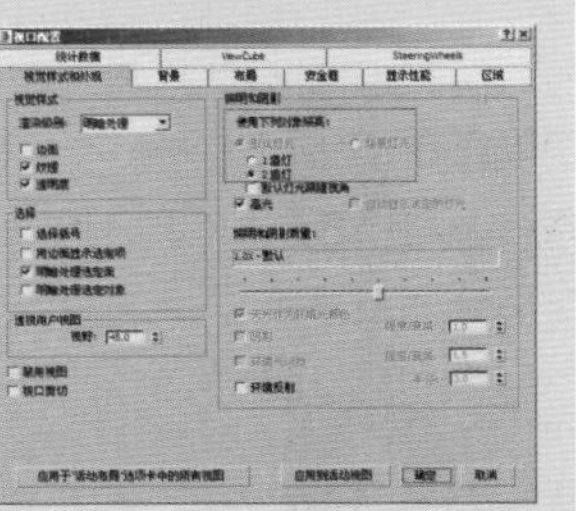

图 9-8

一旦场景中添加了一个灯光，那么默认的照明就会被禁用。3ds Max 会使用“场景灯光”选项来进行照明；如果场景中的所有灯光都被删除，则会重新启用默认的照明。

9.1.2 3ds Max 中的灯光

3ds Max 2016 提供了两种类型的灯光，分别是“光度学”灯光和“标准”灯光。将“命令”面板切换至创建“灯光”面板，在下拉列表中即可选择灯光的类型，如图 9-9 所示为“光度学”灯光类型中包含的灯光按钮；如图 9-10 所示为“标准”灯光类型中所包含的灯光按钮。

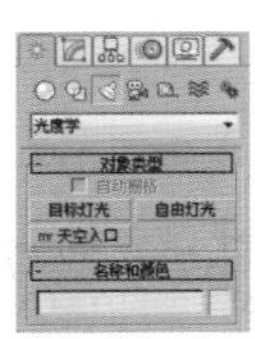

图 9-9

图 9-10

9.2 光度学灯光

当打开创建“灯光”面板时，可以看到系统默认的灯光类型就是“光度学”。其“对象类型”卷展栏内包含“目标灯光”按钮 目标灯光 、“自由灯光”按钮 自由灯光 和“mr 天空入口”按钮 mr 天空入口 。

9.2.1 目标灯光

“目标灯光”带有一个目标点，用来指明灯光的照射方向。通常可以用“目标灯光”来模拟灯泡、射灯、壁灯及台灯等灯具的照明效果。在“修改”面板中，“目标灯光”有“模板”“常规参数”“强度 / 颜色 / 衰减”“图形 / 区域阴影”“光线跟踪阴影参数”“大气和效果”“高级效果”和“mental ray 间接照明”8 个卷展栏，如图 9-11 所示。

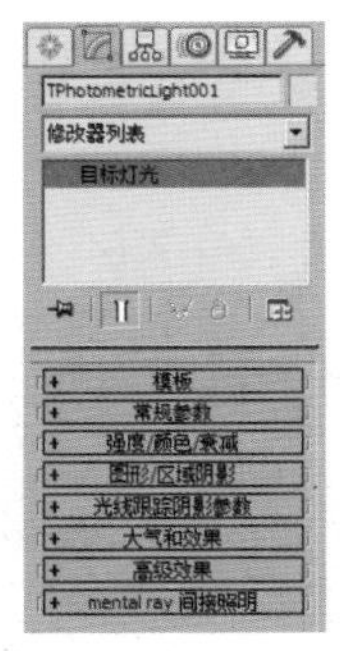

图 9-11

1. “模板”卷展栏

3ds Max 2016 提供了多种“模板”以供选择使用。当展开“模板”卷展栏时，可以看到 “选择模板”的命令提示，如图 9-12 所示。

单击“选择模板”旁边的黑色箭头图标，即可看到 3ds Max 2016 的“模板”库，如图 9-13 所示。

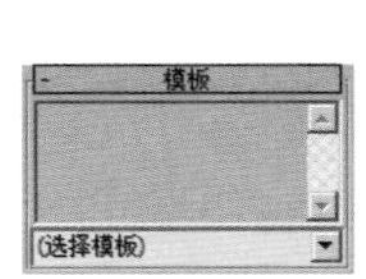

图 9-12

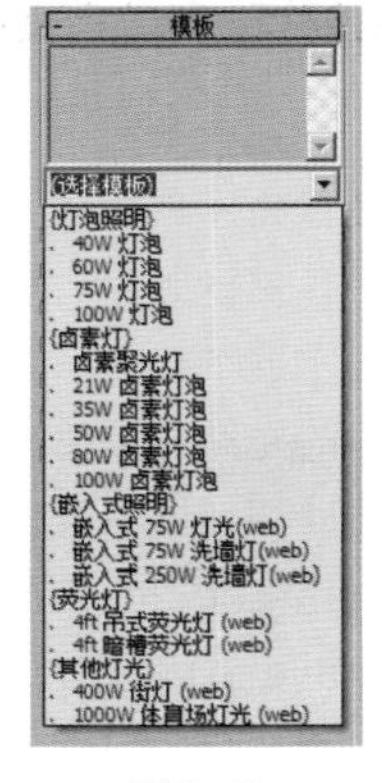

图 9-13

当选择列表中的不同灯光模板时，场景中的灯光图标，以及“修改”面板中的卷展栏分布都会发生相应的变化，如图 9-14 所示。

图 9-14

2. “常规参数”卷展栏

展开“常规参数”卷展栏后，其参数如图 9-15 所示。

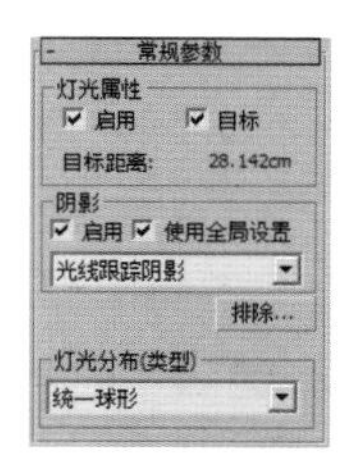

图 9-15

工具解析

①“灯光属性”组

✦ 启用：用于控制选择的灯光是否开启照明。

✦ 目标：控制选中的灯光是否具有可控的目标点。

✦ 目标距离：显示灯光与目标点之间的距离。

②“阴影”组

✦ 启用：决定当前灯光是否投射阴影。

✦ 使用全局设置：启用此选项以使用该灯光投射阴影的全局设置。禁用此选项以启用阴影的单个控件。如果未选择使用全局设置，则必须选择渲染器使用哪种方法来生成特定灯光的阴影。

✦ 阴影方法下拉列表：决定渲染器是否使用“高级光线跟踪阴影”“mental ray 阴影贴图”“区域阴影”“阴影贴图”“光线跟踪阴影”“X 阴影”“XShadow2”“VR-阴影”及“VR- 阴影贴图”生成该灯光的阴影，如图 9-16 所示。

✦ “排除”按钮 排除... ：将选定对象排除于灯光效果之外。单击此按钮可以显示“排除 / 包含”对话框，如图 9-17 所示。

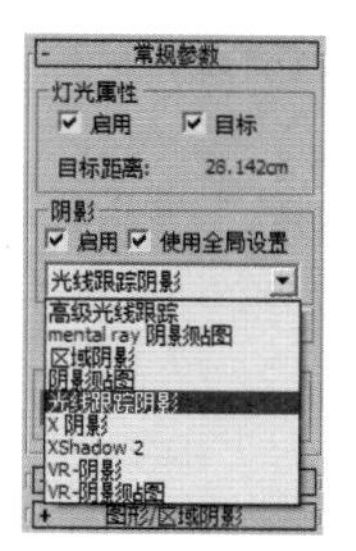

图 9-16

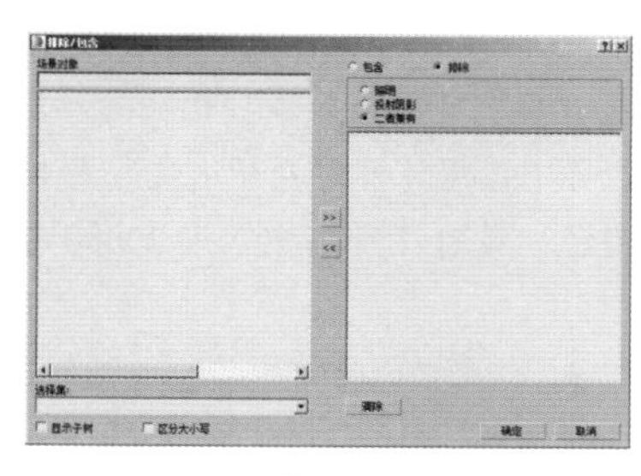

图 9-17

③“灯光分布（类型）”组

✦ 灯光分布类型列表中可以设置灯光的分布类型，包含“光度学 Web”“聚光灯”“统一漫反射”和“统一球形”4 种类型，如图 9-18 所示。

图 9-18

3. “强度 / 颜色 / 衰减”卷展栏

展开“强度 / 颜色 / 衰减”卷展栏后，其参数如图 9-19 所示。

图 9-19

工具解析

①“颜色”组

✦ 灯光：取自于常见的灯具照明规范，使之近似于灯光的光谱特征。3ds Max 2016 中提供了多种预先设置好的选项以供选择，如图 9-20 所示。

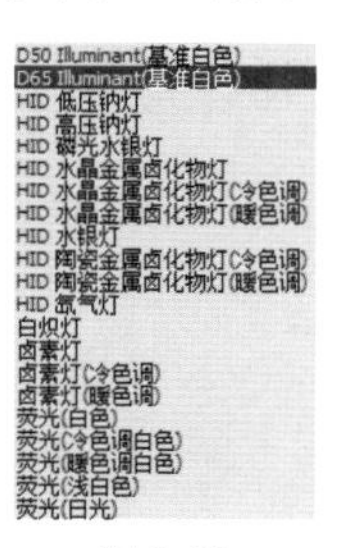

图 9-20

✦ 开尔文：通过调整色温微调器设置灯光的颜色，色温以开尔文度数显示，相应的颜色在温度微调器旁边的色样中可见。设置“开尔文”为 1800 时，灯光的颜色为橙色；设置“开尔文”为 20000 时，灯光的颜色为淡蓝色。

✦ 过滤颜色：使用颜色过滤器模拟置于光源上的滤色片的效果。

②“强度”组

✦ lm（流明）：测量灯光的总体输出功率（光通量）。100 瓦的通用灯炮约有 1750 lm 的光通量。

✦ cd（坎得拉）：用于测量灯光的最大发光强度，通常沿着瞄准目标发射。100W 通用灯炮的发光强度约为 139cd。

✦ lx (lux)：测量以一定距离并面向光源方向投射到表面上的灯光所带来的照射强度。

③“暗淡”组

✦ 结果强度：用于显示暗淡所产生的强度，并使用与“强度”组相同的单位。

✦ 暗淡百分比：启用该切换后，该值会指定用于降低灯光强度的“倍增”。如果值为 100%，则灯光具有最大强度。百分比较低时，灯光较暗。

✦ 光线暗淡时白炽灯颜色会切换：启用此选项后，灯光可在暗淡时通过产生更多黄色来模拟白炽灯。

④“远距衰减”组

✦ 使用：启用灯光的远距衰减。

✦ 显示：在视图中显示远距衰减范围设置。对于聚光灯分布，衰减范围看起来好像圆锥体。这些范围在其他的分布中呈球体状。默认情况下，“远距开始”为浅棕色并且“远距结束”为深棕色。

✦ 开始：设置灯光开始淡出的距离。

✦ 结束：设置灯光减为 0 的距离。

4.“图形 / 区域阴影”卷展栏

展开“图形 / 区域阴影”卷展栏后，其参数如图 9-21 所示。

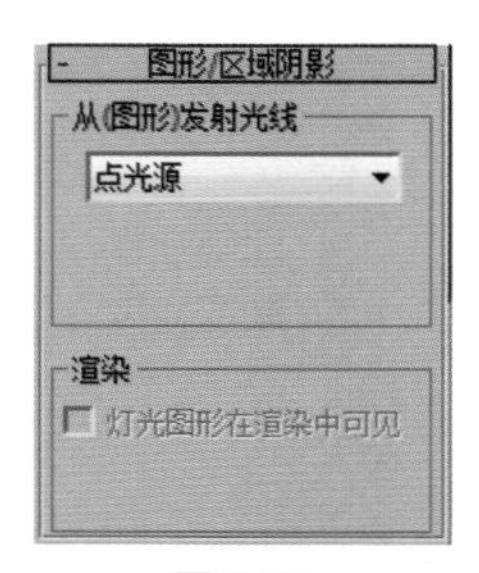

图 9-21

工具解析

✦ 从（图形）发射光线：选择阴影生成的图像类型，其下拉列表中提供了“点光源”“线”“矩形”“圆形”“球体”和“圆柱体”6 种方式可选，如图 9-22 所示。

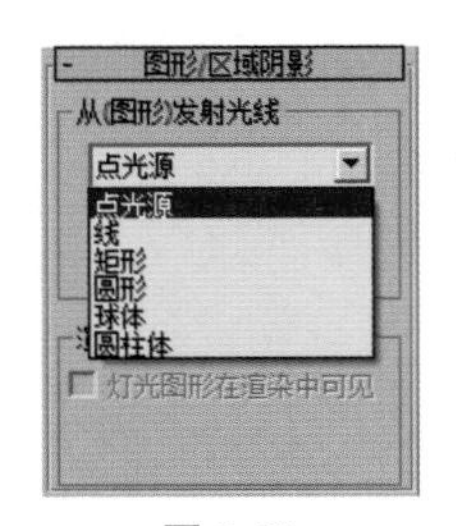

图 9-22

✦ 灯光图形在渲染中可见：启用此选项后，如果灯光对象位于视野内，则灯光图形在渲染中会显示为自供照明（发光）的图形。关闭此选项后，将无法渲染灯光图形，而只能渲染它投影的灯光。此选项默认设置为禁用。

5.“阴影参数”卷展栏

展开“阴影参数”卷展栏后，其参数如图 9-23 所示。

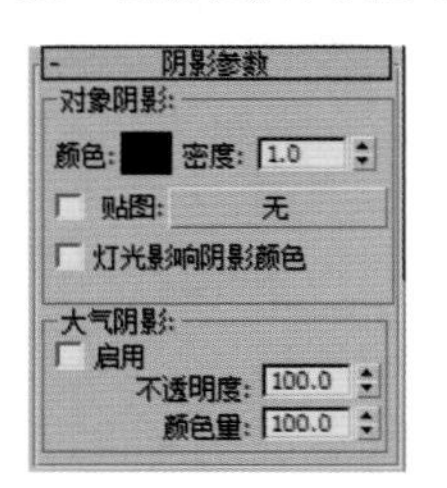

图 9-23

工具解析

①“对象阴影”组

✦ 颜色：设置灯光阴影的颜色，默认为黑色。

✦ 密度：设置灯光阴影的密度。

✦ 贴图：可以通过贴图模拟阴影。

✦ 灯光影响阴影颜色：可以将灯光颜色与阴影颜色混合起来。

②“大气阴影”组

✦ 启用：启用该选项后，大气效果如灯光穿过它们一样投射阴影。

✦ 不透明度：调整阴影的不透明度百分比。

✦ 颜色量：调整大气颜色与阴影颜色混合的量。

6.“阴影贴图参数”卷展栏

展开“阴影贴图参数”卷展栏后，其参数如图 9-24 所示。

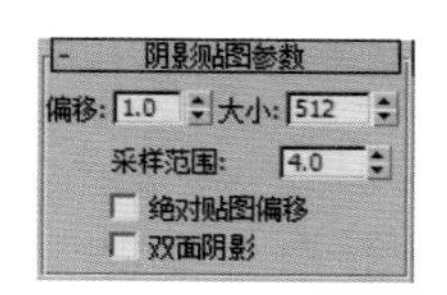

图 9-24

工具解析

✦ 偏移：将阴影移向或移开投射阴影的对象。

✦ 大小：设置用于计算灯光的阴影贴图的大小，值越高，阴影越清晰。

✦ 采样范围：决定阴影的计算精度，值越高，阴影的虚化效果越好。

✦ 绝对贴图偏移：启用该选项后，阴影贴图的偏移是不标准的，但是该偏移在固定比例的基础上会以 3ds Max 的单位来表示。

✦ 双面阴影：启用该选项后，计算阴影时，物体的背面也可以产生投影。

> **小技巧**
> 注意，此卷展栏的名称根据“常规参数”卷展栏内的阴影类型来决定，不同的阴影类型将影响此卷展栏的名称及内部参数。

7. “大气和效果”卷展栏

展开“大气和效果”卷展栏后，其参数如图 9-25 所示。

图 9-25

工具解析

✦ “添加”按钮 添加 ：单击此按钮可以打开“添加大气或效果”对话框，如图 9-26 所示。在该对话框中可以将大气或渲染效果添加到灯光上。

✦ “删除”按钮 删除 ：添加大气或效果之后，在大气或效果列表中选择大气或效果，然后单击此按钮进行删除操作。

✦ “设置”按钮 设置 ：单击此按钮可以打开“环境和效果”面板，如图 9-27 所示。

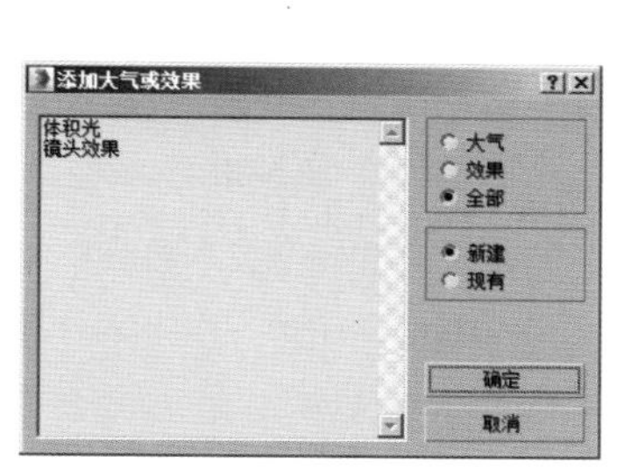

图 9-26

图 9-27

实例操作：使用目标灯光制作壁灯照明效果

实例：使用目标灯光制作壁灯照明效果

实例位置：	工程文件 >CH09> 壁灯 .max
视频位置：	视频文件 >CH09> 实例：使用目标灯光制作壁灯照明效果 .mp4
实用指数：	★★☆☆☆
技术掌握：	掌握 3ds Max 的目标灯光使用方法。

在本例中，讲解如何使用目标灯光快速制作落地灯的灯光效果，其场景的渲染效果如图 9-28 所示。

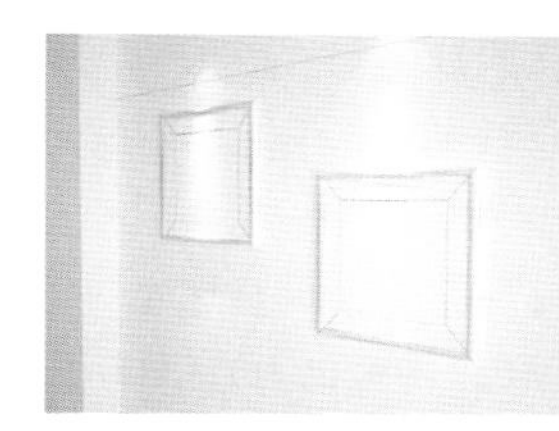

图 9-28

01 启动 3ds Max 2016，打开本书附带资源的“壁灯 .max”文件，如图 9-29 所示。

02 按 L 键，进入左视图。在创建“灯光”面板中，单击“目标灯光”按钮 目标灯光 ，即可在场景中射灯位置处创建出一个目标灯光，如图 9-30 所示。

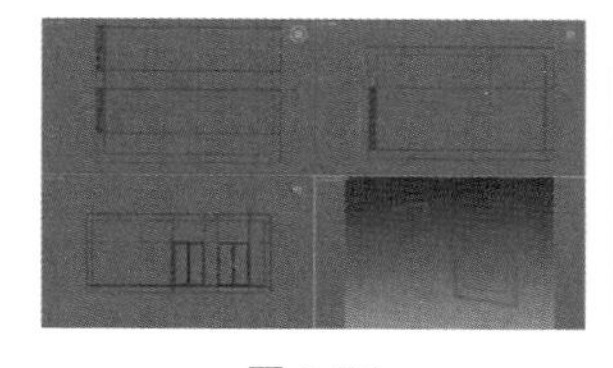

图 9-29

图 9-30

03 按 F 键，进入前视图。调制目标灯光位置，如图 9-31 所示。

04 按住 Shift 键，以拖曳方式“实例”复制一个目标灯光至场景中另一个射灯模型的位置，如图 9-32 所示。

图 9-31

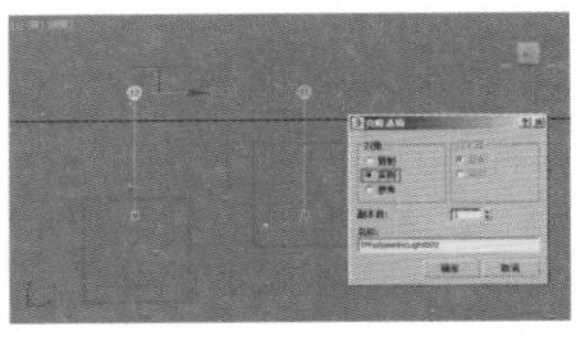
图 9-32

05 在“修改”面板中，单击展开“常规参数”卷展栏，设置“灯光分布（类型）”为“光度学 Web”，如图 9-33 所示。

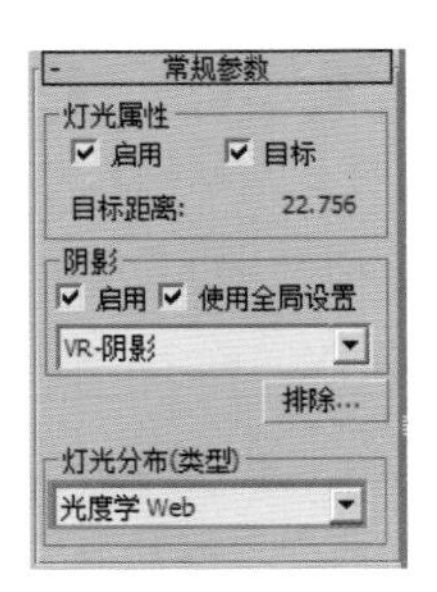

图 9-33

06 单击展开“分布（光度学 Web）”卷展栏，单击“选择光度学文件”按钮 <选择光度学文件>，在弹出的“打开光域 Web 文件”对话框中浏览“射灯 .ies”文件，同时，观察场景中的目标灯光图标形状变成如图 9-34 所示的状态。

07 单击展开“强度 / 颜色 / 衰减”卷展栏，调整灯光的“强度”为 60000cd，并设置“过滤颜色”为橙色（红：245，绿：180，蓝：110），如图 9-35 所示。

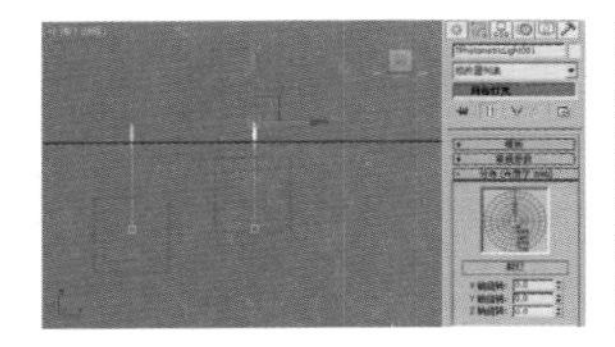
图 9-34

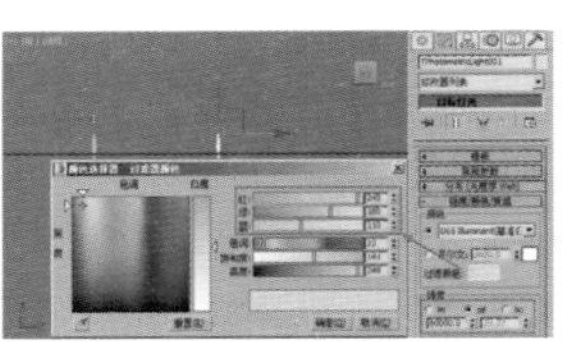
图 9-35

08 按快捷键 Shift+Q，渲染场景，最终渲染结果如图 9-36 所示。

图 9-36

9.2.2 自由灯光

“自由灯光”无目标点，在创建“灯光”面板，单击“自由灯光”按钮 自由灯光 即可在场景中创建出一个自由灯光，如图 9-37 所示。

“自由灯光”的参数与上一节所讲的“目标灯光”的参数完全一致，它们的区别仅仅在于是否具有目标点。并且“自由灯光”创建完成后，目标点又可以在“修改”面板通过其“常规参数”卷展栏内的“目标”复选框来进行切换，如图 9-38 所示。

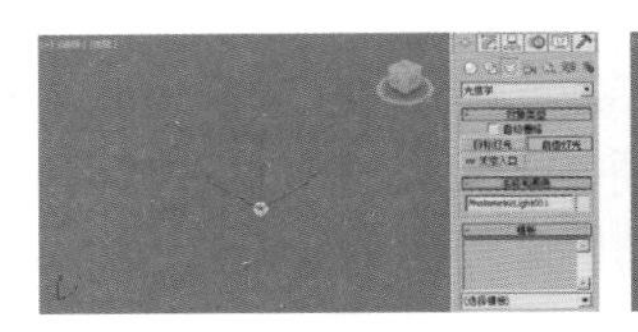
图 9-37

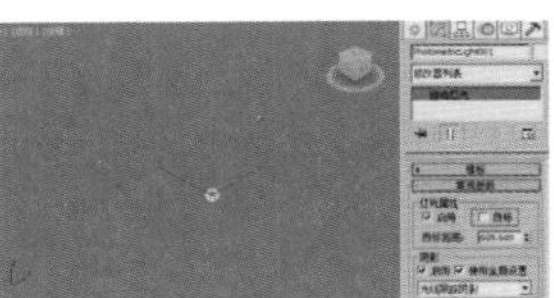
图 9-38

实例操作：使用自由灯光制作落地灯照明效果

实例：使用自由灯光制作落地灯照明效果

实例位置：工程文件 >CH09> 落地灯 .max
视频位置：视频文件 >CH09> 实例：使用自由灯光制作落地灯照明效果 .mp4
实用指数：★★☆☆☆
技术掌握：掌握 3ds Max 的自由灯光的使用方法。

在本例中，讲解如何使用自由灯光快速地制作落地灯的灯光效果，本场景的渲染效果如图 9-39 所示。

图 9-39

01 启动 3ds Max 2016，打开本书附带资源的“落地灯 .max”文件，如图 9-40 所示。

02 在创建“灯光”面板中，单击“自由灯光”按钮，在顶视图中创建出一个“自由灯光”，如图 9-41 所示。

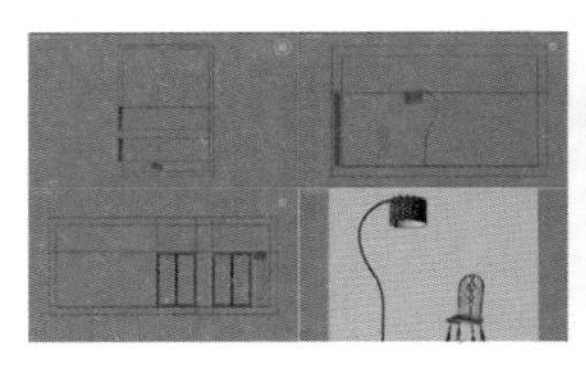
图 9-40

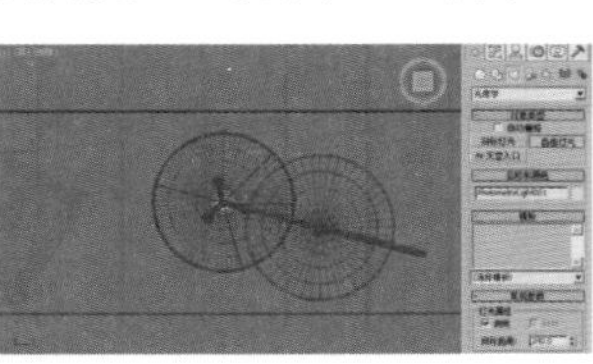
图 9-41

03 在前视图中，调整灯光的位置，如图 9-42 所示。

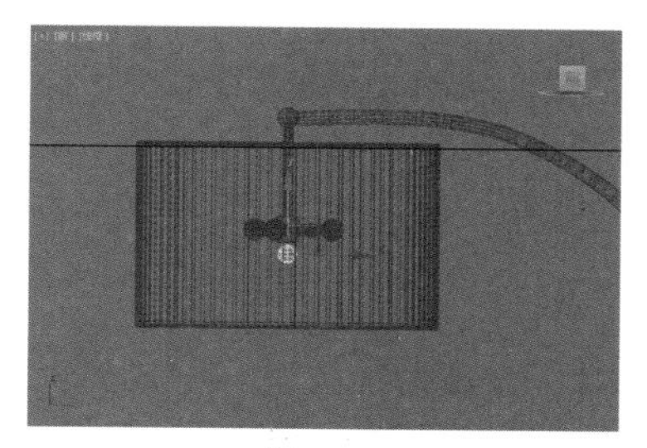

图 9-42

04 在“修改”面板中，展开“常规参数”卷展栏。选中“启用”选项，并设置阴影的计算方式为“VR- 阴影”，如图 9-43 所示。

05 展开“强度 / 颜色 / 衰减”卷展栏，设置“过滤颜色”为橙色（红：241，绿：211，蓝：171），设置灯光的“强度”为 8500cd，如图 9-44 所示。

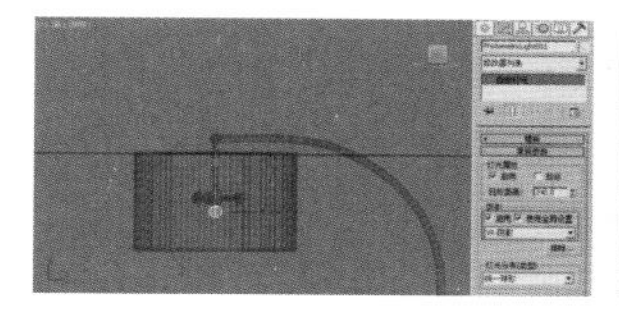

图 9-43

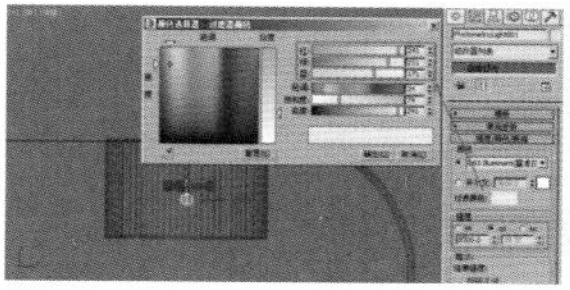

图 9-44

06 按快捷键 Shift+Q，渲染场景，最终渲染结果如图 9-45 所示。

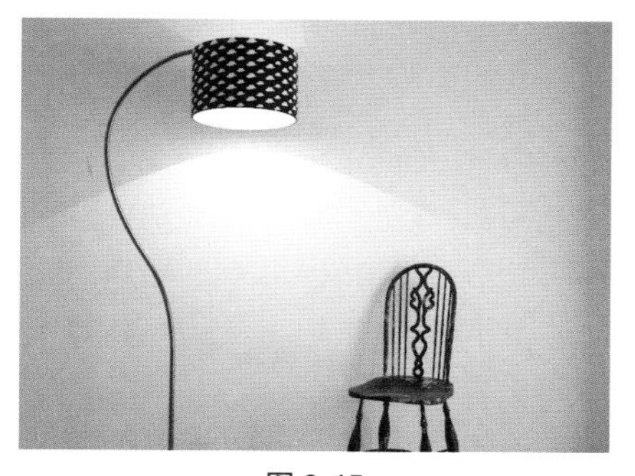

图 9-45

9.2.3　mr 天空入口

在“灯光”面板，单击“mr 天空入口”按钮 mr天空入口 即可在场景中创建一个方形区域的灯光，如图 9-46 所示。

“mr 天空入口”灯光的参数较少，如图 9-47 所示。

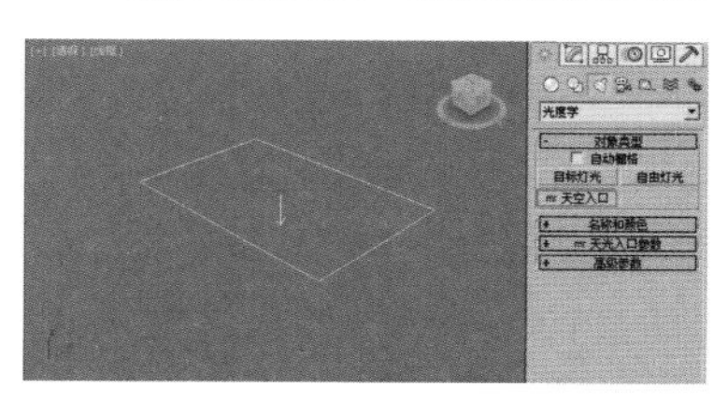

图 9-46

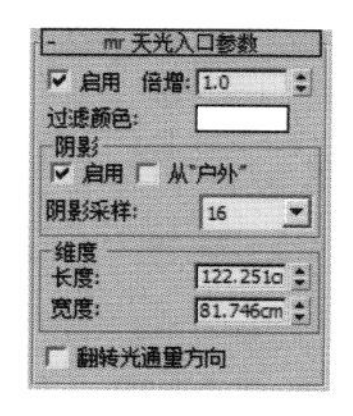

图 9-47

工具解析

✦ 启用：切换来自入口的照明。禁用时，入口对场景照明没有任何效果。

✦ 倍增：增加灯光功率。

✦ 过滤颜色：渲染来自外部的颜色。

①“阴影”组

✦ 启用：切换由入口灯光投影的阴影。默认情况下，入口仅从其内部的对象投射阴影；也就是说，在箭头一侧。

✦ 从“户外”：启用此选项时，从入口外部的对象投射阴影；也就是说，在远离箭头图标的一侧。默认情况下，此选项处于禁用状态，因为启用后会显著增加渲染时间。

✦ 阴影采样：由入口投影的阴影的总体质量。如果渲染的图像呈颗粒状，可增加此值。

②“维度”组

✦ 长度 / 宽度：使用这些微调器设置灯光的长度或宽度。

✦ 翻转光通量方向：确定灯光穿过入口方向。箭头必须指向入口内部，这样才能从天空或环境投影光。如果指向外部，需要切换此设置。

9.3　标准灯光

“标准”灯光包括 8 个灯光按钮，分别为“目标聚光灯”按钮 目标聚光灯 、“自由聚光灯”按钮 自由聚光灯 、“目标平行光”按钮 目标平行光 、“自由平行光”按钮 自由平行光 、“泛光”按钮 泛光 、“天光”按钮 天光 、mr Area Omni 按钮 mr Area Omni 和 mr Area Spot 按钮 mr Area Spot ，如图 9-48 所示。

图 9-48

9.3.1　目标聚光灯

“目标聚光灯”的光线照射方式与手电筒、舞台光束灯等的照射方式非常相似，都是从一个点光源向一个方向发射光线。目标聚光灯有一个可控的目标点，无论怎样移动聚光灯的位置，光线始终照射目标所在的位置。在“修改”面板中，“目标聚光灯”有“常规参数”“强度 / 颜色 / 衰减”“聚光灯参数”“高级效果”“阴影参数”“VRay 阴影参数”“大气和效果”和“mental ray 间接照明”8 个卷展栏，如图 9-49 所示。

图 9-49

1. “常规参数”卷展栏

展开“常规参数”卷展栏后，其参数如图 9-50 所示。

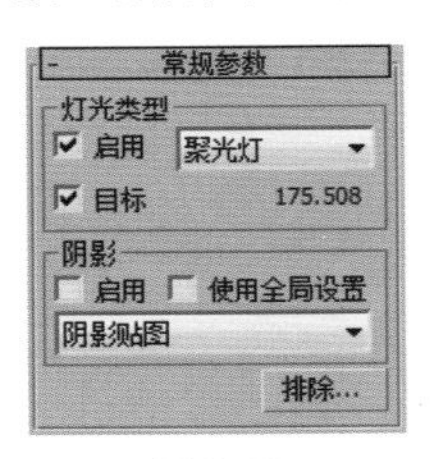

图 9-50

工具解析

①“灯光类型”组

✦ 启用：用于控制选择的灯光是否开启照明。后面的下拉列表中可以选择灯光的 3 种类型，有“聚光灯”“平行光”和“泛光”。

✦ 目标：控制所选择的灯光是否具有可控的目标点，同时显示灯光与目标点之间的距离。

②“阴影”组

✦ 启用：决定当前灯光是否投射阴影。

✦ 使用全局设置：启用此选项以使用该灯光投射阴影的全局设置。禁用此选项以启用阴影的单个控件。如果未选择使用全局设置，则必须选择渲染器使用哪种方式来生成特定灯光的阴影。

✦ 阴影方法：决定渲染器是否使用“高级光线跟踪”“mental ray 阴影贴图”“区域阴影”“阴影贴图”或“光线跟踪阴影”生成该灯光的阴影，如图 9-51 所示。

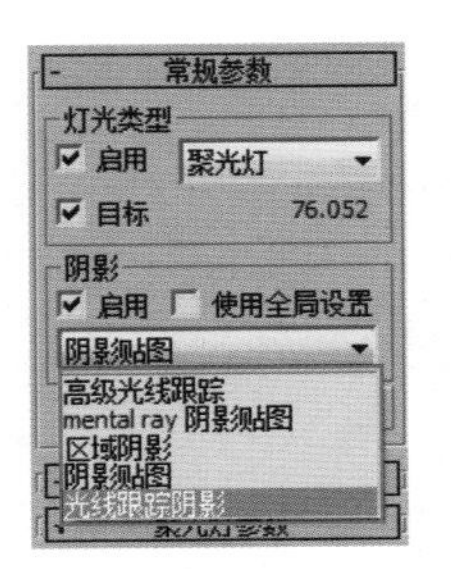

图 9-51

✦ “排除”按钮 排除...：将选定对象排除于灯光效果之外。单击此按钮可以显示“排除 / 包含”对话框。

2. “强度 / 颜色 / 衰减”卷展栏

展开“强度 / 颜色 / 衰减”卷展栏后，其参数如图 9-52 所示。

图 9-52

工具解析

✦ 倍增：将灯光的功率放大正或负的量。例如，如果将倍增设置为 2，灯光将亮两倍。负值可以减去灯光，这对于在场景中有选择地放置黑暗区域非常有用。默认值为 1.0。

①“衰退”组

✦ 衰退：衰退的类型有 3 种，分别为“无”“反向”和“平方反比”。其中，“无”指不应用衰退；“反向”指应用反向衰退；“平方反比”指应用平方反比衰退。

✦ 开始：如果不使用衰退，则设置灯光开始衰退的距离。

✦ 显示：在视图中显示衰退范围。

②“近距衰减”组

✦ 开始：设置灯光开始淡入的距离。

✦ 结束：设置灯光达到其全值的距离。

✦ 使用：启用灯光的近距衰减。

✦ 显示：在视图中显示近距衰减范围设置，如图 9-53 所示为显示了近距衰减的聚光灯。

③“远距衰减”组

✦ 开始：设置灯光开始淡出的距离。

✦ 结束：设置灯光为 0 的距离。

✦ 使用：启用灯光的远距衰减。

✦ 显示：在视图中显示远距衰减范围的设置，如图 9-54 所示为显示了远距衰减的聚光灯。

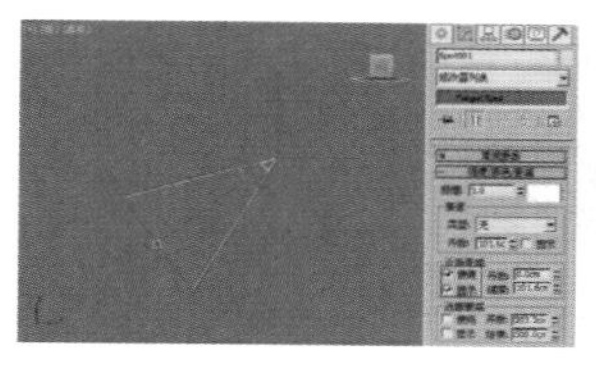

图 9-53

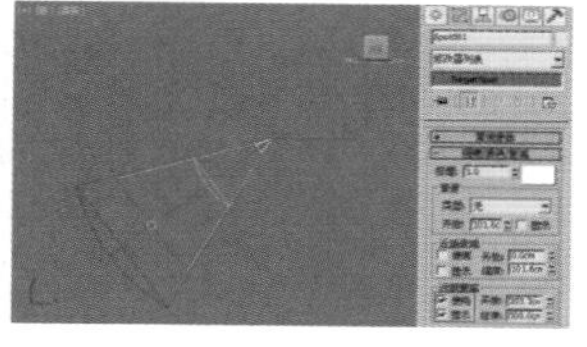

图 9-54

3."聚光灯参数"卷展栏

展开"聚光灯参数"卷展栏后，其参数如图 9-55 所示。

图 9-55

工具解析

✦ 显示光锥：启用或禁用圆锥体的显示。当选中"显示光锥"复选框时，即使不选择该灯光，仍然可以在视图中看到其光锥效果，如图 9-56 所示。

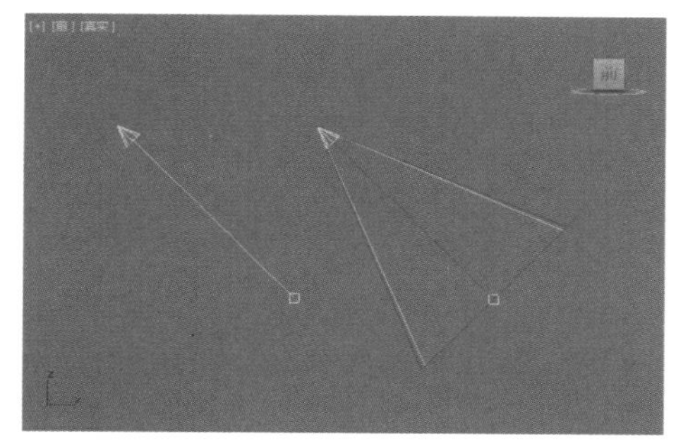

图 9-56

✦ 泛光化：启用该选项后，灯光在所有方向上投影灯光。但是，投影和阴影只发生在其衰减圆锥体内。

✦ 聚光区 / 光束：调整灯光圆锥体的角度，聚光区值以度为单位进行测量，默认值为 43.0。

✦ 衰减区 / 区域：调整灯光衰减区的角度，衰减区值以度为单位进行测量，默认值为 45.0。

✦ 圆 / 矩形：确定聚光区和衰减区的形状。如果想要一个标准圆形的灯光，应设置为"圆形"；如果想要一个矩形的光束（如灯光通过窗户或门口投影），应设置为"矩形"。

✦ 纵横比：设置矩形光束的纵横比，使用"位图适配"按钮可以使纵横比匹配特定的位图。默认值为 1.0。

✦ 位图拟合：如果灯光的投影纵横比为矩形，应设置纵横比以匹配特定的位图。当灯光用作投影灯时，该选项非常有用。

4."高级效果"卷展栏

展开"高级效果"卷展栏后，其参数如图 9-57 所示。

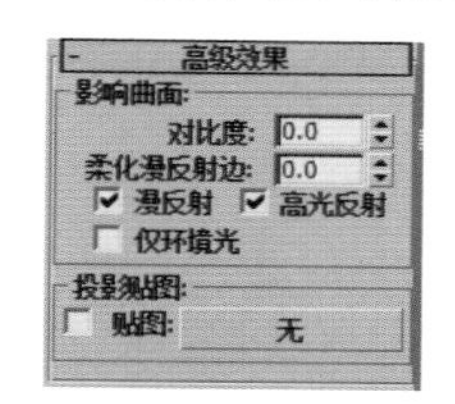

图 9-57

工具解析

①"影响曲面"组

✦ 对比度：调整曲面的漫反射区域和环境光区域之间的对比度。

✦ 柔化漫反射边：增加"柔化漫反射边"的值可以柔化曲面的漫反射部分与环境光部分之间的边缘。这样有助于消除在某些情况下曲面上出现的边缘。默认值为 50。

✦ 漫反射：启用此选项，灯光将影响对象曲面的漫反射属性；禁用此选项，灯光在漫反射曲面上没有效果。默认设置为启用。

✦ 高光：启用此选项，灯光将影响对象曲面的高光属性；禁用此选项，灯光在高光属性上没有效果。默认设置为启用。

✦ 仅环境光：启用此选项，灯光仅影响照明的环境光组件。

②"投影贴图"组

✦ 贴图：可以使用后面的"拾取"按钮为投影设置贴图。

实例操作：使用目标聚光灯制作台灯照明效果

实例：使用目标聚光灯制作台灯照明效果

实例位置：	工程文件 >CH09> 台灯 .max
视频位置：	视频文件 >CH09> 实例：使用目标聚光灯制作台灯照明效果 .mp4
实用指数：	★★★☆☆
技术掌握：	掌握 3ds Max 的目标聚光灯的使用方法。

在本例中，讲解如何使用目标聚光灯快速地制作台灯的灯光效果，本场景的渲染效果如图 9-58 所示。

图 9-58

01 启动 3ds Max 2016 后，打开本书附带资源的“台灯 .max”文件，如图 9-59 所示。

02 按 F 键，在前视图中，单击“目标聚光灯”按钮 目标聚光灯，在场景中创建一个目标聚光灯，如图 9-60 所示。

图 9-59

图 9-60

03 在顶视图中，调整灯光的位置，如图 9-61 所示。

04 在“修改”面板中，展开“常规参数”卷展栏，选中“阴影”组中的“启用”选项，并设置阴影的类型为“VR- 阴影”，如图 9-62 所示。

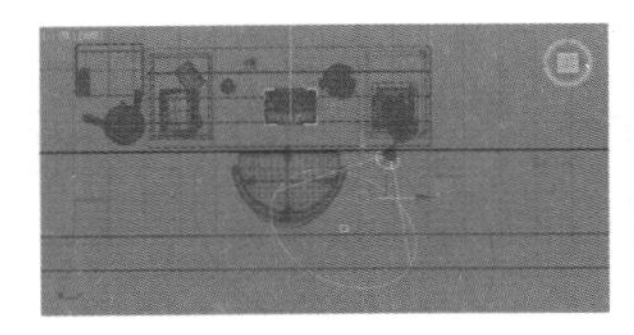

图 9-61

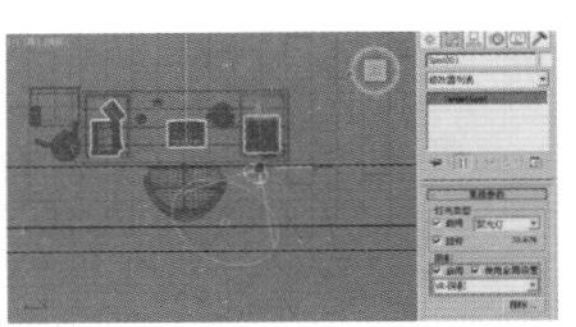

图 9-62

05 展开“强度 / 颜色 / 衰减”卷展栏，设置灯光的“倍增”为 12，并设置灯光的颜色为黄色（红：243，绿：198，蓝：77），如图 9-63 所示。

06 展开“聚光灯参数”卷展栏，设置“聚光区 / 光束”为 60，设置“衰减区 / 区域”为 100，调整灯光的照射范围，如图 9-64 所示。

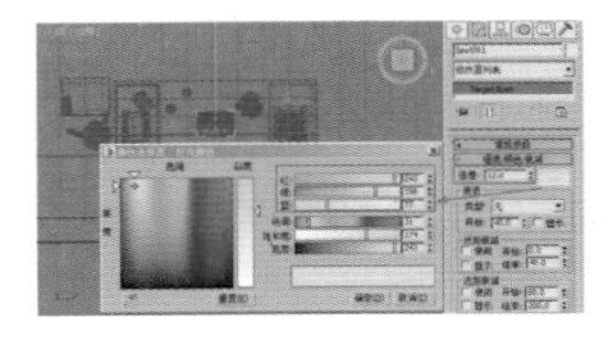

图 9-63

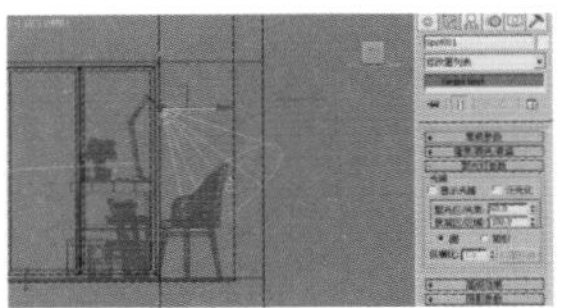

图 9-64

07 按快捷键 Shift+Q，渲染摄影机视图，渲染结果如图 9-65 所示。

图 9-65

9.3.2 目标平行光

“目标平行光”的参数及使用方法与“目标聚光灯”基本一致，唯一的区别就在于照射的区域上。“目标聚光灯”的灯光是从一个点照射到一个区域范围上，而“目标平行光”的灯光是从一个区域平行照射到另一个区域，如图 9-66 所示。

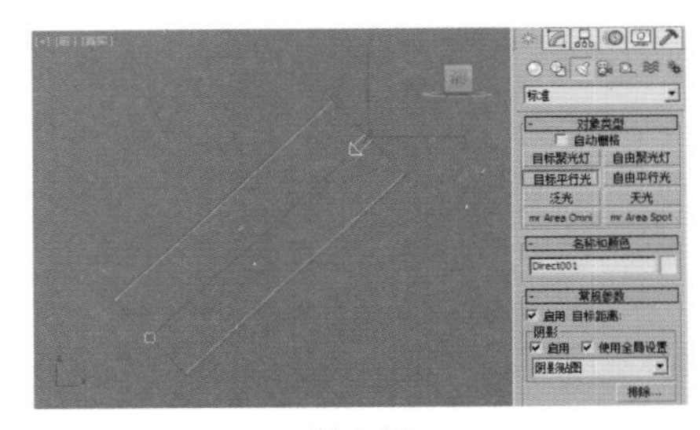

图 9-66

实例操作：使用目标平行光制作清晨照明效果

实例：使用目标平行光制作清晨照明效果

实例位置：	工程文件 >CH09> 建筑 .max
视频位置：	视频文件 >CH09> 实例：使用目标平行光制作日光清晨效果 .mp4
实用指数：	★★★☆☆
技术掌握：	掌握 3ds Max 的目标平行光的使用方法。

在本例中，讲解如何使用目标平行光制作表现清晨时分日光的效果，本场景的渲染效果如图 9-67 所示。

图 9-67

01 启动 3ds Max 2016 后，打开本书附带资源的“建筑 .max”文件，如图 9-68 所示。

02 按 F 键，单击“目标平行光”按钮 目标平行光 ，在前视图中，创建一个目标平行光，如图 9-69 所示。

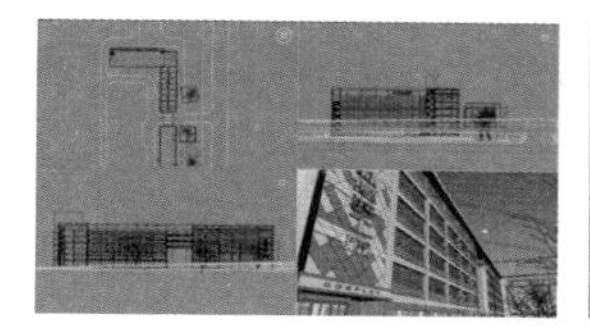

图 9-68

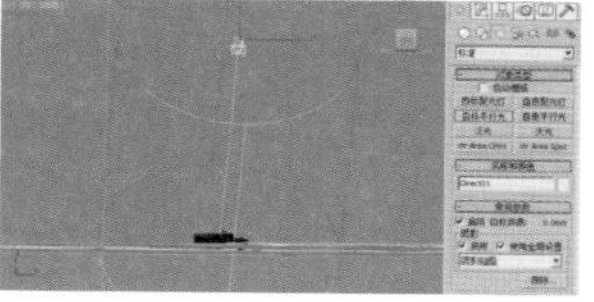

图 9-69

03 按 T 键，将视图切换至顶视图，调整目标平行光的位置，如图 9-70 所示。

04 在“修改”面板中，单击展开“常规参数”卷展栏，选中“阴影”组内的“启用”选项，并设置使用“VR- 阴影”，如图 9-71 所示。

图 9-70

图 9-71

05 展开“强度 / 颜色 / 衰减”卷展栏，设置灯光的“倍增”为 0.8，并设置灯光的颜色为浅黄色（红：255，绿：253，蓝：237），如图 9-72 所示。

06 单击展开“平行光参数”卷展栏，调整“聚光区 / 光束”为 200，调整“衰减区 / 区域”为 210，控制灯光的照射范围，如图 9-73 所示。

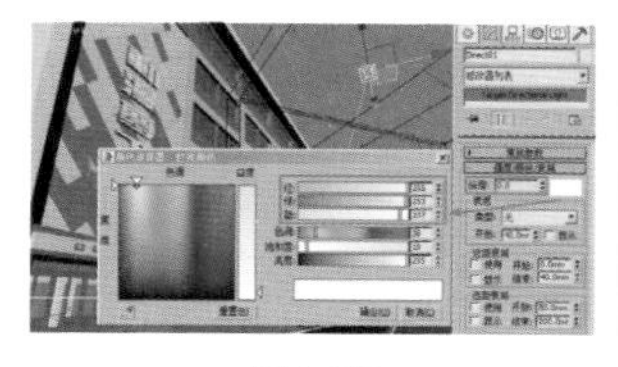

图 9-72

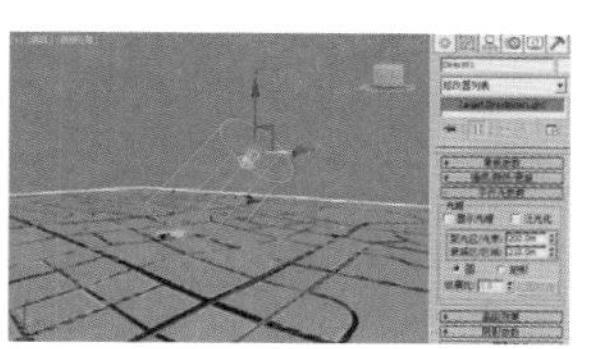

图 9-73

07 设置完成后，按快捷键 Shift+Q，渲染摄影机视图，最终渲染结果如图 9-74 所示。

图 9-74

实例操作：使用目标平行光制作午后照明效果

实例：使用目标平行光制作黄昏照明效果

实例位置：　工程文件 >CH09> 室内 .max

视频位置：　视频文件 >CH09> 实例：使用目标平行光制作午后照明效果 .mp4

实用指数：　★★★☆☆

技术掌握：　掌握 3ds Max 的目标平行光的使用方法。

在本例中，讲解如何使用目标平行光制作表现午后时分日光的效果，本场景的渲染效果如图 9-75 所示。

图 9-75

01 启动 3ds Max 2016 后，打开本书附带资源的“室内 .max”文件，如图 9-76 所示。

02 按 F 键，单击“目标平行光”按钮 目标平行光 ，在前视图中，创建一个目标平行光，如图 9-77 所示。

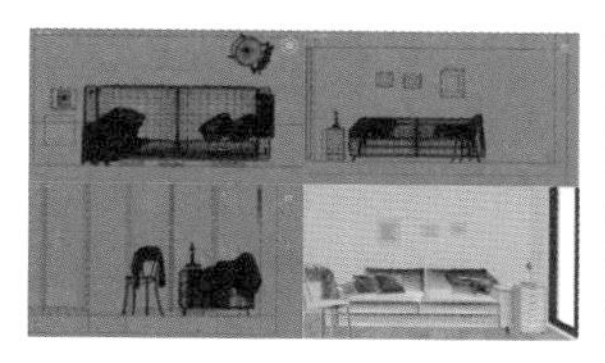

图 9-76

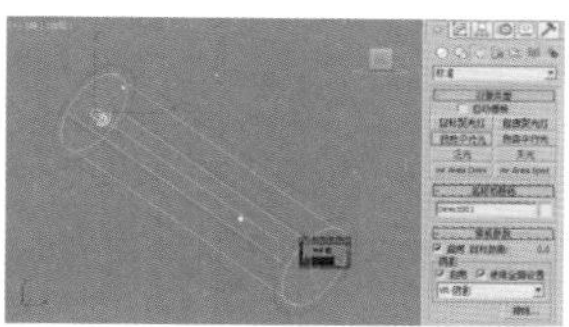

图 9-77

03 按 T 键，将视图切换至顶视图，调整目标平行光的位置如图 9-78 所示。

04 在“修改”面板中，单击展开“常规参数”卷展栏，选中“阴影”组内的“启用”选项，并设置使用“VR- 阴影”，如图 9-79 所示。

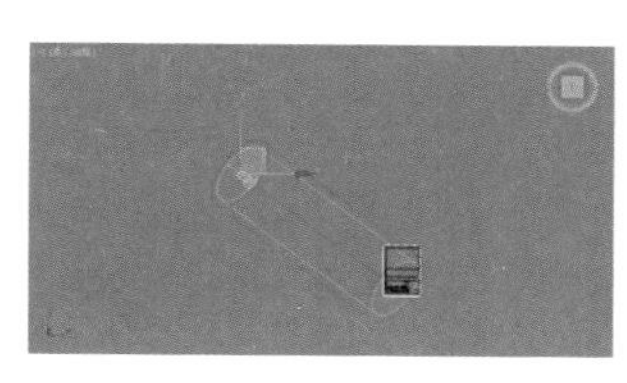

图 9-78

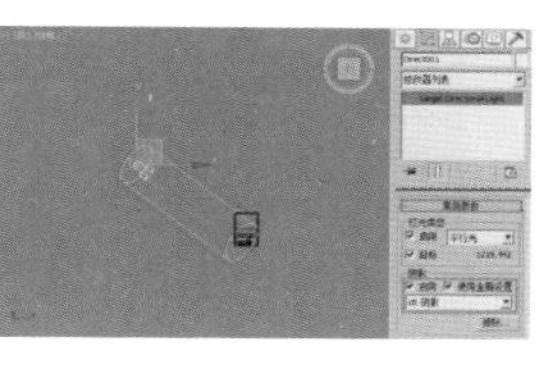

图 9-79

05 展开“强度 / 颜色 / 衰减”卷展栏，设置灯光的“倍增”为 1，并设置灯光的颜色为橙色（红：248，绿：186，蓝：136），如图 9-80 所示。

06 单击展开“平行光参数”卷展栏，调整“聚光区 / 光束”为 177，“衰减区 / 区域”为 219，控制灯光的照射范围，如图 9-81 所示。

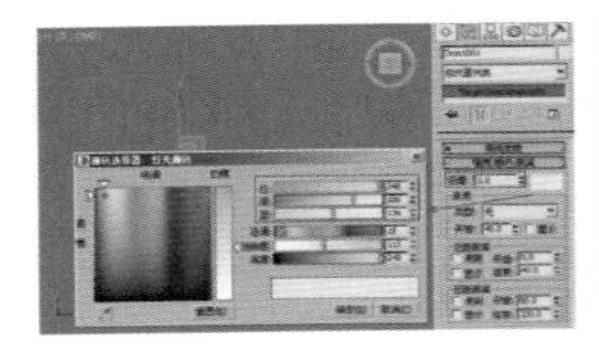

图 9-80

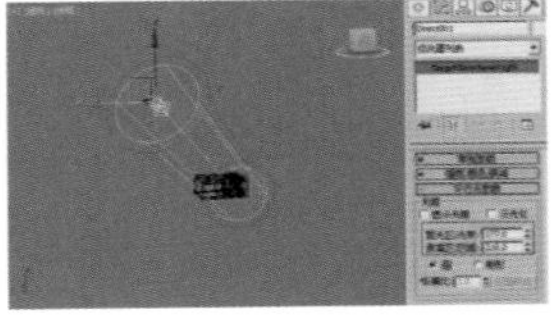

图 9-81

07 展开“VRay 阴影参数”卷展栏，选中“区域阴影”选项，设置“U 大小”“V 大小”和“W 大小”均为 10，设置“细分”为 32，提高阴影的计算精度，如图 9-82 所示。

08 设置完成后，按快捷键 Shift+Q，渲染摄影机视图，最终渲染结果如图 9-83 所示。

图 9-82

图 9-83

9.3.3 泛光

泛光是模拟单个光源向各个方向投影光线，优点在于方便创建而不必考虑照射范围。泛光灯用于将“辅助照明”添加到场景中，或模拟点光源，如灯泡、烛光等，如图 9-84 所示。

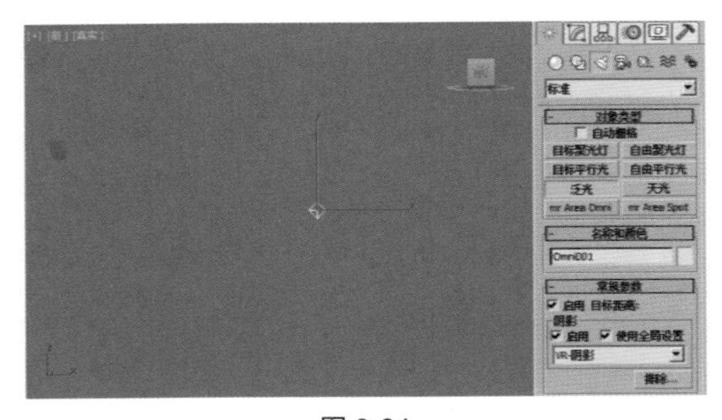

图 9-84

技巧与提示：

泛光的参数及使用方法与“目标聚光灯”基本一致，泛光没有目标点，在其“修改”面板中“目标”选项为不可用状态。通过在“修改”面板中的“常规参数”卷展栏内，将灯光类型切换为“聚光灯”或“平行光”后，才可以选择“目标”选项。

9.3.4 天光

天光主要用来模拟天空光，常用来作为环境中的补光。天光也可以作为场景中的唯一光源，这样可以模拟阴天环境下，无直射阳光的光照场景，如图 9-85 所示。

天光的参数命令，如图 9-86 所示。

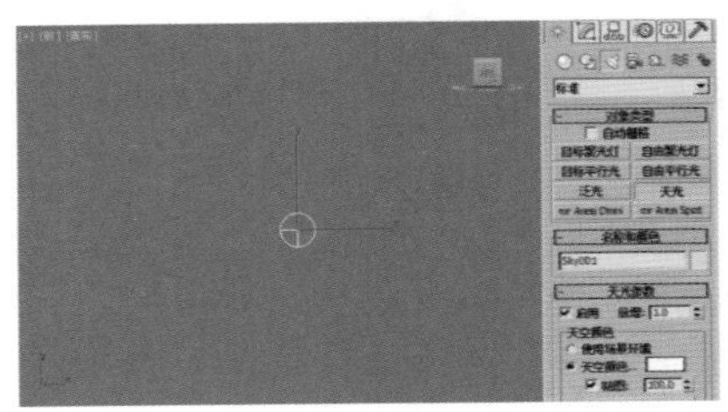

图 9-85

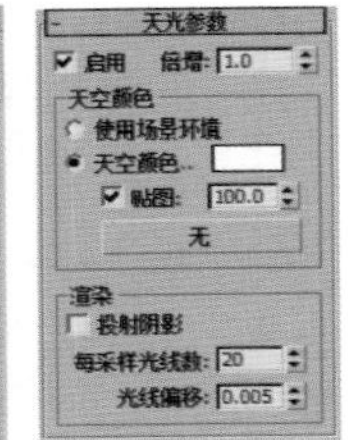

图 9-86

工具解析

①“天光参数”栏

✦ 启用：控制是否开启天光。

✦ 倍增：控制天光的强度。

②“天空颜色”组

✦ 使用场景环境：使用“环境与特效”对话框中设置的“环境光”颜色作为天光的颜色。

✦ 天空颜色：设置天光的颜色。

✦ 贴图：指定贴图影响天光的颜色。

③“渲染”组

✦ 投射阴影：控制天光是否投射阴影。

✦ 每采样光线数：计算落在场景中每个点上的光子数目。

✦ 光线偏移：设置光线产生的偏移距离。

9.3.5 mr Area Omni

当使用 NVIDIA mental ray 渲染器来渲染场景时，可以使用 mr Area Omni（mental ray 区域泛光）模拟制作从一个区域发射的光线。使用 mr Area Omni（mental ray 区域泛光）渲染场景要比泛光的渲染速度慢，它与之前所讲的泛光的参数基本相同，仅仅在“修改”面板中多出一个“区域灯光参数”卷展栏，如图 9-87 所示。

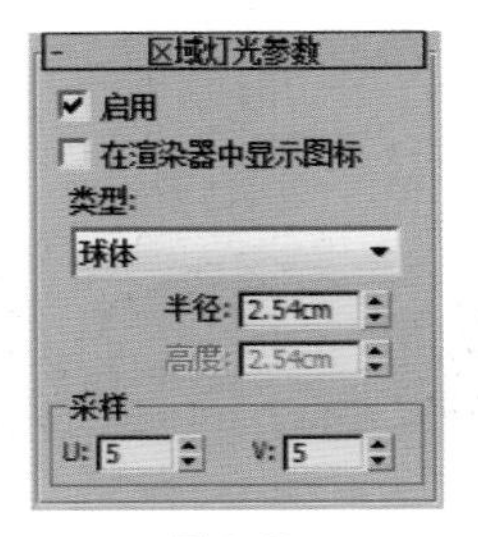

图 9-87

工具解析

✦ 启用：控制是否开启区域灯光计算。

✦ 在渲染器中显示图标：启用该选项后，mental ray 渲染器将渲染灯光位置的黑色区域。

✦ 类型：设置区域灯光的形状，有“球体”和“圆柱体”两种可选。

✦ 半径：设置球体或圆柱体的半径。

✦ 高度：当区域灯光的类型设置为圆柱体时，激活该设置，用来设置圆柱体的高度。

✦ 采样 U/V：设置区域灯光投影的质量。

9.3.6　mr Area Spot

当使用 NVIDIA mental ray 渲染器渲染场景时，可以使用 mr Area Spot（mental ray 区域聚光灯）模拟制作从一个区域向另一个方向发射光线。

mr Area Spot（mental ray 区域聚光灯）的参数与 mr Area Omni（mental ray 区域泛光）几乎一致，只是增加了一个“聚光灯参数”卷展栏，而此卷展栏内的参数又与聚光灯的相应卷展栏一样。在灯光类型上也可以切换至“平行光”或者“泛光”，如图 9-88 所示。

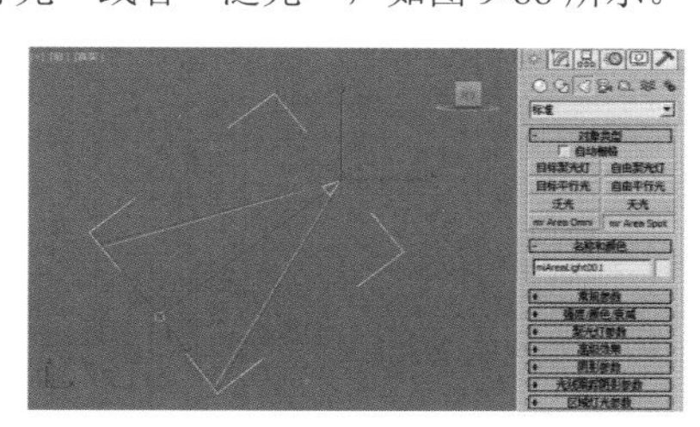

图 9-88

实例操作：使用 mr Area Spot 制作产品展示照明效果

实例：使用 mr Area Spot 制作产品展示照明效果

实例位置：　工程文件 >CH09> 产品 .max

视频位置：　视频文件 >CH09> 实例：使用 mr Area Spot 制作产品展示照明效果 .mp4

实用指数：　★★★☆☆

技术掌握：　掌握 3ds Max 的 mr Area Spot 灯光的使用方法。

在本例中，讲解如何使用 mr Area Spot 制作产品表现的灯光效果，本场景的渲染效果如图 9-89 所示。

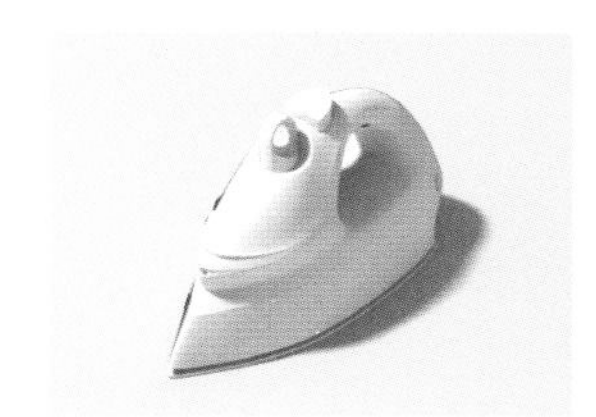

图 9-89

01 启动 3ds Max 2016 后，打开本书附带资源的“产品 .max”文件，如图 9-90 所示。

02 按 F 键，单击 mr Area Spot 按钮 mr Area Spot，在前视图中，创建一个 mr 区域聚光灯，如图 9-91 所示。

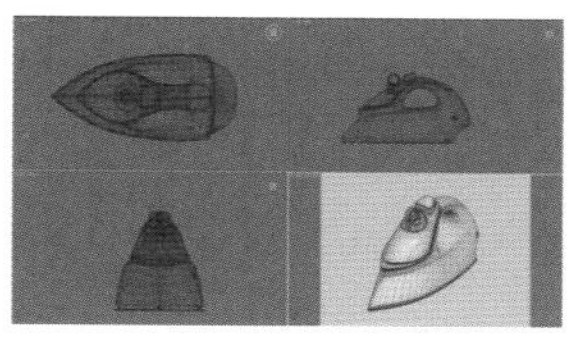

图 9-90

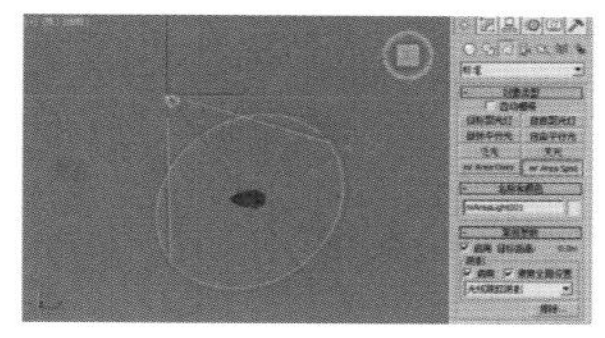

图 9-91

03 按 T 键，将视图切换至顶视图，调整目标平行光的位置如图 9-92 所示。

04 在“修改”面板中，单击展开“区域灯光参数”卷展栏，设置灯光的“类型”为“圆形”，并调整“半径”为 0.1m，设置“采样”组中的 U 值为 9，V 值为 9，如图 9-93 所示。

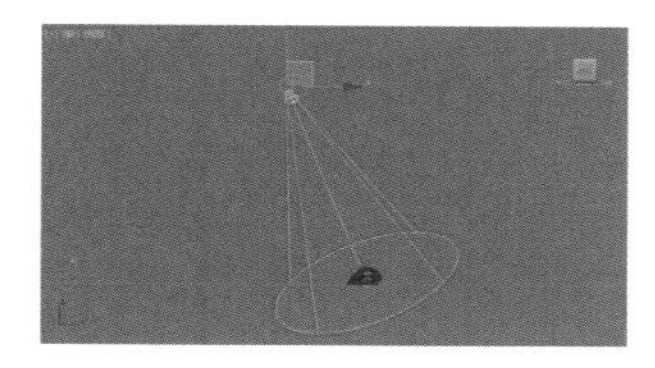

图 9-92

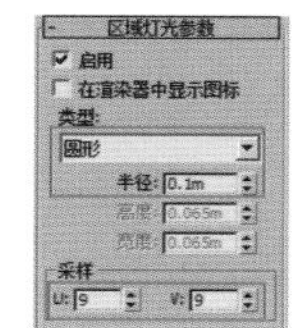

图 9-93

05 按快捷键 Shift+Q，渲染摄影机视图，即可看到灯光所产生的软阴影效果，渲染结果如图 9-94 所示。

06 在创建“灯光”面板中，单击“天光”按钮，在场景任意位置放置一盏天光，如图 9-95 所示。

图 9-94

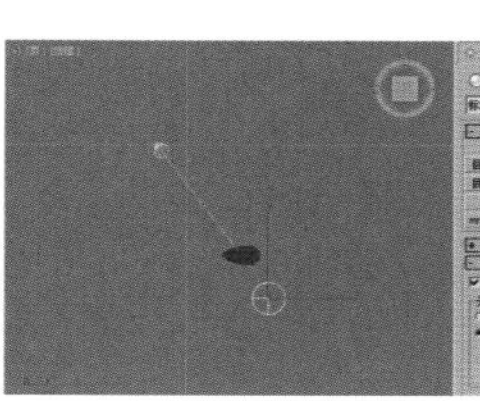

图 9-95

07 在“修改”面板中，单击展开“天光参数”卷展栏，调整灯光的“倍增”为 0.35，如图 9-96 所示。

08 再次渲染场景，最终渲染结果如图 9-97 所示。

图 9-96

图 9-97

9.4　本章总结

灯光的设置是三维制作表现中非常重要的一环，不仅可以照亮物体，还可以在表现场景气氛、天气效果等方面起到至关重要的作用。本章主要为大家讲解了 3ds Max 2016 的灯光系统，读者应该熟练掌握本章中的每一个知识点，为将来的工作打下坚实、牢固的灯光表现基础。

第 10 章

摄影机技术

10.1 摄影机基本知识

在讲解 3ds Max 2016 的摄影机技术之前，先了解一下真实摄影机的结构和相关术语是非常有必要的。从公元前 400 多年前墨子记述针孔成像开始，到现在众多高端品牌的相机产品，摄影机无论是在外观、结构，还是功能上都发生了翻天覆地的变化。最初的相机结构相对简单，仅仅包括暗箱、镜头和感光的材料，拍摄出来的画面效果也不尽如人意。而现代的相机以其精密的镜头、光圈、快门、测距、输片、对焦等系统和融合了光学、机械、电子、化学等技术，可以随时随地地完美记录着我们生活的场景，将一瞬间的精彩永久保留，如图 10-1 所示为佳能公司出品的一款相机的内部结构透视图。

图 10-1

要当一名优秀的摄影师，熟悉手中的摄影机是学习的第一步。如果说相机的价值由拍摄的效果来决定，那么为了保证这个效果，拥有一个性能出众的镜头则显得至关重要。摄影机的镜头主要有定焦镜头、标准镜头、长焦镜头、广角镜头、鱼眼镜头等。

10.1.1 镜头

镜头是由多个透镜所组成的光学装置，也是摄影机组成部分中的重要部件。镜头的品质会直接对拍摄的结果产生影响。同时，镜头也是划分摄影机档次的重要标准，如图 10-2 所示。

图 10-2

本章工程文件　本章视频文件

10.1.2 光圈

光圈是用来控制光线进入机身内感光面光量的一个装置，其功能相当于眼球里的虹膜。如果光圈开得比较大，就会有大量的光线进入影像感应器；如果光圈开得很小，进光量则会减少很多，如图 10-3 所示。

图 10-3

10.1.3 快门

快门是相机用来控制感光片有效曝光时间的一种装置，与光圈不同，快门用来控制进光的时间长短。通常，快门的速度越快越好。秒数更低的快门非常适合用来拍摄运动中的景象，甚至可以拍摄到高速移动的目标。快门速度单位是“秒”，常见的快门速度有：1 、1/2 、1/4 、1/8 、1/15、 1/30 、1/60、 1/125 、1/250 、1/500、1/1000、 1/2000 等。如果要拍摄夜晚车水马龙的景象，则需要拉长快门的时间，如图 10-4 所示。

图 10-4

10.1.4 胶片感光度

胶片感光度即胶片对光线的敏感程度。它是采用胶片在达到一定的密度时所需的曝光量 H 的倒数乘以常数 K 来计算的，即 S=K/H。彩色胶片则普遍采用三层乳剂感光度的平均值作为总感光度。在光照亮度很弱的地方，可以选用超快速胶片进行拍摄。这种胶片对光十分敏感，即使在微弱的灯光下仍然可以得到令人欣喜的效果。若是在光照十分充足的条件下，则可以使用超慢速胶片进行拍摄。

10.2 摄影机

3ds Max 2016 提供了“物理”“目标”和“自由”这 3 种摄影机可选，如图 10-5 所示。

图 10-5

10.2.1 “物理”摄影机

3ds Max 2016 提供了基于真实世界摄影机调试方法的“物理”摄影机，如果用户本身对摄影机的使用非常熟悉，那么在 3ds Max 2016 中，使用“物理”摄影机，会有得心应手般的感觉。在创建“摄影机”面板中，单击“物理”按钮，即可在场景中创建一台物理摄影机，如图 10-6 所示。

在其“修改”面板中，物理摄影机包含有“基本”“物理摄影机”“曝光”“散景 (景深)”“透视控制”“镜头扭曲”和“其他”7 个卷展栏，如图 10-7 所示。

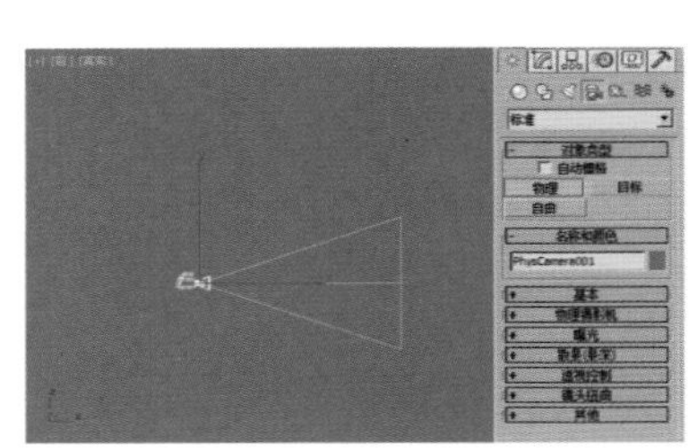

图 10-6

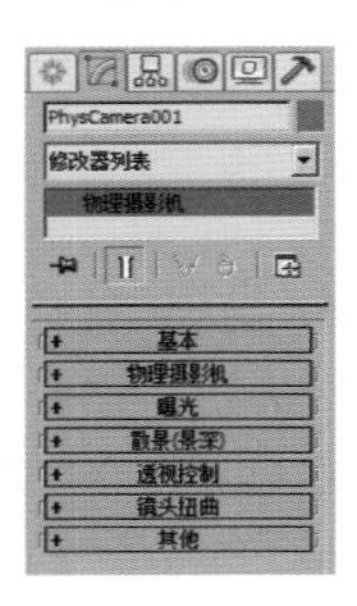

图 10-7

1. “基本”卷展栏

“基本”卷展栏内的参数，如图 10-8 所示。

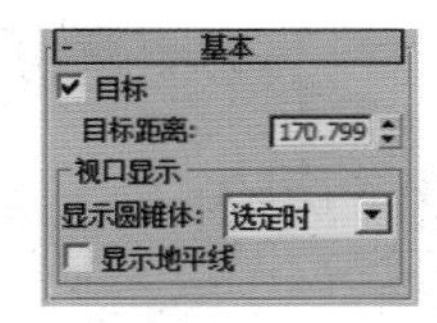

图 10-8

工具解析

✦ 目标：启用此选项后，摄影机启动目标点功能，并与目标摄影机的行为相似。

✦ 目标距离：设置目标与焦平面之间的距离。

“视图显示”组

✦ 显示圆锥体：有“选定时”（默认设置）、“始终”或“从不”3 个选项可选。

✦ 显示地平线：启用该选项后，地平线在摄影机视图中显示为水平线。

2.“物理摄影机”卷展栏

“物理摄影机”卷展栏内的参数，如图 10-9 所示。

图 10-9

工具解析

①“胶片 / 传感器”组

✦ “预设值”：3ds Max 2016 提供了多种预设值可选，如图 10-10 所示。

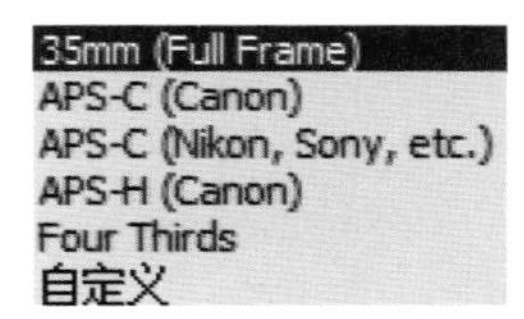

图 10-10

✦ 宽度：可以手动调整帧的宽度。

②“镜头”组

✦ 焦距：设置镜头的焦距。

✦ 指定视野：启用时，可以设置新的视野 (FOV) 值（以度为单位）。默认的视野值取决于所选的胶片 / 传感器预设值。

✦ 缩放：在不更改摄影机位置的情况下缩放镜头。

✦ 光圈：将光圈设置为光圈数，或“F 制光圈”。此值将影响曝光和景深。光圈数越低，光圈越大并且景深越窄。

✦ 启用景深：启用时，摄影机在不等于焦距的距离上生成模糊效果。景深效果的强度基于光圈设置。

③“快门”组

✦ 类型：选择测量快门速度使用的单位。

✦ 持续时间：根据所选的单位类型设置快门速度。该值可能影响曝光、景深和运动模糊。

✦ 偏移：启用时，指定相对于每帧的开始时间的快门打开时间。更改此值会影响运动模糊。默认的“偏移”值为 0.0，默认设置为禁用。

✦ 启用运动模糊：启用此选项后，摄影机可以生成运动模糊效果。

3.“曝光”卷展栏

“曝光”卷展栏内的参数如图 10-11 所示。

图 10-11

工具解析

“曝光增益”组

✦ 手动：通过 ISO 值设置曝光增益。当此选项处于活动状态时，通过此值、快门速度和光圈设置计算曝光。该数值越高，曝光时间越长。

✦ 目标：设置与 3 个摄影曝光值的组合相对应的单个曝光值设置。

“白平衡”组

✦ 光源：按照标准光源设置色彩平衡，默认设置为“日光”(6500K)。

✦ 温度：以色温的形式设置色彩平衡，以开尔文度表示。

✦ 自定义：用于设置任意色彩平衡。单击色样以打开“颜色选择器”，可以从中设置希望使用的颜色。

“启用渐晕”组

✦ 数量：增加此数量以增加渐晕效果。默认值为 1.0。

4.“散景（景深）”卷展栏

“散景（景深）”卷展栏内的参数，如图 10-12 所示。

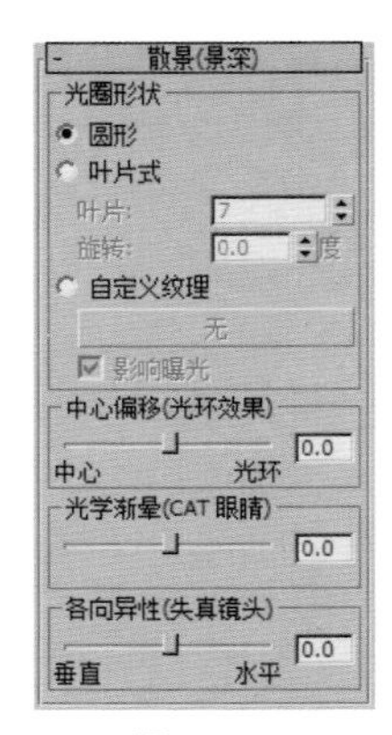

图 10-12

工具解析

“光圈形状”组

✦ 圆形：散景效果基于圆形光圈。

✦ 叶片式：散景效果使用带有边的光圈。

✦ 叶片：设置每个模糊圈的边数。

✦ 旋转：设置每个模糊圈旋转的角度。

✦ 自定义纹理：使用贴图替换每种模糊圈。

✦ 中心偏移（光环效果）：使光圈透明度向中心（负值）或边（正值）偏移。正值会增加焦外区域的模糊量，而负值会减小模糊量。

✦ 光学渐晕（CAT 眼睛）：通过模拟“猫眼”效果使帧呈现渐晕效果。

✦ 各向异性（失真镜头）：通过“垂直”或“水平”拉伸光圈模拟失真镜头。

5.“透视控制”卷展栏

“透视控制”卷展栏内的参数如图 10-13 所示。

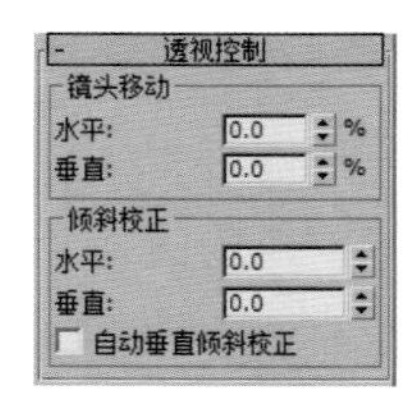

图 10-13

工具解析

①“镜头移动”组

✦ 水平：沿水平方向移动摄影机视图。

✦ 垂直：沿垂直方向移动摄影机视图。

②“倾斜校正”组

✦ 水平：沿水平方向倾斜摄影机视图。

✦ 垂直：沿垂直方向倾斜摄影机视图。

实例操作：使用物理摄影机渲染运动模糊效果

实例：使用物理摄影机渲染运动模糊效果

实例位置：	工程文件 >CH10> 玩具直升机 .max
视频位置：	视频文件 >CH10> 实例：使用物理摄影机渲染运动模糊效果 .mp4
实用指数：	★★☆☆☆
技术掌握：	掌握 3ds Max 的摄影机运动模糊特效。

在本例中，讲解如何使用“物理摄影机”渲染带有运动模糊效果的方法，本场景的渲染效果如图 10-14 所示。

图 10-14

01 启动 3ds Max 2016 后，打开本书附带资源的“玩具直升机 .max”文件，本场景中主要包含了一个带有简单动画的直升机模型，如图 10-15 所示。

02 本场景中已经设置好了灯光及全局照明渲染参数，同时，渲染器已经更改为 NVIDIA mental ray 渲染器，如图 10-16 所示。

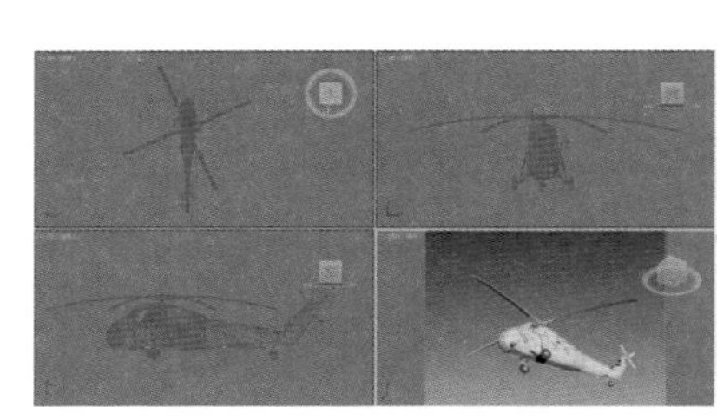

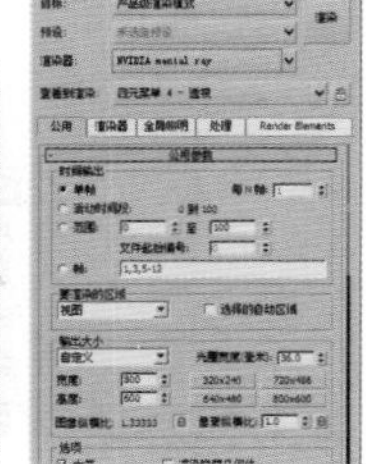

图 10-15　图 10-16

03 在场景中拖曳“时间滑块”按钮，观察本场景，可以看到直升机的螺旋桨已经设置好了旋转动画，如图 10-17 所示。

04 在透视视图中，按快捷键 Ctrl+C，即可在场景中快速创建一个“物理”摄影机。同时，透视视图自动转换为摄影机视图，如图 10-18 所示。

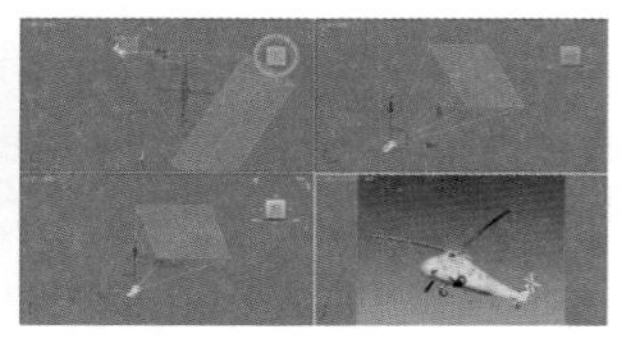

图 10-17　图 10-18

05 单击“主工具栏”上的“渲染产品”按钮，渲染摄影机视图，当前的渲染结果在默认状态下无运动模糊效果，如图 10-19 所示。

06 选择场景中的物理摄影机，在“修改”面板中，展开“物理摄影机”卷展栏，在“快门”组中，选择“启用运动模糊”选项，如图 10-20 所示。

图 10-19

图 10-20

07 渲染场景，渲染结果如图 10-21 所示，从渲染图像上已经可以看到一点运动模糊的效果。

08 在“修改”面板中，调整“持续时间”为 1.5f，如图 10-22 所示。

图 10-21

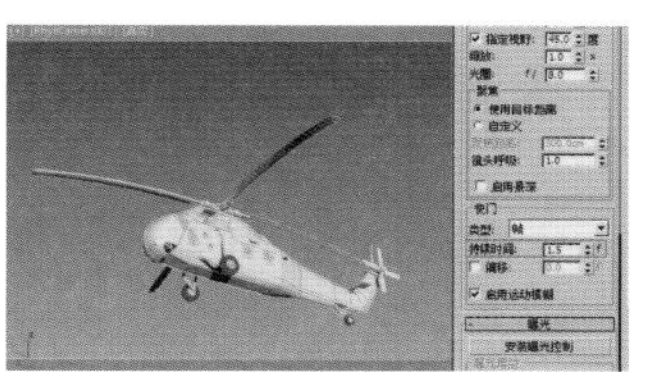

图 10-22

09 再次渲染场景，可以看到运动模糊的效果明显增强，本场景的最终渲染效果如图 10-23 所示。

图 10-23

10.2.2 “目标”摄影机

“目标”摄影机可以查看所放置目标周围的区域，由于具有可控的目标点，所以在设置摄影机的观察点时非常容易，使用起来比“自由”摄影机更方便。设置“目标”摄影机时，可以将摄影机当作人所在的位置，把摄影机目标点当作人眼将要观看的位置。在“摄影机”面板中，单击“目标”按钮，即可在场景中创建出一台目标摄影机，如图 10-24 所示。

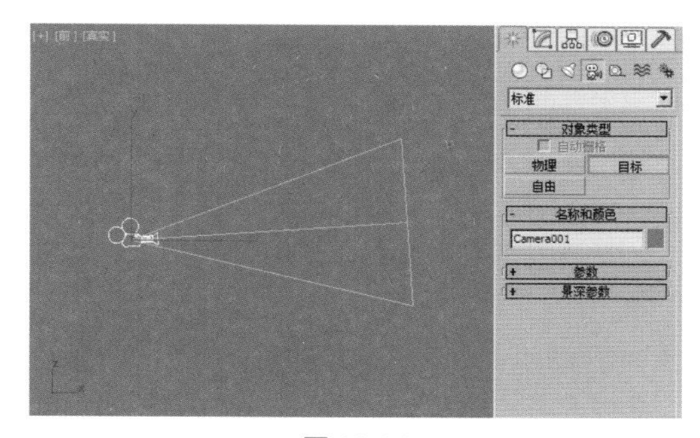

图 10-24

1. “参数”卷展栏

展开“参数”卷展栏，其参数如图 10-25 所示。

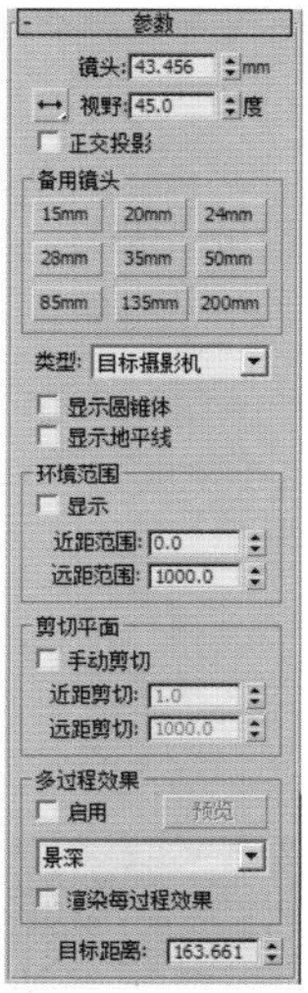

图 10-25

工具解析

✦ 镜头：以毫米为单位设置摄影机的焦距。

✦ 视野：决定摄影机查看区域的宽度。

✦ 正交投影：启用此选项后，摄影机视图看起来就像用户视图。

✦ 备用镜头：包含 3ds Max 2016 为用户提供的 9 个预设的备用镜头按钮。

✦ 类型：使用户在“目标摄影机”和“自由摄影机”之间来回切换。

✦ 显示圆锥体：显示摄影机视野定义的锥形光线，锥形光线出现在其他视图，但是不会出现在摄影机视图中。

✦ 显示地平线：在摄影机视图中的地平线层级，显示一条深灰色的线条。

①“环境范围”组

✦ 近距范围 / 远距范围：为在“环境”面板中设置的大气效果设置近距范围和远距范围限制。

✦ 显示：启用此选项后，显示在摄影机圆锥体内的矩形，以显示“近距范围”和“远距范围”的设置。

②“剪切平面”组

✦ 手动剪切：启用该选项可定义剪切平面。

✦ 近距剪切 / 远距剪切：设置近距和远距平面。

③“多过程效果”组

✦ 启用：启用该选项，使用效果预览或渲染；禁用该选项，不渲染该效果。

✦ “预览”按钮：单击该选项可在活动摄影机视图中预览效果。如果活动视图不是摄影机视图，则该按钮无效。

✦ 效果：使用该下拉列表可以选择生成哪个多过程效果——景深或运动模糊。这些效果相互排斥，默认设置为“景深”。

✦ 渲染每过程效果：启用此选项后，如果指定任何一个，则将渲染效果应用于多过程效果的每个过程。

✦ 目标距离：对于自由摄影机，将点设置为用作不可见的目标，以便可以围绕该点旋转摄影机。对于目标摄影机，设置摄影机与其目标对象之间的距离。

2.“景深参数”卷展栏

“景深”效果是摄影师常用的一种拍摄手法，当相机的镜头对着某一物体聚焦清晰时，在镜头中心所对的位置垂直镜头轴线的同一平面的点都可以在胶片或者接收器上形成清晰的图像，在这个平面沿着镜头轴线的前面和后面一定范围的点也可以形成较清晰的像点，把这个平面的前面和后面的所有景物的距离叫作相机的景深。在渲染过程中通过“景深”特效常常可以虚化配景，从而达到表现出画面的主体的作用，如图 10-26 和图 10-27 所示分别为焦点在不同位置的“景深”效果照片对比。

图 10-26

图 10-27

展开“景深参数”卷展栏，其参数如图 10-28 所示。

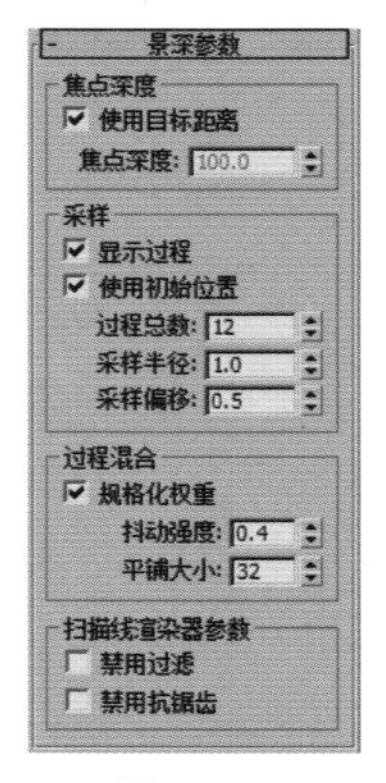

图 10-28

工具解析

“焦点深度”组

✦ 使用目标距离：启用该选项后，将摄影机的目标距离用作每个偏移摄影机的点。

✦ 焦点深度：当“使用目标距离”处于禁用状态时，设置距离偏移摄影机的深度。

“采样”组

✦ 显示过程：启用此选项后，渲染帧窗口显示多个渲染通道；禁用此选项后，该帧窗口只显示最终结果。此控件对于在摄影机视图中预览景深无效。默认设置为启用。

✦ 使用初始位置：启用此选项后，第一个渲染过程位于摄影机的初始位置；禁用此选项后，与所有随后的过程一样偏移第一个渲染过程。默认设置为启用。

✦ 过程总数：用于生成效果的过程数。增加此值可以增强效果的精确性，但却以渲染时间为代价。默认设置为 12。

✦ 采样半径：通过移动场景生成模糊的半径。增加该值将增强整体模糊效果；减小该值将减少模糊。默认设置为 1.0。

✦ 采样偏移：模糊靠近或远离“采样半径”的权重。增加该值将增加景深模糊的数量级，提供更均匀的效果。减小该值将减小数量级，提供更随机的效果。

“过程混合”组

✦ 规格化权重：使用随机权重混合的过程可以避免出现诸如条纹的人工效果。当启用“规格化权重”后，将权重规格化，会获得较平滑的结果。当禁用此选项后，效果会变得清晰一些，但通常颗粒状效果更明显。默认设置为启用。

✦ 抖动强度：控制应用于渲染通道的抖动程度。增加此值会增加抖动量，并且生成颗粒状效果，尤其在对象的边缘上。默认值为 0.4。

✦ 平铺大小：设置抖动时图案的大小。此值是一个百分比，0 是最小的平铺，100 是最大的平铺。默认设置为 32。

“扫描线渲染器参数”组

✦ 禁用过滤：启用此选项后，禁用过滤过程。

✦ 禁用抗锯齿：启用此选项后，禁用抗锯齿。

3.“运动模糊参数”卷展栏

运动模糊特效一般用于表现画面中强烈的运动感，在动画的制作上应用较多，如图 10-29 和图 10-30 所示为带有运动模糊的照片。

图 10-29

图 10-30

展开“运动模糊参数”卷展栏，其参数如图 10-31 所示。

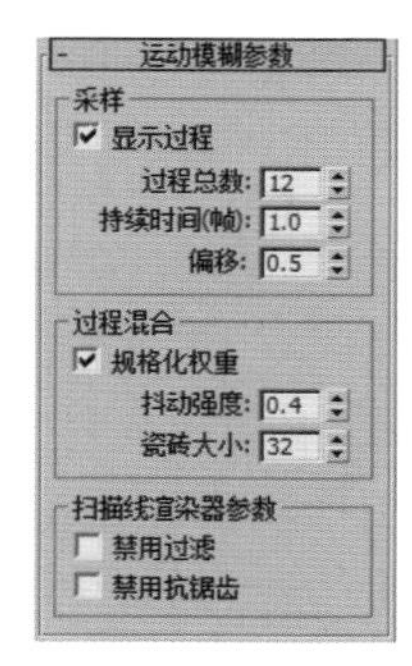

图 10-31

工具解析

“采样”组

✦ 显示过程：启用此选项，渲染帧窗口显示多个渲染通道；禁用此选项，该帧窗口只显示最终结果。该控件对在摄影机视图中预览运动模糊没有任何影响。默认设置为启用。

✦ 过程总数：用于生成效果的过程数。增加此值可以增强效果的精确性，但却以渲染时间为代价。默认设置为 12。

✦ 持续时间（帧）：定义动画中应用运动模糊效果的帧数。默认设置为 1.0。

✦ 偏移：更改模糊，以便其显示为在当前帧前后从帧中导出更多内容。

“过程混合”组

✦ 规格化权重：使用随机权重混合的过程，可以避免出现诸如条纹的人工效果。当启用“规格化权重”后，将权重规格化，会获得较平滑的结果。当禁用此选项后，效果会变得更清晰，但通常颗粒状效果更明显。默认设置为启用。

✦ 抖动强度：控制应用于渲染通道的抖动程度。增加此值会增加抖动量，并且生成颗粒状效果，尤其在对象的边缘上。默认值为 0.4。

✦ 平铺大小：设置抖动时图案的大小。此值是一个百分比，0 是最小的平铺，100 是最大的平铺。默认设置为 32。

“扫描线渲染器参数”组

✦ 禁用过滤：启用此选项后，禁用过滤过程。

✦ 禁用抗锯齿：启用此选项后，禁用抗锯齿。

实例操作：使用目标摄影机渲染景深效果

实例：使用目标摄影机渲染景深效果

实例位置：　工程文件 >CH10> 铁罐 .max

视频位置：　视频文件 >CH10> 实例：使用目标摄影机渲染景深效果 .mp4

实用指数：　★★☆☆☆

技术掌握：　掌握 3ds Max 的摄影机景深特效。

在本例中，讲解如何使用目标摄影机渲染带有景深效果的图像，本场景的渲染效果如图 10-32 所示。

图 10-32

01 启动 3ds Max 2016 后，打开本书附带资源的“铁罐 .max”文件，本场景是一个由若干个铁罐所组成的简单场景，如图 10-33 所示。

02 本场景中已经设置好了摄影机、灯光及全局照明渲染参数，同时，渲染器已经更改为 NVIDIA mental ray 渲染器，如图 10-34 所示。

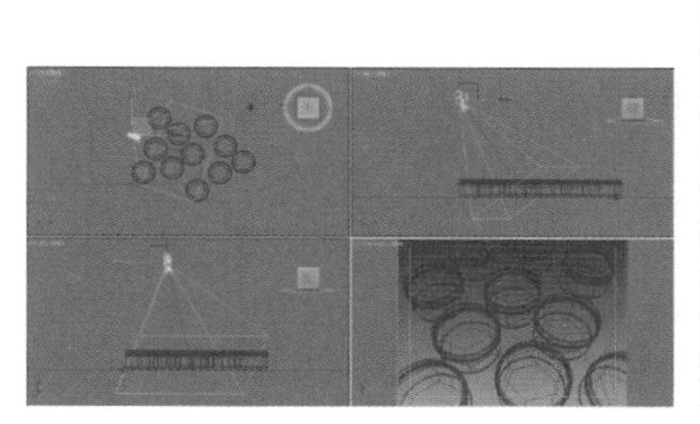

图 10-33

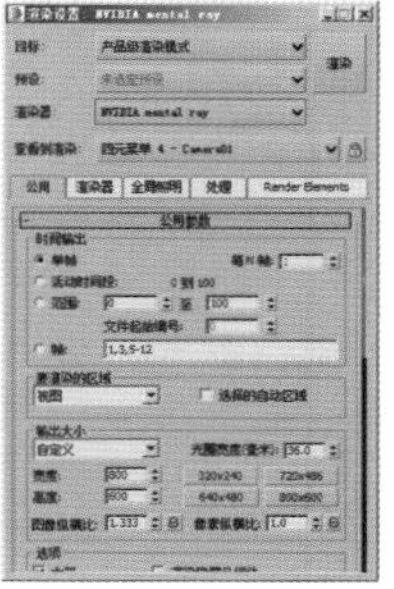

图 10-34

03 在顶视图中，观察本场景中摄影机的目标点位置，如图 10-35 所示，目标点位于场景中心的铁罐附近。

04 单击“主工具栏”上的“渲染产品”按钮，渲染摄影机视图，当前的渲染结果在默认状态下无景深效果，如图 10-36 所示。

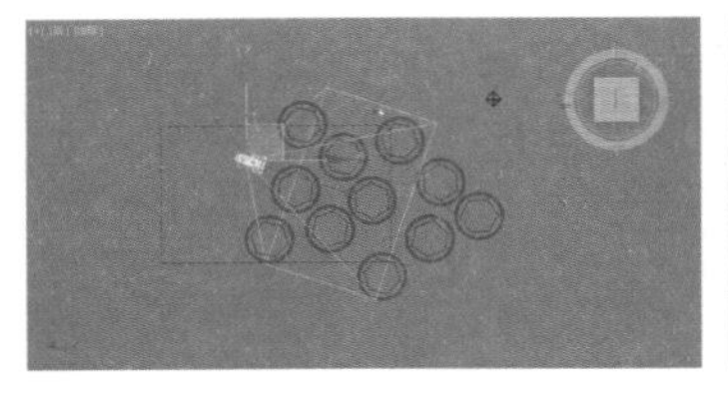

图 10-35

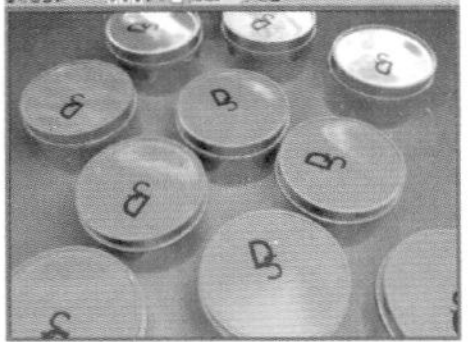

图 10-36

05 选择场景中的摄影机，在“修改”面板“参数”卷展栏中，选择“多过程效果”组中的“启用”选项，同时将多过程效果下拉列表的选项更改为“景深（mental ray/iray）”后，单击“预览”按钮 预览 即可在摄影机视图中看到景深所产生的模糊效果，如图 10-37 所示。

06 在“景深参数”卷展栏内，调整“f 制光圈”为 0.05，如图 10-38 所示。

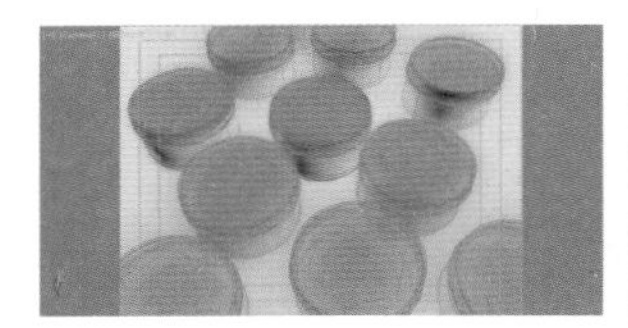

图 10-37

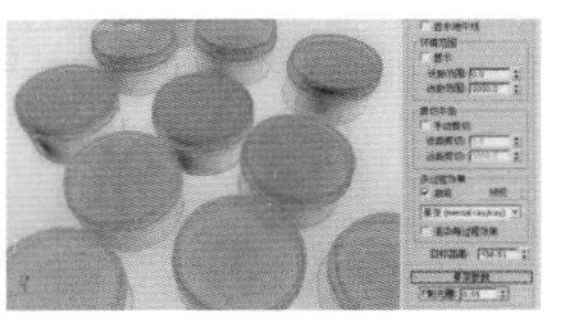

图 10-38

07 单击“主工具栏”上的“渲染产品”按钮，渲染摄影机视图，即可得到一张具有景深效果的三维图像作品，如图 10-39 所示。

图 10-39

10.2.3 “自由”摄影机

“自由”摄影机在摄影机指向的方向查看区域，由单个图标表示，为的是更轻松地设置动画。当摄影机位置沿着轨迹设置动画时可以使用“自由”摄影机，与穿行建筑物或将摄影机连接到行驶中的汽车上时一样。当“自由”摄影机沿着路径移动时，可以将其倾斜。如果将摄影机直接置于场景顶部，则使用“自由”摄影机可以避免其旋转。在创建“摄影机”面板中，单击“自由”按钮，即可在场景中创建一台自由摄影机，如图 10-40 所示。

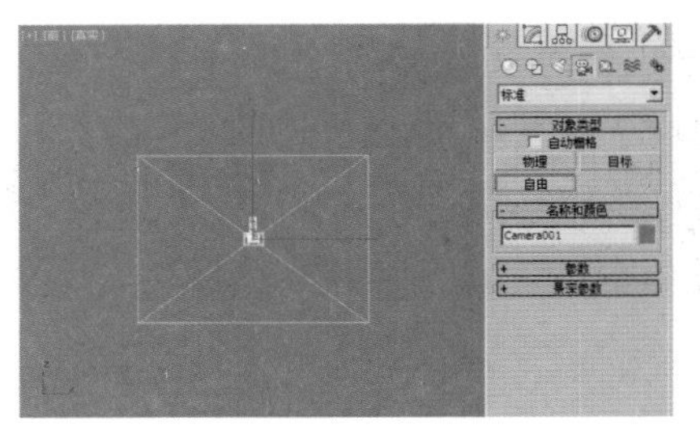

图 10-40

“自由”摄影机的参数与“目标”摄影机的参数完全相同，故不在此重述。

10.3 摄影机安全框

3ds Max 2016 提供的“安全框”命令可以帮助用户在渲染时查看输出图像的纵横比及渲染场景的边界设置，通过该命令，可以很方便地在视图中调整摄影机的机位以控制场景中的模型是否超出了渲染范围，如图 10-41 所示。

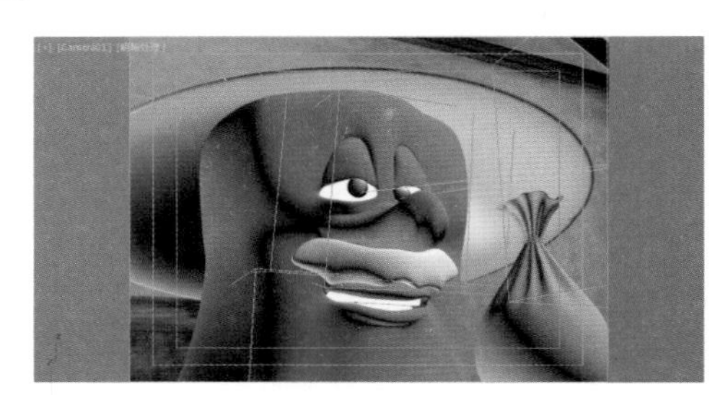

图 10-41

10.3.1 打开安全框

3ds Max 2016 提供了以下两种打开“安全框”的方式。

第 1 种：在摄影机视图中，单击或右击视图左上方的“常标”视图标签中摄影机的名称，在弹出的菜单中选择“显示安全框”即可，如图 10-42 所示。

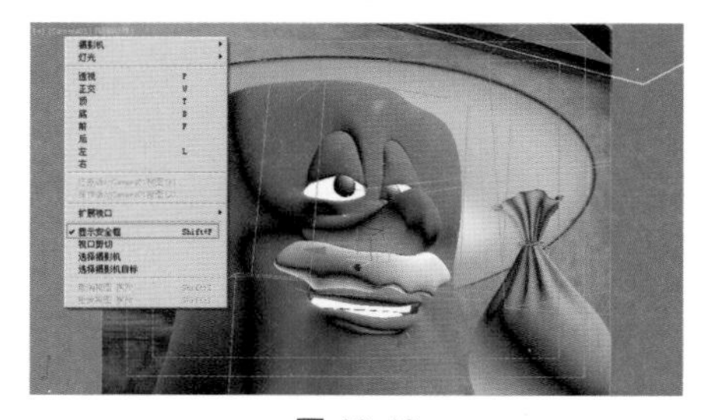

图 10-42

第 2 种：按快捷键 Shift+F，即可在当前视图中显示“安全框”。

10.3.2　安全框配置

在默认状态下，3ds Max 2016 的“安全框”显示为一个矩形区域，主要在渲染静帧图像时应用。通过对“安全框”进行配置，还可以在视图中显示出“动作安全区”“标题安全区”“用户安全区”和“12 区栅格”，在渲染动画视频时所使用。3ds Max 2016 主要提供了以下两种打开“安全框”面板的方式。

第 1 种：执行标准菜单“视图 > 视图配置”命令，如图 10-43 所示。在弹出的“视图配置”对话框中，单击“安全框”命令切换至“安全框”选项卡，如图 10-44 所示。

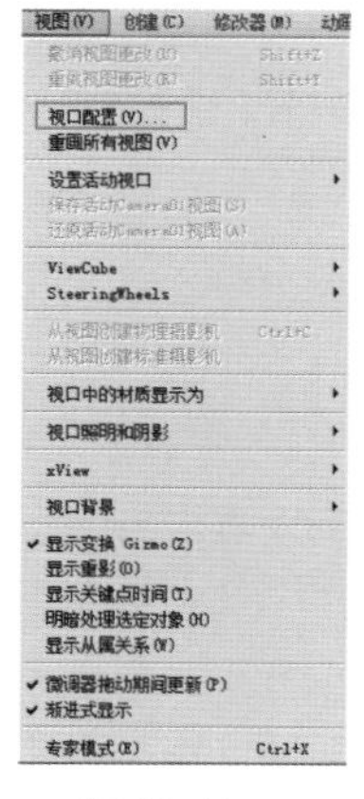

图 10-43

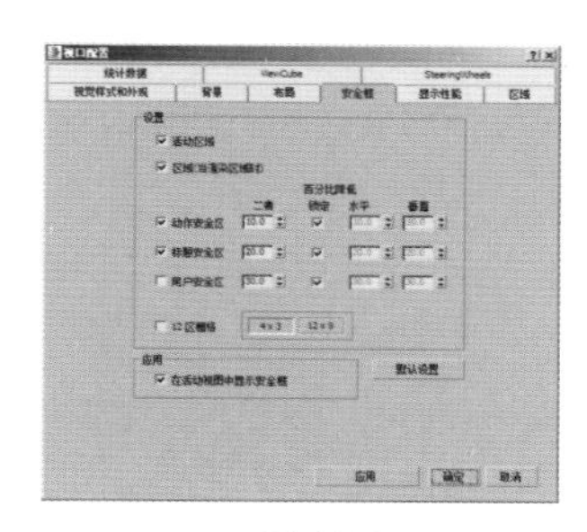

图 10-44

第 2 种：执行增强型菜单“场景”→“配置视图”→“视图配置”命令，在弹出的“视图配置”对话框中，单击“安全框”命令切换至“安全框”选项卡，如图 10-45 所示。

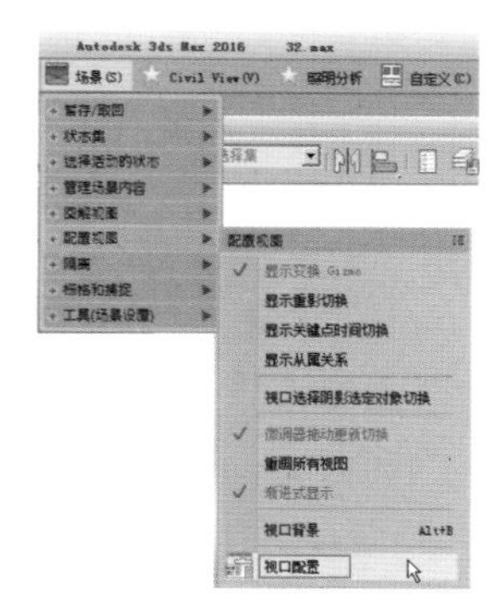

图 10-45

工具解析

✦ 活动区域：该区域将被渲染，而不考虑视图的纵横比或尺寸。默认轮廓颜色为芥末色，如图 10-46 所示。

✦ 区域（当渲染区域时）：启用此选项并将渲染区域及“编辑区域”处于禁用状态时，则该区域轮廓将始终在视图中可见。

✦ 动作安全区：在该区域中保证渲染动作是安全的。默认轮廓颜色为青色，如图 10-47 所示。

图 10-46

图 10-47

✦ 标题安全区：在该区域中保证标题或其他信息是安全的。默认轮廓颜色为浅棕色，如图 10-48 所示。

✦ 用户安全区：显示可用于任何自定义要求的附加安全框。默认颜色为紫色，如图 10-49 所示。

图 10-48

图 10-49

✦ 12 区栅格：在视图中显示单元（或区）的栅格。这里的“区”是指栅格中的单元，而不是扫描线区。“12 区栅格”是一种视频导演用来谈论屏幕上指定区域的方法。导演可能会要求将对象向左移动两个区并向下移动 4 个区。12 区栅格正是解决这一类布置的参考方法。

✦ 4×3 按钮 4x3 ：使用 12 个单元格的“12 区栅格”，如图 10-50 所示。

✦ 12×9 按钮 12x9 ：使用 108 单元格的“12 区栅格”，如图 10-51 所示。

图 10-50

图 10-51

小技巧

“12 区栅格”并不是说把视图一定分为 12 个区域，通过 3ds Max 提供给用户的 4×3 按钮 4x3 和 12×9 按钮 12x9 这来看，“12 区栅格”可以设置为 12 个区域和 108 个区域两种。

实例操作：使用摄影机的安全框精准渲染场景

实例：使用摄影机的安全框精准渲染场景

实例位置：　工程文件 >CH10> 场景 .max

视频位置：　视频文件 >CH10> 实例：使用摄影机的安全框精准渲染场景 .mp4

实用指数：　★★☆☆☆

技术掌握：　掌握 3ds Max 的安全框工具。

在本例中，讲解如何使用“安全框”功能精准定位摄影机的渲染范围，本场景的渲染效果如图 10-52 所示。

图 10-52

01 启动 3ds Max 2016 后，打开本书附带资源的“场景.max”文件，如图 10-53 所示。

02 本场景中已经设置好了摄影机、灯光及全局照明渲染参数，接下来，按 C 键，进入摄影机视图，如图 10-54 所示。

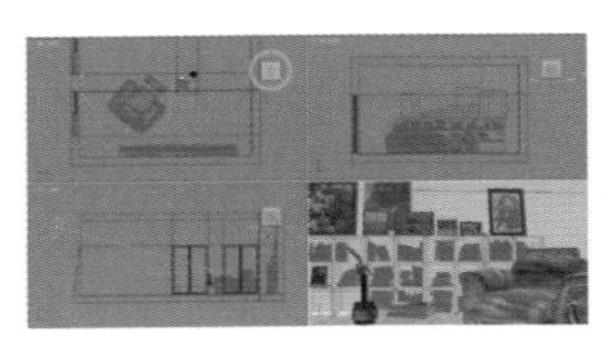

图 10-53

图 10-54

03 单击摄影机视图左上角的摄影机名称，在弹出的菜单中，执行“显示安全框”命令，如图 10-55 所示。

04 “安全框”显示出来后，可以在摄影机视图中精准地查看渲染的区域，如图 10-56 所示。

图 10-55

图 10-56

05 渲染本场景，从渲染结果上来看，渲染的区域与摄影机视图中安全框的显示区域完全一致，如图 10-57 所示。

图 10-57

10.4 本章总结

摄影机在场景中起着非常重要的作用，不仅可以固定用户的观察视角，也是用户制作镜头动画中的重要操作步骤。本章重点讲解了物理摄影机和目标摄影机的使用方法及重要参数，读者应该掌握并熟练渲染出摄影机的景深和运动模糊这两种特效。

11.1 环境与效果概述

环境对场景的氛围起着至关重要的作用。一幅优秀的作品，不仅要有精细的模型、真实的材质和合理的渲染设置，同时还要求有符合当前场景的背景和大气环境效果，这样才能烘托出场景的气氛。3ds Max 2016 中的环境设置可以任意改变背景的颜色与图案，还能为场景添加云、雾、火、体积雾、体积光等环境效果，将各项功能配合使用，可以创建更复杂的视觉特效。

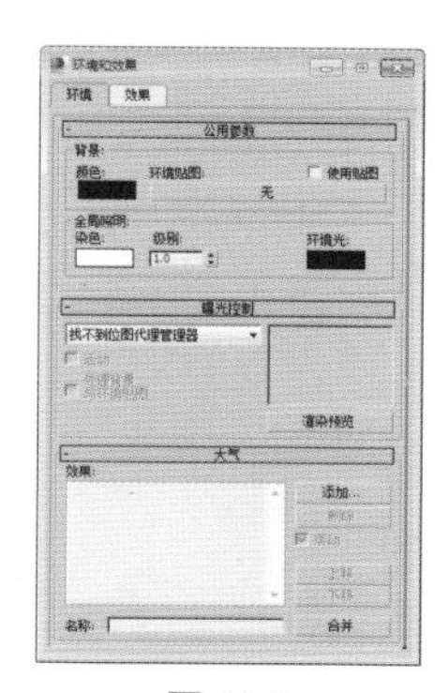

图 11-1

从 3ds Max 6.0 版本开始，“环境”和“效果”两个独立的对话框合并为了一个对话框。可以执行“渲染”→“环境”命令或者按 8 键，都可以打开“环境和效果”对话框，如图 11-1 所示。

第 11 章

创建真实的大气环境

11.2 背景和全局照明

在默认的情况下，视图渲染后的背景颜色是黑色的，场景中的光源为白色。可以通过设置“环境和效果”对话框中的参数，为渲染后的背景指定其他颜色，或者直接导入一幅图片作为背景。此外，还可以设置场景默认的灯光颜色和环境反射颜色。

打开本书相关素材中的“工程文件 >CH11> 树叶 > 树叶 .max”文件，单击主工具栏上的“渲染产品”按钮，即可观察渲染场景后背景的默认效果，如图 11-2 所示。

图 11-2

11.2.1 更改背景颜色

如果需要对渲染后的背景颜色进行更改，可以通过设置“环境与效果”对话框中的参数，为渲染后的背景指定其他颜色。

01 按 8 键，打开“环境和效果”对话框。

02 在“公用参数”卷展栏中，单击“背景”选项组中的“颜色”色块，打开“颜色选择器”对话框，并参照如图 11-3 所示设置背景颜色。

本章工程文件

本章视频文件

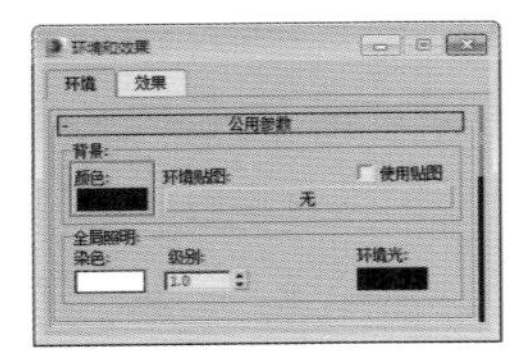

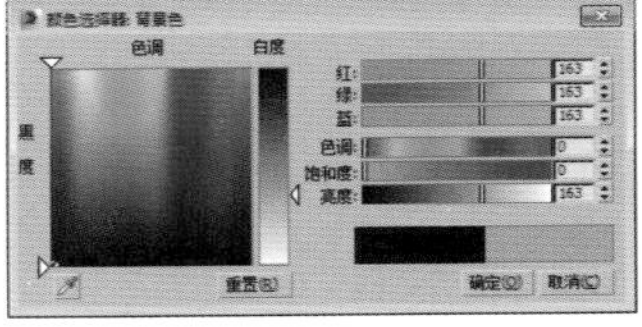

图 11-3

03 设置完成后，再次渲染场景即可得到设置后的背景颜色，如图 11-4 所示。

图 11-4

11.2.2 设置背景贴图

如果对当前单一颜色的背景不满意，还可以选择一张贴图作为背景图像。

01 在“环境和效果”对话框中，单击“环境贴图”下的“无”按钮 无 ，打开“材质 / 贴图浏览器”对话框，如图 11-5 所示。

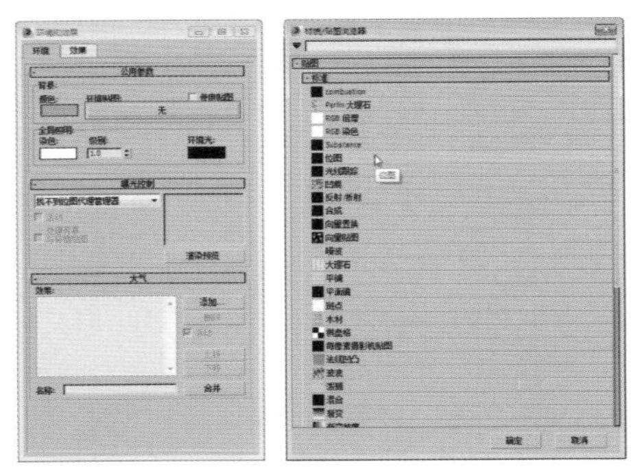

图 11-5

02 双击“位图”选项，打开“选择位图图像文件”对话框，参照如图 11-6 所示选择位图，然后单击“打开”按钮，关闭对话框。

图 11-6

技巧与提示：

该步骤操作完成后，“环境贴图”下的长按钮将显示选择贴图的名称，同时“使用贴图”复选框自动变为选中状态。

03 设置完毕后渲染场景，即可观察设置后的背景效果，如图 11-7 所示。

图 11-7

04 按 M 键，打开“材质编辑器”对话框。

05 单击并拖曳“环境贴图”下的长按钮到“材质编辑器”对话框中的任意示例窗中，然后释放鼠标，在弹出的对话框中选择“实例”单选按钮，并单击“确定”按钮，如图 11-8 所示。

06 退出对话框后，此时即可在“材质编辑器”中对背景贴图进行参数编辑了，如图 11-9 所示。

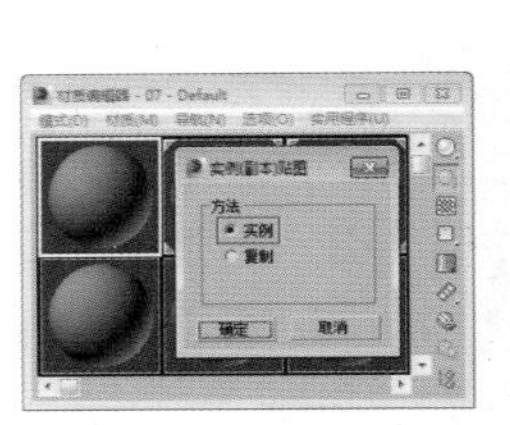

图 11-8

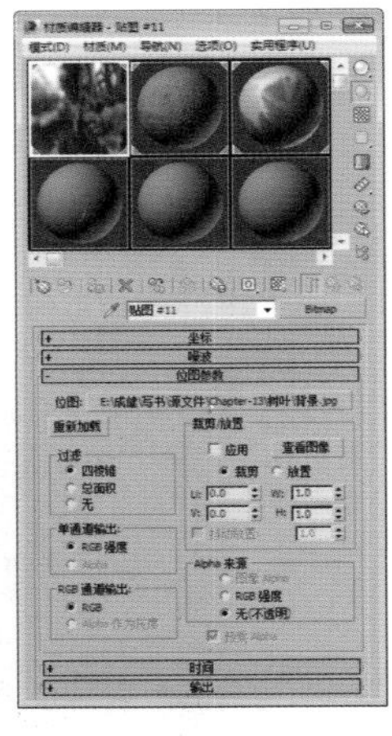

图 11-9

07 如果想更换背景贴图，可以在“材质编辑器”中单击位图右侧的长按钮，在打开的“选择位图图像文件”对话框中选择其他的贴图即可。

11.2.3 选择程序贴图作为背景贴图

此外，还可以其他程序贴图作为背景贴图。方法与设置图像背景的操作方法基本一致，只是将位图换为其他想要的程序贴图。由于操作方法基本一致，此处不再赘述。如图 11-10 和图 11-11 所示为选择“漩涡”和“渐变”程序贴图作为背景的效果。

图 11-10

图 11-11

技巧与提示：

如果渲染时暂时不想使用环境贴图，可以取消选中“使用贴图”复选框。如果想永久地将背景贴图删除，可以在“环境贴图”下的长按钮上右击，在弹出的菜单中选择“清除”选项即可，如图 11-12 所示。

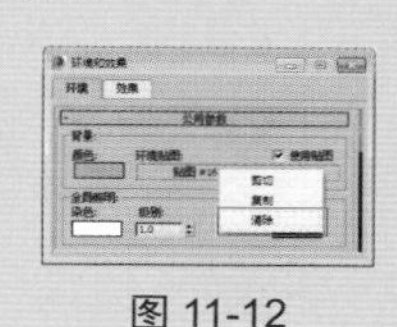

图 11-12

11.2.4 全局照明

在默认状态下，场景内设置了灯光照明效果，以便于对场景内的形体进行查看和渲染，在建立了灯光对象后，场景内的默认灯光将自动关闭。通过“公用参数”卷展栏中的“全局照明”项目组可以对场景默认灯光进行设置，如更改灯光的颜色和亮度。

技巧与提示：

需要注意的是，这个“全局照明”的项目是早期 3ds Max 就提供的，与现在流行的“全局照明”技术不同，全局照明英文名为 Global Illumination，简称 GI。

01 单击“全局照明”选项组下的“染色”色块，打开“颜色选择器”对话框，在该对话框中可以根据画面的需要，任意更改光源颜色，这样即可对整个场景进行染色处理，如图 11-13 和图 11-14 所示。

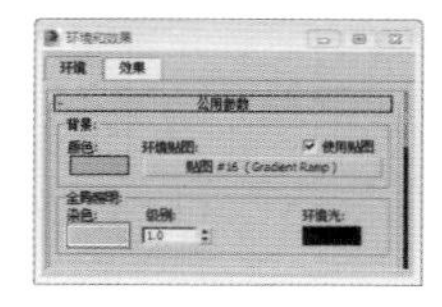

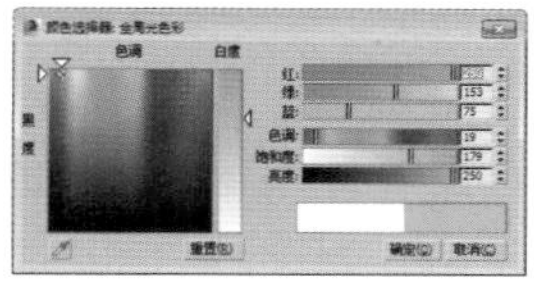

图 11-13

图 11-14

02 “级别”参数可以调节对场景染色的强弱，默认数值是 1.0；当数值大于 1.0 时，整个场景的染色程度都增强；当数值小于 1.0 时，整个场景的染色程度都减弱，如图 11-15 和图 11-16 所示为设置不同参数后的画面效果。

图 11-15

图 11-16

03 通过设置“环境光”色块，即可更改环境光的颜色，如图 11-17 所示。渲染后的效果如图 11-18 所示。

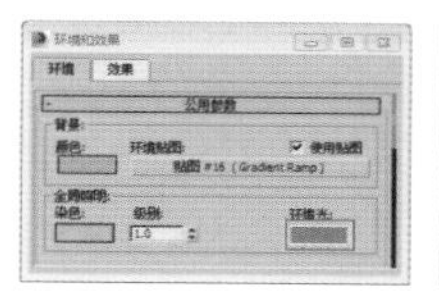

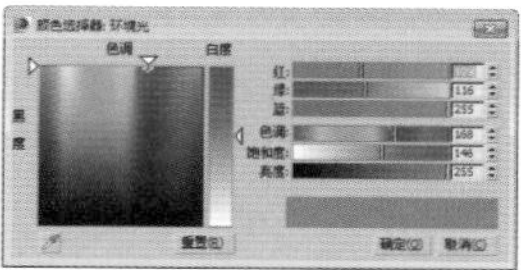

图 11-17

图 11-18

技巧与提示：

“全局照明”项目组要慎用，因为这会影响场景中所有的物体颜色与光照效果。我们习惯上还是通过调节场景中的灯光参数和物体的材质参数来改变当前场景的渲染效果。

11.2.5 曝光控制

“曝光控制”用于调整渲染的输出级别和颜色范围，类似于电影的曝光处理。该功能主要是配合 3ds Max 5.0 版本时新增的 Radiosity（光能传递）渲染器来使用的。

在早期像 VRay、Mental Ray 等渲染器还不流行的年代，3ds Max 的光能传递渲染器确实非常强大，可以渲染出照片级的作品。但在渲染器漫天飞的当今，3ds Max 的光能传递渲染器已经失去了它原来的地位，那么“曝光控制”也就变得不是那么常用了。

11.3 大气

3ds Max 中的大气环境效果可以用来模拟自然界中的云、雾、火和体积光等环境效果。使用这些特殊环境效果可以逼真地模拟出自然界的各种气候，同时还可以增强场景的景深感，使场景显得更为广阔，有时还能起到烘托场景气氛的作用。

在“环境和效果”对话框中的“大气”卷展栏中单击“添加”按钮 添加... ，打开“添加大气效果”对话框，选择相应的大气效果并单击“确定”按钮 确定 ，此时添加的大气效果将出现在“大气”卷展栏的“效果”列表中，如图 11-19 所示。

如果场景中添加了多个大气效果，那么就非常有必要对大气效果重命名，以方便识别。选择大气效果，在“名称”文本框中输入名称并按 Enter 键，即可为效果重命名，如图 11-20 所示。

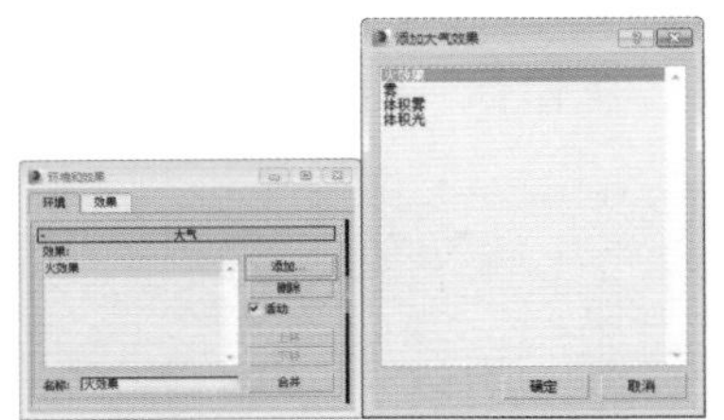

图 11-19

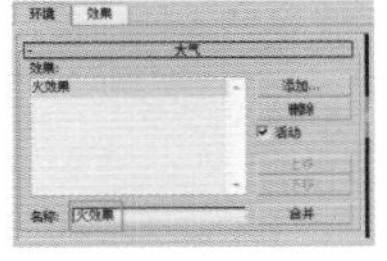

图 11-20

技巧与提示：

“大气”卷展栏中只有当“活动”复选框为选中状态时，该大气效果才有效。如果取消其选中状态，则可以使大气效果失效，但设置参数仍将保留。

也可以通过“大气”卷展栏右侧的各个按钮，对大气效果进行添加、删除、上移或下移的操作。如果以前设置好的一个大气效果还想应用于当前场景，那么可以单击“合并”按钮，将弹出“打开”对话框，允许从其他场景文件中合并大气效果设置，注意这会将其他场景中大气所属的 Gizmo 物体和灯光一同合并。

技巧与提示：

大气效果列表中的“效果”是从上至下进行计算的。也就是说最先创建的效果排列在列表上方，会最先进行渲染计算。例如，先为场景添加了火效果，后来又添加了雾效，那么在渲染计算时，会先计算火效果，然后在火效果上再添加一层雾，如果将这两个效果的位置通过“上移”“下移”按钮互换，那么最后的渲染结果也会发生改变。

此外，如果在外部安装了一些 3ds Max 的插件，一般情况下，也是在“大气”中添加和设置这些插件。

11.3.1 火效果

“火效果”可以产生火焰、烟雾、爆炸及水雾等特殊效果，如图 11-21 所示。它需要通过大气辅助对象来确定形态。需要注意的是火效果不能作为场景的光源，它不产生任何的照明效果，如果需要模拟燃烧产生的光照效果，可以创建相应的灯光进行配合。

对“爆炸”选项组进行设置，可以产生一个动态的爆炸效果。“火效果”的参数设置面板，如图 11-22 所示。

图 11-21

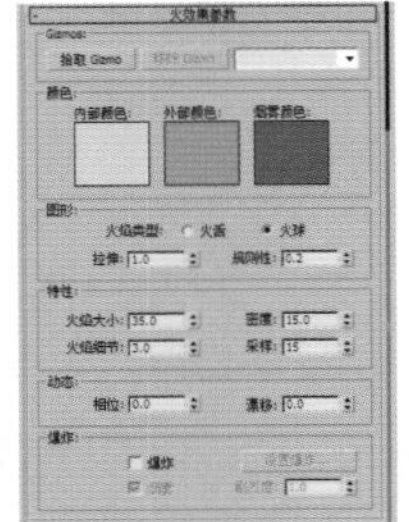

图 11-22

工具解析：

✦ 拾取 Gizmo 拾取 Gizmo ：单击该按钮可以拾取场景中要产生火效果的 Gizmo 对象。

✦ 移除 Gizmo 移除 Gizmo ：单击该按钮可以移除列表中所选的 Gizmo。移除 Gizmo 后，Gizmo 仍在场景中，但是不再产生火效果。

✦ 内部颜色：设置火焰中最密集部分的颜色。

✦ 外部颜色：设置火焰中最稀薄部分的颜色。

✦ 烟雾颜色：当选中“爆炸”选项时，该选项才发生作用，主要用来设置爆炸的烟雾颜色。

✦ 火焰类型：共有“火舌”和“火球”两种类型。“火舌”选项表示沿着中心使用纹理创建带方向的火焰，这种火焰类似于篝火，其方向沿着火焰装置的局部 *Z* 轴；“火球”选项表示创建圆形的爆炸火焰。

✦ 拉伸：将火焰沿着装置的 *Z* 轴进行缩放，该选项最适合创建“火舌”火焰。

✦ 规则性：修改火焰填充装置的方式，范围为 1 ～ 0。

✦ 火焰大小：设置装置中各个火焰的大小。装置越大，需要的火焰也越大，使用 15 ～ 30 范围内的值可以获得最佳的火焰效果。

✦ 火焰细节：控制每个火焰中显示的颜色更改量和边缘的尖锐度，范围为 0 ～ 10。

✦ 密度：设置火焰的不透明度和亮度。

✦ 采样：设置火焰效果的采样率。值越高，生成的火焰效果越细腻，但是会增加渲染时间。

✦ 相位：控制火焰效果的速率。

✦ 漂移：设置火焰沿着火焰装置的 Z 轴的渲染方式。

✦ 爆炸：选择该选项后，火焰将产生爆炸效果。

✦ 设置爆炸 设置爆炸...：单击该按钮可以打开“设置爆炸相位曲线”对话框，在该对话框中可以调整爆炸的“开始时间”和“结束时间”。

✦ 烟雾：控制爆炸是否产生烟雾。

✦ 剧烈度：改变“相位”参数的涡流效果。

实例操作：制作燃烧的火焰

实例操作：制作燃烧的火焰

实例位置：　工程文件 >CH11> 燃烧的火焰 .max

视频位置：　视频文件 >CH11> 实例：制作燃烧的火焰 .mp4

实用指数：　★★☆☆☆

技术掌握：　熟悉“火效果”的使用方法。

接下来将通过一个实例，讲解“火效果”大气的一些常用参数。需要注意的是，在渲染视图时，只能在透视图或摄影机视图下进行渲染，在正交视图和用户视图中是不能渲染的，如图 11-23 所示为本例的最终完成效果。

图 11-23

01 打开本书相关素材中的“工程文件 >CH11> 燃烧的火焰 > 燃烧的火焰 .max”文件，单击主工具栏上的“渲染产品”按钮，即可观察当前的渲染结果，如图 11-24 所示。

02 进入“创建”面板，单击“辅助对象”按钮，在其下拉列表中选择“大气装置”选项，单击“球体 Gizmo”按钮 球体 Gizmo，并在“球体 Gizmo 参数”卷展栏中启用“半球”复选框，然后在顶视图中单击并拖曳鼠标创建球体 Gizmo 物体，如图 11-25 所示。

图 11-24

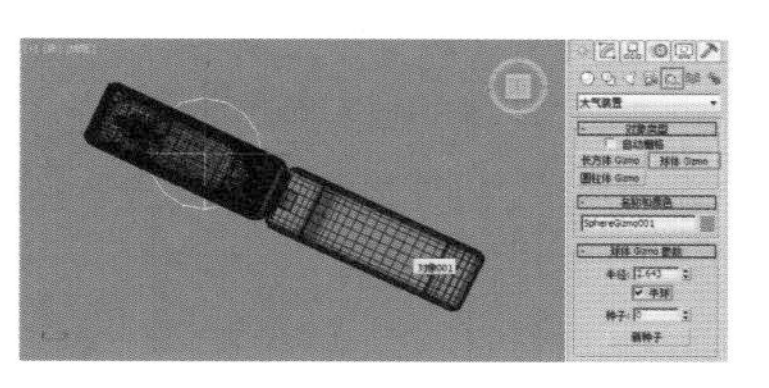

图 11-25

03 进入“修改”命令面板，设置球体 Gizmo 的半径为 2，并使用移动、旋转和缩放工具调整 Gizmo 的位置和大小，如图 11-26 所示。

04 按 8 键，打开“环境和效果”对话框，在“大气”卷展栏中单击“添加”按钮 添加...，打开“添加大气效果”对话框，选择“火效果”并单击“确定”按钮，添加火效果。在该对话框中将自动展开设置火效果的卷展栏，如图 11-27 所示。

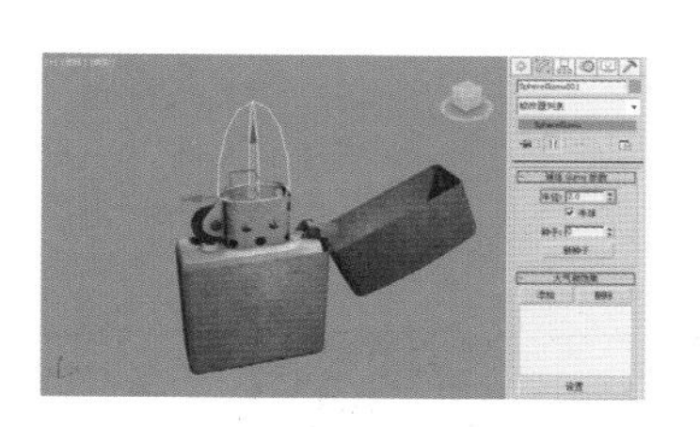

图 11-26

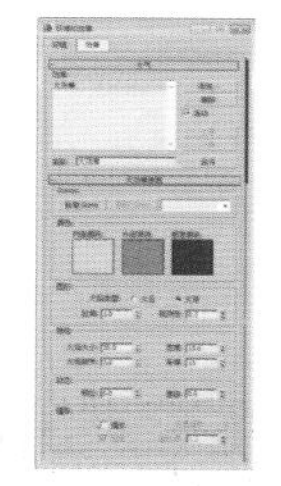

图 11-27

05 在“火效果参数”卷展栏的 Gizmo 选项组中单击“拾取 Gizmo”按钮 拾取 Gizmo，然后到视图中单击刚才创建的 Gizmo 物体。完毕后渲染场景，即可得到火焰默认的效果，如图 11-28 和图 11-29 所示。

图 11-28

图 11-29

技巧与提示：

拾取的 Gizmo 对象会出现在右侧的下拉列表中，通过此方法，可以让火效果在多个 Gizmo 中产生燃烧效果。单击“移除 Gizmo”按钮 移除 Gizmo，可以将当前的 Gizmo 从燃烧设置中删除，那么火效果将不再在此 Gizmo 中产生燃烧效果。

另外，在“颜色”项目组中可以设置火焰的“内部颜色”和“外部颜色”，还有爆炸时的“烟雾颜色”，单击任意色块，可以打开“颜色选择器”对话框。真实的火焰分为“内焰”和“外焰”。“内部颜色”可以设置火焰的“内焰”，“外部颜色”可以设置火焰的“外焰”。

06 “图形”选项组提供了两种火焰类型，即火舌和火球。可以根据实际需要设置火焰类型，如图 11-30 和图 11-31 所示为两种火焰类型的效果。

图 11-30

图 11-31

技巧与提示：

“火舌”是沿中心有定向的燃烧火焰，方向为大气装置 Gizmo 物体的自身 *Z* 轴向，常用于制作篝火、火把、烛火等效果。“火球”为球形膨胀的火焰，从中心向四周扩散，无方向性，常用于制作火球、恒星、爆炸等效果。

07 设置“拉伸”参数可以沿 Gizmo 物体自身 *Z* 轴方向拉伸火焰，尤其适用于“火舌”类型，产生长长的火苗，如图 11-32 和图 11-33 所示为设置不同的“拉伸”值后的火焰效果。

图 11-32

图 11-33

08 调节“规则性”参数可以设置火焰在 Gizmo 物体内部的填充情况，数值范围是 0 ～ 1，当值为 0 时，火焰极为分散、细微，只有少许火苗偶尔触及 Gizmo 物体的边界；当值为 1 时，火焰将填满整个 Gizmo 物体，这种火焰较为丰满、规则，如图 11-34 和图 11-35 所示为设置不同“规则性”参数后的火焰效果。

图 11-34

图 11-35

09 “特性”项目组用于设置火焰的大小、密度等，它们与大气装置 Gizmo 物体的尺寸息息相关，共同产生作用，对其中一个参数的调节也会影响其他 3 个参数的效果。在“特性”项目组中设置“火焰大小”参数值，可以设置每一根火苗的大小，值越大，火苗越粗壮。如图 11-36 和图 11-37 所示为设置不同“火焰大小”参数后的火焰效果。

图 11-36

图 11-37

10 设置“火焰细节”参数，可以控制每一根火苗内部颜色和外部颜色之间的过渡程度，值越小，火苗越模糊，渲染也越快；值越大，火苗越清晰，渲染也越慢，如图 11-38 和图 11-39 所示为设置不同“火焰细节”参数后火焰的效果。

图 11-38

图 11-39

11 “密度”值可以设置火焰的不透明度和光亮度，值越小，火焰越稀薄、透明，亮度也越低；值越大，火焰越浓密，中央更不透明，亮度也更高，如图 11-40 和图 11-41 所示为设置不同“密度”后火焰的效果。

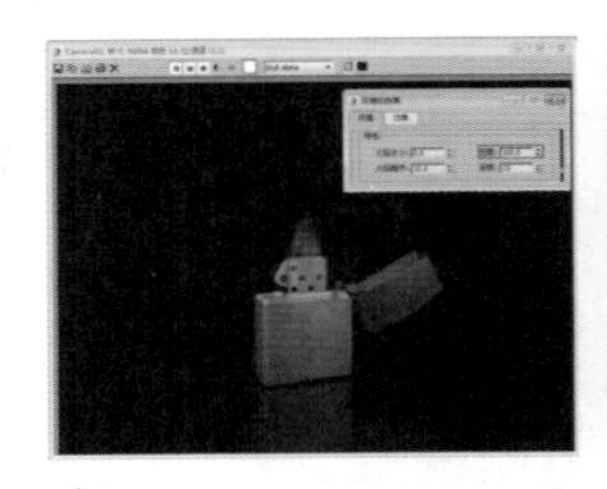

图 11-40

图 11-41

12 “采样”参数用于设置火焰的采样速率，值越大，结果越精确，但渲染速度也越慢，当火焰尺寸较小或细节较低时可以适当增大其值。如图 11-42 ～ 11-43 所示，为设置不同“采样”值后的火焰效果。

图 11-42

图 11-43

13 “动态”项目组用于制作动态的火焰燃烧效果。“相位”参数控制火焰变化的速度，对它进行动画设定可以产生火焰内部翻腾的动画效果。“漂移”参数用于设置火焰沿自身 *Z* 轴升腾的速度，值偏低时，表现出文火效果；值偏高时，表现出烈火效果。在动画关键点控制区中单击“自动关键帧”按钮，然后拖曳“时间滑块”到第 100 帧的位置。在“动态”项目组中，设置“相位”和“漂移”的值都为 40，如图 11-44 所示。

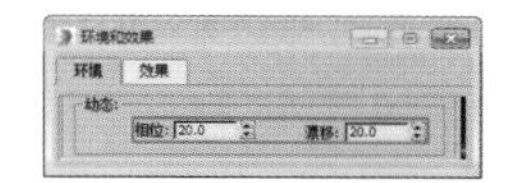

图 11-44

14 设置完成后，可以将其渲染输出为视频文件观察设置的动画效果。也可以打开本书相关素材中的“工程文件 >CH11> 燃烧的火焰 > 燃烧的火焰 .avi”文件，观看设置的动画效果。

11.3.2　雾

“雾”效果可以在场景中创建出雾、层雾、烟雾、云雾、蒸汽等大气效果，如图 11-45 所示。

所设置的效果将作用于整个场景。雾分为标准雾和层雾两种类型，标准雾依靠摄影机的衰减范围设置，根据物体离目光的远近产生淡入淡出的效果；层雾可以表现仙境、舞台等特殊效果，如图 11-46 所示为“雾”效果的参数设置面板。

图 11-45

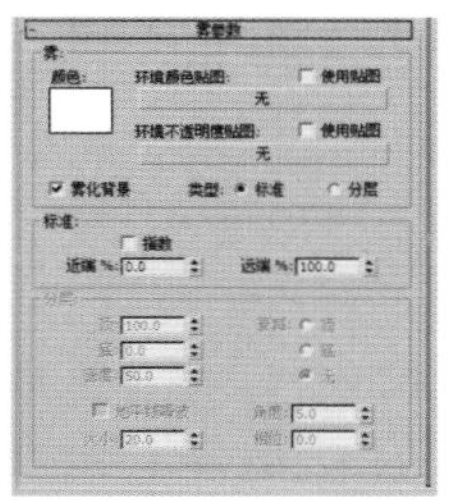

图 11-46

工具解析：

✦ 颜色：设置雾的颜色。

✦ 环境颜色贴图：从贴图导出雾的颜色。

✦ 使用贴图：使用贴图来产生雾效果。

✦ 环境不透明度贴图：使用贴图来更改雾的密度。

✦ 雾化背景：将雾应用于场景的背景。

✦ 标准：使用标准雾。

✦ 分层：使用分层雾。

✦ 指数：随距离按指数增加密度。

✦ 近端 %：设置雾在近距范围的密度。

✦ 远端 %：设置雾在远距范围的密度。

✦ 顶：设置雾层的上限（使用世界单位）。

✦ 底：设置雾层的下限（使用世界单位）。

✦ 密度：设置雾的总体密度。

✦ 衰减顶 / 底 / 无：添加指数衰减效果。

✦ 地平线噪波：启用“地平线噪波”系统。“地平线噪波”系统仅影响雾层的地平线，用来增强雾的真实感。

✦ 大小：应用于噪波的缩放系统。

✦ 角度：确定受影响的雾与地平线的角度。

✦ 相位：设置噪波动画。

11.3.3　体积雾

体积雾效果可以使用户在一个限定的范围内设置和编辑雾效果，产生三维空间的云团，这是真实的云雾效果，在三维空间中以真实的体积存在，它们不仅可以飘动，还可以穿过它们，如图 11-47 所示。

体积雾有两处使用方法，一种是直接作用于整个场景，但要求场景内必须有物体存在；另一种是作用于大气装置 Gizmo 物体，在 Gizmo 物体限制的区域内产生云团等效果，这是一种更易控制的方法。另外，体积雾还可以加入风力值、噪波效果等多方面的控制，利用这些设置可以在场景中编辑出雾流动的效果，如图 11-48 所示为“体积雾”效果的参数设置面板。

图 11-47

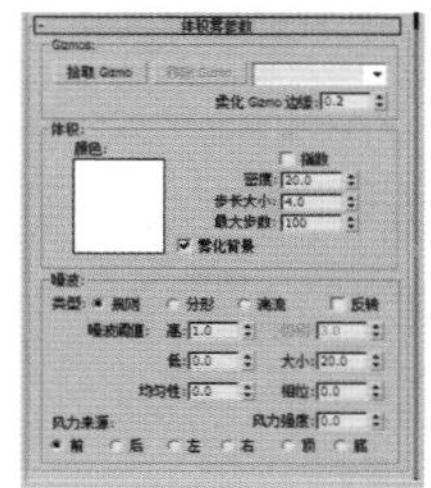

图 11-48

工具解析：

✦ 拾取 Gizmo 拾取 Gizmo：单击该按钮可以拾取场景中要产生雾效果的 Gizmo 对象。

✦ 移除 Gizmo 移除 Gizmo：单击该按钮可以移除列表中所选的 Gizmo。移除 Gizmo 后，Gizmo 仍在场景中，但是不再产生雾效果。

✦ 柔化 Gizmo 边缘：羽化体积雾效果的边缘。值越大，边缘越柔和。

✦ 颜色：设置雾的颜色。

✦ 指数：随距离按指数增大密度。

✦ 密度：控制雾的密度，范围为 0 ～ 20。

✦ 步长大小：确定雾采样的粒度，即雾的“细度”。

✦ 最大步长：限制采样量，以便雾的计算不会永远执行。该选项适合于雾密度较小的场景。

✦ 雾化背景：将体积雾应用于场景的背景。

✦ 类型：有“规则”“分形”“湍流”和“反转”4 种类型可供选择。

✦ 噪波阈值：限制噪波效果，范围为 0 ～ 1。

✦ 级别：设置噪波迭代应用的次数，范围为 1 ～ 6。

✦ 大小：设置烟卷或雾卷的大小。

✦ 相位：控制风的种子。如果“风力强度”大于 0，雾体积会根据风向来产生动画。

✦ 风力强度：控制烟雾远离风向（相对于相位）的速度。

✦ 风力来源：定义风来自哪个方向。

实例操作：制作雾气弥漫的雪山

实例操作：制作雾气弥漫的雪山

实例位置：	工程文件 >CH11> 雪山 .max
视频位置：	视频文件 >CH11> 实例：制作雾气弥漫的雪山 .mp4
实用指数：	★★★☆☆
技术掌握：	熟悉“雾”效果和“体积雾”效果的设置和使用方法。

本节安排了一个雾气弥漫的雪山效果制作实例，为读者演示了大气效果的建立与编辑方法。通过本例，可以让读者熟悉“雾”效果和“体积雾”效果的设置和使用方法，如图 11-49 所示为本例的最终完成效果。

图 11-49

01 打开本书相关素材中的“工程文件 >CH11> 雪山 > 雪山 .max”文件，渲染当前场景，效果如图 11-50 所示。

02 按 8 键，打开“环境与效果”对话框，在“公用参数”卷展栏中单击“环境贴图”下方的“无”按钮 无 ，在弹出的“材质 / 贴图浏览器”对话框中选择“渐变坡度”贴图，如图 11-51 所示。

图 11-50

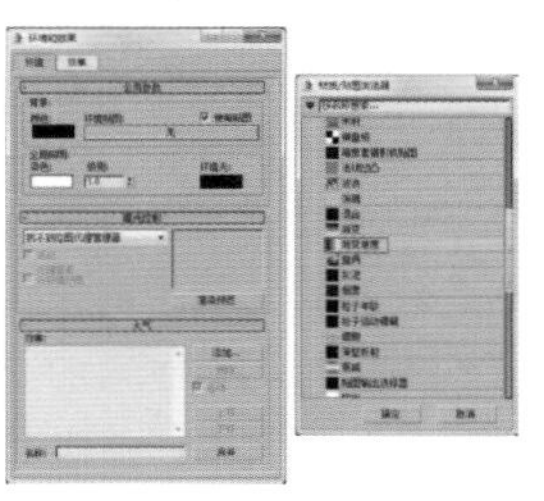

图 11-51

03 打开材质编辑器，将“环境贴图”拖曳复制到材质编辑器中任意一个材质球上，在弹出的“实例（副本）贴图”对话框中选择“实例”方式，如图 11-52 所示。

04 在“渐变坡度”贴图的“坐标”卷展栏中设置贴图的方式为“球形环境”，偏移的 U 值为 0.375，设置贴图的旋转角度 W 值为 90，如图 11-53 所示。

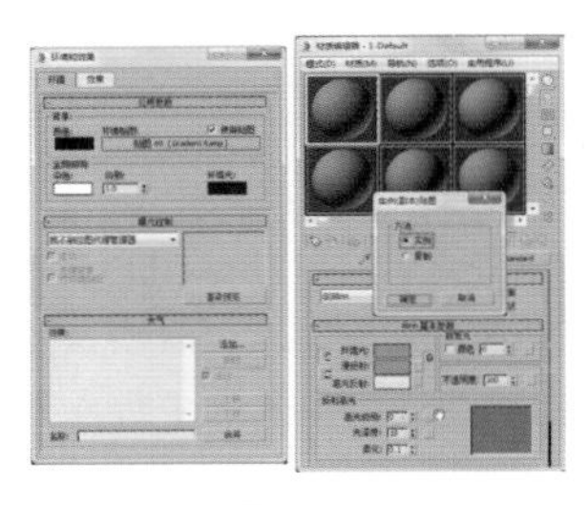

图 11-52

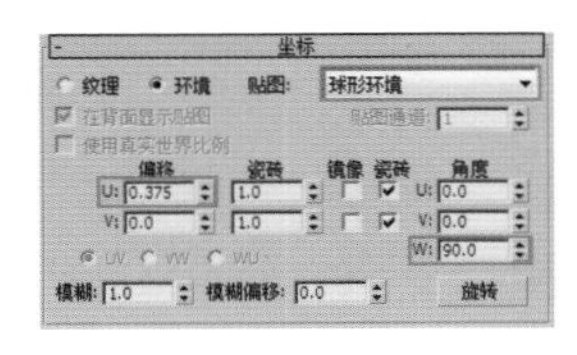

图 11-53

05 在“渐变坡度参数”卷展栏中，参照如图 11-54 所示设置色块的颜色，并设置“渐变类型”为“径向”。设置完成后渲染场景，效果如图 11-55 所示。

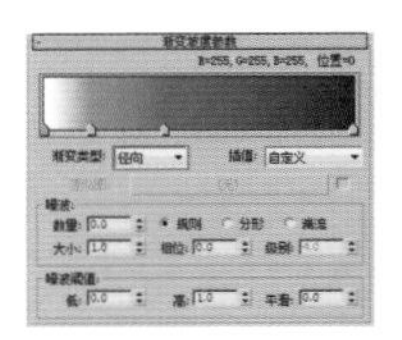

图 11-54

图 11-55

06 在“大气”卷展栏中单击“添加”按钮，在弹出的“添加大气效果”对话框中选择“雾”效果，如图 11-56 所示。完成后渲染场景，效果如图 11-57 所示。

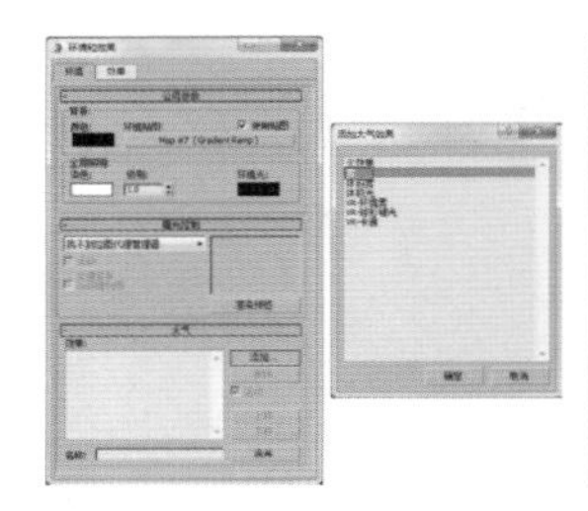

图 11-56

图 11-57

07 此时我们发现远处的雾太浓了，在场景中选择摄影机并进入“修改”命令面板，在“参数”卷展栏的“环境范围”选项组下，选中“显示”复选框，并设置“近距范围”为 0，“远距范围”为 600，此时在场景中，“摄影机”对象的前方会出现一个棕色的范围框，如图 11-58 所示。

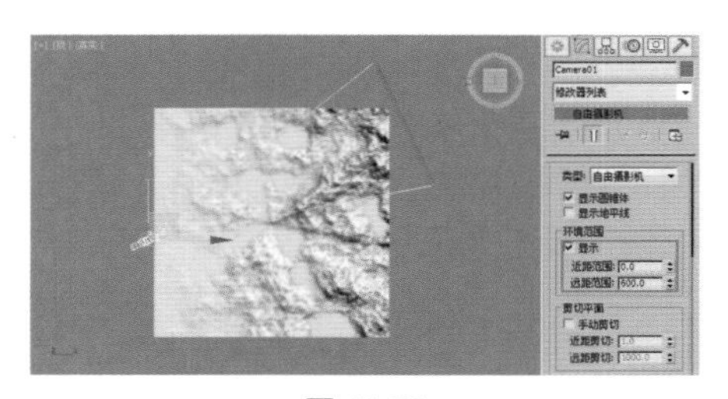

图 11-58

技巧与提示：

“雾”出现的位置是由场景中的摄影机来控制的，“近距范围”的参数默认是 0，如果增大该值会发现在场景中又出现一个浅黄色的“范围框”。“近距范围”的含义是“雾”从此位置到棕色的“范围框”逐渐变浓，而从摄影机中心点到此位置的这段距离没有雾；“远距范围”的含义是“雾”到达此位置时变得最浓。

08 在“雾参数”卷展栏中的“标准”选项组下，设置“远端 %”的数值为 50，完成后再次渲染场景，此时会发现雾的位置和浓度都比较正常了，如图 11-59 和图 11-60 所示。

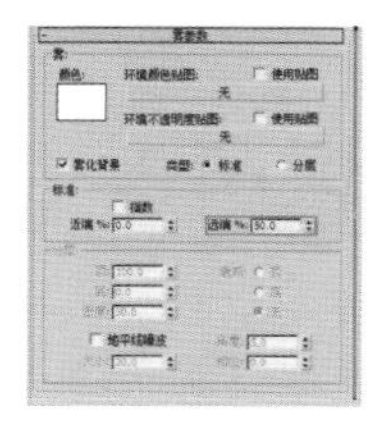
图 11-59

图 11-60

09 在“创建”面板中单击“辅助对象”按钮，然后在下方的下拉列表中选择“大气装置”，如图 11-61 所示。

10 单击“长方体 Gizmo”按钮，在场景中创建“长方体 Gizmo”对象，并设置其“长度”为 530、“宽度”为 390、“高度”为 10，如图 11-62 所示。

图 11-61

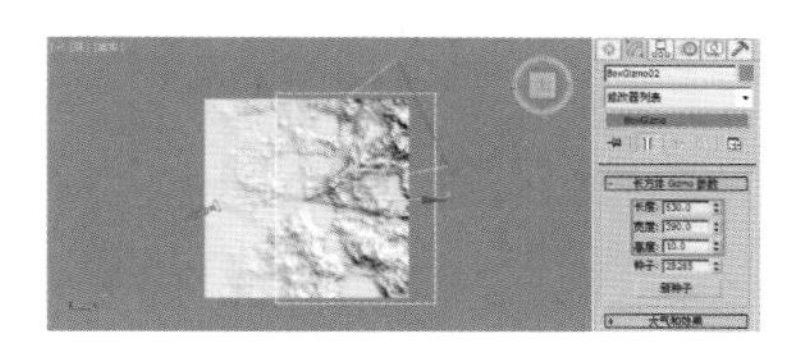
图 11-62

11 在“环境与效果”对话框的“大气”卷展栏中添加“体积雾”效果，然后在“体积雾参数”卷展栏中单击“拾取 Gizmo”按钮，接着在场景中单击刚才创建的“长方体 Gizmo”对象，并添加“长方体 Gizmo”对象，以此来模拟雪地上飘起的“雪沫”效果，如图 11-63 和图 11-64 所示。

图 11-63

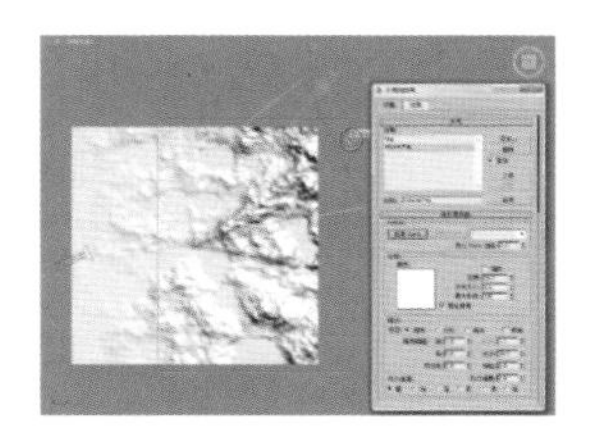
图 11-64

12 在 Gizmo 选项组中，设置“柔化 Gizmo 边缘”为 0.5，在“体积”选项组中，设置“密度”为 15，在“噪波”选项组中，设置噪波的类型为“分形”，“级别”为 5，如图 11-65 所示。完成后渲染场景，效果如图 11-66 所示。

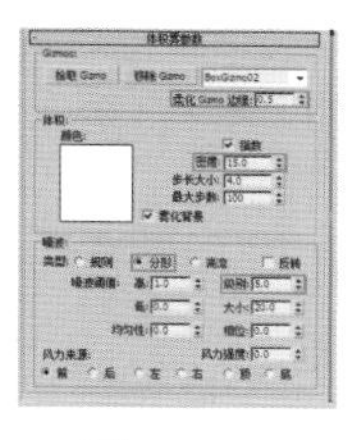
图 11-65

图 11-66

13 视图中已经制作了摄影机的位移动画，为了增加速度感，开启整个场景的运动模糊效果。在场景中选择所有的几何体对象，并在场景空白处右击，在弹出的菜单中选择“对象属性”，如图 11-67 所示。

14 在弹出的“对象属性”对话框中，设置“运动模糊”选项组中的模糊方式为“图像”，“倍增”为 1，如图 11-68 所示。

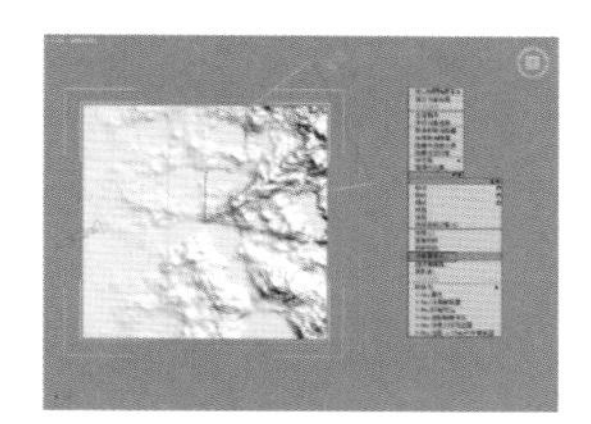
图 11-67

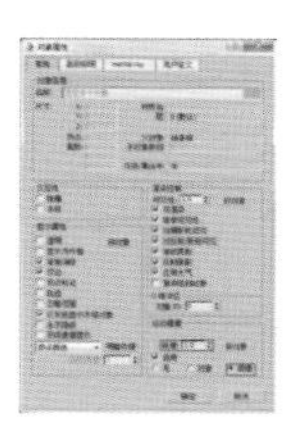
图 11-68

15 设置完毕后渲染场景，最终效果如图 11-69 和图 11-70 所示。

图 11-69

图 11-70

11.3.4　体积光

“体积光”效果可以制作带有体积感的光线，这种体积光可以被物体阻挡，从而形成光芒透过缝隙的效果，如图 11-71 所示。

图 11-71

带有体积光属性的灯光仍然可以进行照明、投影以及投影图像，从而产生真实的光线效果。例如对泛光灯添加体积光特效，可以制作出光晕效果，模拟发光的灯光或太阳；对定向光加体积光特效，可以制作出光束效果，模拟透过彩色窗玻璃、投影彩色的图像光线，还可以制作激光光束效果，如图 11-72 所示为“体积光”效果的参数设置面板。

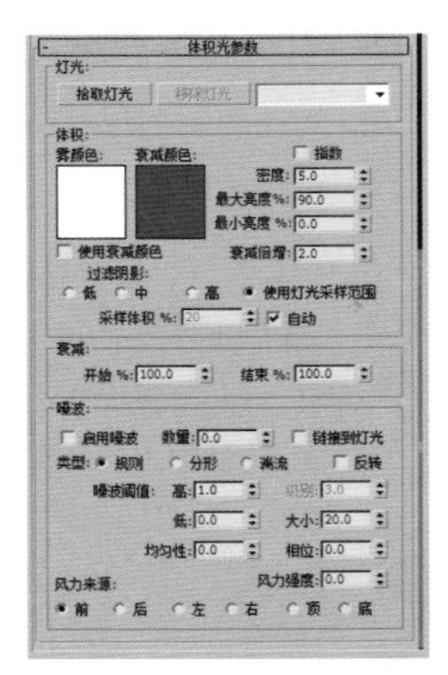

图 11-72

工具解析：

- ✦ 拾取灯光 拾取灯光：拾取要产生体积光的光源。
- ✦ 移除灯光 移除灯光：将灯光从列表中移除。
- ✦ 雾颜色：设置体积光产生的雾的颜色。
- ✦ 衰减颜色：体积光随距离而衰减。
- ✦ 使用衰减颜色：控制是否开启“衰减颜色”功能。
- ✦ 指数：随距离按指数增大密度。
- ✦ 密度：设置雾的密度。
- ✦ 最大 / 最小亮度 %：设置可以达到的最大和最小的光晕效果。
- ✦ 衰减倍增：设置“衰减颜色”的强度。
- ✦ 过滤阴影：通过提高采样率（以增加渲染时间为代价）来获得更高质量的体积光效果，包括“低”“中”“高”3 个级别。
- ✦ 使用灯光采样范围：根据灯光阴影参数中的“采样范围”值，使体积光中投射的阴影变得模糊。
- ✦ 采样体积 %：控制体积的采样率。
- ✦ 自动：自动控制“采样体积 %”的参数。
- ✦ 开始 % / 结束 %：设置灯光效果开始和结束衰减的百分比。
- ✦ 启用噪波：控制是否启用噪波效果。
- ✦ 数量：应用于雾的噪波的百分比。
- ✦ 链接到灯光：将噪波效果链接到灯光对象。

实例操作：用体积光模拟空气中的尘埃

实例操作：用体积光模拟空气中的尘埃

实例位置：工程文件 >CH11> 体积光 .max

视频位置：视频文件 >CH11> 实例：用体积光模拟空气中的尘埃 .mp4

实用指数：★★★☆☆

技术掌握：熟悉“体积光”效果的使用方法。

通过“体积光”来模拟大气中的尘埃，是一种常用的方法，下面将通过一个实例，讲解“体积光”的设置方法，如图 11-73 所示为本例的最终完成效果。

图 11-73

01 打开本书相关素材中的“工程文件 >CH11> 体积光 > 体积光 .max”文件，单击主工具栏上的“渲染产品”按钮，即可观察当前场景的渲染结果，如图 11-74 所示。

图 11-74

02 按 8 键，打开“环境和效果”对话框，在“大气”卷展栏中单击“添加”按钮 添加... ，打开“添加大气效果”对话框，双击“体积光”选项，添加体积光效果并展开“体积光参数”卷展栏，如图 11-75 和图 11-76 所示。

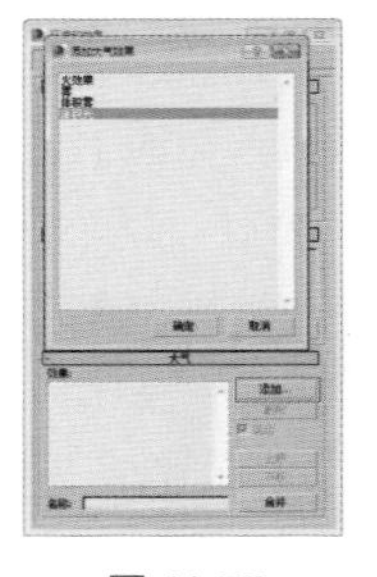

图 11-75

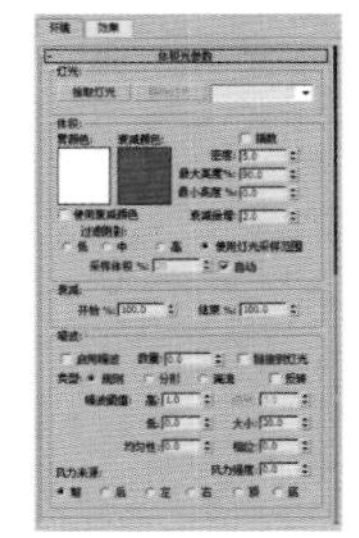

图 11-76

03 在“灯光”选项组中，单击“拾取灯光”按钮 拾取灯光 并在场景中选择如图 11-77 所示的“目标平行光”对象，使体积光作用于当前选择的“目标平行光”对象。完毕后渲染场景，即可观察设置的体积光效果，如图 11-78 所示。

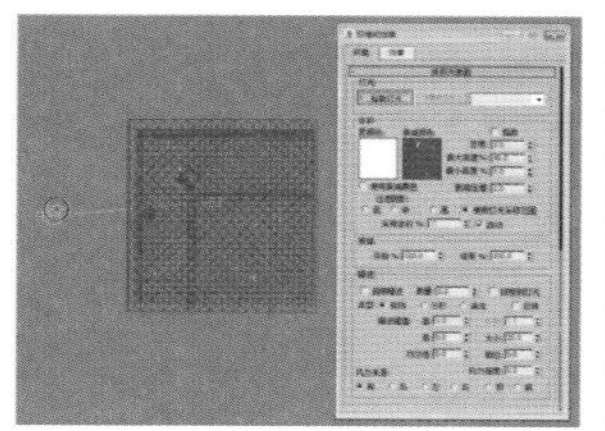

图 11-77

图 11-78

04 “体积光”默认是白色的，单击“雾颜色”下的色块，打开“颜色选择器”对话框，在这里可以调节体积光的颜色，如图 11-79 和图 11-80 所示。

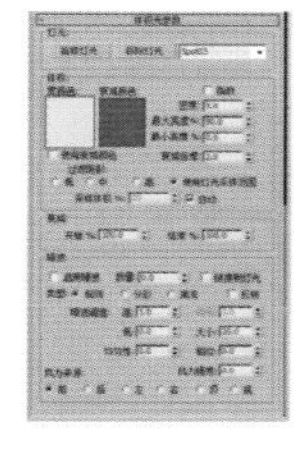

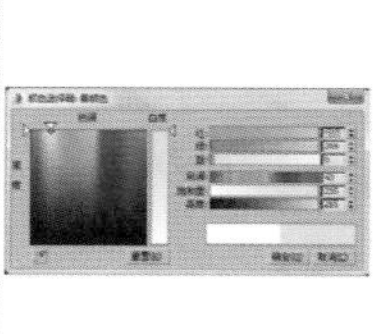

图 11-79

图 11-80

05 “最大亮度 %”参数设置的是体积光可以达到的最大光晕效果（默认设置为 90%）。如果减小此值，可以限制光晕的亮度，以便使光晕不会随灯光的距离越来越远而越来越浓，最后出现“一片全白”的结果，如图 11-81 和图 11-82 所示为调节“最大亮度”参数后渲染场景的画面结果。

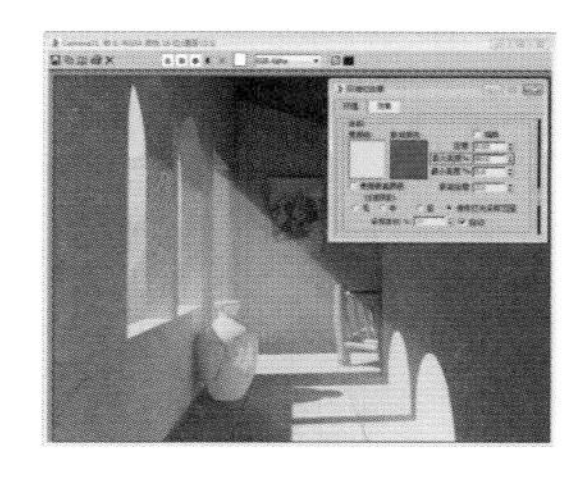

图 11-81

图 11-82

06 “最小亮度 %”参数设置的是体积光能够达到的最小发光效果，与“环境和效果”对话框中“全局照明”选项组下的“环境光”设置类似。如果“最小亮度 %”参数大于 0，则体积光不受灯光“锥形框”范围的限制，“锥形框”外面的区域也会发光，如图 11-83 所示为设置该参数后渲染场景的画面效果。

07 如果想得到物体遮挡住体积光的效果，需要开启灯光的“投影”属性。在场景中选择“目标聚光灯”对象，进入“修改”命令面板，在“常规参数”卷展栏的“阴影”选项组中，选中“启用”复选框，并在“阴影类型”下拉列表中选择“阴影贴图”投影类型，如图 11-84 所示。

图 11-83

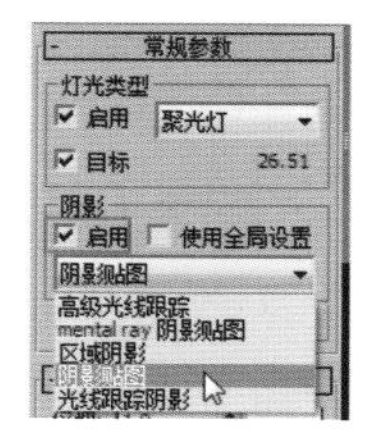

图 11-84

08 在“体积光参数”卷展栏下，“过滤阴影”提供了 4 种类型，分别为“低”“中”“高”和“使用灯光采样范围”，如果选择“高”类型，可以通过增加采样级别来获得更优秀的体积光渲染效果，但同时也会增加渲染时间，如图 11-85 和图 11-86 所示为选择“低”和“高”类型的效果对比。

图 11-85

图 11-86

09 如果选择“使用灯光采样范围”，则基于灯光本身“采样范围”参数对体积光中的投影进行模糊处理。灯光本身的“采样范围”参数是针对“阴影贴图”投影类型的方式作用的，增大该值可以模糊阴影边缘的区域，如图 11-87 所示。具体灯光阴影的知识，可以参见本书有关灯光的教学内容。

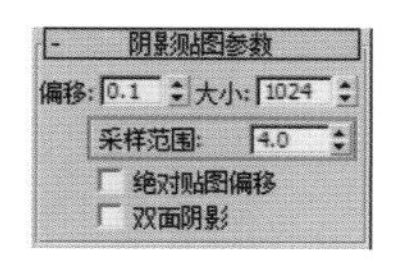

图 11-87

技巧与提示：

“采样体积 %”参数可以控制体积光被采样的等级，数值范围为 1 ～ 1000。默认右侧的“自动”复选框是被选中的，也就是说我们选择上面 4 种不同的“过滤阴影”类型，系统会自动计算出体积光被采样的等级，如果取消选中“自动”复选框，我们即可自由设定体积光被采样的等级，一般情况下无须将此值设置高于 100，除非有极高品质的要求。

10 “衰减”选项组用于设置体积光的衰减效果，但前提是必须先开启灯光自身的衰减属性，参照前面学习的方法开启灯光的“远距衰减”属性，如图 11-88 所示。设置完毕后渲染场景，得到如图 11-89 所示的效果。

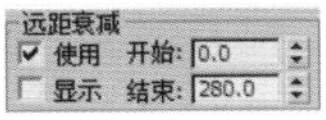

远距衰减
使用 开始: 0.0
显示 结束: 280.0

图 11-88

图 11-89

11 调节“开始 %”参数，可以设置体积光从灯光聚光区到衰减区的平滑过渡。如果想制作平滑衰减的光晕效果，也就是没有聚光区的体积光效果，可以将此值设为 0，如图 11-90 所示。

12 调节“结束 %”参数可以设置体积光衰减结束的位置，此值可以凌驾于灯光自身“远距衰减”中的“结束”参数，如图 11-91 所示。

图 11-90

图 11-91

13 如果不希望体积光的边缘太过锐利，可以调节灯光“聚光区 / 光束”和“衰减区 / 区域”的参数，如图 11-92 所示。

14 “噪波”选项组可以为体积光添加噪波的效果，以此来模拟空气中的灰尘，如图 11-93 所示。

图 11-92

图 11-93

技巧与提示：

此外，“链接到灯光”复选框可以设置是否将噪波效果与灯光的自身坐标相链接，如果选中该复选框，这样灯光在进行移动时，噪波也会随灯光一同移动。通常在制作云雾或大气中的尘埃等效果时，不将噪波与灯光链接，这样噪波将永远固定在世界坐标上，灯光在移动时就好像在云雾或灰尘间穿行一样。

11.4 效果

使用“环境和效果”对话框中的“效果”选项卡，可以为场景添加特殊的视觉效果，如物体的发光、模糊、镜头光晕等效果，但这些效果现在一般都是在 AfterEffects 或者 DFusion 这些后期软件中制作，所以本节中的内容，旨在让读者了解 3ds Max 这方面的一些知识，如图 11-94 所示为“效果”选项卡的公用参数设置。

图 11-94

11.4.1 “效果”选项卡的公用参数

在“效果”卷展栏中单击“添加”按钮，即可打开“添加效果”对话框，如图 11-95 所示。在该对话框中可以选择所需添加的各种效果。

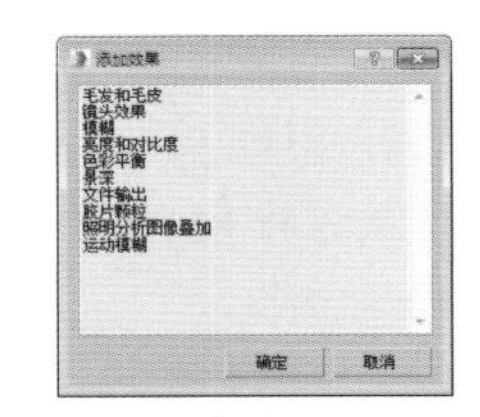

图 11-95

“预览”选项组提供了两种预览效果的模式，一种是“全部”，所有活动效果均将应用于预览；另一种是“当前”，只有高亮显示的效果将应用于预览。例如，为场景添加了“模糊”和“亮度和对比度”两种效果，然后将预览的模式设置为“当前”，那么在“效果列表”中选择了哪一个“效果”，渲染场景时则只会显示当前选择的“效果”。

如果选中“交互”复选框，那么在调节效果参数时，更改会在渲染帧窗口中交互进行，我们可以随时观察设置各选项参数后的效果；禁用该复选框后，当我们更改参数想要查看效果时，可以通过单击“更新效果”按钮，手动更新预览。

需要注意的是，如果对场景进行了更改，例如对场景的物体进行了移动，此时只有单击“更新场景”按钮，才能正确地显示更改后的效果。

此外，还可以通过单击“显示原状态”按钮，观察应用效果前后的画面。

11.4.2　毛发和毛皮

为场景中的物体添加“Hair 和 Fur”修改器后，该效果会自动添加到“效果列表”中，有关该效果的用法，可以参见毛发章节的相关知识，如图 11-96 所示为该效果的参数面板。

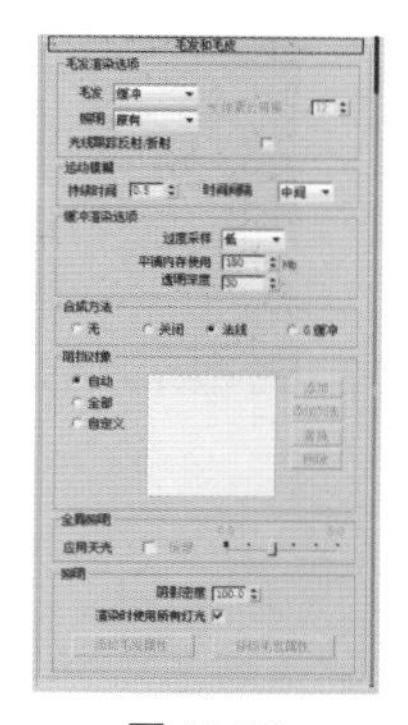

图 11-96

11.4.3　镜头效果

“镜头效果”可以模拟相机拍照时，镜头所产生的光晕效果，如光晕、光环、射线、自动二级光斑、手动二级光斑和条纹等，如图 11-97 所示为添加“镜头效果”后产生的效果。

图 11-97

11.4.4　镜头效果的全局设置

在“镜头效果全局”卷展栏中设置参数，将影响整体的镜头效果，如图 11-98 和图 11-99 所示为“镜头效果全局”的“参数”面板和“场景”面板。

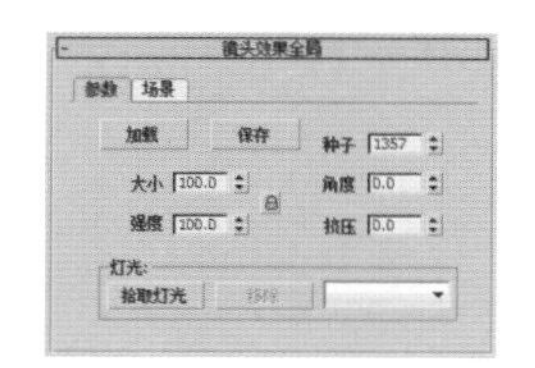

图 11-98

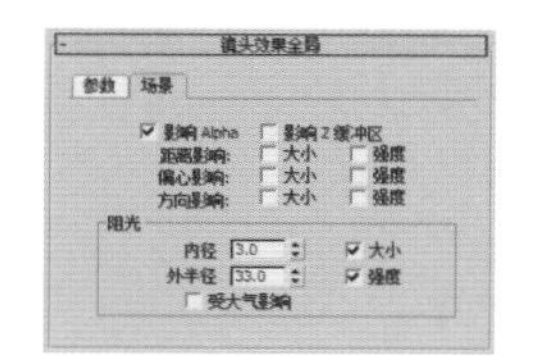

图 11-99

11.4.5　镜头效果的 7 种效果

1. 光晕镜头效果

“光晕”镜头效果，可以为指定对象的周围添加光晕的效果。例如，给爆炸的粒子系统添加光晕，使它们看起来好像更明亮而且更热。通常还用于制作强光烈焰、飞行器尾部喷火、热气蒸腾的恒星等，如图 11-100 所示为该效果的参数面板，如图 11-101 所示为应用该效果后的画面效果。

图 11-100

图 11-101

2. 光环镜头效果

应用“光环”镜头效果可以在物体或灯光周围制作出环形的发光效果，如图 11-102 所示为该效果的参数面板，如图 11-103 所示为应用该效果后的画面效果。

图 11-102

图 11-103

3. 射线镜头效果

“射线”镜头效果是由光芯向四处散射光线束，尖锐而细，用来模拟光芒四射的效果，如图 11-104 所示为该效果的参数面板，如图 11-105 所示为应用该效果后的画面效果。

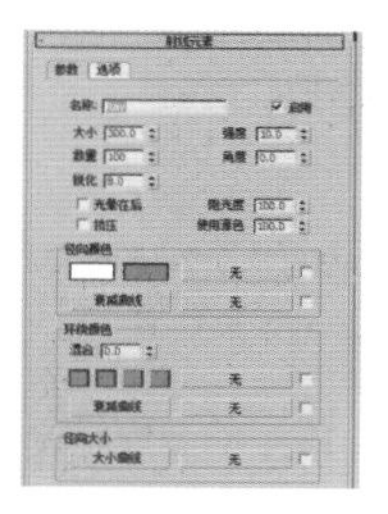

图 11-104

图 11-105

4. 自动二级光斑镜头效果

“自动二级光斑”镜头效果是一串小的光圈，串在光斑与摄影机相对的轴线上，随光斑与摄影机距离的变化而发生改变，它是根据参数面板中的设置自动生成的，如图 11-106 所示为该效果的参数面板，如图 11-107 所示为应用该效果后的画面效果。

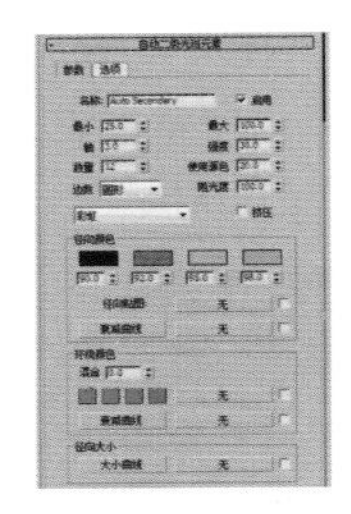

图 11-106

图 11-107

5. 手动二级光斑镜头效果

“手动二级光斑”与“自动二级光斑”相同，都是制作一串光斑效果，只是前者完全通过手工控制，因此该效果的设置更加灵活，可控制性更高，如图 11-108 所示为该效果的参数面板。

图 11-108

6. 星形镜头效果

“星形”镜头效果的光芒比“射线”镜头效果的光芒更粗、更坚硬，在制作时常与“射线”镜头效果配合使用，用“射线”镜头效果可以制作细微的光线，用“星形”镜头效果可以制作主要的光芒。如图 11-109 所示为该效果的参数面板，如图 11-110 所示为应用该效果后的画面效果。

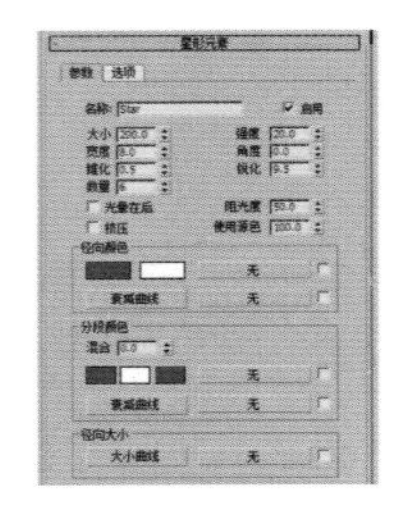

图 11-109

图 11-110

7. 条纹镜头效果

“条形”镜头效果是穿过源对象中心的条带。在现实世界使用摄影机拍摄时，套用失真镜头拍摄场景时会产生条纹镜头效果。如图 11-111 所示为该效果的参数面板，如图 11-112 所示为应用该效果后的画面效果。

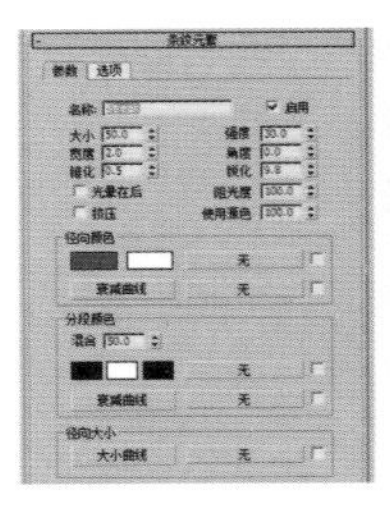

图 11-111

图 11-112

8. 镜头效果“选项”面板

每个镜头效果都有一个“选项”面板，通过这些面板，可以让我们选择如何应用效果。例如可以让灯光产生“光晕”效果，也可以让物体产生“光晕”效果，还可以通过材质 ID 号，让赋予了该材质的物体产生“光晕”效果，如图 11-113 所示，在“镜头效果全局”卷展栏中，通过“拾取灯光”按钮拾取了场景了灯光，那么该灯光就会产生“镜头效果参数”卷展栏中添加的镜头效果。

要想让物体发光，首先要在物体的“对象属性”对话框中设置“对象 ID”，然后在“选项”卡中设置相对应的“对象 ID”才可以，如图 11-114 所示。

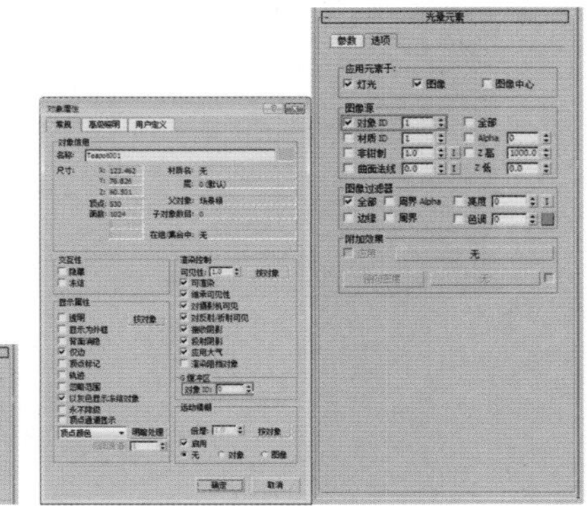

图 11-113　　图 11-114

同样，如果物体材质的某一部分产生镜头效果，必须先在“材质编辑器”中设置好对应的“材质 ID”才行，如图 11-115 所示。

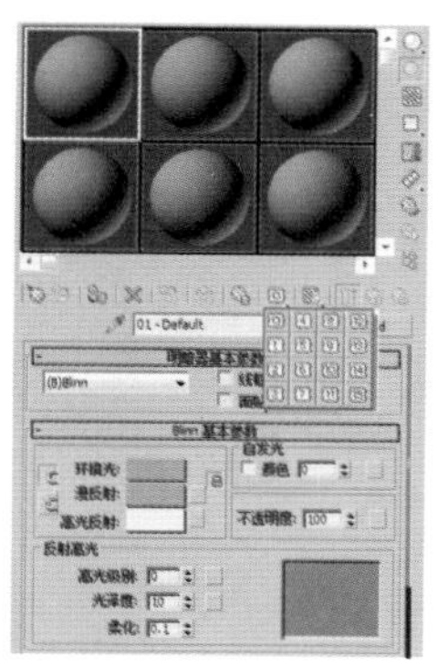
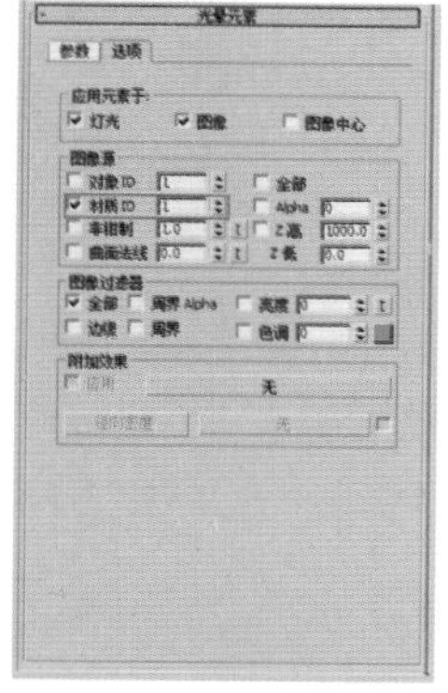

图 11-115

实例操作：制作夜晚街道场景

实例操作：制作夜晚街道场景效果

实例位置：　工程文件 >CH11> 夜晚街道 .max

视频位置：　视频文件 >CH11> 实例：制作夜晚街道场景 .mp4

实用指数：　★★☆☆☆

技术掌握：　熟悉“镜头效果”效果的使用方法。

本节将通过一个夜晚街道的场景，让读者更好地掌握“镜头效果”的设置方法，如图 11-116 所示为本实例的最终完成效果。

图 11-116

01 打开本书相关素材中的“工程文件 >CH11> 夜晚街道 > 夜晚街道 .max”文件，单击主工具栏上的“渲染产品”按钮，即可观察当前场景的渲染结果，如图 11-117 所示。

02 按 8 键，打开“环境和效果”对话框，在“效果”选项卡中单击“添加”按钮 添加... ，打开“添加效果”对话框，双击“镜头效果”选项，如图 11-118 所示。

图 11-117

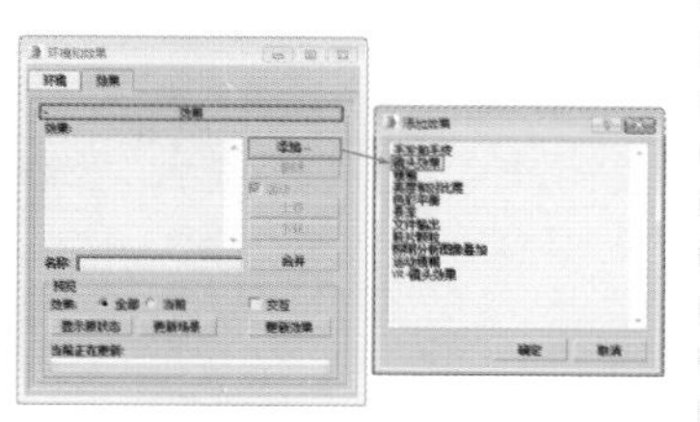

图 11-118

03 在“镜头效果全局”卷展栏中，单击“拾取灯光”按钮 拾取灯光 并在场景中选择如图 11-119 所示场景中所有的“泛光”对象。

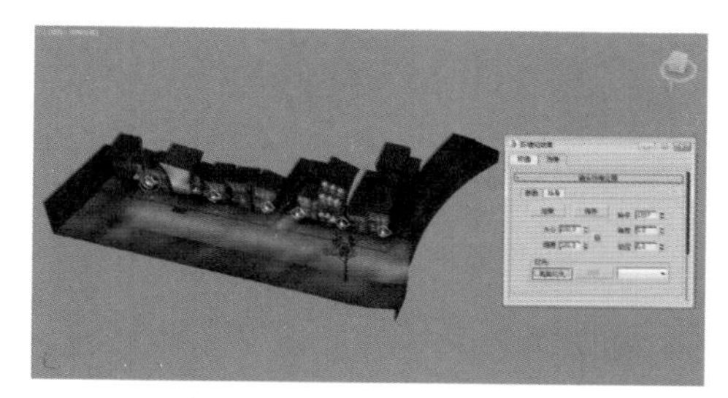

图 11-119

技巧与提示：

如果选择的灯光比较多，可以在单击“拾取灯光”按钮后，按 H 键打开“拾取对象”对话框，一次性选择多个灯光，如图 11-120 所示。

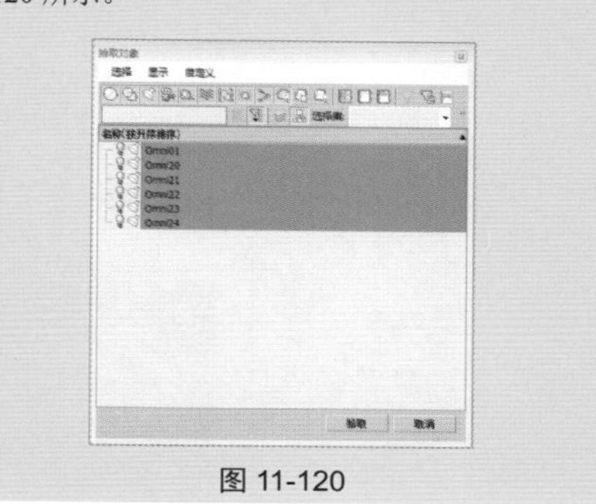

图 11-120

04 在“镜头效果参数”卷展栏中，选择“光晕”，然后单击向右箭头按钮，将效果添加到右侧的列表中，完成后渲染场景，如图 11-121 和图 11-122 所示。

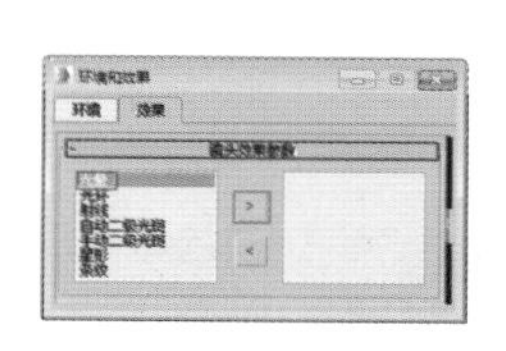

图 11-121

图 11-122

05 在“光晕元素”卷展栏中，设置“强度”为 80，并设置“径向颜色”右侧的颜色为（红：255，绿：130，蓝：0），设置完成后渲染场景，如图 11-123 和图 11-124 所示。

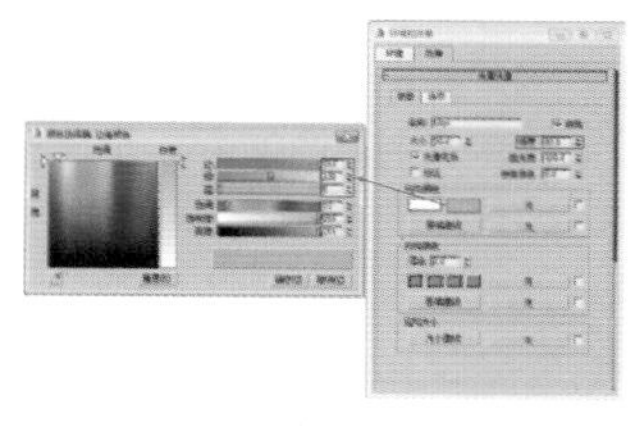

图 11-123

图 11-124

06 在“镜头效果参数”卷展栏中再添加一个“射线”效果，

然后在“射线元素”卷展栏中设置“大小”为30，“强度”为5，设置完成后渲染场景，如图11-125~图11-127所示。

图 11-125

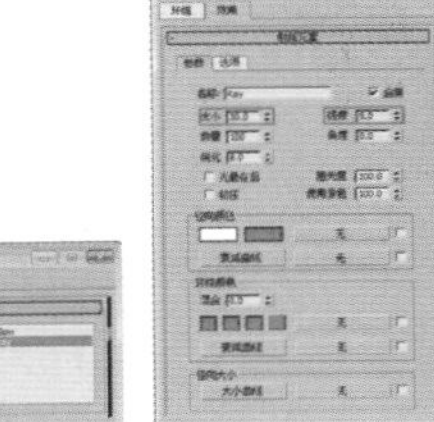

图 11-126

图 11-127

07 在“镜头效果参数”卷展栏中再添加一个“自动二级光斑”效果，然后在“自动二级光斑元素”卷展栏中，设置“最小”为0，“最大”为50，“轴”为10，“强度”为40，“数量”为5，设置完成后渲染场景，如图11-128~图11-130所示。

图 11-128

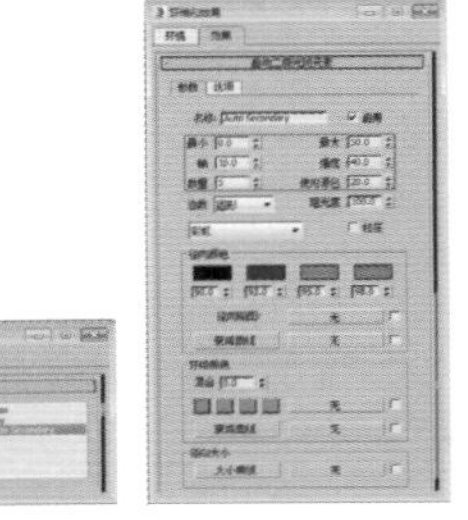

图 11-129

图 11-130

08 在“镜头效果参数”卷展栏中再添加一个“自动二级光斑”效果，然后在“自动二级光斑元素”卷展栏中设置“大小”为10，“强度”为20，“宽度”为0.5，“锥化”为10，“锐化”为0，设置完成后渲染场景，如图11-131~图11-133所示。

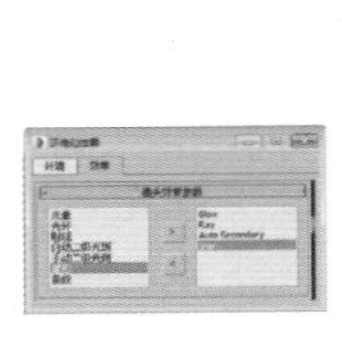

图 11-131

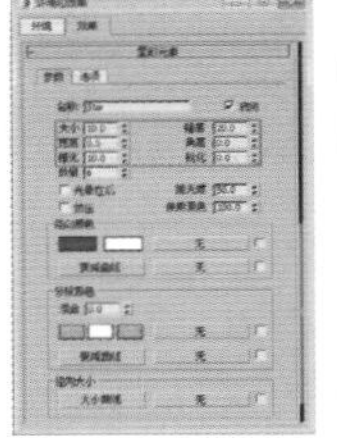

图 11-132

图 11-133

09 在“镜头效果参数”卷展栏中再添加一个“条纹”效果，然后在“条纹元素”卷展栏中设置“大小”为20，“强度”为30，“宽度”为1，“锥化”为0，“锐化”为8，如图11-134和图11-135所示。

10 设置完成后渲染场景，最终效果如图11-136所示。

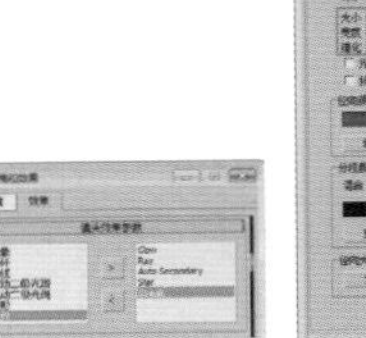

图 11-134

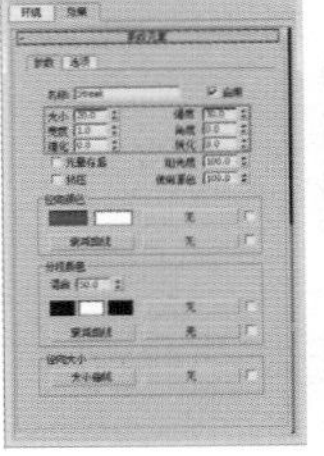

图 11-135

图 11-136

11.4.6 模糊

使用模糊效果可以通过3种不同的方式使图像变模糊，分别是均匀型、方向型和径向型。模糊效果根据“像素选择”面板中所做的选择应用于各个像素，可以使整个图像变模糊、使非背景场景元素变模糊、按亮度值使图像变模糊，或使用贴图遮罩使图像变模糊。模糊效果通过渲染对象或摄影机移动的幻影，提高动画的真实感，如图11-137所示为“模糊”效果的参数面板，如图11-138所示为添加“模糊”效果后的画面效果。

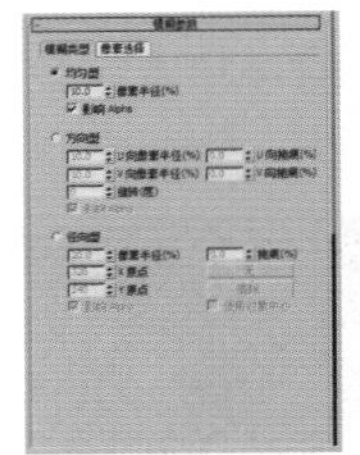

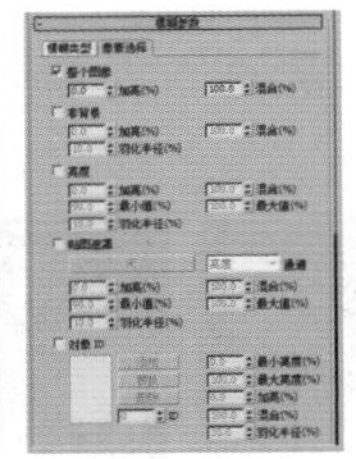

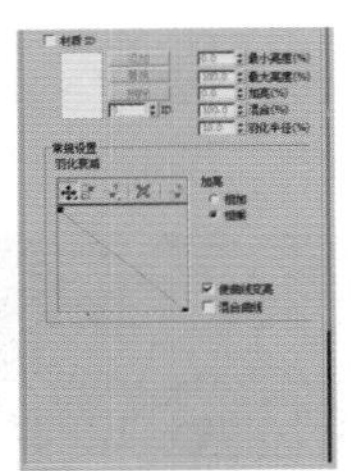

图 11-137

图 11-138

实例操作：制作温暖阳光的室内场景

实例操作：制作阳光温暖的卧室场景效果

实例位置：　工程文件 >CH11> 卧室 .max

视频位置：　视频文件 >CH11> 实例：制作温暖阳光的卧室场景 .mp4

实用指数：　★★☆☆☆

技术掌握：　熟悉“模糊”效果的使用方法。

“模糊”效果不但可以制作图像模糊的效果，还可以用来表现午后阳光充足的效果，下面将通过一个实例，讲解“模糊”效果的设置方法，如图11-139所示为本实例的最终完成效果。

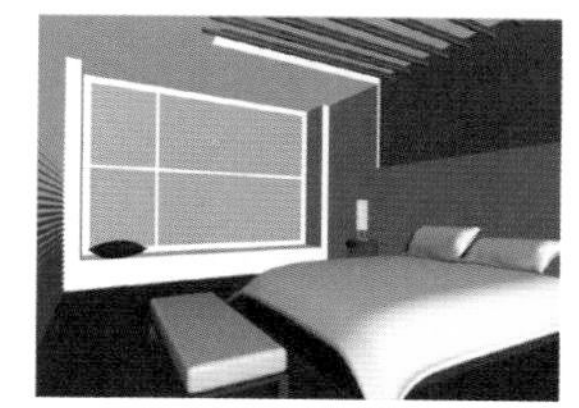

图 11-139

01 打开本书相关素材中的“工程文件 >CH11> 卧室 > 卧室 .max”文件，单击主工具栏上的“渲染产品”按钮，即可观察当前场景的渲染结果，如图 11-140 所示。

02 按 8 键，打开“环境和效果”对话框，在“效果”选项卡中单击“添加”按钮 添加... ，打开“添加效果”对话框，双击“模糊”选项，如图 11-141 所示。

图 11-140

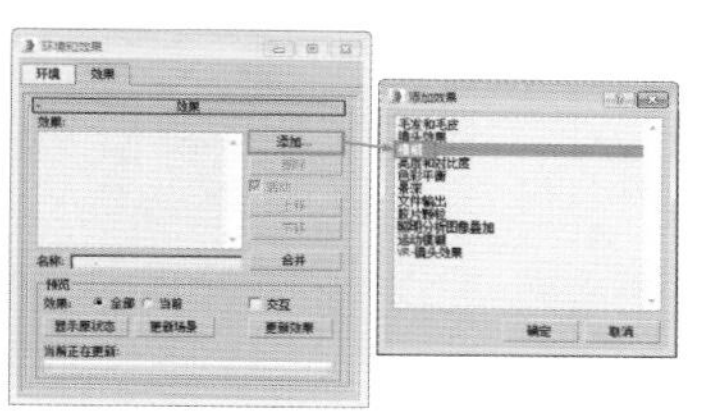

图 11-141

03 设置完成后渲染场景，此时发现整个场景都被模糊了，如图 11-142 所示。

图 11-142

04 在“模糊参数”卷展栏中，禁用“整个图像”复选框，启用“亮度”复选框，设置完成后渲染场景，如图 11-143 和图 11-144 所示。

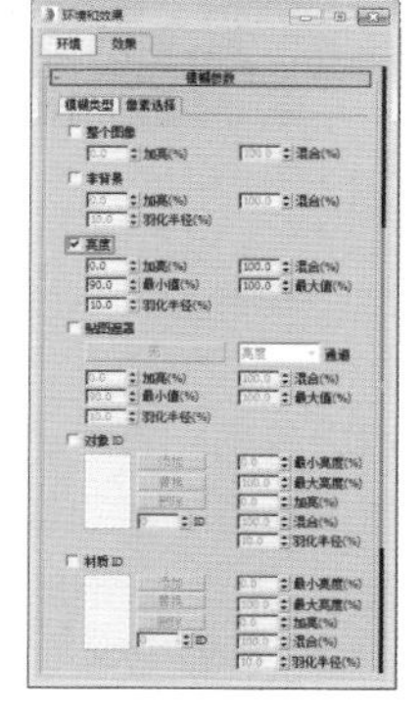

图 11-143

图 11-144

技巧与提示：

在“模糊参数”卷展栏的“像素选择”面板中，可以为指定的像素区域应用模糊效果。在本实例中，我们启用“亮度”复选框，模糊效果将影响亮度值介于最小值和最大值之间的所有像素。

05 设置“加亮”为 20，“加亮”参数，可以将被模糊区域的图像加亮，设置“最小值”为 80，“最大值”为 100，让模糊的区域介于这两个值之间，设置完成后渲染场景，如图 11-145 所示。

06 设置“混合”为 50，“羽化半径”为 20，“混合”参数可以将模糊效果和与原始的渲染图像混合，创建出柔化焦点的效果，而“羽化半径”参数可以消除加亮区域和非加亮区域所产生的硬边。设置完成后渲染场景，如图 11-146 所示。

图 11-145

图 11-146

07 在“模糊类型”选项卡中，默认状态下，模糊的类型为“均匀型”，也就是将模糊效果均匀应用于整幅渲染图像，而“像素半径”参数可以控制模糊效果的强度，数值越大，模糊效果越明显，在这里将该数值设置为 5，如图 11-147 所示。

08 设置完成后渲染场景，最终效果如图 11-148 所示。

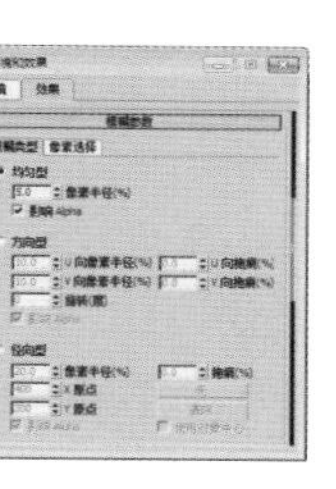

图 11-147

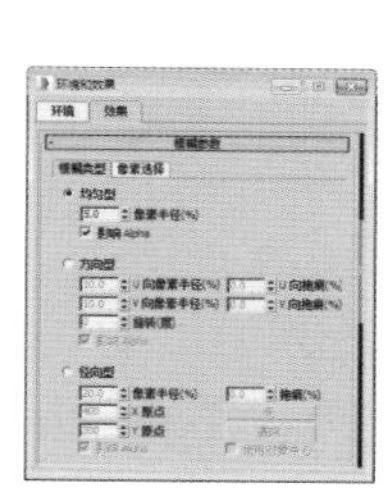

图 11-148

11.4.7　亮度和对比度

“亮度和对比度”效果可以对图像的亮度和对比度进行调整。该效果通常用于匹配渲染场景对象、图像背景或者动画，如图 11-149 所示为该效果的参数面板，如图 11-150 所示为应用该效果后的画面效果。

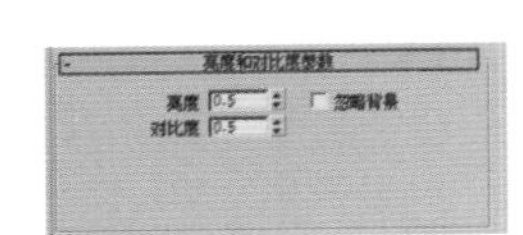

图 11-149

图 11-150

11.4.8 色彩平衡

“色彩平衡”效果用于调节场景或图像颜色的成分，可以通过独立控制 RGB 通道操纵相加 / 相减颜色，如图 11-151 所示为该效果的参数面板，如图 11-152 所示为应用该效果后的画面效果。

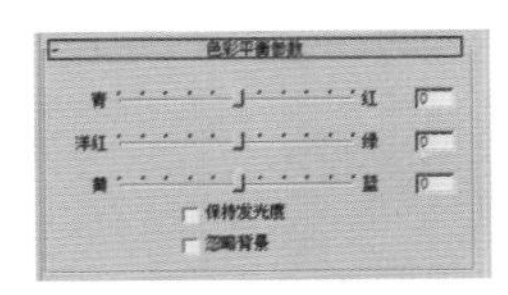

图 11-151

图 11-152

11.4.9 景深

“景深”效果模拟在通过摄影机镜头观看时，前景和背景的场景元素的自然模糊效果。景深的工作原理是：将场景沿 Z 轴按次序分为前景、背景和焦点图像。然后，根据在景深效果参数中设置的值使前景和背景图像模糊，最终的图像由经过处理的原始图像合成。需要注意的是，如果对图像或动画应用了其他的渲染效果，那么“景深”效果应设置为最后一个要渲染的效果，如图 11-153 所示为该效果的参数面板，如图 11-154 所示为应用该效果后的画面效果。

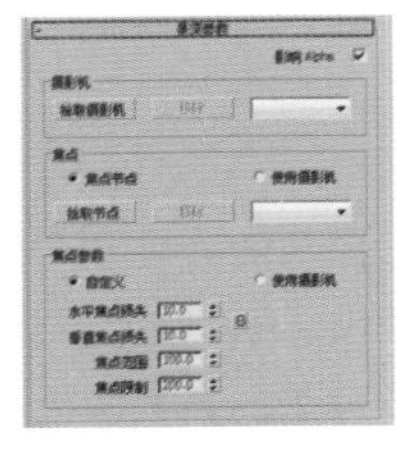

图 11-153

图 11-154

11.4.10 文件输出

使用“文件输出”可以根据“文件输出”在“渲染效果”列表中的位置，在应用部分或所有其他渲染效果之前，获取渲染的“快照”。在渲染动画时，可以将不同的通道（例如亮度、深度或者 Alpha）保存到独立的文件中。也可以使用“文件输出”将 RGB 图像转换为不同的通道，并将该图像通道发送回“渲染效果”列表，然后再将其他效果应用于该通道，如图 11-155 所示为该效果的参数面板。

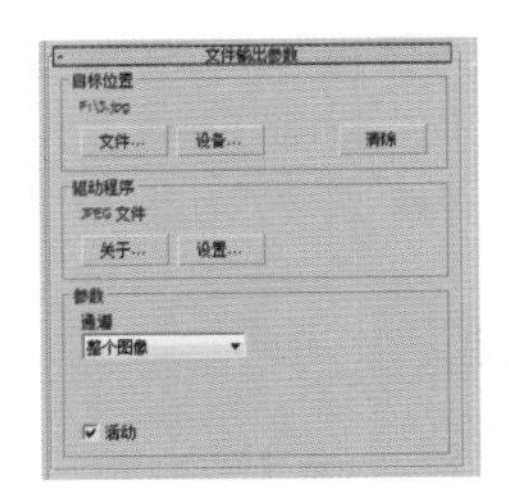

图 11-155

11.4.11 胶片颗粒

“胶片颗粒”效果用于在渲染场景中重新创建胶片颗粒的效果。使用“胶片颗粒”还可以将作为背景使用的源材质中（如 AVI）的胶片颗粒与在软件中创建的渲染场景匹配。应用“胶片颗粒”时，将自动随机创建移动帧的效果，如图 11-156 所示为该效果的参数面板，如图 11-157 所示为应用该效果后的画面效果。

图 11-156

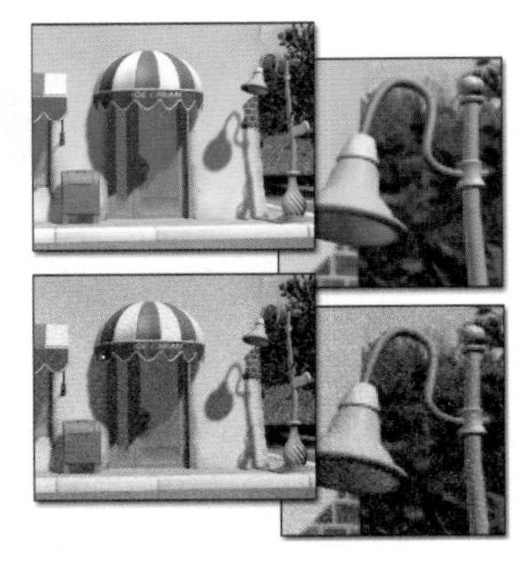

图 11-157

11.4.12 照明分析图像叠加

“照明分析图像叠加”是一种渲染效果，它用于在渲染场景时计算和显示照明级别。图像叠加的度量值会叠加显示在渲染场景之上。颜色取决于在“分析值颜色编码”卷展栏上显示的伪颜色控件。图像叠加效果还显示一个附加渲染帧（具有较少控件），其中显示类似伪彩色的显示效果。此帧的外观不重要，它只是用于辅助计算叠加效果，如图 11-158 所示为该效果的参数面板，如图 11-159 和图 11-160 所示为应用该效果后的画面效果。

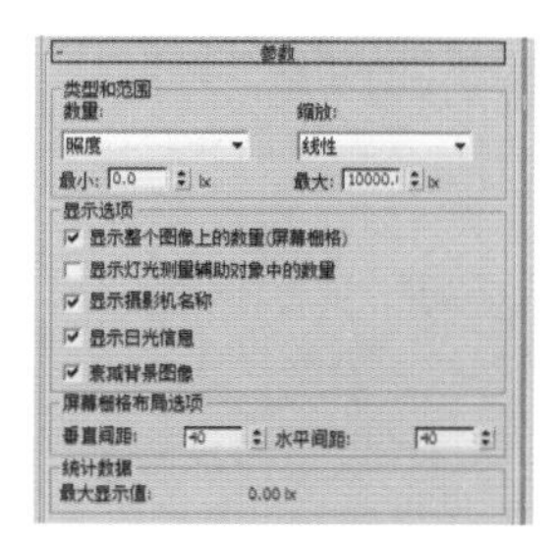

图 11-158

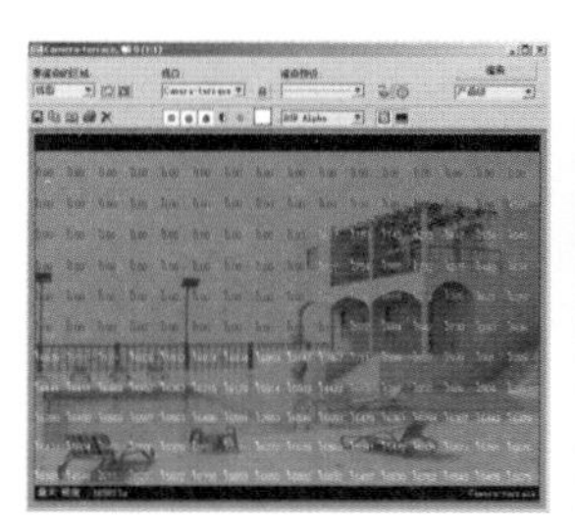

图 11-159

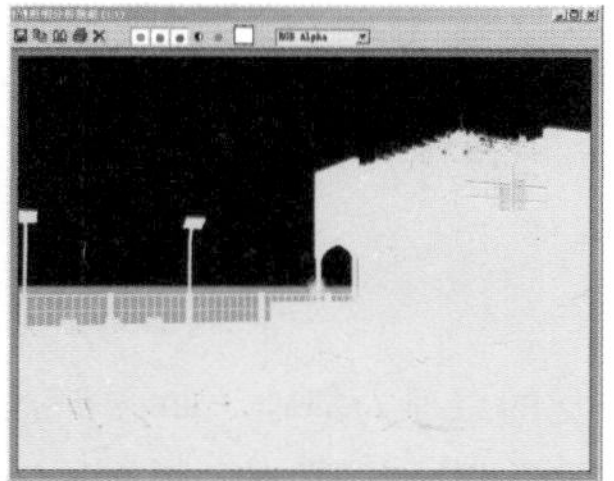

图 11-160

11.4.11　运动模糊

“运动模糊”效果可以使移动的对象或整个场景变得模糊，运动模糊可以通过模拟实际摄影机的工作原理，增强渲染动画的真实感。摄影机有快门速度，如果场景中的物体或摄影机本身在快门打开时发生了明显位移，胶片上的图像将变模糊，如图 11-161 所示为该效果的参数面板，如图 11-162 所示为应用该效果后的画面效果。

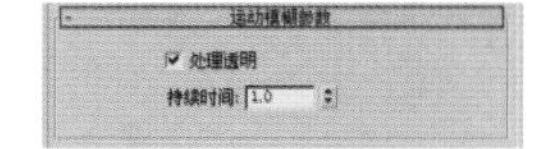

图 11-161

图 11-162

技巧与提示：

要想使对象受“运动模糊”效果的影响，必须先在“对象属性”对话框中，为要变模糊的对象设置运动模糊特性，如图 11-163 所示。

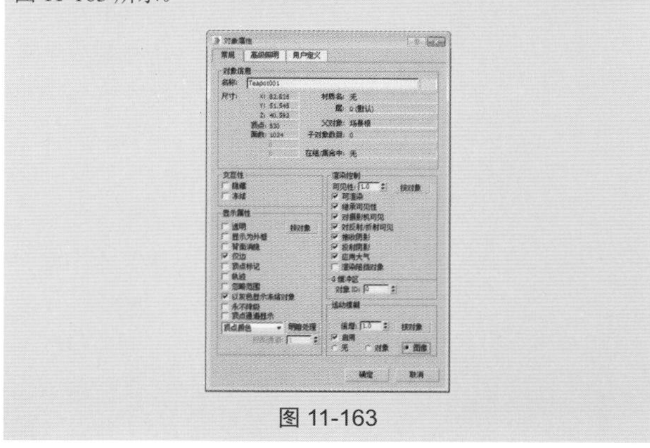

图 11-163

11.5　本章总结

本章主要讲述了有关环境、大气和效果方面的知识，其中为场景设置背景的颜色和贴图是一个比较重要的功能。然后通过对 4 种大气效果的巧妙设置，也可以为自己的作品增光添彩。3ds Max 中的效果，完全可以拿到后期软件中制作，因为那样更真实、更方便。

第 12 章

基础动画技术

12.1　动画概述

3ds Max 具有非常强大的动画编辑功能，用户可以利用 3ds Max 2016 提供的动画功能来满足自己在动画方面的设计要求。但正因为 3ds Max 动画编辑功能丰富强大，所以学习这方面的知识也存在一定的难度。本章将由浅入深地讲解基础动画方面的知识，使读者能够轻松掌握基础动画的编辑技巧。

3ds Max 2016 作为世界上最优秀的三维动画软件之一，提供了一套非常强大的动画系统，包括基本动画系统和骨骼动画系统。无论采用哪种方法制作动画，都需要动画师对角色或物体的运动有着细致的观察和深刻的体会，抓住了运动的“灵魂”才能制作出生动、逼真的动画作品。

在 3ds Max 中，设置动画的基本方式非常简单。用户可以设置任何对象变换参数的动画，以随着时间的不同改变其位置、角度和尺寸。动画作用于整个 3ds Max 系统中，用户可以为对象的位置、角度和尺寸，以及几乎所有能够影响对象形状与外表的参数设置动画。

12.1.1　动画的概念

动画以人类视觉的原理为基础，如将多张连续的单幅画面连在一起按一定的速率播放，就形成了动画。组成这些连续画面的单一静态图像，称为“帧”。例如，我们都知道电影是由很多张胶片组成的连续动作，那么可以把“帧”理解为电影中的单张胶片，如图 12-1 所示。

一分钟的动画大概需要 720 到 1800 幅单独图像，如果通过手绘的形式来完成这些图像，那是一项艰巨的任务。因此出现了一种称为“关键帧”的技术。动画中的大多数帧都是两个关键帧的变化过程，从上一个关键帧到下一个关键帧不断发生变化。传统动画工作室为了提高工作效率，让主要艺术家只绘制重要的关键帧，然后其助手再计算出关键帧之间需要的帧，填充在关键帧中的帧称为“中间帧”，如图 12-2 所示，图中 1、2、3 的位置为关键帧，其他的都是计算机自动生成的中间帧。

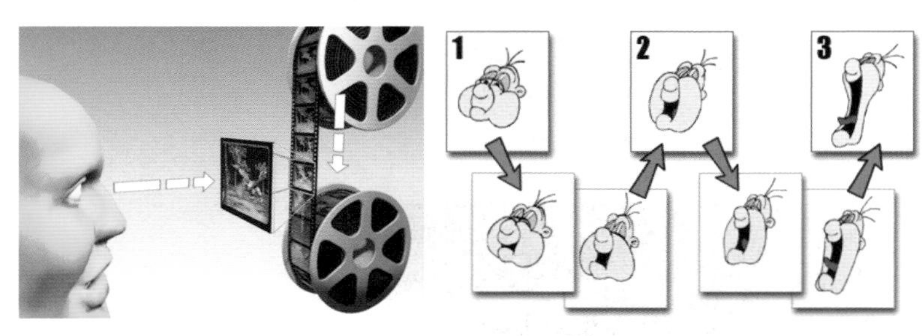

图 12-1　　　　图 12-2

接下来将使用设置关键帧的方法来设置一段简单的动画，以加深读者对“关键帧”和“中间帧”两个概念的理解。

01 打开本书相关素材中的“工程文件 >CH12> 轮胎 > 轮胎 .max”文件。

02 在视图中选择“轮胎”对象，然后在动画控制区中单击“设置关键点”按钮，进入“手动关键帧”模式，单击“设置关键帧”按钮，此时将在时间滑块所在的第 0 帧位置创建一个关键帧，如图 12-3 所示。

本章工程文件

本章视频文件

03 拖曳时间滑块至 50 帧处，然后使用“选择并移动”工具沿 X 轴调整“轮胎”对象的位置，使用“选择并旋转”工具沿 Y 轴旋转“轮胎”对象的角度，完毕后再次单击“设置关键帧”按钮，此时将在第 50 帧处创建第 2 个关键帧，如图 12-4 所示。

图 12-3

图 12-4

04 再次单击“设置关键点”按钮设置关键点，取消该按钮的激活状态，然后在 0 ～ 40 帧之间拖动时间滑块，可以观察到“轮胎”对象的运动状态。0 和 40 这两个关键帧之间的动画就是系统自动生成的“中间帧”，如图 12-5 所示。

图 12-5

技巧与提示：

单击“自动关键点”按钮自动关键点或“设置关键点”按钮设置关键点后，“视图活动边框”将由黄色变为红色，这表现此时系统进入了动画记录模式，现在所做的任何操作都有可能被系统记录为动画。所以在操作完成后，一定要记得再次单击“自动关键点”或“设置关键点”按钮，退出动画记录模式。

12.1.2　动画的帧和时间

不同的动画格式具有不同的帧速率，单位时间中的帧数越多，动画就越细腻、流畅；反之，动画会出现抖动和卡顿的现象。动画每秒至少要播放 15 帧才可以形成流畅的动画效果，传统的电影通常为每秒播放 24 帧，如图 12-6 所示。

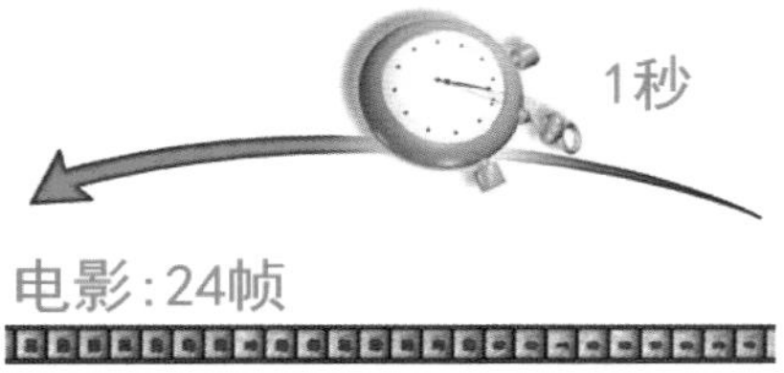

图 12-6

如果想要更改一个动画的帧速率，可以通过“时间配置”对话框来完成。系统默认情况下所使用的是 NTSC 标准的帧速率，该帧速率每秒播放 30 帧动画，当前动画共有 100 帧，所以总时间为 3 秒多 10 帧。动画控制区中单击“时间配置”按钮，打开“时间配置”对话框，如图 12-7 所示。

在“时间配置”对话框的“帧速率”选项组中选择“电影”单选按钮，此时下侧的 FPS 数值将变为 24，表示该帧速率每秒播放 24 帧画面，如图 12-8 所示。

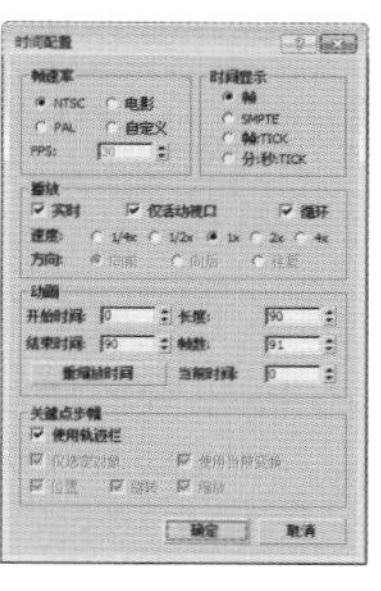

图 12-7

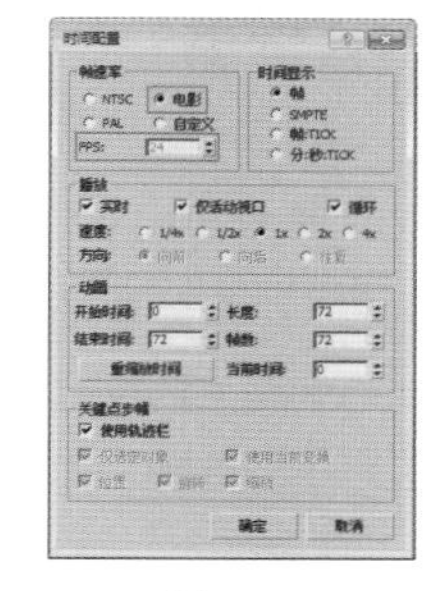

图 12-8

12.3　设置和控制动画

在 3ds Max 2016 中，用于生成、观察、播放动画的工具位于视图的右下方，这区域被称为“动画记录控制区”，这个区域有一个大图标和两排小图标，如图 12-9 所示。

图 12-9

动画记录控制区内的按钮主要对动画的关键帧及播放时间等数据进行控制，是制作三维动画最基本的工具，本节将着重介绍动画记录控制区的按钮功能，并具体演示怎样利用这些按钮来生成和播放动画。

12.3.1　设置动画的方式

3ds Max 2016 中有两种记录动画的方式，分别为“自动关键点”和“设置关键点”，这两种动画设置模式各有所长，本节将通过使用这两种动画设置模式来创建不同的动画效果。

1. “自动关键点”模式

“自动关键点”模式是最常用的动画记录模式，通过“自动关键点”模式设置动画，系统会根据不同的时间，调整对象的状态，自动创建出关键帧，从而产生动画效果。

01 打开本书相关素材中的“工程文件 >CH12> 小船动画 > 小船动画 .max”文件，如图 12-10 所示。

02 首先设置“木筏”的直线运动动画。激活“自动关键点”按钮，然后在动画控制区的“当前帧”栏内输入 50，或者直接拖曳时间滑块到 50 帧的位置，如图 12-11 所示。

图 12-10

图 12-11

03 使用“选择并移动”工具，在摄影机视图中沿 Y 轴移动“木筏”的位置，此时在第 0 和 50 帧的位置自动创建了两个关键帧，如图 12-12 所示。

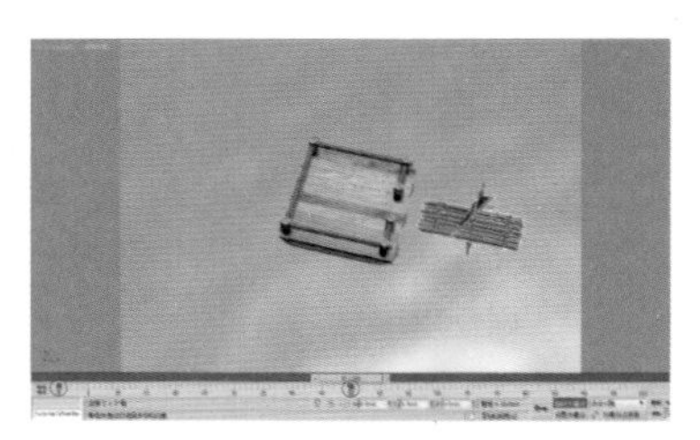

图 12-12

04 关闭“自动关键点”按钮，将时间滑块拖曳到第 0 帧，单击“播放动画”按钮，可以看到“木筏”移动的动画效果，如图 12-13 所示。

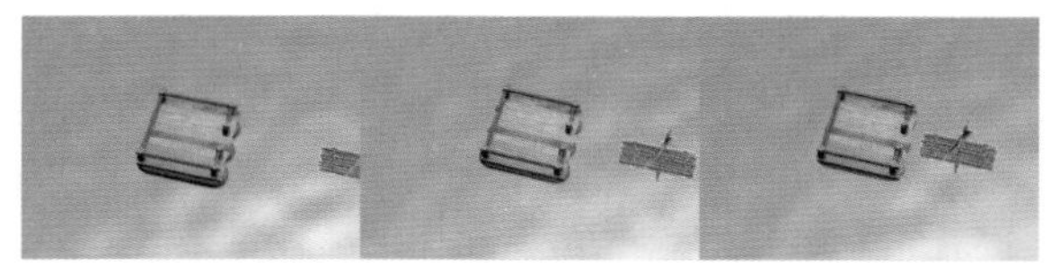

图 12-13

05 我们可以改变这段动画的播放起始时间，还可以延长或缩短这段动画的时间。在“时间轨迹栏”上框选刚才创建的两个关键帧，然后将鼠标移动到任意一个关键帧上，当鼠标的形态发生变化后，单击并拖曳鼠标可以将这两个关键帧的位置移动，如图 12-14 所示。

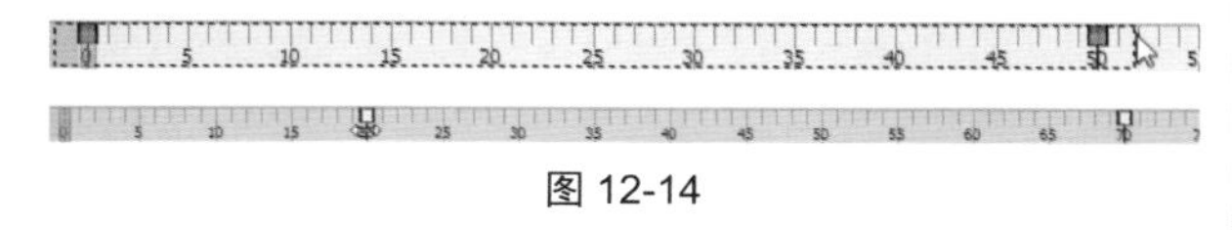

图 12-14

技巧与提示：

如果选择其中一个关键帧并改变位置，则可以更改这段动画的时长。或者按 Delete 键将当前选中的关键帧删除。

06 删除“木筏”的两个关键帧。接下来设置“木筏”绕过“浮台”的动画，如果要使“木筏”绕开“浮台”，至少需要 3 个关键帧。使用“选择并旋转”工具，将“木筏”沿 Z 轴旋转一定的角度，如图 12-15 所示。

07 在主工具栏上改变“参考坐标系”为“局部”，然后激活“自动关键点”按钮，拖曳时间滑块到 50 帧的位置，然后将“木筏”沿局部 Y 轴进行移动，然后使用旋转工具沿 Z 轴旋转“木筏”，如图 12-16 所示。

图 12-15

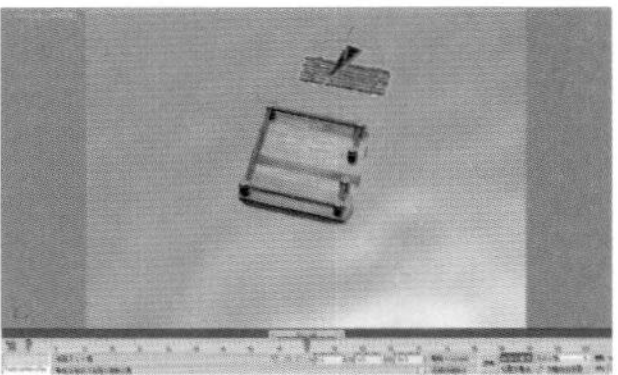

图 12-16

08 接下来设置最后一个关键帧，拖曳时间滑块至 100 帧，使用移动和旋转工具调整“木筏”的位置和角度，如图 12-17 所示。

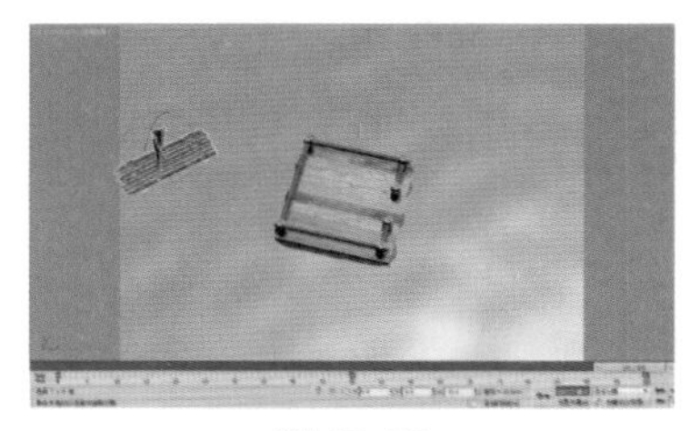

图 12-17

09 关闭“自动关键点”按钮，播放动画，可以看到“足球”绕过障碍物的动画效果，如图 12-18 所示。

图 12-18

2. “设置关键点”模式

在“设置关键点”模式下，需要我们在每一个关键帧处进行手动设置，系统不会自动记录用户的操作。接下来，将通过一个实例，讲解在“设置关键帧”模式下设置动画的方法。

01 打开本书相关素材中的“工程文件 >CH12> 小船动画 > 小船动画 .max”文件，激活“设置关键点”按钮，使用“选择并旋转”工具将“木筏”沿 Z 轴旋转一定角度，单击“设置关键点”按钮，在第 0 帧处设置一个关键帧，如图 12-19 所示。

02 在主工具栏上改变“参考坐标系”为“局部”，然后拖曳时间滑块到第 50 帧，接着将“木筏”沿局部 Y

轴进行移动，使用旋转工具沿 Z 轴旋转“木筏”，单击“设置关键点”按钮，在第 50 帧处设置第二个关键帧，如图 12-20 所示。

图 12-19

图 12-20

03 拖曳时间滑块到第 100 帧，然后将“足球”沿局部 Y 轴移动至如图 12-21 所示的位置，单击“设置关键点”按钮，在第 100 帧处设置最后一个关键帧。

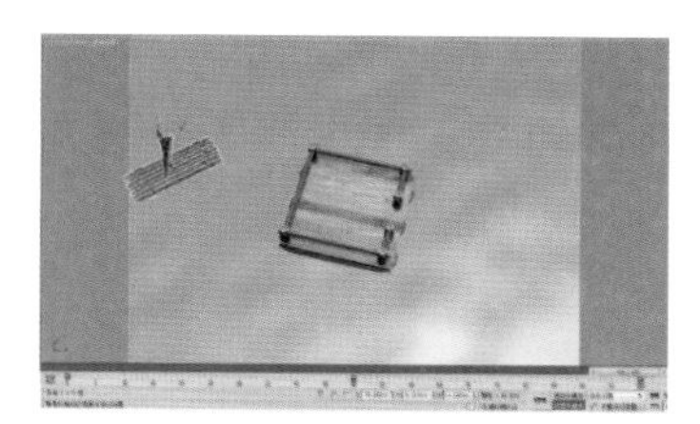
图 12-21

04 关闭“设置关键帧”按钮设置关键点，播放动画，可以看到“木筏”绕障碍物位移的动画，如图 12-22 所示。

图 12-22

技巧与提示：

在“设置关键帧”模式下，拖曳时间滑块到某一帧，然后对物体进行变换操作，如果此时突然不想在当前帧设置关键帧了，可以用鼠标拖曳时间滑块，就会发现物体直接回到了上一帧的位置处。所以在这种情况下，可以用鼠标右键拖曳时间滑块，这样物体就不会回到上一帧的位置了。

实例操作：制作 Logo 定版动画

实例操作：自动关键点制作小船动画

实例位置：　工程文件 >CH12>Logo 定版动画 .max

视频位置：　视频文件 >CH12> 实例：制作 Logo 定版动画 .mp4

实用指数：　★★★☆☆

技术掌握：　熟练使用“自动关键帧”技术制作关键帧动画。

使用“自动关键帧”技术制作动画，是 3ds Max 最常用的动画制作方式之一，下面将通过一个实例来巩固上一小节中所学的知识，如图 12-23 所示为本例的最终完成效果。

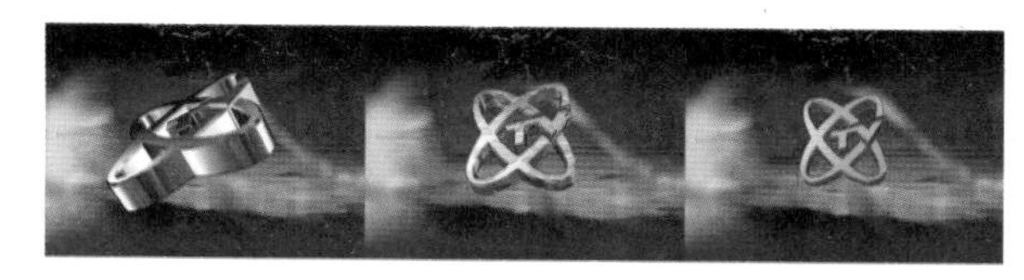
图 12-23

01 打开本书相关素材中的“工程文件 >CH12>Logo 定版动画 >Logo 定版动画 .max”文件，该场景中已经为模型指定了材质，并设置的基本灯光，如图 12-24 所示。

02 在场景中选择摄影机，然后在动画控制区中单击“自动关键点”按钮自动关键点，进入“自动关键帧”模式，然后将时间滑块拖曳到第 100 帧的位置，接着在场景中调整摄影机的位置，如图 12-25 所示。

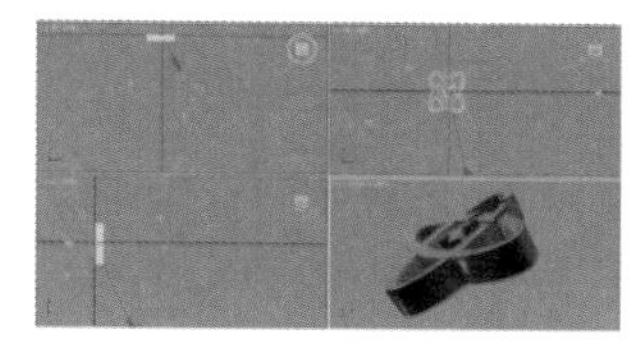
图 12-24

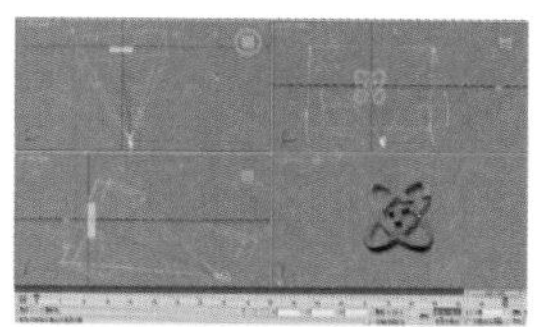
图 12-25

03 接下来我们要制作 Logo 在运动的过程中材质变化的动画效果。打开材质编辑器，选择已经指定给 Logo 的材质球，如图 12-26 所示。

04 我们已经为 Logo 指定了一个“混合”材质，想要制作材质变化的效果，只需要对“遮罩”贴图进行动画设置即可。单击“遮罩”贴图右侧的按钮，进入“遮罩”贴图，在保持“自动关键点”按钮自动关键点开启的状态下，拖曳时间滑块到第 100 帧，在“噪波参数”卷展栏中，设置“低”为 0.8、“相位”为 3.5，如图 12-27 所示。

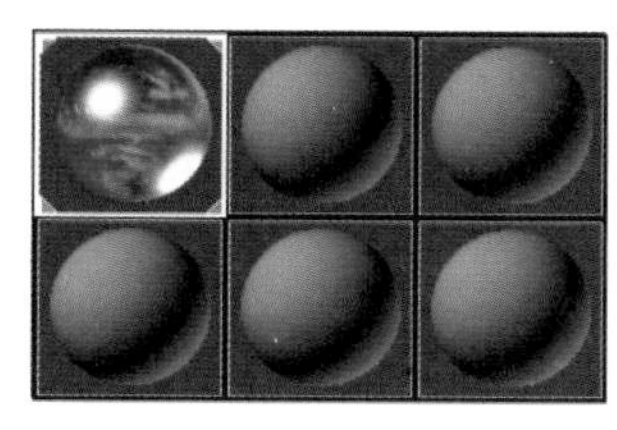
图 12-26

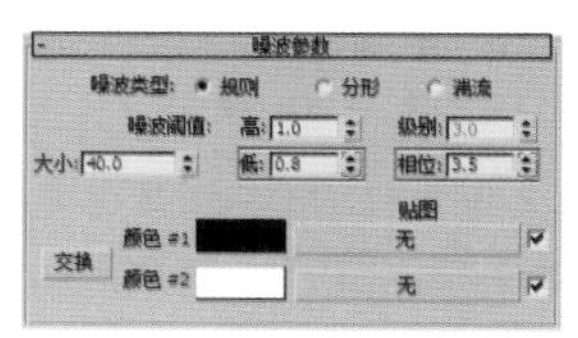

图 12-27

05 动画设置完成后单击“自动关键点”按钮自动关键点，退出自动关键帧记录状态。然后渲染整段动画，最终效果如图 12-28 所示。

图 12-28

12.3.2 查看及编辑物体的动画轨迹

当物体有空间上的位移动画时，我们可以查看物体动画的运动轨迹，通过该物体的动画轨迹，可以帮忙我们检查制作完成的动画运动是否合理，如图 12-29 所示。下面将介绍如何查看及编辑物体的运动轨迹。

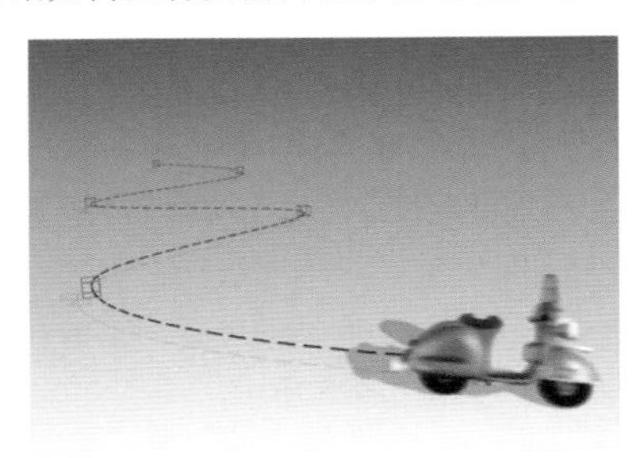

图 12-29

01 打开上一小节制作完成的“木筏”位移的动画文件，在场景中选择“木筏”对象，并在视图任意位置右击，在弹出的四联菜单中选择“对象属性”，接着打开“对象属性”对话框，在“显示属性”选项组中选中“轨迹”复选框，如图 12-30 和图 12-31 所示。

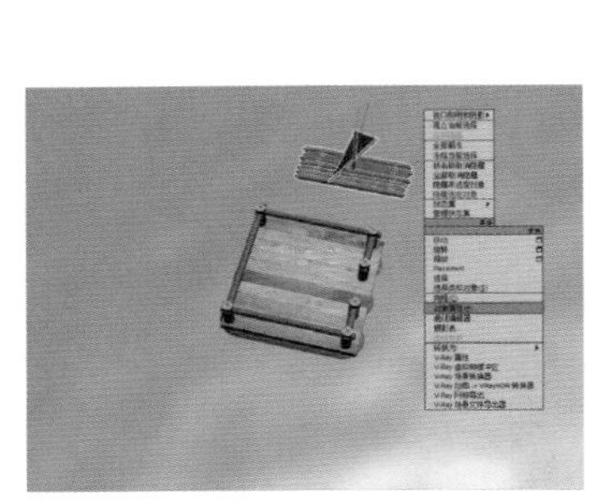

图 12-30

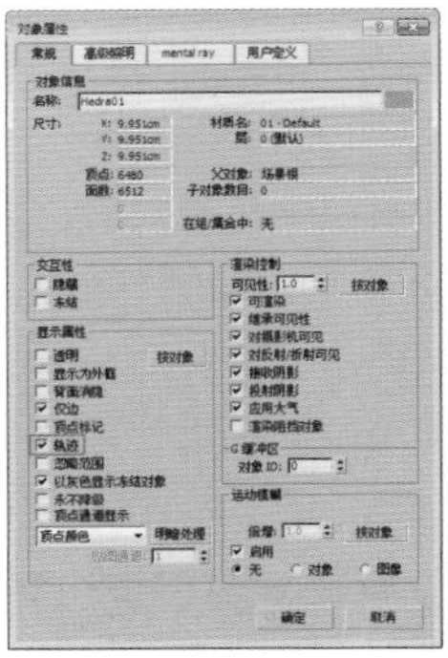

图 12-31

02 设置完毕后，单击“确定”按钮 确定 ，此时“木筏”对象在视图中出现了一条红色的曲线，这条红色的曲线就是“木筏”对象当前动画的运动轨迹，如图 12-32 所示。

图 12-32

技巧与提示：

轨迹上白色的大“四边形”创建的关键帧，而那些小点就是系统自动插补的中间帧。

此外，选择物体后，按住 Alt 键并在视图中右击，在弹出的四联菜单中选择“显示轨迹切换”，可以快速显示当前对象的动画轨迹，如图 12-33 所示。

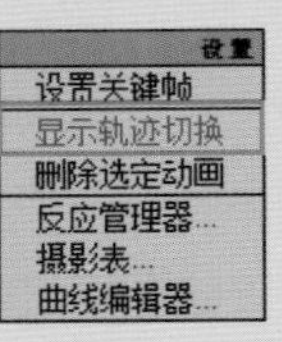

图 12-33

03 如果觉得“木筏”从 0 到 50 帧这段路径太过笔直不够圆滑，可以激活“自动关键点”按钮 自动关键点 ，然后拖曳时间滑块到第 25 帧，使用移动和旋转工具调整“木筏”的位置，此时“木筏”的动画轨迹也发生了变化，同时在轨迹栏的第 25 帧处也自动加入了一个关键帧，如图 12-34 所示。

04 设置完成后关闭“自动关键点”按钮 自动关键点 。使用移动工具将鼠标移动至“木筏”红色的动画轨迹上，此时即可移动整条动画轨迹了，如图 12-35 所示。

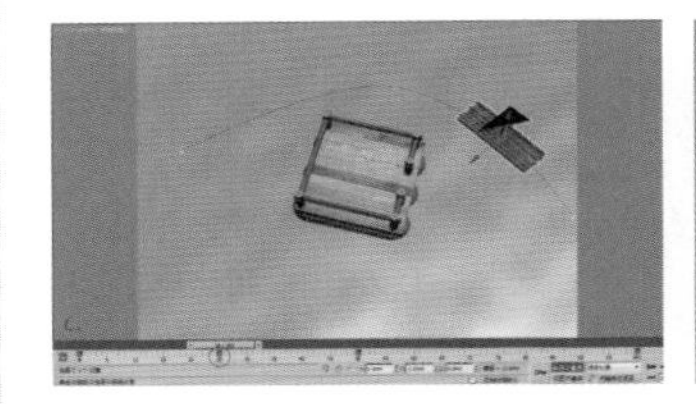

图 12-34

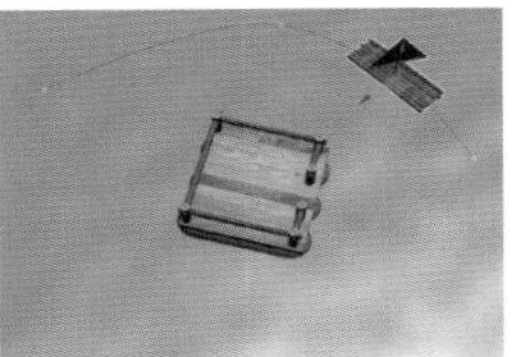

图 12-35

05 为了在视图上操作更为直观，还可以在视图中对“木筏”对象动画轨迹上关键帧的位置进行实时调整。进入“运动”命令面板，在“轨迹”次面板中激活“子对象”按钮 子对象 ，此时在视图中即可选择轨迹上的关键点进行位移操作了，如图 12-36 和图 12-37 所示。

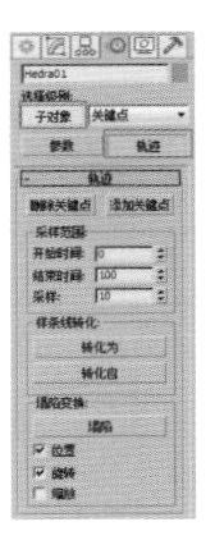

图 12-36

图 12-37

06 在视图中选择动画轨迹上的关键点，单击“轨迹”卷展栏下的“删除关键点”按钮 删除关键点 ，可以将选中的关键点删除。单击“添加关键点”按钮 添加关键点 ，然后在视图中的动画轨迹上单击，可以添加一个关键点，同时在轨迹栏上也会相应添加一个关键点，然后使用移动工具，可以继续调整新添加关键点的位置，如图 12-38 和图 12-39 所示。

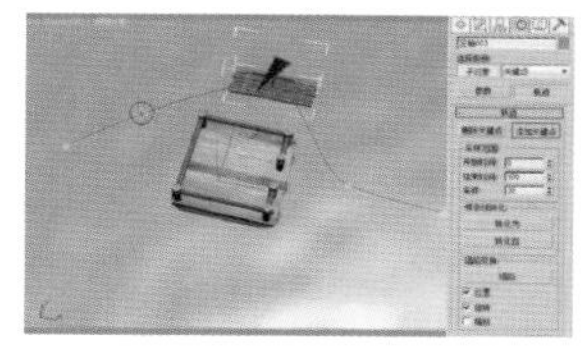

图 12-38

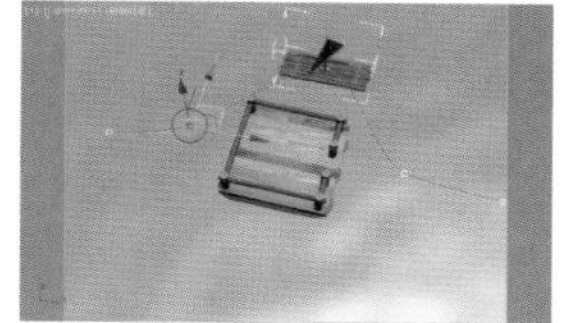

图 12-39

07 可以将当前的动画轨迹转化为一个二维的样条线对象，以方便其他物体使用。单击“样条线转化”选项组中的“转化为”按钮 转化为 ，此时在视图中就依据当前的动画轨迹创建了一个样条线对象，如图 12-40 所示。

图 12-40

08 在“采样范围”选项组中设置“开始时间”和“结束时间”为 0 和 100，也就是当前的活动时间段，这样会将整个动画轨迹都转换为样条线，也可以设定为某一个时间段，这样可以将动画轨迹的一部分转换为样条线，“采样”参数转化的样条线与当前动画轨迹的配合程度，数值越高，生成的样条线与原轨迹的形态越接近，如图 12-41 和图 12-42 所示为设置不同“采样”后生成的样条线效果。

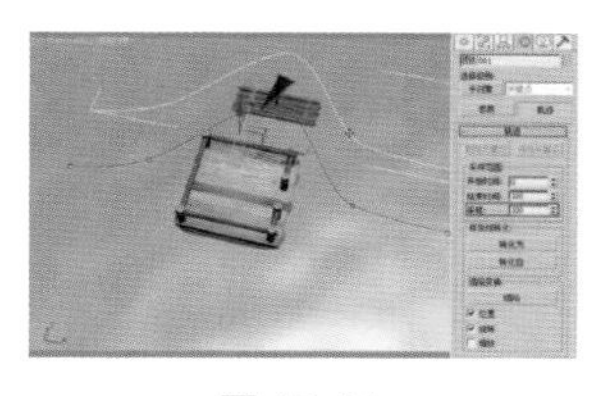

图 12-41

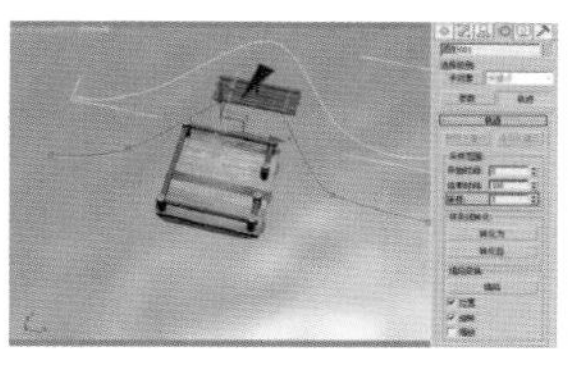

图 12-42

09 还可以让“木筏”物体沿着一条样条线的走向生成动画轨迹。在视图中创建一条样条线，然后选择“木筏”对象，拖曳时间滑块回到第 0 帧，在轨迹栏上框选所有关键帧，然后按 Delete 键将木筏的全部关键帧删除，单击“转化自”按钮 转化自 ，然后在视图中拾取刚才创建的样条线，此时单击“播放动画”按钮▶，会发现木筏已经按样条线的路径运动了，如图 12-43 和图 12-44 所示。

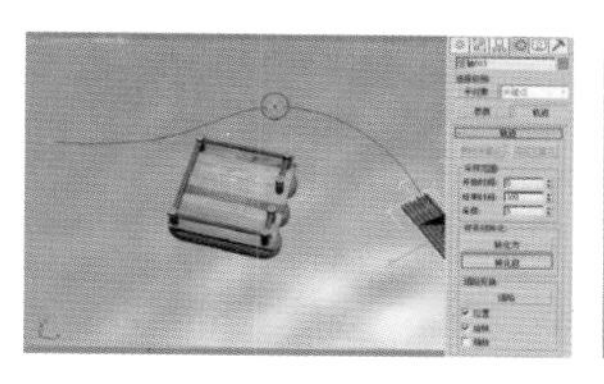

图 12-43

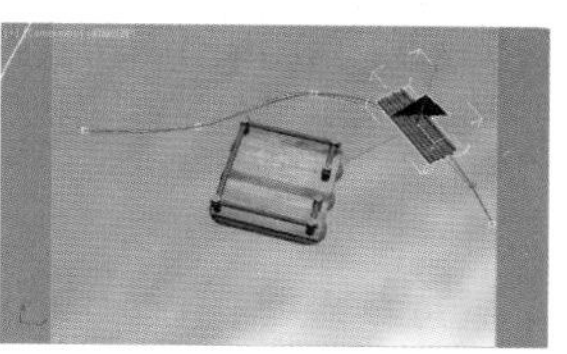

图 12-44

10 此时我们发现木筏的动画轨迹和样条线不太匹配，这是由于“采样范围”选项组中的“采样”值设置得过低造成的，按快捷键 Ctrl+Z 返回上一步操作，设置“采样”数值为 100，再次单击“转化自”按键，然后到视图中拾取样条线，结果如图 12-45 所示。

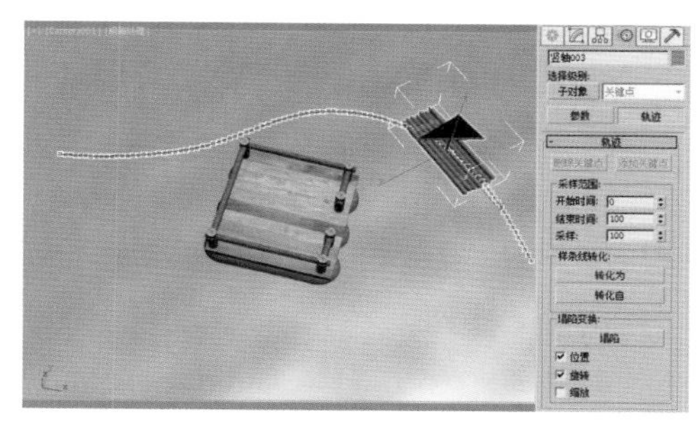

图 12-45

技巧与提示：

“采样”参数值也不宜设置得过高，否则在轨迹栏中生成的关键帧太多，不方便我们后期对动画的进一步调整。

11 单击“塌陷变换”选项组中的“塌陷”按钮 塌陷 ，可以依据设定的“采样”参数，对已经制作完成的动画进行塌陷操作，下方的“移动”“旋转”和“缩放”复选框可以设置塌陷后的关键帧包含哪些信息。“塌陷”操作主要针对于指定了“路径约束”的动画对象，关于“路径约束”我们会在后面的章节进行详细介绍。

12.3.3　控制动画

当创建完成动画以后，还可以通过动画记录控制区右侧的命令按钮，对设置好的动画进行一些基本的控制，如播放动画、停止动画、逐帧查看动画等。

01 打开本书相关素材中的“工程文件 >CH12> 弹跳的小球 > 弹跳的小球 .max”文件，如图 12-46 所示。通过对该文件动画控制区中命令按钮的操作，来了解动画的基本控制方法。

02 在场景中选择球体对象，可以在轨迹栏中观察到该对象设置的关键帧，如图 12-47 所示。

图 12-46

图 12-47

03 通过单击“上一帧”按钮或“下一帧”按钮，可以逐帧观察动画的画面效果，这样可以帮助我们观察设置好的动画效果，方便找出问题所在，以便进行动画的修改。

技巧与提示：

我们也可以通过单击时间滑块两端的“上一帧”按钮<或“下一帧”按钮>，或者通过按键盘的“逗号”和“句号”键来逐帧观察动画效果。

04 激活“关键点模式”按钮，此时“上一帧”按钮和“下一帧”按钮将会变成“上一个关键点”按钮和“下一个关键点”按钮，这样通过单击这两个按钮，即可将时间滑块的位置在关键帧与关键帧之间进行切换。

技巧与提示：

当激活“关键点模式”后，同样可以通过单击时间滑块两端的“上一帧”按钮<或“下一帧”按钮>，或者通过键盘的“逗号”和“句号”键，在关键帧之间进行切换。

05 单击“转至开头”按钮，可以将时间滑块移动到活动时间段的第 1 帧；单击“转至结尾”按钮，可以将时间滑块移动到活动时间段的最后一帧，如图 12-48 和图 12-49 所示。

图 12-48

图 12-49

技巧与提示：

通过按键盘的 Home 键和 End 键，也可以快速将动画切换到起始帧和结束帧。

06 单击“播放动画”按钮，可在当前激活视图中循环播放动画。单击“停止播放”按钮，动画将会在当前帧处停止播放。

07 在视图中将球体复制，并分别调整两个球体的位置，此时场景中就有两个对象，如图 12-50 所示。

08 在视图中选择其中一个球体对象，然后在“播放动画”按钮上按住鼠标左键，在弹出的按钮列表中选择“播放选定对象”按钮。此时，在当前视图中，系统将只会播放当前选择对象的动画，而其他所有物体将会被暂时隐藏，如图 12-51 所示。

图 12-50

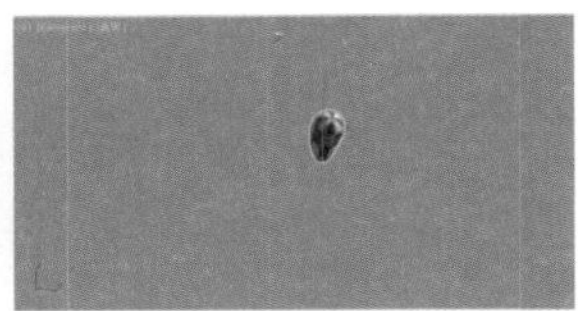

图 12-51

09 单击“停止播放”按钮，可以停止动画的播放，同时被隐藏的物体也会在场景中显示出来。

技巧与提示：

通过按键盘的“反斜杠”键，可以播放动画，再次按“反斜杠”键可停止播放动画，也可以通过按 Esc 键来停止播放动画。

10 “当前帧”栏内显示了当前帧的编号，在该栏内输入 100，按 Enter 键，可将时间滑块迅速移动到第 100 帧处，如图 12-52 所示。

图 12-52

技巧与提示：

在时间轨迹栏的某一帧处右击，在弹出的快捷菜单中选择“转至时间”，也可以快速将时间滑块移动到当前帧处，如图 12-53 所示。

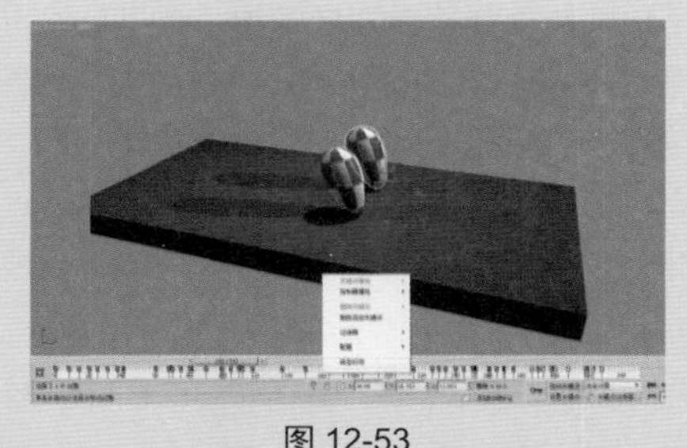

图 12-53

12.3.4 设置关键点过滤器

无论使用“自动关键点”模式还是“设置关键点”模式设置动画，都可以通过“关键点过滤器”来选择要创建的关键点中所包含的信息。

01 进入“创建”命令面板的“几何体”次面板中，单击“圆柱”按钮，在视图中创建一个“圆柱”对象，如图 12-54 所示。

02 选择“圆柱”对象，然后激活“设置关键点”按钮设置关键点，在第 0 帧处单击“设置关键点”按钮，这样就在第 0 帧处设置了一个关键点，如图 12-55 所示。

图 12-54

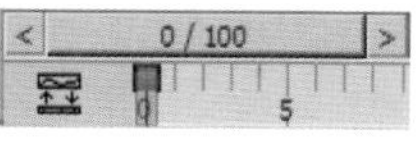

图 12-55

技巧与提示：

我们发现这个关键帧是彩色的，从上到下分别为“红色”“绿色”和“蓝色”，这三个颜色分别代表着“位移”“旋转”和“缩放”，也就是说在第 0 帧处我们设置了一个包含“位移”“旋转”和“缩放”信息的关键帧，但是如果我们只想对物体的“位移”制作动画，那这里就需要对“关键点过滤器”进行设置，让创建的关键帧只创建带有“位置”信息的关键帧，因为这样不但可以方便以后对动画的编辑，还可以节省系统的资源。

03 按快捷键 Ctrl+Z 返回上一步操作。单击“动画记录控制”区的“关键点过滤器”按钮关键点过滤器...，弹出“设置关键点”对话框，如图 12-56 所示。

04 在这里可以设置单击“设置关键点”按钮时，所创建的关键帧中包含哪些信息。如果想要对“圆柱”对象的“高度”参数设置动画，那么在这里可以取消选中其他的复选框，而只选中“对象参数”复选框，如图 12-57 所示。

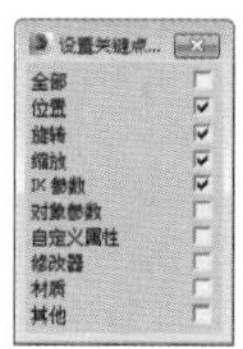

图 12-56

图 12-57

05 设置完毕后，单击“设置关键点”按钮，此时在轨迹栏上出现了一个“灰色”的关键点，同时进入“修改”命令面板，发现“圆柱”的一些基础参数后面的“微调器”按钮被一个红色框包围着，这说明这些数值在当前时间被创建了一个关键帧，如图 12-58 所示。

图 12-58

技巧与提示：

除了“位移”“旋转”和“缩放”外，其他所有关键帧的信息都用“灰色”表示。

06 进入“修改”命令面板，在“修改器列表”中为圆柱添加一个“弯曲”修改器。如果想对物体修改器的一些参数设置动画，那么需要在“关键点过滤器”对话框，选中“修改器”复选框，如图 12-59 和图 12-60 所示。

图 12-59

图 12-60

技巧与提示：

在对象的一些基础参数或者修改器的一些参数后面的“微调器”按钮上右击，这样可以只为当前参数创建关键帧。此外，拖曳时间滑块到某一帧，在时间滑块上右击，在弹出的“创建关键点”对话框中，可以快速创建包含“位移”“旋转”和“缩放”信息的关键帧，如图 12-61 所示。

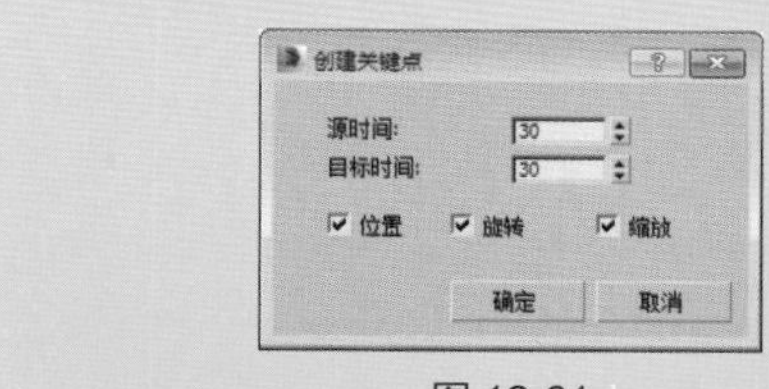

图 12-61

12.3.5　设置关键点切线

用户可以在创建新动画关键点之前，先对关键点切线的类型进行设置，通过对关键点切线的设置，可以让物体的运动呈现出“匀速”“减速”“加速”等状态。本节将简单介绍关键点切线的设置方法，具体的设置和编辑方法将在“曲线编辑器”部分进行详细的讲解。

01 打开本书相关素材中的“工程文件 >CH12> 飞机 > 飞机 .max”文件，场景中有两架飞机模型，如图 12-62 所示。

02 选择“飞机 01”对象，激活“自动关键点”按钮自动关键点，将时间滑块拖曳到第 100 帧的位置，然后将“飞机 01”对象沿 X 轴调整其位置，如图 12-63 所示。

图 12-62

图 12-63

03 退出“自动关键点”模式，然后播放动画，会发现飞机模型缓慢启动，然后缓慢停止，这是因为关键点切线默认使用的是“平滑切线”类型。在动画控制区中的“新建关键点的入 / 出切线”按钮上按住鼠标左键，将弹出如图 12-64 所示的按钮列表。

04 在弹出的按钮列表中选择“线性”按钮，在视图中选择“飞机 02”对象，然后激活“自动关键点”按钮自动关键点，将时间滑块拖曳到第 100 帧的位置，然后将“飞机 02”对象沿 X 轴调整位置，如图 12-65 所示。

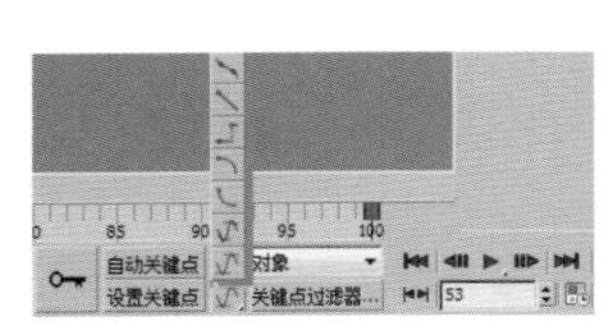

图 12-64

图 12-65

05 设置完毕后，退出“自动关键点”模式。播放动画可以观察到“平滑”切线类型和“线性”切线类型的不同动画效果。

12.3.6 “时间配置”对话框

通过“时间配置”对话框，可以对动画的制作格式进行设置，这些设置包括帧速率、动画播放速度控制、时间显示格式和活动时间段设定等。单击动画控制区的“时间配置”按钮，可以打开“时间配置”对话框，如图 12-66 所示。

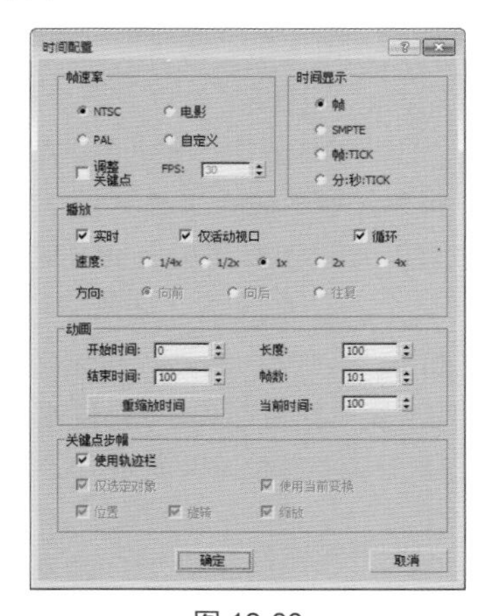

图 12-66

1. 帧速率和时间显示

在“时间配置”对话框的“帧速率”选项组中可以设置动画每秒所播放的帧数。默认设置下，所使用的是 NTSC 帧速率，表示动画每秒包含 30 帧画面；选择 PAL 单选按钮后，动画每秒播放 25 帧；选择“电影”单选按钮后，动画每秒播放 24 帧，如果选择“自定义”单选按钮，然后在 FPS 数值框中输入数值，可以自定义动画播放的帧数，如图 12-67 所示。

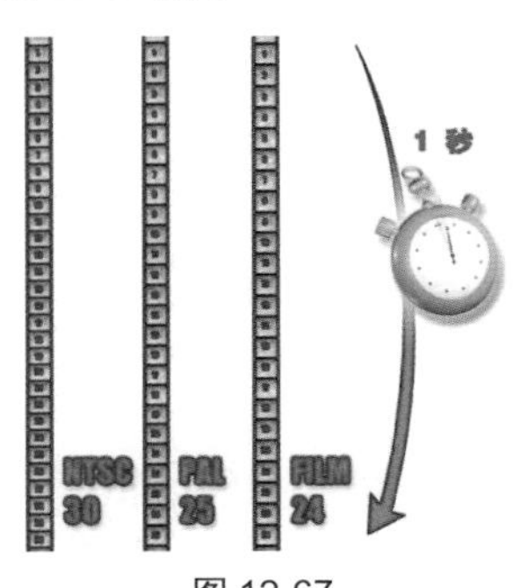

图 12-67

通过“时间显示”选项组中的各个选项，可对时间滑块和轨迹栏上的时间显示方式进行更改，共有 4 种显示方式，分别为“帧”“SMPTE”“帧：TICK”和“分：秒：TICK”，如图 12-68~ 图 12-71 所示。

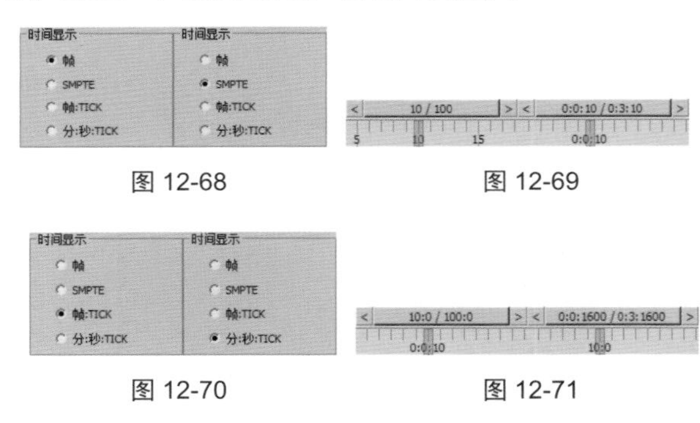

图 12-68 图 12-69

图 12-70 图 12-71

技巧与提示：

SMPTE 是电影工程师协会的标准，用于测量视频和电视产品的时间。

2. 动画播放控制

01 打开本书相关素材中的“工程文件 >CH12> 弹跳的小球 > 弹跳的小球 .max”文件，单击“时间配置”按钮，打开“时间配置”对话框，在“播放”选项组中，“实时”复选框为默认的选中状态，表示将在视图中实时播放，与当前设置的帧速率保持一致。选中“实时”复选框后，用户可通过“速度”选项右侧的的单选按钮来设置动画在视图中的播放速度，如图 12-72 所示。

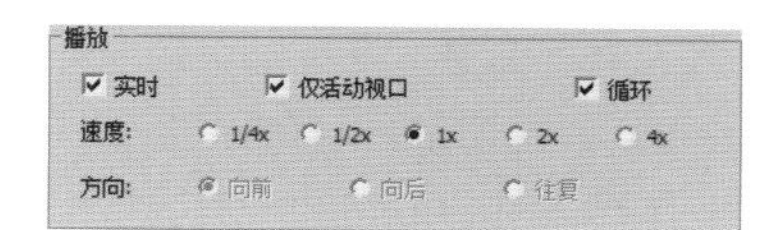

图 12-72

技巧与提示：

“速度”默认设置为 1x，表示动画在视图中的播放速度为正常播放速度，其他 4 个单选按钮可以减速或加速动画在视图中的播放速度。但无论减速或加速，则只影响动画在视图中的播放速度，并不影响动画在渲染后的实际播放速度。

02 禁用“实时”复选框，视图播放将尽可能快地运行并且显示所有帧。此时“速度”选项的按钮将被禁用，而“方向”选项右侧的单选按钮将处于激活状态，如图 12-73 所示。

图 12-73

03 “方向”选项右侧的“向前”“向后”和“往复”单选按钮，分别可将动画设置为向前播放、反转播放和向前然后反转重复播放。

技巧与提示：

“方向”选项同样只影响动画在视图中的播放，而不会影响动画的渲染输出。

04 在“播放”选项组中，“仅活动视图”复选框默认为选中状态，表示动画只在当前被激活的视图中进行播放，而其他视图中的画面保持静止，如图 12-74 所示；如果取消选中“仅活动视图”复选框，则所有视图都将播放动画效果，如图 12-75 所示。

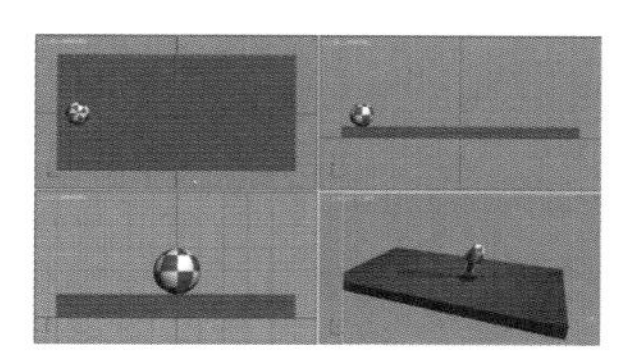

图 12-74

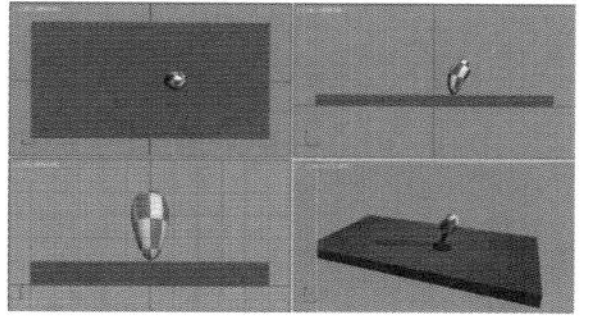

图 12-75

05 默认情况下，在播放动画时，动画会在视图中循环播放。取消选中“播放”选项组中的“循环”复选框，单击“播放动画”按钮▶，则动画将只播放一遍就会停止，不再继续播放。

06 在“动画”选项组中，可以控制动画的总帧数、开始和结束帧等相关参数。将“开始时间”设置为 -10，“结束时间”设置为 100，接着将“当前时间”设置为 50，单击“确定”按钮，观察轨迹栏的变化，如图 12-76 所示。

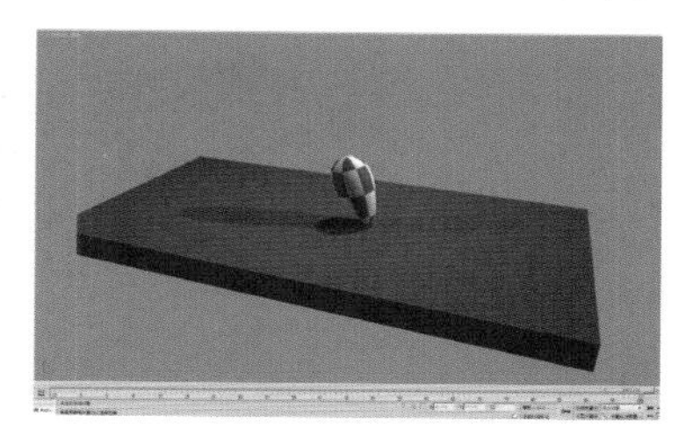

图 12-76

技巧与提示：

在时间滑块上，< 100 / 110 > 前面的数字表示当前所在帧数，而后面的数字表示当前活动时间段的总帧数。

此外，按 Ctrl+Alt 键，在时间轨迹栏是单击并拖曳，可以快速设置动画的“起始时间”，右击并拖曳可以快速设置动画的“结束时间”。

07 单击“重缩放时间”按钮 重缩放时间 可以打开“重缩放时间”对话框，如图 12-77 所示。

08 通过该对话框，可以拉伸或收缩所有对象活动时间段内的动画，同时轨迹栏中所有关键点的位置将会重新排列。例如，设置结束时间为 100，单击“确定”按钮关闭对话框，接着单击“确定”按钮关闭“时间配置”对话框，此时观察轨迹栏上关键帧的变化，同时发现原来 350 帧的动画变成了 100 帧，动画的节奏变快了，如图 12-78 所示

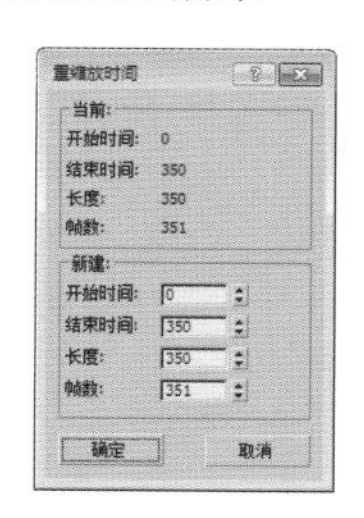

图 12-77

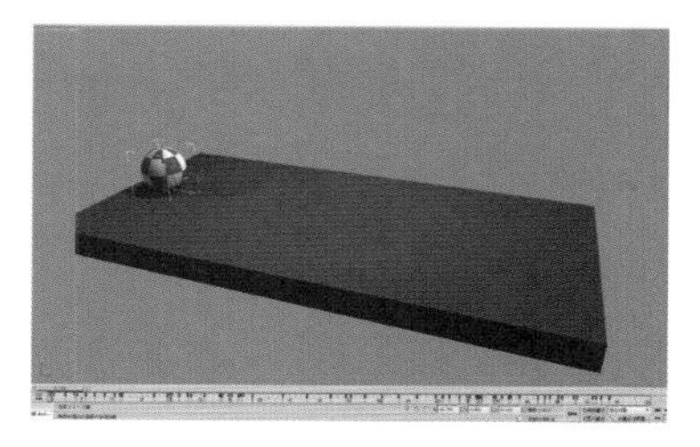

图 12-78

3. 关键点步幅

“关键点步幅”选项组可以设置开启“关键点模式”按钮后，单击“上一个关键点”按钮或“下一个关键点”按钮时，系统在轨迹栏中会以何种方式在关键帧之间进行切换。

例如，当前正在使用“选择并移动”工具，此时，取消选中“关键点步幅”选项组中“使用轨迹栏”复选框，这样再单击“上一个关键点”按钮或“下一个关键点”按钮，系统则只会在包含“移动”信息的关键帧之间进行切换，如图 12-79 和图 12-80 所示。

图 12-79

图 12-80

选中“仅选定对象”复选框，此时单击“上一个关键点”按钮或“下一个关键点”按钮，系统将只会在选定对象的变换动画的关键点之间进行切换，如图取消选中该复选框，系统将在场景中所有对象的变换关键点之间进行切换。

选中“使用当前变换”复选框后，系统将自动识别当前正使用的变换工具，此时系统将只在包含当前变换信息的关键帧之间进行切换。我们也可以取消选中该复选框，然后通过下面 3 个变换选项来指定“关键点模式”所使用的变换。

12.3.7 制作预览动画

如果场景中的模型量比较大，那么在场景中实时播放动画时，会出现“卡顿”的现象，这样在场景中将不能准确地判断动画的速度，为了更好地观察和编辑动画，可以为场景生成预览动画。预览动画在生成时，不会考虑模型的材质和光影效果，但可以快速观察到动画效果。

执行“工具”→“预览 – 抓取视图”→“创建预览动画”命令，可以打开“生成预览”对话框，如图 12-81 所示。

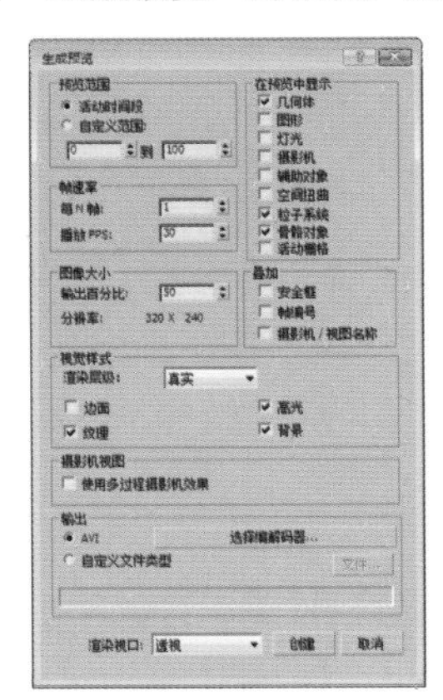

图 12-81

“预览范围”选项组内的设置用于指定预览中包含的帧数，默认选中“活动时间段”单选按钮，将根据时间滑块的长度生成动画，也可以选择“自定义范围”单选按钮，自定义动画范围，如图 12-82 所示。

“帧速率”选项组内的设置用于指定以每秒多少帧的播放速率来生成预览动画，如图 12-83 所示。

在“图像大小”选项组内可以设置预览的分辨率为当前输出分辨率的百分比，例如，在“渲染设置”对话框中，设置渲染输出分辨率为 640×480，那么如果将“输出百分比”参数设置为 50，则预览分辨率为 320×240，如图 12-84 所示。

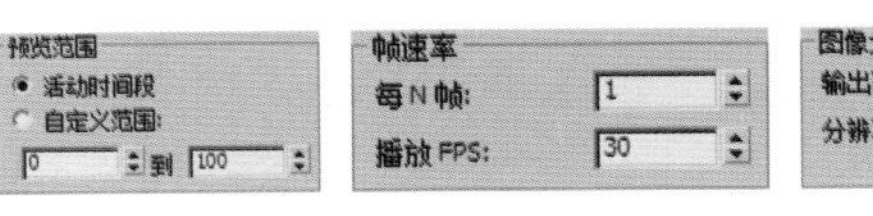

图 12-82　图 12-83

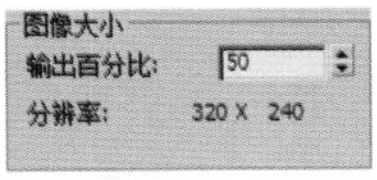

图像大小
输出百分比: 50
分辨率: 320 X 240

图 12-84

在“预览中显示”选项组内的复选框，用于指定预览中要包含的对象类型，如图 12-85 所示。

在“叠加”选项组内的复选框，用于指定要写入预览动画的附加信息，如图 12-86 所示。

“视觉样式”选项组，可以选择生成预览动画的视觉样式，以及渲染是否包括面边、照明高光、纹理或视图背景，如图 12-87 所示。

图 12-85

叠加
安全框
帧编号
摄影机 / 视图名称

图 12-86

图 12-87

“摄影机视图”选项组，用于指定预览是否包含多过程渲染效果，想要显示多过程渲染效果，首先要开启摄影机的“多过程效果”，如图 12-88 和图 12-89 所示。

“输出”选项组，用于指定预览动画的输出格式，如图 12-90 所示。

图 12-88　图 12-89　图 12-90

预览动画生成后，会自动弹出媒体播放器，自动进行播放。也可以执行菜单“工具”→“预览”→“抓取视图 > 播放预览动画”命令，重复查看生成的预览动画。新生成的预览动画会自动覆盖掉上次的预览动画，如果想将当前的预览动画保存起来，可以执行菜单“工具”→“预览 – 抓取视图”→“预览动画另存为”命令进行动画的保存。默认生成的预览动画保存在“C:\Users\Administrator\Documents\3ds Max\previews”文件夹中，也可以执行“工具”→“预览 – 抓取视图”→“打开预览动画文件夹”命令，快速打开保存预览动画的文件夹。

实例操作：制作象棋动画

实例操作：制作象棋动画

实例位置：　工程文件 >CH12> 象棋动画 .max

视频位置：　视频文件 >CH12> 实例：制作象棋动画 .mp4

实用指数：　★★☆☆☆

技术掌握：　熟悉物体动画轨迹的编辑方法。

在为物体制作了位移动画之后，经常需要返回对之前制作的动画进行修改，而打开物体的运动轨迹无疑是为我们修改动画提供了很大的便利。下面将通过一个实例，来巩固上一节学过的知识，如图 12-91 所示，为本例的最终完成效果。

图 12-91

01 打开本书相关素材中的“工程文件 >CH12> 象棋动画 > 象棋动画 .max”文件，该场景中有一个国际象棋的模型，如图 12-92 所示。

图 12-92

02 选择如图 12-93 所示的棋子，然后在动画控制区中单击“自动关键点”按钮自动关键点，进入“自动关键帧”模式，然后将时间滑块拖至第 10 帧，使用移动工具调整其位置，如图 12-94 所示。

图 12-93

图 12-94

03 选择如图 12-95 所示的棋子，将时间滑块拖至第 20 帧，在时间滑块上右击，在弹出的“创建关键点”对话框中只选中“位置”复选框，完成后单击“确定”按钮，如图 12-96 和图 12-97 所示。

图 12-95

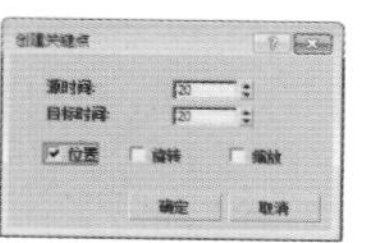

图 12-96

图 12-97

04 拖曳时间滑块至第 30 帧，调整棋子的位置，如图 12-98 所示。

05 选择如图 12-99 所示的棋子，用同样的方法，制作 40~50 帧的位移动画，如图 12-100 所示。

图 12-98

图 12-99

图 12-100

06 选择如图 12-101 所示的棋子，制作第 60~70 帧的位移动画，如图 12-102 所示。

图 12-101

图 12-102

07 选择第 70 帧的关键帧，按住 Shift 键，将其拖曳到第 80 帧，这样就将该关键帧进行复制，保证了两个关键帧之间物体不发生任何的位置变化，如图 12-103 和图 12-104 所示。

图 12-103

图 12-104

08 拖曳时间滑块到第 95 帧，调整棋子的位置，如图 12-105 所示。

09 选择如图 12-106 所示的棋子，拖曳时间滑块到第 85 帧，在时间滑块上右击，在弹出的"创建关键点"对话框中，选中"位置"和"旋转"复选框，完成后单击"确定"按钮，如图 12-107 和图 12-108 所示。

图 12-105

图 12-106

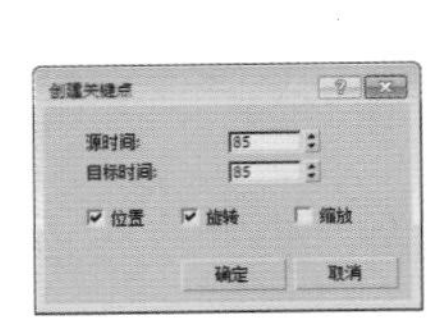

图 12-107

图 12-108

10 拖曳时间滑块到第 101 帧，使用移动和旋转工具调整棋子的位置和角度，如图 12-109 所示。

11 此时播放动画，会发现在棋子与棋盘之间产生"穿插"现象，如图 12-110 所示。

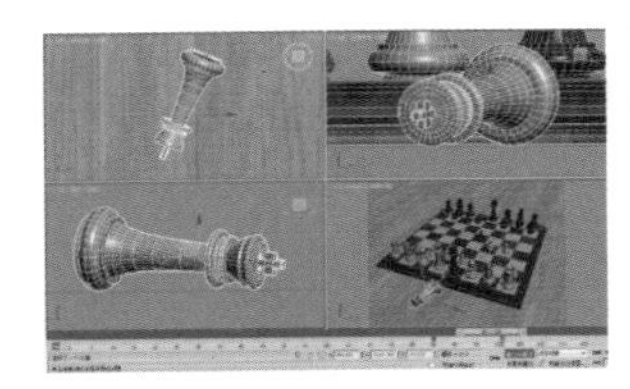
图 12-109

图 12-110

12 显示棋子的运动轨迹，接着拖时间滑块到第 93 帧，然后调整棋子的位置和角度，使其不与棋盘"穿插"如图 12-111 所示。

13 拖曳时间滑块到第 110 帧，调整棋子的位置和角度，从而模拟棋子倒地后在地上滚动的效果，如图 12-112 所示。

图 12-111

图 12-112

14 动画设置完成后单击"自动关键点"按钮自动关键点，退出自动关键帧记录状态。渲染整段动画，最终效果如图 12-113 所示。

图 12-113

12.4 曲线编辑器

在 3ds Max 2016 中，除了可以直接在轨迹栏中编辑关键帧外，还可以打开动画的"轨迹视图"，对关键帧进行更复杂的编辑，例如复制或粘贴运动轨迹、添加运动控制器、改变运动状态等，就需要在"轨迹视图"窗口中对关键帧进行编辑。

轨迹视图窗口有两种显示方式，即"曲线编辑器"和"摄影表"。"曲线编辑器"模式可以将动画显示为动画运动的功能曲线；"摄影表"模式可以将动画显示为关键点和范围的表格，如图 12-114 和图 12-115 所示。

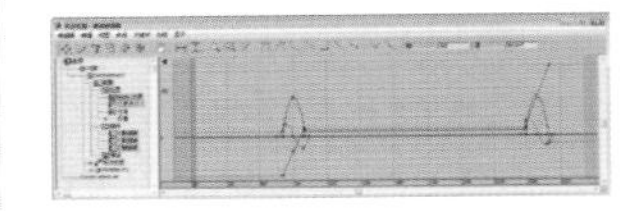
图 12-114

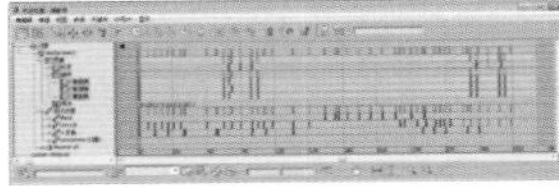
图 12-115

"曲线编辑器"显示方式为轨迹视图的默认显示方式，也是最常用的一种显示方式，所以本书将以"曲线编辑器"显示方式为例，讲解其使用方法。

12.4.1 "曲线编辑器"简介

打开"曲线编辑器"的方法有 3 种，第 1 种为执行"图形编辑器"→"轨迹视图 - 曲线编辑器"命令；第 2 种为单击主工具栏上的"曲线编辑器"按钮；第 3 种方法也是最常用的一种方法，是在视图中右击，在弹出的四联菜单中选择"曲线编辑器"命令，如图 12-116 和图 12-117 所示。

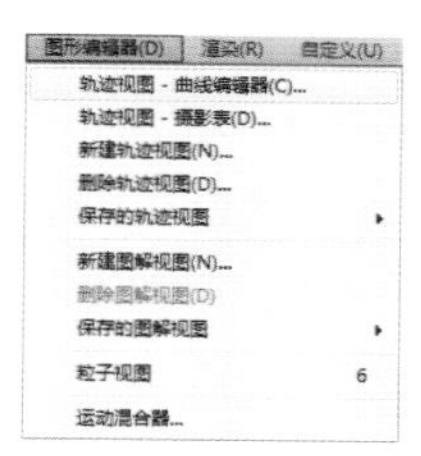

图 12-116

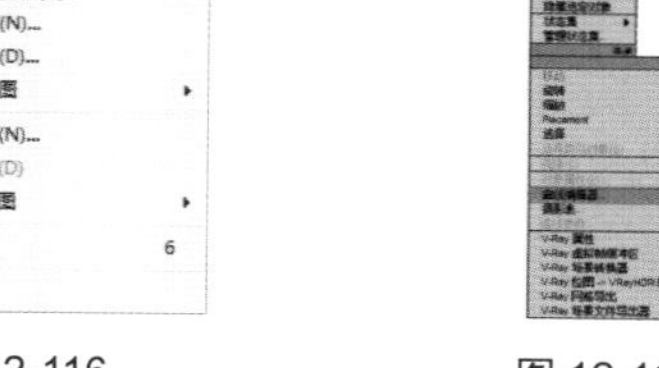

图 12-117

技巧与提示：

在软件菜单栏中执行“图形编辑器”→“轨迹视图 - 摄影表”命令或者在“曲线编辑器”的菜单栏中执行“模式”→“摄影表”命令，都可以打开“摄影表”。

3ds Max 2016 对“曲线编辑器”的界面做了一些精简，把一些常用的工具隐藏。在打开的“曲线编辑器”的标题栏上右击，在弹出的快捷菜单中选择“加载布局”→“Function Curve Layout（Classic）”命令，这样即可将一些常用工具显示出来，如图 12-118 和图 12-119 所示。

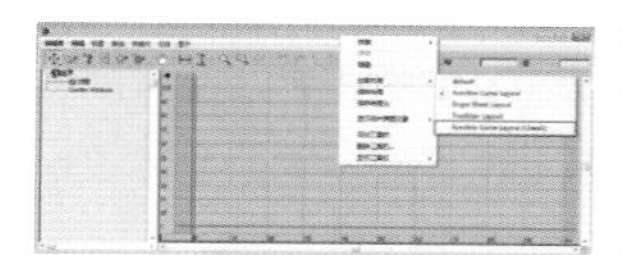

图 12-118

图 12-119

“曲线编辑器”界面由菜单栏、工具栏、控制器窗口和关键点窗口，还有在界面底部的时间标尺、状态工具和导航工具组成，如图 12-120 所示。

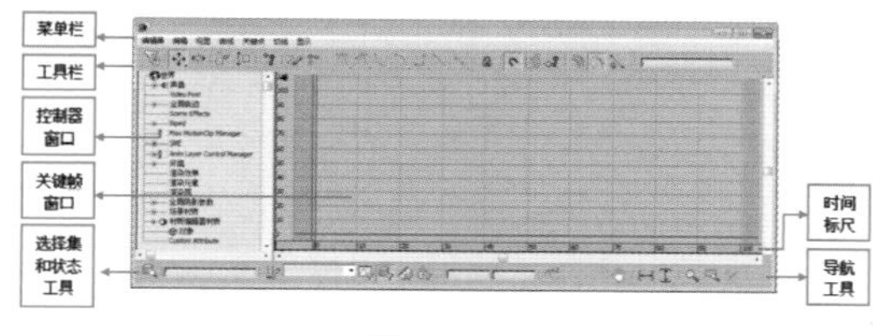

图 12-120

“控制器”窗口用来显示对象名称和控制器轨迹，单击工具栏上的“过滤器”按钮，可以打开“过滤器”对话框，在“显示”选项组中还能设置哪些曲线和轨迹可以用来显示和编辑，如图 12-121 和图 12-122 所示。

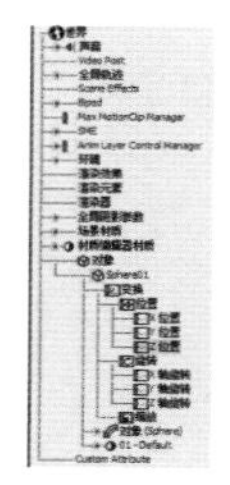

图 12-121

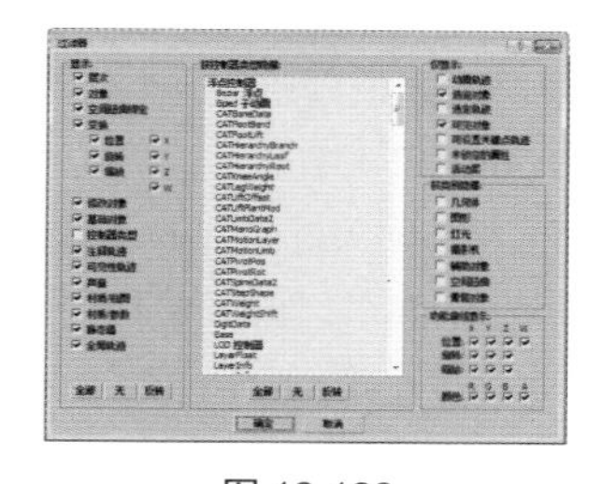

图 12-122

接下来将通过一组实例操作，简单讲解“曲线编辑器”的基本用法。

01 在场景中创建一个“茶壶”对象，如图 12-123 所示。

02 选择“茶壶”对象，在视图中右击，在弹出的四联菜单中选择“曲线编辑器”，打开“曲线编辑器”对话框，在左侧的“控制器窗口”中显示了选择的“茶壶”对象的名称和变换等一些控制器类型，如图 12-124 所示。

图 12-123

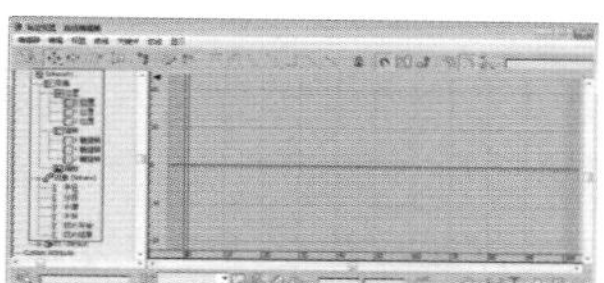

图 12-124

技巧与提示：

默认情况下，选择的对象会直接显示在左侧的“控制器窗口”中，也可以单击“轨迹选择集”中的“缩放选定对象”按钮，在“控制器窗口”中快速定位所选对象。

03 在“控制器窗口”中单击“茶壶”位置层级下的“Z 位置”，此时在右侧“关键帧窗口”中的“0”位置会出现一条蓝色的虚线，如图 12-125 所示。

04 在“关键点”工具栏中单击“添加关键点”按钮，然后将鼠标指针移动到“关键帧窗口”中的蓝色虚线上右击，此时可以在该位置创建一个关键帧，如图 12-126 所示。

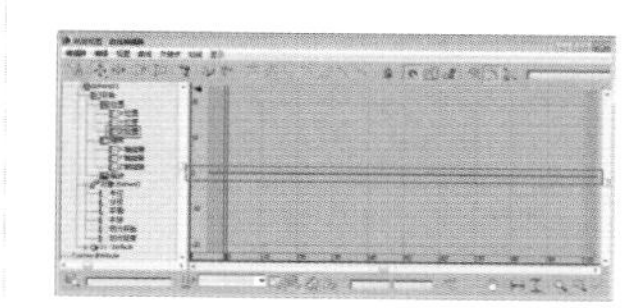

图 12-125

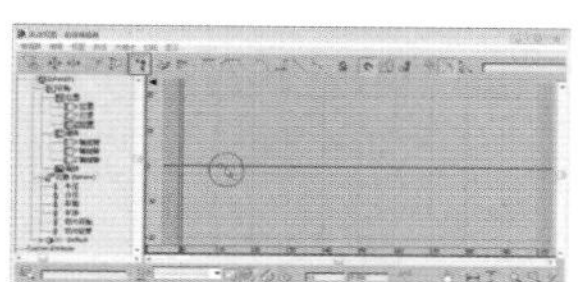

图 12-126

05 用同样的方法，在蓝色虚线的其他位置上再创建两个关键帧，单击“关键点”工具栏上的“移动关键点”按钮，框选创建的第一个关键点，然后在“关键点”状态工具栏中，参照如图 12-127 所示进行设置。

技巧与提示：

在“关键点状态”工具栏中，前面的数值表示当前选择的关键帧所在的帧数，后面的数值表示当前选择关键帧的动画值。

06 用同样的方法，选择中间的关键帧，参数按如图 12-128 所示进行设置，播放动画会发现“茶壶”对象在 Z 轴上产生了一个先升起 20 个单位再落回原点的一段动画。

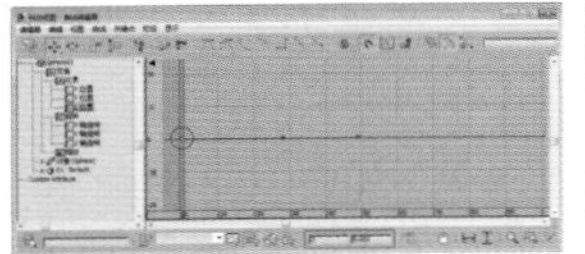

图 12-127

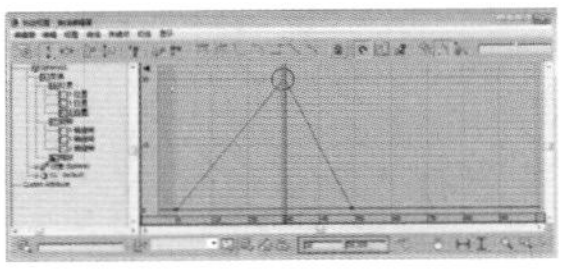

图 12-128

07 在工具栏上，单击“移动关键点”按钮并按住不放，在弹出的按钮列表中，选择“水平移动关键点”按钮，然后在“关键帧窗口”中选择第 3 个关键帧，并将其移动至第 60 帧的位置，如图 12-129 所示。

08 当前“茶壶”对象的动画是从第 0 帧开始的，我们还可以调整整段动画的发生时间。单击工具栏上的“滑动关键点”按钮，将第 0 帧位置的关键点向右移动至第 10 帧的位置，这样，整段动画就从第 10 帧开始发生，如图 12-130 所示。

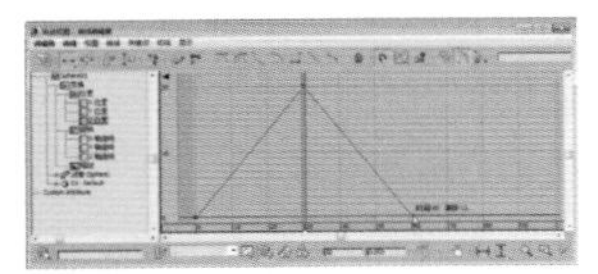

图 12-129

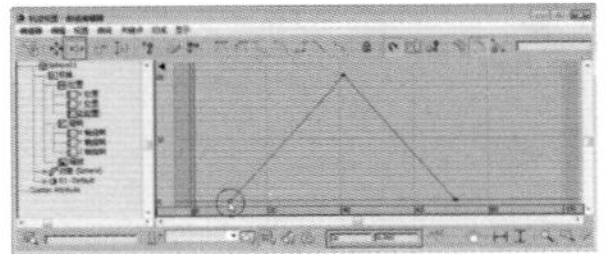

图 12-130

09 在“控制器窗口”中进入“茶壶”层下的“Z 轴旋转”，在“关键点”工具栏内单击“绘制曲线”按钮，通过拖曳鼠标的方式手动在该层的轨迹曲线上绘制关键点，如图 12-131 和图 12-132 所示。

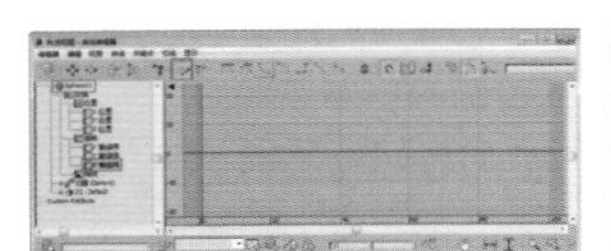

图 12-131

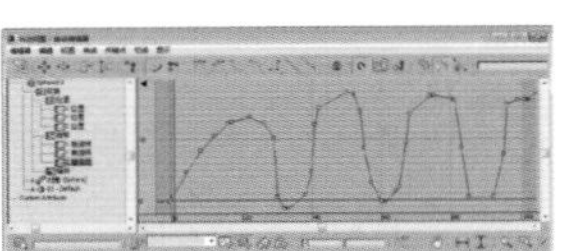

图 12-132

10 播放动画，“茶壶”会沿 *Z* 轴来回转动，而且速度也不均匀。

12.4.2 认识功能曲线

在动画的设置过程中，除了关键点的位置和参数，关键点切线也是一个很重要的因素，即使关键点的位置相同，运动的程度也一致，使用不同的关键点切线，也会产生不同的动画效果。在本节中将讲解关键点切线的有关知识。

3ds Max 2016 中共有 7 种不同的功能曲线形态，分别为“自动关键点切线”“自定义关键点切线”“快速关键点切线”“慢速关键点切线”“阶梯关键点切线”“线性关键点切线”和“平滑关键点切线”。用户在设置动画时，可以使用这 7 种功能曲线来设置不同对象的运动。下面将通过一组实例操作，讲解有关功能曲线的相关知识。

1. 自动关键点切线

自动关键点切线的形态较为平滑，在靠近关键点的位置，对象运动速度略慢，在关键点与关键点中间的位置，对象的运动趋于匀速，大多数对象在运动时都是这种运动状态。

01 打开本书相关素材中的“工程文件 >CH12> 认识功能曲线 > 认识功能曲线 .max”文件，场景中有两架飞机，并且在第 0~50 帧已经设置了一个简单的位移动画，如图 12-133 所示。

02 在场景中选择“飞机 01”对象，然后打开“曲线编辑器”窗口，在左侧的“控制器窗口”中选择“X 位置”层，如图 12-134 所示。

图 12-133

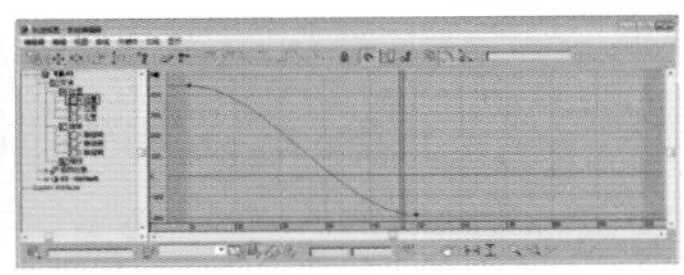

图 12-134

03 在轨迹栏中选择第 0 帧处的关键帧，按住 Shift 键单击并拖曳，复制一个关键帧到第 100 帧的位置，此时在“曲线编辑器”的“关键帧窗口”中也出现了我们刚才复制的关键帧，如图 12-135 所示。

04 在“曲线编辑器”中选择任意一个关键帧，发现关键帧上会出现一个蓝色的操纵手柄。默认创建的关键点切线都是自动关键点切线，如图 12-136 所示。

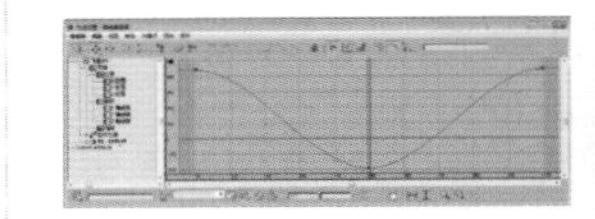

图 12-135

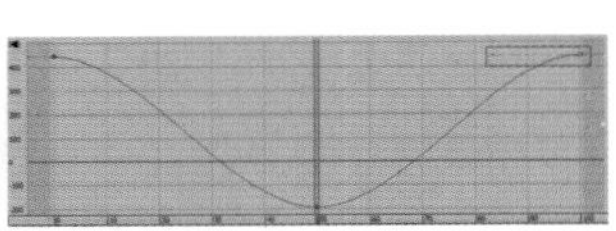

图 12-136

2. 自定义关键点切线

自定义关键点切线能够通过手动调整关键点控制手柄的方法，控制关键点切线的形态，关键点两侧可以使用不同的切线形式。

01 在“关键点窗口”中选择两侧的两个关键帧，然后在“关键点切线”工具栏中单击“将切线设置为自定义”按钮，此时关键帧的操作手柄由蓝色变为黑色，这说明当前关键帧由自动关键点切线转换为了自定义关键点切线，如图 12-137 所示。

02 使用“移动关键点”工具，调整关键点的控制柄来改变曲线的形状，如图 12-138 所示。

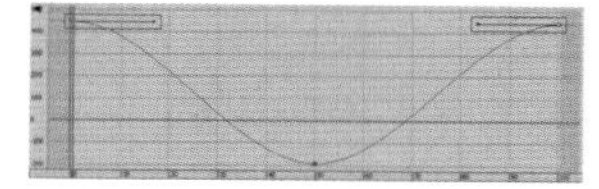

图 12-137

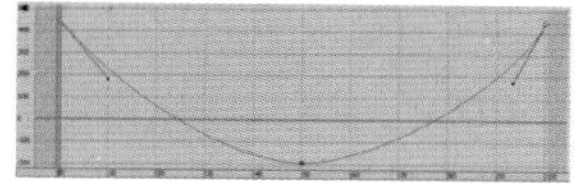

图 12-138

03 播放动画，发现“飞机 01”对象会快速启动，到第 50 帧时缓慢停下，从第 50~100 帧又是一个由慢到快的运动过程。

技巧与提示：

3ds Max 中的功能曲线其实就是我们初中物理学过的物体运动的抛物线知识。通过这些功能曲线，可以调节物体的运动是匀速、匀加速或匀减速等动画效果。

3. 快速关键点切线

使用快速关键点切线，可以设置物体由慢到快的运动过程。物体从高处掉落时就是一种匀加速的运动状态。

01 在场景中选择“飞机 02”对象，在打开的“曲线编辑器”窗口中选择“x 位置”层级下 50 帧处的关键帧，如图 12-139 所示。

02 单击“关键点切线”工具栏中的“将切线设置为快速”按钮，这样自定义关键点切线将被转换为快速关键点切线，如图 12-140 所示。

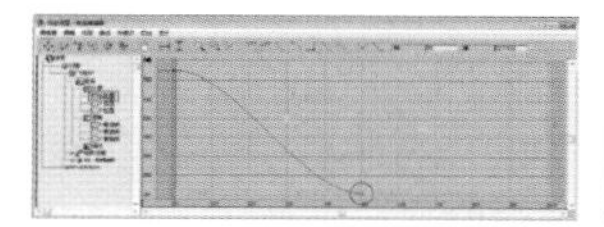

图 12-139

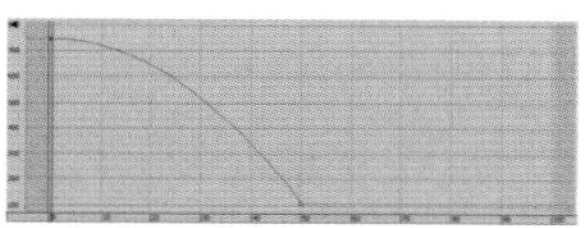

图 12-140

03 播放动画，“飞机 02”对象将缓慢启动，越接近第 50 帧时，运动的速度越快。

4. 慢速关键点切线

慢速关键点切线使对象在接近关键帧时，速度减慢。例如汽车在停车时就是这种运动状态。

01 选择“飞机 02”对象第 50 帧处的关键帧，单击“关键点切线”工具栏中的“将切线设置为慢速”按钮，这样快速关键点切线将被转换为慢速关键点切线，用同样的方法，将第 0 帧的关键点更改为快速关键点切线，如图 12-141 所示。

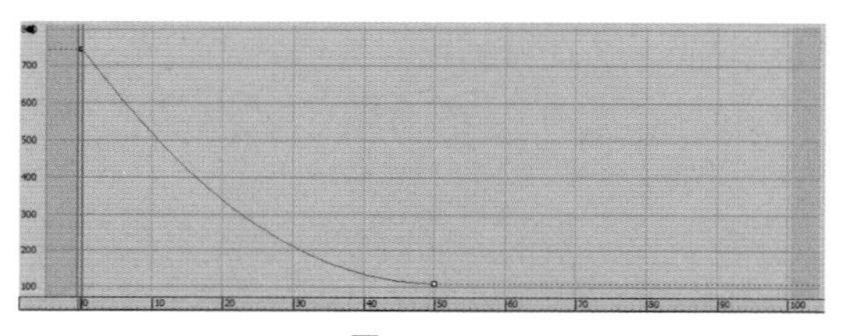

图 12-141

02 播放动画，“飞机 02”对象刚开始是一个加速运动，越接近 50 帧时运动速度越慢。

5. 阶梯关键点切线

阶梯关键点切线使对象在两个关键点之间没有过渡的过程，而是突然由一种运动状态转变为另一种运动状态，这与一些机械运动很相似，例如冲压机、打桩机等。

01 选择“飞机 01”对象，在打开的“曲线编辑器”的“关键帧窗口”中框选 0 ～ 100 帧之间的 3 个关键帧，单击“关键点切线”工具栏上的“将切线设置为阶梯式”按钮，如图 12-142 所示。

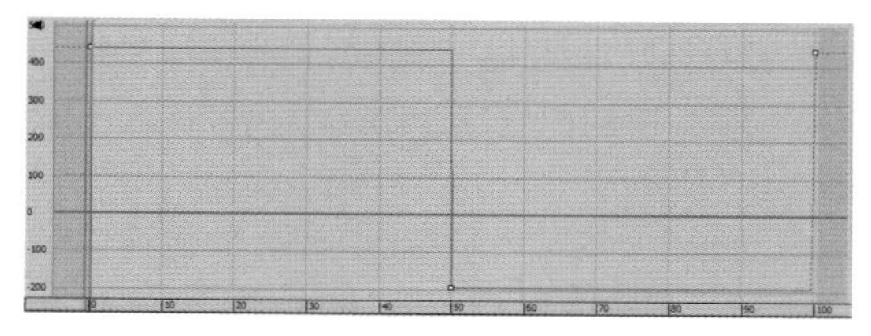

图 12-142

02 播放动画，“飞机 01”在第 0 ～ 49 帧之间保持原有位置不变，而到第 50 帧时位置突然发生改变。

6. 线性关键点切线

线性关键点切线使对象保持匀速直线运动，如飞行中的飞机、移动中的汽车通常为这种运动状态，使用线性关键点切线还可设置对象的匀速旋转，例如螺旋桨、风扇等。

01 选择场景中的“飞机 01”对象，在“关键点窗口”中选择 0 和 50 帧处的关键帧，单击“关键点切线”工具栏中的“将切线设置为线性”按钮，将这两个关键点的切线类型都设置为线性，如图 12-143 所示。

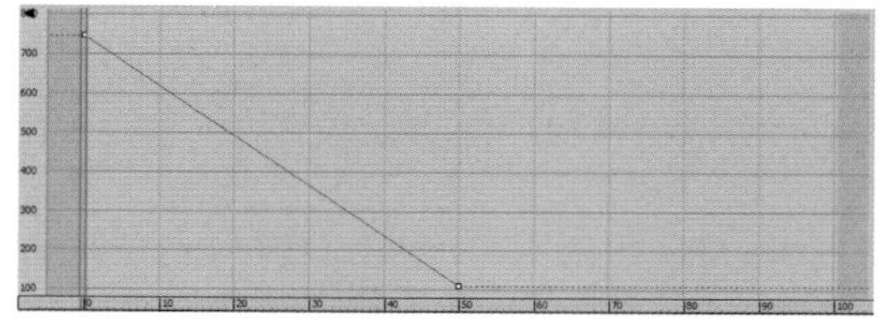

图 12-143

02 播放动画，发现“飞机 02”从动画的起始到结束，始终保持着匀速直线运动状态。

7. 平滑关键点切线

平滑关键点切线可以让物体的运动状态变得平缓，关键帧两端没有控制手柄，如图 12-144 所示。

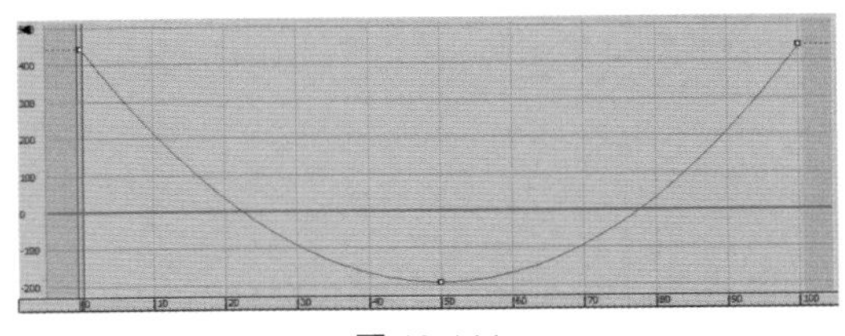

图 12-144

此外，在“关键点切线”工具栏中的各个按钮内部，还包含了相应的内外切线按钮，通过单击这些按钮，可以只更改当前关键点的内切线或外切线。

01 选择“飞机 02”对象，在“关键点窗口”中选择中间的关键帧，然后在“关键点切线”工具栏中的“将切线设置为阶梯式”按钮上单击并按住鼠标左键，在弹出的按钮列表中选择“将内切线设置为阶梯式”按钮，如图 12-145 所示。

02 播放动画，会发现“飞机 02”到第 50 帧突然发生位置上的变化，但从第 51 帧到第 100 帧又产生了一个匀加速的动画效果。

03 当选择一个关键帧后，并在关键帧上右击，可以快速打开当前关键帧的属性对话框，如图 12-146 所示。

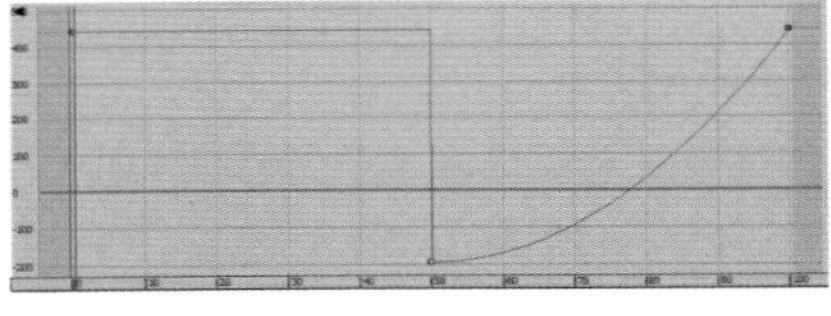

图 12-145

图 12-146

04 通过该对话框左上角的左箭头和右箭头按钮，可以在相邻关键点之间进行切换，通过“时间”和“值”选项可设置当前关键点所在的帧位置，以及当前关键点的动画数值。在“输入”和“输出”按钮上按住鼠标左键不放，在弹出的按钮列表中可以设置“内切线”和“外切线”的类型。

12.4.3 设置循环动画

在 3ds Max 2016 中，“参数曲线超出范围类型”可以设置物体在已确定的关键点之外的运动情况，用户可以在仅设置少量关键点的情况下，使某种运动不断循环，这样大大提高了工作效率，并保证了动画设置的准确性。本节将讲解有关循环运动的类型和设置方法。

01 打开本书相关素材中的“工程文件 >CH12> 认识功能曲线 > 认识功能曲线 .max”文件，在场景中选择“飞机”对象，然后打开“曲线编辑器”，并进入该对象的“X 位置”层级，如图 12-147 所示。

02 在“曲线编辑器”窗口的“曲线”工具栏中单击“参数曲线超出范围类型”按钮，打开“参数曲线超出范围”对话框，如图 12-148 所示。

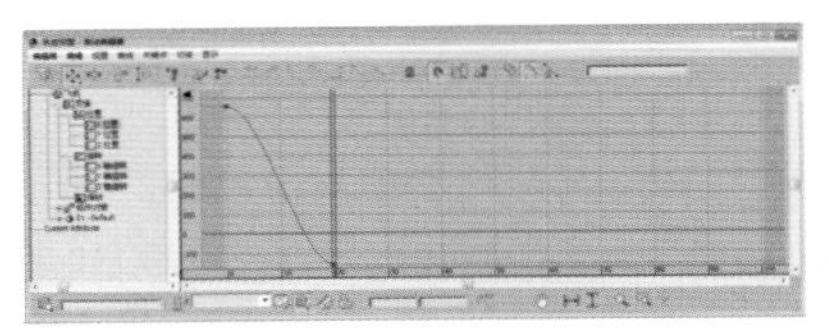

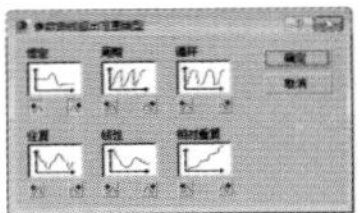

图 12-147　　图 12-148

03 默认情况下，所使用的是“恒定”超出范围类型，该类型在所有帧范围内保留末端关键点的值，也就是在所有关键帧范围外不再使用动画效果。

技巧与提示：

预览框下的左、右两个按钮，分别代表在动画范围的起始关键点之前，还是在动画范围的结束关键点之后使用该范围类型。例如，一段动画是从第 20 帧到第 50 帧，我们可以设置动画的 20 帧之前为“恒定”超出范围类型，从第 50 帧之后进行循环运动。

04 在“参数曲线超出范围类型”对话框中，单击“周期”选项下方的白色大框，应用“周期”超出范围类型，该范围类型将在一个范围内重复相同的动画。单击“确定”按钮关闭对话框，曲线形状如图 12-149 所示。

05 播放动画，可以观察“飞机”在活动时间段内一直重复相同的动画。

06 打开“参数曲线超出范围类型”对话框，单击“往复”选项，然后单击“确定”按钮关闭对话框，应用“往复”超出范围类型，该类型将已确定的动画正向播放后连接反向播放，如此反复衔接。如图 12-150 所示为“往复”超出范围类型的曲线形态。

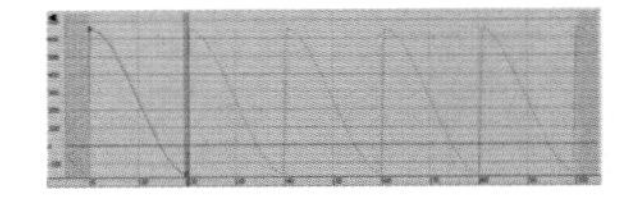

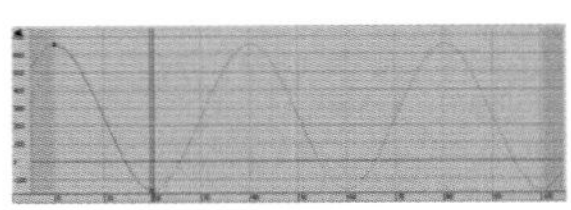

图 12-149　　图 12-150

07 播放动画，发现在播放到第 20 帧时，“飞机”将按照先前的运动轨迹原路返回。

08 打开“参数曲线超出范围类型”对话框，单击“线性”选项，然后单击“确定”按钮关闭对话框，应用“线性”超出范围类型，此时我们发现“曲线编辑器”窗口中的曲线形态并没有发生变化。在“关键帧窗口”中选择最后一个关键帧，单击“移动关键点”按钮，并调节蓝色的控制手柄，如图 12-151 所示。

09 播放动画，“飞机”从第 20 帧之后，会沿着 *X* 轴的正方向无限运动下去。“线性”超出范围类型将在已确定的动画两端插入线性的动画曲线，使动画在进入和离开设定的区段时保持平稳。

10 打开“参数曲线超出范围类型”对话框，单击“相对重复”选项，然后单击“确定”按钮关闭对话框，应用“相对重复”超出范围类型，曲线形状如图 12-152 所示。

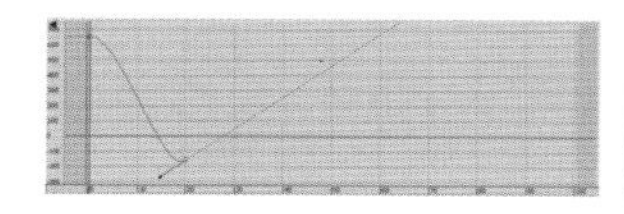

图 12-151

图 12-152

11 播放动画，会发现“飞机”沿着 X 轴的负方向无限地运动下去，但是“飞机”在运动过程中有卡顿的现象。在“曲线编辑器”的“关键点窗口”中选择“飞机”的两个关键点，单击“关键点切线”工具栏中的“将切线设置为线性”按钮，此时再播放动画会发现“飞机”的动画始终保持着匀速直线运动的状态。如图 12-153 所示为调节后的动画曲线形态。

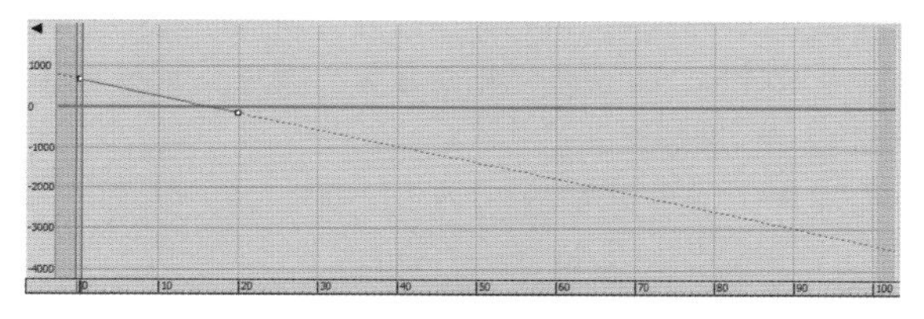

图 12-153

技巧与提示：

“相对重复”超出范围类型的用处还是挺多的，例如前面章节学过的“火焰”大气效果，我们即可为“火焰”的相位参数动画指定“相对重复”超出范围类型，让“火焰”永远不停地升腾燃烧。

实例操作：制作翻跟头的圆柱

实例操作：制作翻书跟头的圆柱

实例位置：	工程文件 >CH12> 翻跟头的圆柱 .max
视频位置：	视频文件 >CH12> 实例：制作翻跟头的圆柱 .mp4
实用指数：	★★★☆☆
技术掌握：	熟悉快速和慢速关键点切线的使用方法。

动画的设置，不仅可以针对对象的运动，对象的很多参数也可以被设置为动画，例如材质的颜色变化、光源的强度变化、修改器的参数、几何体的创建参数等。在本例中将制作一个向前连续翻跟头的圆柱，通过本例，可以使读者更好地掌握功能曲线的知识，如图 12-154 所示为本例的最终渲染效果。

图 12-154

01 打开本书相关素材中的“工程文件 >CH12> 翻跟头的圆柱 > 翻跟头的圆柱 .max”文件，该场景中有一个“圆柱”模型，如图 12-155 所示。

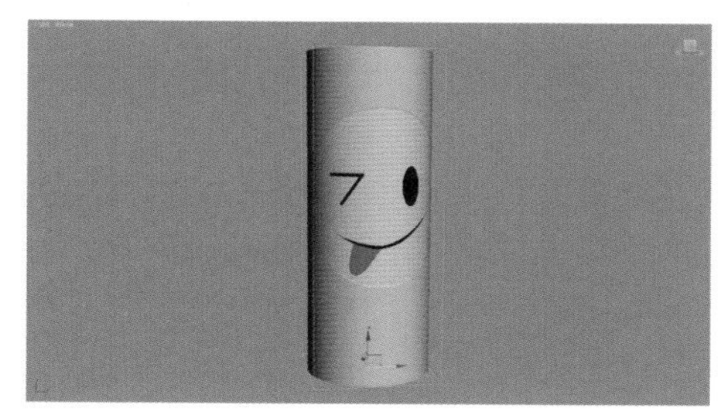

图 12-155

02 进入修改命令面板，为其添加“弯曲”修改器，然后在动画控制区中单击“自动关键点”按钮自动关键点，进入“自动关键帧”模式，在第 0 帧，设置“角度”为 -180，接着将时间滑块拖曳到第 10 帧，设置“角度”为 180，如图 12-156 和图 12-157 所示。

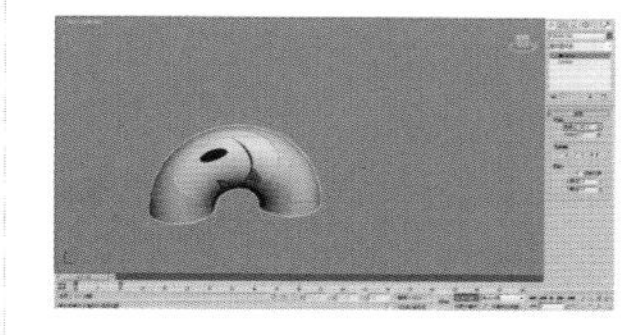

图 12-156

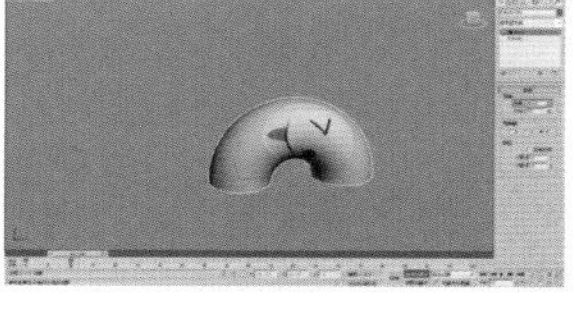

图 12-157

03 打开“曲线编辑器”，在左侧“控制器窗口”中找到“角度”参数对应的动画曲线，然后在菜单栏中执行“编辑”→“控制器”→“超出范围类型”命令，打开“参数曲线超出范围类型”对话框，在打开的对话框中选择“往复”，如图 14-158 ～图 14-160 所示。

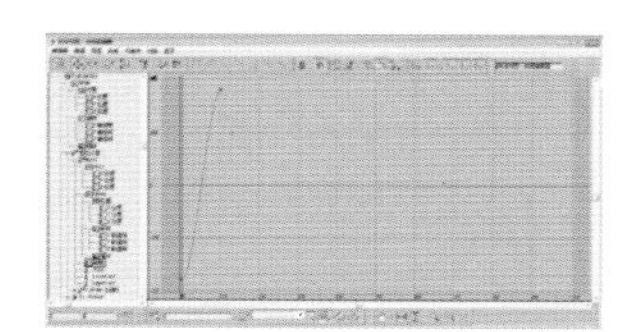

图 12-158

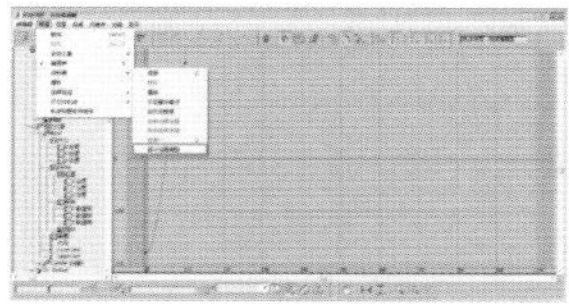

图 12-159

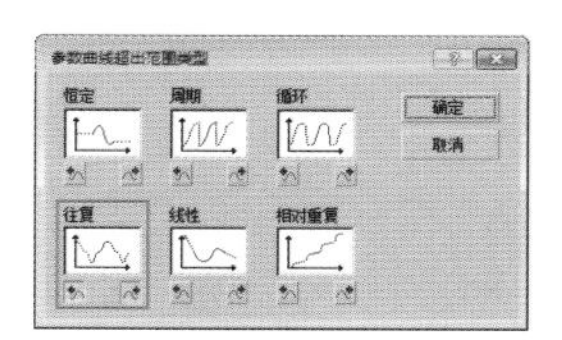

图 12-160

04 拖曳时间滑块到第 10 帧，设置“方向”为 180，如图 12-161 所示。

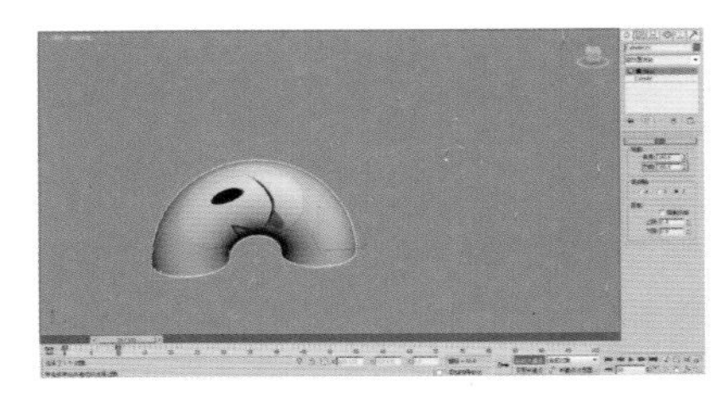

图 12-161

05 打开“曲线编辑器”，选择“方向”动画曲线上的两个关键帧，然后单击“将切线设置为阶梯式”按钮，打开“参数曲线超出范围类型”对话框，并选择“相对重复”选项，如图 12-162 和图 12-163 所示。

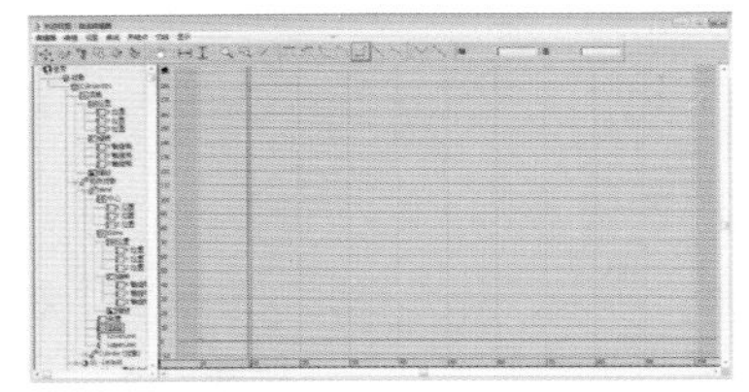

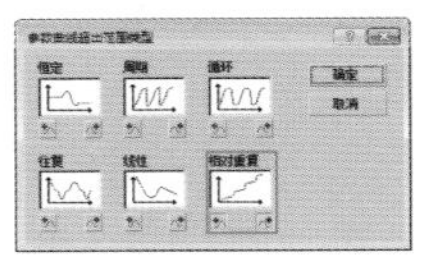

图 12-162　图 12-163

06 播放动画，我们会发现圆柱在原地不停地翻跟头，接下来为圆柱增加位移动画，让圆柱不停往前翻。拖曳时间滑块到第 10 帧，进入前视图，沿 *X* 轴调整圆柱的位置，如图 12-164 和图 12-165 所示。

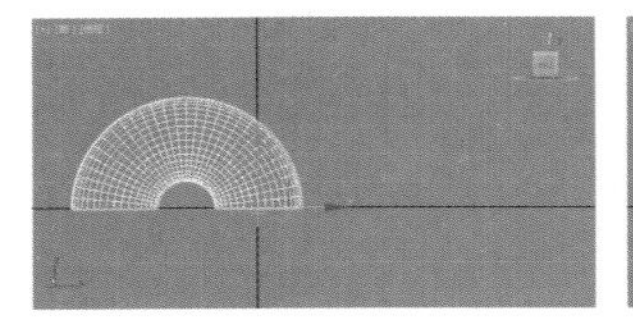

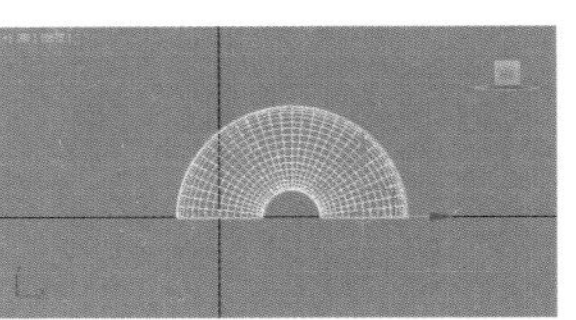

图 12-164　图 12-165

07 打开“曲线编辑器”，选择“X 位置”动画曲线上的两个关键帧，然后单击“将切线设置为阶梯式”按钮，打开“参数曲线超出范围类型”对话框，并选择“相对重复”选项，如图 12-166 和图 12-167 所示。

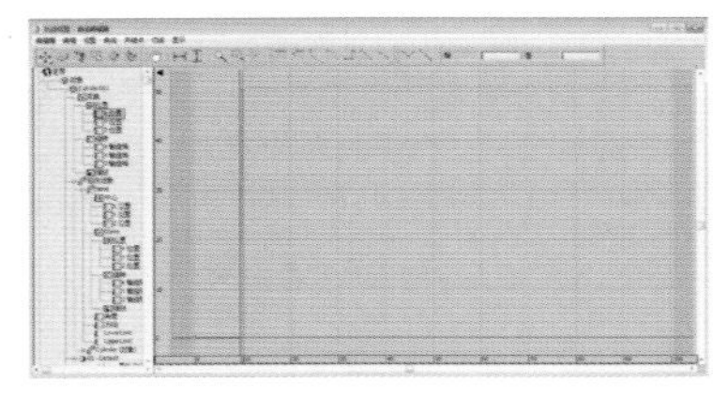

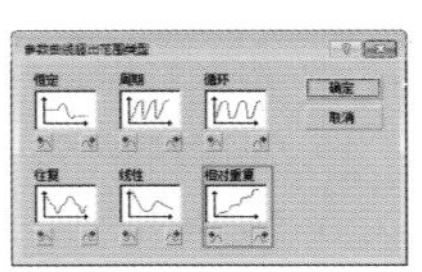

图 12-166　图 12-167

08 播放动画，我们看到圆柱会沿着 *X* 轴一直不停地翻跟头，但是此时会发现一个问题，就是圆柱的贴图没有跟随圆柱的动画而产生正确的变化，下面来修正这一问题。进行“修改”面板，在“圆柱”的“弯曲”修改器下添加一个“UVW 贴图”修改器，并设置贴图的方式为“柱形”，如图 12-168 所示。

09 单击“自动关键点”按钮自动关键点，进入“自动关键帧”模式，拖曳时间滑块到第 10 帧，使用旋转工具，将“UVW 贴图”修改器的 Gizmo 沿 *Y* 轴旋转 180°，如图 12-169 所示。

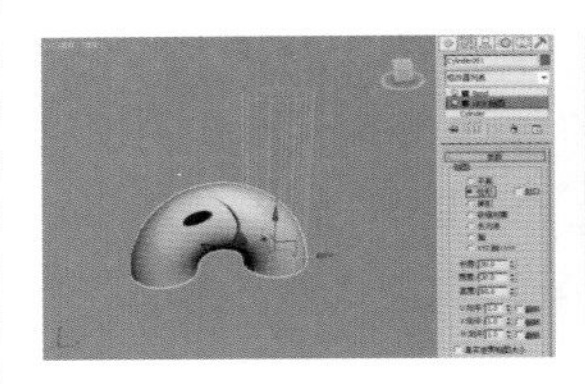

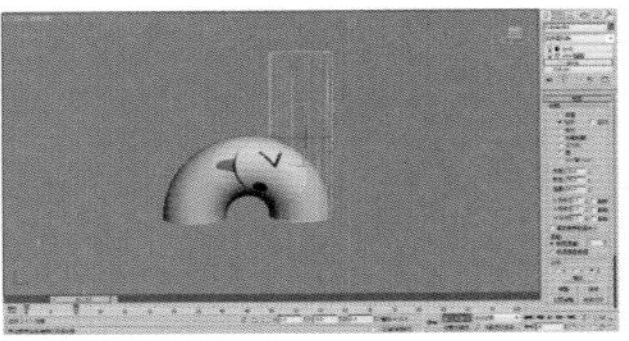

图 12-168　图 12-169

10 打开“曲线编辑器”，选择“UVW 贴图”Gizmo 的“Y 轴旋转”动画曲线上的两个关键帧，然后单击“将切线设置为阶梯式”按钮，打开“参数曲线超出范围类型”对话框，并选择“相对重复”选项，如图 12-170 和图 12-171 所示。

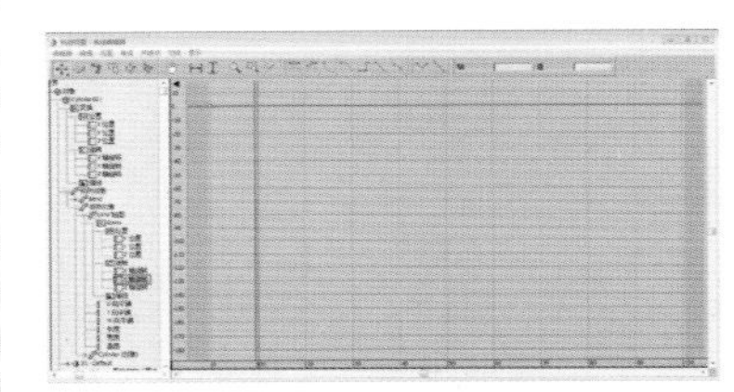

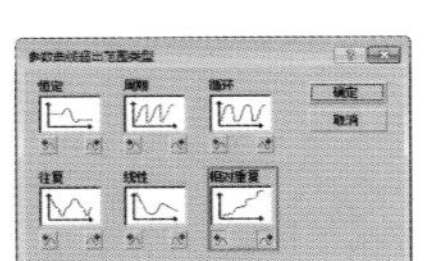

图 12-170　图 12-171

11 动画设置完成后单击“自动关键点”按钮自动关键点，退出自动关键帧记录状态。然后渲染整段动画，最终效果如图 12-172 所示。

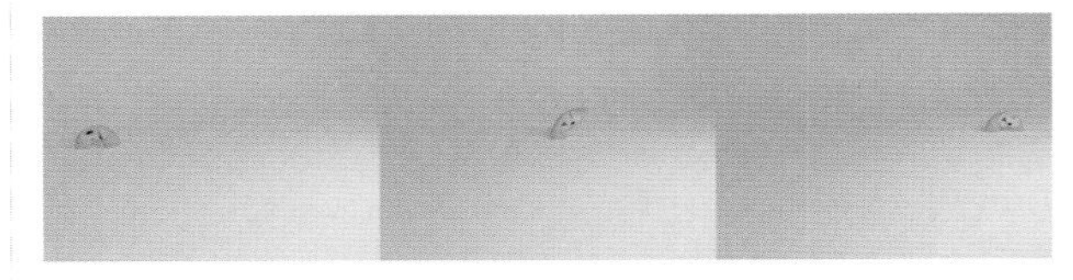

图 12-172

12.4.4 设置可视轨迹

在“曲线编辑器”模式下，可以通过编辑对象的可视性轨迹来控制物体何时出现，何时消失。这对动画制作来说非常有意义，因为经常有这样的制作需要。为对象添加可视轨迹后，可以在轨迹上添加关键点。当关键点的值为 1 时，对象完全可见；当关键点的值为 0 时，对象完全不可见。通过编辑关键点的值，可以设置对象的渐现、渐隐动画。接下来将通过一组实例，讲解关于物体可视性轨迹的添加及设置方法。

01 打开本书相关素材中的“工程文件 >CH12> 设置可视轨迹 > 设置可视轨迹 .max”文件，场景中有一个人物的模型，如图 12-173 所示。

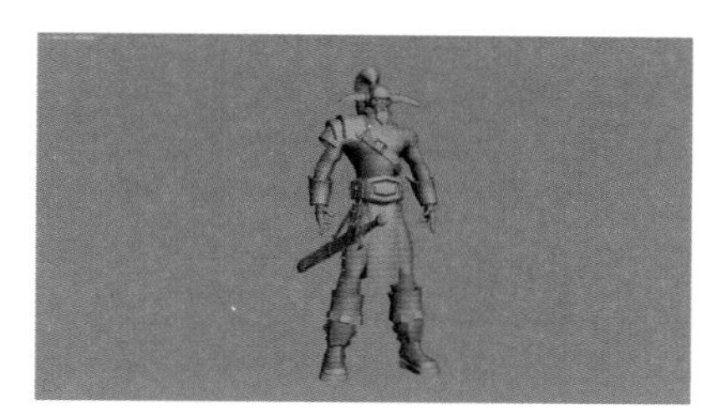

图 12-173

02 在场景中选择“人物”对象，打开“曲线编辑器”窗口，在“控制器窗口”中选择“人物”层，在“曲线编辑器”的菜单栏中执行“编辑”→“可见性轨迹”→“添加”命令，为对象添加“可见性轨迹”，此时在“人物”层下会出现“可见性”层，如图 12-174 和图 12-175 所示。

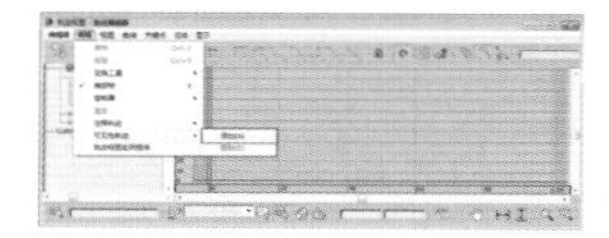

图 12-174

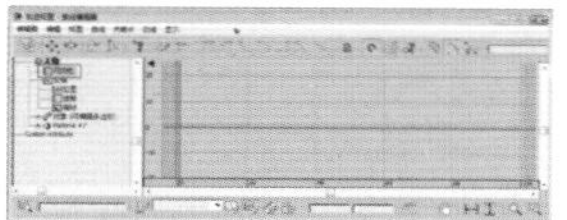

图 12-175

技巧与提示：

在添加“可见性轨迹”时，必须选择对象的根目录层级。在这一步操作中就选择了“人物”这个根目录层级。

03 选择“可见性”层，然后在“关键点”工具栏中单击“添加关键点”按钮，通过单击的方式在关键点切线上添加两个关键点，如图 12-176 所示。

04 使用“水平移动关键点”工具，或者通过在“关键点状态”工具栏中输入数值的方法，将两个关键点分别移动至第 20 帧和第 40 帧的位置，如图 12-177 所示。

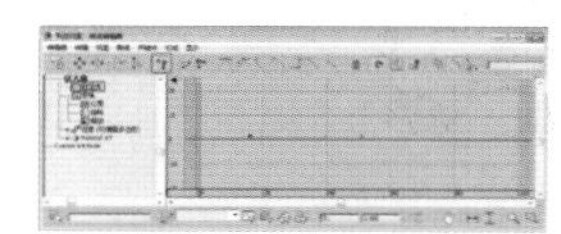

图 12-176

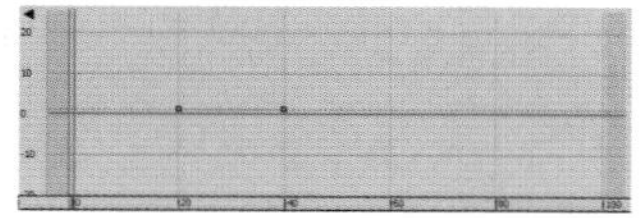

图 12-177

05 选择第 20 帧的关键点，并在“关键点状态”工具栏中输入 0，让“人物”对象在第 20 帧完全不可见，如图 12-178 所示。

06 播放动画，发现人物从第 20 帧到第 40 帧慢慢地显示出来。在“曲线编辑器”窗口选择“可见性”轨迹上的两个关键点，然后单击“关键点切线”工具栏上的“将切线设为阶梯式”按钮，如图 12-179 所示为动画的曲线形态。

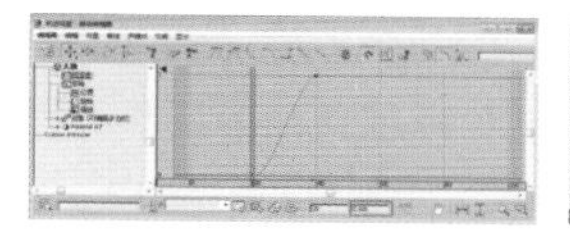

图 12-178

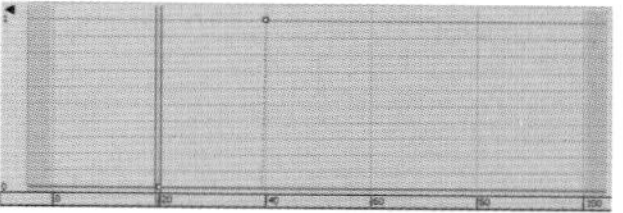

图 12-179

07 播放动画，发现“人物”对象在第 40 帧时突然显示出来。

08 如果不想要这段物体的可视动画，可以将“可见性”轨迹上的关键帧删除，或者直接将整个“可见性”轨迹删除。在“曲线编辑器”中选择“可见性”层，然后在菜单中执行“编辑”→“可见性轨迹”→“删除”命令，这样即可将“可见性”轨迹删除了，如图 12-180 所示。

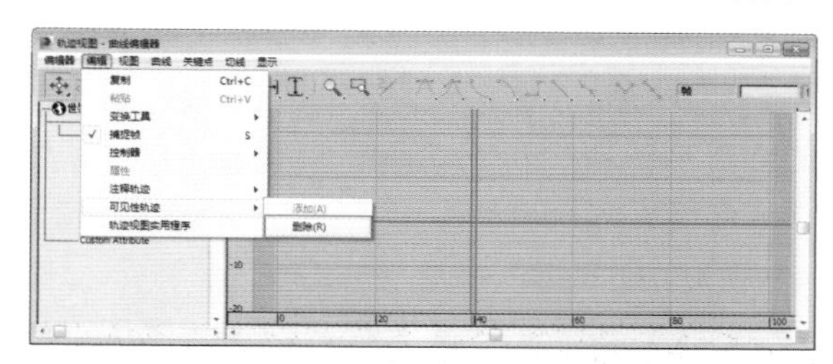

图 12-180

技巧与提示：

选择一个物体，在视图上右击，在弹出的四联菜单中选择“对象属性”，打开“对象属性”对话框，调节“渲染控制”选项中的“可见性”数值，可以让物体在场景中以及渲染时，以实体或半透明方式显示。如果开启了“自动关键点”动画记录模式，调节这里的数值也会被记录成动画，如图 12-181 所示。

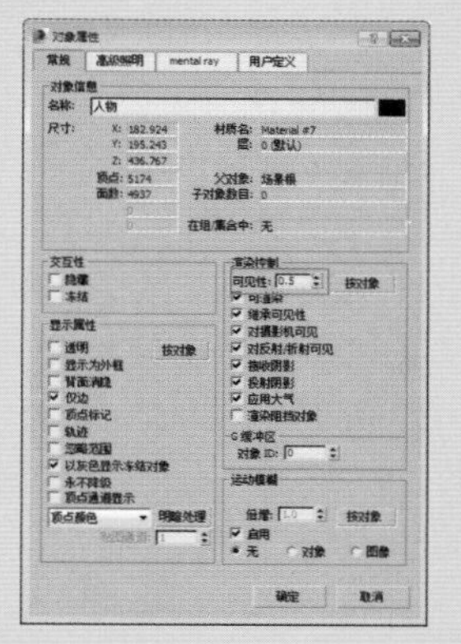

图 12-181

实例操作：制作时空传送动画

实例操作：制作时空传送器动画

实例位置：　工程文件 >CH12> 时空传送动画 .max

视频位置：　视频文件 >CH12> 实例：制作时空传送动画 .mp4

实用指数：　★★★☆☆

技术掌握：　熟悉物体可视动画的制作和编辑方法。

本例将制作一个时空传送器的动画效果，该实例主要使用“曲线编辑器”对物体进行可视动画的制作，物体的可视动画在动画制作中是非常重要的，如图 12-182 所示为本例的最终渲染效果。

图 12-182

01 打开本书相关素材中的“工程文件 >CH12> 时空传送动画 > 时空传送动画 .max”文件，该场景中已经为模型指定了材质，并设置了基本灯光，如图 12-183 所示。

02 在场景中选择“人 01”对象并打开“曲线编辑器”窗口，在“控制器列表”中选择“飞船 01”层，然后执行“编辑”→“可见性轨迹”→“添加”命令，如图 12-184 ～图 12-186 所示。

图 12-183

图 12-184

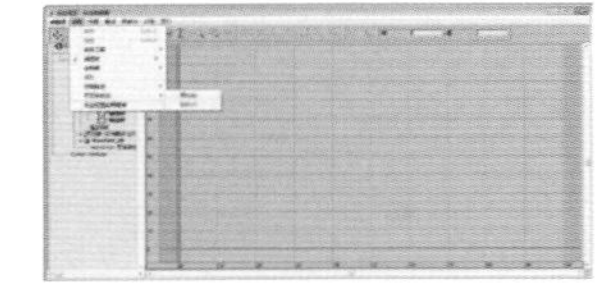

图 12-185

图 12-186

03 选择“可见性”层，单击工具栏上的“添加关键点”按钮，在关键点切线上的 20 帧和 35 帧处添加两个关键点，如图 12-187 所示。

04 选择第 35 帧处的关键点，在工具栏中设置其数值为 0，如图 12-188 所示。

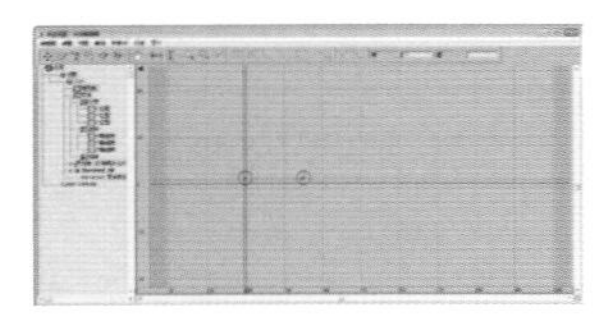

图 12-187

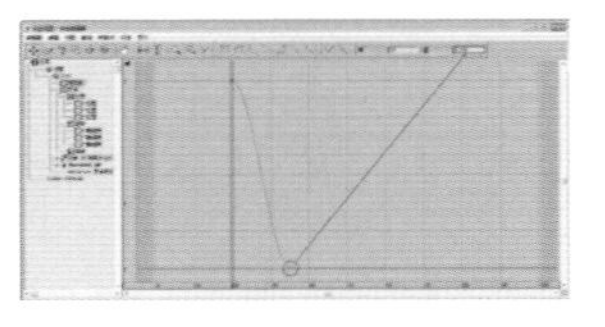

图 12-188

05 在场景中选择“人 02”对象，用同样的方法为其添加“可视性轨迹”，选择“可见性”层，然后单击工具栏上的“添加关键点”按钮，在关键点切线上的 65 帧和 80 帧处添加两个关键点，如图 12-189 所示。

06 选择第 65 帧处的关键点，在工具栏中设置其数值为 0，如图 12-190 所示。

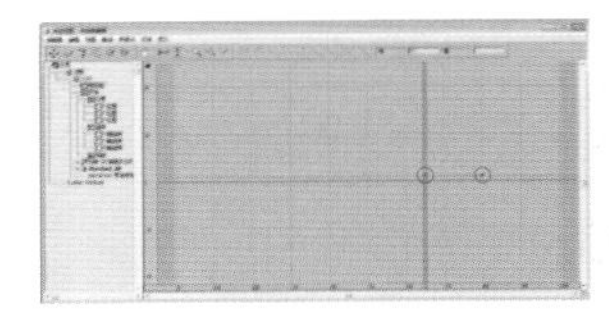

图 12-189

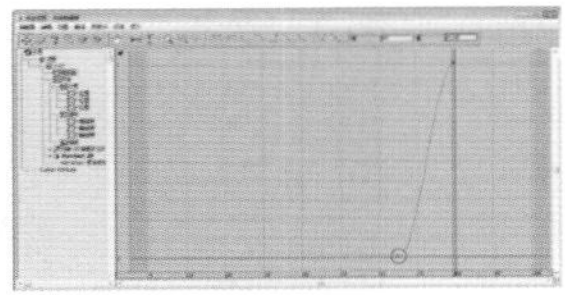

图 12-190

07 设置完成后渲染整段动画，最终效果如图 12-191 所示。

图 12-191

12.4.5 对运动轨迹的复制与粘贴

如果为一个对象制作完成一段动画后，其他的对象也想与当前对象产生同样的动画效果，我们即可将当前对象的动画轨迹复制、粘贴给其他的对象，使之产生相同的动画效果。

01 打开本书相关素材中的“工程文件 >CH12> 复制粘贴运动轨迹 > 复制粘贴运动轨迹 .max”文件，该文件中包含两个“茶壶”对象，其中“茶壶 01”对象指定了一段简单的位移和旋转动画，如图 12-192 所示。

图 12-192

02 选择“茶壶 01”对象并打开“曲线编辑器”，在“控制器窗口”中进入“茶壶 01”对象的“Z 轴旋转”层，在“Z 轴旋转”层上右击，在弹出的快捷菜单中选择“复制”，如图 12-193 和图 12-194 所示。

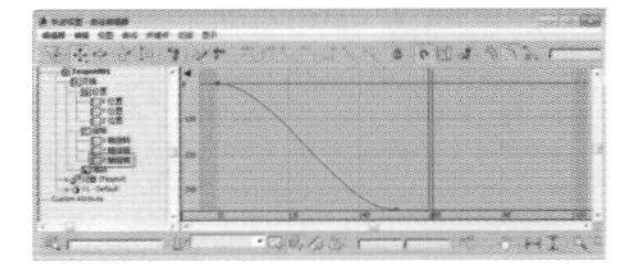

图 12-193

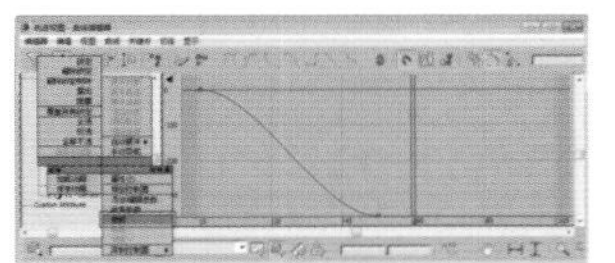

图 12-194

03 在场景中选择“茶壶02”对象，在打开的“曲线编辑器”的“控制器窗口”中，进入“茶壶02”对象的“Z轴旋转”层，在“Z轴旋转”层上右击，在弹出的快捷菜单中选择“粘贴”，在弹出的“粘贴”对话框中选择“复制”方式，单击“确定”按钮，如图12-195～图12-197所示。

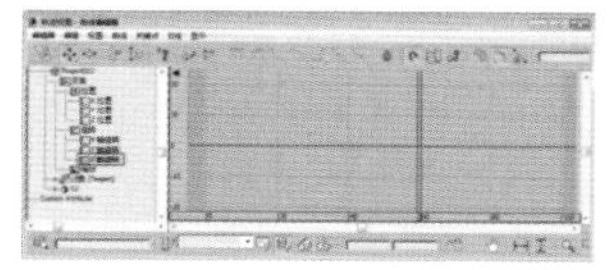
图 12-195

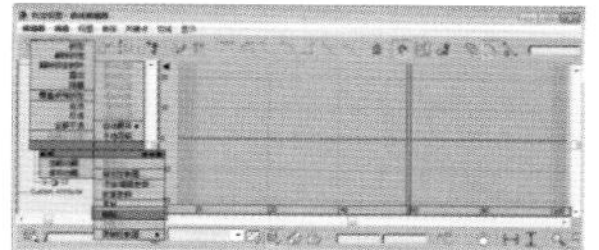
图 12-196

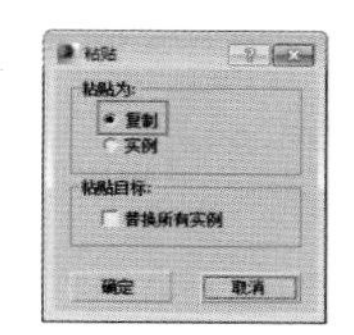

图 12-197

04 播放动画，会发现已经将“茶壶01”对象的旋转动画轨迹复制给了“茶壶02”对象。

05 用同样的方法，可以将“茶壶01”对象的位移动画轨迹复制给“茶壶02”对象。如果想将“茶壶01”对象的 X、Y、Z 三个轴向上的动画轨迹都复制下来，可以选择“茶壶01”对象，然后在“曲线编辑器”中进入其“位置”层，在“位置”层上右击，在弹出的快捷菜单中选择“复制”，如图12-198所示。

06 选择“茶壶02”对象，在“曲线编辑器”中同样进入其“位置”层，在位置层上右击，在弹出的快捷菜单中选择“粘贴”，这样即可将“茶壶01”对象的全部位置轨迹都粘贴给“茶壶02”对象，如图12-199所示。

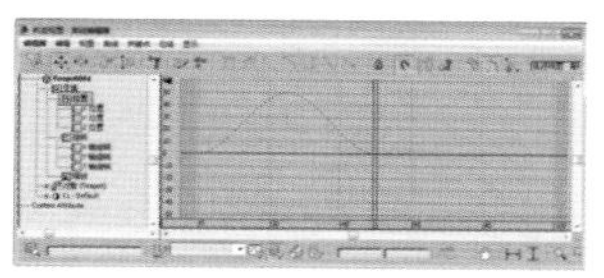
图 12-198

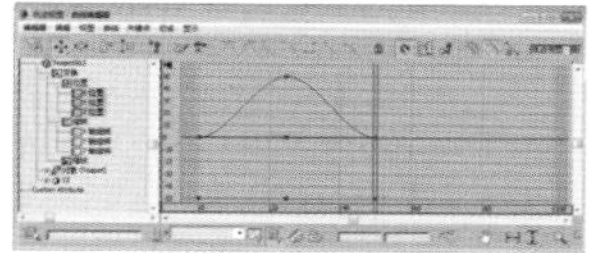
图 12-199

12.5　本章总结

本章主要讲解了3ds Max中一些简单动画的制作方法，但是千里之行，始于足下，只有掌握了这些基本的动画知识，并且能够灵活运用它们，才能在日后制作出更复杂和使自己满意的动画作品。

第 13 章

高级动画技术

13.1 高级动画技术概述

动画约束功能可以帮助实现动画过程的自动化，它可以将一个物体的变换（移动、旋转、缩放）通过建立绑定关系约束到其他物体上，使被约束物体按照约束的方式或范围进行运动。例如，要制作飞机沿着特定的轨迹飞行的动画，可以通过“路径约束”将飞机的运动约束到样条曲线上。

动画控制器能够使用在动画数据中插值的方法来改变对象的运动，并且完成动画的设置，这些动画效果用手动设置关键点的方法是很难实现的，使用动画控制器可以快速制作出一些特定的动画动作。

在高级动画的设置中，正向运动和反向运动是最基础的动画设置方法。其中许多复杂的角色动画设置方法，如人物骨骼和四足动物，都是以正向运动和反向运动为基础的。正向运动和反向运动通过将对象链接的方法，使对象形成层次或链，从而简化动画的设置过程。

13.2 动画约束

在 3ds Max 2016 中，动画约束位于“动画”菜单中，共有 7 种，分别为“附着约束”“曲面约束”“路径约束”“位置约束”“链接约束”“注视约束”和“方向约束”，如图 13-1 所示。

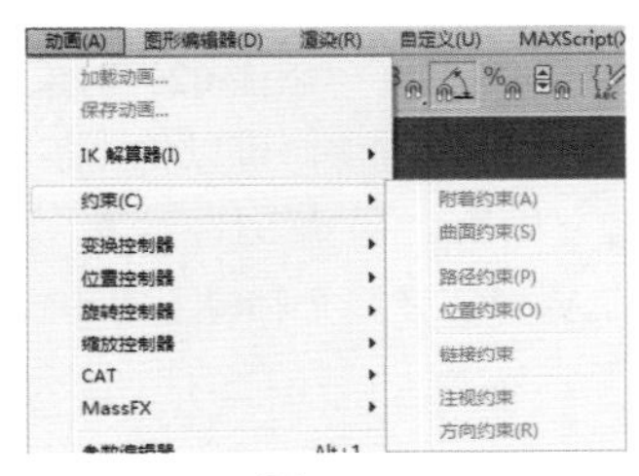

图 13-1

13.2.1 附着约束

“附着约束”是一种位置约束，能够将一个物体的位置结合到另一个物体的表面，通常用来制作如一些小饰品粘贴到人物的皮肤或衣服上等动画，如图 13-2 所示。其参数设置面板如图 13-3 所示。

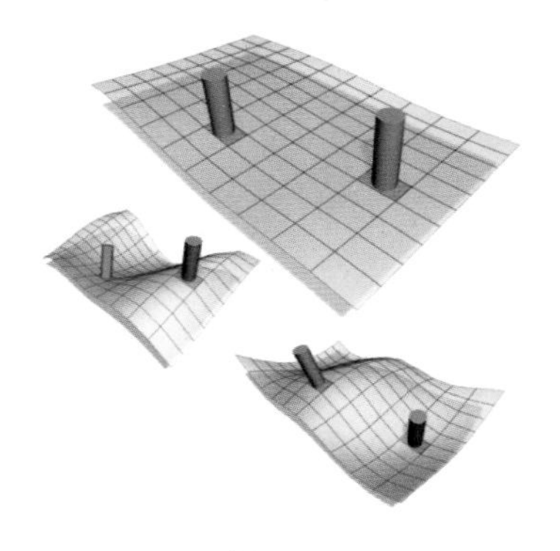

图 13-2

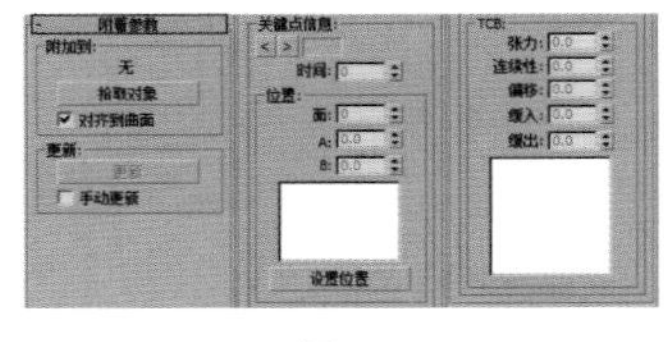

图 13-3

工具解析：

- ✦ 对象名称：显示所要附着的目标对象。
- ✦ 拾取对象 

：在视图中拾取目标对象。
- ✦ 对齐到曲面：选中该选项后，可以将附着对象的方向固定在其所

本章工程文件　本章视频文件

指定的面上；取消选中该选项后，附着对象的方向将不受目标对象上的面的方向影响。

✦ 更新 更新 ：更新显示附着效果。

✦ 手动更新：选中该选项后，可以使用“更新”按钮 更新 。

✦ 当前关键点 < > ：显示当前关键点并可以移动到其他关键点。

✦ 时间：显示当前帧，并可以将当前关键点移动到不同的帧中。

✦ 面：提供对象所附着到的面的索引。

✦ A / B：设置面上附着对象的位置的重心坐标。

✦ 显示窗口：在附着面内部显示源对象的位置。

✦ 设置位置 设置位置 ：在目标对象上调整源对象的位置。

✦ 张力：设置 TCB 控制器的张力，范围为 0 ～ 50。

✦ 连续性：设置 TCB 控制器的连续性，范围为 0 ～ 50。

✦ 偏移：设置 TCB 控制器的偏移量，范围为 0 ～ 50。

✦ 缓入：设置 TCB 控制器的缓入位置，范围为 0 ～ 50。

✦ 缓出：设置 TCB 控制器的缓出位置，范围为 0 ～ 50。

接下来将通过一个实例，讲解有关“附着约束”的用法。

01 打开本书相关素材中的“工程文件 >CH13> 附着约束 > 附着约束 .max”文件，场景中有一个卡通角色和一个“平面”对象，其中“平面”对象指定了一个“噪波”修改器，如图 13-4 所示。

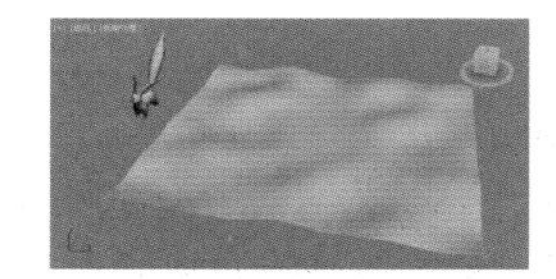

图 13-4

02 在场景中选择“角色”对象，在菜单中执行“动画”→“约束”→“附着约束”命令，此时会从“角色”对象上牵出一条虚线，然后到场景中拾取“平面”对象，如图 13-5 和图 13-6 所示。

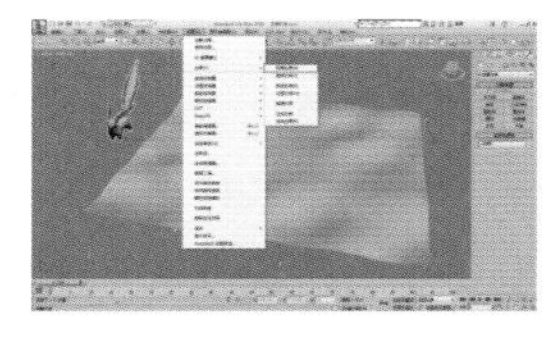

图 13-5

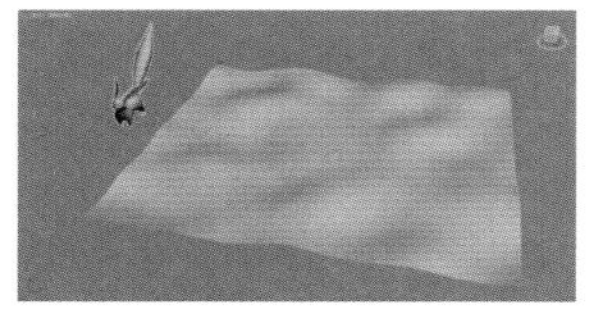

图 13-6

03 此时“角色”对象会“跑”到“平面”对象的左下角，同时会自动转到“运动”命令面板，并且“附着约束”的参数也显示在这里，如图 13-7 所示。

04 这样在视图中是不能直接用“选择并移动”工具对“角色”对象的位置进行调整的，如果想调整角色在平面上的位置，可以激活“附着约束”卷展栏下“位置”选项组中的“设置位置”按钮 设置位置 ，然后在视图中的“平面”对象上，单击并拖曳，即可重新指定角色在平面上的位置了，如图 13-8 所示。

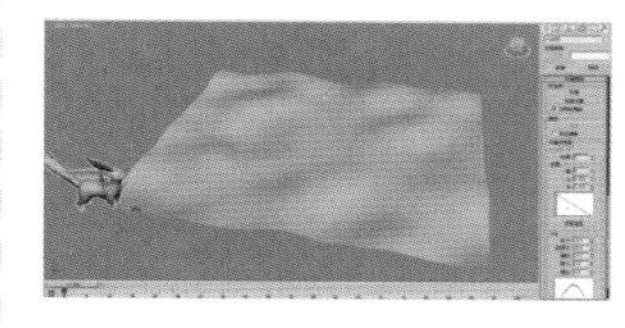

图 13-7

图 13-8

05 再次单击“设置位置”按钮 设置位置 ，退出该命令的操作。在场景中选择“平面”对象并进入“修改”命令面板，更改“噪波”修改器的一些参数，此时发现“角色”对象会随着“平面”对象表面的变化也发生相应的变化，如图 13-9 所示。

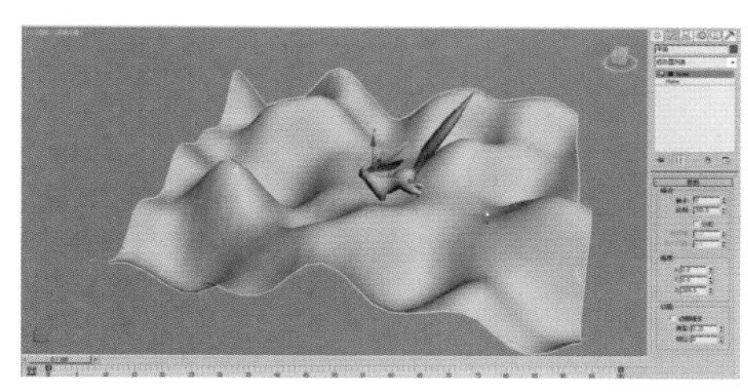

图 13-9

06 选择“角色”对象并进入“运动”命令面板，如果想将“角色”对象附着到其他物体的表面，可以单击“附着参数”下“附加到”选项组中的“拾取对象”按钮 拾取对象 ，然后到视图中到想要附着的对象上单击即可。同时，被附着物体的名称会显示在“拾取对象”按钮 拾取对象 的上方，如图 13-10 和图 13-11 所示。

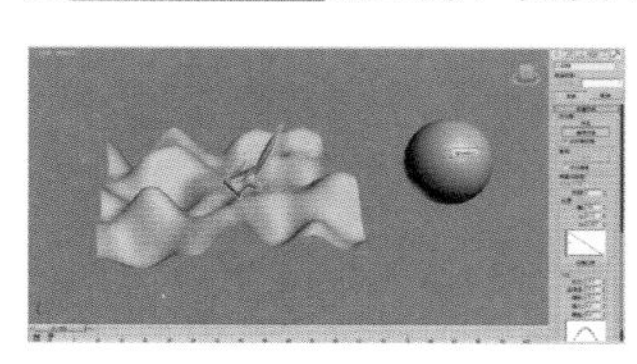

图 13-10

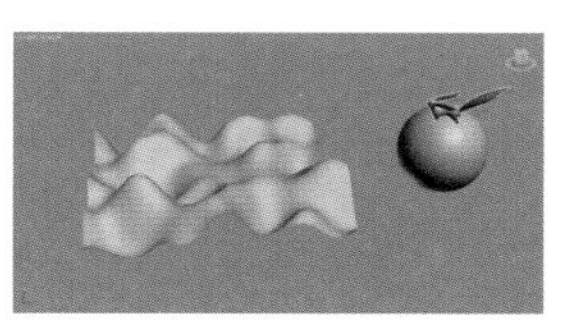

图 13-11

07 如果想将“附着约束”控制器删除，可以在“运动”命令面板的“位置列表”卷展栏的“层”列表中，选择“附加”层，然后单击下方的“删除”按钮即可，如图 13-12 所示。

图 13-12

技巧与提示：

在对物体指定“附着约束”控制器时，应先退出“自动关键点”动画模式，否则我们的操作有可能会被记录成动画，产生意料之外的问题。

13.2.2 曲面约束

“曲面约束”可以约束一个物体沿另一个物体的表面进行变换，如图 13-13 所示。其参数设置面板如图 13-14 所示。

图 13-13

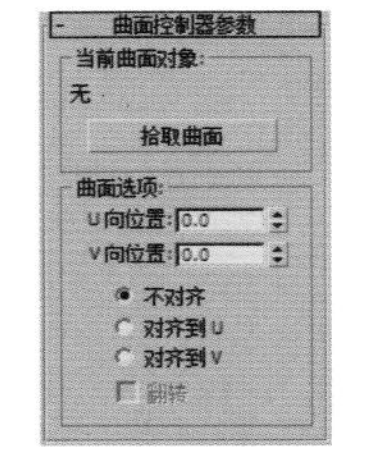

图 13-14

工具解析：

✦ 对象名称：显示选定对象的名称。

✦ 拾取曲面 拾取曲面 ：选择需要用作曲面的对象。

✦ U 向位置：调整控制对象在曲面对象 U 坐标轴上的位置。

✦ V 向位置：调整控制对象在曲面对象 V 坐标轴上的位置。

✦ 不对齐：启用该选项后，无论控制对象在曲面对象上的什么位置，它都不会重定向。

✦ 对齐到 U：将控制对象的局部 *Z* 轴对齐到曲面对象的曲面法线，同时将 *X* 轴对齐到曲面对象的 *U* 轴。

✦ 对齐到 V：将控制对象的局部 *Z* 轴对齐到曲面对象的曲面法线，同时将 *X* 轴对齐到曲面对象的 *V* 轴。

✦ 翻转：翻转控制对象局部 *Z* 轴的对齐方式。

“曲面约束”的使用率相对较少，因为只有具有参数化表面的物体才能作为目标表面物体，例如“球体”“圆柱”“放样对象”等。由于“曲面约束”只作用于参数化表面，任何能将物体转化为网格的修改器都会造成约束失效，例如，对一个“圆柱”对象添加了“弯曲”修改器，那么圆柱将不能作为“曲面约束”的目标对象。下面将通过一个实例，讲解有关“曲面约束”的用法。

01 打开本书相关素材中的“工程文件 >CH13> 曲面约束 > 曲面约束 .max”文件，如图 13-15 所示。

02 选择“箭头”物体，执行“动画”→“约束”→“曲面约束”命令，然后到场景中拾取“平面”对象，如图 13-16 所示。

图 13-15

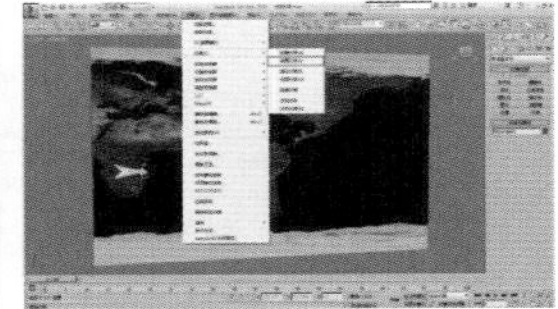

图 13-16

03 此时“箭头”对象会“跑”到“平面”对象的左下角，同时“附着约束”的参数也出现在了“运动”命令面板中，如图 13-17 所示。

04 通过设置“曲面控制器参数”卷展栏中“曲面选项”选项组的“U 向位置”和“V 向位置”的数值，可以更改箭头在平面上的位置，如图 13-18 所示。

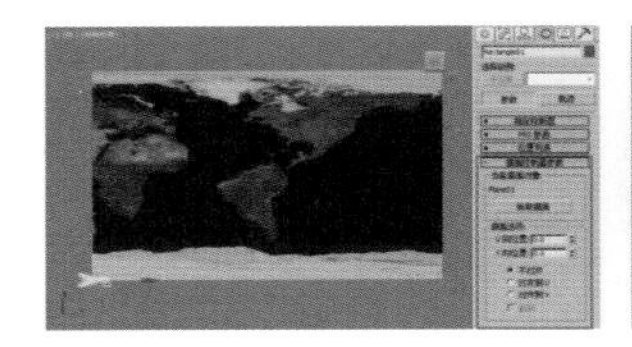

图 13-17

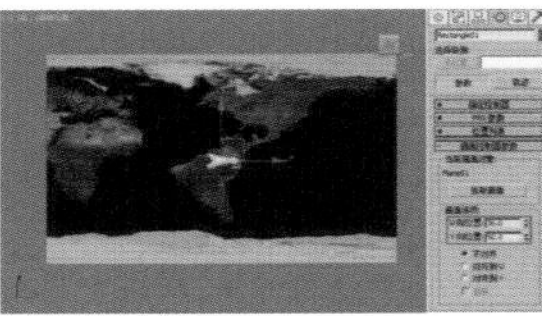

图 13-18

05 打开“自动关键点”动画记录模式，调节“U 向位置”和“V 向位置”的数值，可以记录箭头位置的动画，如图 13-19 所示。

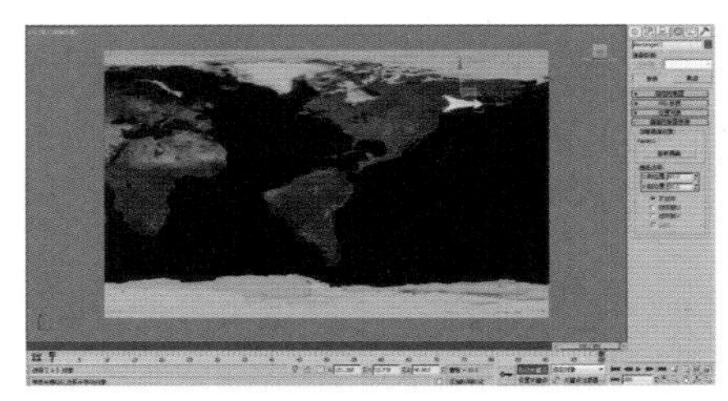

图 13-19

13.2.3 路径约束

“路径约束”控制器是一个用途非常广泛的动画控制器，它可以使物体沿一条样条曲线或多条样条曲线之间的平均距离运动，如图 13-20 所示。其参数设置面板如图 13-21 所示。

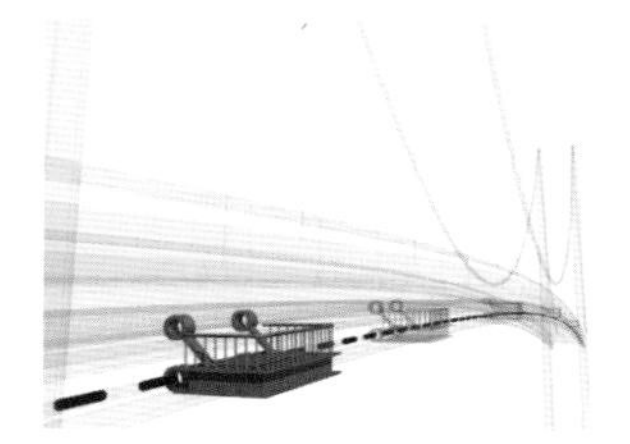

图 13-20

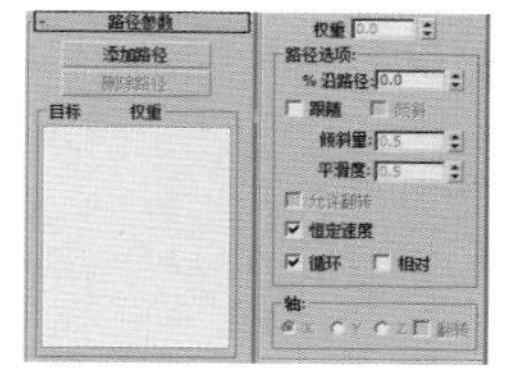

图 13-21

工具解析：

✦ 添加路径 添加路径 ：添加一个新的样条线路径，使之对约束对象产生影响。

✦ 删除路径 删除路径 ：从目标列表中移除一条路径。

✦ 目标 / 权重：该列表用于显示样条线路径及其权重值。

✦ 权重：为每个目标指定并设置动画。

✦ % 沿路径：设置对象沿路径的位置百分比。

✦ 跟随：在对象跟随轮廓运动的同时，将对象指定给轨迹。

✦ 倾斜：当对象通过样条线的曲线时允许对象倾斜（翻滚）。

✦ 倾斜量：调整这个量使倾斜从一边或另一边开始。

✦ 平滑度：控制对象在经过路径中的转弯时，翻转角度改变的速度。

✦ 允许翻转：启用该选项后，可以避免对象在沿着垂直方向的路径运动时有翻转的情况。

✦ 恒定速度：启用该选项后，可以沿着路径提供一个恒定的速度。

✦ 循环：在一般情况下，当约束对象到达路径末端时，它不会越过末端点。而“循环”选项可以改变这一行为，当约束对象到达路径末端时会循环回起始点。

✦ 相对：启用该选项后，可以保持约束对象的原始位置。

✦ 轴：定义对象的轴与路径轨迹对齐。

“路径约束”控制器通常用来制作如飞机沿特定路线飞行、汽车按特定的路线行驶，或者建筑漫游动画中，设置摄影机按特定的路线在小区楼盘中穿梭等效果。下面将介绍有关“路径约束”的一些用法。

01 打开本书相关素材中的“工程文件 >CH13> 路径约束 > 路径约束 .max”文件，场景中有一架“飞机”模型和两条二维样条线，如图 13-22 所示。

02 选择“飞机”对象，执行“动画”→“约束”→“路径约束”，然后到场景中拾取“线 01”对象，如图 13-23 所示。

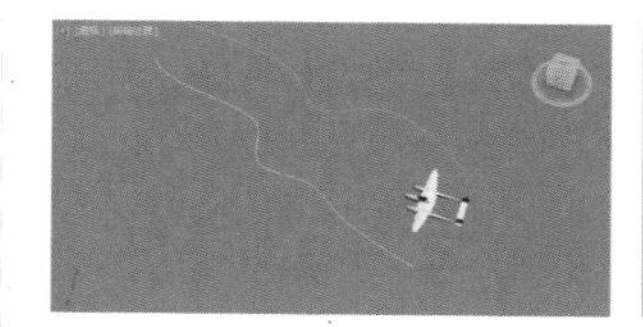

图 13-22

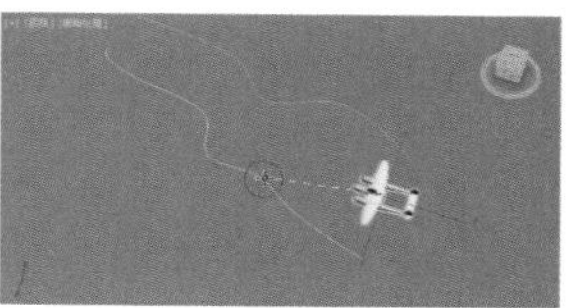

图 13-23

03 此时“飞机”对象会跑到“线 01”对象的起始点处，同时“路径约束”的参数也出现在了“运动”命令面板中，如图 13-24 所示。

04 在指定“路径约束”的同时，系统默认会在当前活动时间段内自动为选择对象在起始帧和结束帧创建两个关键帧。拖曳时间滑块，我们发现飞机已经在样条线的走向上进行运动了，如图 13-25 所示。

图 13-24

图 13-25

技巧与提示：

样条线的起始点决定了被约束对象最初出现在样条线的哪个位置并开始沿路径运动的。关于怎样设置样条线的起始点，可以参见“使用二维图形建模”章节的相关内容。

05 “路径选项”选项组中的“% 沿路径”数值可以调节被约束对象在路径上的位置，默认状态下，这里会自动进行动画设置，拾取路径后，起始帧处于路径的起始位置，结束帧处于路径的结束位置。打开“自动关键点”动画记录模式，拖曳时间滑块到第 0 帧，设置“% 沿路径”为 20，此时“飞机”对象会从路径的 20% 处开始移动，到 100 帧时移动到路径的最末端，如图 13-26 所示。

图 13-26

技巧与提示：

如果在上一步操作中没有打开“自动关键点”动画记录按钮，而直接调节“% 沿路径”的数值，那么到第 100 帧时“沿路径”的数值会是 120，也就是说飞机会沿路径运动到末端，然后再从起始端运动 20%，所以在调节“% 沿路径”数值时，务必打开“自动关键点”动画记录按钮。

06 现在飞机虽然沿着路径运动，但并没有随着路径的弯曲而改变方向。此时选中“路径选项”选项组中的“跟随”复选框，并具设置如图 13-27 所示“轴向”选项组的各项参数，这样飞机就跟随样条线的弯曲而随时改变方向了，如图 13-28 所示。

图 13-27

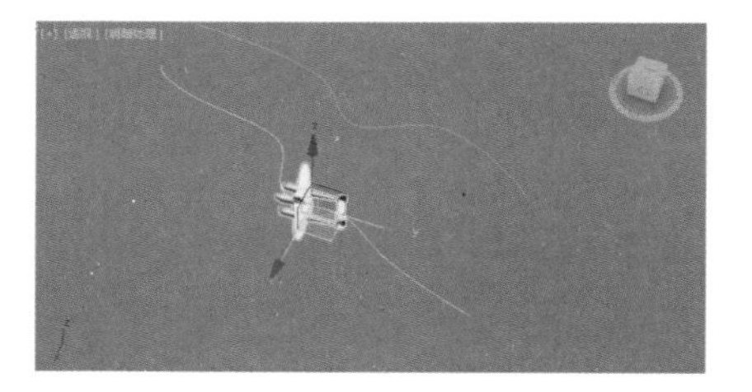

图 13-28

技巧与提示：

“轴”选项组中的三个单选按钮，可以设置物体自身的哪一个轴向对齐路径的轴向，如果发现设置了正确的轴向，但是方向反了，即可选中后面的“反转”复选框。

07 选中“倾斜”复选框，可以设置物体在跟随路径运动时，随路径曲率的变化产生倾斜翻转的效果，如图 13-29 和图 13-30 所示，分别为选中和取消选中“倾斜”复选框时飞机的动画效果。

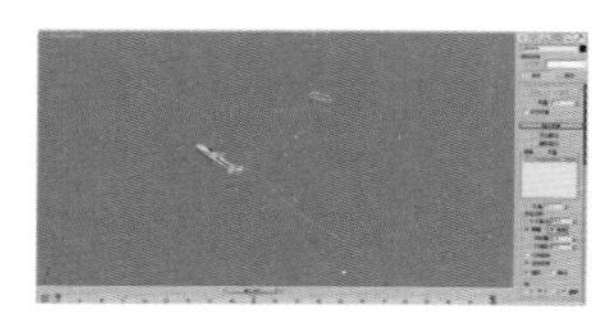

图 13-29

图 13-30

08 “倾斜量”和“平滑度”参数可以设置物体倾斜的程度和倾斜时物体对于轨迹的细微变化做出反应的敏感程度，按照如图 13-31 所示进行参数设置，并观察动画效果。

09 单击“添加路径”按钮 添加路径 ，然后到视图中单击“线 02”对象，此时“线 02”对象的名称也会出现在下方的目标列表中，如图 13-32 所示。

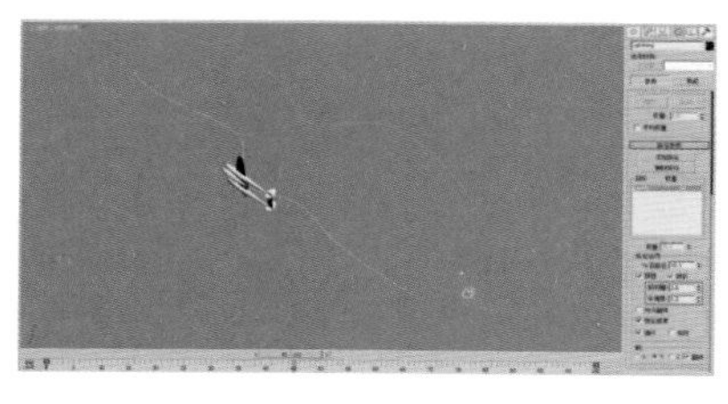

图 13-31

目标	权重
Line01	50
Line02	50

图 13-32

10 拖曳时间滑块，发现飞机在两条样条线中间运动，受到两条样条线的影响，如图 13-33 所示。

11 在目标列表中选择某一条样条线后，通过下方的“权重”参数，可以调节路径对物体的影响力。例如，设置“线 02”的权重为 100，“线 01”的权重为 0，那么飞机将完全按照“线 02”的路径运动，如图 13-34 所示。

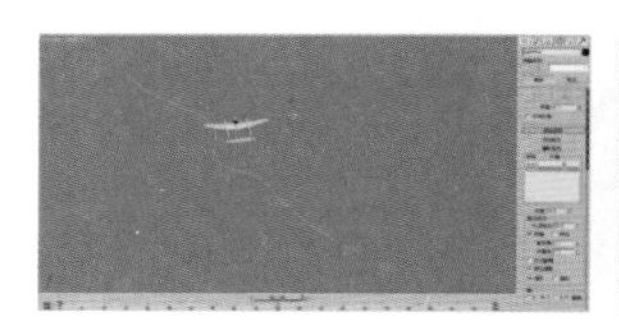

图 13-33

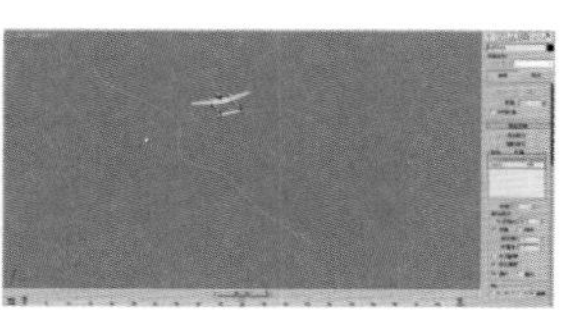

图 13-34

13.2.4 位置约束

“位置约束”可以设置以一个物体的运动来牵动另一个物体的运动，如图 13-35 所示。其参数设置面板如图 13-36 所示。

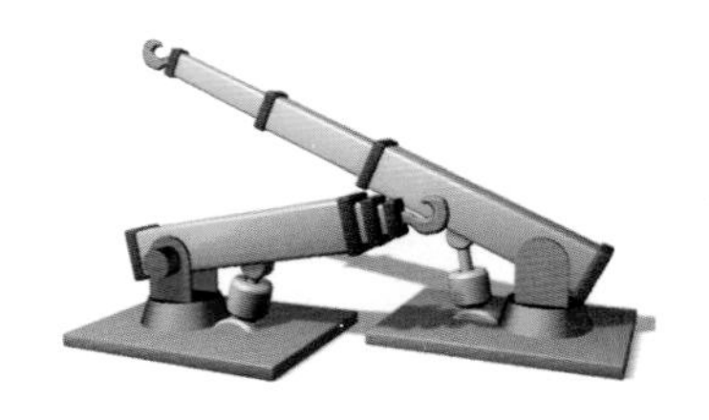

图 13-35

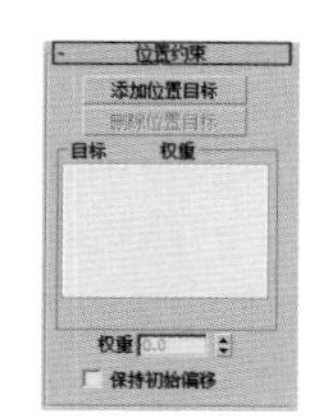

图 13-36

工具解析：

✦ 添加位置目标 添加位置目标 ：添加影响受约束对象位置的新目标对象。

✦ 删除位置目标 删除位置目标 ：移除位置目标对象。一旦将目标对象移除，它将不再影响受约束的对象。

✦ 目标 / 权重：该列表用于显示目标对象及其权重值。

✦ 权重：为每个目标指定权重并设置动画。

✦ 保持初始偏移：启用该选项后，可以保持受约束对象与目标对象的原始距离。

主动物体被称为“目标物体”，被动物体被称为“约束物体”。在指定了目标物体后，约束物体不能单独进行运动，只有在目标物体移动时才能跟随运动。目标物体可以是多个物体，通过分配不同的权重值控制对约束物体影响的大小。

如果一个物体同时被约束到多个目标物体上时，每个目标物体的权重值决定它对约束物体的影响情况。例如一个球体同时被约束到两个目标物体上，每个目标物体的权重值都为 100。此时球体在运动中会与两上目标物体保持相同的距离；如果将一个目标物体的权重值改为 0，另一个目标物体的权重值为 50，则球体只受权重值为 50 的目标物体的影响。下面将通过一个实例，讲解有关“位置约束”的一些用法。

01 打开本书相关素材中的“工程文件 >CH13> 位置约束 > 位置约束 .max”文件，场景中有一个“绿草”对象和一个“花盆”对象，如图 13-37 所示。

02 选择“绿草”对象，执行“动画”→“约束”→“位置约束”命令，然后到场景中拾取“花盆”对象，如图 13-38 所示。

图 13-37

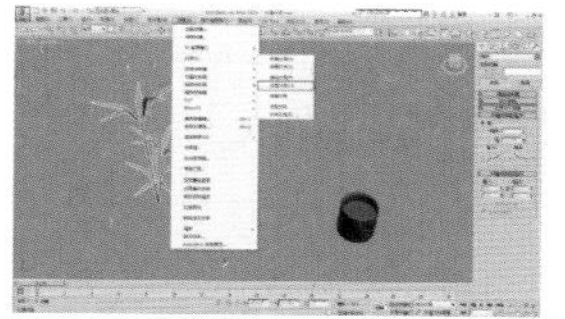

图 13-38

03 此时绿草移动到了花盆所在的位置，同时“位置约束”的参数也出现在了“运动”命令面板中，如图 13-39 所示。

图 13-39

技巧与提示：

“位置约束”会将“约束物体”与“目标物体”的轴心进行位置对齐，所以在指定“位置约束”之前，应先调整好“约束物体”与“目标物体”轴心的位置。

04 如果移动“花盆”对象，发现“绿草”对象也会发生相应的位移。如果选中“保持初始位偏移”复选框，那么绿草会移动到初始的位置，但移动“花盆”对象，“绿草”对象仍然会受到影响，如图 13-40 所示。

05 使用“选择并移动”工具并配合 Shift 键复制一个“花盆”对象。然后在视图中选择“绿草”对象，单击“添加位置目标”按钮 添加位置目标 ，在视图中拾取另一个“花盆”对象，此时绿草会移动到两个花盆中间的位置，如图 13-41 所示。

图 13-40

图 13-41

06 此时移动任何一个花盆，绿草都会保持在两个花盆之间的位置，如图 13-42 所示。

图 13-42

技巧与提示：

“位置约束”权重的概念与“路径约束”中权重的概念类似，这里将不再赘述。

13.2.5　链接约束

我们知道如果使用“选择并链接”工具将两个物体进行父子链接，那么这个子对象只能继承这一个父对象的运动，但如果使用“链接约束”控制器，即可使对象在不同的时间继承不同的父对象的运动，简单的例子就是把左手的球交到右手，如图 13-43 所示。其参数设置面板如图 13-44 所示。

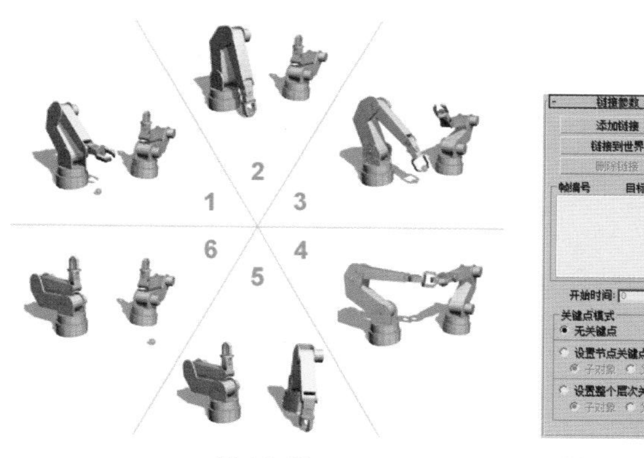

图 13-43　　图 13-44

工具解析：

✦ 添加链接 添加链接 ：添加一个新的链接目标。

✦ 链接到世界 链接到世界 ：将对象链接到世界（整个场景）。

✦ 删除链接 删除链接 ：移除高亮显示的链接目标。

✦ 开始时间：指定或编辑目标的帧值。

✦ 无关键点：启用该选项后，在约束对象或目标中不会写入关键点。

✦ 设置节点关键点：启用选项后，可以将关键帧写入到指定的选项，包含“子对象”和“父对象”两种。

实例操作：用链接约束制作叉车动画

实例操作：用链接约束制作叉车动画

实例位置：	工程文件 >CH13> 叉车动画 .max
视频位置：	视频文件 >CH13> 实例：用链接约束制作叉车动画 .mp4
实用指数：	★★★☆☆
技术掌握：	熟悉使用链接约束调节动画的方法。

在本例中将使用链接约束来制作一个叉车运输货物的动画效果，如图 13-45 所示为本例的最终完成效果。

图 13-45

01 打开本书相关素材中的“工程文件 >CH12> 叉车动画 > 叉车动画 .max”文件，场景中有一个“叉车”对象和一个“木箱”对象，并且“叉车”对象已经制作了基础的位移动画，如图 13-46 所示。

图 13-46

02 在场景中选择“木箱”对象，执行“动画”→“约束”→“链接约束”命令，然后到场景中拾取“叉子”对象，如图 13-47 和图 13-48 所示。

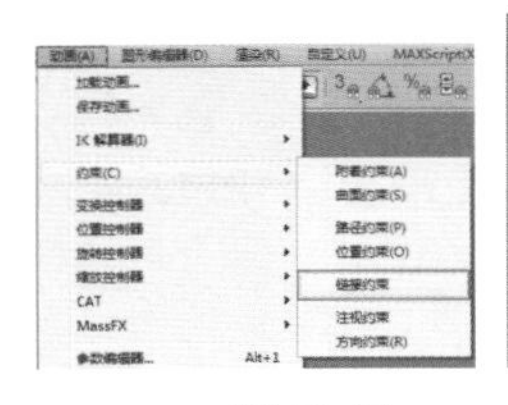

图 13-47

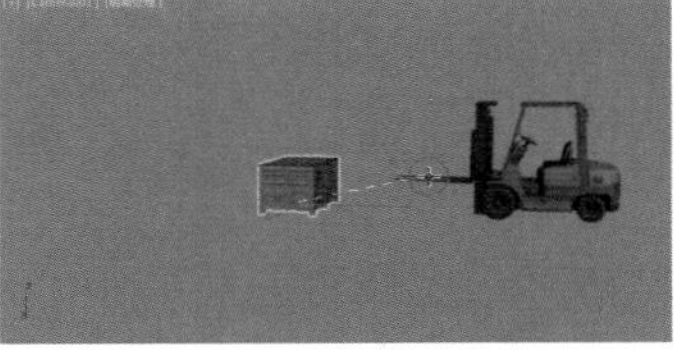

图 13-48

03 此时“链接约束”的参数出现在“运动”命令面板中。拖曳时间滑块，发现木箱已经跟着叉车运动了，如图 13-49 所示。

图 13-49

04 因为最初我们希望木箱能待在原地，当与叉车接触时才跟随叉车一同运动，所以拖曳时间滑块回到第 0 帧，在“链接参数”卷展栏中选择“叉子”，然后单击“删除链接”按钮 删除链接 将其删除，如图 13-50 所示。

05 在第 0 帧的位置，单击“链接到世界”按钮，使球体在第 0 帧时链接到世界坐标系，如图 13-51 所示。

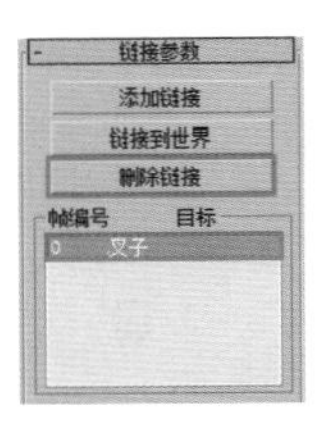

图 13-50

图 13-51

06 拖曳时间滑块，发现在第 110 帧时，叉车的叉子准备抬起，那么在此时，单击“添加链接”按钮，然后到视图中单击“叉子”对象，右击结束该命令的操作，如图 13-52 所示。

图 13-52

07 播放动画，木箱在第 0 ～ 110 帧保持原地不动，从第 101 帧开始随叉车一同运动，如图 13-53 和图 13-54 所示。

图 13-53

图 13-54

08 设置完成后渲染整段动画，最终效果如图 13-55 所示。

图 13-55

技巧与提示：

“链接到世界”按钮可以让被约束物体在当前时间点之后的时间里不受任何物体的影响；通过“添加链接”按钮拾取目标物体后可以让被约束对象在当前时间点之后的时间里一直受到拾取的目标物体的影响。

13.2.6　注视约束

“注视约束”控制器可以用于约束一个物体的方向，使该物体总是注视着目标物体，如图 13-56 所示。其参数设置面板如图 13-57 所示。

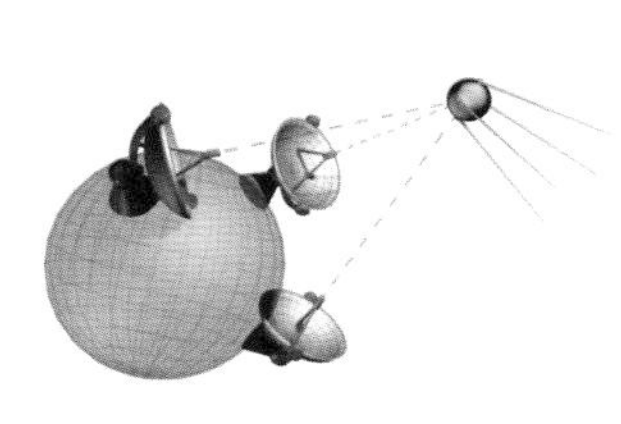

图 13-56

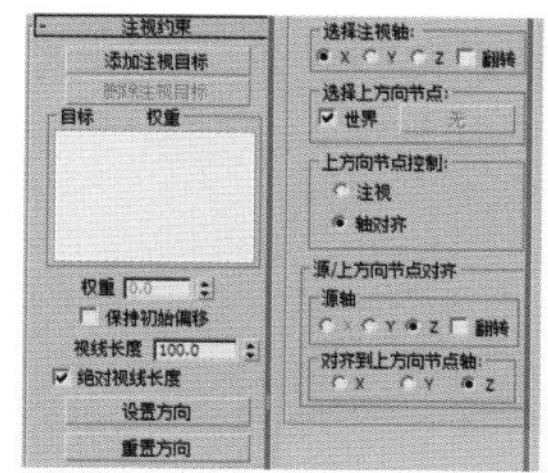

图 13-57

工具解析：

✦ 添加注视目标 添加注视目标：用于添加影响约束对象的新目标。

✦ 删除注视目标 删除注视目标：用于移除影响约束对象的目标对象。

✦ 权重：用于为每个目标指定权重值并设置动画。

✦ 保持初始偏移：将约束对象的原始方向保持为相对于约束方向上的一个偏移。

✦ 视线长度：定义从约束对象轴到目标对象轴所绘制的视线长度。

✦ 绝对视线长度：启用该选项后，3ds Max 仅使用“视线长度”设置主视线的长度。

✦ 设置方向 设置方向：允许对约束对象的偏移方向进行手动定义。

✦ 重置方向 重置方向：将约束对象的方向设置为默认值。

✦ 选择注视轴：用于定义注视目标的轴。

✦ 选择上方向节点：选择注视上部的节点，默认设置为“世界”。

✦ 源 / 上方向节点对齐：允许在注视的上部节点控制器和轴对齐之间快速翻转。

✦ 源轴：选择与上部节点轴对齐的约束对象的轴。

✦ 对齐到上方向节点轴：选择与选中的源轴对齐的上部节点轴。

实例操作：用注视约束制作掉落的硬币

实例操作：用注视约束制作掉落的硬币

实例位置：	工程文件 >CH13> 掉落的硬币 .max
视频位置：	视频文件 >CH13> 实例：用注视约束制作掉落的硬币 .mp4
实用指数：	★★★☆☆
技术掌握：	熟悉综合使用多种调节动画的方法。

本实例的内容为一枚硬币从高空掉落到地面上的动画。在不借助动力学的条件下，制作逼真的硬币掉落动画。该动画中使用了设置关键帧动画、设置物体可视轨迹、注视约束、路径约束等多种动画设置方法，通过本实例的制作可以使读者全面了解动画设置的相关知识，如图 13-58 所示为本实例的最终完成效果。

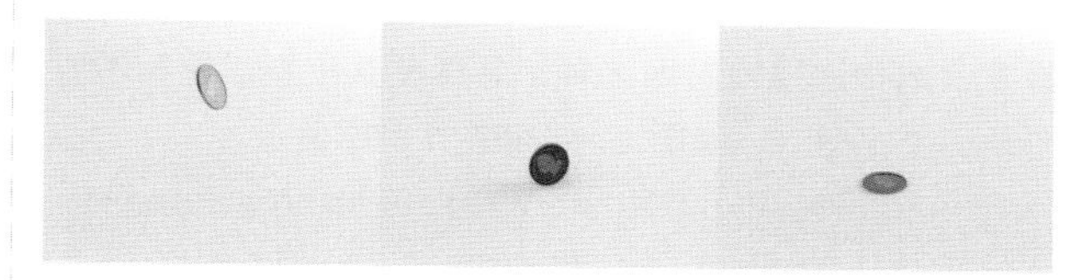

图 13-58

01 打开本书相关素材中的“Chapter-13> 掉落的硬币 > 掉落的硬币 .max”文件，该场景中包含一个“硬币”模型，和一个作为平台的“立方体”模型，如图 13-59 所示。

02 在场景中创建一条螺旋线和一个“点”辅助对象，如图 13-60 所示。

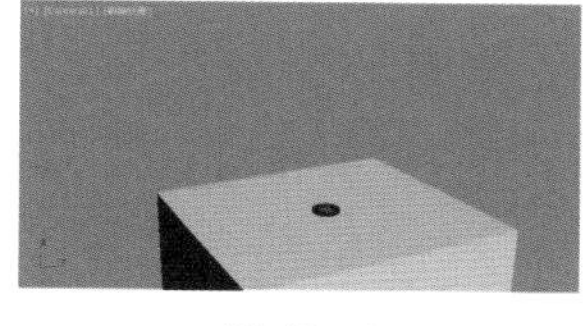

图 13-59

图 13-60

03 选择“点”辅助对象，执行“动画”→“约束”→“路径约束”命令，然后到场景中拾取 “螺旋线”对象，如图 13-61 和图 13-62 所示。

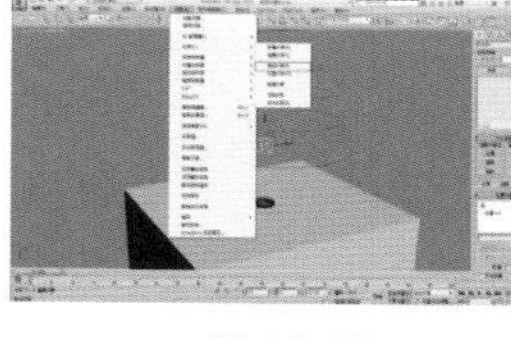

图 13-61

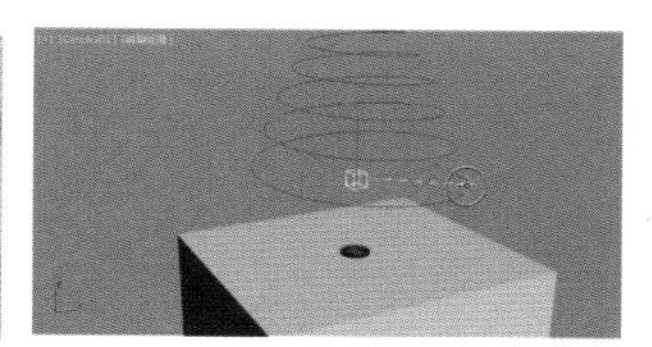

图 13-62

04 调整“点”辅助物体的动画范围为 10~50 帧，如图 13-63 所示。

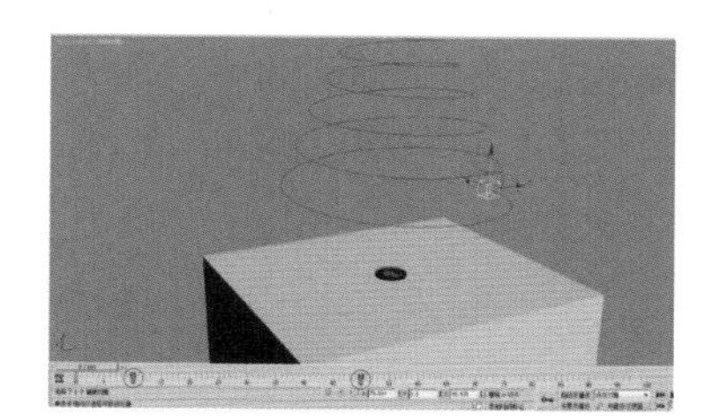

图 13-63

05 选择钱币，按快捷键 Ctrl+V 原地复制一个钱币，并执行“动画”→“约束”→“注视约束”命令，然后到场景中拾取“点”辅助物体，如图 13-64 和图 13-65 所示。

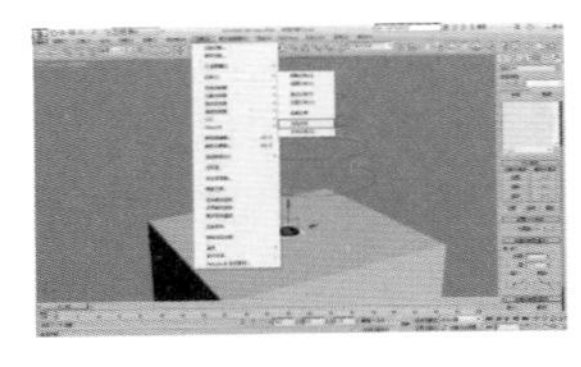

图 13-64

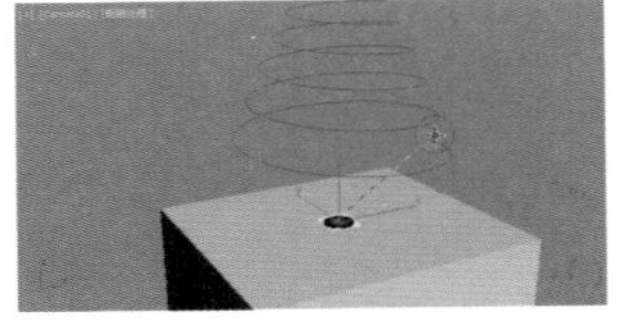

图 13-65

06 进入“运动”命令面板，在“注视约束”卷展栏中，设置“选择注视轴”为 Z 轴，并调整其位置，使其不要与地面“穿插”，如图 13-66 和图 13-67 所示。

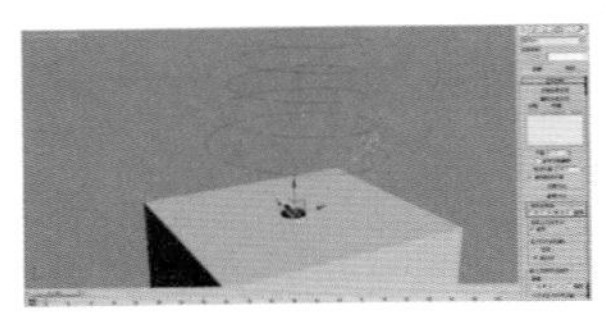

图 13-66

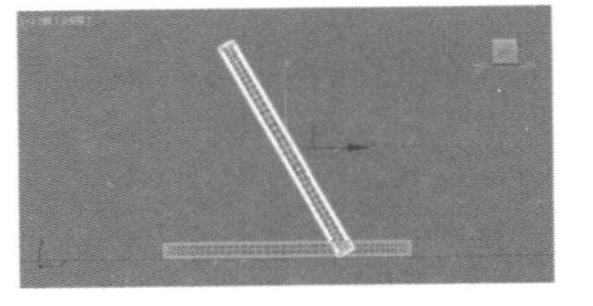

图 13-67

07 选择钱币对象，使用移动和旋转工具调整其位置和角度，然后打开“自动关键点”按钮，拖曳时间滑块到第 10 帧，使用“对齐”工具，将其与“钱币 001”对象进行位置和角度的对齐，如图 13-68 和图 13-69 所示。

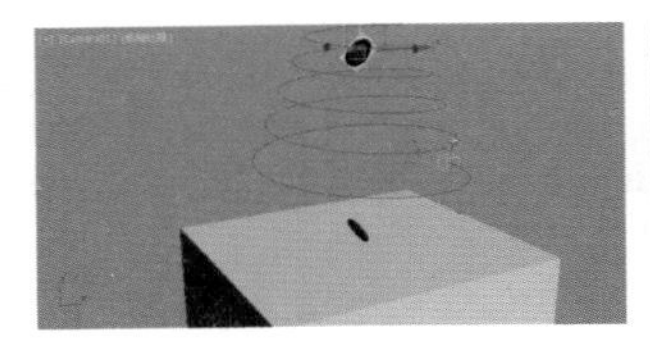

图 13-68

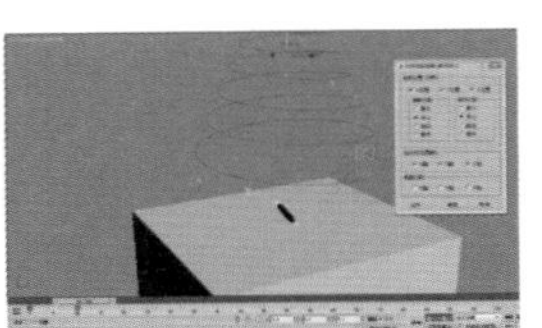

图 13-69

08 打开“曲线编辑器”，为其添加“可见性”轨迹，并在第 0 帧和第 10 帧添加两个关键点，如图 13-70 所示。

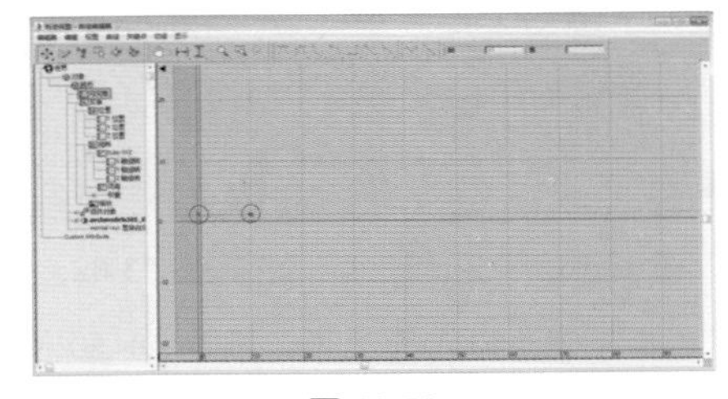

图 13-70

09 设置第 10 帧的值为 0，然后选择两个关键点，单击“将切线设置为阶梯式”按钮，将动画曲线变为阶梯式，如图 13-71 和图 13-72 所示。

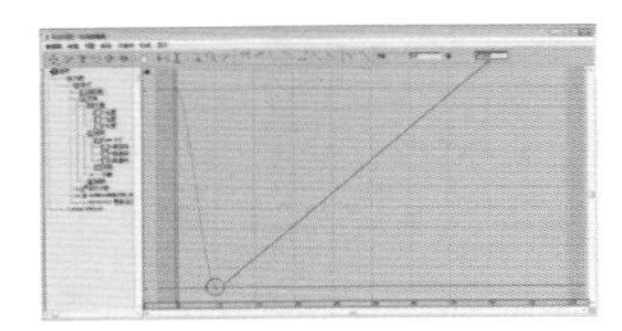

图 13-71

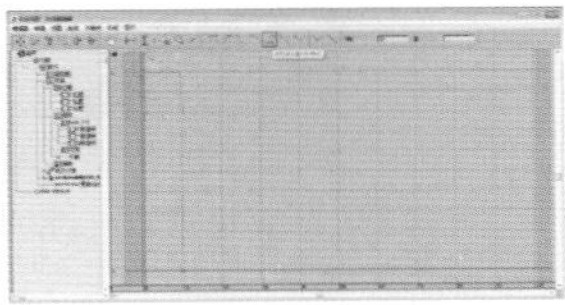

图 13-72

10 用同样的方法，也为“钱币 001”对象添加“可见性”轨迹，并设置第 0 帧的值为 0，第 10 帧的值为 1，如图 13-73 所示。

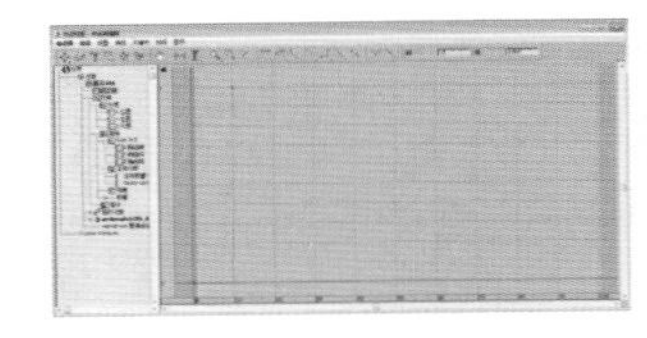

图 13-73

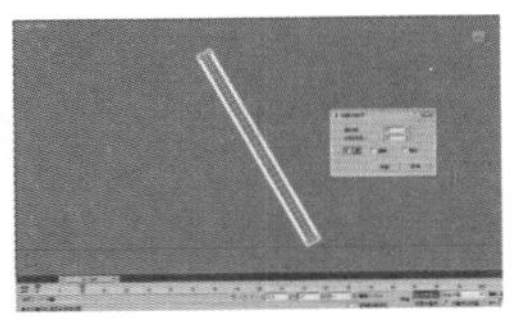

图 13-74

11 在“自动关键点”模式下，将时间滑块拖曳到第 10 帧，右击时间滑块，为其添加一个“位置”的关键帧，使用移动工具调整“钱币 001”对象的位置，使其与地面接触，如图 13-74 所示。

12 将时间滑块拖曳到第 50 帧，使用移动工具调整“钱币 001”对象的位置，使其与地面接触，如图 13-75 和图 13-76 所示。

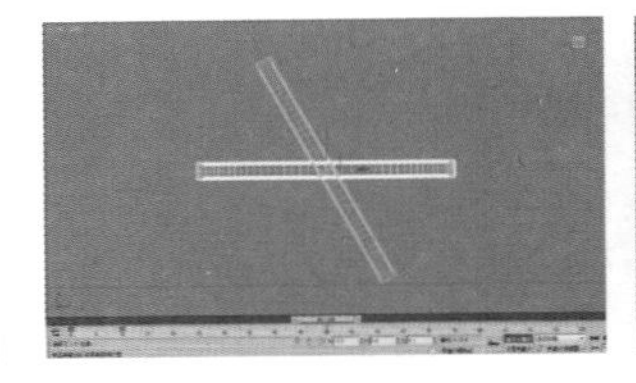

图 13-75

图 13-76

13 设置完成后渲染整段动画，最终效果如图 13-77 所示。

图 13-77

13.2.7 方向约束

“方向约束”控制器可以将物体的旋转方向约束在一个物体或几个物体的平均方向，如图 13-78 所示。其参数设置面板如图 13-79 所示。

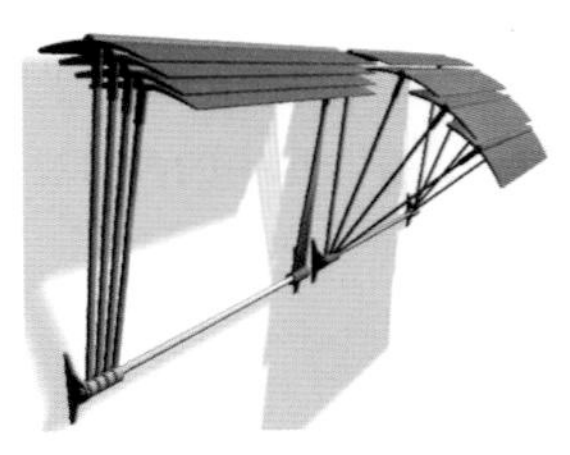

图 13-78

图 13-79

工具解析：

✦ 添加方向目标 添加方向目标 ：添加影响受约束对象的新目标对象。

✦ 将世界作为目标添加 将世界作为目标添加：将受约束对象与世界坐标轴对齐。

✦ 删除方向目标 删除方向目标：移除目标对象。移除目标对象后，将不再影响受约束对象。

✦ 权重：为每个目标指定并设置动画。

✦ 保持初始偏移：启用该选项后，可以保留受约束对象的初始方向。

✦ 变换规则：将“方向约束”应用于层次中的某个对象后，即确定了是将局部节点变换，还是将父变换用于“方向约束”。

✦ 局部 --> 局部：选择该选项后，局部节点变换将用于“方向约束”。

✦ 世界 --> 世界：选择该选项后，将应用父变换或世界变换，而不是应用局部节点变换。

约束物体可以是任何可旋转的物体，一旦进行了方向约束，该物体将继承目标物体的方向，不能再进行手动旋转变换操作，但可以指定移动或旋转变换。目标物体可以使用任何标准的移动、旋转、缩放变换工具，并且可以设置动画。被约束物体可以指定多个目标物体，通过对目标物体分配不同的权重值，控制它们对被约束物体影响的大小。权重值为 0 时，对被约束物体不产生任何影响，对权重值的变化也可记录为动画。下面将通过一个实例，讲解有关“方向约束”的一些用法。

01 打开本书相关素材中的“工程文件 >CH13> 方向约束 > 方向约束 .max”文件，场景中已经为“叶片 01”对象设置了旋转动画，如图 13-80 所示。

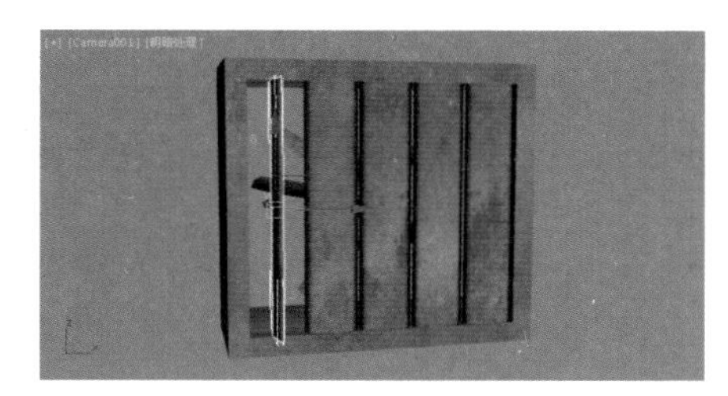

图 13-80

02 选择“叶片 02”对象，执行“动画”→“约束”→“方向约束”命令，然后到场景中拾取“叶片 01”对象，如图 13-81 和图 13-82 所示。

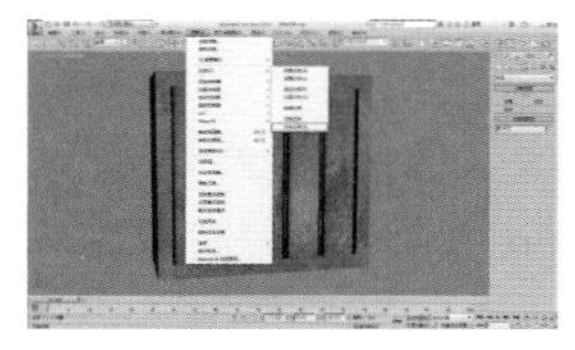

图 13-81

图 13-82

03 此时“叶片 02”的“位置约束”的参数也出现在了“运动”命令面板中，如图 13-83 所示。

04 使用同样的方法，为“叶片 03”“叶片 04”“叶片 05”对象添加“方向约束”控制器，并指定方向目标为“叶片 01”对象。

05 播放动画，可以看到其他 4 个叶片对象都继承了“叶片 01”对象的旋转运动，如图 13-84 所示。

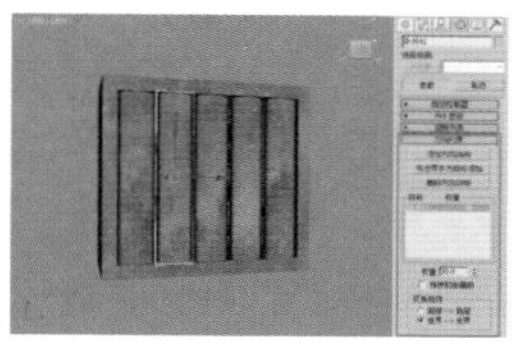

图 13-83

图 13-84

13.3 动画控制器

动画控制器类似于对物体在“修改”命令面板添加的“修改器”的概念，“修改器”是对物体的形态进行加工，而动画控制器是针对物体的动画进行加工的操作。当我们在场景中创建了一个物体后，系统会自动为物体指定一个动画控制器，所以创建完物体后，之所以能对物体进行位移、旋转、缩放等操作，是因为系统自动为物体指定了“位置 XYZ”“Euler XYZ”“Bezier 缩放”等控制器。

在这里需要注意动画控制器和前面章节学过的动画约束的概念，约束处理的是物体与物体之间的动画关系，而动画控制器是对运动物体的所有动画进行控制，所以动画控制器是包含了约束的概念，简单来说，约束也是控制器的一种。

当然我们可以对这些动画控制器进行修改，指定为其他类型的动画控制器。在本节中，将讲解有关动画控制器的知识，包括添加控制器、编辑控制器等。

13.3.1 动画控制器的指定方法

动画控制器和动画约束一样，可以在“动画”菜单中指定，也可以在“运动”命令面板中指定，还可以在“曲线编辑器”中指定。下面我们就来学习这几种指定方法。

01 在“几何体”面板中单击“茶壶”按钮 茶壶 ，在视图中创建一个茶壶对象，如图 13-85 所示。

02 选择“茶壶”对象，进入“运动”命令面板，在“指定控制器”卷展栏中，选择列表中的一个选项，如“位置”选项，单击列表左上角的“指定控制器”按钮，将打开“指定位置控制器”对话框，如图 13-86 所示。

图 13-85

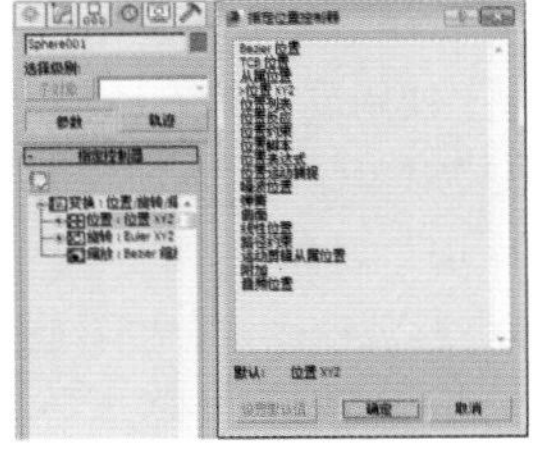

图 13-86

技巧与提示：

在“指定位置控制器”对话框中，“>”符号右侧的控制器表示当前选择对象正在使用的控制器。在 3ds Max 中，新创建的物体，“位置”选项的控制器为“位置 XYZ”控制器，“旋转”选项的控制器为“Euler XYZ”控制器，“缩放”选项的控制器为“Bezier 缩放”控制器。

03 在该对话框中选择想要指定的控制器，如“噪波位置”，然后单击“确定”按钮，为选择的对象指定“噪波位置”控制器，此时将弹出“噪波”控制器对话框，如图 13-87 所示。

04 关闭“噪波”控制器，播放动画，“茶壶”会在视图中无规律地抖动。而且在“指定控制器”列表中，“茶壶”对象的“位置”选项，由原来的“位置 XYZ”控制器替换为了现在的“噪波位置”控制器，如图 13-88 所示。

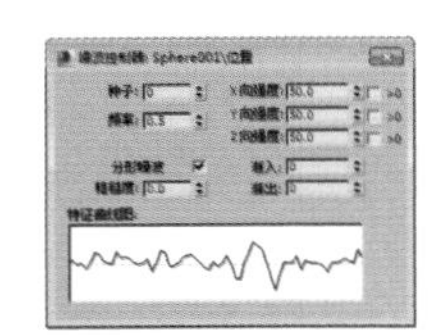

图 13-87

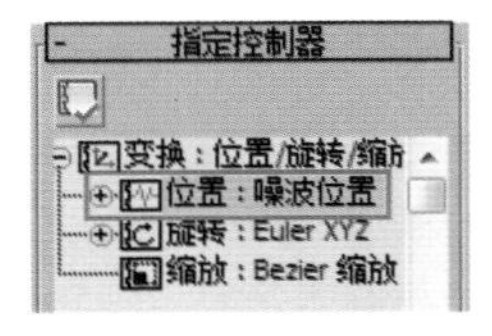

图 13-88

05 选择“茶壶”对象，在视图中右击，在弹出的四联菜单中选择“曲线编辑器”，打开“曲线编辑器”窗口，在窗口左侧的层次列表中选择“茶壶”对象的“位置”选项，如图 13-89 所示。

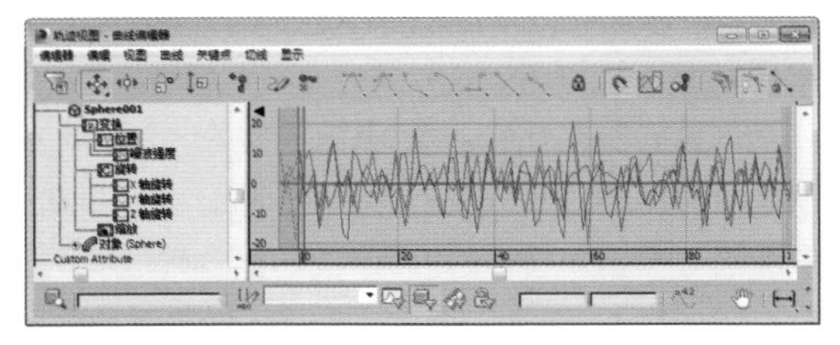

图 13-89

06 在“位置”选项上右击，从弹出的菜单中选择“指定控制器”选项，此时也可以打开“指定位置控制器”对话框，在该对话框中选择最初默认的“位置 XYZ”控制器，单击“确定”按钮即可指定控制器，如图 13-110 所示。

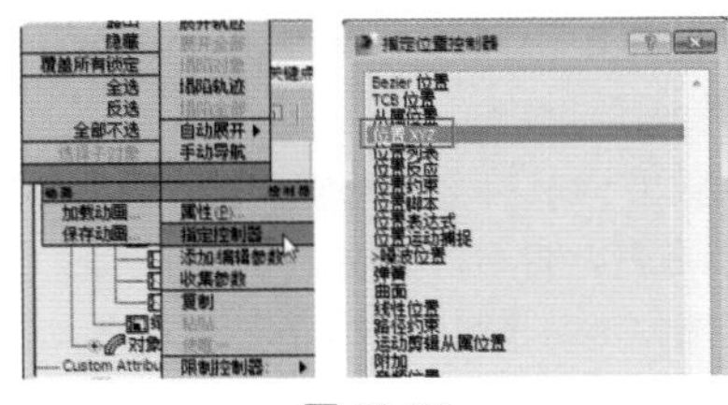

图 13-90

这种指定控制器的方法，优点是可以选择具体的项目进行指定，例如我们可以单击“位置”选项中的“X 位置”，也就是物体的 *X* 轴指定“噪波”控制器，只让物体在 *X* 轴做无规则的抖动。但是缺点是新指定的控制器会取代原来的控制器，这样我们想再对物体进行位移操作就不可能了。那下面再来看看用“动画”菜单的方式来指定控制器会有什么样的结果。

01 选择“茶壶”对象，在菜单中执行“动画”→“位置控制器”→“噪波”命令，为物体指定“噪波”控制器，如图 13-91 所示。

02 进入“运动”命令面板，在“指定控制器”卷展栏中，我们发现“位置”选项并没有被替换为“噪波位置”控制器，而是换成一个称为“位置列表”的控制器，单击前面的“+”加号图标，可以看见原来的“位置 XYZ”控制器还在，而且下方多了一个“噪波位置”控制器，如图 13-92 所示。

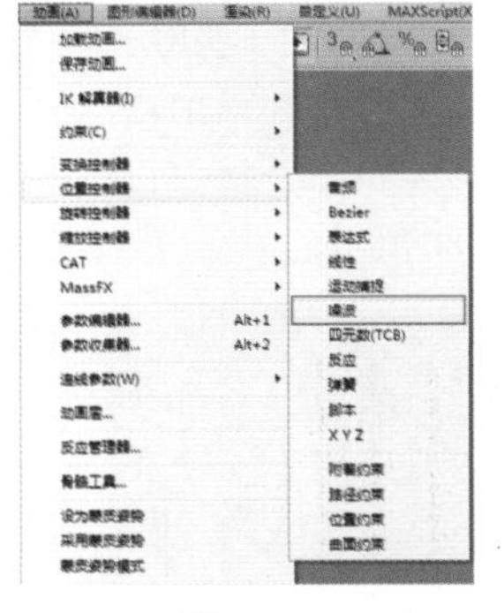

图 13-91

图 13-92

技巧与提示：

这就是在“动画”菜单中指定控制器与前两种指定指定控制器的方法的区别，在“动画”菜单中指定控制器不会对原来的控制器进行替换，而是增加了新的控制器类型，形成复合控制的效果，关于“位置列表”控制器，会在后面的小节中讲解。

03 播放动画，“茶壶”依然在视图中无规则地抖动，在“运动”命令面板的“位置列表”卷展栏中有两个控制器“层”，如图 13-93 所示。

04 “->”符号后面的控制器表示当前正在使用的控制器，如果现在对“茶壶”进行位移操作是不可行的，因为“茶壶”现在的运动正在受“噪波位置”控制器的影响。在“位置列表”卷展栏中选择“位置 XYZ”控制器，然后单击下方的“设置激活”按钮 设置激活 ，如图 13-94 所示。

图 13-93

图 13-94

05 这样用“选择并移动”工具，即可对“茶壶”对象进行位置操作了，如图 13-95 所示

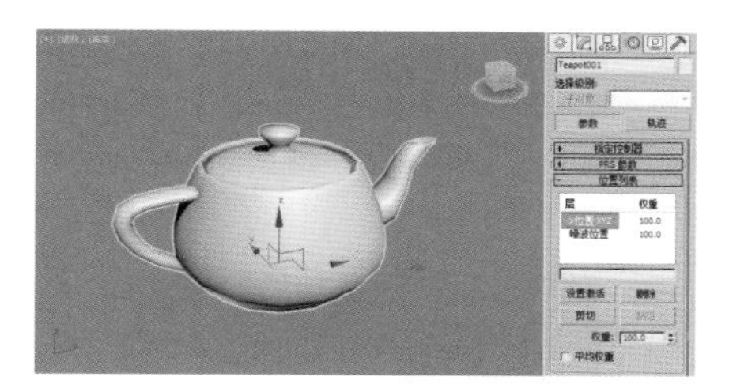

图 13-95

13.3.2　噪波控制器

“噪波控制器”是一种特殊的控制器，它没有关键点的设置，而是使用一些参数来控制噪波曲线，从而影响动作。噪波控制器的用途很广，例如制作太空中的飞船，表现其颠簸的效果。其参数设置面板如图 13-96 所示。

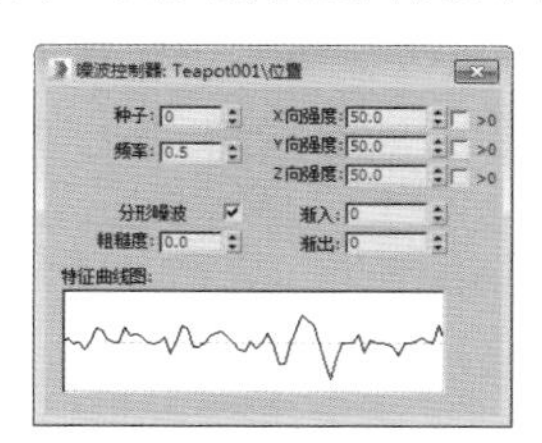

图 13-96

工具解析：

✦ 种子：开始噪波计算，改变种子创建一个新的曲线。

✦ 频率：控制噪波曲线的波峰和波谷。高的值会创建锯齿状的重震荡噪波曲线，而低的值会创建柔和的噪波曲线。

✦ 强度字段：为噪波输出设置值的范围，这些值可设置动画。

✦ >0 值约束：强制噪波值为正。

✦ 渐入：值为 0 时，噪波从范围的起始处以全强度立即开始。

✦ 渐出：值为 0 时噪波在范围末端立即停止。

✦ 分形噪波：使用分形布朗运动生成噪波。

✦ 粗糙度：改变噪波曲线的粗糙度（启用分形噪波后）。

✦ 特征曲线图：显示一个格式化的图来表示改变噪波属性影响噪波曲线的方法。

接下来通过一个实例介绍“噪波”控制器的使用方法。

01 打开本书相关素材中的“工程文件 >CH13> 噪波控制器 > 噪波控制器 .max”文件，场景中有一个“蝴蝶”模型，而且已经制作了蝴蝶扇翅的动画，并且将蝴蝶模型与“点”辅助对象进行了父子链接，如图 13-97 所示。

图 13-97

02 在场景中选择“点”辅助物体，然后在菜单中执行“动画”→“位置控制器”→“噪波”命令，如图 13-98 所示。

03 播放动画，蝴蝶已经在视图中产生了无规则的抖动效果。进入“运动”命令面板，在“指定控制器”卷展栏中，单击“位置”选项前的“+”加号图标，然后选择“噪波位置”选项并右击，在弹出的菜单中选择“属性”选项，这样就会打开“噪波控制器”对话框，如图 13-99 和图 13-100 所示。

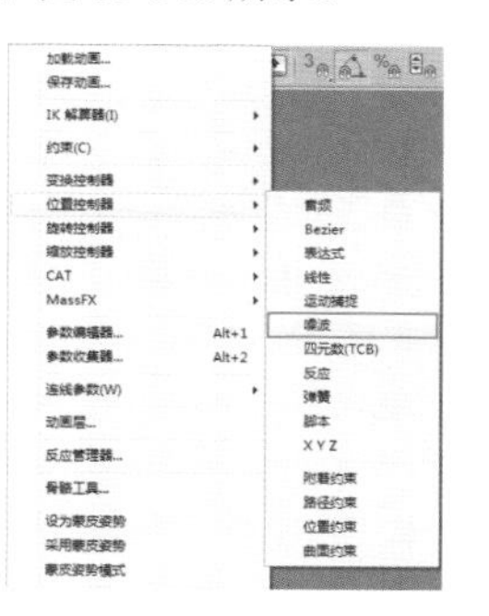

图 13-98

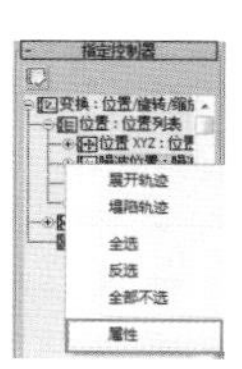

图 13-99

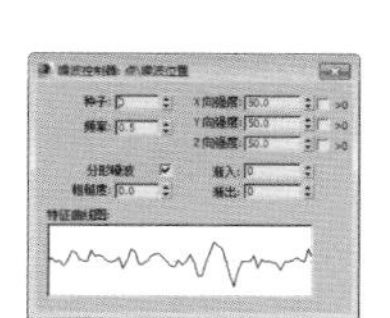

图 13-100

04 播放动画发现蝴蝶抖动的幅度过大，“噪波控制器”对话框中的“X 向强度”“Y 向强度”和“Z 向强度”就是调节对象在 3 个轴向上位置偏移的大小，参照如图 13-101 所示设置 3 个轴向的偏移强度。

技巧与提示：

如果选中“>0”复选框，可以强制对象只在 3 个轴向的正方向上进行噪波运动。

05 播放动画发现蝴蝶抖动的幅度正常，但是抖动的频率有些快。将“频率”设为 0.13，同时取消选中“分形噪波”复选框，如图 13-102 所示。

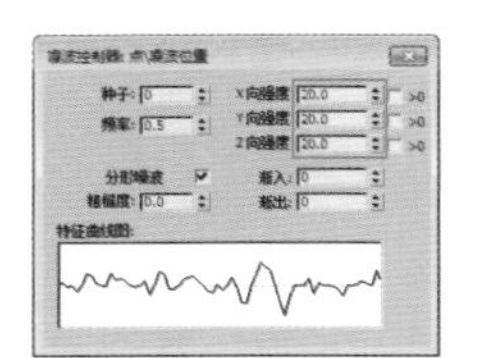

图 13-101

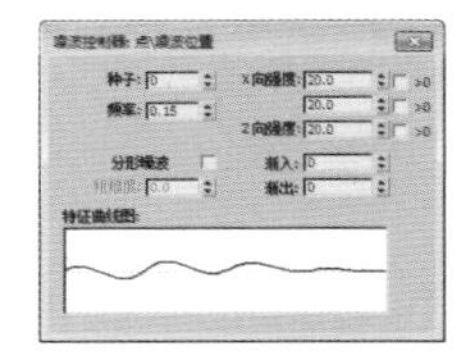

图 13-102

技巧与提示：

“分形噪波”选项启用后，则使用分形算法计算噪波，这种噪波曲线更不规则和无序。“粗糙度”参数可以改变分形噪波曲线的粗糙度，数值越大，曲线越不规则，锯齿分支越多。

06 在场景中选择所有对象，使用“选择并移动”工具并配合 Shift 键将所有对象复制，如图 13-103 所示。

07 选择第 2 个“点”辅助对象，并打开它的“噪波控制器”窗口，设置“种子”为 1，这样即可随机产生不同的噪波曲线，使相同的参数设置产生不同的噪波效果，避免蝴蝶产生相同的噪波动画，如图 13-104 所示。

图 13-103

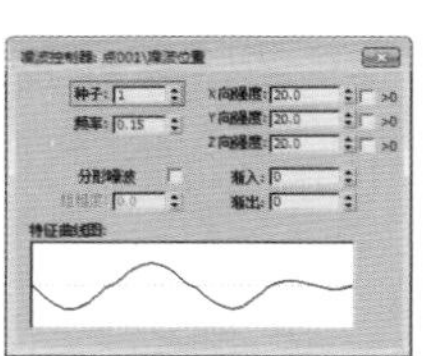

图 13-104

技巧与提示：

“渐入”和“渐出”参数可以设置在动画起始与结束处，噪波强度是由浅到深、由深到浅的渐入渐出方式，数值代表要多少帧强度达到最大或完全消失，如图 13-105 所示。

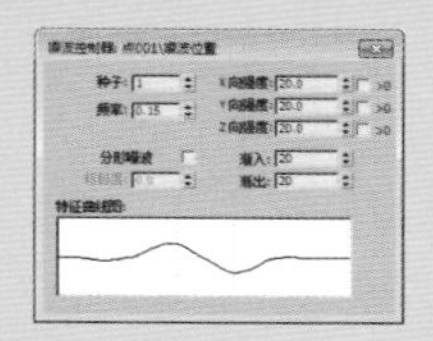

图 13-105

此外，对摄影机目标点的位置选项添加“噪波控制器”，然后通过对 3 个轴向的强度记录动画，可以制作当有爆炸场面时，画面的振动效果。

实例操作：用噪波控制器制作灯光闪烁动画

实例操作：用噪波控制器制作灯光闪烁动画

实例位置：工程文件 >CH13> 灯光闪烁 .max

视频位置：视频文件 >CH13> 实例：用噪波控制器制作灯光闪烁动画 .mp4

实用指数：★★★☆☆

技术掌握：熟悉使用噪波控制器调节动画的方法。

本节为读者安排了一个蜡烛燃烧时光线闪烁的动画，实例演示了在 3ds Max 中噪波控制器的一些使用方法，如图 13-106 所示为本实例的最终完成效果。

图 13-106

01 打开本书相关素材中的“工程文件 >CH13> 灯光闪烁 > 灯光闪烁 .max”文件，该场景中已经为物体设置了材质，并创建了 3 盏灯光进行照明，如图 13-107 所示。

图 13-107

02 在场景中选择“火焰灯”对象，执行“动画”→“约束”→“附着约束”命令，然后在场景中拾取“火焰”对象，将灯光附着到火焰上，如图 13-108 和图 13-109 所示。

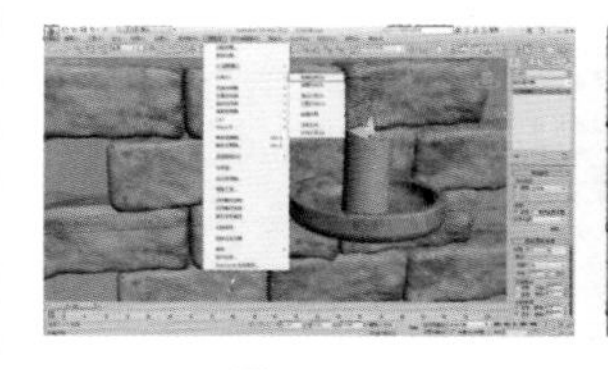

图 13-108

图 13-109

03 进入“运动”面板，单击“设置位置”按钮，然后在视图上调灯光的位置到“火焰”的中部，如图 13-110 所示。

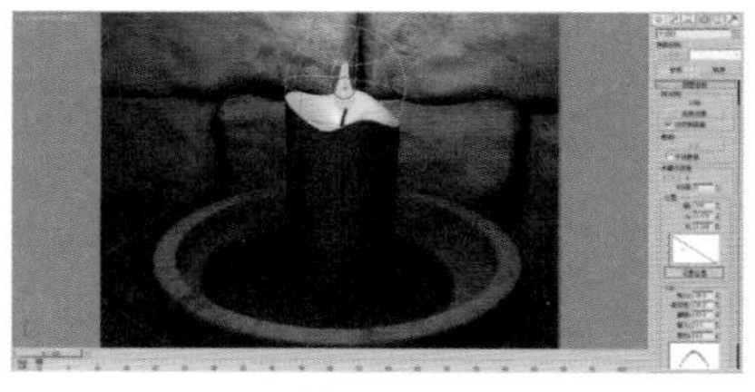

图 13-110

04 打开“曲线编辑器”，在灯光的“倍增”选项上右击，在弹出的菜单中选择“指定控制器”，接着在弹出的窗口中选择“噪波浮点”，如图 13-111~ 图 13-113 所示。

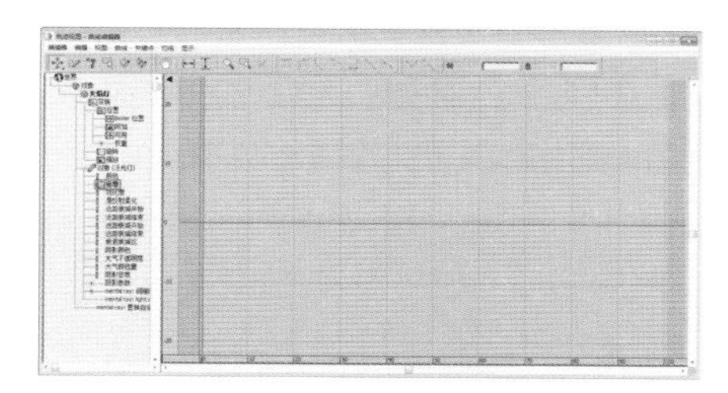

图 13-111

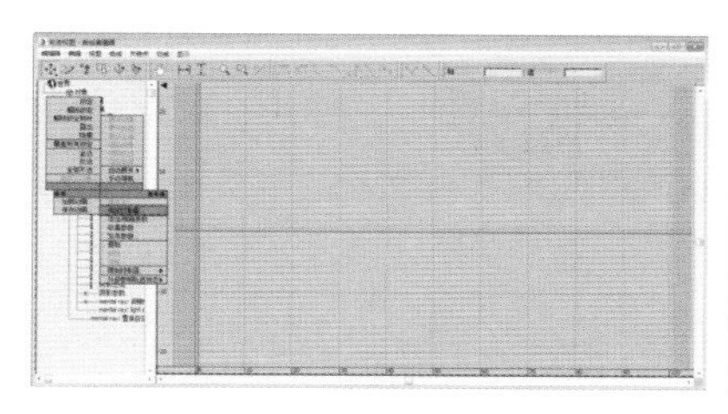

图 13-112

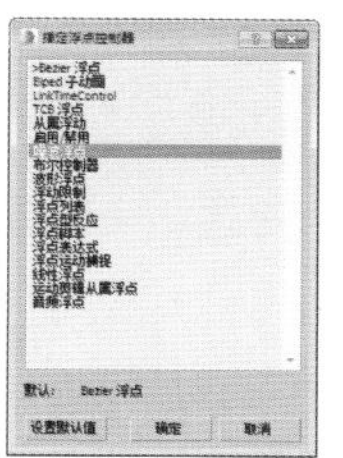

图 13-113

05 在“噪波控制器”窗口中设置“频率”为 0.2，“强度”为 1，并启用“>0”复选框，然后禁用“分形噪波”复选框，如图 13-114 所示。

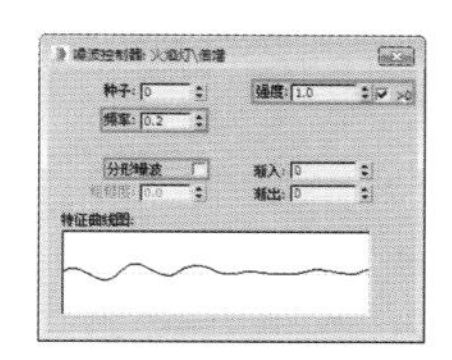

图 13-114

06 用同样的方法，为“阴影灯”对象也增加“噪波控制器”，并设置“频率”为 0.12，“强度”为 2，并启用“>0”复选框，然后禁用“分形噪波”复选框，如图 13-115 和图 13-116 所示。

图 13-115

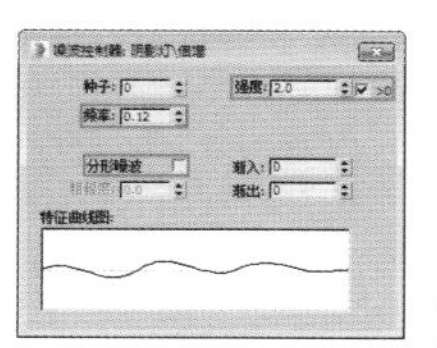

图 13-116

07 播放动画，会发现灯光会随着火焰的跳动而忽明忽暗，设置完成后渲染整段动画，最终效果如图 13-117 所示。

图 13-117

13.3.3　弹簧控制器

“弹簧控制器”可以为物体的位移附加动力学效果，类似于“柔化”修改器，在动画的末端产生缓冲的效果。在“弹簧控制器”中，可以控制物体的质量和拖曳力，还可以调整弹力、张力和阻尼的数值。用这种控制器可以为原来比较呆板的动画增加逼真感，例如制作卡通汽车和卡通人物上面带弹性的天线等效果。其参数设置面板如图 13-118 所示。

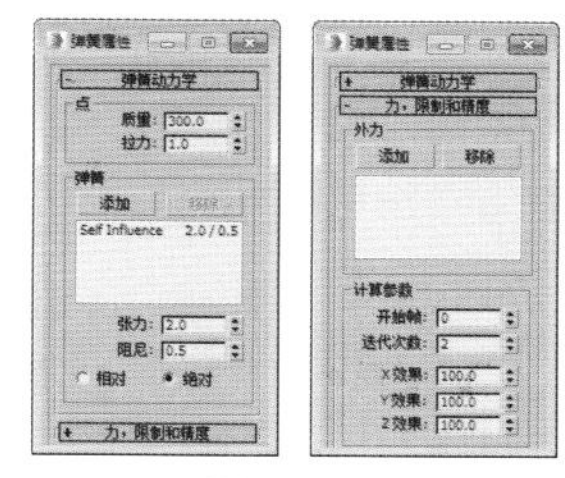

图 13-118

工具解析：

✦ 质量：应用“弹簧控制器”的对象质量，增加质量可以使“反弹”弹簧的运动显得更夸张。

✦ 拉力：在弹簧运动中，用作空气摩擦。低的“拉力”设置可以产生更大的“反弹”效果，高的“拉力”产生柔和的反弹。

✦ 添加：单击此按钮，然后选择其运动相对于弹簧控制对象的一个或多个对象作为弹簧控制对象上弹簧。

✦ 移除：移除列表中高亮显示的弹簧对象。

✦ 张力：受控对象和高亮显示的弹簧对象之间的虚拟弹簧的“刚度”。

✦ 阻尼：作为内部因子的一个乘数，决定了对象停止的速度。

✦ 相对 / 绝对：选择“相对”时，更改“张力”和“阻尼”设置时，新设置加到已有的值上。选择“绝对”时，新设置代替已有的值。

✦ 添加：单击此按钮，然后在力类别中选择一个或多个空间扭曲，从而影响对象的运动。

✦ 移除：移除列表中高亮显示的空间扭曲。

✦ 开始帧：“弹簧”控制器开始生效的帧。

✦ 迭代次数：控制器应用程序的精度。

✦ X / Y / Z：这些设置可以控制单个世界坐标轴上影响的百分比。

下面将介绍该控制器的使用方法。

01 打开本书相关素材中的“工程文件 >CH13> 弹簧控制器 > 弹簧控制器 .max”文件，场景中有两个“点”辅助物体和一个“茶壶”对象，如图 13-119 所示。

02 选择“茶壶”和“点 02”对象，使用“选择并链接”工具，将其父子链接到“点 01”对象上，如图 13-120 所示。

图 13-119

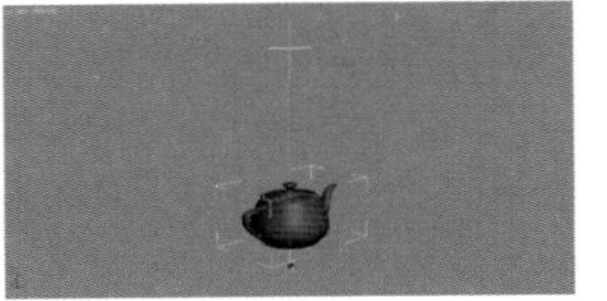

图 13-120

03 选择“点 02”对象，进入“运动”命令面板，在“指定控制器”卷展栏中，选择“位置”选项，单击列表左上角的“指定控制器”按钮，将打开“指定位置控制器”对话框，如图 13-121 所示。

04 在该对话框中选择“弹簧”选项，单击“确定”按钮，此时会打开“弹簧控制器”窗口，如图 13-122 所示。

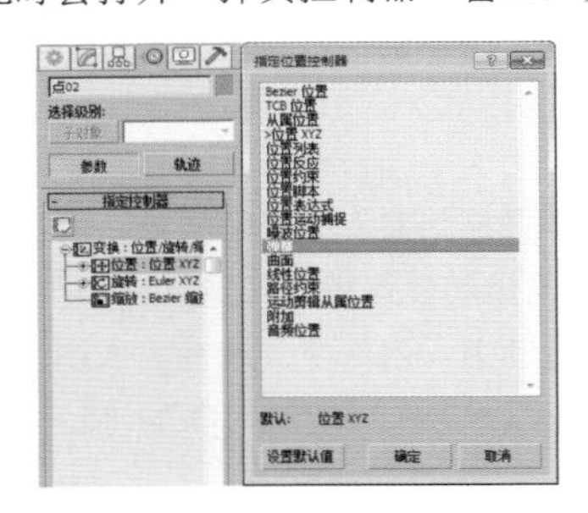

图 13-121

图 13-122

05 打开“自动关键点”按钮，拖到时间滑块到第 10 帧，然后将“点 01”对象沿 *X* 轴制作一段位移动画，如图 13-123 所示。

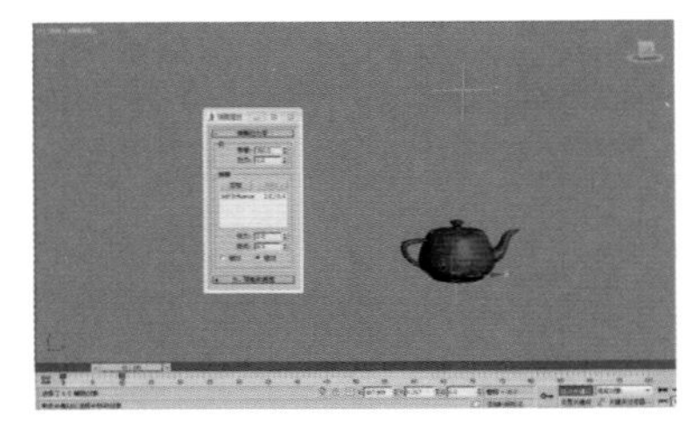

图 13-123

技巧与提示：

直接在视图中移动对象是看不出“弹簧控制器”的动画效果的，必须要为对象制作位移动画才可以看出动画效果。

06 播放动画，在第 10 帧以后，“点 02”对象还在来回晃动，像是在“点 01”和“点 02”对象之间连接了一根弹簧一样。

07 选择“茶壶”对象，在菜单中执行“动画 > 约束 > 注视约束”命令，为“茶壶”添加“注视约束”控制器，然后在视图中选择“点 02”对象，如图 13-124 所示。

图 13-124

08 此时“茶壶”注视的轴向不正确，在“运动”面板的“注视约束”卷展栏中更改“选择注视轴”选项组中的注视轴为“Z”单选按钮，如图 13-125 和图 13-126 所示。

图 13-125

图 13-126

09 播放动画，“茶壶”也产生晃动的动画效果。选择“点 02”对象，打开“弹簧控制器”对话框，在“点”选项组中设置“质量”参数为 2000，然后播放动画并观察效果，如图 13-127 所示。

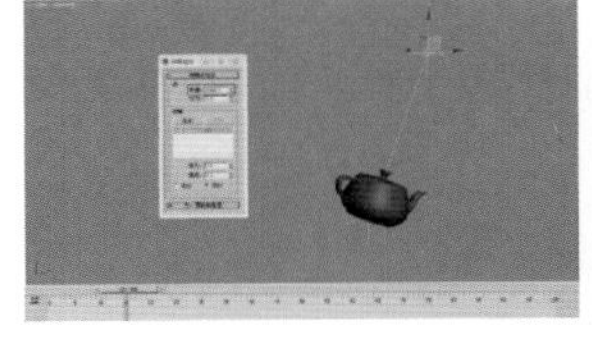

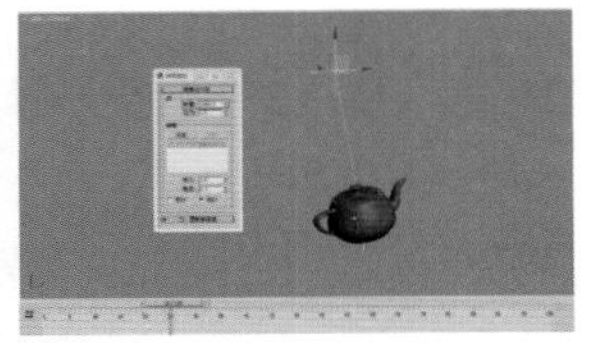

图 13-127

10 设置“点”选项组中的“拉力”参数为 10，播放动画并观察效果，如图 13-28 所示。

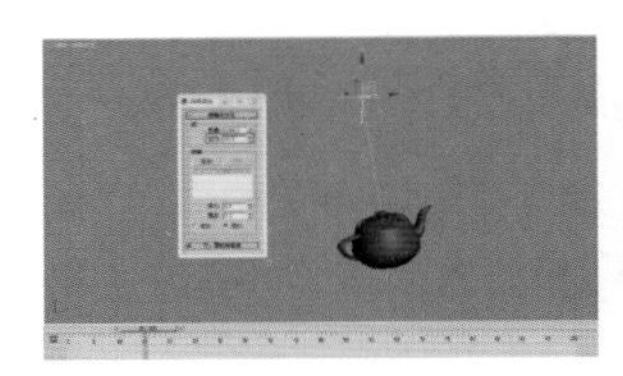

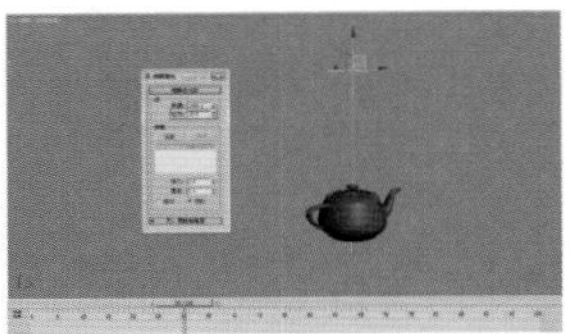

图 13-128

> **技巧与提示：**
> “质量”参数值控制的是弹簧弹力的大小；“拉力”参数控制弹簧拉力的大小，增大该值，可以理解为物体在一个比较黏稠的环境中运动。

11 将“拉力”值设为 1，在“弹簧”选项组的列表中选择 Self Inflrence（自身影响）选项，然后设置下方的“张力”为 10，播放动画并观察效果，如图 13-129 所示。

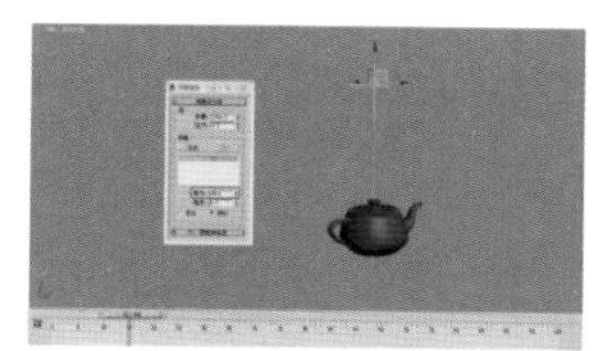
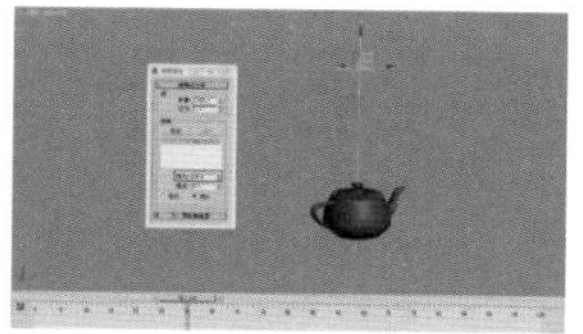

图 13-129

12 将“张力”值设为 2，然后设置“阻尼”为 3，播放动画并观察效果，如图 13-130 所示。

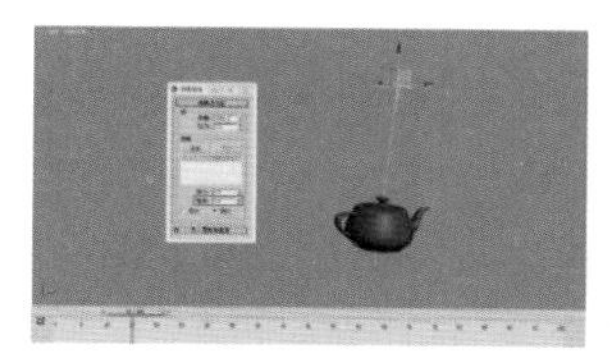
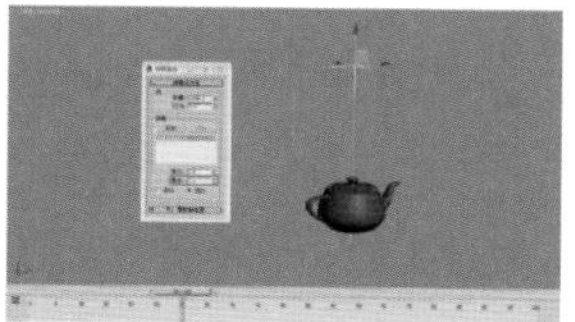

图 13-130

> **技巧与提示：**
> “张力”参数控制的是弹簧的“刚度”，可以理解为弹簧的硬度；“阻尼”参数控制的是物体停止的速度，增大该值，物体变为静止的速度越快。

13.3.4　列表控制器

“列表控制器”是一个组合其他控制器的合成控制器，与材质中的“多维 / 子对象”材质的概念相同，它将其他种类的控制器组合在一起，按从上到下的顺序进行计算，产生组合的控制效果。例如，为位置项目指定一个由“线性”控制器和“噪波”控制器组合的“列表”控制器，将在线性运动上叠加一个噪波位置运动。接下来将讲解“列表”控制器的一些用法。

01 打开本书相关素材中的“工程文件 >CH13> 列表控制器 > 列表控制器 .max”文件，该场景中已经为蝴蝶制作了噪波运动的动画效果，但是在“运动”命令面板中通过替换的方式，将对象原来的“位置 XYZ”控制器替换为了现在的“噪波控制器”，如图 13-131 所示。

图 13-131

> **技巧与提示：**
> 此时在场景中移动“点”对象是移动不了的，因为现在“点”对象的位置参数是受到“噪波控制器”控制的。

02 选择“点”物体，在“指定控制器”卷展栏的列表中选择“噪波位置”选项，单击左上角的“指定控制器”按钮，在弹出的“指定位置控制器”对话框中选择“位置列表”控制器，单击“确定”按钮，如图 13-132 所示。

03 这样，物体的控制器列表中，位置选项的控制器变为了“位置列表”控制器，如图 13-133 所示。

04 单击“位置”选项前的“+”加号展开轨迹，可以看到在“噪波位置”轨迹下面还有一个名为“可用”的轨迹，如图 13-134 所示。

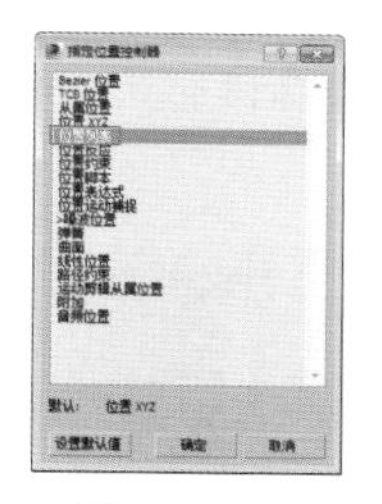

图 13-132

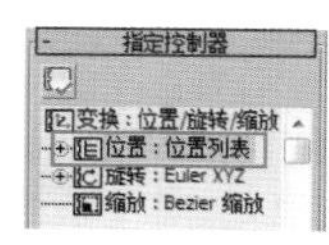

图 13-133

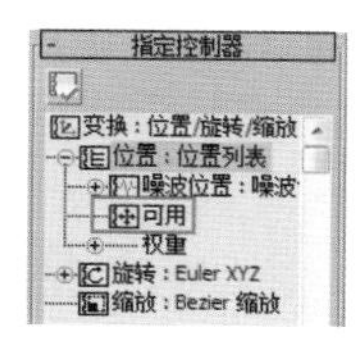

图 13-134

05 选择这个“可用”轨迹，然后单击“指定控制器”按钮，在弹出的“指定位置控制器”窗口中选择“位置 XYZ”控制器，如图 13-135 所示。

06 单击“确定”按钮后，在“位置”选项中就是增加一个“位置 XYZ”的轨迹，如图 13-136 所示。

图 13-135

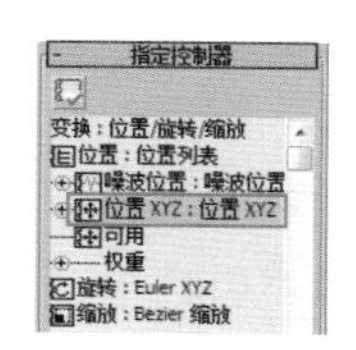

图 13-136

07 在下方的“位置列表”栏中，选择“位置 XYZ”选项，单击“设置激活”按钮，将“位置 XYZ”控制器变为当前活动的控制器，这样即可在视图中对“点”物体进行位移操作了，如图 13-137 所示。

图 13-137

13.3.5 运动捕捉控制器

“运动捕捉控制器”可以使用外接设备控制物体的移动、旋转和其他参数动画，目前可用的外接设备包括鼠标、键盘、游戏手柄和 MIDI 设备。运动捕捉可以指定给位置、旋转、缩放等控制器，它在指定后，原控制器将变为次一级控制器，同样发挥控制作用。接下来将介绍有关“运动捕捉控制器”的一些用法。

01 打开本书相关素材中的“工程文件 >CH13> 运动捕捉控制器 > 运动捕捉控制器 .max”文件，这是前面“弹簧控制器”章节完成的场景，如图 13-138 所示。

02 选择“点 01”对象，在菜单中执行“动画”→“位置控制器”→“运动捕捉”命令，为物体添加“运动捕捉控制器”，如图 13-139 所示。

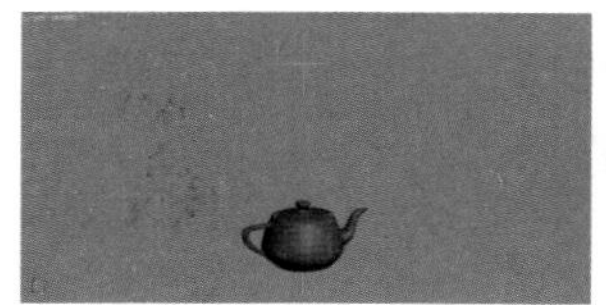

图 13-138　　图 13-139

03 进入“运动”命令面板，在“指定控制器”卷展栏中，单击“位置”选项前的“+”加号图标，然后选择“位置运动捕捉”选项并右击，在弹出的菜单中选择“属性”选项，这样就会打开“运动捕捉控制器”对话框，如图 13-140 和图 13-141 所示。

04 单击“设备指定”选项组中“X 位置”右侧的“无”按钮 无 ，打开“选择设备”对话框，如图 13-142 所示。

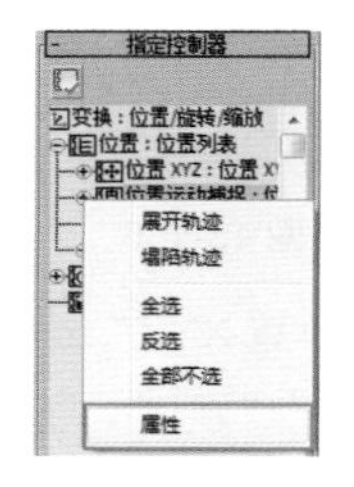

图 13-140

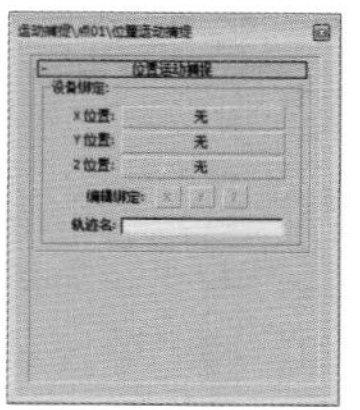

图 13-141

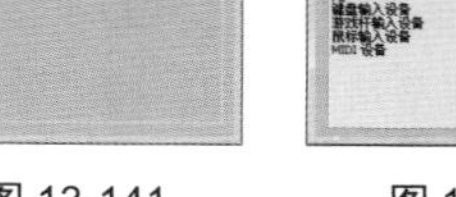

图 13-142

05 在打开的“选择设备”对话框中选择“鼠标输入设备”选项，然后单击“确定”按钮，退出该对话框。此时的“运动捕捉”对话框如图 13-143 所示，这里不更改任何参数。

06 单击“设备指定”选项组中“Y 位置”右侧的“无”按钮 无 ，在打开的“选择设备”对话框中选择“鼠标输入设备”，然后单击“确定”按钮，退出该对话框。在“鼠标输入设备”卷展栏下的“鼠标轴向”选项中，更改鼠标轴向为“垂直”，如图 13-144 所示。

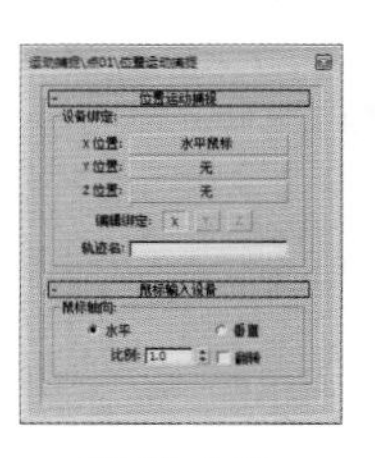

图 13-143

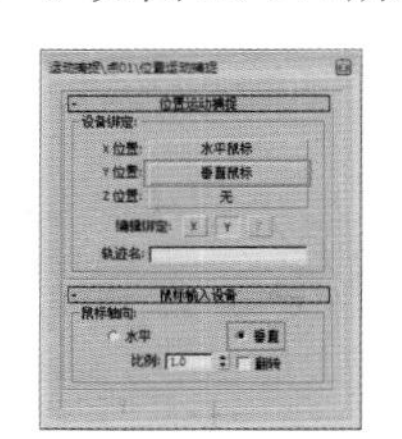

图 13-144

技巧与提示：

在这里设置用鼠标的水平移动控制物体在 *X* 轴向上的位移，用鼠标的垂直移动控制物体在 *Y* 轴向上的位移。

07 设置完成后关闭“运动捕捉控制器”面板，进入“程序”命令面板，在“实用程序”卷展栏中单击“运动捕捉”按钮 运动捕捉 ，此时可以打开“运动捕捉控制器”的设置面板，如图 13-145 所示。

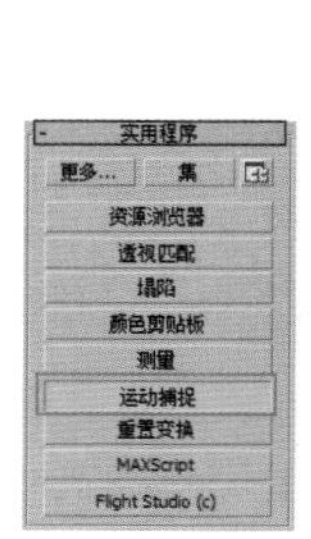

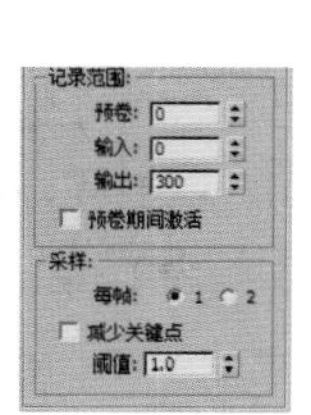

图 13-145

技巧与提示：

“运动捕捉”控制器不像其他控制器一样在“运动”面板，而是在“程序”面板中。

08 单击“轨迹”选项组轨迹列表中的“点 01 \ 位置运动捕捉”按钮，此时该轨迹前方会显示为红方盒，表示将对其进行捕捉记录，如图 13-146 所示。

09 单击“记录控制”选项组中的“测试”按钮，此时移动鼠标会发现“点 01”对象在视图中会随鼠标的移动而发生位置的偏移。

10 如果测试发现没有问题，那么在“记录范围”选项组中，设置“预卷”为 -20，然后单击“记录控制”选项组中的“开始”按钮进行动画的记录，此时可以随意地上下左右移动鼠标，直至动画记录结束。记录结束后，会在时间轨迹栏中在每一帧都创建一个关键帧，如图 13-147 所示。

图 13-146

图 13-147

技巧与提示：

“预卷”参数设置的是在记录动画前给出一个准备时间，但是该值只有设成负值才有作用。例如用鼠标驱动动作，一但按下“开始”按钮就开始记录，但是鼠标点可能无法定位在物体上，所以要设定一些预等待时间，如 -20，则给 20 帧的时间将鼠标放好位置，然后开始进行捕捉记录，有些像火箭发射前的倒计时。

13.3.6 四元数（TCB）控制器

“TCB 控制器”能产生曲线型动画，这与 Bizer 控制器非常类似。但是，TCB 控制器不能使用切线类型或可调整的切线控制柄。它们可以使用字段调整“张力”“连续性”和“偏移”设置。其参数设置面板如图 13-148 所示。

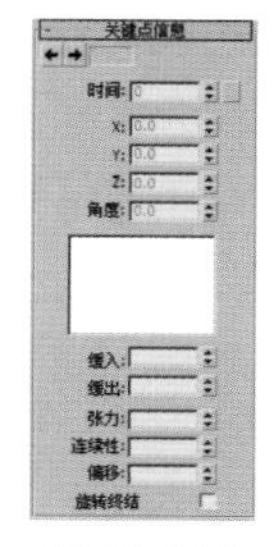

图 13-148

工具解析：

✦ 时间：指定了关键点产生的时间。

✦ 关键点值：存储关键点的动画值。

✦ TCB 图：绘制改变控制器属性对动画的影响。曲线顶端的红色标记代表关键点；曲线左右两边的标记代表关键点两侧时间的均匀分布。

✦ 缓入：放慢动画曲线接近关键点时的速度。

✦ 缓出：放慢动画曲线离开关键点时的速度。

✦ 张力：控制动画曲线的曲率。

✦ 连续性：控制关键点处曲线的切线属性。

✦ 偏移：控制动画曲线偏离关键点的方向。

✦ 旋转终结：启用此选项后，旋转关键点可以大于 180°；禁用此选项后，旋转关键点总是小于 180°。

实例操作：用四元数（TCB）控制器制作地球仪动画

实例操作：用四元数（TCB）控制器制作地球仪动画

实例位置：	工程文件 >CH13> 地球仪动画 .max
视频位置：	视频文件 >CH13> 实例：用四元数（TCB）控制器制作地球仪动画 .mp4
实用指数：	★★★☆☆
技术掌握：	熟悉使用四元数（TCB）控制器调节动画的方法。

在本节安排了一个地球仪转动的动画效果，可能有人会觉得地球仪的旋转动画很简单，那么下面就来看一下是不是真的这么简单，如图 13-149 所示为本例的最终完成效果。

图 13-149

01 打开本书相关素材中的“工程文件 >CH13> 地球仪动画 > 地球仪动画 .max”文件，该场景中已经为模型材质贴图，如图 13-150 所示。

02 选择“地球”对象，切换到“选择并旋转”工具，然后按住 Alt 键右击，在弹出的四联菜单中选择“局部”，将如图 13-151 所示。

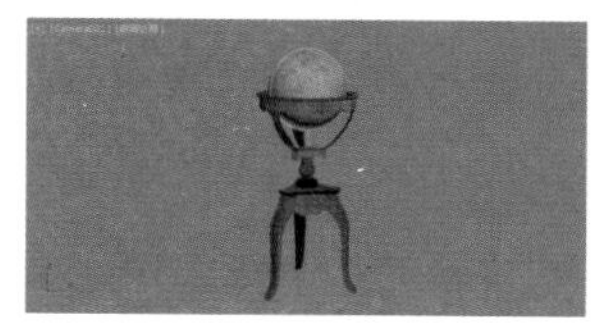

图 13-150

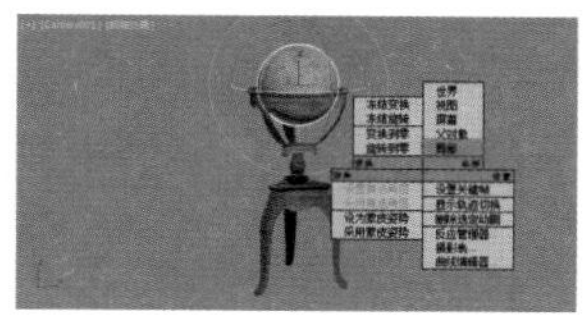

图 13-151

技巧与提示：

坐标系的切换也可以在主工具栏中进行设置，但是习惯上为了操作更快捷，只要右键中有的命令还是尽量用右键的方式来执行。

03 进入“自动关键点”动画模式，接着拖曳时间滑块到第 100 帧，然后沿 *Z* 轴将“地球”对象旋转 360°，如图 13-152 所示。

04 播放动画，我们发现“地球”对象并没有按照自身的 *Z* 轴进行旋转，如图 13-153 所示。

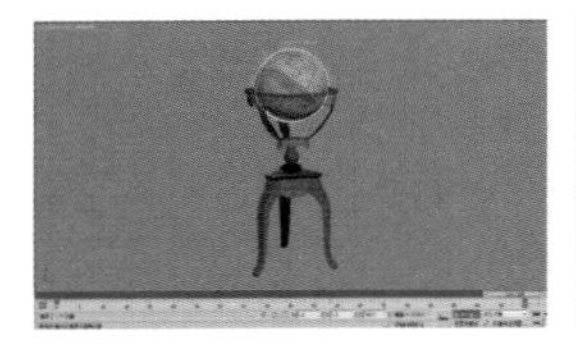

图 13-152

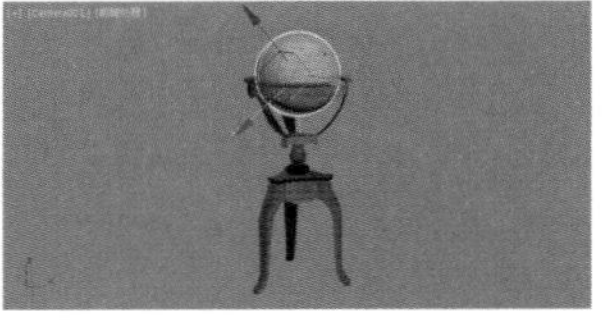

图 13-153

05 退出“自动关键点”记录模式，并将之前制作的动画删除，执行“动画”→“旋转控制器”→“四元数（TCB）”命令，如图 13-154 所示。

06 进入“自动关键点”动画模式，将时间滑块拖曳到第 100 帧，然后沿 *Z* 轴将“地球”对象旋转 350°，如图 13-155 所示。

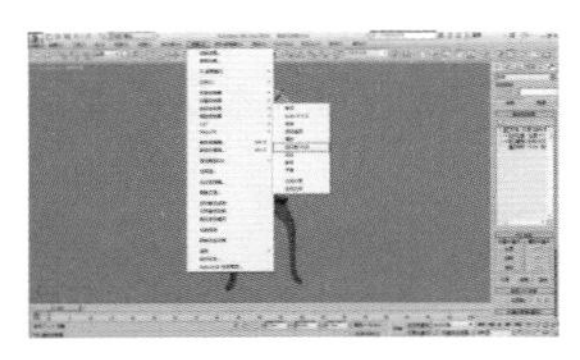

图 13-154

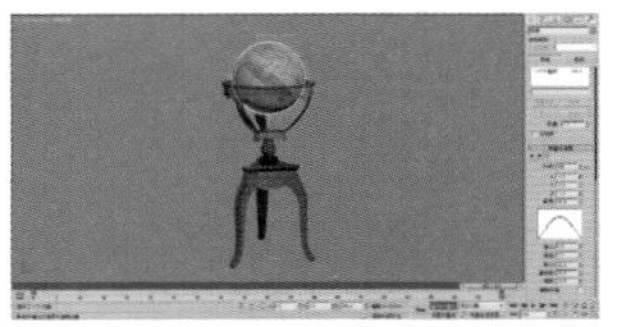

图 13-155

07 播放动画，发现“地球”对象已经按自身的 *Z* 轴进行了旋转，但是并没有旋转 350°，如图 13-156 所示。

08 这是由于四元数（TCB）控制器默认是不允许旋转的度数超过 180° 的，那么在本例中，我们在“关键点信息”卷展栏中启用“旋转终结”复选框，然后用旋转工具对“地球”对象再进行自身 *Z* 轴 350° 的旋转，如图 13-157 所示。

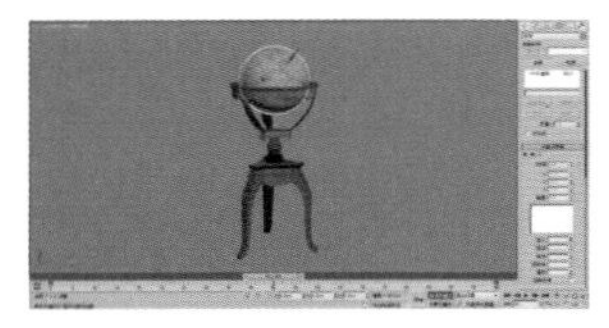

图 13-156

图 13-157

09 播放动画，发现“地球”已经按正确的方向进行旋转了。设置完成后渲染整段动画，最终效果如图 13-158 所示。

图 13-158

技巧与提示：

四元数（TCB）控制器的缺点是没有动画曲线可以调节，所以也就不能使用前面学过的切线类型，如果想让“地球仪”旋转得久一些，那么就不能使用动画的循环功能了，只能是把动画的时间范围延长一些，手动进行旋转动画的设置。

13.4 IK 解算器基础知识

IK 解算器可以创建反向运动学解决方案，用于旋转和定位链中的链接。它可以应用 IK 控制器，用来管理链接中子对象的变换。要创建 IK 解算器，可以执行“动画”→“IK 解算器”子菜单下的命令，如图 13-159 所示。

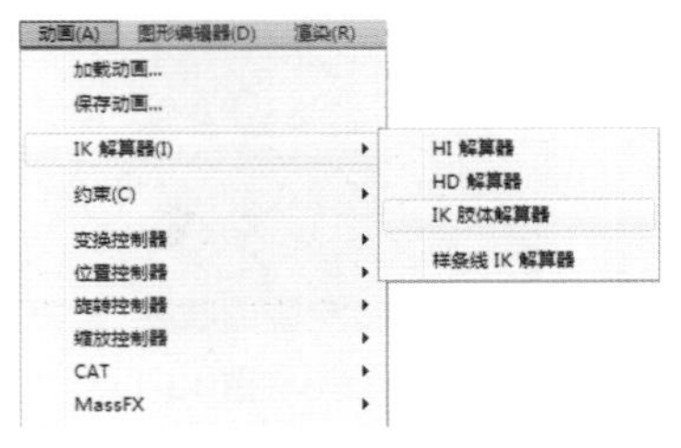

图 13-159

每种 IK 解算器都具有自身的行为和工作流，以及显示在“层次”和“运动”面板中的专用控件和工具。3ds Max 附带 4 个不同的 IK 解算器，两个最常用的 IK 解算器为历史独立型 (HI) 和历史依赖型 (HD)。

13.4.1 正向运动学和反向运动学的概念

1. 正向运动学

角色动画中的骨骼运动遵循运动学原理，定位和动画骨骼包括两种类型的运动学——正向运动学（FK）和反向运动学（IK）。

正向运动学是指完全遵循父子关系的层级，用父层级带动子层级的运动。也就是说当父对象发生位移、旋转和缩放变化时，子对象会继承父对象的这些信息也发生相应的变化，但是子对象的位移、旋转和缩放却不会影响父对象，父对象将保持不动。例如，有一个人体的层级链接，当大腿骨骼（父对象）弯曲时，小腿骨骼（子对象）跟随它一起运动，但是当单独转动小腿骨骼时却不会影响大腿骨骼的动作，如图 13-160 所示。

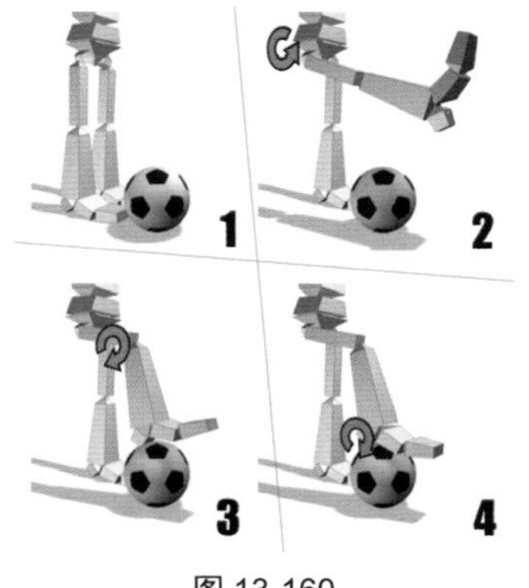

图 13-160

技巧与提示：

在计算机动画软件的发展初期，关节动画都是正向链接系统，它的优点是软件开发容易，计算简单，运算速度快。缺点是工作效率太低，而且很容易产生不自然、不协调的动作。

2. 反向运动学

与正向运动学正好相反，反向运动学是依据某些子关节的最终位置、角度，来反求推导出整个骨架的形态。也就是说父对象的位置和方向由子对象的位置和方向所确定。我们可以为腿部设置 HI（历史独立型）的 IK 解算器，然后通过移动骨骼末端的 IK 链得到腿部骨骼的最终形态，如图 13-161 所示。

图 13-161

技巧与提示：

反向运动学的优点是工作效率高，大大减少了需要手动控制的关节数目，比正向运动学更易于使用，它可以快速创建复杂的运动。其缺点是求解方程组需要耗费较多的计算机资源，在关节数增多的时候尤其明显。

13.4.2　HI 解算器

对角色动画和序列较长的任何 IK 动画而言，HI 解算器是首选的方法。使用 HI —History-Independent（历史独立型）解算器，可以在层次中设置多个链。例如，角色的腿部可能存在一个从臀部到脚踝的链，还存在另外一个从脚跟到脚趾的链，如图 13-162 所示。

创建“HI 解算器”后，“HI 解算器”的参数在“运动”面板中，即“IK 解算器”卷展栏。其他解算器的参数也在该面板中，如图 13-163 所示。

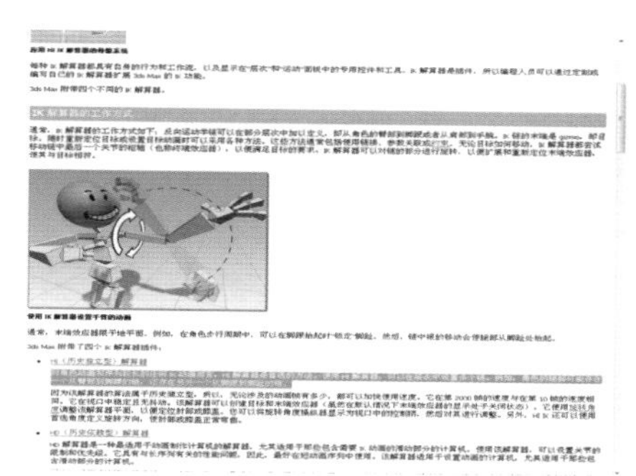

图 13-162

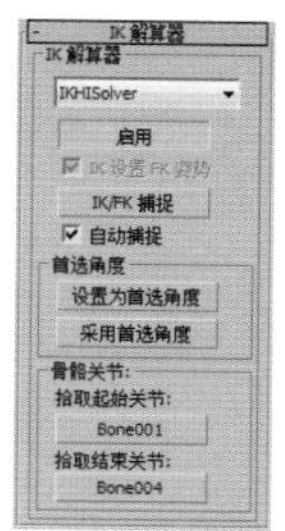

图 13-163

实例操作：用 HI 解算器制作升降机

实例操作：用反向运动学制作机械臂动画

实例位置：　工程文件 >CH13> 升降机 .max

视频位置：　视频文件 >CH13> 实例：用 HI 解算器制作升降机 .mp4

实用指数：　★★★☆☆

技术掌握：　熟悉使用反向运动学调节动画的方法。

在本例中将使用 HI 解算器来制作一个升降机的动画效果，如图 13-164 所示为本例的最终完成效果。

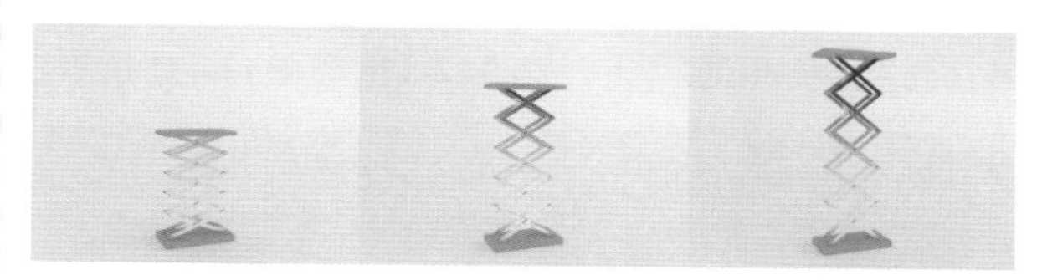

图 13-164

01 打开本书相关素材中的“工程文件 >CH13> 升降机 > 升降机 .max”文件，该场景中有一个用“矩形”对象编辑而成的“连接杆”，如图 13-165 所示。

02 在前视图中将“连接杆”对象沿着 *Y* 轴旋转 70°，然后单击主工具栏上的“镜像”按钮，用镜像工具沿着 *X* 轴镜像复制一个，如图 13-166 所示。

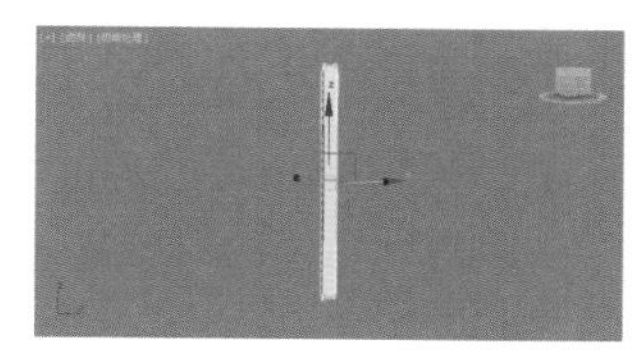

图 13-165　　图 13-166

03 进入左视图，使用移动工具把“连接杆 002”对象沿 *X* 轴移动位置，不要让它跟“连接杆 001”对象重叠在一起，然后进入“层次”面板，在“调整轴”卷展栏，单击“仅影响轴”按钮 仅影响轴 ，然后使用移动工具把“连接杆 002”的轴心改到它的右下角，如图 13-167 和图 13-168 所示。

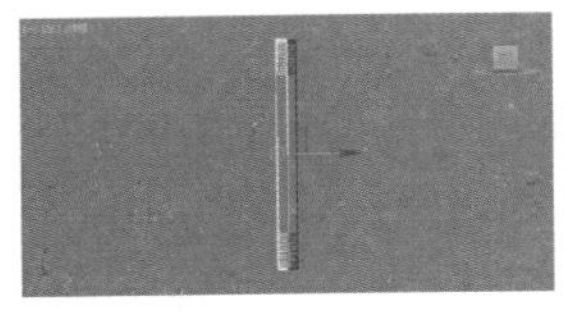

图 13-167

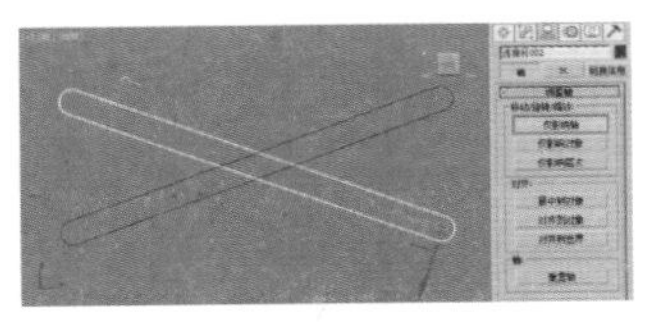

图 13-168

04 完成后单击“仅影响轴”按钮，退出轴心编辑模式，然后进入“辅助对象”面板，单击“点”按钮，在场景中创建一个“点”辅助物体，并使用移动工具调整其位置，如图 13-169 所示。

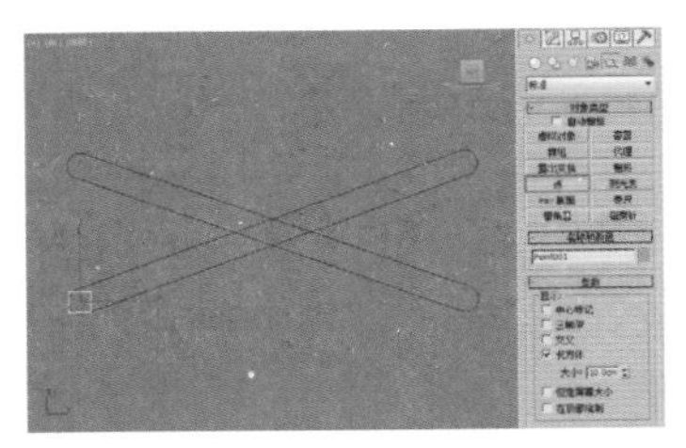

图 13-169

05 单击主工具栏上的“选择并链接”按钮，把“点”辅助物体链接到“连接杆 001”上，再把“连接杆 001”链接到“连接杆 002”上，如图 13-170 和图 13-171 所示。

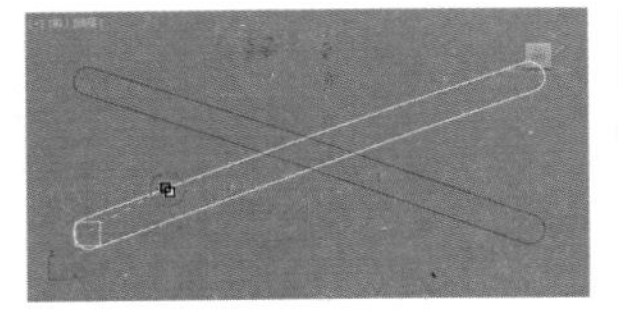

图 13-170

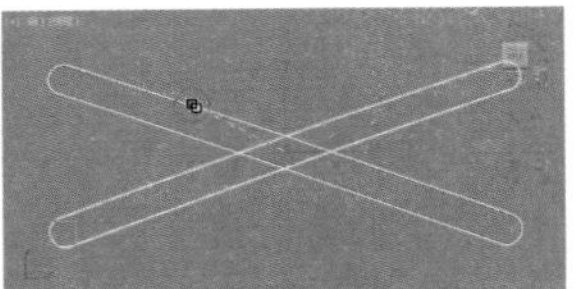

图 13-171

06 选择“点”辅助物体，执行“动画”→“IK 解算器”→“HI 解算器”命令，然后到视图上单击“连接杆 002”对象，此时我们就创建了一个 HI 解算器，如图 13-172~ 图 13-174 所示。

07 此时如果沿着 X 轴移动这个 IK 链，“连接杆 001”和“连接杆 002”也会发生相应的变化，如图 13-175 所示。

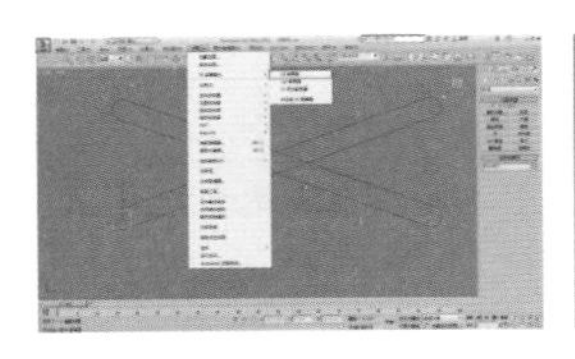

图 13-172

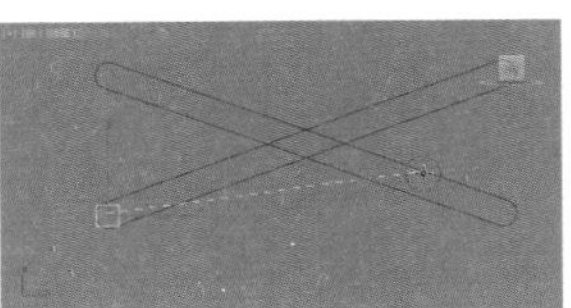

图 13-173

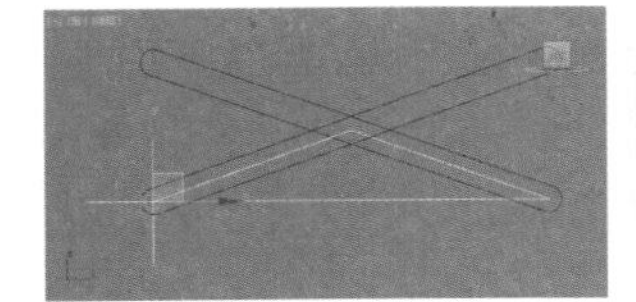

图 13-174

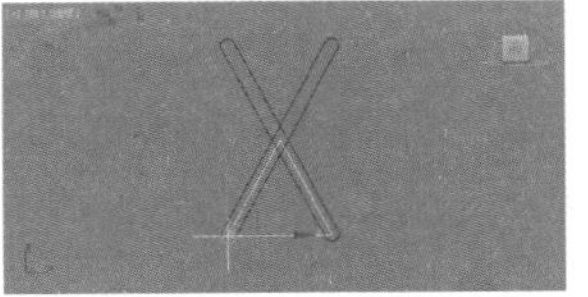

图 13-175

08 选择“连接杆 001”和“连接杆 002”，然后打开阵列工具，设置 Y 轴的“增量”为 32，“数量”为 2，如图 13-176 所示。

技巧与提示：

这里用阵列工具主要是想看一下要往上移动多少距离，对我们以后再向上复制的时候有一个依据。在本例中向上移动了 32cm，大家在以后的制作中可以根据自己的实际情况来移动。

09 选择“连接杆 003”对象，用前面学过的方法，将轴心移动到它的左下角位置，如图 13-177 所示。

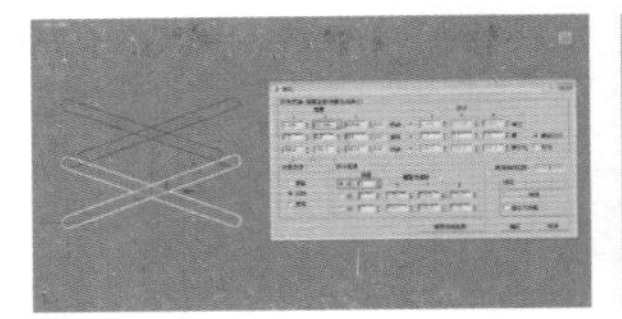

图 13-176

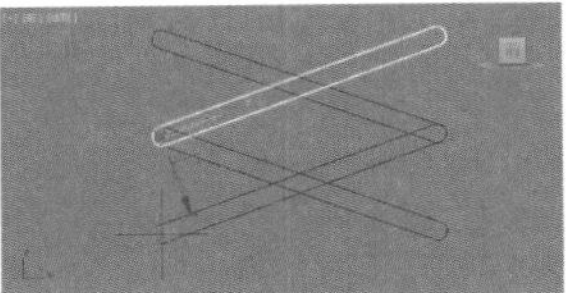

图 13-177

10 用链接工具把“连接杆 003”链接到其下面的“连接杆 002”上，把“连接杆 004”链接到其下面的“连接杆 001”上，如图 13-178 和图 13-179 所示。

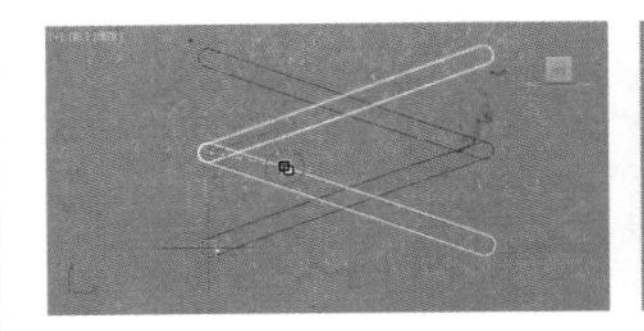

图 13-178

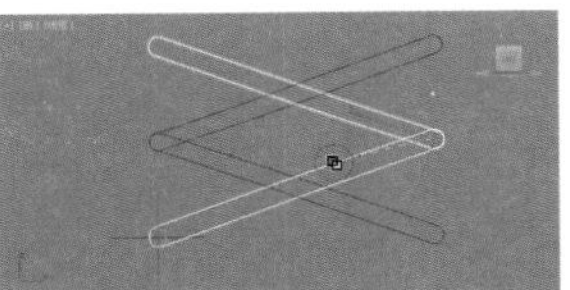

图 13-179

11 选择“连接杆 003”，执行“动画”→“约束”→“方向约束”命令，把“连接杆 003”方向约束到与它平行的“连接杆 001”上，把“连接杆 004”方向约束到与其平行的“连接杆 002”上，如图 13-180~ 图 13-182 所示。

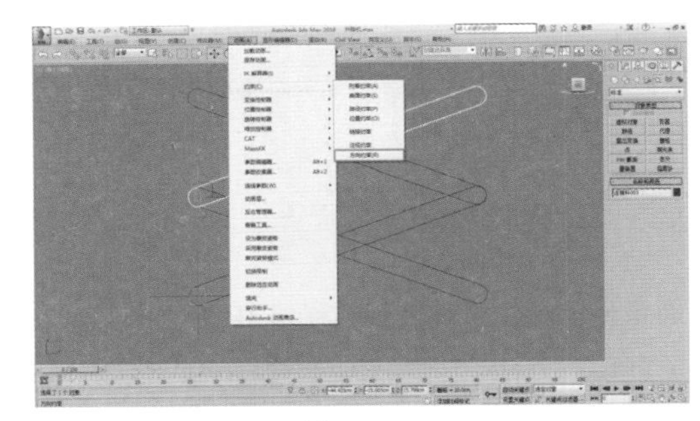

图 13-180

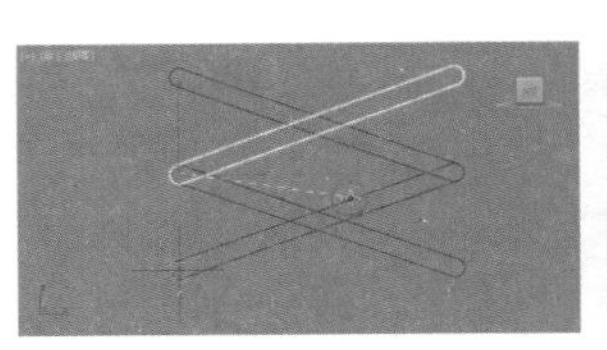

图 13-181

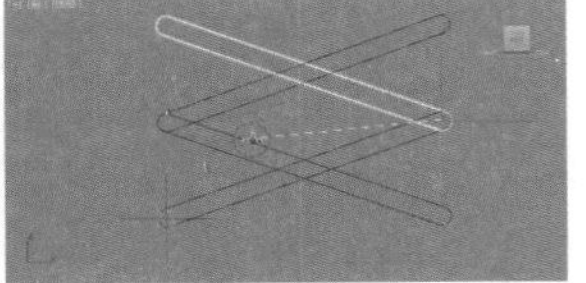

图 13-182

12 此时再移动 IK 链看一下，发现“连接杆 003”和“连接杆 004”也发生相应的变化，如图 13-183 所示。

13 用同样的方法用阵列工具再往上复制 3 组，然后依次用链接工具和方向约束制作后面的连接杆，如图 13-184 所示。

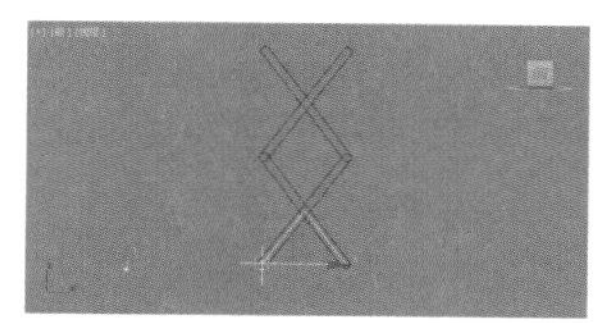

图 13-183

图 13-184

14 选中所有的物体，在透视图中沿着 *Y* 轴镜像复制一组，然后在两个阶梯相连的部分创建“圆柱体”对象，当作升降机的连接轴，如图 13-185 和图 13-186 所示。

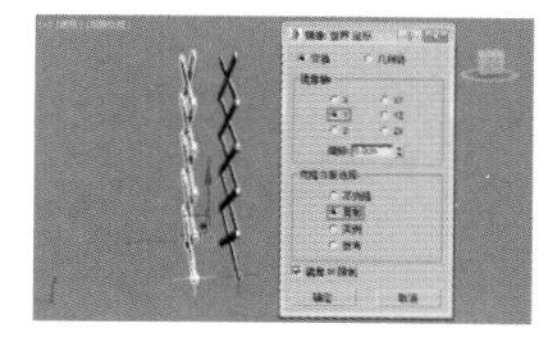

图 13-185

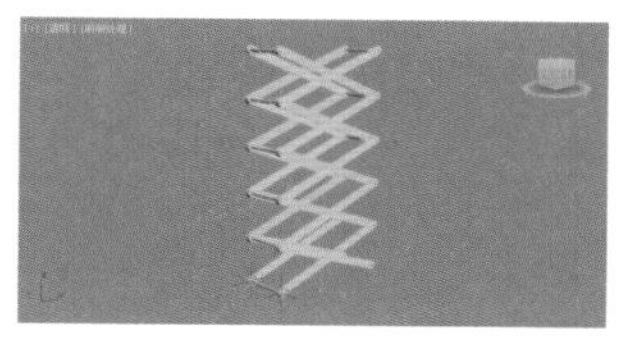

图 13-186

15 把圆柱用链接工具依次链接到它附近的连接杆上，如图 13-187 所示。

16 此时我们再移动 IK 链看一下，发现所有的连接杆都发生了相应的变化，如图 13-188 所示。

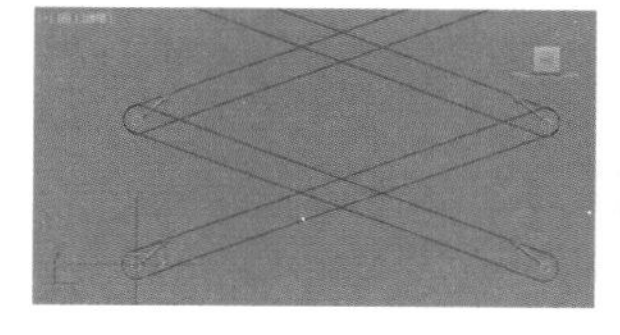

图 13-187

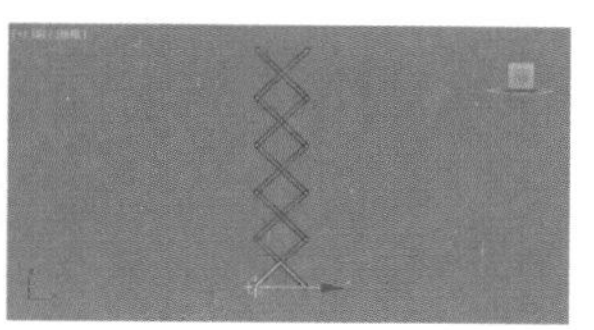

图 13-188

17 最后制作了一个底座，最终效果如图 13-189 所示。

图 13-189

13.4.3　HD 解算器

因为该解算器的算法属于历史依赖型，所以，最适合在短动画序列中使用。在序列中求解的时间越迟，计算解决方案所需的时间就越长。该解算器使你可以将末端效应器绑定到后续对象，并使用优先级和阻尼系统定义关节参数。该解算器还允许将滑动关节限制与 IK 动画组合起来。与 HI IK 解算器不同的是，HD—History-Dependent（历史依赖型）解算器允许在使用 FK 移动时限制滑动关节。“HD 解算器”的参数面板如图 113-190 所示。

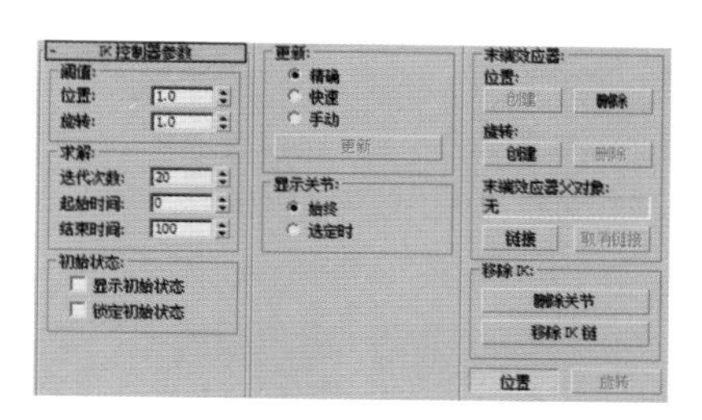

图 13-190

> **技巧与提示：**
> 该解算器的最大特点是可以限定骨骼旋转的角度范围，所以通常使用该解算器来制作一些机器臂和活塞物体。

实例操作：用 HD 解算器制作活塞联动装置

实例操作：用 HD 解算器制作活塞联动装置

实例位置：	工程文件 >CH113> 活塞联动装置 .max
视频位置：	视频文件 >CH113> 实例：用 HD 解算器制作活塞联动装置 .mp4
实用指数：	★★☆☆☆
技术掌握：	熟悉使用 HD 解算器调节动画的方法。

在本例中将使用链接约束来制作一个机械臂的动画效果，如图 113-191 所示为本例的最终渲染效果。

图 13-191

01 打开配套光盘提供的场景，这是一个活塞联动装置，这个场景包含 5 个物体，分别是“转轮”“用于联动的木栓”“曲柄”“活塞”“汽缸”，如图 13-192 所示。

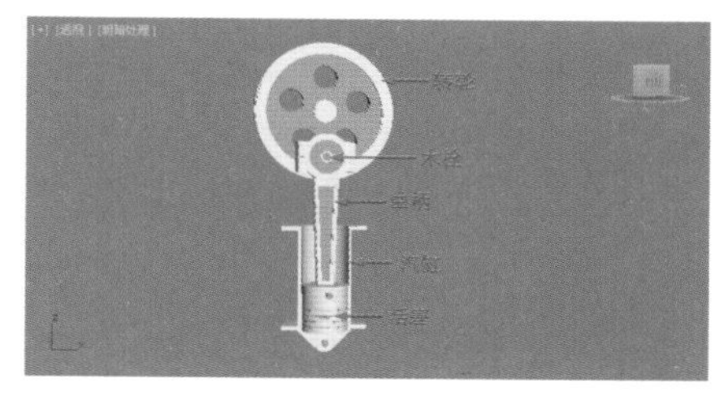

图 13-192

02 将“曲柄”的轴心放到下方和“活塞”的连接处，建立“点”辅助物体并用对齐工具将“点”辅助物体和“木栓”物体进行位置对齐，如图 13-193 和图 13-194 所示。

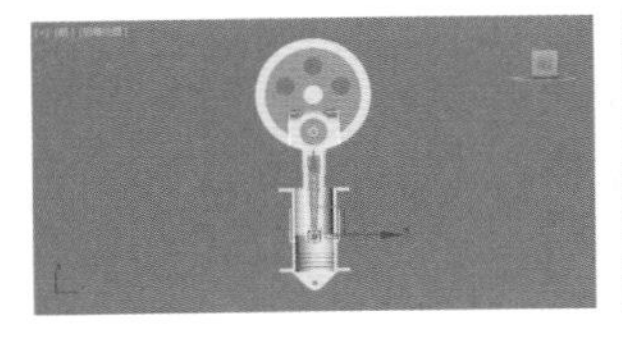

图 13-193

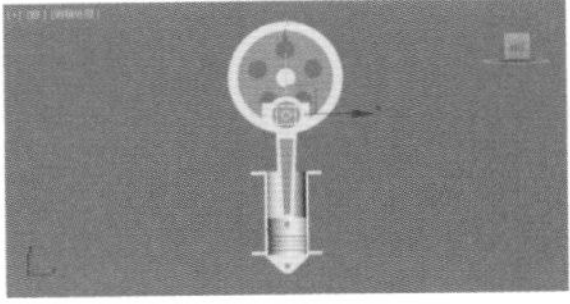

图 13-194

03 用链接工具依次将"木栓"物体链接到"转轮"物体上，将"点"辅助物体链接到"曲柄"物体上，然后再将"曲柄"物体链接到"活塞"物体上，如图 13-195~ 图 13-197 所示。

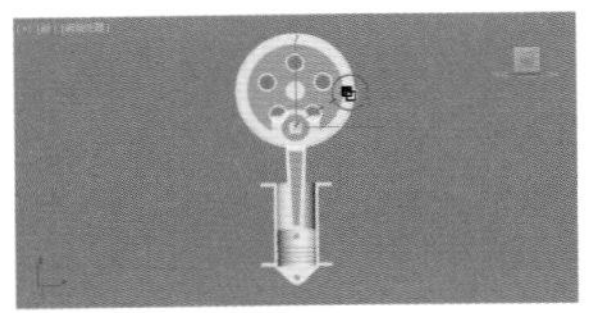

图 13-195

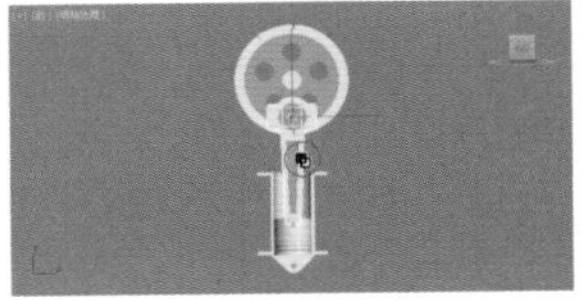

图 13-196

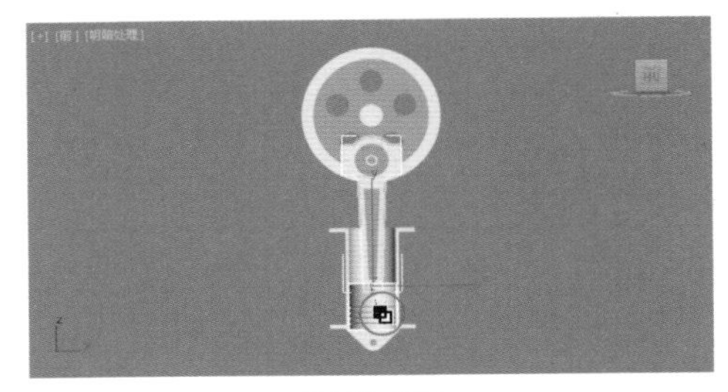

图 13-197

04 选择"点"辅助物体，执行"动画"→"IK 解算器"→"HD 解算器"命令，然后到视图中单击"活塞"物体，如图 13-198 和图 13-199 所示。

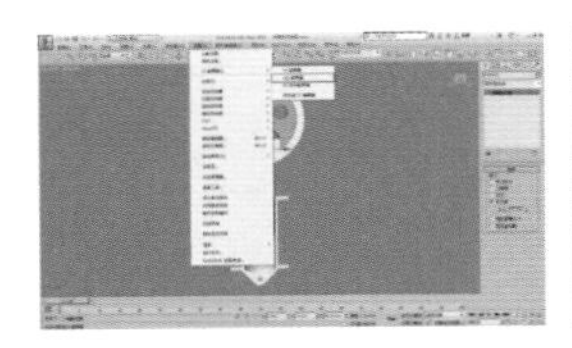

图 13-198

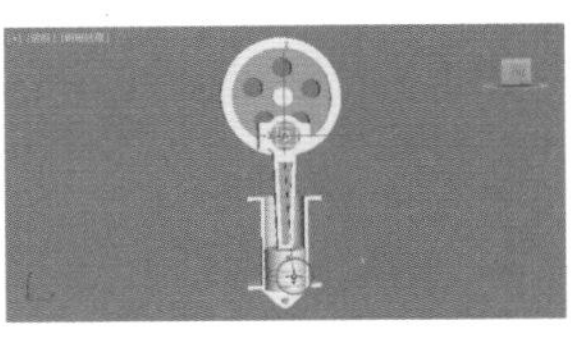

图 13-199

05 选择"曲柄"物体，进入"层级"命令面板，切换到 IK 面板下，在"转动关节"卷展栏中禁用 X 轴和 Z 轴的"活动"复选框，如图 13-200 所示。

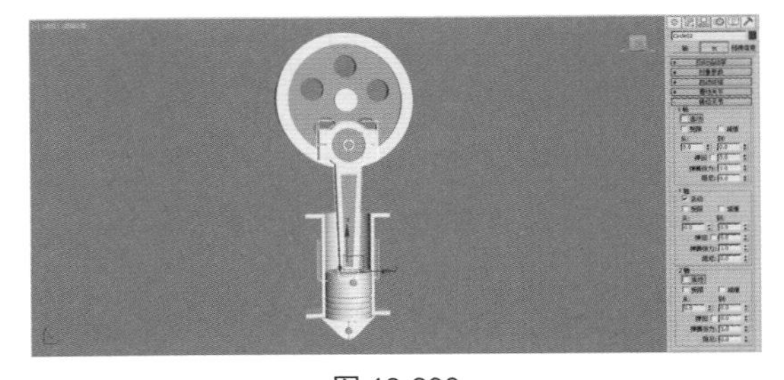

图 13-200

技巧与提示：

在转动关节卷展栏可以限定骨骼在某个轴向上的旋转范围，因为曲柄物体只会沿着 Y 轴转动，所以在这里要取消选中 X 轴和 Z 轴。

06 选择"活塞"物体，在"滑动关节"卷展栏中启用 Z 轴的"活动"复选框，然后在"转动关节"卷展栏中，禁用 X、Y、Z 三个轴向的"活动"复选框，如图 13-201 和图 13-202 所示。

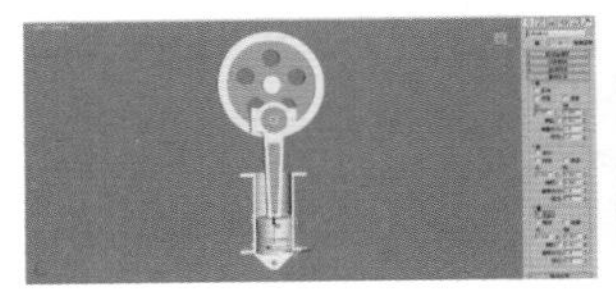

图 13-201

图 13-202

技巧与提示：

在滑动关节卷展栏中可以限定骨骼在某个轴向上的位移范围，因为活塞不会发生旋转，只会沿着 Z 轴做上下的位移，所以这里只启用活塞物体 Z 轴的位移。

07 选择"点"辅助物体，在"对象参数"卷展栏中单击"绑定"绑定按钮，然后将"点"辅助物体绑定到木栓物体上，如图 13-203 所示。

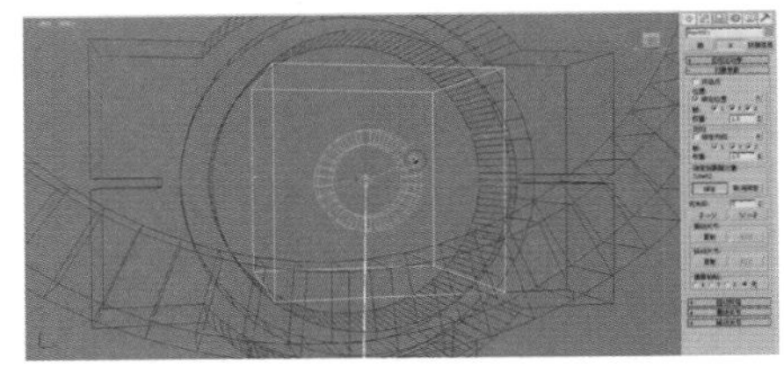

图 13-203

技巧与提示：

绑定物体的操作与父子链接的操作是相同，选择"点"辅助物体并按住鼠标左键拖出一条虚线，然后拖曳到目标（木栓）物体上释放以完全绑定。

08 设置完成后转动转轮物体，曲柄和活塞物体也会发生相应的变化，如图 13-204 所示。

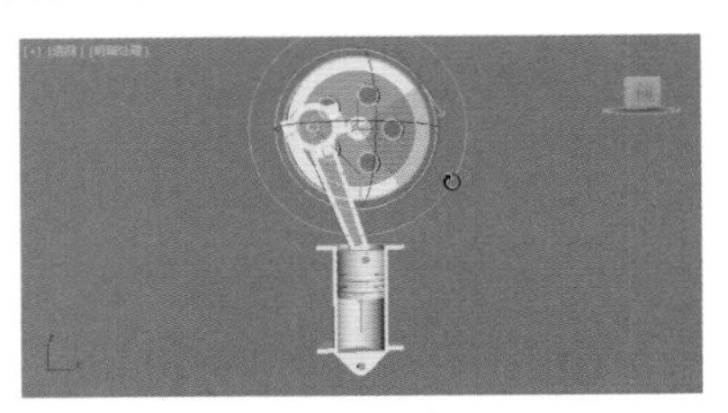

图 13-204

09 我们也可以为转轮物体设置旋转动画，最终效果如图 13-205 所示。

图 13-205

13.4.4　IK Limb 解算器

IK Limb（IK 肢体）解算器只能对链中的两块骨骼进行操作。它是一种在视图中快速使用的分析型解算器，因此，可以设置角色手臂和腿部的动画。使用该解算器，还可以通过启用关键帧中的 IK 链接，在 IK（反向链接）和 FK（正向链接）之间进行切换。“IK 肢体解算器”的参数面板如图 13-206 所示。

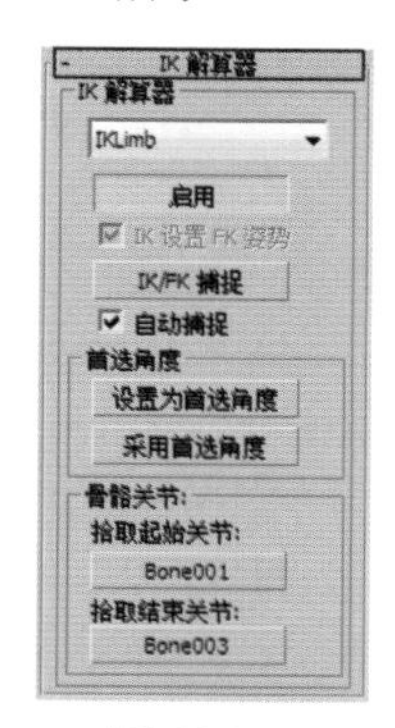

图 13-206

技巧与提示：

由于该解算器最大只能支持两根骨骼，而 HI（历史独立型）解算器支持任意数量的骨骼，所以在进行 IK 指定的时候通常会选择使用 HI（历史独立型）解算器。

13.4.5　SplineIK 解算器

SplineIK（样条线 IK）解算器使用样条线确定一组骨骼或其他链接对象的曲率。使用样条线 IK 解算器后，样条线的每个节点处会创建一个“点”辅助物体，同时“点”辅助物体会控制样条线上的节点，通过移动“点”辅助物体，并对其设置动画，从而更改该样条线的曲率。“样条线 IK 解算器”的参数面板如图 13-207 所示。

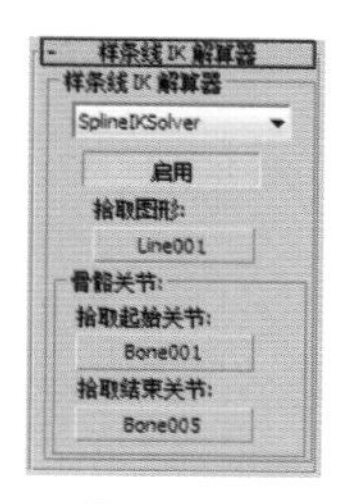

图 13-207

由于该解算器是通过改变样条线节点的空间位置来改变骨骼形态的，所以样条线 IK 提供的动画系统比其他 IK 解算器的灵活性高。节点可以在 13D 空间中随意移动，因此，链接的结构可以进行复杂的变形，所以通常用来制作一些虫子的身体、角色的尾巴和脊椎部分，如图 13-208 所示为应用了样条线 IK 解算器的骨骼。

图 13-208

13.5　本章总结

本章主要讲解了 3ds Max 中的动画约束、动画控制器和 IK 解算器的使用方法。在制作动画时，动画约束、动画控制器和 IK 解算器可以帮助我们实现动画过程的自动化，有些动画效果用手动设置关键点的方法是很难实现的，所以认真掌握并熟练使用本章所学的知识，可以让我们的动画制作事半功倍。

第 14 章

粒子系统与空间扭曲

本章工程文件

本章视频文件

14.1 粒子系统概述

粒子系统是一种非常强大的动画制作工具，通过粒子系统能够设置密集对象群的运动效果。粒子系统通常用于制作云、雨、风、火、烟雾、暴风雪以及爆炸等动画效果。在使用粒子系统的过程中，粒子的速度、寿命、形态以及繁殖等参数可以随时进行编辑，并且可以与空间扭曲相配合，制作逼真的碰撞、反弹、飘散等效果；粒子流可以在“粒子视图”对话框中进行操作符、流和测试等行为，制作更加复杂的粒子效果。本章将介绍有关粒子系统的知识，包括基础粒子系统、高级粒子系统、粒子流，以及空间扭曲 4 部分。

在 3ds Max 2016 中，如果按粒子的类型来分类，可以将粒子分为“事件驱动型粒子”和“非事件驱动型粒子”两大类。所谓“事件驱动型粒子”又称为“粒子流”，它可以测试粒子属性，并根据测试结果将其发送给不同的事件。“非事件驱动型粒子”通常在动画过程中显示一致的属性。例如，让粒子在某一特定的时间去做一些特定的事情，“非事件驱动型粒子”将实现不了这样的结果。

在“创建”命令面板中单击“几何体”按钮，在“几何体”次面板的下拉列表中选择“粒子系统”选项，进入“粒子系统”创建面板。3ds Max 2016 包含 7 种粒子，分别是“粒子流源”“喷射”“雪”“超级喷射”“暴风雪”“粒子阵列”“粒子云”。其中“粒子流源”粒子系统就是所谓的“事件驱动型粒子”，是在 3ds Max 6.0 版本时增加的一种粒子系统，其余 6 种粒子属于“非事件驱动型粒子”，如图 14-1 所示。

在功能上，PF Source（粒子流源）完全可以替代其余 6 种粒子。但在某些时候，如制作下雪或喷泉等一些简单的动画效果，使用“非事件驱动粒子”系统进行设置要更快捷、简便。

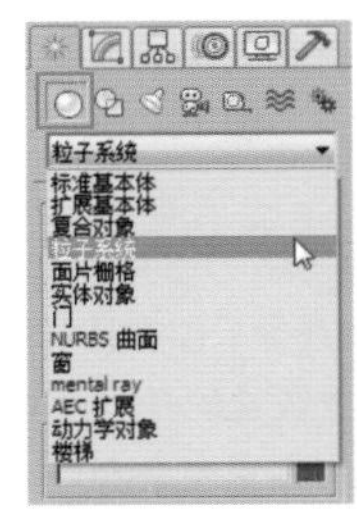

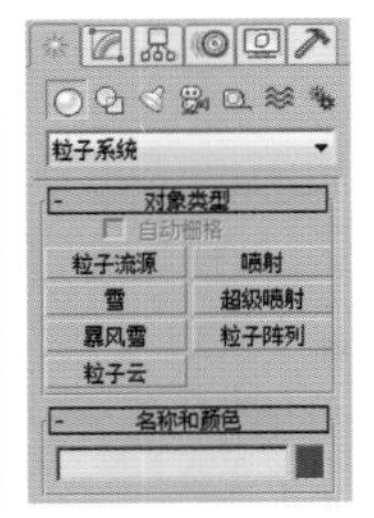

图 14-1

14.2 基础粒子系统

本书将“喷射”和“雪”两种粒子类型定义为基础粒子系统，因为与其他粒子系统相比较，这两种粒子系统可编辑的参数较少，只能使用有限的粒子形态，无法实现粒子爆炸、繁殖等特殊运动效果，但其操作较为简便，通常用于对质量要求较低的动画进行设置。

14.2.1 “喷射”粒子系统

“喷射”粒子系统主要用来模拟下雨效果，单击“喷射”按钮 喷射 ，即可在视图中创建喷射的粒子图标，如图 14-2 所示。

在“修改”面板中，可以看到喷射只有一个“参数”卷展栏，单击展开，如图 14-3 所示。

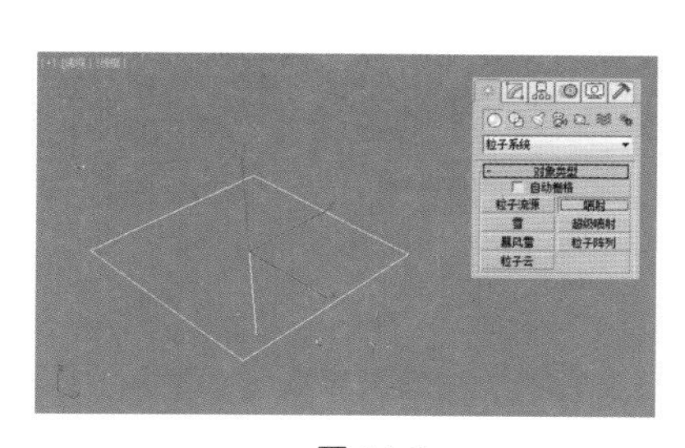

图 14-2

图 14-3

工具解析：

“粒子”组：

✦ 视图计数：视图中显示的最大粒子数。

✦ 渲染计数：在渲染时可以显示的最大粒子数。

✦ 水滴大小：设置粒子的大小，如图 14-4 所示分别为“水滴大小”值为 1 和 5 的视图显示对比。

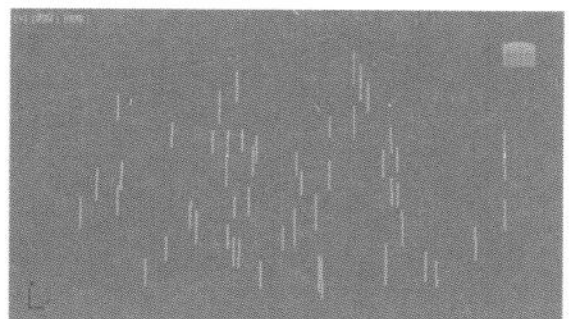

图 14-4

✦ 速度：每个粒子离开发射器时的初始速度，如图 14-5 所示分别为“速度”值为 10 和 30 的视图显示对比。

图 14-5

✦ 变化：改变粒子的初始速度和方向，如图 14-6 所示分别为“变化”值是 0 和 3 的视图显示对比。

图 14-6

“渲染”组：

✦ 四面体 / 面：设置粒子渲染为长四面体或者面。

“计时”组：

✦ 开始：第一个出现粒子的帧。

✦ 寿命：每个粒子的寿命（以帧数计）。

✦ 出生速率：每个帧产生的新粒子数。

“发射器”组：

✦ 宽度 / 长度：在视图中拖曳以创建发射器时，即隐性设置了这两个参数的初始值。随后可以在卷展栏中调整这两个值来控制发射器图标的宽度及长度。

✦ 隐藏：启用该选项可以在视图中隐藏发射器。

14.2.2　“雪”粒子系统

“雪”粒子系统与“喷射”粒子系统几乎没有什么差别，只是粒子的形态可以是六角形面片，以模拟雪花。而且“雪”粒子系统增加了翻滚参数，控制每个粒子在落下的同时可以进行翻滚运动。该系统不仅可以用来模拟下雪，还可以结合材质产生五彩缤纷的碎片下落效果，用来增添节日的喜庆气氛；如果将粒子向上发射，还可以表现从火中升起的火星效果。

单击“雪”按钮 雪 ，即可在视图中创建出雪的粒子图标，如图 14-7 所示。

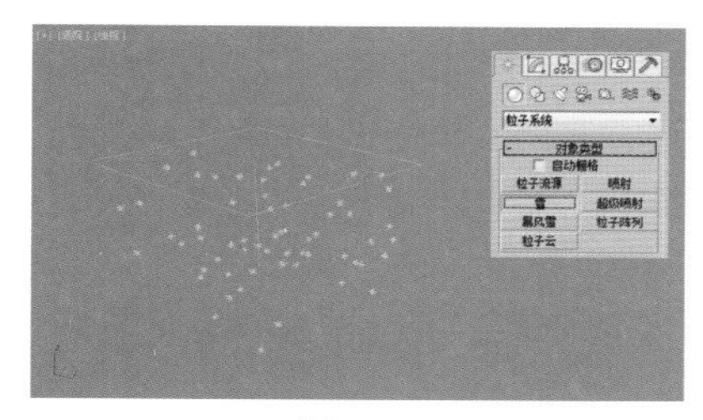

图 14-7

由于“雪”粒子系统的创建方法及参数设置与前面所讲述的“喷射”粒子系统基本相同，故不再这里重复讲解。

实例操作：用雪粒子制作下雪动画

实例操作：用雪粒子制作下雪动画

实例位置：　工程文件 >CH14> 下雪 .max

视频位置：　视频文件 >CH14> 实例：用雪粒子制作下雪动画 .mp4

实用指数：　★★☆☆☆

技术掌握：　熟练掌握雪粒子的使用方法及参数设置。

本节通过制作一个下雪特效来详细讲解雪粒子的使用方法，如图 14-8 所示为本例的最终完成效果。

图 14-8

01 打开本书相关素材中的“工程文件 >CH13> 下雪 >

下雪.max”文件，该场景中包含一个建筑模型，并且已经设置好了材质、灯光和摄影机，如图 14-9 所示。

02 单击“雪”按钮 雪 ，在顶视图中创建一个雪粒子，如图 14-10 所示。

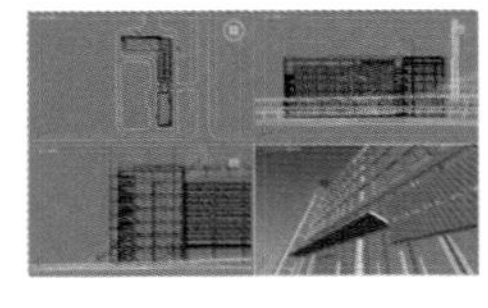

图 14-9

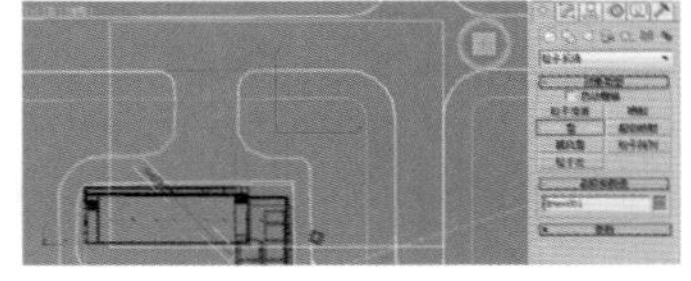

图 14-10

03 在前视图中调整位置，如图 14-11 所示。

04 在“修改”面板中，设置“视图计数”为 3000，“渲染计数”为 3000，“雪花大小”为 300，“速度”值为 2000，“变化”为 600，如图 14-12 所示。

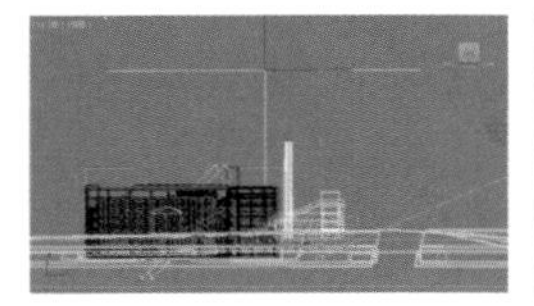

图 14-11

图 14-12

05 按 M 键，选择一个材质球并命名为“雪”，将其指定给雪粒子上，如图 14-13 所示。

06 设置雪材质“漫反射”的颜色为白色（R:250，G:250，B:250），设置“不透明度”的贴图为“渐变”贴图，并将其“渐变类型”设置为“径向”，如图 14-14 所示。

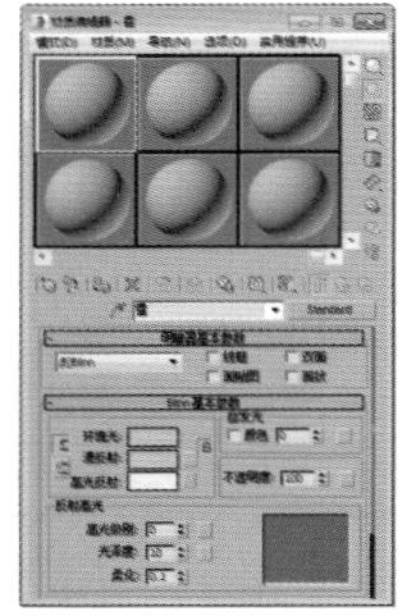

图 14-13

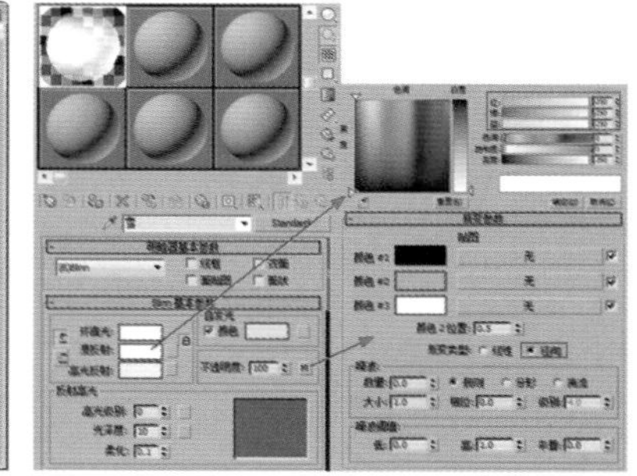

图 14-14

07 渲染场景，即可得到如图 14-15 所示的渲染效果。

图 14-15

14.3 高级粒子系统

本书将“超级喷射”“暴风雪”“粒子阵列”和“粒子云”4 种粒子系统定义为高级粒子系统。高级粒子系统有着比基础粒子系统更为复杂的设置参数，不仅可以设置粒子融合的泡沫运动动画，还可以设置粒子的运动继承和繁殖等效果，由于功能强大，因此操作也较为复杂，如图 14-16 所示为这 4 种粒子系统的参数设置面板。

图 14-16

14.3.1 4 种高级粒子系统的“基本参数”卷展栏

由于这 4 种高级粒子系统在参数设置上有许多相同之处，所以先来讲解这 4 种高级粒子系统独有的“基本参数”卷展栏，其他意义相同的参数卷展栏将在后面进行统一讲解。

1.“超级喷射”粒子系统

“超级喷射”粒子系统是从一个点向外发射的粒子流，与“喷射”粒子系统相似，但功能更为复杂，它只能由一个出发点发射，产生线形或锥形的粒子群形态。在其他参数上，与“粒子阵列”粒子系统几乎相同，即可以发射标准几何体，还可以发射其他替代物体。通过参数控制，可以实现喷射、拖尾、拉长、气泡运动、自旋等多种特殊效果，常用来制作飞机喷火、潜艇喷水、机枪扫射、水管喷水、喷泉、瀑布等特效。

01 创建“超级喷射”粒子系统，拖曳时间滑块，可以看到粒子由一个点发射，如图 14-17 所示。进入“修改”命令面板，其“基本参数”卷展栏如图 14-18 所示。

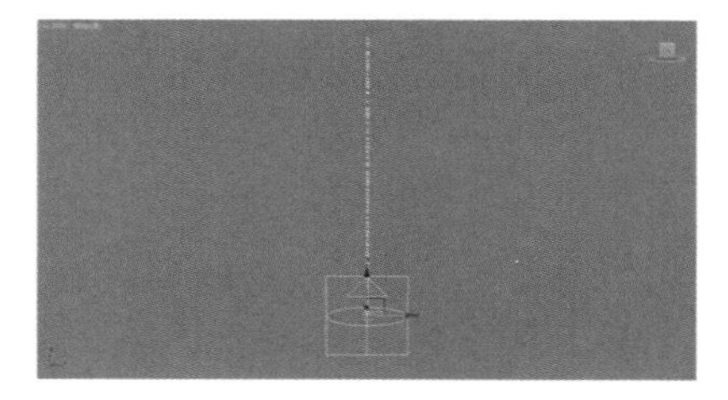

图 14-17

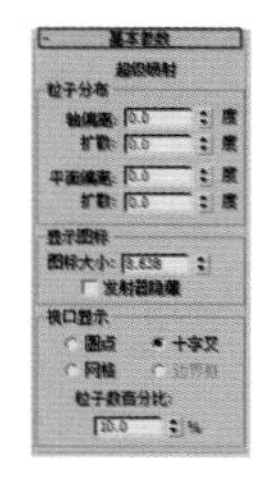

图 14-18

02 “粒子分布”选项组中的“轴偏离”参数可以沿 Z 轴影响粒子流偏移的角度，“扩散”参数用于控制粒子流沿 X 轴发射后散开的角度，如图 14-19 所示。

03 通过“平面偏离”参数可以控制粒子在发射器平面上的偏离角度，其下方的“扩散”参数用于控制粒子在发射器平面上发射后散开的角度，以产生空间的喷射，如图 14-20 所示。

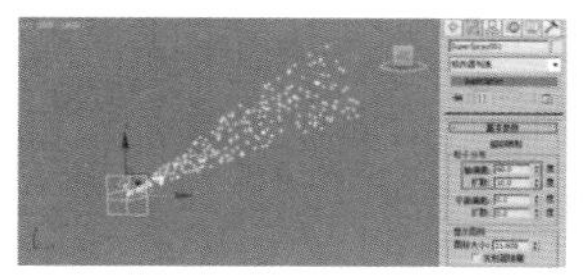

图 14-19

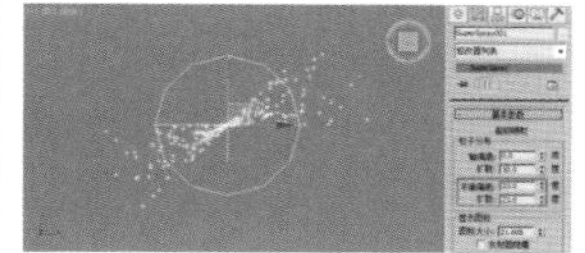

图 14-20

技巧与提示：

当“轴偏移”参数为 0 时，“平面偏离”和“扩散”两个参数没有效果。

04 “显示图标”选项组中的“图标大小”参数可以调节粒子在视图中发射器图标的大小，但它对粒子的发射效果没有影响。如果选中“发射器隐藏”复选框，可以将发射器图标隐藏。

05 “视图显示”选项组中可以设置粒子在视图中的显示形态，默认设置为“十字叉”。如果选择“网格”选项后，则粒子在视图中将显示在“粒子类型”卷展栏中设置的粒子形态。而只有在“粒子类型”卷展栏中选择了“实例几何体”粒子类型后，“边界框”选项才可以使用，如图 14-21 所示。

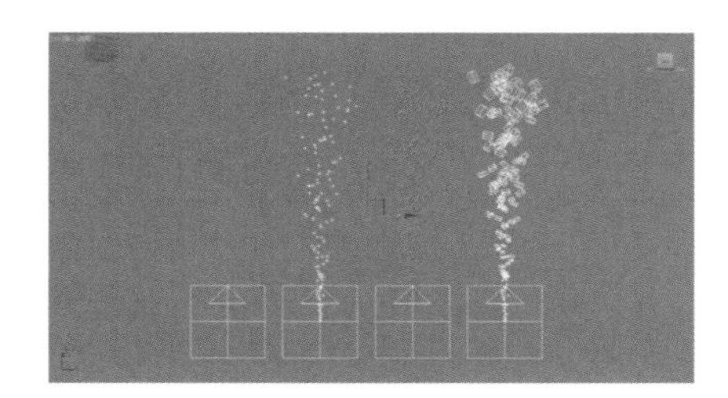

图 14-21

06 “粒子数百分比”参数可以设置有多少比例的粒子在视图中显示，因为如果在视图中显示全部粒子可能会降低视图的刷新速度，所以将些值设低，近似看到大致效果即可。渲染时仍会渲染全部粒子。

2. “暴风雪”粒子系统

“暴风雪”粒子系统可以理解为高级的“雪”粒子系统。该粒子系统的发射器图标与“雪”粒子系统相同，发射器图标的角度和尺寸决定了粒子发射的方向和面积。“暴风雪”的名称并非强调它的猛烈，而是指它的功能强大，不仅用于普通雪景的制作，还可以表现火花迸射、气泡上升、开水沸腾、满天飞花、烟雾升腾等特殊效果。

“暴风雪”粒子系统与“超级喷射”粒子系统的“基本参数”卷展栏中的参数类似，这里将不再赘述。“暴风雪”粒子系统的“基本参数”卷展栏如图 14-22 所示。

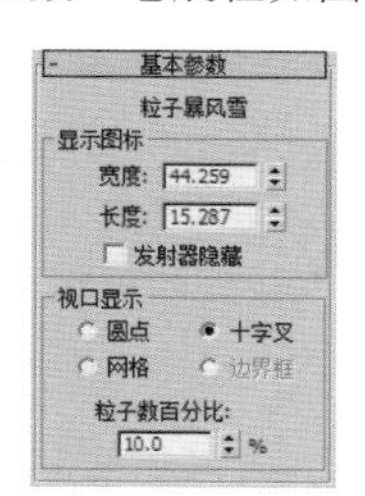

图 14-22

3. “粒子阵列”粒子系统

“粒子阵列”粒子系统自身不能发射粒子，必须拾取一个三维物体作为目标物体，从它的表面向外发散粒子，粒子发射器的大小和位置都不会影响粒子发射的形态，只有目标物体才会对整个粒子宏观的形态起决定作用。该粒子系统拥有大量的控制参数，根据粒子类型的不同，可以表现出喷发、爆裂等特殊效果。更特别的地方在于，可以将发射的粒子形态设置为目标物体的碎片，这是电影特技中经常使用的功能，而且计算速度非常快。

01 在视图中创建“粒子阵列”粒子系统后，其形态如图 14-23 所示。进入“修改”命令面板，其“基本参数”卷展栏如图 14-24 所示。

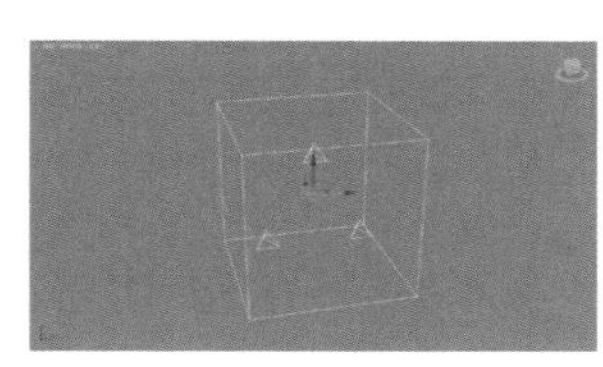

图 14-23

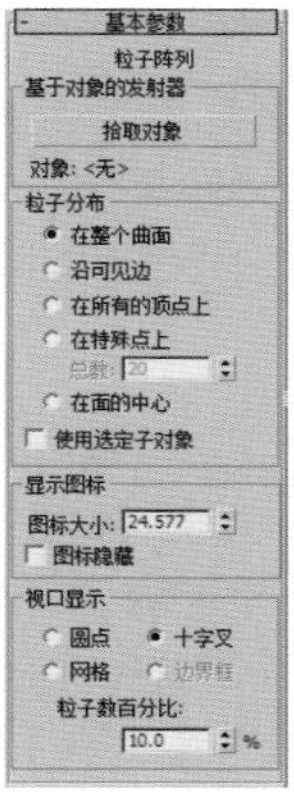

图 14-24

02 在视图中创建一个“球体”对象，然后选择“粒子阵列”粒子系统，在“基于对象的发射器”选项组中，单击“拾取对象”按钮 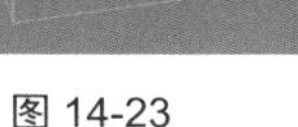，到视图中选择“球体”对象，拖曳时间滑块，发现粒子从“球体”对象的表面发散出来，如图 14-25 所示。

03 “粒子分布”选项组用于设置粒子是从目标物体表

面何种区域内发射的。默认设置为“在整个曲面”，此时粒子将在整个目标物体表面随机发射粒子；选择“沿可见边”单选按钮后，粒子将在目标物体可见的边界上随机发射粒子；选择“在所有在顶点上”单选按钮后，粒子将在目标物体的每个顶点上发射粒子；选择“在特殊点上”单选按钮后，粒子将从目标物体所有顶点中随机的若干个顶点上发射粒子，顶点的数目由下面的“总数”参数决定。选择“在面的中心”单选按钮后，粒子将从目标物体每一个三角面的中心发射粒子，如图 14-26 所示，观察不同的分布方式产生的不同效果。

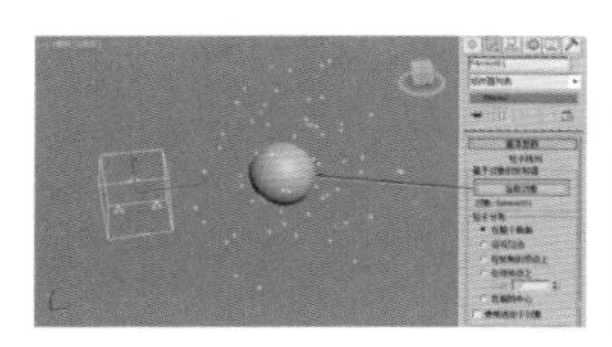

图 14-25

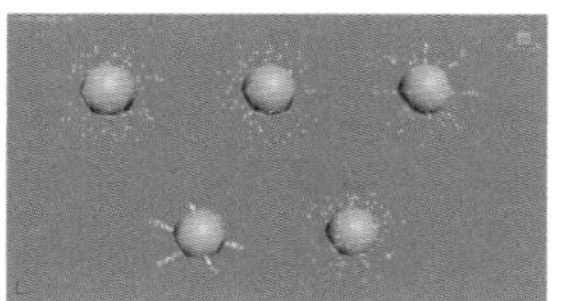

图 14-26

04 选择“球体”对象，将其塌陷为“可编辑多边形”对象，进入“多边形”次物体级，选择如图 14-27 所示的“面”。

05 选择“粒子阵列”粒子系统，选中“粒子分布”选项组中的“使用选定子对象”复选框，此时粒子只会在“球体”对象选定的“面”子对象上进行发射，如图 14-28 所示。

图 14-27

图 14-28

技巧与提示：

由于“显示图标”和“视图显示”选项组与“超级喷射”粒子系统中的相同，这里将不再赘述。

4. “粒子云”粒子系统

“粒子云”粒子系统能够将粒子限定在一个空间内，在空间内部产生粒子效果。通常空间可以是球体、柱体、立方体或从场景中拾取对象的外形设置的范围内。在默认状态下，粒子保持静止状态，用户可以定义粒子的运动速度和方向，利用这一特点，可以制作堆积的不规则群体，如成群的鸟儿、蚂蚁、蜜蜂、人群、士兵、飞机或星空中的星星、陨石等。

01 在视图中创建“粒子云”粒子系统后，其形态如图 14-29 所示。进入“修改”命令面板，其“基本参数”卷展栏如图 14-30 所示。

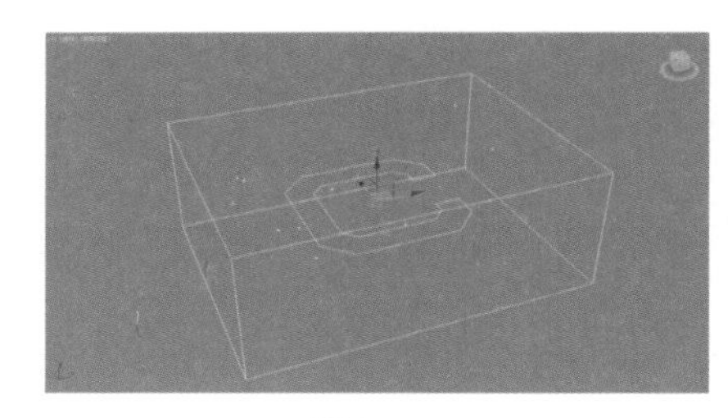

图 14-29

图 14-30

02 在“粒子分布”选项组中可以设置粒子发射器的形状，共有 4 种。默认状态下使用的是“长方体发射器”，如图 14-31 所示为这 4 种类型的发射器形态。

03 当在“粒子分布”选项组中选择了“基于对象的发射器”选项后，即可通过“基于对象的发射器”选项组中的“拾取对象”按钮 拾取对象 ，拾取场景中的物体作为粒子的发射器对象，如图 14-32 所示。

图 14-31

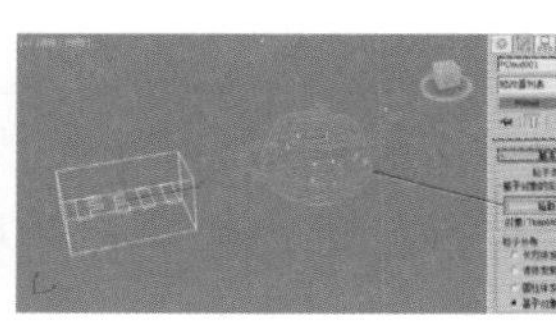

图 14-32

技巧与提示：

“粒子云”粒子系统“基本参数”卷展栏中的其他参数与“超级喷射”粒子系统中的相同，这里将不再赘述。

14.3.2 “粒子生成”卷展栏

由于“粒子阵列”粒子系统是一种较为典型的粒子系统，该粒子系统几乎包含了其他几种粒子系统所有的功能，掌握该粒子系统后，学习其他几种粒子系统就比较容易了。所以从本节开始，将以“粒子阵列”粒子系统为例，为大家讲解高级粒子系统中一些公共参数的相关知识。

通过“基本参数”卷展栏中的各个选项，可以创建和调整粒子系统的大小，并且可以为粒子系统拾取分布对象等。而“粒子生成”卷展栏中的选项，可以控制粒子产生的时间和速度、粒子的移动方式及不同时间内粒子的大小。展开“粒子生成”卷展栏，如图 14-33 所示。

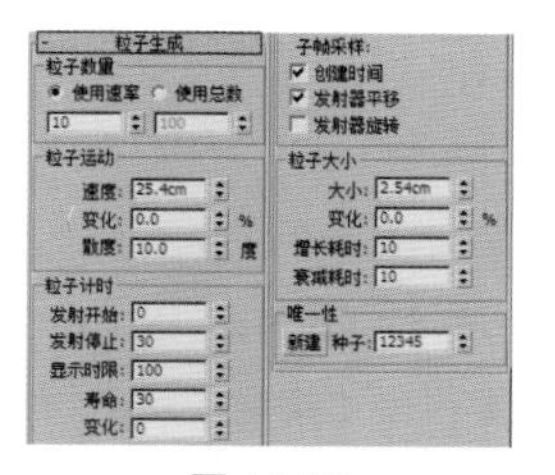

图 14-33

工具解析：

“粒子数量”组：

✦ 使用速率：指定每帧发射的固定粒子数。

✦ 使用总数：指定在系统使用寿命内产生的总粒子数。

“粒子运动”组：

✦ 速度：粒子在出生时沿着法线的速度。

✦ 变化：对每个粒子的发射速度应用一个变化百分比。

“粒子计时”组：

✦ 发射开始：设置粒子开始在场景中出现的帧。

✦ 发射停止：设置发射粒子的最后一帧。

✦ 显示时限：指定所有粒子均消失的帧。

✦ 寿命：设置每个粒子的寿命。

✦ 变化：指定每个粒子的寿命可以从标准值变化的帧数。

“粒子大小”组：

✦ 大小：指定粒子的大小。

✦ 变化：每个粒子的大小可以从标准值变化的百分比，如图 14-34 所示分别为“变化”值为 0 和 50 的视图显示对比。

图 14-34

✦ 增长耗时：粒子从很小增长到“大小”的值经历的帧数，如图 14-35 所示分别为“增长耗时”值为 0 和 10 的视图显示对比。

图 14-35

✦ 衰减耗时：粒子在消亡之前缩小到其“大小”设置的 1/10 所经历的帧数。

“唯一性”组：

✦ “新建”按钮 新建 ：随机生成新的种子值，使粒子呈现出随机的位移形态变化，如图 14-36 所示分别为随机的不同种子值所产生的视图显示结果。

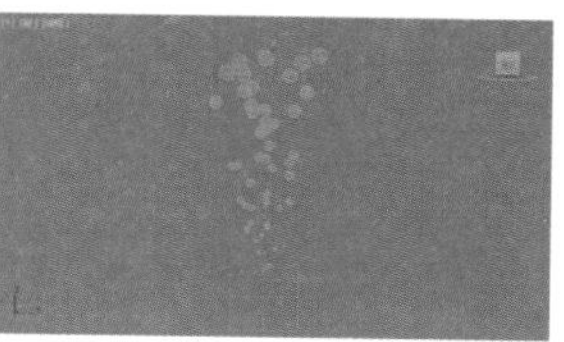

图 14-36

✦ 种子：设置特定的种子值。

14.3.3　“粒子类型”卷展栏

使用“粒子类型”卷展栏中的参数，可以指定所用粒子的类型，以及粒子所赋予贴图的类型。展开“粒子类型”卷展栏，如图 14-37 所示。

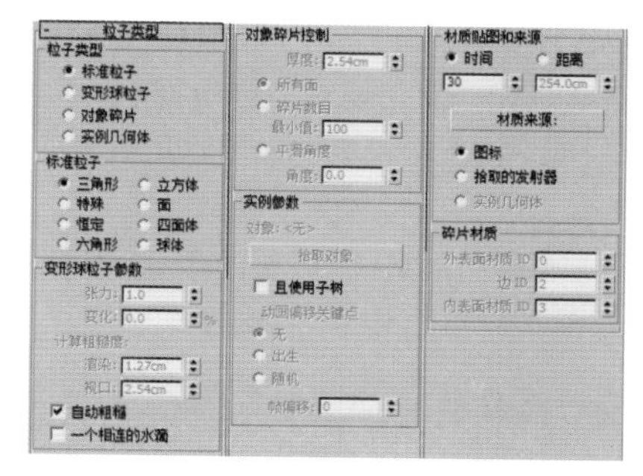

图 14-37

工具解析：

“粒子类型”组：

✦ 标准粒子：使用多种标准粒子类型中的一种，例如三角形、立方体、四面体等。

✦ 变形球粒子：使用变形球粒子。这些变形球粒子是粒子系统，从中单独的粒子以水滴或粒子流形式混合在一起。

✦ 实例几何体：可以设置当前粒子为场景中另一个对象的相同实例。

“标准粒子”组：

✦ 三角形 / 立方体 / 特殊 / 面 / 恒定 / 四面体 / 六角形 / 球体：用于设置粒子渲染的不同形态，如图 14-38 所示。

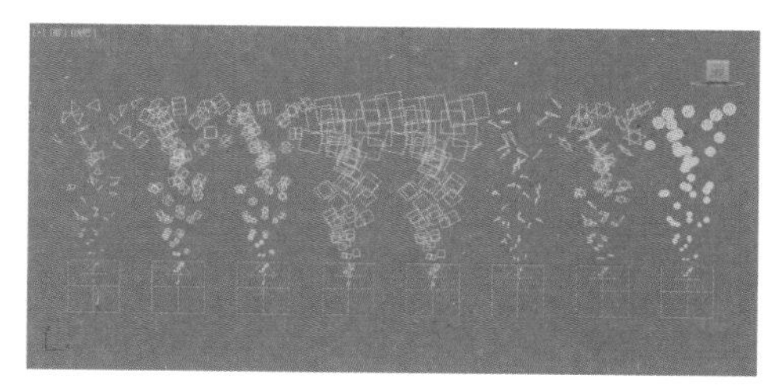

图 14-38

“变形球粒子参数”组：

✦ 张力：确定有关粒子与其他粒子混合倾向的紧密度。张力越大，聚集越难，合并也越难，如图 14-39 所示分别为“张力”值是 1 和 0.1 所产生的视图显示结果对比。

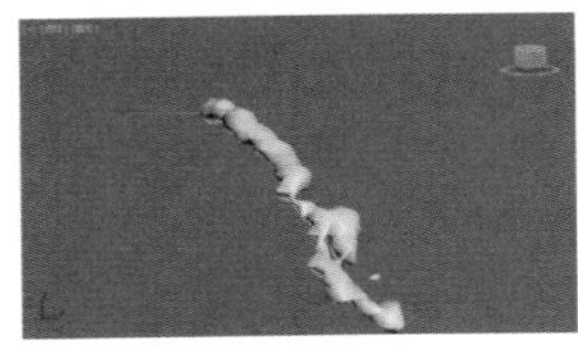
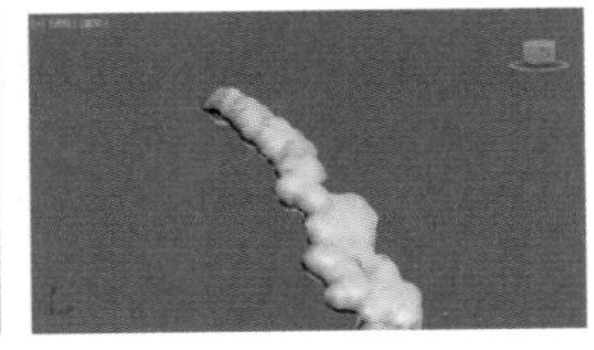

图 14-39

✦ 变化：指定张力效果的变化百分比。

✦ 渲染：设置渲染场景中的变形球粒子的粗糙度。

✦ 视图：设置视图显示的粗糙度。

✦ 自动粗糙：启用此项，会根据粒子大小自动设置渲染粗糙度，视图粗糙度会设置为渲染粗糙度的大约两倍。

✦ 一个相连的水滴：启用该选项，将使用快捷算法，仅计算和显示彼此相连或邻近的粒子。

技巧与提示：

将“超级喷射”粒子的粒子类型设置为“变形球粒子”，可以很方便地模拟液体的喷射动画。

“实例参数”组：

✦ “拾取对象”按钮 拾取对象 ：单击此按钮，可以在场景中拾取任意对象作为当前粒子的形态。

✦ 且使用子树：启用此选项，可以将拾取的对象的链接子对象包括在粒子中。

“材质贴图和来源”组：

✦ 时间：指定从粒子出生开始完成粒子的一个贴图所需的帧数。

✦ 距离：指定从粒子出生开始完成粒子的一个贴图所需的距离。

✦ “材质来源：”按钮 材质来源： ：指定来源更新粒子系统携带的材质。

✦ 图标：粒子使用当前为粒子系统图标指定的材质。

✦ 实例几何体：粒子使用为实例几何体指定的材质。

14.3.4 “旋转和碰撞”卷展栏

在粒子调整运动的情况下，可能需要为粒子添加运动模糊以增强其动感。此外，现在世界的粒子通常会一边移动一边旋转，并且互相碰撞。用户可通过“旋转和碰撞”卷展栏中的选项来设置粒子的旋转及运动模糊效果，并控制粒子间的碰撞。展开“旋转和碰撞”卷展栏，如图 14-40 所示。

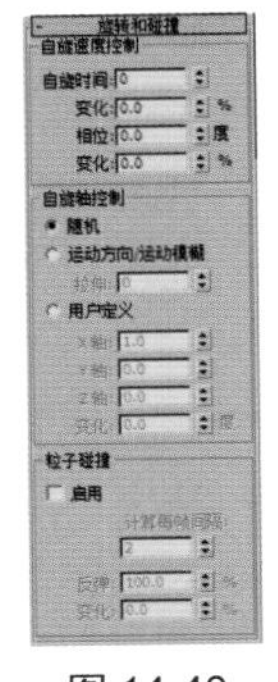

图 14-40

工具解析：

“自旋速度控制”组：

✦ 自旋时间：粒子一次旋转的帧数。如果设置为 0，则不进行旋转。

✦ 变化：自旋时间的变化百分比。

✦ 相位：设置粒子的初始旋转角度。

✦ 变化：相位的变化百分比。

“自旋轴控制”组：

✦ 随机：每个粒子的自旋轴是随机的。

✦ 运动方向 / 运动模糊：围绕由粒子移动方向形成的向量旋转粒子。

✦ 拉伸：如果大于 0，则粒子根据其速度沿运动轴拉伸。

✦ 用户定义：使用 X、Y 和 Z 轴微调器中定义的向量。

✦ 变化：每个粒子的自旋轴可以从指定的 X 轴、Y 轴和 Z 轴设置变化的量（以度计）。

“粒子碰撞”组：

✦ 启用：在计算粒子移动时启用粒子之间的碰撞。

✦ 计算每帧间隔：每个渲染间隔的间隔数，期间进行粒子碰撞测试。值越大，模拟越精确，但是模拟运行的速度也越慢。

✦ 反弹：在碰撞后速度恢复到的程度。

✦ 变化：应用于粒子的反弹值的随机变化百分比。

14.3.5 “对象运动继承”卷展栏

当制作粒子跟随源物体运动的动画时，有些粒子是不紧跟着源物体运动的，例如火车喷出的烟雾应该向着与前进方向相反的方向飘动，而不是保持笔直的喷射状态。“运动继承”卷展栏中的参数则是用来控制源物体在运动时粒子的跟随速度的。

“影响”参数决定了粒子的运动情况。值为 100 时，粒子会在发射后，仍保持与发射器相同的速度，在自身发散的同时，跟随发射器进行运动，形成动态发散效果；当值为 0 时，粒子发散后会马上与目标物体脱离关系，自身进行发散，直到消失，产生一边移动一边脱落粒子的效果，如图 14-41 和图 14-42 所示为设置不同“影响”参数值后粒子的运动效果。

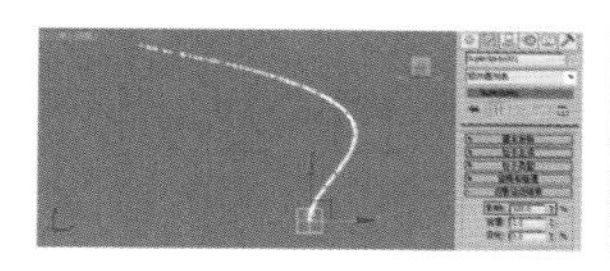
图 14-41

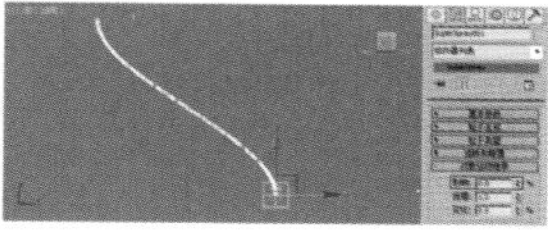
图 14-42

“倍增”参数用来加大移动目标物体对粒子造成的影响。“变化”参数可设置倍增的变化百分比。

14.3.6　“气泡运动”卷展栏

“气泡运动”卷展栏可以设置粒子产生一种晃动的影响，如同水下上升的气泡。该卷展栏主要用于粒子模拟气泡和泡沫等物体的运动效果。气泡运动好像为粒子指定了一个波形轨迹，差异栏中的参数用来控制波形的幅度、周期和相位等。展开“气泡运动”卷展栏，如图 14-43 所示。

图 14-43

工具解析：

✦ 幅度：粒子离开通常的速度矢量的距离。

✦ 变化：每个粒子所应用的振幅变化的百分比。

✦ 周期：粒子通过气泡“波”的一个完整振动的周期。

✦ 变化：每个粒子的周期变化的百分比。

✦ 相位：气泡图案沿着矢量的初始置换。

✦ 变化：每个粒子的相位变化的百分比。

14.3.7　“粒子繁殖”卷展栏

“粒子繁殖”卷展栏内的参数用于设置粒子在死亡或碰撞后是否孵化出新的个体，使用该卷展栏内的参数不仅可以设置粒子的繁殖，还可以将任意对象作为繁殖的形态，并可以对繁殖对象的尺寸、速度及混乱度等参数进行设置。如图 14-44 所示为“粒子繁殖”卷展栏中的各项参数。

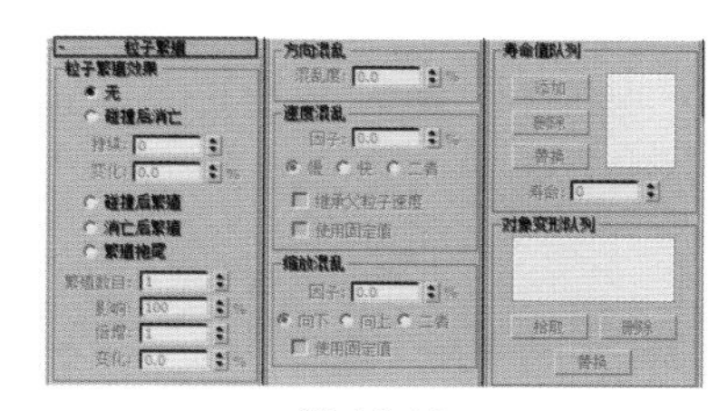
图 14-44

工具解析：

“粒子繁殖效果”组：

✦ 无：不使用任何繁殖控件，粒子按照正常方式活动。

✦ 碰撞后消亡：粒子在碰撞到绑定的导向器后消失。

✦ 持续：粒子在碰撞后持续的寿命（帧数）。

✦ 变化：当“持续”大于 0 时，每个粒子的“持续”值各不相同。使用此选项可以“羽化”粒子密度的逐渐衰减。

✦ 碰撞后繁殖：在与绑定的导向器碰撞时产生繁殖效果。

✦ 消亡后繁殖：在每个粒子的寿命结束时产生繁殖效果。

✦ 繁殖拖尾：在现有粒子寿命的每一帧处，从该粒子繁殖粒子。

✦ 繁殖数目：除原粒子以外的繁殖数。

✦ 影响：指定将繁殖的粒子的百分比。

✦ 倍增：倍增每个繁殖事件繁殖的粒子数。

✦ 变化：逐帧指定“倍增”值将变化的百分比范围。

“方向混乱”组：

✦ 混乱度：指定繁殖的粒子的方向可以从父粒子的方向变化的量。

“速度混乱”组：

✦ 因子：繁殖的粒子的速度相对于父粒子的速度变化的百分比范围。如果值为 0，则表示无变化。

✦ 继承父粒子速度：除了速度因子的影响外，繁殖的粒子还继承父体的速度。

✦ 使用固定值：将“因子”值作为设置值，而不是作为随机应用于每个粒子的范围。

“缩放混乱”组：

✦ 因子：为繁殖的粒子确定相对于父粒子的随机缩放百分比范围。

✦ 使用固定值：将“因子”的值作为固定值，而不是值范围。

“寿命值队列”组：

✦ “添加”按钮 添加：将“寿命”微调器中的值加入列表窗口。

✦ “删除”按钮 删除：删除列表窗口中当前高亮显示的值。

✦ “替换”按钮 替换：可以使用“寿命”微调器中的值替换队列中的值。

✦ 寿命：使用此选项可以设置一个值，然后单击“添加”按钮将该值加入列表窗口。

“对象变形队列”组：

✦ “拾取”按钮 拾取 ：单击此按钮，然后在视图中选择要加入列表的对象。

✦ “删除”按钮 删除 ：删除列表窗口中当前高亮显示的对象。

✦ “替换”按钮 替换 ：使用其他对象替换队列中的对象。

14.3.8 “加载 / 保存预设”卷展栏

“加载 / 保存预设”卷展栏中提供了多个系统自带的粒子运动类型，用户可以通过将这些设置好的数据添加到自己设置的粒子系统中，从而完成各种粒子的运动过程，还可以将自己设置好的粒子效果进行保存，以便在其他相关的粒子系统中使用。接下来将通过具体操作介绍“保存”和“加载”粒子效果的方法。

01 接着上面的操作，参数如图 14-45 所示，将先前设置的粒子效果保存。

02 如果需要将这些设置好的数据添加到自己设置的粒子系统中，完成各种粒子的运动过程，可参照如图 14-46 所示进行操作，设置完毕后在视图中观察粒子的效果，如图 14-47 所示。

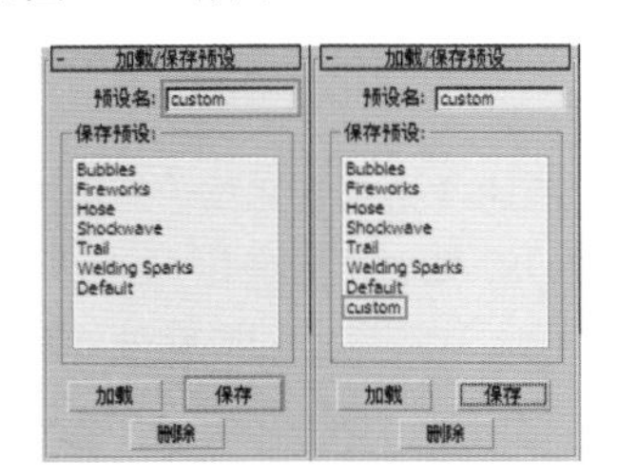

图 14-45

图 14-46

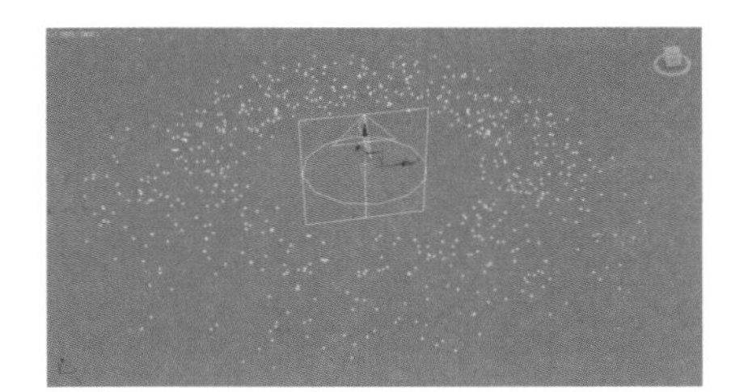

图 14-47

实例操作：用暴风雪粒子制作树叶飘落动画

实例操作：用暴风雪粒子制作树叶飘落动画

实例位置： 工程文件 >CH14> 树叶飘落 .max

视频位置： 视频文件 >CH14> 实例：用暴风雪粒子制作树叶飘落动画 .mp4

实用指数： ★★☆☆☆

技术掌握： 熟练掌握暴风雪粒子的使用方法及参数设置。

本节通过制作一个树叶飘落的特效来详细讲解暴风雪粒子的使用方法，如图 14-48 所示，为本实例的最终完成效果。

图 14-48

01 打开本书相关素材“工程文件 >CH13> 树叶飘落 > 树叶飘落 .max”文件，该场景中包含楼房和树木的模型，并且已经设置好了材质、灯光和摄影机，如图 14-49 所示。

02 单击“暴风雪”按钮，在顶视图中创建一个暴风雪粒子，并将其移动至如图 14-50 所示的位置。

图 14-49

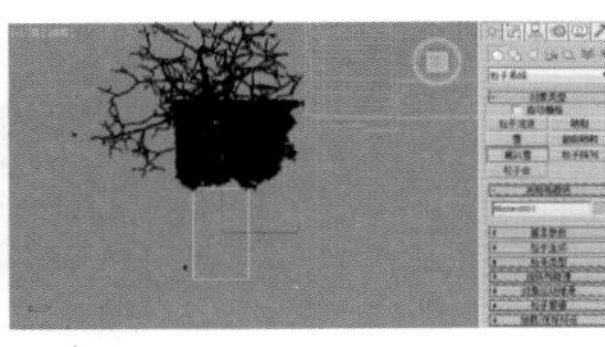

图 14-50

03 按 P 键，在透视视图中，调整暴风雪粒子的方向，如图 14-51 所示。

04 在“修改”面板中，单击展开“基本参数”卷展栏，设置粒子的“视图显示”为“网格”，并设置“粒子数百分比：”为 100%，如图 14-52 所示。

图 14-51

图 14-52

05 单击展开“粒子生成”卷展栏，设置“粒子数量”为“使用总数”，并设置“使用总数”为 50，即暴风雪粒子在场景中共发射 50 个粒子，用来模拟掉落的树叶。在“粒子运动”组中，设置粒子的“速度”为 50。在“粒子计时”组中，设置粒子的“发射开始”为 -100，使场景在第 0 帧就已经产生粒子，将“显示时限”调整为 200 帧，将粒子的“寿命”调整为 300 帧，如图 14-53 所示。

06 在“粒子类型”卷展栏中，设置“粒子类型”为“实例几何体”，并单击“拾取对象”按钮 拾取对象 ，拾取场景中的叶子模型，如图 14-54 所示。

图 14-53

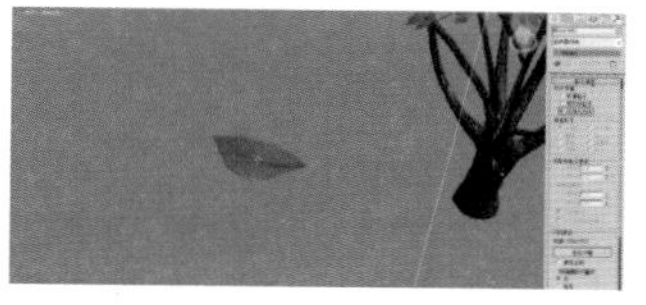
图 14-54

07 在“材质贴图和来源”组中，设置粒子的“材质来源”为“实例几何体”，如图 14-55 所示，这样便可在视图中观察暴风雪粒子的形态。

08 单击展开“旋转和碰撞”按钮，设置粒子的“自旋时间”为 30，拖曳“时间滑块”，即可观察到叶片是一边旋转一边掉落的动画效果，如图 14-56 所示。

图 14-55

图 14-56

09 在摄影机视图中，按快捷键 Shift+Q，渲染当前视图，渲染结果如图 14-57 所示。

图 14-57

实例操作：用超级喷射粒子制作香烟燃烧动画

实例操作：用超级喷射粒子制作香烟燃烧动画

实例位置：　工程文件 >CH14> 香烟燃烧 .max

视频位置：　视频文件 >CH14> 实例：用超级喷射粒子制作香烟燃烧动画 .mp4

实用指数：　★★★☆☆

技术掌握：　熟练掌握超级喷射粒子的使用方法及参数设置。

本节通过制作一个香烟燃烧的特效来详细讲解超级喷射粒子的使用方法，如图 14-58 所示为本例的最终完成效果。

图 14-58

01 启动 3ds Max 2016 后，打开本书相关素材中的“场景 .max”文件，该场景中包含一个香烟和烟灰缸的模型，并且已经设置好了材质、灯光和摄影机，如图 14-59 所示。

02 单击“超级喷射”按钮 超级喷射 ，在顶视图中创建一个超级喷射粒子，并将其移动至如图 14-60 所示的香烟烟头位置。

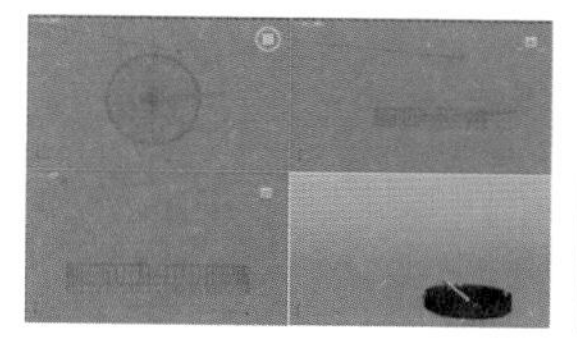
图 14-59

图 14-60

03 在“修改”面板中，单击展开“基本参数”卷展栏，设置粒子的“视图显示”为“网格”，并设置“粒子数百分比：”为 100%，如图 14-61 所示。

04 单击展开“粒子生成”卷展栏，设置“粒子数量”的方式为“使用速率”，并设置其值为 100，将粒子的“速度”设置为 0，如图 14-62 所示。

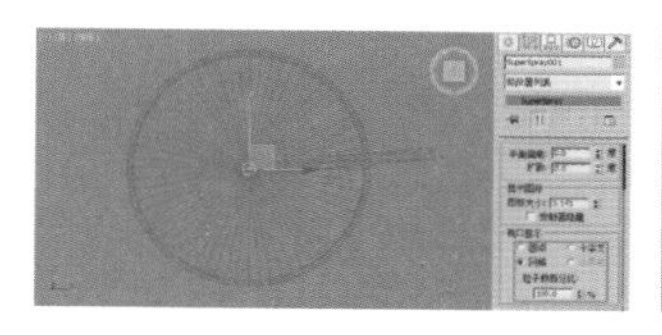
图 14-61

图 14-62

05 单击展开“粒子类型”卷展栏，设置“粒子类型”为“面”，如图 14-63 所示。

06 单击“风”按钮，在场景中创建风，如图 14-64 所示。

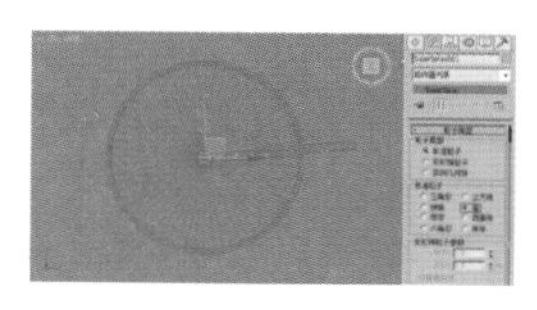
图 14-63

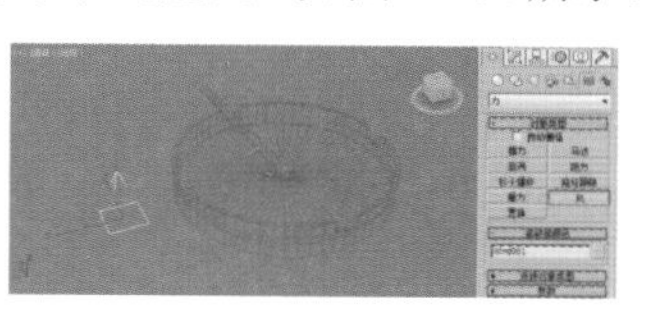
图 14-64

07 在“主工具栏”上，单击“绑定到空间扭曲”按钮，在场景中，将鼠标移动至超级喷射粒子图标上，按住左键拖曳出一条虚线，并移动至风图标上，与风绑定。绑定成功后，单击超级喷射粒子，在其“修改”面板的“修改器堆栈”中可以看到添加了“风绑定”命令，如图 14-65 所示。

08 单击场景中的风，在“修改”面板中单击展开“参数”卷展栏，设置风的“强度”为 1，“衰退”为 0.15，“湍流”为 0.2，“频率”为 0.2，“比例”为 0.1，如图 14-66 所示。

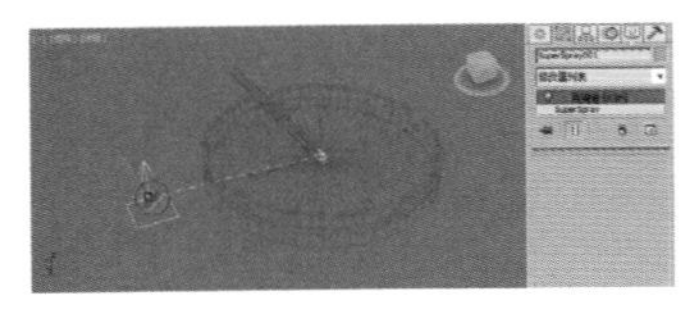

图 14-65

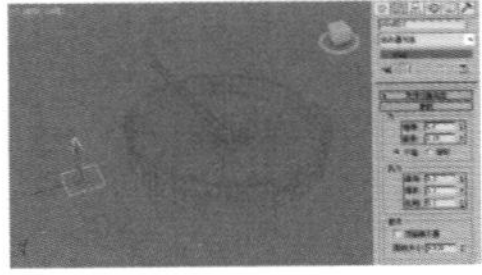

图 14-66

09 按 C 键，拖曳“时间滑块”，即可在摄影机视图中观察到香烟燃烧所产生的烟雾动画，如图 14-67 所示。

10 按快捷键 Shift+Q，渲染摄影机视图，渲染结果如图 14-68 所示。

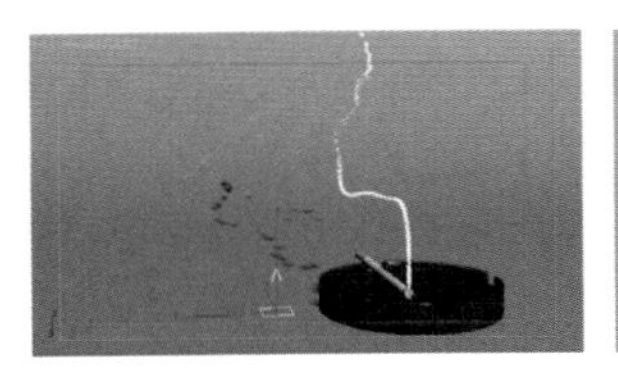

图 14-67

图 14-68

14.4 粒子流源

“粒子流源”是在 3ds Max 6.0 版本时增加的一种粒子系统，随着 3ds Max 版本的升级，该粒子系统也在不断完善，功能越来越强大。“粒子流”其实就是将普通粒子系统中的每个参数卷展栏都独立为一个“事件”，通过对这些“事件”任意、自由地排列组合，即可创建出丰富多彩的粒子运动效果。该粒子系统使用一种称为“粒子视图”的特殊对话框来使用“事件”来驱动粒子。在“粒子视图”中，可将一定时期内描述粒子属性（如形状、速度、方向和旋转）的单独操作符合并到称为“事件”的组中。每个操作符都提供一组参数，其中多数参数可以设置动画，以更改事件期间的粒子行为。随着事件的发生，“粒子流”会不断地计算列表中的每个操作符，并相应地更新粒子系统。

单击“粒子流源”按钮 粒子流源 ，在视图中拖曳绘制出“粒子流源”的图标，如图 14-69 所示。

在“修改”面板中，“粒子流源”包含“设置”“发射”“选择”“系统管理”和“脚本”这 5 个卷展栏，如图 14-70 所示。

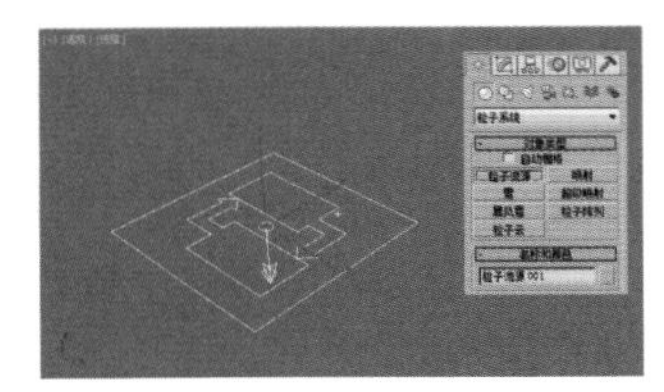

图 14-69

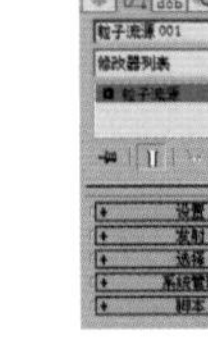

图 14-70

14.4.1 “设置”卷展栏

单击展开“设置”卷展栏，如图 14-71 所示。

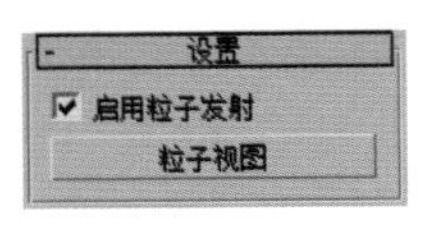

图 14-71

工具解析：

✦ 启用粒子发射：打开或关闭粒子系统，默认设置为启用。

✦ “粒子视图”按钮 粒子视图 ：单击此按钮即可弹出“粒子视图”面板，如图 16-72 所示。

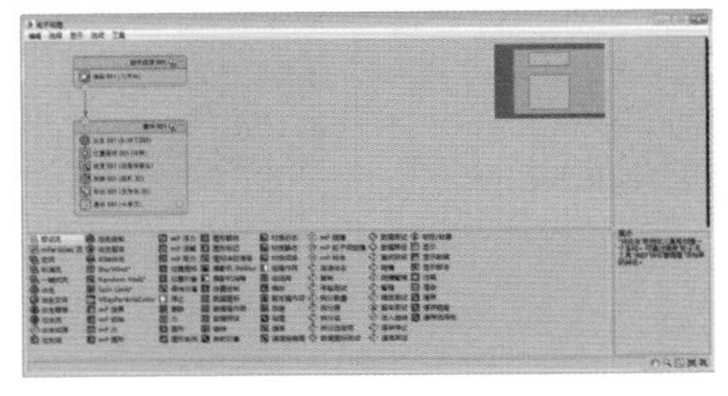

图 14-72

14.4.2 “发射”卷展栏

单击展开“发射”卷展栏，如图 14-73 所示。

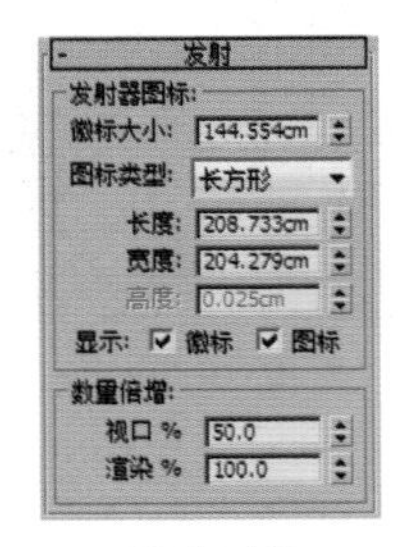

图 14-73

工具解析：

“发射器图标”组：

✦ 徽标大小：设置显示在源图标中心的粒子流徽标的大小。

✦ 图标类型：选择源图标的基本几何体，包含“长方形”“长方体”“圆形”和“球体”4 种可选，如图 14-74 所示。

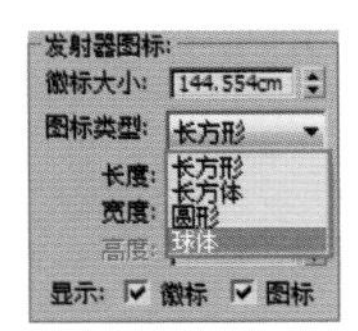

图 14-74

✦ 长度 / 宽度 / 高度：可以分别设置粒子图标的长度、宽度和高度。

✦ 显示：分别打开和关闭“徽标”和“图标”的显示。

“数量倍增”组：

✦ 视图 %：设置系统中在视图内生成的粒子总数的百分比。

✦ 渲染 %：设置系统中在渲染时生成的粒子总数的百分比。

14.4.3　“选择”卷展栏

单击展开“选择”卷展栏，如图 14-75 所示。

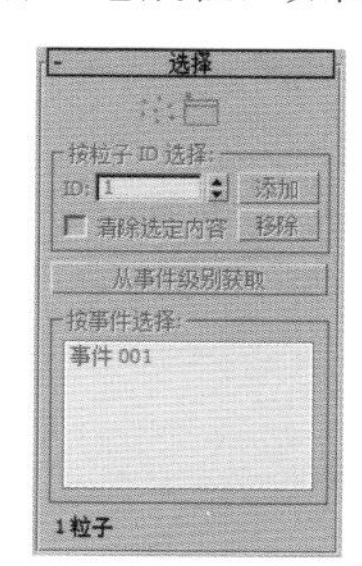

图 14-75

工具解析：

✦ “粒子”按钮：通过单击粒子或拖曳一个区域来选择粒子。

✦ “事件”按钮：用于按事件选择粒子。

“按粒子 ID 选择”组：

✦ ID：使用此控件可设置要选择的粒子的 ID 号。

✦ “添加”按钮添加：设置完要选择的粒子的 ID 号后，单击此按钮可将其添加到选择中。

✦ 清除选定内容：启用后，单击“添加”按钮添加选择粒子，会取消选择所有其他的粒子。

✦ “移除”按钮移除：设置完要取消选择的粒子的 ID 号后，单击移除可将其从选择中移除。

✦ “从事件级别获取”按钮从事件级别获取：单击该按钮可将“事件”级别选择转化为“粒子”级别。仅适用于“粒子”级别。

14.4.4　“系统管理”卷展栏

单击展开“系统管理”卷展栏，如图 14-76 所示。

图 14-76

工具解析：

“粒子数量”组：

✦ 上限：系统可以包含粒子的最大数目。

“积分步长”组：

✦ 视图：设置在视图中播放的动画的积分步长。

✦ 渲染：设置渲染时的积分步长。

14.4.5　“脚本”卷展栏

单击展开“脚本”卷展栏，如图 14-77 所示。

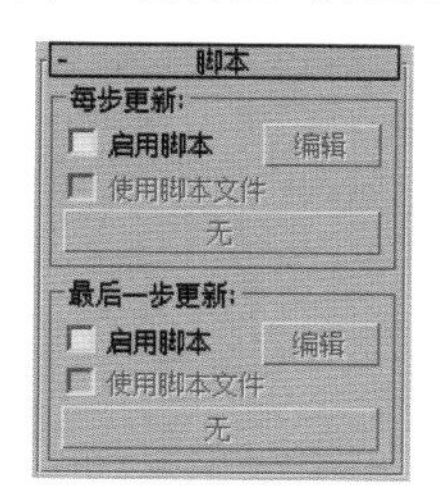

图 14-77

工具解析：

“每步更新”组：

✦ 启用脚本：启用它可引起按每积分步长执行内存中的脚本。

✦ “编辑”按钮编辑：单击此按钮可打开具有当前脚本的文本编辑器窗口。

✦ 使用脚本文件：当此项处于启用状态时，可以通过单击下面的“无”按钮无加载脚本文件。

✦ “无”按钮无：单击此按钮可显示“打开”对话框，可通过此对话框指定要从磁盘加载的脚本文件。加载脚本后，脚本文件的名称将出现在按钮上。

“最后一步更新”组：

✦ 启用脚本：启用它可引起在最后的积分步长后执行内存中的脚本。

✦ “编辑”按钮编辑：单击此按钮可打开具有当前脚本的文本编辑器窗口。

✦ 使用脚本文件：当此项处于启用状态时，可以通过单击下面的“无”按钮无加载脚本文件。

✦ “无”按钮无：单击此按钮可显示“打开”对话框，可通过此对话框指定要从磁盘加载的脚本文件。加载脚本后，脚本文件的名称将出现在按钮上。

实例操作：用粒子流源制作鸟群动画

实例操作：用粒子流源制作鸟群动画

实例位置：	工程文件 >CH14> 鸟群 .max
视频位置：	视频文件 >CH14> 实例：用粒子流源制作鸟群动画 .mp4
实用指数：	★★★☆☆

技术掌握：　熟悉“粒子流源”的创建方法，以及“操作符”等事件。

“粒子流”的操作方法与普通的粒子系统有所区别，它能够实现十分复杂的粒子动画。下面将指导读者制作一个实例，通过该实例可以让读者更直观地了解其操作方法，如图 14-78 所示为本实例的最终完成效果。

图 14-78

01 打开本书相关素材中的“工程文件 >CH14> 鸟群 > 鸟群 .max”文件，场景中有一个“鸽子”的模型，并已经设置了扇翅的动画，还有一条样条线，作为鸽子飞行的路径，如图 14-79 所示。

02 进入“粒子系统”面板单击“粒子流源”按钮 粒子流源，在顶视图中创建一个粒子流“粒子流源 001”，进入“修改”面板，在“发射”卷展栏中设置发射器的尺寸，“长度”为 20，“宽度”为 10；在“数量倍增”选项组中设置“视图 %”为 100，让粒子在视图中全部显示，如图 14-80 所示。

图 14-79

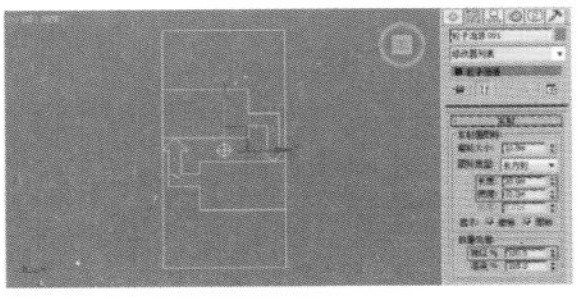

图 14-80

技巧与提示：

如果粒子数量太多或者计算机配置不高，可以让粒子在视图的显示数量少一些，以增加视图操作的流畅度。

03 在“设置”卷展栏内单击“粒子视图”按钮 粒子视图，打开“粒子视图”对话框，粒子流的操作需要在该对话框内完成，如图 14-81 所示。

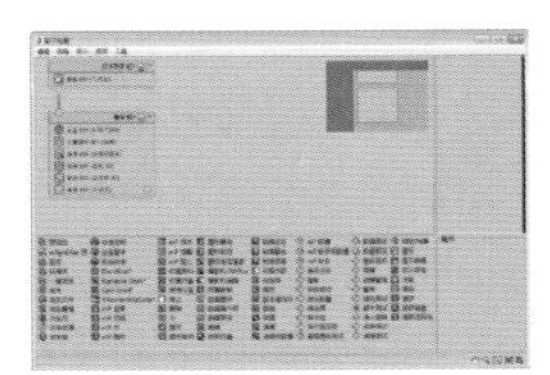

图 14-81

技巧与提示：

我们也可以在菜单中执行“图形编辑器”→“粒子视图”命令打开“粒子视图”对话框，如图 14-82 所示。

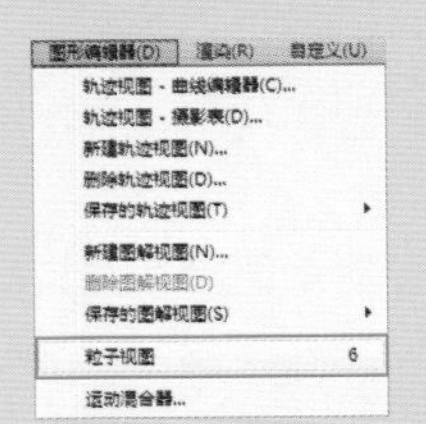

图 14-82

或者在保证主工具上的“快捷键越界开关”按钮为启用的状态下，按 F6 键，也可以打开“粒子视图”对话框。

04 默认创建的粒子流是一个标准的粒子流，该粒子流中包含“出生”事件、“位置图标”操作符、“速度”操作符、“旋转”操作符、“形状”操作符和“显示”事件，如图 14-83 所示。

技巧与提示：

“出生”事件控制粒子发射的起始和结束时间，还有粒子的数量；“位置”操作符控制的是粒子的发射位置，默认是整个发射器的体积之内；“速度”操作符控制的是粒子的发射速度和发射方向；“旋转”操作符控制的是粒子初始时的角度；“形状”操作符控制的是粒子的外形；“显示”事件控制的是粒子在视图中的显示方式。

05 从仓库中将“图标决定速率”操作符拖曳到“速度”操作符上，当显示一条水平红线时释放鼠标，如图 14-84 所示。

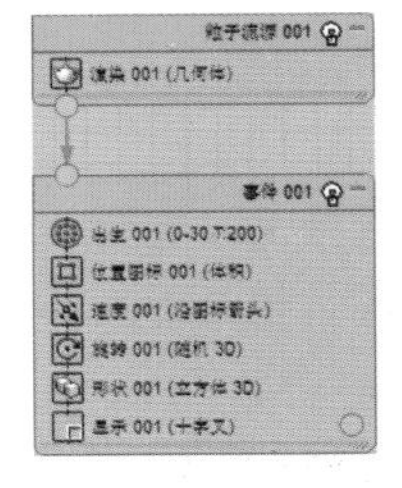

图 14-83

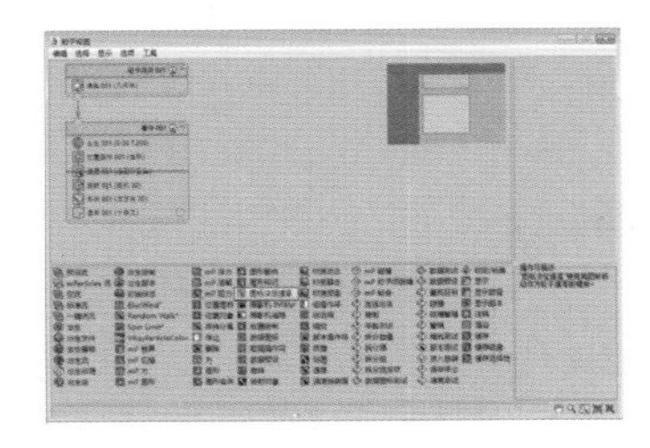

图 14-84

技巧与提示：

如果将仓库中的事件拖曳至已存在的事件上，将会出现一条红色的水平线，如果此时释放鼠标，将会把原来的事件替换掉。

如果将仓库中的事件拖曳至已存在的事件之间，将会出现一条蓝色的水平线，如果此时释放鼠标，将会新添加一个事件。

06 此时在视图上会出现一个“图标决定速率”操作符的图标，如图 14-85 所示。

07 将该图标路径约束到 Line001 上，并在“路径参数”

卷展栏中启用“跟随”复选框，如图 14-86 所示。

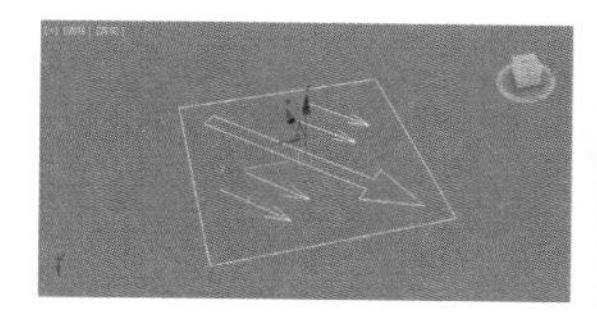
图 14-85

图 14-86

08 选择“粒子流源 001”对象，使用“对齐”工具，将其与“图标决定速率”操作符的图标进行位置和方向上的对齐，如图 14-87 所示。

09 使用旋转工具，并切换到“局部”坐标系统，然后沿 *Y* 轴将“粒子流源 001”对象旋转 90°，如图 14-88 所示。

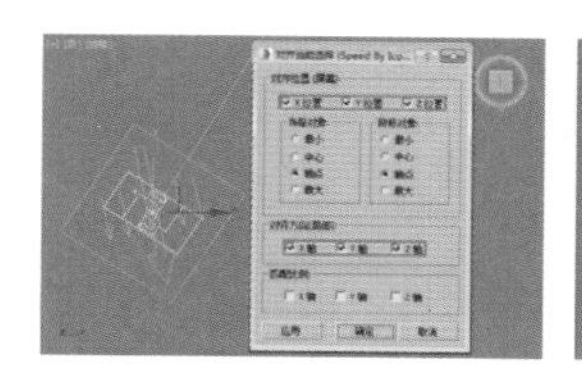
图 14-87

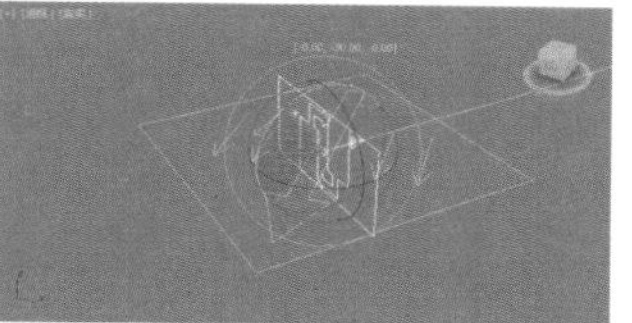
图 14-88

10 拖曳时间滑块，发现粒子已经跟随“图标决定速率”操作符的图标在路径上运动了，如图 14-89 所示。

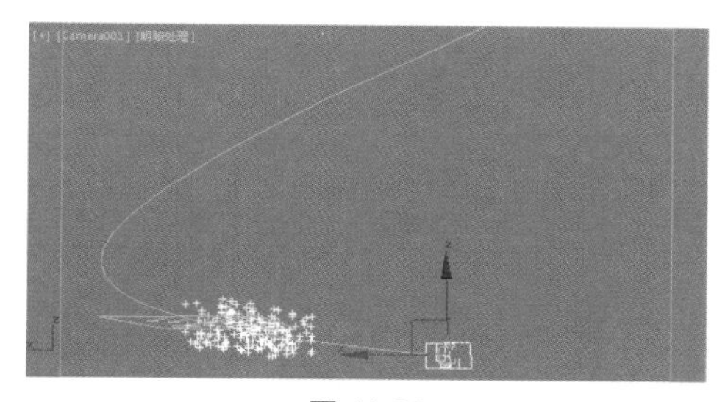
图 14-89

11 打开“粒子视图”对话框，在“仓库”中将“图形实例”操作符拖曳到“形状 001”操作符上，如图 14-90 所示。

12 选择“图形实例”操作符，在右侧的参数面板中，单击“无”按钮 无 ，然后在视图中拾取“鸽子”对象，如图 14-91 所示。

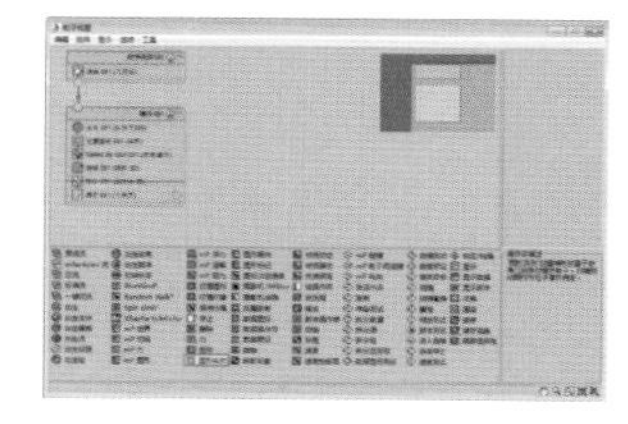
图 14-90

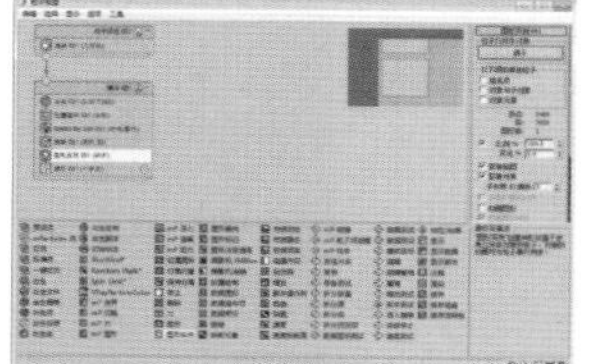
图 14-91

13 在“事件 001”中选择“显示 001”，在“类型”下拉列表中选择“几何体”，拖曳时间滑块，这样即可在视图上看到粒子的几何形状了，如图 14-92 和图 14-93 所示。

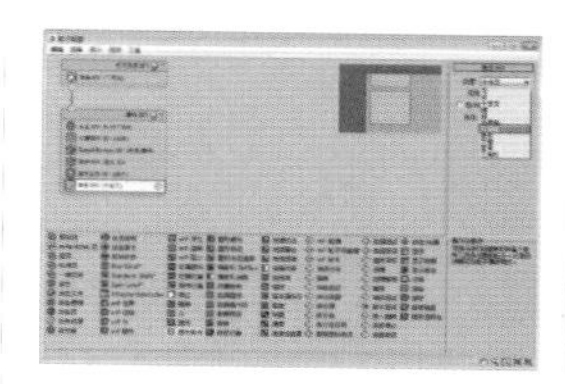
图 14-92

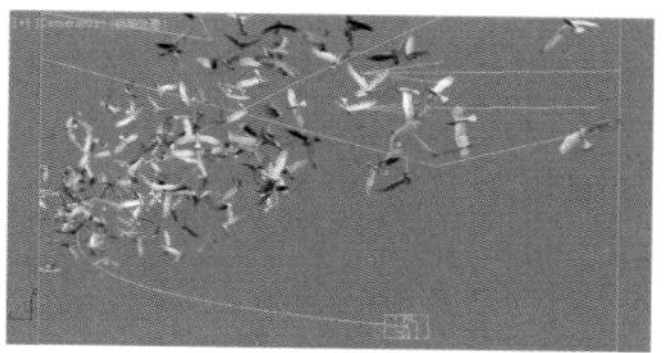
图 14-93

14 选择“出生 001”事件，在右侧的参数面板中，设置“发射开始”为 -30，“发射停止”为 0，“数量”为 100，为粒子流设置出生的时间及数量，如图 14-94 所示。

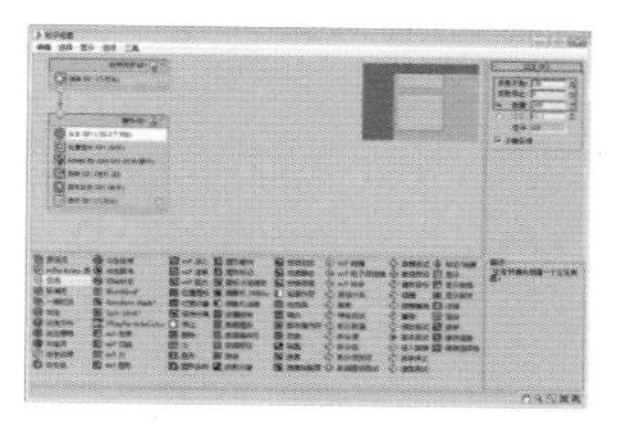
图 14-94

15 选择“旋转 001”操作符，设置“方向矩阵”为“速度空间跟随”，并设置 *Z* 轴的旋转为 90°，这样“鸽子”就沿着路径的方向运动了，如图 14-95 和图 14-96 所示。

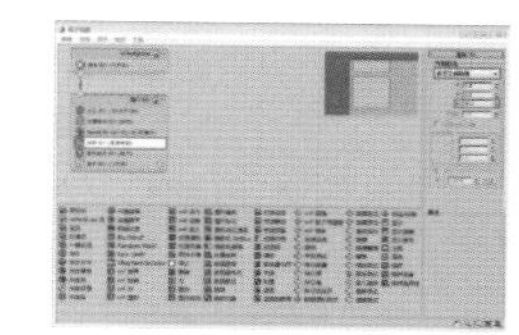
图 14-95

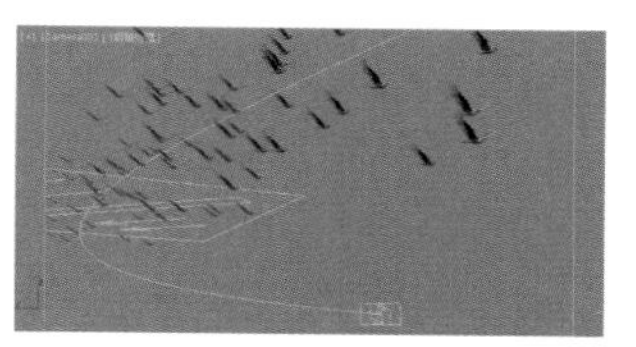
图 14-96

16 选择“图形实例”操作符，在右侧的参数面板中，启用“动画图形”和“随机偏移”复选框，并设置“随机偏移”为 10，这样“鸽子”在飞行的过程中就不是统一的扇翅动画了，如图 14-97 和图 14-98 所示。

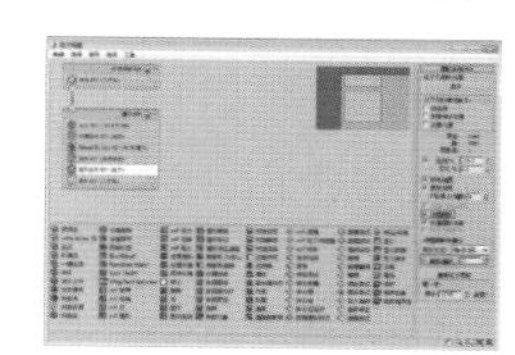
图 14-97

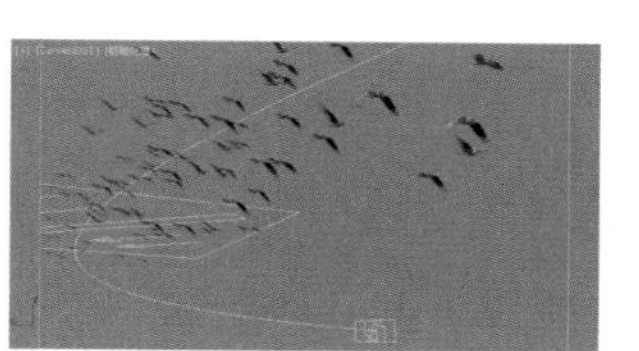
图 14-98

17 在摄影机视图中，按快捷键 Shift+Q，渲染当前视图，渲染结果如图 14-99 所示。

图 14-99

技巧与提示：

操作符是粒子流系统的基本元素，将操作符合并到事件中可以设置粒子当前的特性，如速度、方向、形状、发射器外观等。我们还可以将操作符拖放到粒子视图的空白区域内，产生新的操作符，或代替原有的操作符，从而改变粒子的状态。

实例操作：用粒子流源制作礼花动画

实例操作：用粒子流制作礼花动画

实例位置：　工程文件 >CH14> 礼花 .max

视频位置：　视频文件 >CH14> 实例：用粒子流制作礼花动画 .mp4

实用指数：　★★★☆☆

技术掌握：　使用粒子流来制作文字被吹散的动画效果。

本节通过制作一个礼花特效来详细讲解 3ds Max 为我们提供的“粒子流源”系统的使用方法，如图 14-100 所示为本实例的最终完成效果。

图 14-100

01 打开本书相关素材中的“工程文件 >CH14> 礼花 > 礼花 .max”文件，该文件中已经设置了一张位置作为背景，并制作了一片礼花的碎片，如图 14-101 所示。

02 按 F6 键，打开“粒子视图”面板，在“粒子视图”面板左下方的“仓库”中将“标准流”操作符拖曳至“事件显示”中，则生成了场景中的第一个粒子流，系统自动为其命名为“粒子流源 001”，如图 14-102 所示。

图 14-101

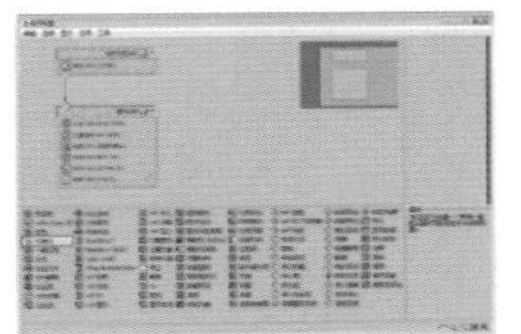

图 14-102

03 选择“粒子流源 001”，在右侧的参数面板中设置“图标类型”为“球体”，“直径”为 10，在“数量倍增”选项组中，设置“视图 %”为 100，让粒子在视图中全部显示，如图 14-103 所示。

04 单击选择“出生”操作符，在右侧的参数面板中，设置粒子的“发射开始”为 0，“发射停止”为 2，设置粒子的“数量”为 100，为粒子流设置出生的时间及数量，如图 14-104 所示。

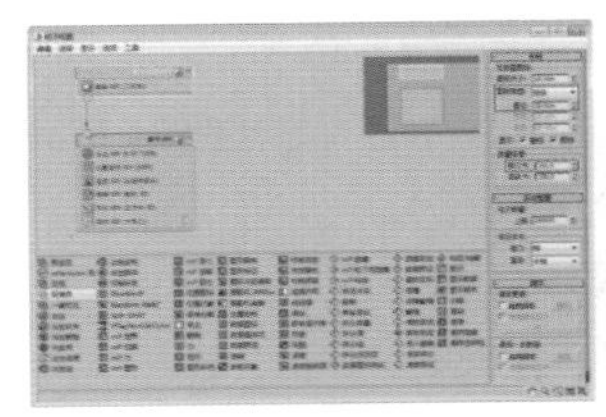

图 14-103

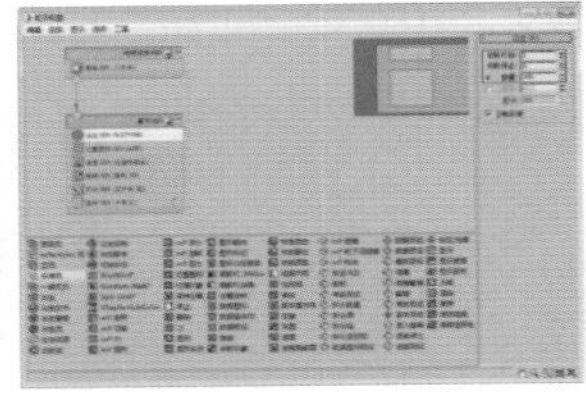

图 14-104

05 选择“位置图标”操作符，设置粒子的发射“位置”为“轴心”，如图 14-105 所示。

06 选择“速度 001”操作符，在右侧的参数面板中，设置“速度”为 50，“变化”为 30，“散度”为 180，如图 14-106 所示。

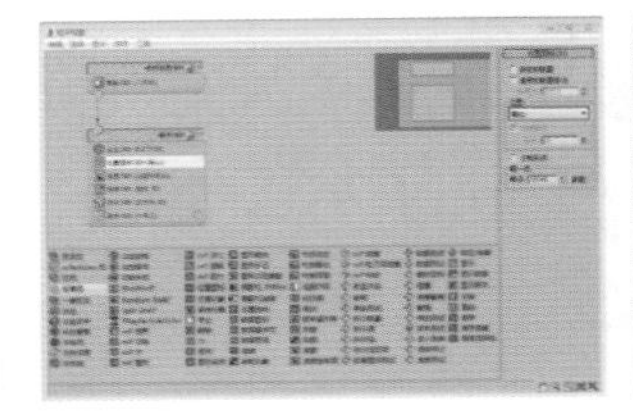

图 14-105

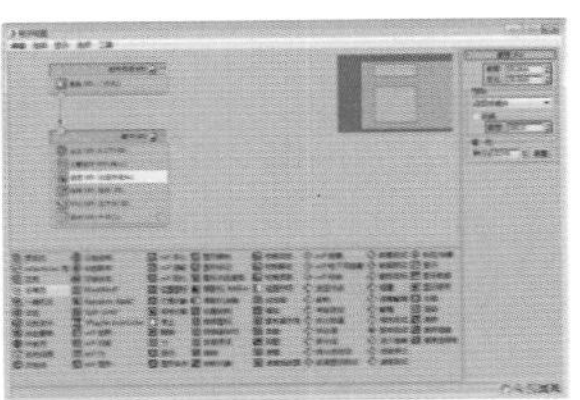

图 14-106

07 在摄影机视图中将粒子移动到左上角的位置，拖曳时间滑块，发现粒子从图标的中心向四周发射，并且速度有快有慢，如图 14-107 所示。

图 14-107

08 在“粒子视图”中，将“旋转 001”“形状 001”和“显示 001”3 个操作符删除，然后在“仓库”中，将“力”操作符拖曳到“事件 001”中，如图 14-108 和图 14-109 所示。

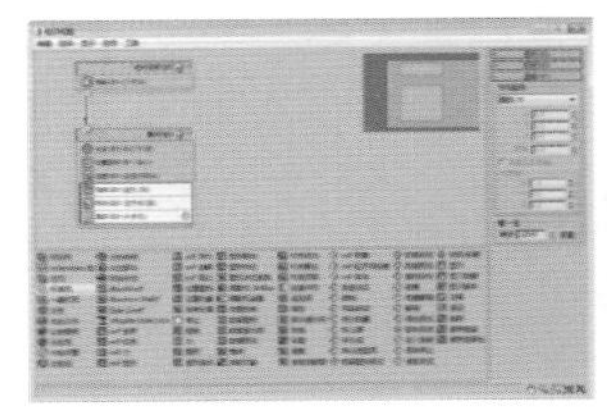

图 14-108

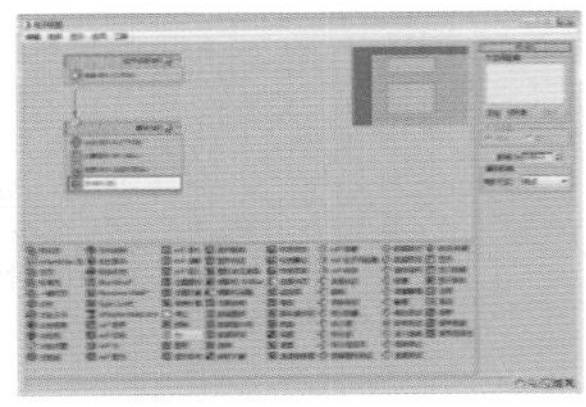

图 14-109

09 单击“阻力”按钮 阻力 ，在场景中创建一个阻力，如图 14-110 所示。

10 在“粒子视图”中，选择“力 001”操作符，在右侧的参数面板中，单击“添加”按钮 添加，然后到视图中拾取“阻力”，并设置“影响 %”为 500，如图 14-111 所示。

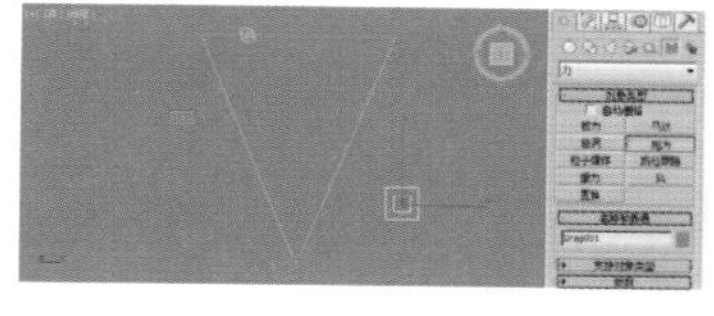

图 14-110

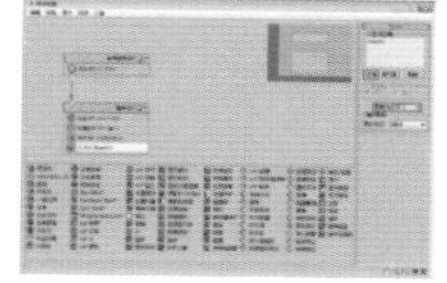

图 14-111

11 在“仓库”中，将“删除”操作符拖曳到“事件 001”中，在右侧的参数面板中，选择“按粒子年龄”单选按钮，并设置“寿命”为 5，“变化”为 10，如图 14-112 所示。

12 在“仓库”中，将“繁殖”测试拖曳到“事件 001”中，在右侧的参数面板中，选择“按移动距离”单选按钮，并设置“步长大小”为 1.5，然后在“速度”选项组中，选择“继承”单选按钮，并设置“继承”为 30，“变化 %”为 50，“散度”为 20，如图 14-113 所示。

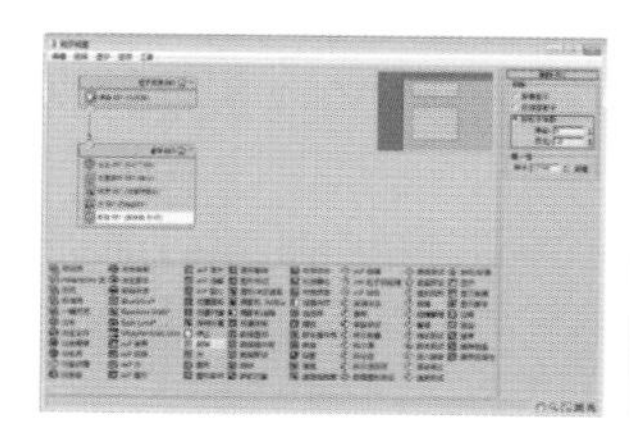

图 14-112

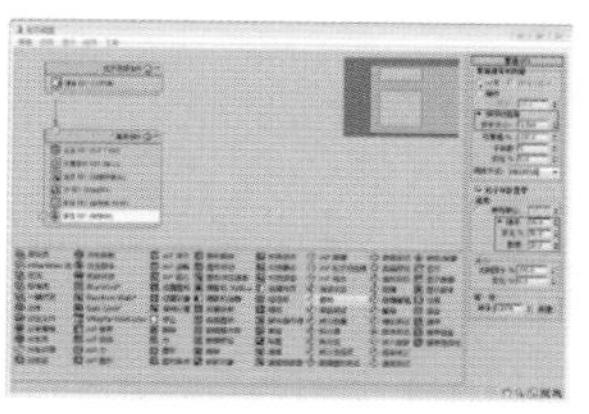

图 14-113

13 在“仓库”中将“力”操作符拖曳至“事件显示”中，生成一个新的事件“事件 002”，并将其连接至“事件 001”上。在右侧的“参数”栏内，单击“添加”按钮 添加，添加场景中刚刚创建的风和阻力，如图 14-114 所示。

14 单击“风”按钮 风，在场景中创建一个风，如图 14-115 所示。

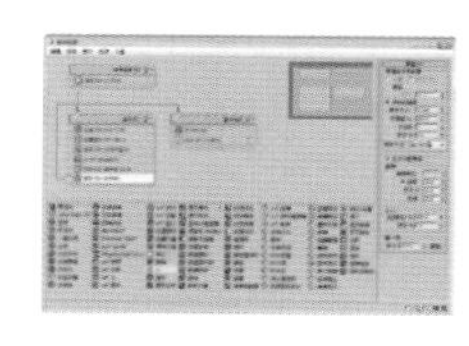

图 14-114

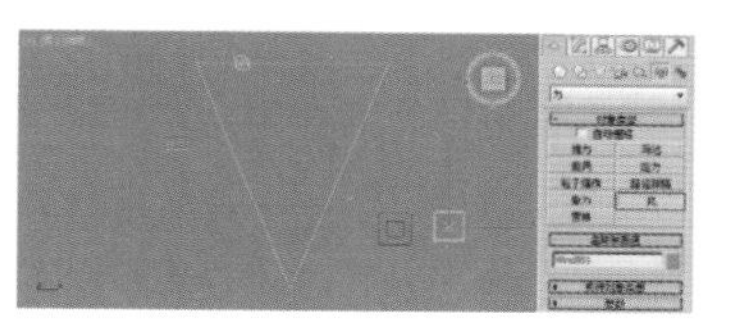

图 14-115

15 在“修改”面板的“参数”卷展栏中，设置风的“强度”为 -0.03，“湍流”为 0.25，“频率”为 1，“比例”为 0.15，如图 14-116 所示。

16 在“粒子视图”中选择“事件 002”中的“力”操作符，在右侧的参数面板中，单击“添加”按钮，然后在视图中拾取“阻力”和“风”，如图 14-117 所示。

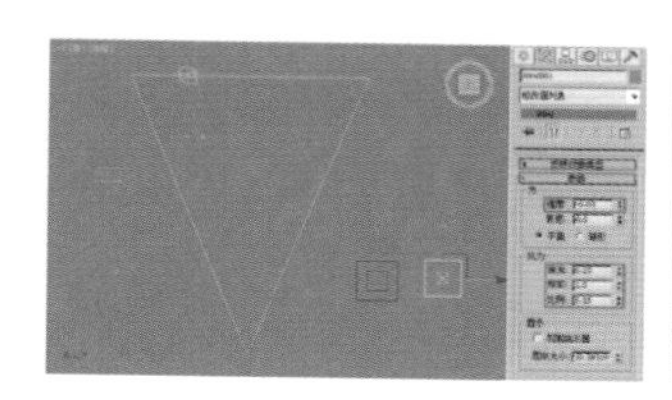

图 14-116

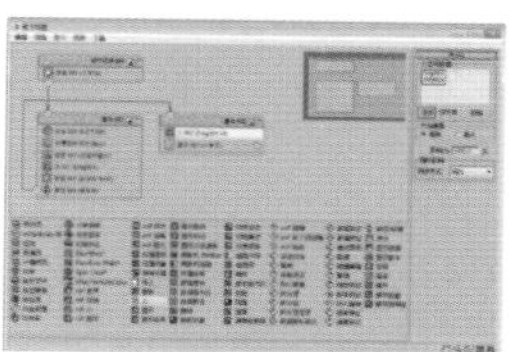

图 14-117

17 将“删除”操作符拖曳到“事件 002”中，设置“移除”的方式为“按粒子年龄”，“寿命”为 45，“变化”为 15，如图 14-118 所示。

18 将“图形实例”操作符拖曳到“事件 002”中，单击“无”按钮 无，然后在视图中拾取礼花的碎片，接着设置“比例”为 10，将碎片缩小一些，如图 14-119 所示。

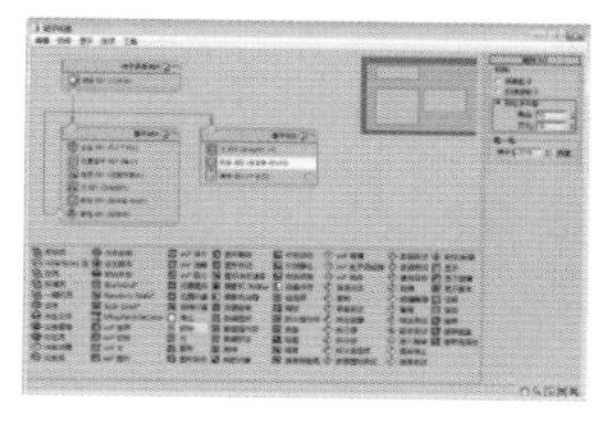

图 14-118

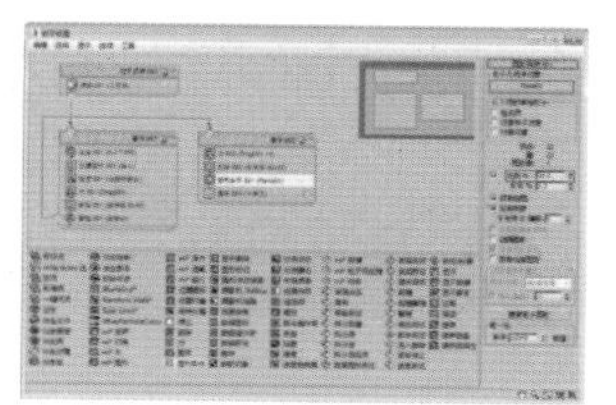

图 14-119

19 将“旋转”操作符和“缩放”操作符都拖曳到“事件 002”中，在“缩放”操作符的参数面板中，设置缩放的“类型”为“相对连续”，X%、Y% 和 Z% 的“比例因子”为 90，如图 14-120 所示。

20 将“材质静态”操作符拖曳到“事件 002”中，打开“材质编辑器”，将礼花材质拖曳到“无”按钮 无 上，在弹出的对话框中选择“实例”，如图 14-121 所示。

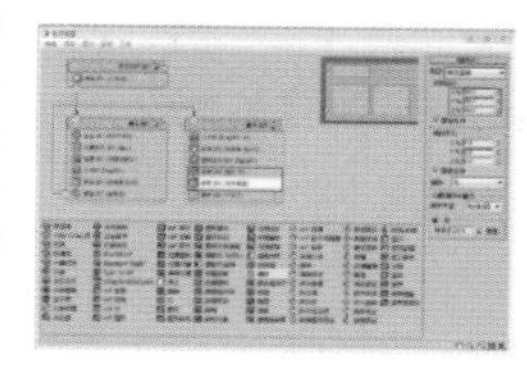

图 14-120

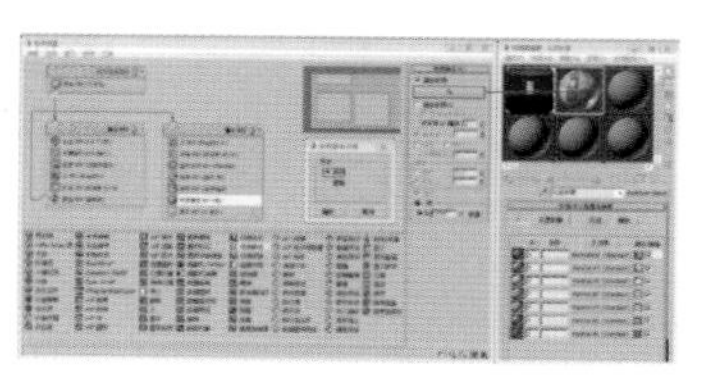

图 14-121

21 在“材质静态”操作符右侧的参数面板中，启用“指定材质 ID”复选框，然后选择“随机”单选按钮，并设置“子材质数目”为 7，如图 14-122 所示。

22 在“事件 002”中选择“显示 001”操作符，在右侧的参数面板中，设置显示的“类型”为“几何体”，这样即可在视图中看到粒子的几何形态了，如图 14-123 所示。

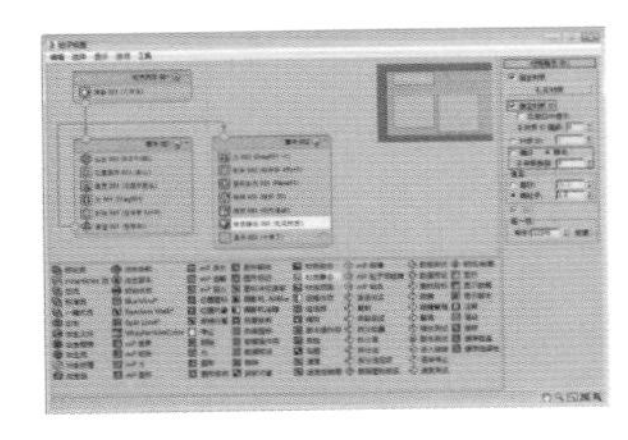

图 14-122

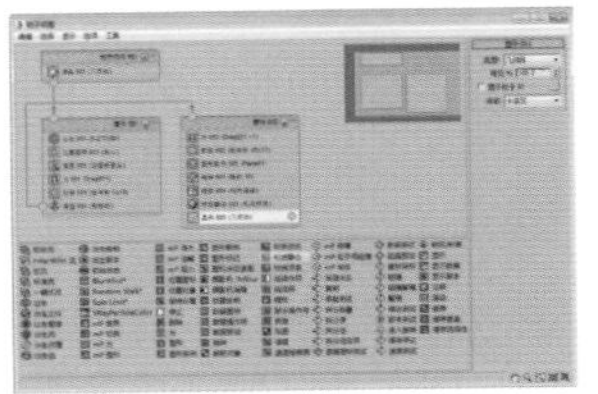

图 14-123

23 拖曳时间滑块，可以看到原始粒子繁殖出来的碎片，受到“事件 002”中各种操作符的影响，产生向四周四散飘落的效果，如图 14-124 所示。

24 在“粒子视图”中选择“粒子流源 001”所有的事件，按住 Shift 键，向右拖曳复制，在弹出的对话框中选择“复制”选项，如图 14-125 所示。

图 14-124

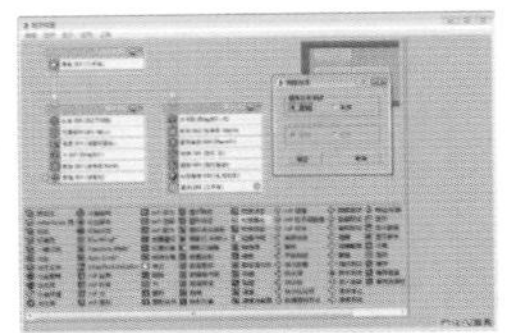

图 14-125

25 选择“事件 004”中的“出生 002”操作符，在右侧的参数面板中，设置“发射开始”为 18，“发射停止”为 20，将两个粒子的发射时间错开，如图 14-126 所示。

26 在摄影机视图中将“粒子流源 002”移动到右上角的位置，按快捷键 Shift+Q，渲染当前视图，渲染结果如图 14-127 所示。

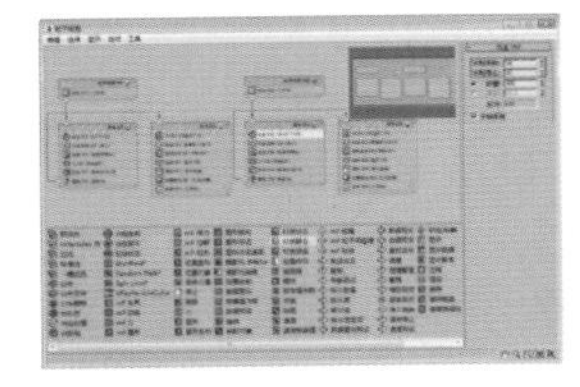

图 14-126

图 14-127

14.5 针对于粒子系统的空间扭曲

空间扭曲物体是一类在场景中影响其他物体的不可渲染对象。空间扭曲能创建使其他对象变形的力场，从而创建出使对象受到外部力量影响的动画。空间扭曲的功能与修改器类似，只不过空间扭曲改变的是场景空间，而修改器改变的是物体空间。

空间扭曲物体的适用物体并不相同，有些类型的空间扭曲应用于可变形物体，如标准几何体、网格物体、面片物体与样条曲线等。另一些空间扭曲作用于诸如喷射、雪景等粒子系统。

在 3ds Max 2016 中，主要有两种类型的空间扭曲是针对于粒子系统的，这两种类型的空间扭曲分别为“力”和“导向器”。在本节中，将介绍这两种类型的空间扭曲的使用方法。

14.5.1 “力”类型的空间扭曲

“力”类型的空间扭曲主要用于粒子系统和动力学系统，所有“力”类型的空间扭曲全部可以作用于粒子系统。该类型的空间扭曲集合了各种模拟自然界外力作用的工具，如“重力”可以让粒子下落，“风力”可以让粒子四散飞舞等。我们可以通过如图 14-128 所示的操作，进入“力”空间扭曲的创建面板。

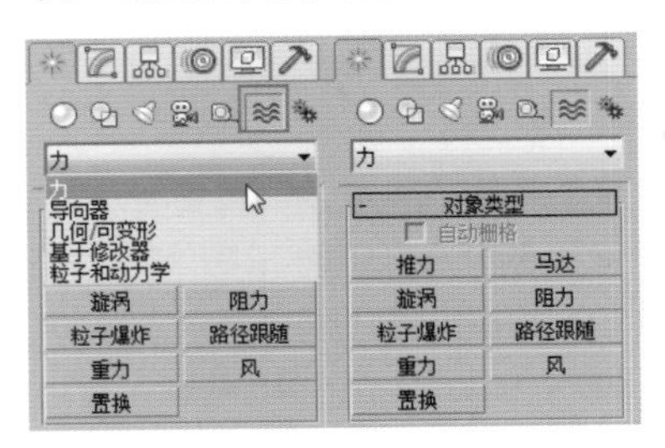

图 14-128

1. “推力”空间扭曲

“推力”空间扭曲可以为粒子系统在正向或反向上增加一个推动力，如图 14-129 所示。

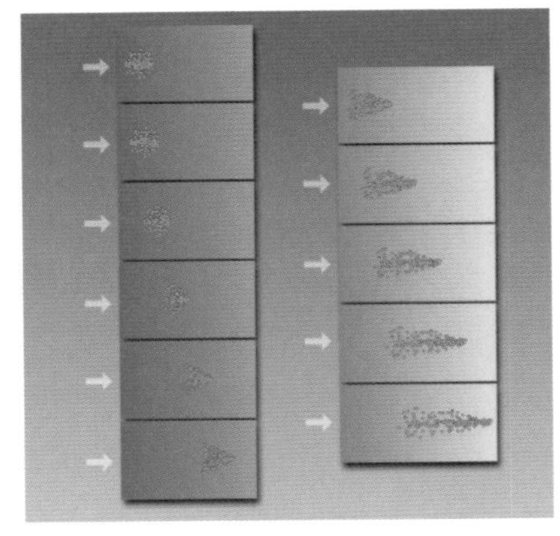

图 14-129

01 打开本书相关素材中的“工程文件 >CH14> 推力 > 推力 .max”文件，该文件中已经设置了一个粒子动画，如图 14-130 所示。在本例中需要使用“推力”空间扭曲使粒子发射的力量增大，并产生周期性的变化。

02 进入“创建”面板的“空间扭曲”次面板，单击“推力”按钮 推力 ，然后在顶视图中创建“推力”空间扭曲，如图 14-131 所示。

图 14-130

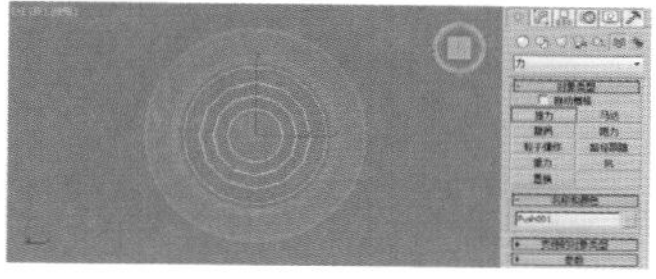

图 14-131

03 单击主要工具栏上的“绑定到空间扭曲”按钮，然后将视图中的“粒子阵列”粒子系统绑定到创建的空间扭曲上，如图 14-132 所示。

04 选择“推力”空间扭曲对象，进入“修改”命令面板，在“参数”卷展栏的“计时”选项组中，可以对开始影响粒子的时间和结束影响粒子的时间进行设置，如图 14-133 所示。

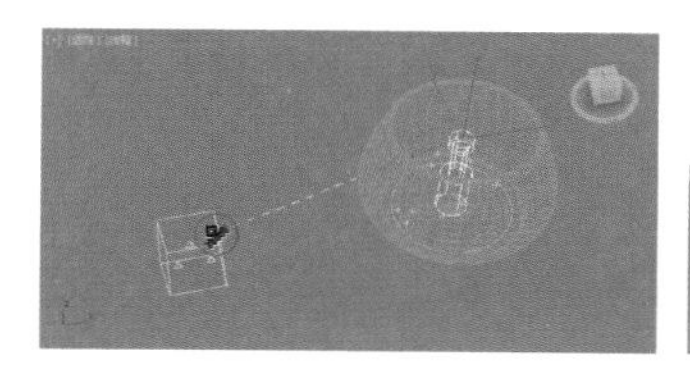

图 14-132

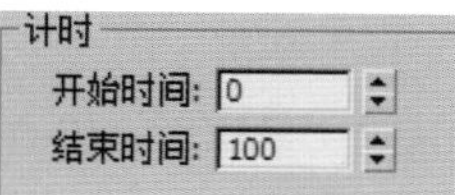

图 14-133

05 在“强度控制”选项组中，通过“基本力”参数可以控制空间扭曲施加力的强度，如图 14-134 和图 14-135 所示为设置不同“基本力”参数后粒子的喷射效果。

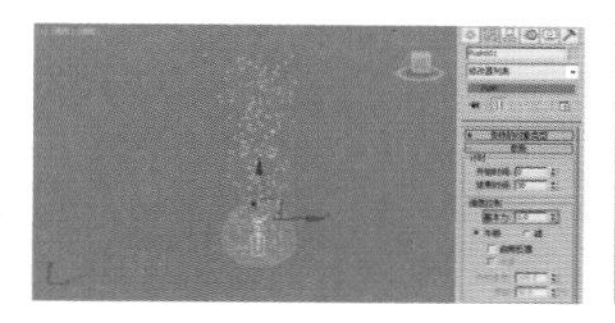

图 14-134

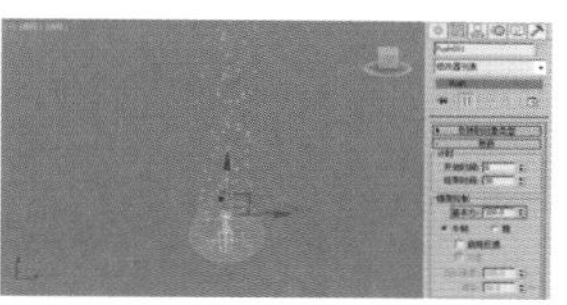

图 14-135

技巧与提示：

我们可以指定“基本力”所使用的单位，包括“牛顿”和“磅”，1 磅约等于 4.5 牛顿。当把推力应用于粒子系统时，这些数值仅有主观意义，因为它们依赖于内置的权重因数和粒子系统使用的时间比例。

06 选中“启用反馈”复选框后，推力将由粒子自身的运动速度值与下方的目标速度值的接近程度决定影响的大小。如图 14-136 和图 137 所示分别为启用和禁用“启用反馈”复选框的粒子效果。

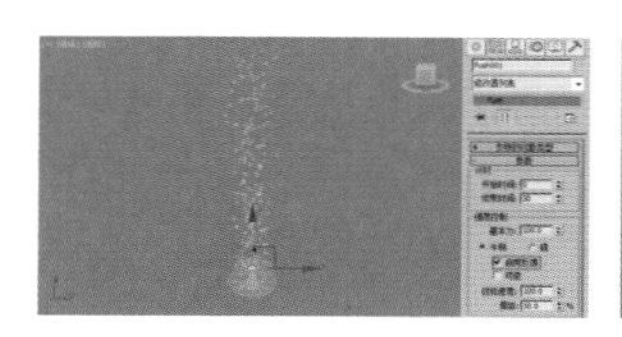

图 14-136

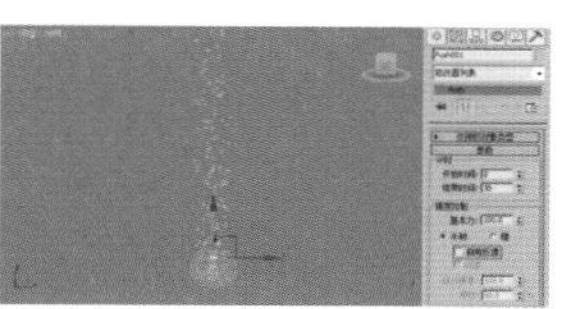

图 14-137

07 选中“可逆”复选框后，如果粒子的速度超过了下方的“目标速度”设置，那么推力将转换方向；“目标速度”参数值用于设置一个决定推力换向的速度最大值；“增益”参数设置推力强度调节到“目标速度”的快慢程度。

08 在“周期变化”选项组中选中“启用”复选框，此时该选项组中的设置将随机影响“基本力”数值，可以设置两个波形产生许多噪波影响。通过“周期 1”参数可设置第一个完整噪波变化的循环时间，“幅度 1”参数可设置第一个噪波变化的强度，“相位 1”参数设置第一个变化的偏移量，参照如图 14-138 所示进行参数设置，并观察粒子的运动效果。

09 通过“周期变化”选项组中“周期 2”“幅度 2”和“相位 2”参数可添加额外的二级噪波变化效果。选中“粒子效果范围”选项组中的“启用”复选框，将推力效果的范围限制在一个特定的体积内，如图 14-139 所示，我们可以通过“范围”参数来设置球体范围框的半径。

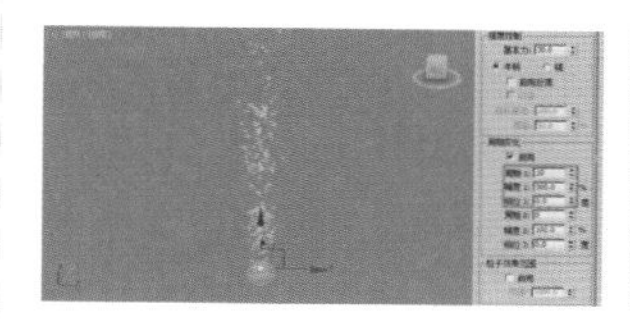

图 14-138

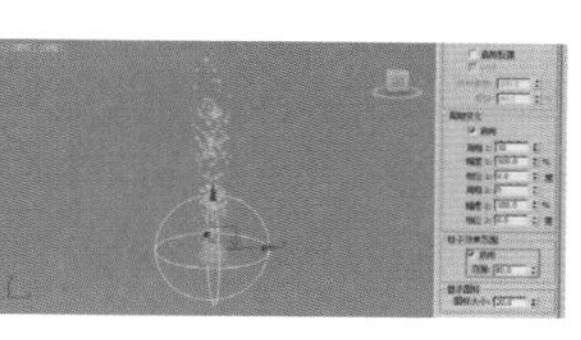

图 14-139

2. “马达”空间扭曲

“马达”空间扭曲与“推力”空间扭曲相似，但“马达”空间扭曲可以产生一种螺旋推力，像发动机旋转一样旋转粒子，将粒子甩向旋转方向。马达图标的位置和方向都会对其旋转的粒子产生影响。如图 14-140 所示为通过粒子系统并绑定“马达”空间扭曲所产生的效果。

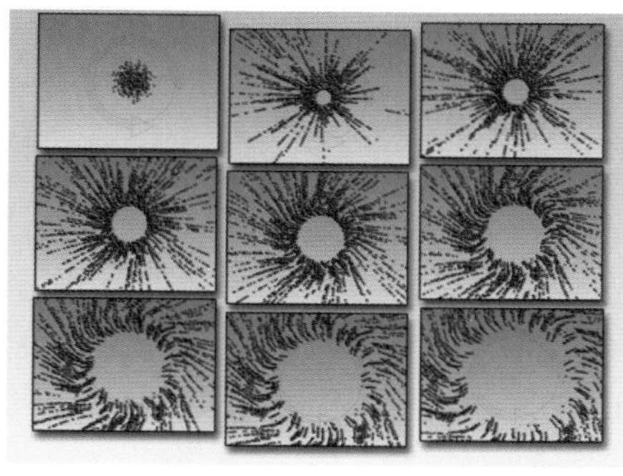

图 14-140

3. “旋涡”空间扭曲

“旋涡”空间扭曲可以使粒子在急转的旋涡中旋转，然后让它们向下移动成一个长而窄的喷流或者旋涡井。旋涡在创建黑洞、涡流、龙卷风和其他漏斗状对象时很有用，如图 14-141 所示为粒子应用“旋涡”空间扭曲后的效果。

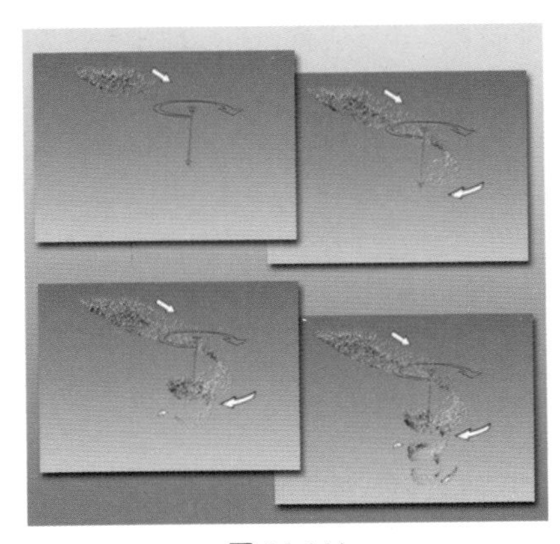

图 14-141

4.“阻力”空间扭曲

“阻力”空间扭曲是一种对粒子的运动起抑止作用的力场，通过选择不同的阻尼特性及控制参数来减慢粒子的运动速度。阻尼的类型有线性、球形和柱形。“阻力”空间扭曲可以模拟反作用力、碰撞、进入密度较大的物质（如进入水）的效果等，如图 14-142 所示，阻力降低了粒子运动的速度。

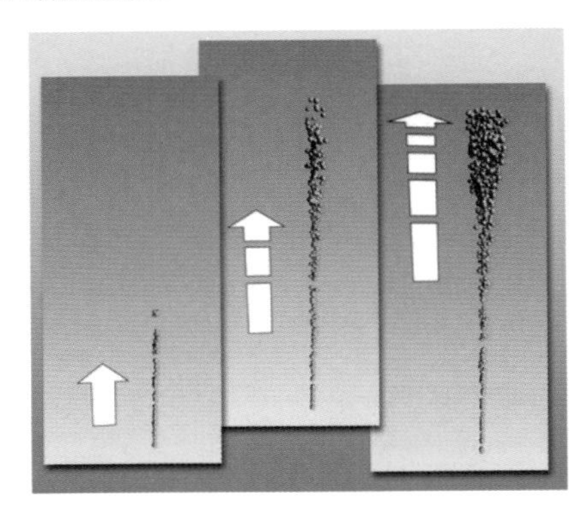

图 14-142

5.“粒子爆炸”空间扭曲

“粒子爆炸”空间扭曲可以在指定的时间发生爆炸，将周围的粒子阵列炸向四周。它的图标很有意思，球形的像一个地雷，柱形的像一个大鞭炮，它的作用和定时炸弹差不多，使用起来非常有趣，常用来表现爆炸时产生的流星、火花、礼花弹等。

01 打开本书相关素材中的“工程文件 >CH14> 粒子爆炸 > 粒子爆炸 .max”文件，该文件中已经用“粒子阵列”粒子系统制作了一个玩具火箭模型爆炸的动画，由于尚未使用空间扭曲，爆炸效果不够理想，如图 14-143 所示。在本例中，将使用“粒子爆炸”空间扭曲来辅助设置动画。

02 进入“创建”面板的“空间扭曲”次面板，单击“粒子爆炸”按钮 粒子爆炸 ，然后在视图中创建“粒子爆炸”空间扭曲，如图 14-144 所示。

图 14-143

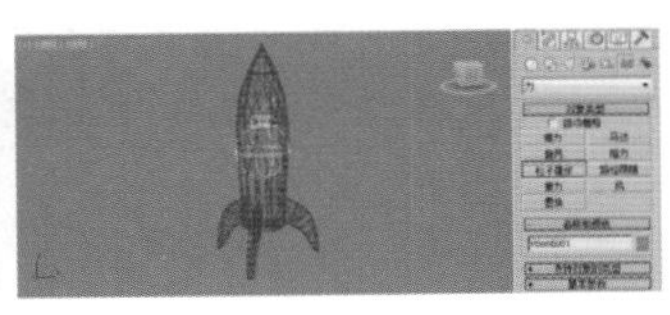

图 14-144

03 使用“绑定到空间扭曲”工具将“粒子阵列”粒子系统绑定到“粒子爆炸”空间扭曲上，选择空间扭曲对象并进入“修改”面板，在“爆炸参数”选项组中设置“开始时间”为 0，让空间扭曲在第 0 帧就引爆粒子；设置“持续时间”为 2，该值越大，粒子飞得越远；最后设置“强度”为 1.5，让粒子爆炸后沿轨迹飞行的速度快一些。设置完毕后，播放动画并观察粒子的效果，如图 14-145 所示。

04 在“爆炸对称”选项组中有 3 种爆炸效果的类型，默认为“球形”，该类型的爆炸中心为球体，使粒子向四周发散；选择“柱形”单选按钮后，爆炸中心为柱体，爆炸后粒子沿柱面发散；选择“平面”单选按钮后，爆炸中心为平面，粒子向平面两侧发散，如图 14-146 ～图 14-148 所示，分别为这三种爆炸效果。

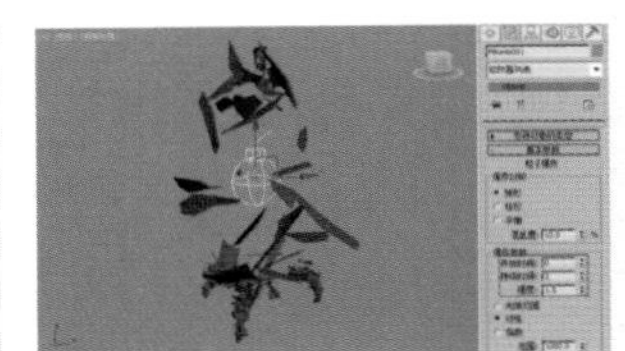

图 14-145

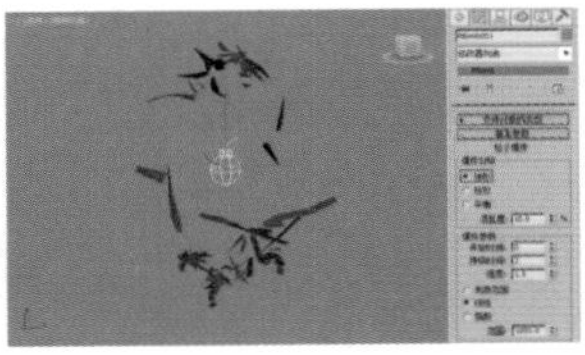

图 14-146

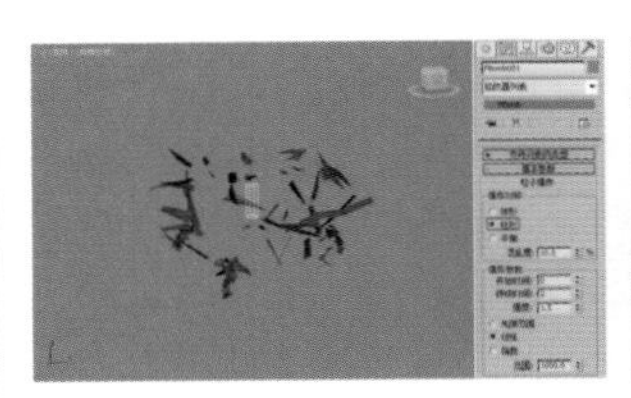

图 14-147

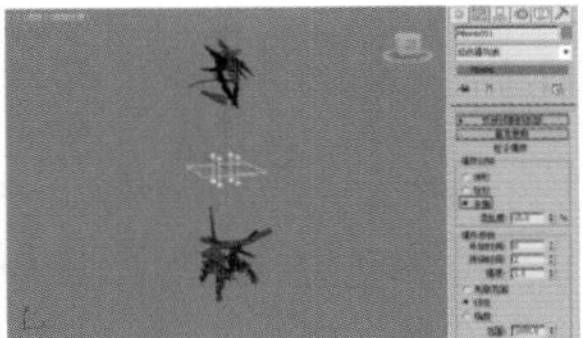

图 14-148

6.“路径跟随”空间扭曲

“路径跟随”空间扭曲可以指定粒子沿着一条曲线路径流动，将一条样条曲线作为路径，可以用来控制粒子运动的方向。例如表现山间的小溪，可以让水流顺着曲折的山麓流下，如图 14-149 所示为粒子沿螺旋形路径运动。

图 14-149

01 打开本书相关素材中的“工程文件 >CH14> 路径跟随 > 路径跟随 .max”文件，该文件中有一条样条曲线和一个“超级喷射”粒子系统，如图 14-150 所示。下面将使用“路径跟随”空间扭曲让粒子沿样条线的路径运动。

02 进入“创建”面板的“空间扭曲”次面板，单击“推力”按钮 路径跟随 ，然后在顶视图中创建“推力”空间扭曲并使用“绑定到空间扭曲”工具将其与“超级喷射”粒子进行空间绑定，如图 14-151 所示。

图 14-150

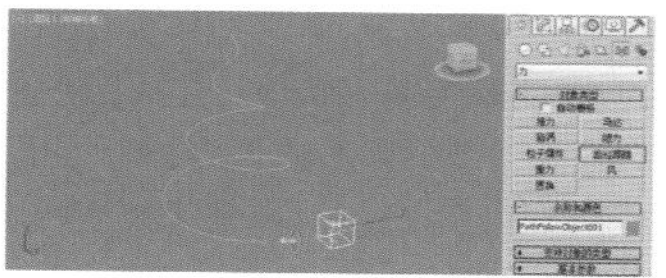

图 14-151

03 选择“路径跟随”空间扭曲对象，进入“修改”面板，在“当前路径”选项组中单击“拾取图形对象”按钮 拾取图形对象 ，然后在视图中拾取 Helix001 对象，完毕后播放动画，发现粒子从发射器图标上出来后就沿着样条线的路径运动了，如图 14-152 所示。

04 “运动计时”选项组中，“开始帧”和“上一帧”参数控制的是路径开始影响和结束影响粒子的时间；设置“通过时间”为 100，让粒子用 100 帧的时间从路径的起始点运动到结束点，如图 14-153 所示。

图 14-152

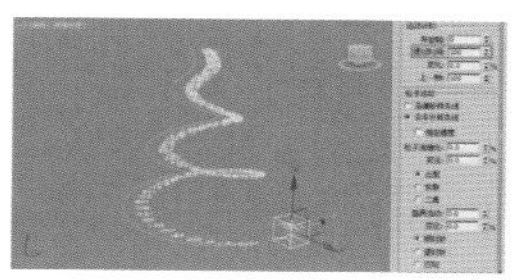

图 14-153

05 在“粒子运动”选项组中，默认选择了“沿平行样条线”单选按钮，这样即使粒子的喷射口不在路径起始点，它也会保持路径的形状保持流动，如果选择“沿偏移样条线”单选按钮，那么当改变粒子系统与路径的距离时，粒子的运动也会发生变化，如图 14-154 所示。

06 “粒子流锥化”参数设置粒子在流动时偏向于路径的程度，根据其下的“会聚”“发散”和“二者”3 个选项而产生不同的效果。将“粒子流锥化”参数设置为 99，如图 14-155 ～图 14-157 所示，为 3 个选项产生的不同粒子效果。

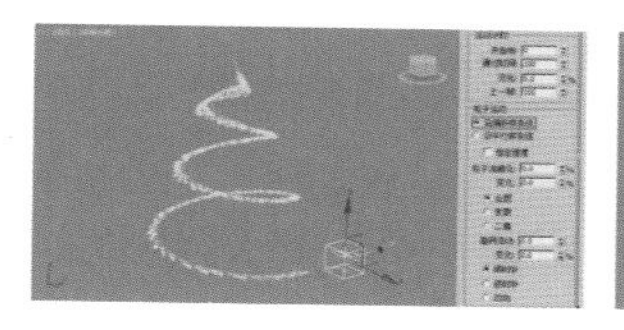

图 14-154

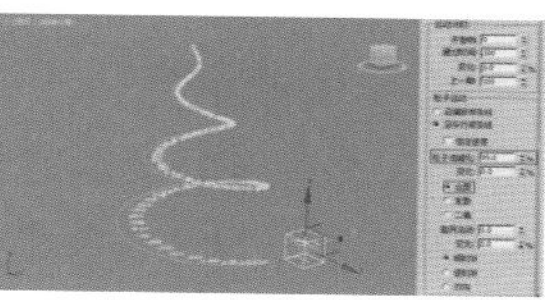

图 14-155

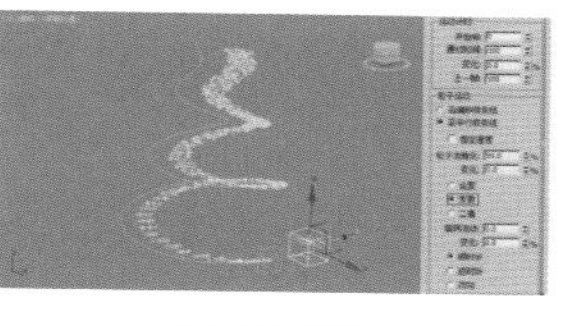

图 14-156

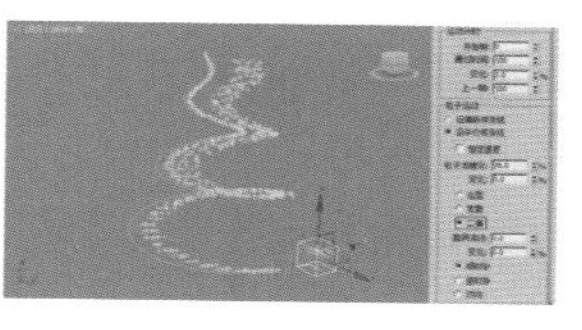

图 14-157

07 “漩涡流动”参数用于设置粒子在路径上螺旋运动的圈数，如图 14-158 所示。

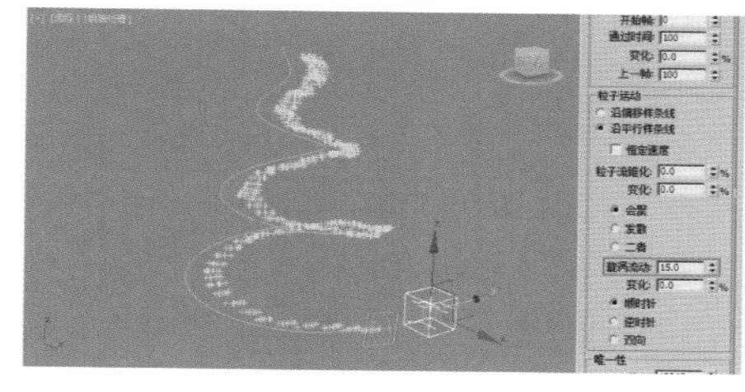

图 14-158

7. “置换”空间扭曲

“置换”空间扭曲可以利用图像的灰度去影响粒子群，根据图像的灰度值，白色的部分将凸起，黑色的部分会凹陷。如结合“粒子云”粒子系统，可以制作一群蜜蜂组合成文字或图案的效果。

01 打开本书相关素材中的“工程文件 >CH14> 置换 > 置换 .max”文件，该文件为一组匀速下落的粒子，在本节中需要使用“置换”空间扭曲使粒子向不同的方向运动。

02 进入“创建”面板的“空间扭曲”次面板，单击“置换”按钮 置换 ，然后在顶视图中创建“置换”空间扭曲，并使用“绑定到空间扭曲”工具将其与“暴风雪”粒子进行空间绑定，如图 14-159 所示。

03 选择“置换”空间扭曲对象并进入“修改”面板，在“贴图”选项组中对“长度”和“宽度”参数进行设置，使用主工具栏上的“对齐”工具，在视图中将 Displace001 与 Blizzard001 进行位置对齐，如图 14-160 所示。

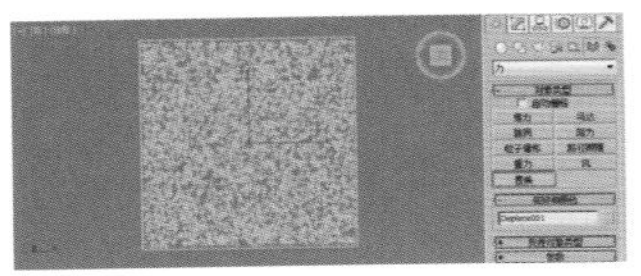

图 14-159

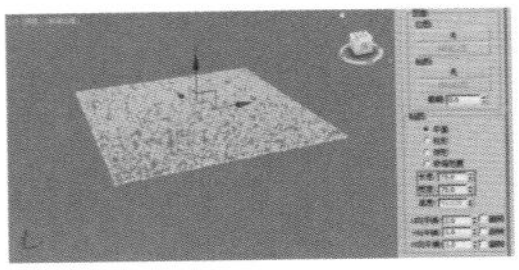

图 14-160

04 单击“图像”选项组中，位图下方的“无”按钮 无 ，导入本书相关素材中的“图案 .jpg”文件作为置换贴图，然后设置“置换”选项组中的“强度”为 10，指定位移扭曲的强度，如图 14-161 所示。

05 播放动画，选择的图像影响了粒子的运动，如图 14-162 所示。

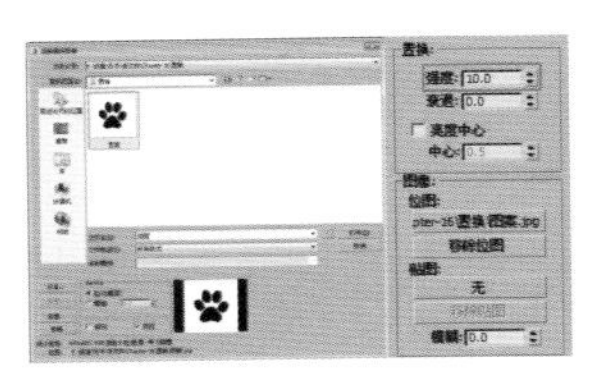

图 14-161

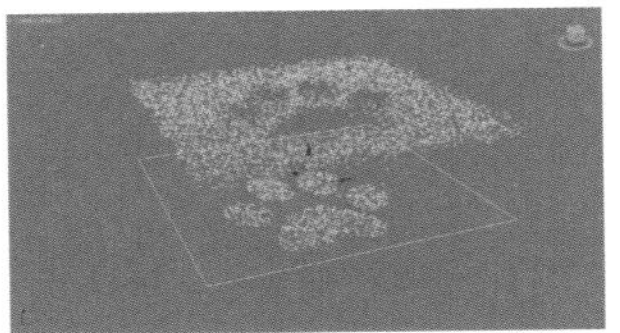

图 14-162

8.“重力”空间扭曲

“重力”空间扭曲可以模拟自然界地心引力的影响，对粒子系统产生重力作用，粒子会沿着其箭头移动，随强度值的不同和箭头方向的不同，也可以产生排斥的效果，当空间扭曲物体为球形时，粒子会被吸向球心，如图 14-163 所示为“重力”空间扭曲引力的粒子下落。

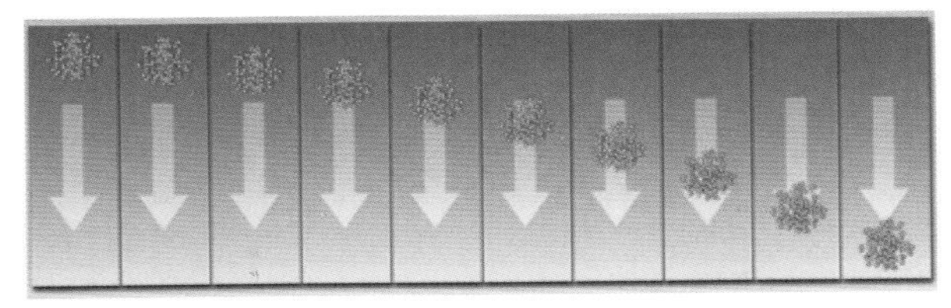

图 14-163

01 打开本书相关素材中的“工程文件 >CH14> 重力 > 重力 .max”文件，该文件只有一个“喷射”粒子系统，下面需要在场景中创建“重力”空间扭曲来对粒子产生影响。

02 进入“创建”面板的“空间扭曲”次面板，单击“重力”按钮 置换 ，然后在顶视图中创建“重力”空间扭曲，并使用“绑定到空间扭曲”工具将其与“喷射”粒子进行空间绑定，如图 14-164 所示。

03 播放动画，发现粒子受到“重力”的影响，在喷射了一定高度后又进行了下落运动，用这种方法可以制作喷泉等效果，如图 14-165 所示。

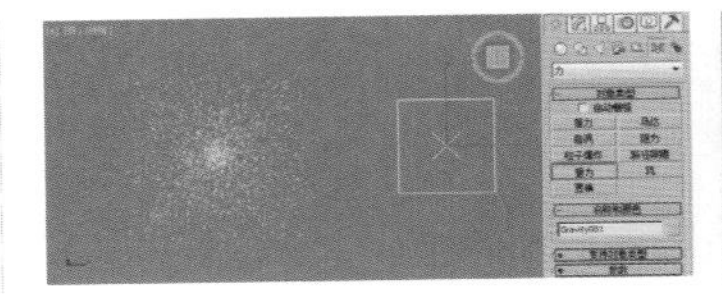

图 14-164

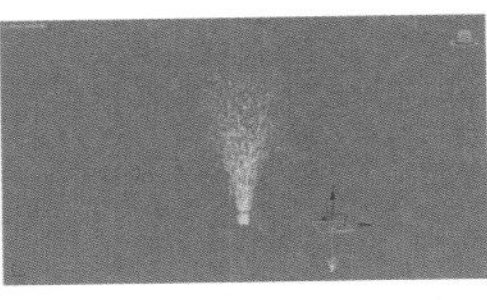

图 14-165

04 选择“重力”空间扭曲对象进入“修改”面板，通过“强度”参数可调节重力的效果。如果选择“球形”单选按钮，此时重力效果为球形，粒子会被吸向球心，如图 14-166 所示。

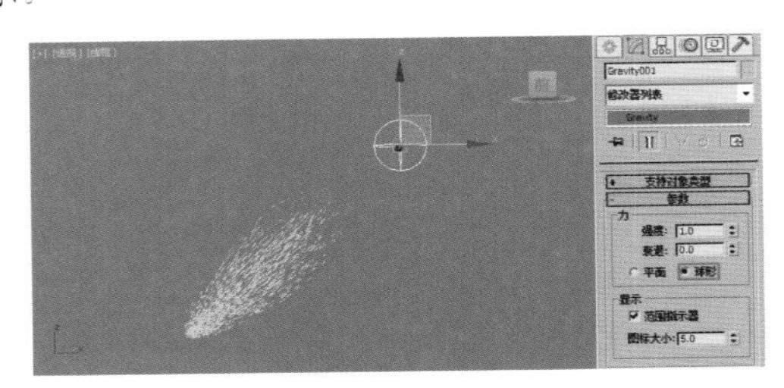

图 14-166

9.“风”空间扭曲

“风”空间扭曲可以沿着指定的方向吹动粒子，产生动态的风力和气流影响，常用于表现斜风细雨、雪花纷飞或树叶在风中飞舞等特殊效果。风力在效果上类似于“重力”空间扭曲，但前者添加了一些湍流参数和其他自然界中的风的功能特性，如图 14-167 所示，风力改变粒子的喷射方向。

图 14-167

实例操作：使用“风”和“漩涡”制作扭曲文字动画

实例操作：使用“风”和“漩涡”制作扭曲文字动画

实例位置：	工程文件 >CH14> 文字扭曲 .max
视频位置：	视频文件 >CH14> 实例：使用“风”和“漩涡”制作扭曲文字动画 .mp4
实用指数：	★★★☆☆
技术掌握：	熟悉“风”和“漩涡”空间扭曲的使用方法。

在本例将使用“粒子流源”粒子系统并配合“风”和“旋涡”空间扭曲来制作一个扭曲文字的动画效果，如图 14-168 所示为本例的最终完成效果。

图 14-168

01 打开本书相关素材中的“工程文件 >CH14> 扭曲文字 > 扭曲文字 .max”文件，该文件中有一个用“文本”工具制作的模型，并且已经设置了摄影机，如图 14-169 所示。

02 按 F6 键，打开“粒子视图”面板，在“粒子视图”面板左下方的“仓库”中将“标准流”操作符拖曳至“事件显示”中，则生成了场景中的第一个粒子流，系统自动为其命名为“粒子流源 001”，如图 14-170 所示。

图 14-169

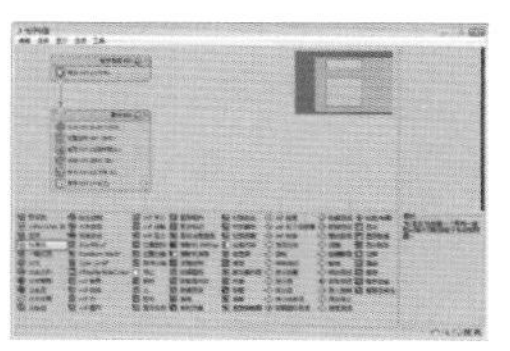

图 14-170

03 选择“粒子流源 001”，在右侧的参数面板中，设置“视图 %”为 100，让粒子在视图中全部显示，如图 14-171 所示。

04 单击选择“出生”操作符，在右侧的参数面板中，设置粒子的“发射开始”为 0，“发射停止”为 0，设置粒子的“数量”为 10000，为粒子流设置出生的时间及数量，如图 14-172 所示。

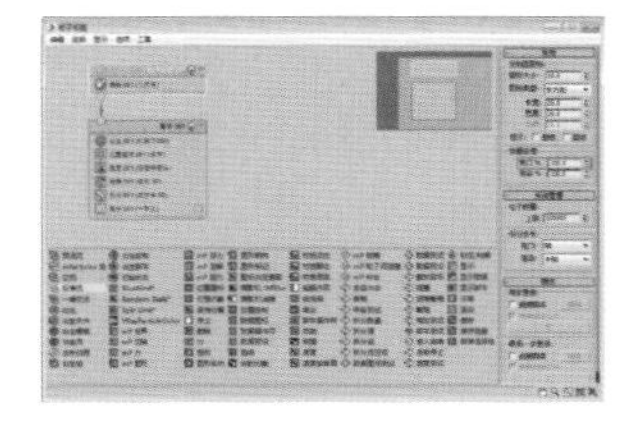

图 14-171

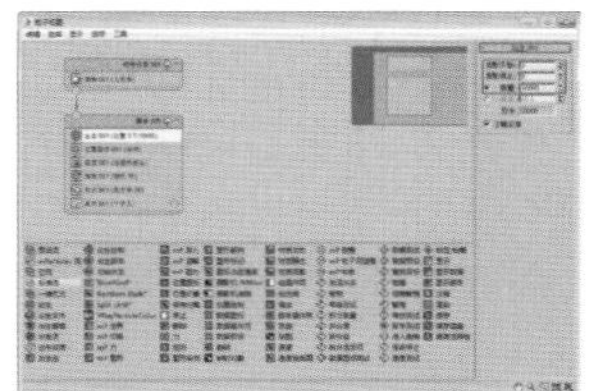

图 14-172

05 从仓库中将“位置对象”操作符拖曳到“位置图标”操作符上，当显示一条水平红线时释放鼠标，如图 14-173 所示。

06 选择“位置对象 001”操作符，在右侧的参数面板中，单击“添加”按钮添加，然后在视图中拾取“文本”对象，如图 14-174 所示。

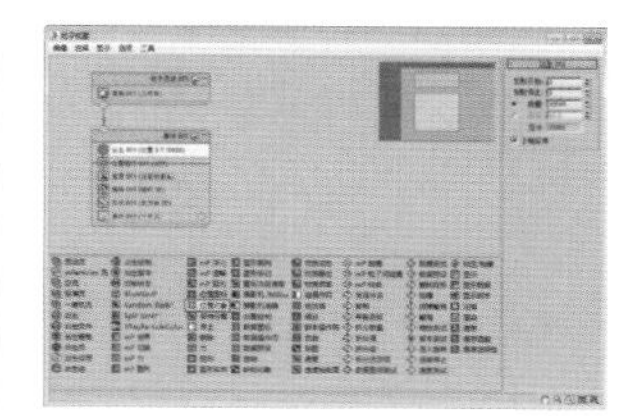

图 14-173

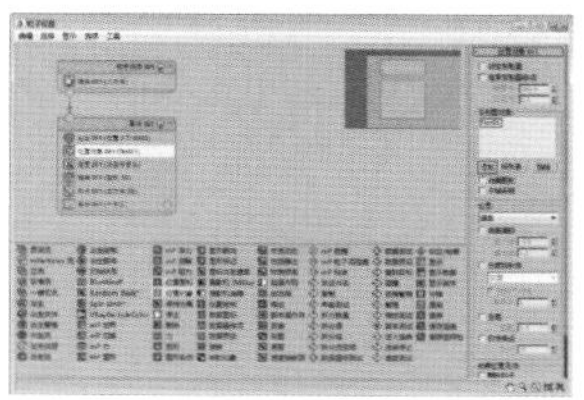

图 14-174

07 在“事件 001”中选择“速度 001”和“旋转 001”两个操作符，然后按 Delete 键将其删除，接着选择“形状 001”操作符，在右侧的参数面板中，设置显示方式为“立方体”，设置“大小”为 0.75，如图 14-175 和图 14-176 所示。

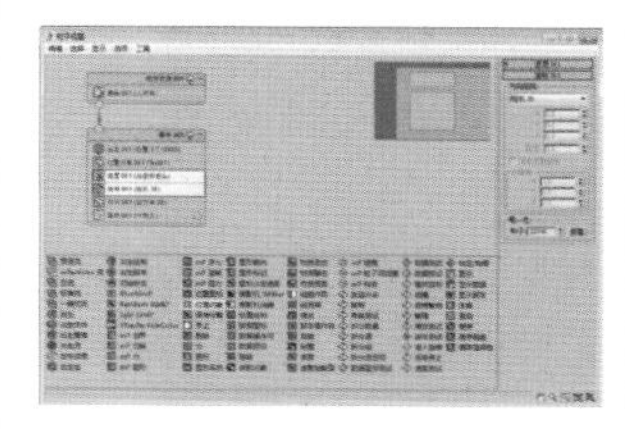

图 14-175

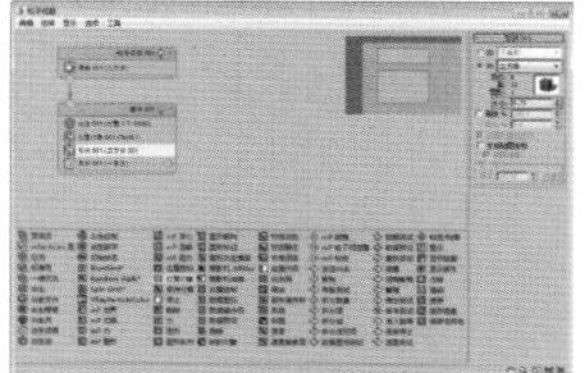

图 14-176

08 单击“旋涡”按钮 旋涡 ，在场景中创建一个旋涡，然后进入“修改”面板，在“参数”卷展栏中，设置“轨道速度”为 0.3，“径向拉力”为 0.2，如图 14-177 和图 14-178 所示。

图 14-177

图 14-178

09 单击“风”按钮 风 ，在场景中创建一个风，然后进入“修改”面板，在“参数”卷展栏中，设置“强度”为 0，“湍流”为 0.5，“频率”为 0.5，“比例”为 0.1，如图 14-179 和图 14-180 所示。

图 14-179

图 14-180

10 在“粒子视图”中，将“仓库”中的“力”操作符拖曳到“事件 001”中，然后在右侧的参数面板中，单击“添加”按钮添加，接着到视图中拾取“旋涡”和“风”，如图 14-181 所示。

11 在“仓库”中，将“材质静态”操作符拖曳到“事件 001”中，打开“材质编辑器”，将第一个材质球拖曳到

"无"按钮 无 上，在弹出的对话框中选择"实例"，如图 14-182 所示。

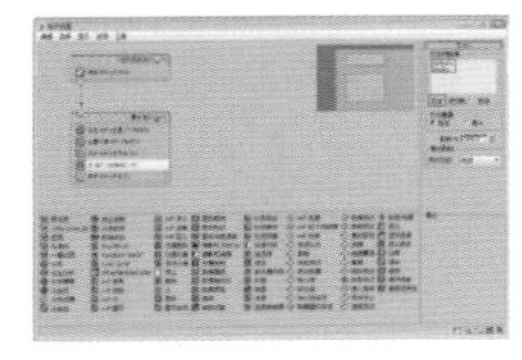

图 14-181

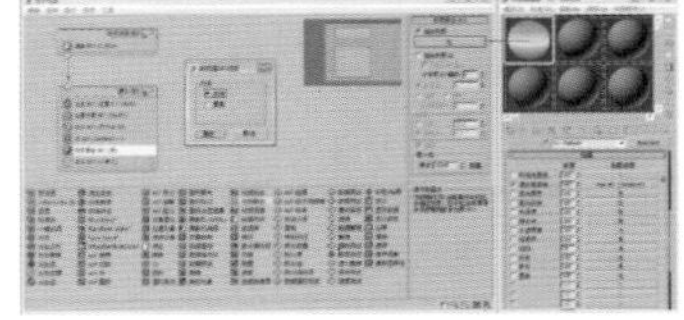

图 14-182

12 将"文本"对象隐藏，拖曳时间滑块，按快捷键 Shift+Q 渲染当前视图，渲染结果如图 14-183 所示。

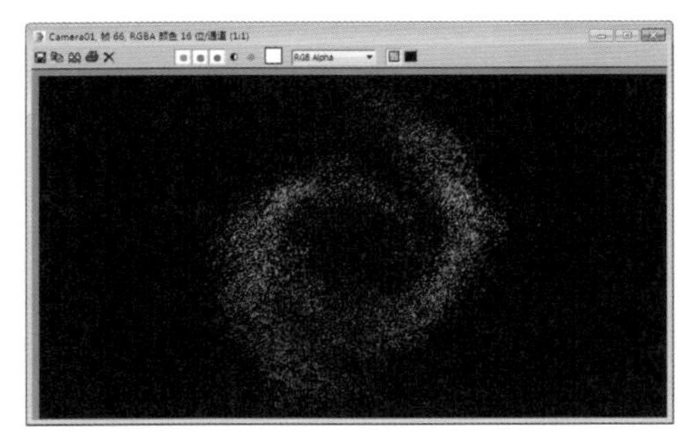

图 14-183

14.5.2 "导向器"类型的空间扭曲

"导向器"类型的空间扭曲，主要用于使粒子系统受阻挡而产生方向上的偏移，如图 14-184 所示，为两股粒子撞击到两个"导向板"空间扭曲后被反弹的效果；如图 14-185 所示为粒子撞击到"全导向器"空间扭曲后四处散开的效果。

图 14-184

图 14-185

3ds Max 2016 中提供了 6 种类型的导向器空间扭曲，可以通过如图 14-186 所示的操作，进入"导向器"空间扭曲的创建面板。

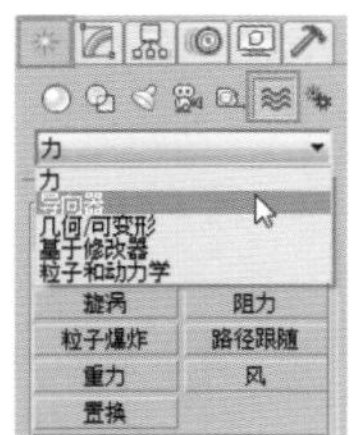

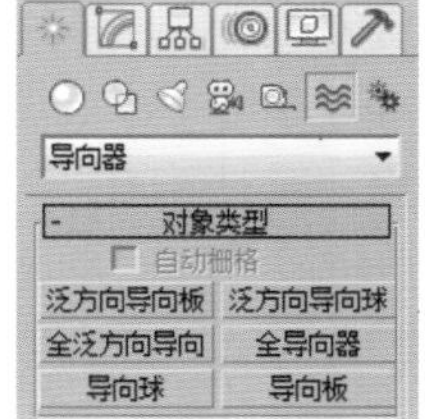

图 14-186

1. 泛方向导向板

"泛方向导向板"能提供比"全导向器""导向球"和"导向板"等原始空间扭曲更多的参数控制，所以功能也更强大，包括粒子在碰撞后能产生折射和再生的效果。单击"泛方向导向板"按钮 泛方向导向板，即可在视图中创建出泛方向导向板的图标，如图 14-187 所示。

在"修改"面板中，可以看到泛方向导向板的"参数"卷展栏，单击展开，如图 14-188 所示。

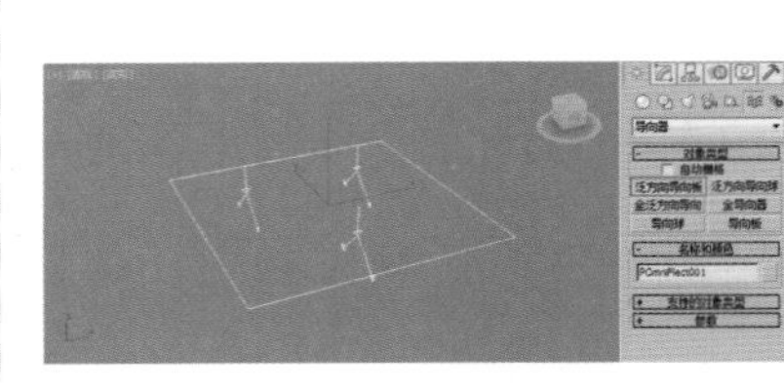

图 14-187

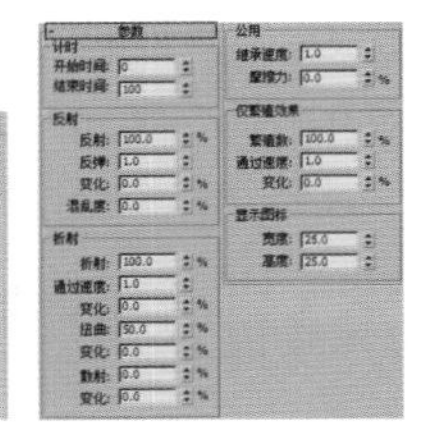

图 14-188

下面将通过一个实例，讲解该导向器的使用方法。

01 打开本书相关素材中的"Chapter-14>泛方向导向板>泛方向导向板.max"文件，该文件中已经设置了一段粒子受重力影响下落的动画，如图 14-189 所示。

图 14-189

02 单击"泛方向导向板"按钮 泛方向导向板，在视图中创建一个"泛方向导向板"空间扭曲对象，然后使用"绑定到空间扭曲"工具将其与粒子系统进行绑定。播放动画，发现粒子已经受导向板的影响产生了反弹的效果，如图 14-190 和图 14-191 所示。

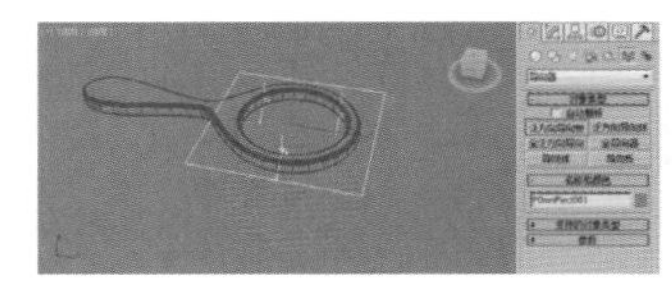

图 14-190

图 14-191

03 选择 POmniFlect001 导向板对象并进入"修改"面板，在"参数"卷展栏的"反射"选项组中，"反射"参数控制粒子撞击导向物体后反射的百分比，值小于 100，则部分粒子会被反弹，而另一部分粒子将穿过撞击导向物体；“反弹”参数控制粒子碰撞到导向物体后被反弹力量的大小；“混乱度”参数设置粒子反弹角度的混乱度。参照如图 14-192 所示进行参数设置，并观察粒子的运动效果。

04 “折射”选项组中，“折射”参数指定粒子折射的百分比。折射只对没有被反射的粒子产生影响，因为在折射之前优先反射。在这里我们将此值设为 100，表示没有被反射的 70% 的粒子会部受折射影响；“通过速度”参数设置粒子折射后的速度；“扭曲”参数控制粒子折射的角度；“散射”参数可以改变扭曲角度，从而产生粒子在锥形区域散射的效果。如图 14-193 所示为设置各项参数后粒子的效果。

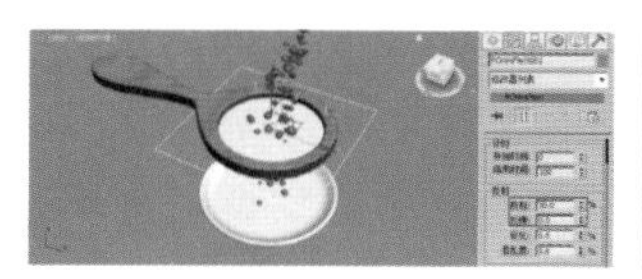
图 14-192

图 14-193

05 播放动画，发现停留在“过滤网”上的粒子在上面滑动。设置“公用”选项组中的“摩擦力”为 100，此时停留在“过滤网”上的粒子就完全不动了，如图 14-194 所示。

图 14-194

技巧与提示：

“仅繁殖效果”选项组中的参数设置仅能对没有被反射和折射的粒子产生影响，因为在繁殖效果之前优先反射和折射。但在这之前应先在粒子系统的“粒子繁殖”卷展栏中选择“碰撞后繁殖”单选按钮才可以，在本例中不做设置。

06 单击“全泛方向导向”按钮 全泛方向导向，在视图中创建一个“全泛方向导向”，并使用“绑定到空间扭曲”工具将其与粒子系统绑定，如图 14-195 所示。

07 选择 UOmniFlect001 导向器对象，进入“修改”命令面板，在“基于对象的泛方向导向器”选项组中，单击“拾取对象”按钮，然后在视图单击“盘子”对象，如图 14-196 所示。

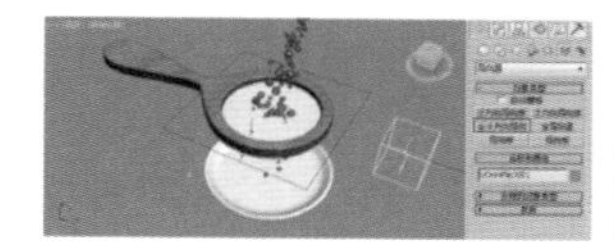
图 14-195

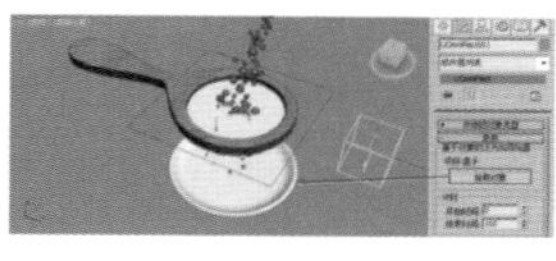
图 14-196

08 播放动画，发现在粒子与“盘子”对象接触后就被反弹了起来，如图 14-197 所示。

09 进入“修改”面板，在“反射”选项组中设置“反射”为 100、“反弹”为 0，在“公用”选项组中设置“摩擦力”为 100，这样就使粒子在与“盘子”对象接触后全部停留在“盘子”中，如图 14-198 所示。

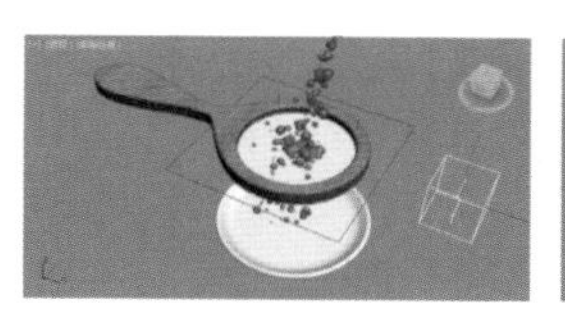
图 14-197

图 14-198

2. 泛方向导向球

“泛方向导向球”大多数的设置和“泛方向导向板”中的设置相同。不同之处在于该空间扭曲提供的是一种“球形”的导向表面而不是平面。单击“泛方向导向球”按钮 泛方向导向球，即可在视图中创建出泛方向导向球的图标，如图 14-199 所示。

在“修改”面板中，可以看到泛方向导向球的“参数”卷展栏，单击展开，如图 14-200 所示。

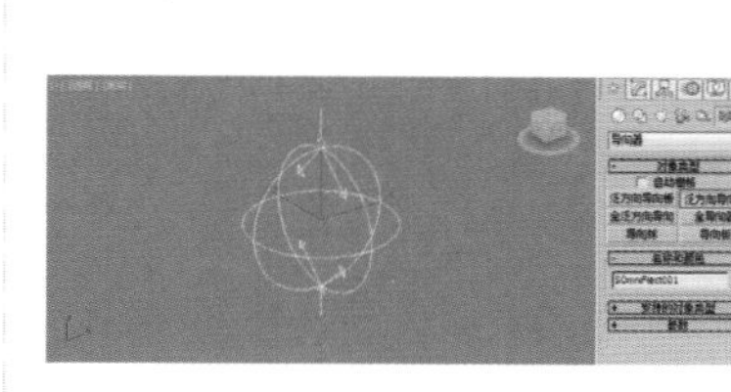
图 14-199

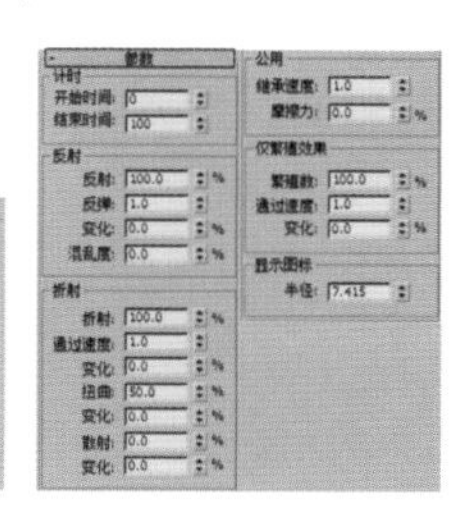
图 14-200

3. 全泛方向导向

“全泛方向导向”相对“泛方向导向板”和“泛方向导向球”而言，在参数功能上极为相似，只是增加了“拾取对象”按钮，可以指定任意一个三维物体作为导向板，这一点与“全导向器”相同。单击“全泛方向导向”按钮 全泛方向导向，即可在视图中创建出全泛方向导向的图标，如图 14-201 所示。

在“修改”面板中，可以看到全泛方向导向的“参数”卷展栏，单击展开，如图 14-202 所示。

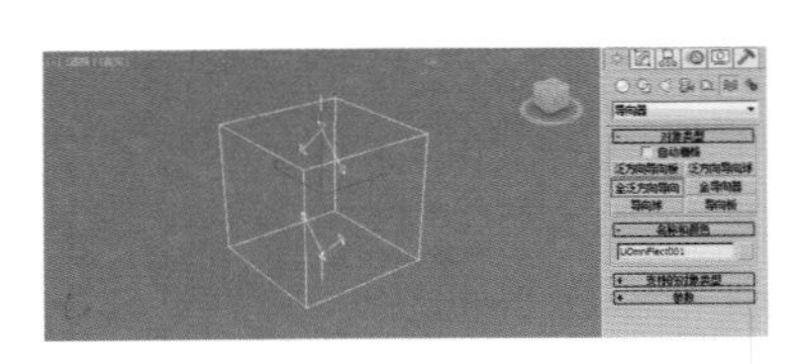

图 14-201

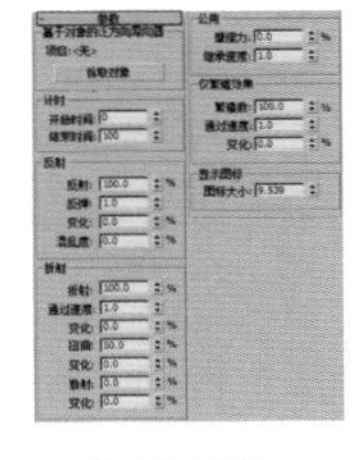

图 14-202

4. 全导向器

“全导向器”空间扭曲是一种能让用户使用任意对象作为粒子导向器的通用导向器。单击“全导向器”按钮 全导向器 ，即可在视图中创建出全导向器的图标，如图 14-203 所示。

在“修改”面板中，可以看到全导向器的“基本参数”卷展栏，单击展开，如图 14-204 所示。

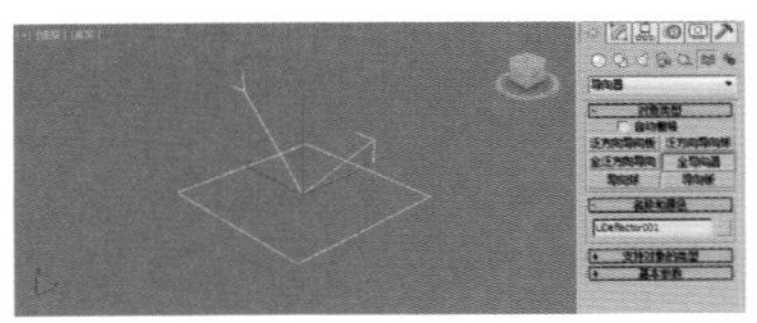

图 14-203

图 14-204

技巧与提示：

在了解了以上四种空间扭曲后，“导向球”和“导向板”也就很容易掌握了，我们可以在以后的实际工作中，根据不同的工作需求灵活应用这些导向器。不过根据笔者多年的制作经验来看，“导向板”和“全导向器”在实际的项目制作中使用的频率会更高一些。

实例操作：使用“风”和“导向器”制作物体坍塌动画

实例操作：使用“风”和“导向器”制作物体坍塌动画

实例位置：	工程文件 >CH14> 物体坍塌 .max
视频位置：	视频文件 >CH14> 实例：使用“风”和“导向器”制作物体坍塌动画 .mp4
实用指数：	★★★☆☆
技术掌握：	熟练掌握“力”和“导向器”类型的空间扭曲的使用方法。

本例将使用粒子系统并配合“风力”和“导向器”来制作一个物体坍塌的粒子特效动画效果，如图 14-205 所示为本例的最终完成效果。

图 14-205

01 打开本书相关素材中的“工程文件 >CH14> 物体坍塌 > 物体坍塌 .max”文件，该文件中有一个卡通角色的模型，并且已经设置了摄影机，如图 14-206 所示。

02 按 F6 键，打开“粒子视图”面板，在“粒子视图”面板左下方的“仓库”中将“标准流”操作符拖曳至“事件显示”中，则生成了场景中的第一个粒子流，系统自动为其命名为“粒子流源 001”，如图 14-207 所示。

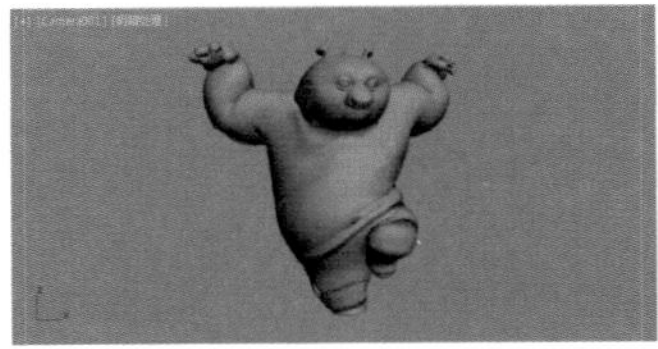

图 14-206

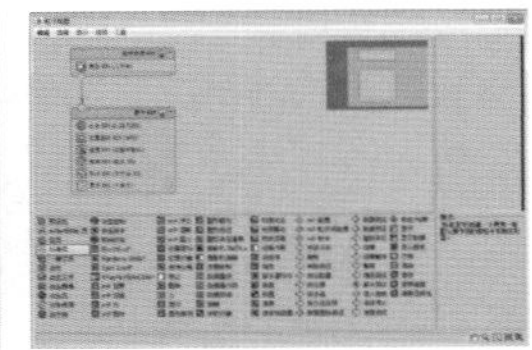

图 14-207

03 选择“粒子流源 001”，在右侧的参数面板中，设置“视图 %”为 100，让粒子在视图中全部显示，如图 14-208 所示。

04 单击选择“出生”操作符，在右侧的参数面板中，设置粒子的“发射开始”为 0，“发射停止”为 0，设置粒子的“数量”为 10000，为粒子流设置出生的时间及数量，如图 14-209 所示。

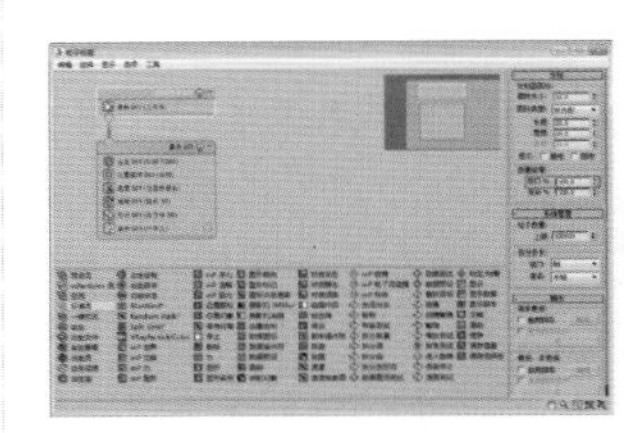

图 14-208

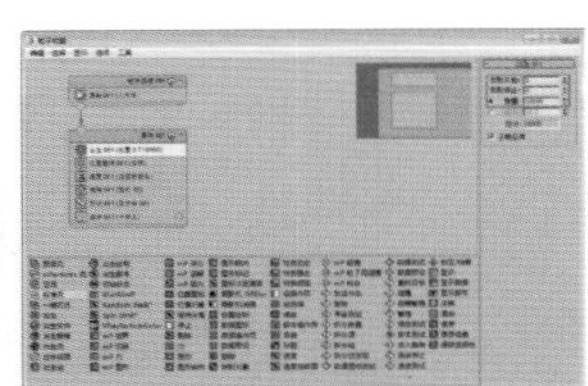

图 14-209

05 从仓库中将“位置对象”操作符拖曳到“位置图标”操作符上，当显示一条水平红线时释放鼠标，如图 14-210 所示。

06 选择“位置对象 001”操作符，在右侧的参数面板中，单击“添加”按钮 添加 ，然后在视图中拾取角色模型，如图 14-211 所示。

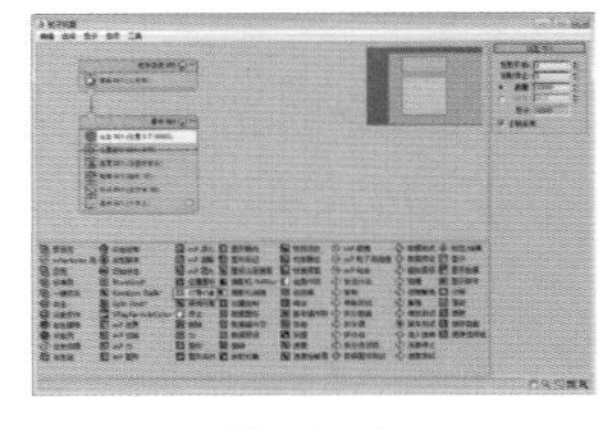

图 14-210

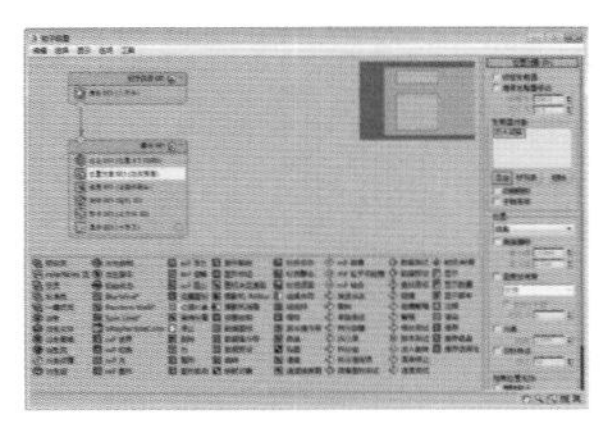

图 14-211

07 在“事件 001”中选择“速度 001”操作符，然后按 Delete 键将其删除，接着选择“旋转 001”“形状 001”和“显示 001”操作符，将其拖曳到“粒子流源 001”中，如图 14-212 和图 14-213 所示。

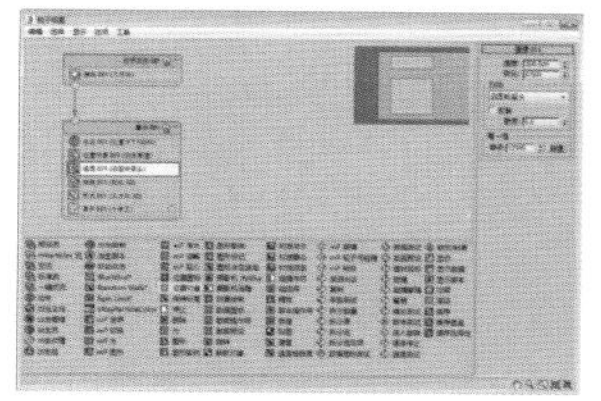
图 14-212

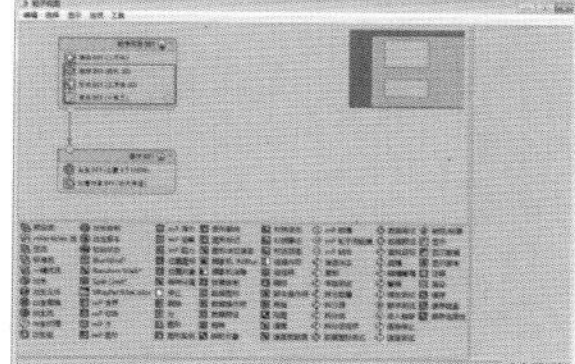
图 14-213

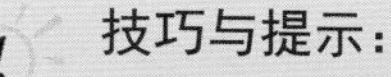

技巧与提示：

“粒子流源”是一个全局事件，将操作符放在“粒子流源”中，它会凌驾于其下方的相同属性的操作符。

08 选择“形状 001”操作符，在右侧的参数面板中设置其粒子的“大小”为 1，然后选择“显示 001”操作符，设置粒子的显示“类型”为“几何体”，如图 14-214 和图 14-215 所示。

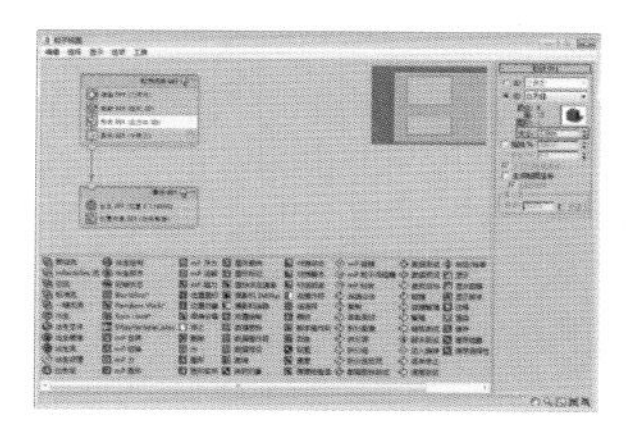
图 14-214

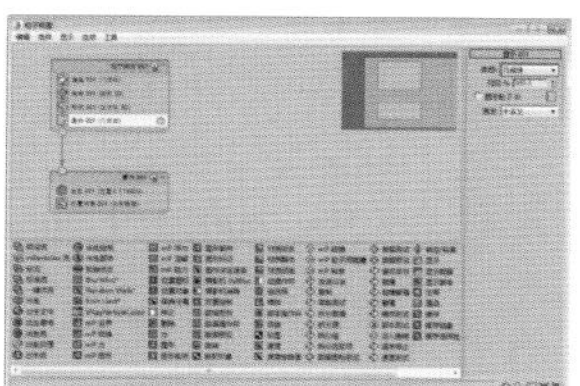
图 14-215

09 单击“导向板”按钮 导向板 ，在场景中创建一个导向板，然后进入“修改”面板，在“参数”卷展栏中，设置“变化”为 30，“混乱度”为 35，“摩擦力”为 35，如图 14-216 和图 14-217 所示。

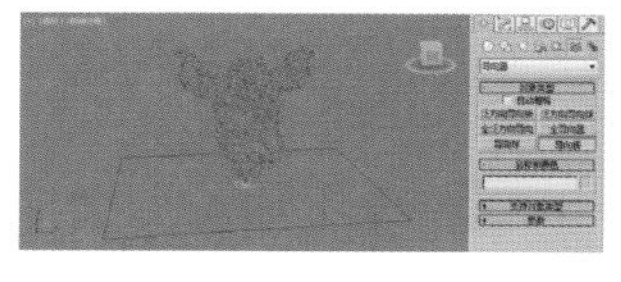
图 14-216

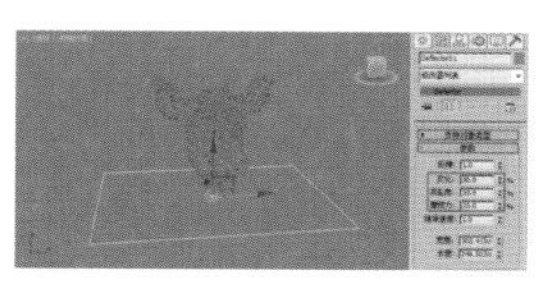
图 14-217

10 用同样的方法，在视图中再创建一个导向板，然后进入“自动关键点”动画模式，接着拖曳时间滑块到第 90 帧，使用移动工具调整导向板的位置，如图 14-218 和图 14-219 所示。

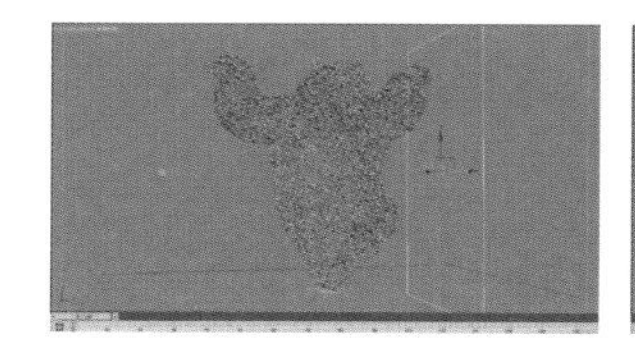
图 14-218

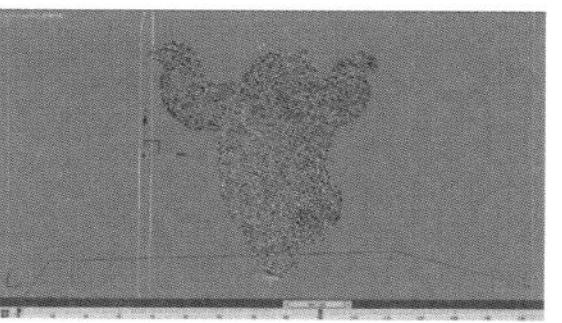
图 14-219

11 在视图中分别创建“重力”“风”和“阻力”三个空间扭曲物体，进入“修改”面板，设置“重力”的“强度”为 0.25，“风”的“强度”为 0，“湍流”为 0.25，“频率”为 1.3，“比例”为 0.06，设置“阻力”的“XYZ 轴”的“阻尼”为 7，如图 14-220~ 图 14-222 所示。

12 打开“粒子视图”对话框，在“仓库”中将“碰撞”测试拖曳到“事件 001”中，然后单击“添加”按钮 添加 ，在视图中拾取 Delfector02 对象，接着在“速度”下拉列表中选择“继续”，如图 14-223 所示。

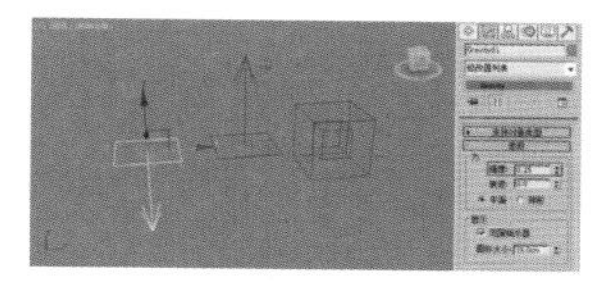
图 14-220

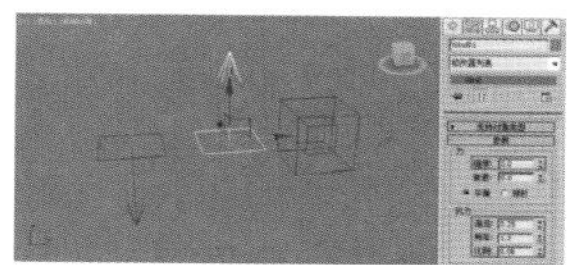
图 14-221

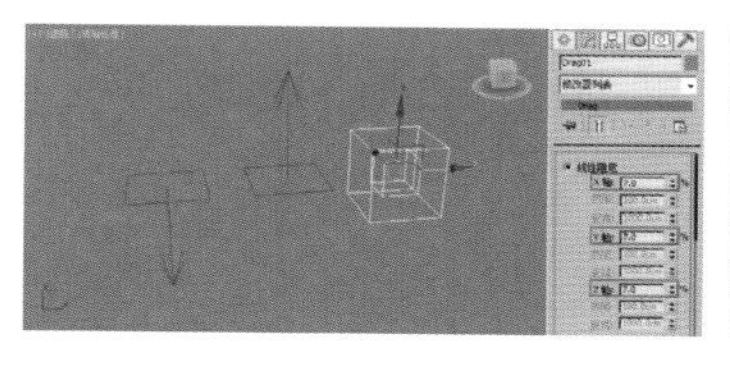
图 14-222

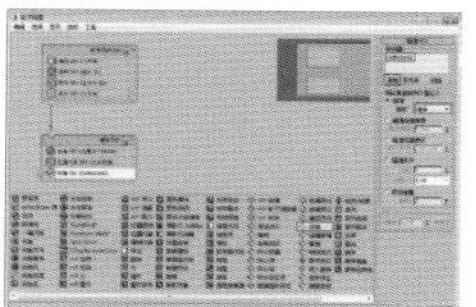
图 14-223

13 从“仓库”中将“力”操作符拖曳到“事件显示”中，系统自动为其命名为“事件 002”，选择“力 001”操作符，单击“添加”按钮 添加 ，然后在视图中将“重力”“风”和“阻力”三个空间扭曲全部拾取进来，接着将“碰撞 001”与“事件 002”连接，如图 14-224 所示。

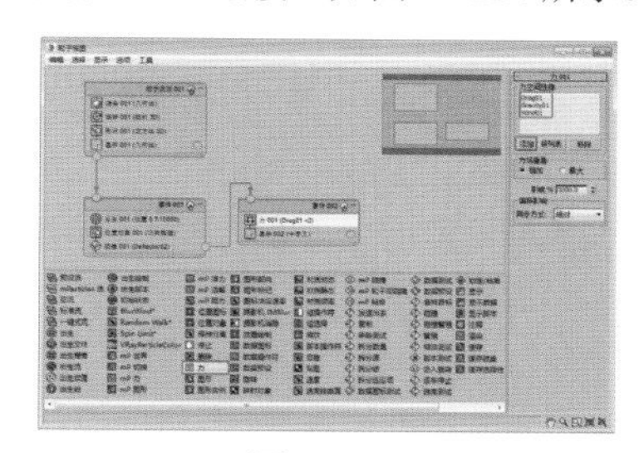
图 14-224

技巧与提示：

无论我们将“操作符”或者“测试”从“仓库”拖曳到“事件显示”中，系统都会自动添加一个“显示”操作符。但是在本例中，已经将“显示”操作符放在了全局事件中，所以以后添加的“显示”操作符都不会发生作用了。

14 拖曳时间滑块，发现只要与 Delfector02 对象接触的粒子，马上会受到“重力”“风”和“阻力”三个空间扭曲的影响，如图 14-225 所示。

15 从“仓库”中将“碰撞繁殖”测试拖曳到“事件 002”中，然后单击“添加”按钮 添加 ，接着在视图中拾取 Delfector01 对象，然后在“繁殖速率和数量”选项组中，设置“子孙数”为 3，在“速度”选项组中，设置“变化 %”

为 15，“散度”为 40，在“大小”选项组中，设置“比例因子 %”为 50，“变化 %”为 30，如图 14-226 所示。

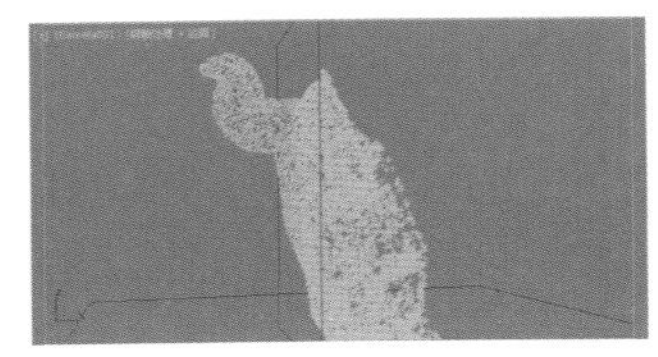
图 14-225

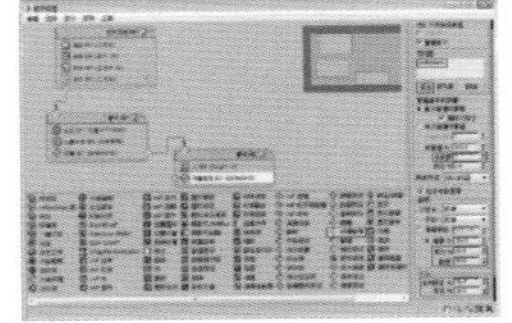
图 14-226

16 从“仓库”中将“力”操作符拖曳到“事件显示”中，系统自动为其命名为“事件 003”，选择“力 002”操作符，单击“添加”按钮添加，然后在视图中将“重力”和“阻力”两个空间扭曲全部拾取进来，接着将“碰撞繁殖 001”与“事件 003”连接，如图 14-227 所示。

17 在“仓库”中，将“碰撞”测试拖曳到“事件 003”中，然后单击“添加”按钮添加，在视图中拾取 Delfector01 对象，如图 14-228 所示。

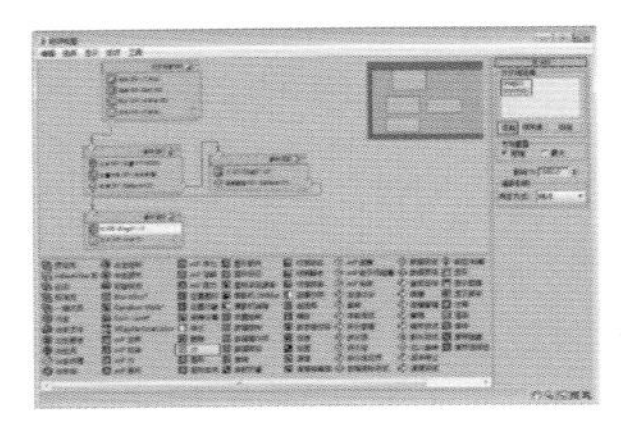
图 14-227

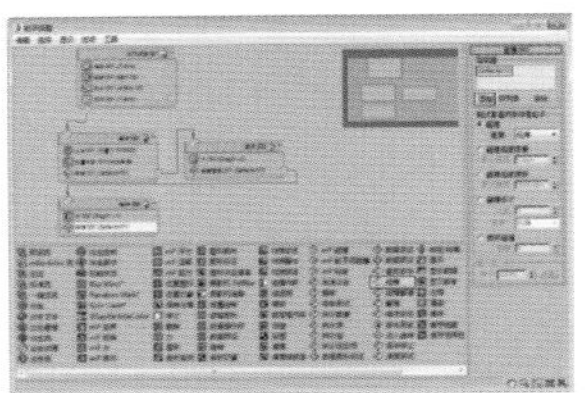
图 14-228

18 从“仓库”中将“力”操作符拖曳到“事件显示”中，系统自动为其命名为“事件 004”，选择“力 003”操作符，单击“添加”按钮添加，然后在视图中将“重力”和“阻力”两个空间扭曲全部拾取进来，接着将“碰撞 002”与“事件 004”连接，如图 14-229 所示。

19 在“仓库”中，将“碰撞”测试拖曳到“事件 003”中，然后单击“添加”按钮添加，在视图中拾取 Delfector01 对象，接着在“速度”下拉列表中选择“停止”，如图 14-230 所示。

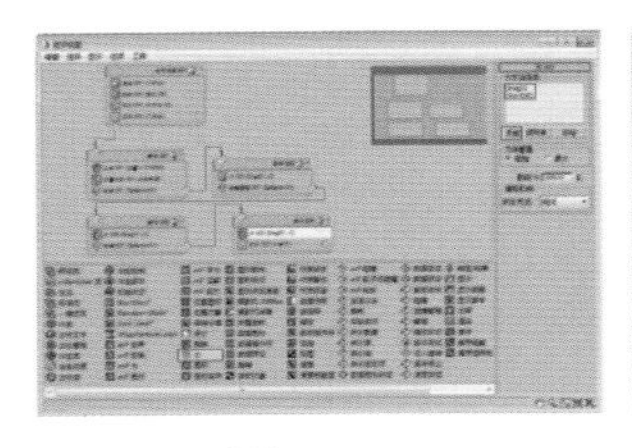
图 14-229

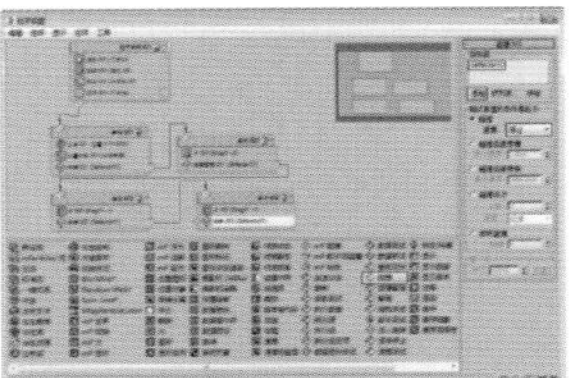
图 14-230

20 拖曳时间滑块，发现粒子落到地上弹跳两次，第 3 次落地时就停止跳动并停留在了地面上，如图 14-231 所示。

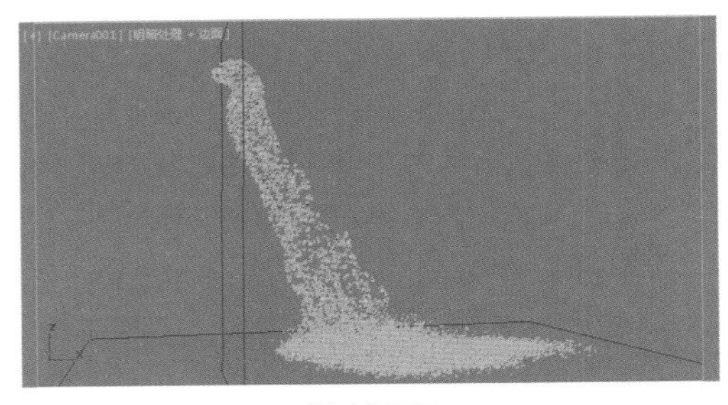
图 14-231

21 按快捷键 Shift+Q，渲染当前视图，渲染结果如图 14-232 所示。

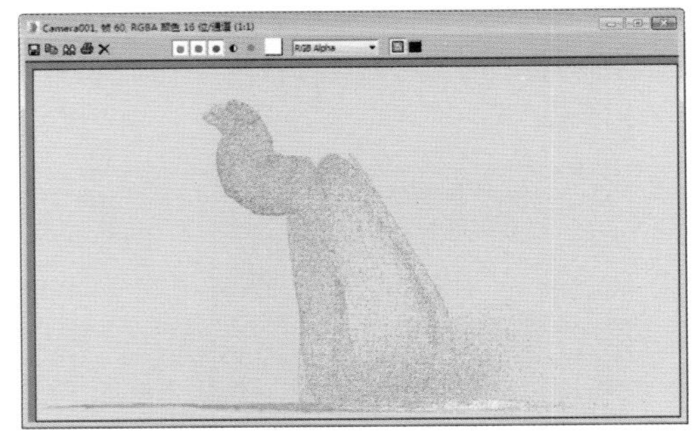
图 14-232

14.6 本章总结

本章详细讲解了 3ds Max 所提供的粒子系统及空间扭曲的相关知识，并安排了大量的实例帮助大家学好粒子系统在实际项目中的应用及具体参数设置方法。通过对本章知识的认真学习和灵活运用，相信大家可以制作出令自己满意的粒子特效。

MassFX 动力学技术

15.1 MassFX 动力学概述

3ds Max 2016 中的动力学系统非常强大，可以快速地制作出物体与物体之间真实的物理作用效果，是制作动画必不可少的一部分。动力学可以用于定义物体的物理属性和外力，当对象遵循物理定律进行相互作用时，可以制作非常逼真的动画效果，最后让场景自动生成最终的动画关键帧。

在 3ds Max 5.0 版本时引入了 Reactor 动力学系统，利用 Reactor 动力学系统可以制作真实的刚体碰撞、布料运动、破碎、水面涟漪等效果，这在当时是非常受动画师喜爱的工具。在此后，随着软件版本的升级，Reactor 动力学系统也在不断升级、完善，但即使如此，Reactor 动力学系统还是存在很多问题，如容易出错、经常卡机、解算速度慢等。直到 3ds Max 2012 版本时，终于将 Reactor 动力学系统替换为了新的动力学系统——Mass FX。这套动力学系统，可以配合多线程的 Nvidia 显示引擎进行 3ds Max 视图的实时运算，并能得到更为真实的动力学效果。Mass FX 动力学的主要优势在于操作简单，可以实时运算，并解决了由于模型面数多而无法运算的问题。习惯了使用 Reactor 动力学的老用户也不必担心，因为 Mass FX 与 Reactor 在参数、操作等方面还是比较相近的。

Mass FX 动力学系统目前在功能上还不是非常完善，在最初刚加入到 3ds Max 2012 中时，只有刚体和约束两个模块。在 3ds Max 2016 中，Mass FX 动力学增加到了 4 个模块，分别为刚体系统、布料系统，约束系统和碎布玩偶系统。相信在 3ds Max 以后的版本升级中，Mass FX 动力学系统还会不断升级和完善。

启动 3ds Max 2016 后，在主工具栏上右击，在弹出的快捷菜单中选择“Mass FX 工具栏”命令，可以调出“Mass FX 工具栏”，如图 15-1 和图 15-2 所示。

为了方便操作，可以将“Mass FX 工具栏”拖曳到操作界面的左侧，使其停靠于此，如图 15-3 所示。另外，在“Mass FX 工具栏”上右击，在弹出的菜单中选择“停靠”菜单中的子命令，可以选择停靠在其他的地方，如图 15-4 所示。

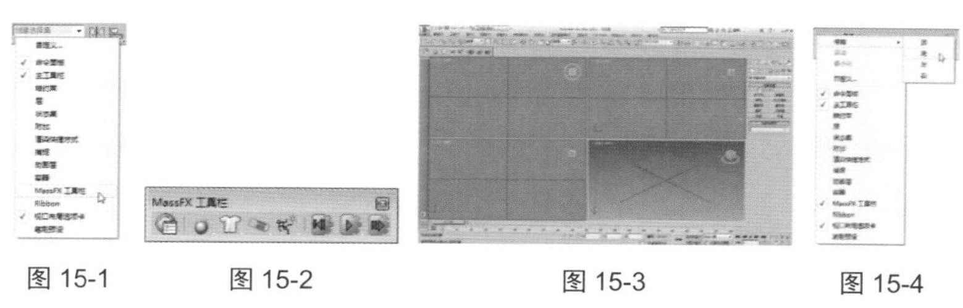

图 15-1　　图 15-2　　图 15-3　　图 15-4

15.2 使用 MassFX 工具设置动画的流程

由于 MassFX 以物理特性来模拟动画，所以其动画设置方法完全不同于普通的关键点动画设置方法，在本节，将通过一个实例演示 MassFX 设置动画的流程，使大家对 MassFX 有一个基本的了解。

本章工程文件

本章视频文件

15.2.1 MassFX 工具栏

在 MassFX 工具栏上，最左侧的“世界参数”按钮是一个下拉按钮，在该按钮上按住鼠标左键，在弹出的按钮列表中共有 4 个选项，分别为“世界参数”“模拟工具”“多对象编辑器”和“显示选项”，如图 15-5 所示。在按钮列表中选择任意一个选项，可以打开“MassFX 工具”对话框，并同时切换到相应的面板，如图 15-6 所示。

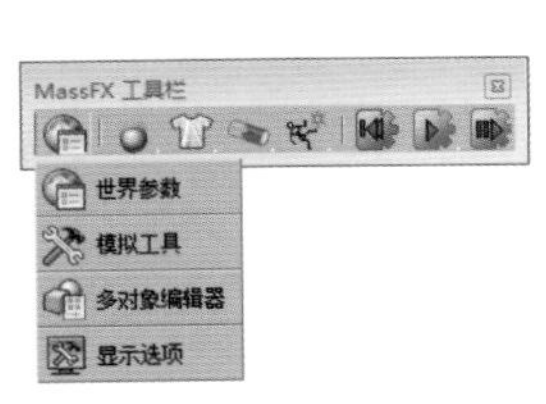

图 15-5

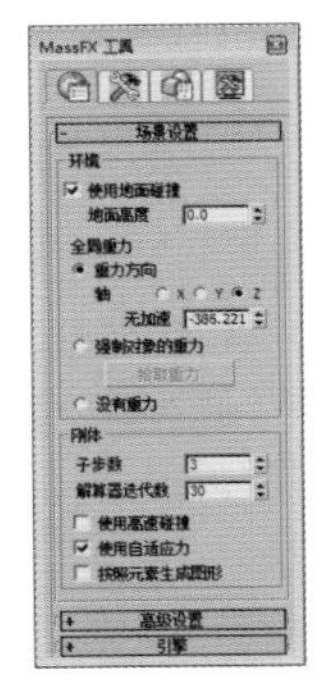

图 15-6

接下来的 4 个工具栏按钮，用于将标准的 3ds Max 对象转换为可在模拟中工作的对象，其中包括刚体、布料、约束和碎布玩偶。与使用其他弹出按钮一样，单击可见弹出按钮后会执行由其图标指示的操作，而单击并按住弹出按钮会打开相关操作的列表，如图 15-7 ～图 15-10 所示。

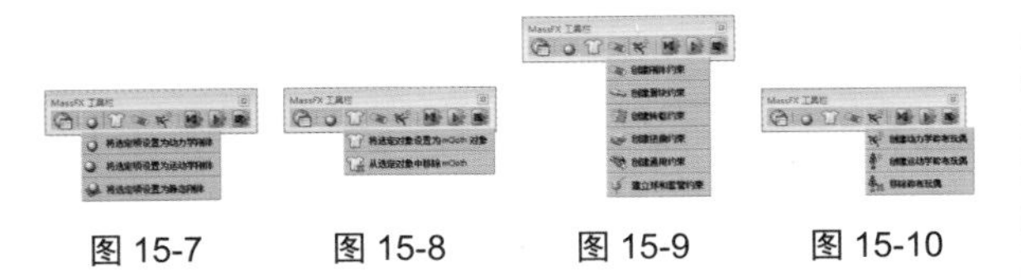

图 15-7　图 15-8　图 15-9　图 15-10

位于工具栏上最右侧的是用于控制模拟的按钮和弹出按钮。

15.2.2 定义对象类型

在 3ds Max 2016 中，使用 MassFX 设置动画时，首先需要将对象定义为 3 种刚体对象中的一种，然后才可以使用 MassFX 对其进行编辑。下面将通过一个实例操作，其相关的知识。

01 打开本书相关素材中的“工程文件 >CH15> 数字掉落 > 数字掉落 .max”文件，如图 15-11 所示。

02 在视图中选择所有物体，单击“MassFX 工具栏”中的“将选定项设置为动力学刚体”按钮，这样即可将选择的物体设置为“动力学刚体”对象了，如图 15-12 所示。

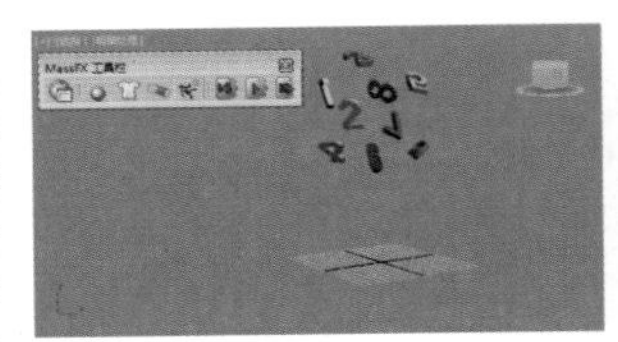

图 15-11

图 15-12

03 在视图中选择任意一个物体，进入“修改”面板，可以看到该对象增加了一个 MassFX Rigid Body 修改器，在该修改器中可以设置刚体的类型、质量、摩擦力、图形类型等参数，如图 15-13 所示。

图 15-13

15.2.3 模拟动画

将对象定义为刚体对象后，并不能通过 3ds Max 中默认的动画播放工具直接播放动画，而只能通过 MassFX 工具栏内的模拟控件来预览动画，这样便于对动画进行控制和编辑。

01 单击“MassFX 工具栏”上的“开始模拟”按钮，此时场景中所有的动力学物体受到重力的影响，开始了自由落体的运动，物体与物体之间也会进行碰撞计算，同时视图下方的时间滑块也随时间的改变而向前推进，如图 15-14 所示。

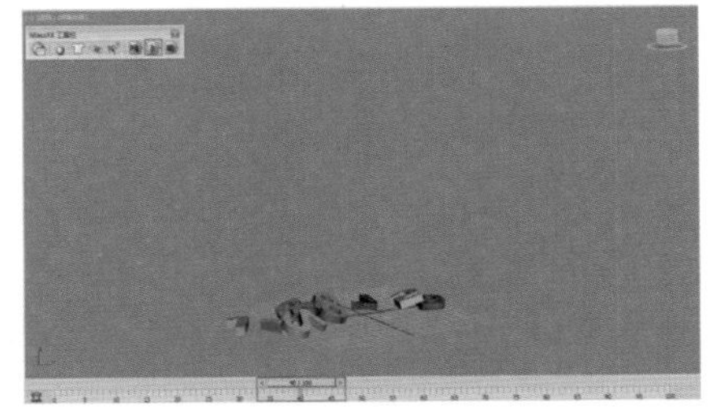

图 15-14

技巧与提示：

单击“开始模拟”按钮后，在进行动力学模拟的同时，场景中其他有动画设置的对象也会进行动画播放。

02 再次单击“开始模拟”按钮可以停止动力学的模拟。单击“下一个模拟帧”按钮可以进行逐帧的模拟，如图 15-15 所示。

03 单击“将模拟实体重置为其原始状态”按钮，可以停止模拟，并将时间滑块移动到第 0 帧，同时将所有动力学刚体的变换恢复为其初始状态，如图 15-16 所示。

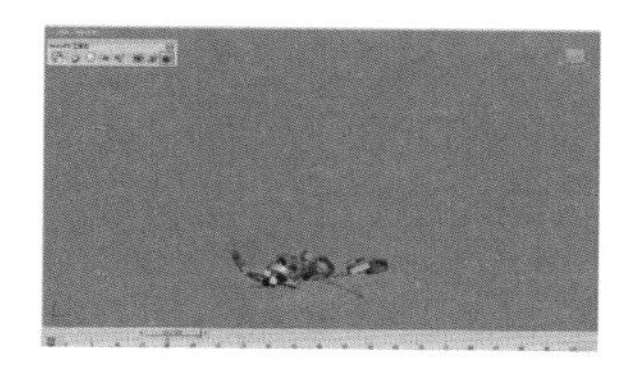

图 15-15

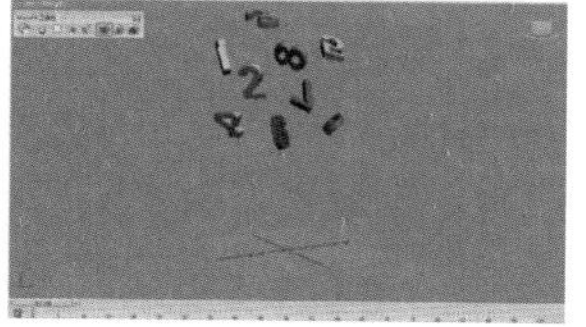

图 15-16

04 在“开始模拟”按钮上按住鼠标左键，在弹出的按钮列表中选择“开始没有动画的模拟”按钮，此时也会进行动力学模拟，只是模拟运行时时间滑块不会向前推进，而且场景中其他有动画设置的对象也不会进行动画的播放，如图 15-17 和图 15-18 所示。

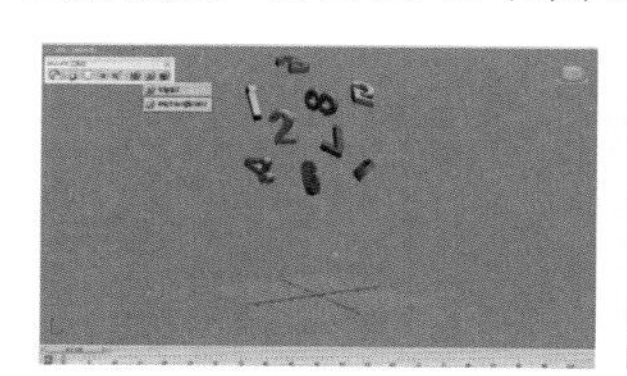

图 15-17

图 15-18

技巧与提示：

在“MassFX 工具”对话框的“模拟工具”选项卡中，单击“模拟”卷展栏中的“捕获变换”按钮，可以将当前动力学物体的运动状态进行捕捉，这类似于“快照”命令的效果，如图 15-19 所示。例如我们想要制作散落一地的玩具的场景，如果想要随机的效果，而对每个玩具都进行位移和旋转操作，这样不仅费时费力，而且效果也不一定好，此时我们即可通过这种方法来得到随机的效果。

图 15-19

15.2.4　烘焙动画

当前设置的动画只是在进行模拟，要使其成为关键帧动画，就需要对当前的模拟结果进行烘焙。

01 在“世界参数”按钮上按住鼠标左键，在弹出的按钮列表中选择“模拟工具”，打开“MassFX 工具”对话框，如图 15-20 所示。

02 单击“烘焙所有”按钮，此时会开始烘焙动画，将所有动力学刚体的变换存储为动画关键帧，如图 15-21 所示。

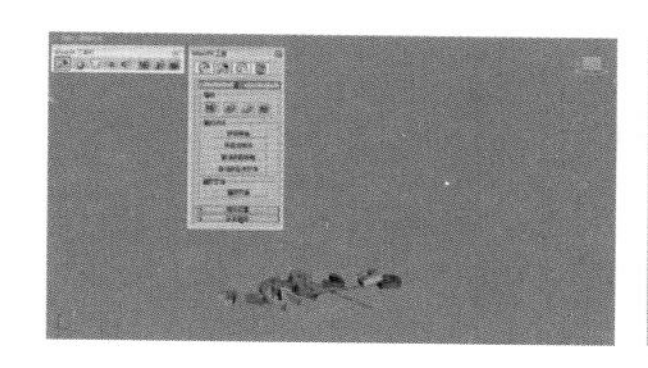

图 15-20

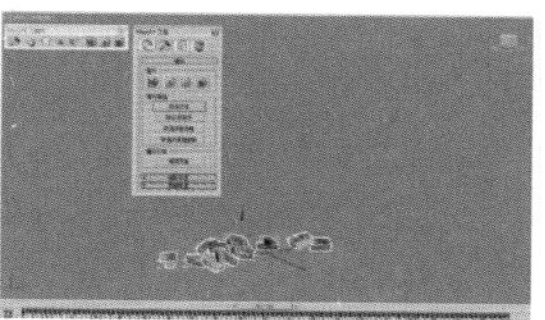

图 15-21

03 单击“取消烘焙所有”按钮，将会删除烘焙时生成的关键帧，从而将这些刚体恢复为动力学刚体，如图 15-22 所示。

04 选择场景中的任意一个对象，单击“烘焙选定项”按钮，将会只烘焙选中的动力学刚体，如图 15-23 所示。

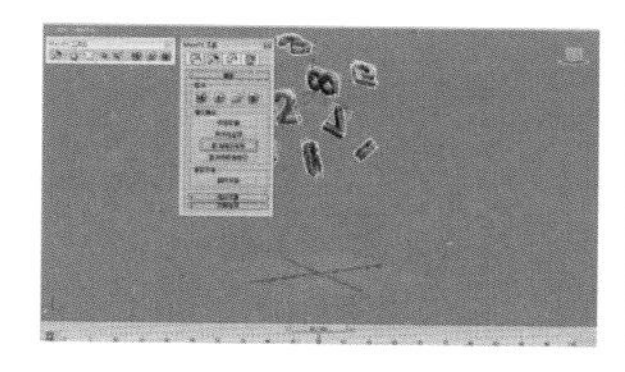

图 15-22

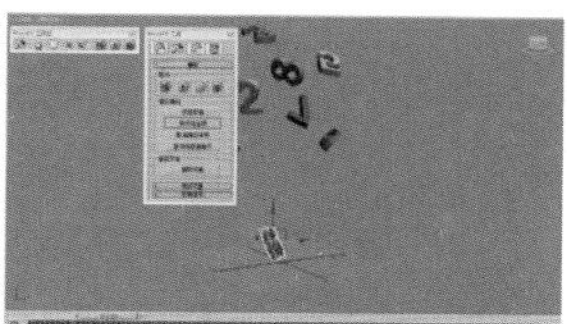

图 15-23

05 单击“取消烘焙选定项”按钮，将取消烘焙选定的刚体，如图 15-24 所示。

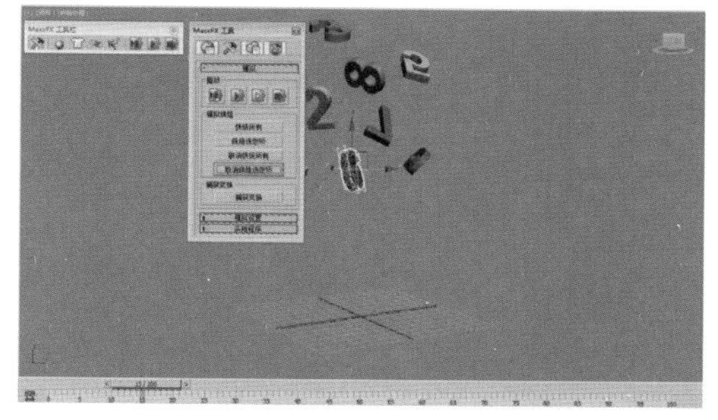

图 15-24

15.3　“MassFX 工具”面板

1.“世界参数”面板

在“MassFX 工具”面板中包含 4 个选项卡，分别为“世界参数”“模拟工具”“多对象编辑器”和“显示选项”，在 MassFX 工具栏最左侧的“世界参数”按钮上按住鼠标左键，在弹出的按钮列表中选择任意一个选项，可以打开“MassFX 工具”面板，并同时切换到相应的选项卡，如图 15-25 所示为“世界参数”面板。

图 15-25

“MassFX 工具”对话框的“世界参数”面板中提供了用于在 3ds Max 中创建物理模拟的全局设置，这些设置会影响模拟中的所有对象。

在“场景设置”卷展栏的“环境”选项组中，通过对该组中的一些参数设置可以控制地面碰撞和重力。要模拟重力，可以使用 MassFX 自身的重力或 3ds Max 中的“重力”空间扭曲，也可以选择根本不使用重力。“使用地面碰撞”复选框默认是选中的，此时 MassFX 使用与 3ds Max 主栅格相同的平面作为地面，可以将该平面理解为是一个不可见且无限远的静态刚体“平面”。通过下面的“地面高度”参数可以设置该“平面”相对于主栅格的高度。

选择“重力方向”单选按钮后，可以选择下方的 X、Y、Z 这 3 个单选按钮来设置重力的方向，下面的“无加速”参数可以设置重力的大小，较大的重力可以使物体下落的速度更快。

技巧与提示：

作为参考，地球的重力大约为 –981.001 cm/s2 = –386.221 in/s2 = –32.185 ft/s2 = –9.81 m/s2。

选择“强制对象的重力”单选按钮后，可以通过下方的“拾取重力”按钮 拾取重力，在场景中拾取“重力”空间扭曲将重力应用于刚体对象。使用此选项的主要优点是，用户可以通过旋转空间扭曲对象在任何方向应用重力。

在“刚体”选项组中，“子步数”参数越高，生成的碰撞结果越精确，但模拟计算的时间会增长。如果在动力学模拟中，物体之间有穿插的现象，可以适当增大该值。

2.“模拟工具”面板

“MassFX 工具”对话框的“模拟工具”面板中包含用于控制模拟和访问工具（例如 MassFX 资源管理器）的按钮，如图 15-26 所示。

技巧与提示：

“模拟”卷展栏中各个按钮的作用和含义，我们在前面已经学习过，这里不再赘述。

在“实用程序”卷展栏中单击“验证场景”按钮 验证场景，可以打开“验证 PhysX 场景”对话框，在该对话框中单击“验证”按钮，可以查看场景中是否有违反模拟要求的物体存在，如图 15-27 所示。

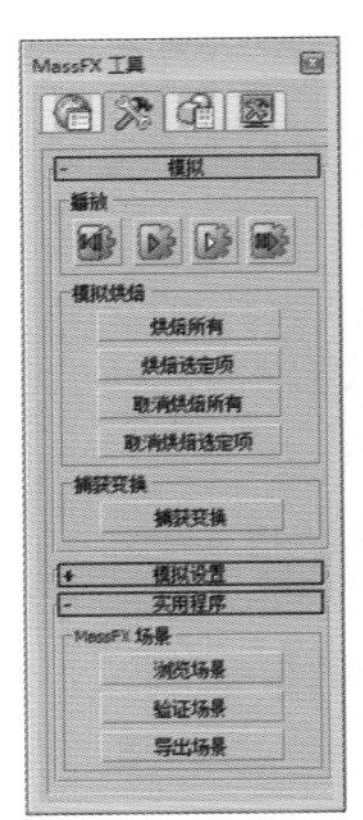

图 15-26

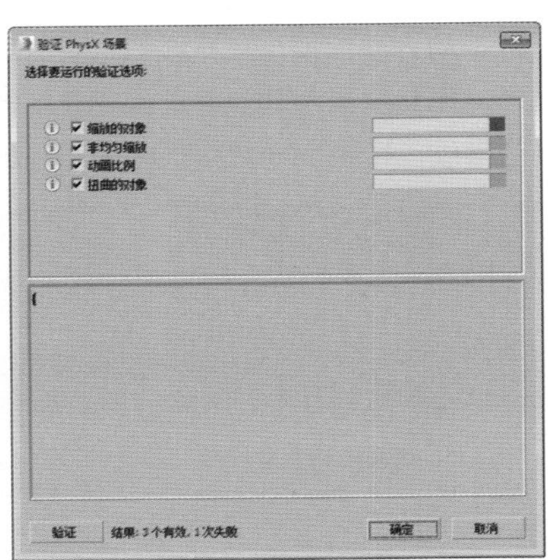

图 15-27

技巧与提示：

要参与动力学模拟的物体，尽量不要使用“选择并缩放”工具直接在物体级别下进行缩放操作，可以到物体的“元素”级别中进行缩放，或者在物体级别下缩放完成后，使用“程序”面板中的“重置变换”工具对其进行校正。

3.“多对象编辑器”面板

在场景中选择一个或多个 MassFX 刚体时，可以使用“多对象编辑器”面板中的参数设置同时编辑它们的所有属性，如图 15-28 所示。

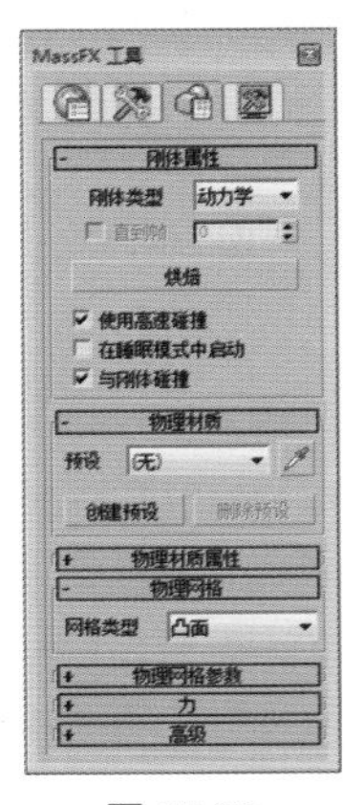

图 15-28

“多对象编辑器”面板中的参数与刚体的 MassFX Rigid Body 修改器的参数基本一致，区别在于使用“多对象编辑器”面板可以同时设置多个刚体对象的参数。

4. “显示选项”面板

“MassFX 工具”对话框中的“显示选项”面板包含用于切换物理网格视图显示的控件以及用于调试模拟的 MassFX 可视化工具，如图 15-29 所示。

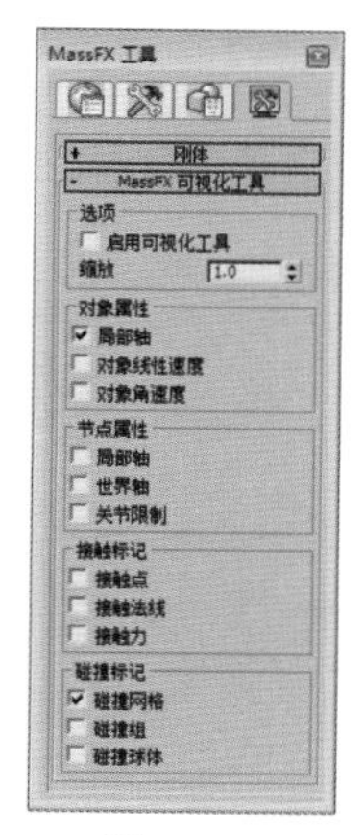

图 15-29

15.4　刚体系统

所谓的刚体，是物理模拟中的对象，其形状和大小不会更改。例如，如果将场景中的圆柱体设置成了刚体，它可能会反弹、滚动和四处滑动，但无论施加了多大的力，它都不会弯曲或折断。在本节中，将会详细讲解 MassFX 刚体系统的相关知识。

15.4.1　刚体类型

在场景中选择对象后，单击“MassFx 工具栏”上的“将选定项设置为动力学刚体”按钮并按住鼠标，在弹出的按钮列表中可以选择将选择的对象设置为何种类型的刚体对象，如图 15-30 所示。

图 15-30

✦ 动力学刚体：动力学刚体对象非常像真实世界中的对象，受重力和其他力作用的影响；撞击到其他对象时，可以被这些对象反弹或推动这些对象。

✦ 运动学刚体：运动学刚体对象不受重力或其他力作用的影响。它可以推动所遇到的任何动力学对象，但自身不能被这些对象推动。通俗地讲，运动学刚体对象可以有自身的动画设置，在进行动力学模拟时，可以保留自身的动画设置，同时影响与其接触的其他动力学刚体对象。例如将台球杆设置为运动学刚体，而将所有台球设置为动力学刚体对象，这样将台球杆设置击打台球的动画后，可以保留台球杆的动画设置，同时影响所有台球的运动。

✦ 静态刚体：静态刚体类型类似于运动学刚体类型，不同之处在于它不能设置动画。动力学对象可以撞击静态刚体对象并产生反弹效果，但静态刚体对象则不会有任何反应。

实例操作：用刚体动力学制作保龄球动画

实例操作：用刚体动力学制作保龄球动画

实例位置：	工程文件 >CH15> 保龄球 .max
视频位置：	视频文件 >CH15> 实例：用刚体动力学制作保龄球动画 .mp4
实用指数：	★★★☆☆
技术掌握：	熟悉“动力学刚体”和“运动学刚体”的不同之处。

在本例中将使用 MassFx 的刚体系统制作一个保龄球的动画效果，如图 15-31 所示为本例的最终完成效果。

图 15-31

01 打开本书相关素材中的“工程文件 > 保龄球 > 保龄球 .max”文件，该文件中已经为“保龄球”对象沿 *Y* 轴设置了位移动画，如图 15-32 所示。

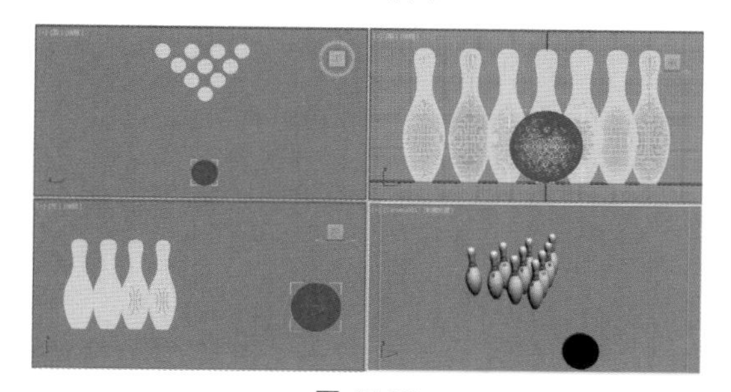

图 15-32

02 在场景中选择所有对象，单击 MassFX 工具栏中的“将选定项设置为动力学刚体”按钮，将所有对象都设置为动力学刚体物体，如图 15-33 所示。

03 单击“MassFX 工具栏”上的“开始模拟”按钮，

此时我们发现，“保龄球”对象并没有继承自身的位移动画，而且“瓶子”在没有任何其他物体的碰撞下自己就倒下了，如图 15-34 所示。

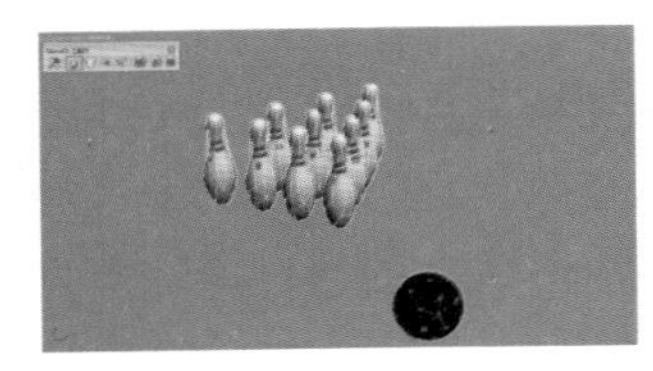

图 15-33

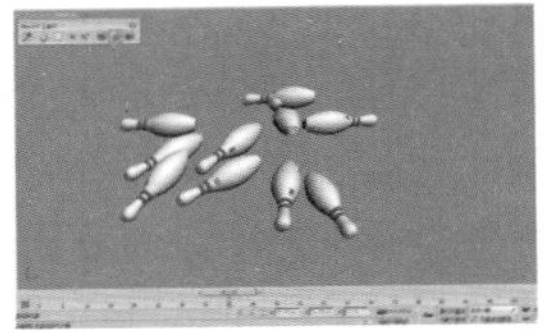

图 15-34

04 单击“将模拟实体重置为其原始状态”按钮，将场景恢复为初始状态。在场景在选择所有的“瓶子”对象，然后在“世界参数”按钮上按住鼠标左键，在弹出的按钮列表中选择“多对象编辑器”选项，打开“MassFX 工具”对话框，在“刚体属性”卷展栏中选中“在睡眠模式中启动”复选框，如图 15-35 和图 15-36 所示。

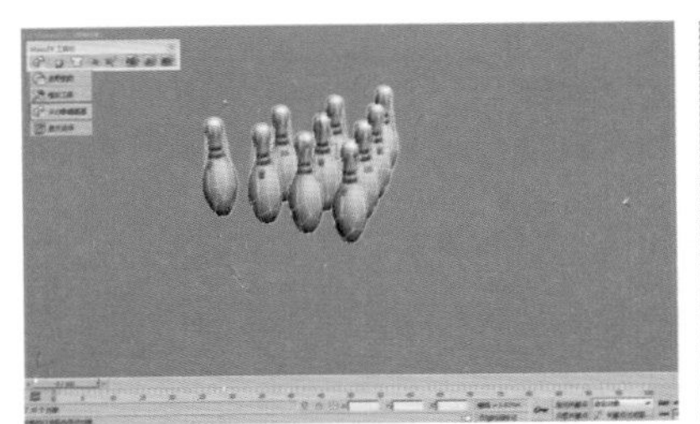

图 15-35

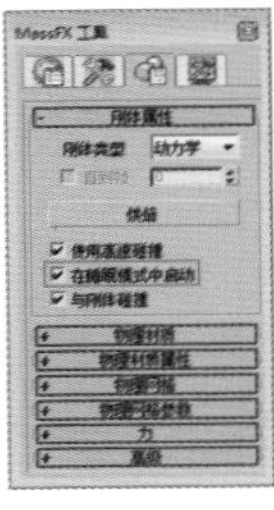

图 15-36

技巧与提示：

选中“在睡眠模式中启动”复选框的刚体，在受到未处于睡眠状态的刚体的碰撞之前，它不会移动。这样球瓶在没有被“保龄球”对象撞击之间，就不会因为重力的影响而自己倒下。

05 选择“保龄球”对象，在“刚体属性”卷展栏中的“刚体类型”下拉列表中选择“运动学”选项，这样就将“保龄球”对象设置为了运动学刚体，同时启用“直到帧”复选框，并设置数值为 20，如图 15-37 所示。

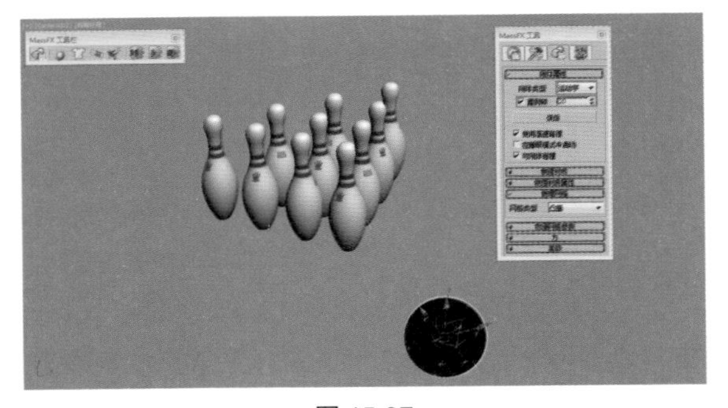

图 15-37

技巧与提示：

刚体类型等参数可以在“MassFX 工具”对话框的“多对象编辑器”选项卡中进行设置，但如果只是编辑单个物体或少量物体，也可以在“修改”面板刚体的修改器中进行设置。选中“直到帧”复选框后，可以设置在指定帧处将选定的运动学刚体转换为动力学刚体。在本例中，让“保龄球”在 20 帧后继承之前运动的惯性，在与瓶子发生碰撞后会受到重力、摩擦力、反弹力等作用力的影响。

06 单击“开始模拟”按钮，发现“保龄球”对象与瓶子发生碰撞后冲出一段距离，并最终停在地上，如图 15-38 所示。

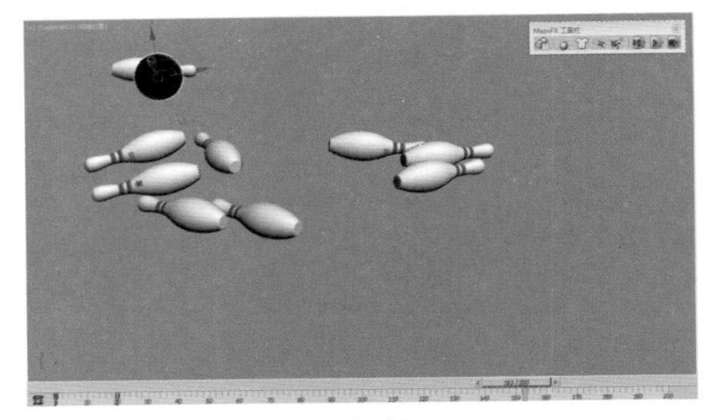

图 15-38

07 在“MassFX 工具”对话框的“模拟工具”选项卡中，单击“烘焙所有”按钮 烘焙所有，将所有动力学对象的变换存储为动画关键帧，如图 15-39 和图 15-40 所示。

图 15-39

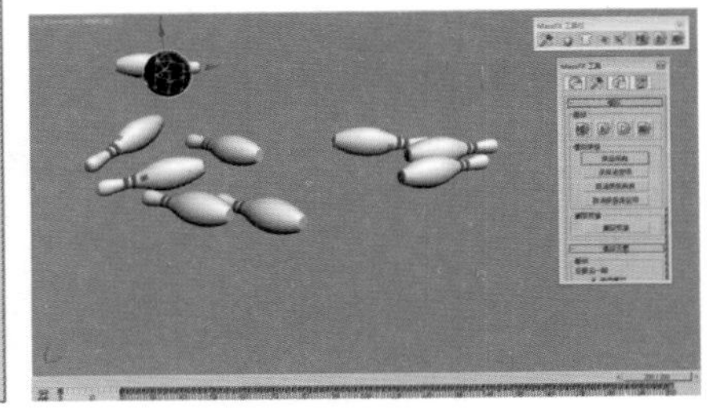

图 15-40

08 设置完成后渲染整段动画，最终效果如图 15-41 所示。

图 15-41

15.4.2 刚体的图形类型

在场景中将某个对象设置为刚体后，系统会自动为物体指定一个物理图形，用于在物理模拟中表示该刚体。

简单来说，就是在刚体进行物理模拟时，并不是物体本身在参与碰撞计算，而是由系统指定的一个物理图形（默认为凸面体）在进行碰撞计算，这样的好处是计算速度快。

以“茶壶”对象为例，将其设置为刚体后，进入“修改”面板，在“物理图形”卷展栏的“图形类型”下拉列表中，共有 6 种图形类型，绝大多数物体系统为其指定了“凸面”图形类型，如图 15-42 所示。

在“图形类型”的下拉列表中选择不同的选项，场景中对象周围白色的线框也要变成相应的形状。同时当选择一种网格类型时，其参数将显示在下方的“物理网络参数”卷展栏中，如图 15-43 所示。

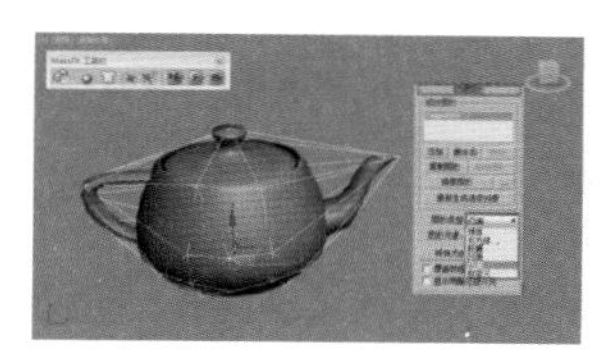

图 15-42

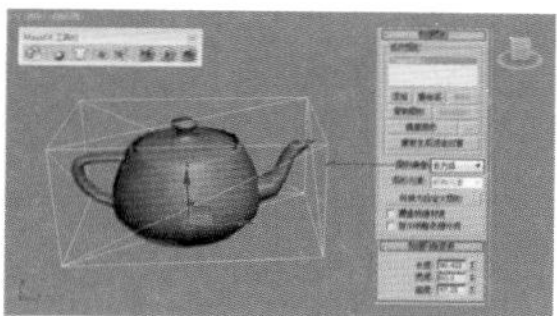

图 15-43

技巧与提示：

在“图形类型”下拉列表中选择相应的选项后，系统会以对应的网格进行物理模拟。例如将“茶壶”对象的“图形类型”设置为“球体”后，在进行动力学计算时，系统会将“茶壶”对象当作一个球体进行动力学模拟。

在“图形类型”下拉列表中，系统共提供了 6 种图形类型，分别为“球体”“长方体”“胶囊”“凹面”“凸面”和“自定义”。

✦ 球体、长方体、胶囊：这 3 种网格类型比较简单，这些基本体在创建时大致构成了图形网格的边界，但在创建之后可以使用参数（“半径”“长度”“宽度”“高度”）来控制基本体的大小。“球体”是用于模拟时速度最快的基本体类型，之后是“长方体”，最后是“胶囊”。但这些类型的速度都比“凸面”“凹面”和“自定义”网格类型快。

✦ 凸面：这是大多数刚体的默认物理图形类型，这种图形类型会使用一种算法，该算法会使用几何体的顶点创建一个凸面几何体，并完全围住原几何体的顶点。我们可以想象拿保鲜膜紧紧包住一个物体，以此来生成物体的物理网格。

✦ 凹面：使用对象的实际网格进行模拟，这是模拟速度最慢的一种方式，但有时必须使用这种图形类型。例如，如果将对象放置在凸面对象的内部，并使它们与该对象的内部表面碰撞，那么此时就必须将其设置为“凹面”类型。

✦ 原始的：此选项使用图形网格中的顶点来创建物理图形，也就是使用对象的实际网格进行模拟，这一点与“凹面”图形类型相似，但“原始的”图形类型只能用于静态的动力学物体，而动力学和运动学刚体对象则不能使用该选项。

✦ 自定义：该选项允许从场景中拾取其他的几何体作为该物体的物理网格。选择该选项后，在“物理网格参数”对话框中单击“从场景中拾取网格”按钮 从场景中拾取网格，然后在场景中拾取对应的几何体即可。

实例操作：用刚体动力学制作糖果掉落动画

实例操作：用刚体动力学制作糖果掉落动画

实例位置：　工程文件 >CH15> 糖果掉落 .max
视频位置：　视频文件 >CH15> 实例：用刚体动力学制作糖果掉落动画 .mp4
实用指数：　★★★☆☆
技术掌握：　熟悉“静态刚体”类型的使用方法。

在本例中将使用 MassFx 的刚体系统制作一个糖果落入瓶子的动力学动画效果，如图 15-44 所示为本实例的最终完成效果。

图 15-44

01 打开本书相关素材中的“工程文件 >CH15> 糖果掉落 > 糖果掉落 .max”文件，该文件中有一个瓶子和许多的糖果，如图 15-45 所示。

02 在场景中选择“瓶子”上方的所有“糖果”对象，单击“MassFX 工具栏”中的“将选定项设置为动力学刚体”按钮，将其都设置为动力学刚体对象，如图 15-46 所示。

图 15-45

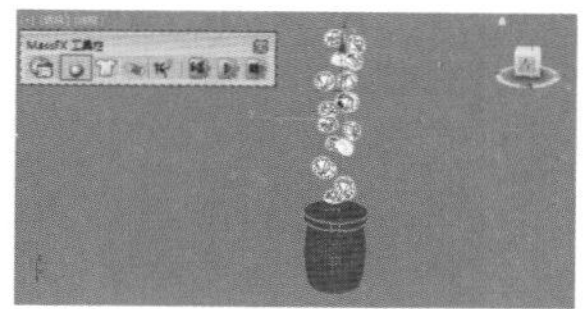

图 15-46

03 选择“瓶子”对象，在“MassFX 工具栏”中的“将选定项设置为动力学刚体”按钮上按住鼠标左键，在弹出的按钮列表中选择“将选定项设置为静态刚体”选项，将其设置为静态动力学对象，如图 15-47 所示。

04 单击“开始模拟”按钮，此时会发现糖果并没有掉落到瓶子内部，如图 15-48 所示。

图 15-47

图 15-48

技巧与提示：

糖果之所以没有落入瓶子内部，是因为瓶子的动力学图形类型默认设置为“凸面”，就像前面说过的，如果用保鲜膜将瓶子包裹起来，那么瓶子的口是被封住的，所以糖果无法落入瓶子内部。

05 单击“将模拟实体重置为其原始状态”按钮，将场景恢复为初始状态。选择“瓶子”对象并进入“修改”面板，在“物理图形”卷展栏的“图形类型”下拉列表中选择“原始的”选项，单击“开始模拟”按钮，此时我们发现糖果可以掉落到瓶子内部了，如图 15-49 和图 15-50 所示。

图 15-49

图 15-50

技巧与提示：

“原始的”图形类型可以使用图形网格中的顶点来创建物体图形，也就是让模型自身的物理形态作为碰撞对象。

06 选择所有的“糖果”对象，在“MassFX 工具”对话框的“模拟工具”选项卡中，单击“模拟”卷展栏中的“捕获变换”按钮，将当前动力学物体的运动状态进行捕捉，如图 15-51 所示。

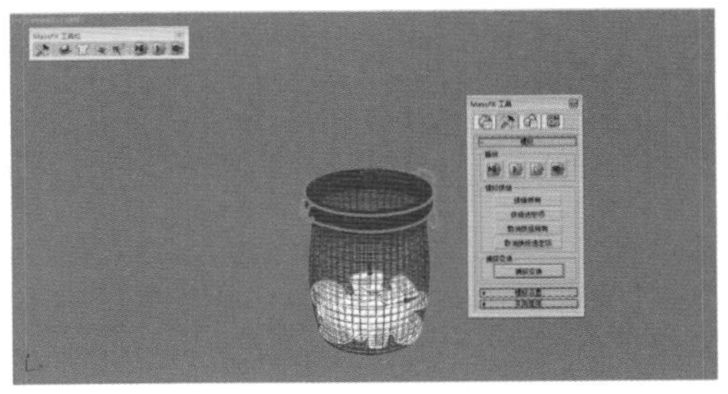

图 15-51

技巧与提示：

在动力学的模拟计算时，如果觉得物体的某个状态很好，可以随时停止动力学的计算，然后将当前的状态进行捕捉，或者单击“将模拟前进一帧”按钮，通过逐帧计算的方式来查找理想中的物体运动状态。

07 设置完成后渲染整段动画，最终效果如图 15-52 所示。

图 15-52

15.4.3 刚体修改器的子对象

要使几何对象参与到刚体的物理模拟中，必须为其添加 MassFX Rigid Body 修改器。从 MassFX 工具栏上的弹出按钮中选择适当的刚体类型后，系统会自动为其添加 MassFX Rigid Body 修改器，当然我们也可以在“修改”面板的“修改器列表”中为对象手动添加 MassFX Rigid Body 修改器，如图 15-53 所示。

MassFX Rigid Body 修改器共有 4 个子对象层级，分别为“初始速度”“初始自旋”“质心”和“网格变换”，如图 15-54 所示。

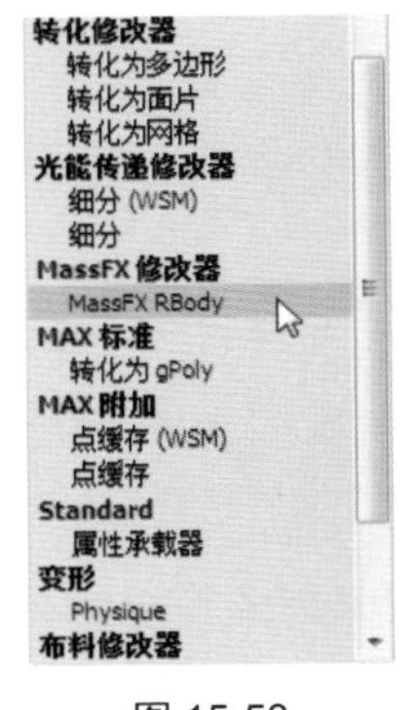

图 15-53

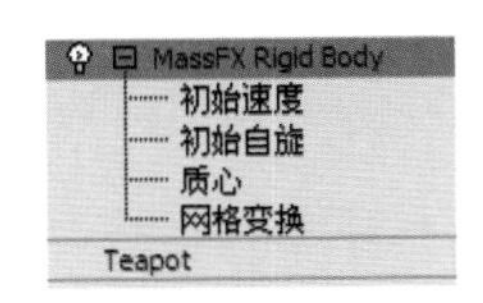

图 15-54

✦ 初始速度：此层级显示刚体初始速度的方向，使用“选择并旋转”工具可更改其方向。

✦ 初始自旋：此层级显示刚体初始自旋的轴向和方向，使用“选择并旋转”工具可更改其自旋的轴向和方向。

✦ 质心：此层级显示刚体质心的位置，刚体默认的质心位置位于其自身边界框的中心，使用“选择并移动”工具可更改其质心位置。例如，将“茶壶”对象的质心改变到“壶嘴”的位置后，进行动力学模拟，“茶壶”对象会在撞击地面后以“壶嘴”为轴心在地面上进行翻滚运动。

✦ 网格变换：进入此层级，可以调整刚体物理图形的位置和角度。正如前面讲过的，刚体进行物理模拟时，并不是物体本身在参与碰撞计算，而是由系统指定的一个物理图形（默认为凸面体）在进行碰撞计算，所以当我们更改了刚体物理网格的位置和角度后，在进行动力学模拟时，会以网格所在的位置和角度为基准，进行动力学的模拟计算。

“质心”和“网格变换”子对象层级比较容易理解，下面将通过一个实例，讲解“初始速度”和“初始自旋”两个子对象层级的具体含义和用法。

01 打开本书相关素材中的“工程文件 >CH15> 刚体子对象 > 陀螺 .max”文件，如图 15-55 所示。

02 在场景中选择“陀螺”对象，然后单击“MassFX 工具栏”中的“将选定项设置为动力学刚体”按钮，将其都设置为动力学刚体对象，如图 15-56 所示。

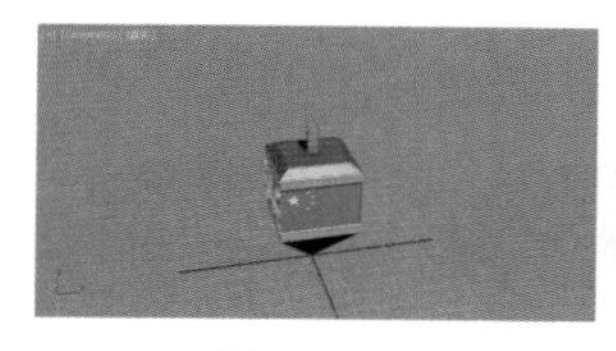
图 15-55

图 15-56

03 在场景中将“陀螺”对象沿其 Z 轴向上移动一段距离并进入“修改”面板。进入 MassFX Rigid Body 修改器的“初始速度”子对象层级，使用“选择并旋转”工具将其 Gizmo 对象沿 Y 轴旋转 90°，如图 15-57 所示。

04 进入 MassFX Rigid Body 修改器的“初始自旋”子对象层级，使用“选择并旋转”工具将其 Gizmo 对象沿 X 轴旋转 90°，如图 15-58 所示。

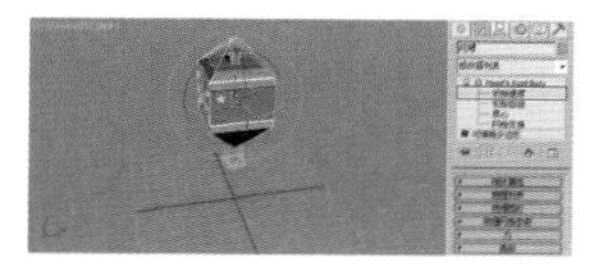
图 15-57

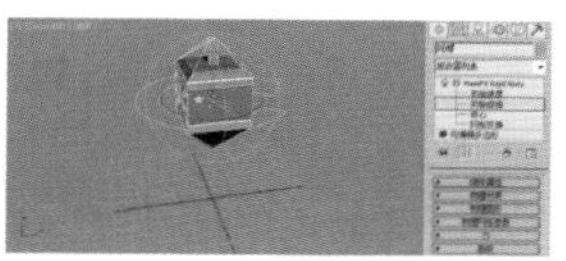
图 15-58

05 进入“高级”卷展栏，在“初始运动”选项组中设置“初始速度”选项下方的“速度”为 300，设置“初始自旋”选项下方的“速度”为 600，如图 15-59 所示。

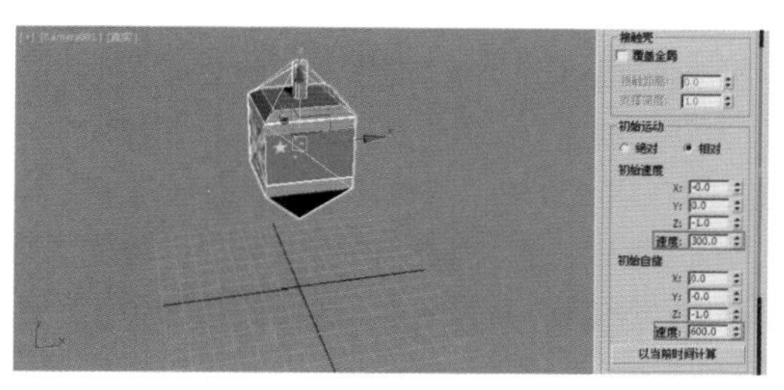
图 15-59

06 单击“开始模拟”按钮，此时“陀螺”对象有一个向下的力量落到地面上，然后沿顺时针方向原地旋转，一段时间后旋转力量减弱，最终倒在地面上，如图 15-60 和图 15-61 所示。

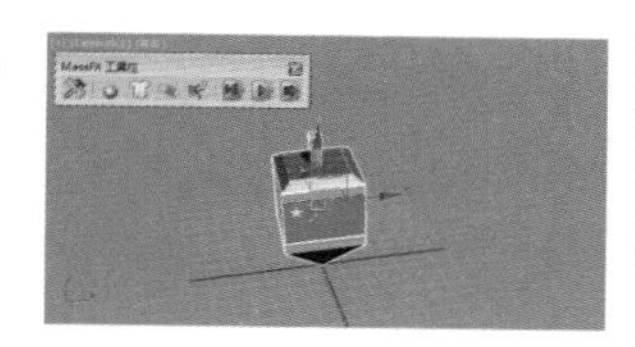
图 15-60

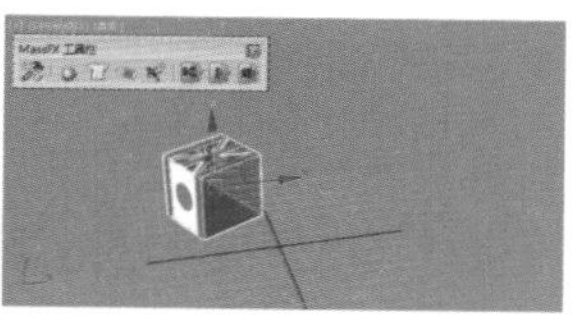
图 15-61

技巧与提示：

如果希望陀螺旋转的时候长一些，可以将“初始自旋”下方的“速度”参数增大。另外，通过调节“初始速度”子对象层级 Gizmo 的方向和“高级”卷展栏中“初始速度”下方的“速度”参数，还可以模拟炮弹等物体发射时的效果。

实例操作：用刚体动力学制作台球动画

实例操作：用刚体动力学制作台球动画

实例位置：	工程文件 >CH15> 台球 .max
视频位置：	视频文件 >CH15> 实例：用刚体动力学制作台球动画 .mp4
实用指数：	★★☆☆☆
技术掌握：	熟悉利用刚体修改器的子对象设置动画的方法。

在本例中将通过对 MassFX Rigid Body 修改器子对象的编辑，制作一个台球撞击的动力学动画效果，如图 15-62 所示为本实例的最终完成效果。

图 15-62

01 打开本书相关素材中的“工程文件 >CH15> 台球 > 台球 .max”文件，该文件已经为物体设置了材质和摄影机，如图 15-63 所示。

02 在场景中选择所有的“台球”对象，单击“MassFX 工具栏”中的“将选定项设置为动力学刚体”按钮，将其都设置为动力学刚体对象，如图 15-64 所示。

图 15-63

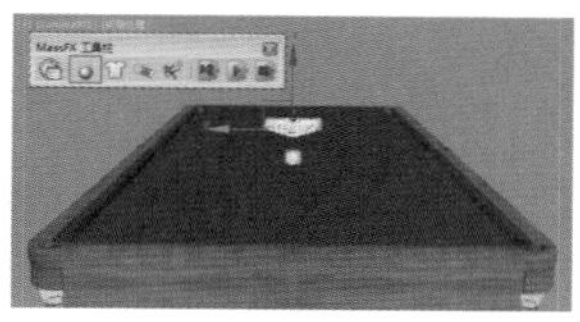
图 15-64

03 打开“MassFX 工具”对话框并切换到“多对象编辑器”选项卡，在“物理材质属性”卷展栏中设置“反弹力”为 0.8，在“物理网格”卷展栏中，设置“网格类型”为“球体”，如图 15-65 所示。

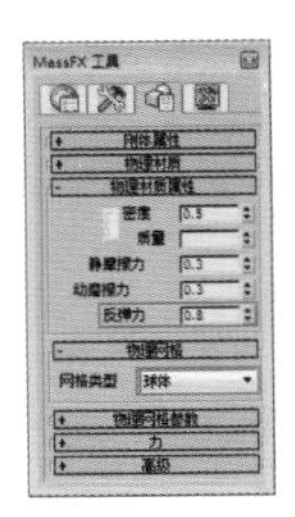

图 15-65

> **技巧与提示：**
> 因为台球比较光滑，同时质地比较坚硬，所以在这里把“反弹力”设置得大一些。而“网格类型”默认是凸面，在这里将其改为“球体”会更接近于台球的外形，因而可以提高计算的精度。

04 选择除白球外的所有花球，在“刚体属性”卷展栏中，启用“在睡眠模式启动”复选框，如图 15-66 所示。

05 在场景中选择“阻挡物体”对象，这是依据台球桌面的大小使用“编辑多边形”命令制作的一个物体，如图 15-67 所示。

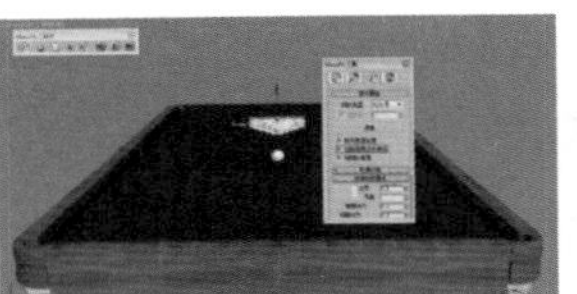

图 15-66

图 15-67

> **技巧与提示：**
> 由于原始的台球桌面比较复杂，所以在这里我们制作了一个简易的物体用于与台球进行碰撞计算。当计算完成后，可以将该物体隐藏，或者直接删除，这种方式在实际制作中会经常使用。

06 将“阻挡物体”设置为“静态刚体”，进入“修改”面板，在“物理材质”卷展栏中，设置“动摩擦力”为 0.8，“反弹力”为 0.3，在“物理图形”卷展栏中，设置“图形类型”为“原始的”，如图 15-68 所示。

07 选择“白球”对象，进入 MassFX Rigid Body 修改器的“初始速度”子对象层级，使用“选择并旋转”工具将其 Gizmo 对象沿 Y 轴旋转 90°，如图 15-69 所示。

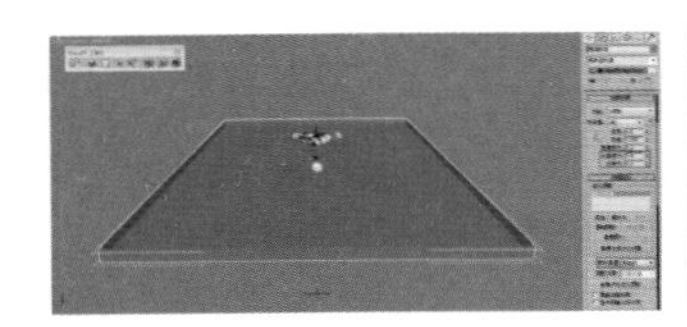

图 15-68

图 15-69

08 进入“高级”卷展栏，在“初始运动”选项组中设置“初始速度”选项下方的“速度”值为 2000，如图 15-70 所示。

09 将“阻挡物体”隐藏，单击“开始模拟”按钮，此时“花球”被“白球”撞击后四散滚动，如图 15-71 所示。

图 15-70

图 15-71

10 如果觉得满意，可以将所有的动画进行烘焙，设置完成后渲染整段动画，最终效果如图 15-72 所示。

图 15-72

15.5 布料系统

布料系统也是 MassFX 动力学工具的一个重要组成部分，使用布料系统可以模拟真实世界中布料的运动效果，同时布料对象也会受“力”空间扭曲（如“风”和“路径跟随”）的影响，可能会在“力”的作用下产生撕裂的效果。

15.5.1 MassFX 布料系统简介

与刚体系统相似，如果想将一个物体设置为布料对象，可以在选中对象后，单击 MassFX 工具栏上的“将选定对象设置为 mCloth 对象”按钮，此时系统会自动为选择对象添加一个 mCloth 修改器。基本上，mCloth 修改器算是 3ds Max 自带的布料修改器（Cloth）的一个简化版本，如图 15-73 所示为 mCloth 修改器所包含的 9 个卷展栏。

在该修改器中可以调节布料的一些物理属性和撕裂效果等。如果想将多个布料对象的 mCloth 修改器删除，可以在 MassFX 工具栏上的“将选定对象设置为 mCloth 对象”按钮上按住鼠标左键，在弹出的按钮列表中选择“从选定对象中移除 mCloth”选项即可，如图 15-74 所示。

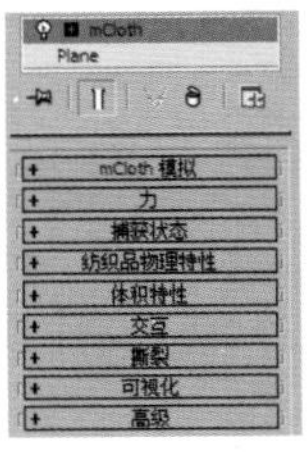

图 15-73

图 15-74

实例操作：用布料动力学制作毛巾动画

实例操作：用布料动力学制作毛巾动画

实例位置：　工程文件 >CH15> 毛巾 .max

视频位置：　视频文件 >CH15> 实例：用布料动力学制作毛巾动画 .mp4

实用指数：　★★★☆☆

技术掌握：　熟练使用 MassFX 布料系统制作布料动力学动画。

在本例中将使用 MassFX 布料系统制作一个毛巾下落到挂钩上的动力学动画效果，如图 15-75 所示为本实例的最终完成效果。

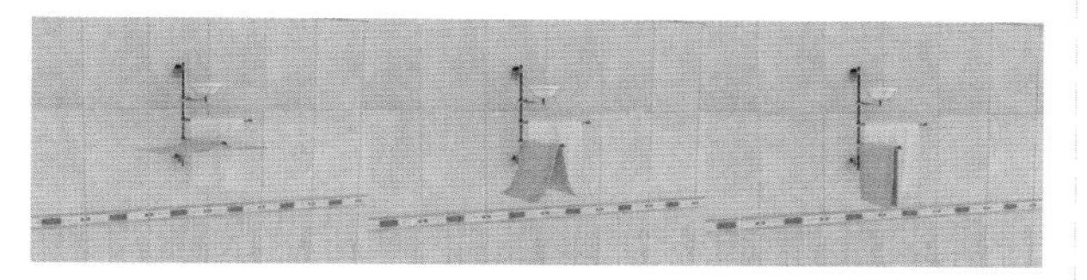

图 15-75

01 打开本书相关素材中的“工程文件 >CH15> 毛巾 > 毛巾 .max”文件，该文件中已经为物体设置了材质和摄影机，如图 15-76 所示。

02 选择“毛巾”对象，使用移动和旋转工具调整其位图和角度，如图 15-77 所示。

图 15-76

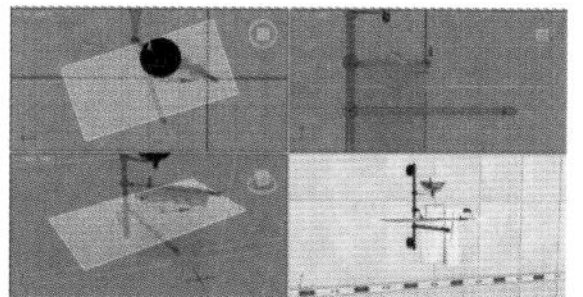

图 15-77

03 单击“MassFX 工具栏”中的“将选定对象设置为 mCloth 对象”按钮，将其设置为布料物体，如图 15-78 所示。

04 选择支撑杆，单击“MassFX 工具栏”中的“将选定项设置为静态刚体”按钮，将其设置为“静态刚体”，如图 15-79 所示。

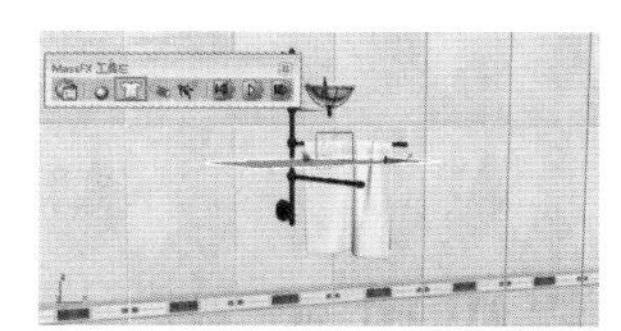

图 15-78

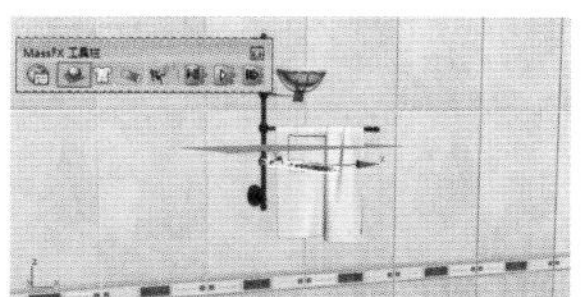

图 15-79

05 单击“开始模拟”按钮，此时我们发现毛巾搭在了支撑杆上，但是毛巾会在支撑杆上慢慢滑动，而且毛巾自身有“穿插”现象，同时感觉毛巾与支撑杆之间有一段距离，并没有完全接触，如图 15-80 所示。

06 选择“支撑杆”对象并进入“修改”面板，在“物理材质”卷展栏中，设置“静摩擦力”和“动摩擦力”都为 1，“反弹力”为 0，如图 15-81 所示。

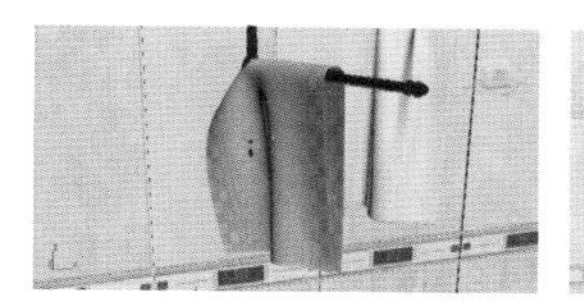

图 15-80

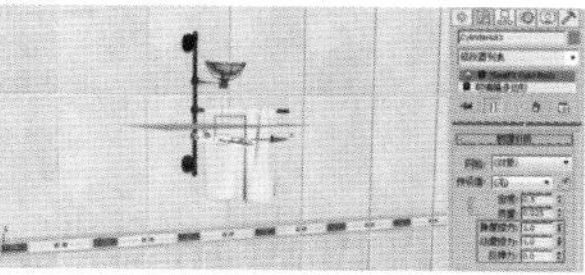

图 15-81

07 选择“毛巾”对象，在“纺织品物理特性”卷展栏中，设置“重力比”为 0.2，“阻尼”为 1，“摩擦力”为 1，在“交互”卷展栏中，设置“自厚度”为 10，“刚体碰撞”为 5，如图 15-82 所示。

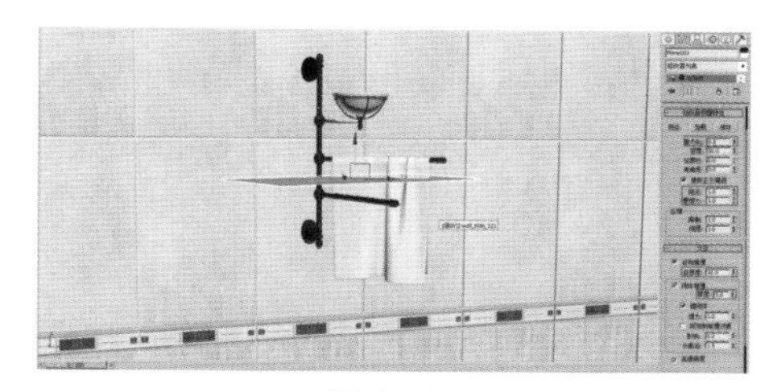

图 15-82

技巧与提示：

“重力比”参数越大，代表布料的重量越重，下落的也就越快；“阻尼”值越大代表能量损失的越快，也就是布料下落后越快趋向于静止；“自厚度”参数设置的是布料自身之间的距离小于该值时，系统即认为布料自身已经碰撞在一起了，如果布料自身有“穿插”现象时，可以适当增大该值；“厚度”值设置的是布料与其他刚体碰撞时的距离，当布料与刚体之间的距离小于该值时，系统即认为布料与刚体已经碰撞在一起了，如果布料与刚体之间有“穿插”现象时，可以适当增大该值。

08 单击“开始模拟”按钮，我们发现上述的问题得到了解决，但是感觉布料比较硬，没有出现褶皱的效果，如图 15-83 所示。

09 选择“毛巾”对象，在“纺织品物理特性”卷展栏中，设置“弯曲度”为 1，如图 15-84 所示。

图 15-83

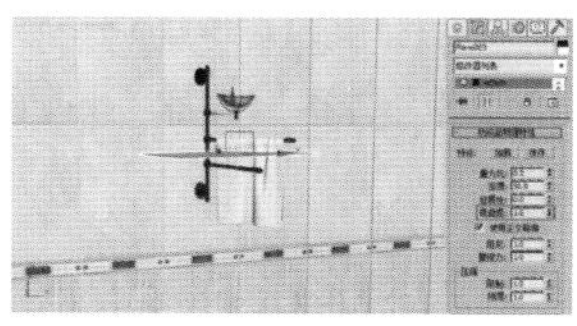

图 15-84

10 单击“开始模拟”按钮，这次感觉毛巾柔软了一些，如图 15-85 所示。

11 如果对当前布料的状态比较满意，可以单击“捕获状态”卷展栏中的“捕捉初始状态”按钮 捕捉初始状态 ，将当前布料的姿态保存，如图 15-86 所示。

图 15-85

图 15-86

12 为“毛巾”对象添加“壳”和“涡轮平滑”修改器，增加毛巾的厚度和细节，如图 15-87 所示。

图 15-87

技巧与提示：

在实际的制作过程中，我们不要将布料的分段数设置得过高，否则导致解算过程太长，甚至死机，我们一般会将分段数设置得低一些，等解算完成后，再添加“涡轮平滑”修改器来增加其细节。

13 设置完成后渲染整段动画，最终效果如图 15-88 所示。

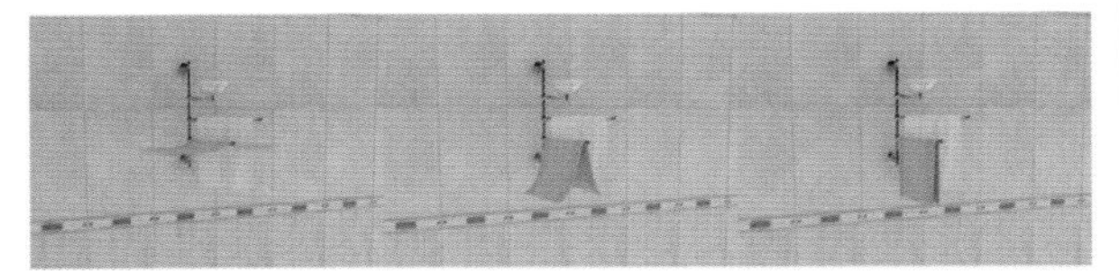

图 15-88

15.5.2 布料修改器的子对象

mCloth 修改器只有一个“顶点”子对象层级，在该层级中，可以让布料对象中选择的顶点受到一些约束控制，例如将选择的顶点约束到一个运动的物体上，使其能带动布料运动等。mCloth 修改器的“顶点”次物体级中有两个卷展栏，分别为“软选择”和“组”，如图 15-89 所示。

图 15-89

实例操作：用布料动力学制作飘舞的小旗动画

实例操作：用布料动力学制作飘舞的小旗动画

实例位置：	工程文件 >CH15> 飘舞的小旗 .max
视频位置：	视频文件 >CH15> 实例：用布料动力学制作飘舞的小旗动画 .mp4
实用指数：	★★★☆☆
技术掌握：	熟悉使用“风力”空间扭曲制作飘舞的布料动力学动画的方法。

使用 MassFX 动力学工具的布料系统，可以模拟人物的衣服、飘动的窗帘、掀开的幕布等布料动画效果。在本章最后，将带领读者制作一个飘舞的小旗动画，通过本实例，可以让读者将本章所学知识更好地应用到实际工作中去，如图 15-90 所示为本实例的最终完成效果。

图 15-90

01 打开本书相关素材中的“Chapter-15> 飘舞的小旗 > 飘舞的小旗 .max”文件，该文件中已经为物体设置了材质和摄影机，如图 15-91 所示。

02 选择“旗子”对象，单击“MassFX 工具栏”中的“将选定对象设置为 mCloth 对象”按钮，将其设置为布料物体，如图 15-92 所示

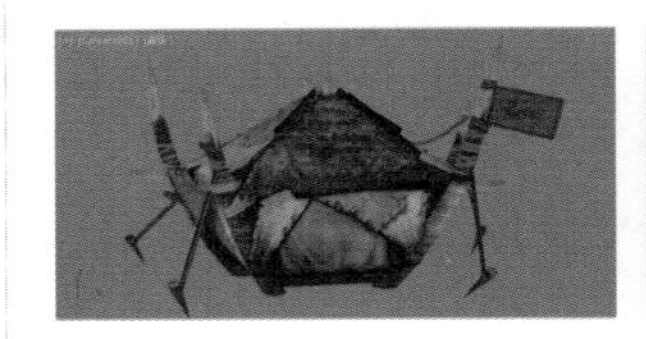

图 15-91

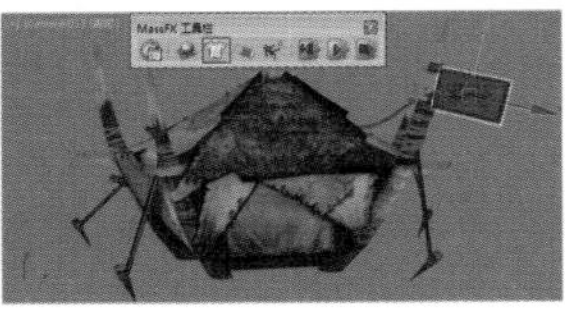

图 15-92

03 进入 mCloth 修改器的“顶点”次物体级，选择如图 15-93 所示的顶点。

04 在“组”卷展栏中，单击“设定组”按钮 设定组 ，在弹出的“设定组”对话框中单击“确定”按钮，如图 15-94 所示。

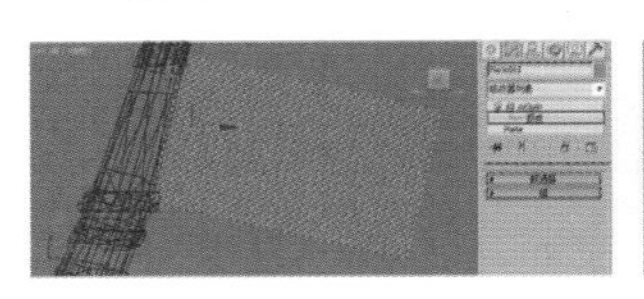

图 15-93

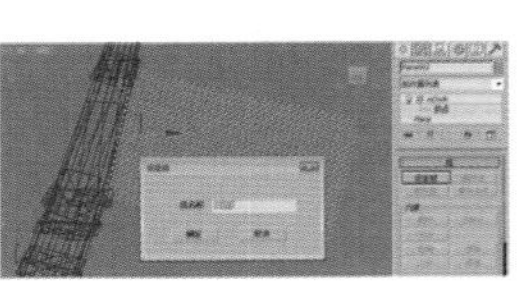

图 15-94

05 继续单击“枢轴”按钮 枢轴 ，将选择的顶点以“枢轴”的约束方式固定在当前位置，如图 15-95 所示。

06 在视图中创建“风”空间扭曲，并调整其位置和角度，如图 15-96 所示。

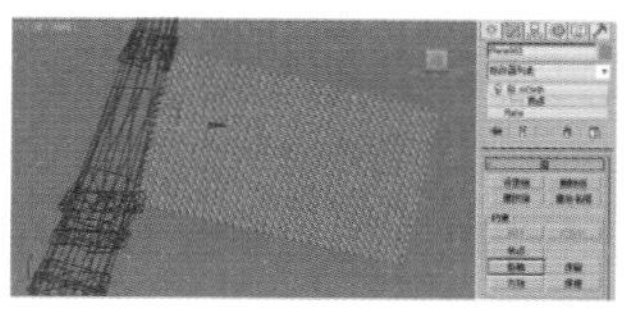
图 15-95

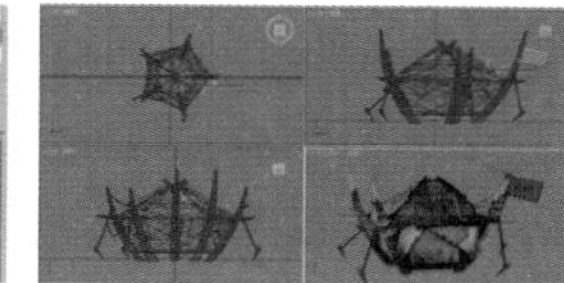
图 15-96

07 选择“旗子”对象并进入“修改”面板，在“力”卷展栏中，单击“添加”按钮，然后在场景中拾取刚才创建的“风”，如图 15-97 所示。

08 单击“开始模拟”按钮，此时我们发现旗子并没有被风吹起来，如图 15-98 所示。

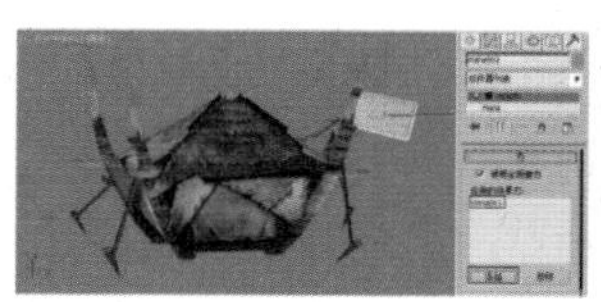
图 15-97

图 15-98

09 选择“风”空间扭曲，在“修改”面板的“参数”卷展栏中，设置“强度”为 20，如图 15-99 所示。

10 再次进行动力学模拟，这样旗子即可被吹起来了，但是旗子表面缺少褶皱细节，而且旗子自身有“穿插”现象，如图 15-100 所示。

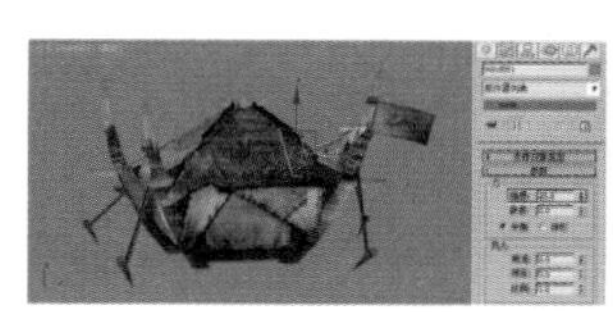
图 15-99

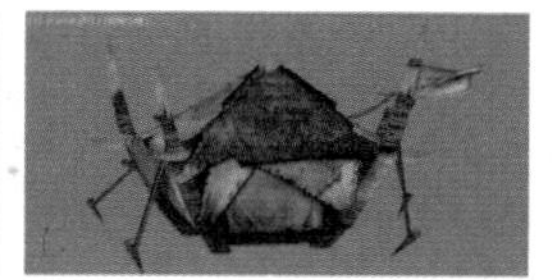
图 15-100

11 选择“旗子”对象，进入“修改”面板，在“纺织品物理特性”卷展栏中，设置“弯曲度”为 0.2，在“交互”卷展栏中，设置“自厚度”为 5，如图 15-101 所示。

12 再次进行模拟，这样旗子的效果好多了，如图 15-102 所示。

图 15-101

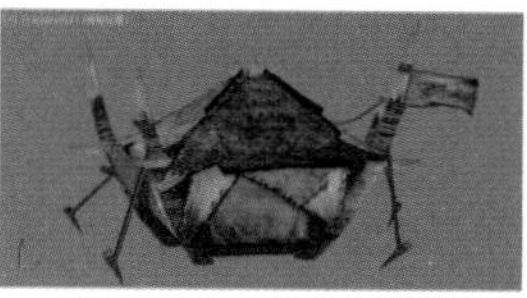
图 15-102

13 如果对动画效果满意，可以将动画进行烘焙输出，设置完成后渲染整段动画，最终效果如图 15-103 所示。

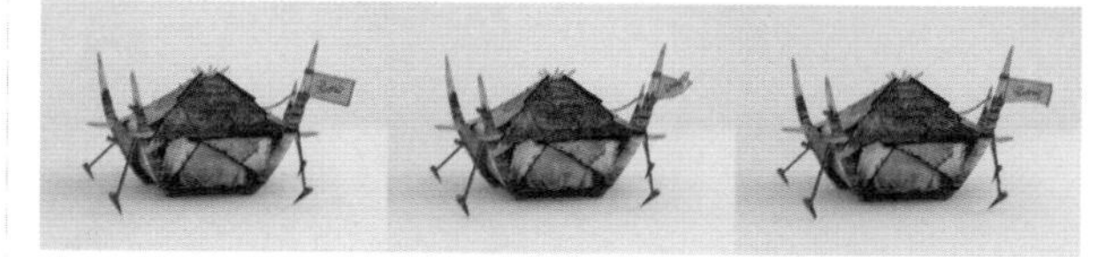
图 15-103

15.6　本章总结

本章主要讲解了 MassFX 动力学系统的刚体系统和布料系统，MassFX 动力学系统使原本一些复杂的物体运动动画变得简单，在某些方面算是解放了动画师的双手。通过对本章知识的学习和灵活运用，相信可以对读者今后的动画制作提供很大的帮助。

第16章

毛发系统

16.1 毛发基本知识

毛发特效一直是众多三维软件共同关注的核心技术之一，制作毛发不但麻烦，渲染起来也非常耗时。通过3ds Max自带的“Hair和Fur（WSM）”修改器，可以在任意物体或物体的局部制作出非常理想的毛发效果，以及毛发的动力学碰撞动画，使用该修改器，不但可以制作人物的头发，还可以制作出漂亮的动物毛发、自然的草地效果及逼真的地毯效果，如图16-1~图16-4所示。

图16-1

图16-2

图16-3

图16-4

16.2 Hair和Fur（WSM）修改器

“Hair和Fur（WSM）”修改器是3ds Max毛发技术的核心所在。该修改器可应用于要生长毛发的任意对象，既可为网格对象也可为样条线对象。如果对象是网格对象，则可在网格对象的整体表面或局部生成大量的毛发。如果对象是样条线对象，头发将在样条线之间生长，这样通过调整样条线的弯曲程度及位置，便可轻易控制毛发的生长形态。

“Hair和Fur（WSM）”修改器在“修改器列表”中，属于“世界空间修改器”类型，这意味着此修改器只能使用世界空间坐标，而不能使用局部坐标。同时，在应用了“Hair和Fur（WSM）”修改器之后，“环境和效果”面板中会自动添加“毛发和毛皮”效果，如图16-5所示。

“Hair和Fur（WSM）”修改器在“修改”面板中具有14个卷展栏，如图16-6所示。

本章工程文件

本章视频文件

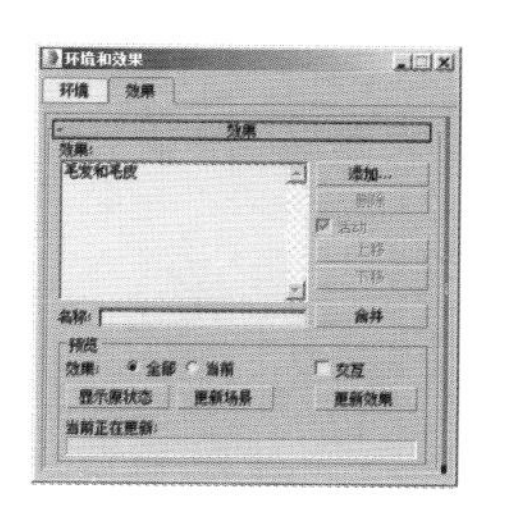

图 16-5

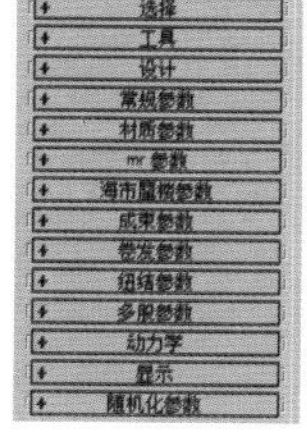

图 16-6

16.2.1　“选择”卷展栏

“选择”卷展栏，如图 16-7 所示。

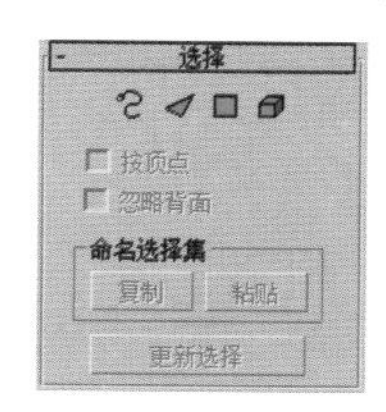

图 16-7

工具解析

✦ “导向”按钮：访问“导向”子对象层级，该层级允许用户使用“设计”卷展栏中的工具编辑样式导向。单击“导向”之后，“设计”卷展栏上的“设计发型”按钮 设计发型 将自动启用。

✦ “面”按钮：访问“面”子对象层级，可选择光标下的三角形面。

✦ “多边形”按钮：访问“多边形”子对象层级，可选择光标下的多边形。

✦ “元素”按钮：访问“元素”子对象层级，该层级允许用户通过单击选择对象中所有的连续多边形。

✦ 按顶点：启用该选项后，只需选择子对象使用的顶点，即可选择子对象。单击顶点时，将选择使用该选定顶点的所有子对象。

✦ 忽略背面：启用此选项后，使用鼠标选择子对象，只影响面对用户的面。

✦ “复制”按钮 复制：将命名选择放置到复制缓冲区。

✦ “粘贴”按钮 粘贴：从复制缓冲区中粘贴命名选择。

✦ “更新选择”按钮 更新选择：根据当前子对象选择重新计算毛发生长的区域，然后刷新显示。

16.2.2　“工具”卷展栏

“工具”卷展栏，如图 16-8 所示。

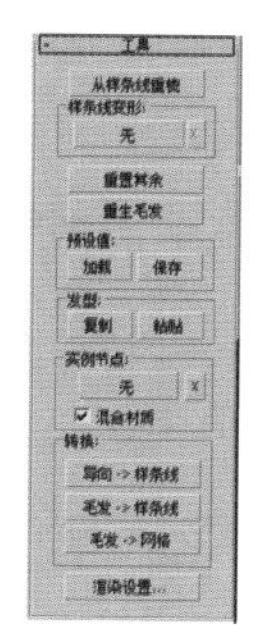

图 16-8

工具解析

✦ “从样条线重梳”按钮 从样条线重梳：用于使用样条线对象设置毛发的样式。单击此按钮，然后选择构成样条线曲线的对象。头发将该曲线转换为导向，并将最近的曲线的副本植入选定生长网格的每个导向中。

①“样条线变形”组

✦ “无”按钮 无：单击此按钮以选择将用来使头发变形的样条线。

✦ X 按钮：停止使用样条线变形。

✦ “重置其余”按钮 重置其余：单击此按钮可以使生长在网格上的毛发导向平均化。

✦ “重生毛发”按钮 重生毛发：忽略全部样式信息，将头发复位其默认状态。

②“预设值”组

✦ “加载”按钮 加载：单击此按钮可以打开“Hair 和 Fur 预设值”对话框，如图 16-9 所示。“Hair 和 Fur 预设值”对话框内提供了多达 13 种预设毛发可供用户选择使用。

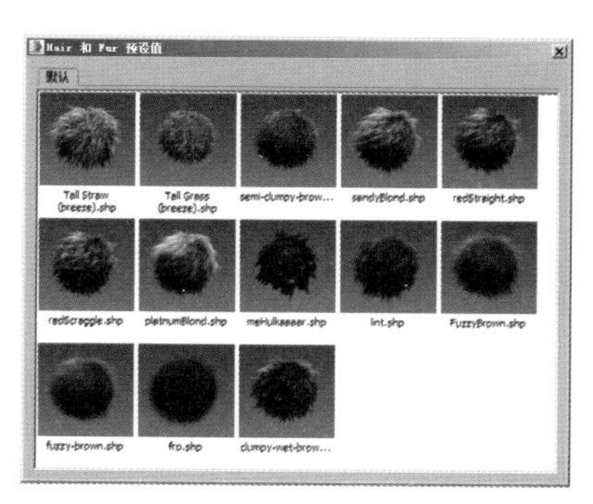

图 16-9

✦ “保存”按钮 保存：保存新的预设值。

③“发型”组

✦ “复制”按钮 复制：将所有毛发设置和样式信息复制到粘贴缓冲区。

✦ “粘贴”按钮 粘贴：将所有毛发设置和样式信息粘贴到当前选择的对象上。

④“实例节点”组

✦ “无”按钮 无 ：要指定毛发对象，可单击此按钮，然后选择要使用的对象。此后，该按钮显示拾取对象的名称。

✦ X 按钮：清除所使用的实例节点。

✦ 混合材质：启用之后，将应用于生长对象的材质以及应用于毛发对象的材质合并为“多维 / 子对象”材质，并应用于生长对象。关闭之后，生长对象的材质将应用于实例化的毛发。

⑤“转换”组

✦ “导向 -> 样条线”按钮 导向 -> 样条线 ：将所有导向复制为新的单一样条线对象。初始导向并未更改。

✦ “毛发 -> 样条线”按钮 毛发 -> 样条线 ：将所有毛发复制为新的单一样条线对象。初始毛发并未更改。

✦ “毛发 -> 网格”按钮 毛发 -> 网格 ：将所有毛发复制为新的单一网格对象。初始毛发并未更改。

✦ “渲染设置”按钮 渲染设置... ：打开“效果”面板并添加“Hair 和 Fur”效果。

16.2.3 “设计”卷展栏

“设计”卷展栏，如图 16-10 所示。

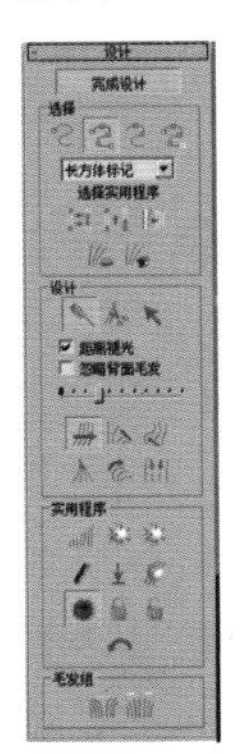

图 16-10

工具解析

✦ “设计发型”按钮 设计发型 ：只有单击此按钮，才可激活“设计”卷展栏内的所有功能，同时“设计发型”按钮 设计发型 更改为“完成设计”按钮 完成设计 。

①“选择”组

✦ “由头梢选择毛发”按钮：允许用户可以只选择每根导向头发末端的顶点。

✦ “选择全部顶点”按钮：选择导向头发中的任意顶点时，会选择该导向头发中的所有顶点。

✦ “选择导向顶点”按钮：可以选择导向头发上的任意顶点。

✦ “由根选择导向”按钮：可以只选择每根导向头发根处的顶点，此操作将选择相应导向头发上的所有顶点。

✦ “反选”按钮：反转顶点的选择。

✦ “轮流选”按钮：旋转空间中的选择。

✦ “扩展选定对象”按钮：通过递增的方式增大选择区域，从而扩展选择。

✦ “隐藏选定对象”按钮：隐藏选定的导向头发。

✦ “显示隐藏对象”按钮：取消隐藏任何隐藏的导向头发。

②“设计”组

✦ “发梳”按钮：在这种样式模式下，拖曳鼠标置换影响笔刷区域中的选定顶点。

✦ “剪毛发”按钮：可以修剪头发。

✦ “选择”按钮：在该模式下可以配合使用 3ds Max 所提供的各种选择工具。

✦ 距离褪光：刷动效果朝着笔刷的边缘褪光，从而提供柔和的效果。

✦ 忽略背面头发：启用此选项时，背面的头发不受笔刷的影响。

✦ “笔刷大小”滑块：通过拖曳此滑块更改笔刷的大小。

✦ “平移”按钮：按照鼠标的拖曳方向移动选定的顶点。

✦ “站立”按钮：向曲面的垂直方向推动选定的导向。

✦ “蓬松发根”按钮：向曲面的垂直方向推动选定的导向头发。

✦ “丛”按钮：强制选定的导向之间相互更加靠近。

✦ “旋转”按钮：以光标位置为中心旋转导向头发顶点。

✦ “比例”按钮：放大或缩小选定的毛发。

③“实用程序”组

✦ “衰减”按钮：根据底层多边形的曲面面积来缩放选定的导向。

✦ “选定弹出”按钮：沿曲面的法线方向弹出选定头发。

✦ “弹出大小为零”按钮：只能对长度为零的头发操作。

✦ “重梳”按钮：使导向与曲面平行，使用导向的当前方向作为线索。

✦ “重置剩余”按钮：使用生长网格的连接性执

行头发导向平均化。

✦ “切换碰撞”按钮：启用此选项，设计发型时将考虑头发碰撞。

✦ “切换 Hair”按钮：切换生成头发的视图显示。

✦ “锁定”按钮：将选定的顶点相对于最近曲面的方向和距离锁定。锁定的顶点可以选择但不能移动。

✦ “解除锁定”按钮：解除对锁定的所有导向头发的锁定。

✦ “撤销”按钮：后退至最近的操作。

④“毛发组”组

✦ “拆分选定毛发组”按钮：将选定的导向拆分至一个组。

✦ “合并选定毛发组”按钮：重新合并选定的导向。

16.2.4 “常规参数”卷展栏

“常规参数”卷展栏，如图 16-11 所示。

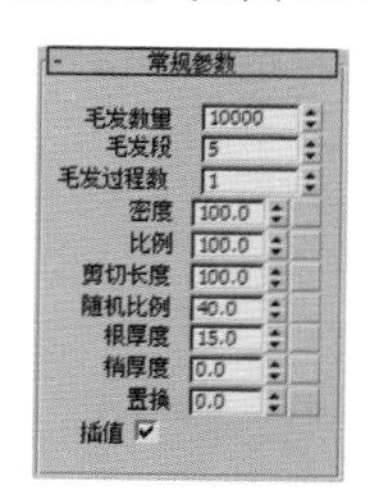

图 16-11

工具解析

✦ 毛发数量：由 Hair 生成的头发总数。在某些情况下，这是一个近似值，但是实际的数量通常和指定数量非常接近，如图 16-12 和图 16-13 所示分别为“毛发数量”值为 8000 和 20000 的渲染结果。

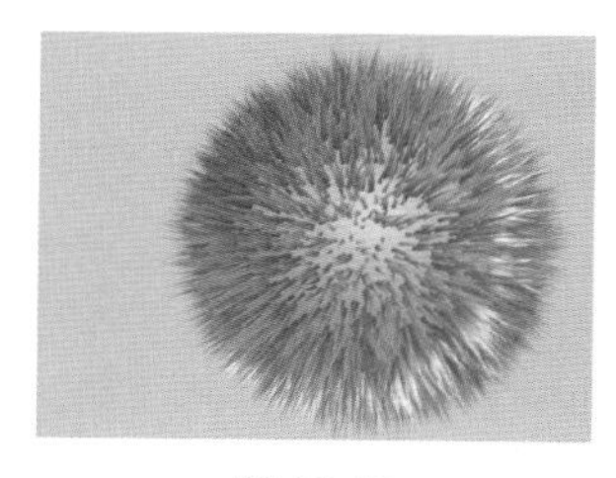

图 16-12

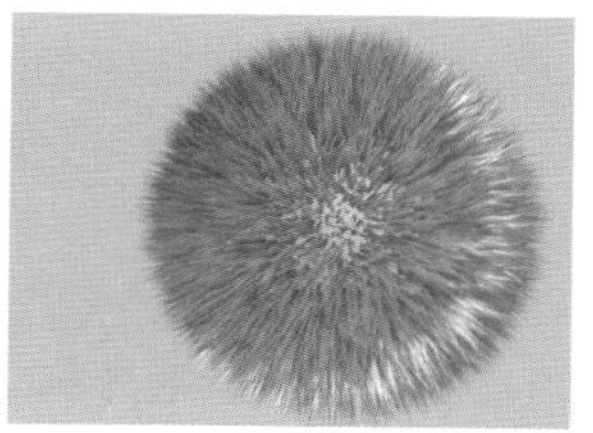

图 16-13

✦ 毛发段：每根毛发的段数。

✦ 毛发过程数：用来设置毛发的透明度，如图 16-14 和图 16-15 所示分别为“毛发过程数”为 1 和 10 的渲染结果。

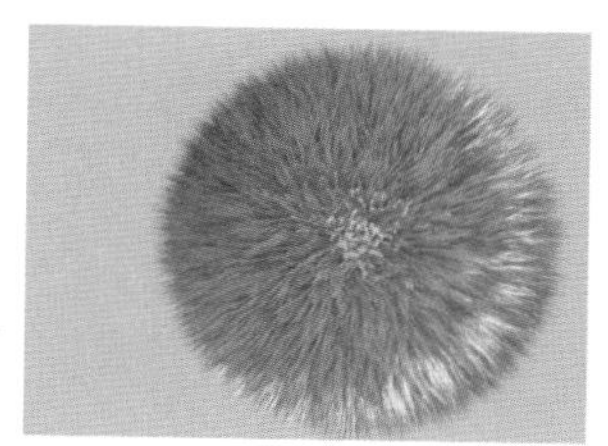

图 16-14

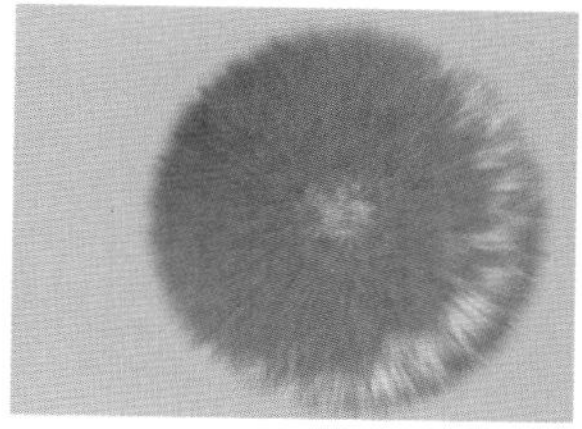

图 16-15

✦ 密度：可以通过数值或者贴图来控制毛发的密度。

✦ 比例：设置毛发的整体缩放比例。

✦ 剪切长度：控制毛发整体长度的百分比。

✦ 随机比例：将随机比例引入到渲染的毛发中。

✦ 根厚度：控制发根的厚度。

✦ 梢厚度：控制发梢的厚度。

16.2.5 “材质参数”卷展栏

“材质参数”卷展栏，如图 16-16 所示。

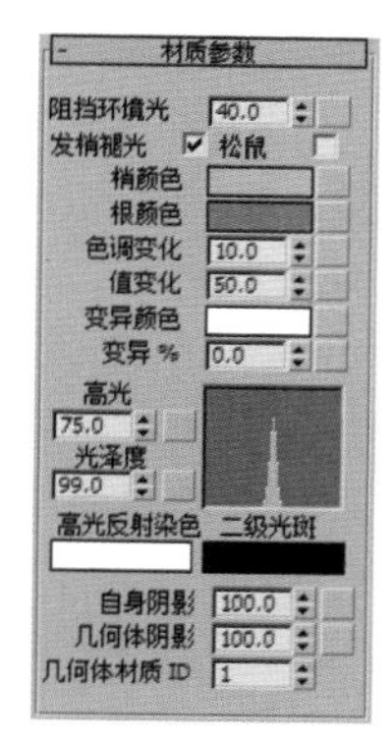

图 16-16

工具解析

✦ 阻挡环境光：控制照明模型的环境或漫反射影响的偏差。

✦ 发梢褪光：启用此选项时，毛发朝向梢部淡出到透明。

✦ 松鼠：启用后，根颜色与梢颜色之间的渐变更加锐化，并且更多的梢颜色可见。

✦ 梢颜色：距离生长对象曲面最远的毛发梢部的颜色。

✦ 根颜色：距离生长对象曲面最近的毛发根部的颜色。

✦ 色调变化：令毛发颜色变化的量，默认值可以产生看起来比较自然的毛发。

✦ 值变化：令毛发亮度变化的量，如图 16-17 和图 16-18 所示分别为“值变化”为 20 和 80 的渲染结果。

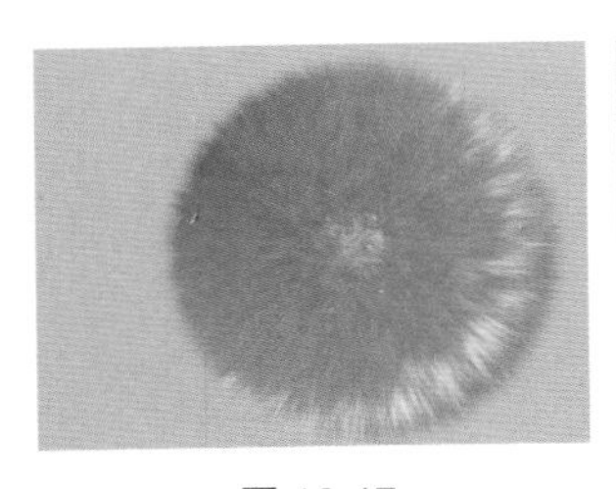

图 16-17

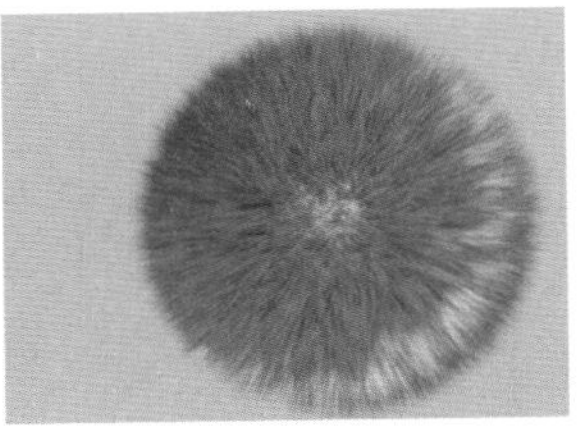

图 16-18

✦ 变异颜色：变异毛发的颜色。

✦ 变异 %：接受变异颜色的毛发的百分比，如图 16-19 和图 16-20 所示分别为“变异 %”为 10 和 70 的渲染结果。

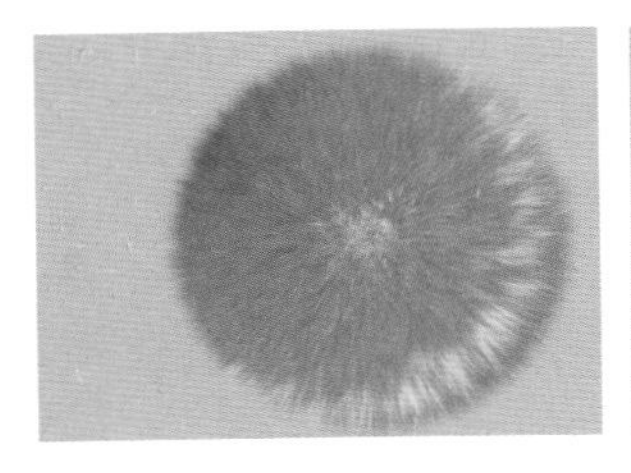

图 16-19

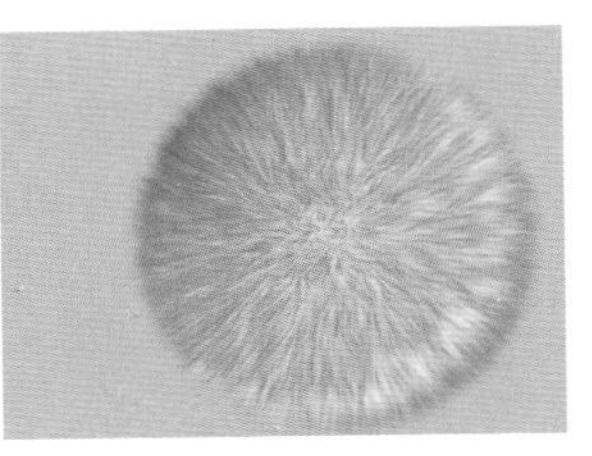

图 16-20

✦ 高光：在毛发上高亮显示的亮度。

✦ 光泽度：毛发上高亮显示的相对大小。较小的高亮显示产生看起来比较光滑的毛发。

✦ 自身阴影：控制自身阴影的多少，即毛发在相同“Hair 和 Fur”修改器中对其他毛发投射的阴影。值为 0.0 将禁用自阴影，值为 100.0 产生的自阴影最大。默认值为 100.0，范围为 0.0 ~ 100.0。

✦ 几何体阴影：头发从场景中的几何体接收到的阴影效果的量。默认值为 100.0。范围为 0.0 至 100.0。

✦ 几何体材质 ID：指定给几何体渲染头发的材质 ID。默认值为 1。

16.2.6 “mr 参数”卷展栏

“mr 参数”卷展栏，如图 16-21 所示。

图 16-21

工具解析

✦ 应用 mr 明暗器：启用此选项时，可以应用 mental ray 明暗器生成头发。

16.2.7 “海市蜃楼参数”卷展栏

“海市蜃楼参数”卷展栏，如图 16-22 所示。

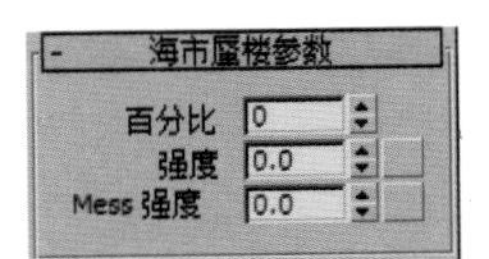

图 16-22

工具解析

✦ 百分比：设置要对其应用“强度”和“Mess 强度”值的毛发百分比。

✦ 强度：强度指定海市蜃楼毛发伸出的长度。

✦ Mess 强度：Mess 强度将卷毛应用于海市蜃楼毛发。

16.2.8 “成束参数”卷展栏

“成束参数”卷展栏，如图 16-23 所示。

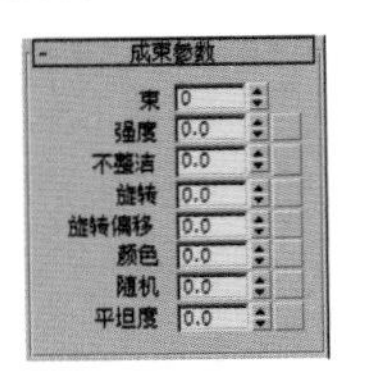

图 16-23

工具解析

✦ 束：相对于总体毛发数量，设置毛发束数量。

✦ 强度：“强度”越大，束中各个梢彼此之间的吸引越强，范围从 0.0 ~1.0。

✦ 不整洁：值越大，越不整洁地向内弯曲束，每个束的方向是随机的，范围为 0.0~ 400.0。

✦ 旋转：扭曲每个束，范围从 0.0 ~1.0。

✦ 旋转偏移：从根部偏移束的梢，范围从 0.0 ~1.0。较高的“旋转”和“旋转偏移”值使束更卷曲。

✦ 颜色：非零值可改变束中的颜色。

✦ 随机：控制随机的比率。

✦ 平坦度：在垂直于梳理方向的方向上挤压每个束。

16.2.9 “卷发参数”卷展栏

“卷发参数”卷展栏，如图 16-24 所示。

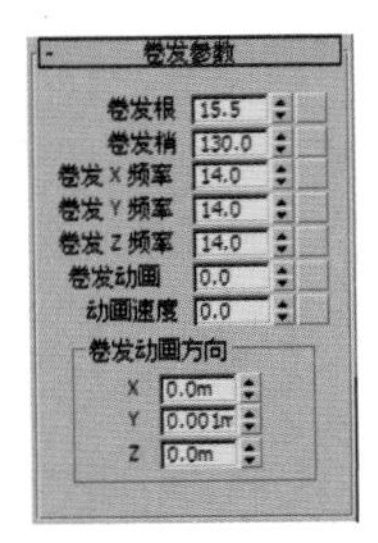

图 16-24

工具解析

✦ 卷发根：控制头发在其根部的置换。默认设置为 15.5，范围为 0.0 ~ 360.0。

✦ 卷发梢：控制毛发在其梢部的置换。默认设置为 130.0，范围为 0.0 ~ 360.0。

✦ 卷发 X/Y/Z 频率：控制三个轴中每个轴上的卷发频率效果。

✦ 卷发动画：设置波浪运动的幅度。

✦ 动画速度：此倍增控制动画噪波场通过空间的速度。

16.2.10　“纽结参数”卷展栏

“纽结参数”卷展栏，如图 16-25 所示。

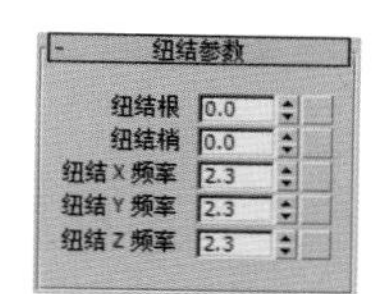

图 16-25

工具解析

✦ 纽结根：控制毛发在其根部的纽结置换量。

✦ 纽结梢：控制毛发在其梢部的纽结置换量。

✦ 纽结 X/Y/Z 频率：控制三个轴中每个轴上的纽结频率效果。

16.2.11　“多股参数”卷展栏

“多股参数”卷展栏，如图 16-26 所示。

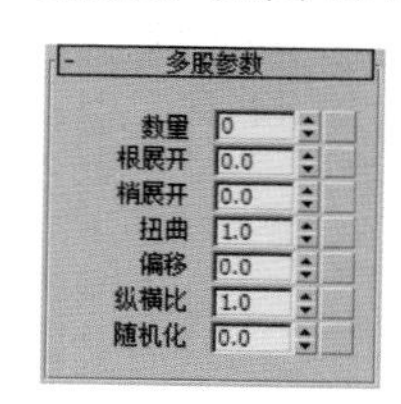

图 16-26

工具解析

✦ 数量：每个聚集块的头发数量。

✦ 根展开：为根部聚集块中的每根毛发提供随机补偿。

✦ 梢展开：为梢部聚集块中的每根毛发提供随机补偿。

✦ 扭曲：使用每束的中心作为轴扭曲束。

✦ 偏移：使束偏移其中心。离尖端越近，偏移越大。并且，将“扭曲”和“偏移”结合使用可以创建螺旋发束。

✦ 纵横比：在垂直于梳理方向的方向上挤压每个束，效果是缠结毛发，使其类似于诸如猫或熊等的毛。

✦ 随机化：随机处理聚集块中的每根毛发的长度。

16.2.12　“动力学”卷展栏

“动力学”卷展栏，如图 16-27 所示。

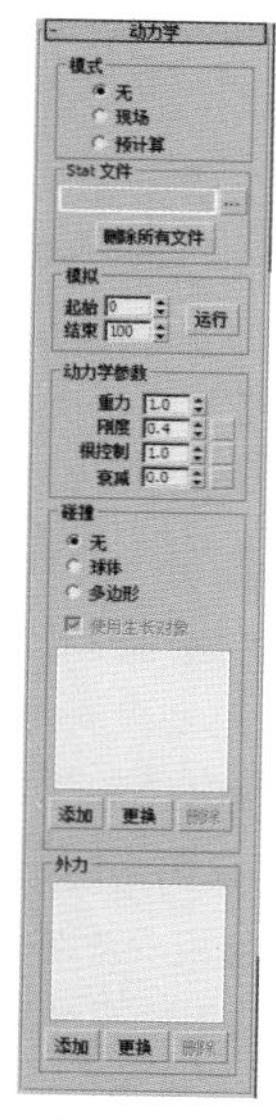

图 16-27

工具解析

①“模式”组

✦ 无：毛发不进行动力学计算。

✦ 现场：毛发在视图中以交互方式模拟动力学效果。

✦ 预计算：将设置了动力学动画的毛发生成 Stat 文件存储在硬盘中，以备渲染使用。

②“Stat 文件”组

✦ “另存为”按钮：单击此按钮打开“另存为”对话框，用来设置 Stat 文件的存储路径。

✦ “删除所有文件”按钮：单击此按钮则删除存储在硬盘中的 Stat 文件。

③“模拟”组

✦ 起始：设置模拟毛发动力学的第一帧。

✦ 结束：设置模拟毛发动力学的最后一帧。

✦ “运行”按钮：单击此按钮开始进行毛发的动力学模拟计算。

④“动力学参数”组

✦ 重力：用于指定在全局空间中垂直移动毛发的力。负值上拉毛发，正值下拉毛发。要令毛发不受重力影响，可将该值设置为 0.0。

✦ 刚度：控制动力学效果的强弱。如果将刚度设置为 1.0，动力学不会产生任何效果。默认值为 0.4，范围为 0.0~1.0。

✦ 根控制：与刚度类似，但只在头发根部产生影响。默认值为 1.0，范围为 0.0 ~1.0。

✦ 衰减：动态头发承载前进到下一帧的速度。增加衰减将增加这些速度减慢的量。因此，较高的衰减值意味着头发动态效果较为不活跃。

⑤ “碰撞”组

✦ 无：动态模拟期间不考虑碰撞。这将导致毛发穿透其生长对象，以及其所开始接触的其他对象。

✦ 球体：毛发使用球体边界框来计算碰撞。此方法速度更快，其原因在于所需计算更少，但是结果不够精确。当从远距离查看时该方法最为有效。

✦ 多边形：毛发考虑碰撞对象中的每个多边形。这是速度最慢的方法，但也是最为精确的方法。

✦ “添加”按钮 添加：要在动力学碰撞列表中添加对象，可单击此按钮然后在视图中单击对象。

✦ “更换”按钮 更换：要在动力学碰撞列表中更换对象，应先在列表中高亮显示对象，再单击此按钮然后在视图中单击对象进行更换操作。

✦ “删除”按钮 删除：要在动力学碰撞列表中删除对象，应先在列表中高亮显示对象，再单击此按钮完成删除操作。

⑥ “外力”组

✦ “添加”按钮 添加：要在动力学外力列表中添加“空间扭曲”对象，可单击此按钮然后在视图中单击对应的“空间扭曲”对象。

✦ “更换”按钮 更换：要在动力学外力列表中更换“空间扭曲”对象，应先在列表中高亮显示“空间扭曲”对象，再单击此按钮然后在视图中单击“空间扭曲”对象进行更换操作。

✦ “删除”按钮 删除：要在动力学外力列表中删除“空间扭曲”对象，应先在列表中高亮显示“空间扭曲”对象，再单击此按钮完成删除操作。

16.2.13 “显示”卷展栏

“显示”卷展栏，如图 16-28 所示。

图 16-28

工具解析

① “显示导向”组

✦ 显示导向：选中此选项，则在视图中显示出毛发的导向线，导向线的颜色由“导向颜色”控制，如图 16-29 所示。

图 16-29

② “显示毛发”组

✦ 显示毛发：此选项默认状态下为选中状态，用来在几何体上显示出毛发的形态。

✦ 百分比：在视图中显示的全部毛发的百分比。降低此值将改善视图中的实时性能。

✦ 最大毛发数：无论百分比值为多少，在视图中显示的最大毛发数。

✦ 作为几何体：开启之后，将头发在视图中显示为要渲染的实际几何体，而不是默认的线条。

16.2.14 “随机化参数”卷展栏

“随机化参数”卷展栏，如图 16-30 所示。

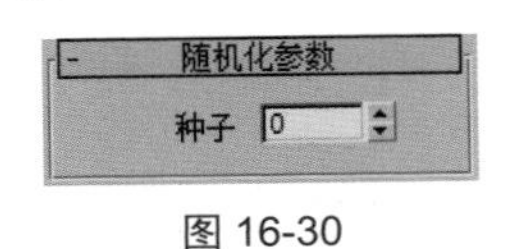

图 16-30

工具解析

种子：通过设置此值来随机改变毛发的形态。

实例操作：使用 Hair 和 Fur（WSM）修改器制作地毯

实例：使用 Hair 和 Fur（WSM）修改器制作地毯

实例位置：工程文件 >CH16> 地毯 .max

视频位置：视频文件 >CH16> 实例：使用 Hair 和 Fur（WSM）修改器制作地毯 .mp4

实用指数：★★☆☆☆

技术掌握：掌握 3ds Max 的毛发修改器的使用方法。

在本例中，讲解如何使用 3ds Max 2016 自带的毛发修改器制作地毯的表现效果，本场景的渲染效果如图 16-31 所示。

图 16-31

01 启动 3ds Max 2016 后，打开本书附带资源中的“地毯 .max”文件，场景中已经设置好灯光及摄影机，并包含一个地板的模型和一个地毯的模型，如图 16-32 所示。

02 选择场景中的地毯模型，在“修改器列表”中选择并添加“Hair 和 Fur（WSM）”修改器，即可看到生长在地毯上的毛发效果，如图 16-33 所示。

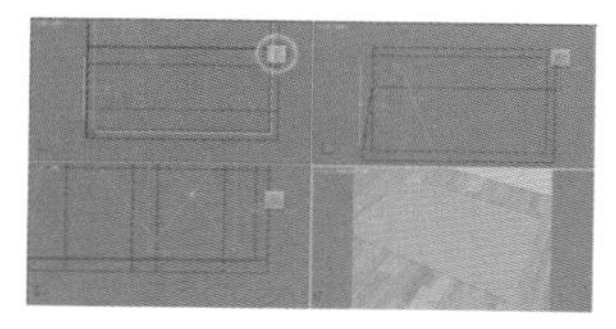

图 16-32

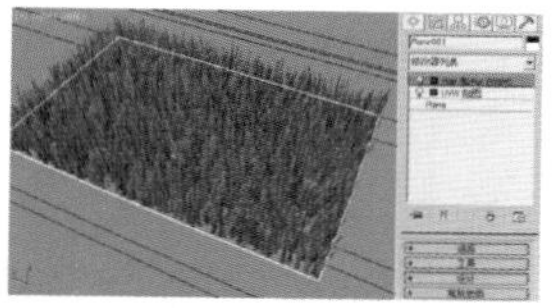

图 16-33

03 在“修改”面板中，单击展开“常规参数”卷展栏，调整“毛发数量”为 90000，“毛发段”为 8，并调整“剪切长度”为 20，降低地毯毛发的高度，设置“根厚度”为 3，降低毛发的粗细，如图 16-34 所示。

04 单击展开“卷发参数”卷展栏，调整“卷发根”为 27，“卷发梢”为 120，控制地毯毛的卷曲程度，如图 16-35 所示。

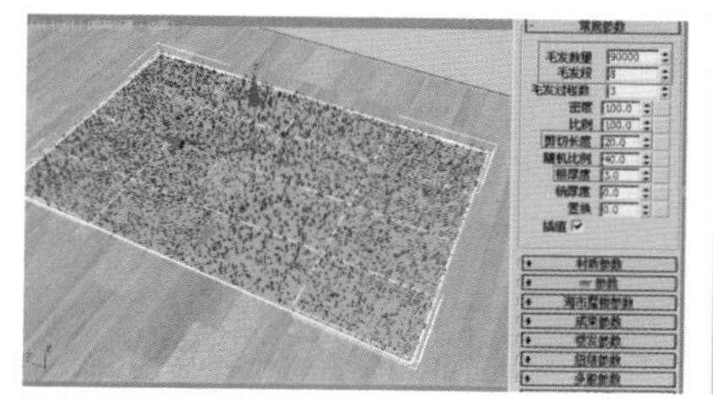

图 16-34

图 16-35

05 当毛发的生长对象带有材质时，毛发会自动继承生长对象本身所赋予的材质，所以在“Hair 和 Fur（WSM）”修改器中，无须另外设置“材质参数”卷展栏。直接渲染场景，即可得到带有毛发效果的地毯，如图 16-36 所示。

图 16-36

实例操作：使用“Hair 和 Fur（WSM）”修改器制作牙刷

实例：使用 Hair 和 Fur（WSM）修改器制作牙刷

实例位置：　工程文件 >CH16> 地毯 .max

视频位置：　视频文件 >CH16> 实例：使用 Hair 和 Fur（WSM）修改器制作牙刷 .mp4

实用指数：　★★☆☆☆

技术掌握：　掌握 3ds Max 毛发修改器的使用方法。

在本例中，讲解如何使用 3ds Max 2016 自带的毛发修改器制作牙刷的表现效果，本场景的渲染效果如图 16-37 所示。

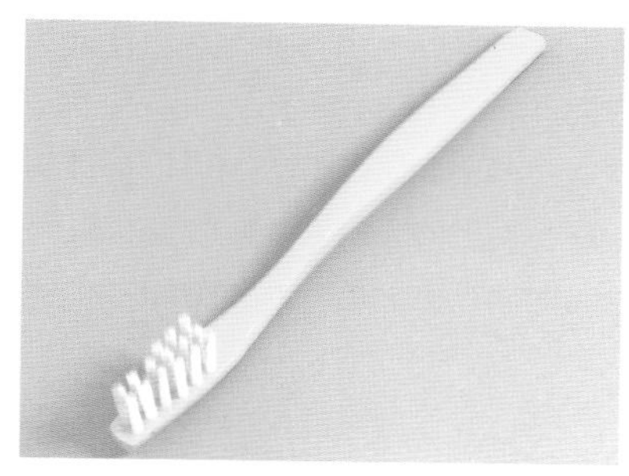

图 16-37

01 启动 3ds Max 2016 后，打开本书附带资源中的“牙刷 .max”文件，场景中只有一个牙刷的手柄部分，如图 16-38 所示。

02 下面开始制作牙刷的刷毛，按 T 键，将视图切换至顶视图，在“创建”面板中，单击“圆柱体”按钮 圆柱体 ，在场景中创建出一个小一些的圆柱体，如图 16-39 所示。

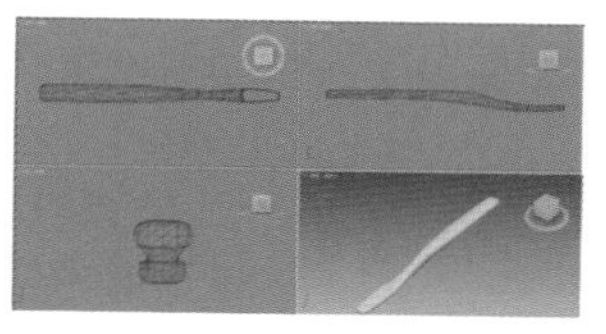

图 16-38

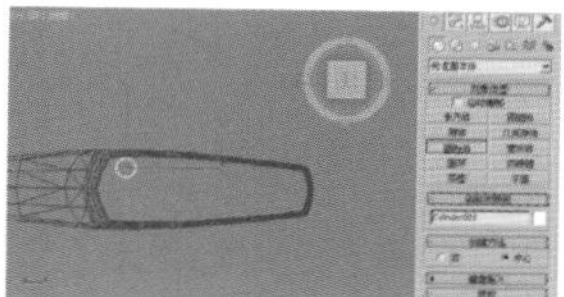

图 16-39

03 按住 Shift 键，拖曳复制圆柱体模型摆放在牙刷头的结构上，具体位置如图 16-40 所示。

04 将刚刚创建出来的所有圆柱体模型一起选中，打开“实用程序”面板，单击“塌陷”按钮 塌陷 ，在“塌陷”卷展栏内单击“塌陷选定对象”按钮 塌陷选定对象 ，将选中的圆柱体塌陷成一个网格对象，如图 16-41 所示。

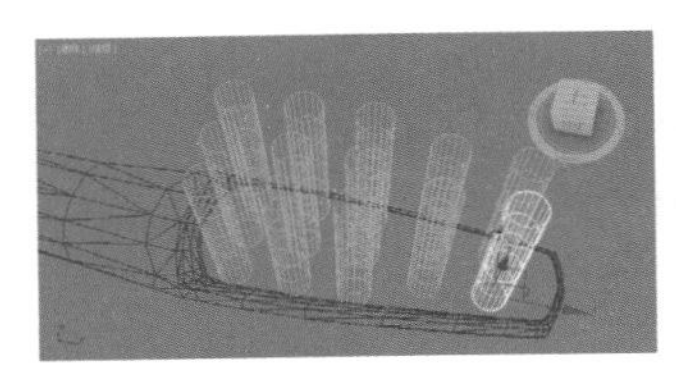

图 16-40

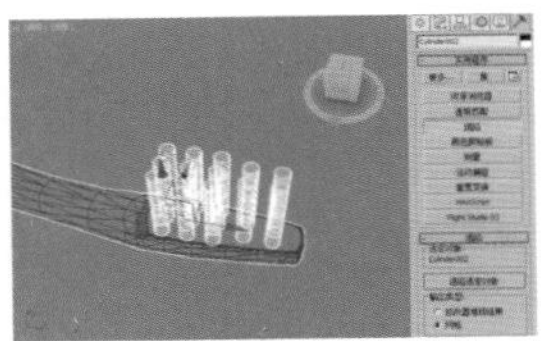

图 16-41

05 在“修改”面板中，按 4 键，进入“多边形”子层级，选择如图 16-42 所示的面，按 Delete 键将其删除，删除后的模型结果如图 16-43 所示。

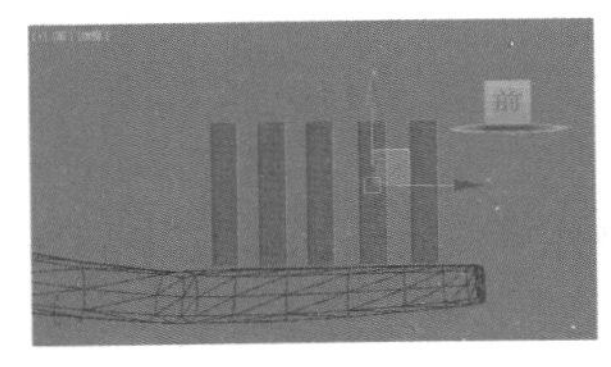

图 16-42

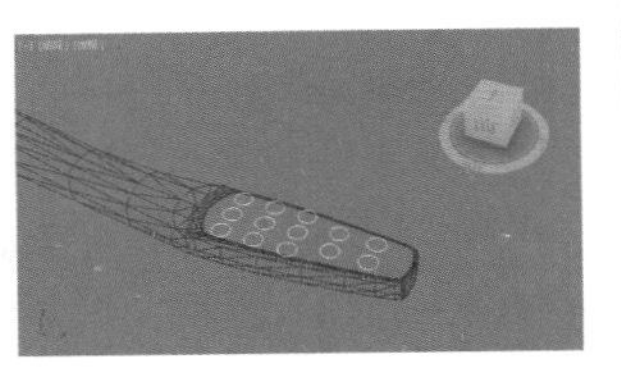

图 16-43

06 在“修改器列表”中选择并添加“法线”修改器，更改面的方向，如图 16-44 所示。

07 然后添加“Hair 和 Fur（WSM）”修改器，即可看到生长在牙刷手柄上的牙刷毛，如图 16-45 所示。

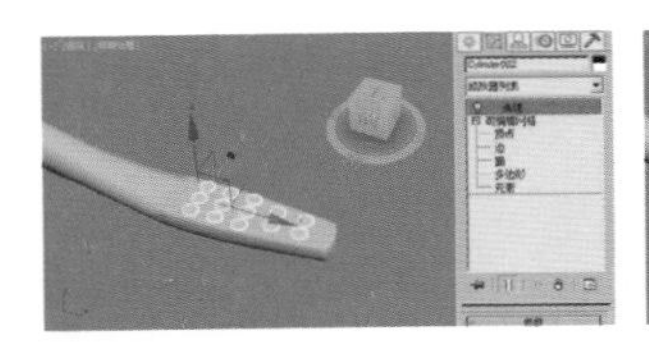

图 16-44

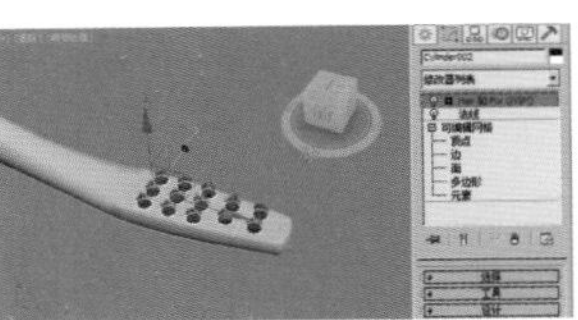

图 16-45

08 按 F 键，将视图切换至前视图。单击“线”按钮 线 ，在场景中绘制出一条直线来确定牙刷毛的长度，如图 16-46 所示。

09 选择牙刷毛，在“修改”面板中单击展开“工具”卷展栏，单击“从样条线重梳”按钮 从样条线重梳 ，拾取场景中的直线，即可增加牙刷毛的长度，如图 16-47 所示。

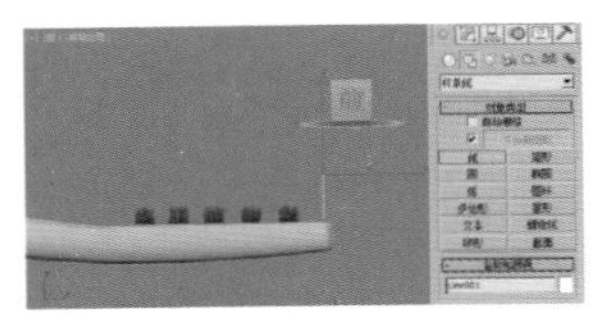

图 16-46

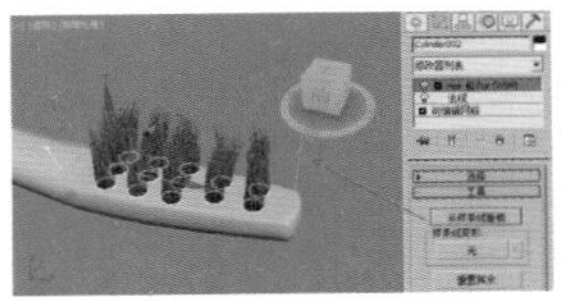

图 16-47

10 单击展开“卷发参数”卷展栏，设置“卷发根”为 10，设置“卷发梢”为 20，控制牙刷毛产生轻微的随机弯曲，如图 16-48 所示。

11 牙刷的最终完成效果，如图 16-49 所示。

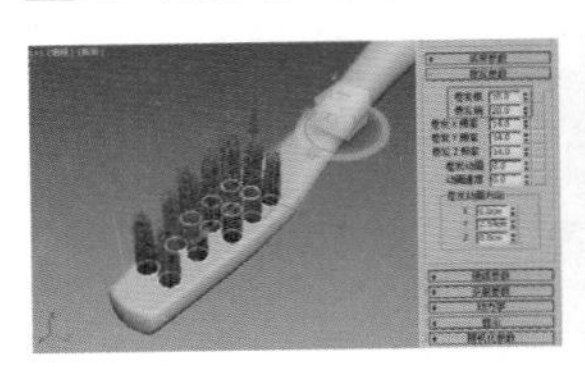

图 16-48

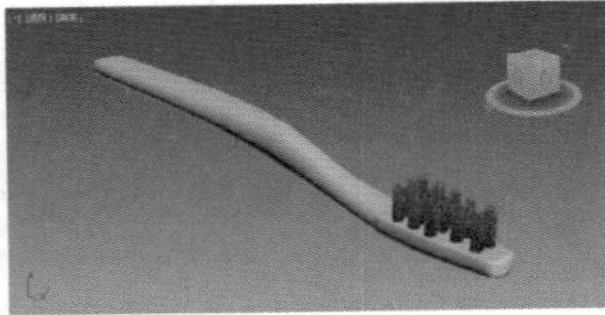

图 16-49

实例操作：使用 Hair 和 Fur（WSM）修改器制作海葵

实例：使用 Hair 和 Fur（WSM）修改器制作海葵

实例位置：	工程文件 >CH16> 海葵 .max
视频位置：	视频文件 >CH16> 实例：使用 Hair 和 Fur（WSM）修改器制作海葵 .mp4
实用指数：	★★☆☆☆
技术掌握：	掌握 3ds Max 毛发修改器的使用方法。

在本例中，讲解如何使用 3ds Max 2016 自带的毛发修改器制作海葵的表现效果，本场景的渲染效果如图 16-50 所示。

图 16-50

01 启动 3ds Max 2016，打开本书附带资源中的“海葵 .max”文件，场景中有一片制作好的海底坡地结构，如图 16-51 所示。

02 在“创建”面板中，单击“圆柱体”按钮，在场景中创建出一个圆柱体，如图 16-52 所示。

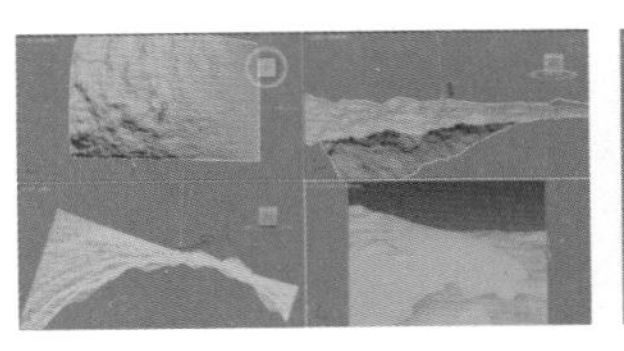

图 16-51

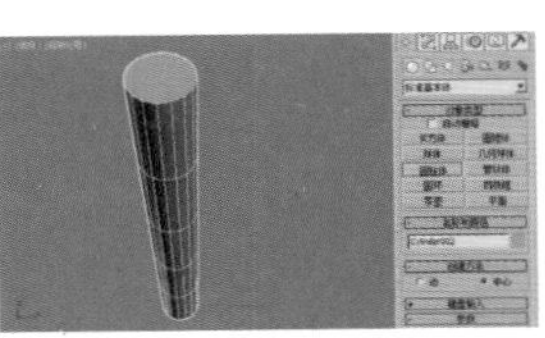

图 16-52

03 在“修改”面板中，设置圆柱体的“半径”为 0.05，“高度”为 0.9，“高度分段”为 11，“边数”为 9，如图 16-53 所示。

04 将圆柱体转换为可编辑多边形对象，并进入其“多边形”子层级，选中如图 16-54 所示的面，按 Delete 键，将其删除。

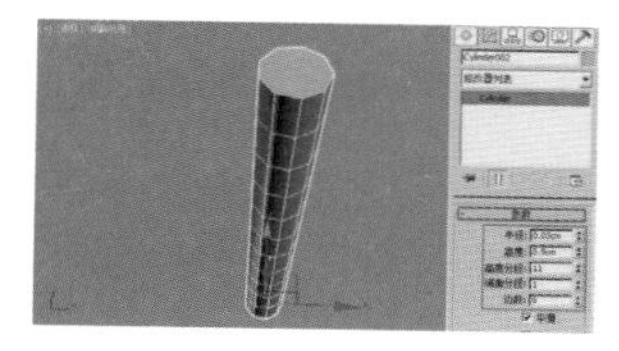
图 16-53

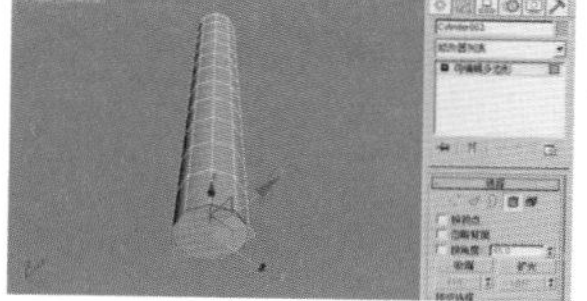
图 16-54

05 按 1 键，进入到多边形对象的“顶点”子层级。使用“缩放”工具调整圆柱体的形状，如图 16-55 所示，制作出一个海葵触角的形状。

06 在“修改器列表”中，为圆柱体添加一个“涡轮平滑”修改器，并设置“迭代次数”为 1，为模型添加细节，如图 16-56 所示。

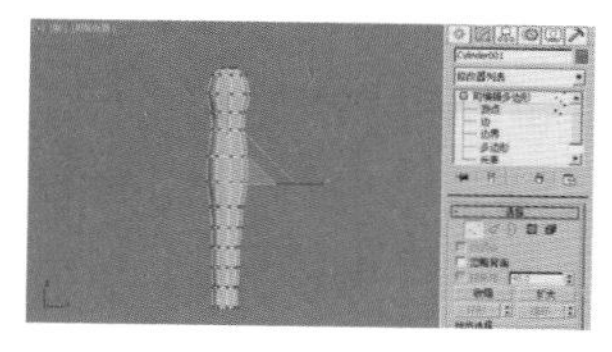
图 16-55

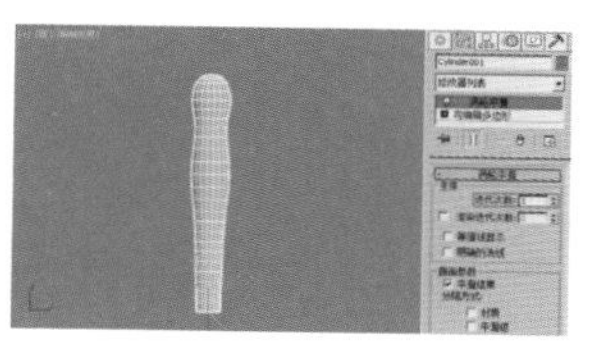
图 16-56

07 选中场景中的平面，在其“修改”面板中，添加一个“Hair 和 Fur”（WSM）修改器，如图 16-57 所示。

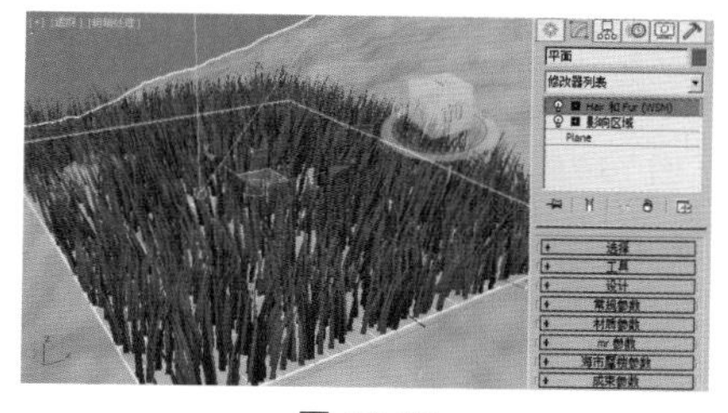
图 16-57

08 展开“工具”卷展栏，单击“实例节点”组中的“无”按钮，并拾取场景中的海葵模型，如图 16-58 所示。这样场景中的海葵模型将取代“Hair 和 Fur（WSM）”修改器所产生的毛发，如图 16-59 所示。

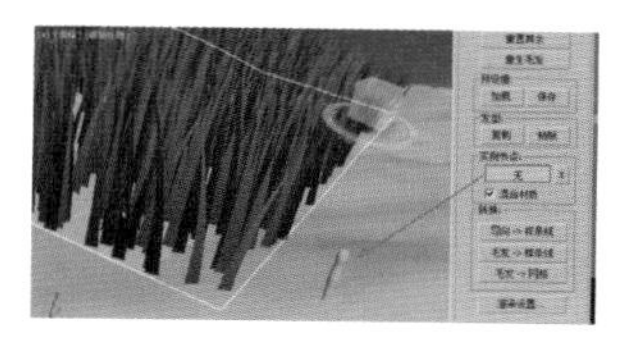
图 16-58

图 16-59

09 单击展开“常规参数”卷展栏，设置“毛发数量”为 15000，“毛发段”为 5，“比例”为 38，“随机比例”为 60，“根厚度”为 24.15，修改海葵的细节，如图 16-60 所示。

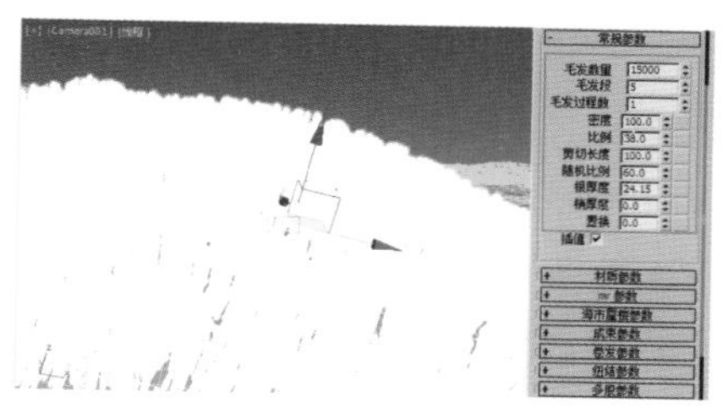
图 16-60

10 制作完成的成片的海葵生长效果如图 16-61 所示，渲染结果如图 16-62 所示。

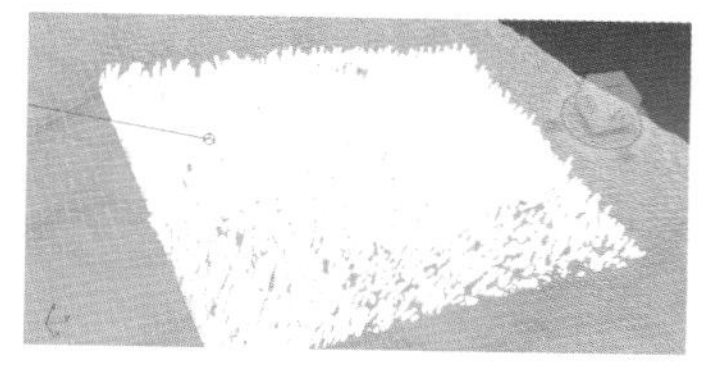
图 16-61

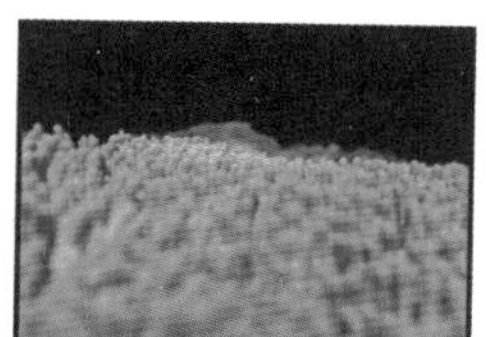
图 16-62

实例操作：使用 Hair 和 Fur（WSM）修改器制作画笔

实例：使用 Hair 和 Fur（WSM）修改器制作画笔

实例位置：　工程文件 >CH16> 画笔 .max

视频位置：　视频文件 >CH16> 实例：使用 Hair 和 Fur（WSM）修改器制作画笔 .mp4

实用指数：　★★☆☆☆

技术掌握：　掌握 3ds Max 毛发修改器的使用方法。

在本例中，讲解如何使用 3ds Max 2016 自带的毛发修改器制作画笔的笔尖效果，本场景的渲染效果如图 16-63 所示。

图 16-63

01 启动 3ds Max 2016 后，打开本书附带资源中的“画笔 .max”文件，场景中为一组简单的画笔模型，如图 16-64 所示。

02 选择场景中的画笔笔杆模型，在“修改”面板中，进入其“边”子层级，选择如图 16-65 所示的边。

图 16-64

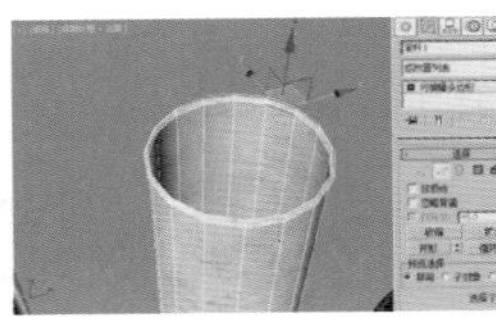
图 16-65

03 在“选择”卷展栏中，单击“循环”按钮 循环 ，即可快速选中如图 16-66 所示的边。

04 展开“编辑边”卷展栏，单击“利用所选内容创建图形”按钮 利用所选内容创建图形 ，在弹出的“创建图形”对话框中，选中“线性”选项，并单击“确定”按钮，即可创建一个闭合的曲线，如图 16-67 所示。

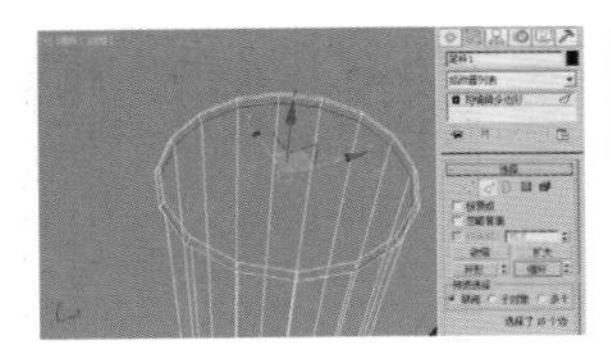
图 16-66

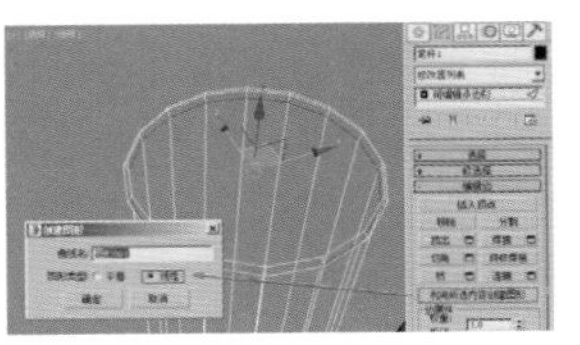
图 16-67

05 在场景中选择刚刚创建出来的曲线，右击，在弹出的快捷菜单中，选择并执行“转换为/转换为可编辑网格”命令，如图 16-68 所示。转换完成后，曲线将变为一个圆形的网格对象，如图 16-69 所示。

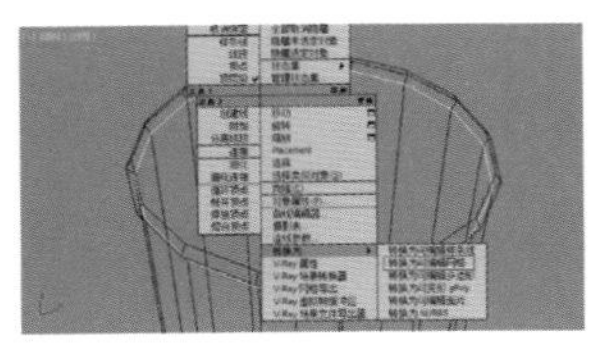
图 16-68

图 16-69

06 在“修改”面板中，为其选择并添加一个“Hair 和 Fur（WSM）”修改器，这样，在视图中即可看到笔刷上已经出现的毛发效果，如图 16-70 所示。

07 单击“线”按钮，在前视图中创建一条如图 16-71 所示的曲线，用来控制画笔笔尖毛发的长度。

图 16-70

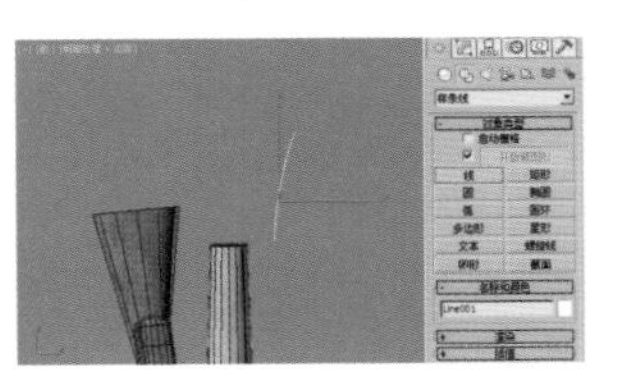
图 16-71

08 在场景中选择毛发生长的对象，展开“工具”卷展栏，单击“从样条线重梳”按钮，再单击场景中的曲线，即可看到笔刷上的毛发增长了，如图 16-72 所示。

09 展开“卷发参数”卷展栏，设置“卷发梢”为 0，如图 16-73 所示，控制笔尖的毛发效果。

图 16-72

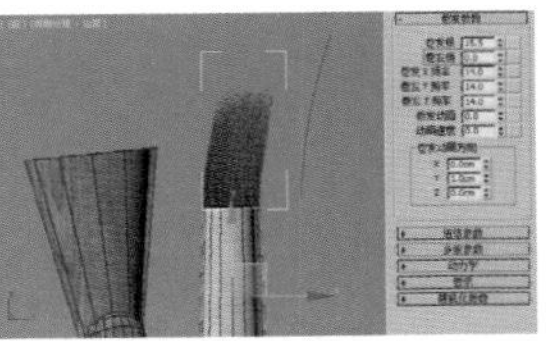
图 16-73

10 展开“设计”卷展栏，单击“设计发型”按钮 设计发型 ，光标即可变成笔刷图标，同时，观察场景，毛发上则显示出橙色的导向线，如图 16-74 所示。

11 在“设计”卷展栏内的“设计”组中，调整控制笔刷大小的滑块，即可开始对毛发进行梳理，如图 16-75 所示。

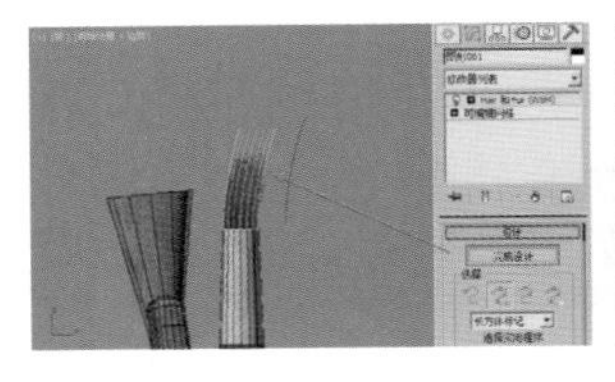
图 16-74

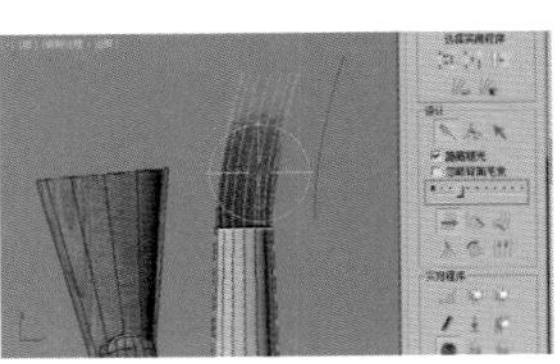
图 16-75

12 在前视图中对毛发进行梳理，调整毛发的形态，如图 16-76 所示。

13 梳理完成后，单击“设计”卷展栏内的“完成设计”按钮，即可结束梳理毛发的操作，如图 16-77 所示。

图 16-76

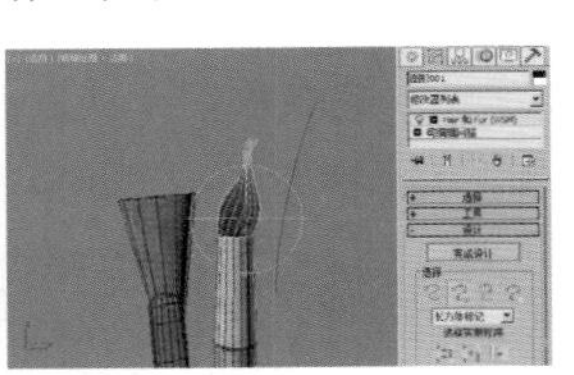
图 16-77

14 单击展开“常规参数”卷展栏，设置“毛发数量”为 10000，“毛发段”为 ,5，完成画笔笔尖毛发的制作，如图 16-78 所示。

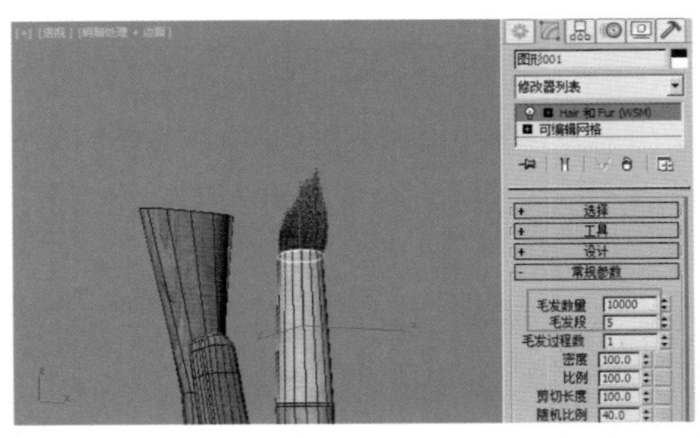

图 16-78

15 渲染场景，画笔笔尖的最终渲染结果如图 16-79 所示。

图 16-79

16.3　本章总结

本章详细讲解了 3ds Max 2016 中“Hair 和 Fur（WSM）”修改器的参数设置及使用方法，并配以一定量的实例来讲述“Hair 和 Fur（WSM）”修改器在项目制作中的制作技巧，为我们的三维作品添加了生动的毛发效果。

第 17 章

渲染设置技术

17.1 渲染概述

什么是“渲染”？从其英文 Render 上来说，可以翻译为“着色”；从其在整个项目流程中的环节来说，可以理解为“出图”。渲染真的就仅仅是在所有三维项目制作完成后鼠标所单击“渲染产品”按钮的那一次最后操作吗？很显然不是。

通常我们所说的渲染指的是在“渲染设置”面板中，通过调整参数来控制最终图像的照明程度、计算时间、图像质量等综合因素，让计算机在一个在合理时间内计算出令人满意的图像，这些参数的设置就是渲染。

使用 3ds Max 2016 来制作三维项目时，常见的工作流程大多是按照“建模 > 灯光 > 材质 > 摄影机 > 渲染”来进行的，渲染之所以放在最后，说明这一操作是计算之前流程的最终步骤，其计算过程相当复杂，所以我们需要认真学习并掌握其关键技术，如图 17-1~ 图 17-4 所示为一些非常优秀的三维渲染作品。

图 17-1

图 17-2

图 17-3

图 17-4

17.1.1 选择渲染器

渲染器可以简单理解为三维软件进行最终图像计算的方法，3ds Max 2016 本身就提供了多种渲染器以供用户选择，并且还允许用户自行购买及安装由第三方软件生产商所提供的渲染器插件来进行渲染。单击“主工具栏”上的“渲染设置”按钮，即可打开 3ds Max 2016 的“渲染设置”面板，在“渲染设置”面板的标题栏上，即可查看当前场景文件所使用的渲染器名称，在默认状态下，3ds Max 2016 所使用的渲染器为“默认扫描线渲染器”，如图 17-5 所示。

如果想要快速更换渲染器，可以通过单击“渲染器”后面的下拉列表来完成此操作，如图 17-6 所示。

本章工程文件

本章视频文件

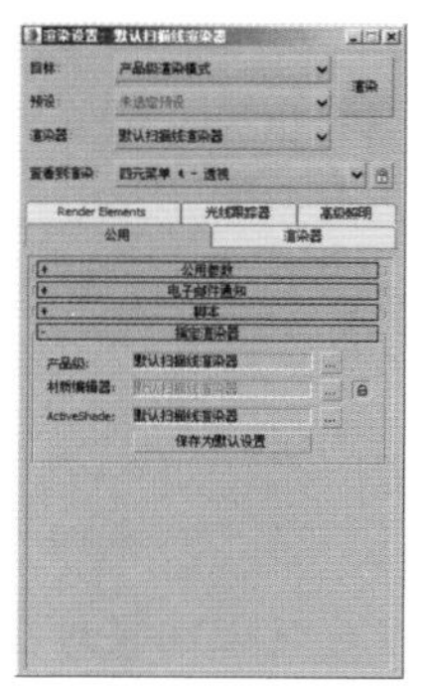

图 17-5

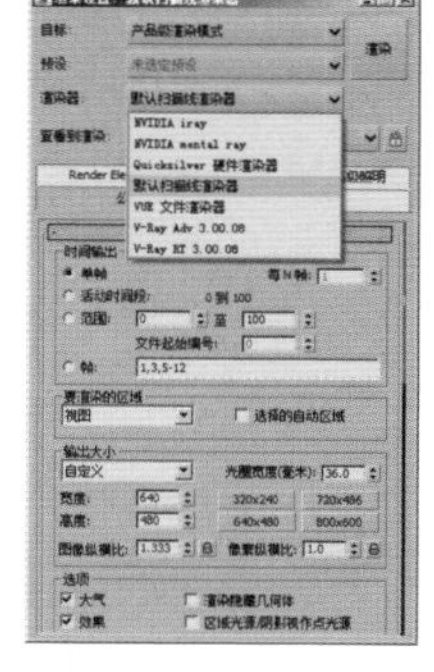

图 17-6

17.1.2 渲染帧窗口

3ds Max 2016 提供的有关渲染方面的工具位于整个“主工具栏”上的最右侧，从左至右分别为“渲染设置”按钮、“渲染帧窗口”按钮、“渲染产品”按钮、“在 Autodesk A360 中渲染”按钮和“打开 Autodesk A360 库”按钮，如图 17-7 所示。

在“主工具栏”上单击“渲染产品”按钮即可弹出“渲染帧”窗口，如图 17-8 所示。

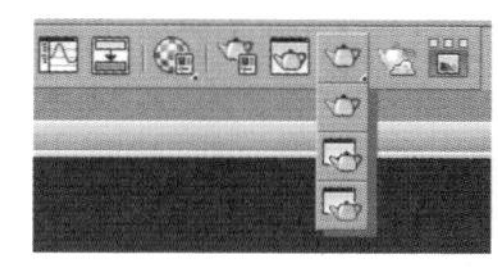

图 17-7

图 17-8

“渲染帧”窗口的设置分为“渲染控制”和“工具栏”两大部分。其中，“渲染控制”区域如图 17-9 所示。

图 17-9

工具解析

✦ 要渲染的区域：该下拉列表提供可用的“要渲染的区域”选项。共有“视图”“选定”“区域”“裁剪”和“放大”5 个选项可选，如图 17-10 所示。

图 17-10

✦ “编辑区域”按钮：启用对区域窗口的操纵，拖曳控制柄可重新调整大小；通过在窗口中拖曳可进行移动。当将“要渲染的区域”设置为“区域”时，用户可以在“渲染帧窗口”中，也可在活动视图中编辑该区域，如图 17-11 所示。

图 17-11

✦ “选择的自动区域”按钮：启用该选项之后，会将“区域”“裁剪”和“放大”区域自动设置为当前选择。该自动区域会在渲染时计算，并且不会覆盖用户可编辑区域。

✦ “渲染设置”按钮：打开“渲染设置”对话框。

✦ “环境和效果对话框（曝光控制）”按钮：从“环境和效果”对话框中打开“环境”面板。

✦ 产品级 / 迭代：单击“渲染”按钮 渲染 产生的结果如下，产品级使用“渲染帧窗口”“渲染设置”对话框等选项中的所有当前设置进行渲染。迭代忽略网络渲染、多帧渲染、文件输出、导出至 MI 文件，以及电子邮件通知。同时，使用扫描线渲染器，渲染选定会使渲染帧窗口的其余部分完好保留在迭代模式中。

“渲染帧”窗口的工具栏，如图 17-12 所示。

图 17-12

工具解析

✦ “保存图像”按钮：用于保存在渲染帧窗口中显示的渲染图像。

✦ “复制图像”按钮：将渲染图像可见部分的精确副本放置在 Windows 剪贴板中，以准备粘贴到绘制程序或位图编辑软件中。图像始终按当前显示状态复制，因此，如果启用了单色按钮，则复制的数据由 8 位灰度位图组成。

✦ “克隆渲染帧窗口”按钮：创建另一个包含所显示图像的窗口。这就允许将另一个图像渲染到渲染帧窗口，然后将其与上一个克隆的图像进行比较。

✦ “打印图像”按钮：将渲染图像发送至 Windows 中定义的默认打印机。

✦ “清除”按钮：清除渲染帧窗口中的图像。

✦ “启用红色通道”按钮：显示渲染图像的红色通道。禁用该选项后，红色通道将不显示，如图 17-13 所示。

✦ “启用绿色通道”按钮：显示渲染图像的绿色通道。禁用该选项后，绿色通道将不显示，如图 17-14 所示。

图 17-13

图 17-14

✦ “启用蓝色通道”按钮：显示渲染图像的蓝色通道。禁用该选项后，蓝色通道将不显示，如图 17-15 所示。

✦ “显示 Alpha 通道”按钮：显示图像的 alpha 通道。

✦ “单色”按钮：显示渲染图像的 8 位灰度。

✦ “色样”按钮：存储上次右击像素的颜色值，如图 17-16 所示。

图 17-15

图 17-16

✦ 通道显示下拉列表：列出用图像进行渲染的通道。当从列表中选择通道时，它将显示在渲染帧窗口中。

✦ “切换 UI 叠加”按钮：启用时，如果“区域”“裁剪”或“放大”区域中有一个选项处于活动状态，则会显示表示相应区域的帧。

✦ “切换 UI”按钮：启用时，所有控件均可使用；禁用时，将不会显示对话框顶部的渲染控件以及对话框下部单独面板上的 mental ray 控件。要简化对话框界面并且使该界面占据较小的空间，可以关闭此选项。

17.2 默认扫描线渲染器

“默认扫描线渲染器”是 3ds Max 2016 渲染图像时所使用的默认渲染引擎，渲染图像时正如其名字一样，从上至下像扫描图像将最终渲染效果计算出来，如图 17-17 所示。但是如若追求高品质的图像，使用“默认扫描线渲染器”来对场景进行渲染则有些吃力。

按 F10 键，可以打开“渲染设置”对话框，从该对话框的标题栏即可看到当然场景使用渲染器的设置名称，如图 17-18 所示。“渲染设置”对话框包含“公用”“渲染器”“Render Elements（渲染元素）”“光线跟踪器”和“高级照明”这 5 个选项卡。

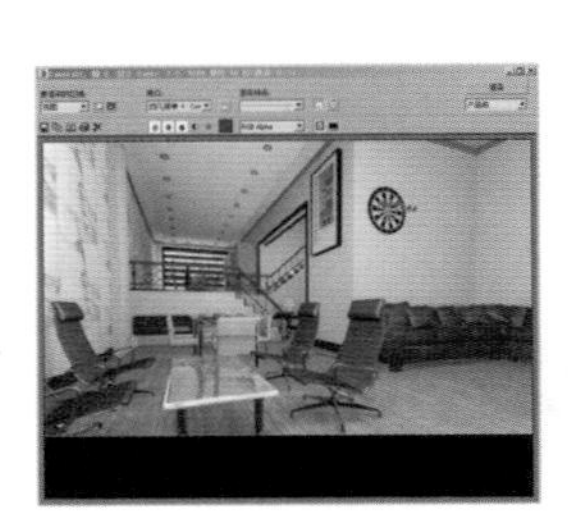
图 17-17

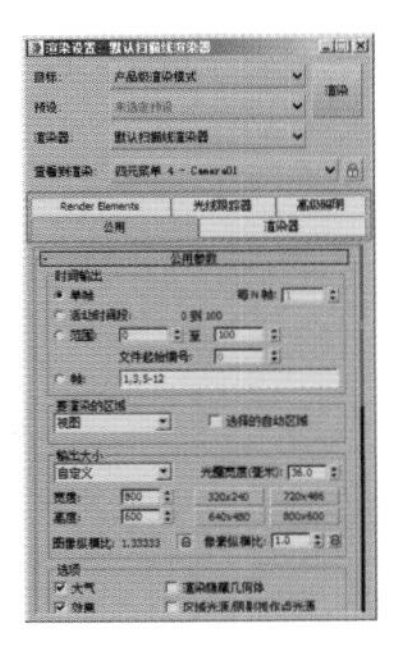
图 17-18

17.2.1 “公共”选项卡

“公共”选项卡，如图 17-19 所示，共有“公用参数”“电子邮件通知”“脚本”和“制定渲染器”4 个卷展栏。

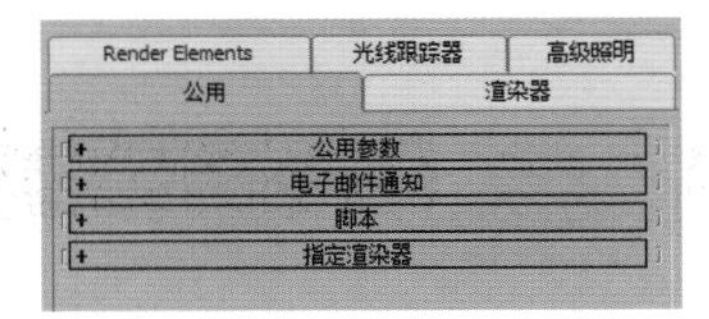

图 17-19

1. “公用参数”卷展栏

单击展开“公用参数”卷展栏，如图 17-20 所示。

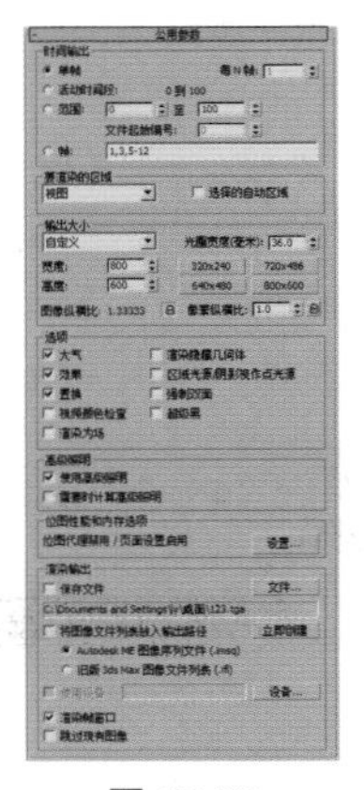
图 17-20

工具解析

① “时间输出”组

✦ 单帧：仅当前帧。

✦ 每 N 帧：帧的规则采样，只用于“活动时间段”和“范围”输出。

✦ 活动时间段：如轨迹栏所示的帧的当前范围。

✦ 范围：指定的两个数字（包括这两个数）之间的所有帧。

✦ 文件起始编号：指定起始文件编号，从这个编号开始递增文件名。只用于“活动时间段”和“范围”输出。

✦ 帧：可渲染用逗号隔开的非顺序帧。

②“输出大小”组

✦ “输出大小”下拉列表：在此列表中，可以从多个符合行业标准的电影和视频纵横比中选择。选择其中一种格式，然后使用其余控件设置输出分辨率。或者，若要设置自己的纵横比和分辨率，可以使用默认的“自定义”选项。从列表中可以选择的格式非常多，如图 17-21 所示。

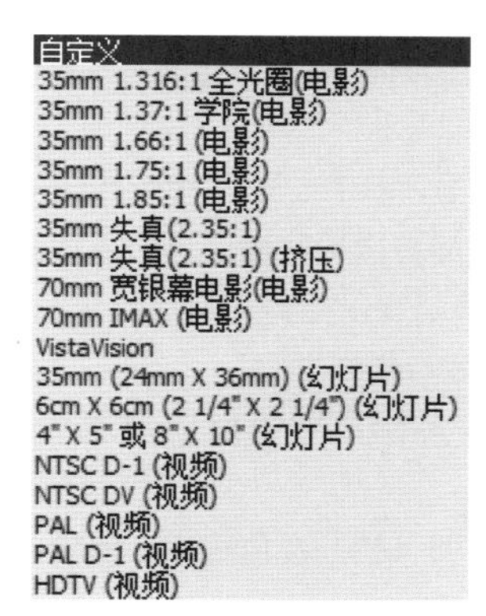

图 17-21

✦ 光圈宽度（毫米）：指定用于创建渲染输出的摄影机光圈宽度。更改此值将更改摄影机的镜头值，这将影响镜头值和 FOV 值之间的关系，但不会更改摄影机场景的视图。

✦ 宽度 / 高度：以像素为单位指定图像的宽度和高度，从而设置输出图像的分辨率。

✦ 图像纵横比：即图像宽度与高度的比率。

✦ 像素纵横比：设置显示在其他设备上的像素纵横比。图像可能会在显示上出现挤压效果，但将在具有不同形状像素的设备上正确显示。

③“选项”组

✦ 大气：启用此选项后，可以渲染任何应用的大气效果，如体积雾。

✦ 效果：启用此选项后，可以渲染任何应用的渲染效果，如模糊。

✦ 置换：渲染任何应用的置换贴图。

✦ 视频颜色检查：检查超出 NTSC 或 PAL 安全阈值的像素颜色，标记这些像素颜色并将其改为可接受的值。

✦ 渲染为场：渲染为视频场而不是帧。

✦ 渲染隐藏的几何体：渲染场景中所有的几何体对象，包括隐藏的对象。

✦ 区域光源 / 阴影视作点光源：将所有的区域光源或阴影当作从点对象发出的进行渲染，这样可以加快渲染速度。

✦ 强制双面：双面材质渲染可渲染所有曲面的两个面。

✦ 超级黑：超级黑渲染限制用于视频组合的渲染几何体的暗度。除非确实需要此选项，否则将其禁用。

④“高级照明”组

✦ 使用高级照明：启用此选项后，3ds Max 在渲染过程中提供光能传递解决方案或光跟踪。

✦ 需要时计算高级照明：启用此选项后，当需要逐帧处理时，3ds Max 将计算光能传递。

⑤“渲染输出”组

✦ 保存文件：启用此选项后，进行渲染时 3ds Max 会将渲染后的图像或动画保存到磁盘。单击“文件”按钮 文件... 指定输出文件之后，“保存文件”才可用。

✦ “文件”按钮 文件... ：单击此按钮，则打开“渲染输出文件”对话框，如图 17-22 所示。3ds Max 2016 提供了多种“保存类型”以供选择，如图 17-23 所示。

图 17-22

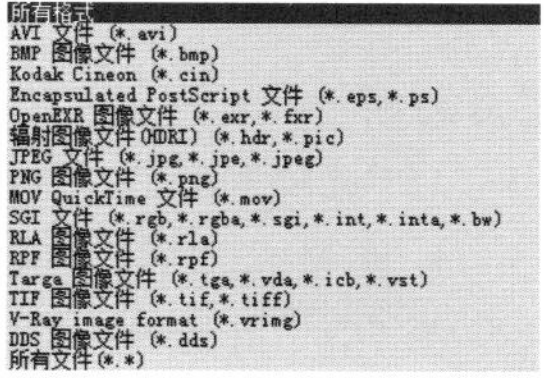

图 17-23

2. “指定渲染器”卷展栏

单击展开“指定渲染器”卷展栏，如图 17-24 所示。

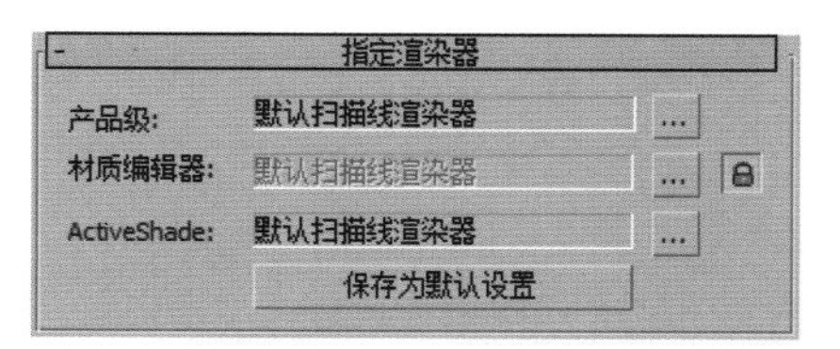

图 17-24

工具解析

✦ 产品级：选择用于渲染图形输出的渲染器。

✦ 材质编辑器：选择用于渲染“材质编辑器”中示例的渲染器。

✦ ActiveShade：选择用于预览场景中照明和材质更改效果的 ActiveShade 渲染器。

✦ “选择渲染器”按钮 ...：单击带有省略号的按钮可更改渲染器指定。

✦ “保存为默认设置”按钮 保存为默认设置 ：单击该按钮可将当前渲染器指定保存为默认设置，以便下次重新启动 3ds Max 时它们处于活动状态。

17.2.2 “渲染器”选项卡

“渲染器”选项卡，如图 17-25 所示，仅有“默认扫描线渲染器”卷展栏。

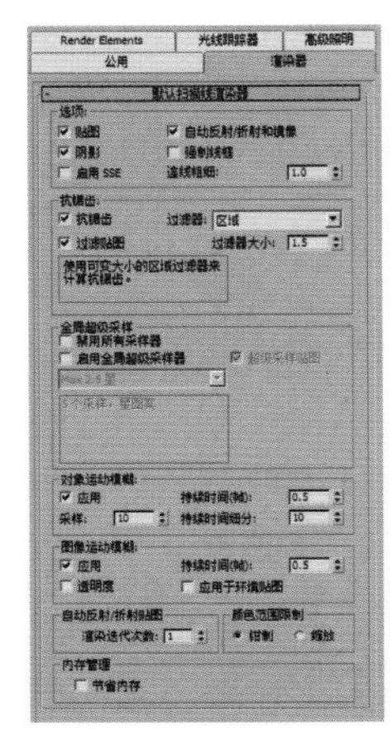

图 17-25

工具解析

①“选项”组

✦ 贴图：禁用该选项可忽略所有贴图信息，从而加速测试渲染。自动影响反射和环境贴图，同时也影响材质贴图。默认设置为启用。

✦ 自动反射 / 折射和镜像：忽略自动反射 / 折射贴图以加速测试渲染。

✦ 阴影：禁用该选项后，不渲染投射阴影。这可以加速测试渲染。默认设置为启用。

✦ 强制线框：将场景中的所有物体渲染为线框，并可以通过“连线粗细”来设置线框的粗细，默认设置为 1，以像素为单位。

✦ 启用 SSE：启用该选项后，渲染使用“流 SIMD 扩展”（SSE）（SIMD 代表“单指令、多数据”），这取决于系统的 CPU，SSE 可以缩短渲染时间。

②“抗锯齿”组

✦ 抗锯齿：抗锯齿可以平滑渲染时产生的对角线或弯曲线条的锯齿状边缘。只有在渲染测试图像并且速度比图像质量更重要时才禁用该选项。

✦ “过滤器”下拉列表：可用于选择高质量的过滤器，将其应用到渲染上，默认的“过滤器”为“区域”，如图 17-26 所示。

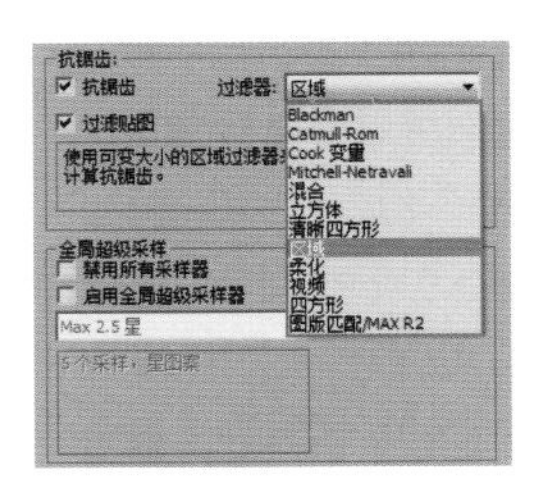

图 17-26

✦ 过滤贴图：启用或禁用对贴图材质的过滤。

✦ 过滤器大小：可以增加或减小应用到图像中的模糊量。

③“全局超级采样”组

✦ 禁用所有采样器：禁用所有超级采样。

✦ 启用全局超级采样器：启用该选项后，对所有的材质应用相同的超级采样器。

④“对象运动模糊”组

✦ 应用：为整个场景全局启用或禁用对象运动模糊。

✦ 持续时间（帧）：值越大，模糊的程度越明显。

✦ 持续时间细分：确定在持续时间内渲染的每个对象副本的数量。

⑤“图像运动模糊”组

✦ 应用：为整个场景全局启用或禁用图像运动模糊。

✦ 持续时间（帧）：值越大，模糊的程度越明显。

✦ 应用于环境贴图：设置该选项后，图像运动模糊既可以应用于环境贴图，也可以应用于场景中的对象。

✦ 透明度：启用该选项后，图像运动模糊对重叠的透明对象起作用。在透明对象上应用图像运动模糊会增加渲染时间。

⑥“自动反射 / 折射贴图”组

✦ 渲染迭代次数：设置对象之间在非平面自动反射贴图上的反射次数。虽然增加该值有时可以改善图像质量，但是这样做也将增加反射的渲染时间。

⑦“颜色范围限制”组

✦ 钳制：使用“钳制”时，因为在处理过程中色调信息会丢失，所以非常亮的颜色会渲染为白色。

✦ 缩放：要保持所有颜色分量均在“缩放”范围内，

则需要通过缩放所有三个颜色分量来保留非常亮的颜色的色调，这样最大分量的值就会为 1。注意，这样将更改高光的外观。

⑧“内存管理”组

✦ 节省内存：启用该选项后，渲染使用更少的内存但会增加一点内存时间。可以节约 15% ~25% 的内存。而时间大约增加 4%。

17.3 NVIDIA mental ray 渲染器

NVIDIA mental ray 渲染器是德国的 Mental Image 公司（Mental Image 现已成为 NVIDIA 公司之全资子公司）最引以为荣的产品。使用 NVIDIA mental ray，我们可以实现反射、折射、焦散，全局光照明等其他渲染器很难实现的效果。与默认 3ds Max 扫描线渲染器相比，mental ray 渲染器使我们不用“手工”或通过生成光能传递解决方案来模拟复杂的照明效果。mental ray 渲染器为使用多处理器进行了优化，并为动画的高效渲染而利用增量变化。

多年以来，mental ray 已经在电影、视觉特效以及设计等诸多行业中成为了超逼真渲染的标准，如图 17-27~ 图 17-30 所示为 NVIDIA 官方网站下 mental ray 产品的渲染画面展示。

图 17-27

图 17-28

图 17-29

图 17-30

将场景的渲染器设置为 NVIDIA mental ray 渲染器，有两种方法：

第 1 种：在“渲染设置”面板中，单击“渲染器”后面的下拉列表即可选择 NVIDIA mental ray 渲染器，如图 17-31 所示。

第 2 种：在“渲染设置”面板的“公共”选项卡中，展开“指定渲染器”卷展栏，单击“产品级”后面的“选择渲染器”按钮，即可在弹出的“选择渲染器”对话框中，选择 NVIDIA mental ray 渲染器，如图 17-32 所示。

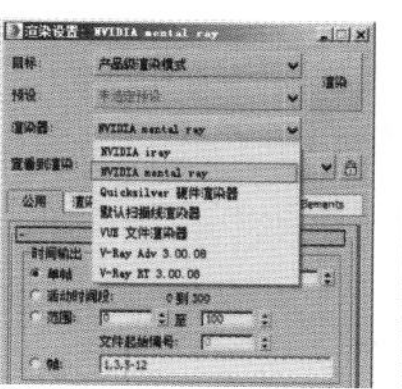

图 17-31

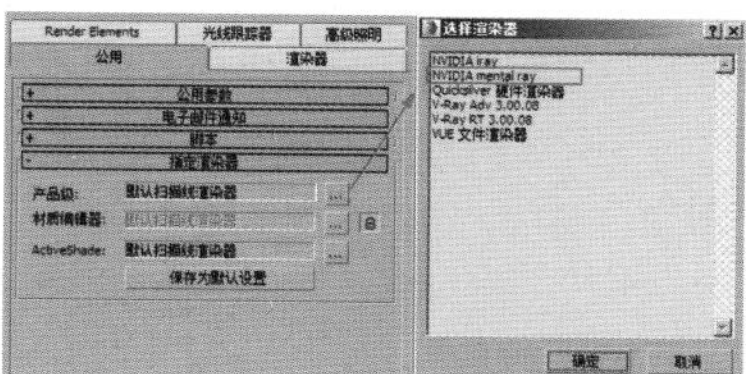

图 17-32

17.3.1 “全局照明”选项卡

“全局照明”选项卡共有“天光和环境照明（IBL）”“最终聚集（FG）”“焦散和光子贴图（GI）”和“重用（最终聚集和全局照明磁盘缓存）”4 个卷展栏，下面分别学习其中的参数。

1.“天光和环境照明（IBL）”卷展栏

单击展开“天光和环境照明（IBL）”卷展栏，如图 17-33 所示。

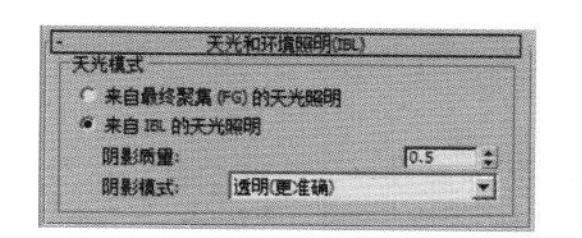

图 17-33

工具解析

✦ 来自最终聚集 (FG) 的天光照明：选中此选项后，天光将从最终聚集生成。

✦ 来自 IBL 的天光照明：选中此选项后，天光将从当前的环境贴图生成。

✦ 阴影质量：设置阴影的质量。值越低，阴影越粗糙。高质量的阴影所需的渲染时间较长。范围在 0.0 ~ 10.0 之间，默认值为 0.5。

✦ 阴影模式：选择阴影透明还是不透明。

2.“最终聚集（FG）”卷展栏

最终聚集用于模拟指定点的全局照明，其方式为：对该点上半球方向进行采样实现或通过对附近最终聚集点进行平均计算实现。对于漫反射场景，最终聚集通常可以提高全局照明解决方案的质量。不使用最终聚集，漫反射曲面上的全局照明由该点附近的光子密度（和能量）来估算。使用最终聚集，发送许多新的光线来对该点上的半球进行采样，以决定直接照明。单击展开“最终聚集（FG）”卷展栏，如图 17-34 所示。

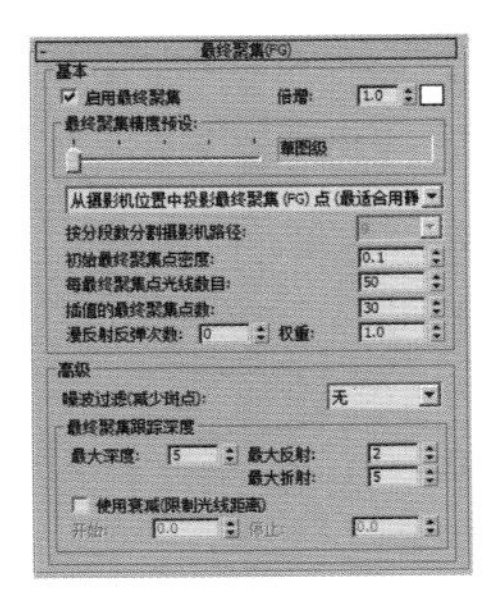

图 17-34

工具解析

①“基本”组

✦ 启用最终聚集：打开时，mental ray 渲染器使用最终聚集来创建全局照明或提高其质量。默认设置为启用。

✦ 倍增 / 色样：调整这些设置可控制由最终聚集累积的间接光的强度和颜色。

✦ “最终聚集精度预设”滑块：为最终聚集提供快速、轻松的解决方案。默认预设为：草图级、低、中、高、很高及自定义（默认选项）。只有在“启用最终聚集”处于启用状态时，此选项才可用。

✦ 下拉列表：选择一种方法，以避免或减小可能由静止或移动摄影机渲染动画所导致的最终聚集“闪烁”，特别是在场景也包含移动光源和 / 或移动对象时。这里有“从摄影机位置中投影最终聚集 (FG) 点（最适合用静止）”和“沿摄影机路径的位置投影最终聚集点”两种方式可选。

> **小技巧**
>
> “从摄影机位置中投影最终聚集 (FG) 点”分布来自单个视图的最终聚集点。如果用于渲染动画的摄影机未移动，则使用此方法，以节省渲染时间；“沿摄影机路径的位置投影最终聚集点”跨多个视图分布最终聚集点，如果用于渲染动画的摄影机移动，则使用此方法。

✦ 按分段数细分摄影机路径：从下拉列表中选择当使用“沿摄影机路径的位置投影最终聚集点”选项时要将摄影机路径细分的分段数。

✦ 初始最终聚集点密度：最终聚集点密度的倍增。增加此值会增加图像中最终聚集点的密度（以及数量）。

✦ 插值的最终聚集点数：控制用于图像采样的最终聚集点数。它有助于解决噪声问题并获得更平滑的结果。

✦ 漫反射反弹次数：设置 mental ray 为单个漫反射光线计算的漫反射光反弹的次数，默认值为 0。

②“高级”组

✦ “噪波过滤 (减少斑点)”下拉列表：应用使用从同一点发射的相邻最终聚集光线的中间过滤器。此参数允许从下拉列表中选择一个值。该选项为“无”“标准”“高”“很高”和“极端高”。默认设置为“标准”。

✦ 草稿模式（无预先计算）：启用此选项之后，最终聚集将跳过预先计算阶段。这将造成渲染不真实，但是可以更快速地开始渲染，因此非常适用于进行一系列试用渲染。

✦ 最大深度：限制反射和折射的组合。

✦ 最大反射：设置光线可以反射的次数。

✦ 最大折射：设置光线可以折射的次数。

✦ 使用衰减（限制光线距离）：启用该选项之后，使用“开始”和“停止”值可以限制使用环境颜色前用于重新聚集的光线长度。从而有助于加快重新聚集的时间，特别适用于未由几何体完全封闭的场景。

✦ 开始：以 3ds Max 单位指定光线开始的距离。

✦ 停止：以 3ds Max 单位指定光线的最大长度。

✦ 使用半径插值法（不使用最终聚集点数）：启用此选项之后，将使此组中的其余控件可用。同时，还可以使“插值的最终聚集点数”复选框不可用，从而指示这些控件覆盖该设置。

✦ 半径：启用此选项之后，将设置应用最终聚集的最大半径。减少此值虽然可以改善质量，但是以渲染时间为代价。

✦ 以像素表示半径：启用该选项之后，将以像素来指定半径值；禁用此选项后，半径单位取决于“半径”切换的值。

✦ 最小半径：启用时，设置必须在其中使用最终聚集的最小半径。减少此值虽然可以改善渲染质量，但是同时会延长渲染时间。

3.“焦散和光子贴图（GI）”卷展栏

“焦散和光子贴图（GI）”卷展栏内的参数主要用来进行渲染焦散特效设置。单击展开“焦散和光子贴图（GI）”卷展栏，如图 17-35 所示。

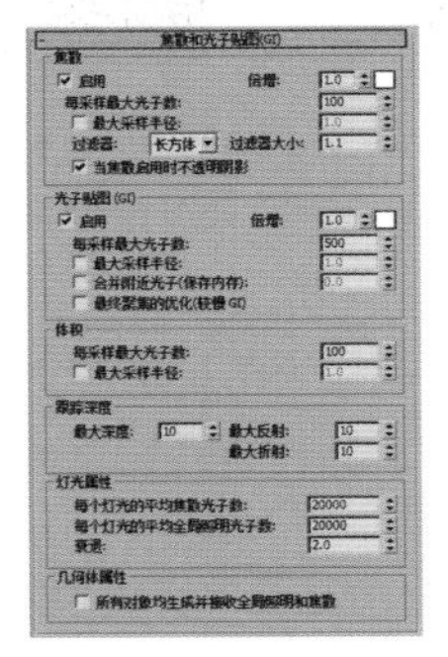

图 17-35

工具解析

"焦散"组

✦ 启用：启用此选项后，mental ray 渲染器计算焦散效果，默认设置为禁用状态。

✦ 倍增 / 色样：可使用它们控制焦散累积的间接光的强度和颜色。

✦ 每采样最大光子数：设置用于计算焦散强度的光子个数。增加此值使焦散产生较少噪波，但变得更模糊，减小此值使焦散产生较多噪波，但同时减轻了模糊效果。采样值越大，渲染时间越长。

✦ 过滤器：设置用来锐化焦散的过滤器，可以为长方体、圆锥体或 Gauss。

✦ 当焦散启用时不透明阴影：启用此选项后，阴影为不透明；禁用此选项后，阴影可以部分透明。

> **小技巧**
>
> 使用 NVIDIA mental ray 渲染器来渲染焦散效果时，场景中必须要满足以下条件：
>
> 1. 至少设置一个对象来生成焦散，默认情况下处于禁用状态。
>
> 2. 至少设置一个对象来接收焦散，默认情况下处于启用状态。
>
> 3. 至少设置一个灯光来产生焦散，默认情况下处于禁用状态。

"光子贴图（GI）"组：

✦ 启用：启用此选项后，mental ray 渲染器计算全局照明。

✦ 倍增 / 色样：可使用它们控制全局照明累积的间接光的强度和颜色。

✦ 每采样最大光子数：设置用于计算全局照明强度的光子个数。增加此值使全局照明产生较少噪波，但同时变得更模糊；减小此值使全局照明产生较多噪波，但同时减轻模糊效果。采样值越大，渲染时间越长。

✦ 最大采样半径：启用时，该数值可设置光子大小；禁用此选项后，光子按整个场景半径的 1/10 计算。

✦ 合并附近光子（保存内存）：启用此选项可以减少光子贴图的内存使用量。启用后，使用数值字段指定距离阈值，低于该阈值时 mental ray 会合并光子。结果是会得到一个较平滑、细节较少而且使用的内存也大幅减少的光子贴图。

✦ 最终聚集的优化（较慢 GI）：如果在渲染场景之前启用该选项，则 mental ray 渲染器将计算信息，以加速重新聚集的进程。

"体积"组：

✦ 每采样最大光子数：设置用于着色体积的光子数。

✦ 最大采样半径：启用时，该数值设置可确定光子大小。

"跟踪深度"组：

✦ 最大深度：限制反射和折射的组合。

✦ 最大反射：设置光子可以反射的次数。

✦ 最大折射：设置光子可以折射的次数。

"灯光属性"组：

✦ 每个灯光的平均焦散光子数：设置用于焦散的每束光线所产生的光子数量。这是用于焦散的光子贴图中使用的光子数量。增加此值可以增加焦散的精度，但同时增加内存消耗和渲染时间。减小此值可以减少内存消耗和渲染时间，用于预览焦散效果时非常有用。

✦ 每个灯光的平均全局照明光子数：设置用于全局照明的每束光线产生的光子数量。这是用于全局照明的光子贴图中使用的光子数量。增加此值可以增加全局照明的精度，但同时增加内存消耗和渲染时间。减小此值可以减少内存消耗和渲染时间，用于预览全局照明效果时非常有用。

✦ 衰退：当光子移离光源时，指定光子能量衰减的方式，常用值为 0、1.0 和 2.0。其中，0 代表不衰退；1.0 代表以线性速率衰减；而默认设置是 2.0，即光子能量与离开光源的距离成平方反比。

"几何体属性"组：

✦ 所有对象均生成并接收全局照明和焦散：启用此选项后，渲染时，场景中的所有对象都产生并接收焦散和全局照明，不考虑其本地对象属性设置。

4."重用（最终聚集和全局照明磁盘缓存）"卷展栏

"重用"卷展栏包含所有用于生成和使用最终聚集贴图 (FGM) 和光子贴图 (PMAP) 文件的控件，而且通过在最终聚集贴图文件之间插值，可减少或消除渲染动画的闪烁。单击展开"重用(最终聚集和全局照明磁盘缓存)"卷展栏，如图 17-36 所示。

图 17-36

工具解析

“模式”组

✦ “模式”下拉列表：有“仅单一文件（最适合用穿行和静止）”和“每个帧一个文件（最适合用于动画对象）”两种方式可选。

✦ 计算最终聚集 / 全局照明并且跳过最终渲染：启用时，可渲染场景，渲染场景时，mental ray 会计算最终聚集和全局照明解决方案，但不执行实际渲染。

“最终聚集贴图”组：

✦ “最终聚集贴图”下拉列表：选择用于生成和 / 或使用最终聚集贴图文件的方法。

✦ 插值的帧数：当前帧之前和之后的要用于插值的 FGM 文件数。

✦ “浏览”按钮 ... ：单击可显示一个“文件选择器”对话框，用于指定最终聚集贴图 (FGM) 文件的名称，以及保存该文件的路径。

✦ “删除文件”按钮 ⊠ ：单击该按钮可删除当前 FGM 文件。如果不存在任何文件，系统会显示通知；如果文件的确存在，系统会提示用户确认删除。

✦ 立即生成最终聚集贴图文件：为所有动画帧处理最终聚集过程。

“焦散和全局照明光子贴图”组：

✦ “焦散和全局照明光子贴图”下拉列表：选择用于生成焦散和光子贴图文件的方法。

✦ “浏览”按钮 ... ：单击以显示“文件选择器”对话框，此对话框可以为光子贴图 (PMAP) 文件指定名称和路径。

✦ “删除文件”按钮 ⊠ ：单击该按钮可删除当前 PMAP 文件。

✦ 立即生成光子贴图文件：为所有动画帧处理光子贴图过程。

17.3.2 “渲染器”选项卡

“渲染器”选项卡共分为“采样质量”“渲染算法”“摄影机效果”“阴影与置换”“全局调试参数”和“字符串选项”5 个卷展栏，如图 17-37 所示。

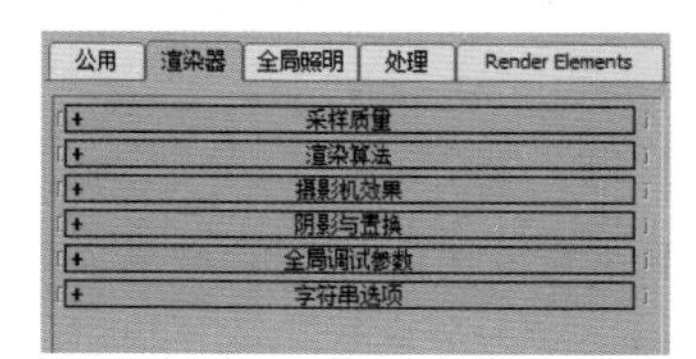

图 17-37

本节重点讲解“采样质量”卷展栏内的参数，通过对这里的参数进行设置，可以控制 mental ray 渲染器为抗锯齿渲染图像执行采样的方式。“采样质量”卷展栏，如图 17-38 所示。

图 17-38

工具解析

① “采样模式”组

✦ “采样模式”下拉列表：可用于选择要执行的采样类型，不同的采样模式对应下方的参数均有不同。

✦ 统一 / 光线跟踪（推荐）：针对锯齿和计算运动模糊使用相同的采样方法，以此来对场景进行光线跟踪。与“经典”方法相比，此方法可以大幅加快渲染速度。

✦ 经典 / 光线跟踪：使用“最小值 / 最大值”采样倍增。

✦ 光栅 / 扫描线：与“经典 / 光线跟踪”模式类似，只是该模式禁用了光线跟踪。

② “选项”组

✦ 锁定采样：启用此选项后，mental ray 渲染器对于动画的每一帧使用同样的采样模式；禁用此选项后，mental ray 渲染器在帧与帧之间的采样模式中引入了拟随机 (Monte Carlo) 变量。默认设置为禁用。

✦ 抖动：在采样位置引入一个变量。

✦ 渲染块宽度：确定每个渲染块的大小（以像素为单位）。范围为 4~512 像素。默认值为 32 像素。

✦ 渲染块顺序：允许用户指定 mental ray 选择下一个渲染块的方法，包括“希尔伯特（最佳）”“螺旋”“从左到右”“从右到左”“从上到下”和“从下到上”这 6 个选项可用，如图 17-39 所示，如图 17-40~ 图 17-45 所示分别为这 6 种不同渲染块方法的渲染计算过程。

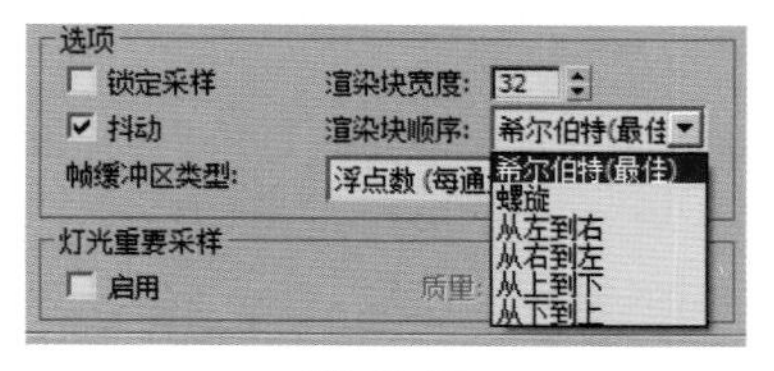

图 17-39

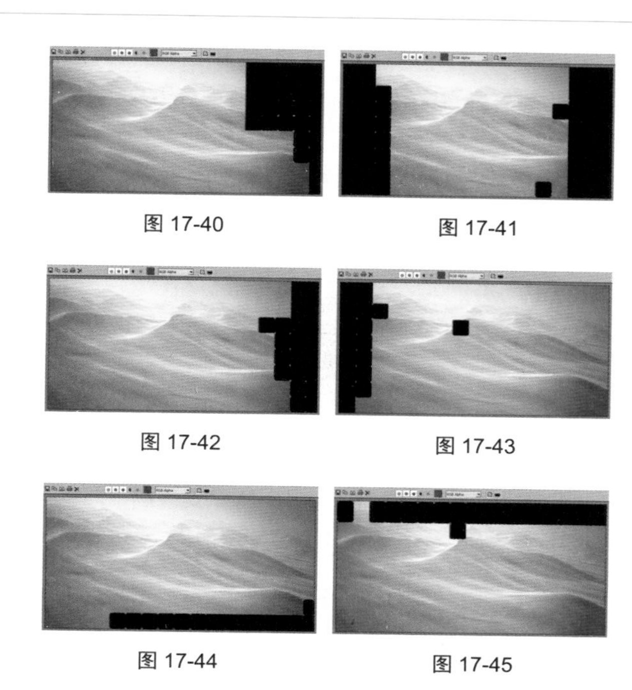

图 17-40　图 17-41

图 17-42　图 17-43

图 17-44　图 17-45

✦ 帧缓冲区类型：允许选择输出帧缓冲区的位深。

实例操作：使用 NVIDIA mental ray 渲染器制作产品表现

实例：使用 NVIDIA mental ray 渲染器制作产品表现

实例位置：	工程文件 >CH17> 酒瓶 .max
视频位置：	视频文件 >CH17> 实例：使用 NVIDIA mental ray 渲染器制作产品表现 .mp4
实用指数：	★★★☆☆
技术掌握：	掌握 3ds Max 渲染器的使用方法。

在本例中，讲解如何使用 NVIDIA mental ray 渲染器来渲染产品表现图像，本例的渲染效果如图 17-46 所示。

图 17-46

01 启动 3ds Max 2016 后，打开本书附带资源“酒瓶 .max”文件，如图 17-47 所示。

02 在创建“灯光”面板中，单击“目标灯光”按钮，在顶视图中创建一个目标灯光，如图 17-48 所示。

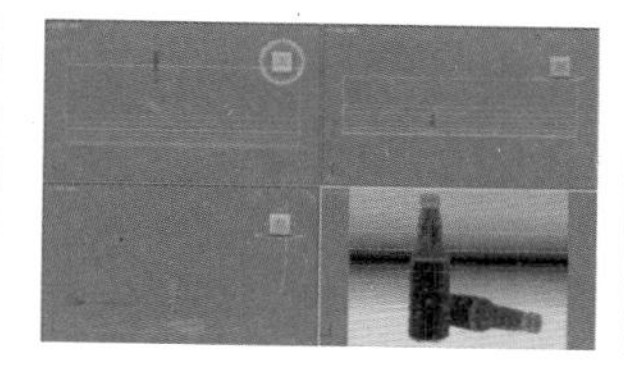

图 17-47

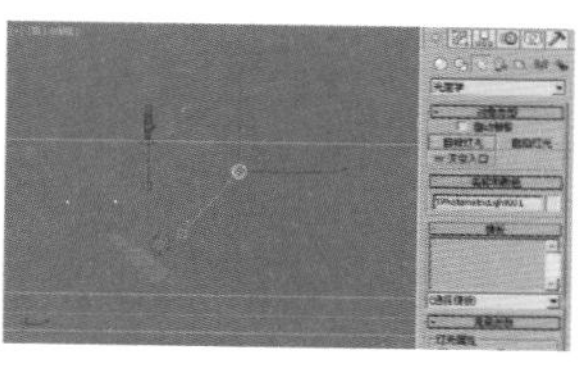

图 17-48

03 在前视图中，调整目标灯光及其目标点的位置，如图 17-49 所示。

04 在“修改”面板中，展开“常规参数”卷展栏，选中“阴影”组中的“启用”选项，并设置阴影的类型为“光线跟踪阴影”，如图 17-50 所示。

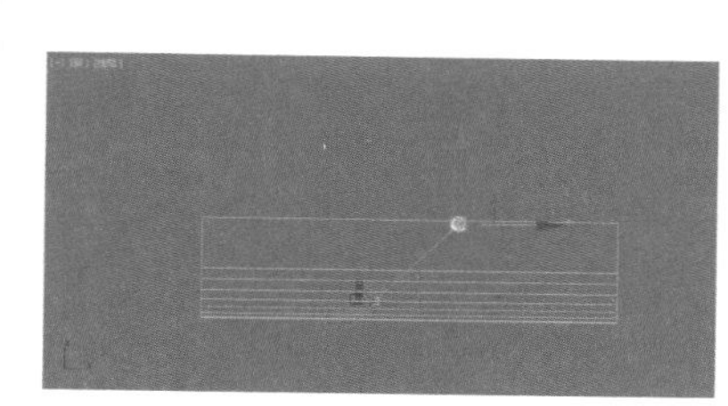

图 17-49

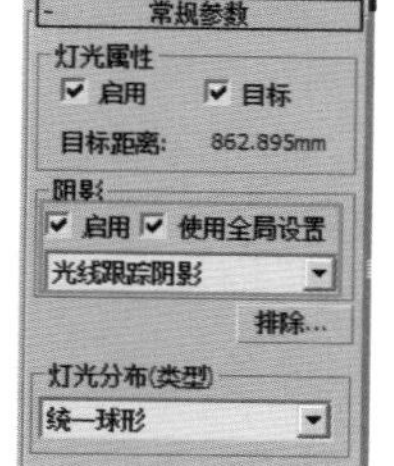

图 17-50

05 展开“强度 / 颜色 / 衰减”卷展栏，设置灯光的强度为 1000cd，如图 17-51 所示。

06 展开“图形 / 区域阴影”卷展栏，设置“从（图形）发射光线”为“矩形”，并设置“长度”为 1000，“宽度”为 600，如图 17-52 所示。

图 17-51

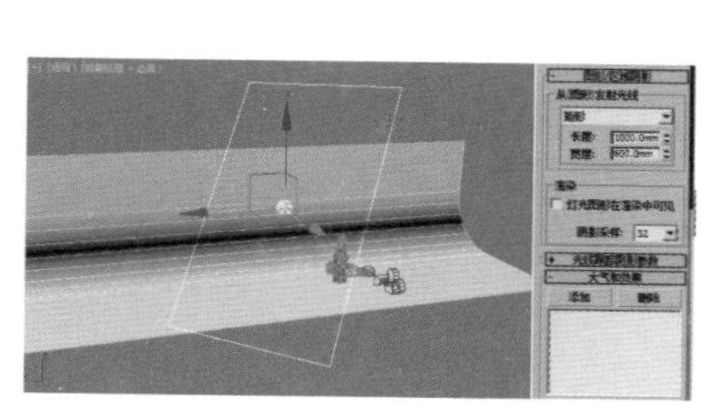

图 17-52

07 单击主工具栏中的“渲染设置”按钮，打开“渲染设置”面板。将场景的渲染器更换为 NVIDIA mental ray，如图 17-53 所示。

08 在“全局照明”选项卡中，单击展开“天光和环境照明（IBL）”卷展栏，在“天光模式”组中选中“来自最终聚集（FG）的天光照明”选项，如图 17-54 所示。

图 17-53

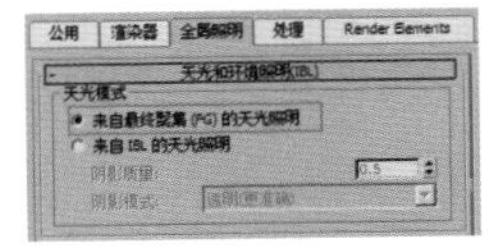

图 17-54

09 单击展开“最终聚集（FG）”卷展栏，设置“最终聚集精度预设”为“中”，如图 17-55 所示。

10 在“渲染器”选项卡中，单击展开“采样质量”卷展栏，设置“采样模式”为“经典 / 光线跟踪”，设置“每像素采样”组的“最小”值为 1，“最大”值为 16，如图 17-56 所示。

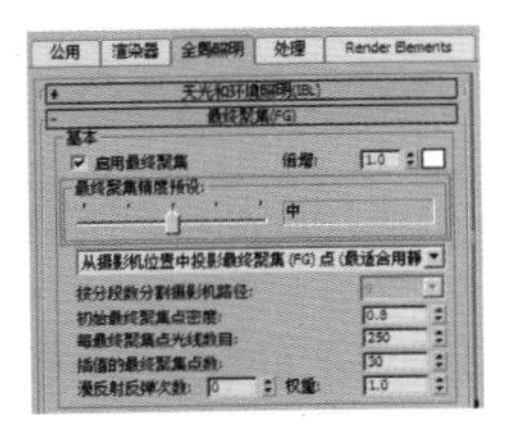

图 17-55

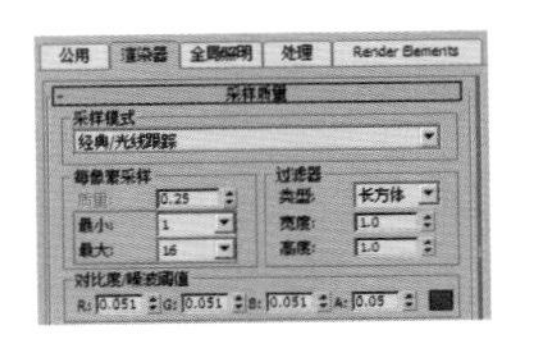

图 17-56

11 单击“主工具栏”上的“渲染产品”按钮，即可对该场景进行渲染，渲染最终结果如图 17-57 所示。

图 17-57

实例操作：使用 NVIDIA mental ray 渲染器制作焦散特效

实例：使用 NVIDIA mental ray 渲染器制作焦散特效

实例位置：	工程文件 >CH17> 玻璃瓶 .max
视频位置：	视频文件 >CH17> 实例：使用 NVIDIA mental ray 渲染器制作焦散特效 .mp4
实用指数：	★★★☆☆
技术掌握：	掌握 3ds Max 渲染器的使用方法。

在本例中，讲解如何使用 NVIDIA mental ray 渲染器来渲染焦散特效图像，本例的渲染效果如图 17-58 所示。

图 17-58

01 启动 3ds Max 2016 后，打开本书附带资源中的“玻璃瓶 .max”文件，该场景为一个玻璃瓶的展示效果，如图 17-59 所示。

02 在场景中单击选择任意玻璃瓶模型，右击，在弹出的快捷菜单中执行“对象属性”命令，如图 17-60 所示。

图 17-59

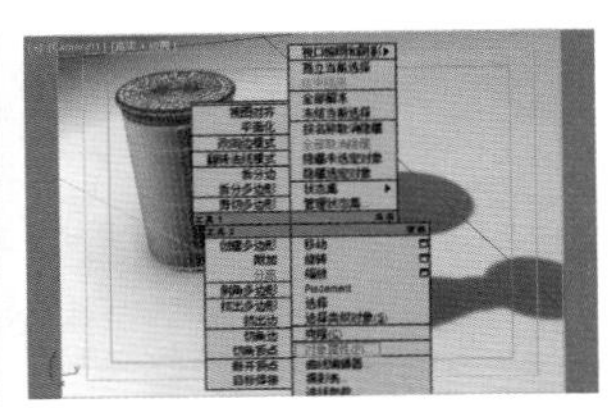

图 17-60

03 在弹出的“对象属性”对话框中，单击展开 mental ray 选项卡，选中“焦散和全局照明（GI）”组内的“生成焦散”选项，如图 17-61 所示。

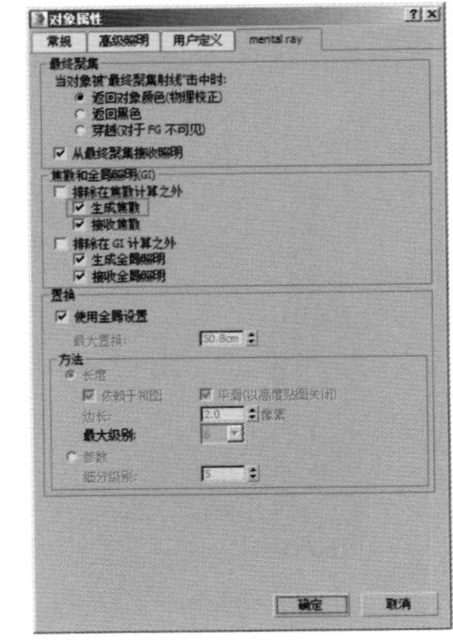

图 17-61

04 以同样的方式对场景中的灯光进行同样的设置，以保证场景中至少有一个几何体对象和一个灯光对象产生焦散。

05 单击“主工具栏”上的“渲染设置”按钮，在“渲染设置”面板中的“全局照明”选项卡中，展开“天光和环境照明（IBL）”卷展栏，在“天光模式”组内选中“来自最终聚集（FG）的天光照明”选项，如图 17-62 所示。

06 展开“最终聚集（FG）”卷展栏，设置“最终聚集精度预设”为“高”，如图 17-63 所示。

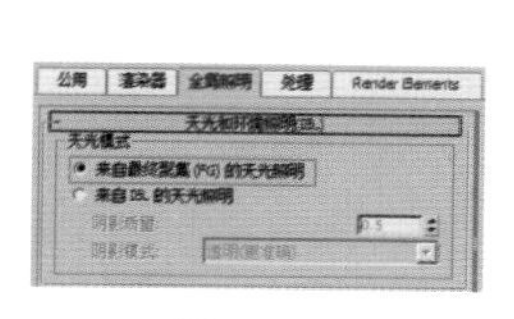

图 17-62

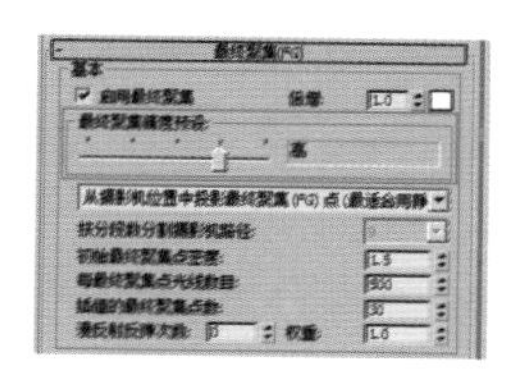

图 17-63

07 单击展开“焦散和光子贴图（GI）”卷展栏，选中“焦散”组内的“启用”选项。设置“焦散”组内的“倍增”为 6，选中“最大采样半径”选项，并设置“最大采样半径”为 100cm，如图 17-64 所示。

08 在“渲染器”选项卡中，单击展开“采样质量”卷展栏，设置“采样模式”为“经典 / 光线跟踪”，设置“每像素采样”组的“最小”值为 4，“最大”值为 64，以得到更好的图像效果，如图 17-65 所示。

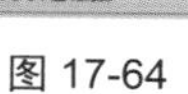

图 17-64

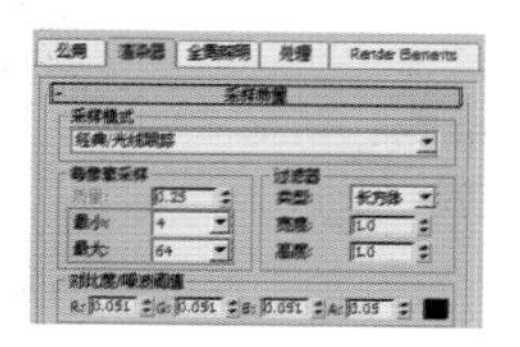

图 17-65

09 渲染场景，最终渲染结果如图 17-66 所示。

图 17-66

17.4　本章总结

本章详细讲解了 3ds Max 渲染器的相关知识，并分别讲述默认扫描线渲染器和 NVIDIA mental ray 渲染器在实际项目中的应用方法。

第 18 章

VRay 渲染器

本章工程文件 1

本章工程文件 2

本章视频文件

18.1 VRay 渲染器基本知识

VRay 渲染器是保加利亚的 Chaos Group 公司开发的一款高质量的渲染引擎，以插件的安装方式应用于 3ds Max、Maya、SketchUp 等三维软件中，为不同领域的优秀三维软件提供了高质量的图片和动画渲染，方便使用者渲染各种产品。

无论是室内外空间表现、游戏场景表现、工业产品表现，还是角色造型表现，VRay 渲染器都有着不俗的表现，其易于掌握使用的渲染设置方式赢得了国内外广大设计师及艺术家的高度认可，如图 18-1~ 图 18-4 所示为使用 VRay 渲染器渲染出的高品质图像。

图 18-1

图 18-2

图 18-3

图 18-4

按 F10 键，可以打开“渲染设置”面板。在“渲染器”下拉列表中选择“V-Ray Adv 3.00.08”，即可完成 VRay 渲染器的指定，如图 18-5 所示。

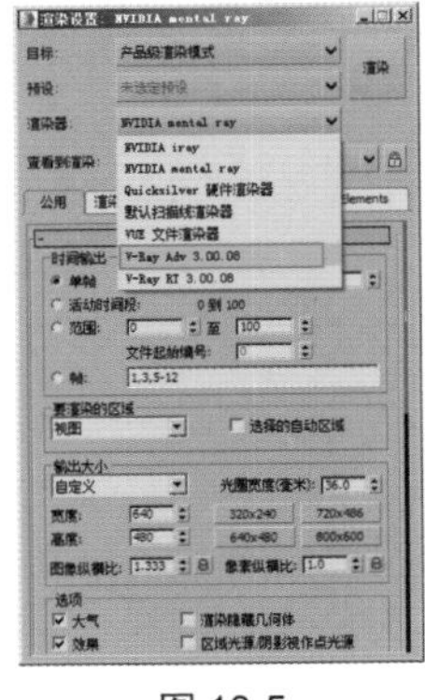

图 18-5

18.2 VRay 几何体

VRay 渲染器安装完成后，在创建“几何体”面板的下拉列表中，找到 VRay，即可看到 VRay 渲染器提供的 VRay 几何体按钮，分别为“VR-代理”按钮 VR-代理 、“VR- 剪裁器”按钮 VR-剪裁器 、“VR- 毛皮”按钮 VR-毛皮 、“VR- 变形球”按钮 VR-变形球 、“VR- 平面”按钮 VR-平面 和“VR-球体”按钮 VR-球体 ，如图 18-6 所示。

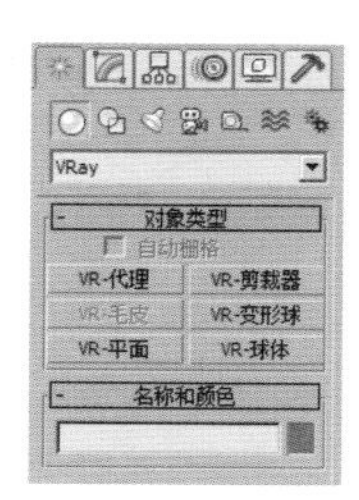

图 18-6

18.2.1　VR- 代理

“VR- 代理”按钮可以将硬盘中的网格文件在渲染时导入场景，而平时的操作却可以以低面数的“VR- 代理”对象显示，这样在实际的工作中就大幅节省了 3ds Max 对计算机内存的消耗，提高了三维设计师的工作效率。

单击“VR- 代理”按钮 VR-代理 ，在场景中单击，即可打开“选择外部网格文件”对话框，在该对话框中浏览计算机中的网格文件，即可将其代理进当前场景文件中，如图 18-7 所示。

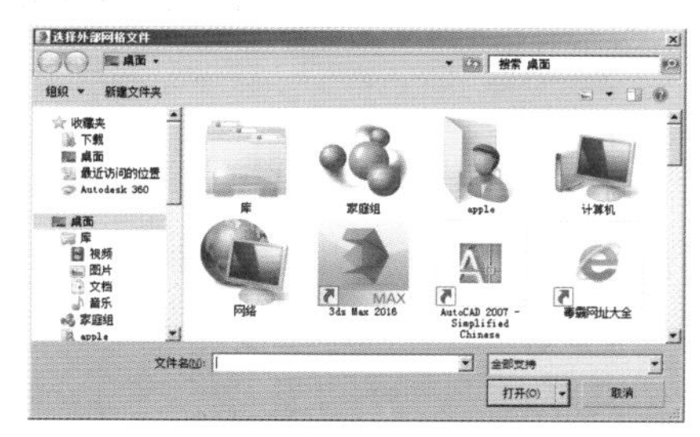

图 18-7

同样，VRay 渲染器也提供了存储 VRay 网格文件的方式。在场景中，选择希望导出的模型，右击，在弹出的快捷菜单中执行“V-Ray 网格导出”命令，如图 18-8 所示。系统会自动弹出“VRay 网格导出”对话框，在此对话框中，可以设置模型导出的路径、文件名称及对象动画，如图 18-9 所示。

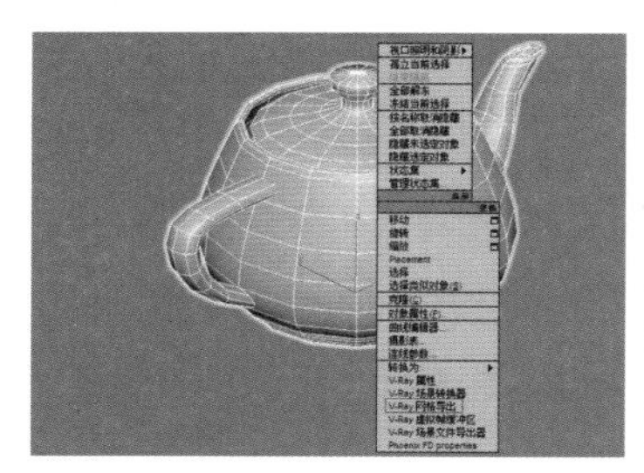

图 18-8

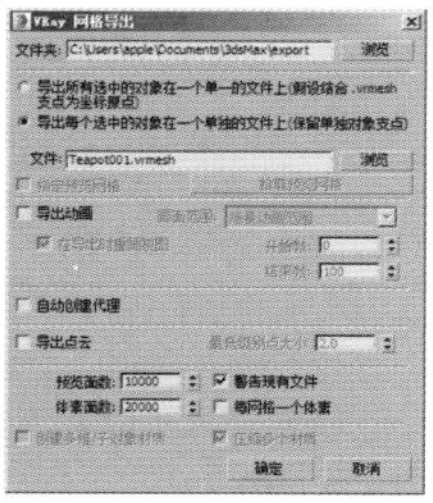

图 18-9

工具解析

✦ 文件夹：设置 VRay 网格物体的保存路径。

✦ 文件：设置文件的名称。

✦ 导出动画：允许用户保存当前网格物体的动画。

✦ 自动创建代理：在保存完当前物体后，VRay 会自动创建一个 VR- 代理物体，并将之前保存的 VRay 网格文件导入当前场景。

18.2.2　VR- 剪裁器

使用“VR- 剪裁器”可以在不改变模型的状态下，直接渲染出经过剪切的模型效果，其参数如图 18-10 所示。

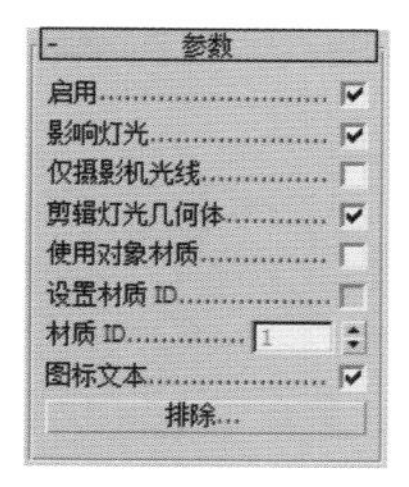

图 18-10

工具解析

✦ 启用：启动剪裁计算。

✦ 影响灯光：对场景中的灯光照明产生影响。

✦ 仅摄影机光线：选中此选项，当 VRay 渲染器计算间接照明时，以对象未剪裁时的状态进行光子计算，而仅仅在渲染最终结果时剪裁对象。

✦ 剪辑灯光几何体：选中此选项，在渲染时“VR- 剪裁器”将对场景中的灯光形状产生影响，如图 18-11 所示，取消选中时，在渲染时“VR- 剪裁器”将不对场景中的灯光形状产生影响，如图 18-12 所示。

图 18-11

图 18-12

✦ 使用对象材质：选中此选项，剪切对象的截面将以对象的材质进行渲染计算，如图 18-13 所示。否则以“VR- 剪裁器”的颜色渲染对象的截面，如图 18-14 所示。

图 18-13

图 18-14

✦ 设置材质 ID：允许使用被剪切对象的材质 ID 号为剪裁截面赋予材质。

✦ 材质 ID：设置材质的 ID 号。

✦ 图标文本：选中此选项，“VR- 剪裁器”的图标中心则显示自身的名称。

✦ “排除”按钮：单击此按钮，可以在弹出的“排除 / 包含”对话框中设置“VR- 剪裁器”影响的对象，如图 18-15 所示。

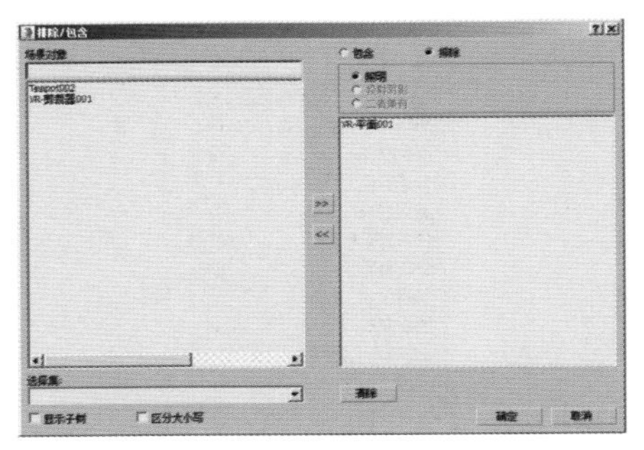

图 18-15

实例操作：使用 VR- 剪裁器制作产品剖面表现

实例：使用 VR- 剪裁器制作产品剖面表现

实例位置：	工程文件 >CH18> 水壶 .max
视频位置：	视频文件 >CH18> 实例：使用 VR- 剪裁器制作产品剖面表现 .mp4
实用指数：	★★☆☆☆
技术掌握：	掌握“VR- 剪裁器”的使用方法。

在本例中，讲解如何使用“VR- 剪裁器”来快速制作产品的剖面结构效果，本场景的渲染效果如图 18-16 所示。

图 18-16

01 启动 3ds Max 2016 后，打开本书附带资源中的“水壶 .max”文件，如图 18-17 所示。

02 本例已经设置好材质、灯光及渲染设置，渲染结果如图 18-18 所示，为一个水壶的产品展示表现。

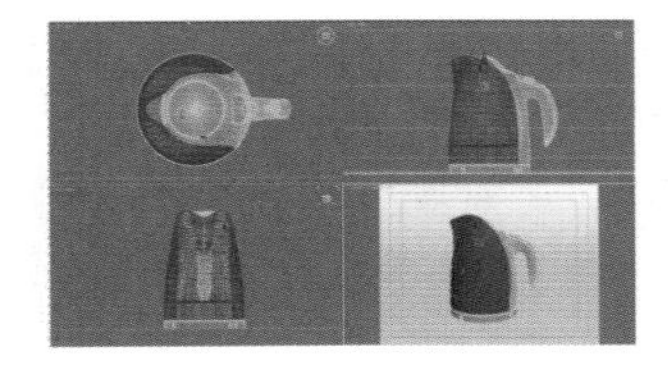

图 18-17

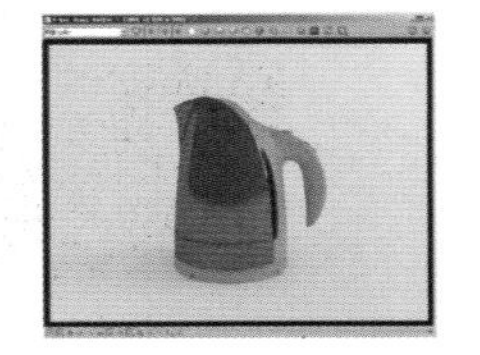

图 18-18

03 单击“VR- 剪裁器”按钮 VR-剪裁器 ，在顶视图中创建一个“VR- 剪裁器”，如图 18-19 所示。

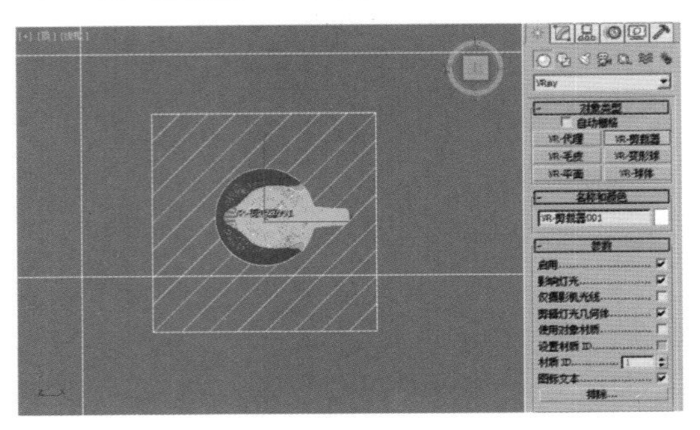

图 18-19

04 在摄影机视图中，向上调整“VR- 剪裁器”的位置，如图 18-20 所示。调整完成后渲染场景，渲染结果如图 18-21 所示，水壶模型的偏上部分已经被剪裁掉了，同时，被剪裁掉的模型还包括白色的背景模型。

图 18-20

图 18-21

05 选择场景中的“VR- 剪裁器”对象，在“修改”面板中，单击“排除”按钮，在自动弹出的“排除 / 包含”对话框中，将背景平面排除，如图 18-22 所示。

06 再次渲染场景，渲染结果如图 18-23 所示。

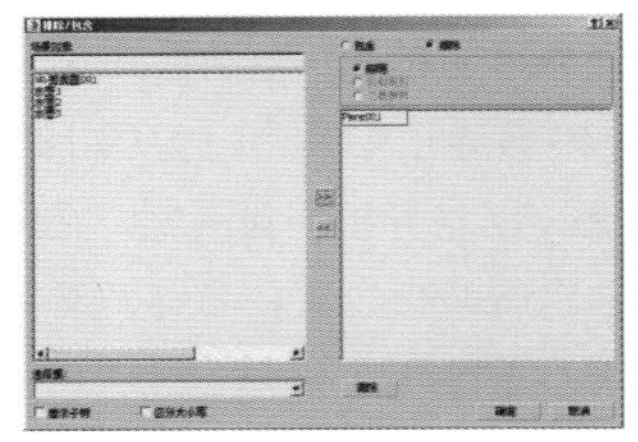

图 18-22

图 18-23

07 在“修改”面板中，选中“使用对象材质”选项，并调整“VR- 剪裁器”的旋转角度，如图 18-24 所示。

08 渲染场景，本场景的最终渲染结果，如图 18-25 所示。

图 18-24

图 18-25

18.2.3　VR- 毛皮

“VR- 毛皮”是 VRay 渲染器提供的一种快速毛发效果解决方案，使用该命令，用户可以非常快速地模拟制作真实的地毯、草地等毛发效果，其参数命令如图 18-26 所示。

图 18-26

1. “参数”卷展栏

展开“参数”卷展栏，其命令如图 18-27 所示。

图 18-27

工具解析

①源对象组

✦ 长度：设置毛发的长度。

✦ 厚度：设置毛发的粗细。

✦ 重力：设置毛发所受到的重力。

✦ 弯曲：设置毛发的弯曲程度。

✦ 锥度：用来控制毛发的锥化程度。

②几何体细节组

✦ 边数：设置毛发的边数。

✦ 结数：设置毛发的分段数。

✦ 平面法线：设置毛发的显现方式。

✦ 细节级别：设置毛发细节的级别。

③变化组

✦ 方向参量：设置毛发在方向上的随机变化。

✦ 长度参量：设置毛发在长度上的随机变化。

✦ 厚度参数：设置毛发在厚度上的随机变化。

✦ 重力参量：设置毛发所受重力的随机变化。

④分布组

✦ 每个面：设置毛发在每个面上所产生的数量。

✦ 每区域：设置毛发在每单位面积上所产生的数量。

⑤放置组

✦ 整个对象：设置毛发产生于源对象所有的面上。

✦ 选定的面：设置毛发仅产生于源对象所指定的面上。

✦ 材质 ID：设置毛发仅产生于源对象材质 ID 指定的面上。

⑥贴图组

生成世界坐标：设置毛发的坐标是从源对象上获取。

2. “贴图”卷展栏

展开“贴图”卷展栏，其命令如图 18-28 所示。

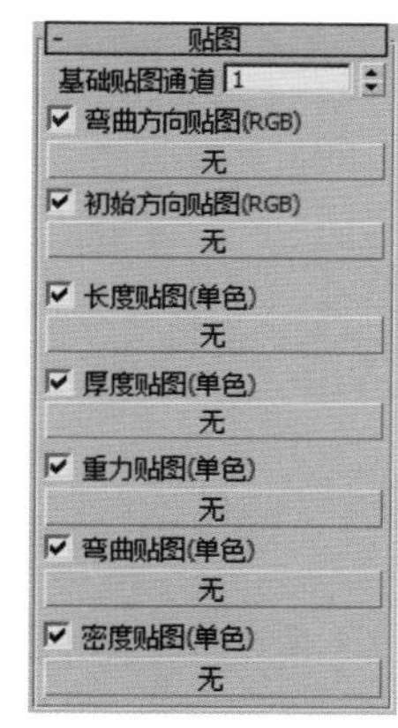

图 18-28

工具解析

✦ 基础贴图通道：设置贴图的通道。

✦ 弯曲方向贴图（RGB）：用彩色贴图来控制毛发弯曲的方向。

✦ 初始方向贴图（RGB）：用彩色贴图控制毛发初始的方向。

✦ 长度贴图（单色）：用单色贴图来控制毛发的长度。

✦ 厚度贴图（单色）：用单色贴图来控制毛发的厚度。

✦ 重力贴图（单色）：用单色贴图来控制毛发的重力。

✦ 弯曲贴图（单色）：用单色贴图来控制毛发的弯曲程度。

✦ 密度贴图（单色）：用单色贴图来控制毛发的密度。

3. “视图显示”卷展栏

展开“视图显示”卷展栏，其命令如图 18-29 所示。

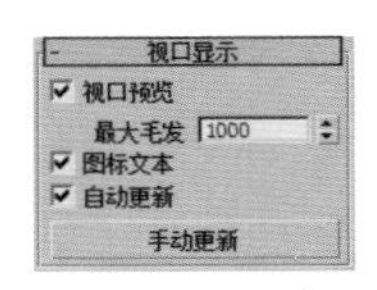

图 18-29

工具解析

✦ 视图预览：选中此选项，可以在视图中查看毛发的预览情况。

✦ 最大毛发：观察毛发的最大显示数量。

✦ 图标文本：控制“VR- 毛皮”图标上的文字显示。

✦ 自动更新：当更改“VR- 毛皮”的参数时，视图会自动更新毛发的显示情况。

✦ “手动更新”按钮：单击该按钮可以手动更新毛发的显示情况。

实例操作：使用 VR- 毛皮制作地毯细节

实例：使用 VR- 毛皮制作地毯细节

实例位置：	工程文件 >CH18> 地毯 .max
视频位置：	视频文件 >CH18> 实例：使用 VR- 毛皮制作地毯细节 .mp4
实用指数：	★★☆☆☆
技术掌握：	掌握“VR- 毛皮”的使用方法。

在本例中，讲解如何使用“VR- 毛皮”来快速制作地毯上的毛发效果，本场景的渲染效果如图 18-30 所示。

图 18-30

01 启动 3ds Max 2016 后，打开本书附带资源的“地毯 .max”文件，如图 18-31 所示。

02 选择场景中的地毯平面模型，单击“VR- 毛发”按钮 VR-毛皮 ，即可在视图中观察地毯模型上生成的毛发效果，如图 18-32 所示。

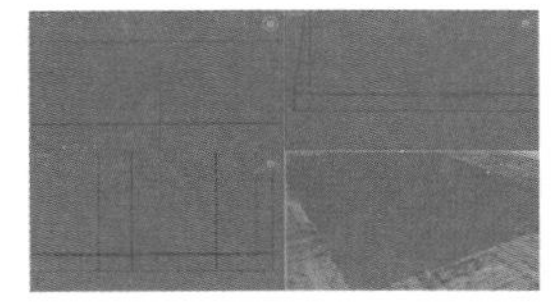

图 18-31

图 18-32

03 在“修改”面板中，设置毛发的“长度”为4.16，“厚度”为 0.05，“重力”为 -3，“锥度”为 1。在“几何体细节”组中，设置毛发的“结数”为 8，提高毛发的渲染细节，如图 18-33 所示。

04 在“分布”组中，设置毛发的分布方式为“每区域”，并设置“每区域”为 20，提高毛发的渲染数量，如图 18-34 所示。

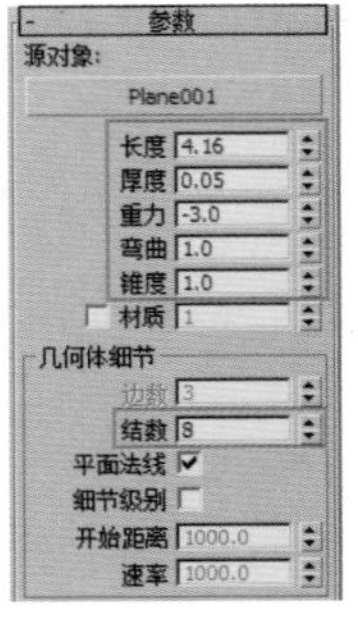

图 18-33

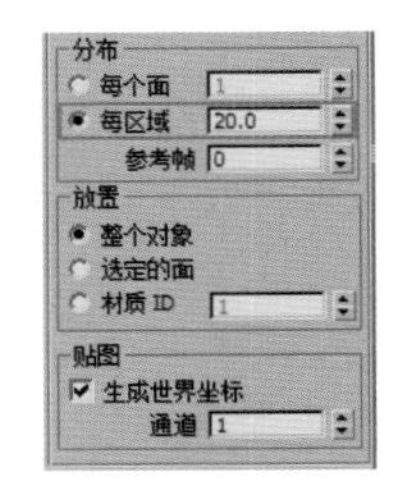

图 18-34

05 按 M 键，打开“材质编辑器”面板，选择一个空白材质球，并设置其为 VRayMtl 材质，如图 18-35 所示。

06 在“材质编辑器”面板中，设置“漫反射”的颜色为淡蓝色（红：69，绿：94，蓝：223），如图 18-36 所示。

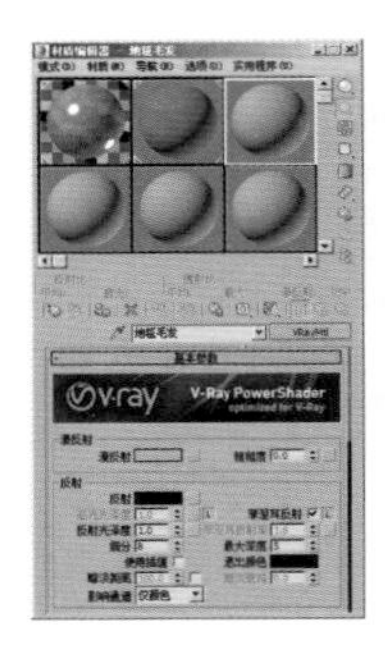

图 18-35

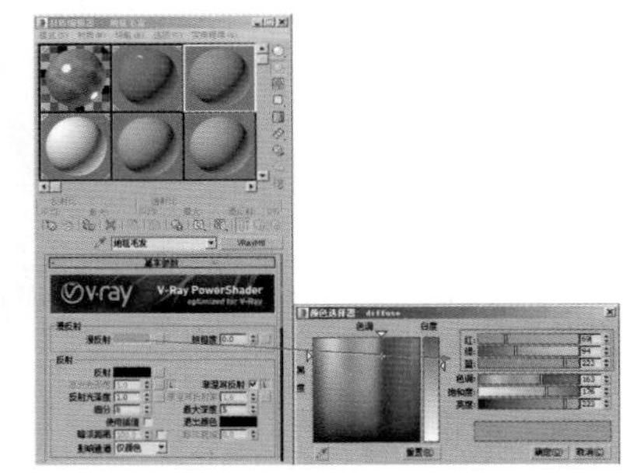

图 18-36

07 将调试完成的材质球赋予场景中的“VR- 毛皮”对象，渲染场景，最终渲染结果如图 18-37 所示。

图 18-37

18.2.4　VR- 平面

“VR- 平面”是 VRay 渲染器为用户提供的可以渲染为无限宽广区域的平面对象，该功能常常被用来模拟水面、平原以及产品的展示背景效果。单击“VR- 平面”按钮，即可通过单击的方式在场景的任意位置创建“VR- 平面”对象，如图 18-38 所示。

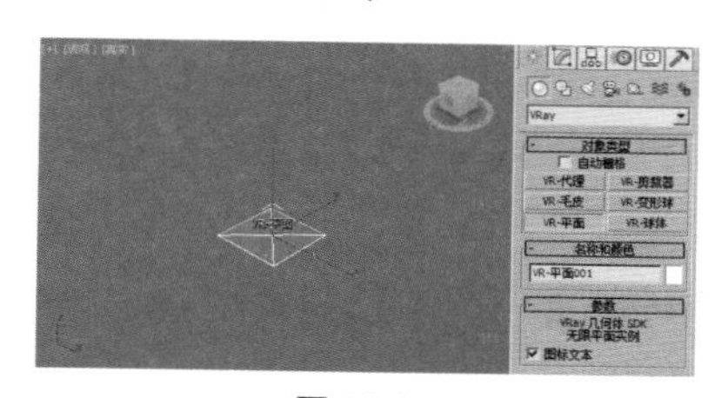

图 18-38

18.3　VRay 材质

VRay 渲染器提供了多种专业的材质球供用户选择使用，如图 18-39 所示。熟练使用这些材质球，可以得到更加逼真的材质渲染效果。

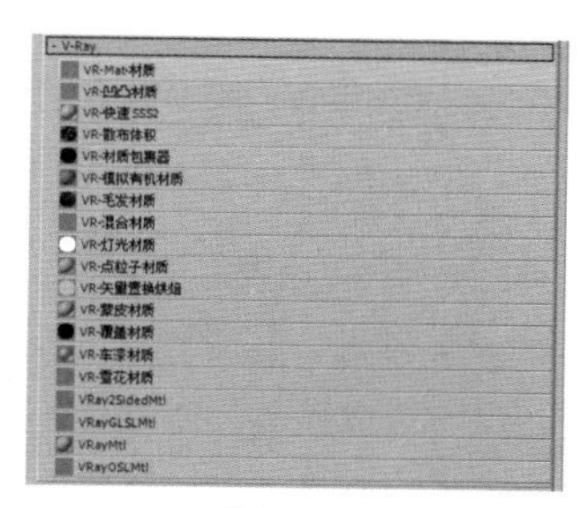

图 18-39

18.3.1　VRayMtl 材质

VRayMtl 材质是使用最为频繁的一种材质球，几乎可以用来制作日常生活中的各种材质，其基本参数如图 18-40 所示。

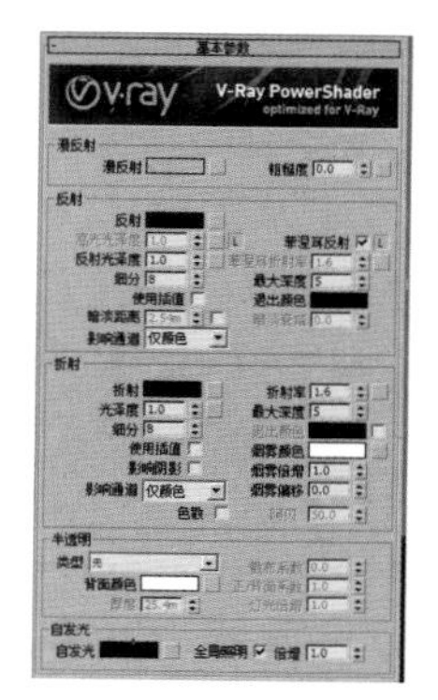

图 18-40

工具解析

①“漫反射”组

✦ 漫反射：物体的漫反射用来决定物体的表面颜色，通过“漫反射”后面的方块按钮可以为物体表面指定贴图，如果未指定贴图，则可以通过漫反射的色块来为物体指定表面色彩。

✦ 粗糙度：数值越大，粗糙程度越明显。

②“反射”组

✦ 反射：用来控制材质的反射程度，根据色彩的灰度来计算。颜色越白反射越强；颜色越黑反射越弱。当反射的颜色是其他颜色时，则控制物体表面的反射颜色。

✦ 高光光泽度：控制材质的高光大小。

✦ 反射光泽度：控制材质反射的模糊程度，真实世界中的物体大多有着或多或少的反射光泽度，当“反射光泽度”为 1 时，代表该材质无反射模糊，“反射光泽度”的值越小，反射模糊的现象越明显，计算也越慢。

✦ 细分：用来控制“反射光泽度”的计算品质。

✦ 使用插值：选中该参数后，VRay 可以使用类似于“发光图”的缓存方式来加快反射模糊的计算。

✦ 菲涅耳反射：当选中该选项后，反射强度会与物体的入射角度有关，入射角度越小，反射越强烈。当垂直入射时，反射强度最弱。菲涅耳现象是指反射 / 折射与视点角度之间的关系。举个例子，如果你站在湖边，低头看脚下的水，你会发现水是透明的，反射不是特别强烈；如果你看远处的湖面，你会发现水并不是透明的，反射非常强烈，这就是“菲涅耳效应”。

✦ 菲涅耳折射率：在“菲涅耳反射”中，菲涅耳现象的强弱衰减可以使用该选项来调节。

✦ 最大深度：控制反射的次数，数值越高，反射的计算耗时越长。

✦ 退出颜色：当物体的反射次数达到最大次数时就会停止计算反射，此时由于反射次数不够造成的反射区域的颜色就用退出颜色来代替。

③“折射”组

✦ 折射：与反射的控制方法一样。颜色越白，物体越透明，折射程度越高。

✦ 光泽度：用来控制物体的折射模糊程度。

✦ 细分：用来控制折射模糊的品质。值越高，品质越好，渲染时间越长。

✦ 影响阴影：此选项用来控制透明物体产生的通透的阴影效果。

✦ 折射率：用来控制透明物体的折射率。

✦ 最大深度：用来控制计算折射的次数。

✦ 烟雾颜色：可以让光线通过透明物体后使光线减少，用来控制透明物体的颜色。

✦ 烟雾倍增：用来控制透明物体颜色的强弱。

④“半透明”组

✦ 类型：半透明效果的类型共有“无”“硬（蜡）模型”“软（水）模型”“混合模型”4 种可选。

✦ 背面颜色：用来控制半透明效果的颜色。

✦ 厚度：用来控制光线在物体内部被追踪的深度，也可以理解为光线的最大穿透能力。

✦ 散布系数：物体内部的散射总量。

✦ 正 / 背面系数：控制光线在物体内部的散射方向。

✦ 灯光倍增：设置光线穿透能力的倍增值，值越大，散射效果越强。

⑤“自发光”组

✦ 自发光：用来控制材质的发光属性，通过色块可以控制发光的颜色。

✦ 全局照明：默认为开启状态，接受全局照明。

实例操作：使用 VRayMtl 材质制作玻璃材质

实例：使用 VRayMtl 材质制作玻璃材质

实例位置：　工程文件 >CH18> 玻璃杯 .max

视频位置：　视频文件 >CH18> 实例：使用 VRayMtl 材质制作玻璃材质 .mp4

实用指数：　★★☆☆☆

技术掌握：　掌握 VRayMtl 材质的使用方法。

在本例中，讲解如何使用 VRayMtl 材质来制作玻璃材质的表现效果，本场景的渲染效果如图 18-41 所示。

图 18-41

01 启动 3ds Max 2016 后，打开本书附带资源中的“玻璃杯 .max”文件，本场景中已经设置好灯光及摄影机，如图 18-42 所示。

02 选择一个空白的材质球，设置材质类型为 VRayMtl 材质，将材质命名为“玻璃”，并将其以拖曳的方式添加至场景中的玻璃杯模型上，如图 18-43 所示。

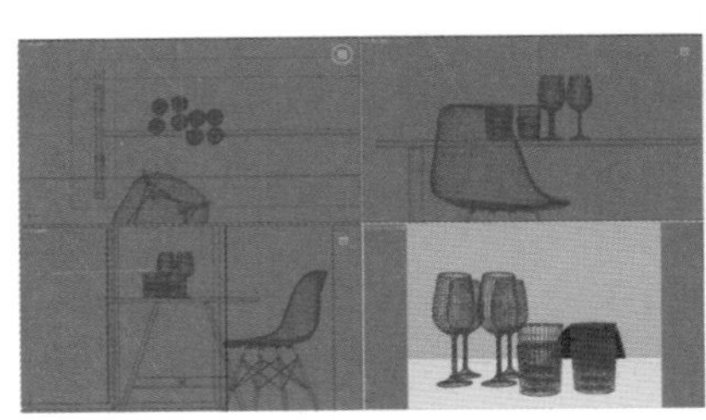

图 18-42

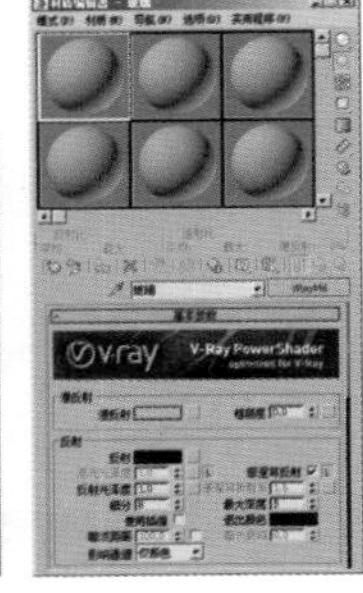

图 18-43

03 制作玻璃材质之前，思考一下玻璃的特性很重要。只有对所要制作的物体进行细微的观察，才可以根据观察得到的结果来设置相应的参数，以达到逼真的效果。本例中玻璃的特性主要有通透、具有一定的反射及折射效果，所以在接下来的制作过程中应注意玻璃材质的这几个特征。设置玻璃材质“漫反射”的颜色为白色（红 :255，绿 :255，蓝 :255），“反射”的颜色为白色（红 :255，绿 :255，蓝 :255）并选中“菲涅耳反射”选项，用来模拟玻璃的反射属性，设置“高光光泽度”为 0.85，如图 18-44 所示。

04 设置“折射”的颜色为白色（红 :255，绿 :255，蓝 :255），“折射率”为 1.7，并选中“影响阴影”选项，设置“烟雾颜色”为淡蓝色（红：245，绿：255，蓝：255），如图 18-45 所示。

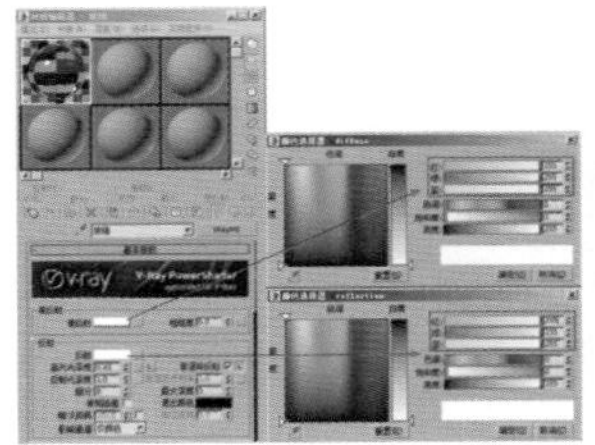

图 18-44

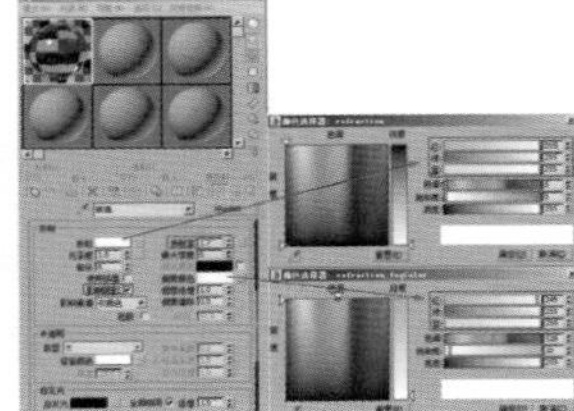

图 18-45

05 设置完成后，渲染场景，渲染结果如图 18-46 所示。

图 18-46

实例操作：使用 VRayMtl 材质制作金属材质

实例：使用 VRayMtl 材质制作金属材质

实例位置：　工程文件 >CH18> 椅子 .max

视频位置：　视频文件 >CH18> 实例：使用 VRayMtl 材质制作金属材质 .mp4

实用指数：　★★☆☆☆

技术掌握：　掌握 VRayMtl 材质的使用方法。

在本例中，讲解如何使用 VRayMtl 材质来制作金属材质的表现效果，本场景的渲染效果如图 18-47 所示。

图 18-47

01 启动 3ds Max 2016 后，打开本书附带资源中的“椅子 max”文件，本场景中已经设置好灯光及摄影机，如图 18-48 所示。

02 选择一个空白的材质球，设置材质类型为 VRayMtl 材质，将材质命名为“金属”，并将其以拖曳的方式添加至场景中的椅子腿模型上，如图 18-49 所示。

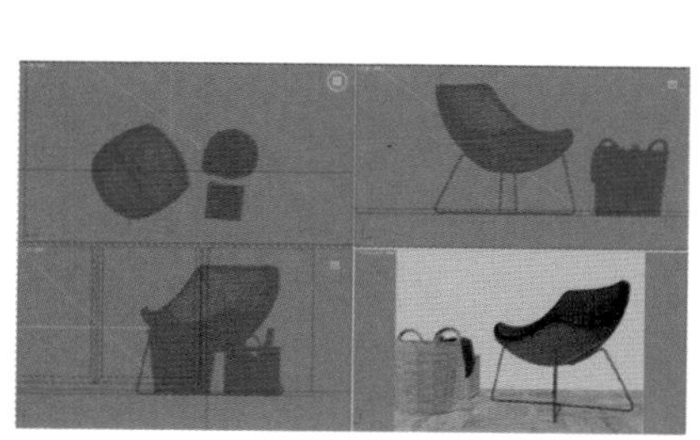

图 18-48

图 18-49

03 本例中所要模拟制作的金属为反射较强的不锈钢效果，所以设置金属材质“漫反射”的颜色为灰色（红：25，绿：25，蓝：25），“反射”组内的“反射”颜色为灰白色（红：200，绿：200，蓝：200）；设置“高光光泽度”为 0.6，“反射光泽度”为 1，并调整“细分”为 24，如图 18-50 所示。

04 渲染场景，本例的最终渲染效果如图 18-51 所示。

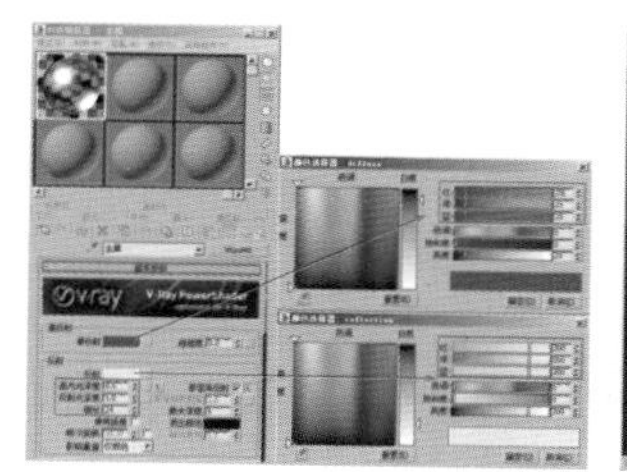

图 18-50

图 18-51

18.3.2　VRay2SideMtl 材质

VRay2SideMtl 材质可以对对象的外侧面和内侧面分别添加材质来渲染计算，其参数设置面板如图 18-52 所示。

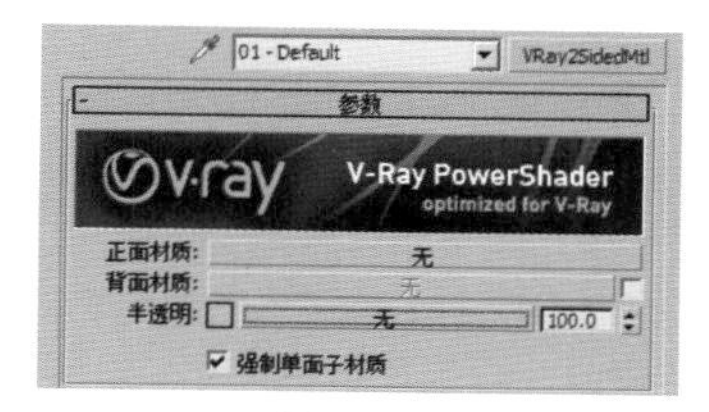

图 18-52

工具解析

✦ 正面材质：用来设置物体外表面的材质。

✦ 背面材质：用来设置物体内表面的材质。

✦ 半透明：后面的色块用来控制双面材质的透明度，白色表示全透明，黑色表示不透明。当不透明时，背面的受光和影子投影将不可见，贴图通道则是以贴图的灰度值来控制透明的程度。

18.3.3　VR- 灯光材质

“VR- 灯光材质”可以用来制作灯光照明及室外环境的光线模拟，其属性参数如图 18-53 所示。

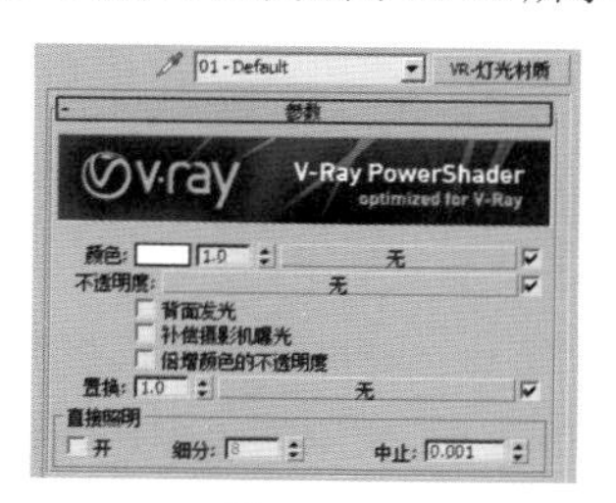

图 18-53

工具解析

✦ 颜色：设置发光的颜色，并可以通过后面的微调器来设置发光的强度。

✦ 不透明度：用贴图来控制发光材质的透明度。

✦ 背面发光：选中此复选框后，材质可以双面发光。

18.3.4 VR-凹凸材质

“VR-凹凸材质”额外提供了一种物体表面凹凸算法，其属性参数如图 18-54 所示。

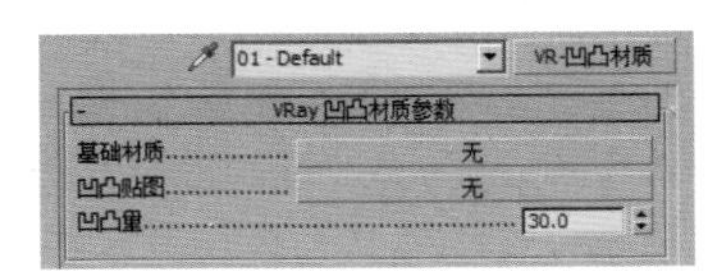

图 18-54

工具解析

✦ 基础材质：指定 VR-凹凸材质的基本材质。

✦ 凹凸贴图：为当前材质指定一张控制凹凸纹理的贴图。

✦ 凹凸量：设置凹凸的强度。

18.3.5 VR-混合材质

“VR-混合材质”通过对多个材质的混合来模拟自然界中的复杂材质。参数面板如图 18-55 所示。

图 18-55

工具解析

✦ 基本材质：作为混合材质的基础材质。

✦ 镀膜材质：添加于基础材质上的镀膜材质。

✦ 混合数量：控制镀膜材质影响基本材质的程度。

18.4 VRay 灯光及摄影机

VRay 提供了独立的灯光系统和更加专业的摄影机系统，同时，VRay 所提供的灯光及摄影机与 3ds Max 所提供的灯光及摄影机亦可相互配合使用。

18.4.1 VR-灯光

“VR-灯光”是制作室内空间表现使用频率最高的灯光，可以模拟灯泡、灯带、面光源等光源的照明效果，其自身的网格属性还允许用户拾取任何形状的几何体模型来作为“VR-灯光”的光源。

“VR-灯光”的主要参数如图 18-56 所示。

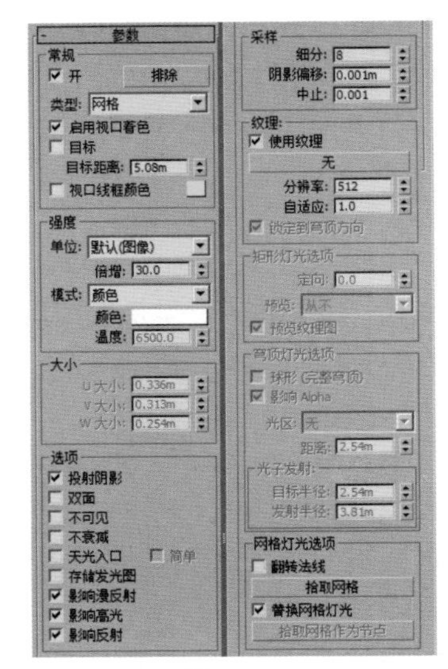

图 18-56

工具解析

①“常规”组

✦ 开：控制“VR-灯光”的开启与关闭。

✦ “排除”按钮：用来排除灯光对物体的影响。

✦ 类型：设置 VR-灯光的类型，包括“平面”“穹顶”“球体”和“网格”4 种类型可选，如图 18-57 所示。

图 18-57

✦ 平面：默认的 VR-灯光类型。其中包括“1/2 长”和“1/2 宽”属性可以设置，是一个平面形状的光源。

✦ 穹顶：将“VR-灯光”设置为穹顶形状，类似于 3ds Max 的“天光”灯光的照明效果。

✦ 球体：将“VR-灯光”设置为球体，通常可以用来模拟灯泡之类的“泛光”效果。

✦ 网格：当“VR-灯光”设置为网格时，可以通过拾取场景内任意几何体来根据其自身形状创建灯光，同时，“VR-灯光”的图标将消失，而所选择的几何体则在其“修改”面板中添加了“VR-灯光”修改器。

②“强度”组

✦ 单位：用来设置“VR-灯光”的发光单位，包括“默认（图像）”“发光率（lm）”“亮度（lm/m2/sr）”“辐射率（w）”和“辐射（W/m2/sr）”5 种单位可选。

✦ 默认（图像）：“VR- 灯光”的默认单位。依靠灯光的颜色和亮度来控制灯光的强弱，如果忽略曝光类型等的因素，那么灯光颜色为对象表面受光的最终色彩。

✦ 发光率（lm）：当选择此单位时，灯光的亮度将和灯光的大小无关（100W 的亮度大约等于 1500lm）。

✦ 亮度（lm/m2/sr）：当选择此单位时，灯光的亮度将和灯光的大小有关。

✦ 辐射率（w）：当选择此单位时，灯光的亮度将和灯光的大小无关，同时，此瓦特与物理上的瓦特有显著差别。

✦ 辐射（W/m2/sr）：当选择此单位时，灯光的亮度将和灯光的大小有关。

✦ 倍增：控制“VR- 灯光”的强度。

✦ 模式：设置“VR- 灯光”的颜色模式，有“颜色”和“温度”两种可选，如图 18-58 所示。当选择“颜色”时，“温度”为不可设置状态；当选择“温度”时，可激活“温度”参数并通过设置“温度”来控制“颜色”的色彩。

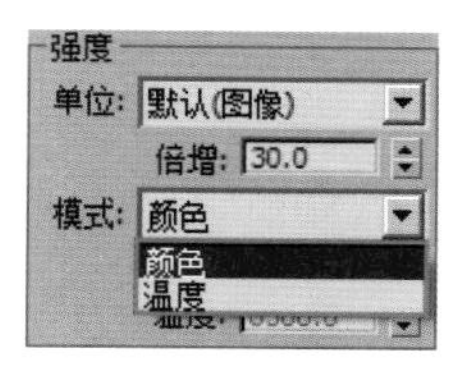

图 18-58

③“选项”组

✦ 投射阴影：控制是否对物体产生投影。

✦ 双面：选中此复选框后，当“VR- 灯光”为“平面”类型时，可以向两个方向发射光线。

✦ 不可见：此选项可以用来控制是否渲染出“VR- 灯光”的形状。

✦ 不衰减：选中此复选框后“VR- 灯光”将不计算灯光的衰减程度。

✦ 天光入口：此选项将“VR- 灯光”转换为“天光”，当选中“天光入口”复选框时，“VR- 灯光”中的“投射阴影”“双面”“不可见”和“不衰减”复选框将不可用。

✦ 存储发光图：选中此复选框，同时将“全局照明（GI）”中的“首次引擎”设置为“发光图”，“VR- 灯光”的光照信息将保存在“发光图”中。在渲染光子的时候渲染速度将变得更慢，但是在渲染出图时，渲染速度可以提高很多。光子图渲染完成后，即可关闭此选项，渲染效果不会对结果产生影响。

✦ 影响漫反射：此选项决定了“VR- 灯光”是否影响物体材质属性的漫反射。

✦ 影响高光反射：此选项决定了“VR- 灯光”是否影响物体材质属性的高光。

✦ 影响反射：选中此复选框后，灯光将对物体的反射区进行光照，物体可以将光源进行反射。

④“采样”组

✦ 细分：此参数控制“VR- 灯光”光源的采样细分。当设置值较低时，虽然渲染速度快，但是图像会产生很多杂点，参数设置值较高时，虽然渲染速度慢，但是图像质量会有显著提升。

✦ 阴影偏移：此参数用来控制物体与投影之间的偏移距离。

⑤“纹理”组

✦ 使用纹理：控制是否使用纹理贴图作为光源。

✦ 分辨率：设置纹理贴图的分辨率。

✦ 自适应：设置数值后，系统会自动调节纹理贴图的分辨率。

实例操作：使用 VR- 灯光制作餐厅照明效果

实例：使用 VR- 灯光制作餐厅照明效果

实例位置：	工程文件 >CH18> 餐厅 .max
视频位置：	视频文件 >CH18> 实例：使用 VR- 灯光制作餐厅照明效果 .mp4
实用指数：	★★★☆☆
技术掌握：	掌握 VR- 灯光的使用方法。

在本例中，讲解如何使用 VR- 灯光来制作餐厅日景的照明效果，本场景的渲染效果如图 18-59 所示。

图 18-59

01 启动 3ds Max 2016 后，打开本书附带资源中的“餐厅 .max”文件，本场景中已经设置好摄影机，如图 18-60 所示。

02 单击“VR- 灯光”按钮，在左视图中绘制一个与窗户模型大小近似的 VR- 灯光，如图 18-61 所示。

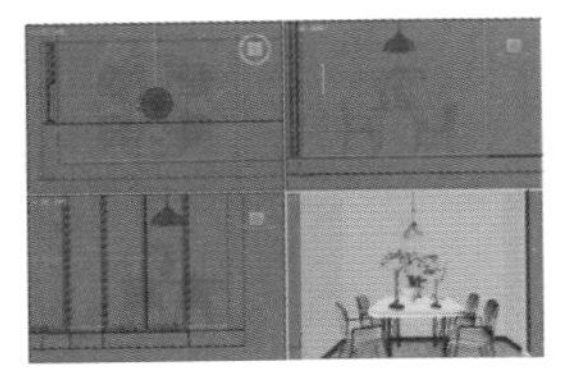

图 18-60

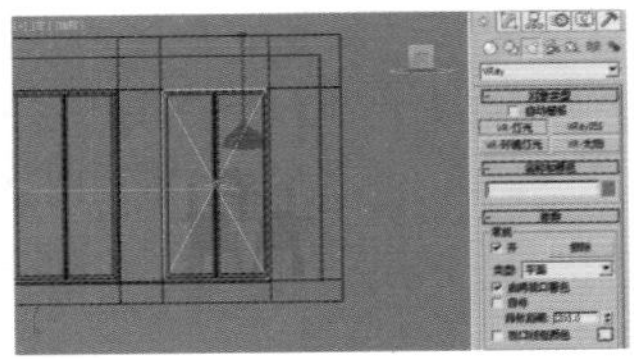

图 18-61

03 在顶视图中，移动 VR- 灯光的位置至空间模型的外面，如图 18-62 所示。

04 在“修改”面板中，设置灯光的强度“倍增”为 5，降低灯光的亮度，如图 18-63 所示。

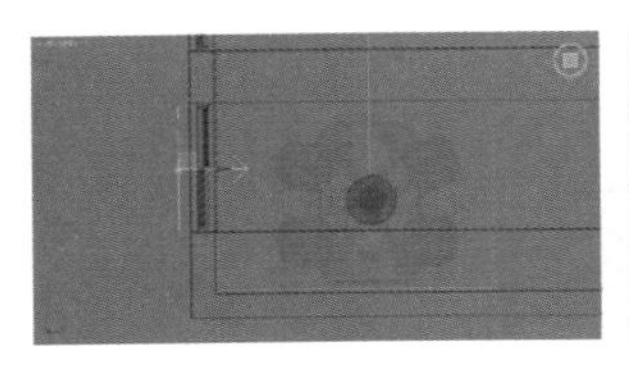

图 18-62

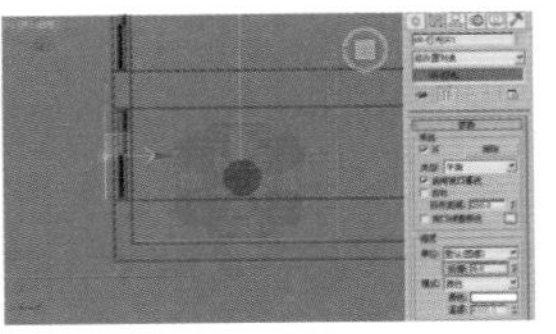

图 18-63

05 在“选项”组中，选中灯光的“不可见”选项，在“采样”组中，设置灯光的“细分”为 16，提高灯光的阴影计算精度，如图 18-64 所示。

06 单击“VR- 灯光”按钮，在前视图中绘制一个 VR- 灯光作为场景的辅助光源，如图 18-65 所示。

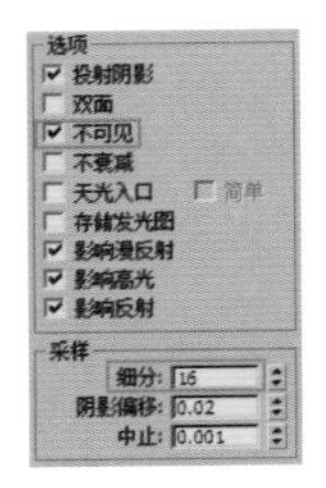

图 18-64

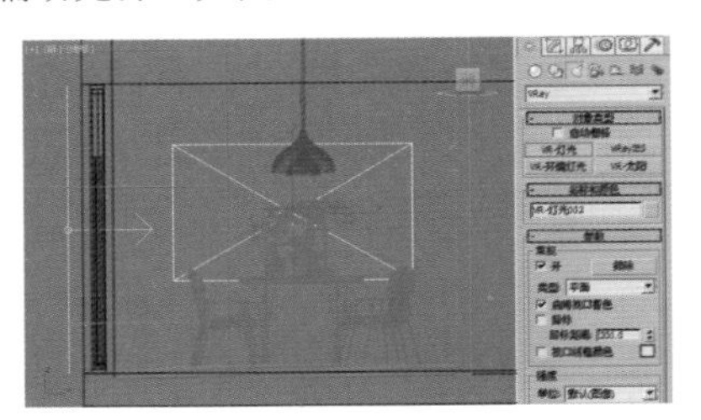

图 18-65

07 在顶视图中，调整灯光的位置至如图 18-66 所示的位置。

08 在“修改”面板中，调整 VR- 灯光的强度“倍增”为 3，如图 18-67 所示。

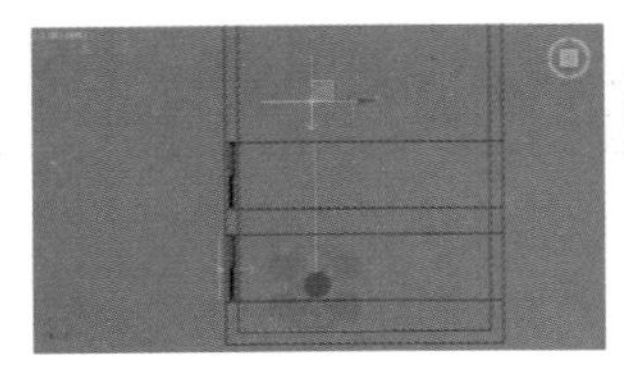

图 18-66

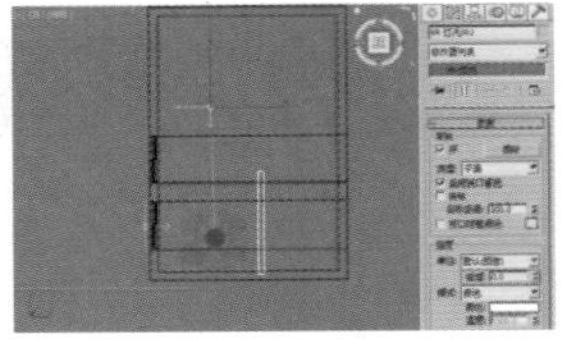

图 18-67

09 设置完成后，渲染场景，最终渲染结果如图 18-68 所示。

图 18-68

18.4.2 VRayIES

VRayIES 可以用来模拟射灯、筒灯等光照效果，与 3ds Max 所提供的“光度学”类型中的“目标灯光”很接近。

VRayIES 灯光的主要参数，如图 18-69 所示。

图 18-69

工具解析

✦ 启用：控制是否开启 VRay IES 灯光。

✦ 启用视图着色：控制是否在视图中显示灯光对物体的影响。

✦ 目标：控制 VRay IES 灯光是否具有目标点。

✦ IES 文件：可以通过“IES 文件”后面的按钮来选择硬盘中的 IES 文件，以设置灯光所产生的光照投影。

✦ X/Y/Z 轴旋转：分别控制 VRay IES 灯光沿着各个轴向的旋转照射方向。

✦ 阴影偏移：此参数用来控制物体与投影之间的偏移距离。

✦ 投影阴影：控制灯光对物体是否产生投影。

✦ 影响漫反射：此选项决定了 VRay IES 灯光是否影响物体材质属性的漫反射。

✦ 影响高光：此选项决定了 VRay IES 灯光是否影响物体材质属性的高光。

18.4.3　VR- 太阳

“VR- 太阳”主要用来模拟真实的室内外阳光照明。下面通过一个实例来详细讲解“VR- 太阳”灯光的使用方法。

“VR- 太阳”灯光的主要参数如图 18-70 所示。

图 18-70

工具解析

✦ 启用：开启“VR- 太阳”灯光的照明效果。

✦ 不可见：选中此复选项后，将不会渲染出太阳的形态。

✦ 影响漫反射：此选项决定了“VR- 太阳”灯光是否影响物体材质属性的漫反射，默认为开启状态。

✦ 影响高光：此选项决定了“VR- 太阳”灯光是否影响物体材质属性的高光，默认为开启状态。

✦ 投射大气阴影：开启此选项后，可以投射大气的阴影，得到更加自然的光照效果。

✦ 浊度：控制大气的混浊度，影响“VR- 太阳”以及“VR- 天空”的颜色。

✦ 臭氧：控制大气中臭氧的含量。

✦ 强度倍增：设置“VR- 太阳”光照的强度。

✦ 大小倍增：设置渲染天空中太阳的大小，“大小倍增”的值越小，渲染出的太阳半径越小，同时地面上的阴影越实；“大小倍增”的值越大，渲染出的太阳半径越大，同时地面上的阴影越虚。

✦ 阴影细分：用于控制渲染图像的阴影质量。

✦ 阴影偏移：用于控制阴影和物体之间的偏移距离。

✦ 天空模型：用于控制渲染的天空环境，包括 Preetham et al、“CIE 清晰”和“CIE 阴天”3 种模式可选择。

实例操作：使用 VR- 太阳制作客厅照明效果

实例：使用 VR- 太阳制作客厅照明效果

实例位置：	工程文件 >CH18> 客厅 .max
视频位置：	视频文件 >CH18> 实例：使用 VR- 太阳制作客厅照明效果 .mp4
实用指数：	★★★☆☆
技术掌握：	掌握 VR- 太阳的使用方法。

在本例中，讲解如何使用 VR- 太阳来制作客厅日景的照明效果，本场景的渲染效果如图 18-71 所示。

图 18-71

01 启动 3ds Max 2016 后，打开本书附带资源中的“客厅 .max”文件，本场景中已经设置好摄影机，如图 18-72 所示。

02 单击“VR- 太阳”按钮，在左视图中绘制一个“VR- 太阳”灯光，如图 18-73 所示。

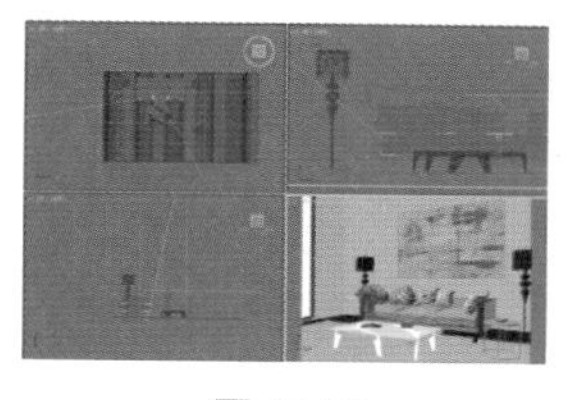

图 18-72

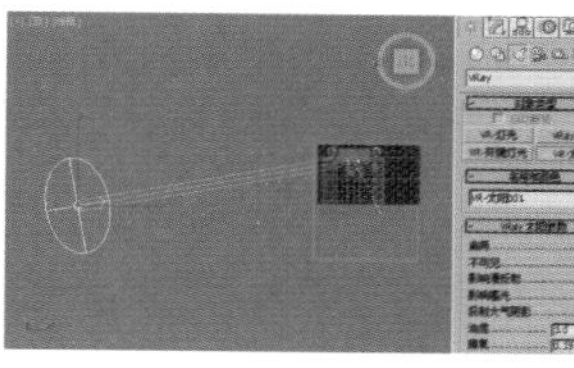

图 18-73

03 在前视图中，调整“VR- 太阳”灯光的高度，如图 18-74 所示。

04 在“修改”面板中，设置灯光的“强度倍增”值为 0.9，略微降低灯光的强度。设置“大小倍增”为 3，使灯光照射进房间内的投影边缘略微柔和，如图 18-75 所示。

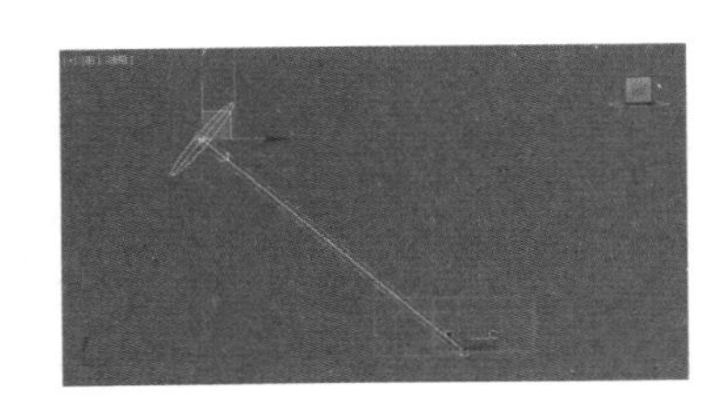

图 18-74

图 18-75

05 设置完成后，渲染场景，最终渲染结果如图 18-76 所示。

图 18-76

18.4.4 VR- 物理摄影机

“VR- 物理摄影机”是基于现实中真正的摄像机功能而研发相应参数的摄像机。如果三维艺术家对摄影有所了解，那么在 3ds Max 中使用这个物理摄像机是非常容易上手的。使用 VR- 物理摄影机不仅可以渲染出写实风格的效果，通过调整相应的参数还可以直接制作出类似于经过后期处理软件校正色彩后的画面，以及模拟摄像机拍摄画面时所出现的暗角效果。

VR- 物理摄影机所提供的参数与我们所使用的真实摄影机非常接近，如胶片规格、曝光、白平衡、快门速度、延迟等参数。在“修改”面板中，有“基本参数”卷展栏、“散景特效”卷展栏、“采样”卷展栏、“失真”卷展栏和“其他”卷展栏，如图 18-77 所示。

图 18-77

1. “基本参数”卷展栏

“基本参数”卷展栏，如图 18-78 所示。

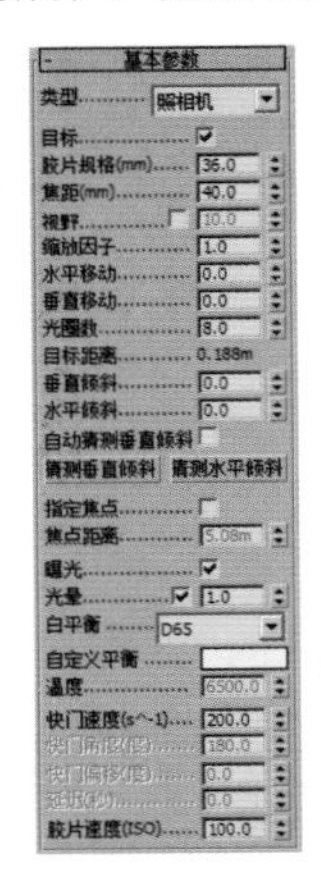

图 18-78

工具解析

✦ 类型：在这里可以选择摄影机的类型，有“照相机”“摄影机（电影）”和“摄像机（DV）”3 种可选，如图 18-79 所示。其中，“照相机”可以用来模拟一台常规快门的静态画面照相机；“摄影机（电影）”可以用来模型一台圆形快门的电影摄影机；而“摄像机（DV）”可以用来模拟带 CCD 矩阵的快门摄像机。

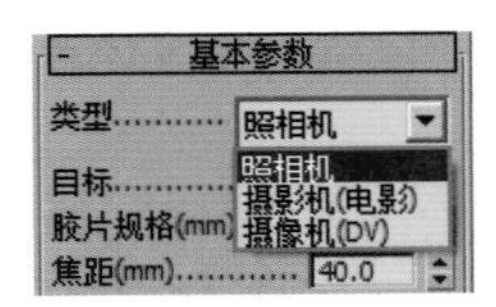

图 18-79

✦ 目标：选中该选项即为有目标点的摄影机，取消选中该选项则目标点消失。

✦ 胶片规格（mm）：控制摄影机可以看到的景色范围，值越大，看到的越多。

✦ 焦距（mm）：设置摄影机的焦长，同时也会影响到画面的感光强度。

✦ 视野：选中视野复选框后，可以通过该值来调整摄影机的视野范围。

✦ 缩放因子：控制摄影机视图的缩放，值越大，摄影机视图拉得越近。

✦ 水平移动 / 垂直移动：可以控制摄影机视图在水平方向和垂直方向上的偏移程度。

✦ 光圈数：设置摄影机的光圈大小，以此用来控制摄影机渲染图像的最终亮度。值越小，图像越亮，如图 18-80 和图 18-81 所示分别是“光圈数”为 7 和 10 的渲染图像结果对比。

图 18-80

图 18-81

✦ 目标距离：显示为摄影机到目标点之间的距离。

✦ 垂直倾斜 / 水平倾斜：摄影机视图在垂直 / 水平方向上的变形，由三点透视转换至两点透视。

✦ 自动猜测垂直倾斜：当选中该复选框时，下面的“猜测垂直倾斜”按钮猜测垂直倾斜将不可用，同时 VR- 物理摄影机的视图无论何时更改角度，3ds Max 都会自动换算至垂直方向上的亮点透视。

✦ 指定焦点：开启这个选项后，可以手动控制焦点。

✦ 光晕：默认为开启状态，渲染的图像上四个角会变暗，用来模拟相机拍摄出来的暗角效果。“光晕”后面的数值则可以控制暗角的程度。如果取消选中，则渲染图像无暗角效果，如图 18-82 和图 18-83 所示分别是开启了光晕效果前后的图像渲染结果对比。

图 18-82

图 18-83

✦ 白平衡：与真实的相机一样，用来控制图像的颜色。

✦ 自定义平衡：可以通过设置色彩的方式改变渲染图像的偏色。将“自定义平衡”色彩为天蓝色，可以用来模拟黄昏的室外效果，如图 18-84 所示；将“自定义平衡”色彩为橙黄色，可以用来模拟清晨的室外效果，如图 18-85 所示。

图 18-84

图 18-85

✦ 快门速度（s^-1）：模拟快门来控制进光的时间，值越小，进光时间长，图像越亮；值越大，进光时间短，图像越暗。

✦ 快门角度（度）：当 VR- 物理摄影机的类型更换为摄影机（电影）时，可激活该参数。同样也用来调整渲染画面的明暗度。

✦ 快门偏移（度）：当 VR- 物理摄影机的类型更换为摄影机（电影）时，可激活该参数。主要用来控制快门角度的偏移。

✦ 延迟（秒）：当 VR- 物理摄影机的类型更换为摄像机（DV）时，可激活该参数。同样也用来调整渲染画面的明暗度。

✦ 胶片速度（ISO）：控制渲染图像的明暗程度。值越大，图像越亮；值越小，图像越暗。

2. “散景特效”卷展栏

散景，表示在景深较浅的摄影成像中，落在景深以外的画面，会有逐渐产生松散模糊的效果。散景效果有可能因为摄影技巧或光圈孔形状的不同，而产生各有差异的结果，不同的镜头设计、光圈叶片形状，以及不同的景深，也会创造出不同的散景效果，如图 18-86 所示。

“散景特效”卷展栏，如图 18-87 所示。“散景特效”卷展栏中的参数主要用来控制渲染散景效果。

图 18-86

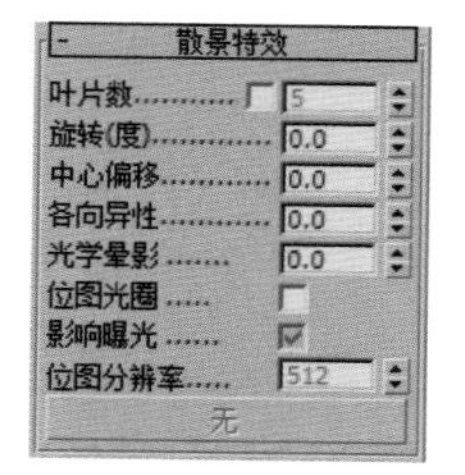

图 18-87

工具解析

✦ 叶片数：控制散景产生的小圆圈的边。选中“叶片数”复选框，则在默认状态下，散景里小圆圈的边为五边形，如果取消“叶片数”复选框，渲染出的小圆圈为圆形。

✦ 旋转（度）：散景中小圆圈的旋转角度。

✦ 中心偏移：散景偏移原物体的距离。

✦ 各向异性：通过调整该值，可以使渲染出来的小圆圈拉长为椭圆形。

18.5 VRay 渲染设置

使用 VRay 渲染器进行渲染设置，需要对 VRay 渲染器内不同选项卡内的卷展栏参数有一个深入的了解。其中，“GI 选项卡”主要用来控制场景在整个全局照明计算中所采用的计算引擎及引擎的计算精度设置；“V-Ray 选项卡”可以用来设置图像渲染的亮度、计算精度、抗锯齿，以及曝光控制。

18.5.1 “全局照明”卷展栏

“全局照明”卷展栏用来控制 VRay 采用何种计算引擎来渲染场景，如图 18-88 所示。

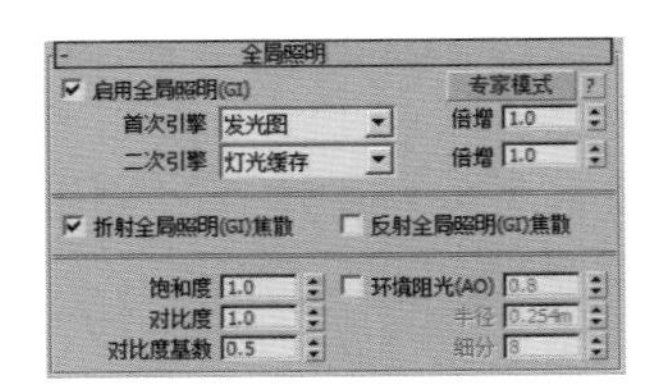

图 18-88

工具解析

✦ 启用全局照明（GI）：选中此选项后，开启 VRay 的全局照明计算。

✦ 首次引擎：设置 VRay 进行全局照明计算的首次使用引擎，包括“发光图”“光子图”“BF 算法”和“灯光缓存”4 种方式。

✦ 倍增：设置“首次引擎”计算的光线倍增，值越高，场景越亮。

✦ 二次引擎：设置 VRay 进行全局照明计算的二次使用引擎，包括“无”“光子图”“BF 算法”和“灯光缓存”4 种方式。

✦ 倍增：设置“二次引擎”计算的光线倍增。

✦ 折射全局照明（GI）焦散：控制是否开启折射焦散计算。

✦ 反射全局照明（GI）焦散：控制是否开启反射焦散计算。

✦ 饱和度：用来控制色彩溢出，适当降低“饱和度”可以控制场景中相邻物体之间的色彩影响，如图 18-89 和图 18-90 所示分别为“饱和度”为 0.3 和 3 的渲染结果对比。

图 18-89

图 18-90

✦ 对比度：控制色彩的对比度，如图 18-91 和图 18-92 所示分别为“对比度”为 1 和 1.5 的渲染结果对比。

图 18-91

图 18-92

✦ 对比度基数：控制“饱和度”和“对比度”的基数，数值越高，“饱和度”和“对比度”的效果越明显。

✦ 环境阻光（AO）：是否开启环境阻光的计算。

✦ 半径：设置环境阻光的半径。

✦ 细分：设置环境阻光的细分值。

18.5.2 “发光图”卷展栏

“发光图”中的“发光”指三维空间中的任意一点，以及全部可能照射到这一点上的光线，是“首次引擎”默认状态下的全局光引擎，只存在于“首次引擎”中，如图 18-93 所示。

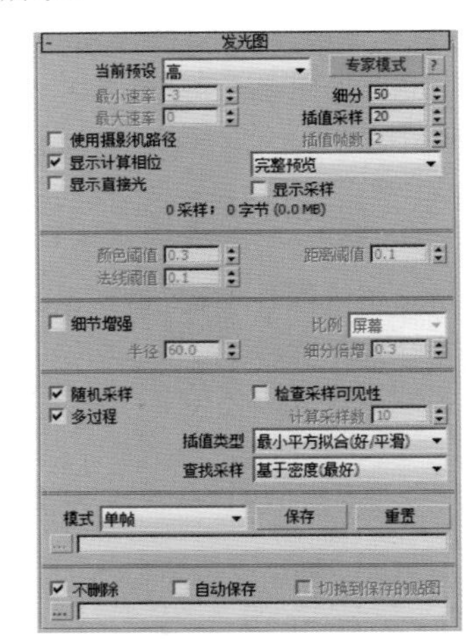

图 18-93

工具解析

✦ 当前预设：设置“发光图”的预设类型，共有“自定义”“非常低”“低”“中”“中 - 动画”“高”“高 - 动画”和“非常高”8 种类型，如图 18-94 所示。

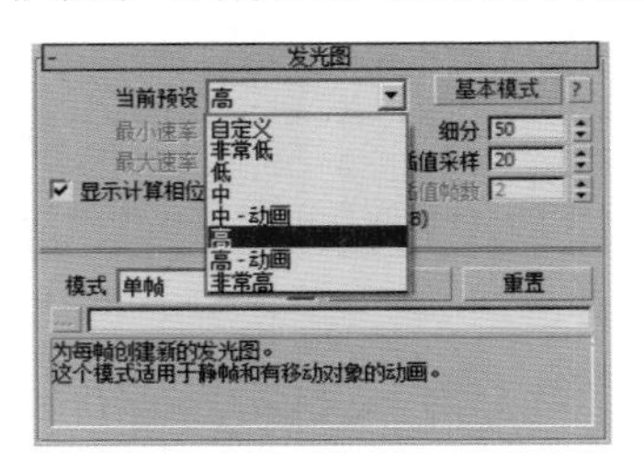

图 18-94

✦ 自定义：选择该模式后，可以手动修改调节参数。

✦ 非常低：此模式计算光照的精度非常低，一般用来测试场景。

✦ 低：一种比较低的精度模式。

✦ 中：中级品质的预设模式。

✦ 中 - 动画：用于渲染动画的中级品质预设模式。

✦ 高：一种高精度模式。

✦ 高 - 动画：用于渲染动画的高精度预设模式。

✦ 非常高：预设模式中的最高设置，一般用来渲染高品质的空间表现效果图。

✦ 最小速率：控制场景中平坦区域的采样数量。

✦ 最大速率：控制场景中物体边线、角落、阴影等细节的采样数量。

✦ 细分：因为 VRay 采用的是几何光学，所以此值用来模拟光线的数量。“细分”值越大，样本精度越高，渲染的品质就越好。

✦ 插值采样：此参数用来对样本进行模糊处理，较大的值可以得到比较模糊的效果。

✦ 显示计算相位：在进行“发光图”渲染计算时，可以观察渲染图像的预览过程，如图 18-95 所示。

✦ 显示直接光：在预计算的时候显示直接照明，方便观察直接光照的位置。

✦ 显示采样：显示采样的分布及分布的密度，帮助分析 GI 的光照精度，如图 18-96 所示为选中了“显示采样”选项的渲染结果。

图 18-95

图 18-96

✦ 颜色阈值：此值主要是让 VRay 渲染器分辨哪些是平坦区域，哪些不是平坦区域，主要根据颜色的灰度来区分。值越小，对灰度的敏感度就越高，区分能力越强。

✦ 法线阈值：此值主要是让 VRay 渲染器分辨哪些是交叉区域，哪些不是交叉区域，主要根据法线的方向来区分。值越小，对法线方向的敏感度就越高，区分能力就越强。

✦ 距离阈值：此值主要是让 VRay 渲染器分辨哪些是弯曲表面区域，哪些不是弯曲表面区域，主要根据表面距离和表面弧度的比较来区分。值越大，表示弯曲表面的样本越多，区分能力就越强。

✦ 细节增强：选中此选项可以开启“细节增强”功能。

✦ 比例：控制“细节增强”的比例，有“屏幕”和“世界”两个选项可选。

✦ 半径：表示细节部分有多大区域使用“细节增强”功能，“半径”值越大，效果越好，渲染时间越长。

✦ 细分倍增：控制细部的细分。此值与“发光图”中的“细分”有关，默认值为 0.3，代表“细分”的 30%。值越高，细部即可避免产生杂点，同时增加渲染时间。

✦ 随机采样：控制“发光图”的样本是否随机分配。选中此选项，则样本随机分配。

✦ 多过程：选中该选项后，VRay 会根据“最小速率”和“最大速率”进行多次计算。默认为开启状态。

✦ 插值类型：VRay 提供了“权重平均值（好 / 强）”“最小平方拟合（好 / 平滑）”“Delone 三角剖分（好 / 精确）”和“最小平方权重 / 泰森多边形权重”4 种方式。

✦ 查找采样：主要控制哪些位置的采样点是适合用来作为基础插补的采样点，VRay 提供了“平衡嵌块（好）”“最近（草稿）”“重叠（很好 / 快速）”和“基于密度（最好）”4 种方式。

✦ 模式：VRay 提供了“发光图”的 8 种模式进行计算，包括“单帧”“多帧增量”“从文件”“添加到当前贴图”“增量添加到当前贴图”“块模式”“动画（预通过）”和“动画（渲染）”可供选择，如图 18-97 所示。

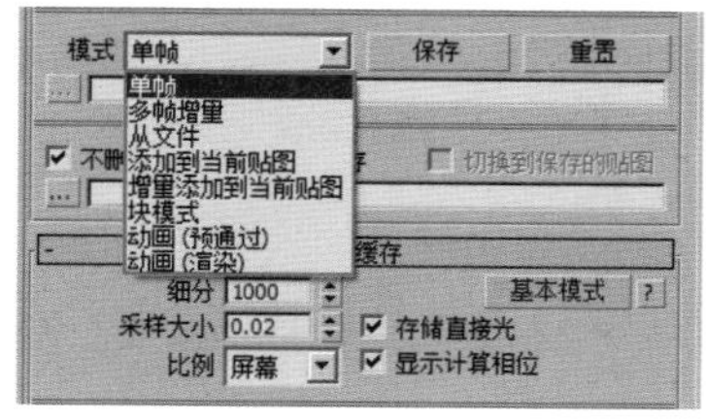

图 18-97

✦ 单帧：用来渲染静帧图像。

✦ 多帧增量：该模式用于渲染仅有摄影机移动的动画。当 VRay 计算完第一帧的光子后，在后面的帧里根据第一帧中没有的光子信息进行计算，从而节省渲染时间。

✦ 从文件：当渲染完光子后，可以将其单独保存起来。再次渲染即可从保存的文件中读取，因而节省渲染时间。

✦ 添加到当前贴图：当渲染完一个角度的时候，可以把摄影机转一个角度再全新计算新角度的光子，最后把这两次的光子叠加起来，这样的光子信息更丰富、准确，并且可以进行多次叠加。

✦ 增量添加到当前贴图：此模式与“添加到当前贴图”类似，只不过它不是全新计算新角度的光子，而是只对没有计算过的区域进行新的计算。

✦ 块模式：把整个图分成块来计算，渲染完一个块再进行下一个块的计算。主要用于网络渲染，速度比其他方式快。

✦ 动画（预通过）：适合动画预览，使用这种模式要预先保存好光子贴图。

✦ 动画（渲染）：适合最终动画渲染，这种模式要预先保存好光子贴图。

✦ “保存”按钮 保存 ：将光子图保存至文件。

✦ “重置”按钮 重置 ：将光子图从内存中清除。

✦ 不删除：当光子渲染完成后，不将其从内存中删除。

✦ 自动保存：当光子渲染完成后，自动保存在预先设置好的路径中。

✦ 切换到保存的贴图：当选中了“自动保存”选项后，在渲染结束时，会自动进入“从文件”模式并调用光子图。

18.5.3 “BF 算法计算全局照明（GI）”卷展栏

单击展开“BF 算法计算全局照明（GI）”卷展栏，如图 18-98 所示。

图 18-98

工具解析

✦ 细分：控制 BF 算法的样本数量，值越大，效果越好，渲染时间越长。

✦ 反弹：当“二次引擎”选择“BF 算法”时，该参数参与计算。值的大小控制渲染场景的明暗，值越大，光线反弹越充分，场景越亮。

18.5.4 “灯光缓存”卷展栏

“灯光缓存”是一种近似模拟全局照明的技术，最初由 Chaos Group 公司开发专门应用于其 VRay 渲染器产品。“灯光缓存”根据场景中的摄影机建立光线追踪路径，与“光子图”非常相似，只是“灯光缓存”与“光子图”计算光线的跟踪路径是正好相反的。与“光子图”相比，“灯光缓存”对于场景中的角落及小物体附近的计算要更准确，渲染时可以以直接可视化的预览来显示出未来的计算结果。

“灯光缓存”卷展栏，如图 18-99 所示。

图 18-99

工具解析

✦ 细分：用来决定“灯光缓存”的样本数量。值越高，样本总量越多，渲染时间越长，渲染效果越好。

✦ 采样大小：用来控制“灯光缓存”的样本大小，比较小的样本可以得到更多的细节。

✦ 存储直接光：选中该选项以后，“灯光缓存”将保存直接光照信息。当场景中有很多灯光时，使用这个选项会提高渲染速度。因为它已经把直接光照信息保存到“灯光缓存”中了，在渲染出图时，不需要对直接光照再进行采样计算。

✦ 显示计算相位：选中该选项后，可以显示“灯光缓存”的计算过程，方便观察，如图 18-100 所示。

图 18-100

✦ 自适应跟踪：该选项的作用在于记录场景中灯光的位置，并在光的位置上采用等多的样本，同时模糊特效也会处理得更快，但是会占用更多的内存。

✦ 仅使用方向：当选中“自适应跟踪”后，可以激活该选项。它的作用在于只记录直接光照信息，而不考虑间接照明，可以加快渲染速度。

✦ 预滤器：选中该复选框后，可以对“灯光缓存”样本进行提前过滤，它主要是查找样本边界，然后对其进行模糊处理，其值越高，对样本进行模糊处理的程度越深。

✦ 过滤器：该选项是在渲染最后成图时，对样本进行过滤，其下拉列表共有“无”“最近”和“固定”3 项可选。

✦ 使用光泽光线：开启此效果后，会使渲染结果更加平滑。

✦ 模式：设置光子图的使用模式，共有“单帧”“穿行”“从文件”和“渐进路径跟踪”4 项可选，如图 18-101 所示。

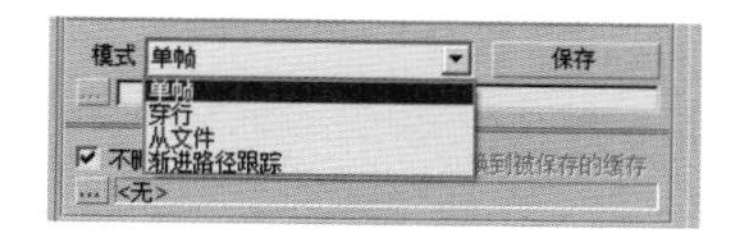

图 18-101

✦ 单帧：一般用来渲染静帧图像。

✦ 穿行：该模式一般在渲染动画时使用，将第一帧至最后一帧的所有样本融合在一起。

✦ 从文件：使用此模式，可以从事先保存好的文件中读取数据，以节省渲染时间。

✦ 渐进路径跟踪：对计算样本不停计算，直至样本计算完毕为止。

✦ “保存”按钮 保存 ：将保存在内存中的光子贴图再次进行保存。

✦ 不删除：当光子渲染计算完成后，不在内存中将其删除。

✦ 自动保存：当光子渲染完成后，自动保存在预设的路径内。

✦ 切换到被保存的缓存：当选中“自动保存”复选框后，才可激活该选项。选中此选项后，系统会自动使用最新渲染的光子图来渲染当前图像。

18.5.5　“图像采样器（抗锯齿）”卷展栏

抗锯齿在渲染设置中是一个必须调整的参数。“图像采样器（抗锯齿）”卷展栏，如图 18-102 所示。

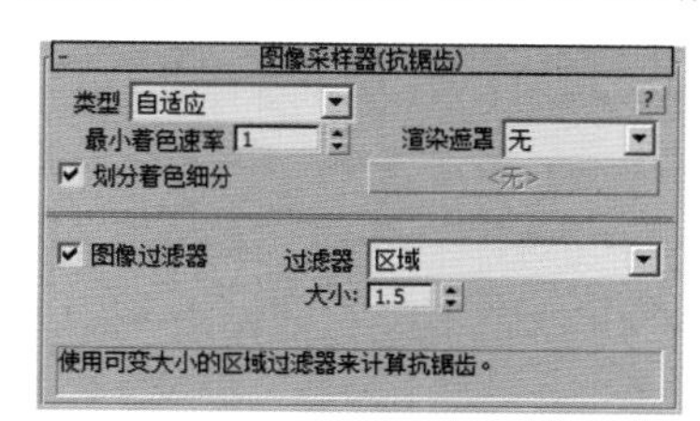

图 18-102

工具解析

✦ 类型：用来设置“图像采样器”的类型，有“固定”“自适应”“自适应细分”和“渐进”4 种类型可选，如图 18-103 所示。

✦ “固定”类型：对每个像素使用一个固定的细分值。该采样方式适合拥有大量的模糊效果或者具有高细节纹理贴图的场景。

✦ “自适应”类型：默认的设置类型，是最常用的一种采样器。采样方式可以根据每个像素，以及与之相邻像素的明暗差异来使像素使用不同的样本数量。

✦ “自适应细分”类型：这个采样器具有负值采样的高级抗锯齿功能，适用于在没有或者有少量模糊效果的场景。

✦ “渐进”类型：此采样器逐渐采样至整个图像。

✦ 图像过滤器：选中此选项可以开启使用过滤器来对场景进行抗锯齿处理，如图 18-104 所示为 VRay 为用户提供的不同类型“过滤器”选项。

图 18-103

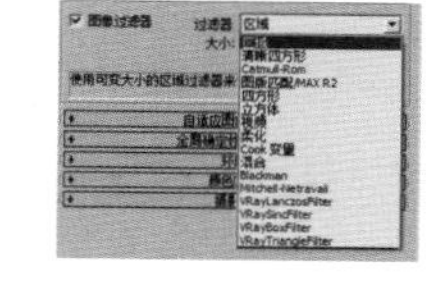

图 18-104

✦ 区域：用区域大小来计算抗锯齿，“大小”值越小，图像越清晰；反之越模糊。

✦ 清晰四方形：来自 Neslon Max 算法的清晰 9 像素重组过滤器。

✦ Catmull-Rom：一种具有边缘增强的过滤器，可以产生较清晰的图像效果。

✦ 图版匹配 /MAX R2：使用 3ds Max R2 的方法将摄影机和场景或“天光 / 投影”元素与未过滤的背景图像相匹配。

✦ 四方形：基于四方形样条线的 9 像素模糊过滤器，可以产生一定的模糊效果。

✦ 立方体：基于立方体的像素过滤器，具有一定的模糊效果。

✦ 视频：针对 NTSC 和 PAL 视频应用程序进行了优化的 25 像素模糊过滤器，适合于制作视频动画的一种抗锯齿过滤器。

✦ 柔化：可以调整高斯模糊效果的一种抗锯齿过滤器，“大小”值越大，模糊程度越高。

✦ Cook 变量：一种通用过滤器，1~2.5 之间的“大小”值可以得到清晰的图像效果，更高的值将使图像变得模糊。

✦ 混合：一种用混合值来确定图像清晰或模糊的抗锯齿过滤器。

✦ Blackman：一种没有边缘增强效果的抗锯齿过滤器。

✦ Mitchell-Netravali：常用过滤器，可以产生微弱的模糊效果。

✦ VRayLanczosFilter：可以很好地平衡渲染速度和渲染质量的过滤器，“大小”值越大，渲染结果越模糊。

✦ VRaySincFilter：可以很好地平衡渲染速度和渲染质量的过滤器，“大小”值越大，渲染结果的锐化现象越明显。

✦ VRayBoxFilter：执行 VRay 的长方体过滤器，“大小”值越大，渲染结果越模糊。

✦ VRayTriangleFilter：执行 VRay 的三角形过滤器来计算抗锯齿效果的过滤器。“大小”值越大，渲染结果越模糊。与 VRayBoxFilter 过滤器相比，相同数值下的模糊结果由于计算方式的不同产生的模糊效果也不同。

18.5.6 “自适应图像采样器”卷展栏

“自适应图像采样器”是一种高级抗锯齿采样器，“自适应图像采样器”卷展栏，如图 18-105 所示。

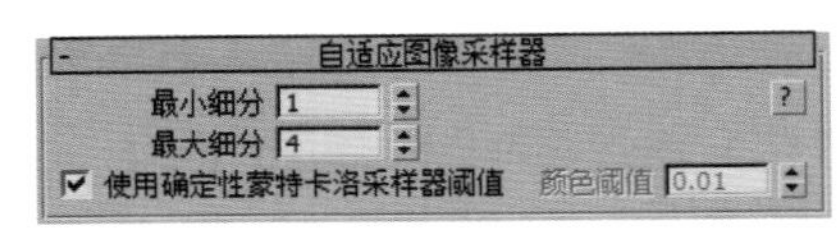

图 18-105

工具解析

✦ 最小细分：定义每个像素使用样本的最小数量。

✦ 最大细分：定义每个像素使用样本的最大数量。

✦ 使用确定性蒙特卡洛采样器阈值：选中该选项，则“颜色阈值”不可用，使用的是确定性蒙特卡洛采样器的阈值。

✦ 颜色阈值：取消选中“使用确定性蒙特卡洛采样器阈值”复选框后，可以激活该参数。

18.5.7 “全局确定性蒙特卡洛”卷展栏

“全局确定性蒙特卡洛”卷展栏，如图 18-106 所示。

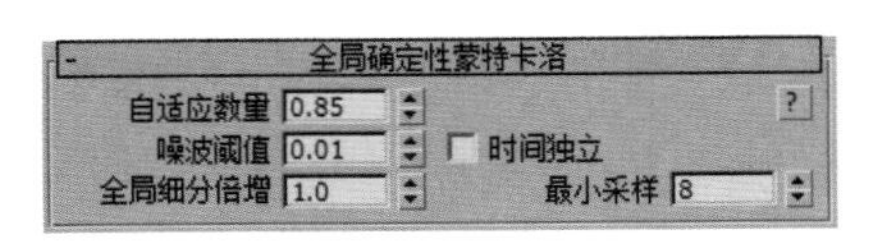

图 18-106

工具解析

✦ 自适应数量：控制采样数量的程度。值为 1 时，代表完全适应；值为 0 时，代表没有适应。

✦ 噪波阈值：较小的噪波阈值意味着较少的噪波、更多的采样和更高的质量，当值为 0 时，表示自适应计算将不被执行。

✦ 时间独立：选中此选项后，采样模式将是相同的帧动画中的帧。

✦ 全局细分倍增：可以使用此值来快速控制采样的质量高低。“全局细分倍增”影响的范围非常广，包括发光图、区域灯光、区域阴影，以及反射、折射等属性。

✦ 最小采样：确定采样在使用前提前终止算法的最小值。

18.5.8 “颜色贴图”卷展栏

“颜色贴图”卷展栏可以控制整个场景的明暗程度，使用颜色变换来应用到最终渲染的图像上，如图 18-107 所示。

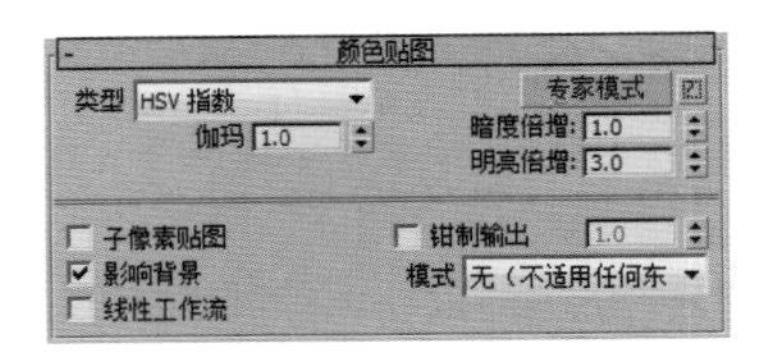

图 18-107

工具解析

✦ 类型：提供不同的色彩变换类型，包括“线性倍增”“指数”“HSV 指数”“强度指数”“伽马校正”“强度伽马”和“莱因哈德”7 种，如图 18-108 所示。

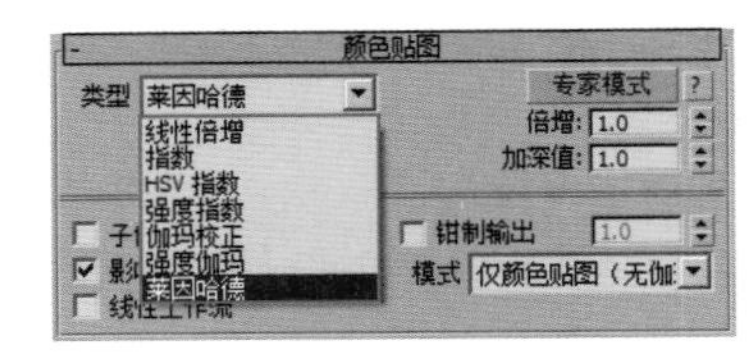

图 18-108

✦ 线性倍增：这种模式基于最终色彩亮度来进行线性的倍增，可能会导致靠近光源的点过分曝光。

✦ 指数：使用此模式可以有效控制渲染最终画面的曝光部分，但是图像可能会显得整体偏灰。

✦ HSV 指数：与“指数”类型接近，不同点在于使用“HSV 指数”可以使渲染出的画面色彩饱和度比“指数”类型有所提高。

✦ 强度指数：此种 VRay 渲染器方式是对上述两种方式的融合，既抑制了光源附近的曝光效果，又保持了场景中物体的色彩饱和度。

✦ 伽马校正：采用伽马值来修正场景中的灯光衰减和贴图色彩。

✦ 强度伽马：此种类型在“伽马校正”的基础上修正了场景中灯光的亮度。

✦ 莱因哈德：这种类型可以将“线性倍增”和“指数”混合起来，是“颜色贴图”卷展栏的默认类型。

✦ 子像素贴图：在实际渲染时，物体的高光区与非高光区的界线处会有明显的黑边，开启此选项可以缓解该状况。

✦ 影响背景：控制是否让颜色贴图影响背景。

实例操作：水景建筑日光表现

实例：水景建筑日光表现

实例位置：	工程文件 >CH18> 水景建筑 .max
视频位置：	视频文件 >CH18> 实例：水景建筑日光表现 .mp4
实用指数：	★★★☆☆
技术掌握：	掌握 VRay 渲染器的参数使用方法。

在本例中，讲解如何在 VRay 渲染器中设置“间接照明”卷展栏内的相关参数，本场景的渲染效果如图 18-109 所示。

图 18-109

01 启动 3ds Max 2016 后，打开本书附带资源中的“水景建筑 .max”文件，本场景中已经设置好了摄影机，如图 18-110 所示。

02 在“创建”灯光面板中，单击“VR- 太阳”按钮 VR-太阳，在顶视图中创建一个“VR- 太阳”灯光，如图 18-111 所示。

图 18-110

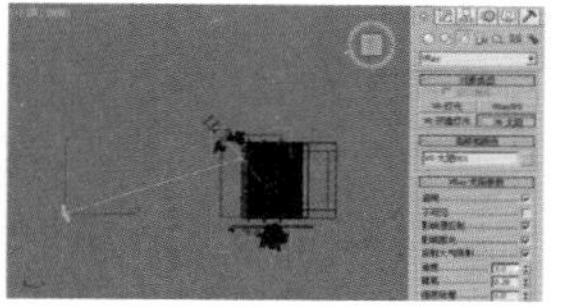

图 18-111

03 按 F 键，在前视图中，调整“VR- 太阳”灯光的高度，如图 18-112 所示。

04 在“主工具栏”上单击“渲染设置”按钮，打开“渲染设置”面板，可以看到当前场景已经设置完成使用 VRay 渲染器来渲染场景。在“GI”选项卡中，单击展开“全局照明”卷展栏，选中“启用全局照明”选项，并设置“首次引擎”为“发光图”，“二次引擎”为“灯光缓存”，如图 18-113 所示。

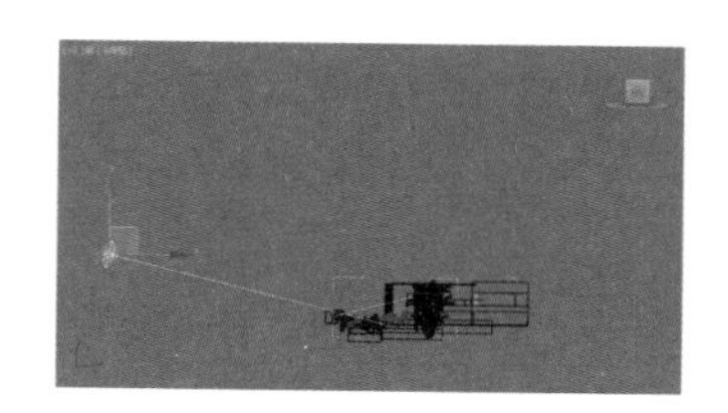

图 18-112

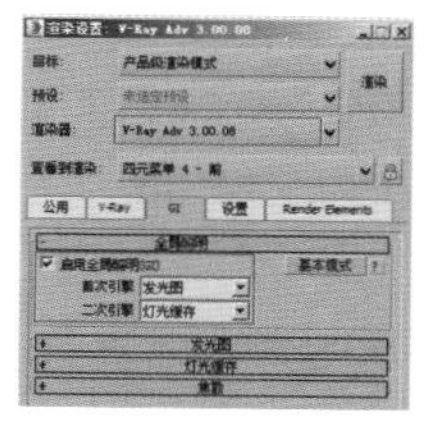

图 18-113

05 单击展开“发光图”卷展栏，设置“当前预设”为“自定义”，设置“最小速率”为 -2，“最大速率”为 -2，如图 18-114 所示。

06 单击展开“灯光缓存”卷展栏，设置“细分”为 1200，如图 18-115 所示。

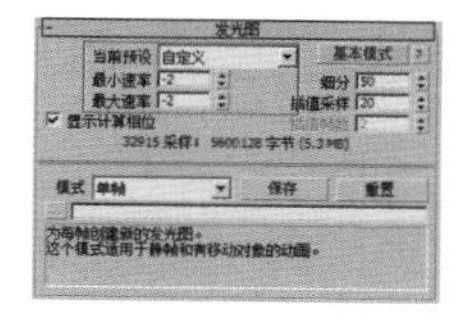

图 18-114

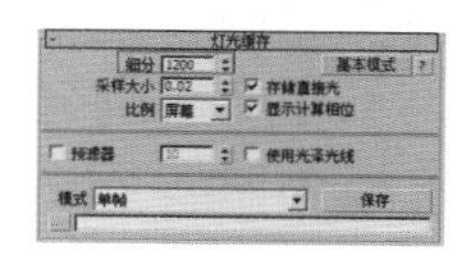

图 18-115

07 在 V-Ray 选项卡中，单击展开“图像采样器（抗锯齿）”卷展栏。设置采样器的“类型”为“自适应”选项，将“图像过滤器”设置为 Catmull-Rom，则可以渲染得到边缘增强效果的图像结果，如图 18-116 所示。

08 展开“自适应图像采样器”卷展栏，设置“最小细分”为 1，“最大细分”为 28，如图 18-117 所示。

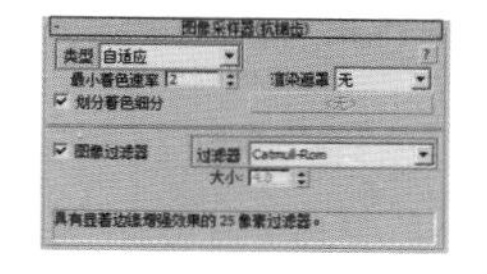

图 18-116

图 18-117

09 设置完成后，渲染场景，渲染结果如图 18-118 所示。

图 18-118

实例操作：简约客厅日光表现

实例：简约客厅日光表现

实例位置： 工程文件 >CH18> 简约客厅 .max

视频位置： 视频文件 >CH18> 实例：简约客厅日光表现 .mp4

实用指数： ★★★☆☆

技术掌握： 掌握 VRay 渲染器的使用方法。

在本例中，讲解如何在 VRay 渲染器中设置“间接照明”卷展栏内的相关参数，本场景的渲染效果如图 18-119 所示。

图 18-119

01 启动 3ds Max 2016 后，打开本书附带资源中的“简约客厅 .max”文件，本场景中已经设置好摄影机，如图 18-120 所示。

02 在“创建”灯光面板中，单击“VR- 太阳”按钮 VR-太阳 ，在顶视图中创建一个“VR- 太阳”灯光，如图 18-121 所示。

图 18-120

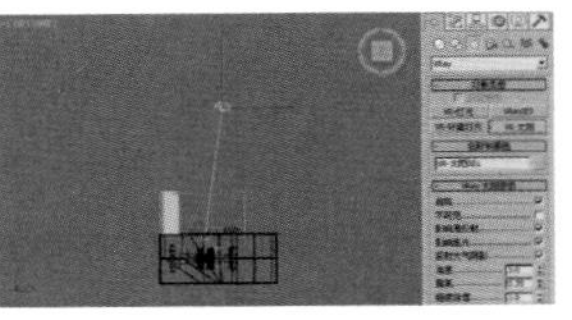

图 18-121

03 按 L 键，在左视图中调整“VR- 太阳”灯光的高度，如图 18-122 所示。

04 在“主工具栏”上单击“渲染设置”按钮，打开“渲染设置”面板，可以看到当前场景已经设置完成使用 VRay 渲染器来渲染场景。在“GI”选项卡中，单击展开“全局照明”卷展栏，选中“启用全局照明”选项，并设置“首次引擎”为“发光图”，“二次引擎”为“灯光缓存”，如图 18-123 所示。

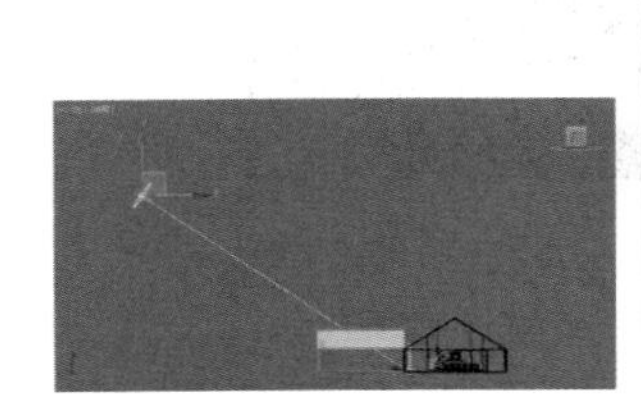

图 18-122

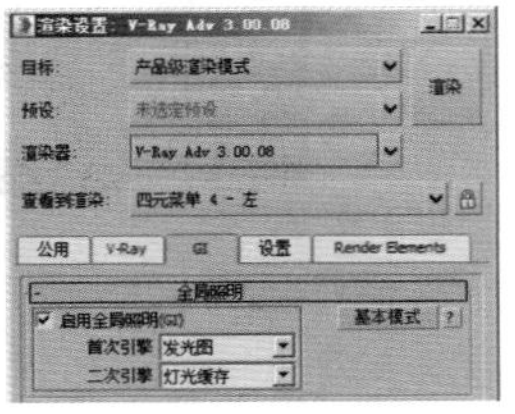

图 18-123

05 单击展开“发光图”卷展栏，设置“当前预设”为“自定义”，设置“最小速率”为 -2，设置“最大速率”为 -2，如图 18-124 所示。

06 单击展开“灯光缓存”卷展栏，设置“细分”为 1100，如图 18-125 所示。

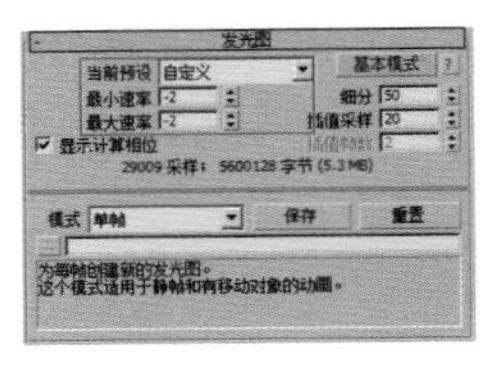

图 18-124

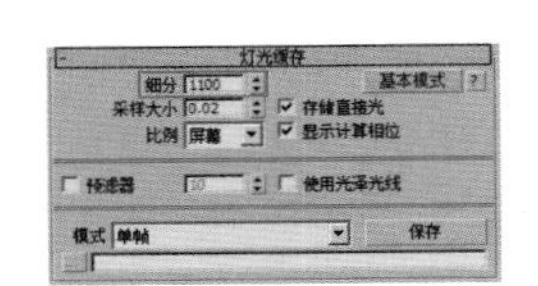

图 18-125

07 在 V-Ray 选项卡中，单击展开“图像采样器（抗锯齿）”卷展栏。设置采样器的“类型”为“自适应”，将“图像过滤器”设置为“区域”，并设置“大小”为 1，如图 18-126 所示。

08 展开“自适应图像采样器”卷展栏，设置“最小细分”为 1，“最大细分”为 32，如图 18-127 所示。

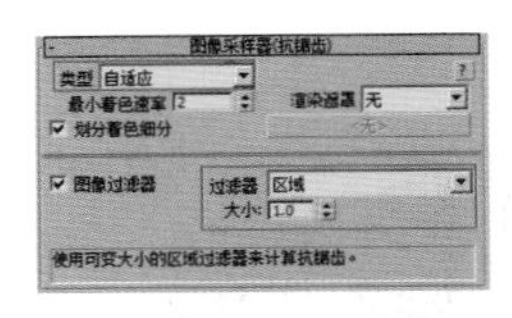

图 18-126

图 18-127

09 展开“全局确定性蒙特卡洛”卷展栏，设置“自适应数量”为 0.65，“噪波阈值”为 0.01，“全局细分倍增”为 7，如图 18-128 所示。

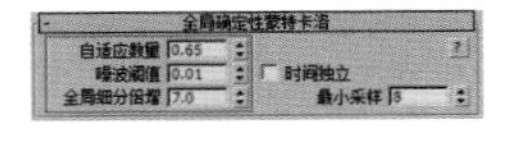

图 18-128

10 设置完成后，渲染场景，渲染结果如图 18-129 所示。

图 18-129

19.1 脚本概述

第 19 章

脚本技术

“脚本”的英文名称为 MAXScript，是 3ds Max 为用户提供的一种仅在 3ds Max 软件内部运行的计算机语言，脚本的编写方式与 C#、Javascript 语言非常相似，使用过 C 语言家族的用户应该对脚本的编写方法要更加易于上手。脚本可以以单行的方式或者多行的方式运行，在实际工作中，也可以仅编写一些片段帮助我们实现一些复杂的动画效果，如图 19-1 和图 19-2 所示为一个有关粒子系统的动画实例，在该实例中，通过脚本将场景中的几个对象位置分别绑定到场景中所对应的每个粒子的运动轨迹上。需要注意的是，这一案例中的脚本并非是编写完整的脚本产品，而仅仅是只能应用于该案例的脚本片段，如果要应用于其他的 3ds Max 动画文件，则需要动画师对脚本中的代码进行修改。

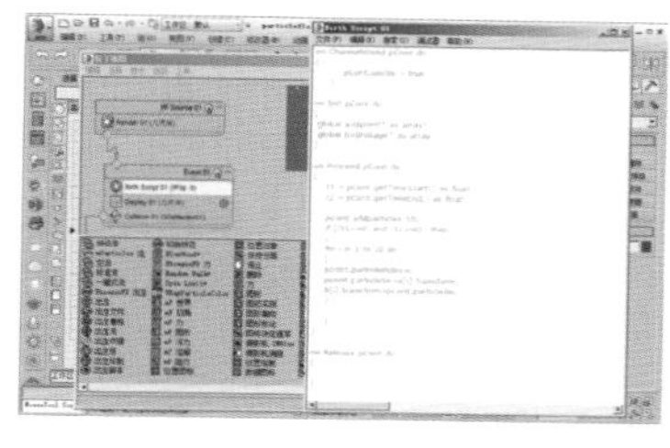

图 19-1

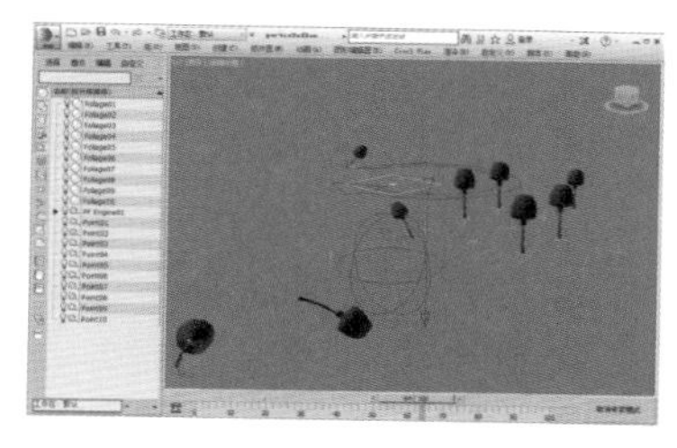

图 19-2

通过脚本还可以在 3ds Max 中添加自定义属性，角色绑定师可以通过在角色控制器上建立这些自定义属性，帮助动画师在进行动画设置时节省大量的工作时间，如图 19-3 所示为通过脚本在修改器中为骨骼的脚部控件添加自定义属性。

编写脚本还可以对 3ds Max 软件进行二次开发，制作出一些实用的工具面板或插件，如图 19-4 所示为使用脚本开发出的能够在复杂地面上沿路径种植树木的工具面板。

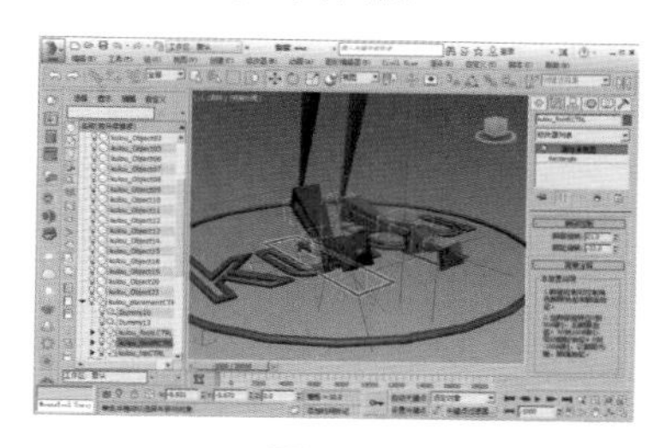

图 19-3

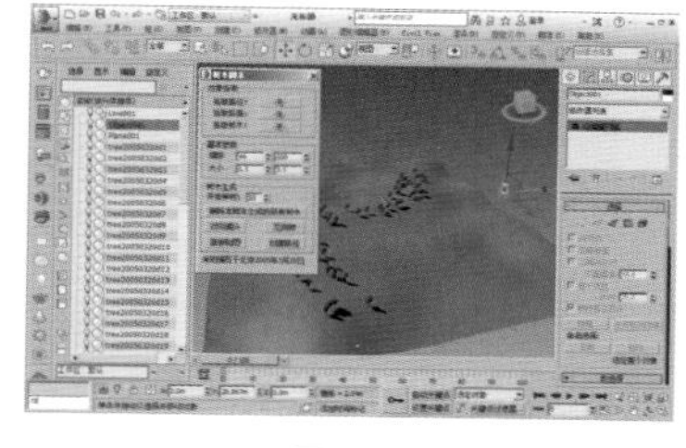

图 19-4

提起编程，恐怕很多人一下子就会想到需要记忆大量的英文单词及句式复杂的语法，对于早期使用脚本编程的动画师和三维艺术家来说，这无疑有点令人沮丧。本来学习功能强大的 3ds Max 软件就已经足够复杂，还要学习更加枯燥的英文编程，制作脚本动画的难度简直让人无法想象。因此，3ds Max 特别为编程用户提供了 Visual MAXScript 编辑器以解决使用脚本进行面板开发的问题，再加上如今，在 3ds Max 2016 中又新增了 Max Creation Graph 这一功能，将复杂的程序编写方式更改为使用节点操控来生成脚本，这无疑大大简化了脚本的编写过程。简单来说，就是学习脚本语言正在变成一件越来越容易的事情。

本章工程文件

本章视频文件

19.2 Hello，World

Hello，World 是介绍编程语言最为经典的案例。很多的计算机语言编程书籍都会以此来作为讲解计算机语言的第一个案例。例如，Anders Hejlsberg 在其所著的《C#程序设计语言》一书中所给出的 C# 版代码为：

```
using System;
class Hello
{
static void Main() {
Console.WiteLine( “Hello,World” );
}
}
```

如果使用 Javascript 语言编写，其代码应该为：

```
<html>
<body>
<script language="javascript"
type="text/javascript">
var a="Hello,World"
alert(a);
</script>
</body>
</html>
```

这样，将其保存为一个扩展名是 html 的网页文件，打开该文件后，会自动弹出一个包含 Hello,World 内容的对话框，如图 19-5 所示。

接下来，要在这里给出 MAXScript 版本的代码：

```
messagebox"Hello,World"
```

执行这一语句，可以使 3ds Max 系统弹出一个对话框，如图 19-6 所示。

图 19-5

图 19-6

通过关键词 messagebox，3ds Max 可以弹出一个窗口提示，提示的内容可以放置在关键词 messagebox 后面的双引号内，双引号中的内容支持中文输入法输入的汉字。

19.3 运算符

3ds Max 脚本支持各种基本的数学运算，例如加(+)、减（-）、乘（*）、除（/）等。通过这些运算符号，脚本可以在多个数值之间进行运算并得到一个结果，并将其保存在任意变量中以备使用。

19.3.1 数值计算

例如在“MAXScript 侦听器”中输入：

```
3+2
```

输入完成后，按下数字键盘上的 Enter 键，即可在“MAXScript 侦听器”中的下一行看到脚本计算的结果，如图 19-7 所示。

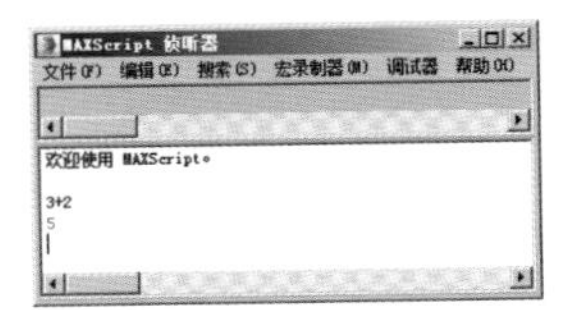

图 19-7

19.3.2 运算符的优先级

3ds Max 脚本遇到优先级相同的运算符时，会根据运算符出现的顺序，按照从左向右的次序执行计算，如果是加、减、乘、除混合运算时，则先计算乘法和除法，再计算加法和减法。

如果在“MAXScript 侦听器”中输入：

```
3+2*5
```

输入完成后，按下数字键盘上的 Enter 键，则可以在“MAXScript 侦听器”中的下一行看到脚本的计算结果为 13，这说明 3ds Max 脚本中是支持运算符的优先级计算的，即乘法的优先级要高于加法，这和我们之前学习的数学计算是一致的，如图 19-8 所示。

图 19-8

19.3.3 连接字符串

运算符也可以用于连接字符串，但是需要注意的是字符串必须放置在双引号中，例如在“MAXScript 侦听器”中输入：

```
hello+world
```

输入完成后，执行该代码，脚本则认为无法执行，并出现红色的错误提示，如图 19-9 所示。

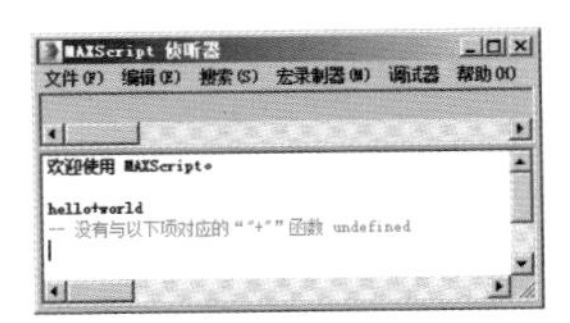

图 19-9

如果将以上代码更改为：

```
"hello"+"world"
```

输入完成后，执行该代码，则会出现正确的结果，如图 19-10 所示。

如果将数字与字符串连接起来，则需要将数字也放置于双引号之中，如图 19-11 所示。

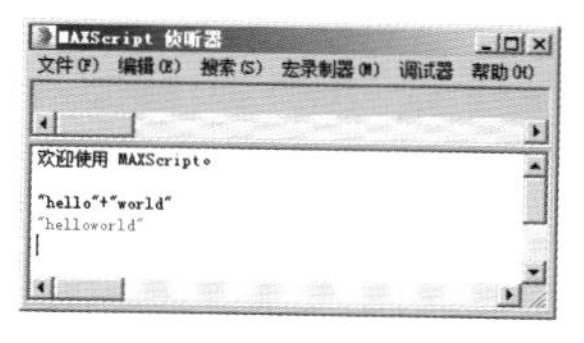

图 19-10

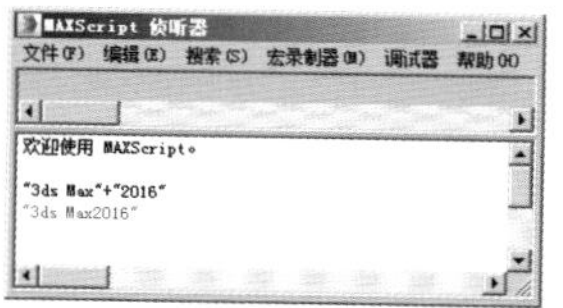

图 19-11

19.3.4　模型计算

运算符还可以用于修改模型对象，其计算的方式与“布尔”很接近。

例如在 3ds Max 中创建两个名称分别为 sphere001 和 sphere002 的球体模型，然后在“MAXScript 侦听器”中输入：

```
$sphere001-$sphere002
```

输入完成后，执行代码，则可以在视图中看到两个球体模型相减所得到的计算结果，如图 19-12 所示。

图 19-12

> **小技巧**
>
> $ 符号用来识别已命名的对象，使用它可以引用任何已命名的对象。如果 $ 符号后面没有对象名称，则该符号代表场景中当前所选择的对象。

19.4　语法

跟其他计算机语言类似，3ds Max 脚本同样包含大量的计算机语句用来辅助程序开发，使用较为频繁的语句有 if 语句、for 语句、try 语句、注释等。

19.4.1　if 语句

在脚本中控制程序流的一种常用方法就是使用 if 语句。正常情况下，3ds Max 脚本会从上到下，依次执行每一行代码，然后退出。但是当遇到 if 语句时，只有表达式的值为 true 时，才会执行，否则，执行另一段代码。

例如，在“MAXScript 编辑器”中输入以下代码：

```
a=1
if a==1 then
(
  sphere()
  )
  else
  (
         box()
         )
```

输入完成后并执行，则会在场景中看到该代码的结果是创建了一个球体，如图 19-13 所示。

因为在 if 语句中，变量 a 的值为 1 为 true，而当我们将该代码的第一行“a=1”，更改为 a 等于其他的数值后，再次执行该代码，3ds Max 则会在场景中创建一个长方体，如图 19-14 所示。

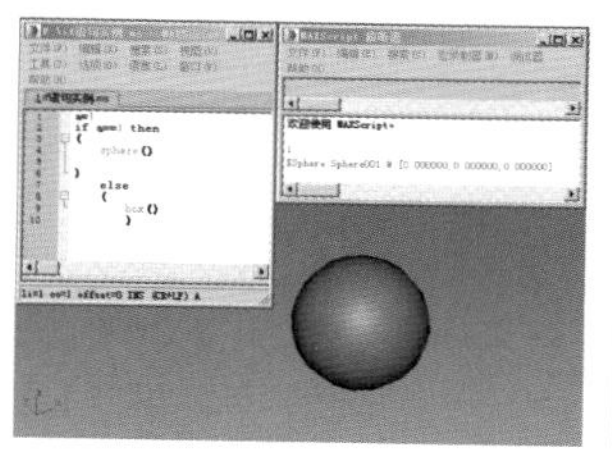

图 19-13

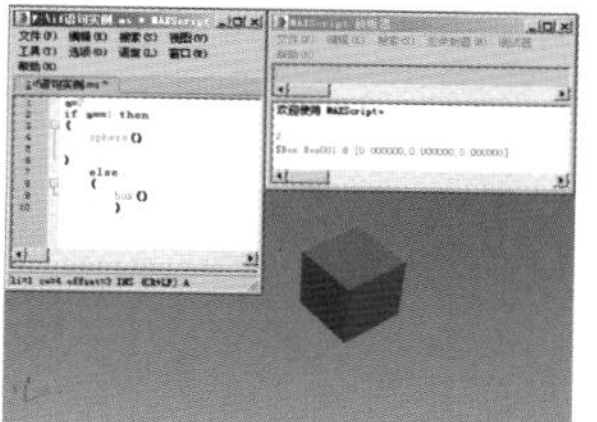

图 19-14

if 语句的结构如下：

```
if <expr> then <stuff1> else <stuff2>
```

其中，if 后面的 <expr> 是要求值的表达式，关键词 then 后面的 <stuff1> 是表达式为 true 时要执行的一段代码，而关键词 else 后面的 <stuff2> 是表达式为 false 时要执行的一段代码。

> **小技巧**
>
> 在“MAXScript 编辑器”中编写代码时，小括号中的内容可以单击前面的“-”号进行折叠，当“-”号变成“+”号时，还可以通过单击“+”号展开内容，如图 19-15 所示。

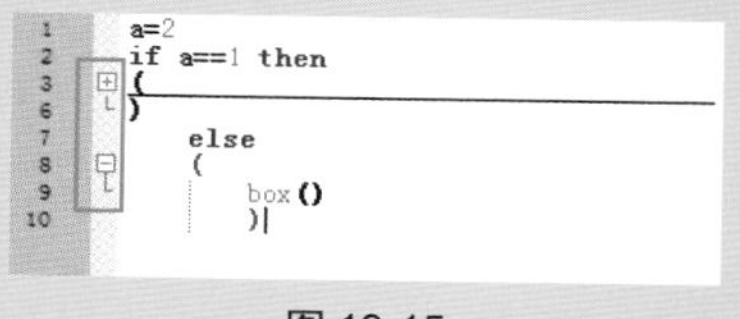

图 19-15

19.4.2　for 语句

使用 for 语句可以改变正常情况下，让只执行一次的代码被重复循环执行。例如，在“MAXScript 编辑器”

中输入以下代码：

```
b=1
for i =1 to 5 do
(
  b=b+i
)
b
```

输入完成并执行后，可以在“MAXScript 侦听器”中查看变量 b 返回的计算结果。在该实例中的第一行定义了一个变量 b，并且设置 b 的值为 1，在接下来的 5 次循环中，第一次循环的结果 b 应该等于 1+1，也就是说为 2。在第二次循环中，b 的值为 2+2，也就是 4。在第三次循环中，b 的值为 4+3，也就是 7。在第四次循环中，b 的值为 7+4，也就是 11。在第五次循环中，b 的值为 11+5，也就是 16，这一最终结果与“MAXScript 侦听器”中所返回的计算结果是一致的，如图 19-16 所示。

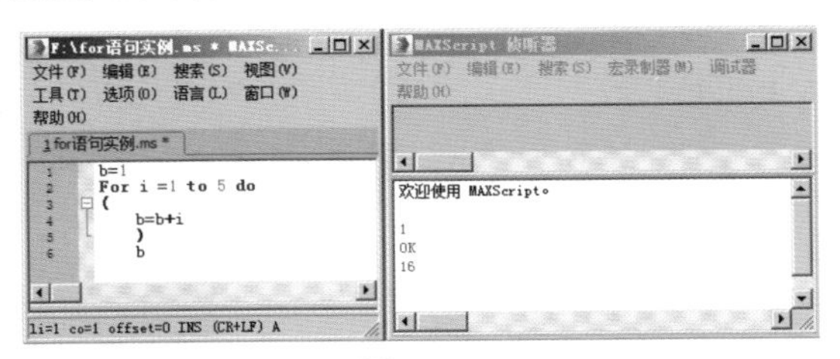

图 19-16

小技巧

编写脚本时，无须注意字母的大小写。例如使用 for 语句时，for 和 For 所代表的意思是一样的。

使用 for 语句循环代码时，还可以通过关键词 by 来设置循环的间隔，例如，将之前的一段代码更改为：

```
b=1
for i =1 to 5 by 2 do
(
  b=b+i
)
b
```

输入完成并执行后，可以在“MAXScript 侦听器”中查看变量 b 返回的计算结果为 10，如图 19-17 所示。从计算结果可以看出，这一次循环计算将根据关键词 by 的数值，每间隔 1 个数计算 1 次。

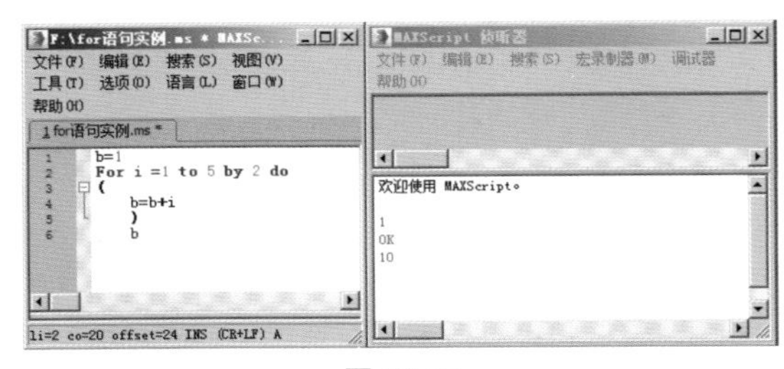

图 19-17

19.4.3 try 语句

在编写代码时，程序总是不可避免地出现一些意外情况而导致整个程序崩溃，代码终止，并可能还会弹出一大堆错误提示。代码越复杂，代码行越多，出现这种情况的概率就越大。为了解决这一问题，3ds Max 脚本也像其他的编程语言一样，提供了 try 语句来尝试执行一段代码，如果尝试成功了，就顺利执行该段代码，失败了，就直接跳过该段代码，执行后面的命令。

例如，在“MAXScript 编辑器”中输入以下代码：

```
try
(
  a="3ds Max"+2016
)
catch
(
      messageBox" 代码错了！ "
)
```

输入完成后并执行该代码，因为字符串和数值是无法通过 + 号连接的，所以 3ds Max 会自动跳过 try 语句中的内容，而直接执行 catch 语句中的内容，弹出内容为“代码错了！ ”的提示窗口，如图 19-18 所示。

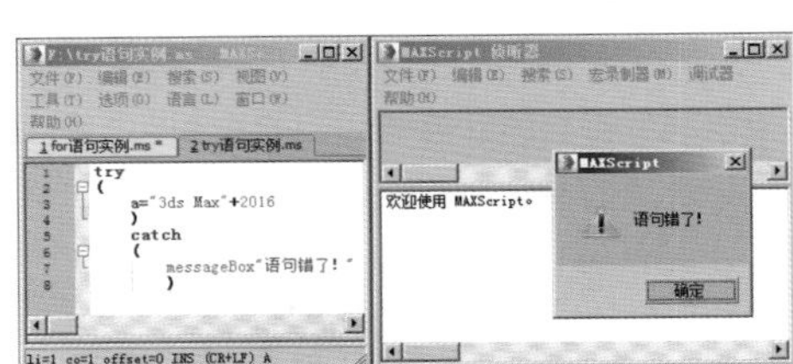

图 19-18

这样编程的好处是，3ds Max 不会因为语句错误而终止代码的运行，如果希望代码执行 try 语句内的结果，则需要将代码更改为：

```
try
(
  a="3ds Max"+"2016"
)
catch
(
      messageBox" 代码错了！ "
)
```

这样，在“MAXScript 侦听器”中即可看到变量 a 所返回的最终结果，如图 19-19 所示。

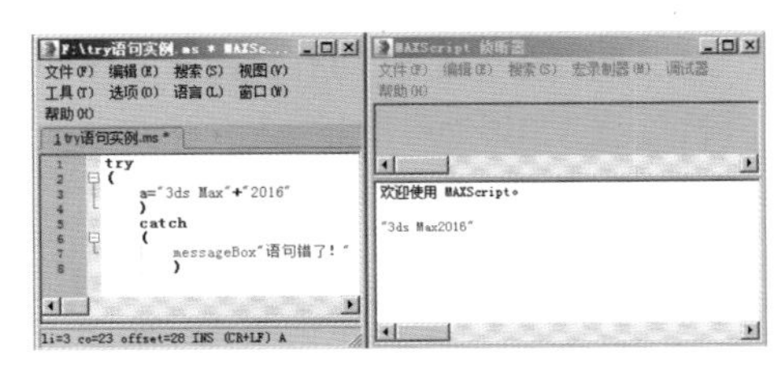

图 19-19

19.4.4　注释

当编写的代码行数越来越多的时候，我们看着满屏幕的代码，难免会忘记整个程序究竟完成了多少？再例如在当初编写的过程中，其中一段代码在遇到瓶颈的时候，就暂时放置着，先编写后面的代码，可是后来再回头查找之前未完成的那一段却很难找到，这怎么办？幸好，3ds Max 脚本提供了注释语句以帮助我们在适合的地方标注一下问题所在，或者记录一下已完成的地方。

如果只是注释一行代码，那么只需要在注释前加上两个“-”号即可，如图 19-20 所示。

如果需要注释的代码为多行，那么则需要在注释前加上“/*”号，然后在结尾的地方加上“*/”来标记注释结束，如图 19-21 所示。

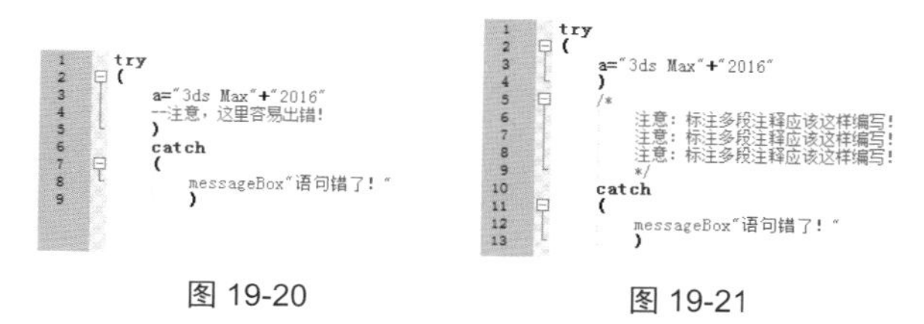

图 19-20　　图 19-21

> **小技巧**
>
> 在脚本编辑器中，绿色的文字代表“注释”，也就是说不会被 3ds Max 程序执行，所以可以使用中文；双引号内的紫色的文字代表“字符串”，这一部分也可以使用中文。其他地方，包括标点符号，务必全是英文。

19.5　MAXScript 侦听器

使用“MAXScript 侦听器”，可以很方便地查看我们在 3ds Max 中的操作所转换而成的 MAXScript 脚本语言，并且还可以随时在“MAXScript 侦听器”中执行一些简单的脚本操作。

3ds Max 2016 提供了以下两种打开“MAXScript 侦听器”的方式。

19.5.1　通过“菜单栏”打开 MAXScript 侦听器

启动 3ds Max 2016 软件，执行“脚本 /MAXScript 侦听器”命令，如图 19-22 所示，即可打开“MAXScript 侦听器”，如图 19-23 所示。

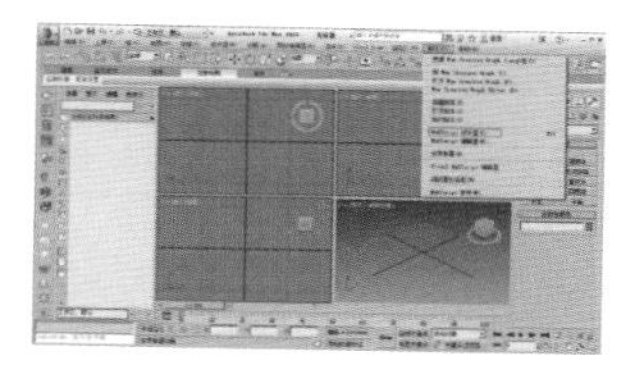

图 19-22

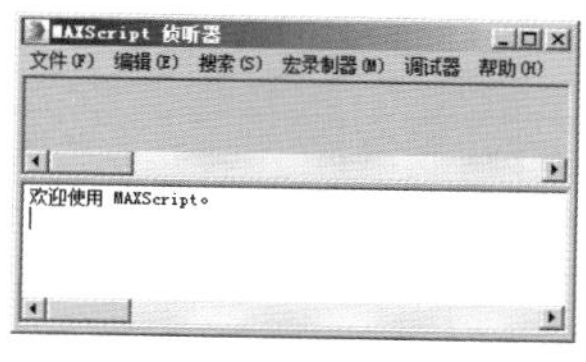

图 19-23

“MAXScript 侦听器”主要包含粉红色背景区域的“宏录制器”和白色背景区域的“脚本侦听器”这两部分。其中，“宏录制器”用于将用户的操作记录为脚本；而“脚本侦听器”则用于执行简单的脚本命令。

19.5.2　在“视图”中打开 MAXScript 侦听器

01 启动 3ds Max 2016，如图 19-24 所示。

02 在左视图中，执行“左 / 扩展视图 /MAXScript 侦听器”命令，如图 19-25 所示。

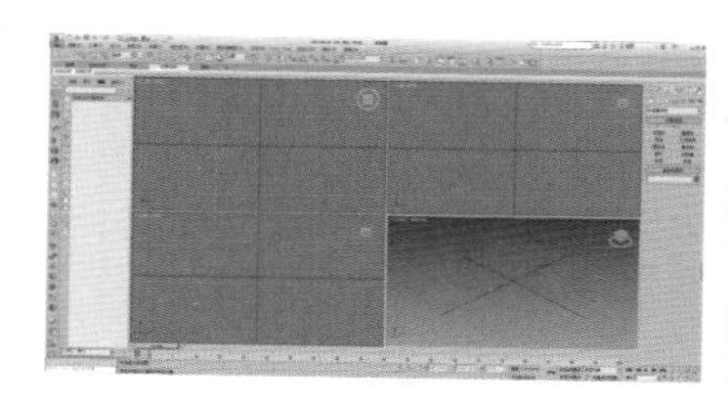

图 19-24

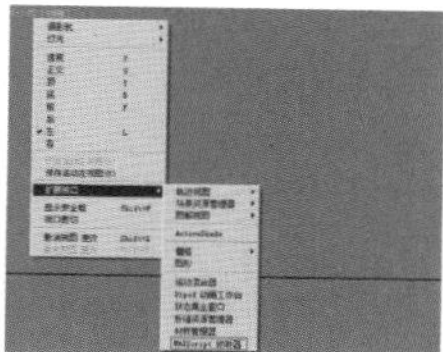

图 19-25

03 在视图中打开的“MAXScript 侦听器”，如图 19-26 所示。

04 如果希望将该视图返回之前的左视图，可以将鼠标移动至“MAXScript 侦听器”的菜单栏上任意位置处，右击，在弹出的快捷菜单中执行“左”命令即可，如图 19-27 所示。

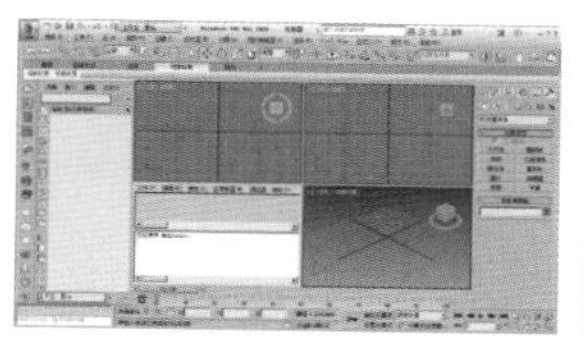

图 19-26

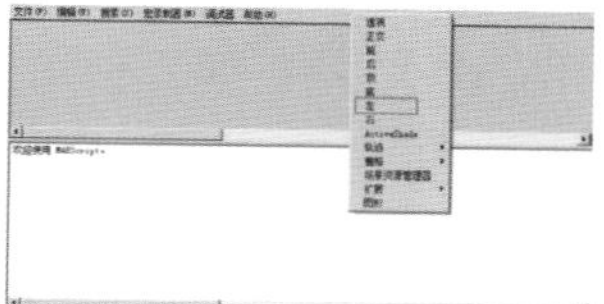

图 19-27

19.5.3　MAXScript 迷你侦听器

3ds Max 还提供了一个非常小巧的“MAXScript 迷你侦听器”，这个迷你型的“MAXScript 侦听器”位于 3ds Max 2016 软件界面的左下方位置，如图 19-28 所示。

图 19-28

实例操作：使用 MAXScript 侦听器查看脚本的生成

实例：使用 MAXScript 侦听器查看脚本的生成

实例位置：　无
视频位置：　视频文件 >CH19> 实例：使用 MAXScript 侦听器查看脚本的生成 .mp4
实用指数：　★☆☆☆☆
技术掌握：　掌握 MAXScript 侦听器得使用方法。

在本例中，讲解如何使用 MAXScript 侦听器来快速查看我们在 3ds Max 软件中的操作是如何转换成脚本语言的。

01 启动 3ds Max 2016，执行“脚本 /MAXScript 侦听器”命令，打开“MAXScript 侦听器”面板，如图 19-29 所示。

02 在“MAXScript 侦听器”面板中，执行“宏录制器 / 启用”命令，如图 19-30 所示。

图 19-29

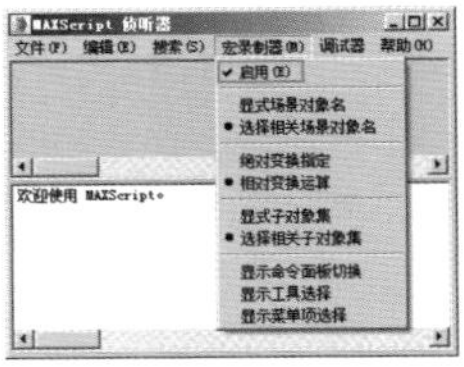

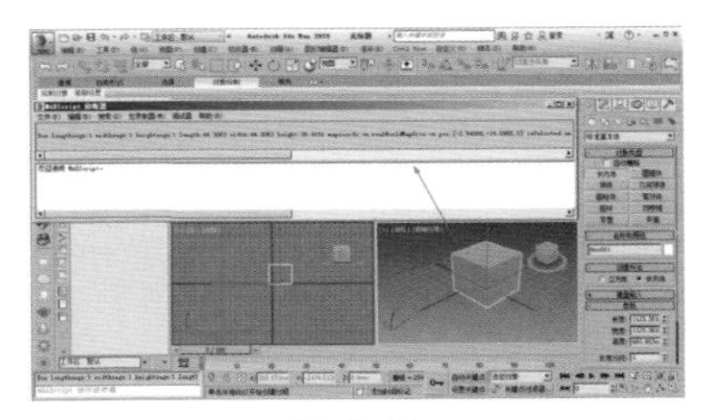

图 19-30

03 在“创建”面板中，单击“长方体”按钮，在场景中任意处创建一个长方体对象。在创建的过程中，即可在“MAXScript 侦听器”面板中查看脚本的生成，如图 19-31 所示。

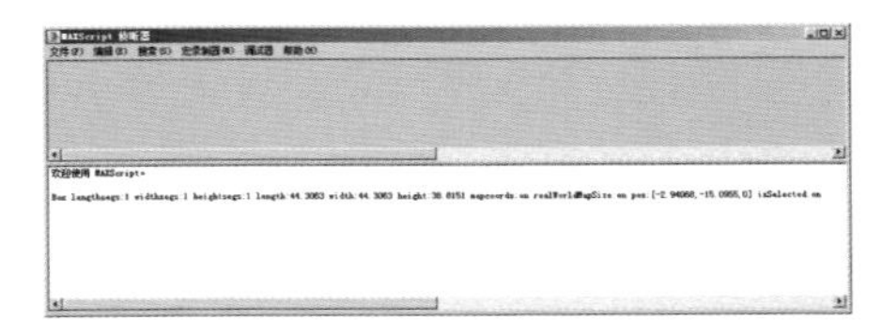

图 19-31

04 将“MAXScript 侦听器”中生成的命令选中并复制，粘贴至“MAXScript 侦听器”面板中白色背景的脚本运行位置，如图 19-32 所示。

图 19-32

05 在“MAXScript 侦听器”中，按数字键盘的 Enter 键，运行这一行脚本，即可在 3ds Max 的视图中看到一个新的长方体被创建出来，如图 19-33 所示。

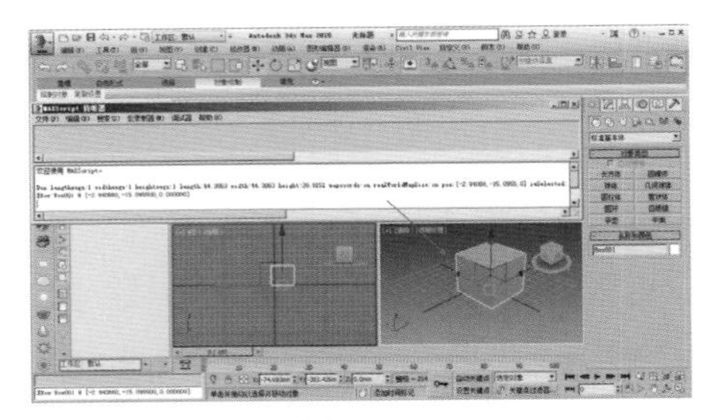

图 19-33

19.6 脚本编写

在学习“脚本”之前，首先应当学习“脚本”的创建，再学习脚本的运行、保存，以及在哪里可以找到我们用“脚本”制作的工具。

19.6.1 新建脚本

启动 3ds Max 2016 软件，执行“脚本 / 新建脚本”命令，即可打开 MAXScript 编辑器，如图 19-34 所示。

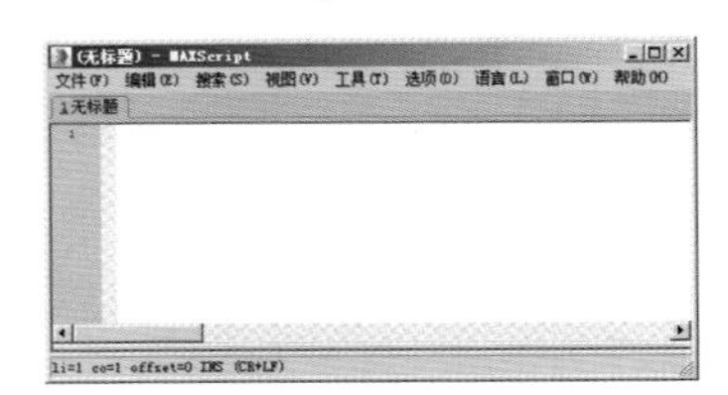

图 19-34

在 MAXScript 编辑器中，可以通过直接输入单个或多个命令行的方式进行脚本的编写工作。编写完成后，执行“文件 / 保存”命令，可以将编写好的脚本存储到本地硬盘中。

实例操作：使用新建脚本编写循环创建球体命令

实例：使用新建脚本编写循环创建球体命令

实例位置：　无
视频位置：　视频文件 >CH19> 实例：使用新建脚本编写循环创建球体命令 .mp4
实用指数：　★★☆☆☆
技术掌握：　掌握 MAXScript 语言的基本编写方法。

在本例中，讲解编写 MAXScript 的基本思路，在 3ds Max 软件中执行我们的语句并查看结果。

01 启动 3ds Max 2016 后，执行“脚本 / 新建脚本”命令，打开“MAXScript 编辑器”，如图 19-35 所示。

02 执行“脚本 /MAXScript 侦听器”命令，打开“MAXScript 侦听器”面板，如图 19-36 所示。

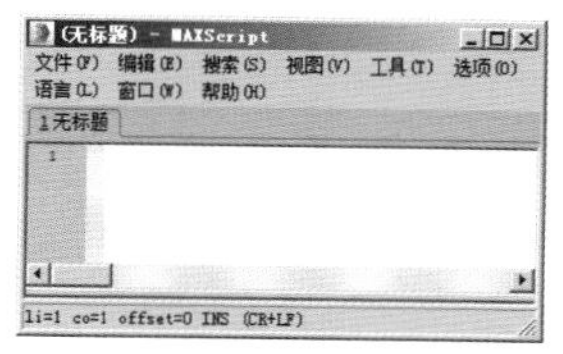

图 19-35

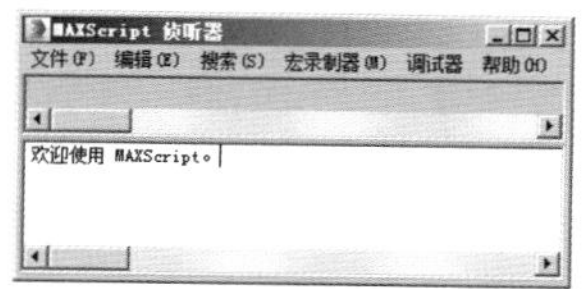

图 19-36

03 首先，通过脚本语言创建一个球体，在编写脚本前，可以先将命令写在“MAXScript 侦听器”面板中并执行一次试试，如果正确再将语句复制粘贴至通过执行“新建脚本”命令所打开的“MAXScript 编辑器”中。

04 现在在“MAXScript 侦听器”面板中，输入以下代码：

```
Sphere()
```

输入完成后，按下数字键盘上的 Enter 键，执行一下，如图 19-37 所示。

05 执行代码后，可以在透视视图中看到场景中创建出了一个球体对象，这说明我们之前输入的代码为正确的代码，如图 19-38 所示。

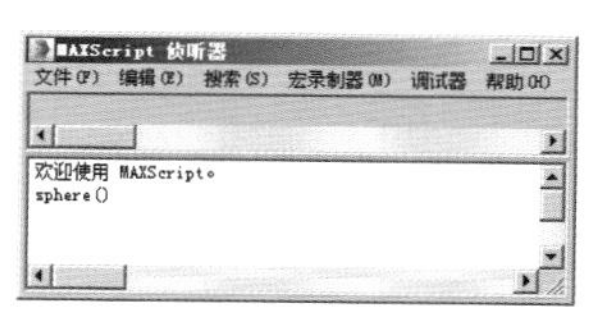

图 19-37

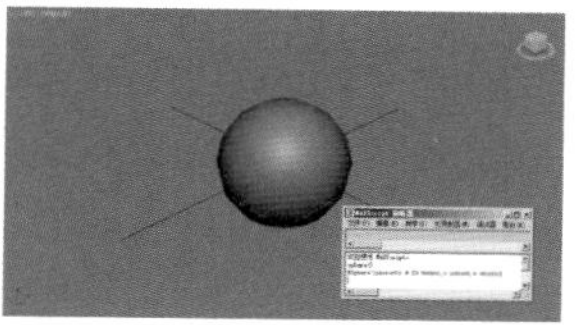

图 19-38

06 接下来，设置循环语句来重复创建球体。在“MAXScript 编辑器”中，输入以下代码：

```
for i in 1 to 5 do
(
  CreatSphere=sphere()
)
```

将创建球体的语句“sphere()”放进一个变量“CreatSphere”中，这样使用 for 语句进行从 1 到 5 的 5 次循环中，变量 CreatSphere 可以不断存储当前发生的“正在创建球体”这一事件，如图 19-39 所示。

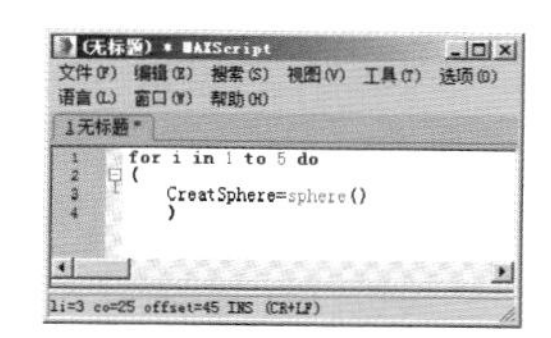

图 19-39

小技巧

变量可以使用任意的单个字母或者单词这样的字符串来代替使用，但是尽量避开 MAXScript 所支持的关键词，也不要使用中文。另外，在编写语句的时候，一定要使用英文输入法以保证不会在标点上出现问题。

07 在“MAXScript 编辑器”中，执行“工具 / 计算所有”命令，如图 19-40 所示，即可将这组代码在 3ds Max 中运行，在透视视图中观察结果，可以看到场景中坐标原点处创建了 5 个球体，如图 19-41 所示。

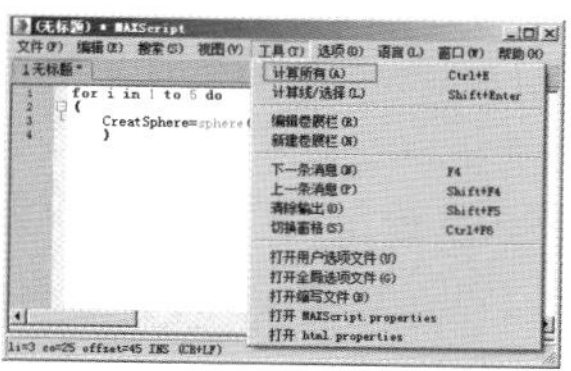

图 19-40

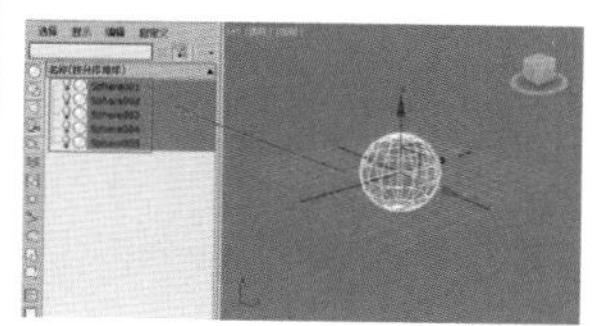

图 19-41

08 接下来，修改一下代码，让每个球体在创建完成后，重新定义球体的位置，这样我们可以更加方便地查看究竟有几个球体被创建了出来。

09 将之前场景中的所有球体删除掉，并在原来代码的基础上添加如下代码：

```
CreatSphere.pos.x=100*i
```

添加完成后，如图 19-42 所示。这样，通过对变量“CreatSphere”的 *X* 方向位置进行更改，使每一次创建出来的球体的位置，随着循环的次数不断增加。

10 再次执行“工具 / 计算所有”命令，即可在视图中看到 3ds Max 创建了 5 个新的球体，并且每一个球体在 *X* 方向的位置上都有所偏移，如图 19-43 所示。

图 19-42

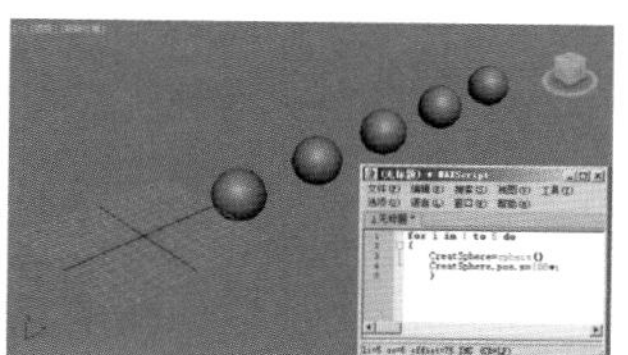

图 19-43

11 脚本编写完成后，执行“文件 / 保存”命令，即可将刚刚编写的脚本存储到本地的硬盘中，方便以后继续使用，如图 19-44 所示。

12 保存完成后的脚本文件，如图 19-45 所示。

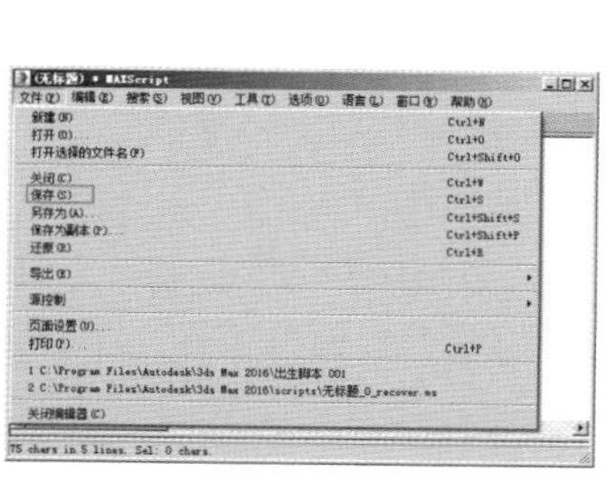

图 19-44

图 19-45

19.6.2 Visual MAXScript 编辑器

Visual MAXScript 编辑器是 3ds Max 供的一种可视化的脚本编辑器。用户可以通过该编辑器很方便地绘制出文字、按钮、滑块、文本框等用于创建面板的元素，大大简化了脚本程序语言的编写工作，使脚本的开发变得生动可见，如图 19-46 所示。

执行“脚本 /Visual MAXScript 编辑器”命令，即可打开“可视 MAXScript”面板，如图 19-47 所示。

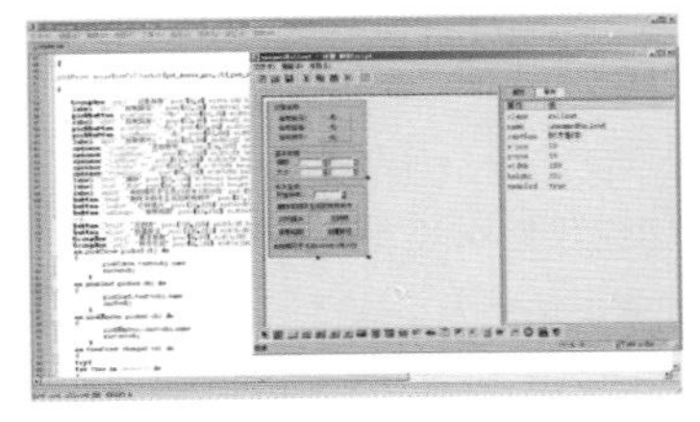

图 19-46

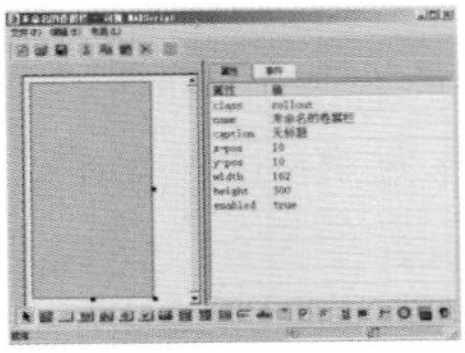

图 19-47

工具解析

✦ 选择：单击此按钮可以选择在“可视 MAXScript”面板中的各种控件。

✦ 位图：新建位图控件。

✦ 按钮：新建一个按钮。

✦ 贴图按钮：用于创建贴图按钮。

✦ 材质按钮：用于创建材质按钮。

✦ 拾取按钮：新建一个拾取按钮。

✦ 复选按钮：新建一个复选按钮。

✦ 颜色拾取器：用于创建颜色拾取器控件。

✦ 组合框：创建组合框。

✦ 下拉列表：创建下拉列表控件。

✦ 列表框：创建列表框控件。

✦ 编辑框：新建编辑框。

✦ 标签：新建标签控件。

✦ 组框：新建组框。

✦ 复选框：新建复选框。

✦ 单选按钮：新建单选按钮。

✦ 微调器：新建微调器控件。

✦ 进度条：新建进度条。

✦ 滑块：新建滑块控件。

✦ 计时器：新建计时器控件。

✦ ActiveX 控件：新建 ActiveX 控件。

✦ 自定义：新建自定义用户界面项。

实例操作：使用 Visual MAXScript 编辑器完善脚本

实例：使用 Visual MAXScript 编辑器完善脚本

实例位置：无

视频位置：视频文件 >CH19> 实例：使用 Visual MAXScript 编辑器完善脚本 .mp4

实用指数：★★★★★

技术掌握：掌握 Visual MAXScript 编辑器的使用方法。

在本例中，讲解如何使用 Visual MAXScript 编辑器完善我们的脚本产品。

01 启动 3ds Max 2016 后，执行“脚本 / 新建脚本”命令，打开“MAXScript 编辑器”，新建一个空白的脚本文件，如图 19-48 所示。

02 执行“工具 / 新建卷展栏”命令，如图 19-49 所示。

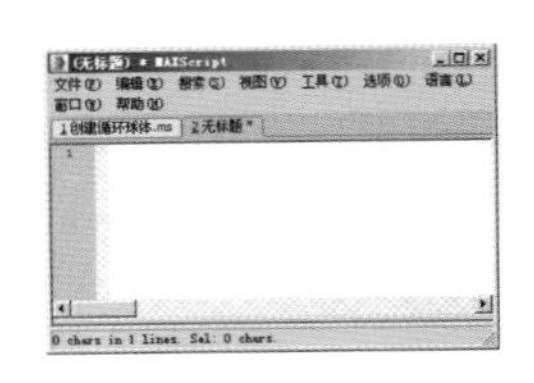

图 19-48

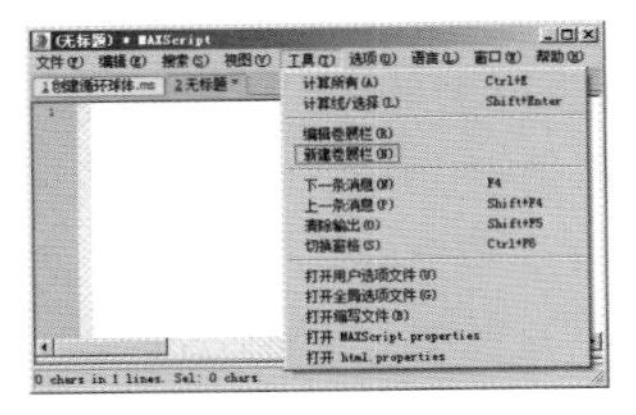

图 19-49

03 打开“可视 MAXScript”面板，如图 19-50 所示。

04 在“可视 MAXScript”面板中，重新设置 name 为 CSphere，设置 caption 为“创建球体”，如图 19-51 所示。

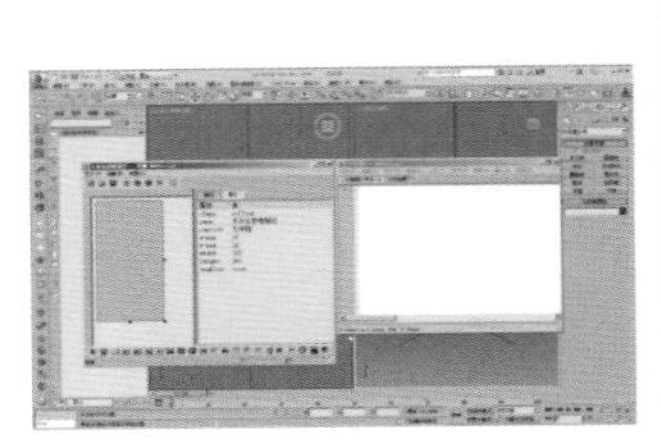

图 19-50

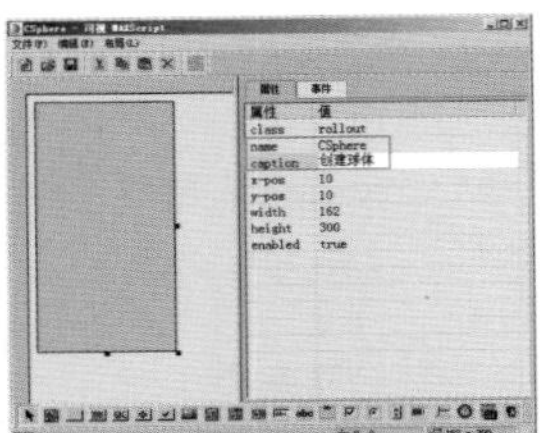

图 19-51

05 单击“组框”按钮，在“可视 MAXScript”面板的工作区中，绘制一个组框，并设置 caption 为“参数设置”，如图 19-52 所示。

06 单击“微调器”按钮，在组框内部绘制一个微调器，设置其 caption 为“数量：”，type 选择为“#integer”，如图 19-53 所示。这样，该微调器的名称显示为“数量：”，其数值只能调整为整数。

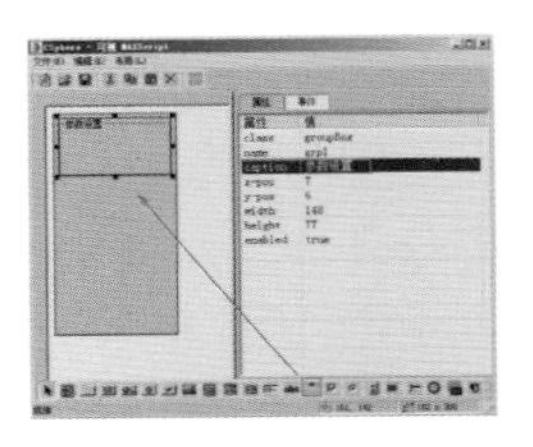

图 19-52

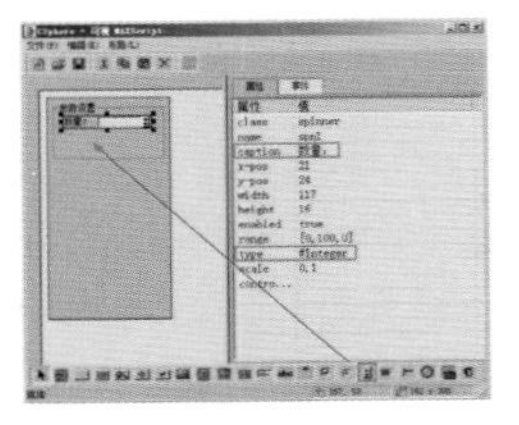

图 19-53

07 在工作区中选择刚刚绘制的微调器。按下快捷键 Ctrl+C，再按下快捷键 Ctrl+V，复制出一个新的微调器，重新调整其位置，如图 19-54 所示，并设置 caption 为“距离：”。

08 单击“按钮”按钮，在组框下方绘制一个按钮，并设置 caption 为“创建球体”，如图 19-55 所示。

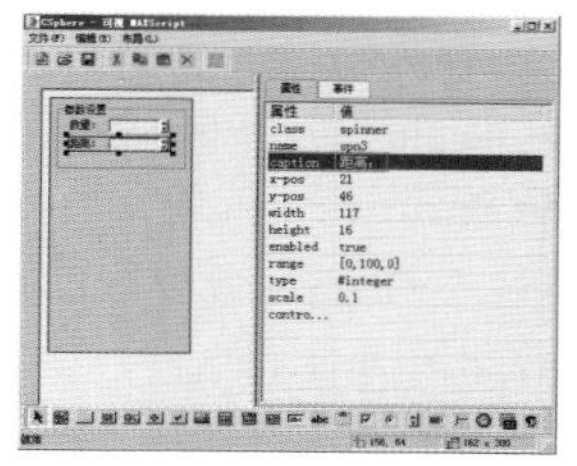

图 19-54

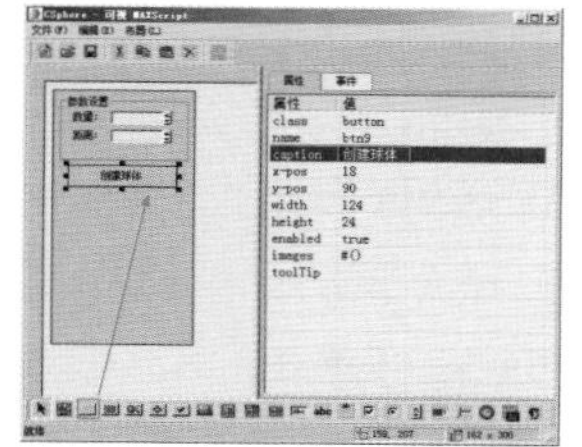

图 19-55

09 选择按钮，在“事件”选项卡中单击“pressed”，则弹出“编辑事件处理程序”对话框，在这里可以看到 3ds Max 已经生成了一条代码：on btn1 pressed do，如图 19-56 所示。

10 在“编辑事件处理程序”对话框中，输入以下代码：

```
for i in 1 to spn1.value do
(
CreatSphere=sphere()
CreatSphere.pos.x=spn2.value*i
)
```

如图 19-57 所示。

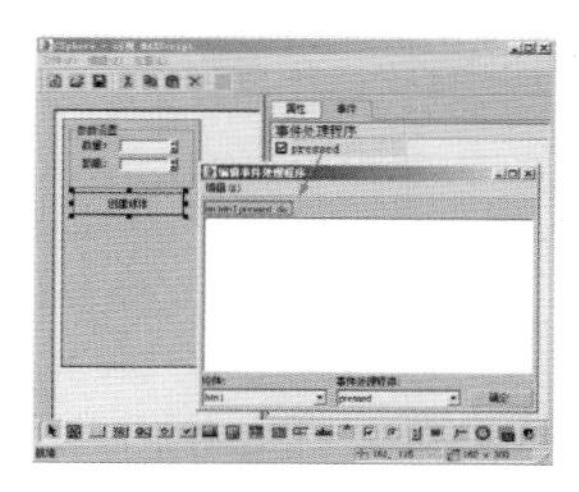

图 19-56

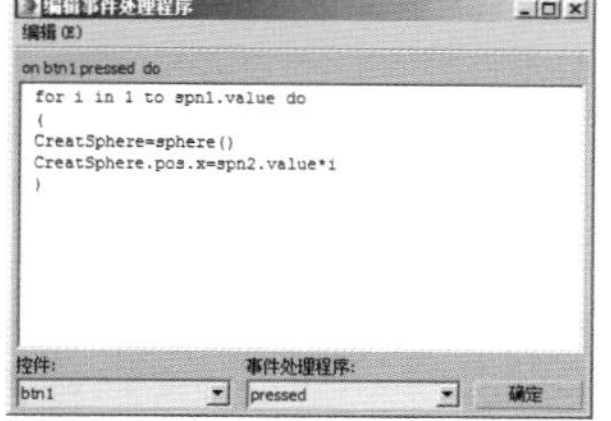

图 19-57

11 在工作区中以拖曳的方式更改面板的大小，如图 19-58 所示，使之符合我们的面板布局。

12 设置完成后，单击“保存”按钮，即可在“MAXScript 编辑器”中查看可视化脚本编辑器自动生成的完整代码，如图 19-59 所示。

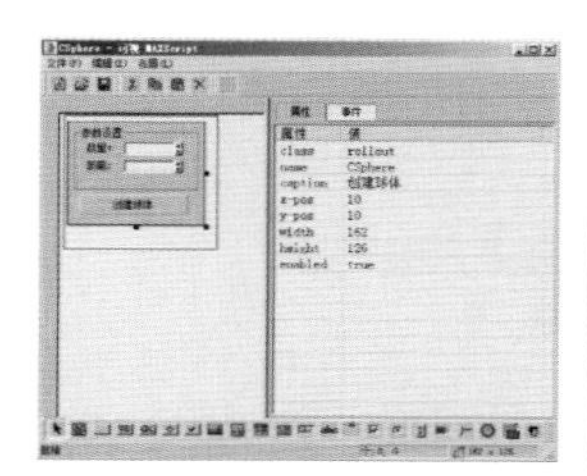

图 19-58

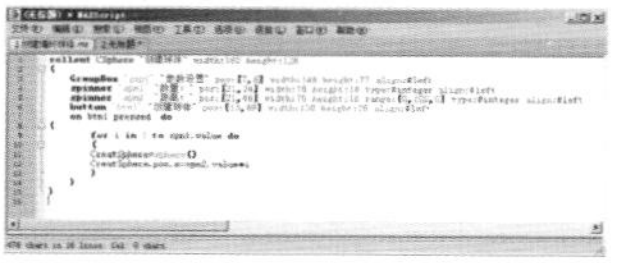

图 19-59

13 现在，我们即将完成这个脚本。在整个脚本的底部添加如下一行代码：

```
createdialog CSphere "创建球体"
```

添加完成后，如图 19-60 所示。

图 19-60

14 在“MAXScript 编辑器”中，执行“工具 / 计算所有”命令，即可看到我们制作好的脚本工具面板，如图 19-61 所示。

15 在“创建球体”对话框中，设置“数量”为 10，“距离”为 80，如图 19-62 所示。

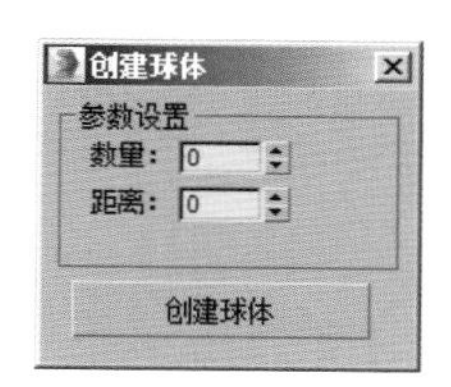

图 19-61

图 19-62

16 单击“创建球体”按钮后，即可在视图中查看球体的创建结果，如图 19-63 所示。

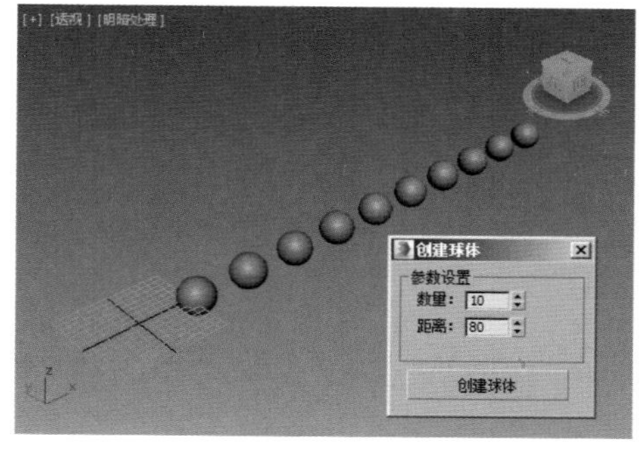

图 19-63

19.6.3　Max Creation Graph

3ds Max 2016 提供了一种新的用于编写生成脚本的工具，就是 Max Creation Graph（简称 MCG），MCG 使用节点式的操作来创建脚本，为进行 3ds Max 二次开发的程序员提供了全新的编程界面，使程序员可以在不必记忆大量 MAXScript 命令及复杂语法的条件下，也可以快速进行程序的编写工作，从而节省了大量的时间。

在 3ds Max 2016 的菜单栏上执行“脚本 / 新 Max

Creation Graph”命令，即可打开 Max Creation Graph 面板，如图 19-64 所示。

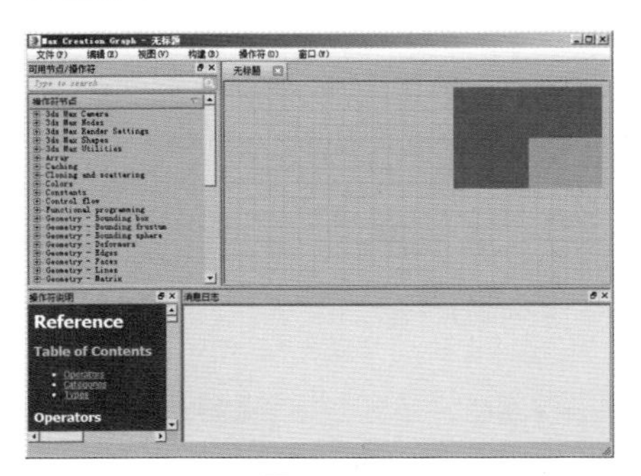

图 19-64

Max Creation Graph 面板主要分为“操作符节点”“操作符说明”“工作区”和“消息日志”4 个部分。

实例操作：使用 Max Creation Graph 开发新的按钮

实例：使用 Max Creation Graph 开发新的按钮

实例位置：　无

视频位置：　视频文件 >CH19> 实例：使用 Max Creation Graph 开发新的按钮 .mp4

实用指数：　★★☆☆☆

技术掌握：　掌握 Max Creation Graph 的使用方法。

在本例中，讲解如何使用 Max Creation Graph 来开发一个新的创建按钮。

01 启动 3ds Max 2016 软件，执行“脚本 / 新 Max Creation Graph”命令，打开 Max Creation Graph 面板，如图 19-65 所示。

02 在“操作符节点”中，展开 Geometry-TriMesh 命令，选择 CreateBox 节点，并将其拖曳至工作区中，可以看到该节点上显示有长方体的 3 个属性，分别为 width（宽度）、height（高度）和 depth（深度），如图 19-66 所示。

图 19-65　　图 19-66

03 在“操作符节点”中，展开 Parameters 命令，选择 Parameter：Single 节点，并将其拖曳至工作区中。在该节点中，主要可以设置对象的名称及数值等属性，如图 19-67 所示。

04 在 Parameter：Single 节点中，设置该节点的名称为 length，设置该节点的 default（默认值）为 5，如图 19-68 所示。

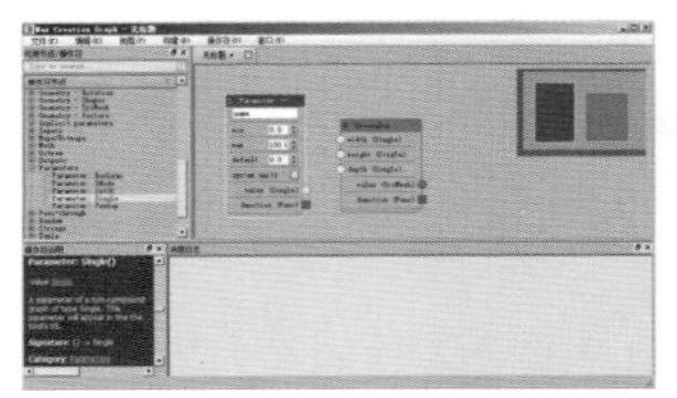

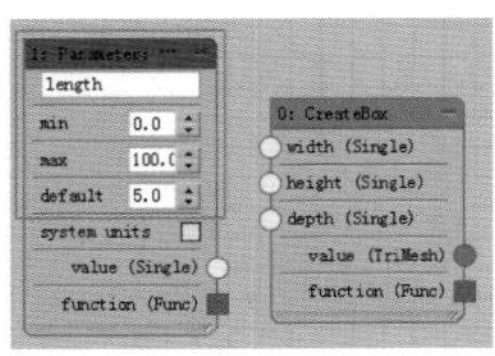

图 19-67　　图 19-68

05 将 Parameter：Single 节点的 value 分别连接至 CreateBox 节点的 width（宽度）、height（高度）和 depth（深度）这 3 个属性上，如图 19-69 所示。

06 在“操作符节点”中，展开 Outputs 命令，选择 Output：geometry 节点，并将其拖曳至工作区中。使用该节点，可以将之前的节点最终输出为几何体，如图 19-70 所示。

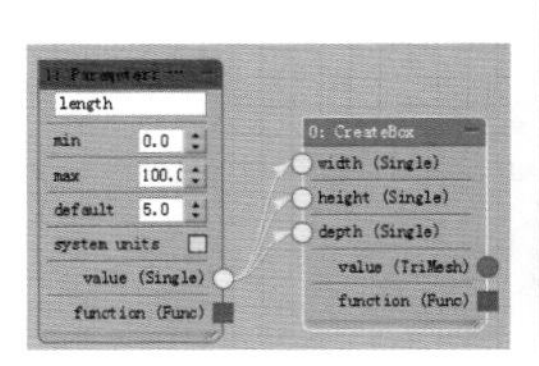

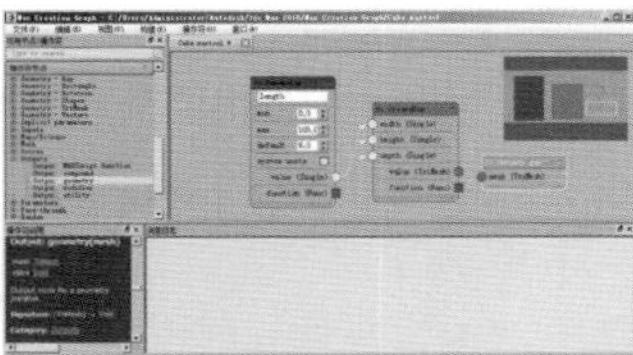

图 19-69　　图 19-70

07 将 CreateBox 节点的 value（值）连接至 Output：geometry 节点的 mesh（网格）属性上，如图 19-71 所示。

08 设置完成后，执行“文件 / 保存”命令，将其保存为名称为 Cube 的 MCG 文件，保存完成后，可以在“消息日志”中查看到保存的结果，如图 19-72 所示。

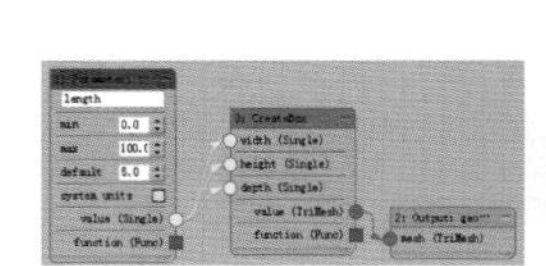

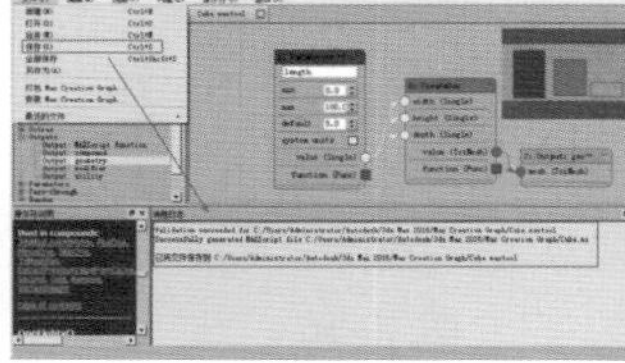

图 19-71　　图 19-72

09 保存完成后，执行“构建 / 评估”命令，可以看到在“消息日志”中显示出来的运行成功的结果，如图 19-73 所示。

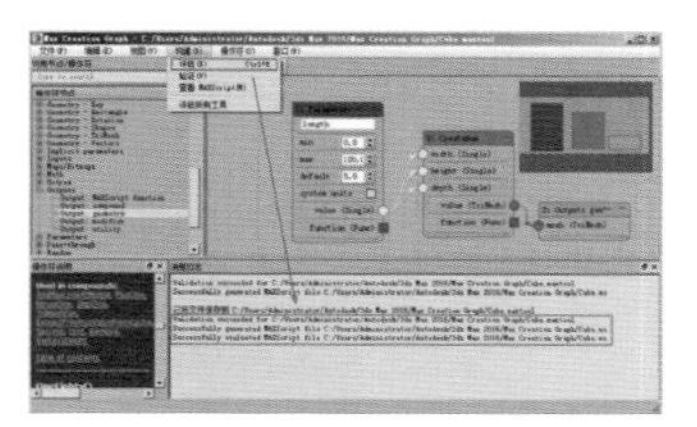

图 19-73

10 运行完成后，单击“创建”面板中的下拉列表，此时可以看到在列表的最下方出现了一个 Max Creation Graph 选项，如图 19-74 所示。

11 选择 Max Creation Graph 选项，则可以看到这里出现了一个名称为 Cube（立方体）的按钮，如图 19-75 所示。

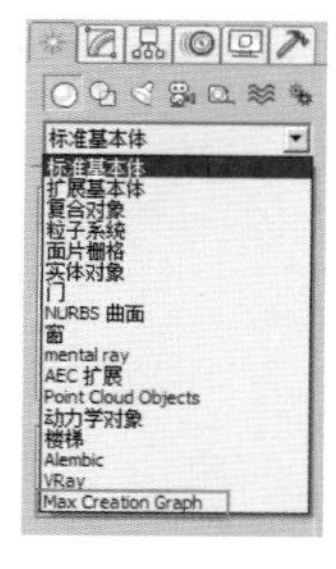

图 19-74

19-75

12 单击 Cube 按钮，即可在场景中以单击的方式创建出一个立方体对象，同时，在其下方的属性卷展栏中，还可以看到我们刚刚设置的 length（长度）属性，如图 19-76 所示。

13 在“修改”面板中，调整其 length（长度）值，即可在场景中查看立方体的边长变化，如图 19-77 所示。

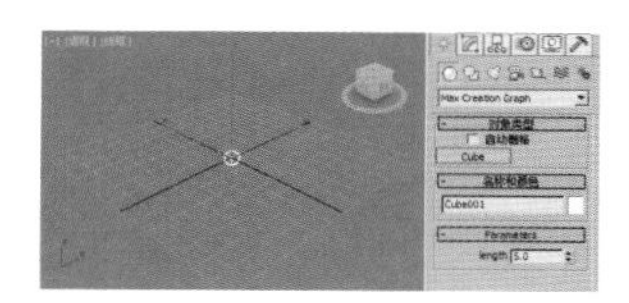
图 19-76

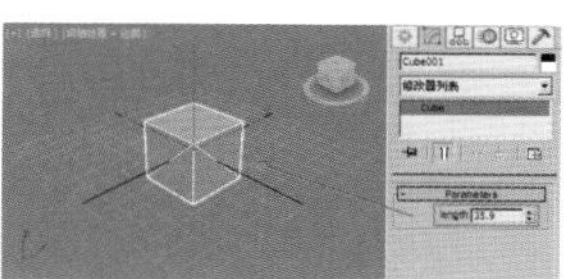
图 19-77

14 这样，我们就通过使用 Max Creation Graph 工具以创建并编辑节点的工作方式为 3ds Max 2016 开发出了一个简单的小按钮。

19.6.4　“属性承载器”修改器

“属性承载器”修改器非常特殊，因为这个修改器中什么参数都没有，完全是一个空白的修改器，是 3ds Max 为用户提供的一个用于自己添加自定义属性的空修改器，如图 19-78 所示。

用户如果要在“属性承载器”修改器中添加自定义属性，则需要掌握一定的脚本编写语法，如图 19-79 所示为通过编写脚本在“属性承载器”修改器中添加出来的参数命令。

图 19-78

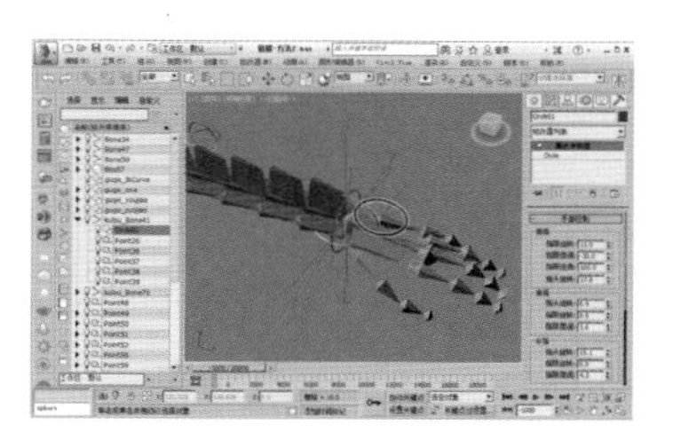
图 19-79

实例操作：使用脚本为属性承载器添加自定义属性

实例：使用脚本为属性承载器添加自定义属性

实例位置：　无
视频位置：　视频文件 >CH19> 实例：使用脚本为属性承载器添加自定义属性 .mp4
实用指数：　★★★★☆
技术掌握：　掌握属性承载器的使用方法。

在本例中，讲解通过编写脚本来为“属性承载器”修改器添加自定义属性，并使其产生作用的方法。

01 启动 3ds Max 2016 软件，在“创建”面板中，单击“茶壶”按钮，在场景中创建一个茶壶对象，如图 19-80 所示。

图 19-80

02 单击“圆”按钮，在场景中创建一个圆形对象，如图 19-81 所示。

图 19-81

03 执行“脚本 / 新建脚本”命令，打开“MAXScript 编辑器”，如图 19-82 所示。

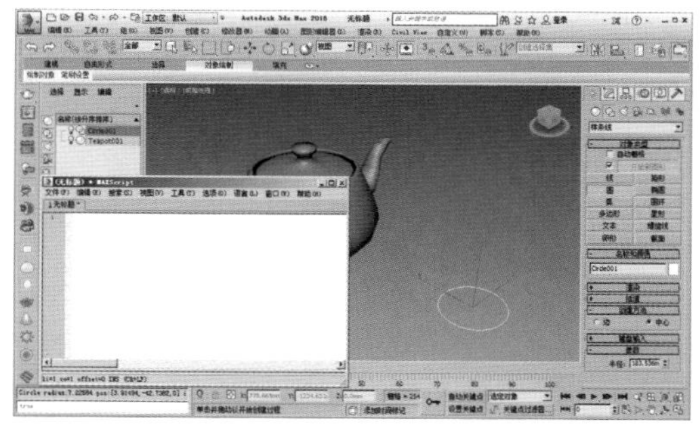
图 19-82

04 在“MAXScript 编辑器”中，输入以下代码：

```
ca=attributes rotateteapot
(
)
custAttributes.add $.modifiers[1] ca
```

在第一行代码中，声明一个名称为 rotateteapot 的属性，并将这一属性放置于变量 ca 中，同时，在最后一行通过 custAttributes.add 将 ca 这一变量添加至所选择对象的第一个修改器中，如图 19-83 所示。

05 在变量 ca 中添加如下代码：

```
parameters params rollout:teapot
  (
          rotateteapot_x type:#angle
ui:(sld1)
          rotateteapot_y type:#angle
ui:(sld2)
  )
```

在属性 rotateteapot 内设置两个名称分别是 rotateteapot_x 和 rotateteapot_y 的新属性，用于分别控制茶壶对象 X 轴向和 Y 轴向的旋转程度，如图 19-84 所示。

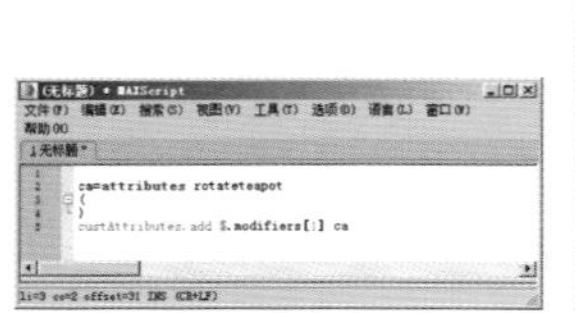

图 19-83

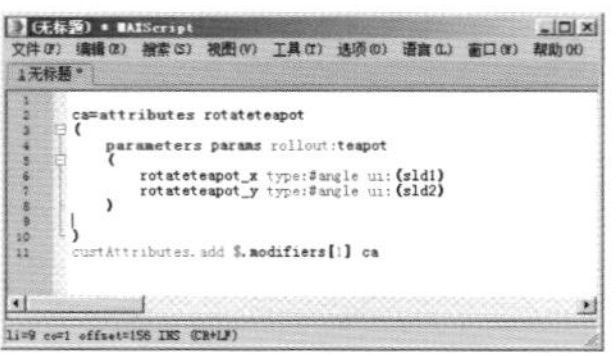

图 19-84

06 执行“工具/新建卷展栏”命令，打开“可视 MAXScript”面板，如图 19-85 所示。

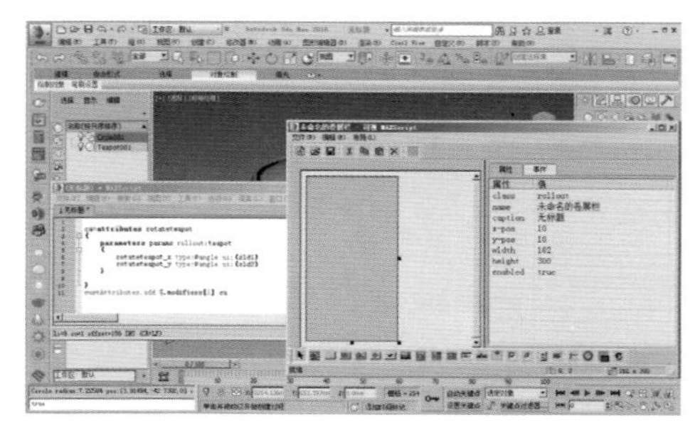

图 19-85

07 在“可视 MAXScript”面板中，设置面板的 name 为 teapot，设置 caption 为“茶壶方向控制”，如图 19-86 所示。

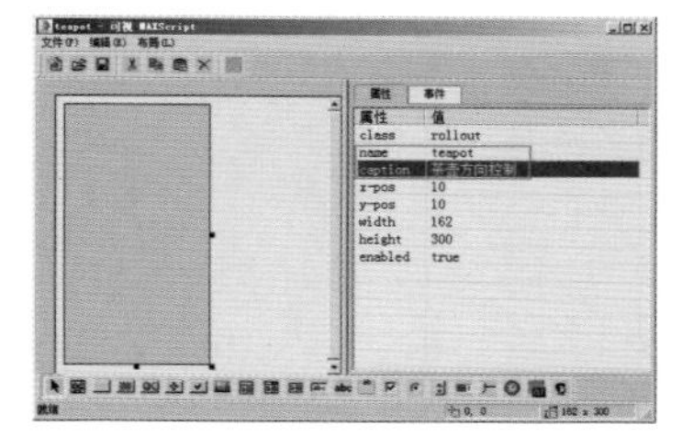

图 19-86

08 单击“滑块”按钮，在“可视 MAXScript”面板的工作区中，绘制一个滑块，并设置 caption 为“X 轴旋转：”，设置 range 为 [-100，100,0]，如图 19-87 所示。

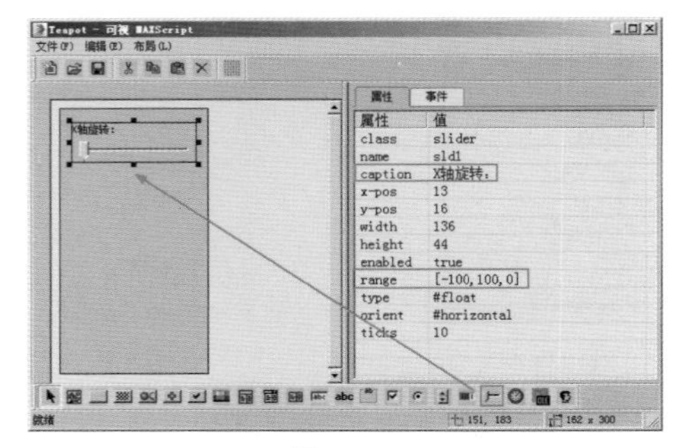

图 19-87

09 以相同的方式再次绘制一个滑块，并设置 caption 为“Y 轴旋转：”，设置 range 为 [-100，100,0]，如图 19-88 所示。

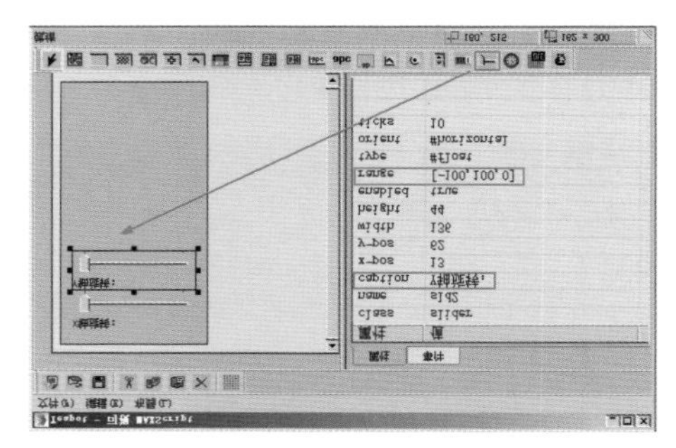

图 19-88

10 设置完成后，单击“保存”按钮，并关闭“可视 MAXScript”面板，即可在“MAXScript 编辑器”中看到新生成的代码，如图 19-89 所示。

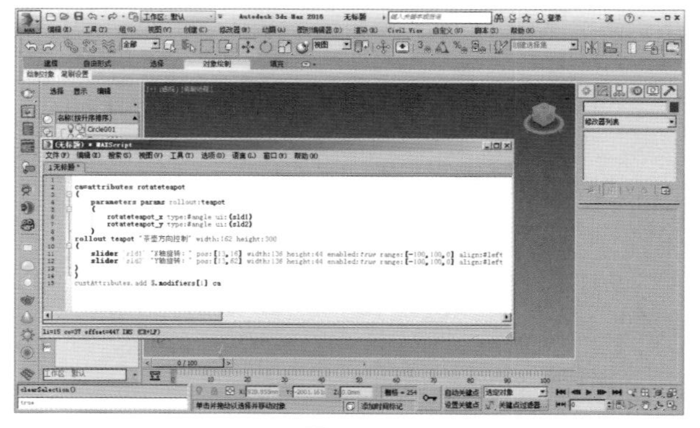

图 19-89

11 选择场景中的圆形，在“修改”面板中添加一个“属性承载器”修改器，如图 19-90 所示。

图 19-90

12 在“MAXScript 编辑器”中执行“工具 / 计算所有”命令，如图 19-91 所示。

图 19-91

13 在“修改”面板中，可以看到“属性承载器”修改器内生成了新设置的参数，如图 19-92 所示。

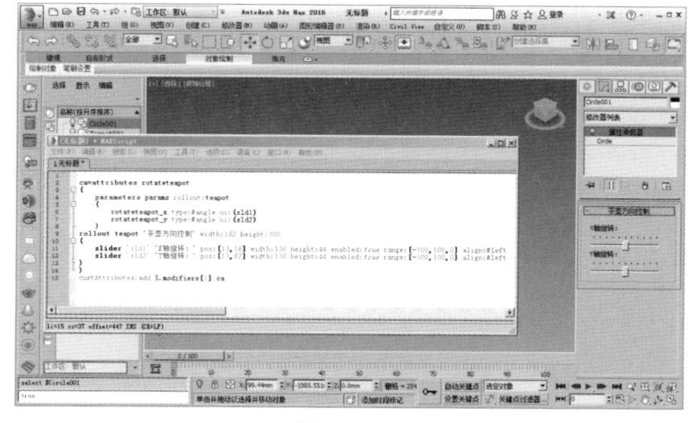

图 19-92

14 参数添加完成后，将编写好的脚本保存，即可关闭“MAXScript 编辑器”。接下来，为添加好的参数设置“连线参数”操作。

15 选择场景中的圆形，右击，在弹出的快捷菜单中执行“连线参数”命令，如图 19-93 所示。

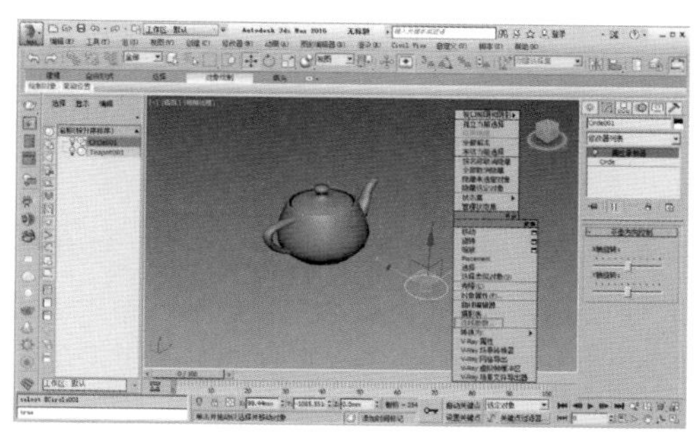

图 19-93

16 在弹出的菜单中执行“修改对象 / 属性承载器 / rotateteapot/rotateteapot_x”命令，如图 19-94 所示。

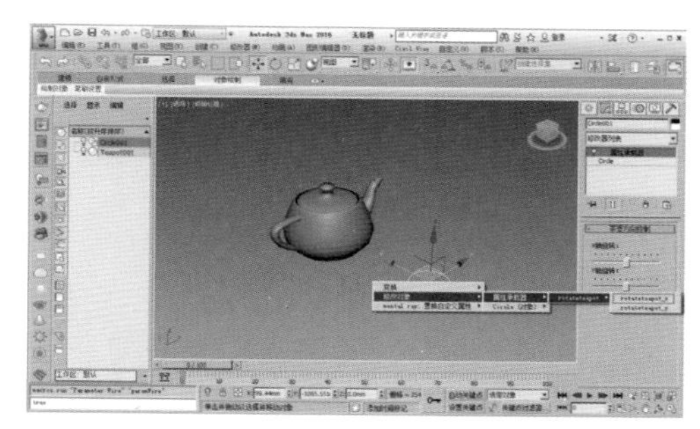

图 19-94

17 执行完成后，会从圆形图形上显示出一条虚线，此时再移动鼠标至场景中的茶壶对象上单击，在弹出的菜单中执行“变换 / 旋转 /X 轴旋转”命令，如图 19-95 所示。即可打开“参数关联”面板，如图 19-96 所示。

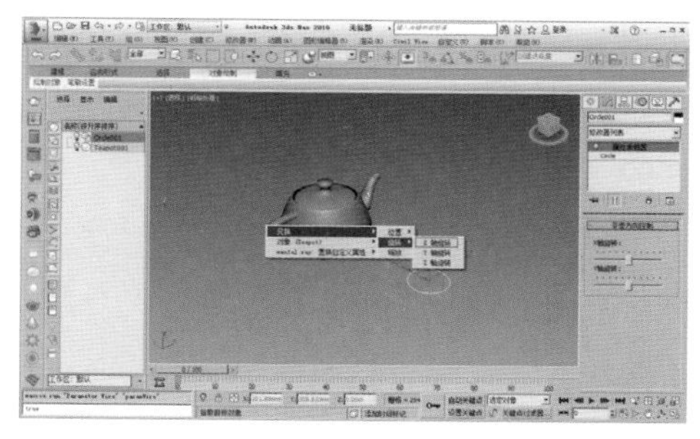

图 19-95

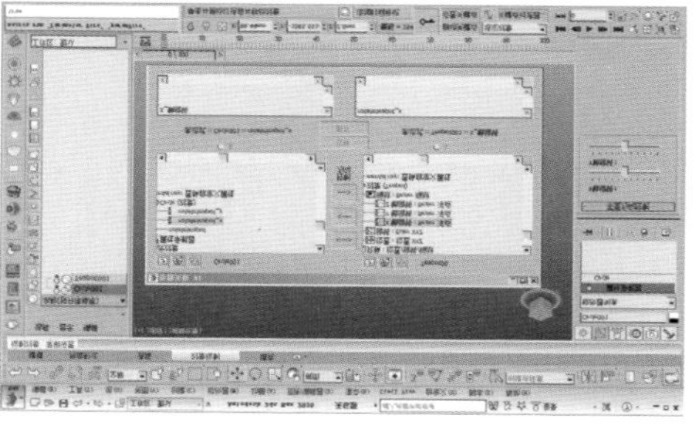

图 19-96

18 在“参数关联”面板中，先单击“单项连接：左参数控制右参数”按钮，再单击“连接”按钮，即可设置使用圆形的“X 轴旋转”命令对茶壶的 *X* 轴方向旋转产生影响，如图 19-97 所示。

19 设置完成后，关闭“参数关联”面板。选择场景中的圆形对象，拖曳其“属性承载器”修改器中的“X 轴旋转”滑块，即可看到茶壶对象在 *X* 轴向上产生的旋转结果，如图 19-98 所示。

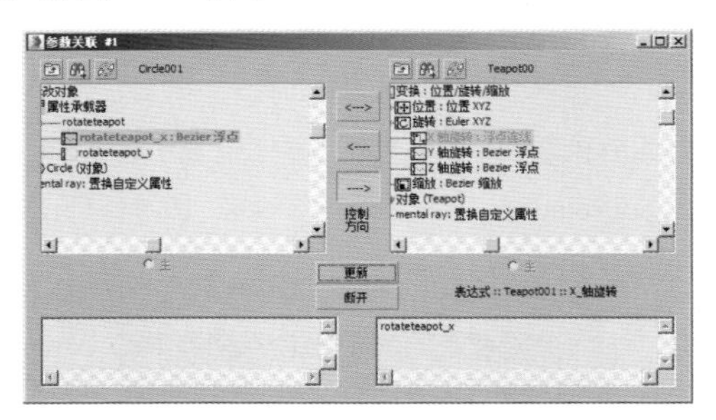

图 19-97

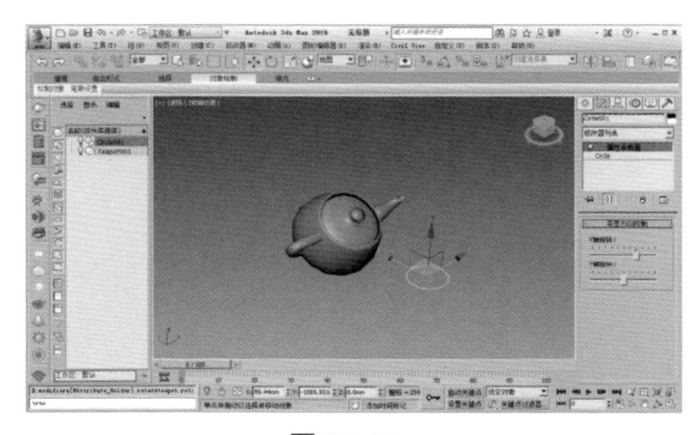

图 19-98

20 以相同的方式设置圆形对象“属性承载器”修改器中的“Y 轴旋转”滑块对茶壶对象 *Y* 轴向旋转的参数关联，如图 19-99 所示。

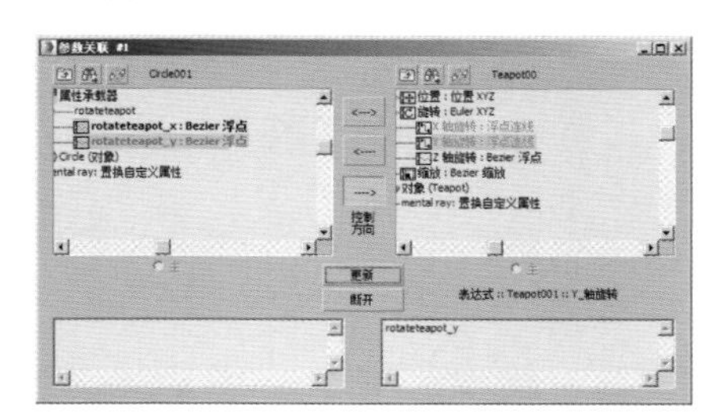

图 19-99

21 设置完成后，关闭“参数关联”面板。选择场景中的圆形对象，拖曳其“属性承载器”修改器中的“Y 轴旋转”滑块，即可看到茶壶对象在 *Y* 轴向上产生的旋转结果，如图 19-100 所示。

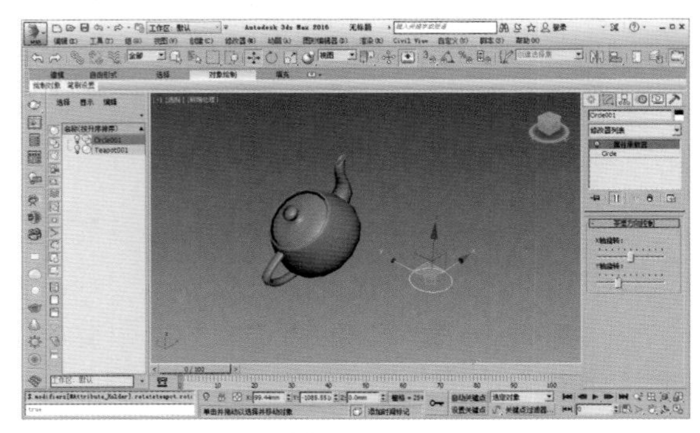

图 19-100

以上，就是通过脚本来对“属性承载器”修改器添加自定义属性的基本用法，读者可以根据此案例，举一反三，在实际工作中制作出自己需要的属性。

19.7 本章总结

本章为大家讲解了脚本的编写及使用知识，通过几个简单的案例使大家快速学习到了 3ds Max 脚本这一工具的基本使用方法。脚本这一部分知识，可以说就是编程，如果你是动画师，那么只需要掌握少量的脚本以应付自己的动画工作即可，如果你是程序开发工程师，那么则需要掌握大量的脚本知识来编写复杂的代码来开发 3ds Max 的其他功能。总之，学习本章只是一个开始，再复杂的脚本也是由大量简单的事件构成的，所以不要将学习脚本看作是一件枯燥而可怕的事情，大家可以在不断地学习中享受脚本给自己带来的乐趣。

附录：3ds Max 快捷键

快捷键	简介
F1	链接到在线帮助网页
F2	视口选择阴影选定面切换
F3	线框 / 平滑 + 高光切换
F4	查看带边面切换
F5	变换 GizmoX 轴约束
F6	变换 GizmoY 轴约束
F7	变换 GizmoZ 轴约束
F8	变换 Gizmo 平面约束循环
F9	按上一次设置渲染
F10	打开“渲染设置”面板
F11	打开“MAXScript 侦听器”面板
F12	变换输入对话框切换
1	子对象层级 1
2	子对象层级 2
3	子对象层级 3
4	子对象层级 4
5	子对象层级 5
6	打开“粒子视图”面板
7	显示统计切换
8	打开“环境和效果”面板
9	高级照明面板
0	打开“渲染到纹理”对话框
-	向下变换 Gizmo 大小
=	向上变换 Gizmo 大小
A	角度捕捉切换
B	底视图
C	摄影机视图
D	禁用视口

快捷键	简介
E	选择并旋转
F	前视图
G	隐藏栅格切换
H	按名称选择
I	平移视口
J	视口选择显示选定边框切换
K	设置关键点
L	左视图
M	材质编辑器切换
N	自动关键点模式切换
O	自适应降级切换
P	透视视图
Q	智能选择
R	选择并缩放
S	捕捉开关
T	顶视图
U	正交用户视图
W	选择并移动
X	启动全局搜索
Y	智能放置
Z	最大化显示选定对象
Ctrl+A	全选
Ctrl+B	子对象选择切换
Ctrl+C	从视图创建物理摄影机
Ctrl+D	全部不选
Ctrl+E	缩放循环
Ctrl+F	循环选择方法
Ctrl+H	保持

快捷键	简介
Ctrl+I	反选
Ctrl+L	使用默认场景灯光照亮视图
Ctrl+M	网格平滑
Ctrl+N	新建场景
Ctrl+O	打开文件
Ctrl+P	平移视图
Ctrl+Q	选择类似对象
Ctrl+R	环绕视图模式
Ctrl+S	保存文件
Ctrl+V	克隆
Ctrl+W	缩放区域模式
Ctrl+X	专家模式切换
Ctrl+Y	重做场景操作
Ctrl+Z	撤销场景操作
Shift+A	快速对齐
Shift+C	隐藏摄影机切换
Shift+E	对多边形挤出面
Shift+F	安全框显示切换
Shift+G	隐藏几何体切换
Shift+H	隐藏辅助对象切换
Shift+I	间隔工具
Shift+L	隐藏灯光切换
Shift+P	隐藏粒子系统切换
Shift+Q	渲染当前视图
Shift+S	隐藏图形切换
Shift+T	打开“资源追踪”对话框
Shift+V	生成动画序列文件
Shift+X	边约束切换
Alt+A	对齐
Alt+B	视口背景

快捷键	简介
Alt+C	剪切（多边形）
Alt+D	在捕捉中启用轴约束切换
Alt+E	沿样条线挤出（多边形）
Alt+G	几何选择可见性切换
Alt+H	隐藏（多边形）
Alt+I	隐藏未选定对象（多边形）
Alt+J	选择预览高光切换
Alt+L	选择子对象循环
Alt+N	法线对齐
Alt+P	封口（多边形）
Alt+Q	孤立当前选择
Alt+R	选择子对象环形
Alt+S	循环活动捕捉类型
Alt+U	全部取消隐藏（多边形）
Alt+W	最大化视口切换
Alt+X	以透明方式显示切换
Alt+Z	缩放模式
Alt+1	打开“参数编辑器”面板
Alt+2	打开“参数收集器”面板
Alt+5	打开“参数关联”对话框
Alt+6	隐藏主工具栏切换
,	返回一个时间单位
.	前进一个时间单位
/	播放动画
Space	选择锁定切换
PageUp	选择父对象
PageDown	选择子对象
Delete	删除
Home	转到开始帧
End	转到结束帧